[길잡이]
토목시공기술사

용어설명 I (토공·기초·콘크리트)

권유동 · 김우식 · 이맹교 지음

BM (주)도서출판 성안당

■ 도서 A/S 안내

성안당에서 발행하는 모든 도서는 저자와 출판사, 그리고 독자가 함께 만들어 나갑니다.

좋은 책을 펴내기 위해 많은 노력을 기울이고 있습니다. 혹시라도 내용상의 오류나 오탈자 등이 발견되면 **"좋은 책은 나라의 보배"**로서 우리 모두가 함께 만들어 간다는 마음으로 연락주시기 바랍니다. 수정 보완하여 더 나은 책이 되도록 최선을 다하겠습니다.

성안당은 늘 독자 여러분들의 소중한 의견을 기다리고 있습니다. 좋은 의견을 보내주시는 분께는 성안당 쇼핑몰의 포인트(3,000포인트)를 적립해 드립니다.

잘못 만들어진 책이나 부록 등이 파손된 경우에는 교환해 드립니다.

저자 문의 : acpass@daum.net, sadangpass@naver.com

본서 기획자 e-mail : coh@cyber.co.kr(최옥현)

홈페이지 : http://www.cyber.co.kr   전화 : 031) 950-6300

국제화·세계화·정보화의 흐름 속에 건설시장의 대외개방, 건설회사의 EC화, 건설사업 관리제도(CM), Turn-Key 및 PQ제도의 확대 등 건설산업은 하루가 다르게 급변하고 있다.

이러한 건설환경의 변화에 능동적으로 대처하기 위하여 기술사는 사회적으로나 개인적으로 최고의 명예이며 자존심인 기술사 자격취득이 필수적이라 아니할 수 없으며, 정부에서도 고급 전문기술인력의 양성 및 배출의 필요성이 불가피하다는 판단 아래 기술사 자격시험을 1년에 3회 실시하게 되었고 일정기간 동안은 합격자 수를 더욱 늘려나갈 예정임을 공시한 점을 미루어, 이제 우리는 기술사 자격을 취득하기 위하여 노력을 배가해야 할 것이다.

기술사 자격시험은 결국 자기 자신에 대한 도전이며, 자신과의 싸움인 것이다. 이 싸움을 승리로 이끌기 위해 이 책이 그 역할을 다하기에는 학문적으로나 경험적으로 부족함이 있으나, 저자로서는 자격취득의 길잡이가 될 수 있도록 이 책의 집필에 최선의 노력을 하였다.

특히 용어설명의 중요성이 대두되고 있는 최근의 출제기준 및 출제경향에 부응하여 수험자들이 효과를 볼 수 있는 측면을 고려하여 다음과 같은 면에 중점을 두었다.

✎ 이 책의 특징

1 최근 출제기준 및 출제경향에 맞춘 내용 구성
2 시간배분에 따른 모범답안유형
3 기출문제를 중심으로 각 공종의 흐름 파악
4 문장의 간략화·단순화·도식화
5 난이성을 배제한 개념 파악 위주
6 개정된 토목 표준시방서기준 반영

끝으로 이 책을 발간하기까지 도와주신 주위의 여러 분들과 도서출판 성안당 이종춘 회장님과 편집부 직원들의 노고에 감사드리며, 이 책이 출간되도록 허락하신 하나님께 영광을 돌린다.

저자 일동

Professional Engineer Civil Engineering Execution

기술사 시험준비요령

기술사를 준비하는 수험생 여러분들의 영광된 합격을 위해 시험준비요령 몇 가지를 조언하겠으니 참고하여 도움이 되었으면 한다.

01 평소 paper work의 생활화

① 기술사 필기시험은 논술형이 대부분이기 때문에 서론·본론·결론이 명쾌해야 한다.

② 따라서 평소 업무와 관련하여 paper work을 생활하여 기록·정리가 남보다도 앞서야 시험장에서 당황하지 않고 답안을 정리할 수 있다.

02 시험준비시간의 지속적 할애

① 학교를 졸업한 후 현장 실무 및 관련 업무부서에서 현장감으로 근무하기 때문에 지속적으로 책을 접할 수 있는 시간이 부족하며 이론을 정립시키기에는 아직 준비가 미비한 상태이다.

② 따라서 현장 실무 및 관련 업무의 경험을 토대로 이론을 정립, 정리하고 확인하는 최소한의 시간이 필요하다. 단, 공부를 쉬지 말고 하루에 단 몇 시간이든 지속적으로 하겠다는 마음의 각오와 준비가 필요하며 대략적으로 400~600시간은 필요하다고 생각한다.

03 과년도 출제문제를 총괄적으로 정리

① 먼저 시험답안지를 동일하게 인쇄한 후 과년도 문제를 자기 나름대로 자신이 좋아하고 평소 즐겨 쓰는 미사어구를 사용하여 point가 되는 item 정리작업을 단원별로 한다.

② 단, 정리시 관련 참고서적을 모두 읽으면서 모범답안을 자신의 것으로 만들어낸다. 처음에는 엄두가 나지 않고 진도가 나가지 않겠지만 한 문제, 한 문제 모범답안이 나올 때 자신감과 뿌듯함을 느끼게 된다.

04 Sub note의 정리 및 item의 정리

① 각 단원별로 모범답안을 끝내고 나면 기술사의 1/2은 합격한 것과 마찬가지이다. 그러나 워낙 방대한 분량의 정리를 끝낸 상태라 다 알 것 같지만 막상 쓰려고 하면 '내가 언제 이런 답안을 정리했지' 하는 의구심과 실망에 접하게 된다. 여기서 실망하거나 포기하는 사람은 기술사가 되기 위한 관문을 영원히 통과할 수 없게 된다.

② 자! 이제 1차 정리된 모범답안을 전반적으로 약 10일간 정서한 후 각 문제의 item을 토대로 sub note를 정리하여 전반적인 문제의 layout을 자신의 머리에 입력시킨다. 이 sub note를 직장에서 또는 전철이나 택시에서 수시로 꺼내보며 지속적으로 암기한다.

05 시험답안지에 직접 답안작성 연습

① 자신이 정리작업한 모범답안과 sub note의 item 작성이 끝난 상태라 자신도 모르게 문제제목에 맞는 item이 떠오르며 생각이 나게 된다. 이 상태에서 한 문제당 서너 번씩 쓰기를 반복하면 암기하지 못하는 부분이 어디이며, 그 이유는 무엇인지 알게 된다.

② 예를 들어, '콘크리트의 내구성에 영향을 주는 원인 및 방지대책에 대하여 논하라'라는 문제를 외운다고 할 때 크게 그 원인은 '탄산화, 동해, 알칼리 골재반응, 염해, 온도변화, 진해, 화해, 기계적 마모 등'을 들 수 있다. 이때 '탄, 동, 알, 염, 온, 진, 화, 기'로 외우고, 그 단어를 상상하여 '타는듯한 동해바다에 알칼리와 염분이 많고, 날씨가 더우니 온진화기'라는 문장을 생각해낸다. 이렇듯 자신이 말을 만들어 외우는 방법도 한 방법이라 하겠다. 그 다음 그 방지대책은 술술 생각이 나서 답안정리가 자연히 부드럽게 서술된다.

06 시험 전일 준비사항

① 그동안 앞서 설명한 수험준비요령에 따라 또는 개인적 차이를 보완한 방법으로 갈고 닦은 실력을 최대한 발휘해야만 시험에 합격할 수 있다.

② 그러기 위해서는 시험 전일 일찍 취침에 들어가 다음날 맑은 정신으로 시험에 응시해야 함을 잊어서는 안 된다. 시험 전일 준비해야 할 사항은 수험표, 신분증, 필기도구(검정색 볼펜), 자(17cm 이상), 모양자, 연필(샤프), 지우개, 도시락, 음료수(녹차 등), 그리고 그동안 공부했던 모범답안 및 sub note철을 가방에 가지런히 넣은 후 잠을 청한다.

07 시험 당일 수험요령

① 수험 당일 시험장 입실시간보다 1시간~1시간 30분 전에 현지 교실에 도착하여 시험 대비 워밍업을 해보고 책상상태 등을 파악하여 파손상태가 심하면 교체 등을 해야 한다. 그리고 차분한 마음으로 sub note를 음미하며 시험시간을 기다린다.

② 입실시간이 되면 시험관이 시험요령, 답안지 작성요령, 수험표, 신분증검사 등을 실시한다. 이때 당황하지 말고 시험관의 설명을 귀담아 듣고 그대로 시행하면 된다. 시험종이 울리면 문제를 파악하고 제일 자신 있는 문제부터 답안작성을 하되, 시간배당을 반드시 고려해야 한다. 즉, 100점을 만점이라고 할 때 25점짜리 4문제를 작성한다고 하면 각 문제당 25분에 완성해야지, 많이 안다고 30분까지 활용한다면 어느 한 문제는 5분을 잃게 되어 답안지가 허술하게 된다.

③ 따라서 점수와 시간배당은 최적 배당에 의해 효과적으로 운영해야만 합격의 영광을 얻을 수 있다. 1교시가 끝나면 휴식시간이 다른 시험과 달리 길게 주어지는데, 1교시 시험결과에 연연해 하지 말고 다음 교시 예상되는 시험문제를 sub note에서 반복하여 읽는다.

④ 2교시가 끝나면 점심시간이지만 밥맛이 별로 없고 신경이 날카로워지는 것을 느끼게 된다. 그러나 식사를 하지 않으면 체력유지가 되지 않아 오후 시험을 망치게 될 확률이 높다. 따라서 준비해 온 식사는 반드시 해야 하며, 식사가 끝나면 sub note를 다시 보며 오전에 출제되지 않았던 문제 위주로 유심히 눈여겨본다.

⑤ 답안작성시 고득점을 할 수 있는 요령은 일단 깨끗한 글씨체로 그림, 한문, 영어, Flow-chart 등을 골고루 사용하여 지루하지 않게 작성하되, 반드시 써야 할 item, key point는 빠뜨리지 않아야 채점자의 눈에 들어오는 답안지가 될 수 있다.

⑥ 만일 시험준비를 많이 했는데도 전혀 모르는 문제가 나왔을 때는 문제를 서너 번 더 읽고 출제자의 의도가 무엇이며, 왜 이런 문제를 출제했을까 하는 생각을 하면서 자료정리시 여러 관련 책자를 읽으면서 생각했던 예전으로 잠시 돌아가 관련된 비슷한 답안을 생각해보고 새로운 답안을 작성하면 된다. 이것은 자료정리시 열심히 한 수험생과 대충 남의 자료만 보고 달달 외운 사람과 반드시 구별되는 부분이라 생각된다.

⑦ 1차 합격이 되고 나면 2차 경력서류, 면접 등의 준비를 해야 하는데, 면접관 앞에서는 단정하고 겸손하게 응해야 하며 묻는 질문에 또렷하고 정확하게 답변해야 한다. 만일 모르는 사항을 질문하면 대충 대답하는 것보다 솔직히 모른다고 하고, 그와 유사한 관련 사항에 대해 아는대로 답한 뒤 좀 더 공부하겠다고 하는 것도 한 방법이라 하겠다.

⑧ 끝으로 본인이 기술사 시험준비 때의 과정을 대략적으로 설명했는데 개인차에 따라 맞지 않는 부분도 있겠으나 크게 어긋남이 없다고 판단되면 상기 방법으로 시도해 보시기 바라며, 본인은 상기 방법에 의해 단 한 번의 응시로 합격했음을 참고하시고 수험생 여러분 모두가 합격의 영광이 있기를 바란다.

■ 필기시험

직무분야	건설	중직무분야	토목	자격종목	토목시공기술사	적용기간	2023. 1. 1. ~ 2026. 12. 31.

직무내용 : 토목시공분야의 토목기술에 관한 고도의 전문지식과 실무경험에 입각한 계획, 연구, 설계, 분석, 시험, 운영, 시공, 평가 또는 이에 관한 지도, 건설사업관리 등의 기술업무를 수행하는 직무이다.

검정방법	단답형/주관식 논문형	시험시간	400분(1교시당 100분)

시험과목	주요 항목	세부항목
시공계획, 시공관리, 시공설비 및 시공기계 그 밖의 시공에 관한 사항	1. 토목건설사업관리	1. 건설사업관리계획 수립 2. 공정관리, 건설품질관리, 건설안전관리 및 건설환경관리 3. 건설정보화기술 4. 시설물의 유지관리
	2. 토공사	1. 토공시공계획 2. 사면공, 흙막이공, 옹벽공, 석축공 3. 준설 및 매립공 4. 암 굴착 및 발파
	3. 기초공사	1. 지반 조사 및 분석 2. 기초의 시공(지반안전, 계측관리) 3. 지반개량공 4. 수중구조물시공
	4. 포장공사	1. 포장시공계획 수립 2. 연성재료포장(아스팔트콘크리트포장) 3. 강성재료포장(시멘트콘크리트포장) 4. 도로의 유지 및 보수관리
	5. 상하수도공사	1. 시공관리계획 2. 상하수도시설공사 3. 상하수도관로공사
	6. 교량공사	1. 강교 제작 및 가설 2. 콘크리트교 제작 및 가설 3. 특수 교량 4. 교량의 유지관리
	7. 하천, 댐, 해안, 항만공사, 도로	1. 하천시공 2. 댐시공 3. 해안시공 4. 항만시공 5. 시공계획 6. 시설공사
	8. 터널 및 지하공간	1. 터널계획 2. 터널시공 3. 터널계측관리 4. 터널의 유지관리 5. 지하 공간
	9. 콘크리트공사	1. 콘크리트 재료 및 배합 2. 콘크리트의 성질 3. 콘크리트의 시공 및 철근공 4. 특수 콘크리트 5. 콘크리트구조물의 유지관리
	10. 토목시공법규 및 신기술	1. 표준시방서/전문시방서 기준 및 관련 사항 2. 주요 시사이슈 3. 기타 토목시공 관련 법규 및 신기술에 관한 사항

Professional Engineer Civil Engineering Execution

■ 면접시험

직무 분야	건설	중직무 분야	토목	자격 종목	토목시공기술사	적용 기간	2023. 1. 1. ~ 2026. 12. 31.

직무내용 : 토목시공분야의 토목기술에 관한 고도의 전문지식과 실무경험에 입각한 계획, 연구, 설계, 분석, 시험, 운영, 시공, 평가 또는 이에 관한 지도, 건설사업관리 등의 기술업무를 수행하는 직무이다.

검정방법	구술형 면접시험	시험시간	15~30분 내외

시험과목	주요 항목	세부항목
시공계획, 시공관리, 시공설비 및 시공기계 그 밖의 시공에 관한 전문지식/기술	1. 토목건설사업관리	1. 건설사업관리계획 수립 2. 공정관리, 건설품질관리, 건설안전관리 및 건설환경관리 3. 건설정보화기술 4. 시설물의 유지관리
	2. 토공사	1. 토공시공계획 2. 사면공, 흙막이공, 옹벽공, 석축공 3. 준설 및 매립공 4. 암 굴착 및 발파
	3. 기초공사	1. 지반조사 및 분석 2. 기초의 시공(지반안전, 계측관리) 3. 지반개량공 4. 수중구조물시공
	4. 포장공사	1. 포장시공계획 수립 2. 연성재료포장(아스팔트콘크리트포장) 3. 강성재료포장(시멘트콘크리트포장) 4. 도로의 유지 및 보수관리
	5. 상하수도공사	1. 시공관리계획　　　　　2. 상하수도시설공사 3. 상하수도관로공사
	6. 교량공사	1. 강교 제작 및 가설　　　2. 콘크리트교 제작 및 가설 3. 특수 교량　　　　　　　4. 교량의 유지관리
	7. 하천, 댐, 해안, 　 항만공사, 도로	1. 하천시공　　　　　　　2. 댐시공 3. 해안시공　　　　　　　4. 항만시공 5. 시공계획　　　　　　　6. 시설공사
	8. 터널 및 지하공간	1. 터널계획　　　　　　　2. 터널시공 3. 터널계측관리　　　　　4. 터널의 유지관리 5. 지하공간
	9. 콘크리트공사	1. 콘크리트 재료 및 배합 2. 콘크리트의 성질 3. 콘크리트의 시공 및 철근공 4. 특수 콘크리트 5. 콘크리트구조물의 유지관리
	10. 토목시공법규 및 　　 신기술	1. 표준시방서/전문시방서 기준 및 관련 사항 2. 주요 시사이슈 3. 기타 토목시공 관련 법규 및 신기술에 관한 사항
품위 및 자질	11. 기술사로서 　　 품위 및 자질	1. 기술사가 갖추어야 할 주된 자질, 사명감, 인성 2. 기술사 자기개발과제

※ 종로기술사학원(http://www.jr3.co.kr)

※ 한국산업인력공단(http://www.q-net.or.kr)

1. 원서접수　　 바로가기 　클릭

2. 회원가입

　1) 회원가입 약관

　2) 본인인증

　　① 공인 I-PIN 인증

　　② 휴대폰 인증

　3) 신청서 작성

　4) 가입완료

3. 학력정보 입력

4. 경력정보 입력

5. 추가정보 입력

6. 응시자격진단결과 "응시가능" 여부 확인

7. 접수내역리스트

8. 개인접수

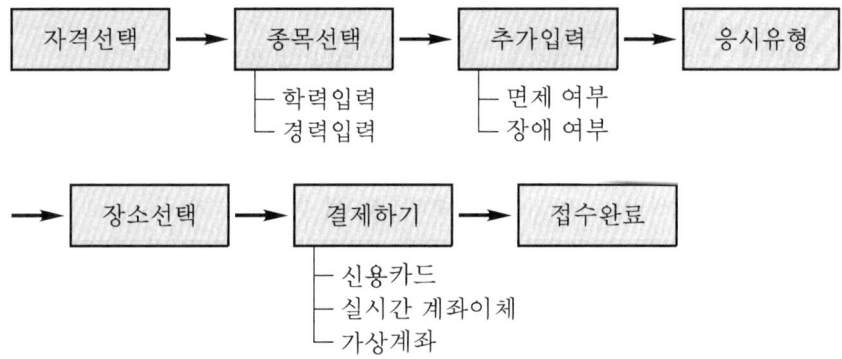

9. 수험표, 영수증 출력

Professional Engineer Civil Engineering Execution

【수험표 견본】

○○○○년 정기 기술사 ○○회

수험번호	1234567	시험구분	필기	사 진
종목명	토목시공기술사			
성 명	홍길동	생년월일	○○○○년 ○○월 ○○일	

시험일시 및 장소	일시 : ○○○○년 ○○월 ○○일 (일) 08:30까지 입실완료 장소 : ○○○학교 　　－ 주소 : ○○시　○○○구 ○○동 　　－ 위치 : ○호선 지하철 ○○역 ○번 출구 접수기관 : ○○지역본부 결재일자 : ○○○○년 ○○월 ○○일 인터넷 : http://www.q-net.or.kr 　　　　　　　　　　　　　　　　　　　　○○○○년 ○○월 ○○일 　　　　　　　　　　　　　　　　　　　　한국산업인력공단　이사장
응시자격 안내	응시자격항목 : 기사 자격 취득 후 동일직무분야에서 4년 이상 실무에 종사한 자 서류제출기간 : 해당사항 없음 서류제출장소 : 해당사항 없음 제출서류안내 : 해당 없음 ※ 외국학력취득자의 경우 응시자격서류제출 시 공증절차가 필요하오니 다음 사항을 반드시 확인바랍니다. 　(http://www.q-net.or.kr > 원서접수 > 필기시험안내 > 외국학력서류제출안내) － 실기접수기간 이전에도 응시자격서류제출은 가능하나 경력서류는 4대 보험 가입증명을 할 수 있는 　경우에 한하며, 학력서류는 상시 제출가능함 － 학력서류는 학사과정에 한하며 석·박사과정은 경력으로 인정 － 실기시험접수기간 내(4일)에 응시자격서류(원본)를 제출해야 동 회차 실기시험접수 가능함 － 온라인 학력서류제출은 필기합격(예정)자 발표일까지 가능 　(기사, 산업기사 : 학력/기술사 : 한국건설기술인협회경력) － 필기시험일 기준으로 응시자격요건을 충족하지 못한 경우 필기시험 합격무효처리됨(필기시험 없는 　경우 실기접수 마감일이 기준) － 모든 관련 학과는 전공명 우선이 원칙
합격(예정)자 발표일자	○○○○년 ○○월 ○○일 －인터넷 : http://www.q-net.or.kr, ARS : 1666-0100(개별 통보하지 않음)
검정수수료 환불안내	○○○○년 ○○월 ○○일 09 : 00 ~ ○○○○년 ○○월 ○○일 23 : 59 (100% 환불) ○○○○년 ○○월 ○○일 00 : 00 ~ ○○○○년 ○○월 ○○일 23 : 59 (50% 환불) ※ 환불기간 이후에는 수수료 환불이 불가합니다.
실기시험 접수기간	○○○○년 ○○월 ○○일 09 : 00 ~ ○○○○년 ○○월 ○○일 18 : 00

기타사항

◎ 선택과목 : 필기시험(해당 없음)
◎ 면제과목 : 필기시험(해당 없음)
◎ 장애 여부 및 편의요청사항 : 해당 없음 / 없음
　(장애응시 편의사항 요청자는 원서접수기간 내에 장애인수첩 등 관련 증빙서류를 응시시험장 관할 지부(사)에 제출하여야 함)
　※ 장애인 수험자 편의제공은 관련 증빙서류 심사결과에 따라 달라질 수 있음

※10권 이상은 분철(최대 10권 이내)

견 본

제　　　회
국가기술자격검정 기술사 필기시험 답안지(제　　교시)

1교시	종목명	

답안지 작성시 유의사항

1. 답안지는 표지 및 연습지를 제외하고 총 7매(14면)이며, 교부받는 즉시 매수, 페이지순서 등 정상 여부를 반드시 확인하고 1매라도 분리되거나 훼손하여서는 안 됩니다.
2. 시행 회, 종목명, 수험번호, 성명을 정확하게 기재하여야 합니다.
3. 수험자 인적사항 및 답안작성(계산식 포함)은 검정색 또는 청색 필기구 중 한 가지 필기구만을 계속 사용하여야 합니다(그 외 연필류, 유색 필기구, 2가지 이상 색 혼합 사용 등으로 작성한 답항은 0점 처리됩니다).
4. 답안 정정 시에는 두 줄(=)을 긋고 다시 기재 가능하며, 수정테이프(액) 등을 사용했을 경우 채점상의 불이익을 받을 수 있으므로 사용하지 마시기 바랍니다.
5. 연습지에 기재한 내용은 채점하지 않으며, 답안지(연습지 포함)에 답안과 관련 없는 특수한 표시를 하거나 특정인임을 암시하는 경우 답안지 전체가 0점 처리됩니다.
6. 답안작성 시 자(직선자, 곡선자, 템플릿 등)를 사용할 수 있습니다.
7. 문제의 순서에 관계없이 답안을 작성하여도 되나 주어진 문제번호의 문제를 기재한 후 답안을 작성하고, 전문용어는 원어로 기재하여도 무방합니다.
8. 요구한 문제수보다 많은 문제를 답하는 경우 기재 순으로 요구한 문제수까지 채점하고, 나머지 문제는 채점대상에서 제외됩니다.
9. 답안작성 시 답안지 양면의 페이지 순으로 작성하시기 바랍니다.
10. 기 작성한 문항 전체를 삭제하고자 할 경우 반드시 해당 문항의 답안 전체에 대하여 명확하게 ×표시(×표시한 답안은 채점대상에서 제외)하시기 바랍니다.
11. 시험시간이 종료되면 즉시 답안작성을 멈춰야 하며, 종료시간 이후 계속 답안을 작성하거나 감독위원의 답안제출지시에 불응한 대에는 채점대상에서 제외됩니다.
12. 각 문제의 답안작성이 끝나면 "끝"이라고 쓰고 다음 문제는 두 줄을 띄워 기재하여야 하며, 최종 답안작성이 끝나면 그 다음 줄에 "이하여백"이라고 써야 합니다.

※ 부정행위처리규정은 뒷면 참조

한국산업인력공단
HUMAN RESOURCES DEVELOPMENT SERVICE OF KOREA

부정행위처리규정

국가기술자격법 제10조 제6항, 같은 법 시행규칙 제15조에 따라 국가기술자격검정에서 부정행위를 한 응시자에 대하여는 당해 검정을 정지 또는 무효로 하고 3년간 이 법에 따른 검정에 응시할 수 있는 자격이 정지됩니다.
1. 시험 중 다른 수험자와 시험과 관련된 대화를 하는 행위
2. 답안지를 교환하는 행위
3. 시험 중에 다른 수험자의 답안지 또는 문제지를 엿보고 자신의 답안지를 작성하는 행위
4. 다른 수험자를 위하여 답안을 알려주거나 엿보게 하는 행위
5. 시험 중 시험문제내용과 관련된 물건을 휴대하여 사용하거나 이를 주고받는 행위
6. 시험장 내외의 자로부터 도움을 받고 답안지를 작성하는 행위
7. 미리 시험문제를 알고 시험을 치른 행위
8. 다른 수험자와 성명 또는 수험번호를 바꾸어 제출하는 행위
9. 대리시험을 치르거나 치르게 하는 행위
10. 수험자가 시험시간에 통신기기 및 전자기기[휴대용 전화기, 휴대용 개인정보단말기(PDA), 휴대용 멀티미디어재생장치(PMP), 휴대용 컴퓨터, 휴대용 카세트, 디지털카메라, 음성파일변환기(MP3), 휴대용 게임기, 전자사전, 카메라펜, 시각표시 외의 기능이 부착된 시계]를 사용하여 답안지를 작성하거나 다른 수험자를 위하여 답안을 송신하는 행위
11. 그 밖에 부정 또는 불공정한 방법으로 시험을 치르는 행위

응시자 유의사항

1. 수험표에 기재된 내용을 반드시 확인하여 시험응시에 착오가 없도록 하시기 바랍니다.
2. 수험원서 및 답안지 등의 기재 착오, 누락 등으로 인한 불이익은 일체 수험자의 책임이오니 유의하시기 바랍니다.
3. 수험자는 필기시험 시 (1) 수험표, (2) 신분증, (3) 흑색사인펜, (4) 계산기, 필답시험 시 (1) 수험표, (2) 신분증, (3) 흑색사인펜(정보처리), (4) 흑색볼펜, (5) 계산기 등을 지참하여 시험시작 30분 전에 지정된 시험실에 입실 완료해야 합니다.
4. 시험시간 중에 필기도구 및 계산기 등을 빌리거나 빌려주지 못하며, 메모리기능이 있는 공학용 계산기 등은 감독위원 입회하에 리셋 후 사용할 수 있습니다(단, 메모리가 삭제되지 않는 계산기는 사용불가).
5. 필기(필답)시험시간 중에는 화장실 출입을 전면 금지합니다(시험시간 1/2경과 후 퇴실 가능).
6. 시험 관련 부정한 행위를 한 때에는 당해 시험이 중지 또는 무효되며 앞으로 3년간 국가기술자격시험을 응시할 수 있는 자격이 정지됩니다.
7. 필기시험 합격자는 당해 필기시험 합격자 발표일로부터 2년간 필기시험을 면제받게 되며, 실기시험 응시자는 당해 실기시험의 발표 전까지는 동일종목의 실기시험에 중복하여 응시할 수 없습니다.
8. 기술사를 제외한 필기시험 전종목은 답안카드작성 시 수정테이프(수험자 개별 지참)를 사용할 수 있으나(수정액, 스티커 사용 불가) 불완전한 수정처리로 인해 발생하는 불이익은 수험자에게 있습니다(단, 인적사항 마킹란을 제외한 "답안마킹란"만 수정 가능).
9. 실기시험(작업형, 필답형)문제는 비공개를 원칙으로 하며, 시험문제 및 작성답을 수험표 등에 이기할 수 없습니다.
※ 본인사진이 아니면서 신분증을 미지참한 경우 시험응시가 불가하며 퇴실조치함
※ 통신 및 전자기기를 이용한 부정행위 방지를 위해 금속탐지기를 사용하여 검색할 수 있음
※ 시험장이 혼잡하므로 가급적 대중교통 이용바람
※ 수험자 인적사항이나 표식이 있는 복장(군복, 제복 등)의 착용을 삼가 주시기 바람

제1장　토 공

제1절　일반 토공

제2절 | **연약지반**

□ **연약지반 과년도 문제 / 141**

제3절 **사면안정**

□ **사면안정 과년도 문제 / 213**

제4절 **옹벽 및 보강토**

□ **옹벽 및 보강토 과년도 문제 / 233**

제5절 | 건설기계

□ 건설기계 과년도 문제 / 253

제2장 기 초

제1절 흙막이공

□ **흙막이공 과년도 문제 / 295**

제2절 │ 기초공

📖 기초공 과년도 문제 / 373

CONTENTS

제3장 콘크리트

제1절 철근 공사

제2절 | 거푸집 공사

□ 거푸집 공사 과년도 문제 / 553

제3절 ┃ 일반 콘크리트

☐ 일반 콘크리트 과년도 문제 / 583

제4절 | 특수 콘크리트

□ 특수 콘크리트 과년도 문제 / 819

CONTENTS

제1장 ▷ 토 공

제1절 일반 토공

일반 토공 과년도 문제

1. 상대 밀도 [00중(10)]
2. 흙의 연경도(Consistency) [03중(10)]
3. Atterberg 한계 [05후(10)]
4. Atterberg Limits(애터버그 한계) [08전(10)]
5. 흙의 소성 지수(PI ; Plasticity Index) [01중(10)]
6. 흙의 소성도 [12후(10)]
7. GPR(Ground Penetrating Radar) 탐사 [04후(10)]
8. GPR(Ground Penetrating Rader) 탐사 [09중(10)]
9. GPR(Ground Penetrating Rader) 탐사 [16전(10)]
10. Sounding [99전(20)]
11. 지반조사방법 중 사운딩(Sounding)의 종류 [15전(10)]
12. 표준관입시험에서의 N치 활용법 [02중(10)]
13. N값의 수정(수정 N치) [01중(10)]
14. N값의 수정 [08중(10)]
15. 모래 밀도별 N값과 내부마찰각의 상관관계 [04중(10)]
16. 내부 마찰각과 N값의 상관관계 [10후(10)]
17. 입도분포곡선 [14후(10)]
18. 콘 관입 시험(Cone Penetration Test) [07전(10)]
19. 평판 재하 시험 [95전(20)]
20. 평판 재하 시험 [01전(10)]
21. 평판 재하 시험 [03후(10)]
22. 평판 재하 시험 결과 이용시 주의사항 [09전(10)]
23. 평판 재하 시험 적용시 유의사항 [11후(10)]
24. 평판 재하 시험시 유의사항 [15중(10)]
25. 평판 재하 시험 결과 적용시 고려사항 [12중(10)]
26. CBR과 N치와의 관계 [98후(20)]
27. 내부 마찰각과 안식각 [02전(10)]
28. 흙의 안식각 [15전(10)]
29. 점토지반과 모래지반의 전단 특성 [96후(20)]
30. 점토의 예민비 [06전(10)]
31. 딕소트로피(Thixotropy) 현상 [06후(10)]
32. Thixotropy 현상(예민비) [09전(10)]
33. 슬래킹(Slacking) 현상 [05중(10)]
34. 비화작용(Slacking) [13중(10)]
35. 용적팽창현상(Bulking) [13중(10)]
36. 부풀음(Bulking) 현상 [00후(10)]
37. 액상화(Liquefaction) [02중(10)]
38. 통일분류법에 의한 흙의 성질 [02중(10)]
39. 흙의 통일분류법 [11중(10)]
40. 흙의 다짐원리 [01중(10)]
41. 흙의 다짐특성 [02후(10)]
42. 영공기 간극 곡선(Zero Air Void Curve) [05중(10)]
43. 영공기 간극 곡선(Zero Air Void Curve) [12후(10)]
44. 최적 함수비(O.M.C) [00중(10)]
45. 최적 함수비 [02전(10)]
46. 최적 함수비(O.M.C) [05전(10)]
47. 최적 함수비(O.M.C) [07중(10)]
48. 최적 함수비(O.M.C) [08중(10)]
49. 최적 함수비(O.M.C) [11전(10)]
50. 흙의 최대건조밀도 [07후(10)]
51. 들밀도 시험(Fild Density) [03중(10)]
52. 흙의 다짐도 [05중(10)]
53. 흙의 다짐 원리 [11후(10)]
54. 다짐도 판정 [98중후(20)]
55. 다짐도 판정방법 [08전(10)]
56. 토공의 다짐도 판정방법 [11후(10)]
57. 과전압(Over Compaction) [01중(10)]
58. 토공 정규 [97중후(20)]
59. 토취장 선정요건 [97전(20)]
60. 노체 성토부의 배수대책 [02후(10)]
61. Mass Curve(土積圖) [97중전(20)]
62. 유토 곡선(Mass Curve) [06후(10)]
63. 유토 곡선(Mass Curve) [11중(10)]
64. 유토 곡선(Mass Curve)의 극대치와 극소치 [94후(10)]
65. 토량 환산에서 L값 및 C값 [94후(10)]
66. 토량 환산계수 [00전(10)]
67. 토량 환산계수 [02중(10)]
68. 토량 환산계수 [10후(10)]
69. 토량의 체적환산계수(f) [05중(10)]
70. 흙의 凍上(동상) [96전(20)]
71. 도로 지반의 동상(Frost Heave) 및 융해(Thawing) [05전(10)]
72. 도로 동결 융해 [13전(10)]
73. 동결심도의 산출방법 [95중(20)]
74. 동결깊이 [00중(10)]
75. 동결심도 결정방법 [02중(10)]
76. Ice Lense 현상 [02전(10)]
77. 트래버스(Traverse) 측량 [07전(10)]

1 흙의 기본적 성질

Ⅰ. 정의

① 흙은 토립자(고체)를 중심으로 하여 그 사이에 물(액체), 공기(기체)의 3상으로 구성되어 있고 구성 요소의 체적과 중량에 따라 성질이 크게 달라진다.

② 상호간의 관계는 체적과 중량으로 나타낼 수 있는데 상의 체적 관계는 간극률, 간극비, 포화도를 사용하며 상의 중량 관계는 함수비를 사용하여 표시한다.

Ⅱ. 흙의 삼상도

< 자연상태에 있는 흙 >

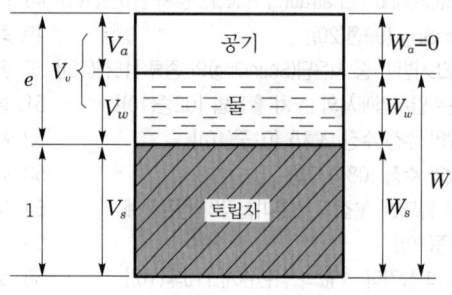

< 흙의 주상도 >

Ⅲ. 기본적 성질

1) 간극비(Void Ratio)

토립자의 용적에 대한 간극의 용적비

$$e = \frac{V_v}{V_s}$$

V_v : 간극의 용적, V_s : 토립자의 용적

2) 간극률(Porosity)

흙 전체의 용적에 대한 간극 용적의 백분율

$$n = \frac{V_v}{V} \times 100$$

V : 흙 전체의 용적

3) 포화도(Degree of Saturation)

간극 속 물용적의 비율로서 흙이 포화 상태에 있으면 $S = 100\%$ 이며, 완전히 건조되어 있으면 $S = 0$이다.

$$S = \frac{V_w}{V_v} \times 100$$

4) 함수비(Water Content)

토립자의 중량에 대한 물중량의 백분율로서 노건조 상태의 흙의 함수비는 0이다.

$$w = \frac{W_w}{W_s} \times 100$$

W_w : 물의 중량, W_s : 토립자의 중량

5) 함수율

흙 전체 중량에 대한 물중량의 백분율

$$w' = \frac{W_w}{W} \times 100$$

W : 흙 전체의 중량

6) 비중(Specific Gravity)

비중이란 4℃에서의 물의 단위중량에 대한 어느 물질의 단위중량이다.

$$G_s = \frac{\gamma_s}{\gamma_w(4\,\text{℃})}$$

7) 단위중량(밀도)

① 습윤 단위중량(Wet Density=Total Unit Weight) : 자연 상태에 있는 흙의 중량을 이에 대응하는 용적으로 나눈 값으로 흙의 다져진 상태, 입경과 입도 분포, 함수비에 따라서 변한다.

$$\gamma_t = \frac{W}{V} = \frac{G_s + S\cdot e}{1+e}\gamma_w$$

② 건조 단위중량(Dry Unit Weight) : 흙을 노건조시켰을 때의 단위중량

$$\gamma_d = \frac{W_s}{V}$$

③ 포화 단위중량(Saturated Unit Weight) : 흙이 수중에 있거나 모관작용에 의하여 완전히 포화되었을 때의 단위중량

$$\gamma_{\text{sat}} = \frac{G_s + e}{1+e}\gamma_w$$

④ 수중 단위중량(Submerged Unit Weight) : 흙이 지하수의 아래에 있으면 부력을 받으므로 이 때의 단위중량은 포화 단위중량에서 부력을 뺀 만큼 감소한다.

$$\gamma_{\text{sub}} = \gamma_{\text{sat}} - \gamma_w = \frac{G_s - 1}{1+e}\gamma_w$$

8) 상대 밀도(Relative Density : D_γ)

조립토의 느슨한 상태와 조밀한 상태의 간극 크기를 비교하기 위해 사용된다.

$$D_\gamma = \frac{e_{\max} - e}{e_{\max} - e_{\min}} \times 100$$

2 흙의 간극비(Void Ratio)

Ⅰ. 정의

① 흙은 토립자와 간극으로 구성되고 간극은 물과 공기로 구성되어 있으며, 간극비란 토립자의 용적에 대한 간극 용적의 비를 말한다.

② 간극비$(e)=\dfrac{간극의\ 용적\,(V_v)}{토립자의\,용적\,(V_s)}$

Ⅱ. 삼상도

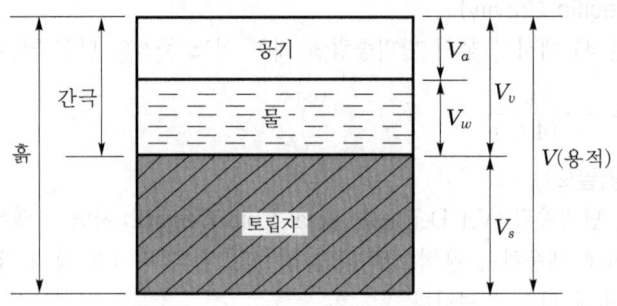

$$e = \frac{V_v}{V_s}$$

$\begin{bmatrix} e & : 간극비 \\ V_v & : 간극의\ 용적(물,\ 공기) \\ V_s & : 토립자의\ 용적 \end{bmatrix}$

Ⅲ. 간극비의 성질

① 간극비가 크면 전단 강도는 적어진다.
② 간극비가 크면 지지력은 적어진다.
③ 간극비가 크면 압축성은 커진다.
④ 간극비가 크면 투수성은 커진다.
⑤ 간극비가 크면 Boiling 현상이 발생한다.
⑥ 간극비가 크면 압밀 침하가 커진다.
⑦ 간극비가 크면 모래 지반에서 내부 마찰력이 적어진다.
⑧ 간극비가 크면 점토 지반에서 점착력이 적어진다.

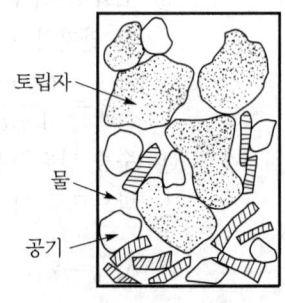

< 자연상태의 흙 >

Ⅳ. 간극비 감소 대책

① 다짐　　　　　　　② 연약지반 개량
③ 탈수 공법　　　　　④ 배수 공법

3 흙의 함수비(Water Content)

Ⅰ. 정의

① 함수량은 흙 속에 포함되어 있는 물의 중량을 나타낸 것으로, 일반적으로 함수비로 표시하며 토립자의 중량에 대한 수분의 중량의 비를 백분율로 표시한 것이다.

② $함수비 = \dfrac{물의\ 중량}{토립자의\ 중량} \times 100$

Ⅱ. 흙의 삼상도

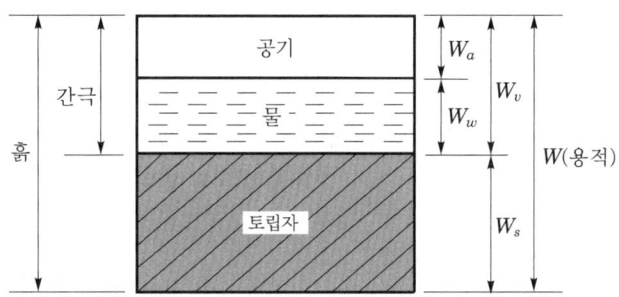

$$w = \dfrac{W_w}{W_s} \times 100$$

w : 함수비
W_w : 물의 중량
W_s : 토립자의 중량

Ⅲ. 함수비의 영향

① 액상화 현상 발생
② 모래 지반에서는 Boiling 현상 발생
③ 점토 지반에서는 Heaving 현상 발생
④ 전단 강도가 적어짐
⑤ 모래 지반에서는 내부 마찰력 감소
⑥ 점토 지반에서는 점착력 감소

Ⅳ. 함수비 감소 대책

① 배수 공법
② Sand Drain 공법
③ Paper Drain 공법
④ Pack Drain 공법

4 상대 밀도(Relative Density)

[00중(10)]

Ⅰ. 정의

① 흙쌓기 현장에서 사질토의 다짐 정도를 나타내는 수치로서 다짐 후 느슨한 상태인지 조밀한 상태인지를 판단한다.

② 상대 밀도를 구하는 방법으로 간극비로 구하는 방법과 건조 밀도로 구하는 방법이 있다.

Ⅱ. 구하는 식

1) 간극비 이용 방법

$$D_\gamma = \frac{e_{\max} - e}{e_{\max} - e_{\min}} \times 100$$

$e_{\max}$: 가장 느슨한 상태의 간극비
$e_{\min}$: 가장 조밀한 상태의 간극비
e : 자연 상태의 간극비

2) 건조 밀도 이용 방법

$$D_\gamma = \frac{\gamma_d - \gamma_{d\,\min}}{\gamma_{d\,\max} - \gamma_{d\,\min}} \times \frac{\gamma_{d\,\max}}{\gamma_d} \times 100$$

$\gamma_{d\,\max}$: 최대 건조밀도
$\gamma_{d\,\min}$: 최소 건조밀도
γ_d : 자연 상태 건조밀도

Ⅲ. 상대 밀도의 활용

① D_γ은 0~100% 범위에 있다.

② D_γ이 $\frac{1}{3}$ 이하이면 느슨한 상태이다.

③ D_γ이 $\frac{1}{3} \sim \frac{2}{3}$ 이면 보통의 상태이다.

④ D_γ이 $\frac{2}{3}$ 이상이면 조밀한 상태이다.

Ⅳ. 표준 관입시험 N치와 상대 밀도

N치	지반 상태	상대 밀도
0~4	대단히 느슨	0~15
4~10	느슨	15~35
10~30	보통	35~65
30~50	조밀	65~85
50 이상	대단히 조밀	85~100

5 흙의 연경도(Consistency)

[03중(10), 05후(10), 08전(10), 10전(10)]

Ⅰ. 정의

① 점성토는 일반적으로 물을 포함하고 있으며, 함수량의 변화에 따라 흙의 강도와 체적이 변한다.

② 건조한 흙에 물을 가하면 흙의 상태가 변하고, 수축한계·소성한계·액성한계는 각 변화추이의 한계를 일정한 시험방법으로 정한 것으로, 이들의 변화하는 한계를 흙의 연경도(Consistency 한계) 또는 Atterberg 한계라 한다.

Ⅱ. Consistency 한계(Atterberg 한계)

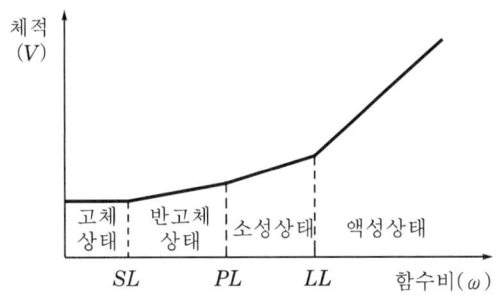

Ⅲ. 흙의 연경도(Consistency)

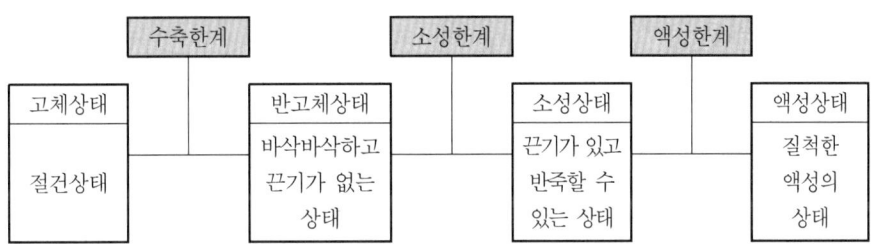

1) 수축한계(SL ; Shrinkage Limit)

함수량이 감소해도 흙의 부피가 감소하지 않고, 함수량이 어느 양 이상으로 늘어나면 흙의 부피가 증대하게 되는 한계의 함수비

2) 소성한계(PL ; Plastic Limit)

파괴 없이 변형시킬 수 있는 최소의 함수비로 압축, 투수, 강도 등 흙의 역학적 성질을 추정할 때 사용

3) 액성한계(LL ; Liquid Limit)

외력에 전단저항력이 Zero가 되는 최소의 함수비

4) 소성지수(PI ; Plasticity Index)
   ① $PI = LL - PL$
   ② 소성상태에 있을 수 있는 물의 범위로 소성상태가 클수록 물을 많이 함유

5) 액성지수(LI ; Liquidity Index)
   ① $LI = \dfrac{w_n - PL}{PI}$
   ② 자연상태에서의 흙의 함수비(w_n)에서 소성한계(PL)를 뺀 값을 소성지수(PI)로 나눈 값
   ③ 자연상태의 함수비(w_n)가 액성한계(LL)보다 클 경우 액성지수(LI)가 1 이상 되어 충격에 의한 유동성이 크다.

Ⅳ. 용도
   ① 흙의 분류
   ② 흙의 안정성 판단
   ③ 흙의 강도 파악
   ④ 흙의 체적 변화 파악
   ⑤ 흙입자 간의 부착력 파악

6 액성한계(LL ; Liquid Limit)

Ⅰ. 정의

① 점착력이 있는 흙에서 함수비의 변화에 따라 흙의 공학적 성질이 크게 변화되는데, 함수비 상태에 따라 흙이 외력에 대한 전단 저항력이 0가 되는 상태의 최소 함수비를 액성한계라 한다.

② 액성한계는 Atterberg 한계에서 흙이 소성상태에서 액성상태로 변하게 되는 한계점으로 LL(Liquid Limit)로 표시한다.

Ⅱ. 액성한계 측정방법

1) 액성한계 측정기

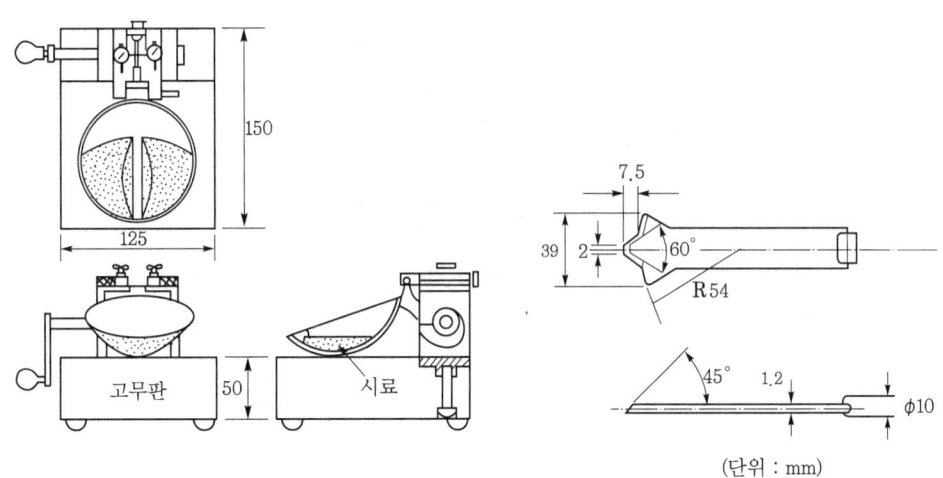

〈액성한계 측정기〉

2) 시험 준비

① 준비된 시료를 황동접시에 두께 약 10 mm가 되도록 주걱으로 만든다.

② 홈파기 날로서 중앙 부위에 직각으로 세워서 시료를 둘로 나눈다.

③ 황동접시를 1초에 2회 정도의 회전으로 낙하시킨다.

④ 중앙부 홈이 맞닿을 때 황동접시의 낙하횟수를 기록한다.

3) 액성한계 측정

홈 밑부분의 흙이 청동접시 25회 낙하에 약 15 mm의 길이로 합쳐질 때의 함수비가 액성한계이다.

Ⅲ. 액성한계 관계식

1) 소성지수

$$PI = LL - PL$$

2) 연경도(연경지수)

$$CI = \frac{LL - W_n}{PI}$$ W_n : 자연상태 함수비

3) 압축지수

$$C_c = 0.009(LL - 10)$$

Ⅳ. Atterberg 한계 도해

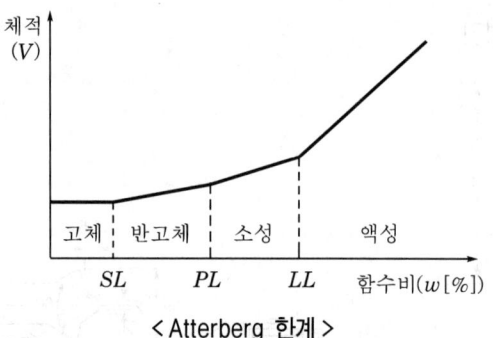

< Atterberg 한계 >

7 소성지수(PI ; Plasticity Index)

[01중(10)]

Ⅰ. 정의

① 소성지수(PI; Plasticity Index)란 흙이 끈기가 있고 반죽할 수 있는 소성상태에 서의 함수비 범위를 가리키는 지수이다.

② 소성지수는 점토 함유량에 거의 비례하며, 세립토를 분류하는 지표로도 사용된다.

③ 소성지수가 크면 여러 형태를 만들 수 있는 흙의 상태이며, 비소성의 흙(소성지수 Zero)은 모래와 같은 상태이다.

Ⅱ. Atterberg 한계

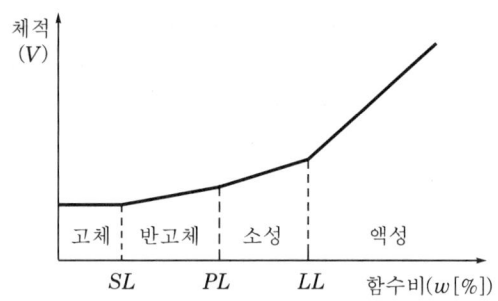

① SL(Shrinkage Limit) : 수축한계
② PL(Plastic Limit) : 소성한계
③ LL(Liquid Limit) : 액성한계

Ⅲ. 소성지수(PI ; Plasticity Index) 관계식

$$소성지수(PI) = 액성한계(LL) - 소성한계(PL)$$

Ⅳ. 소성지수의 용도

① 세립토의 흙 분류에 이용
② 전단강도 증가율 추정
③ 세립토의 유동화 현상 규명

$$액성지수(LI) = \frac{W_n - PL}{소성지수(PI)}$$ W_n : 자연상태 함수비

④ 흙의 안정성 판단(Consistency 지수)
⑤ 활성도를 구할 때 적용

8 토질 조사의 종류

Ⅰ. 정의

① 토질 조사는 기초 및 토공사의 설계·시공에 필요한 Data를 구하기 위한 것으로 토질의 성질, 지층의 분포, 지하수위 등을 알기 위하여 실시한다.

② 토질의 종류와 사용 목적에 따른 적합한 조사와 시험을 해야 하며 공사 중·후 안전과도 직결되므로 정확한 조사가 요구된다.

Ⅱ. 필요성

Ⅲ. 토질 조사 종류

1) 지하 탐사법
   ① 짚어보기
   ② 터파보기
   ③ 물리적 탐사법

2) Boring
   ① 오거 보링(Auger Boring) ② 수세식 보링(Wash Boring)
   ③ 회전식 보링(Rotary Boring) ④ 충격식 보링(Percussion Boring)

3) Sounding
   ① 표준 관입시험 ② Vane Test
   ③ Cone 관입시험 ④ 스웨덴식 Sounding

4) Sampling(시료 채취)
   ① 교란 시료 채취(Disturbed Sampling)
   ② 불교란 시료 채취(Undisturbed Sampling)

5) 토질 시험
   ① 물리적 시험
   ② 역학적 시험

6) 지내력 시험
   ① 재하 시험
   ② 말뚝박기 시험
   ③ 말뚝재하 시험

9 토질 시험의 분류

I. 개요

① 토질 시험은 건설 공사의 착수 전에 지반에 대한 필요한 Data를 얻기 위하여 현장에서 채취한 시료를 대상으로 행하는 시험을 말한다.

② 토질 시험을 크게 분류하면 물리적 성질 시험과 역학적 성질 시험 및 지지력 특성 시험으로 나누어 나타낼 수 있다.

II. 물리적 성질 시험

시험 항목	시험으로 얻어지는 값	시료의 상태	결과 이용	비고
비중 시험	흙입자의 비중	교란 시료	흙의 기본적 성질 (간극비, 포화도)의 계산	
함수량 시험	함수비	함수량이 변하지 않은 시료	흙의 기본적 성질 계산	
입도 시험	입경가적 곡선 유효경 균등계수 곡률계수	교란 시료	입도에 따른 흙의 분류 재료로서의 흙의 규정	
액성 한계 시험 소성 한계 시험 수축 한계 시험	액성 한계 유동 지수 소성 한계 액성 지수 수축 한계 선수축 체적 변화	교란 시료	컨시스턴시에 의한 흙의 분류 흙의 공학적 성질 측정 토공 재료로서의 적정성 및 동상 가능성 판정	
#200체(0.074mm) 통과량 시험 밀도 시험	입도 백분율 습윤 밀도 건조 밀도	교란 시료 교란 시료 불교란 시료	토질 안정 처리 효과 판정 흙의 기본적 성질 계산 지반의 다짐도 판정	

Ⅲ. 역학적 성질 시험

시험 항목	시험으로 얻어지는 값	시료의 상태	결과 이용	비고
투수 시험 (정수위법, 변수위법)	포화토의 투수계수	포화상태의 흙	침투, 투수성에 대한 설계 및 계산	
압밀 시험	간극비－하중곡선 체적 압축계수 선행 압밀계수 선행 압밀하중 시간－압밀도 곡선 압밀계수 1차 압밀비 투수계수	불교란 시료	점성토의 침하량 및 침하 속도 계산	
직접 전단 시험	전단 저항각 점착력	교란 시료 불교란 시료	기초, 사면 및 옹벽의 안정 계산	
일축 압축 시험	일축 압축 강도 점착력 예민비 응력－변형 관계	교란 시료 (점성토) 불교란 시료	기초, 사면 및 옹벽의 안정 계산	
삼축 압축 시험	측압에 대응하는 압축강도 전단 저항각 점착력 응력－변형 관계 간극수압	불교란 시료 교란 시료	기초, 사면 및 옹벽의 안정 계산	

Ⅳ. 지지력 특성 시험

시험 항목	시험으로 얻어지는 값	시료의 상태	결과 이용	비고
다짐시험	함수비－밀도 곡선 최대 건조밀도 최적 함수비 상대 밀도	교란 시료 (사질토)	노반 및 흙쌓기의 시공 방법 결정 시공 관리	
CBR 시험	설계 CBR 수정 CBR	교란 시료 불교란 시료	포장 두께 설계 노반의 설계	

10 지하 탐사법

Ⅰ. 정의

① 지하 탐사법이란 현장 지반의 구성을 분석하고, 설계 자료를 얻기 위하여 지반을 조사하는 것으로 간이적인 지반 조사 방법이다.

② 지층의 토질, 지하수, 지질 등을 조사하는 방법으로 짚어보기, 터파보기, 물리적 탐사법 등이 있다.

Ⅱ. 종류

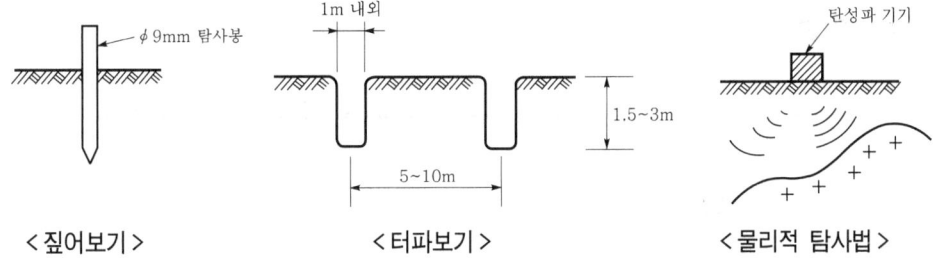

< 짚어보기 >   < 터파보기 >   < 물리적 탐사법 >

1) 짚어보기
   ① $\phi 9\,mm$ 철봉을 이용하여 인력으로 삽입하거나 때려 박아보는 법
   ② 저항 울림, 꽂히는 속도, 내리 박히는 손 감각으로 지반의 단단함을 판단
   ③ 얕은 지층의 생땅을 알기 위해 사용
   ④ 숙련되면 정확도가 높음

2) 터파보기
   ① 생땅의 위치, 지하수위 등을 알기 위해 삽으로 구멍을 파보는 법
   ② 얕은 지층 토질, 지하수 파악
   ③ 활석, 기초 등이 얕고 경미한 건축물의 기초에 사용
   ④ 간격 5~10 m, 구멍 지름 1.0 m 내외, 깊이 1.5~3.0 m

3) 물리적 탐사법
   ① 지반의 구성층 및 지층 변화의 심도를 판단하는 방법
   ② 흙의 공학적 성질을 판별하기 곤란하므로 Boring과 병용하면 경제적
   ③ 종류에는 전기 저항식, 강제 진동식, 탄성파식 탐사 방법 등이 있음
   ④ 지층의 변화하는 심도를 측정할 수 있는 전기 저항식을 주로 사용

11 | GPR(Ground Penetrating Radar) 탐사

[04후(10), 09중(10), 16전(10)]

Ⅰ. 정의

① GPR 탐사는 지표에 송·수신기를 설치하여 지하의 불균질대에서 반사되어온 전자기파 혹은 레이더파를 지중에 침투시켜 돌아오는 반사파로 지하 구조물을 영상화하는 방법이다.

② 지구 물리탐사방법 중 한 가지로서 지질 및 구조물에 대한 고해상도 이미지를 제공하여 이를 이용하여 다양한 산업분야에 필요한 정보를 확인할 수 있으며 최근 기술적인 이용범위가 확대되고 있다.

Ⅱ. 탐사 방법

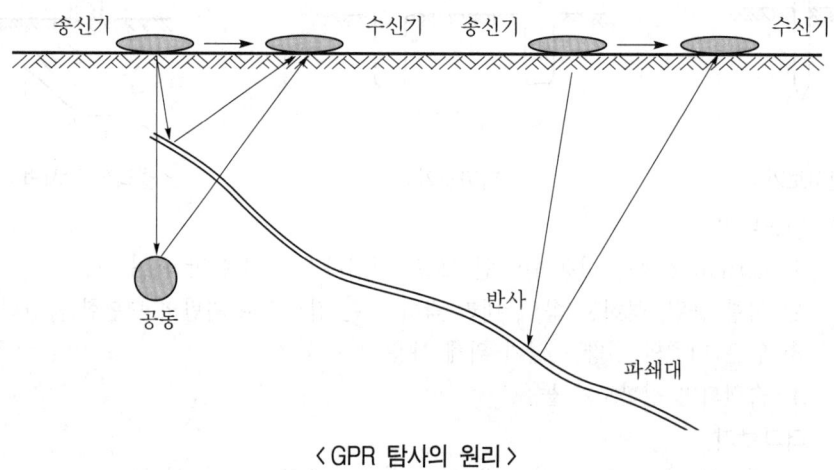

〈 GPR 탐사의 원리 〉

Ⅲ. 특징

① 일반 물리탐사에 비해 장비가 간단하고 작업이 용이하다.

② 고주파를 사용하므로 해상도가 월등하다.

③ 조사 자료가 영상처리되므로 객관적이고 신뢰성이 높다.

④ 주변 구조물에 손상을 주지 않고 실시하는 비파괴 지반탐사이다.

Ⅳ. 적용 범위

① 지반 조사, 지하 구조물 조사, 도로 포장 두께 및 결함 조사

② 터널라이닝 두께 및 결함 조사

③ 지하 공동 조사, 오염대 조사

④ 고고학 발굴을 위한 조사

⑤ Sink hole

⑥ 액상화구간

V. 적용시 고려사항

① GPR 탐사는 탐사에 적합한 지형이어야 소기의 목적을 달성할 수 있다.

② 도심지의 교통소음과 지하의 지하수위가 존재하면 적용이 곤란하다.

③ 점성이 큰 지반은 감쇠현상으로 적용성이 결여된다.

12 Boring

Ⅰ. 정의

① Boring이란 지중에 철관을 꽂아 천공하여 그 안의 토사를 채취, 관찰할 수 있는 지반 조사의 가장 중요한 방법이다.

② 지중의 토질 분포, 흙의 층상 및 구성 등을 알 수 있고 주상도를 그릴 수 있으며 표준 관입시험, Vane Test 등과 같은 다른 지반 조사법과 병용하기도 한다.

Ⅱ. Boring의 목적

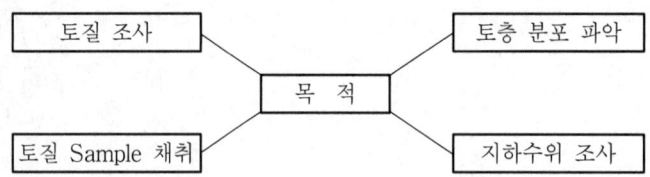

Ⅲ. 종류

1) 오거 보링(Auger Boring)

① 나선형으로 된 송곳(auger)을 인력으로 지중에 박아 지층을 알아보는 방법

② 깊이 10 m 이내의 점토층에 사용

2) 수세식 보링(Wash Boring)

① 선단에 충격을 주어 이중관을 박고 물을 뿜어내어 파진 흙과 물을 같이 배출

② 흙탕물을 침전시켜 지층의 토질을 판별

3) 회전식 보링(Rotary Boring)

① Drill Rod의 선단에 첨부한 날(bit)을 회전시켜 천공하는 방법

② 안정액은 Drill Rod를 통하여 구멍 밑에 안정액 Pump로 연속하여 송수하고 Slime을 세굴하여 지상으로 배출

③ Bit의 종류는 Fish Tail Bit, Crown Bit, Short Crown Bit, Cutter Crown Bit, Auger, Sampling Auger 등

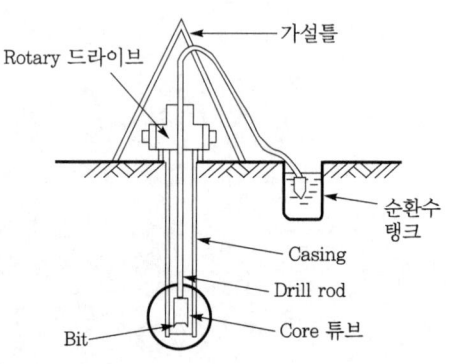

4) 충격식 보링(Percussion Boring)

① 와이어 로프의 끝에 충격날(Percussion Bit)의 상하 작동에 의한 충격으로 토사·암석을 파쇄 천공하여 파쇄된 토사는 Bailer로 배출

② 공벽 토사의 붕괴를 방지할 목적으로 안정액 사용

③ 안정액은 황색 점토 또는 Bentonite를 사용

13 Sounding

[99전(20), 15전(10)]

Ⅰ. 정의

① 지반 조사의 일종으로 Rod 선단에 부착한 저항체를 지중에 매입하여 관입, 회전, 인발 등의 힘을 가하여 그 저항치에서 토층의 상태를 알 수 있는 방법이다.

② Sounding은 간편성, 기동성에 특징이 있으나 기능 및 정도 등에 난점이 있어 Boring과 같은 다른 조사 방법과 병용하여 효과를 증대시킬 필요가 있다.

Ⅱ. 종류

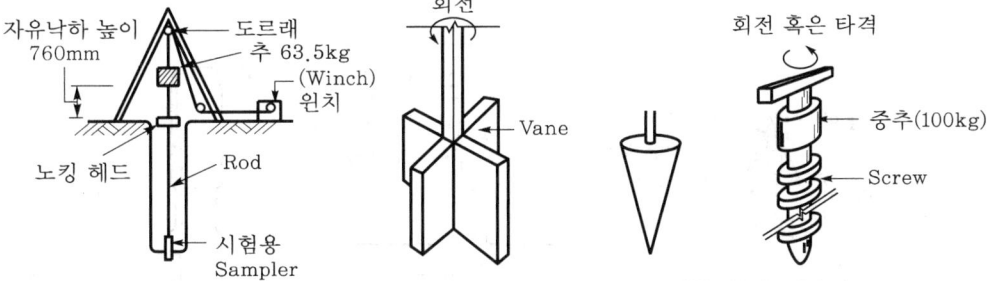

< 표준관입시험 >　　< Vane Test >　　< Cone 관입 >　　< Screw Point >

1) 표준관입시험(Standard Penetration Test)

① 표준 관입시험용 Sampler(Split Spoon Sampler)를 쇠막대(Rod)에 끼우고 750 mm의 높이에서 63.5 kg의 떨공이를 자유 낙하시켜 300 mm 관입시키는 데 요하는 타격 횟수 N치를 구하는 시험으로 사질 지반에 주로 사용

② 흙의 지내력 측정

③ N치가 클수록 밀실한 토질

2) Vane Test

① Boring의 구멍을 이용하여 Vane(+자형 날개)을 지반에 때려 박고 회전시켜 저항하는 Moment 측정

② 회전력에 의해 점토질의 점착력 판단

③ 연한 점토질에 사용하며, 깊이는 10 m 이내가 적당

3) Cone 관입시험

① 끝에 부착된 원추형 Cone을 지중에 관입할 때의 저항력 측정

② 흙의 경연 정도 조사하며 연약한 점토질 지반에 사용

4) 스웨덴식 Sounding

① 선단에 Screw Point를 달아 중추(100 kg)의 무게와 회전력에 의하여 관입 저항을 측정하는 방법

② 관입량과 회전수로 토층의 상황 판단

③ 모든 토질에 적용되며 최대 관입 심도는 25~30 m 정도

14 표준관입시험(SPT ; Standard Penetration Test)

[09후(10)]

Ⅰ. 정의

① 표준관입시험용 Sampler(Split Spoon Sampler)를 쇠막대(Rod)에 끼우고 750 mm
의 높이에서 63.5 kg의 떨공이를 자유낙하시켜 300 mm 관입시키는 데 필요한 타
격횟수 N치를 구하는 시험을 말한다.
② 주로 모래 지반에 사용한다.

Ⅱ. 시험 장치

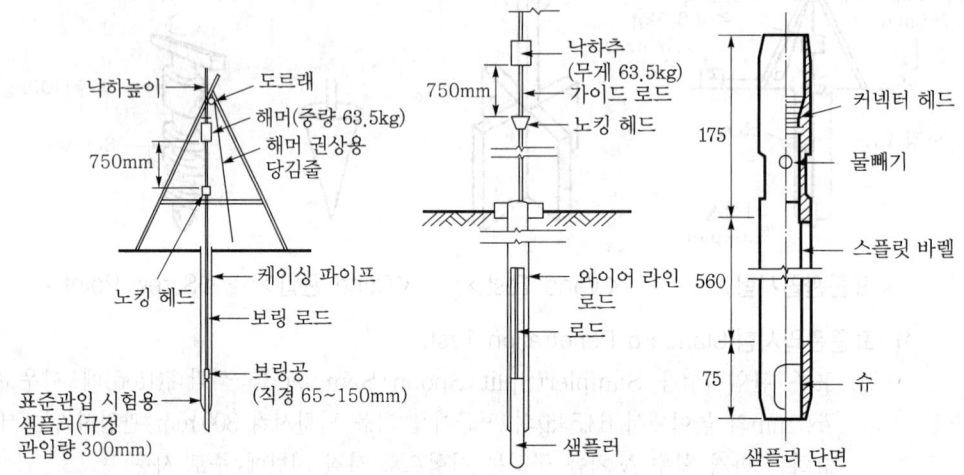

Ⅲ. 시험 순서

① 정지 작업
② Boring
③ 시험용 기구 설치
④ Rod 선단부에 표준관입시험용 Sampler(Split Spoon Sampler) 부착
⑤ 굴착 구멍 저부에 Sampler 매입
⑥ 750 mm의 높이에서 63.5 kg의 떨공이 낙하
⑦ 타격 횟수 N치 측정
⑧ Data 작성

Ⅳ. 용도

① 지내력 측정
② 토질 주상도 기초 자료

15 N치

Ⅰ. 정의

① N치란 표준관입시험시 중량 63.5 kg의 떨공이를 750 mm의 높이에서 자유낙하시켜 시험용 Sampler를 300 mm 관입시키는데 필요한 타격 횟수를 말한다.

② N치를 통하여 흙의 지내력을 측정하며 N치가 클수록 지반상태가 조밀한 토질이다.

Ⅱ. N치와 흙의 상대 밀도

N치	지반 상태	상대 밀도
0~4	대단히 느슨	0~15
4~10	느슨	15~35
10~30	보통	35~65
30~50	조밀	65~85
50 이상	대단히 조밀	85~100

Ⅲ. N치로 추정할 수 있는 항목

1) 모래 지반
   ① 상대 밀도(다짐상태의 정도)
   ② 전단 저항각
   ③ 지지력계수
   ④ 탄성계수
   ⑤ 허용 지지력

2) 점토 지반
   ① Consistency(연경의 정도)
   ② 일축(一軸) 압축 강도
   ③ 점착력
   ④ 허용 지지력

16 표준관입시험에서의 N치 활용법

[02중(10)]

Ⅰ. 정의

① N치란 표준관입시험(SPT)에서 표준 샘플러가 300 mm 지반 속으로 관입시키는데 요구되는 해머의 타격 횟수를 말한다.

② 구해진 N치를 통하여 흙의 지내력을 측정하여 지반상태의 연경 정도를 파악하는데 이용되어진다.

Ⅱ. N치로 추정할 수 있는 사항

```
          ┌─ Consistency, 일축압축강도
    점성토 ┤
          └─ 말뚝지지력, 극한지지력, 점착력

          ┌─ 상대밀도, 내부마찰각
    사질토 ┤
          └─ 지지력계수, 탄성계수, 허용지지력
```

Ⅲ. N치의 활용법

1) 일축압축강도(q_u) 추정

① N치를 이용하여 점토의 일축 강도값을 추정

② $q_u = 0.12 \sim 0.13N ≒ \dfrac{N}{8}(\text{kgf/cm}^2)$

2) 말뚝의 지지력(Q_u) 산정

① Meyerhof에 의한 지지력 산정

② $Q_u = 30N_p A_p + \dfrac{1}{5}N_s A_s + \dfrac{1}{2}N_c A_c(\text{tonf})$

3) 극한지지력(q_u) 추정

① 구조물의 침하에 따른 허용지지력 추정

② $q_u = \alpha C N_c + \beta \gamma_1 B N_r + \gamma_2 D_f N_q(\text{tonf/m}^2)$

4) 상대 밀도 측정

N치	지반 상태	상대 밀도
0~4	매우 느슨	0~15
4~10	느슨	15~35
10~30	보통	35~65
30~50	조밀	65~85
50 이상	매우 조밀	85~100

5) 내부 마찰각 추정

① 토질학자 Dunham, Terzaghi에 의한 상관 관계

② $\phi = \sqrt{12N} + 25$

6) 지지력계수

7) 탄성계수 등

17 N값의 수정(수정 N치)

[01중(10), 08중(10)]

Ⅰ. 정의

① N값이란 지반의 연경 정도를 파악하기 위하여 실시하는 표준관입시험에서 Rod 끝에 부착된 표준 샘플러가 지반 속에 $300\,mm$ 관입될 때의 해머 타격 횟수로 구해지는 값이다.

② N값의 수정은 실제 시험을 행하는 현장에서 샘플러가 부착된 Rod 길이와 지반 구성 토질 및 지표면 상재하중 등을 고려하여 얻어진 N값을 수정하는 것을 말한다.

Ⅱ. N치의 활용

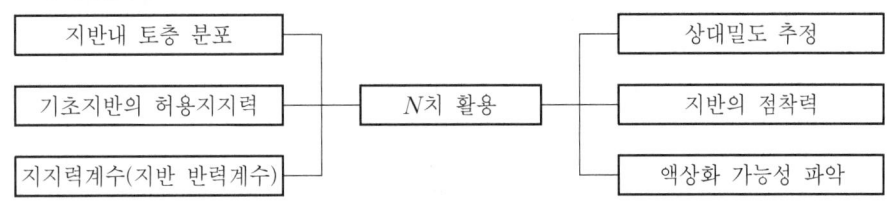

Ⅲ. N값의 수정

1) Rod 길이에 의한 수정(N_1)

Rod 길이가 15m보다 클 때 실측 N치를 다음과 같이 수정한다.

$$N_1 = N'\left(1 - \frac{x}{200}\right)$$

N_1 : 수정치
N' : 실측치
x : Rod 길이(m)

2) 토질에 의한 수정(N_2)

실측 N치가 15 이상인 경우에 토질에 대하여 N치를 수정한다.

$$N_2 = 15 + \frac{(N'-15)}{2}$$

N_2 : 수정치
N' : 실측치

3) 상재하중에 의한 수정(N_3)

N값의 측정치는 상재하중에 따라 크게 달라지므로 상재압에 의한 수정을 한다.

$$N_3 = N' \times C_N$$

C_N : $0.77\log\left(\dfrac{20}{P_0}\right)$

P_0 : 유효 상재하중(kgf/cm^2)

18 모래 밀도별 N값과 내부마찰각의 상관관계

[04중(10), 10후(10)]

Ⅰ. 정의

① N값이란 표준관입시험(SPT)시 중량 63.5 kg의 Hammer를 750 mm 높이에서 자유낙하시켜 시험용 Sampler를 300 mm 관입시키는데 필요한 타격 횟수를 말한다.

② 내부마찰각은 모래지반에서 모래 입자간의 엇물림으로 인한 마찰 저항의 크기를 말하며, 모래에 따른 고유의 값이 아닌 전단시험방법 및 배수 조건에 따라 달라진다.

Ⅱ. 모래 밀도별 N값

N값	지반상태	상대밀도	내부마찰각(ϕ)	
			Meyerhof	Peck
0~4	대단히 느슨	0~15	0~30°	0~28.5°
4~10	느슨	15~35	30~35°	28.5~30°
10~30	보통	35~65	35~40°	30~36°
30~50	조밀	65~85	40~45°	36~41°
50 이상	매우 조밀	85~100	45° 이상	41° 이상

Ⅲ. 내부마찰각

1) 흙의 전단강도(Coulomb의 법칙)

$$S = C + \overline{\sigma} \tan\phi$$

S : 전단강도, $\tan\phi$: 마찰계수
C : 점착력, $\overline{\sigma}$: 유효응력
ϕ : 내부마찰각

① 점토지반(내부마찰각 Zero) : $S \fallingdotseq C$

② 모래지반(점착력 Zero) : $S \fallingdotseq \overline{\sigma} \tan\phi$

2) 내부마찰각에 영향을 미치는 요인

① 입자의 크기

② 입자의 형상

③ 입자의 분포

④ 상대밀도

⑤ 물

⑥ 시험방법

Ⅳ. *N*값과 내부마찰각의 상관관계

1) Dunham의 공식

입자분포	공 식
• 입자가 모가나고 입도 양호 • 입자가 모가나고 입도 불량 • 입자가 둥글고 입도 양호 • 입자가 둥글고 입도 불량	$\phi = \sqrt{12N} + 25$ $\phi = \sqrt{12N} + 20$ $\phi = \sqrt{12N} + 20$ $\phi = \sqrt{12N} + 15$

2) Peck의 공식

$\phi = 0.3N + 27$

3) 오오자카 공식

$\phi = \sqrt{20N} + 15$

19 Vane Test

Ⅰ. 정의

Boring의 구멍을 이용하여 +자 날개형의 Vane을 지중의 소요 깊이까지 넣은후 회전시켜 회전력에 의해 저항하는 Moment를 측정하여 전단강도를 구하는 방법을 말한다.

Ⅱ. Vane Test 시험장치

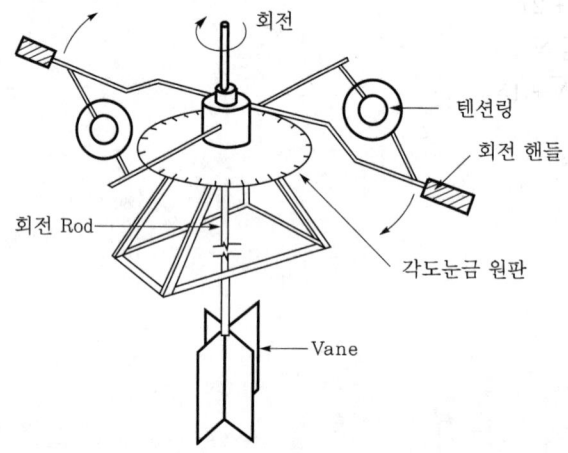

Ⅲ. 용도

① 점토질의 점착력 판별
② 기초 저면 지내력 확인

Ⅳ. 특성

① 연한 점토질에 사용
② 굳은 진흙층에서 Vane의 삽입이 곤란하므로 부적당
③ 깊이 10 m 이상이 되면 Rod의 되돌음 등이 있어 부정확

20 | 콘관입시험(Cone Penetration Test)

[07전(10)]

Ⅰ. 정의

① 콘관입시험은 강봉의 선단에 원추형 Cone을 달고 지중에 관입시켜, 관입저항치를 측정하여 지반의 지지력을 측정하는 시험이다.

② 비교적 넓은 지역의 조사시 보링공 사이의 개략적인 토층 성상을 파악하기 위해 실시하며, 연약지반에 주로 사용된다.

③ 연속적으로 지중에 관입하므로 지반의 심도에 따라 지지력을 측정할 수 있다.

Ⅱ. 시험도

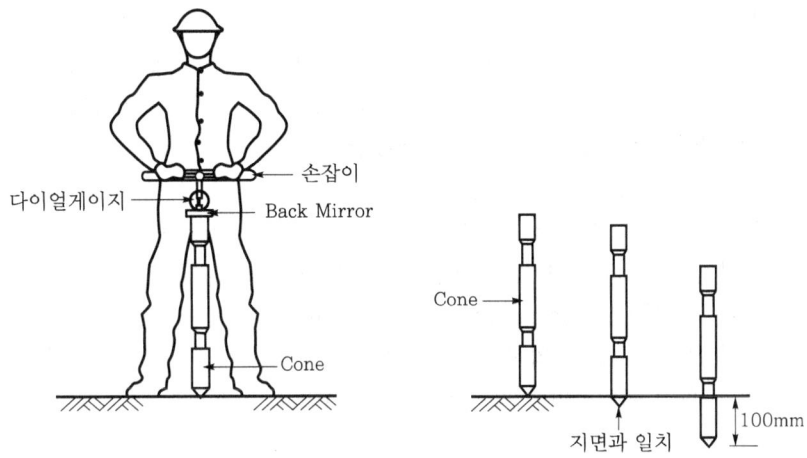

시험장비가 간단하고 시험이 용이하며, 비용이 적게 든다.

Ⅲ. 특징

① 지반의 심도변화에 따라 연속적인 시험이 가능하다.

② 시험이 간단·신속하다.

③ 비용이 적게 소요된다.

④ 시료 채취가 불가능하다.

⑤ 자갈·암반층에서는 부정확하다.

IV. Cone 관입시험의 분류

```
              ┌ 휴대용 콘관입시험(Portable Cone Penetrometer)
정적 콘관입시험 ├ 화란식 콘관입시험(Dutch Cone Penetrometer)
              └ 피조콘 관입시험(Piezocone Penetrometer)
동적 콘관입시험(Dynamic Cone Penetration)
```

1) 휴대용 콘관입시험(Portable Cone Penetrometer)
① $N<4$인 지반에 적용
② 연약지반에서 차량의 통과 여부를 판정할 목적으로 사용
③ 측정 가능한 범위는 1.5 MPa 정도

2) 화란식 콘관입시험(Dutch Cone Penetrometer)
① $4<N<30$인 지반에 적용
② 유효 조사 심도가 25 m 정도이며, 가장 많이 사용되는 Cone 관입시험임
③ 호박돌이나 매우 연약한 지반 이외에는 정밀도가 표준관입시험보다 높음

3) 피조콘 관입시험(Piezocone Penetrometer)
① 점토 및 사질토 지반에 적용
② 유효 조사 심도는 50 m 정도이며 최근에는 시험기구 발전으로 70 m까지 시험 가능
③ 시험결과의 신뢰성이 높고 적용성이 많아 중요한 구조물인 경우 많이 적용함

4) 동적 콘관입시험(Dynamic Cone Penetrometer)
① 시험지반에 Cone 관입시험기를 설치하고 일정한 무게의 Hammer를 자유낙하시켜, 정해진 관입깊이에 따른 타격 횟수(N_d)를 측정
② 사질토 연약지반 개량 효과에 이용
③ N치와의 관계 : $N=\dfrac{N_d}{1.15}$

21 피조콘(Piezocone) 관입시험

Ⅰ. 정의

① 피조콘은 기존의 Dutch Cone을 개량하여 콘저항치와 마찰력을 측정하면서 간극수압 및 간극수압 소산이 동시 측정되는 지반조사 장비이다.

② 연결 로드에 전기식 Cone을 장착하여 일정한 관입 속도로 지중에 압입하여 소정의 심도까지 연속적으로 관입저항 및 슬리브의 마찰력, 과잉간극수압을 측정하는 장비이며 필요에 따라 콘관입을 중단하고 간극수압 소산시험을 수행할 수 있다.

Ⅱ. Piezocone 장비의 구성

구성 항목	용 도	규 격
전기식 콘	선단지지력, 슬리브의 마찰력, 과잉 간극수압 등을 측정	표준 콘 ① 콘의 선단각 : 60° ② 콘 선단 면적 : 10 cm² ③ 콘 선단 직경 : 35.7 mm ④ 슬리브의 마찰면적 : 150 cm² ⑤ Piezo Element : 콘 Tip 바로 뒤에 위치
추진 Rod	전기식 콘을 지중에 관입할 때 연결 Rod로 사용	① Rod의 형식 : 단관 ② Rod 직경 : 35.7 mm ③ 재질 : 고강도 강철 ④ 길이 : 1 m/1본
유압 관입기, 디젤 엔진	콘을 지중에 관입하는 장비	① 관입 능력 : 20 ton ② 장비 하중 : 800 kg
진공 펌프	콘을 강제 포화시킬 때 사용	① 포화 작업시간 : 2시간 ② 포화 액체 : 실리콘 오일
데이터 관리	① 콘에 대한 초기 보정치 입력 ② 측정치의 Reading ③ IBM PC와의 Interface	

Ⅲ. 특징

① 연속적인 지층 주상 및 강도 파악
② 수평 방향 압밀 특성 파악
③ 점성토층 내에 분포하는 Sand Seam층 파악 가능
④ 지반 개량 전·후의 강도 기준치 설정
⑤ 응력 경로 및 과압밀비 측정
⑥ 간극수압 측정
⑦ 관련 토질 정수의 측정

Ⅳ. 자료 처리

① 전기식 콘관입기는 연속적인 자료 수집으로 인하여 복잡한 측정 자료의 처리와 수집 기능이 요구된다.

② 매 회 측정은 20~50 mm마다 수행된다.

③ 전송된 Data는 자체 출력 프로그램인 CPT-Main에 의하여 현장에서 직접 측정 결과를 CRT를 통하여 파악이 가능하다.

④ 전산 출력 결과표

Ⅴ. 피조콘 관입시험과 표준 관입시험의 특징 비교

	피조콘 관입시험	표준 관입시험
자료의 연속성	○	×
자료의 신뢰도	○	△
간극수압 측정	○	×
Sand Seam 유무 판정	○	×
시료의 채취	×	△
응력 경로, OCR 판정	○	×
조사비	○	○

Ⅵ. 시험 결과치 이용

① 비배수 강도 결정

② 투수계수 결정

③ 선행 압밀하중 결정

④ 압밀계수 추정

22 Sampling(시료 채취)

Ⅰ. 정의

① 지반의 토질 판별을 위하여 시료를 채취하는 방법을 말한다.
② 시료를 채취하는 방법에는 크게 교란 시료 채취와 불교란 시료 채취 방법으로 분류할 수 있다.

Ⅱ. 용도

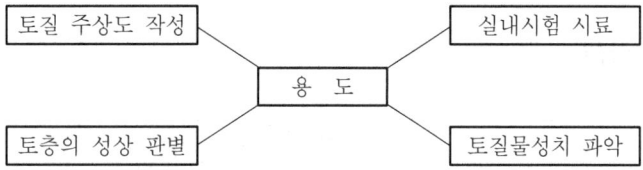

Ⅲ. 분류

1. 교란 시료 채취(Disturbed Sampling)

토질이 흐트러진 상태로 채취한 시료를 말한다.

1) 특성
  ① 토성, 다짐성 등을 시험
  ② 토량환산계수를 구하기 위하여 교란 시료와 불교란 시료를 채취

2) Remold Sampling
  Auger에 의하여 연속적으로 Sample을 채취하는 방법

2. 불교란 시료 채취(Undisturbed Sampling)

토질이 자연상태 그대로 흩어지지 않도록 채취하는 것으로 Boring과 병행하여 실시한다.

1) 특성
  ① 흙의 분류시험, 역학적 시험에 사용
  ② 진단, 압축, 투수, 입도 등을 시험

2) 채취 방법
  ① Thin Sampling : N치 0~4 정도의 연약한 점토 채취, 높은 신뢰도
  ② Composite Sampling : N치 0~8 정도의 굳은 점토 또는 다져진 모래 채취
  ③ Dension Sampling : N치 4~20 정도의 경질 점토 채취
  ④ Foil Sampling : 연약지반에 사용되며 완전히 연결된 시료 채취 가능

23 | 입도 분석(입경 가적 곡선)

[14후(10)]

Ⅰ. 정의

① 흙의 기본적 성질에서 공학적인 중요한 요소는 흙의 입도 구성, 광물 조성 Consistency, 흙덩어리의 구조 등으로 흙을 분류하는 기준도 이에 따르고 있다.

② 입도 분포라 함은 흙을 구성하는 토립자를 입경에 의하여 구분한 분포상태를 말하며 흙의 밀도, 투수성, 강도 등의 공학적 성질을 좌우하는 중요한 요소이다.

Ⅱ. 입경 가적 곡선

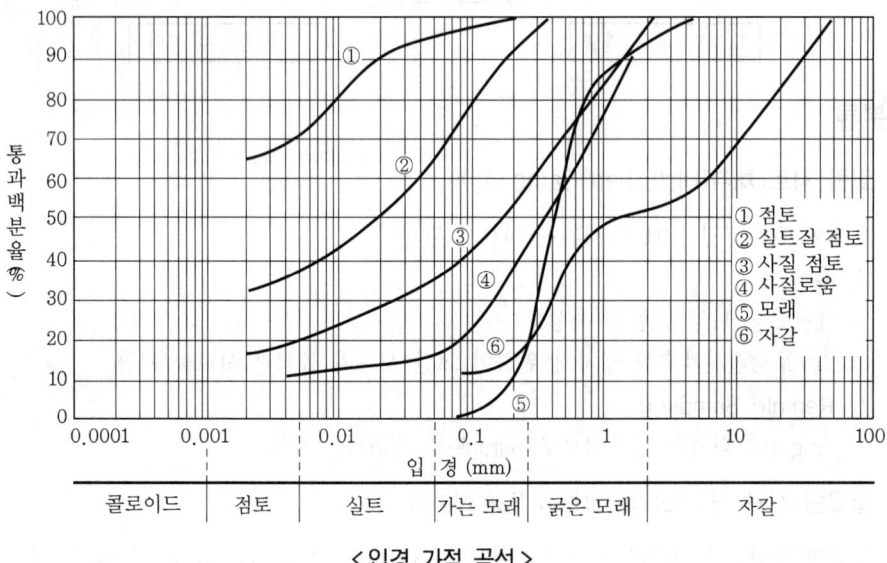

<입경 가적 곡선>

체가름 시험 분석 결과를 반대수지(Semi Log Paper)의 횡축에 대수 눈금으로 입경을 표시하고 종축에 통과중량 백분율을 표시하여 Plot 했을 때 토질의 입경에 따른 가적 곡선이 나타난다.

1) 균등계수(C_u)

통과 중량백분율 10%, 30%, 60%에 해당하는 입경을 각각 D_{10}, D_{30}, D_{60} 이라 할 때, 조립도의 입도 분포가 좋고 나쁜 정도를 나타내는 계수이다.

$$C_u = \frac{D_{60}}{D_{10}}$$

2) 곡률계수(C_g)

$$C_g = \frac{D_{30}^2}{D_{60} \times D_{10}}$$

C_u	입도 상태	C_g
1	균등 입도	
≤ 4	입도 분포 나쁨	
≥ 10	입도 분포 좋음	$1 \leq C_g \leq 3$

3) 유효경

① 입경 가적 곡선에서 통과 중량백분율 10%에 해당하는 D_{10}을 흙의 유효경이라 한다.

② 유효경은 사질토의 투수성과 밀접한 관계가 있다.

투수계수 $k = (100 \sim 174) \times D_{10}^2$ (cm/sec)

4) Filter 규정

통과백분율 15%, 85%에 해당하는 입경 D_{15} 및 D_{85}를 기준으로 한다.

$(4 \sim 5) D_{85} \geq d_{15} > (4 \sim 5) D_{15}$

d_{15} : 필터 재료의 통과 중량백분율 15%의 입경

D_{15} : 필터에 접하는 지반토의 통과백분율 15%에 해당되는 입경

D_{85} : 필터에 접하는 지반토의 통과백분율 85%에 해당되는 입경

Ⅲ. 입도 분석 방법

1) 체가름 시험법

No. 4, No. 10, No. 20, No. 40, No. 60, No. 140, No. 200번체를 체 진동기에 거치하고 시료를 위에 담고 충분히 체질한 다음 전체 시료에 대한 각 체에 남은 잔여 시료 중량의 비로써 각 체의 통과 중량백분율을 산출한다.

$$각\ 체의\ 통과\ 중량백분율 = \frac{각\ 체에\ 남은\ 잔류\ 시료\ 중량}{전체\ 시료\ 중량} \times 100$$

2) 침강 분석법

정수중에 토립자가 침강하는 속도와 흙 입경과의 관계를 나타내는 Stokes 법칙을 적용한 것이며 비중계법(Hydrometer Method), 피페트법(Pipet Method), 광투과법(Photo Extinction Method) 등이 있으며 일반적으로 비중계법이 많이 이용된다.

24 | Stoke's 법칙과 영동작용(Brown 운동)

Ⅰ. 정의

Stoke's 법칙이란 한 개의 구를 정수중에 떨어뜨렸을 때의 침강속도는 그 구의 직경의 제곱에 비례한다는 원리로 침강속도를 구하는 것을 말한다.

Ⅱ. 침강속도

$$V = \frac{\gamma_s - \gamma_w}{18\mu} gd^2 \, (\text{cm/sec})$$

γ_s : 토립자 단위중량

γ_w : 물 단위중량

μ : 물의 점성계수

d : 토립자 직경

g : 중력가속도

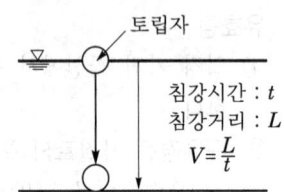

토립자

침강시간 : t
침강거리 : L

$$V = \frac{L}{t}$$

Ⅲ. Stoke's 법칙의 가정과 실제와의 차이점

구 분	Stoke's 법칙 가정	실제(점토)
침강입자	완전구형	판상
입자침강	단독침강	간섭침강(응집)
침강속도	느림	수십~수백배 빠름

Ⅳ. 용도

① 준설점토 침강속도 산정

㉮ 침강속도가 느린 점토 입자에는 Stoke's 법칙을 적용하는 것이 타당하나 Stoke's 법칙의 가정 조건과 점토 입자의 침강 형태가 달라 실제 침강속도와는 차이가 크다.

㉯ 원심모형 시험결과와 비교 검토후 적용함이 타당하다.

② 세립토 흙분류(실트, 점토) : 비중계 분석시험으로 분류

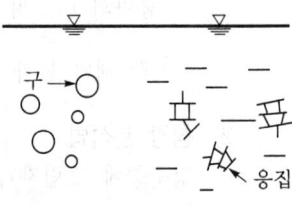

응집

Ⅴ. 영동작용(Brown 운동)

① 영동작용이란 물속에서 미세한 입자가 입자표면의 전하때문에 가라앉지 않고 떠돌아다니는 현상을 말한다.

② 준설한 준설 점토 거동은 입자크기가 미세하고 입자표면의 음의 전하 때문에 처음에는 영동작용을 하다가 시간이 흐르면 응집하여 중량이 무거워 침강한다.

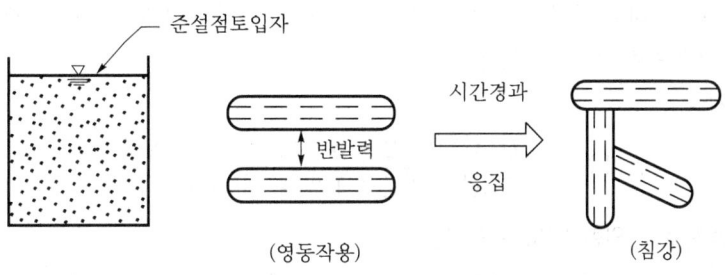

25 균등계수, 곡률계수

I. 균등계수(Uniformity Coefficient)

1) 정의

균등계수는 조립토의 입도 분포가 좋고 나쁜 정도를 나타내는 계수로써, 입도 분석 자료를 토대로 하여 작성한 입경 가적 곡선에서 통과 백분율 10%와 60%에 해당하는 입경으로 구할 수 있다.

2) 관계식

$$C_u(\text{균등계수}) = \frac{D_{60}(\text{통과백분율 }60\%\text{에 해당하는 입경})}{D_{10}(\text{통과백분율 }10\%\text{에 해당하는 입경})}$$

3) 균등계수에 의한 입도 분포 판정

모래에서 $C_u \geq 6$, 자갈에서 $C_u \geq 4$일 경우 좋은 입도 분포에 속한다.

C_u	입도 분포 상태
1	균등 입도
≤ 4	나쁜 입도 분포
≥ 10	좋은 입도 분포

II. 곡률계수(Coefficient of Curvature)

1) 정의

입도 분석 자료에서 통과백분율 10%, 30%, 60%에 해당하는 입경을 각각 D_{10}, D_{30}, D_{60}이라 할 때 구해지는 계수로서 균등계수와 함께 입도 분포 판정에 이용된다.

2) 관계식

$$C_g(\text{곡률계수}) = \frac{D_{30}^{\;2}(\text{통과백분율 }30\%\text{에 해당하는 입경})}{D_{10}(\text{통과백분율 }10\%\text{에 해당하는 입경}) \times D_{60}(\text{통과백분율 }60\%\text{에 해당하는 입경})}$$

3) 입도 판정

C_g	입도 판정
1~3	좋은 입도 분포
$1 < C_g < \sqrt{C_u}$	$C_u \geq 10$일 때 좋은 입도 분포
$C_g < 1,\ C_g > \sqrt{C_u}$	단계 입도 분포

Ⅲ. 입경 가적 곡선

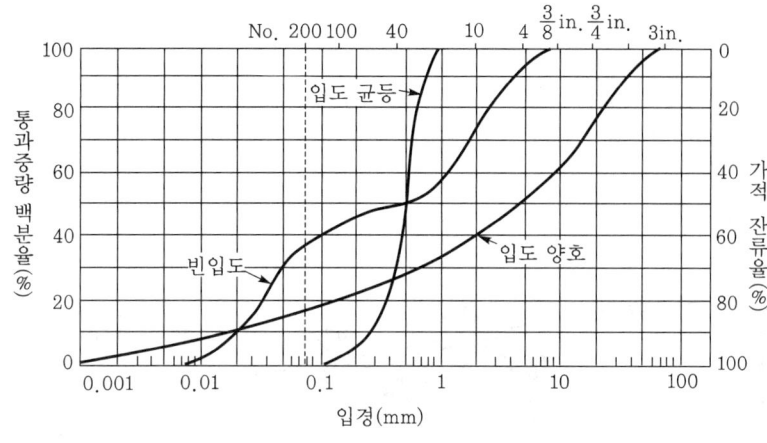

< 입경 가적 곡선 >

26 | 평판재하시험(PBT ; Plate Bearing Test)

[95전(20), 01전(10), 03후(10)]

Ⅰ. 정의

재하 평판을 지반 위에 놓고 일정한 속도로 하중을 가하여 작용 하중과 침하량의 관계를 구하여 지반의 지지력을 추정할 수 있는 지지력계수 K를 구하는 시험이다.

Ⅱ. 시험 도구

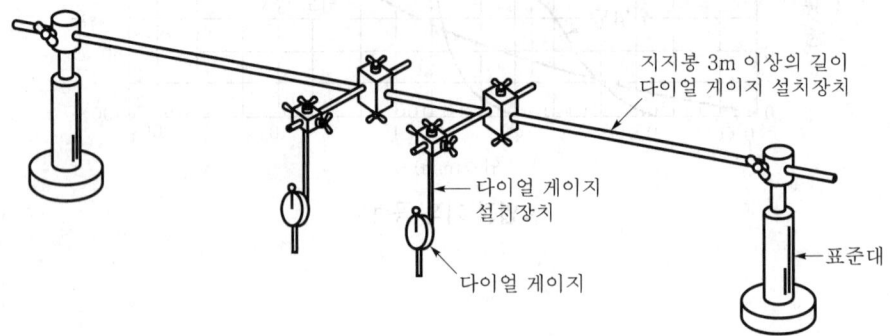

지지봉 3m 이상의 길이
다이얼 게이지 설치장치

다이얼 게이지
설치장치

다이얼 게이지

표준대

1) 재하판
   ① 원형 : 직경 300 mm, 400 mm, 750 mm
   ② 정사각형 : 300×300×25 mm, 400×400×25 mm

2) 하중 장치
   자동차 또는 트레일러와 같은 소요의 반력을 얻을 수 있는 장치로서 재하판의 끝에서 1 m 이상 떨어진 지점에 지지점을 설치한다.

3) 측정 장비
   ① 유압 Jack
   ② Gauge
   ③ 기록 장치 및 표준대

4) 침하량 측정 장치
   재하판의 침하량을 측정하는 장치로서 재하판의 끝에서 3 m 이상 떨어진 지점에 지지점을 설치한다.

Ⅲ. 특징

① 실물 재하 시험으로 신뢰성이 있다.
② 지반 지내력의 정도를 정확히 측정한다.
③ 시험시 설비 규모가 크다.
④ 재하 방법에 따라 실물 재하와 반력 재하로 나눈다.

Ⅳ. 시험 방법

1) **시험 지반 정리**

시험 지반 지표면을 작은 삽 등의 도구로 수평으로 정리한다.

2) **재하판 설치**

정리된 지표면 위를 평탄하게 하기 위해 필요시 모래를 얇게 깔고 그 위에 재하판을 설치한다.

3) **재하 장치 설치**

재하판 중심에 Jack을 설치하고 재하 장치의 지지점은 재하판으로부터 1 m 이상 떨어지게 한다.

4) **재하시험**

① 재하판의 안정을 위해서 $35 \, kN/m^2$의 초기 접지압을 가한 상태를 초기치로 한다.

② $98 \, kN/m^2$ 이하 또는 계획된 시험 목표하중의 1/6 이하로 6단계로 나누고 누계적으로 동일 하중을 흙에 가한다.

③ 각 단계별 하중 증가 후 최소 15분 이상 하중을 유지해야 하며, 침하가 정지하거나 침하 비율이 일정하게 될 때까지 하중을 유지하도록 한다.

5) **시험 결과의 정리**

① 시험 결과로부터 종축에 침하량, 횡축에 하중을 표시하여 하중－침하량 곡선을 그린다.

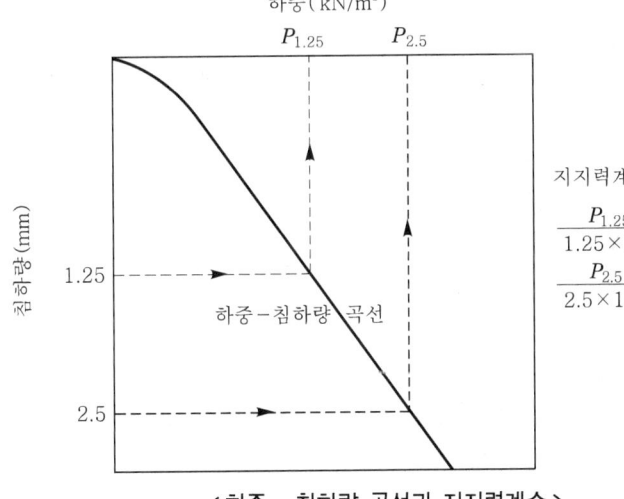

< 하중－침하량 곡선과 지지력계수 >

② 하중강도－침하량 곡선으로부터 소정의 침하량시의 시험하중을 구하여 다음 식에 의하여 지지력계수를 계산한다.

$$K(지지력계수) = \frac{시험하중 \, (kN/m^2)}{침하량 \, (mm)} \, (MN/m^3)$$

㈜ 침하량은 시험의 목적에 상응하는 값이라야 한다. 일반적으로 Cement Concrete 포장에서는 1.25 mm, Asphalt 포장에서는 2.5 mm를 이용한다.

27 평판재하시험 적용시 유의사항

Ⅰ. 정의
① 재하판을 지반 위에 놓고 일정한 속도로 하중을 가하여 작용 하중과 침하량의 관계를 구한 뒤 지반의 지지력을 추정할 수 있는 지지력계수 K를 구하는 시험이다.
② 평판재하시험은 하중-침하량 곡선 위에 항복 하중이 나타날 때까지 재하를 계속하지만, 하중에 여유가 있으면 지반이 파괴 상태에 도달할 때까지 하중을 가한다. 시험이 끝나면 항복 하중의 1/2 또는 파괴 하중의 1/3 중 작은 것을 장기 허용 지지력으로 하고, 그의 2배를 단기 허용 지지력으로 한다.

Ⅱ. 시험 방법
① 시험 지반 정리
② 재하판 설치
③ 재하 장치 설치
④ 재하시험
⑤ 시험 결과 정리

Ⅲ. 적용시 유의사항(결과 이용시 주의사항)
1) 항복 하중의 결정
① 항복 하중은 여러 방법의 결과를 비교하여 종합적으로 결정하여야 한다.
② 항복 하중의 결정 방법
㉮ 하중-침하 곡선을 이용하는 방법
㉯ $\log P$-$\log S$ 곡선법
㉰ S-$\log t$ 법

2) 허용 지지력의 결정
① 일반적으로 허용 지지력은 설계자가 하중 조건, 침하 조건, 현지 여건 등을 종합적으로 검토하여야 한다.
② 허용 지지력을 구할 때는 다음 조항들의 최소값을 사용한다.
㉮ 항복 하중의 1/2 이하
㉯ 극한 하중의 1/3 이하
㉰ 상부 구조물에 따라 정한 허용 침하량의 하중 이하

3) 시험 지점의 토질 변화
① 실제는 시험 장치의 크기가 작은 관계로 실기초 폭보다 훨씬 작은 면적을 사용하므로 시험 결과에 나타난 지지력이나 침하량을 그대로 설계에 반영해서는 안 된다.

② 재하시험의 응력이 미치지 않는 깊이에 연약 지반이 있을 경우에는 자연 시료를 이용하여 하부 연약층의 전단 특성과 압밀 특성 등을 사전에 파악한 후 실제 기초의 지지력과 침하량을 산출하여야 한다.

4) 지하수의 변동

지하수가 낮았던 지점에서 어떤 원인으로 지하수가 상승하면 흙의 유효 단위 중량은 대략 50% 정도로 저하되므로 지반의 극한 지지력도 대략 반감한다.

5) Scale Effect

Bring 및 기타의 조사에 의하여 지반이 균질하고 하부에 연약 지반이 없는 것이 인정되어도 재하시험 결과를 그대로 적용할 것이 아니라, 반드시 재하판의 크기 및 실제 기초의 크기를 비료한 Scale Effect를 고려하여야 한다.

28 지지력계수(Modulus of Subgrade Reaction)

Ⅰ. 정의

① 노상과 보조 기층의 지지력 크기를 나타내는 계수로서 평판 재하 시험을 통하여 얻을 수 있으며 침하량에 대한 시험하중 비로 나타낸다.

② 평판 재하시험에서 사용하는 재하판의 크기는 300 mm, 400 mm, 750 mm가 있으며 지반계수 또는 K치를 나타내기도 한다.

Ⅱ. 산정식

$$K(지지력계수) = \frac{P(시험하중 : \text{kN/m}^2)}{S(침하량 : \text{mm})} \ (\text{MN/m}^3)$$

Ⅲ. 용도

① 지반 지내력 산정 ② 노상 지지력 산정
③ 보조기층 지지력 산정 ④ Con'c 포장 설계

Ⅳ. 측정 방법

1) 시험 지반 정리
   시험 지반 지표면을 작은 삽 등의 도구로 수평으로 정리한다.

2) 재하판 설치
   정리된 지표면 위를 평탄하게 하기 위해 필요시 모래를 얇게 깔고, 그 위에 재하판을 설치한다.

3) 재하 장치 설치
   재하판 중심에 Jack을 설치하고, 재하장치의 지지점은 재하판으로부터 1 m 이상 떨어지게 한다.

4) 재하시험
   ① 재하판의 안정을 위해서 $35\,\text{kN/m}^2$의 초기 접지압을 가한 상태를 초기치로 한다.
   ② $98\,\text{kN/m}^2$ 이하 또는 계획된 시험 목표하중의 1/6 이하로 6단계로 나누고 누계적으로 동일 하중을 흙에 가한다.
   ③ 각 단계별 하중 증가 후 최소 15분 이상 하중을 유지해야 하며, 침하가 정지하거나 침하 비율이 일정하게 될 때까지 하중을 유지하도록 한다.

5) 시험 결과의 정리
   ① 시험 결과로부터 종축에 침하량, 횡축에 하중을 표시하여 하중-침하량 곡선을 그린다.
   ② 하중-침하량 곡선으로부터 소정의 침하량시의 시험하중을 구하여 다음 식에 의하여 지지력계수를 계산한다.

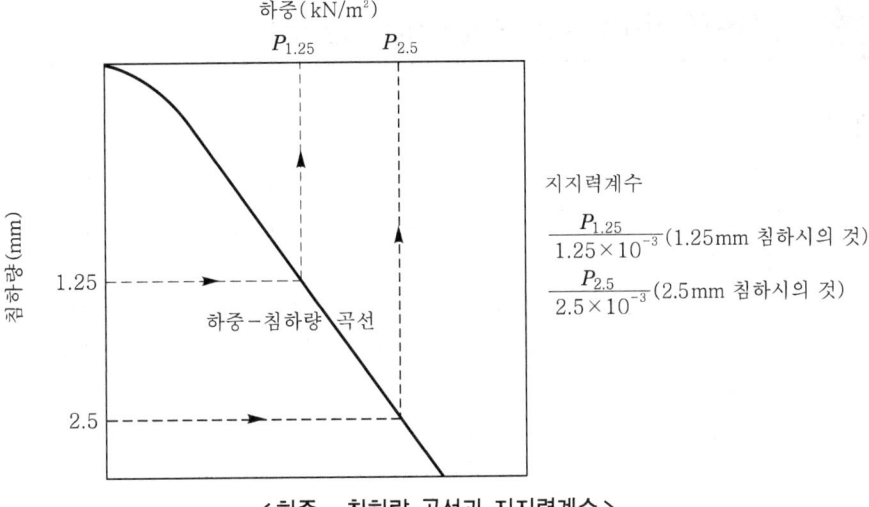

< 하중 － 침하량 곡선과 지지력계수 >

지지력계수

$$\frac{P_{1.25}}{1.25\times10^{-3}}(1.25mm\ 침하시의\ 것)$$

$$\frac{P_{2.5}}{2.5\times10^{-3}}(2.5mm\ 침하시의\ 것)$$

$$K(지지력계수)=\frac{시험하중(kN/m^2)}{침하량(mm)}(MN/m^3)$$

㊟ 침하량은 시험의 목적에 상응하는 값이라야 한다. 일반적으로 Cement Concrete 포장에서는 1.25 mm, Asphalt 포장에서는 2.5 mm를 이용한다.

6) 재하장치

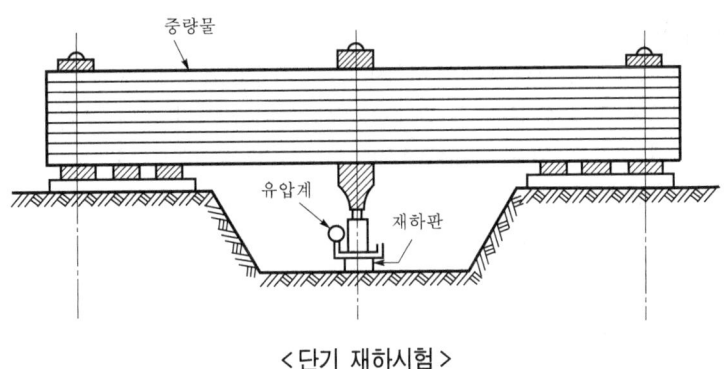

< 단기 재하시험 >

7) 평판의 크기
   ① 지지력계수는 평판의 지름에 따라 다르므로 사용하는 판의 지름(cm)을 부기하여 K_{30}, K_{75}와 같이 적는다.
   ② K_{30}의 값은 대략 $2.2\times K_{75}$에 상당한다.

8) 설계에 적용(K치의 활용)
   ① 아스팔트 포장에서 기층의 지지력 목표치는 $K_{30}=294\ MN/m^3(28\ kgf/cm^3)$이다.
   ② 콘크리트 포장의 보조 기층에서는 $K_{30}=196\ MN/m^3(20\ kgf/cm^3)$로 하고 있다.

29 CBR(California Bearing Ratio)

[10전(10)]

Ⅰ. 정의

① 노상토의 지지력 상태파악 및 재료 선정, 포장 설계에 사용되는 Data를 얻기 위하여 시험실에서 준비한 시료로서 규정의 관입시험을 실시하는 것을 CBR 시험이라 한다.

② 지름 50 mm의 Piston을 1mm/분 속도로 관입시켜 관입 깊이별로 구한 시험 하중을 표준 하중으로 나누어 백분율로 구하는 것을 CBR 값으로, 하며 다음과 같이 나타낸다.

$$CBR = \frac{\text{시험 하중(kN)}}{\text{표준 하중(kN)}} \times 100$$

Ⅱ. CBR의 분류

```
        ┌ 실내 CBR ─┬ 수침 CBR(선정 CBR) : 재료 선정에 사용
분류 ─┤          └ 수정 CBR(설계 CBR) : 연성 포장두께 설계에 사용
        └ 현장 CBR ── 노상토 지지력 확인
```

Ⅲ. CBR 측정

1) 공시체 제작

① 잔여 시료에서 함수량을 측정하여 최적 함수비가 되도록 물을 넣어 시료가 균일해지도록 고르게 섞은 후 밀폐 용기에 넣어 12시간 이상 보관한다.

② 준비된 몰드에 밀폐 용기에 넣어 둔 시료를 5층으로 나누어 넣고 각 층 55회, 25회, 10회의 다짐에 의한 공시체를 각 조 3개씩 9개 만든다.

③ 제작한 공시체 위에 축이 붙은 유공판을 올려놓고 그 위에 하중판을 5 kg이 되도록 올려 놓는다.

④ 이때 하중판의 무게는 노상토 위에 실제 포장의 무게를 환산하여 정한다.

2) 수침

① 하중판을 올려 놓은 상태로 몰드를 수침시키고, 팽창량 측정을 위한 다이얼 게이지를 설치한다.

② 수조내의 수위는 유공판 축의 상부보다 낮게 수위를 유지시킨다.

3) 팽창량 측정

① 다이얼 게이지 눈금을 1, 2, 4, 8, 24, 48, 72, 96시간에 읽고 기록한다.

② 4일 수침 후 몰드를 재하 시험기에 올려 놓는다.

③ 재하 시험기의 피스톤이 공시체의 윗면에 밀착하도록 한다.

4) 관입시험

① 피스톤의 관입 속도가 1 mm/분 되게 일정한 속도가 유지되도록 하중을 가한다.

② 관입량이 0.5, 1.0, 1.5, 2.0, 2.5, 3.0, 4.0, 5.0, 7.5, 10.0 및 12.5 mm일 때 하중게이지 눈금을 읽어 기록한다.

③ 관입시험이 끝난 몰드는 공시체를 뽑아서 공시체 표면 5~30 mm 깊이의 함수량 시료를 채취한다.

5) CBR 계산

① 관입시험 결과로부터 얻은 시험 하중으로 단위 하중을 구한다.

② 단계별 관입량에 대하여 하중을 Plot하여 그래프를 그린다.

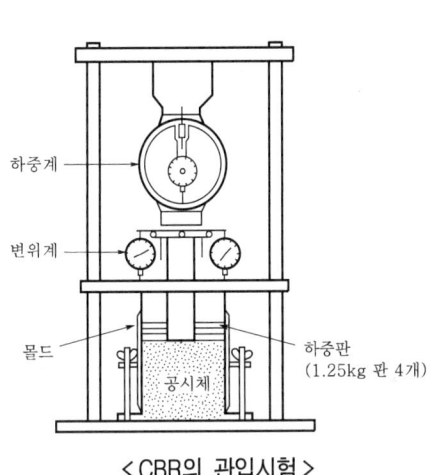

< CBR의 관입시험 >

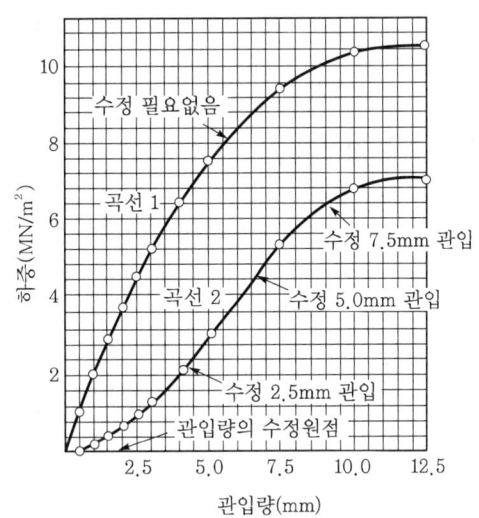

③ 곡선 수정

㉮ 곡선 1과 같이 2차 곡선이면 수정 불필요

㉯ 곡선 2와 같이 3차 곡선으로 나타낼 때는 변곡점에서 공통 접선을 그어 이 접선이 $y=0$인 축과 만나는 점을 수정된 점으로 한다.

㉰ 이 때의 관입량 2.5, 5.0 mm일 때의 하중을 구한다.

④ CBR 산정 : 관입량 2.5 mm일 때의 하중을 표준 하중 13.4 kN 나누어 100을 곱한 것이 2.5 mm의 CBR 값이 된다.

$$CBR = \frac{\text{시험 하중(kN)}}{\text{표준 하중(kN)}} \times 100$$

⑤ 표준 하중표

관입량(mm)	표준 하중 강도(MN/m^2)	표준 하중(kN)
2.5	6.9	13.4
5.0	10.3	19.9
7.5	13.1	25.8
10.0	15.9	31.2
12.5	18.0	35.3

30 CBR과 N치의 관계

[98후(20)]

Ⅰ. CBR

1) 정의

① CBR이란 현장 사용 재료로 공시체를 제작하여 4일간 수침 후 팽창률 및 관입에 대한 하중을 측정하여 시험 단위 하중의 표준 단위 하중에 대한 비를 백분율로 나타낸 것으로서 다음과 같다.

② $CBR = \dfrac{\text{시험 하중(kN)}}{\text{표준 하중(kN)}} \times 100$

2) CBR의 종류

① 실내 CBR

㉮ 수침 CBR(선정 CBR)

㉯ 수정 CBR(설계 CBR)

② 현장 CBR

3) 관입량 및 표준 하중

관입량(mm)	표준 단위 하중(MN/m^2)	표준 하중(kN)
2.5	6.9	13.4
5	10.3	19.9

4) 목적

① 재료 선정

② 노상 지지력 확인

③ 연성 포장 두께 결정

Ⅱ. N치

1) 정의

① N치란 현장에서 임의 지점에서의 지반상태를 파악하기 위해서 외경 51 mm의 표준관을 63.5 kg의 해머로 낙하고 750 mm에서 타격할 때 표준관이 300 mm 관입될 때 낙하 횟수를 말한다.

② 표준 관입시험을 통하여 낙하 횟수 N값뿐만 아니라 불교란 및 교란 시료를 채취하고 개략적인 지하수위 측정 등을 할 수 있는 현장 시험이다.

2) 시험 도구

① 표준관(Split Spoon Sampler)

② Hammer

③ Rod

④ 시료 채취용 Sampler

3) 목적
① 점착력 추정
② 일축 압축 강도 추정
③ 상대 밀도 추정
④ 내부마찰각 추정
⑤ 침하량 추정
⑥ 극한지지력 추정

Ⅲ. CBR과 N치의 관계

	사질 지반	점성 지반
N치	상대 밀도 추정 내부마찰각 추정 침하량 추정 극한지지력 추정	점착력 추정 일축 압축 강도 흙의 연경도
	변형계수 횡방향 지반 반력계수	
CBR	성토 재료 선정 노상 지지력 판정 도로 포장 두께 설계 재료의 팽창률 측정 재료의 흡수율 측정	

31 흙의 전단강도(Shear Strength)

Ⅰ. 정의

① 흙의 성질은 일반적으로 물리적 성질과 역학적 성질로 구별할 수 있으며 역학적 성질로는 전단강도, 압밀, 투수성 등이 있다.

② 전단강도는 흙의 가장 중요한 역학적 성질로서 기초의 하중이 그 흙의 전단강도 이상이 되면 흙은 붕괴되고 기초는 침하, 전도되며 기초의 극한지지력을 알 수 있다.

Ⅱ. 전단강도(Coulomb의 법칙)

$$S = C + \bar{\sigma} \tan\phi$$

S : 전단강도, C : 점착력, $\bar{\sigma}$: 유효응력
$\tan\phi$: 마찰계수, ϕ : 내부마찰각

① 점토(내부마찰각 Zero) : $S ≒ C$

② 모래(점착력 Zero) : $S ≒ \bar{\sigma} \tan\phi$

Ⅲ. 전단강도시험(실내 시험)

1) 직접 시험

① 전단상자(Shear Box)에 흙시료를 담아 수직력의 크기를 고정시킨 상태에서 수평력을 가하여 시험하며 점착력과 내부마찰각을 산출한다.

② 종류에는 일면 전단시험과 이면 전단시험이 있다.

2) 일축 압축시험

불교란 공시체에 직접 하중을 가해 파괴시험을 하며 흙의 점착력은 일축 압축강도의 1/2로 본다.

3) 삼축 압축시험

자연과 거의 같은 조건 속에서 일정한 측압을 가하면서 수직하중을 가해 공시체를 파괴하여 시험하며, 모아의 응력원에 의해 간극수압과 점착력, 내부마찰각을 산출한다.

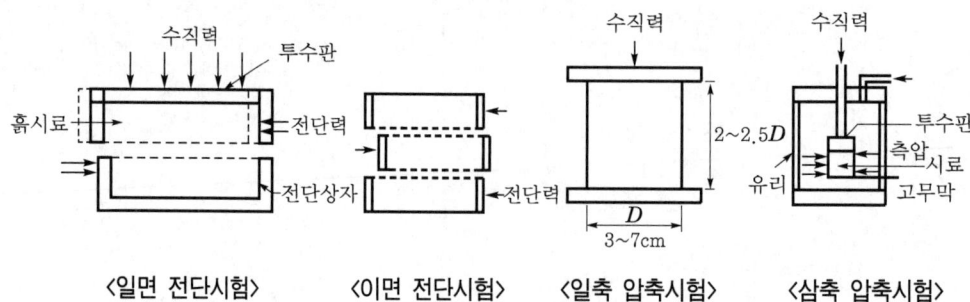

〈일면 전단시험〉   〈이면 전단시험〉   〈일축 압축시험〉   〈삼축 압축시험〉

32 내부마찰각과 안식각

[02전(10)]

I. 내부마찰각

1) 정의

① 내부마찰각이란 흙 속에 작용하는 수직응력과 전단응력과의 관계식 ($S = C + \sigma \tan\phi$)이 이루는 직선이 수직응력축과 이루는 각을 말한다.

②

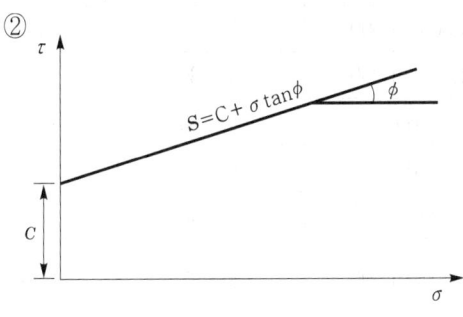

τ : 전단응력
σ : 수직응력
ϕ : 내부마찰각(전단저항각)
C : 점착력
S : 전단강도

2) 특성

① Coulomb의 이론
② 흙입자 간의 마찰 성분 표시
③ 흙의 전단 방법 및 배수 조건에 따라 상이하게 나타남.
④ 전단강도를 결정하는데 중요한 강도 정수

II. 안식각

1) 정의

① 토사의 안식각(휴식각 ; Angle of Repose)이란 안정된 비탈면과 원지면(原地面)이 이루는 흙의 사면(斜面) 각도를 말하며, 자연 경사각이라고 한다.
② 기초 파기의 구배는 토사의 안식각에서 결정되므로 토질에 따라 다르다.

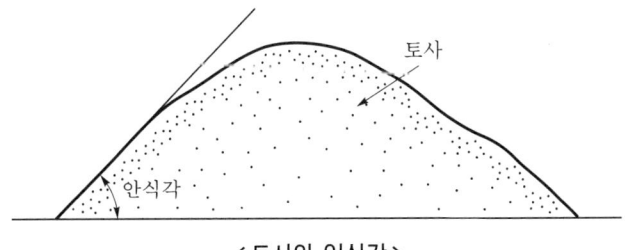

< 토사의 안식각 >

2) 특성

① 토사의 안식각은 토사의 종류, 함수량에 따라 변화한다.
② 흙파기 경사의 안정은 흙의 밀실도에 따라 다르며, 돋은 흙의 경사면은 깎아낸 경사면보다 각도가 크다.
③ 흙파기의 경사각은 안식각의 2배로 본다.

3) 토사의 안식각

흙의 종별		중량 (kg/m³)	안식각 (°)	흙파기 경사각 (°)
모래	건조상태	1,500~1,800	20~35	40~70
	습윤상태	1,600~1,800	30~45	60~90
	젖은상태	1,800~1,900	20~40	40~80
흙	건조상태	1,300~1,600	20~45	40~90
	습윤상태	1,300~1,600	25~45	50~90
	젖은상태	1,600~1,900	25~30	50~90
진흙	건조상태	1,600	40~50	80 이상
	습윤상태	2,000	20~25	40~50
자갈		1,600~2,200	30~48	60~96
모래 진흙 섞인 자갈		1,600~1,900	20~37	40~74

33 토사의 안식각(휴식각)

[15전(10)]

Ⅰ. 정의

① 토사의 안식각(安息角, 휴식각 ; Angle of Repose)이란 안정된 비탈면과 원지면 (原地面)이 이루는 흙의 사면(斜面) 각도를 말하며, 자연 경사각이라고 한다.

② 기초 파기의 구배는 토사의 안식각에서 결정되므로 토질에 따라 다르다.

Ⅱ. 토사의 안식각

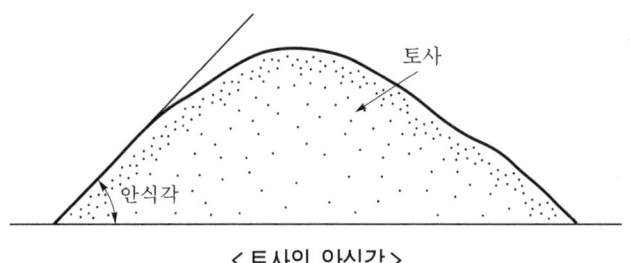

< 토사의 안식각 >

흙의 종별		중량 (kg/m³)	안식각 (°)	흙파기 경사각 (°)
모래	건조상태	1,500~1,800	20~35	40~70
	습윤상태	1,600~1,800	30~45	60~90
	젖은상태	1,800~1,900	20~40	40~80
흙	건조상태	1,300~1,600	20~45	40~90
	습윤상태	1,300~1,600	25~45	50~90
	젖은상태	1,600~1,900	25~30	50~90
진흙	건조상태	1,600	40~50	80 이상
	습윤상태	2,000	20~25	40~50
자갈		1,600~2,200	30~48	60~96
모래 진흙 섞인 자갈		1,600~1,900	20~37	40~74

Ⅲ. 특성

① 토사의 안식각은 토사의 종류, 함수량에 따라 변화한다.

② 흙파기 경사의 안정은 흙의 밀실도에 따라 다르며 돋은 흙의 경사면은 깎아낸 경사면보다 각도가 크다.

③ 흙파기의 경사각은 안식각의 2배로 본다.

34 유효 응력

Ⅰ. 정의
① 흙의 유효 응력은 포화된 지반에서 토립자의 접촉면을 통하여 전달되는 압력으로 전응력에서 간극수압을 뺀 값으로 나타낸다.
② 유효 응력은 흙덩이의 변형과 전단 강도에 관계가 있으며 토질 역학에서 아주 중요한 개념이다.

Ⅱ. 유효 응력 산출
① 전응력
$$\sigma = \gamma_1 z_1 + \gamma_{sat} z_2$$
② 간극수압
$$u = \gamma_w z_2$$
③ 유효 응력
$$\overline{\sigma} = \sigma - u$$
$$= \gamma_1 z_1 + \gamma_{sat} z_2 - \gamma_w z_2$$
$$= \gamma_1 z_1 + (\gamma_{sat} - \gamma_w) z_2$$
$$= \gamma_1 z_1 + \gamma_{sub} z_2$$
④ 전단 강도
$$S = C + \overline{\sigma} \tan \phi$$

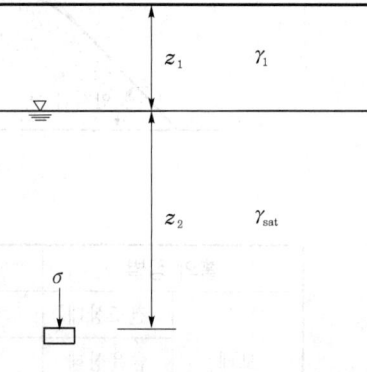

Ⅲ. 특성
① 유효 응력은 전응력(σ)에서 간극수압(u)을 뺀 값이다.
② 유효 응력은 흙덩이의 변형과 전단에 관계있다.
③ 모관 현상이 있는 영역에서는 부의 간극수압이 생기므로 유효 응력이 증대된다.
④ 상향의 흐름이 있는 사질 지반에서 유효 응력이 0이 될 때의 동수경사를 한계 동수경사라 한다.
⑤ 유효 응력이 0이 되는 시점에서 모래가 위로 솟구쳐 오르는 분사 현상이 발생한다.
⑥ 느슨한 사질 지반이 진동, 충격을 받게 되면 간극수압 상승으로 유효 응력이 감소되어 전단 저항을 상실하고 지반이 액체와 같은 상태로 변하는 액상화가 발생된다.

35 간극수압(공극수압)

Ⅰ. 정의

① 지하 흙 중에 포함된 물에 의한 상향 수압을 간극수압이라 한다.
② 흙의 유효 응력이란 전응력에서 간극수압을 뺀 값을 말한다.

Ⅱ. 간극수압 크기

$$U = \gamma_w \cdot z$$

U : 간극수압
γ_w : 물의 단위중량
z : 물의 깊이

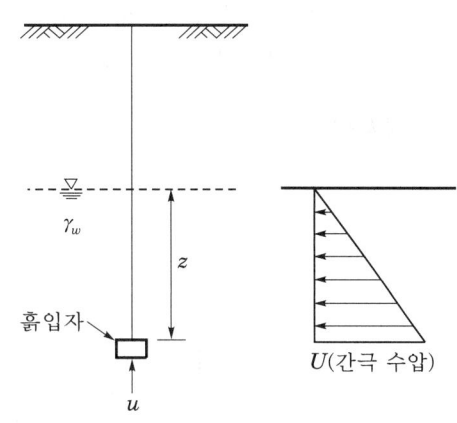

Ⅲ. 간극수압의 특징

① 지반내 유효 응력을 감소시킨다.
② 지반내 전단 강도를 저하시킨다.
③ 물이 깊을수록 간극수압이 커진다.
④ 지하 수위, 지중의 투수성, 압밀의
  진행 등을 조사하는 데 이용된다.

Ⅳ. 간극수압 측정

① Piezo Meter로 측정한다.
② 터파기 시공시 토사층 내부의 간극수압을 측정하기 위해 지중에 설치한다.

Ⅴ. 유효 응력과의 관계

$$\overline{\sigma}(\text{유효 응력}) = \sigma(\text{전응력}) - U(\text{간극수압})$$

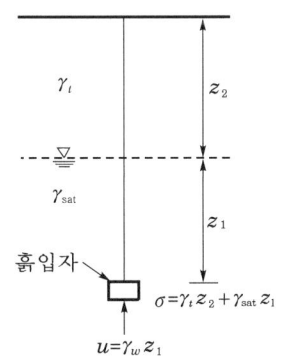

γ_{sat} : 물의 포화 상태 단위 중량
z_1 : 물의 깊이
γ_t : 흙의 단위 중량
z_2 : 흙의 깊이

36 | 과잉 간극수압(Excess Porewater Pressure)

Ⅰ. 정의

① 완전히 포화되어 있거나 또는 부분적으로 포화되어 있는 흙에 하중이 가해지면 그 하중으로 인해 흙 속의 간극수에 의한 수압이 생기게 되는데 이를 과잉 간극 수압이라 한다.

② 이 수압으로 인하여 어느 두 점 사이에 수두차가 생겨 흙 속에 간극수가 흐르게 되는데, 투수계수가 적은 점토를 통해 물이 흘러 나간다면 오랜 시간에 걸쳐 물이 빠지면서 흙의 체적이 감소되는 현상을 압밀이라 한다.

Ⅱ. 관계식

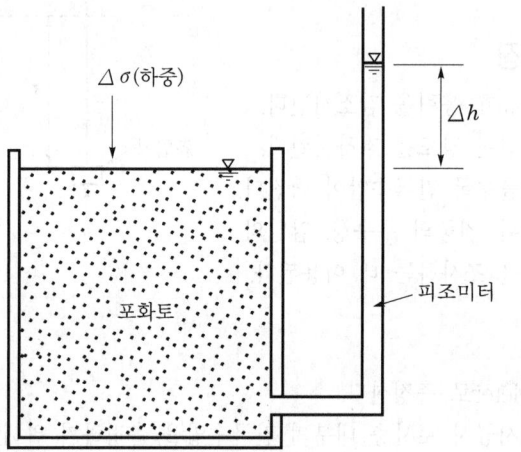

$$U_e\,(\text{과잉 간극수압}) = \Delta\sigma\,(\text{가해진 하중})$$
$$= \Delta h \times \gamma_w\,(\text{수주 높이} \times \text{물의 단위중량})$$

Ⅲ. 과잉 간극수압 발생

① 포화 지반에 하중이 작용할 때
② 연약 지반에 압밀이 진행될 때
③ 지반이 압축될 때

Ⅳ. 과잉 간극수압의 특성

① 지반에 하중 작용시 발생한다.
② 토질에 따라 소산 기간을 달리한다.
③ 압밀되는 과정에서 서서히 소산된다.
④ 압밀 완료와 함께 과잉 간극수압도 없어진다.

37 잔류 강도(Residual Strength)

I. 정의

① 잔류 강도란 과압밀 점토와 조밀한 모래의 전단 응력−전단 변형 곡선에서 최대 강도 이후 전단 변형이 증가하면 전단 응력은 감소하다가 일정한 값이 될 때의 전단 응력을 말한다.

② 최대 강도($\tau_p = C + \sigma \tan\phi_p$)는 작은 전단 변형에서 발생되고 잔류 강도($\tau_\gamma = \sigma \tan\phi_\gamma$)는 큰 전단변형에서 발생한다.

II. 최대 강도와 잔류 강도

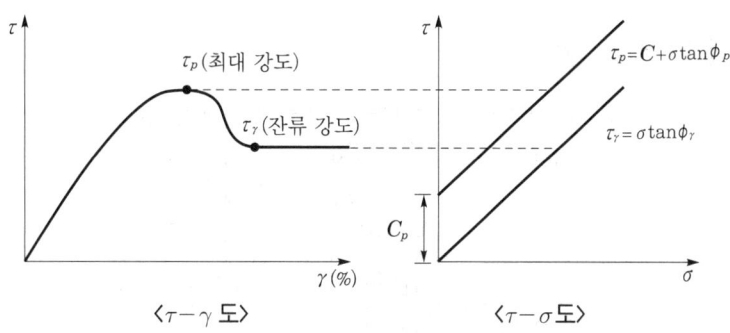

〈$\tau - \gamma$ 도〉　　　　〈$\tau - \sigma$ 도〉

큰 전단 변형이 발생된 흙의 전단강도는 점착력(C)이 거의 0이 되고, 마찰 저항(ϕ_γ)만 존재한다.

III. 잔류 강도의 측정

① 직접 전단시험
② CD 삼축 압축시험

IV. 잔류 강도의 적용

① 붕괴 후 복구된 사면 안정 검토
② 인장 균열이 발생된 심한 과압밀 점토, 사면 안정 검토
③ 균열이 발생한 사력댐 사면 안정 검토
④ 국부 전단 파괴 발생 지반−연약지반의 극한지지력 산정 및 성토 사면안정 검토
⑤ 이질(성층) 사면안정 검토

38 │ 배압(Back Pressure)

Ⅰ. 정의

① 투수성이 적은 지반에 배수가 생기지 않는 급속한 재하 속도로 하중이 작용할 때 원지반의 압축 강도를 구하기 위해 비압밀 비배수(UU ; Unconsolidated Undrained) 삼축 압축시험을 한다.

② 현장에서 완전히 포화되었던 시료라 하더라도, 실험실에서 삼축 압축시험할 때에는 수분의 증발로 인해 포화도가 떨어지는바 이를 방지할 목적으로 시험실에서 시료를 처음부터 100% 포화시키려고 시료 속으로 수압을 가하는 것을 Back Pressure라 하며, 적당한 배압이 유지되었을 때 삼축 압축시험을 행한다.

Ⅱ. 삼축 시험기 배압 장치

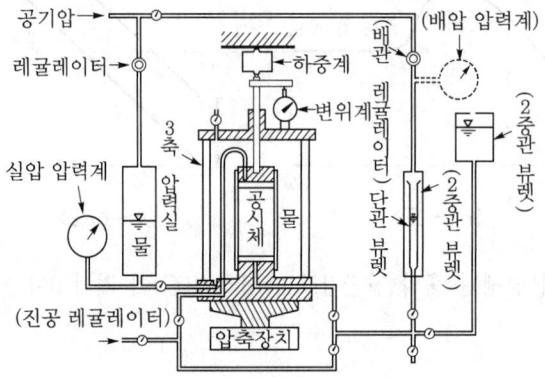

Ⅲ. 배압을 가하는 목적

① 불포화토는 유발된 간극수압의 정확한 측정을 위해 불포화토를 포화시키는 것으로 시료 속에 존재하는 공기를 제거하기 위한 것이다.

② 삼축 시험기 공시체 하부 Cap에 배압의 물을 보내고 상부 Cap에 진공 펌프를 연결하여 공기를 빼낸다.

Ⅳ. 배압 가할시 주의사항

① 배압을 $0.3 \, \text{kg/cm}^2$ 정도로 아주 작게 가하나 3축실의 구속 압력보다는 약간 크게 한다.

② 진공압은 배수를 촉진하기 위한 것이다.

③ 배압은 구속 압력과 동시에 가해야 하며 만일 배압이 구속 압력보다 더 커지면 시료가 교란되므로 주의한다.

④ 배압이 구속 압력보다 낮게 되면 시료가 압밀되는 결과를 초래한다.

⑤ 다소 시간이 걸리더라도 상부 Cap에 연결시킨 진공 펌프 Line에서 시료 속에 공기가 제거되고 간극수가 일정하게 유출될 때까지 계속한다.

39 점토 지반과 모래 지반의 전단 특성

[96후(20)]

I. 정의

① 흙의 성질은 일반적으로 물리적 성질과 역학적 성질로 구별할 수 있으며, 역학적 성질로는 전단 강도, 압밀, 투수성 등이 있다.

② 전단 강도는 흙의 가장 중요한 역학적 성질로서 기초의 하중이 그 흙의 전단 강도 이상이 되면 흙은 붕괴되고 기초는 침하, 전도되며 기초의 극한 지지력을 알 수 있다.

II. 전단 강도

$$S = C + \bar{\sigma} \tan \phi$$

① 점토(내부 마찰각 Zero) : $S = C$

② 모래(점착력 Zero) : $S = \bar{\sigma} \tan \phi$

III. 점토 지반의 전단 특성

1) 전단 강도 저하

① 일반적으로 전단 강도가 적으며 포화될 때 전단 강도가 크게 저하한다.

② Thixotropy 현상으로 교란되면 전단 강도가 상실된다.

2) 소성 변형 발생

장기 하중에 의하여 소성 변형을 일으킨다.

3) 건조 수축 현상이 큼

① 수분이 증발될 때 수축 현상이 현저하게 나타난다.

② 수분을 흡수하면 부피가 팽창한다.

4) Thixotropy가 발생

교란된 점토가 시간 경과로 강도가 서서히 회복되어가는 현상을 말한다.

5) 예민비가 큼

① 교란되지 않은 시료의 교란된 시료에 대한 압축 강도비로서 예민비가 크다.

② 예민비 $= \dfrac{q_u (\text{불교란 시료의 압축 강도})}{q_{ur} (\text{교란 시료의 압축 강도})}$

6) 동상 현상 발생

모관 상승고가 크기 때문에 동상 피해가 크다.

7) Heaving 발생

지반고 차이에 의하여 낮은 지반의 굴착면이 부풀어오르는 현상으로 바닥의 융기라고도 한다.

8) Leaching으로 강도 저하

오랜 시간이 경과된 해양 점토에서 염분 함량이 낮아지면서 강도가 저하되는 현상이다.

9) 과압밀비로 점토 구분

점토 지반에서 현재의 유효 연직 응력에 대한 과거에 받은 압축 응력에서 얻는 선행 압밀 응력의 비를 말한다.

10) 압밀 침하가 큼

점성토 지반에서 지표면의 하중 증가로 지반의 체적이 감소되면서 침하가 발생하는 현상이다.

Ⅳ. 사질 지반의 전단 특성

1) 지지력이 큼

점성토에 비해서 지지력이 크며 다져진 모래에서는 지지력이 매우 크다.

2) 지진시 액상화 발생

느슨한 모래 지반에서 순간 충격, 지진, 진동 등에 의해 간극수압의 상승 때문에 유효 응력이 감소되어 전단 저항을 상실하고 지반이 액체와 같이 되는 현상이다.

3) Dilatancy 현상이 뚜렷

외력이 가해지면 체적이 감소될 때 (−)Dilatancy, 체적이 증가하면 (+)Dilatancy라 한다.

4) 동상 방지층 재료로 이용

모관수의 상승고가 낮아서 동상 피해가 적다.

5) Boiling현상 발생

지하수위 차에 의하여 사질 지반에서 낮은 지표면으로 지하수와 함께 지반토가 부풀어오르는 현상이다.

6) 내부마찰각만 존재

흙 속에 작용하는 수직 응력과 전단 저항과의 관계 직선이 수직 응력축과 이루는 각을 말한다.

7) 3축 압축시험

사질 지반에서는 점착력이 아주 적어 전단시험을 3축 압축시험으로 한다.

40 흙의 예민비(Sensitivity Ratio)

[06전(10)]

Ⅰ. 정의

① 점토에 있어서 자연 시료는 어느 정도의 강도가 있으나 이것의 함수율을 변화시키지 않고 이기면 약해지는 성질이 있으며, 흙의 이김에 의해서 약해지는 정도를 표시한 것을 예민비라 한다.

② S_t(예민비)$= \dfrac{q_u \text{ (자연 시료의 강도, 불교란 시료의 강도)}}{q_{ur} \text{ (이긴 시료의 강도, 교란 시료의 강도)}}$

Ⅱ. 토질에 따른 예민비(S_t)

1) 점토 지반

① $S_t > 1$

② $S_t < 2$는 비예민성, $S_t = 2 \sim 4$는 보통, $S_t = 4 \sim 8$은 예민, $S_t > 8$은 초예민

2) 모래 지반

$S_t < 1$

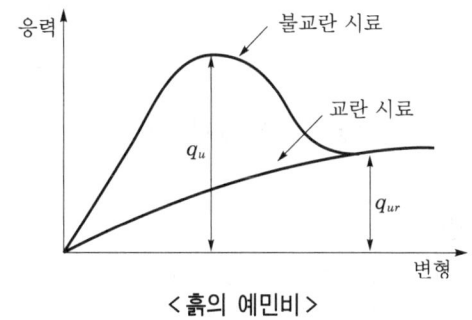

< 흙의 예민비 >

Ⅲ. 예민비의 성질

① 점토 지반에서는 점토를 이기면 자연상태의 강도보다 작아진다.

② 점토 지반에서는 진동 다짐을 해서는 안 되며 전압식 다짐을 해야 한다.

③ 모래 지반에서는 모래를 이기면 자연상태의 강도보다 커진다.

④ 모래 지반에서는 진동식 다짐을 해야 한다.

Ⅳ. 주의사항

① 예민비가 큰 지반은 전단 강도가 불리하다.

② 예민비는 특히 점토 지반에서 고려되어야 하며 다짐시 충분한 검토가 이루어져야 한다.

③ 점토 지반은 자연상태를 유지하여 지반의 강도를 저하시켜서는 안 된다.

④ 점토 지반은 다짐시 진동을 일으키는 장비는 피한다.

⑤ 사질 지반에서는 다짐 공법 선정시 가능한 한 진동을 일으키는 장비를 선정한다.

41 Thixotropy(강도 회복 현상)

Ⅰ. 정의

① 자연상태(불교란 상태)의 점토는 일정한 강도를 갖게 되지만 자연상태의 점토를 교란시키면 배열 구조가 파괴되면서 강도가 현저히 저하된다.

② 강도가 저하된 교란상태의 점토는 시간이 경과함에 따라 강도가 서서히 회복하는데 이러한 강도 회복 현상을 Thixotropy라 한다.

Ⅱ. Thixotropy 현상 도해

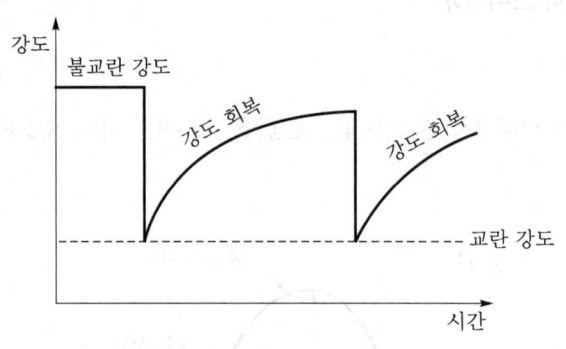

\<흙의 딕소트로피 현상\>

Ⅲ. Thixotropy와 예민비

점토에 있어서 자연 시료는 어느 정도의 강도가 있으나 이것의 함수율을 변화시키지 않고 교란시킨 다음 Thixotropy 현상으로 회복된 강도에 대한 자연 시료의 강도비를 예민비라 한다.

$$S_t(예민비) = \frac{q_u(자연\ 시료의\ 강도,\ 불교란\ 시료의\ 강도)}{q_{ur}(이긴\ 시료의\ 강도,\ 교란\ 시료의\ 강도)}$$

Ⅳ. Thixotropy 영향

1) 말뚝재하시험

기성 Pile을 점토 지반에 타격하여 박을 때 진동과 충격으로 하부 지반이 교란되어지므로, 원지반의 강도로 회복된 후 재하시험을 행해야 하는바 회복 소요일은 타입 후 10여일이 소요된다.

2) 말뚝박기

예민한 점토에서 말뚝 타입에 의하여 지반이 교란되면 시일이 지남에 따라 재하 능력이 커진다.

3) Trafficability

함수비가 비교적 적은 점토 지반이라도 작업로로 사용하게 되면 통과 차량의 횟수 증가에 따라 Trafficability가 악화된다.

4) **부등 침하**

넓은 점토 지반에서 공사를 할 때 인근 현장에서의 진동 충격으로 구조물의 부등 침하가 발생한다.

5) **지반의 연약화**

도로 공사에서, 노상 상부공의 다짐 공사에서 하부 노상에서의 Thixotropy 현상으로 지반이 연약화된다.

6) **안정액**

미세한 점토 광물로 이루어지는 Bentonite 분말이 물과 혼합하면 안정액이 되는 바, 안정액을 비순환 상태로 두면 끈적끈적한 상태(Gel화된 상태)가 되고, 순환상태로 유동화시키면 물같은 상태(Sol화된 상태)가 된다. 이와 같이 Sol-Gel-Sol의 순환이 가능한 상태를 Thixotropy 성질이라 한다.

42 활성도(活性度 ; Activity)

Ⅰ. 정의

① 흙의 입경이 작으면 작을수록 그 흙의 단위중량당 표면적이 증가하기 때문에 토립자에 흡착되어 있는 수분은 그 흙 속에 존재하는 점토 입자의 크기와 밀접한 관계가 있다.

② 활성도란 점토의 광물 성분이 일정하다고 할 때 2μ보다 가는 입자의 중량백분율에 대한 소성 지수의 비로 나타내며, 이것이 1.25 이상은 활성이 강하고 0.75 이하는 활성이 약하다고 한다.

$$\text{점토의 활성도}(A) = \frac{\text{소성 지수(PI)}}{2\mu\text{보다 가는 입자의 중량백분율}}$$

Ⅱ. 3대 점토 광물

① Kaolinite　　　② Illite　　　③ Montmorillonite

Ⅲ. 중요 점토 광물의 활성도

점토 광물	활성도	점토 광물	활성도
석영	0	Illite	0.5~1.3
Calcite	0.18	Ca-Montmorillsnite	1.5
Muscovite	0.23	Na-Montmorillonite	4~7
Kaolinite	0.3~0.5		

Ⅳ. 한국의 몇 가지 해성 점토의 활성도

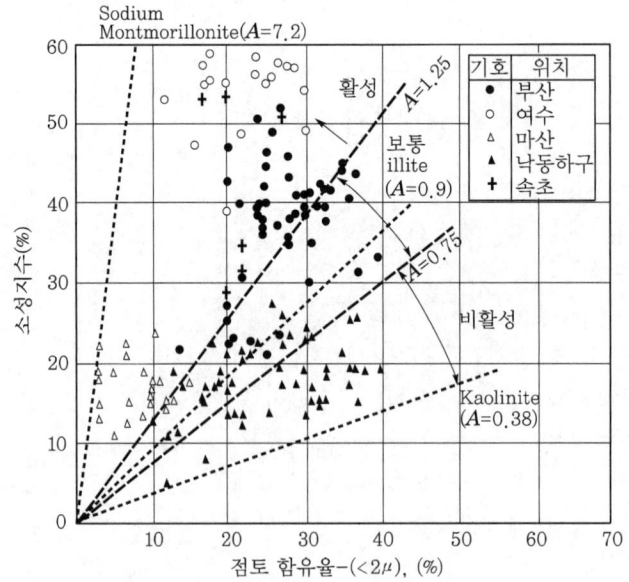

43 과압밀비(OCR ; Over Consolidation Ratio)

[09후(10)]

I. 정의

① 과압밀비란 현재의 유효 연직 응력에 대한 선행 압밀 응력의 비를 말하며, 선행 압밀 응력은 어떤 점토에서 과거에 받은 최대의 압축 응력을 말한다.

$$OCR(과압밀비) = \frac{\sigma_c (선행\ 압밀\ 응력)}{\sigma' (현재의\ 유효\ 연직\ 응력)}$$

② OCR이 1보다 클 때를 과압밀상태라 하고, 1과 같을 때를 정규 압밀상태라 하며, 1보다 적을 때를 압밀 진행중인 상태라고 한다.

③ $\sigma' = \gamma' z (\gamma'$: 유효 단위 중량, z : 심도)

II. 선행 압밀 응력 구하는 법

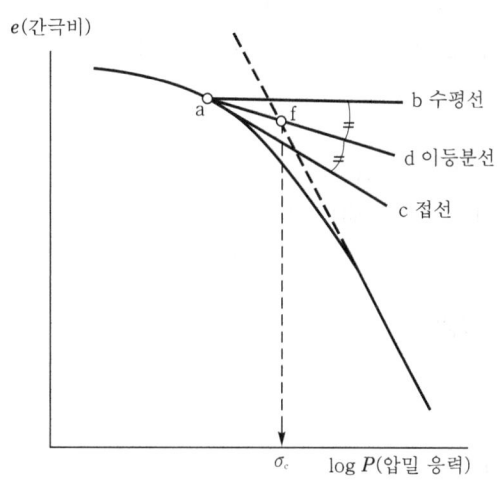

① 가로축에 압밀 응력을 표시하고 세로축에 간극비 곡선인 $e - \log P$ 곡선을 표시한다.
② 곡률 반경이 가장 적은 a점을 통과하는 수평선 $\overline{ab}$ 를 그린다.
③ a에 접하는 접선 $\overline{ac}$ 를 그린다.
④ 수평선 $\overline{ab}$ 와 접선 $\overline{ac}$ 의 2등분신 $\overline{ad}$ 를 그린다.
⑤ $e - \log P$ 선의 직선부를 연장하여 2등분선 $\overline{ad}$ 와 교차하는 점 f에 해당하는 가로축의 압밀 응력이 선행 압밀 응력이다.

III. 과압밀 점토 및 정규 압밀 점토

1) 과압밀 점토(Over Consolidated Clay), OCR > 1

① 지표면의 토층이 일부 제거되었거나 지하수위가 지표면 아래로 강하하였다면 선행 압밀 응력은 현재의 유효 응력보다 더 큰 값을 보일 때의 응력상태 흙을 말한다.

② σ_c(선행 압밀 응력) > σ'(현재의 유효 연직 응력)

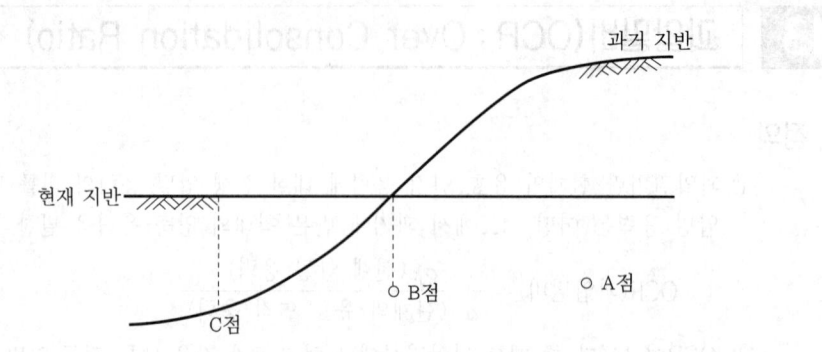

2) 정규 압밀 점토(Normally Consolidated Clay), OCR = 1
   ① 수중에서 퇴적되어 형성된 점토층이 퇴적 이후 지층이나 수위의 변화가 전혀 없었다면 그 토층 임의의 깊이에서의 유효 연직 응력이 선행 압밀 응력과 동일할 때의 응력상태에 있는 흙을 말한다.
   ② σ'(현재의 유효 연직 응력)$=\sigma_c$(선행 압밀 응력)

Ⅳ. 과압밀비

① OCR > 1 : 과압밀상태(A점)
② OCR = 1 : 정규 압밀상태(B점)
③ OCR < 1 : 압밀 진행중인 상태(C점)

Ⅴ. 흙이 과압밀되는 원인

① 토피 하중 제거
② 구조물 제거
③ 지질학적 침식
④ 빙하의 후퇴
⑤ 지하수위 변동으로 간극수압 변화
⑥ 식물에 의한 증발
⑦ 2차 압밀에 의한 흙구조 변화
⑧ 풍화 작용
⑨ 온도, pH 염분 농도 변화

44 Swelling(팽윤 현상), Slacking(비화 현상)

Ⅰ. Swelling

1) 정의
   ① 점토 지반에서 다량의 물을 흡수하면 체적이 크게 팽창하면서 흙 입자가 수중에서 분산되는데, 이와 같은 현상을 Swelling(팽윤 현상)이라 한다.
   ② 팽윤 현상은 점토 토립자의 흡착 이온의 종류에 따라 크게 달라지며, 특히 몬모릴로나이트는 가장 현저한 팽창을 일으켜 원체적의 10배 정도로 팽창한다.

2) 팽윤 단계
   ① 1단계 : 흙의 간극 속에 물이 채워지는 단계
   ② 2단계 : 흙 입자가 물을 흡수하여 팽창하는 단계

3) 지반에 미치는 영향
   ① 계절적인 수축과 팽윤에 따라 지반의 침하 발생
   ② 기초의 융기 및 건축물의 균열 발생
   ③ 기초설계시 깊은 기초 고려

Ⅱ. Slacking

1) 정의
   ① 연한 암석(퇴적암)의 경우 암석을 건조한 후 침수시키면 체적이 팽창하면서 입자간의 결합력이 저하되어 차츰 부스러지는 현상을 Slacking(비화 현상)이라 한다.
   ② Slacking이 심한 암석으로는 이암·사문암·녹니암 등이 있다.

2) 비화 현상의 요인
   ① 지하수위의 변동
   ② 자연적인 풍화
   ③ 지반 굴착에 따른 암석의 흡수 팽창

3) 지반에 미치는 영향
   ① 절토면의 표면 탈락
   ② 산사태
   ③ 지반 굴착시 암반 돌출

Ⅲ. 흡수 팽창과 Bulking, Swelling, Slacking

1) 흡수 팽창
   광물 입자간의 결합력이 광물과 물의 표면장력보다 약한 경우에 간극수에 의하여 암석의 체적이 증대되는 현상

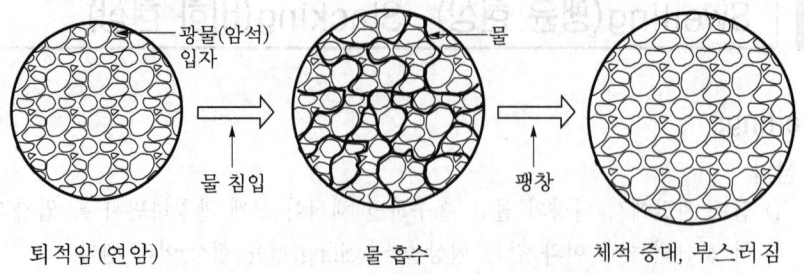

<흡수 팽창 개념도>

2) Bulking
   ① 모래 지반의 (표면장력에 의한) 흡수 팽창 현상
   ② 모래 지반에 물이 흡수되면 표면장력에 의해 체적이 팽창되는 현상

3) Swelling
   ① 점토 지반의 용매결합에 의한 흡수 팽창 현상
   ② 점토 지반에 물이 흡수되면 용매결합에 의해 체적이 팽창되는 현상

4) Slacking
   ① 연한 암석의 흡수 팽창으로 인한 부스러짐 현상
   ② 연한 암석에 물이 흡수되면 체적이 팽창하면서 부스러지는 현상

45 Slacking 현상

[05전(10), 13중(10)]

Ⅰ. 정의

① 광물 입자간의 결합력이 광물과 물의 표면 장력보다 약한 경우에는 간극수에 의하여 암석의 체적이 증대하는데 이러한 현상을 흡수 팽창이라 한다.

② 일부의 퇴적암은 천연상태의 암석을 건조한 후 침수하면 체적이 팽창하면서 입자간의 결합력이 저하되어 차츰 부스러져가는 현상을 Slacking(비화 현상)이라 한다.

Ⅱ. 개념도

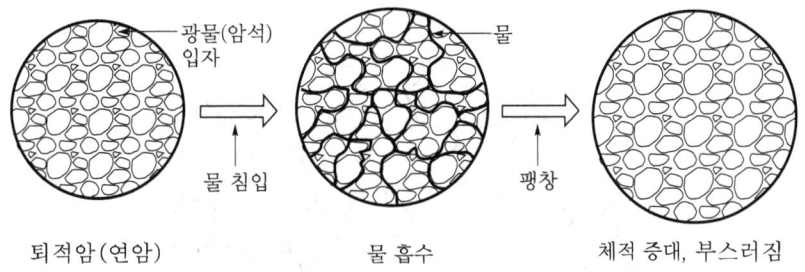

| 퇴적암(연암) | 물 흡수 | 체적 증대, 부스러짐 |

Ⅲ. Slacking 현상의 발생이 심한 암석

① 사문암
② 녹니암
③ 이암(Mud Stone)
④ Shale(혈암, 이판암)

Ⅳ. Slacking 현상 요인

① 지하수위의 변동
② 자연적인 풍화
③ 지반 굴착에 따른 암석의 흡수 팽창

Ⅴ. Slacking 현상의 영향

① 점토면의 표면 탈락
② 사면 붕괴
③ 터널 굴착시 암의 낙하
④ 지반 굴착시 암반 돌출
⑤ 골재 강도 저하

46 Bulking(용적 팽창 현상)

[00후(10), 13중(10)]

Ⅰ. 정의

① 모래나 실트가 물에 약간 머물고 있을 때 그 흙은 극히 느슨한 상태가 되어 마치 벌집처럼 엉켜서 건조한 경우에 비해 체적이 훨씬 증가하는 것을 볼 수 있는데 이러한 현상을 용적 팽창 현상(Bulking)이라 한다.

② 두 입자 사이의 수막에 작용하는 표면 장력 때문에 이와 같은 현상이 생긴다.

③ 이러한 체적 변화는 입자의 크기와 함수비에 의존하는데 함수비가 5~6%일 때 그 체적은 최대가 된다.

Ⅱ. 용적 팽창 구조도

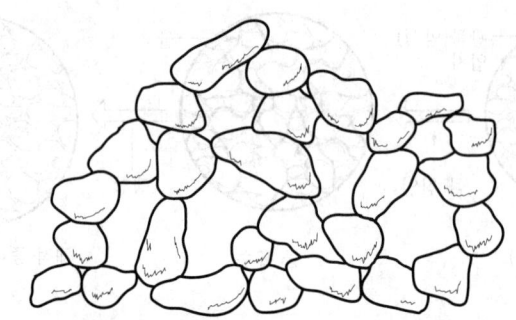

< 모래의 용적 팽창 현상이 생겼을 때의 구조 >

Ⅲ. 모래에서의 다짐

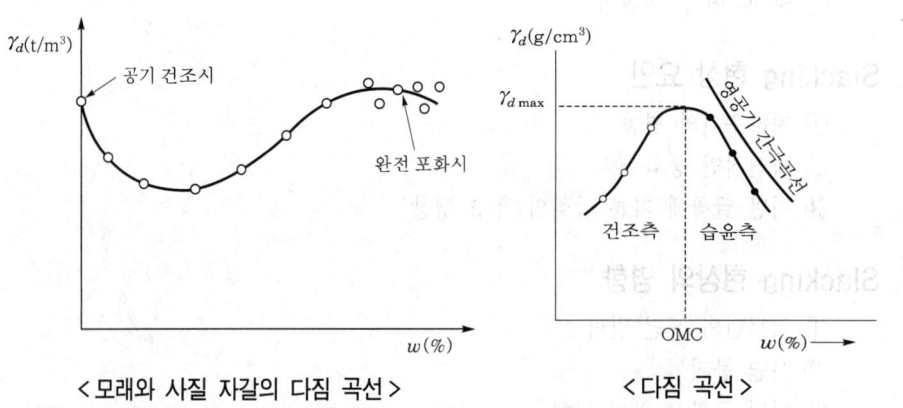

< 모래와 사질 자갈의 다짐 곡선 >   < 다짐 곡선 >

① 점성이 없는 깨끗한 모래에 대해 다짐시험을 하였다면 다짐 곡선 모양은 점성토와는 달리 위의 그림과 같이 그려진다.

② 다짐을 하는 동안 충분히 배수가 잘 되어서 과잉 간극수압이 생기지 않는 사질 토라면 다짐 곡선은 대략 이와 같은 모양을 보인다.

③ 함수비가 대단히 적을 때에는 다짐이 행해지는 동안 토립자의 이동은 입자의 마찰에 의해 저항한다.

④ 이때 물을 약간 가하면 모관 장력이 생겨서 저항력이 더 증가된다.

⑤ 따라서 이 때에는 그림에 보인 바와 같이 건조 단위중량이 공기 건조 때보다 더 떨어진다.

⑥ 이러한 현상을 벌킹(Bulking)이라 한다.

⑦ 그러나 물을 더 증가시키면 모관 장력이 없어지므로 처음의 단위중량과 거의 비슷하거나 약간 더 커진다.

⑧ 이와 같이 점성이 없는 깨끗한 모래에 대한 최적 함수비(OMC)는 완전 포화시의 함수비와 거의 같으며 그 이상 물을 가하면 여분의 물은 간극을 통해 쉽게 배수되어 버린다.

47 한계 간극비(Critical Void Ratio)

Ⅰ. 정의

① 한계 간극비란 흙의 전단 변형시 전단 변형률이 증가하여도 간극비의 변화가 없는 일정한 간극비를 말한다.

② 조밀한 모래 또는 과압밀 점토는 작은 전단 변형률에서는 간극비가 감소하나, 전단 변형률이 증가하면서 간극비가 증가하다가 큰 전단 변형률에서는 간극비가 일정해진다.

③ 느슨한 모래 또는 정규 압밀 점토는 전단 변형률이 증가할수록 간극비가 감소하다가 큰 전단 변형률에서는 간극비가 일정해진다.

Ⅱ. 한계 간극비와 Dilatancy 관계도

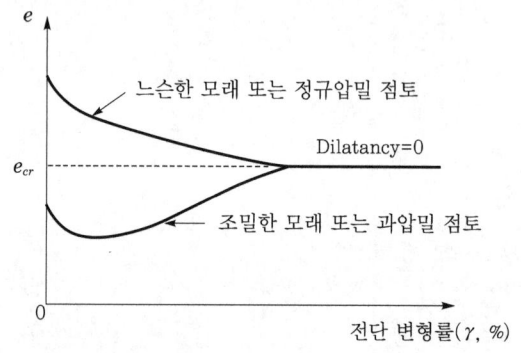

Ⅲ. 한계 간극비 산정 방법

① 직접 전단시험 실시

② 전단 변형률(γ, %)과 간극비(e) 측정

③ $e - \gamma$(%) 곡선 작도후 한계 간극비(e_{cr}) 산정

Ⅳ. 용도

① 액상화 판정   ② 한계상태 설정

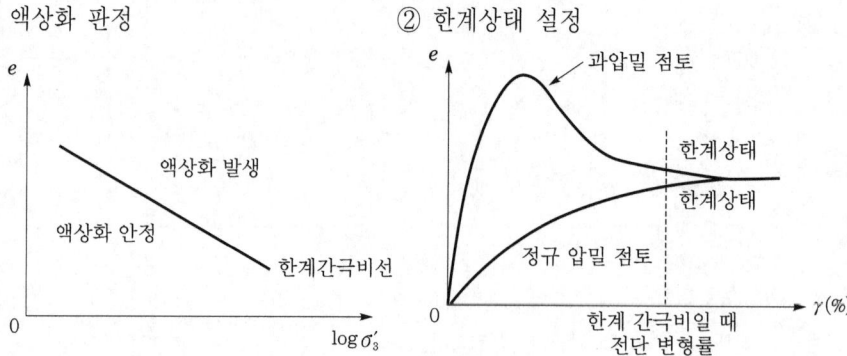

48 액상화(Liquefaction)

[02중(10), 10전(10)]

Ⅰ. 정의

① 액상화란 모래 지반에서 순간 충격, 지진, 진동 등에 의한 간극수압의 상승 때문에 유효 응력이 감소되어 전단 저항을 상실하고 지반이 액체와 같은 상태로 변화되는 현상

② 모래 지반에서 지진 등과 같은 수평 진동 하중에 의해 액상화 발생이 크게 나타나며 구조물에 미치는 영향은 아주 크다.

Ⅱ. 액상화의 영향

Ⅲ. 액상화의 발생 원인

① 포화된 느슨한 모래가 진동과 같은 동하중을 받으면 모래의 부피가 감소되어 간극수압이 발생하여 유효 응력이 감소되어 발생

② Coulomb의 법칙에서 유효 응력($\overline{\sigma}$)을 상실할 때 액상화 발생

③ 전단 강도 : $S = C + \overline{\sigma} \tan \phi$

④ 모래 지반의 전단 강도 : $S = \overline{\sigma} \tan \phi$

⑤ 액상화 상태의 전단 강도는 $S = \overline{\sigma} \tan \phi$에서 유효 응력 $\overline{\sigma}$가 감소되어 전단 강도가 상실됨

Ⅳ. 액상화 대책

1) 밀도 증가 방법
   ① Vibro Floation   ② 모래 다짐말뚝
   ③ 폭파   ④ 동적 압밀
   ⑤ Vibro 탬핑   ⑥ 전압
   ⑦ 무리 말뚝   ⑧ 생석회 말뚝

2) 입도 개량 및 고결
   ① 치환   ② 주입 고결
   ③ 표층 혼합 처리   ④ 심층 혼합 처리

3) 포화도의 저하(배수 공법)
   ① Well Point   ② Deep Well

4) 간극수압 소산(Gravel Drain)

5) 전단 변형 억제(널말뚝)

6) 흙쌓기에 의한 유효 응력 증가

49 | 통일 분류법(Unified Classification System, Casagrande 분류법)

[05전(10), 11중(10)]

Ⅰ. 정의

① 통일 분류법은 A Casagrande(1942)가 비행장의 노상토를 분류하기 위하여 고안한 AC 분류법을 발전시킨 분류법이다.

② 세계적으로 가장 많이 사용하고 있는 것으로 이 분류법은 특히 기초 공학 분야에서 많이 사용하며 1969년에는 ASTM에 의하여 흙을 공학적 목적으로 분류하는 표준 방법으로 채택되었다.

Ⅱ. 흙 분류법의 종류

1) 일반적인 분류
2) 입경에 의한 분류
   ① 입도 분석
   ② 삼각 좌표 분류법
3) 공학적 분류
   ① 통일 분류법
   ② AASHTO 분류법

Ⅲ. 통일 분류법에서 흙 분류 방법

① 입도에 의한 조립토와 세립토 분류
② 조립토에서 입도 및 함유 세립토의 컨시스턴시에 따라 8종류로 분류
③ 세립토에서 컨시스턴시만으로 6종류로 분류
④ 관찰에 의한 판별로 유기질토를 추가하여 합계 15종으로 흙을 분류

Ⅳ. 사용되는 문자

구 분	제1 문자		제2 문자	
	기 호	설 명	기 호	설 명
조립토	G S	자갈 모래	W P M C	양호한 입도의 불량한 입도의 실트를 함유한 점토를 함유한
세립토	M C O	실트 점토 유기질토	L H	소성 또는 압축성이 낮은 소성 또는 압축성이 높은
유기질토	P_t	이탄	—	—

50 소성도(Plasticity Chart)

[12후(10)]

Ⅰ. 정의

① 소성도란 흙의 공학적 분류 방법인 통일 분류법과 AASHTO 분류법에서 세립토를 분류하기 위해 종축에는 소성지수(PI), 횡축에는 액성한계(LL)를 표시한 도표이다.

② 통일 분류법의 소성도를 Casagrande 소성도라 하며 A선, B선, C선, U선으로 표시하여 세립토를 분류한다.

Ⅱ. 소성도

1) 소성도 Graph

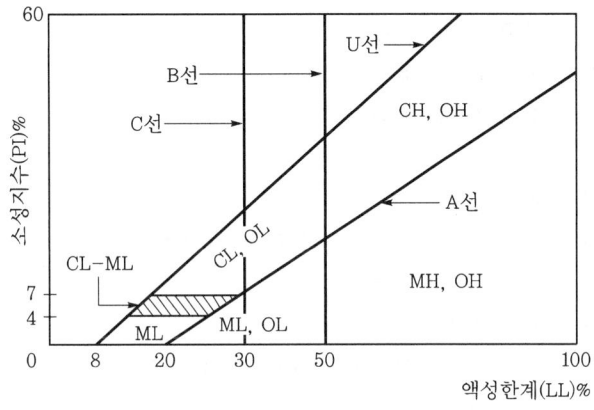

〈 소성도 〉

2) 사용문자

구 분	제1 문자		제2 문자	
	기 호	설 명	기 호	설 명
조립도	G S	자갈 모래	W P M C	양호한 입도의 불량한 입도의 실트를 함유한 점토를 함유한
세립토	M C O	실트 점토 유기질토	L H	소성 또는 압축성이 낮은 소성 또는 압축성이 높은

Ⅲ. 소성도 Graph에서 각 선의 의미

1) A선
　① 점토와 실트의 구분선
　　㉮ A선 위 : 점토(CL과 CH)
　　㉯ A선 아래 : 실트(ML과 MH), 저유기질토(OL과 OH)
　② 소성지수(PI)＝0.73(LL−20)인 선이다.

2) B선
　① 점토 소성정도 판정
　　㉮ B선 오른쪽 : 점토 소성이 크다.(고소성)
　　㉯ B선~C선 : 점토 소성이 중간이다.(중간소성)
　　㉰ C선 왼쪽 : 점토 소성이 작다.
　② 실트 압축정도 판정
　　㉮ B선 오른쪽 : 실트 압축성이 크다.
　　㉯ B선 왼쪽 : 실트 압축성이 작다.
　③ 액성한계(LL) 50%인 선이다.

3) C선
　① 점토 소성정도 판정
　　㉮ C선과 B선 사이 : 점토 소성이 중간정도이다.
　　㉯ C선 왼쪽 : 점토 소성이 작다.
　② 실트 압축정도 판정
　　㉮ C선과 B선 사이 : 실트 압축성이 중간정도이다.
　　㉯ C선 왼쪽 : 실트 압축성이 작다.
　③ 액성한계(LL) 30%인 선이다.

4) U선
　① 점토의 액성한계, 소성지수의 관계 상한선이다.
　② U선 위로 시험결과가 나타나면 시험이 잘못된 것을 의미한다.
　③ 소성지수(PI)＝0.9(LL−8)인 선이다.

Ⅳ. 소성도의 활용

① 세립토의 흙 분류
② 세립토 흙의 공학적 성질을 판단
③ 점토의 팽창성 정도 판단
④ 성토 재료의 선정
⑤ 흙의 Consistency(연경성) 파악

51 팽창성 흙(Expansive Soil)

Ⅰ. 정의

① 팽창성 흙이란 몬모릴로나이트 점토 광물을 많이 함유한 소성이 큰 흙을 말하며, 물을 흡수하면 체적이 팽창되고 건조되면 체적이 감소한다.

② 체적변화가 방지된 상태에서 물을 흡수하면 팽윤압이 발생되므로 기초 설계시 팽윤압에 대한 대책을 수립해야 한다.

Ⅱ. 팽창성 흙 판별방법

1) 팽창 Potential(E_p) = 0.0033 ZS_W

$$S_W = \frac{\triangle H}{H} \times 100$$

Z : 팽창 영향깊이(함수비 변동깊이)

H : 당초 시료 높이

$\triangle H$: 물 흡수로 팽창된 높이차

2) S_W 측정(비구속 팽창시험)

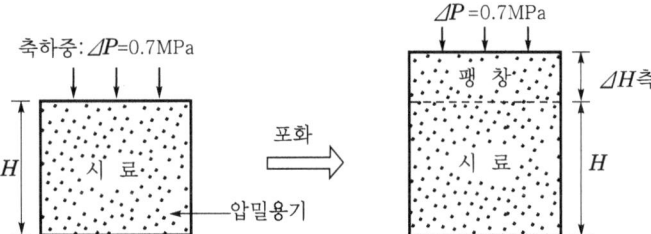

3) 팽창성 지반 : $E_p \geq 0.5$

Ⅲ. 팽창성 지반의 문제점

① 수분 흡수시 지반팽창 및 침하

② 기초 설치시 팽윤압 발생

③ 기초 융기 및 침하로 기초 균열 또는 파손 발생

Ⅳ. 팽창성 지반의 대책

1) 치환

① 팽창 영향 깊이가 얕을 때 시공

② 팽창성 흙을 제거하고 양질토로 치환

2) 차수벽 설치

① 구조물 하부지반에 차수벽을 설치하여 물 유입 차단

② 기초 하부는 시멘트 + 물 다짐 안정처리

③ 차수벽 : Slurry Wall, Sheet Pile, SCW

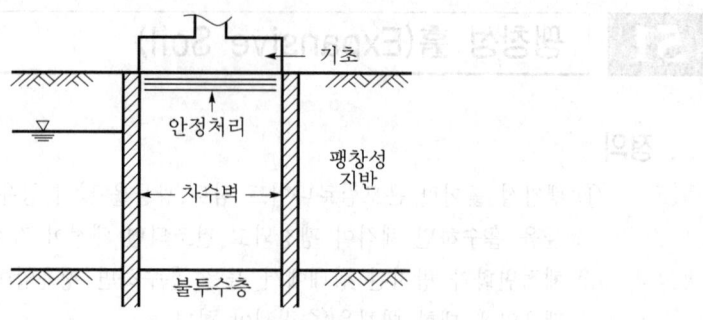

3) 최적함수비(OMC) 습윤측 다짐

　　필 댐 심벽 다짐시 습윤측 다짐 → 팽창성 최소

4) 말뚝기초 및 현장 타설말뚝 시공

5) 터널막장 붕괴 방지

　　① 팽윤압 작용으로 이완영역 확대 방지

　　② 강관 다단 그라우팅, 차수 그라우팅(우레탄, SGR, LW 등) 시공

52 Montmorillonite

Ⅰ. 정의

① Montmorillonite란 점토광물의 일종으로 입자간의 결합력이 적고 수침시 팽창성이 큰 점토이다.

② Montmorillonite를 많이 함유한 점토 및 암석은 팽창 수축이 크므로 기초면에 팽윤압이 생기고, 터널 굴착면의 압축, 흙막이 굴착 바닥의 팽윤이 될 수 있다.

Ⅱ. 점토광물의 종류 및 결합 구조

G : Gibsite, S : Silica

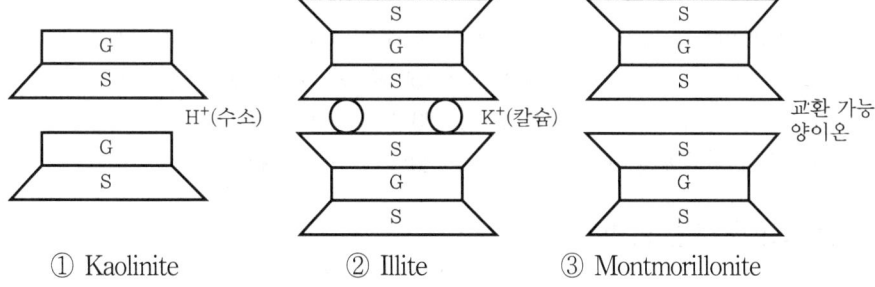

① Kaolinite   ② Illite   ③ Montmorillonite

Ⅲ. Montmorillonite 특성

① 통일 분류법의 흙 분류 : CH(고소성 점토)

② 활성점토 : 활성도(A) > 1.25 : 팽창성이 크다.

③ 수침시 체적변화를 방지하면 팽윤압 발생

④ 교란으로 강도 감소와 Thixotropy 효과에 의한 강도 회복 큼

⑤ 간극비(e)가 매우 크고 투수계수(k)가 작다.

⑥ 팽창 성질을 이용하여 지수 또는 방수재 등의 재료로 활용

⑦ 입자간의 결합력이 적고 매우 불안한 구조(이산 구조)

⑧ 압축성이 매우 크므로 괴대한 침하 발생

Ⅳ. 팽창성 흙의 문제점

① 물흡수시 지반 팽창 및 과다한 침하 발생

② 기초 설치시 팽윤압 발생

③ 기초 융기 및 침하로 기초 균열 또는 파손 발생

53 군지수(GI ; Group Index)

Ⅰ. 정의

① 미국 AASHTO 분류법의 근거가 되는 지수로서 재료에서 0.08 mm체 통과백분율, 액성한계, 소성지수 값에 의해 정해지는 수이다.

② 군지수가 0에 가까울수록 조립토의 재료이고, 클수록 미립자의 함유량이 큰 재료이며 노상토에서 사용이 어려워진다.

Ⅱ. 계산식

$$GI = 0.2a + 0.005ac + 0.01bd$$

a : 0.08 mm체 통과 중량백분율에서 35%를 뺀 값, 0~40의 정수만 취함
b : 0.08 mm체 통과 중량백분율에서 15%를 뺀 값, 0~40의 정수만 취함
c : 액성 한계에서 40%를 뺀 값, 0~20의 정수만 취함
d : 소성 한계에서 10%를 뺀 값, 0~20의 정수만 취함

Ⅲ. 도표로 GI 구하는 방법

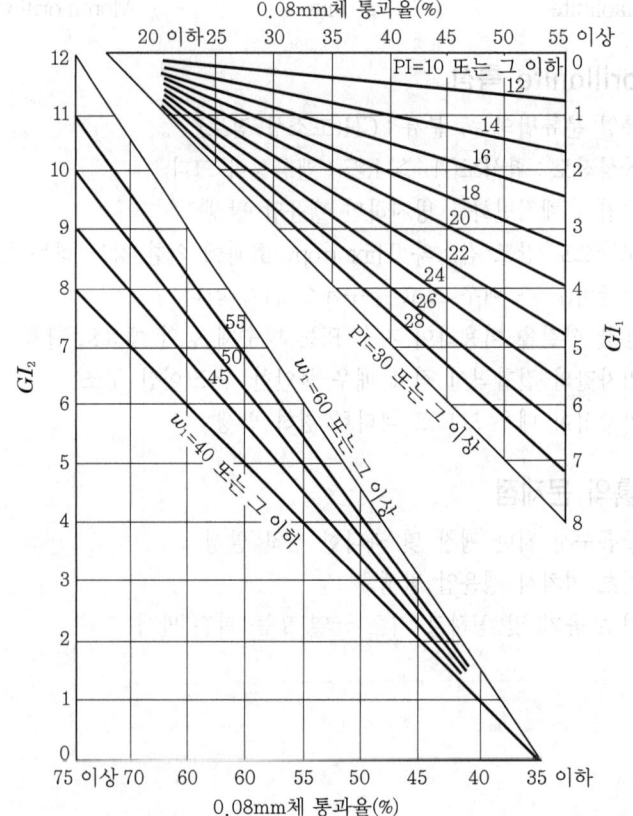

0.08 mm체 통과율, 액성한계 및 소성지수를 알면 다음 표에 의해서 군지수(GI)를 구할 수 있다.

$$GI = GI_1 + GI_2$$

Ⅳ. AASHTO 분류에서 GI의 적용

일반적 분 류	입상토 (0.074 mm체 통과율 35% 이하)							실트－점토 (0.074 mm체 통과율 36% 이상)			
분류 기호	A－1		A－3	A－2				A－4	A－5	A－6	A－7 A－7－5 A－7－6
	A－1－a	A－1－b		A－2－4	A－2－5	A－2－6	A－2－7				
군지수	0		0	0		4 이하		8 이하	12 이하	16 이하	20 이하
주요 구성 재료	석편, 자갈, 모래		세사	실트질 또는 점토질 자갈 모래				실트질 흙		점토질 흙	
노상토 로서의 일 반적 등급	우 또는 양							가 또는 불가			

㈜ A－7－5의 소성지수는 액성한계에서 30을 뺀 값과 같거나 그보다 작아야 한다.

A－7－6은 이보다 커야 한다.

* NP는 비소성(nonplastic)을 의미함

54 흙의 다짐원리(다짐특성)

[01중(10), 02후(10), 11후(10)]

I. 정의

① 느슨한 흙에 진동, 충격 등의 외력을 가하여 다짐을 하게 되면 간극 속의 공기가
쉽게 배출되어 체적이 감소되어 흙의 단위중량이 크게 되고 전단 강도가 증대되
는 등의 공학적인 성질이 개선되는데 이것이 다짐의 원리이다.

② 이와 같이 외력 작용으로 간극 속의 공기가 진동, 충격에 의해 쉽게 배출되는 것
이 간극 속의 간극수가 오랜 시간을 두고 배출되는 압밀과 쉽게 구별된다.

II. 다짐원리(다짐특성)

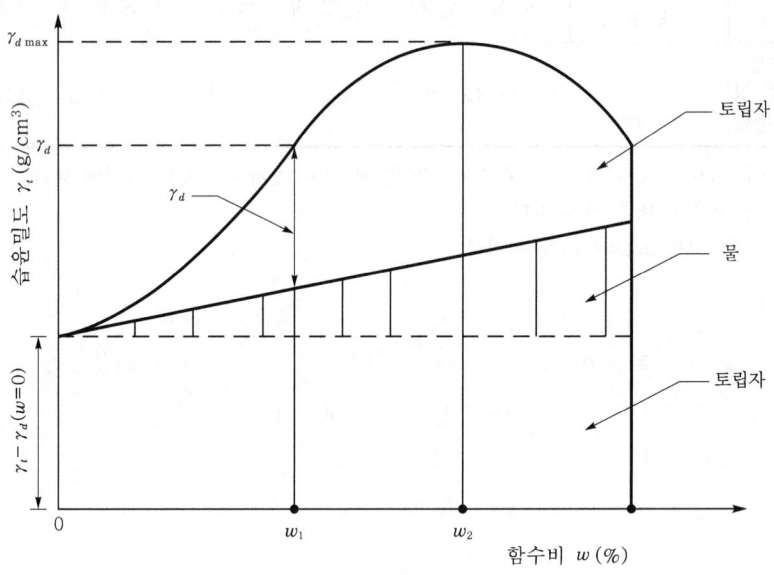

γ_d : 흙의 건조밀도(g/cm³)
$\gamma_{d\,max}$: 실내다짐 실험에 의한 최대 건조밀도(g/cm³)

1) 건조토

   건조한 흙은 입자간의 결합력이 부족하여 체적 압축이 곤란

2) 함수비 증가

   흙에 물을 가하여 외력을 가하게 되면 흙 속에서 물이 윤활작용을 하게 되어 입자간
   의 결속이 양호

3) 최대 건조 밀도 산출

   ① 함수비를 증가시키면서 다짐을 행하여 각 함수비에 따른 건조밀도 산출

   ② $\gamma_d - w$ 그래프에 각각의 시험 결과치를 표시하여 다짐곡선 작성

   ③ 다짐곡선에서 최대 건조 밀도와 최적 함수비 산출

4) 최적 함수상태 유지

　　사용재료의 함수비는 최적 함수비에 근접하게 유지하여 현장 사용

5) 다짐효과 증대

　　흙이 최적 함수비 상태에서 다짐에 의해서 체적 감소가 가장 크게 된다.

Ⅲ. 다짐과 흙의 성질

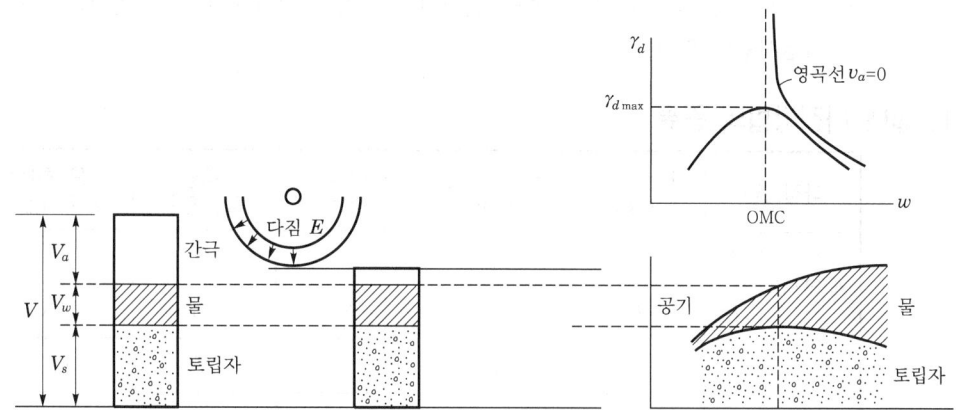

55 | 실내 다짐시험과 현장 다짐시험

Ⅰ. 정의
① 다짐시험이란 현장 성토 시공에서 다짐 정도를 판단하기 위한 시험으로 실내 다짐과 현장 다짐을 구분하여 행하는 시험을 말한다.
② 다짐시험은 시험실에서 행하는 실내시험과 작업 현장에서 직접 실시하는 현장 다짐시험이 있다.

Ⅱ. 실내 다짐방법의 종류

다짐방법		래머질량 (kg)	몰드 안지름 (cm)	다짐 층수	1층당 다짐횟수	허용 최대 입자지름
표준다짐	A	2.5	10	3	25	19
	B	2.5	15	3	55	37.5
수정다짐	C	4.5	10	5	25	19
	D	4.5	15	5	55	19
	E	4.5	15	3	92	37.5

Ⅲ. 실내 다짐시험
1) 다짐방법
① 표준 다짐 : 2.5 kg의 래머를 30 cm의 높이에서 자유 낙하시켜 25회 다짐하는 방법으로 보통의 표준시험법이다.
② 수정 다짐 : 4.5 kg의 래머를 45 cm의 높이에서 자유 낙하시켜 55회 다지는 방법이다.
2) 흙 사용방법
① 건조법 : 흙을 건조시켜 사용하는 방법으로 공기 건조시킬 경우 허용 최대 입자의 체를 통과시킬 수 있을 때까지 건조시키고, 항온 건조로에 건조시킬 경우 건조 온도는 50℃를 넘지 않도록 한다. 보통의 표준시험 방법이다.
② 비건조법 : 흙 시료를 건조시키지 않고 사용하는 방법으로 자연 함수량이 많은 점성토의 경우에 사용한다.
3) 흙 시료 사용방법
① 반복법 : 준비한 흙 시료에 물을 가하여 여러 종류의 함수량을 가진 시료를 만들어 동일 시료를 반복 사용하는 방법이다. 보통의 표준시험 방법이다.
② 비반복법 : 각각의 함수량별로 흙 시료를 준비하여 사용하는 방법으로 점성토의 경우에 사용한다.

Ⅳ. 현장 다짐시험

1) 목적

　① 다짐 장비 선정

　② 부설 두께 결정

　③ 다짐 횟수의 표준 결정

2) 방법

　① 부설 두께 변경

　② 다짐 장비 종류 변경

　③ 다짐 횟수 변경

3) 측정 항목

함수비, 입도, 밀도, 표면 침하량, Cone 관입시험, CBR, 평판 재하시험, 투수시험 등

56 실내 다짐시험

Ⅰ. 정의

① 실내 다짐시험이란 현장에서 사용할 재료에서 다짐에 대한 특성을 조사하기 위하여 실시되는 시험이다.

② 실내 다짐시험에서 건조 밀도와 함수비와의 관계를 Plot하여 최대 건조 밀도와 최적 함수비를 구한다.

Ⅱ. 다짐 에너지

다짐 에너지란 단위 체적당 흙에 가해지는 에너지를 말한다.

$$E_c = \frac{W H N_l N_b}{V} \, (\text{kg} \cdot \text{cm/cm}^3)$$

E_c : 다짐 에너지, W : 추의 질량, H : 추의 낙하고
N_l : 다짐 층수, N_b : 각 층당 다짐 횟수

Ⅲ. 시료 준비

① 최대 입경 37.5 mm일 때 현장 시료 15 kg이다.

② 최대 입경 19 mm일 때 현장 시료 5~8 kg이다.

③ 시료 사용방법으로는 반복법과 비반복법이 있다.

Ⅳ. 다짐방법

다짐방법		래머질량 (kg)	몰드 안지름 (cm)	다짐 층수	1층당 다짐횟수	허용 최대 입자지름
표준다짐	A	2.5	10	3	25	19
	B	2.5	15	3	55	37.5
수정다짐	C	4.5	10	5	25	19
	D	4.5	15	5	55	19
	E	4.5	15	3	92	37.5

Ⅴ. 건조 밀도 및 함수비 측정

① 동일 시료로 함수비를 변화시킨 6~8개 준비

② 실내 다짐시험 실시

③ 각 시료의 건조 밀도 및 함수비 측정

④ 습윤 밀도 산출

$$\gamma_t = \frac{W}{V}$$

⑤ 건조 밀도 산출

$$\gamma_d = \frac{\gamma_t}{1 + \dfrac{w}{100}}$$

VI. 최대 건조 밀도 결정

① 위에서 구한 각각의 시료에 대한 건조 밀도와 함수비를 그래프에 Plot한다.
② 도표에서 정점치를 최대 건조 밀도라 할 때 이에 대응하는 함수비가 얻어진다.
③ 이 때의 함수비를 최적 함수비(OMC)라 한다.

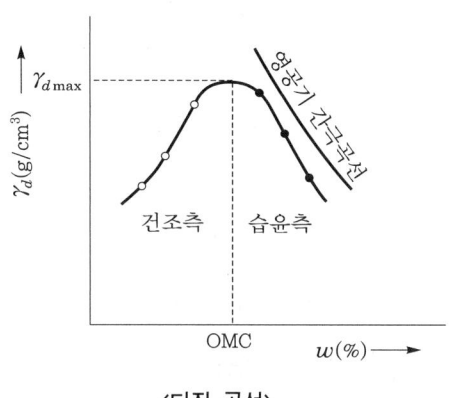

〈다짐 곡선〉

VII. 함수비 변화에 따른 흙 상태 변화

① 수화 단계(반고체 영역)
② 윤활 단계(탄성 영역)
③ 팽창 단계(소성 영역)
④ 포화 단계(반짐싱 영역)

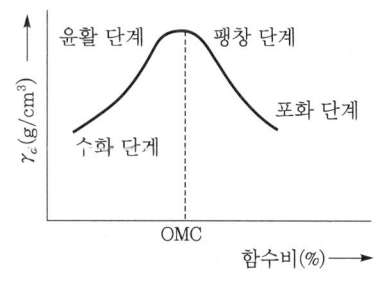

〈흙 상태의 변화〉

VIII. 다짐 영향 요소

① 함수비
② 토질
③ 다짐 에너지

57 다짐 곡선

Ⅰ. 정의

① 흙은 토립자와 물과 공기로 구성되어 있으나 외부에서 압력을 가하게 되면 흙내 부에 있는 공기가 빠져나가게 되어 체적을 감소시키고 밀도를 높이는 것을 다짐 이라 한다.

② 흙을 다질 때 함수비에 의하여 다짐의 효과가 달라지는데 다짐 효과를 보기 위하 여 가로축에 함수비, 세로축에 건조 밀도를 취하여 도시한 것이 다짐 곡선이다.

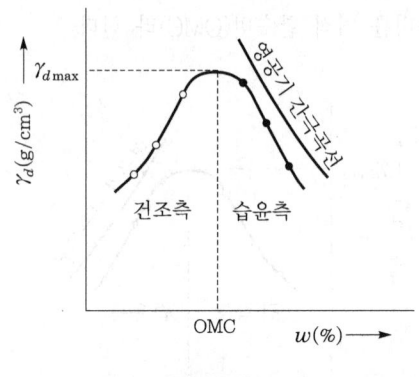

〈다짐 곡선〉

Ⅱ. 흙의 다짐 효과에 영향을 미치는 요소

1) 함수비 변화

흙은 함수비 증가에 따라 수화, 윤활, 팽창, 포화 단계를 거치는데 윤활 단계에서 $\gamma_{d\,max}$ 와 OMC를 얻는다.

2) 흙의 종류

① 조립토일수록 다짐 곡선이 급경사이고, $\gamma_{d\,max}$가 크고, OMC는 작다.

② 양입도는 $\gamma_{d\,max}$가 크고, OMC는 작다.

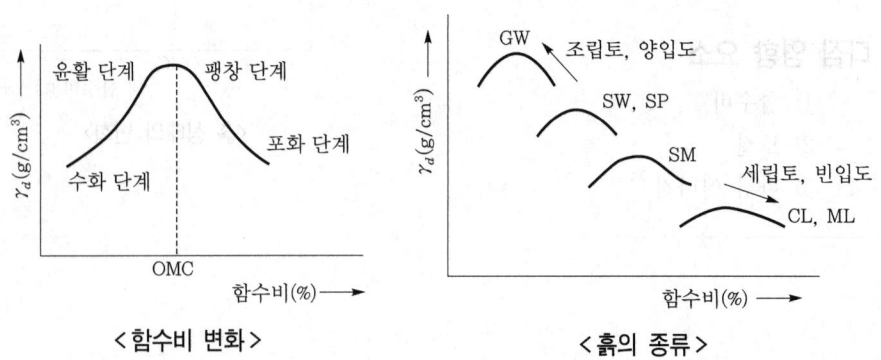

〈함수비 변화〉 〈흙의 종류〉

3) 다짐 에너지

다짐 에너지가 클수록 $\gamma_{d\,max}$가 크고, OMC는 작다.

4) 다짐 횟수

① 다짐 횟수가 많을수록 다짐 에너지가 커진다.

② 다짐 횟수가 너무 많으면 오히려 과도한 전압이 될 수 있다.

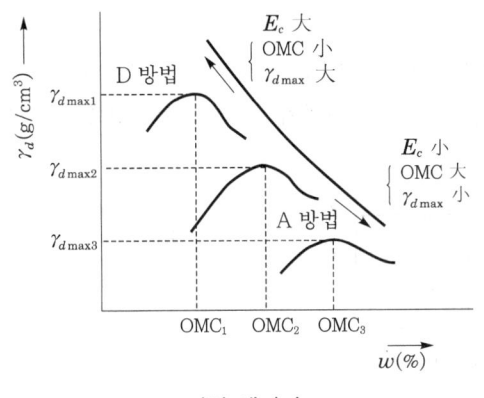

< 다짐 에너지 >

< 다짐 횟수 >

Ⅲ. 다짐 효과

① 지지력 증대

② 투수성 감소

③ 압축성 최소화

④ 밀도 증대

⑤ 흙의 균질화

Ⅳ. 다짐 곡선과 흙의 투수계수의 관계

다져진 흙의 투수계수는 함수비가 증가함에 따라 감소하다가 최적 함수비보다 약간 높은 함수비측에서 최소가 되며 최적 함수비를 지나면 투수계수는 약간 증가한다.

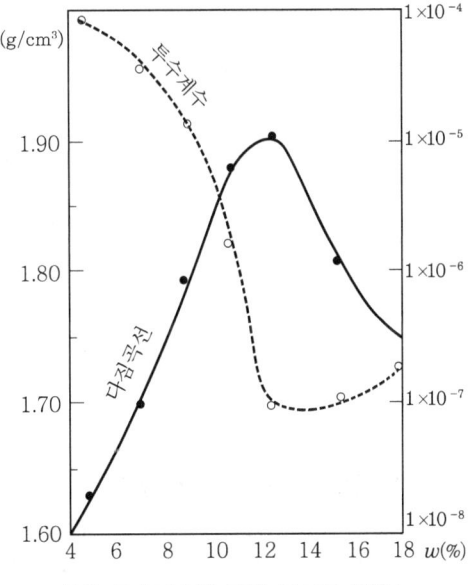

< 흙의 투수계수와 다짐 곡선의 관계 >

58 영공기 간극 곡선(Zero Air Void Curve)

[05중(10), 12후(10)]

Ⅰ. 정의

① 영공기 간극 곡선이란 다짐으로 간극 속의 공기를 완전히 배출하면 간극에는 공기가 0인 상태가 되는데 이때의 다짐 곡선($\gamma_d - w$)을 말하며, 영간극 곡선 또는 포화 곡선이라고도 한다.

② 영공기 간극 곡선은 완전 포화상태 때와 함수비로 얻을 수 있는 이론적인 최대 건조 밀도이므로, 다짐시험 곡선은 반드시 영공기 간극 곡선의 왼쪽에 나타난다.

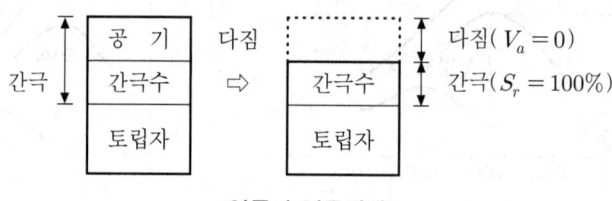

〈영공기 간극상태〉

Ⅱ. 작도방법

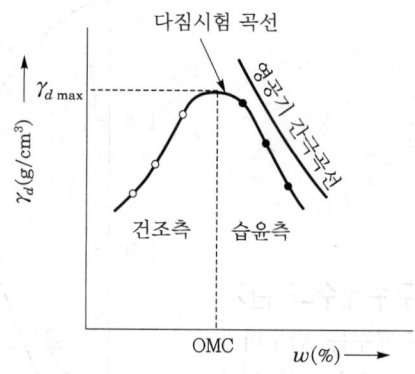

〈다짐 곡선〉

1) 건조 밀도(γ_d) 공식을 이용

① $\gamma_d = \dfrac{G_s \gamma_w}{1+e}$ 에서 $e = \dfrac{G_s w}{S_\gamma}$ 를 대입한다. ($\because S_\gamma \cdot e = wG_s$)

② $\gamma_d = \dfrac{G_s \gamma_w}{1 + G_s w/S_\gamma}$

2) 영공기 간극 곡선 작도

① $\gamma_d = \dfrac{G_s \gamma_w}{1 + G_s w/100}$ (영공기 간극상태 : $S_\gamma = 100\%$)

② 함수비(w)를 변화하면서 γ_d를 계산한다.

③ $\gamma_d - w$ 곡선에 표시되는 점을 연결한다.

Ⅲ. 용도

① 실내 다짐 곡선 적정 여부 확인

㉮ 다짐시험 결과의 다짐 곡선이 영공기 간극 곡선 왼쪽에 위치해야 한다.

㉯ OMC 습윤측 다짐 곡선과 영공기 간극 곡선은 거의 평행해야 한다.

② 최대 건조밀도 및 최적 함수비 결정

영공기 간극 곡선을 이용 다짐시험시 다짐 곡선에서 구한다.

③ 최적 함수비에 의한 다짐 함수비 관리

④ 최대 건조 밀도에 의한 다짐관리 기준 결정

59 최적 함수비(OMC ; Optimum Moisture Content)

[00중(10), 02전(10), 05전(10), 07중(10), 08중(10), 11전(10)]

Ⅰ. 정의

① 흙에 있어서 함수비가 적을 경우 토립자 간의 마찰 저항이 크기 때문에 다짐의 효과가 적고 건조 밀도도 적게 된다.

② 함수비가 증가함에 따라 흙 속의 물이 윤활제 역할을 하게 되어 다짐 효과가 높아지고 건조 밀도가 높아지는데, 다짐 효과가 가장 좋을 때 최대 건조 밀도가 얻어지는바, 이 때의 함수비를 최적 함수비라 한다.

Ⅱ. 최적 함수비 구하는 순서

$$\boxed{\text{건조 밀도 측정}} \rightarrow \boxed{\text{도표 작성}} \rightarrow \boxed{\text{최적 함수비 결정}}$$

1) 건조 밀도 측정

① 동일 시료로 함수비를 변화시킨 시료 6~8종 준비

② 실내 다짐시험 실시

③ 습윤 밀도 산출

$$\gamma_t = \frac{W}{V}$$

④ 건조 밀도 산출

$$\gamma_d = \frac{\gamma_t}{1 + \dfrac{w}{100}}$$

2) 도표 작성

① 세로축에 건조 밀도

② 가로축 함수비

③ 6~8개의 시료에서 구한 건조 밀도와 함수비 관계를 Plot한다.

④ Plot한 점들을 자연스럽게 연결한다.

3) 최적 함수비 결정

① 도표에서 건조 밀도 최대치를 최대 건조 밀도라 할 때 이에 대응하는 함수비가 얻어진다.

② 이 때의 함수비를 최적 함수비(OMC)라 한다.

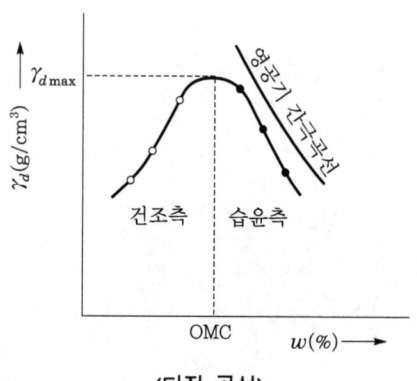

〈다짐 곡선〉

Ⅲ. 건조 밀도와 함수비와의 관계

① 최적 함수비란 최대 건조 밀도를 가질 때의 함수비로서 Proctor가 제안한 방법에 의해 시공전에 시료에 의한 다짐시험을 실시하여 건조 밀도-함수비 곡선을 그렸을 때 정점에서의 함수비이다.

② 동일한 흙에 대해서도 다지는 방법을 달리하면 건조 밀도와 최적 함수비와의 크기도 달라지게 된다.

③ 연약토와 같은 다습토는 최적 함수비를 현장에서 정하기 곤란하고 사용토를 건조시킴으로써 최대 건조 밀도까지 도달시킬 수 있다.

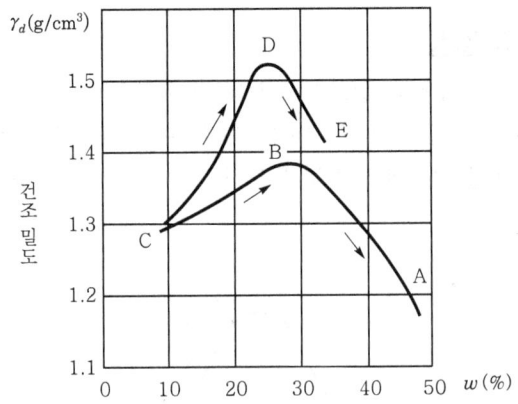

ABC 곡선 : 함수비를 점차 저하시키면서 시험
CDE 곡선 : 함수비를 점차 증가시키면서 시험

60 흙의 최대 건조 밀도

[07후(10)]

Ⅰ. 정의

① 흙을 다질 때 함수비에 의하여 다짐의 효과가 달라지는데, 다짐 효과를 위하여 가로축에 함수비, 세로축에 건조 밀도를 취하여 도시하여 최적 함수비상에서 얻어지는 것을 흙의 최대 건조 밀도라 한다.

② 흙의 최대 건조 밀도는 실내 다짐시험에서 건조 밀도와 함수비의 관계를 Plot하여 최대 건조 밀도와 최적 함수비를 구한다.

Ⅱ. 최대 건조 밀도의 결정

① 동일 시료로 함수비를 변화하여 실내 다짐시험 실시

② 각 시료의 건조 밀도 및 함수비를 측정하여 그래프에 Plot한다.

③ 도표에서 결정치를 최대 건조 밀도라 할 때 이에 대응하는 함수비가 최적 함수비라 한다.

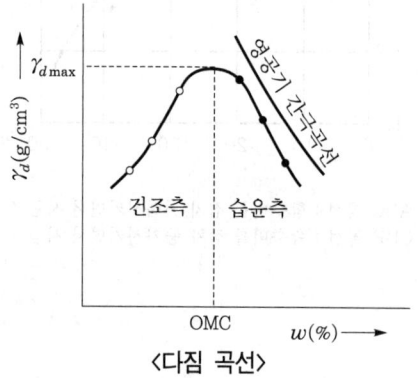

〈다짐 곡선〉

Ⅲ. 함수비 변화에 따른 흙 상태 변화

① 수화 단계(반고체 영역)

② 윤활 단계(탄성 영역)

③ 팽창 단계(소성 영역)

④ 포화 단계(반점성 영역)

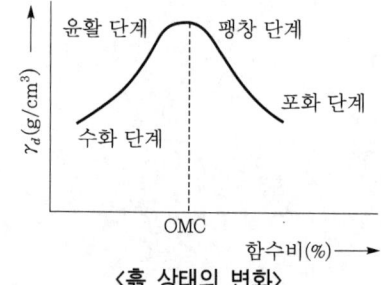

〈흙 상태의 변화〉

Ⅳ. 이용(적용)

① 다짐도(C) 산정

② 다짐도 판정

$$C = \frac{\text{현장 다짐시험}(\gamma_d)}{\text{실내 다짐시험}(\gamma_{d\,max})} \times 100$$

③ 최적 함수비 산정

④ 시공 함수비 결정

61 다짐 밀도(들밀도시험)

[03중(10)]

Ⅰ. 정의

① 다짐 밀도(들밀도시험 : Field Density)란 현장 성토 작업에서 다짐 작업한 지반의 다짐 정도를 알기 위해서 다짐된 성토부의 현장 밀도를 구하는 것을 말한다.

② 현장에서 다짐 밀도를 측정하는 방법으로 모래 치환법, 고무막법, 방사능법 등이 있으며 현장에 가장 많이 사용하는 공법으로 모래 치환법을 이용한다.

Ⅱ. 목적

목적 ┬ 품질 확인 ┬ 현장에서 다진 흙의 품질 확인
　　　│　　　　　└ 시방 조건과 비교 검토
　　　└ 상대 다짐도 측정 : 실내 다짐시험과 비교하여 상대 다짐도 측정

Ⅲ. 현장 밀도 측정방법의 종류

1) 모래 치환법

　　가장 실용적

2) 고무막법

　　물 또는 기름을 가압하여 치환

3) 코아법

　　코아기로 다짐토 채취

4) 방사능법

　　흙을 교란시키지 않고 즉석에서 측정 가능

Ⅳ. 모래 치환법(들밀도시험)

1) 현장시험 방법

① 현장에서 다짐된 성토부의 재료를 일정량 파낸다.

② 표준사(캐나다 오타와산)를 재료를 파낸 구멍에 넣는다.

③ 파낸 재료의 중량을 측정한다.

④ 채워넣은 표준사의 체적을 구한다.

⑤ 현장에서 파낸 흙의 함수비(w)를 측정한다.

2) Data 정리

① 습윤 밀도

$$\gamma_t (\text{습윤 밀도}) = \frac{W(\text{현장에서 파낸 흙의 중량})}{V(\text{파낸 구멍의 체적})}$$

② 건조 밀도

$$\gamma_d = \frac{\gamma_t \ (습윤 \ 밀도)}{1 + \dfrac{w}{100} \ (현장에서 \ 파낸 \ 흙의 \ 함수비)}$$

Ⅴ. 최대 건조 밀도 측정

현장에서 사용하는 재료를 시험실에서 실내 다짐시험을 실시하여 여러 개의 변화된 함수비를 시료를 통하여 최대 건조 밀도와 이에 대응하는 최적 함수비(OMC)를 구한다.

Ⅵ. 다짐도(Relative Density)

현장에서 다짐 기계로 다짐을 한 성토체의 다짐상태를 판단하기 위하여 현장 다짐 밀도 (현장 건조 밀도)와 시험실에서 구한 최대 건조 밀도와의 관계에서 상대 다짐도를 구할 수 있다.

$$C (다짐도) = \frac{\gamma_d \ (현장 \ 건조 \ 밀도)}{\gamma_{d\,max} \ (시험실에서 \ 구한 \ 최대 \ 건조 \ 밀도)} \times 100$$

Ⅶ. 다짐도의 적용

공 종	상대 다짐도
노체	90% 이상
노상	95% 이상
보조 기층	95% 이상

62 다짐도(Relative Density)

[05중(10)]

Ⅰ. 정의

① 다짐도란 현장 성토 작업에서 다짐 정도를 판단하는 방법으로 시험실에서 구한 최대 건조 밀도에 대한 현장 건조 밀도의 비를 백분율로 나타낸 것이다.

② 흙에 외력을 가하여 흙 속에 공기를 배출하고 체적 감소 및 압축성 저하, 강도 증대 등의 목적으로 행하는 작업을 다짐이라 하며 그 시공 정도를 규정짓는 척도이다.

$$C(\text{다짐도}) = \frac{\gamma_d (\text{현장 건조 밀도})}{\gamma_{d\max}(\text{시험실 최대 건조 밀도})} \times 100$$

Ⅱ. 다짐도 영향 요소

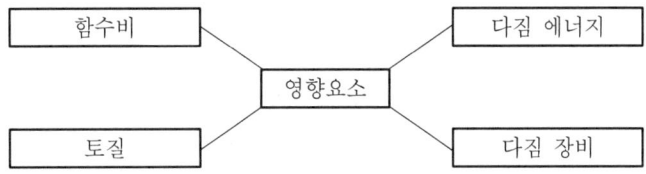

Ⅲ. 필요성

① 성토 작업에서 다짐상태 판정
② 다짐 작업에서 다짐 장비 적정성 판정
③ 사용 재료의 적정성 검토
④ 현장에서의 시공 능력 확인

Ⅳ. 현장 다짐상태 측정방법

① 모래 치환법
② 고무막법
③ 코아법
④ 방사능법

Ⅴ. 시험실 최대 건조 밀도 측정방법

1) 건조 밀도 측정

① 동일 시료로 함수비를 변화시킨 시료 6~8종 준비
② 실내 다짐시험 실시
③ 습윤 밀도 산출

$$\gamma_t = \frac{W}{V}$$

④ 건조 밀도 산출

$$\gamma_d = \frac{\gamma_t}{1 + \dfrac{w}{100}}$$

2) 도표 작성
   ① 세로축에 건조 밀도
   ② 가로축에 함수비
   ③ 6~8개의 시료에서 구한 건조 밀도와 함수비 관계를 Plot한다.
   ④ Plot한 점들을 자연스럽게 연결한다.

3) 최적 함수비 결정
   ① 도표에서 건조 밀도 최대치를 최대 건조 밀도라 할 때 이에 대응하는 함수비가 얻어진다.
   ② 이 때의 함수비를 최적 함수비(OMC)라 한다.

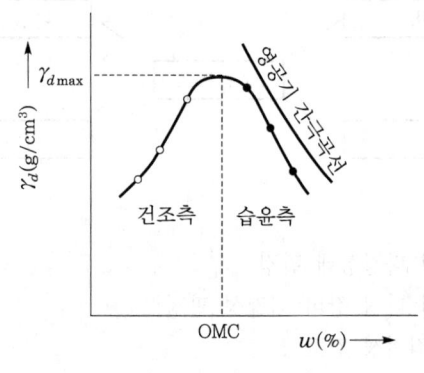

〈다짐 곡선〉

VI. 다짐도 규정

공 종	다짐도
노체	90% 이상
노상	95% 이상
보조 기층	95% 이상

63 다짐도 판정

[98중후(20), 08전(10), 11후(10)]

Ⅰ. 정의

① 다짐이란 흙에 인위적인 에너지를 가하여 흙의 공학적 성질을 개선시키는 것을 말한다.

② 다짐도 판정이란 다짐을 실시한 지반의 토립자 간극에서 얼마만큼 공기가 배출 되고 다짐이 되었는지를 판단하는 방법을 말한다.

Ⅱ. 다짐의 목적

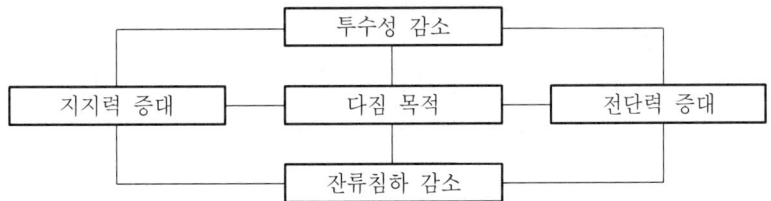

Ⅲ. 다짐도 판정

1) 건조 밀도

① $C(\text{다짐도}) = \dfrac{\gamma_d \,(\text{현장의 건조 밀도})}{\gamma_{d\,\max}\;\text{실내 다짐시험으로 얻어진 최대 건조 밀도}} \times 100$가

시방 규정 이상(노체 90%, 노상 95%)이면 합격

② 도로의 흙쌓기 및 흙댐에 주로 이용하는 신빙성 있는 방법

③ 적용이 곤란한 경우

㉮ 토질 변화가 심한 곳

㉯ 기준이 되는 최대 건조 밀도를 구하기 어려운 경우

㉰ 함수비가 높아 이를 저하시키는 것이 비경제적일 때

㉱ Over Size를 힘유힌 암제료

2) 포화도, 간극비

① $G_s \cdot w = S \cdot e$ G_s : 토립자의 비중, S : 포화도

                    w : 함수비, e : 간극비

② 포화도$(S) = \dfrac{G_s \cdot w}{e}$

③ 간극비$(e) = \dfrac{G_s \cdot w}{S}$

④ 고함수비 점토 등과 같이 건조 밀도로 규정하기 어려운 경우에 적용

3) 강도 특성

  ① 현장에서 측정한 지반 지지력계수 K치, CBR치, Cone 지수 등으로 판정

  ② 안정된 흙쌓기 재료(암괴, 호박돌, 모래질 흙)에 적용

  ③ 함수비에 따라 강도의 변화가 있는 재료에는 적용이 곤란

4) 상대 밀도(Relative Density)

  ① $D_r = \dfrac{e_{max}-e}{e_{max}-e_{min}} \times 100 = \dfrac{\gamma_d - \gamma_{min}}{\gamma_{d\,max}-\gamma_{min}} \times \dfrac{\gamma_{d\,max}}{\gamma_d} \times 100$

  ② 점성이 없는 사질토에 이용

5) 변형량

  ① Proof Rolling, Benkelman Beam 변형량이 시방 기준 이하면 합격

  ② 노상면, 시공 도중의 흙쌓기면에 적용

6) 다짐 기종, 다짐 횟수

  ① 현장 다짐시험 결과에 따라 다짐 기종, 한층 포설 두께, 다짐 횟수 결정

  ② 토질이나 함수비 변화가 크지 않은 현장에서 적용

64 과전압(Over Compaction)

Ⅰ. 정의

① 흙을 다짐하여 강도 증진을 목적으로 할 때 최대 건조 밀도가 얻어지는 최적 함수비의 건조측에서 다질 때 더 큰 강도를 얻을 수 있다.

② 대형의 다짐 기계로 최적 함수비의 습윤측에서 다짐을 하게 되면 흙의 구성체가 파괴되어 오히려 강도가 더 저하되게 되는데 이를 과전압(과다짐)이라 한다.

Ⅱ. 과다짐에 의한 피해

① 표면의 흙입자 파손
② 흙덩이의 전단 파괴
③ 흙의 분산화
④ 강도 저하
⑤ 시공면 밀림현상 발생

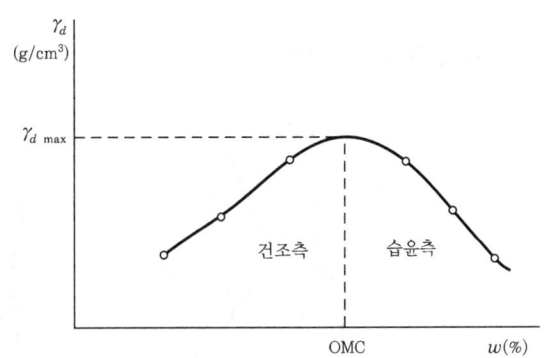

Ⅲ. 세립토 다짐의 특성

1) 습윤측
① 다짐 에너지의 크기에 따른 강도의 증감이 매우 적음
② 매우 큰 에너지를 가하면 강도가 오히려 감소(과전압)

2) 건조측
① 일반적으로 다짐 에너지가 증가하면 강도 증가
② 동일한 에너지에 대해서도 습윤측 다짐보다 강도 증가

Ⅳ. 과다짐 발생원인

① 한 층의 다짐 횟수가 많을 때
② 토질이 화강 풍화토일 때
③ 다짐 에너지가 너무 큰 다짐장비 사용
④ 최적 함수비의 습윤측에서 과도한 다짐시

Ⅴ. 방지대책

① 건조측에서 다짐
② 적정 다짐장비 선정
③ 다짐 횟수 규정 준수
④ 표면 과다 살수 금지

65 엇물림(Interlocking)

Ⅰ. 정의

① 엇물림이란 사질토 전단 파괴면의 모난 입자가 서로 겹쳐진 배열을 하고 있는 것을 말하며, 쇄석으로 다진 보조 기층과 모난 입자가 많은 조밀한 사질토에서 많이 볼 수 있다.

② 엇물림 효과는 입자의 마찰 저항이 아닌 흙구조 저항으로 전단 저항력이 커져 전단 강도가 엇물림 상태가 아닌 사질토보다 커진 것을 말한다.

Ⅱ. 전단 파괴면의 거동

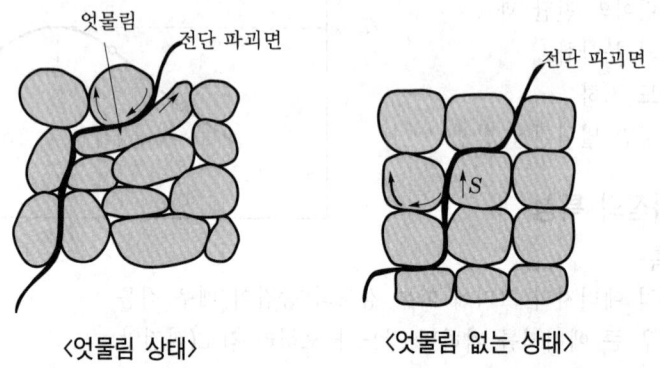

| 〈엇물림 상태〉 | 〈엇물림 없는 상태〉 |

Ⅲ. 특징

1) 사질토에서 발생
   ① 엇물림은 입자가 작고 약한 점성토보다 사질토에서 발생
   ② 느슨한 사질토보다 조밀한 사질토에서 발생

2) 입자 배열에 영향
   ① 입자가 둥글고 일정한 것보다, 모가 나고 입자의 크기가 일정하지 않는 사질토에서 많이 발생
   ② 쇄석이나 모난 입자가 많은 조밀한 사질토에서 많이 발생

3) 전단 저항력 증가
   ① 엇물림 효과로 흙구조의 저항인 전단 저항력 증가
   ② 지반의 지내력 증가

66 토공 정규

[97중후(20)]

Ⅰ. 정의

① 토공 정규란 일반적으로 흙 구조물의 시공 단면을 예측할 수 있도록 설치한 규준틀을 말한다.
② 시공기면 이상 부분의 주요 치수, 형상 등을 표시함으로써 시공의 기준이 된다.

Ⅱ. 필요성

① 시공 과정의 척도
② 부실 시공 방지
③ 공사의 방향 제시
④ 공기 및 공사비 절감

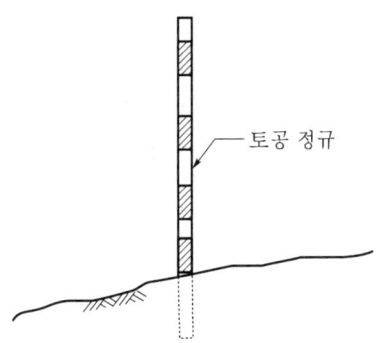

토공 정규

Ⅲ. 종류

1) 성토
① 시공 정도 판단
② 성토 속도 준수
③ 포설 두께 관리

2) 절토
① 절취면 경사 표시
② 절취 개시선 표시
③ 절취 한계 표시
④ 설치 간격
㉮ 직선 구간 : 20 m
㉯ 곡선 구간 : 10 m
㉰ 지형이 복잡한 지역 : 추가 설치

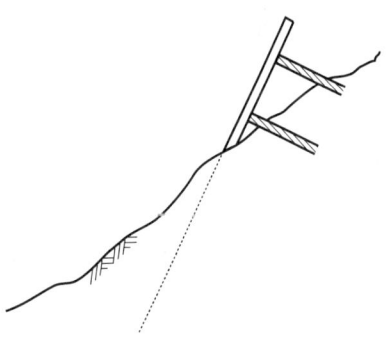

3) 도로 공사
① 각 층의 한계 표시
② 시공 순서 결정
③ 도로 한계선 표시

4) 철도 공사
① 단면 형상 표시
② 시공 방향 제시

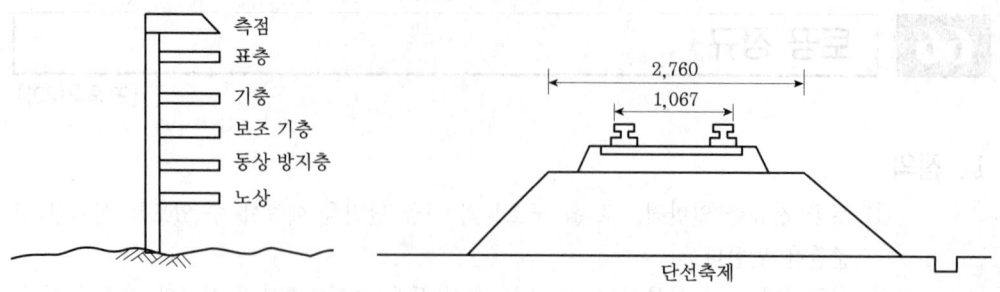

단선축제

5) 기타

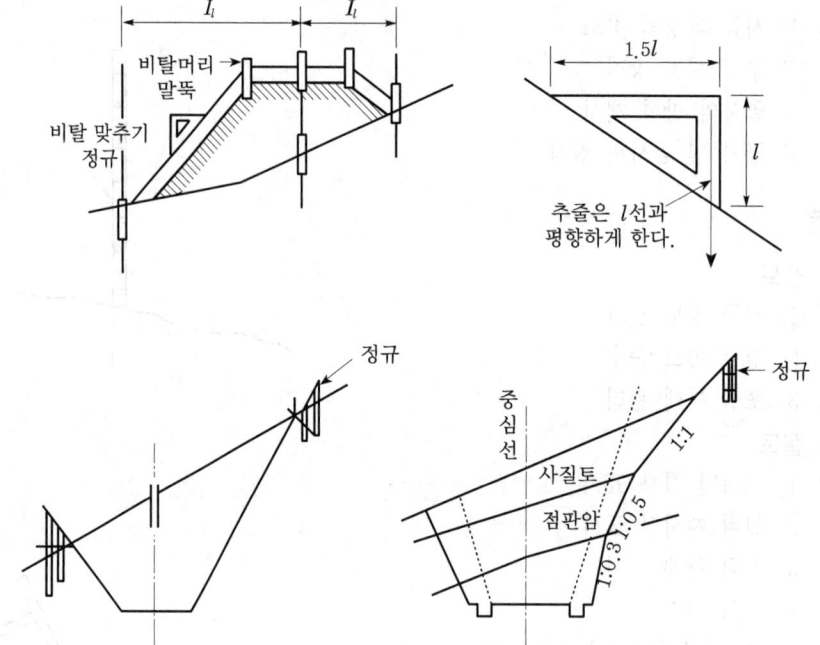

추줄은 l선과 평향하게 한다.

Ⅳ. 설치시 주의사항

① 토공 작업의 기준이 되므로 이동, 변형하지 않도록 설치한다.
② 강풍, 강우에 의해 손실되지 않도록 한다.
③ 설치 간격 준수
④ 지형이 복잡한 곳, 곡선부 등에는 추가 설치한다.
⑤ 식별이 잘 되도록 한다.
⑥ 작업 장비에 의한 손실 방지
⑦ 토공 작업 완료시까지 보존

67 토취장 선정 요건

[97전(20)]

Ⅰ. 정의

① 토취장이란 필요한 성토 재료를 얻기 위하여 자연 상태의 토사를 절취하는 장소를 말한다.

② 토취장 선정은 토질, 채취 가능한 양, 현장까지의 운반 거리 등을 고려하여 선정하여야 한다.

Ⅱ. 사전 조사

```
           ┌─ 예비 조사 : 지형도, 지질도, 항공사진, 과거 공사기록, 입지조건
사전 조사 ──┼─ 현장 조사 : 자료조사, 현장답사, Boring, Sounding, Sampling
           └─ 본 조사 : 흙분류시험, 토성시험, 강도시험
```

Ⅲ. 선정 요건

1) 토질 조건 검토
   ① 성토 재료로서의 적합성 여부
   ② 자연상태의 함수비, 입도 분포, 입경 등의 검토

2) 필요량
   ① 공사에 필요한 토량의 존재 여부
   ② 선별 작업시 사용 불가능한 골재의 비율 등 검토

3) 운반 거리
   ① 현장까지의 운반 거리에 따른 경제성 고려
   ② 운반로의 지장물 상태
   ③ 토사 운반에 따른 민원 발생 여부

4) 환경 규제
   ① 지역 환경에 따르는 자연 환경 파손에 따른 규제 여부
   ② 특히 문화재 발굴 지역, 관광지 등

5) 용지 보상
   ① 토취장 개발에 따른 용지 보상 관계
   ② 대지 가격 등을 고려

6) 토질 변화
   ① 토질 변화에 따른 불량토 발생 정도
   ② 불량토 처리 방법 및 사토 계획 검토

7) 지형
  ① 재료 채취에 따른 사태 우려성 검토
  ② 토사 채취에 따른 지형 변동 고려

8) 지하수
  ① 지하수 용수에 대한 검토
  ② 토사 유출 방지 대책 수립

9) 시공성
  ① 장비의 Trafficability
  ② 시공의 난이도 검토

10) 운반로
  ① 운반 도로의 경사
  ② 토사 운반로 중 오르막길 유무
  ③ 운반로 상태 점검

68 토공 성토 재료 선정

I. 개요

① 토공 작업에서 성토 재료 선정은 토공 작업의 성패를 좌우하는 매우 중요한 작업으로 성토 작업에 앞서 재료 선정 작업이 우선되어야 한다.

② 성토 재료 선정은 장비의 Trafficability가 확보되어야 하고, 다짐 시공후 강도 발휘가 용이하며 시공성, 경제성을 고려하여 선정해야 한다.

II. 성토용 재료의 구득 방법

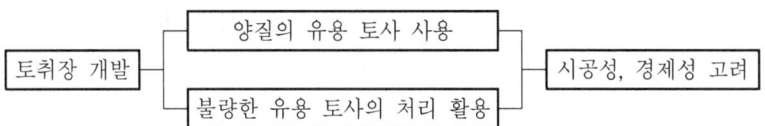

III. 성토 재료 선정

1) 공학적 안정
① 압축성과 투수성이 작고 지지력이 큰 재료
② LL < 40, PI < 18

2) 입도 양호
① 크고 작은 토립자가 적당히 혼합된 재료
② $C_u \geq 10$, $1 \leq C_g \leq 3$

3) 최소 간극
① 토립자 사이의 간극이 적은 재료
② 다짐성이 양호하고, 지내력이 큰 재료

4) 전단 강도
① 성토 비탈면의 안정에 필요한 전단 강도를 가진 재료
② 점착력이 크고 내부 마찰각이 큰 재료

5) 지지력
① 완성후의 재하에 대한 충분한 지지력을 가진 재료
② 교통 하중 등의 이동 하중에 대한 저항성이 큰 재료

6) 시방 규정 부합
① 자연 함수비가 액성 한계보다 낮은 재료
② 진동이나 유수에 대해 안정한 재료

7) 소요 다짐도
① 규정된 다짐도를 만족하는 재료
② 공사 현장의 인근 지역에서 경제적으로 구할 수 있는 재료

8) 골재 입도
   ① 고른 입도 분포를 가진 재료
   ② 시공상 취급이 쉽고 다짐 효과가 좋은 재료
9) Trafficability
   ① 전단 강도가 크고 압축성이 작은 재료
   ② 시공 기계의 주행성이 확보되고 충분한 전압이 되는 재료
10) 이물질 제거
   ① 가급적 균등질의 재료
   ② 유기물, 기타 유해한 잡물을 포함하지 않은 재료
11) 배수성
   ① Filter재는 세립분 유출을 막고 침투수만 통과시키는 재료
   ② 투수재는 내구적이며 배수가 원활한 재료

69 단차(段差)

Ⅰ. 정의

① 단차란 구조물 접속부와 지하 매설물 위치 또는 도로 포장면의 주행선과 노견 사이에서 이질층 존재, 압축성 차이, 지지력 상이, 부등 침하 등의 원인에 의해 높이 차가 발생되는 것을 말한다.

② 단차는 교량 등의 접속부에서는 구조물에 손상을 주고 소음 발생의 원인이 되며, 주행 차량의 안전 운전을 크게 위협하는 요인으로 사고 발생 원인이 되기도 한다.

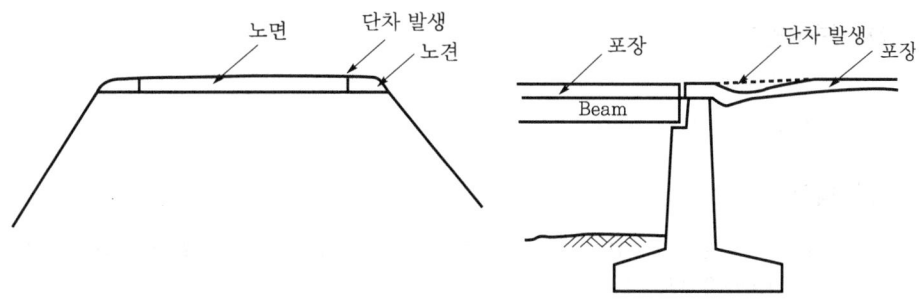

Ⅱ. 단차의 피해

① 구조물 손상

② 주행성 악화

③ 교통 사고 유발

④ 소음 발생

Ⅲ. 단차 발생원인

① 노상의 부등 침하

② 노견과 주행선의 재료 상이

③ 배수 불량

④ 지표수 침투

⑤ 다짐 불충분

⑥ 기층 부적정

⑦ 뒤채움 시공 불량

⑧ 지반 부등 침하

Ⅳ. 방지 대책

① 양질의 뒤채움 재료
② 충분한 다짐
③ 소형 장비 이용
④ Approach Slab
⑤ 맹암거 설치
⑥ 노면 구배
⑦ 층따기 실시
⑧ 층다짐 준수
⑨ Grouting

Ⅴ. 단차 보수방법

① 덧씌우기
② 부분 재포장

Ⅵ. 단차 측정

① 단차의 측정은 1차선당 3점 이상 또는 가장 깊은 곳에서 시행하며 최대치 D(mm)로 단차량을 나타낸다.
② 측정은 실을 당기어서 단차 부분의 깊이 D를 측정한다.
③ 측정 길이는 일반 도로에서는 10 m, 고속 도로에서는 15 m로 한다.

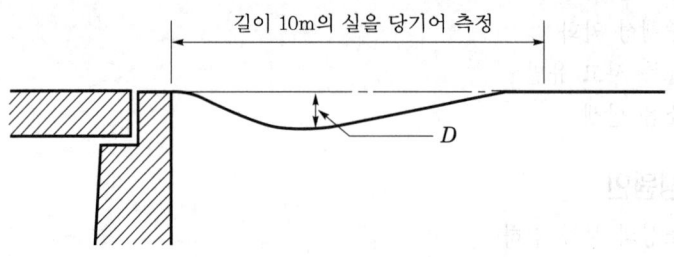

길이 10m의 실을 당기어 측정

70 | Approach Slab

Ⅰ. 정의

① 구조물 본체와 흙쌓기 접속부에서 발생되는 단차를 최소화하기 위해서 구조물에 접근하여 흙쌓기부에 설치하는 철근 콘크리트판을 Approach Slab이라 한다.

② Approach Slab의 설치 길이는 일반적으로 설계 속도, 흙쌓기 높이, 교통량 등을 고려하여 결정한다.

Ⅱ. 구조

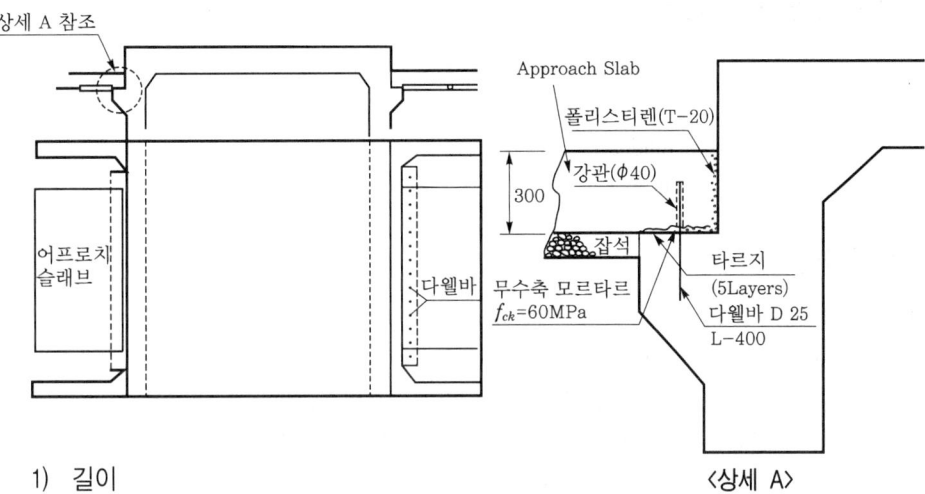

〈상세 A〉

1) 길이

Approach Slab의 길이는 3~8m 범위로 한다.

2) 설치 폭

슬래브의 폭은 차선 및 양쪽 노견을 포함하는 폭으로 한다.

3) 받침대

① 암거, 교대 등의 배면에는 Approach Slab가 놓일 수 있는 받침대를 설치한다.

② 받침대에는 고무판과 앵커 볼트를 설치한다.

③ Slab와 받침대, 암거의 측벽 등의 사이에는 이음재를 삽입한다.

④ 흙쌓기 측에는 특별한 받침 구조는 설치하지 않는다.

Ⅲ. 시공

① 설치 장소 다짐 : Approach Slab를 설치하는 장소는 가능한 한 공사용 차량에 의한 자연 다짐을 하여 뒤채움부에 안정을 취한 다음 시공한다.

② 시공면 처리 : Approach Slab의 기초 바닥면은 충분한 고르기를 하여 평탄하게 마무리 한다.

③ 콘크리트 타설 : Slab 콘크리트 타설은 콘크리트 포장에 준하여 시공한다.

71 절토 공사시 유의사항

Ⅰ. 정의

① 토공사에서 절토부 노상 시공은 지역에 따라 각기 다른 토사, 암반으로 구성되므로 지반의 지내력이 불균형하게 되어 노상이 연약화 또는 부등 침하 등을 일으키게 된다.

② 이러한 요인에 의해 시공후 하자 발생률이 일반 성토 구간보다 높은 점을 감안하여 시공관리를 하여야 한다.

Ⅱ. 절토 작업 장비 종류

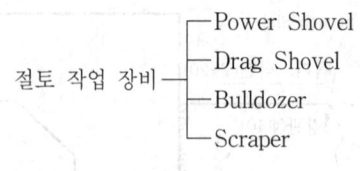

절토 작업 장비 ┬ Power Shovel
　　　　　　　 ├ Drag Shovel
　　　　　　　 ├ Bulldozer
　　　　　　　 └ Scraper

Ⅲ. 유의사항

1. 절토부 지반 처리

1) 원지반이 암반인 경우

절취부가 암반인 경우 암석의 절취면을 노상 마무리면으로 정리하나 리핑 또는 발파로 인하여 요철이 생긴 경우는 물의 영향을 받지 않는 동상 방지층 또는 보조 기층용 재료를 포설하고, 충분한 다짐을 하여야 한다.

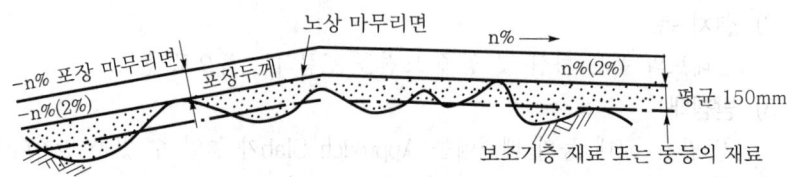

< 원지반이 암인 경우의 노상 >

2) 절토면의 토질이 다른 경우

① 계획 노상면이 암반과 토사가 접합되는 곳에서는 그 경계부에 1 : 4 정도의 경사를 가지는 접속 구간을 두는 것으로 한다.

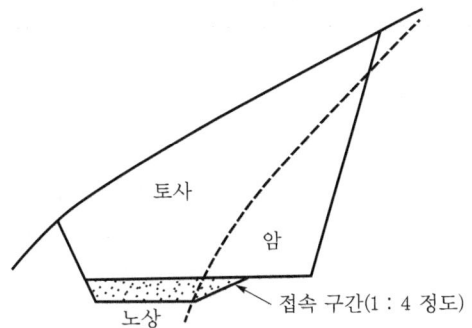

＜절토면의 토질이 다른 경우의 노상＞

② 접합부는 재료의 성질이 다른 점을 고려하여 토사 절취부측은 노상 마무리선에서 약 15 cm 정도 깊이로 밭갈이 후 함수비를 조정하여 충분히 다짐한다.

3) 토사 절취부 재료
　① 지하수 등의 영향으로 함수상태가 높을 때 함수비를 조정후 사용한다.
　② 재료가 성토 재료의 품질 기준에 미달될 때는 사토 처리한다.

2. 절토부 지하수 처리

　① 지하수가 다량으로 발생하는 지역은 절취부 끝단 하부를 노상 하단으로 유도
　② 횡방향으로 설치되는 맹암거는 현장상태에 따라 적당한 간격으로 설치
　③ 절취부 하단 노상부에 설치되는 맹암거의 유공관은 구멍이 아래로 향하게 설치
　④ 부직포는 배수 기능 저하 방지를 위한 것으로 파손 방지

3. 기타

　① 붕적토, 풍화가 심한 비탈면의 절토
　② 토류벽 설치, 활동 방지 말뚝공
　③ 사질토 등 침식하기 쉬운 토질
　④ 균열 절리가 많은 암
　⑤ 균열면이 활동면으로 되는 경우
　⑥ 지하수위가 높은 경우

72 절토, 성토 사면 구배

I. 정의

① 토공 작업에서 절토 작업과 성토 작업이 주를 이루고 있으며 작업후 절토부와 성토부의 안전을 위하여 토질에 맞는 사면에 구배를 두어야 한다.

② 토질별 절토, 성토사면의 구배 설계 기준이 다소 차이가 있으나 시공 현장에서는 국토교통부 설계기준을 많이 이용하고 있다.

II. 절토사면 구배

토질 구분		사면 높이(m)	사면구배		
			국토부	한국도로공사	LH공사
토사 (사질토, 점성토)		5 m 이상	1 : 1.5	1 : 1.5	1 : 1.5
		0~5 m	1 : 1.2	1 : 1.2	1 : 1.2
리핑암(풍화암)		5 m 이상	1 : 0.7	1 : 1.0	1 : 1.0
		0~5 m			
발파암	연암	5 m 이상	1 : 0.5	1 : 0.5	1 : 0.5
		0~5 m			
	경암	5 m 이상			
		0~5 m			

III. 성토사면 구배

토질 구분	사면 높이(m)	사면구배		
		국토부	한국도로공사	LH공사
토사	6 m 이상	1 : 1.8	1 : 1.8	
	0~6 m	1 : 1.5	1 : 1.5	
	5 m 이상			1 : 2.0
	0~5 m			1 : 1.5
·입도 분포가 좋은 모래 및 자갈 섞인 모래 ·사질토 및 굵은 모래	6 m 이상			
	3~6 m			
	0~3 m			
·입도 분포가 나쁜 모래 ·연약한 점성토	6 m 이상			
	3~6 m			
	0~3 m			

IV. 소단 설치 기준

기관명	소단 설치 기준		
	국토부	한국도로공사	LH공사
절토	토사 : 5 m마다 폭 1 m 소단 4% 횡단 구배 리핑암 : 7.5 m마다 1 m 소단 발파암 : 20 m마다 폭 3 m 소단	발파암 : 20 m마다 폭 3 m 소단	5 m마다 1~1.5 m 폭 필요시 10 m마다 폭 1.5 m 소단과 배수공
성토	6 m마다 폭 1 m 소단	6 m마다 폭 1 m 소단	

73 성토 시공방법

Ⅰ. 개요

① 성토 시공은 시공 도면과 일치하게 말뚝, 판자 등을 이용하여 규준틀을 설치하고 지반 정리를 한 다음 흙쌓기 시공을 해야 한다.

② 성토 시공방법으로는 수평층 쌓기, 전방층 쌓기, 비계층 쌓기, 물다짐 공법 등이 있으며, 현장 여건을 고려하여 공법을 선정한다.

Ⅱ. 시공방법 종류

1) 수평층 쌓기

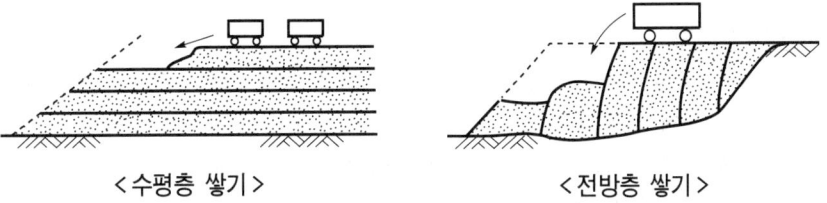

< 수평층 쌓기 >   < 전방층 쌓기 >

① 위의 그림 같이 수평으로 쌓아 올리면서 다지는 공법 중 두껍게 까는 방법과 얇게 까는 방법이 있다.

② 두껍게 까는 방법은 900~1,200 mm 정도씩의 두께로 깔고 약간의 기간을 두어 자연 침하를 시키거나 다지기를 하고, 또 다음 층을 깔아서 같은 방법을 되풀이 하는 방법으로 주로 하천 제방 또는 도로 및 철로 등의 축제에 적당하다.

③ 또 얇은 층으로 까는 방법은 300~600 mm 정도씩의 두께로 깔아서 한 층마다 적당한 습기를 주어 충분히 다진후에 같은 방법으로 다음 층을 깔아 올라가는 방법으로서 저수지, 흙댐과 옹벽 및 교대의 뒤채움 및 도로·토공 등에 주로 이용한다.

④ 이 방법은 공사 기간이 길어져서 공사비가 많아지는 것이 결점이기는 하나, 충분히 다짐을 할 수 있고 준공후 침하가 적으며, 물의 투수를 방지할 수 있어 중요한 공사에 있어서는 이 방법이 많이 쓰여진다.

2) 전방층 쌓기

① 흙을 차례로 전방에 급경사로 내려 쏟으며 쌓아가는 방법으로 급경사 쌓기라고도 한다.

② 이 공법은 공사중에 압축이 적어서 완성후에도 침하가 크므로 중요한 공사에서는 이용하지 않는 것이 좋다.

③ 공사비가 적게 들고 공사 진척이 빨라 낮은 높이의 도로 및 철로 등의 축제에 이용되지만 좋은 공법은 못된다.

3) 비계층 쌓기
   ① 잔교식 비계(架橋)를 만들어 그 위에 궤도(rail)를 깔고 위에서 흙을 내려 쏟아서 점차 쌓아 올라가는 방법이다.
   ② 이와 같은 시공은 공사비가 많이 들기는 하나 높은 흙쌓기를 동시에 하고자 할 때에 많이 사용된다.

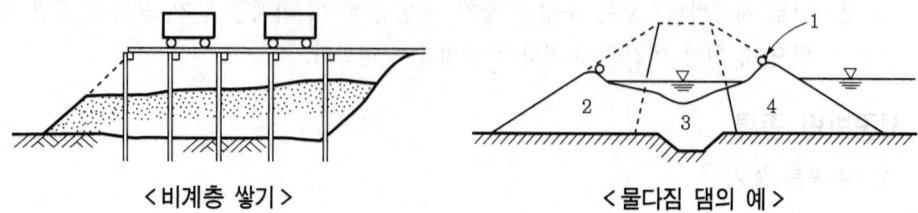

　　　　　< 비계층 쌓기 >　　　　　　　　　　< 물다짐 댐의 예 >

4) 물다짐 공법
   ① 바다, 하천 및 호수 등에서 땅깎기한 흙을 물에 함유시켜 이것을 Pump로 배송관을 통하여 흙댐 등이 있는 곳까지 큰 수두를 가지도록 수송하여 Nozzle로 분출하는 방법으로 미국 등지에서 많이 사용하고 있다.
   ② 각 분출구에서 물에 함유된 흙이 분출될 때 입자가 큰 것은 양 비탈면 부근에 가라앉고, 가는 입자는 물과 함께 흙댐 중앙에 흘러내려가 자연히 침전되어 굳게 다져져서 완전한 심벽이 되는 것이다.

74 성토 공사시 유의사항

Ⅰ. 개요

① 현장에서 성토 작업이 여러 가지 조건에 따라 시공후에 발생될 수 있는 문제점 등을 고려하여 성토 작업시 유의해야 할 사항을 미리 선정하여 작업 계획을 수립하여야 한다.

② 특히 유의해야 할 성토 작업으로는 구조물과 토공 접속부 시공, 편절 편성 구간 시공, 절성 경계부 시공, 비탈면 시공 등이 있다.

Ⅱ. 성토 시공방법

Ⅲ. 유의사항

1. 구조물과 토공 접속부 시공

1) 부등 침하 원인

① 지형상 다짐 작업이 어려워 뒤채움 작업이 불량했을 때
② 지하수의 용출이나 지표수의 침투에 의해 성토체가 연약화 되었을 때
③ 성토체의 기초 지반이 경사져 있을 때
④ 불량한 연약지반 처리후 시공했을 때

2) 방지 대책

① 연약지반 처리 철저
② 다짐 철저
③ 부설 두께는 200~300 mm로 하여 층다짐
④ 양질의 토사를 뒤채움재로 사용
⑤ 좁고 다짐이 어려운 곳에서는 소형 다짐기로 얇은 층으로 하여 다짐
⑥ 편토압 방지
⑦ 뒤채움 층두께 및 높이가 양쪽에서 동일하게
⑧ 뒤채움부에 배수 시설 설치
⑨ 포장체의 강성 증가
⑩ Approach Slab 설치

3) 품질관리
① 뒤채움 재료 : 입도, PI, 수침 CBR 등
② 현장시험 : 현장 밀도시험, 평판 재하시험, Proof Rolling

2. 편절 편성 구간, 절성 경계부

1) 문제점
① 절토부와 성토부의 지지력 및 침하량 차이
② 유수나 침투수에 의한 지반 연약화
③ 경계부의 다짐 불충분
④ 기초 지반과 성토의 접착 불량

2) 대책
① 완화 구간 설치
② 지하 배수
③ 비탈끝에 배수층 설치
④ 절토부 뿐만 아니라 성토부에도 Bulldozer 다짐
⑤ 층따기 시공

3. 비탈면 다짐 및 시공

① 다짐 장비에 의한 다짐 : 비탈면 경사가 완만할 때, 전압식, 진동식, 충격식
② 여성(余盛) 후 절취, 성형하는 방법 : 비탈면 경사가 급할 때

4. 암성토

① 입도 준수(필요시 소할, 최대 치수 준수 등)
② 얇은 층으로 포설하여 추진력이 큰 Roller로 다짐
③ 평판 재하시험, Proof Rolling, 현장 전단시험 등으로 다짐도 평가 실시

75 노체성토 부위의 배수 대책

[02후(10)]

Ⅰ. 정의

① 성토 작업에서 중요한 시공관리는 성토 재료의 선택, 다짐 방법, 다짐도 확보 및 성토 시공후 관리가 아주 중요한 요소이다.

② 노체성토 시공에서 매 층 시공 마무리면은 강우에 의해서 노체성토부의 함수비 증가, 유실 등의 영향을 최소화하기 위하여 적절한 공법의 배수 대책이 요구된다.

Ⅱ. 노체성토 부위의 배수 대책

1) 횡방향 구배

① 강우에 대한 표면 배수 처리
② 비고임 현상 방지
③ 성토체의 흡수에 따른 연약화 방지 목적

2) 배수로 설치

① 성토사면에 배수로 설치
② 설치 배수로는 세굴 방지 공법 적용
③ 우수 유입부는 비닐로 덮어 보호

3) 평탄성 관리

① 다짐 마감면의 평탄성 관리
② 요철 부위에 빗물 고임 등으로 함수비 증가
③ 포설 작업시 평탄 관리후 다짐 실시

4) 유도 배수로 설치

① 성토 시공면이 넓은 경우 : 유도 배수로 설치
② 성토 재료를 이용하여 배수 도랑 설치

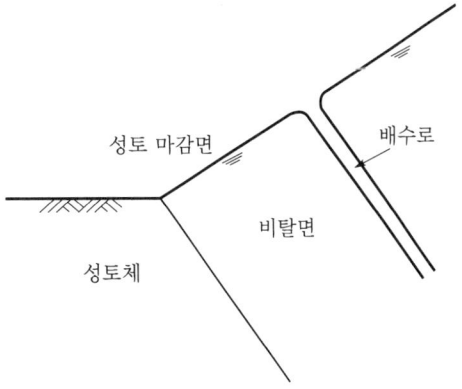

5) 차량 통제

① 강우 또는 강우 직후 작업 차량 통과로 성토면의 배수 지연
② 성토면의 교란으로 시공면이 연약화되므로 차량 통행 차단

6) 가배수로 설치
   ① 집중 강우 예상시 노면부에 가배수로 설치
   ② 일정 간격으로 비닐, 가마니 등으로 가배수로 설치

7) 밀실 다짐
   ① 장마철 성토 다짐은 잦은 강우로 성토 재료 유실
   ② 일일 작업 마무리시 포설 재료는 밀실 다짐후 작업 마무리

76 여성토(더돋기 ; Extra-Banking)

Ⅰ. 정의
① 흙쌓기(성토 작업)에서 성토 완료후 지반의 침하, 성토체 침하 등을 예측하여 성토 작업 완료후 요구되는 성토고 확보를 위하여 작업시 미리 흙을 더 높게 쌓는 것을 여성토라 한다.
② 여성토는 현장 성토 작업에서 필수적인 조건이며 육상 성토 작업은 물론 해상에서 행해지는 항만 공사에서도 적용되고 있다.

Ⅱ. 도해

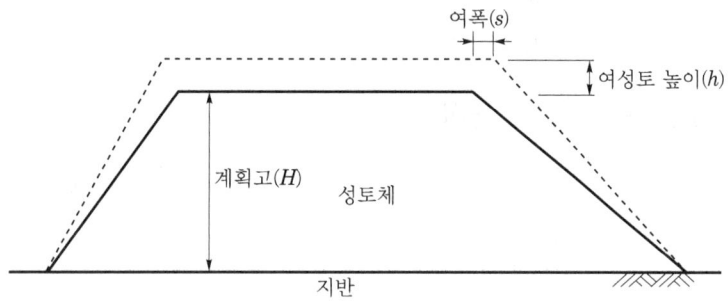

Ⅲ. 토질별 여성토 표준(Winkler 이론)
1) 평지 지반

토 질	S	h
점토	$1/8\,H$	$1/12\,H$
흙	$1/9\,H$	$1/14\,H$
모래	$1/15\,H$	$1/23\,H$
자갈	$1/40\,H$	$1/40\,H$

2) 경사 지반

① h_1, s_1은 H 대신 $H_1 + \dfrac{1}{2}H_2$ 사용

② h_2, s_2은 H 대신 $H_1 - \dfrac{1}{2}H_2$ 사용

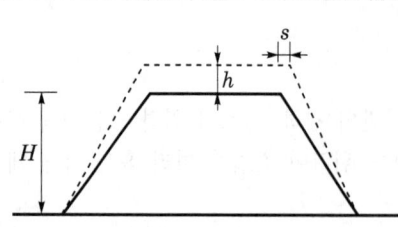
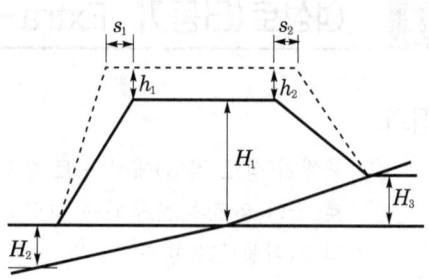

Ⅳ. 여성토의 필요성

① 침하가 우려될 때
② 성토 재료 유실이 우려될 때
③ 상부 마루 여유폭이 필요할 때
④ 토적 변화가 큰 재료일 때

Ⅴ. 성토 높이에 따른 여성토 높이

성토고	여성토 높이
3 m 미만	성토고의 10%
3~6 m 미만	성토고의 8~10%
6~9 m 미만	성토고의 6~8%
9~12 m 미만	성토고의 4~6%

Ⅵ. 성토 작업시 유의사항

① 경사지 성토 작업
② 고함수비 재료 성토 작업
③ 절토부 성토 작업
④ 연약지반상 성토 작업
⑤ 암버럭 사용시

77 층분리(層分離 ; Lamination)

Ⅰ. 정의

① 층분리란 흙쌓기 작업에서 층다짐 시공을 할 때 상부층과 하부층이 일체가 되지 않고 각각의 층이 분리되는 현상을 말한다.

② 특히 성토 재료가 상이하거나, 함수비가 적정하지 않을 때 표면이 건조할 때 발생하기 쉬운 현상으로 성토체의 강도 및 안정성에 크게 해를 끼치는 요인이다.

Ⅱ. 층분리의 영향

① 성토체의 일체성 결여

② 성토체의 활동

③ 상부층의 균열 발생

④ 성토 지반 강도 저하

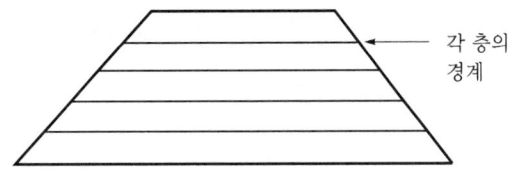

각 층의
경계

Ⅲ. 층분리에 의한 피해

① 각 층의 미끄럼 현상

② 강도 저하

③ 상부 구조물 파손

④ 측방 유동

Ⅳ. 층분리 원인

① 성토 재료 불량

② 다짐 시공 불량

③ 다짐 장비 적용 잘못

④ 상부층 성토 시기 지연

⑤ 함수량 부적정

Ⅴ. 방지대책

① 층별 부착력 검사

② 적정 다짐 장비 선정

③ 상부층 포설전 살수

④ 사용 재료 입도 조정

⑤ 시험 시공 철저

⑥ 함수비 조절

78 | Mass Curve(유토 곡선, 토적 곡선)

[97중전(20), 06후(10), 11중(10)]

Ⅰ. 정의

① 토공에서 성토와 절토의 계획 토량, 운반 거리 등을 결정하는 것을 토량 배분이라고 하며, 토량 배분을 효율적으로 하기 위하여 유토 곡선을 작성하며 토적 곡선이라고도 한다.

② 도로 공사 등의 토량 배분에서는 토적 곡선을 이용함으로써 운반 거리, 토량의 평형 관계를 정확히 파악할 수가 있다.

Ⅱ. Mass Curve를 이용한 토량 배분

1. 유토 곡선 작성법

① 측량에 의해 종단면상에 시공기면을 그린다.
② 횡단면도부터 각 구간의 토량을 계산한다.
③ 토량 계산서를 이용하여 누가 토량을 계산한다.
④ 종축에 누가 토량, 횡축에 거리를 취한 그래프 속에 누가 토량을 기입한다.

2. 토량 계산서 작성법

축점	거리 (m)	절토 (+)			성토 (−)					공제 토량 (m³)	누가 토량 (m³)
		단면적 (m²)	평균 단면적 (m²)	토량 (m³)	단면적 (m²)	평균 단면적 (m²)	토량 (m³)	토량 변화율 (C)	보정 토량 (m³)		

3. 유토 곡선

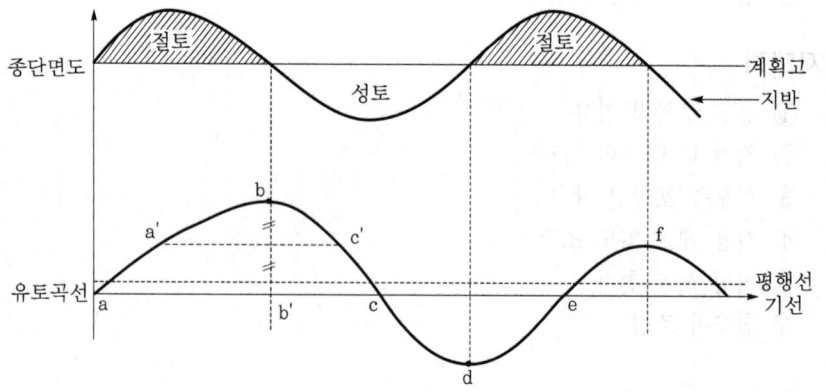

4. 유토 곡선의 성질

1) **절성토 구간**

상승부분 a-b와 d-f는 절토 구간을, 하강부분 b-d는 성토 구간을 나타낸다.

2) **극대점과 극소점**

극대점(정점) b와 극소점(저점) d는 절토와 성토의 경계이다.

3) **산모양과 골모양**

① 산모양(a-b-c)으로 굴착토가 왼쪽에서 오른쪽으로 이동한다.
② 골모양(c-d-e)으로 굴착토가 오른쪽에서 왼쪽으로 이동한다.

4) **토량의 과잉과 부족**

기선 위에서 끝나면 토량의 과잉이며, 기선 아래서 끝나면 토량의 부족을 나타낸다.

5) **평균 운반 거리**

a-c구간의 평균 운반 거리는 a'-c'이다.

6) **전토량**

기선에서 정점까지의 거리(b-b')는 절토에서 성토로 운반되는 전토량이다.

5. 장비 기종의 선정

1) 토량 배분이 결정된 후에는 유토 곡선을 이용하여 운반 거리, 운반 토량, 토질 조건, 지형 상태 등을 고려해서 경제적인 기종을 선택한다.

2) **운반 거리별 적정 장비**

① Bulldozer : 50 m 이하
② Scraper : 50~500 m
② Dump Truck : 500 m 이상

6. 유대량, 무대량

1) **유대량**

불도저+스크레이퍼+덤프 트럭

2) **무대량**

유토 곡선의 세로 방향 도량+토량 계산서의 가로 방향 토량

Ⅲ. 유의사항

① 토량 계산
② 토량 변화율
③ 사토장 선정
④ 평형선 결정
⑤ 장비 선정
⑥ 평균 운반 거리

79 유토 곡선(Mass Curve)의 극대치, 극소치

[94후(10)]

I. 정의

① 토공에 있어서 성토와 절토의 계획 토량, 운반 거리 등을 결정하는 것을 토량 배분이라고 한다.

② 도로 공사 등의 토량 배분에서는 토적 곡선을 이용함으로써 운반 거리, 토량의 평형 관계를 정확히 파악할 수가 있다.

II. 유토 곡선

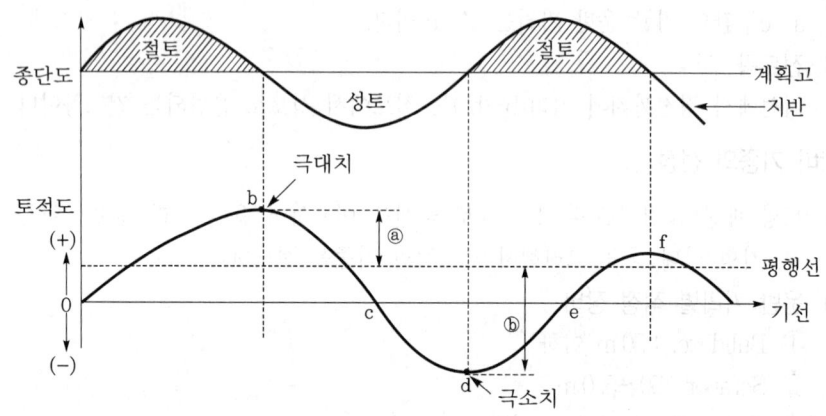

III. 극대치

① 극대치는 극대점에서의 값을 의미한다.

② 토공 작업에서 절토에서 성토로 전환되는 변이점이다.

③ 극대점에서 평형선까지의 수직 거리 ⓐ는 좌측 토공을 절토하여 우측으로 성토 하는 운반 토공량이다.

IV. 극소치

① 극소치는 극소점에서의 값을 의미한다.

② 토공 작업시 성토에서 절토로 전환되는 변이점이다.

③ 극소점에서 평형선까지의 수직 거리 ⓑ는 우측 토공을 절토하여 좌측으로 성토 하는 운반 토공량이다.

80 토량 환산계수(f)

[94후(10), 00전(10), 02중(10), 05중(10), 10후(10)]

Ⅰ. 정의

토공 작업에서 자연 상태의 흙과 다져진 상태의 흙에 따른 토량 변화율을 이용하여 작업 토량을 구하는데 사용하는 계수로 토량 변화율 L값과 C값을 이용하여 산정한다.

Ⅱ. 토량 환산계수(f)

구하는 Q / 기준이 되는 q	자연 상태의 토량	흐트러진 상태의 토량	다져진 상태의 토량
자연 상태의 토량	1	L	C
흐트러진 상태의 토량	$1/L$	1	C/L
다져진 상태의 토량	$1/C$	L/C	1

Ⅲ. 토량 변화율

1) L값

$$L = \frac{\text{흐트러진 상태의 토량}}{\text{자연 상태의 토량}}$$

일반 토사인 경우 1.1~1.4 정도이고, 토공사에서 운반 토량 산출시에 이용한다.

2) C값

$$C = \frac{\text{다져진 상태의 토량}}{\text{자연 상태의 토량}}$$

일반 토사에서 0.85~0.95 정도이며, 성토 시공시 반입 물량 산출시 이용한다.

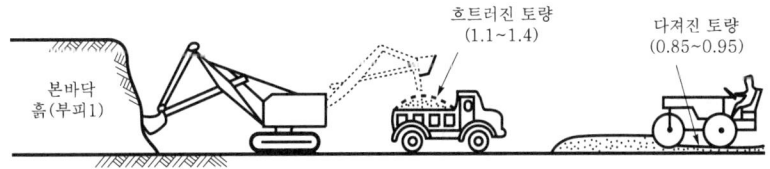

본바닥 흙(부피1)

흐트러진 토량 (1.1~1.4)

다져진 토량 (0.85~0.95)

< 흙의 체적변화 >

Ⅳ. 용도

① 운반 토량 산정 ② 건설 기계 작업능력 산정
③ 공기 산정 ④ 시공계획 수립

81 지반의 동상(Frost Heave) 및 융해(Thawing)

[96전(20), 05전(10)]

I. 동상(Frost Heave)

1) 정의

① 동상 현상이란 겨울철에 대기의 온도가 0℃ 이하로 내려가면, 흙 속의 간극수가 동결하여 흙 속에 얼음층이 형성되어 체적이 증가하기 때문에 지표면이 위쪽으로 부풀어 오르는 현상을 말한다.

② 지표면의 동상은 Ice Lense 때문이며, 지표면의 위쪽으로 부풀어 오르는 두께는 Ice Lense의 두께와 같다.

2) 동상을 일으키기 쉬운 흙

① C_u<5이고, 0.02 mm 이하의 입경을 10% 이상 함유한 경우

② C_u>15이고, 0.02 mm 이하의 입경을 3% 이상 함유한 경우

3) 동상을 지배하는 3요소(동상 원인)

① Silt와 같은 세립토가 흙으로 모관 현상이 큰 토질

② 동절기 기온이 0℃ 이하로 되어 지반이 동결되는 온도

③ 지하수가 모관 작용으로 동상 범위까지 상승

II. 융해(Thawing)

1) 정의

① 동절기에 얼었던 지반의 온도가 0℃ 이상으로 상승할 때 동상에 의해 형성된 Ice Lense가 녹기 시작하나, 녹은 물이 적절히 배수되지 않아 얼었던 흙의 함수비는 얼기 전의 함수비보다 크게 되어 지반이 연약하고 강도가 떨어지는 현상을 융해라 한다.

② 융해 현상을 일으키는 흙은 동상성 흙과 같이 실트질 흙에서 가장 뚜렷하게 나타나며, 유해한 상태에서의 함수비는 일반적으로 액성한계보다 높다.

③ 융해 현상이 발생하면 지반이 침하되어 도로나 건물 등의 안정에 피해를 입히게 된다.

2) 발생원인

① 융해수가 배수되지 않을 경우

② 지표수의 침입

③ 지하수의 상승

3) 방지대책

① 배수층 설치

② 동결 깊이내 물의 침입 방지

③ 동상 방지층 설치

④ 양질의 노상재료 시공

82 도로의 동결 융해

[13전(10)]

Ⅰ. 정의

① 도로 하층부에 위치한 흙속에 포함된 수분이 얼거나 녹는 현상을 동결 융해 (Freezing and Thawing)라 한다.

② 도로 하층부 지반에서 흙속의 물이 겨울에 얼고 봄에 녹는 현상이 발생하면 지반이 연약해지고, 강도가 약해지고 불규칙해진다.

Ⅱ. 원인

① 융해수가 배출되지 않을 경우

② 지표수의 침입

③ 지하수의 상승

Ⅲ. 방지 대책

① 배수층 설치

② 동결 깊이 내 수분의 침입 방지

③ 동상 방지층 설치

④ 양질의 노상 재료 시공

Ⅳ. 도로의 포장 두께 산정

1) 동결심도(Z) 결정

① $Z = C\sqrt{F}$ (cm)

② $Z = \sqrt{\dfrac{48kF}{L}}$

여기서, C : 정수(3~5)

F : 동결지수(℃ · day)

k : 열진도율(cal/cm · s · ℃)

L : 융해잠재열(cal/cm^3)

2) 포장 두께 산정

83 | 동결지수(Freezing Index)

Ⅰ. 정의

① 동결지수란 누적일 평균기온(℃ · day) − 일(day) 곡선에서 최고점과 최저점의 차 이값을 말한다.

② 동결지수로 동결심도를 구하며, 도로 및 직접 기초 설계시 동해 예방에 이용한다.

Ⅱ. 산정방법

1) 현장에 직접 산정하는 방법

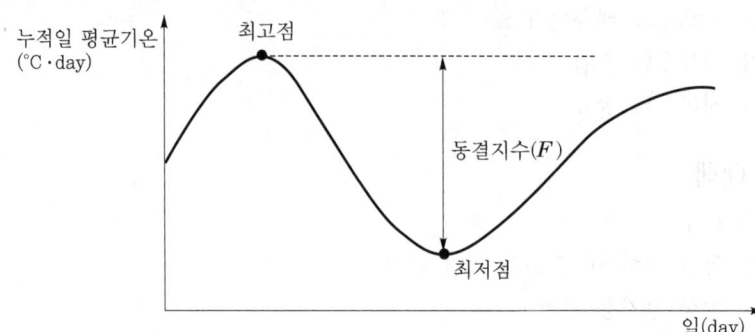

2) 기상자료 이용방법

과거 10년간 최대 동결지수 또는 30년간 최대값 3개의 평균 동결지수

Ⅲ. 용도

1) 동결심도(Z) 결정

① $Z = C\sqrt{F}\,(\text{cm})$

② $Z = \sqrt{\dfrac{48kF}{L}}$

　C : 정수(3~5), 　　　　　　　F : 동결지수(℃ · day)

　k : 열전도율(cal/cm · s · ℃),　L : 융해잠재열(cal/cm³)

2) 포장 두께 산정

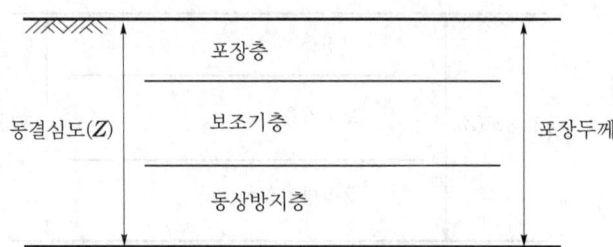

3) 기초 근입깊이 산정

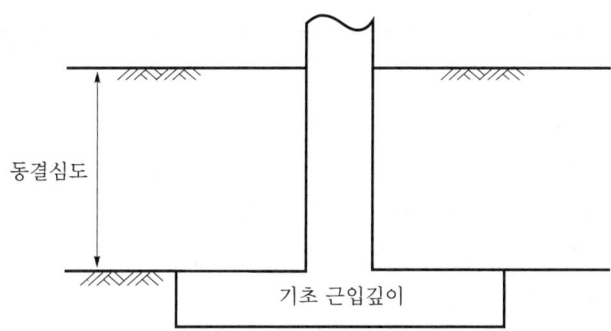

84 동결 심도

Ⅰ. 정의

① 동결 심도란 한랭기시 기온이 0℃ 이하로 내려감으로써 일어나는 동해의 피해가 미치는 지표면에서의 깊이를 말한다.

② 동결 심도를 구하는 방법으로는 Test Pit, 동결 지수, 열전도율 등을 이용하여 구하는 방법이 있다.

Ⅱ. 동상을 지배하는 3요소(동상원인)

1) Silt

건조한 모래나 자갈 등에서는 동해가 일어나지 않으며, Silt와 같은 비교적 세립의 흙 속에서 일어나기 쉽다.

2) 온도

0℃ 이하의 대기 온도가 오랫동안 지속되면 서릿발(Ice Lense)이 형성되며 이것이 동상의 원인이 된다.

3) 모관수

동상의 조건으로 물의 공급이 많아질 경우 서릿발의 형성이 증대된다.

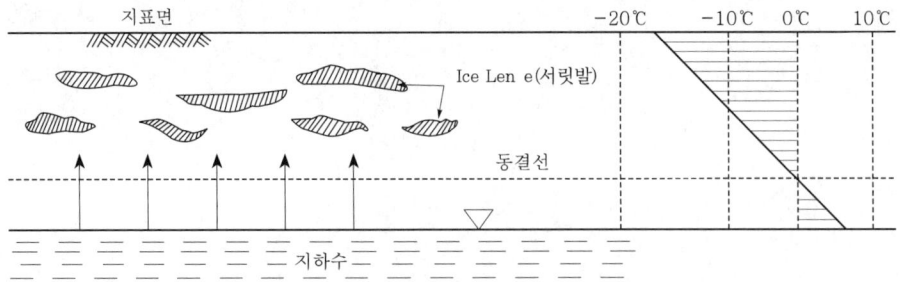

< 서릿발의 형성 >

Ⅲ. 동결 심도 산출방법

1) 현장 조사

① 동결 심도계 이용

② Test Pit에서 관찰

2) 동결지수

① 동결 지수란 누적일 평균기온−일 곡선에서 최고점과 최저점의 차이 값을 말한다.

② 동결 심도$(Z) = C\sqrt{F}$

C : 정수(3~5) F : 동결 지수(℃ · day)

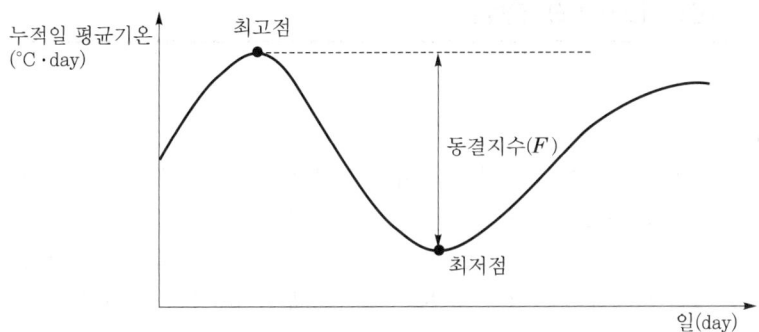

3) 열전도율

① 열전달이 흙과 물의 잠재열로 이루어진다고 가정한다.

② 동결 심도$(Z) = \sqrt{\dfrac{48 \cdot k \cdot F}{L}}$

   k : 열전도율

   F : 동결 지수(℃ · day)

   L : 융해 잠재열(cal/cm^3)

Ⅳ. 동상 방지대책

① 치환 공법

② 차수 공법

③ 단열 공법

④ 안정 처리 공법

⑤ 지하 수위 저하

⑥ 배수층 설치

85 Ice Lense 현상

[02전(10)]

Ⅰ. 정의

① 동결 심도 위에 존재하는 흙이 0℃ 이하의 기온에 의해서 얼게 되면 인접한 간극 속의 물을 끌어들여 얼음의 결정이 만들어진다.

② 인접한 간극이 비게 되면 모관 상승으로 지하수가 올라오게 되고 이와 같은 과정을 반복하여 형성된 얼음의 결정(結晶)을 Ice Lence(서릿발)라 한다.

Ⅱ. Ice Lense의 형성도

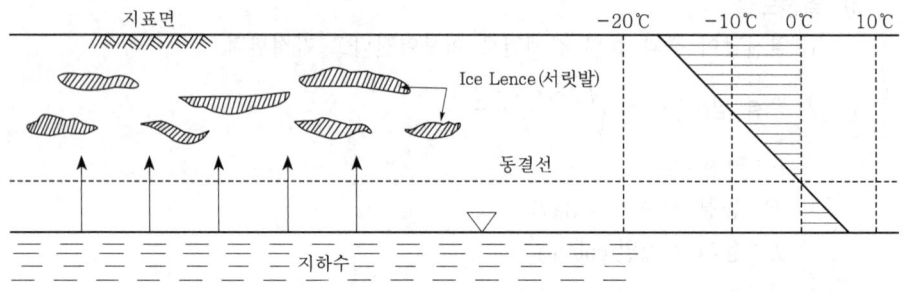

< Ice Lence의 형성 >

Ⅲ. 동상을 지배하는 3요소(동상원인)

1) Silt

건조한 모래나 자갈 등에서는 동해가 일어나지 않으며 Silt와 같은 비교적 세립의 흙 속에서 일어나기 쉽다.

2) 온도

0℃ 이하의 대기 온도가 오랫동안 지속되면 서릿발(Ice Lense)이 형성되며 이것이 동상의 원인이 된다.

3) 모관수

동상의 조건으로 물의 공급이 많아질 경우 서릿발의 형성이 증대된다.

Ⅳ. 동상 방지대책

① 치환 공법　　　　　② 차수 공법

③ 단열 공법　　　　　④ 안정 처리 공법

⑤ 지하수위 저하　　　⑥ 배수층 설치

86 트래버스(Traverse) 측량

[07전(10)]

I. 정의

① 트래버스 측량이란 측점을 연결하여 이루어지는 다각형에 대한 측선의 길이와 방향을 관측하여 측점의 위치를 결정하는 측량이다.

② 다각형을 이루는 선분을 측선이라 하며 측선이 연결되어진 것을 트래버스라고 한다.

③ 각 측점간의 거리와 각도를 측정하고 좌표치를 계산하여 측점의 위치를 결정하는 측량이다.

II. 트래버스의 형상

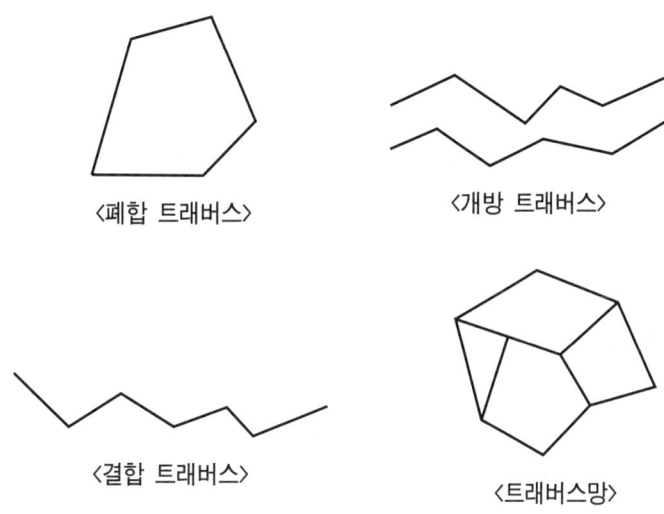

〈폐합 트래버스〉　　〈개방 트래버스〉

〈결합 트래버스〉　　〈트래버스망〉

1) 폐합 트래버스(Closed Traverse)
   ① 임의의 한 측점에서 출발하여 다시 출발점으로 되돌아오는 다각형 구성
   ② 비교적 정확도가 높은 측량으로 소규모 지역의 측량에 적합

2) 개방 트래버스(Open Traverse)
   ① 시점과 종점 사이에 아무런 관계도 없는 트래버스
   ② 측량 결과의 점검이 되지 않음
   ③ 노선 측량의 답사 등 높은 정확도가 요구되지 않는 측량에 적합

3) 결합 트래버스(Decisive Traverse)
   ① 여러 가지 점 사이를 잇는 트래버스
   ② 측량 결과 점검될 수 있는 정확도가 가장 높은 측량
   ③ 대규모 지역의 측량에 적합

4) 트래버스망(Traverse Net)
　 폐합 트래버스에서 다시 내부의 측량이 필요시 사용

Ⅲ. 특징

① 먼저 다각형을 만들고 세부 측량에 들어가기 때문에 적은 오차 발생
② 정밀도는 삼각 측량만큼 좋지 않으나 거리 측량에 대한 어려움이 없을 때 이용
③ 측량의 목적, 지형 또는 기지점의 위치 등에 따라 트래버스 형(形) 선정
④ 면적을 정확하게 파악할 때 유용하게 사용

Ⅳ. 트래버스 측량의 순서

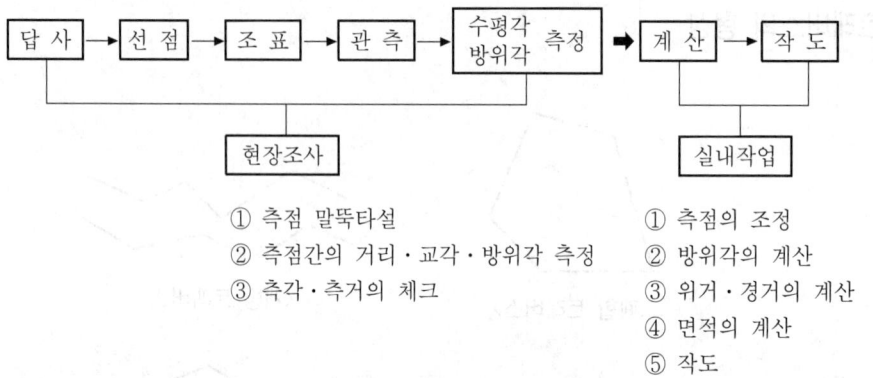

① 측점 말뚝타설
② 측점간의 거리·교각·방위각 측정
③ 측각·측거의 체크

① 측점의 조정
② 방위각의 계산
③ 위거·경거의 계산
④ 면적의 계산
⑤ 작도

Ⅴ. 트래버스 측량의 목적

① 세부 측량을 위한 기준점 결정
② 도로, 수로, 철도, 하천 등 노선의 위치 결정시 기준점의 노선 측량
③ 시준이 복잡한 시가지 측량

87 일반 토공 관련용어

1) 비중(Specific Gravity)
   ① 물리학에서는 물질이 어느 온도에서 보이는 질량과 같은 체적의 4℃ 증류수의 질량과의 비
   ② 흙의 경우는 흙의 고체 부분의 질량과 같은 체적의 15℃ 증류수의 질량과의 비

2) 토중수(土中水)
   ① 흙의 간극에 액체로 존재하는 물
   ② 일반적으로 중력수, 모관수, 흡착수로 나누며, 광의의 간극수와 같은 뜻

3) 다이얼 게이지(Dial Gauge)
   정확한 침하량(1/100mm)을 측정할 수 있는 시계형의 측정기구로서 지내력 시험에 이용

4) 마사토(화강암질 풍화토)
   화강암이 풍화한 흙으로 이 토층은 균열이 많고 침식을 받기 쉽다.

5) 대수층(Aquifer)
   ① 지하수면 아래의 지반은 일반적으로 지하수로 포화되어 있으며, 사력층의 물은 유동성이 좋고 점토층의 물은 유동성이 나쁘다.
   ② 모래층과 같이 지하수를 풍부히 갖고 투수성이 높은 층을 대수층이라 한다.

6) 영향권(Influence Area)
   우물에서 지하수를 양수하면 주변 지하수의 수위나 수압이 저하한다. 우물 양수에서 지하수위 저하가 발생하는 범위를 말하며 영향원이라고도 한다.

7) 비중계 분석
   ① 비중계 분석이란 세립토 입자의 침강속도를 측정하여 Stoke's 법칙으로 세립토 입도를 분석하는 시험을 말한다.
   ② 세립토인 실트와 점토는 의무적으로 비중계 분석으로 입경을 결정하도록 규정되어 있다.

8) 면모화(Flocculent)
   ① 점토 입자간 전기적 인장력이 우세하여 면과 모서리가 결합된 구조이며 확산이 중층 두께가 작은 점토에 해당된다.
   ② 바다에 퇴적된 점토의 구조 형태이고, 최적 함수비(OMC) 건조측에서 다지는 점토이다.
   ③ 점토 입자간의 결합력이 크므로 안정된 구조이다.

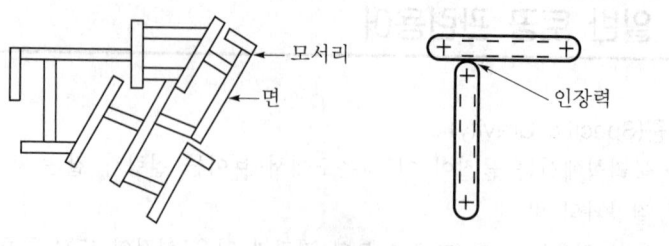

〈면모화 구조〉

9) 이산(Dispersion)
① 점토 입자가 전기적 반발력이 우세하여 면과 모서리가 서로 결합되지 않은 구조이며 확산 이중층 두께가 큰 점토에 해당한다.
② 하천 또는 안정액 속에 퇴적된 점토의 구조 형태이고, 최적 함수비(OMC) 습윤측에서 다지는 점토이다.
③ 점토 입자간의 결합력이 적어 매우 불안전한 구조이다.

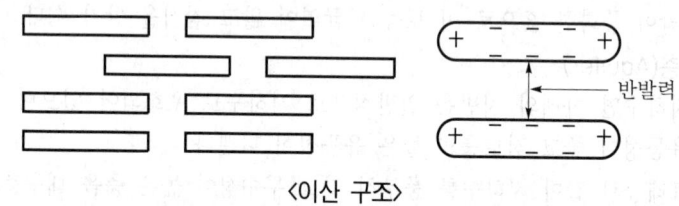

〈이산 구조〉

10) 붕괴성 흙(Collapsible Soil)
① 붕괴성 흙이란 물에 포화되면 외력의 증가없이도 체적이 크게 감소하는 흙으로 풍적토인 레스와 화산재 퇴적토가 해당된다.
② 붕괴성 흙의 지반은 강우나 지하수위 상승으로 인해 지반 포화로 갑자기 붕괴되어 과도한 침하가 발생하므로 구조물 설계시 반드시 대책을 수립해야 한다.

11) 유기질토
① 유기질토란 동식물의 부패물과 부패물 분해과정에서 발생한 유기물과 인접한 무기질토와 혼합된 흙을 말한다.
② 해안지반과 빙하작용을 받는 지역에 주로 분포하고 유기물 함량이 약 5% 이상이면 흙의 공학적 성질이 불량하다.

12) 강열감량법(Ignition Loss Method)
① 강열감량법이란 유기질토를 강열 건조시켜 무기질토에 흡착된 유기물의 함량을 분석하기 위한 시험법을 말한다.
② 유기물 함량이 약 5% 이상이면 흙의 강도가 감소되고 침하가 크게 발생되어 흙의 공학적 성질이 불량해 진다.
③ 강열감량법(연소법) 시험방법

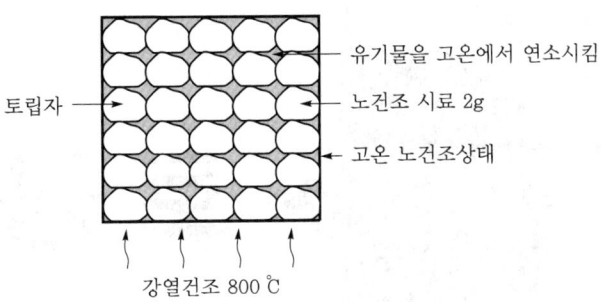

                                       강열건조 800 ℃

    ㉮ 노건조 시료(105±5℃에서 24시간 건조) 약 2g 준비

    ㉯ 노건조 시료를 고온 노건조에서 800℃로 3시간 강열 건조시킴

    ㉰ 강열 건조된 시료 무게를 측정함

13) 중크롬산칼륨법

    ① 중크롬산칼륨법이란 유기질토에 함유된 유기물을 중크롬산칼륨과 반응시켜 유기물 속의 탄소를 탄산가스로 휘산시키는데 소비된 중크롬산칼륨량을 파악하여 유기물 함량을 분석하는 시험법이다.

    ② 반응한 탄소량은 중크롬산칼륨의 당초 색깔이 변할 때까지 첨가한 황산암모늄 부피이다.

제1장 > 토 공

제2절 연약지반

연약지반 과년도 문제

1. 연약지반의 정의와 판단기준 [07후(10)]

2. 연약지반에서 발생하는 공학적 문제 [12후(10)]

3. 연약지반 개량 공법 선정기준 [98중후(20)]

4. 진동다짐(Vibro-Floatation) 공법 [07전(10)]

5. SCP(Sand Compaction Pile) [10후(10)]

6. 약액주입 공법 중 L.W(불안정 물유리) 공법 [96중(20)]

7. 동다짐(Dynamic Compaction) 공법 [96전(20)]

8. 동압밀(Dynamic Consolidation) 공법 [99후(20)]

9. 연약지반 치환 공법 [97후(20)]

10. 폭파 치환 공법 [09전(10)]

11. 연약지반 개량을 위한 선행재하(Preloading) [94후(20)]

12. Pre-loading [03전(10)]

13. 선재하(Pre-loading) 압밀 공법 [11전(10)]

14. 한계성토고 [05전(10)]

15. 한계성토고 [13중(10)]

16. 경량성토 공법 [08중(10)]

17. EPS(Expanded Poly-Styrene) 공법 [15후(10)]

18. 압성토 공법 [02전(10)]

19. 압성토 공법 [09중(10)]

20. Pack Drain [99전(20)]

21. Packed Drain Method의 시공순서 [03중(10)]

22. 점성토 지반의 교란효과(Smear Effect) [06중(10)]

23. 스미어존(Smer Zone) [14후(10)]

24. 흙의 압축과 압밀 [90후(10)]

25. 압밀과 다짐의 차이 [04후(10)]

26. 연약 점토층의 1차 및 2차 압밀 [96전(20)]

27. GCP(Gravel Compaction Pile) [16전(10)]

28. 진공압밀 공법 [02전(10)]

29. 심층혼합 처리(Deep Chemical Mixing) 공법 [11전(10)]

30. 고압분사 교반 주입 공법 중에서 R.J.P(Rodin Jet Pile) 공법 [02후(10)]

31. 연약지반 처리 공법 적용에 따른 침하압밀도 관리방법 [98중전(20)]

1 연약지반의 정의와 판단기준

[07후(10)]

I. 연약지반의 정의

① 연약지반은 강도가 약하고 압축되기 쉬운 지반을 말한다.

② 연약지반은 점토나 실트와 같은 미세한 입자의 흙이나 간극이 큰 유기질토, 또는 이탄토, 느슨한 모래 등으로 이루어진 토층으로 구성되어 있다.

③ 지하수위가 높고, 제체 및 구조물의 안정과 침하 문제를 발생시키는 지반이다.

II. 연약지반의 판단기준

① 일반적으로 지반의 강도를 판단할 때, 모래는 상대밀도를 표시하고, 점토의 군기(Consistency)로 표시한다.

② 연약지반의 판정기준은 표준관입시험에서의 N치와 일축압축강도(q_u), 콘관입시험(q_c)에 의해 연약지반을 판단한다.

구 분	점성토 및 유기질토		사질토
층 두께	10 m 미만	10 m 이상	–
N치	4 이하	6 이하	10 이하
q_u(kgf/cm^2)	0.6 이하	1.0 이하	–
q_c(kgf/cm^2)	8 이하	12이하	40 이하

III. 연약지반 개량 공법

1) 사질토

① 진동다짐 공법   ② 모래다짐 말뚝 공법

③ 폭파다짐 공법   ④ 전기충격 공법

⑤ 약액주입 공법   ⑥ 동다짐 공법

2) 점성토

① 치환 공법   ② 압밀 공법

③ 탈수 공법(압밀촉진 공법)   ④ 배수 공법

⑤ 고결 공법   ⑥ 동치환 공법

⑦ 전기침투 공법   ⑧ 침투압 공법

⑨ 대기압 공법   ⑩ 표면처리 공법

3) 사질토·점성토(혼합 공법)

① 입도 조정법

② Soil Cement 공법

③ 화학약제 혼합 공법

2 연약지반에서 발생되는 공학적 문제

I. 정의

① 연약 지반이란 점토나 실트와 같은 미세한 흙이나 간극이 큰 유기질토 또는 느슨한 모래 등으로 이루어진 지반이다.

② 연약지반은 지반의 강도가 약하여 제체 및 구조물의 안정과 침하 문제를 발생시킨다.

II. 연약지반 판단 기준

구분	점성토 및 유기질토		사질토
층 두께	10 m 미만	10 m 이상	—
N치	4 이하	6 이하	10 이하
$q_u(\text{kgf/cm}^2)$	0.6 이하	1.0 이하	—
$q_c(\text{kgf/cm}^2)$	8 이하	12 이하	40 이하

III. 연약지반에서 발생되는 공학적 문제

1) 점성토 및 유기질토

① 전단 강도 저하

- 일반적으로 전단 강도가 적으며 포화될 때 전단 강도가 크게 저하한다.
- Thixotropy 현상으로 교란되면 전단 강도가 상실된다.

② 소성 변형 발생

장기 하중에 의하여 소성 변형을 일으킨다.

③ 건조 수축 현상이 큼

- 수분이 증발될 때 수축 현상이 현저하게 나타난다.
- 수분을 흡수하면 부피가 팽창한다.

④ Thixtropy가 발생

교란된 점토가 시간 경과로 강도가 서서히 회복되어 가는 현상을 말한다.

⑤ 예민비가 큼

- 교란되지 않은 시료의 교란된 시료에 대한 압축 강도비로서 예민비가 크다.

- 예민비$= \dfrac{q_u(\text{불교란 시료의 압축 강도})}{q_{ur}(\text{교란 시료의 압축 강도})}$

⑥ 동상 현상 발생

모관 상승고가 크기 때문에 동상 피해가 크다.

⑦ Heaving 발생

지반고 차이에 의하여 낮은 지반의 굴착면이 부풀어 오르는 현상으로 바닥의 융기라고도 한다.

2) 사질토

① 지진시 액상화 발생

느슨한 모래 지반에서 순간 충격, 지진, 진동 등에 의해 간극수압의 상승 때문에 유효 응력이 감소되어 전단 저항을 상실하고 지반이 액체와 같이 되는 현상이다.

② Dilatancy 현상이 뚜렷

외력이 가해지면 체적이 감소될 때 (−)Dilatancy, 체적이 증가하면 (+)Dilatancy 라 한다.

③ Boiling 현상 발생

지하수위 차에 의하여 사질 지반에서 낮은 지표면으로 지하수와 함께 지반토가 부풀어 오르는 현상이다.

④ 내부마찰각만 존재

흙 속에 작용하는 수직 응력과 전단 저항과의 관계 직선이 수직 응력축과 이루는 각을 말한다.

3 지반개량 공법

Ⅰ. 정의

① 연약지반이란 강도가 약하고 압축성이 큰 흙으로 이루어진 지반으로서 점토, 실트, 유기질토 및 액상화 되기 쉬운 느슨한 사질토 등의 지반을 말한다.

② 지반개량 공법은 지반의 지지력을 증대시키기 위한 것으로 크게 사질토, 점성토, 사질토·점성토에서의 지반개량 공법으로 분류할 수 있다.

Ⅱ. 목적

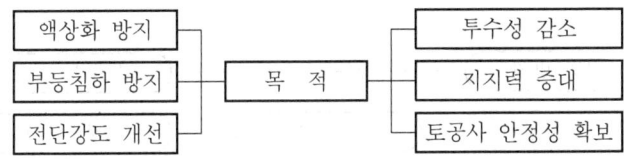

Ⅲ. 공법의 분류

1) 사질토 : $N \leq 10$

① 진동다짐 공법(Vibro Floatation 공법)

② 모래다짐 말뚝 공법(Sand Compaction Pile 공법)

③ 폭파다짐 공법

④ 전기충격 공법

⑤ 약액주입 공법

⑥ 동압밀 공법(동다짐 공법 ; Dynamic Compaction 공법)

2) 점성토 : $N \leq 4$

① 치환 공법 : 굴착치환 공법, 미끄럼치환 공법, 폭파치환 공법

② 압밀 공법(재하 공법) : 선행재하 공법, 사면선단 재하 공법, 압성토 공법

③ 탈수 공법(압밀촉진 공법) : Sand Drain 공법, Paper Drain 공법, Pack Drain 공법

④ 배수 꽁법 : Deep Well 공법, Well Point 공법

⑤ 고결 공법 : 생석회 말뚝 공법, 소결 공법, 동결 공법

⑥ 동치환 공법(dynamic replacement 공법)

⑦ 전기침투 공법

⑧ 침투압 공법

⑨ 대기압 공법

⑩ 표면처리 공법

3) 사질토·점성토(혼합 공법)

① 입도 조정법

② Soil Cement법

③ 화학 약액 혼합 공법

4 연약지반 개량 공법 선정기준

[98중후(20)]

I. 정의

① 연약지반이란 함수비가 높고 일축압축강도가 적은 점토, 실트 및 유기질토, 느슨한 사질토 등으로 구성된 지반을 총칭한다.

② 개량 공법을 선정할 때는 지반 조건, 범위, 구성 토질, 시공성 등을 고려하여 공법을 선정하여 대상 지반의 성질을 개량할 수 있어야 한다.

II. 지반 개량 목적

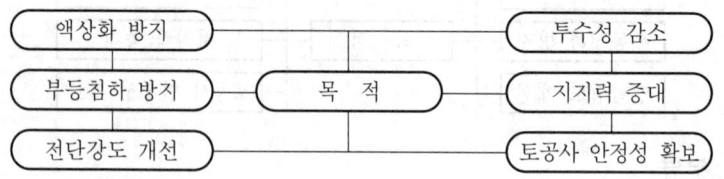

III. 공법 선정기준

1) 지반 조건
   ① 연약층의 깊이 및 분포, 구조
   ② 지지층의 깊이 및 종류

2) 지반의 물리적·역학적 성질
   ① 입도 분포, 전단 특성, 압축 특성, 투수계수
   ② 과압밀비, 정지 토압계수

3) 토사의 화학적 성질
   ① 구성 광물 및 기타 화학적 성질
   ② 유기물 함량

4) 지하수 조건
   ① 지하수위
   ② 지하수의 화학적 성질

5) 사용 목적별 기대 효과
   ① 지지력, 허용 침하량, 부등 침하
   ② 구조물의 내용 연한
   ③ 투수계수

6) 투입 재료 조건
   ① 투입 예상 재료, 재료 취득의 용이성
   ② 토취장 확보, 운반 거리, 재료 야적장 확보

7) 장비 투입 조건
　　① 투입 예상 장비
　　② 장비 진입 가능 여부

8) 환경 조건
　　① 소음, 진동, 분진, 오수, 사토장
　　② 인근 구조물에 미치는 영향
　　③ 지하구조물, 매설물 설치 현황

9) 개량 효과에 대한 신뢰도
　　① 공법의 원리 정립 여부
　　② 과거의 시공 사례

10) 연약층 분포
　　① 연약층의 깊이
　　② 연약층의 규모

11) 시공성
　　① 시공의 용이성
　　② 시공시 예상되는 문제점

12) 경제성
　　① 본 공사의 공사비와 비교
　　② 지반 개량 목적에 대한 경제성 검토

13) 안전성
　　① 공법 적용시 안전 상태 파악
　　② 인근 구조물 영향 파악

14) 무공해성
　　① 지하수 오염 여부
　　② 지하수 고갈
　　③ 소음 진동 발생

5 진동다짐 공법(Vibro Floatation)

[07전(10)]

Ⅰ. 정의

① 수평 방향으로 진동하는 Vibro Float를 이용하여 사수와 진동을 동시에 일으켜 느슨한 모래 지반을 개량하는 공법이다.

② 진동과 물다짐을 병용하므로 지반을 다져 밀도를 크게 하여 지지력을 증대시킬 수 있다.

Ⅱ. 특징

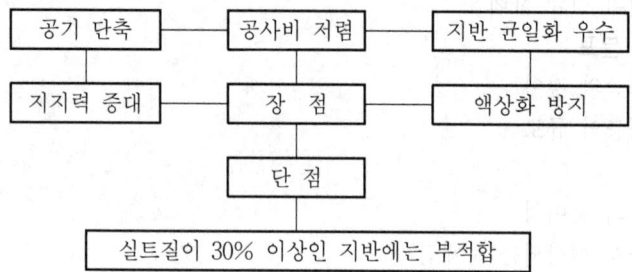

공기 단축	공사비 저렴	지반 균일화 우수
지지력 증대	장 점	액상화 방지

단 점
실트질이 30% 이상인 지반에는 부적합

Ⅲ. 시공 순서

① Float 선단의 Water Jet와 Float의 수평 진동으로 관입

② 골재를 충전하고 Float의 상하 운동을 반복하며 다짐

③ Vibro Float를 0.3 m 정도씩 점차적으로 상승시키며 진동을 가해 다짐 완료, 이때 선단에서의 사수는 중단하고 가로 분출 사수로 투입재 다짐

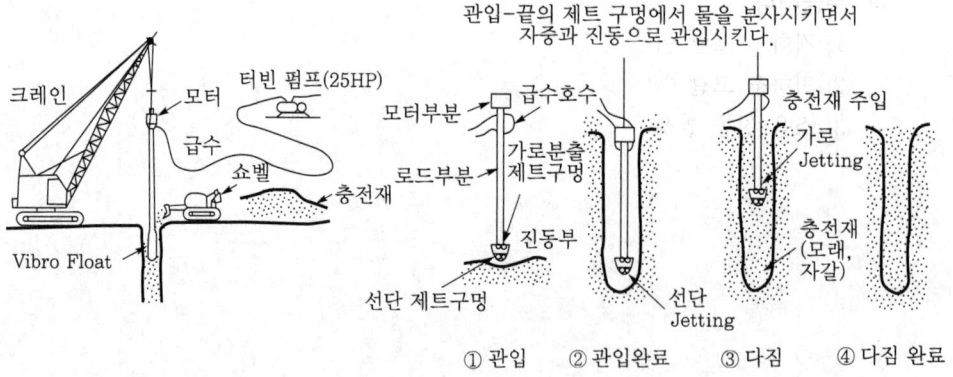

관입-끝의 제트 구멍에서 물을 분사시키면서 자중과 진동으로 관입시킨다.

크레인　모터　터빈 펌프(25HP)　급수　쇼벨　충전재　Vibro Float

모터부분　급수호수　로드부분　가로분출 제트구멍　진동부　선단 제트구멍

충전재 주입　가로 Jetting　선단 Jetting　충전재 (모래, 자갈)

① 관입　② 관입완료　③ 다짐　④ 다짐 완료

< Vibro Floatation 공법 >

6 | Vibro Composer(Sand Compaction) 공법

[10후(10)]

Ⅰ. 정의

① Vibro Composer 공법은 모래다짐 말뚝(Sand Compaction Pile) 공법의 대표적인 것으로서 지반에 모래다짐 말뚝을 조성하는 공법으로 지반의 지지력을 향상시킬 수 있다.

② 이 공법은 연약한 점토 지반에 다져진 모래 기둥을 축조하면서 그 효과로 지반을 조밀하게 하여 지반을 개량시키는 공법이다.

Ⅱ. 시공 순서

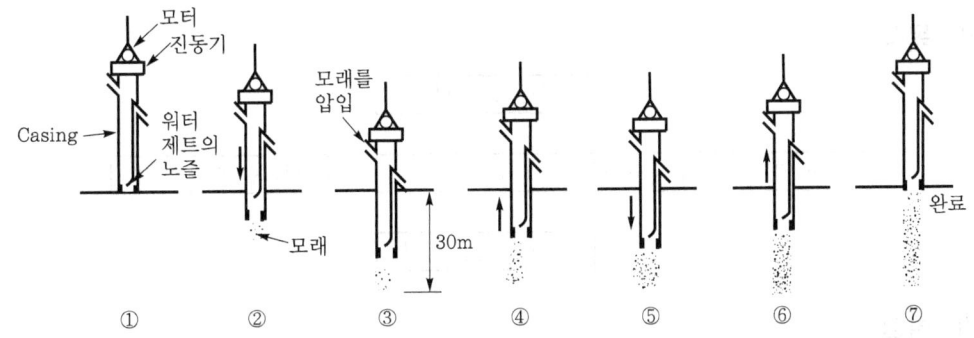

① Casing을 지상에 설치하고 Pipe 선단에 모래 Nozzle을 설치한다.

② 진동기를 작동하여 Pipe를 지중에 관입시키고 Water jet를 병행한다.

③ 소정의 깊이까지 도달했을 때 Casing 속에 일정량의 모래를 투입한다.

④ Casing을 소정의 높이만큼 끌어올리며 압축 공기로 Casing 속의 모래를 땅 속에 밀어 넣는다.

⑤ Casing을 다시 박고 투입된 모래를 진동에 의해 다진다.

⑥ 다시 Casing을 소정의 높이로 끌어올려 모래를 투입한다.

⑦ '⑤'와 '⑥'의 작업을 되풀이 하여 모래 말뚝을 완성한다.

Ⅲ. 특징

① 기계의 소모, 소음 및 고장이 적음　② 자동 기록에 의한 시공관리 기능

③ 별도의 발전 설비 필요　④ 소규모 공사에 부적합

⑤ 큰 진동에 의하므로 모래 말뚝의 품질이 균일

Ⅳ. 개량 효과

1) 느슨한 사질토 지반

① 다져진 모래 말뚝과 함께 지반의 강도를 더하여 지반의 지지력 향상

② 액상화 방지 및 구조물에 생기는 침하량 감소

2) 점성토 지반

① 모래 말뚝에 의한 복합 지반이 형성되므로 지지력 향상

② 연약층이 치환되어 지반의 전단 강도 증가

7 폭파다짐 공법

I. 정의

① 폭파다짐 공법은 각종 구조물의 기초 지반의 안정화를 목적으로 지반 내부에 에너지를 가하여 다짐함으로써 지지력의 증가, 미끄럼 파괴의 방지, 침하 및 활동의 방지를 꾀하는 공법이다.

② 폭파다짐 공법은 지중에서 다이나마이트 등의 화약류를 폭발시켜 고압의 가스를 발생시키며, 그 압력으로 지반을 파괴하여 다짐하는 것이다.

II. 목적

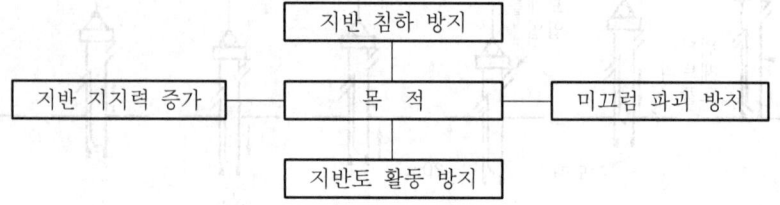

III. 특징

① N치 40 정도까지 다짐이 가능하다.

② 실트 20% 이상, 점토 5% 이상의 흙에서는 부적합하다.

③ 완전히 건조된 지반이나, 100% 포화상태인 지반이 적당하다.

④ 대규모일수록 경제적이다.

⑤ 공사비는 종래 공법의 1/4 정도이다.

IV. 내부 다짐 공법의 종류

1) 모래말뚝 공법

   ① 사질토의 지반의 유동화 방지, 점성토의 연약지반 개량 등에 이용된다.

   ② 샌드 콤펙션 파일 공법 등 여러 가지 공법이 있다.

2) 지하수위 저하 공법

   ① 투수 지반중의 토립자의 부력을 소실시켜 지중의 유효 응력을 증대시킨다.

   ② Deep Well, Well Point 공법 등이 있다.

3) 다짐말뚝 공법

   ① 사질 지반에 적용하는 공법으로 말뚝 타입시 흙이 말뚝 주위로 이동하며 또한 진동에 의해 지반이 다져지는 공법이다.

   ② 비경제적으로 지금은 사용되지 않는다.

4) 폭파다짐 공법

   지중에 화약류를 폭발시켜서 지반을 파괴하여 다지는 공법이다.

8 약액주입 공법

Ⅰ. 정의

① 지반 내에 주입관을 설치하고 약액을 지중으로 압송하여 흙입자간의 간극을 충진함으로써 지반을 고결시키는 공법이다.

② 주입재(약액)는 현탁액형과 용액형으로 분류할 수 있으며, 지반의 지수·차수 또는 지반 강도 증대를 목적으로 한다.

Ⅱ. 특징

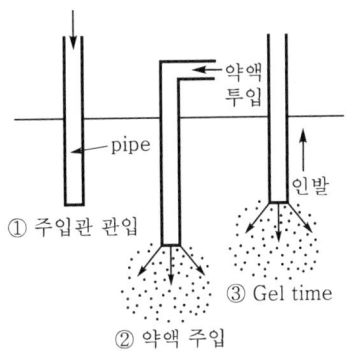

< 약액주입 공법 >

① 효과가 확실하고 설비가 간편

② 소음, 진동이 적으며 공기가 짧음

③ 협소한 공간에서도 공사가 가능

④ 고도의 기술과 경험이 필요하며 공사비 고가

⑤ 약액에 따른 지하수 오염 문제

Ⅲ. 주입재(약액)의 분류

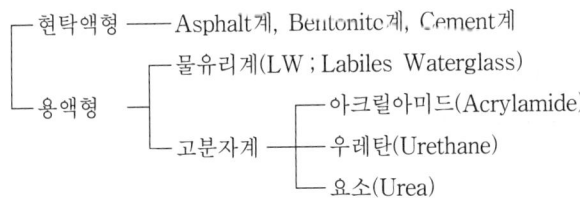

Ⅳ. 공법의 적용성

① 흙막이공 바닥의 Heaving 방지

② 도심지 굴착시 인접 건물의 Underpinning

③ 토류벽의 토압 경감

④ 댐 기초의 차수

⑤ Shield 터널 굴진
⑥ 터널 굴진시 상부 지반 붕락 방지

V. 주입 방법

① 침투식 Grouting
② 다짐식 Grouting
③ 에워쌓기식 Grouting
④ 분사식 Grouting

VI. 시공 순서

1) 주입관 설치
지반상태 주입관의 종류에 따라 보링법, 타입법, Jetting법 중 하나를 결정하여 주입관을 설치한다.

2) 주입 공법
① 반복주입 공법
② 단계주입 공법
③ 유도주입 공법

3) 주입재 압송
① 1.0 shot 방식
② 1.5 shot 방식
③ 2.0 shot 방식

4) 개량성과 검토
① 주입 범위, 주입상태 조사
② 지반 강도 증가 상황 조사
③ 지수 효과 조사
④ 지반 및 구조물 변형 조사

VII. 시공시 유의사항

① 약액의 회석·유실 방지
② 수압 파쇄(Hydraulic Fracture) 예방
③ 물유리 농도
④ 반응률이 큰 경화제 사용
⑤ 수분 사용량 억제
⑥ 정압 주입
⑦ 주입공 간격 축소
⑧ Micro Cement(일반 시멘트 입자의 1/10 크기) 사용
⑨ 시험 주입 실시(Test Grouting)

9 약액주입 공법 LW(불안정 물유리)

[96중(20)]

Ⅰ. 정의

① LW(Labiles Water glass)란 불안정화한 물유리로서 규산소다와 시멘트를 혼합한 약액으로 주입하는 용액형 주입재이다.

② LW 공법은 지반 개량은 물론 지하수 차단 효과를 겸하고 있는 다목적 주입 공법이다.

Ⅱ. 약액의 분류

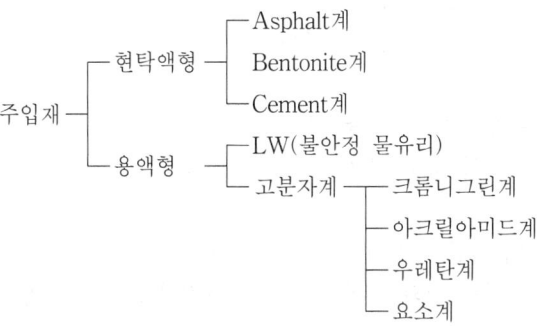

Ⅲ. 물유리계의 특징

① 차수 효과가 크다.

② 지반 오염 우려가 적다.

③ 경제성이 있다.

④ 침투성은 양호하나 고결토의 강도가 낮다.

⑤ 시멘트와 병용 사용으로 강도 증대 효과를 얻을 수 있다.

Ⅳ. 물유리의 겔(Gel)화 원리

$$\text{규산 모노마} \xrightarrow[\text{중 합}]{\text{제1단계}} \text{콜로이드 입자(Sol)} \xrightarrow[\text{집합과 중합}]{\text{제2단계}} \text{망눈형 입자 구조(Gel)}$$

① 제1단계에서 규산 모노마가 규합되어 고분자화해서 콜로이드 입자를 형성한다.

② 제2단계에서는 이 입자들이 서로 집합 중합하여 연속적인 구조를 조성하고, 용매를 통해 확장해서 겔(Gel)화에 이르게 된다.

V. 시공 방법

1) 주입관 설치

지반 상황, 주입관의 종류에 따라 보링법, 타입법, Jetting법 중 하나를 결정하여 주입관을 설치한다.

2) 주입 공법

① 반복주입 공법

② 단계주입 공법

③ 유도주입 공법

3) 주입재 압송

① 1.0 shot 방식

㉮ 지하수의 유속이 크지 않을 때

㉯ Gel Time이 비교적 긴 경우(20분) 적용

② 1.5 shot 방식

㉮ 유속이 클 때나 용수, 누수가 많을 때

㉯ Gel Time이 2~10분일 경우 적용

③ 2.0 shot 방식

㉮ 간편하고 가장 보편적인 시스템

㉯ 각각 다른 두 주입관을 나와 혼합되는 순간 고결화할 경우 적용

VI. 시공시 유의사항

① 약액의 회석·유실 방지

② 수압 파쇄(Hydraulic Fracturing) 예방

③ 물유리 농도 증대

④ 반응률이 큰 경화제 사용

⑤ 수분 사용량 억제

⑥ 정압 주입

⑦ 주입공 간격 축소

⑧ Micro Cement 사용

⑨ 시험 주입 실시(Test Grouting)

⑩ 불투수층까지 근입시공

10 주입률과 주입비(Groutability Ratio)

Ⅰ. 주입률

1) 정의

① 주입률이란 주입 대상지반의 간극 속에 주입된 그라우팅액의 백분율을 말한다.

② 주입률$(\lambda) = n\alpha(1+\beta)$

n : 간극률$= \dfrac{V_v}{V} \times 100$

α : 충진계수, β : 손실계수

2) 토질별 주입률

① 사질토 지반 : $\lambda = 40 \sim 50\%$

② 점성토 지반 : $\lambda = 30 \sim 50\%$

③ 시험시공으로 주입률 조정이 필요함

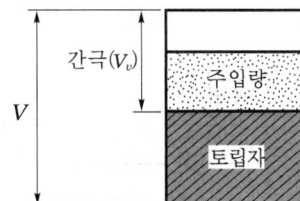

Ⅱ. 주입비(Groutability Ratio)

1) 정의

① 주입비란 그라우트재의 입경에 대한 주입 대상 지반의 입경의 비를 말하며, 주입 대상 지반의 그라우팅액을 주입시 주입 가능성을 판단하는데 이용된다.

② 주입비$(G_R) = \dfrac{\text{주입 대상 지반 입경}(D)}{\text{그라우트 입경}(G)}$

2) 토질별 주입비

구 분	주입비	주입 판정
토사	$G_R = \dfrac{D_{15}}{G_{85}}$ $\begin{pmatrix} D_{15} : \text{통과율이 } 15\%\text{일 때의 입경} \\ G_{85} : \text{통과율이 } 85\%\text{일 때의 입경} \end{pmatrix}$	$G_R \geq 15$ 주입 가능
암반	$G_R = \dfrac{\text{균열 폭}}{G_{95}}$	$G_R \geq 5$ 주입 가능

11 동다짐(동압밀 ; Dynamic Compaction)

[96전(20), 99후(20)]

Ⅰ. 정의

① 연약지반에서 지지력 증가, 침하 방지 등의 목적으로 점토지반에 동치환 공법이 사용되는 반면에, 동다짐 공법은 사질지반에 사용하는 공법으로 동압밀 공법 (Dynamic Consolidation Method)이라고도 한다.

② 크레인에 달린 무거운 추를 자유 낙하시켜 지표면에 충격을 줌으로써 발생되는 충격에너지 W파(표면파), S파(전단파), P파(압축파)에 의해 지반다짐 효과와 강도를 증진시키는 공법이다.

Ⅱ. 특징

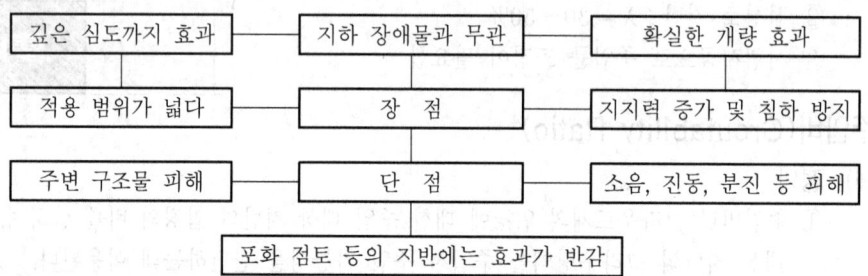

깊은 심도까지 효과	지하 장애물과 무관	확실한 개량 효과
적용 범위가 넓다	장 점	지지력 증가 및 침하 방지
주변 구조물 피해	단 점	소음, 진동, 분진 등 피해

포화 점토 등의 지반에는 효과가 반감

Ⅲ. 용도

① 사질지반 개량 공법
② 넓은 범위 개량
③ 연약지반의 지지력 증가
④ 침하 방지

Ⅳ. 시공 Flow Chart

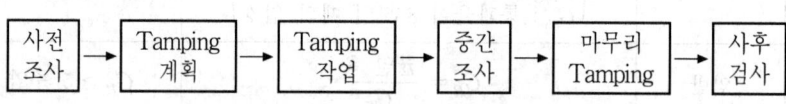

사전조사 → Tamping 계획 → Tamping 작업 → 중간조사 → 마무리 Tamping → 사후검사

Ⅴ. 시공 장비

① 중량 추(8~40 ton)
② 크레인
③ 불도저
④ 계측기

VI. 시공 순서

1) 사전 조사
    ① 설계 도서 검토
    ② 기존 자료 검토(토질, 지하수위, 주변 여건)

2) Tamping 계획
    ① 시공전 사전 조사 토대로 계획
    ② 사용할 추의 무게, 낙하고, 다짐 간격, 크레인 용량 결정

3) Tamping 작업
    ① 중량의 추를 대형 크레인으로 5~30 m 높이에서 낙하
    ② 수 m 간격으로 설정된 타격점을 집중적으로 타격

4) 중간 조사
    ① 조사 위치는 사전 조사 지점과 가능한 한 가까운 곳
    ② 개량 효과 확인 및 Engineering 분석

5) 마무리 Tamping
    ① Tamping으로 생긴 웅덩이 부위를 불도저로 메우고
    ② 다음 단계 Tamping

6) 사후 검사
    ① 설계 조건과 일치하는지 확인
    ② 개량 효과 확인 및 Engineering 분석

VII. 시공시 유의사항

① 인접 구조물 보호
② 불균일성 지반 시공
③ 진동, 소음
④ 토립자 비산
⑤ 세립토 지반의 시공
⑥ 경제적 시공 면적
⑦ 정보화 시공
⑧ 시공 효과 점검

12 | 연약지반 치환 공법

[97후(20)]

Ⅰ. 정의

① 연약지반이란 함수비가 높고 일축압축강도가 작은 점토, Silt 및 유기질토, 느슨하게 쌓인 사질토 등으로 구성된 지반을 뜻한다.

② 연약지반 치환 공법은 연약한 부위의 지반 흙을 양질의 토사로 바꾸어 주는 공법으로 미끄럼치환, 굴착치환, 폭파치환 등의 공법이 있다.

Ⅱ. 지반 개량의 목적

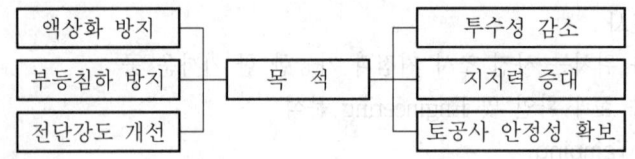

액상화 방지			투수성 감소
부등침하 방지	목 적		지지력 증대
전단강도 개선			토공사 안정성 확보

Ⅲ. 치환 공법별 특징

1. 미끄럼 치환

1) 정의

연약지반 위에 성토 재하중을 이용하여 성토체 하부의 연약층을 미끄럼 작용으로 외부로 밀어내는 공법이다.

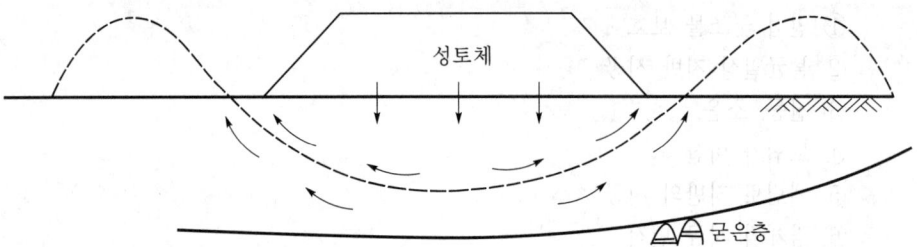

2) 특징

① 굳은 층이 얕게 분포할 때 시공 효과가 있다.

② 시공이 단순하고 빠르다.

③ 기술적인 문제점이 있다.

2. 굴착 치환

1) 정의

지표면에서 굴착 장비를 이용하여 연약층을 굴착하여 파내고 그 곳에 양질의 토사를 채워 넣는 공법을 말한다.

2) 특징

① 양질의 재료 구득이 용이할 때 시공한다.

② 연약층이 깊으면 적용이 곤란하다.

③ 굴착한 연약토의 처리가 문제된다.

④ 경제성을 고려하여 선정해야 한다.

⑤ 개량 공법으로는 확실한 공법이다.

3. 폭파 치환

1) 정의

지반 연약층에 폭약을 장진한 다음 성토 재하중을 가하고 화약을 폭파하여 폭발력에 의해 연약층이 이완될 때 성토 재하중이 하부로 작용하여 연약층을 밀어내는 공법이다.

2) 특징

① 폭발력에 의한 치환 효과가 크다.

② 작업이 단순하다.

③ 치환 작업이 빠르게 이루어진다.

④ 특수한 공정이 필요하지 않다.

Ⅳ. 시공시 유의사항

1) 치환토 처리

치환된 연약토의 처리는 사토장을 선정하여 정해진 장소로 옮겨야 한다.

2) 인근 구조물

지반 융기, 폭파 등에 의해 인근 구조물에 악영향이 끼치지 않도록 특히 유의한다.

3) 지하 매설물 보호

지중에 매설된 상수도관, 하수관, 전선관, 가스관 등의 방호에 힘써야 하며, 특히 동축 케이블 등은 관계 기관에 미리 통보하여 관계자 입회하에 시공한다.

4) 용수 처리

치환 작업중에 용수가 있을 때에는 지하 배수 장치를 이용하여 배수하며 시공한다.

5) 양질의 재료

시공에 사용되는 양질의 재료는 운반 거리 등을 고려하여 경제성을 검토한 후에 사용한다.

13 | 압밀 공법(재하 공법)

Ⅰ. 정의

① 연약 점토 지반에 하중을 가하여 흙을 압밀시키는 연약지반 개량 공법으로 Preloading 공법, 사면선단 재하 공법, Surcharge 공법이 있다.

② 개량할 지반에 큰 하중을 가하여 오랜시간 압밀시키는 공법으로 공사 기간이 짧은 공사에서는 적용이 곤란한 공법이다.

Ⅱ. 종류

1. Preloading 공법(선행 재하 공법)

1) 정의

연약지반의 표면에 등분포 하중을 가하여 압밀시키는 공법으로 압밀 침하를 촉진시키기 위하여 Sand Drain 공법과 병행하여 사용되기도 한다.

2) 특성

① 사전 재하하여 하중에 의해서 압밀 촉진

② 재하는 성토가 일반적

③ 흙의 전단 강도를 증가시킨 후 성토 부분 제거

④ 공기가 충분할 때 적용

2. 사면선단 재하 공법(비탈끝 재하 공법)

1) 정의

성토한 비탈면 옆부분을 0.5~1.0 m 정도 더돋음하여 비탈면 끝부분의 전단 강도를 증가시킨 후 더돋음 부분을 제거하여 비탈면을 마무리하는 공법이다.

2) 특성

① 흙의 압축 특성 또는 강도 특성을 이용

② 더돋음을 제거한 후 다짐기로 다짐

③ 성토사면 안정 효과

3. Surcharge 공법(압성토 공법)

1) 정의

토사의 측방에 소단 모양의 성토를 하여 활동에 대한 저항 모멘트를 증가시켜 성토 지반의 활동 파괴를 예방하는 공법이다.

2) 특징

① 넓은 용지와 충분한 성토 재료 필요

② 원리가 간단

③ 공사중에는 공사용 도로로서 이용 가능

④ 압성토 높이는 성토 본체 높이(H)의 $H/3$, 길이는 $2H$

14 연약지반 개량을 위한 선행 재하(Preloading)

[94후(20), 03전(10), 11전(10)]

Ⅰ. 정의

① 연약지반 개량 공법으로 점성토 지반의 압밀을 촉진시키기 위하여 연약지반 위에 미리 큰 하중을 가하여 지반을 압밀시키는 공법이다.

② 선행 재하 공법은 오랜시간 동안 하중을 가하여야만 하기 때문에 공사 기간에 여유가 있는 공사 현장에서 적용이 가능한 단점을 가지고 있다.

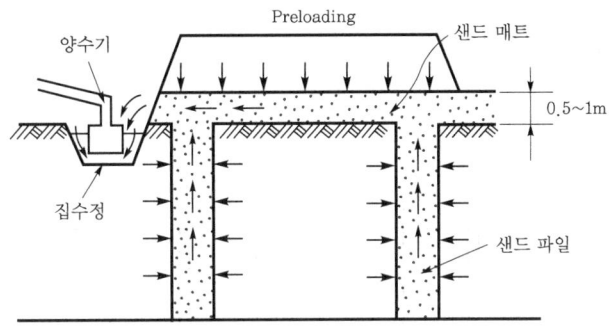

Ⅱ. 목적

① 압밀에 의한 침하를 미리 끝나게 하여 구조물에 유해한 잔류 침하를 제거

② 압밀에 의하여 점성토 지반의 강도를 증가시켜 기초 지반의 전단 파괴 방지

Ⅲ. 특징

① 사전 재하하여 하중에 의해서 압밀 촉진

② 연약한 기초 지반 개량

③ 효과적이며 경제적

④ 압밀의 종료를 기다리기 때문에 공기가 길어짐

⑤ 적용 지반이 한정

Ⅳ. 시공 방법

① 구조물 축조 전 재하중을 가한다.

② 정치 기간을 둔다.

③ 침하량 관리

④ 재하중 제거

⑤ 구조물 축조

Ⅴ. 시공시 유의사항

① 침하 하중의 크기, 침하 속도 등을 Check
② 지반의 활동에 대한 안정성을 지속적으로 관찰
③ 계획시의 예측과 일치하는지를 확인하여 필요하면 설계 내용 수정

Ⅵ. 하중을 재하하는 방법

① 토사 또는 암석 성토
② 물탱크 설치
③ 지하수위 낮춤
④ 진공 Mat 사용
⑤ Anchor 또는 Jack 사용

Ⅶ. 계측관리

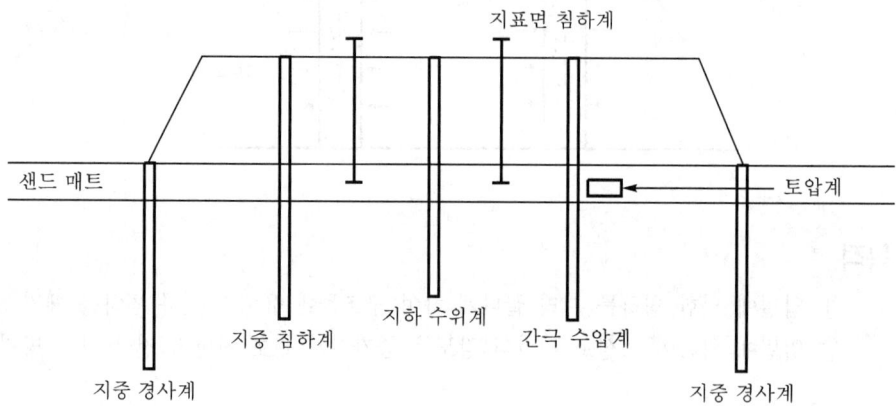

Ⅷ. 문제점

① 성토 재료 확보
② 사용후 토사 처리
③ 사토장이 필요하다.
④ 정치 기간이 길다.

15 폭파 치환 공법

[09전(10)]

I. 정의

① 연약 지반이란 함수비가 높고 일축 압축 강도가 작은 점토, Silt 및 유기질토, 느슨하게 쌓인 사질토 등으로 구성된 지반을 말한다.

② 폭파 치환 공법은 지반 연약층에 폭약을 장진한 다음 성토 재하중을 가하고 화약을 폭파하여 폭발력에 의해 연약층이 이완될 때 성토 재하중이 하부로 작용하여 연약층을 밀어내는 공법이다.

II. 공법의 특징

① 폭발력에 의한 치환 효과가 크다.

② 시공이 단순하고 빠르다.

③ 치환 작업이 빠르게 이루어진다.

④ 특수한 공정이 필요하지 않다.

⑤ 기술적인 문제가 없다.

⑥ 화약 관리의 제약을 받는다.

III. 공법의 시공도

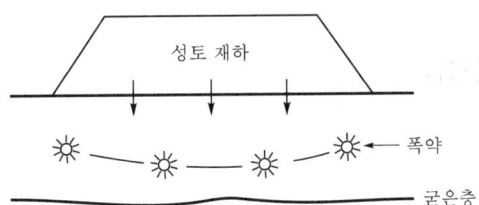

IV. 시공시 유의사항

① 치환토 처리

② 인근 구조물 보호

③ 지중에 매설된 상하수도관, 전선관, 가스관 등의 지하 매설물의 보호

④ 용수 처리

⑤ 시공에 사용되는 치환토는 양질의 재료를 사용

16 한계 성토고

[05전(10), 13중(10)]

Ⅰ. 정의

① 연약지반 위에 일시적으로 급속 성토를 높게 행하면 연약지반이 Sliding 파괴가 일어나므로 단계성토를 시행하여야 한다.

② 한계 성토고란 성토 시공시 연약지반이 Sliding 파괴(전단 파괴)가 발생되지 않는 범위에서의 성토 높이를 말한다.

③ 한계 성토고는 원지반의 강도 특성을 분석하여 결정하고 지반이 연약할수록 한계 성토고는 낮고 성토 속도는 늦어진다.

Ⅱ. 한계 성토고의 시공 실례

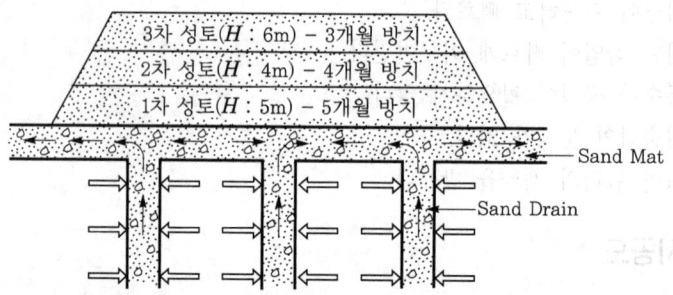

Ⅲ. 한계 성토고 계산방법

$$H = \frac{q_u}{\gamma_t \cdot F_s} = \frac{5 \cdot 7C}{\gamma_t \cdot F_s}$$

H : 한계 성토고

q_u : 연약지반의 극한지지력

γ_t : 성토 흙의 단위 체적 중량

F_s : 안전율(1.1~1.2)

C : 연약지반 평균 점착력

Ⅳ. 급속 성토시 문제점

① 과잉 간극수압 발생

② 간극수압 증가로 지반의 전단 파괴 발생

③ 지반의 측방유동 발생

④ Drain재의 파단 발생

⑤ 성토체 상부 균열 발생

Ⅴ. 한계 성토고의 목적

① 지반의 전단 파괴 방지
② 사면의 활동 방지로 사면안정 도모
③ 지중 응력 및 임의 위치의 압밀도 고려
④ 합리적인 압밀침하 촉진

Ⅵ. 한계 성토고의 활용

① 연약지반 성토고 결정
② 공기 산정
③ 단계성토 횟수 산정
④ 적정 시공법 선정

17 강도 증가율(S_u/P')

Ⅰ. 정의

① 강도 증가율이란 점토지반에 작용하는 유효 상재압($\Delta P'$)에 대한 비배수 전단 강도 증가량(ΔS_u)의 비를 말한다.

$$강도 \ 증가율(\alpha) = \frac{\Delta S_u}{\Delta P'}$$

② 점토지반이 성토하중으로 압밀침하되면 원지반의 비배수 전단강도가 증가하므로 강도 증가율은 연약지반 개량공사나 단계별 성토 시공 등의 설계나 시공관리에 중요한 요소이다.

Ⅱ. 지반 전단강도 증가 Mechanism

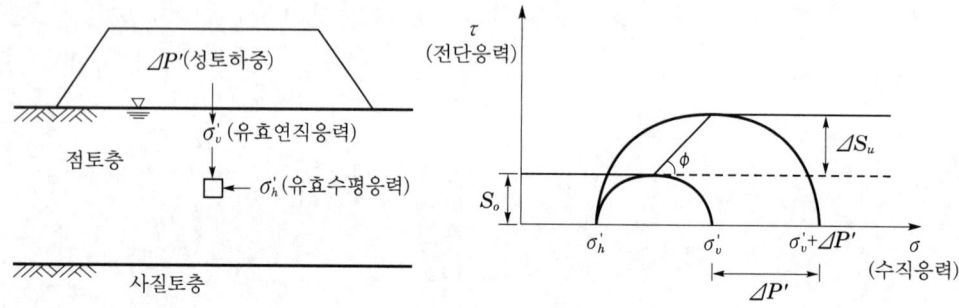

Ⅲ. 산정 방법

① 소성지수 방법
② 심도별 전단강도시험 방법
③ CU 삼축압축시험 방법

Ⅳ. 용도

① 단계성토 높이 결정
② Preloading 후 지반강도 증가량 산정
③ 단계성토 장기 안정검토

18 EPS 공법(Expanded Poly-Styrene)

[08중(10), 15후(10)]

Ⅰ. 정의

① EPS 공법이란 대형 발포 폴리스티렌(Expanded Poly-Styrene) 블럭을 성토 재료
와 뒤채움 재료로서 도로, 철도, 단지 조성 등의 토목 공사에 이용하는 공법이다.
② 재료의 초경량성, 내압축성, 내수성 및 자립성 등의 특징을 효과적으로 이용하는
공법으로 시공성이 우수하며 공기 단축은 물론 뒤채움 시공에서는 구조물에 작
용하는 토압을 감소시키는 우수한 공법이다.

Ⅱ. 특징

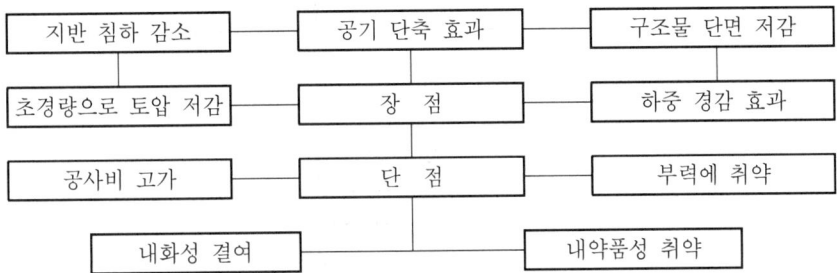

Ⅲ. EPS의 종류 및 형상 · 치수

1) 형내 발포법

2,000(세로)×1,000(가로)×500(높이) (단위 : mm)

2) 압출 발포법

2,000(세로)×1,000(가로)×100(높이) (단위 : mm)

Ⅳ. EPS 재료 특성

성 질	시험 방법	단 위	제조법					
			형내발포법					압출법
종별			D−30	D−25	D−20	D−16	D−12	D−29
밀도	JIS−K−7222	kg/m^3	30	25	20	16	12	29
압축강도 (5% 변형시)	JIS−K−7220	kg/cm^2	1.8	1.4	1.0	0.7	0.4	2.8
난연성	JIS−A−9511		○	○	○	○	×	×

V. 용도
① 암반 사면 성토
② 도로 확폭 성토
③ 구조물 뒤채움
④ 산사태 복구
⑤ 연약지반 성토 작업

VI. 시공 순서 Flow chart

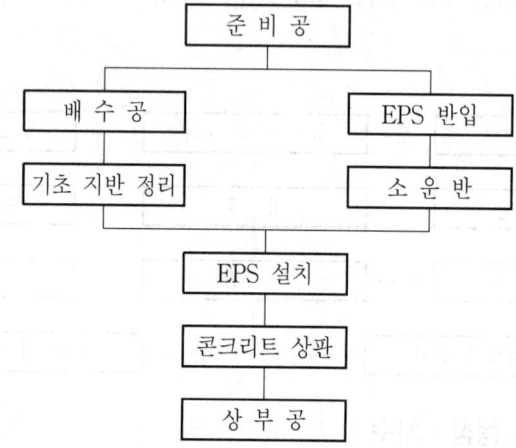

VII. 시공시 유의사항
① EPS 저장
② 시공전 용수 처리
③ 화기 엄금
④ 곡선 구간 시공관리
⑤ 가공 절단은 공장 가공 원칙
⑥ 시공중 EPS 위로 차량 주행 금지

19 사면 선단 재하 공법

Ⅰ. 정의

① 성토한 비탈면 옆부분을 0.5~1.0 m 정도 더돋음하여 비탈면 끝부분의 전단 강도를 증가시킨 후 더돋음 부분을 제거하여 비탈면을 마무리하는 공법이다.

② 비탈면 안정에 필요한 기간이 장기간 소요되므로 공사 기간에 여유가 있는 공사에서만 적용시킬 수 있다.

Ⅱ. 시공 도해

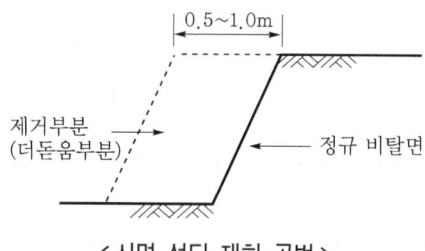

< 사면 선단 재하 공법 >

Ⅲ. 특성

① 성토 재료가 점착력이 없어 씻기기 쉬운 토질이나 식생(植生)이 곤란한 토질에 적용

② 흙의 압축 특성 또는 강도 특성을 이용

③ 성토 사면 안정 효과

④ 더돋음 폭만큼의 용지가 필요

⑤ 더돋음 만큼 작업량 증가

Ⅳ. 시공 순서

① 성토 치수보다 0.5~1.0 m 정도 더돋음(덧붙임)

② 더돋음 부분을 고르고 다짐 실시

③ 다짐 완료후 Power Shovel, Back Hoe, 불도저 등으로 더돋음 부분 굴착

④ 더돋음 부분 굴착후 불도저, 다짐기 등으로 다시 다짐

Ⅴ. 시공시 유의사항

① 덧붙임의 충분한 다짐을 위해 프로그래머, 진동 콤팩터, 소형 진동 롤러를 사용한다.

② 더돋음 부분을 깎아낼 때는 Back Hoe보다는 불도저로 밑으로 깎아내리는 것이 더 효과적이고 경제적이다.

③ 경사가 급하거나 성토고가 높은 법면을 다짐시 다짐기를 위로 끌면서 하는 것이 효과적이다.

④ 진동 롤러에 의한 다짐은 내리막 다짐시 성토재 붕괴의 우려가 있으므로 끌어올리면서 다짐 실시한다.

20 | Surcharge 공법(압성토 공법)

[02전(10), 09중(10)]

I. 정의

① 토사의 측방에 소단 모양의 성토를 하여 활동에 대한 저항 모멘트를 증가시켜 성토지반의 활동 파괴를 예방하는 공법이다.

② 연약지반에 성토를 하면 지지력의 부족으로 성토가 과다한 침하를 일으켜 성토 부의 측방에 융기를 일으키게 되므로 융기하는 부위에 하중(Surcharge)을 가하여 균형을 취하는 방법이다.

II. 압성토의 구성

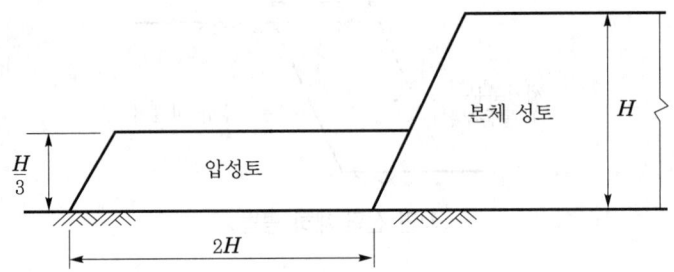

① 압성토 높이는 성토 본체 높이(H)의 $H/3$가 한계
② 압성토의 길이는 $2H$ 정도

III. 특징

① 원리가 간단, 높은 신뢰성
② 설계 및 시공이 용이
③ 안정 대책으로 유효
④ 넓은 용지와 충분한 성토 재료 필요

IV. 적용 조건

① 넓은 용지 취득이 용이할 것
② 용지 지가가 저렴할 것
③ 값이 저렴한 성토 재료를 얻을 수 있을 것

V. 압성토(押盛土)의 효과

① 주변 지역과 완충 지대 역할
② 공사중에는 공사용 도로로서 이용 가능
③ 성토지반의 활동 파괴 예방
④ Heaving 방지

21 Vertical Drain 공법(압밀촉진 공법)

Ⅰ. 정의

① Vertical Drain(연직배수 공법)이란 연약한 점성토 지반에 투수성이 좋은 수직의 Drain을 박아 지반 중의 간극수를 탈수시켜 압밀을 촉진하는 공법으로 압밀촉진 공법이라고도 한다.

② 지반의 밀도를 높이는 공법으로, 압밀이 진행되어 간극비가 감소되어 흙의 압축과 전단강도의 증가를 가져온다.

Ⅱ. 종류

1. Sand Drain 공법

1) 연약한 점토지반에 Sand Pile을 시공하여 지반 중의 물을 지표면으로 배제시켜 단기간에 지반을 압밀 강화하는 공법이다.

2) 특징
① 압밀을 촉진하기 위하여 Preloading 공법과 병용한다.
② 압밀 효과가 크다.
③ 침하 속도 조절이 가능하다.
④ Drain 시공시 주위 지반 교란 및 단면이 일정치 못하다.

2. Paper Drain 공법

1) Sand Drain 공법과 원리는 같으나 모래 대신 Card Board를 연약지반에 압입하여 압밀을 촉진시키는 공법이다.

2) 특징
① Card Board 시공시 주위 지반의 교란이 적다.
② 시공 속도가 빠르다.
③ Drain재가 공장 제품으로 품질·가격면에서 유리하다.
④ 장시간 사용시 열화 현상으로 배수 효과가 감소된다.

3. Pack Drain 공법

1) Sand Drain 공법의 Sand Pile이 절단되는 단점을 보완하기 위해 개발된 공법으로 포대(Pack)에 모래를 채워 Drain의 연속성 확보가 가능하다.

2) 특징
① Pack으로 인해 Sand Pile이 절단되지 않는다.
② 직경이 작은 Sand Pile 시공으로 모래 사용량이 감소된다.
③ 시공 속도가 빠르다.
④ 장비의 선정 및 적용성에 어려움이 있다.

22 Sand Drain 공법

Ⅰ. 정의

① 연약한 점토지반에 Sand Pile을 시공하여 지반 중의 물을 지표면으로 배제시켜 단기간에 지반을 압밀 강화하는 공법이다.

② 점토지반에 적용하며 압밀을 촉진하기 위하여 Preloading 공법, 지하수위 저하 공법 등과 병용한다.

Ⅱ. 개념도

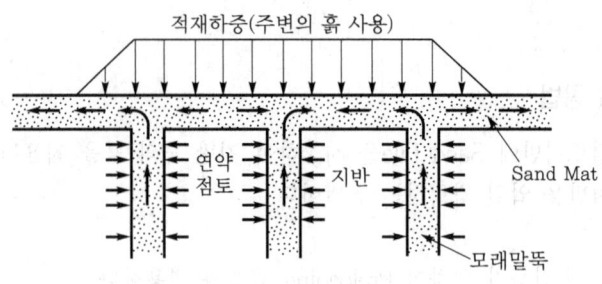

< Sand Drain 공법 >

Ⅲ. 특징

① 압밀 효과가 큼
② 단기간(2~3개월) 내에 다짐 가능
③ 침하 속도 조절 가능
④ Drain 시공시 주위 지반이 교란되기 쉬움
⑤ 시공비가 저렴
⑥ Drain(Sand Pile) 단면이 일정하지 못함

Ⅳ. 시공 순서

① Sand Mat 시공 : Sand Mat의 재료는 투수성이 크고 두께는 0.5~1.0 m
② Casing(Mandrel) 관입 : 타격 또는 진동에 의해 Pipe를 소정의 깊이까지 관입
③ 모래 투입 : Casing 속에 모래를 채움(직경 400~500 mm)
④ Casing 인발 : 채워진 모래를 압입하면서 Casing을 인발하여 Sand Pile 완성
⑤ 성토 : 재하중으로서의 성토를 시공

Ⅴ. 시공시 유의사항

① Casing은 항상 수직으로 관입
② 시공시 각 위치마다 관입 깊이와 소요 모래량을 Check하여 Drain재의 소요 깊이 도달과 중간 지점에서 끊어짐의 방지
③ Sand Drain 시공중 기존에 설치한 현장 계측 장비를 손상시키지 않도록 주의

23 │ Paper Drain 공법

Ⅰ. 정의

① Sand Drain 공법과 원리는 같으나 모래 대신 Card Board를 연약지반에 압입하여 압밀을 촉진시키는 공법이다.

② Vertical Drain 공법의 일종으로 모래 기둥보다 배수 기능이 낮지만 시공 속도가 빠르고 경제성이 좋은 공법이다.

Ⅱ. 시공도

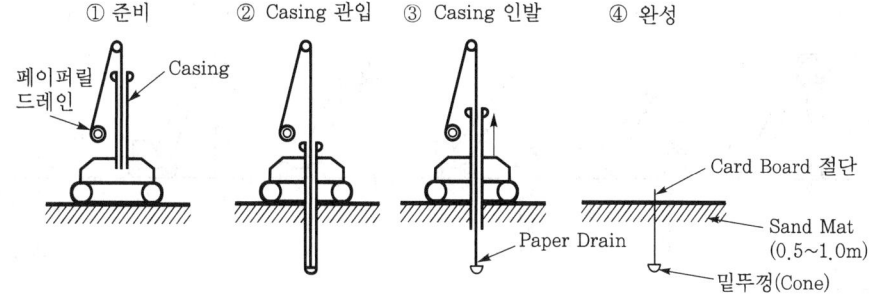

① 준비　② Casing 관입　③ Casing 인발　④ 완성

페이퍼릴 드레인　Casing　Card Board 절단　Paper Drain　Sand Mat (0.5~1.0m)　밑뚜껑(Cone)

Ⅲ. 특징

① Card Board 시공시 주위 지반의 교란이 적음

② 시공 속도가 빠름(250공/day, 1,500 m/day)

③ Drain재가 공장 제품으로 품질이 균일하고 저렴

④ 장시간 사용시 열화 현상으로 배수 효과가 감소

⑤ 단단한 모래층에는 관입 곤란하며 배수재의 재질에 따라 배수 효과가 좌우

Ⅳ. 시공 순서

① Sand Mat 시공 : Sand Mat의 재료는 투수성이 크고, 두께는 0.5~1.0 m로 함

② Casing(Mandrel) 관입 : Card Board를 삽입한 밑뚜껑(Cone)이 있는 Casing을 소정의 깊이까지 관입

③ Casing 인발 : Card Board와 밑뚜껑(Cone)을 지중에 남긴 채 Casing 인발

④ Card Board 절단 : Card Board를 지표면상에서 300 mm 남기고 절단

⑤ 성토 : 재하중으로서 성토 시공을 함

Ⅴ. 시공시 유의사항

① 내구성과 투수성이 좋은 Drain재 사용

② Casing 인발시 Drain재가 따라 올라오는 수가 있으므로 주의

③ 관입 깊이를 기록하여 Boring시에 측정한 연약층의 심도와 비교

④ 세립자에 의한 막힘 현상에 주의

24 Pack Drain 공법

[99전(20), 03중(10)]

Ⅰ. 정의

① Sand Drain 공법의 Sand Pile이 절단되는 단점을 보완하기 위해 개발된 공법으로 포대(Pack)에 모래를 채워 Drain의 연속성 확보가 가능하다.

② Vertical Drain 공법의 일종으로 동시에 4본 시공으로 시공성 및 경제성이 탁월한 공법이며 모래 기둥이 절단되지 않는 장점이 있다.

Ⅱ. 시공도

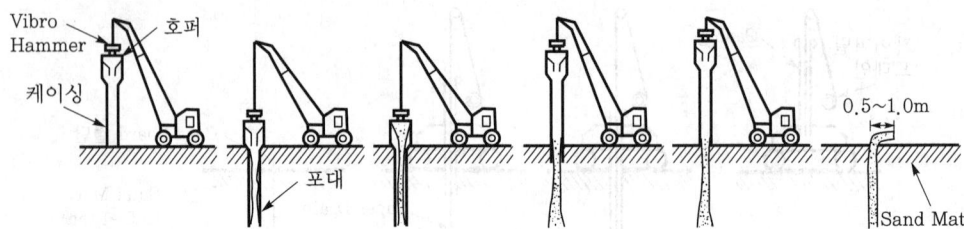

① 타입 개시　②포대 삽입　③모래 충전　④케이싱 인발　⑤모래기둥 형성　⑥완성

Ⅲ. 특징

① Pack으로 인해 Sand Pile이 절단되지 않음

② 직경이 작은 Sand Pile 시공으로 모래 사용량이 적어 경제적

③ 시공 속도가 빠름(4본을 동시에 시공)

④ 설계된 직경의 확인이 가능하므로 시공관리가 용이

⑤ 장비의 선정 및 적용성에 어려움이 있음

⑥ 작업원의 숙련도 요구 및 시공 실적, 경험 축적의 부족

Ⅳ. 시공 순서

① Sand Mat 시공 : Sand Mat의 재료는 투수성이 크고, 두께는 0.5~1.0 m로 함

② Casing(Mandrel) 관입 : Vibro Hammer로 밑뚜껑(Cone)이 있는 Casing을 소정의 깊이까지 관입

③ 포대 삽입 : Casing이 소정 심도에 도달하면 Casing 내에 포대를 삽입하여 모래 충진(직경 100~150 mm)

④ Casing 인발 : 압축 공기를 Casing 속에 보내며 Casing을 인발

⑤ 성토 : 시공이 완료되면 재하중으로서 성토 시공을 함

Ⅴ. 시공시 유의사항

① Pack을 Sand Mat 위로 0.5~1.0 m 노출

② Casing을 수직 상태로 관입

③ 지표 및 심층의 침하량 측정 철저

25 PVC Drain 공법

I. 정의

Plastic Drain 공법의 일종으로 특수 가공한 다공질의 PVC Drain재를 연약한 점토 지반에 관입하여 지반중의 간극수를 탈수시키는 연직배수 공법(Vertical Drain 공법)이다.

II. Plastic Drain 공법의 종류

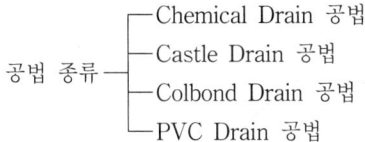

공법 종류 ─┬─ Chemical Drain 공법
　　　　　 ├─ Castle Drain 공법
　　　　　 ├─ Colbond Drain 공법
　　　　　 └─ PVC Drain 공법

III. 특징

① PVC Drain 시공시 주위 지반의 교란이 적음
② 압밀을 촉진하기 위하여 성토 재하와 같은 재하중을 병용
③ 침하 속도 조절 가능
④ 시공성 양호

IV. 시공 순서

1) Sand Mat 시공
   Sand Mat의 재료는 투수성이 크고 장비의 주행성이 좋을 것
2) Casing(Mandrel) 관입
   PVC Drain을 삽입한 밑뚜껑(Cone)이 있는 Casing을 소정의 깊이까지 관입
3) Casing 인발
   PVC Drain과 Cone을 지중에 남긴 채 Casing 인발
4) PVC Drain 절단
   PVC Drain을 지표면상에서 절단후 관입 위치별 심도 기록
5) 성토
   재하 하중으로서 성토 시공을 함

V. 시공시 유의사항

① 내구성과 투수성이 좋은 PVC Drain재 사용
② Casing 인발시 PVC Drain재가 따라 올라오는 수가 있으므로 주의
③ 세립자에 의한 막힘 현상에 주의

26 Sand Mat(부사)

Ⅰ. 정의

① 연약지반에 성토 시공, 지반 개량공법 등을 하는 경우에 투수성을 향상시키고 Trafficability(장비의 주행성)를 확보하기 위하여 시공에 앞서 0.5~1.0 m 정도의 모래 또는 자갈섞인 모래를 포설하는 것을 Sand mat라 한다.

② 연약지반에서 지반 개량에 사용하는 동질의 모래를 포설하여 시공 기계의 작업 능률을 크게 향상시키는 역할을 한다.

Ⅱ. 개념도

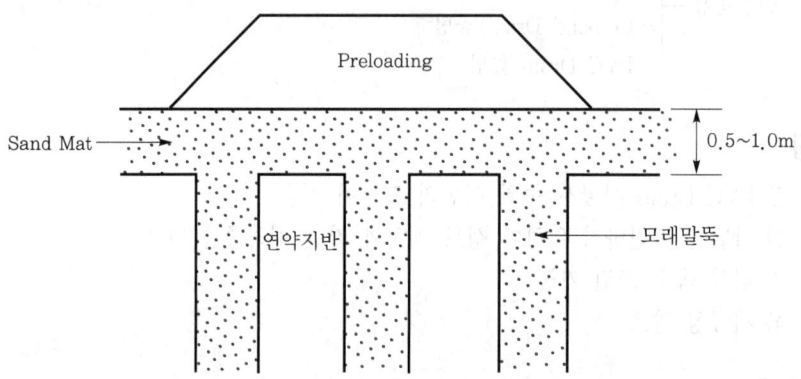

Ⅲ. 목적

① 연약층의 압밀을 위한 상부 배수층의 역할
② 성토 내의 지하 배수층 역할을 하여 성토 내의 수위를 저하
③ 성토 및 연약지반 대책의 시공에 필요한 장비의 Trafficability 확보
④ 연약층이 지반 상부에 있고 얇은 경우에 Sand mat 층의 시공만으로 지반 처리
⑤ 점토 지반에 적용

Ⅳ. 재료

① 투수성이 좋은 재료
② 장비의 Trafficability를 확보할 수 있는 재료
③ 투수계수가 1×10^{-3} cm/sec 이상의 모래
④ 자갈이 포함된 모래

27 점성토 지반의 교란효과(Smear Effect)

[06중(10), 14후(10)]

I. 정의

① 점성토 중에 지반개량을 하기 위해 Sand Drain, Pack Drain, Plastic Drain, Menard Drain을 타입할 때 연직 배수재의 주변이 교란되는 경우가 있는데, 이 영역을 스미어존(Smear Zone)이라 한다.

② Smear Zone에서 교란의 영향으로 투수계수가 감소하여 압밀이 지연되게 되는 데, 이와 같은 현상을 점성토 교란효과(Smear Effect)라 한다.

II. Smear Effect 발생 모식도

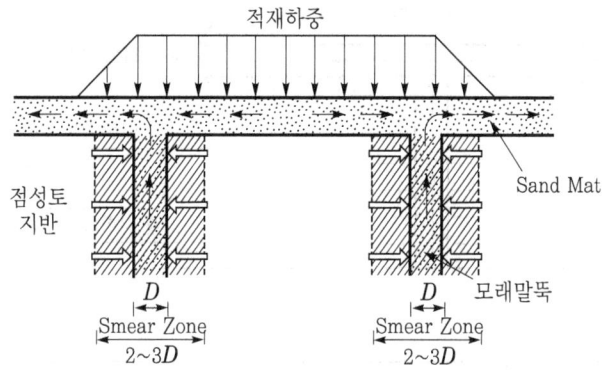

Smear Zone에서 압밀 지연의 Smear Effect 발생

III. 영향인자

① Smear Zone의 두께 및 저하된 투수계수

② 연직 배수재 타입시 사용되는 중장비의 지반에 미치는 충격 범위

③ 연직 배수재에서 멀어질수록 Smear Effect 감소

IV. Smear Effect 저감방안

① 설계시 수평 압밀계수를 저감하여 사용할 것

② 연직 배수재의 직경을 감소하여 적용할 것

③ 시공시 가급적 지반 교란이 적게 되도록 할 것

④ Sand Mat의 적정 투수성이 확보되도록 할 것

28 | 웰 저항(Well Resistance)

Ⅰ. 정의

① 웰 저항이란 탈수 공법에서 연직 배수재 속으로 유입된 간극수가 빨리 샌드 매트(Sand Mat)로 배출되지 못하여 압밀이 지연되는 현상을 말한다.

② 웰 저항을 연직 배수재로 들어오는 간극수의 흐름이 샌드 매트로 배출되는 흐름보다 빠를 때 발생하는 현상이다.

Ⅱ. 웰 저항 원리

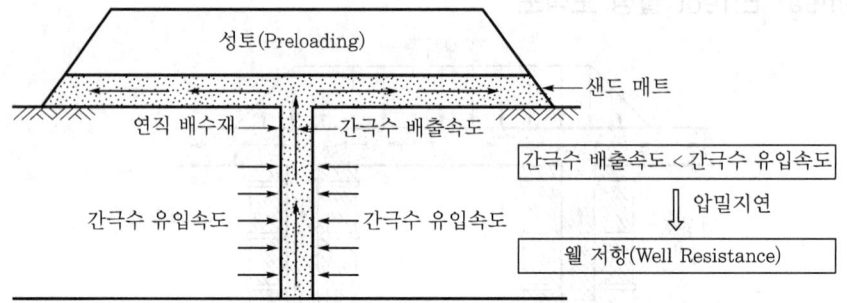

Ⅲ. 원인

간극수 유입속도(大)	간극수 배출속도(小)
• 점성토 지반 수평투수계수(K_h)가 큰 경우 • Sand Seam이 존재하는 경우	• 연직 배수재 길이가 긴 경우 • 연직 배수재 재료 불량 • 연직 배수재 간격이 넓은 경우 • 연직 배수재의 절단, 꺾임, 막힘현상 발생

Ⅳ. 대책

① 설계시 수평압밀계수(C_h) 감소
② 시험 시공으로 연직 배수재 통수능력 확인
③ 적절한 연직 배수재 재료 선정
④ 연직 배수재 시공시 수직도 유지
⑤ 연직 배수재의 절단, 꺾임 및 막힘현상 방지

29 | 압축과 압밀

[90후(10)]

I. 압축(Compression)

1. 흙의 압축(다짐과 압밀)

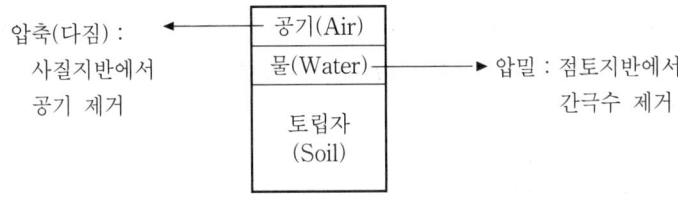

① 사질지반에서 공기가 배제되면서 압축되는 현상을 다짐이라 한다.
② 점토지반에서 흙 속의 물이 제거되면서 압축되는 현상을 압밀이라 한다.

2. 모래의 압축

1) 정의

압축이란 느슨한 사질토에서 외력을 가하여 흙 속에 공기를 제거하고 토립자간의 간격을 조밀하게 하여 지반의 밀도 증가 및 지지력 증가, 강도 향상 효과를 가져오는 것을 말하며 다짐이라고 한다.

2) 특성

① 모래 지반에서 발생
② 흙 중에 간극 배제
③ 단시간내 진행
④ 비교적 작은 하중에도 압축침하 발생
⑤ 흙의 역학적 성질 및 물리적 성질 개선
⑥ 탄성적 변형 발생

3. 점토의 압축

1) 정의

미세한 입자의 점성토 지반에서 외력에 의하여 비압축성인 간극수가 빠져나오면서 압축침하가 서서히 장시간에 걸쳐 압축 변형을 일으키는데 이를 압밀이라고 한다.

2) 특성

① 점토 지반에 발생
② 흙 속의 간극수 배제
③ 장기간에 걸친 침하
④ 비교적 큰 침하량
⑤ 소성적 변형 발생

II. 압밀(Consolidation)

1) 정의

압밀이란 연약 점토지반에서 하중을 가하여 흙 속에 간극수를 제거하는 것을 의미하며, 압밀 현상은 장기적으로 서서히 이루어져 침하가 발생하는데 이를 압밀 침하 또는 장기 압밀 침하라 한다.

2) 점토의 압밀 곡선

① 점토의 압밀시험에서 압력 P에 대한 간극비 오름을 순차적으로 표시하여 압축 곡선에서 곡선의 경사 $-\Delta e/\Delta P$에 비례승한 값을 체적 압축계수라 한다.

② 체적 압축계수

$$m_v = \frac{1}{1+e_o}\frac{\Delta e}{\Delta P}$$

e_o : 초기 간극비

$\dfrac{\Delta e}{\Delta P}$: 압축계수

③ 최적 압축계수 m_v 는 유효 응력 P의 증가와 더불어 감소하므로 일정한 값이 아니다.

④ Skempton에 의한 예민하지 않은 불교란된 정규 압밀 점토의 압축지수 추정치

$$C_c = 0.009(LL-10)$$

LL : 액성 한계

30 압밀과 다짐의 차이

[04후(10)]

Ⅰ. 압밀

1) 정의

① 압밀이란 연약 점토지반에서 하중을 가하면 흙 속의 간극수가 소산되어 지반이 압축되는 것을 말한다.

② 압밀현상은 장기적으로 서서히 이루어져 침하가 발생하는데 이를 압밀침하 또는 장기 압밀침하라 한다.

2) 특성

① 점성토지반에서 발생　　　② 흙중의 간극수 배제

③ 장기적으로 진행　　　　　④ 소성적 변형 발생

⑤ 비교적 큰 침하량

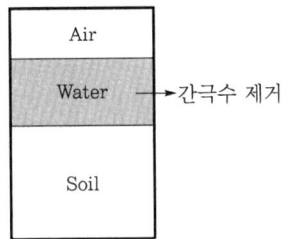

Ⅱ. 다짐

1) 정의

① 다짐이란 흙의 함수비는 크게 변하지 않고 흙에 외력을 가해서 간극 속의 공기만을 배출하여 토립자간의 간격을 조밀하게 하므로써 지반이 압축되는 것을 말한다.

② 다짐은 전압 또는 진동 충격으로 이루어지며 결과적으로 공기의 부피가 감소하여 흙의 밀도가 증가하게 되어 전단강도가 증가된다.

2) 특성

① 모래지반에서 발생　　　② 흙 중의 공기 제거

③ 단기간내 진행　　　　　④ 탄성적 변형 발생

⑤ 압축 침하량이 작게 발생

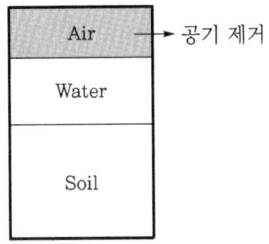

Ⅲ. 압밀과 다짐의 차이 비교

구 분	압 밀	다 짐
간극 배제	간극수	공기
시간	장기	단기
적용 지반	점성토	사질토
침하량	크다	작다
변형 거동	소성적	탄성적
함수비 변화	변화 발생	변화 미발생
목적	강도 증가, 침하촉진	강도 증가, 투수성 감소

31 흙의 침하

Ⅰ. 정의

① 흙에 외력이 가해지면 흙 속의 간극이 적게 되어 침하가 생기게 되는데 지반에 따라 침하현상이 달리 나타난다.

② 침하의 종류로는 하중 재하와 동시에 일어나는 즉시 침하와 시간 경과로 1차 압밀침하, 2차 압밀침하 등으로 나누어진다.

Ⅱ. 침하의 종류

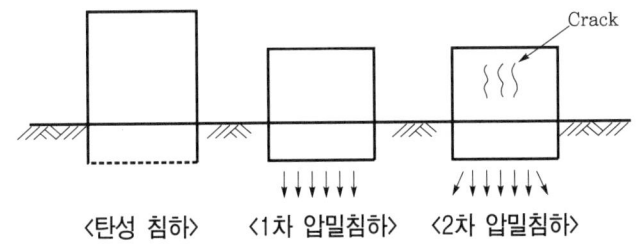

〈탄성 침하〉   〈1차 압밀침하〉   〈2차 압밀침하〉

1) 탄성 침하(S_i ; Immediate Settlement)
   ① 재하와 동시에 일어나는 즉시 침하를 말한다.
   ② 하중을 제거하면 원상태로 환원한다.
   ③ 모래 지반에서는 압밀침하가 없으므로 탄성침하를 전 침하량으로 한다.

2) 1차 압밀침하(S_c ; Consolidation Settlement)
   ① 점성토 지반에서 탄성침하후에 장기간에 걸쳐서 일어나는 침하
   ② 흙이 자중 또는 외력을 받아 간극수가 빠져나가면서 그 부피가 줄어들며 침하되는 것으로 하중을 제거하면 침하상태로 남음

3) 2차 압밀침하(S_{cr} ; Creep Settlement)
   ① 점성토의 Creep에 의해 일어나는 침하
   ② 압밀침하 완료후 계속되는 침하현상으로 구조물 Crack 발생 원인

4) 침하
   ① 사질토의 침하 $= S_i$
   ② 포화 점토의 침하 $= S_i + S_c$
   ③ 불포화 점토의 침하 $= S_i + S_c + S_{cr}$

Ⅲ. 침하에 의한 영향

① 상부 구조물 균열
② 지반의 침하
③ 구조물 누수

Ⅳ. 방지 대책

① 탈수 공법(압밀촉진 공법) : Sand Drain 공법, Paper Drain 공법, Pack Drain 공법
② 배수 공법 : Well Point 공법, Deep Well 공법
③ 압밀 공법 : Preloading 공법, Surcharge 공법, 사면선단 재하 공법
④ 밀도 증대 : Vibro Floatation 공법, Sand Compaction Pile 공법, 동압밀 공법

32 연약 점토층의 1차 압밀과 2차 압밀

[96전(20)]

Ⅰ. 정의

① 압밀이란 흙 속에 간극수가 지반 자체 자중 및 외력 작용으로 외부로 배출되면서 흙의 밀도가 증가되는 현상을 말한다.

② 압밀은 점토지반에서 작용 하중에 의해 오랜 시간에 걸쳐 침하가 계속되고 최종 침하량도 비교적 크게 나타난다.

Ⅱ. 침하량 산정

$$S_{total} \quad = \quad S_i \quad + \quad S_c \quad + \quad S_s$$

전침하량	탄성침하	1차 압밀침하	2차 압밀침하
	(사질토 – 즉시)	(점토질 – 장기)	(유기질 점토 – Creep)

Ⅲ. 1차 압밀(Consolidation Settlement)

1) 흙에 일정한 하중이 가해질 때 흙 중에 간극수가 유출됨에 따라 생기는 흙의 체적이 감소(압축)되는 현상을 말한다.

2) 1차 압밀은 재하 중 초기에 크게 나타나며 장기간에 걸쳐 발생한다.

3) 압밀 침하량

$$S_c = \frac{C_c}{1+e} H \log \frac{P' + \Delta P}{P'}$$

C_c : 압축지수

e : 간극비

P' : 점토층 중앙부 유효 연직응력

ΔP : 유효응력 증가분

H : 점토층 두께

Ⅳ. 2차 압밀(Creep Settlement)

1) 흙에 장기적인 하중이 가해질 때 1차 압밀로 간극수가 배제된 후에는 토립자가 재배열되면서 발생하는 침하를 2차 압밀침하라 한다.

2) 1차 압밀량에 비하여 천천히 발생하며 압밀 침하량도 작은 경우가 보통이다.

3) 2차 압밀 침하량

$$S_s = C_\alpha H_p \log \frac{t}{t_p}$$

C_α : 2차 압축지수

$H_p = H - S_c$

t_p : 1차 압밀침하 완료시간

t : 구하고자 하는 임의 시간

V. 침하량 관계식

1) 전체 침하량

$$S_{total} = S_i + S_c + S_s$$

2) 압밀 침하량

$$S_c = \frac{C_c}{1+e} H \log \frac{P' + \Delta P}{P'}$$

3) 압밀 시간

$$t = \frac{T_v}{C_v} Z^2$$

T_v : 시간계수, C_v : 압밀계수, Z : 배수 거리

4) 압밀도

$$U = 1 - \frac{U_t (t\text{시간 후 과잉 간극수압})}{U_i (\text{초기 과잉 간극수압})}$$

5) 2차 압밀 침하량

$$S_s = C_\alpha H_p \log \frac{t}{t_p}$$

VI. 1차 압밀과 2차 압밀과의 관계 도해

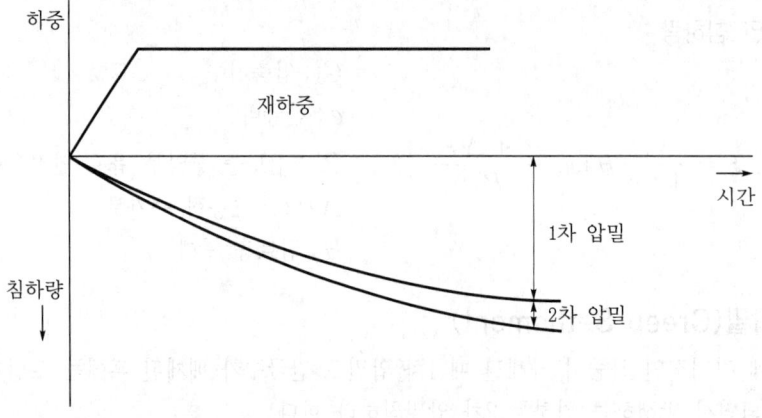

33 고결 공법

Ⅰ. 정의

① 고결 공법이란 고결재를 토립자 사이의 간극에 주입시켜 흙의 화학적 고결작용을 통하여 지반의 강도 증진, 압축성의 억제, 투수성의 변화를 촉진시키는 공법을 말한다.

② 공법의 종류로는 생석회 말뚝 공법, 동결 공법, 소결 공법 등이 있다.

Ⅱ. 종류

1. 생석회 말뚝 공법

1) 지반내에 생석회(CaO)에 의한 말뚝을 설치하여 흙을 고결화시켜 지지력의 증대와 말뚝 주변의 지반 강화를 도모하는 공법이다.

2) 특성

① 생석회가 흡수, 발열함에 따라 간극수압 발생 억제

② 생석회가 흡수, 팽창할 때의 압력에 의해 연약층을 압축 및 압밀

③ 생석회와 연약토의 화학 반응에 의해 말뚝 주변의 흙을 고결화

④ 연약 점토, 실트질 지반의 개량에 적합

2. 동결 공법

1) 지중의 수분을 일시적으로 동결시켜 지반의 강도와 차수성을 향상하고 그 동안에 목적된 본 공사를 실시하는 일종의 가설 공법이다.

2) 특징

① 토질에 관계없이 일정하게 동결된다.

② 동결된 흙의 강도가 대단히 크고 차수성이 높다.

③ 시공 관리가 용이하며 시공의 신뢰성이 높다.

④ 흙의 동결시 팽창 영향이 주변 지반에 영향을 미친다.

⑤ 지하수의 유속이 클 때 동결 곤란하다.

⑥ 공사비가 높다.

3. 소결 공법

1) 점토질의 연약지반 중에 보링하여 구멍을 뚫고 그 속을 가열하여 그 주변의 흙을 탈수시켜 지반을 개량하는 고결 공법의 일종이다.

2) 종류

① 밀폐식에 의한 방법 : 가스, 석유 등을 구멍 내에서 연소시켜 공벽을 가열하는 방법

② 개방식에 의한 방법 : 외부에서 가열한 고온의 공기를 구멍내의 배기관을 통해 불어넣는 방법

34 │ 생석회 말뚝 공법

Ⅰ. 정의

① 지반내에 생석회(CaO) 말뚝을 설치하여 흙을 고결화시켜 연약층의 강화를 도모
하는 공법이다.

② 흙 속의 물을 급속하게 탈수함과 동시에 말뚝 자신의 체적이 2배로 팽창하여 지
반을 강제 압밀시켜 지지력의 증대와 말뚝 주변 지반도 강화가 된다.

Ⅱ. 시공 도해

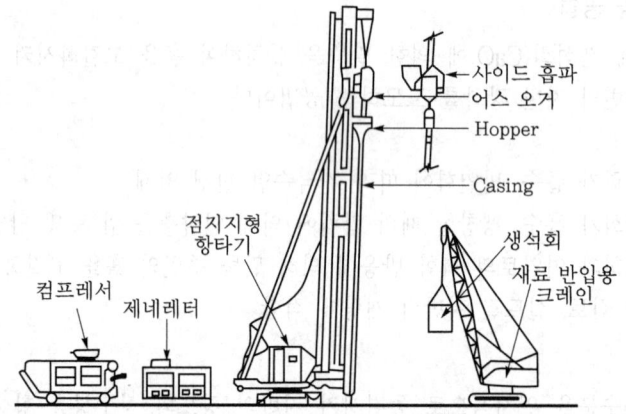

- 사이드 홉파
- 어스 오거
- Hopper
- Casing
- 점지지형 항타기
- 생석회
- 컴프레서
- 제네레터
- 생석회 재료 반입용 크레인

Ⅲ. 적용 범위

① 지지력의 급속 증대

② 압밀 침하의 저감

③ 기초 지반의 진동 경감

④ 말뚝 효과

Ⅳ. 특성

① 생석회가 흡수, 발열함에 따라 간극수압 발생 억제

② 생석회가 흡수, 팽창할 때의 압력에 의해 연약층을 압축 및 압밀

③ 생석회와 연약토의 화학 반응에 의해 말뚝 주변의 흙을 고결화

④ 연약 점토, 실트질 지반의 개량에 적합

V. 시공 순서

① 소정의 위치에 말뚝 타설기를 설치하고 수직으로 조정

② Casing을 회전시키면서 소정의 심도까지 관입

③ 관입 완료후 Casing의 회전을 멈추고 Casing 상부의 Hopper로 생석회 투입

④ 재료 투입후 Casing 상단의 기밀 밸브를 닫고, Casing내 기압이 소정의 값에 이르를 때까지 컴프레서에 의해 압축 공기 보냄

⑤ Casing 내압이 소정의 값에 이르면 Casing을 역회전시키며 인발

⑥ 내압을 서서히 내리면서 Casing 인발을 완료하고 공동부가 생긴 경우 토사로 메움

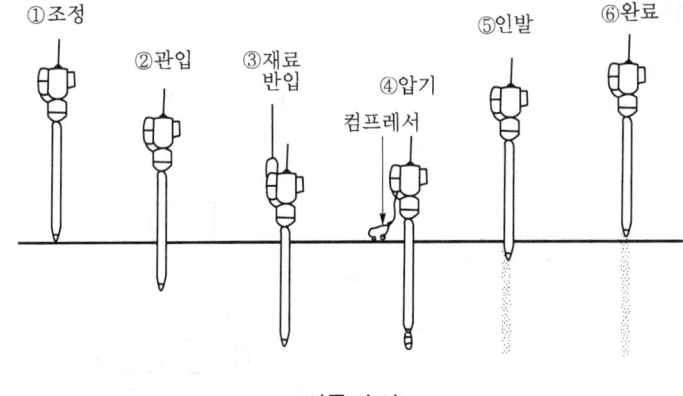

〈시공 순서〉

35 | 동결 공법

Ⅰ. 정의

① 연약지반 개량 공법 분류에서 지반을 고결시키는 공법의 일종으로 지반에 액체 질소와 같은 냉매를 흐르게 하여 주위 지반의 흙을 동결시키는 공법이다.

② 냉매의 종류, 열교환 형식에 따라 블라인 방식과 가스 방식으로 나눌 수 있으며 지하 굴착, 터널 공사, LNG 탱크 건설 등에 이용되기도 한다.

Ⅱ. 동결 공법의 분류

1) 블라인 방식

염화칼슘, 염화마그네슘 등의 수용액(블라인)을 냉동기 내에서 $-20 \sim -30℃$ 정도로 냉각하여 지중의 동결관에 순환시켜 지반을 동결시키는 공법이다.

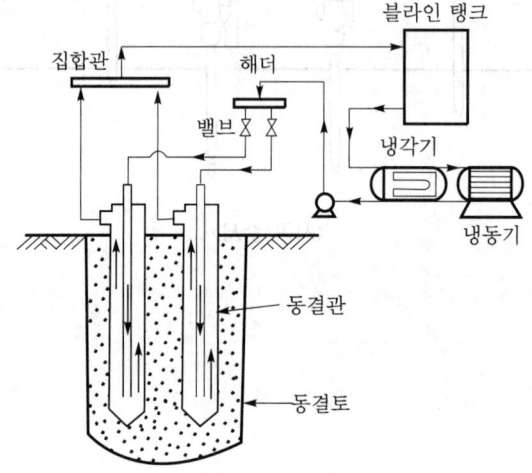

2) 가스 방식

액체 질소를 지중의 동결관내에 공급하여 동결관을 통과한 가스를 대기 중으로 방출시키는 형식으로 지반을 동결시키는 공법이다.

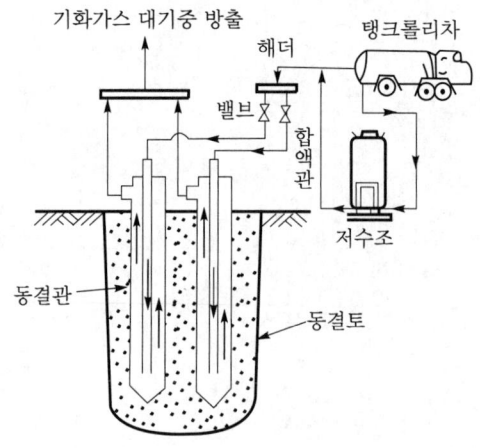

Ⅲ. 특징

1) 장점
① 동결된 토사의 강도가 크다.
② 지수성이 크다.
③ 지반 오염이 되지 않는다.
④ 지반이 균일하게 고결된다.
⑤ 모든 토질에 적용 가능하다.
⑥ 시공관리가 용이하다.
⑦ 시공의 신뢰성 크고 안전이 시공 가능하다.

2) 단점
① 지반이 팽창하는 피해가 있다.
② 지하수의 유속이 빠르면 시공이 곤란하다.
③ 전문 기술이 요구된다.
④ 해동시 지반 이완 및 침하 발생
⑤ 공사비가 고가이다.

Ⅳ. 용도
① 지하 굴착 공사
② TBM 굴진
③ 지하 LNG 탱크 건설 등

Ⅴ. 시공 순서
① 동결관 설치
② 배관 작업
③ 기밀 시험
④ 동결 시작
⑤ 본공사 착수(굴착 작업)
⑥ 지반 융해

Ⅵ. 시공시 유의사항
① 동결관 설치 방법
② 배관 점검
③ 환경 공해
④ 지반 팽창에 대한 조치
⑤ 지중 매설물

36 동치환 공법(Dynamic Replacement Method)

Ⅰ. 정의

① 무거운 추를 크레인을 사용하여 고공으로부터 낙하시켜 연약지반 위에 미리 포설하여 놓은 쇄석 또는 모래·자갈 등의 재료를 타격하여 지반으로 관입시켜 대직경의 쇄석 기둥을 지중에 형성하는 공법이다.

② 공사 방법은 큰 에너지로 타격을 가하면 추는 지표의 쇄석을 지중으로 관입시키고 추가 함몰됐던 자리에 다시 쇄석을 채우고 이를 다시 타격으로 관입시키는 공정을 되풀이 하여 지중에 대직경의 쇄석 기둥을 설치하는 것이다.

Ⅱ. 시공

1) 시공 한계

① 점성토 연약지반에 실시할 경우 깊이 4.5 m까지 가능

② 4.5 m 이상되는 연약지반을 개량할 경우 Menard Drain 공법을 선행하여 동치환 기둥이 배수 통로의 기능을 하게 함

2) 시공 순서 Flow Chart

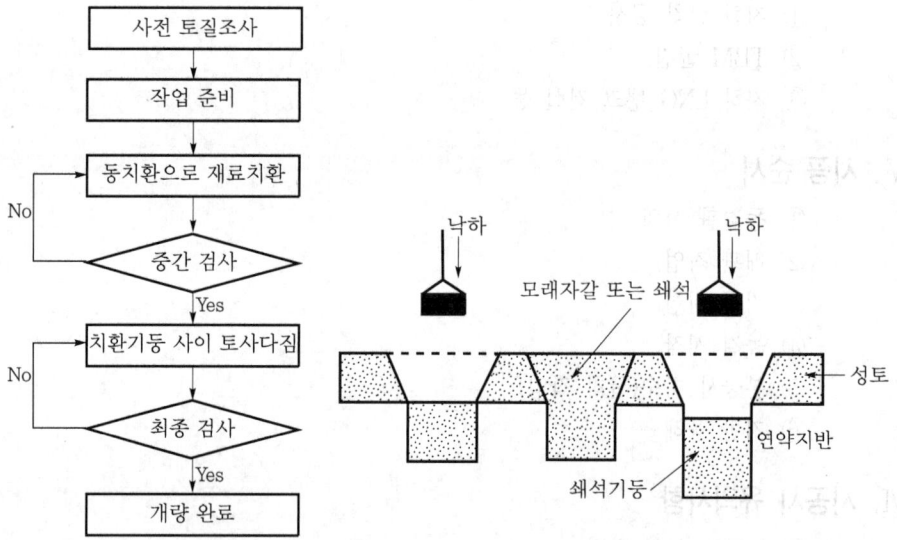

Ⅲ. 적용

① 점성토 지반

② 연약층의 심도가 얕은 경우

37 쇄석 말뚝(GCP ; Gravel Compaction Pile)

[16전(10)]

Ⅰ. 정의

① 쇄석 말뚝 공법은 지반 개량을 목적으로 고안된 공법으로 지반에 반강제적으로 쇄석 기둥을 설치하여 지지력 증가, 침하량 감소 및 수직 드레인 역할을 하는 현장 타입 쇄석 기둥 설치 공법이다.

② 쇄석 말뚝 공법은 점토, 실트, 모래층 등에 적용되며 도로, 제방, 항만 등의 대단위 지역의 기초 공법으로 널리 사용되고 있다.

Ⅱ. 공법의 원리

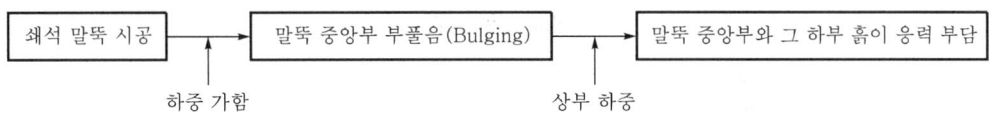

| 쇄석 말뚝 시공 | → | 말뚝 중앙부 부풀음(Bulging) | → | 말뚝 중앙부와 그 하부 흙이 응력 부담 |

하중 가함   상부 하중

① 지중에 설치된 쇄석 말뚝에 하중이 가하여 지게 되면 쇄석 말뚝이 Bulging(부풀음) 현상으로 쇄석 말뚝 측벽이 부풀어지게 된다.

② 작용 하중이 쇄석 말뚝에 전달되면 상부 응력을 하부 지지층까지 전달하지 않고, 부풀어진 중앙 부위와 그 하부의 흙이 응력을 부담한다.

Ⅲ. 적용 대상

① 점토, 실트, 모래층 등   ② 도로, 제방
③ 항만 구조물   ④ 유류 저장 탱크
⑤ 대단위 공업단지

Ⅳ. 공법의 분류

1) 습식 진동 치환 공법(Vibro Replacement Method)

① 전기식 또는 유압식 진동기에 의해 고압수를 분사하여 진동기를 지중에 관입하여 Hole을 형성한 후 쇄석을 투입하며 진동기(Vibrofloat)로 다져 쇄석 말뚝을 형성하는 방법이다.

② 0.074 mm체(#200체) 통과량 18% 이상인 점성토 지반에 적용

2) 건식 진동 치환 공법(Vibro Displacement Method)

① 습식 진동 치환 공법과 유사하며 진동기를 관입할 때 고압수를 사용하지 않는 방법이다.

② 관입시 Hole의 붕괴가 발생되지 않는 정도의 비배수 전단 강도가 $0.4 \sim 0.6 \, kg/cm^2$ 이상이고 지하수위가 낮은 경우에 적용한다.

3) 케이싱 쇄석 말뚝 공법(Cased Borehole Method)

① 보링기를 사용하여 케이싱을 설치한 후 쇄석을 투입하면서 추를 사용, 다짐 작업을 병행하며 케이싱을 인발하는 방법이다.

② 소규모 지역으로 장비 투입이 곤란한 경우에 적용한다.

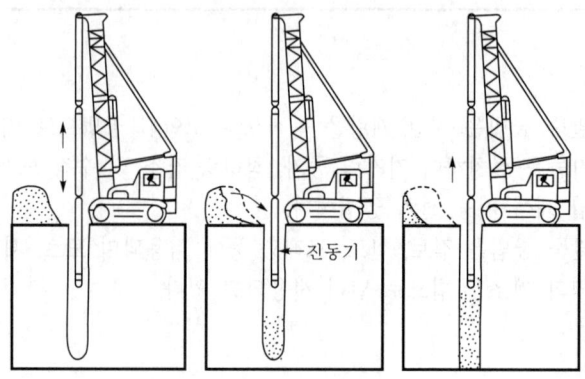

〈진동 치환 공법〉

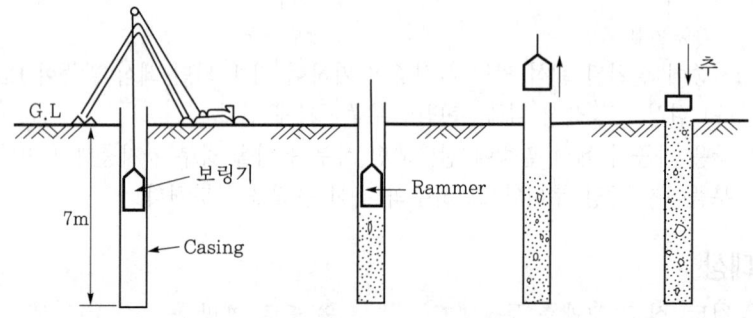

〈케이싱 쇄석 말뚝 공법〉

4) 동치환 공법

① 굴착기로 2~3m 깊이의 구덩이에 쇄석을 채우고 무거운 추를 크레인을 사용하여 높은 곳에서 자유 낙하시켜 이 때의 타격 에너지로 쇄석을 관입하는 방법이다.

② 초연약지반, 쓰레기 매립지, 성토 매립지 등의 대규모 지역의 지반 처리 공법에 적용한다.

Ⅴ. 쇄석 말뚝의 배치 형식

구조물 기초 모양에 따라 배치 결정을 하며 일반적으로 정방형 또는 삼각형 모양을 사용한다.

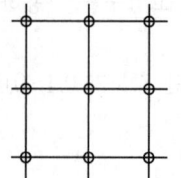
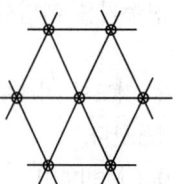
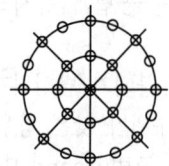
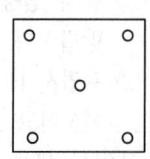

38 전기침투 공법

Ⅰ. 정의

① 전기침투 공법은 실트분이나 점토가 많이 함유된 지반에서는 투수계수가 작아져서 물의 흐름이 완만하여 Well Point 공법이나 진공 Deep Well 공법의 효과가 적어지게 되는데 이러한 지반에 적용시켜 집수 효과를 높이는 공법이다.

② 강제배수 공법의 일종으로 대부분의 토질에 있어서 물은 양극에서 음극을 향하여 흐르게 되어 있는데 이러한 원리를 이용한 공법이다.

Ⅱ. 시공법

① 음극에는 Well Point를, 양극에는 Well Point에서 분리하여 설치한 철봉이나 강널 말뚝을 지중에 삽입한다.

② 전기를 통과시키면 물은 양극에서 음극으로 흐르게 되며, 이때 Well Point를 통하여 배수시킨다.

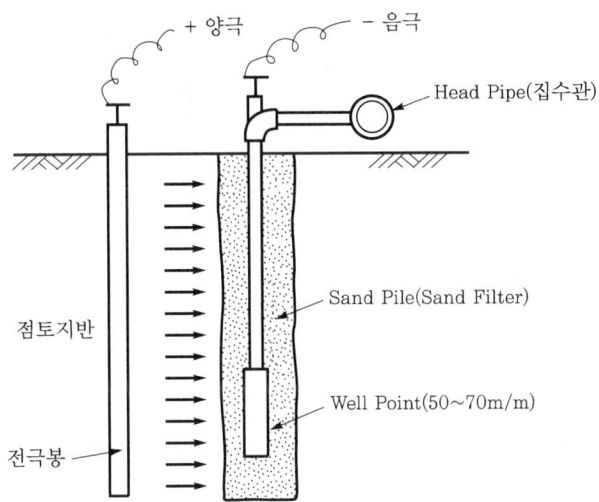

Ⅲ. 특징

① 점토 지반의 간극수 탈수

② 강제 배수와 함께 압밀 촉진

③ 점토 지반의 강도 증가

Ⅳ. 적용

① 투수성이 매우 작은 점토 지반

② Vertical Drain 공법(연직배수 공법)에 밀려서 현재는 거의 사용되지 않음

39 대기압 공법(진공압밀 공법 ; Vacuum Consolidation Method)

[02전(10)]

Ⅰ. 정의

① 지중을 진공상태로 만들어 재하중으로 성토 대신 대기압을 이용하여 연약 점토 층을 탈수에 의해 압밀을 촉진시키는 공법이다.

② Vertical Drain 공법에서 Preloading에 의한 성토 하중으로 전단 파괴가 발생하 는 것을 방지하는 공법으로서, 깊은 연약 지층의 탈수에 의한 강도 증진에 적합 하다.

Ⅱ. 개념도

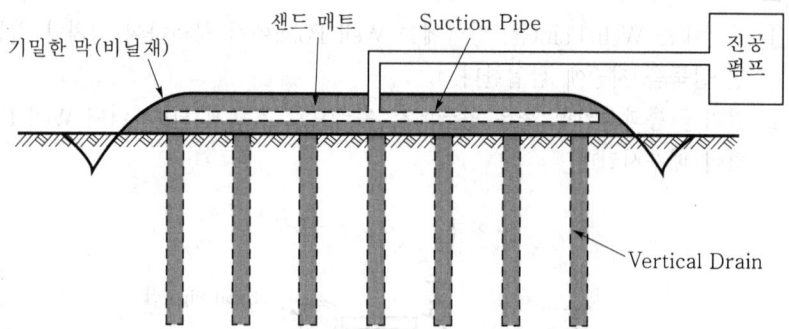

기밀한 막(비닐재)   샌드 매트   Suction Pipe   진공 펌프

Vertical Drain

Ⅲ. 특징

1) 장점
   ① 깊은 심도까지 압밀 효과가 확실
   ② 대기압을 이용하므로 하중에 의한 전단 파괴를 방지
   ③ 배수 속도가 탈수 공법에 비해 2배 이상 단축
   ④ 공기 단축 및 시공성 양호

2) 단점
   ① 기밀에 따른 진공상태의 존속이 중요하며 계측관리 도입이 필수
   ② 침하 발생시 수직 Drain의 기능 불량
   ③ 침하 발생시 배수 기능 불량에 따른 압밀 효과 저하

Ⅳ. 시공 순서

① 개량 대상 점토층의 상면에 Sand Filter(Sand Mat) 시공
② 수직 Drain 설치
③ 다공성의 Suction Pipe를 Sand Filter 내에 설치
④ Suction Pipe를 외부의 진공 펌프에 연결
⑤ Sand Filter층의 상부에 비닐 등의 기밀막을 씌워 대기가 침입하지 않도록 조치
⑥ 진공 펌프를 가동하여 흡기(吸氣) 및 흡수(吸水)

40 심층혼합 처리 공법(Deep Chemical Mixing Method)

[11전(10)]

Ⅰ. 정의

① 심층혼합 처리 공법은 석회, 시멘트 등의 안정재(고결재)를 심층의 연약층에 공급하여 균일하게 혼합하여 포졸란 반응 등의 고결작용에 의해 연약층을 강화시키는 화학적 지반개량 공법의 일종이다.

② 연약층의 강도 증가 뿐만 아니라 침하방지에도 효과가 큰 공법으로 항만 구조물 기초공사 또는 연약지반 개량공사에 주로 이용되는 공법이다.

Ⅱ. 심층혼합 처리공법의 구조 형식

① 전면 지지형식

개량토

② 뜬 기초형식

개량토

③ Pile 형식

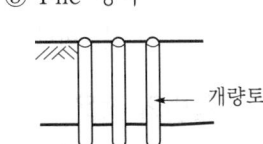

개량토

④ 벽식

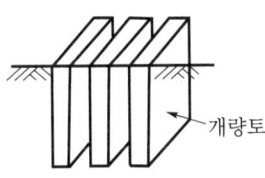

개량토

⑤ 블록형식

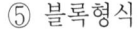
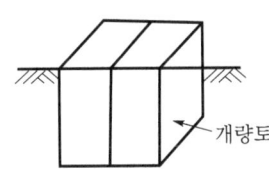

개량토

⑥ 격자형식

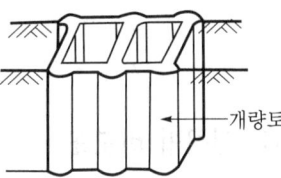

개량토

Ⅲ. 공법의 분류

1) DLM(Deep Line Mixing Method)

생석회 또는 소석회를 고체상태로 원지반에 공급하여 교반 혼합하는 방법으로 말뚝모양으로 형성된다.

2) DJM(Dry Jet Mixing)

육상에만 적용되는 공법으로 생석회 가루를 고압 공기로 압송하여 지중에 공급하여 교반 혼합하는 방법으로 말뚝모양으로 형성된다.

3) CMC(Cement Mixing Consolidation)

시멘트 모르타르와 시멘트 가루를 압송하여 원지반에 공급하며 교반 혼합하는 방법으로 말뚝모양으로 형성된다.

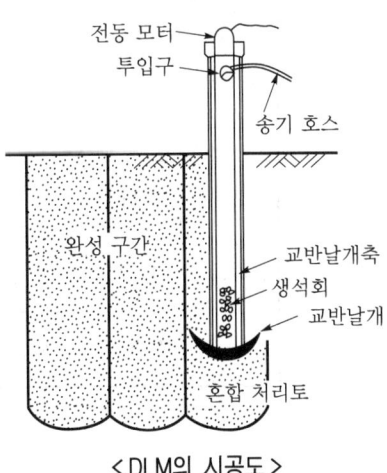

전동 모터
투입구
송기 호스
완성 구간
교반날개축
생석회
교반날개
혼합 처리토

〈DLM의 시공도〉

4) DCM(Deep Chemical Mixing)

벽모양 또는 격자모양의 복합 지반을 형성하는 것으로 안정재는 시멘트 슬러리를 사용하는 공법이다.

5) DCCM(Deep Continuous Cement Mixing)

교반기계를 상하로 움직이면서 동시에 작업선을 수평으로 움직여서 경사상으로 교반되어 연속적인 벽모양의 복합 지반을 형성하는 공법이다.

Ⅳ. 특징

① 타 공법에 비하여 개량 효과가 크다.
② 실내 배합시험이 필요하다.
③ 공기가 비교적 빠르다.
④ 잔토처리 문제가 없다.
⑤ 진동이나 소음과 같은 건설 공해가 없다.

Ⅴ. 공법의 적용

① 방파제 기초
② 안벽 기초
③ 저장 탱크 기초
④ 굴착면 부풀음 방지
⑤ 구조물 기초
⑥ 토류 구조물
⑦ 기타 토목 구조물 기초

Ⅵ. 시공법 비교표

시공법 분류는 사용 재료의 분말 형식의 분체계 공법과 시멘트 페이스트를 이용한 슬러리계로 대별된다.

공법명		안정제	시공방법·기계	형 상
분체계	DLM	생석회 (소석회)	연직 승강 프로펠러 교반	Pile 형식
	DJM	시멘트 가루 (석회가루)	연직 승강 프로펠러 교반	Pile 형식
슬러리계	CMC	시멘트 모르타르 시멘트 슬러리	연직 승강 프로펠러 교반	Pile 형식, 벽식
	DCM	시멘트 슬러리	연직 승강 프로펠러 교반	전면식, 벽식, 격자형식
	DCCM	시멘트 슬러리	경사 승강(연직 승강) 프로펠러 교반	전면식, 벽식

41 혼합 공법(Mixing Method)

I. 정의

① 다른 흙, 자갈, 깬돌 등을 더해 입도 조정을 하거나 시멘트 화학약제를 혼합하는 공법으로 지반개량 공법의 일종이다.

② 공법의 종류로 입도 조정 공법, Soil Cement 공법, 화학약제 혼합법 등이 있다.

II. 종류

1. 입도 조정법

1) 정의

흙의 안정성·투수성을 개량하기 위해 다른 흙, 자갈, 깬돌 등을 더하여 혼합하고 다지는 공법

2) 특징

① 깔아 고르기는 재료 분리를 일으키지 않아야 하며 타이어 롤러를 병용하면 효과적

② 깔아 고른 재료는 비에 의해 세립토가 유출해 버릴 수 있으므로 그날 중에 다지기를 완료

③ 노반, 운동장, 활주로의 기층이나 각종 성토의 강화 개량에 사용

2. Soil Cement 공법

1) 정의

분쇄한 흙에 Cement Paste를 혼합하여 다져서 보강하는 혼합처리 공법

2) 특징

① 사질토에서 압축 강도가 3~10MPa까지 도달하나 점토질에서는 그다지 증대되지 않음

② 흙을 이용하기 때문에 Con'c에 비해 공사비 저렴

③ 주로 주열식 흙막이벽에 사용하며, 구조적으로 강도는 기대할 수 없음

3. 화학약제 혼합법

1) 정의

흙에 소석회, 염화석회, 물유리, 합성 수지 계면활성제 등의 화학약제를 혼합하여 지반을 개량하는 공법

2) 특징

① 지반의 전단 강도 강화

② 소석회를 점토에 10% 정도 혼합하여 당초 0.2MPa의 강도를 10MPa까지 증가시키는 것이 가능

42 JSP 공법(Jumbo Special Pile)

Ⅰ. 정의

① 연약지반 개량 공법으로 고압(20 MPa)의 Air Jet를 이용하여 차수, 지지 말뚝, 기초 지반의 지지력 증대 등의 효과를 얻을 수 있는 지반 고결제의 주입 공법이다.

② Double Rod 선단에 Jetting Nozzle을 장착하여 경화재(Cement Milk)를 분사하면서 원지반과 혼합되어 지반중에 원주형의 고결체를 조성하는 공법이다.

Ⅱ. JSP 시공도

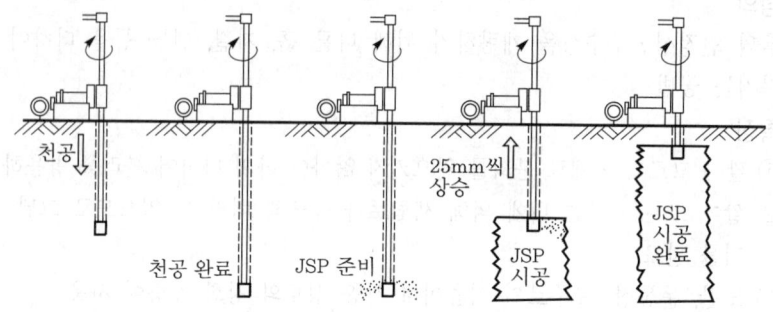

Ⅲ. 용도

① 구조물의 기초를 위한 지반 보강
② 굴착 주변 물막이
③ 연속 벽체(흙막이벽)
④ Underpinning 공법
⑤ 지하철 공사
⑥ 지하 저장 탱크 기초

Ⅳ. 특징

① 시공의 확실성
② 장비가 소형으로 경제성 우수
③ 모든 지반에 적용 가능
④ 지반 강도와 지수 효과를 높이는 이중 효과
⑤ Pile Joint 부분 누수 발생에 유의
⑥ 고압으로 주위 지반 교란

V. 시공 순서

1) **굴착 개시**

   지반 조건에 따른 Rod의 회전속도, 소정의 방향, 계획 심도로 착공

2) **굴착 완료**

   계획 심도까지 착공이 완료되면 JSP 시공상태로 Rod 회전을 바꾸어 맞춤

3) **JSP 개시**

   초고압 Air Jet를 시동하고, 착공수 주입을 Cement Milk 주입으로 바꾸면서 JSP 개시

4) **JSP 시공 완료**

   회전과 동시에 Rod를 서서히 인발하면서 JSP 시공 완료

43 | RJP(Rodin Jet Pile) 공법

[02후(10)]

Ⅰ. 정의

① RJP 공법이란 다중관의 Rod를 사용하여 물·공기·경화재료를 선단부에서 초고압으로 분사하여 지반에 고결체를 만드는 공법이다.

② 30~60 MPa의 초고압으로 물과 공기를 분사하여 지반을 절삭·각반하고 이어서 공기와 Cement Paste를 분사하여 지반을 다시 절삭·각반시키면서 Rod를 천천히 회전 상승시켜 지중에 직경 2 m 이내의 원주상의 고결체를 형성한다.

Ⅱ. 특징

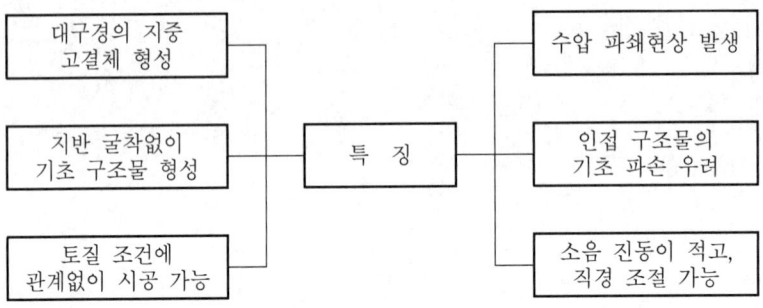

Ⅲ. 시공법

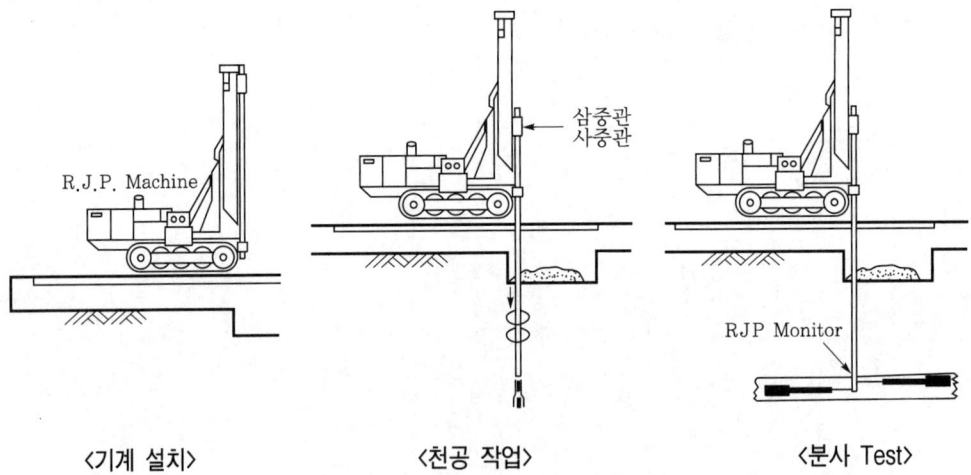

〈기계 설치〉   〈천공 작업〉   〈분사 Test〉

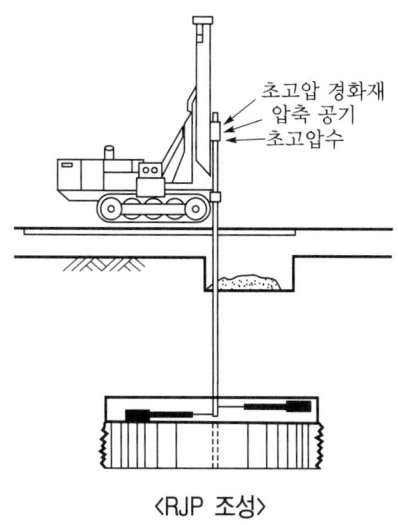

<RJP 조성>   <RJP 조성 완료>

1) 기계 설치
　① 기계 반입　　　　　　② 기계 조립
　③ Plant 설치　　　　　　④ 기계 가동 운전

2) 천공 작업
　① 지반 조건에 맞추어 Bit 선정　② 회전속도, 하강속도 등 결정
　③ 계획 심도까지 삭공(削孔)

3) 분사 Test
　① 계획 심도 도달후 Rod의 회전 속도, 인상 속도 설정
　② 압축 공기, 고압수 분사

4) RJP 조성
　① 상부 노즐에서 고압수와 고압 공기 분사
　② 하부 노즐에서 고압 공기와 Cement Paste 분사
　③ 규정 속도로 Rod 상승

5) RJP 조성 완료
　① 천공 구멍 메우기　　　② Rod 지상 인발
　③ Rod 내부 세척

Ⅳ. 용도
　① 터널 갱구, 막장 보호
　② 교각, 교대 기초 보강
　③ 각종 Tank 기초
　④ 지하 토류벽
　⑤ 각종 구조물 기초
　⑥ Underpinning

Ⅴ. RJP 장비 배치도

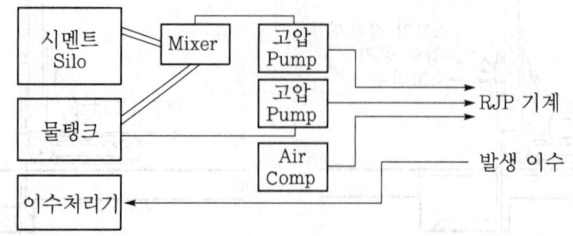

Ⅵ. RJP 작업 공정도

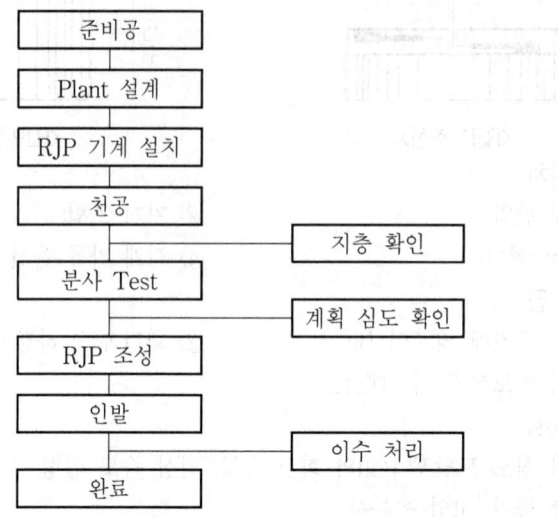

Ⅶ. 시공시 유의사항

① 가설 용지 확보   ② 자재 반입로 확보
③ 시공 심도 확인   ④ 최소 토피두께 확인
⑤ 소음, 진동, 비산 등 건설공해에 대한 대비책 수립
⑥ 수도, 전기, 가스 통신 등 지하 매설물 보호
⑦ 인접 구조물 영향 고려

Ⅷ. RJP와 JSP 공법 비교

구 분	RJP(Rodin Jet Pile)	JSP(Jumbo Special Pile)
분사압력	초고압(30~60 MPa)	고압(20 MPa)
분사재료	1차 : 물+공기 2차 : 공기+Cement Paste	공기+Cement Paste
Rod	3중관(공기+고압수+경화재)	2중관(공기+경화재)
경화재 충전	경화재(Cement Paste)는 토사를 치환한 후 충전	경화재를 토사와 Mixer
지중 고결체	토사를 제거한 단독 고결체 형성	토사와 혼합한 Soil Cement 고결체 형성

44 Piezometer(간극수압계)

I. 정의

① 토중에 작용하는 간극수압을 측정하기 위한 압력 계기로 흙의 전응력을 측정하는데 있어 유효 응력을 측정하기 위한 수단으로 토압계와 일반적으로 동시에 측정하고 있다.

② 계기의 원리는 압력계와 거의 동일하지만 흙의 유효 응력을 차단하고 간극의 수압만을 측정하기 위한 Filter가 달려 있는 것이 다른 점이며 구조 형식으로 전기 계측식과 스탠드 파이프식으로 대별한다.

II. 계기의 설치

1) 간극수압계 설치는 계측의 성패를 좌우하는 중요한 요소로서 일단 매설된 후에는 수정이 불가능하므로 계측기 설치시 유의하여 설치하여야 한다.

2) 설치 방법 종류

① 성토 중 부설 방식 : 성토작업 도중 측정 위치에 계기를 부설하는 방법으로 작업이 용이하고 정교한 작업관리가 가능하며 타 방법에 비해 계기 파손이 적다.

② 원지반 삽입 방법 : 원지반에 보링 기계를 이용하여 계기를 삽입용 로드의 선단

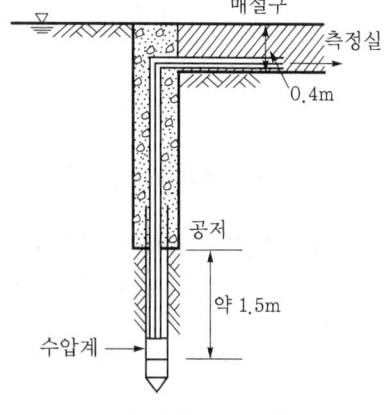

< 간극수압계의 설치 방법 >

에 부착한 후 공바닥에서 정적으로 1~2m 삽입하여 정착한다.

III. 간극수압계의 종류

1) 전기 계측식 간극수압계

① 선단에 필터(filter)와 압력 변환부(픽업)가 흙의 유효 응력을 차단하고 수압을 전기량으로 변환하여 리드선을 거쳐 지시부(gauge)에 전달하는 형식이다.

② 종류

㉮ 스트레인 Gauge형

㉯ Carlson형

㉰ 접동 저항형

㉱ 차동 트랜스형

㉲ 진동현형

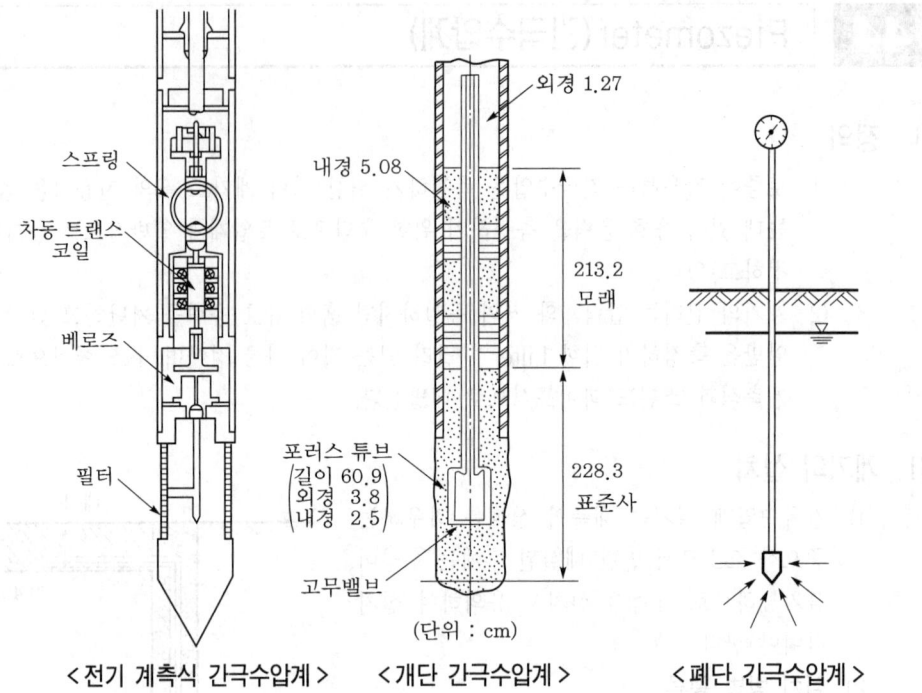

스프링

차동 트랜스
코일

베로즈

필터

외경 1.27

내경 5.08

213.2
모래

228.3
표준사

포러스 튜브
(길이 60.9
외경 3.8
내경 2.5)

고무밸브

(단위 : cm)

< 전기 계측식 간극수압계 >   < 개단 간극수압계 >   < 폐단 간극수압계 >

2) 스탠드 파이프식 간극수압계

① 고강성 파이프의 하단에 달려 있는 팁으로 수압을 도입하는 간단한 구조로서 상
단이 대기에 개방되어 파이프내의 수위를 측정하는 개단식과 상단이 밀폐되어
압력계로 측정하는 것이 있다.

② 종류

㉮ 개단 간극수압계

㉯ 폐단 간극수압계(마노미터형 간극수압계)

㉠ Burdon관 압력계

㉡ 일단 공중 마노미터

㉢ 일단 수중 마노미터(정수압 계기)

IV. 간극수압 측정

① 간극수압은 계기의 특성에 따라 다소의 Time Lag가 예상되고 이를 정확하게 추
정하여 측정치를 보정하는 것이 어렵다.

② Time Lag의 영향을 제거하기 위하여 최저 1시간에 1회의 연속 측정으로 1일 평
균치를 구한다.

③ 측정 간격을 재하, 압밀, 강우 등에 의한 지하수위 상승 등의 외적 조건의 변화
에 따라 적절히 결정하여 자료의 신뢰성을 높인다.

45 연약지반 침하 압밀도관리 방법

[98중전(20)]

Ⅰ. 정의

① 연약지반이란 함수비가 높고 일축압축강도가 적은 점토, 실트(Silt) 및 유기질토, 느슨하게 쌓인 사질토 등으로 구성된 지반을 총칭한다.

② 연약지반을 개량할 때 그 지반에 있어서 압밀, 침하 과정을 파악하기 위하여 침하 압밀도관리 등 방법을 이용하게 된다.

Ⅱ. 연약지반 개량 목적

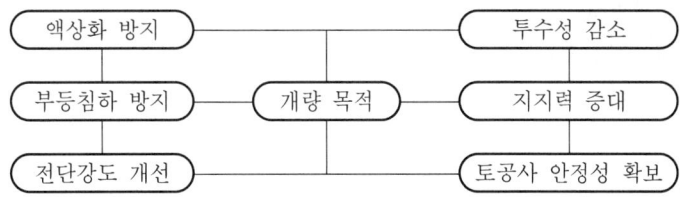

Ⅲ. 침하 압밀도관리 방법

1) 공법관리

① 연약지반 구성에 따른 공법관리

② 시공성, 경제성 고려한 공법관리

③ 지반 개량에 따른 인근 구조물 영향 관리

2) 침하관리

① 침하(S_{total})＝탄성 침하(S_i)＋1차 압밀침하(S_c)＋2차 압밀침하(S_s)

② 탄성 침하(즉시 침하량)

$$S_i = \frac{3}{4} \cdot \frac{qB}{E} I_p$$

③ 1차 압밀 침하량

$$S_c = \frac{C_c}{1+e} H \cdot \log \frac{P' + \Delta P}{P'}$$

④ 2차 압밀 침하량(Creep 압밀 침하량)

$$S_s = C_a H_p \cdot \log \frac{t}{t_p}$$

⑤ 압밀 시간

$$t = \frac{T_v}{C_v} Z^2$$

⑥ 압밀도
$$U = 1 - \frac{U_t}{U_i}$$

⑦ 잔류 침하량
$$\Delta S = (1 - U)S_c$$

3) 시공관리
① 지하수위계 설치
② 간극수압계 설치
③ 측방 유동
④ 부등 침하

4) 개량 성과관리
① Cone 관입시험
② 평판 재하시험
③ 표준 관입시험

5) 계측관리
① 계측 항목 : 침하, 변위, 토압, 간극수압, 지하수위
② 계측기 설치위치

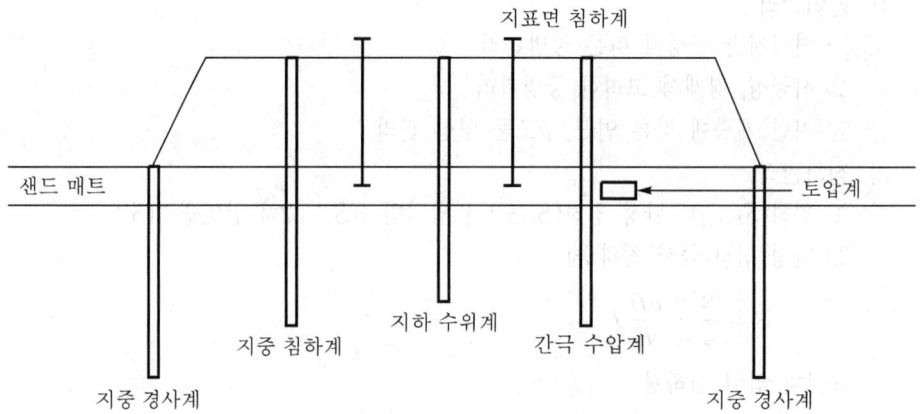

6) 공사기간 관리

공사 기간	공 법
장기간	압밀 공법, 배수 공법
단기간	치환 공법, 탈수 공법, 고결 공법

46 토목섬유(Geosynthetics)

Ⅰ. 정의

① 토목섬유는 세립자의 이동을 차단하고, 물의 이동은 가능하게 하는 Filter의 기능을 발휘하므로 지하수가 있는 토질에 많이 사용하고 있다.

② 토공사시 토립자의 이동을 차단하고 물만 배수하므로 연약지반 개량의 효과와 제방의 분리 및 Filter 등의 목적으로 사용된다.

Ⅱ. 특징

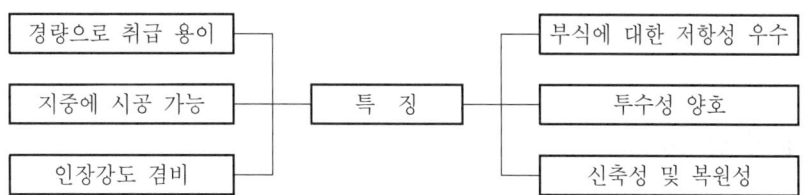

Ⅲ. 종류

① 지오텍스타일(Geotextiles)
② 지오멤브레인(Geomembranes)
③ 지오그리드(Geogrids)
④ 지오웹(Geoweb)
⑤ 지오네트(Geonet)
⑥ 지오매트(Geomat)
⑦ 지오셀(Geocell)
⑧ 지오컴포지트(Geocomposites)

Ⅳ. 기능

1) 필터 기능(여과 기능)
   ① 세립자의 이동을 차단
   ② 적용 : 수직 드레인, 흙댐 필터, 맹암거

2) 분리(分離) 기능
   ① 세립자와 자갈 등의 조립재가 외부 하중에 의해서 서로 혼합되는 것을 방지
   ② 연약지반 위에 성토제방, 노체의 노상 침투방지로 사용

3) 배수 기능
   ① 투수성이 낮은 재료와 밀착 설치하여 물을 모아 배수로 및 집수정으로 배출
   ② 적용 : 댐의 수평배수, 옹벽의 수직배수, 터널의 유도배수

4) 보강 기능
  ① 인장 및 전단 응력이 발생하는 부분에 토목섬유를 삽입하여 구조물 보강
  ② 연약지반 성토시 매트 또는 사면 보호공으로 사용

5) 차단 기능
  토립자의 이동을 차단

6) 그 밖의 특수 기능
  ① 하천 및 해안 사면의 침식과 유실 방지 목적으로 사용되는 Geo-former
  ② 사면 보호재로 사용하는 Geoweb
  ③ 해양 오탁 방지재로서 Silt Protector
  ④ 연약지반 압밀 촉진 배수재로서 Drain Board
  ⑤ 해안의 파장을 줄이는 목적으로 사용하는 Air Baloon Screen
  ⑥ 거푸집의 보조 재료로서 사용되는 Textile-form

V. 시공상 유의사항
  ① 보관은 가급적으로 옥내 보관을 하며 습기, 우수 등으로부터 보호
  ② 포설면을 평탄하게 정지하고 돌출된 조립재의 제거 및 오목한 곳은 메움처리
  ③ 포설전 표토제거 및 배수처리 실시
  ④ 조립재가 많은 지반의 경우 성토 다짐으로 인한 확인 철저
  ⑤ 성토시 다짐후의 토목섬유의 파손 방지
  ⑥ 다짐장비, 포설두께 등을 조정하여 토목섬유의 파손 방지
  ⑦ 강우시에는 이미 포설된 부위는 비닐 등으로 보양
  ⑧ 연약지반에서는 일정한 간격으로 침하량 측정

47 연약지반 관련용어

1) 잔류 침하(Residual Settlement)
   ① 성토와 구조물의 하중에 의해 생기는 지반의 침하 중 공사완료후에 남아 있는 부분
   ② 발생이 되면 건설된 구조물의 기능을 손상시키므로 연약지반 개량 공법을 적용하여 최소화해야 함

2) 간극수압계(Piezometer)
   ① 흙 속에 작용하는 간극수압을 계측하기 위한 압력계이다.
   ② 원리는 일반적인 압력계와 같으며 흙의 유효응력을 차단하고 간극수압만을 이끌어 내도록 필터가 구비되어 있다.

제1장 ▶ 토 공

제3절 사면안정

사면안정 과년도 문제

1. Land Creep [02전(10)]

2. Land Slide와 Land Creep [12전(10)]

3. 산사태 원인 [97후(20)]

4. Seed Spray에 의한 법면 보호 [95중(20)]

5. 낙석 방지공 [02후(10)]

6. 토석류(Debris Flow) [12전(10)]

7. 평사투영법 [05중(10)]

8. 사면거동 예측방법 [06후(10)]

1 | 산사태(Land Slide)

Ⅰ. 정의

① 사면은 자연 사면과 인공 사면의 두 종류로 분류되는데 자연 사면에서 발생되는 경사면 붕괴현상을 산사태라고 한다.

② 산사태는 지질, 지형에 따라 장시간에 걸쳐 완속으로 사면이 서서히 이동하는 형태의 크리프성의 붕괴와 사면의 이동이 급격히 발생하는 붕괴형태로 나타난다.

Ⅱ. 산사태 발생 원인

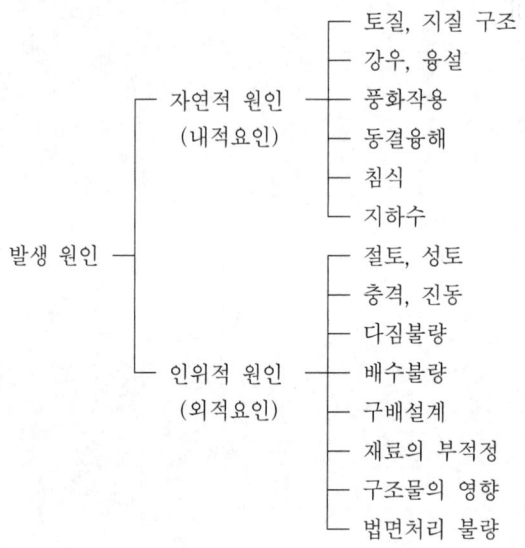

```
                              ┌─ 토질, 지질 구조
                              ├─ 강우, 융설
              ┌─ 자연적 원인   ├─ 풍화작용
              │   (내적요인)   ├─ 동결융해
              │              ├─ 침식
              │              └─ 지하수
 발생 원인 ───┤
              │              ┌─ 절토, 성토
              │              ├─ 충격, 진동
              │              ├─ 다짐불량
              └─ 인위적 원인   ├─ 배수불량
                  (외적요인)   ├─ 구배설계
                              ├─ 재료의 부적정
                              ├─ 구조물의 영향
                              └─ 법면처리 불량
```

Ⅲ. 우리나라 산사태의 특성

1) 길이

20 m 길이에 걸쳐 발생된 산사태는 전체의 50%에 달하고 100 m 이상 길이의 산사태는 전체의 14% 정도 해당한다.

2) 폭

발생 폭이 5 m인 경우가 가장 많으며, 20 m인 이하 경우가 전체의 90% 정도 해당한다.

3) 발생 깊이

산사태의 발생 깊이는 1 m 정도의 깊이가 가장 많으며, 2 m 이하의 경우가 전체 90%에 해당한다.

4) 발생 면적

일반적으로 발생 면적이 2,000 m^2 이하의 경우가 대부분이다.

Ⅳ. 산사태 발생 규모 분류

1) 소규모 산사태
   ① 동일한 조건에서 산사태 발생이 1~3개소일 때
   ② 최대 시간 강우강도가 10 mm, 누적 강우량이 40 mm를 초과할 때

2) 중규모 산사태
   ① 동일 조건에서 4~19개소 발생할 경우
   ② 최대 시간 강우강도가 15 mm, 누적 강우량이 80 mm를 초과할 때

3) 대규모 산사태
   ① 동일 조건에서 20개소 이상 발생할 경우
   ② 최대 강우강도가 35 mm, 누적 강우량이 140 mm를 초과할 때

Ⅴ. 산사태 경보기준

강우에 의한 산사태 경보기준으로 활용할 때 경보 시점을 기준으로 이틀간(48시간) 거슬러 올라간 기간 동안의 누적 강우량과 강우강도로써 나타낸다.

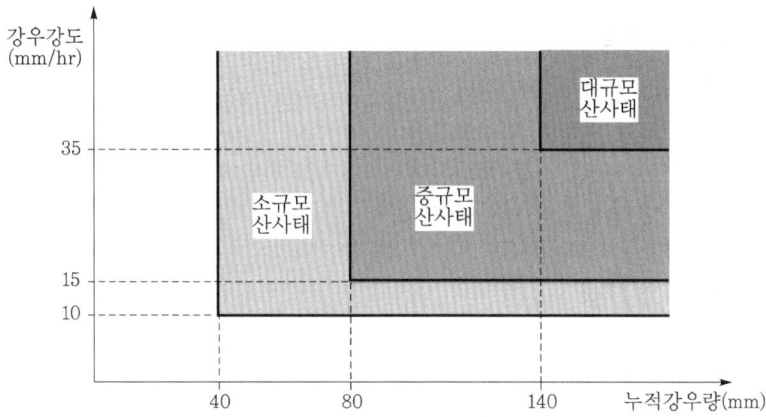

1) 소규모 산사태 발생 가능성 있음
   누적 강우량이 40 mm에 도달하고, 강우강도가 10 mm에 도달할 때

2) 중규모 산사태 발생 가능성 많음
   누적 강우량 80 mm 이상 강우강도 15 mm가 될 때

3) 대규모 산사태 경보
   누적 강우량 140 mm 이상이며, 강우강도 35 mm 이상일 때

2 Land Creep

[02전(10), 10전(10)]

Ⅰ. 정의

① Land Creep란 자연적으로 조성된 자연사면에서 강우, 융설 및 지하수위 상승 등에 의한 중력의 작용으로 장기간에 걸쳐 완속으로 사면이 비교적 완만하게 낮은 곳으로 이동하는 현상을 말한다.

② 산사태와 같은 자연사면의 붕괴는 사면의 이동이 급격하게 발생되는 Land Slide와 사면의 이동이 완속으로 서서히 이동되는 Land Creep으로 분류하는데 광의의 뜻으로는 모두 같이 산사태라고 한다.

Ⅱ. 산사태 분류

분류 ┬ Land Creep : 사면의 이동이 완만하게 발생
　　 └ Land Slide : 사면의 이동이 급격히 발생

Ⅲ. Land Creep 특징

① 이동 속도가 아주 완만하다.
② 발생 규모가 비교적 대규모이다.
③ 지속적으로 오랜 시간 계속된다.
④ 지하수 및 침투수의 영향이 크다.

Ⅳ. 발생 원인

1) 제3 기층
① 암석의 생성 시대가 새롭고 고결도가 불충분하다.
② 함수율이 매우 크기 때문에 상당한 깊이까지 풍화가 진행되어 점토화되고 있다.

2) 파쇄대
지질 구조선 또는 단층선에 따라 암석이 파괴되는 지대로서 이 파쇄대에서 Land Creep 발생이 쉽다.

3) 화산 온천지
온천지에서는 화산암류의 변질에 의한 점토화가 발생 원인이 된다.

4) 단층대
① 지하수의 공급원이 되기도 하며 단층면에서 Land Creep 발생이 되고 있다.
② 단층대에서 암석이 파쇄되어 점토화된다.

5) 지질 구조
① 단층, 습곡, 단사 구조, 암맥의 관입 등에 의해 발생 원인이 된다.
② 지형이 직선상 대상(帶狀)의 배열을 가지는 지질 구조이다.

V. 대책 공법

① 배수공 설치

② 피복공

③ 절토 및 압성토공

④ 엄지 말뚝공

⑤ 앵커 설치

⑥ 옹벽 설치 공법

VI. Land Creep과 Land Slide의 비교

구 분	Land Creep	Land Slide
원인	·강우, 융설, 지하수위 상승	·호우, 융설, 지진
발생시기	·장기간 걸쳐 발생	·호우중, 호우 직후, 지진시
지질	① 제3 기층, 변질암 지대, 단층대 ② 단층, 습곡, 단사구조, 암맥의 관입	·표층의 풍화 및 약화가 현저한 투수성이 좋은 사질토, 풍화암
지형	·5~20°의 완경사면	·30° 이상의 급경사면
토질	·점성토, 연질암 등 Sliding면	·불연속층면
발생상태	① Sliding 속도가 완만하고 연속적 ② 활동토괴는 거의 원형 ③ 지하수에 의한 영향이 큼 ④ 계속형 ⑤ 발생 규모가 대단히 넓고 깊음	① Sliding 속도가 대단히 빠르고 순간적 ② 활동 토괴가 현저하게 교란 ③ 강우강도에 의한 영향이 큼 ④ 돌발형 ⑤ 발생 규모가 작음
대책 공법	① 배수공 설치 ② 피복공 ③ 절토, 압성토공 ④ 엄지 말뚝공 ⑤ 앵커 설치 ⑥ 옹벽 설치 공법	·법면보호, 토류, 옹벽, 배수설비

3 Land Slide와 Land Creep

[12전(10)]

Ⅰ. 정의

산사태와 같은 자연사면의 붕괴는 사면의 이동이 급격하게 발생되는 Land Slide 와 사면의 이동이 완속으로 서서히 이동되는 Land Creep으로 분류된다.

Ⅱ. 특징

1) Land Slide
   ① 사면의 경사가 30° 이상의 급경사인 경우에 해당한다.
   ② 사면의 붕괴 속도가 급격하다.
   ③ 발생 규모는 국지적인 경우가 많다.
   ④ 폭우 등 강우의 영향을 많이 받는다.

2) Land Creep
   ① 이동 속도가 아주 완만하다.
   ② 발생 규모가 비교적 대규모이다.
   ③ 지속적으로 오랜 시간 계속된다.
   ④ 지하수 및 침투수의 영향이 크다.

Ⅲ. Land Slide와 Land Creep의 비교

구 분	Land Slide	Land Creep
원인	·호우, 융설, 지진	·강우, 융설, 지하수위 상승
발생시기	·호우 중, 호우 직후, 지진 시	·장기간 걸쳐 발생
지질	·표층의 풍화 및 약화가 현저한 투수성이 좋은 사질토, 풍화암	① 제3 기층, 변질암 지대, 단층대 ② 단층, 습곡, 단사구조, 암맥의 관입
지형	·30° 이상의 급경사면	·5~20°의 완경사면
토질	·불연속층면	·점성토, 연질암 등 Sliding면

4 산사태 원인

[97후(20)]

Ⅰ. 개요

① 자연사면에서 발생되는 경사면 붕괴현상을 산사태라고 하며 토질·지질 등 자연적 요인과 절·성토 등에 의한 인위적 요인이 있다.

② 대책 공법 선정시에는 대상 지역의 기상 특성, 지반 특성 및 산사태 발생 기구 특성 등이 고려되어야 한다.

Ⅱ. 산사태 분류

분류 ┬ Land Creep : 사면의 이동이 완만하게 발생
　　 └ Land Slide : 사면의 이동이 급격히 발생

Ⅲ. 원인

1) 토질 지질 구조

   단층, 파쇄대, 습곡 등의 토질·지질 구조에서 산사태 발생

2) 강우, 융설

   표면수의 침투에 의한 간극수압의 증가로 흙의 강도 저하가 원인

3) 풍화 작용

   사면의 풍화 속도가 빠를 경우의 사면의 불안정이 원인

4) 동결 융해

   동결 융해에 의한 수축과 팽창의 반복으로 지반의 연약화

5) 침식

   하천 또는 해안이 침식 작용에 의해 사면 선단 부분의 세굴로 사면 상부의 안정 상실

6) 지하수

   지하수위의 변동으로 인한 수압 상승으로 유효 응력의 감소

7) 절토, 성토

   절토에 의한 전단강도의 저하 혹은 성토 하중 증가에 의한 활동력의 증대

8) 충격, 진동

   발파에 의한 충격, 진동에 따른 암의 균열 발생으로 내부 전단 응력 증대

9) 구조물 구축

   산사태 위험지의 터널 구축 또는 댐 건설로 인한 지하수위 변동 및 지형 변화

Ⅳ. 대책

① 지표수, 지하수 배제
② 배토공
③ 압성토공
④ 옹벽공
⑤ 말뚝 공법
⑥ 소일 네일링(Soil Nailing) 공법
⑦ Rock Bolt 공법

Ⅴ. 사면의 붕괴 유형 빈도 및 붕괴 시기(고속도로 사면)

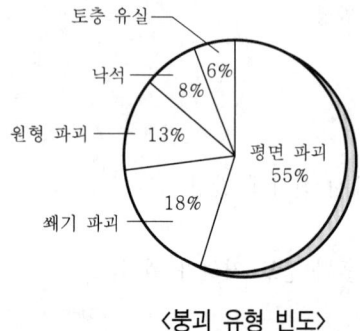

〈붕괴 유형 빈도〉

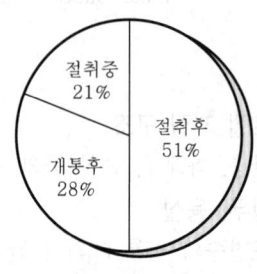

〈붕괴 시기〉

5 Seed Spray(분사 파종)

[95중(20)]

Ⅰ. 정의

① 성토, 절토부의 비탈면 보호 공법의 일종으로 비탈면 녹화를 위하여 초지(서양 잔디) 씨앗을 기계를 이용하여 파종하는 것을 말한다.

② 이 공법은 종자와 양생제, 비료, 전착제, 색소, 물, 성장 촉진제 등을 혼합하여 고압 공기를 이용하여 살포하는 공법으로 식수, 식생이 곤란한 토사 사면 녹화에 많이 이용된다.

Ⅱ. 현장 시공도

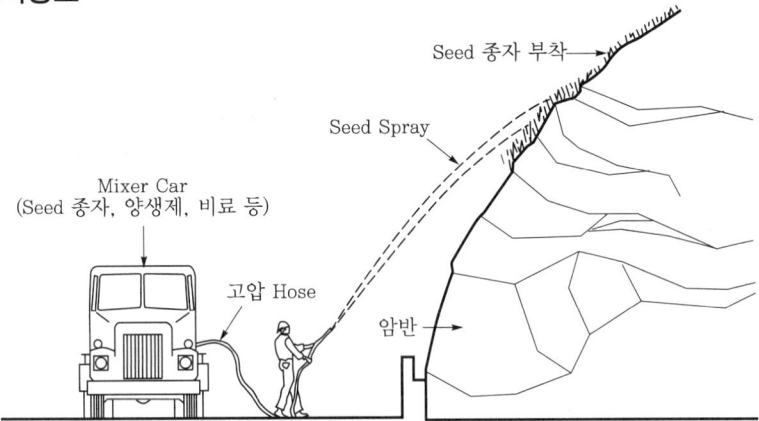

Ⅲ. 특징

① 암 절취면 녹화 가능하다. ② 시공 속도가 빠르다.
③ 강우에 의한 손실이 적다. ④ 넓은 면적 시공시 경제성이 있다.
⑤ 종자 공급이 수입에 의존한다.

Ⅳ. 시공 장비

① 믹서 ② 분무기
③ 압송 장치 ④ 양중기
⑤ 공기 압축기

Ⅴ. 사용 재료

1) 양생제
   ① Fiber류 ② Net, Mat, Sheet류
   ③ 볏짚, 톱밥 ④ 화학 약제류

2) 비료
   일반 복합 비료 사용

3) 색소

색소 녹화는 시공 지역과 미시공 지역을 구분함으로써 작업을 용이하게 한다.

4) 전착제

비탈면 시공시 씨앗, Fiber, 비료 등이 흘러내리는 것을 방지하기 위해 전착제(Car-boxy Methyl Cellulose)를 사용한다.

5) 물

깨끗한 시냇물이나 상수도 물을 사용하며 오염되거나 식물 생육에 불리한 이물질이 섞여 있는 물을 사용해서는 안 된다.

6) 기타

종자 발아후 생육의 원활을 기할 수 있는 성장 촉진제 및 토탄 이끼(Peat Moss) 같은 첨가제를 사용한다.

Ⅵ. 용도

① 암반 사면 식생   ② 급경사 비탈면 시공

③ 공기 단축을 요하는 곳   ④ 인력 시공이 곤란한 사면 녹화

Ⅶ. 시공시 유의사항

1) 시공면 정리

비탈면 경사, 소단, 이물질 등을 정리한다.

2) 용수 처리

용수시에는 유도 배수하여 비탈면을 보호한다.

3) 뜬돌 제거

뜬돌, 요철 등을 정리하여 비탈면을 정리한다.

4) 혼합물 선정

종자, 비료, 흙, 물 등을 선정한다.

5) 기상 변동

갑작스런 기상 변동에 특히 유의한다.

6) 시공 시기

① 동절기인 11~1월을 제외하고 연중 시공이 가능하다.

② 보통 춘계는 3~6월, 추계는 8~10월에 많이 시공한다.

③ 북향에 비해 남향의 사면이 식생에 우수하다.

7) 종자 살포

파종 종자 선정은 지역 여건에 맞는 종자로 반드시 2종류 이상의 종자를 혼합 파종해야 한다.

8) 재파종

파종후 1개월 이내에 발아가 되지 않거나 전면에 고루 발아되지 않을 때에는 당초 공법으로 재파종해야 한다.

6 낙석 방지공

[02후(10)]

Ⅰ. 정의

① 인공 사면 또는 자연 사면은 강우, 융설, 충격, 지표수 침투 등의 요인에 의하여 사면이 붕괴되는 사고가 대량 발생된다.

② 낙석 방지공은 암반으로 구성된 사면에서 균열, 절리, 부석, 풍화 등에 의해서 발생되는 낙석을 방지하기 위하여 설치되는 구조물이다.

Ⅱ. 현장 시공 실례

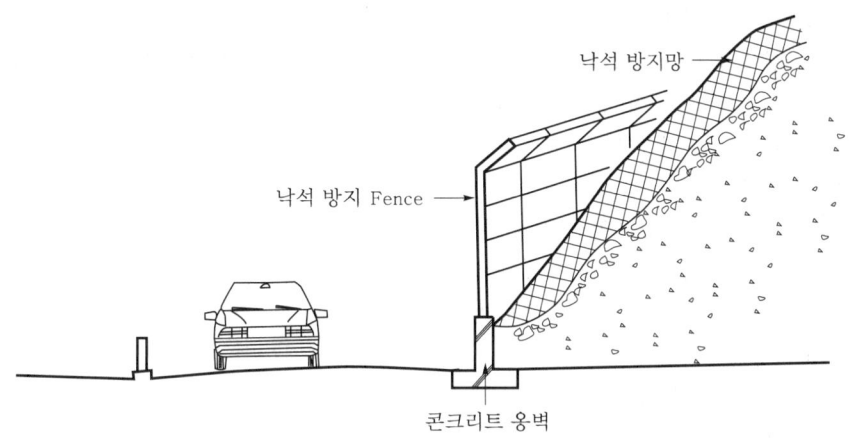

낙석 방지망
낙석 방지 Fence
콘크리트 옹벽

Ⅲ. 낙석 발생 원인

① 균열 진행

② 지하수 용출

③ 동결융해

④ 진동, 충격

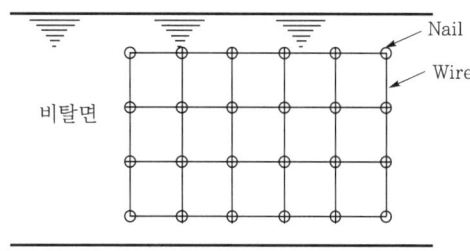

비탈면
Nail
Wire

Ⅳ. 낙석 방지공

1) Wire Net

① 암반 사면에 Nail을 박고 Wire 고정

② 격자 형태의 Wire에 Net를 연결

③ 낙석이 예상되는 사면을 피복

2) Rock Anchor 공법

① 균열 절리가 발달된 암반 사면에 시공

② 암반에 구멍을 뚫어 PS 강봉, PS 강선으로 부석 고정

③ 규모가 큰 암석 덩어리에 사용됨

3) Rock Bolt
   ① 탈락이 예상되는 암괴 고정
   ② 암반에 천공하여 25~30 mm 철근을 넣어서
      고정시킴

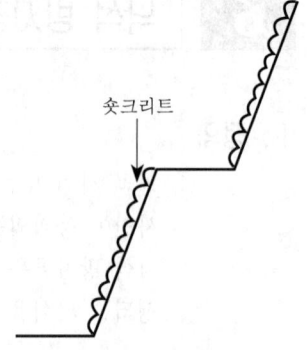

4) 숏크리트
   ① 균열이 심한 암반 사면을 콘크리트로 피복
   ② 탈락 예상되는 암석의 규모, 입지 조건 등을
      고려하여 시공
   ③ 숏크리트 시공전 배수공 설치

5) 녹생토 공법
   ① 암반 사면에 식생하는 공법
   ② 점토와 종자, 물, 전착제, 영양제, 비료 등을 혼합하여 사면을 피복하는 공법
   ③ 용수가 많은 사면 시공 곤란
   ④ 단시간의 시공으로 녹화 효과가 큼

6) 격자 블록공
   ① 콘크리트로 만들어진 격자 블록으로 암반 사면 보강
   ② 격자 형태로 블록을 시공하고 내부에 블록 또는 돌을 이용하는 공법
   ③ 격자 블록은 일정 간격으로 암반에 고정

7) 옹벽공
   ① 사면 선단부에 콘크리트 옹벽 설치
   ② 잦은 낙석이 예상되는 곳은 옹벽 위에 낙석 방지 Fence 설치

7 토석류(Debris Flow)

[12전(10)]

Ⅰ. 정의

① 토석류란 주로 집중호우의 영향으로 산사태가 발생할 경우 토석이 물과 함께 하류로 세차게 밀려 떠내려 가는 현상을 말한다.

② 토석류는 발생이나 규모의 예상이 어려우며, 파괴력은 수류에 비해 5~10배로 크며, 그 피해 또한 극심하다.

Ⅱ. 토석류 발생 메커니즘

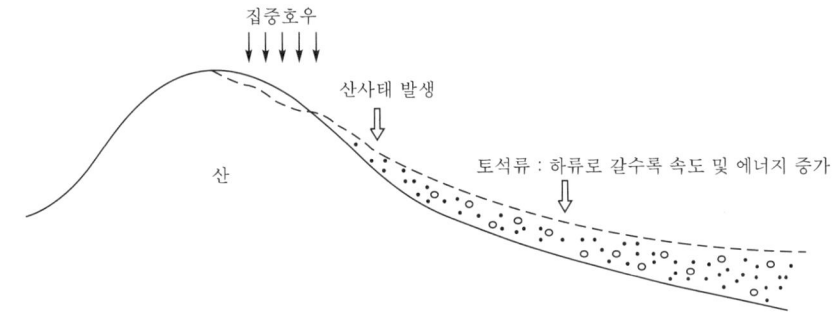

Ⅲ. 분류

1) 수로형 토석류

① 계곡과 같이 물이 흐르는 곳에서 발생

② 우리나라에 발생하는 대부분의 토석류 형태

③ 과거 지리산 계곡에서 발생한 토석류는 수많은 인명 피해를 수반함

2) 사면형 토석류

① 수로가 아닌 사면에서 발생하는 토석류

② 최근 강원도에서 발생하였으며, 수로형 토석류에 비해 규모가 큼

Ⅳ. 특징

① 하류로 갈수록 규모가 증가하고 속도(20~40km/h)도 증가함

② 먼 거리로 이동되며 인명과 재산피해 발생이 큼

③ 지속적으로 발생하며 예측 곤란

Ⅴ. 방지대책

1) 댐 건설

① Check Dam(골막이)

    ② 사방댐(Erosion Control Dam)

    ③ 수질 정화댐

2) 골막이 망

    ① 코일 스프링의 압축을 이용하여 골막이망 설치

    ② 토석류의 운동에너지를 흡수

3) 산림정비사업 실시

    ① 떠내려갈 우려 있는 나무 간벌

    ② 황폐지 정비

8 주향과 경사

Ⅰ. 정의

① 주향(Strike)이란 암반 불연속면의 진행방향 직선과 정북(正北)을 기준으로 하였을 때의 각도를 말하며, 암반 불연속면의 진행방향을 나타낸다.

② 경사(Dip)란 암반 불연속면의 기울기를 말하며, 암반 불연속면과 수평선의 각도를 나타낸다.

③ 경사 방향이란 암반 불연속면의 경사 방향을 표시하는 것으로 암반 불연속면을 수평면에 투영하여 정북으로부터 시계 방향으로 잰 각도를 말한다.

Ⅱ. 주향, 경사 및 경사방향 도시

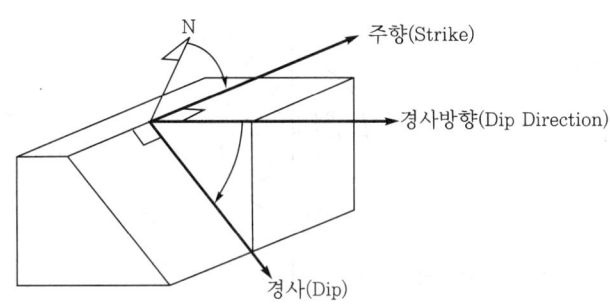

Ⅲ. 측정 방법

① 주향

② 경사

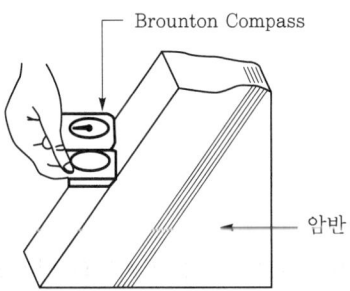

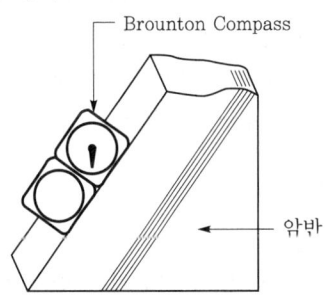

Brounton Compass를 이용하여 주향과 경사를 측정함

Ⅳ. 용도

① 암반의 형상 및 강도 예측

② 암반사면 파괴형태 결정-평사투영법

③ 암반터널 막장 안전성 평가

④ 암반터널 굴착 공법 결정

⑤ 암반터널 공사 공기 및 공사비 예측

9 평사투영법

[05중(10)]

Ⅰ. 정의

① 평사투영법이란 암반 불연속면의 주향과 경사를 측정하여 Net에 불연속면의 극점을 투영하여 불연속면을 입체적으로 파악하고, 마찰원과 비교하여 암반사면의 안정성을 정성적으로 예비 검토하는 방법을 말한다.

② 투영된 불연속면의 극점의 밀도 분포로 암반사면의 파괴형태를 분류한다.

③ 암반의 사면의 안정해석에는 평사투영법과 한계평형법이 있으며 평사투영법은 조작이 간단하므로 구조 지질학 분야와 암반공학에서 암반의 안정성 분석에 많이 이용되고 있다.

Ⅱ. 작도 방법

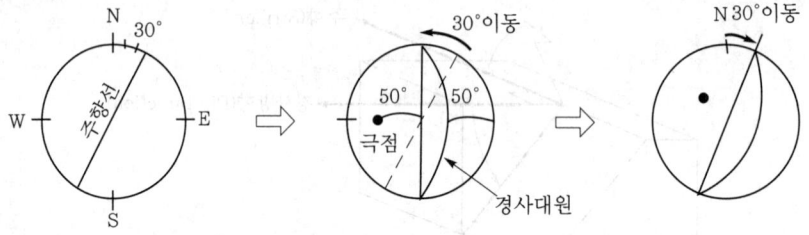

① 암반 불연속면의 주향과 경사(N30°E, 50°SE) 측정
② 주향선 작도
③ 주향선을 원점으로 이동
④ 극점 및 경사대원 작도
⑤ 전도파괴 영향선 작도
⑥ 주향선 원상태로 이동
⑦ 극점 궤적 작도

Ⅲ. 특징

1) 장점
   ① 현장에서 암반의 주향과 경사를 조사하여 비교적 손쉽게 사면의 안정성 여부를 예비 판단할 수 있다.
   ② 넓은면의 판정시 유리하다.

2) 단점
   ① 암반사면의 중요한 요인(암체의 단위중량, 내부 마찰각(ϕ), 사면의 높이)들이 반영되지 않는다.
   ② 안전율을 구할 수 없다.
   ③ 개략적인 파괴형태만 알 수 있다.
   ④ 주향과 경사 불연속면, 절리 방향만으로 해석한 개략적인 분석법이다.

Ⅳ. 평가

① 원형(원호) 파괴

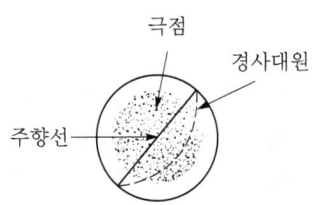

② 평면파괴

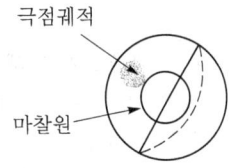

③ 쐐기파괴

④ 전도파괴

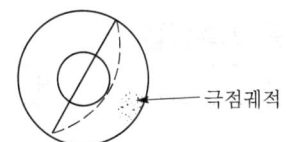

Ⅴ. 평사투영법과 한계평형법의 비교

구 분	평사투영법	한계평형법
개요	개략적 해석(예비판정)	정밀 해석(평사투영법 결과 위험 부위)
해석시 적용 요소	절취면의 주향, 경사, 암반의 내부 마찰각(ϕ)	암체의 단위중량, 점착력(C), 지하수압 (간극수압), 사면의 높이

① 평사투영법(개략적 해석) : 지표 조사결과 위험한 암반지점의 개략적인 사면안정 해석

② 한계평형법(정밀 해석) : 평사투영 결과 위험판정 부위의 정밀 사면안정 해석

10 사면거동 예측방법

Ⅰ. 정의

① 사면거동을 예측하기 위해서는 사면의 계획, 설계, 시공을 위한 조사가 우선되어 져야 필요한 자료를 수집하여 사면의 상태를 파악할 수 있다.

② 사면거동은 주변에 어떤 징후가 나타나며, 그 중에서 예측할 수 있는 것으로는 사면의 균열, 돌쌓기부의 균열이나 변형, 측구 구조물이나 노반의 균열이 발생하고 우물, 논, 습지의 수위변화 등의 징후가 나타난다.

Ⅱ. 사면거동 예측방법

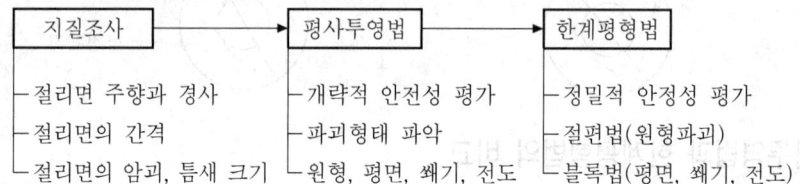

```
┌──────────┐      ┌──────────┐      ┌──────────┐
│  지질조사  │ ──→  │ 평사투영법 │ ──→  │ 한계평형법 │
└──────────┘      └──────────┘      └──────────┘
 ─ 절리면 주향과 경사    ─ 개략적 안전성 평가    ─ 정밀적 안정성 평가
 ─ 절리면의 간격        ─ 파괴형태 파악        ─ 절편법(원형파괴)
 ─ 절리면의 암괴, 틈새 크기  ─ 원형, 평면, 쐐기, 전도  ─ 블록법(평면, 쐐기, 전도)
```

1) 지질조사
① 사면의 균열,　　　　　　　　② 돌쌓기부의 균열이나 변형
③ 측구 구조물이나 노반의 균열,　④ 우물, 논, 습지 등의 수위변화
⑤ 절리면의 주향과 경사 및 간격,　⑥ 절리면의 암괴, 틈새 크기

2) 평사투영법
① 주향과 경사로 암반사면의 파괴 형태를 평가
② 투영된 불연속면 극점의 밀도 분포로 암반사면의 파괴형태 분류
③ 위험한 암반지역의 개략적인 사면거동 해석

3) 한계평형법
① 활동면상의 사면안전율을 활동력과 저항력비로 나타내어 평가
② 평사투영법 결과 사면의 위험 부위를 정밀 해석

Ⅲ. 사면 붕괴시 조치사항

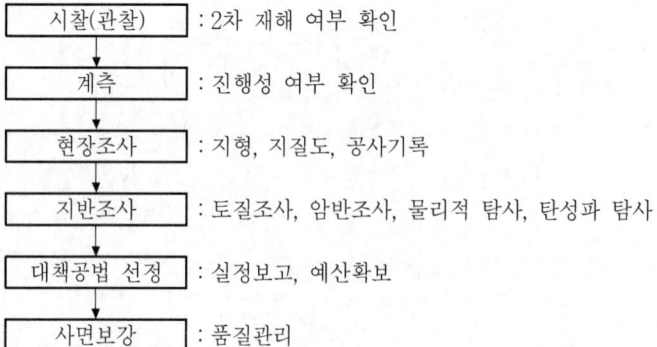

```
┌──────────┐
│ 시찰(관찰) │ : 2차 재해 여부 확인
└──────────┘
     ↓
┌──────────┐
│   계측    │ : 진행성 여부 확인
└──────────┘
     ↓
┌──────────┐
│  현장조사  │ : 지형, 지질도, 공사기록
└──────────┘
     ↓
┌──────────┐
│  지반조사  │ : 토질조사, 암반조사, 물리적 탐사, 탄성파 탐사
└──────────┘
     ↓
┌──────────┐
│ 대책공법 선정 │ : 실정보고, 예산확보
└──────────┘
     ↓
┌──────────┐
│  사면보강  │ : 품질관리
└──────────┘
```

11 사면안정 관련용어

1) 낙석(Rockfall)

   암반의 균열이 확대·격리되거나 토사중의 암괴가 탈락하는 경우 개수로 표현할 수 있을 정도의 양의 돌이 붕락(Fall)하는 현상

2) 사면 붕괴 예지

   ① 피난과 교통장애 등의 대책을 마련하기 위하여 산사태의 발생과 사면의 붕괴 위험성 등 금후에 일어날 사면의 움직임을 예측하는 것

   ② 크게 나누어 직접사면의 변화거동을 계측하여 행하는 방법, 그 거동과 밀접한 관계가 있는 요인(통상 감수량)에 주목하여 행하는 방법 등의 2가지가 있다.

3) 활동면(Sliding Surface)

   ① 전단 파괴에 의해 어긋나는 변위를 일으키는 면

   ② 활동면은 일반적으로 전단저항과 전단응력의 비, 즉 안전율(Safety Factor)이 최소치로 되는 위치에서 발생

제1장 > 토 공

제4절 옹벽 및 보강토

옹벽 및 보강토 과년도 문제

1. 옹벽의 안정조건 [00전(10)]

2. 옹벽 배면의 침투수가 옹벽에 미치는 영향 [08전(10)]

3. 보강토공 [97중후(20)]

4. 보강토 공법 [02중(10)]

5. 토류벽의 아칭(Arching)현상 [12전(10)]

1 토압(Earth Pressure)

Ⅰ. 정의

① 흙이 구조물에 미치는 압력 또는 흙 속의 단면에 작용하는 횡방향 압력을 토압 (Earth Pressure)이라 한다.

② 토압은 흙의 구조, 입도, 함수율 등에 따라 크게 변화하며, 토압의 종류에는 주동 토압, 수동토압, 정지토압이 있다.

Ⅱ. 토압 분포도

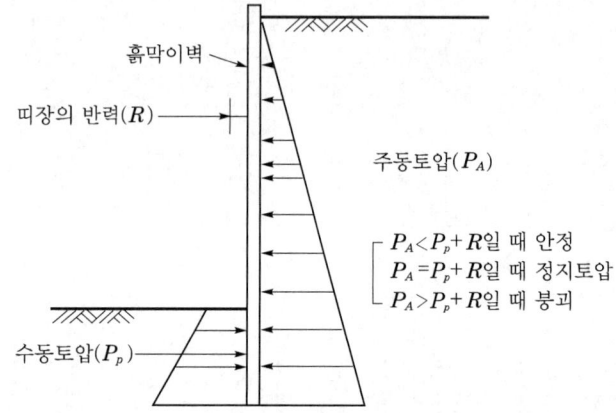

흙막이벽

띠장의 반력(R)

주동토압(P_A)

$P_A < P_p + R$일 때 안정
$P_A = P_p + R$일 때 정지토압
$P_A > P_p + R$일 때 붕괴

수동토압(P_p)

Ⅲ. 토압의 종류

1) 주동토압(P_A : Active Earth Pressure)

① 벽체가 전면으로 변위가 생길 때의 토압

② 배면 흙이 가라앉음

③ 정지토압보다 토압이 감소

④ 주로 옹벽에서 발생

2) 수동토압(P_P : Passive Earth Pressure)

① 벽체가 배면으로 변위가 생길 때의 토압

② 배면 흙이 부풀어 오름

③ 정지토압보다 토압이 증대

④ 흙막이 벽에서 주로 발생

3) 정지토압(P_o : Earth Pressure at Rest)

① 벽체의 변위가 없을 때의 토압

② 지하 구조물에 작용하는 토압

Ⅳ. 토압의 변화

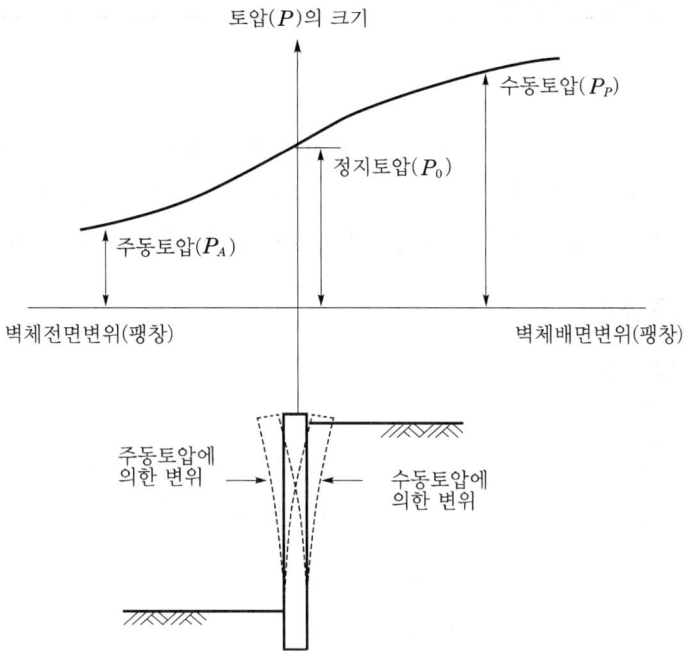

Ⅴ. 토압의 관계

수동토압 > 정지토압 > 주동토압($P_P > P_0 > P_A$)

2 옹벽의 안정조건

[00전(10)]

Ⅰ. 개요

① 옹벽이란 배후 토사의 붕괴를 방지하고 부지 활용을 목적으로 만들어지는 구조
물로서 자중과 배면 흙의 중량에 의해 토압에 저항하는 구조물이다.

② 옹벽의 안정 조건으로는 활동, 전도, 침하에 대해서 검토해야 한다.

Ⅱ. 옹벽의 안정조건

1. 활동에 대한 안정

1) 안정조건

옹벽의 밑면에 작용하는 마찰력과 점착력이 옹벽 배면에서 작용하는 수평토압과 지
진력의 수평 방향력 등에 저항할 때 활동에 대하여 안전하다.

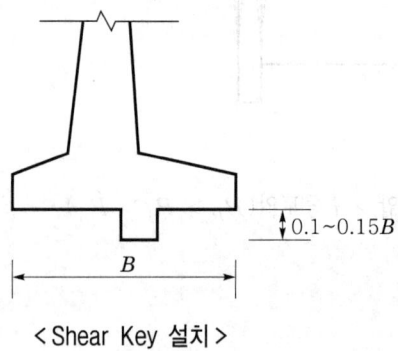

$0.1{\sim}0.15B$

B

< Shear Key 설치 >

2) 안전율

$$F_s = \frac{\text{기초 저면에서의 마찰력의 합계}}{\text{수평력의 합계}} \geqq 1.5$$

3) 대책

① Shear Key 설치
② 말뚝 기초 시공

2. 전도에 대한 안정

1) 안정조건

옹벽이 토압 및 지진력에 의해 옹벽 밑면 앞굽에서의 회전하려는 Moment보다 저
항하려는 Moment가 클 때 옹벽은 전도에 대해 안전하다.

2) 안전율

$$F_s = \frac{\text{저항 모멘트}}{\text{전도 모멘트}} \geqq 2.0$$

3) 대책
　① 자중 증대
　② 뒷굽 길이 증대

3. 지지력에 대한 안정

1) 안정조건
옹벽 자중을 포함한 연직력의 합력이 기초 지반의 극한지지력보다 적어야 옹벽이
지지력으로부터 안전하게 된다.

2) 안전율

$$F_s = \frac{\text{지반의 허용지지력}}{\text{연직력의 합력}} > 1.0$$

3) 대책
　① 저판면적 확대
　② 지반 개량

4. 옹벽을 포함한 전체 활동면의 안정

1) 안정조건
　① 지반지지력이 충분하여도 기초지반 하부에 연약층이 있을 때 용수, 자중 및 배면
　　의 외력에 의한 지반 자체에 활동면이 생기게 된다.
　② 이 같은 경우의 안전 검토는 Slice, 마찰원법 등이 사용된다.

2) 안전율
　$F_s = 1.5$ 이상으로 한다.

5. 부상에 대한 안정

　① 옹벽을 지하수위 이하에 설치하는 경우
　② 옹벽이 부력에 의해 부상되는지 여부를 검토

3 | 옹벽 배면의 침투수가 옹벽에 미치는 영향

[08전(10)]

I. 개요

① 옹벽 구조물의 안전여부는 배면에 작용하는 수압의 유무에 따라 지대한 영향을 받게되므로, 옹벽 설계시 배수공 설계를 합리적으로 수행하여 수압이 작용치 않도록 하여야 한다.

② 특히 우기시에는 침투수가 유입되는 것을 막기 위한 시설로 배수용 반월관을 설치하여 비탈면의 표면수나 용수가 옹벽에 침투하거나 전면으로 흐르는 것을 방지하여야 한다.

II. 침투수가 옹벽에 미치는 영향

1) 옹벽 배면 주동토압 증가

　① 배수시설이 없는 경우

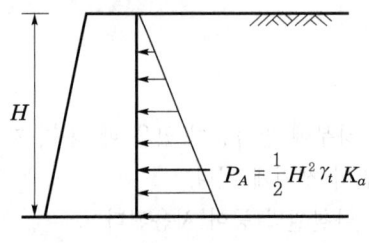

$$P_A = \frac{1}{2}H^2\gamma_t\,K_a$$

〈건기시 주동토압〉

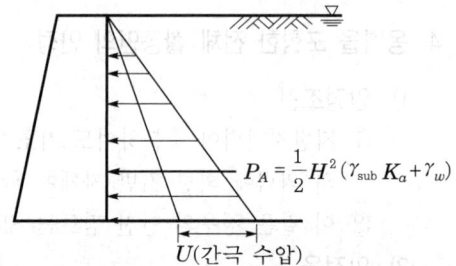

$$P_A = \frac{1}{2}H^2(\gamma_{sub}\,K_a + \gamma_w)$$

U(간극 수압)

〈우기시 주동토압 : 건기시보다 약 2배 증가〉

　② 배수공과 연직배수시설 설치한 경우 : 우기시 주동토압은 건기시 주동토압보다 약 35% 증가

　③ 경사배수시설 설치한 경우 : 우기시 주동토압은 건기시 주동토압보다 약 5% 증가

2) 옹벽 배면에 지하수위 상승

지표수가 침투하여 옹벽 배면의 지하수가 상승하여 주동토압이 증가하여 옹벽의 전도가 발생할 수가 있다.

3) 지지력 감소

지표수의 침투에 따른 옹벽 배면 지하수 상승에 따른 지지력 감소 요인이 된다.

4) 활동전도 발생

　① 침투수가 침투하면 세굴 발생

　② 세굴에 따른 토압의 변화가 발생하고 주동토압의 증가로 인해 전도나 지지력 부족에 따른 활동 발생

5) 사면활동 파괴 발생

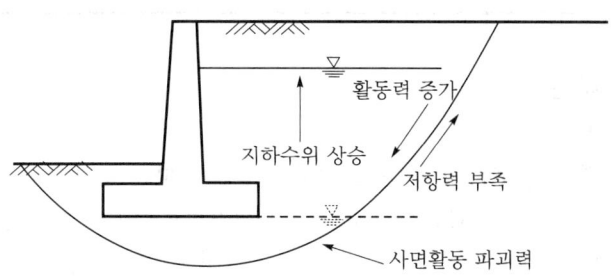

4 　　Rankine과 Coulomb 토압의 차이

Ⅰ. Rankine 토압론

1) 소성론 해석

　　흙이 횡방향 팽창, 압축에 의한 소성파괴 상태에 따른 토압으로 해석한다.

2) 벽마찰각을 무시하고 Mohr-Coulomb 파괴기준으로 토압을 산정한다.

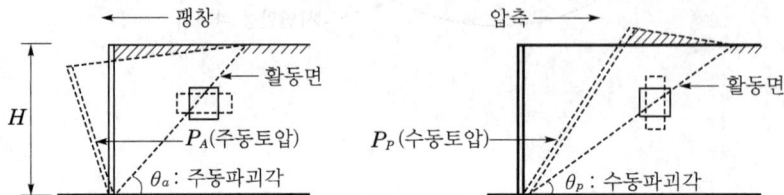

Ⅱ. Coulomb 토압론

1) 흙쐐기론

　　흙이 쐐기상태로 하향으로 활동하면서 벽면에 작용하는 토압으로 해석한다.

2) 힘의 다각형을 이용 도해법 및 근사해법으로 토압을 산정한다.

3) 벽마찰각(δ)을 고려한다.

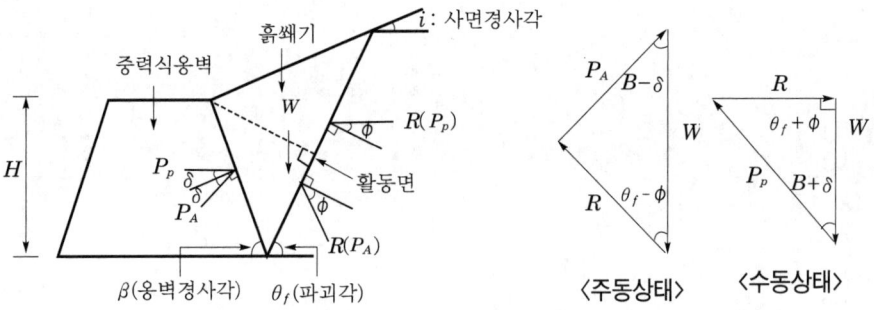

Ⅲ. Rankine과 Coulomb 토압의 차이

구 분		Rankine	Coulomb
벽마찰각(δ)		무시함	고려함
토압	주동토압	과대평가 설계상	실제근접 : 적정
	수동토압	과소평가 안전측	과대평가 : 신뢰성 저하
토압작용 방향		지표면과 평행	벽마찰각 만큼 경사
토압산정		모어-쿨롬파괴 기준	힘의 다각형 이용
파괴면내 배면토상태		소성상태 토압	파괴면만 극한상태
토압 작용		안정검토 : 역T형, L형 옹벽 백체구조 검토 : 쿨롬 토압 적용	안정검토 : 중력식 옹벽 벽체구조 검토 : 중력식, 역T형, L형 옹벽

5 보강토공(보강토 공법)

[97중후(20), 02중(10)]

Ⅰ. 정의

① 보강토공이란 점착력이 적은 흙에 인장 강도가 큰 보강재를 삽입하여 자중이나 외력에 대하여 강화된 성토체 또는 벽체를 구축하는 것이다.

② 흙과 보강재와의 부착면에서 생기는 마찰력으로 인한 전단 저항을 증대시키는 공법으로 최근 이용도가 높아지고 있는 신공법이다.

Ⅱ. 보강토(補强土) 공법의 원리

점착력이 없는 흙 + 인장 강도와 마찰력이 큰 보강재 = 겉보기 점착력 부여

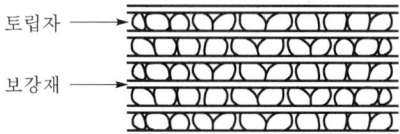

토립자 →
보강재 →

Ⅲ. 특징

① 시공이 신속

② 높은 옹벽의 축조가 가능

③ 연약 지반에서 특별한 기초없이 시공 가능

Ⅳ. 용도

① 옹벽, 토류 시설

② 고가도로 Ramp, 교대

③ 소규모 댐, 안벽

Ⅴ. 구성 요소

1) Skin Plate(전면판)

① 뒤채움재 유실 방지, 보강재의 연결, 옹벽 외관의 미화 역할

② 공장 제품인 Precast Con'c Panel과 Metal Skin이 있다.

2) Strip Bar(보강재)

① 뒤채움재의 토압에 의한 인장력 부담

② 마찰 저항이 크고 내구성이 좋아야 한다.

③ Geotextile, Geogrid, Geocomposite, Geomembrane 등을 사용

3) 뒤채움재
   ① 내부 마찰각이 큰 조립토
   ② 배수성이 좋고, 화학적으로 안정된 재료

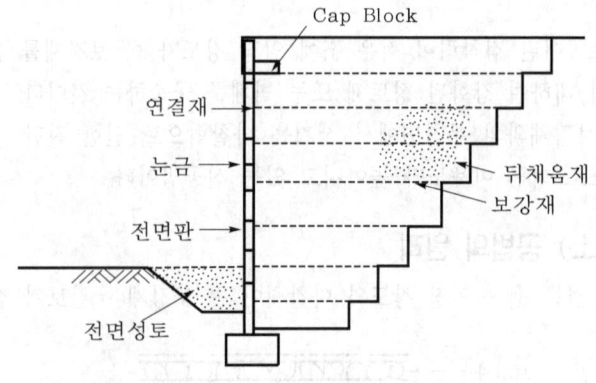

4) 연결재
5) 줄눈재
6) Cap Block

Ⅵ. 시공시 유의사항

1) 뒤채움재 선정
   옹벽의 뒤채움재와 동일한 재료 사용

2) 포설
   전면판 휨방지를 위해 앞쪽에서 뒤쪽으로 포설

3) 다짐
   성토체를 10~30 cm 두께로 적정 다짐 기계를 사용

4) 보강재 시공
   수평으로 설치하고 요철이 일어나지 않도록 시공

5) 수직도관리
   전면판과 보강재의 각도는 90°를 유지

Ⅶ. 개발 방향

① Skin의 PC화로 품질 향상 및 단가 절감
② 다양한 품질의 보강재 개발로 활용 범위 확대
③ 벽체의 변형을 최소화할 수 있는 공법 개발

6 특수 옹벽

Ⅰ. 정의

① 옹벽이란 배면에서 작용하는 토압에 대항하여 배면 토사가 붕괴하는 것을 막는 흙막이벽을 말한다.

② 특수 옹벽이란 일반적인 중력식, 역T형, 부벽식 옹벽 외에 특수 목적으로 시공되어지는 옹벽 구조물로써 시공성, 경제성, 안전성 등을 고려하여 공법을 선정한다.

Ⅱ. 종류

① 앵커 옹벽
② Soil Nailing Wall
③ Crib Wall
④ 격자틀 앵커 Wall
⑤ Texsol 옹벽

Ⅲ. 공법별 특징

1) 앵커 옹벽

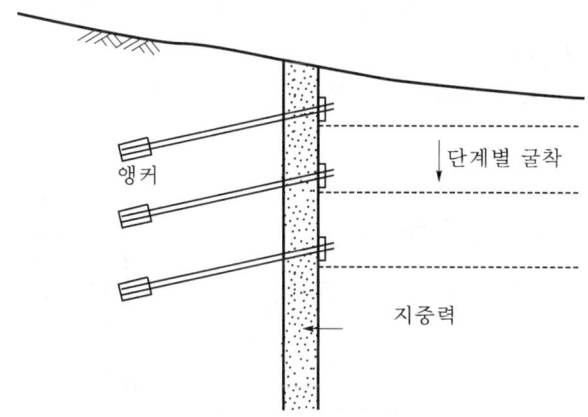

① 현장 타설 말뚝(CIP 공법, SCW 공법), 엄지 말뚝 및 토류판, 지중 연속벽 또는 Sheet Pile 등으로 지중에 벽체를 먼저 설치후(굴착을 해 내려가면서 Anchor을 설치하여 토압을 지지시키는 공법이다.

② 사면 절취시는 앵커를 설치하면서 굴착면을 Shotcrete, 콘크리트판 등으로 보호하여 사면을 안정시키는 방법을 사용한다.

2) Soil Nailing Wall

① 절취 지반에 강봉을 삽입하고, Grouting한다.

② 보강토 이론과 같으나 자연 지반에 설치하는 것이 상이하다.

③ 높이와 Nailing 폭의 비는 0.5~0.7이며, Nailing의 간격은 0.5~1.5 m^2당 1개씩으로 한다.

④ 표면 처리는 Shotcrete 또는 Texsol 등으로 처리한다.

⑤ Nailing된 토체는 일체 중력식 구조물로 거동한다.

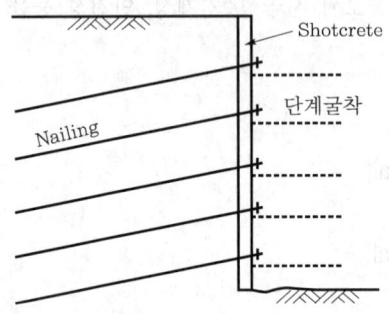

3) Crib Wall(방틀 옹벽)

① Crib 옹벽은 험준한 산악 지역의 단면 시공에 적합하다.

② 해석은 중력식 옹벽으로 외적 안정 검토를 시행하며, 부재의 규격은 격자틀 안에 흙을 채웠을 때를 기준으로 내적 안정을 검토한다.

4) 격자틀 앵커 옹벽

콘크리트 격자틀과 Anchor를 결합시켜 사면을 보호하는 형식의 구조물이다.

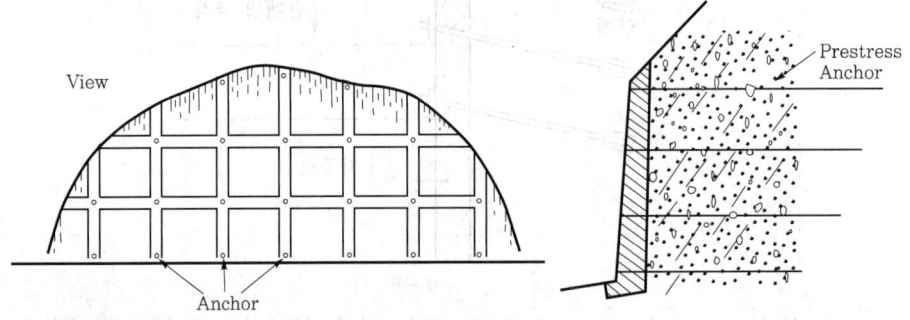

5) Texsol 옹벽

① 특수 장비로 자연산 모래와 여러 가닥의 연속 장섬유로 구성된 화학 섬유를 모래와 동시에 살포하여 토립자의 마찰로 강도를 증가시켜 옹벽의 역할을 하는 것이다.

② 현장에서 모래 중량의 0.1~0.2% 정도의 화학 섬유를 혼합하여 만드는 획기적인 신공법의 옹벽이다.

7 | Crib Wall(방틀)

Ⅰ. 정의

① 목재, 철근 콘크리트, 강재로 격자틀(Frame)을 만들어 내부에 토사, 자갈, 버럭 등을 채워서 옹벽 또는 가물막이 등에 사용하는 공법을 말한다.

② 벽체에 작용하는 토압은 틀과 내부의 토사 중량으로 저항하는 일종의 중력식 옹벽 형태로 안정을 취하는 공법이다.

Ⅱ. Crib Wall 도해

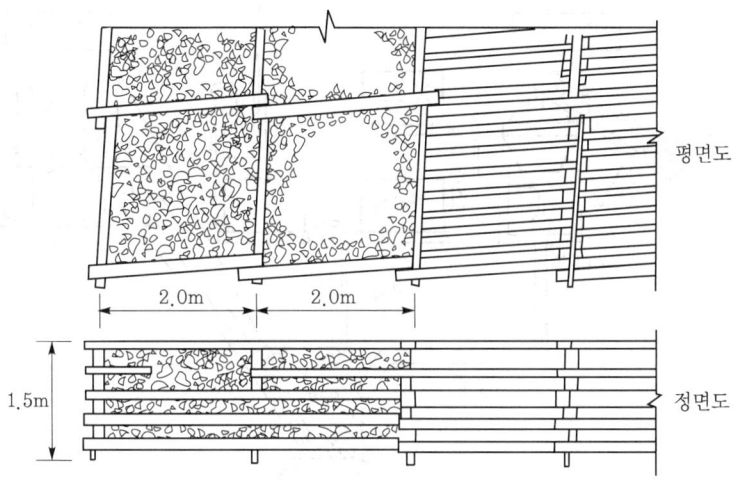

Ⅲ. 특징

① 현장 재료 유용이 용이하다.

② 제작 공정이 단순하다.

③ 험준한 산악지역 옹벽 시공에 적합하다.

④ 수심이 얕은 곳에서 가물막이로 사용한다.

⑤ 공사비가 싸다.

⑥ 중장비 시공이 곤란한 곳에 적용된다.

Ⅳ. 용도

① 옹벽   ② 가물막이

③ 하천 호안, 수제   ④ 기초 세굴 방지공

⑤ 군 작전용 구조물

8 | 텍솔(Texsol) 공법

I. 정의

① Texsol은 특수한 장비를 사용하여 자연산 모래에 화학 섬유를 현장에서 모래 중량의 0.1~0.2% 혼합하여 만드는 획기적인 건설 재료이다.

② 여러 가닥의 연속 장섬유로 구성된 화학 섬유가 모래와 결합하여 토립자와 화학 섬유의 마찰로 강도를 증가시켜 옹벽의 역할을 하는 것이다.

II. Texsol 공법 공정

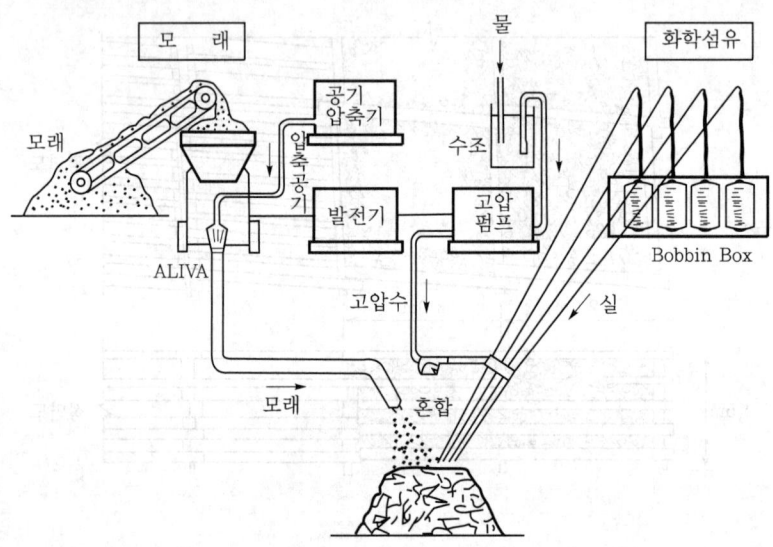

III. 특성

① 양생 기간 필요없는 현장 타설　② 투수성 불변

③ 충격 및 소음 흡수　④ 내진 특성

⑤ 수직에 가까운 경사 각도로 시공　⑥ 거푸집, 뒤채움 없는 즉석 시공

⑦ 식재 및 식수 가능　⑧ 설치 부지 면적 절감

⑨ 각종 부지 형상에 맞도록 형태 조정 가능

⑩ 바람, 유수에 의한 침식 및 세굴 방지

⑪ 원상태 모래에 비해 놀라운 강도 증가로 구조체 형성

⑫ 원상태 모래에 특수계수 유지로 표면 식생 가능

⑬ 변형률 증가로 유연성 구조물 제작 가능

IV. 시공 순서 Flow Chart

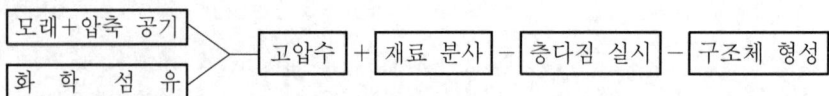

V. Texsol 공법의 효과

① 부지 면적 절감　　　　　　② 저판 불필요
③ 현장 지형에 용이하게 적용　④ 부등 침하 영향 적음
⑤ 연약 지반에서 기초 공사비 절감　⑥ 표면 식생 가능
⑦ 자재 수급 용이　　　　　　⑧ 기계화 시공으로 노무비 절감
⑨ 공사 기간 단축

VI. 용도

① 토류벽 또는 옹벽　　　　　② 경사면 법면 처리
③ 암사면 식생　　　　　　　④ 경사면 침식 방지
⑤ 내진 구조물 기초　　　　　⑥ 방음벽
⑦ 방호벽　　　　　　　　　⑧ 방화벽
⑨ 충격 흡수 구조물　　　　　⑩ 방폭 구조물

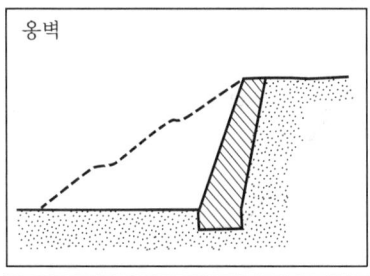

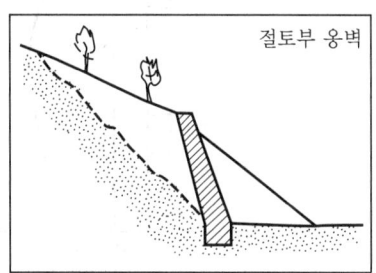

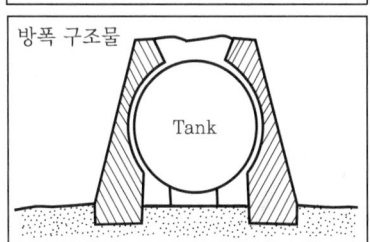

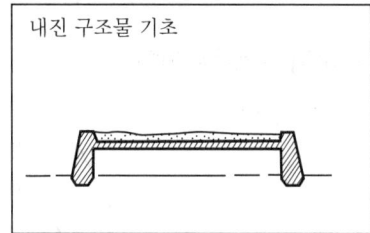

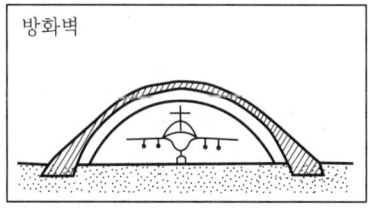

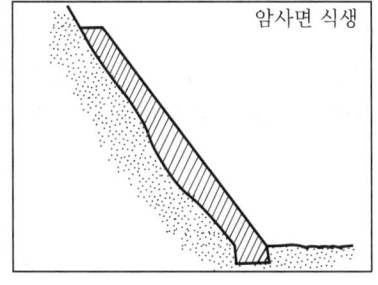

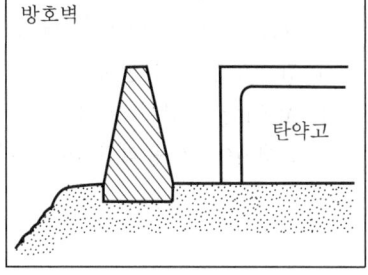

9 Arching 현상(Arching Action)

[12전(10)]

Ⅰ. 정의

① Arching 현상이란 하중작용으로 변위가 발생하는 지반은 변위가 없는 인접지반의 주면 마찰저항으로 작용 하중의 크기가 감소하고 인접지반은 토압이 증가한다.

② 변형되려는 부분의 토압이 변위가 없는 지반으로 전달되는 응력의 전이현상을 Arching 현상이라 한다.

Ⅱ. 개념도

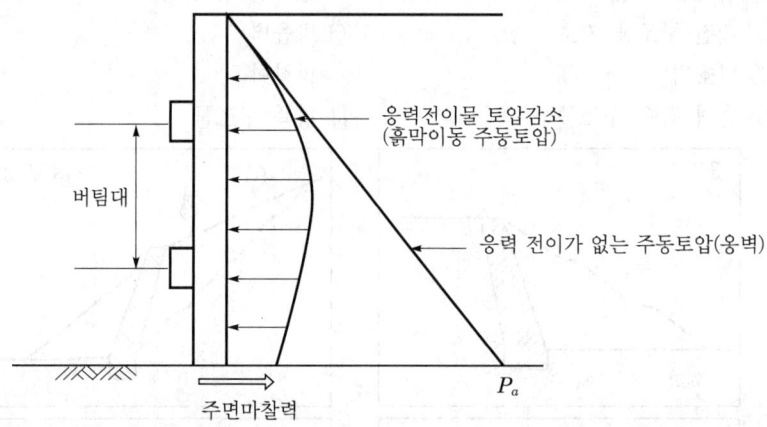

Ⅲ. 구조물에 미치는 영향

1) 흙댐 심벽

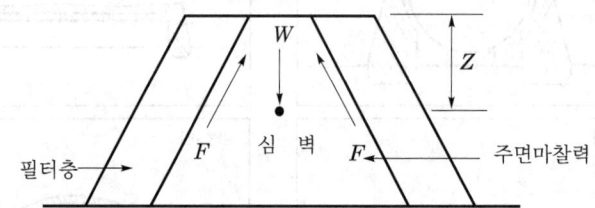

① $W' = W - 2F = \gamma z - 2F$

W : 응력 전이 전 토피 하중

W' : 응력 전이 후 토피 하중

② 재료의 강성 차이로 응력 전이 발생

③ 침하가 없는 인접지반의 응력이 부등침하가 발생하는 지반으로 전이

④ Arching 현상이 클 경우 수평응력보다 수압이 크게 발생하며, 수압 파쇄현상이 발생되어 댐 붕괴원인이 된다.

2) 지하 매설 Box

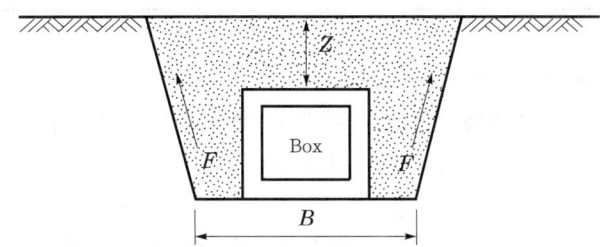

① 굴착 폭 B 가 넓을 경우는 응력 전이가 발생하지 않는다.

② 굴착 폭 B 가 좁을 경우에 침하가 없는 원지반의 응력이 되메우기 지반으로 응력 전이

③ 주면마찰력 저항으로 토압 감소

3) 지하 매설관

재료 강성 및 침하량 차이로 응력 전이 발생

4) 모래다짐 말뚝(SCP)

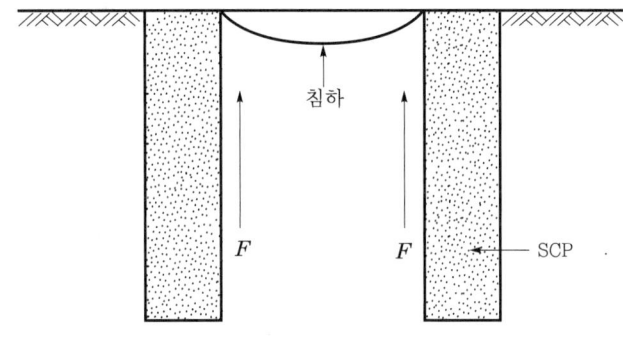

① 재료 강성 및 침하량 차이로 응력 전이 발생

② 점토지반에 시공된 모래다짐 말뚝에 발생됨

10 옹벽 및 보강토 관련용어

1) 토압 분포(Earth Pressure Distribution)
   ① 토압의 분포는 일반적으로 깊이에 비례한 삼각형 분포가 기본이 된다. 그러나 이것은 강성벽(콘크리트 옹벽, Caisson 등)인 경우에 벽의 전체 높이에 있어서 일제히 주동 또는 수동 상태로 되는 경우에 한한다.
   ② 강성벽에서도 변위의 방식에 따라 이것과 다른 분포를 하는 경우가 있고 연성벽 (Flexible Wall)인 경우에는 깊이방향의 변위 분포가 직선적으로 되어 주동, 수동 또는 정지 상태가 혼재하며, 토압은 복잡한 분포형을 이룬다.

그대가 죽지 않은 궁극의 이유

우리의 머리털 하나까지 세인 바 되었고 참새 한 마리도 주의 허락 없이 떨어지지 않는다는 말씀이 생각난다.

나는 1,300명의 나환자 성도들이 사는 곳에서 신학을 가르친 일이 있었다. 내 피부를 보고 기적같이만 느껴졌다.

어느 소경이 이야기를 들은 적이 있다. 단 3분 동안만이라도 하늘과 초원과 꽃을 보고, 아내의 얼굴과 아기의 미소를 본다면 죽어도 한이 없겠다고 했다. 내가 소경이 아닌 것 하나만으로도 평생 못다 감사 하겠다고 생각했다.

하루에도 30만 명이 지구상에서 죽어가는데 내가 죽지 않는 것이 30만분의 1의 기적이며, 궁극의 이유는 하나님이 죽지 않게 한 것이다. 내가 소경이 아닌 궁극의 이유도 하나님이 그렇게 하신 것이다. 내가 예수를 주라 부르고 하나님을 아버지라 불러 그의 자녀가 된 것이 내가 태어난 일보다 더 큰 기적 중의 기적 같이만 느껴진다.

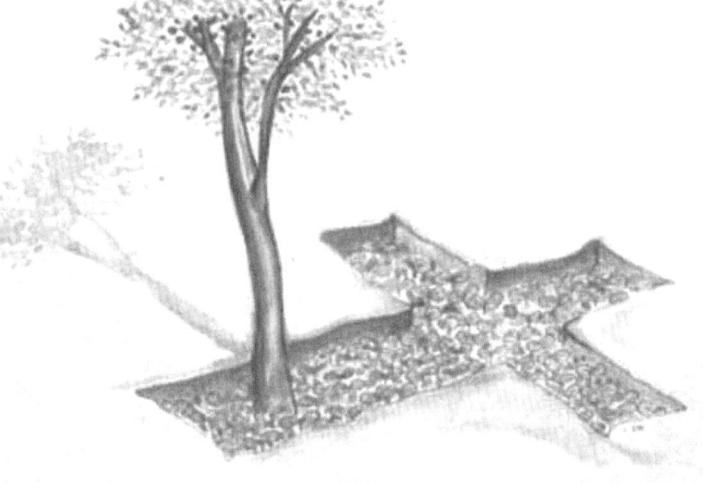

제1장 ▶ 토 공

제5절 건설기계

건설기계 과년도 문제

1. Shovel계 장비의 종류와 적용 [96후(20)]

2. 건설기계의 조합원칙 [11전(10)]

3. 불도저의 작업원칙 [97후(10)]

4. 건설기계의 작업효율 [98후(20)]

5. 건설기계의 작업효율 [00전(10)]

6. 시공효율 [04전(10)]

7. Back Hoe 작업량 산출방법 [04후(10)]

8. Trafficability의 용도 [94후(10)]

9. 트래피커빌리티(Trafficability) [01전(10)]

10. 장비의 주행성(Trafficability) [02중(10)]

11. 트래피커빌리티(Trafficability) [05중(10)]

12. 건설기계의 트래피커빌리트(Trafticability) [12중(10)]

13. 흙의 입도 분포에 의한 주행성(Trafficabillty) 판단 [11중(10)]

14. 흙의 입도 분포에 의한 기계화 시공 방법 판단 기준 [12전(10)]

15. 건설기계의 주행저항 [11후(10)]

16. 건설기계의 주행저항 [15후(10)]

17. 토공 중기의 경제적 운반거리 [95중(20)]

18. 표준트럭 하중 [05후(10)]

19. 교량등급에 따른 DB, DL 하중 [15후(10)]

20. 건설기계 경비의 구성 [05중(10)]

21. 건설기계의 손료 [08중(10)]

22. 건설기계 경제수명 [97중후(20)]

23. 건설기계의 경제적 사용시간 [06중(10)]

24. 건설기계 마력 [00후(10)]

25. Crusher 장비조합 [99중(20)]

26. 임팩트 크러셔(Impact Crusher) [04전(10)]

27. 준설선의 종류 [00중(10)]

28. 호퍼 준설선(Trailing Suction Hopper Dredger) [07전(10)]

29. 준설로 재활용 방안 [11중(10)]

1 Shovel계 장비의 종류와 적용

[96후(20)]

Ⅰ. 정의

① 토공용 기계는 대체적으로 굴착, 적재, 운반, 정지, 다짐으로 구분할 수 있는데, 해당 공사가 요구하는 시공법, 능률, 작업 조건, 성질 등을 파악하여 가장 효과적인 장비를 선정해야 한다.

② 작업 효율의 극대화를 위해서는 각 장비의 장·단점을 비교하고 작업의 물량, 공기 등을 분석하여 장비와 규격을 합리적으로 조합하여 사용해야 한다.

Ⅱ. Shovel계 장비의 종류

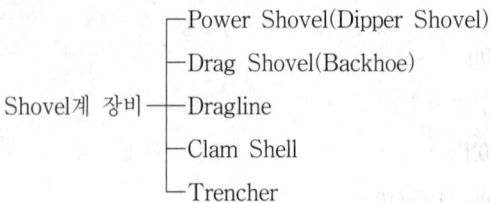

```
                      ┌─Power Shovel(Dipper Shovel)
                      │
                      ├─Drag Shovel(Backhoe)
                      │
Shovel계 장비 ─────────┼─Dragline
                      │
                      ├─Clam Shell
                      │
                      └─Trencher
```

Ⅲ. Shovel계 장비의 종류와 적용

1) Power Shovel(Dipper Shovel)

① Shovel계 굴착 기계 중 가장 기본이 되는 장비

② 기계보다 높은 위치의 굴착 작업에 적합

③ 단단한 토질의 굴착도 가능

④ 운반 기계와 조합 사용하며 효과적

⑤ Crawler형과 Tire형이 있음

2) Drag Shovel(Backhoe)

① 토공의 주된 장비로서 사용되며 Wire-rope식과 유압식이 있다.

② 지면보다 낮은 위치의 굴착이 용이하나 높은 곳도 굴착과 적재가 가능하다.

③ 정확한 위치의 굴착이 가능하므로 구조물 기초의 굴착에 적합하다.

④ 현장 여건이 좋으면 Power Shovel과 동일한 작업 능력을 발휘한다.

3) Dragline

① 기계보다 낮은 장소의 굴착이 용이하다.

② 넓은 면적의 연한 토질을 광범위하게 굴착할 때 유효하다.

③ 단단한 지반의 굴착에는 부적합하다.

④ 하상 굴착, 골재 채취 등 수중 작업에도 사용된다.

⑤ 수중 굴착 작업시에는 구멍 뚫린 버킷(Bucket)을 사용한다.

4) Clam Shell

   ① 기초 및 우물통 등의 좁은 장소의 깊은 굴착에 적합하다.

   ② 높은 장소에의 적재 작업에도 사용된다.

   ③ 단단한 지반의 굴착에는 부적합하다.

   ④ 자갈, 모래 등의 채취에 가장 많이 이용된다.

   ⑤ 버킷의 종류에 따라 가볍고 흐트러진 재료의 취급, 굴착작업 등 용도가 다르다.

5) Trencher

   ① 가스관, 수도관 등의 매설 및 배수로 굴착에 사용된다.

   ② 굴착된 토사는 컨베이어에 의해 배출된다.

2 기계의 조합 원칙

[11전(10)]

I. 개요

① 기계의 조합은 각 기계의 장·단점을 비교하고, 완료해야 할 작업의 물량, 공기 등을 종합적으로 판단하여 여러 종류의 기계와 규격을 합리적으로 결합함으로서 최대의 효율을 얻도록 해야 한다.

② 각 기계의 용량과 대수를 최대한 균형있게 조합함으로서 전체 작업의 능률을 높여 시공단가를 절감시켜야 한다.

II. 건설 기계의 조합 원칙

1) 작업 능력의 균형

가장 효율적인 기계의 조합을 위해서는 각 기계의 작업 능력을 균등화하여 각 작업의 소요 시간을 일정화하는 것이 필요하다.

2) 조합 작업의 감소

일반적으로 분할되는 작업의 수가 증가하면 작업 효율이 저하되어 합리적인 조합 작업이 되지 못하므로 기계의 작업 효율을 고려한 합리적 조합이 요구된다.

3) 조합 작업의 중복화

직렬 작업을 중복시켜 작업을 병렬화하면 시공량이 증대될 뿐 아니라 고장 등에 의한 타작업의 휴지를 방지하여 손실의 위험 분산 효과가 있다.

III. 토공 기계의 조합 예

작업명 공종명	굴착	적재	운반	다짐	마감
도로 공사	Bulldozer	Pay Loader	Dump Truck	Roller	Grader
축제 공사	Bulldozer	Power Shovel	Dump Truck	Bulldozer	Bulldozer
댐 공사	Bulldozer	Pay Loader	Scraper, Belt Conveyor	Bulldozer	Grader

3 · 불도저 작업 원칙

[97후(10)]

Ⅰ. 정의

① 불도저는 Tractor의 전면에 배토판(Blade)을 부착하여 자체 중량을 이용하여 토사를 굴착·집토하는 기계이다.

② 전면에 부착하는 배토판의 종류에 따라 그 용도가 달라진다.

Ⅱ. 불도저의 분류

```
                        ┌ 무한 궤도식(Crawler Type)
              ┌ 주행 장치 ┤
              │         └ 차륜식(Tire Type)
              │
        분류 ─┤         ┌ Straight 도저
              │         ├ Angle 도저
              └ 부착 장비 ┤
                        ├ 틸트 도저
                        └ Rake 도저
```

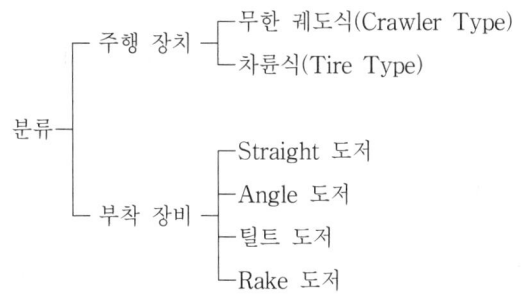

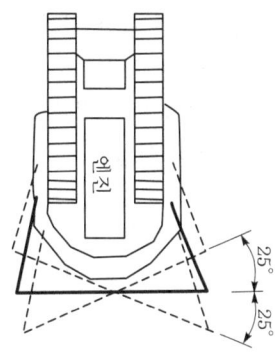

< Straight 도저 >   < Angle 도저 >

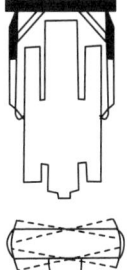

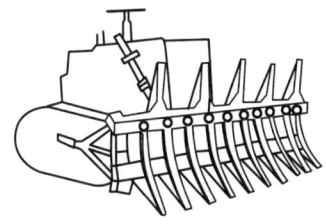

< 틸트 도저 >   < Rake 도저 >

Ⅲ. 불도저의 작업 원칙

1) 단거리 작업
50 m 전후의 비교적 단거리 굴착, 운반용 기계로 사용된다.

2) 운반 거리 최소화
운반 작업은 항상 운반 거리가 최소화되도록 한다.

3) 하향 작업
굴착과 운반은 가급적 중력을 이용한 하향 작업이 되도록 한다.

4) Cycle Time 단축
Cycle Time의 단축에 주력함으로써 운전 시간당의 작업 횟수를 증대시킨다.

5) 토질에 따른 배토판 조절
토질 조건 및 작업 목적에 적합하도록 불도저의 절삭각, Angle 및 Tilt 각 등을 조절한다.

6) 조합 작업
Scraper, Shovel, Dump Truck 등의 기계와 조합하여 보조 작업이 되게 한다.

7) 작업로 정비
작업로는 항상 양호한 상태가 되도록 유지하여 강우시 물이 괴지 않도록 한다.

8) 평탄 작업
굴착과 운반 작업은 항상 지면이 평탄하게 유지될 수 있도록 한다.

9) 배토판 조작
배토판의 조작은 조금씩 그리고 부드럽게 행한다.

10) 병행 작업
토사 운반 작업에서 작업 능률 향상시키기 위하여 병행 작업을 실시한다.

11) 시공 능력
불도저 단위 시간당 작업량

$$Q = \frac{60 \times q \times f \times E}{C_m} \ (\text{m}^3/\text{hr})$$

Ⅳ. 불도저의 기본 작업

① 굴착, 운반, 성토
② 다짐, 적재
③ 매립
④ 개간, 벌목, 제근
⑤ 암석 제거

4 Bulldozer 작업 능력

Ⅰ. 개요

① 건설기계에서 Bulldozer의 역할은 굴착, 적재, 운반, 포설, 다짐 등을 할 수 있는 만능 기계로서, 토목 건설 현장에서 큰 몫을 차지하는 장비이다.

② Bulldozer의 작업 능력은 배토판의 크기, 흙의 종류, 기능공의 숙련도 등에 따라 크게 달리 나타난다.

Ⅱ. Bulldozer의 분류

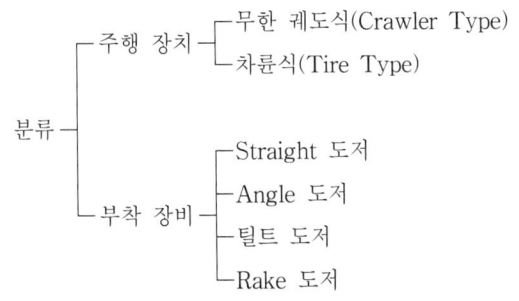

```
              ┌ 주행 장치 ┬ 무한 궤도식(Crawler Type)
              │          └ 차륜식(Tire Type)
     분류 ──┤
              │          ┌ Straight 도저
              │          ├ Angle 도저
              └ 부착 장비 ┤
                         ├ 틸트 도저
                         └ Rake 도저
```

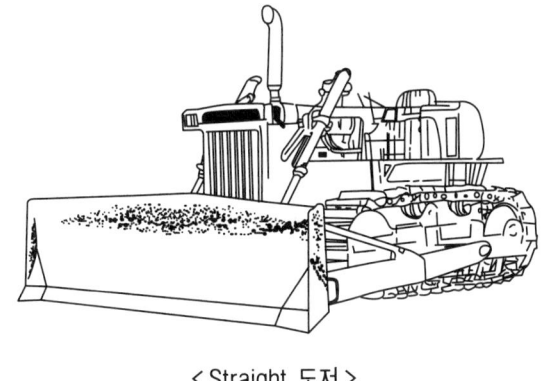

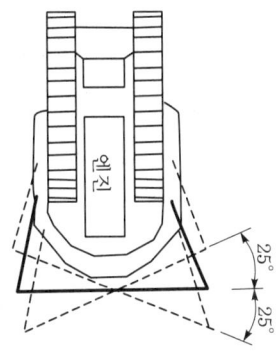

< Straight 도저 >   < Angle 도저 >

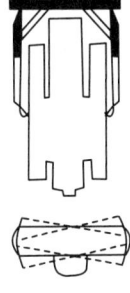
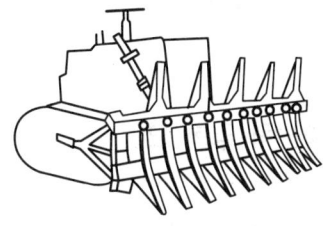

< 틸트 도저 >   < Rake 도저 >

Ⅲ. 작업 능력

1) 의의

　　Bulldozer의 작업 능력은 단위 시간당 Bulldozer가 처리하는 능력을 말한다.

2) 작업 능력 산정

$$Q = \frac{60 \times q \times f \times E}{C_m}$$

　　Q : 시간당 작업량(m³/hr),　　q : 배토판의 용량(m³)

　　f : 토량 환산계수,　　　　E : 작업 효율

　　C_m : 사이클 타임(min)

3) 사이클 타임(C_m)

① 사이클 타임(C_m)은 불도저가 반복하여 작업할 때 전진 및 후진 작업으로 1회의 작업을 하는데 소요되는 시간을 말한다.

② 구하는 식

$$C_m = \frac{L}{V_1} + \frac{L}{V_2} + t_g$$

　　C_m : 1회 사이클 타임,　　L : 운반거리,　　V_1 : 전진 속도

　　V_2 : 후진 속도,　　　　t_g : 기어 변속 시간(0.25분)

③ 경험적인 값

$$C_m = 0.037\,l + 0.25$$

4) 배토판의 용량

$$q = LH^2 \left(\frac{1}{2\tan(\phi+\alpha)} + \varepsilon \right) \mu d$$

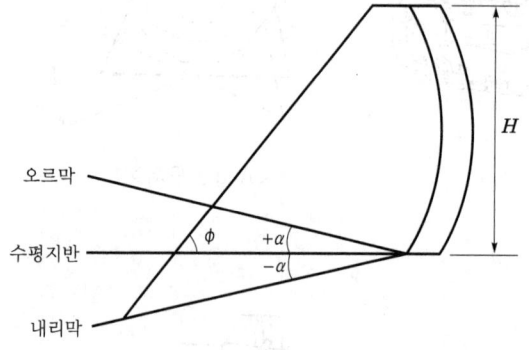

　　q 　: 배토판의 토량

　　L : 배토판의 길이

　　H : 배토판의 높이

　　ϕ : 토질에 따른 각도

　　α : 지반 각도(오르막 +, 내리막 −)

　　ε : 배토판 형식에 따른 계수

　　μ : 흙의 점성계수

　　d : 운반에 따른 감소계수

Ⅳ. 작업능력 영향 요인

① 토질 및 지형　　　　② 장비 사용 년수

③ 작업장 규모　　　　④ 작업의 종류

⑤ 기능도의 숙련도　　⑥ 장비의 적용성

5　건설기계의 작업 효율

[98후(20), 00전(10), 04전(10), 10전(10)]

Ⅰ. 정의

① 건설기계의 작업량을 산출할 때 기계의 작업 능률을 판단하는 요소로서 작업량
산출식에 곱하여 실제 작업량을 산출하는 데 쓰이는 계수이다.

② 시공 효율 중에서 가동일수율 이외의 작업 능률계수(E_q)와 작업시간(E_r)을 곱하
여 얻은 값을 작업 효율(E)이라 한다.

$$E(작업 효율) = E_1(작업 능률계수) \times E_2(작업 시간율)$$

Ⅱ. 건설기계 작업 능력 산정

$$Q = \frac{3,600 \cdot q \cdot f \cdot E}{C_m}$$

Q　: 시간당 작업량(m^3/hr)

q　: 표준 작업량

f　: 토량 환산계수

E　: 작업 효율

C_m : 사이클 타임(sec)

Ⅲ. 토공 기계 분류

① 굴착기계(Shovel계)

② 적재기계(Loader계)

③ 운반기계(Dump Truck)

④ 정지기계(Grader)

⑤ 다짐기계(Roller)

Ⅳ. 작업 효율

$$E(작업 효율) = E_1(작업 능률계수) \times E_2(작업 시간율)$$

1. 작업 능률계수(E_1)

1) 산정식

$$작업 능률계수(E_1) = \frac{실시 시공량}{표준 시공량}$$

2) 영향을 미치는 요인
 ① 자연적 조건
  ㉮ 기상의 영향
  ㉯ 기계의 적응성
  ㉰ 현장 조건
 ② 기계적 조건
  ㉮ 기종 선정, 기계 배치, 조합의 양부
  ㉯ 기계 유지, 수리의 양부
  ㉰ 기계의 능력
 ③ 관리적 조건
  ㉮ 시공법 및 취급
  ㉯ 운전원, 감독자의 경험
  ㉰ 현장 환경

2. 작업 시간율(E_2)

1) 산정식

$$\text{작업 시간율}(E_2) = \frac{\text{실작업 시간}}{\text{운전 시간}}$$

2) 영향을 미치는 요인
 ① 조사 및 조정 시간
  ㉮ 운전원의 현장 조사   ㉯ 기계 조정 및 정비
 ② 대기 시간
  ㉮ 작업 대기   ㉯ 장애물 제거
  ㉰ 연락 대기   ㉱ 연료 보급 대기
  ㉲ 기상에 의한 대기
 ③ 인위적 손실 시간
  ㉮ 운전원의 숙련도 차이   ㉯ 생리적 정지

V. 불도저의 작업 효율(E)

흙의 명칭	작업 효율
모래, 조건이 좋은 보통 흙	0.8~0.6
역질토, 보통토, 조건이 좋은 돌이 섞인 점질토, 점토	0.7~0.5
조건이 나쁜 보통토, 암괴, 호박돌, 자갈	0.6~0.4
조건이 나쁜 돌이 섞인 점질토, 점토, 고결된 역질토	0.5~0.3
조건이 나쁜 점질토, 점토	0.4~0.2

6 굴삭기 작업량 산정

[04후(10)]

I. 개요

① 굴삭 장비의 종류 및 규격이 다양화됨에 따라 지반의 상태, 장비의 작업 위치, 운반로 및 교통장애, 각종 공해 등을 고려한 장비 선택이 되어야 작업량의 효율성을 높일 수 있다.

② 굴삭 장비로는 쇼벨계 굴삭기와 Bulldozer로 크게 대별할 수 있다.

II. 굴삭기 작업량 산정

① Shovel계 굴삭기

$$Q = \frac{3,600 \times q \times f \times E}{C_m} \ (\text{m}^3/\text{hr})$$

q : Bucket 용량(m³) f : 토량 환산계수

E : 작업 효율 C_m : 1회 사이클 시간(sec)

② Bulldozer

$$Q = \frac{60 \times q \times f \times E}{C_m} \ (\text{m}^3/\text{hr})$$

q : 삽날의 용량(m³) f : 토량 환산계수

E : 불도저의 작업 효율 C_m : 1회 사이클 시간(min)

III. 굴삭기의 종류

1) Shovel계 굴삭기

① Power Shovel : Bucket으로 전방의 흙을 파올려 몸체를 회전하며 Truck에 적재

② Back Hoe : Power Shovel의 몸체에 앞을 긁는 Arm과 Bucket을 달고 있는 기계

③ Clamshell : Crane의 Boom 끝에 Clam Bucket을 달아 자유 낙하시켜 흙을 파냄

④ Dragline : Boom 끝에 Line을 단 Bucket을 지면에 따라 끌어 당기면서 굴삭

2) Bulldozer

트랙터에 장치된 삽날(Blade)로 지표면을 평행으로 굴삭하여 운반

7 | Ripperability(리퍼의 작업성)

I. 정의

① Ripperability란 리퍼의 작업성 또는 리핑 가능성으로 토공 작업에서 연암 또는 굳은 지반에서 불도저에 장착된 Ripper를 이용하여 굴착 작업을 하게 되는데 이때 Ripper에 의해 작업할 수 있는 정도를 뜻한다.
② 원지반 암반의 Ripperability를 판정할 때는 탄성파 속도, 강도, 풍화도, 불연속면의 상태, 주향 등에서 얻어지는 총 평점을 이용한다.

II. 암절취 공법

① 발파 공법 ② 유압 Jack 공법 ③ 팽창 파쇄 공법 ④ 제어 발파 공법 ⑤ 리퍼 공법

III. Ripperability 판정 방법

① 탄성파 속도   ② 일축 압축 강도   ③ 풍화도
④ 불연속면의 간격, 연속성, 상태   ⑤ 주향, 경사

IV. Ripperability 평점표

다음 평점표에서 평점의 합이 75 이상은 발파작업 없이 Ripper만의 작업이 불가능하다.

등 급	I	II	III	IV	V
암질	매우 양호	양호	보통	불량	매우 불량
탄성파 속도 (m/sec) 평점	2,150 이상 26	1,850~2,150 24	1,500~1,850 20	1,200~1,500 12	450~1,200 5
일축 압축 강도 (kg/cm^2) 평점	700 이상 10	200~700 5	100~200 2	30~100 1	17~30 0
풍화도 평점	신선(F) 9	다소 풍화(WS) 7	보통 풍화(MW) 5	많이 풍화(HW) 3	완전 풍화(CW) 1
불연속면 간격 평점	3 m 이상 30	1~3 m 25	0.3~1 m 20	0.05~0.3 m 10	0.05 m 이하 5
불연속면의 연속성 평점	연속성 없음 5	약간 연속성 5	연속적이고 협재된 점토 없음 3	연속적이고 협재된 점토 약간 0	연속적이고 점토 협재 0
불연속면 상태 평점	분리 흔적 없음 5	약간 분리된 상태 5	1mm 이하 분리상태 4	틈이 5 mm 이하 3	틈이 5 mm 이상 1
주향과 경사 평점	매우 불량 15	불량 13	보통 10	양호 5	매우 양호 3
총 평점	90~100	70~90	50~70	25~50	25 이하
Ripperability	발파 (Blasting)	리핑 극히 곤란 및 발파 (Extremely Hard Ripping and Blasting)	리핑 매우 어려움 (Very Hard Ripping)	리핑 어려움 (Hard Ripping)	쉽게 리핑됨 (Easy Ripping)

8 | Trafficability(주행 성능)

[94후(10), 01전(10), 02중(10), 05중(10), 11중(10), 12중(10)]

Ⅰ. 정의

① 토공사시 사용하는 시공 기계가 그 토질에 대하여 주행할 수 있는가, 즉 주행의 난이 정도를 Trafficability라 한다.

② Trafficability는 흙의 종류나 함수비에 의해 달라지는 바, 간단한 조사 방법으로는 Cone 관입시험기에 의한 Cone 지수(Cone Index)를 구하여 주행 성능을 판단한다.

Ⅱ. Trafficability 판단방법 : Cone 지수 $q_c(\text{kg/cm}^2)$

1) 사질토인 경우

$q_c = 4N$ N : 표준 관입시험의 N 치

2) 점성토인 경우

$q_c = 5q_u = 10C$ q_u : 일축 압축 강도(kg/cm^2)
                            C : 흙의 점착력(kg/cm^2)

Ⅲ. 장비 주행이 가능한 Cone 지수의 최소치

기계 종류	Cone 지수 $q_c(\text{kg/cm}^2)$
습지 불도저	3 이상
중형 불도저	5 이상
대형 불도저	7 이상
피견인식 스크레이퍼	7 이상
자주식 스크레이퍼	10 이상
덤프트럭	15 이상

Ⅳ. 용도

① 작업기계 구륜 방법 결정   ② 기계 사용을 위한 지반상태 확인

③ 작업 능률 파악   ④ 작업 공법 선정을 위한 척도

⑤ 조합 장비의 종류 및 소요 대수 결정

Ⅴ. Trafficability 향상 방안

① 모래 부설   ② 지표수 처리

③ 지하 수위 저하   ④ 용출수 유도 배수

⑤ 습지형 장비 사용

VI. Cone 관입시험 순서

관입 지반의 저항 능력을 Cone 지수로 추정한다.

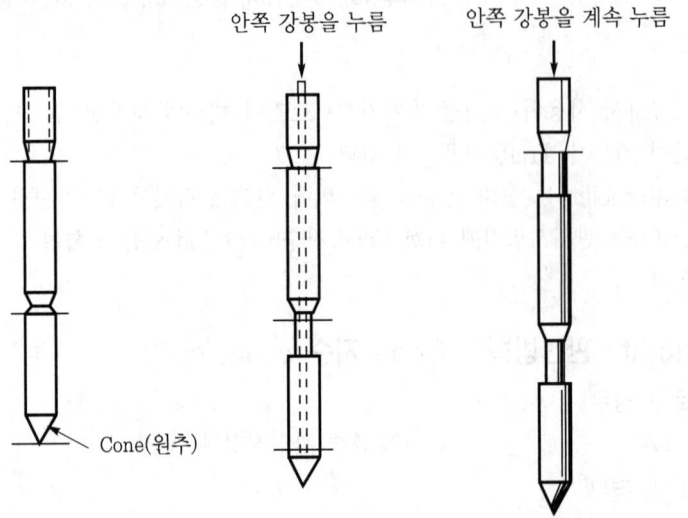

Cone(원추)

〈콘이 지반관입〉   〈콘과 자켓이 함께 지반관입〉

9 흙의 입도분포에 의한 기계화 시공방법 판단기준

[12전(10)]

Ⅰ. 정의

① 흙의 입도분포는 흙을 구성하는 토립자를 입경에 의하여 구분한 분포상태를 말하며, 흙의 공학적 성질을 좌우하는 중요한 요소이다.

② 흙의 입도분포에 따라 기계화시공에 있어서 시공기계의 기종 선정 및 시공방법의 판단기준이 되므로 입도분포 분석이 우선되어야 한다.

Ⅱ. 흙의 입도분포

균등계수(C_u)에 의해 입도 상태를 분석

균등계수(C_u)	입도 상태	시공성
1	균등 입도	
$C_u \leq 10$	입도 분포 불량	나쁨
$C_u > 10$	입도 분포 양호	좋음

Ⅲ. 기계화 시공방법 판단기준

Cone 지수에 의해 판단

기계 종류	Cone 지수 q_c(kg/cm^2)
습지 불도저	3 이상
중형 불도저	5 이상
대형 불도저	7 이상
피견인식 스크레이퍼	7 이상
자주식 스크레이퍼	10 이상
덤프트럭	15 이상

Ⅳ. 기계의 주행 저항

① 진동 저항

② 경사 저항

③ 공기 저항

④ 가속 저항

10 기계의 주행 저항

[11후(10), 15후(10)]

I. 정의

① 기계화 시공은 공사의 질 향상, 시공 단가의 절감, 시공 속도의 향상 등을 목표로 하여 개발된 기계로서 인간을 노동으로부터 해방시키고 인력 시공으로 불가능한 공사를 가능하게 한다.

② 기계의 주행 저항이란 기계 자체의 저항과 외부 환경에 따른 저항으로 나타낼 수 있으며 가능한 한 저항을 적게 하여 기계 효율을 증대시키는 것이 중요하다.

II. 기계화 시공의 효과

① 공사비 절감   ② 공기 단축   ③ 품질 향상
④ 안전 시공   ⑤ 노무 절감

III. 주행 저항의 분류

① 전동 저항(Rolling Resistance) : 기계의 전동 저항은 다음 식에 따라 구한다.

$$R_{\gamma} = \mu\gamma \cdot W$$

$\quad$ R_{γ} : 전동 저항(kg), $\qquad\qquad$ W : 차륜이 받은 총 무게(ton)

$\quad$ $\mu\gamma$: 전동 저항계수(kg/ton)

② 경사 저항 : 경사 저항은 다음 식과 같다.

$$R_g = W \times 10\text{kg/ton} \times S$$

$\quad$ R_g : 경사 저항(kg), $\qquad\qquad$ W : 총 무게(자중＋하중)(ton)

$\quad$ S : 경사(%)

따라서, 경사 1%일 때, 총 무게 1ton당 1% 또는 10kg의 증감이 있다.

③ 공기 저항 : 차량이 주행할 때 받는 공기 저항을 다음 식으로 구한다.

$$R_a = \lambda A \nu^2$$

$\quad$ R_a : 경사 저항(kg)

$\quad$ λ : 공기 저항계수(건설기계에서는 보통 0.07로 가정한다.)

$\quad$ A : 차량 정면의 투영 면적≒앞바퀴의 간격×차량 높이

$\quad$ ν : 주행속도(m/sec)

④ 가속 저항 : 가속 저항은 다음 식으로 구한다.

$$R_i = \frac{W}{g} \cdot a$$

$\quad$ R_i : 가속 저항(kg), $\qquad\qquad$ W : 기계의 총 무게(kg)

$\quad$ g : 중력 가속도(9.8 m/sec^2), $\qquad$ a : 기계의 가속도(m/sec^2)

11 토공 중기의 경제적 운반 거리

[95중(20)]

Ⅰ. 정의

① 토공 작업은 굴착, 적재, 운반, 정지, 다짐으로 대별할 수 있으나, 이 중 운반 작업이 공사비에 큰 몫을 차지하므로 운반기계 선정시 현장 여건 및 운반 거리를 고려하여 신중하게 선정하여야 한다.

② 토공 운반 장비로는 Bulldozer, Scraper, Dump Truck 등이 있으며 시공성, 경제성을 고려하여 운반 장비를 선정한다.

Ⅱ. 운반 중기 선정시 고려사항

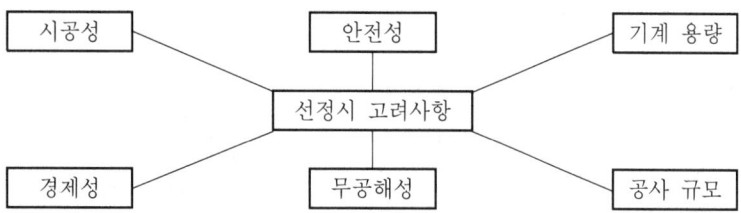

Ⅲ. 운반 중기의 종류

① Bulldozer

② Scraper

③ Dump Truck

Ⅳ. 경제적 운반 거리

1. 장비별 운반 거리

1) Bulldozer

① 토공판의 양단에서 갈려나오는 흙을 언덕 모양으로 남겨두고 도랑의 벽으로서 활용한다.

② 불도저 2대를 토공판의 양단을 가지런히 하여 병렬 작업을 하면 운반 작업 능률이 크게 오른다.

③ 불도저 이용시 경제적 운반 거리는 50 m 이하이다.

2) Scraper

① 작업 현장이 넓고 지형이 단조로우며 토질 조건도 양호한 현장에서 스크레이퍼 자체로 지반을 굴토하고 운반하여 포설하는 중기이다.

② 피견인식과 자주식이 있으며 지반상태에 따라 작업 능률이 크게 다르게 나타난다.

③ 경제적 운반 거리는 500 m 이하이다.

3) Dump Truck
　① 적재 장비로 트럭의 적재함에 흙을 싣고 운반하는 자주식 장비이다.
　② 운반 거리가 멀수록 경제성이 우수하다.
　③ 경제적인 운반 거리는 500 m 이상이다.

2. 유토 곡선에 의한 운반 거리

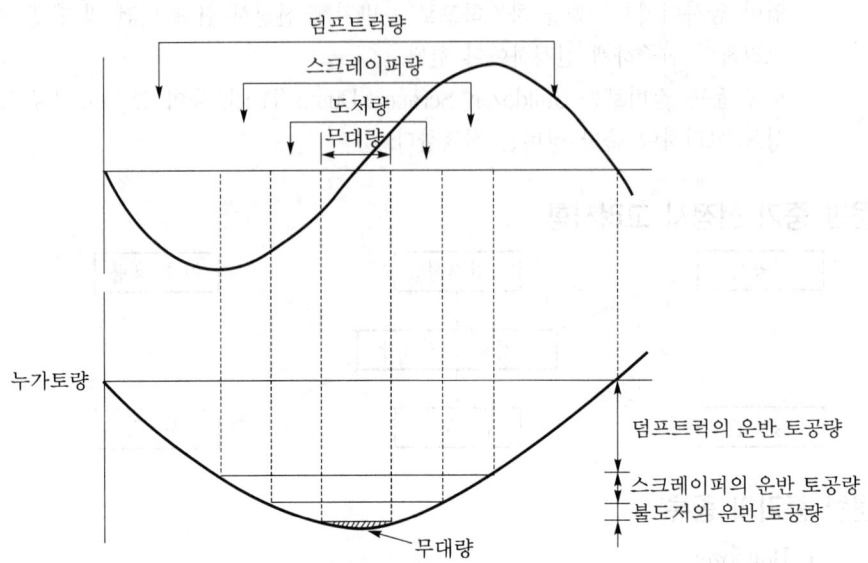

3. 시공 단가에 의한 운반 거리

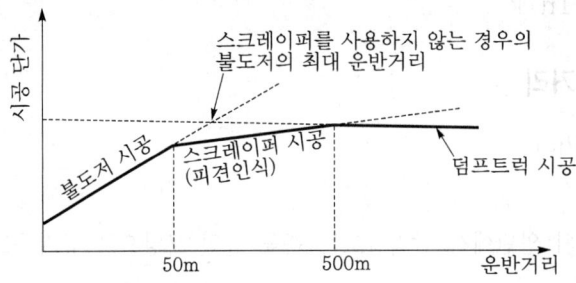

12 표준 트럭 하중(DB, DL 하중)

[05후(10), 15후(10)]

Ⅰ. 정의

① 교량의 설계하중에는 고정하중, 활하중 및 기타 다양한 하중으로 구성되며, 활하중에는 차량하중과 보도하중으로 구분하며, 차량하중에는 표준 트럭 하중(DB 하중)과 차선하중(DL 하중)으로 구분한다.

② 표준 트럭 하중(DB 하중)이란 미국설계 기준인 Semi-Trailer를 설계 기준차량으로 하여 교량이 차량의 하중을 견딜 수 있는 정도를 표현한 기준이다.

③ 통상적으로 교량을 설계할 경우 DB 하중과 DL 하중을 검토한 후 더 불리한 하중으로 설계하도록 되어 있으며, 일반적으로 지간 45 m를 기준으로 짧은 쪽은 DB 하중을, 긴 지간은 DL 하중이 설계하중으로 고려된다.

Ⅱ. 교량의 설계하중

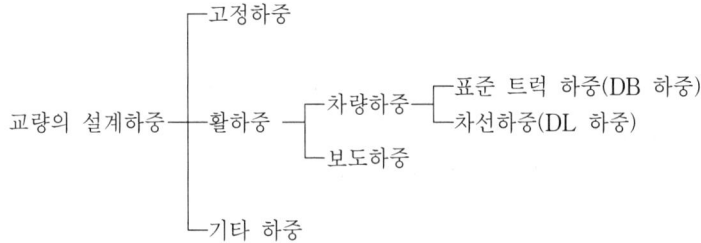

교량의 설계하중 산정시 활하중의 요소 중 하나가 표준 트럭 하중이다.

Ⅲ. 표준 트럭 하중의 특성

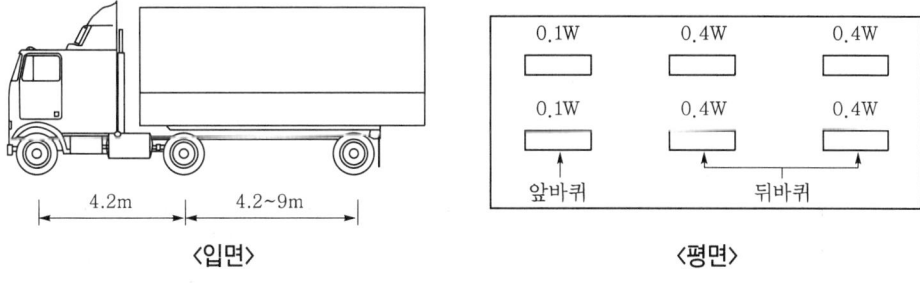

| 〈입면〉 | 〈평면〉 |

① 차량하중의 앞바퀴 1개가 부담하는 하중이 0.1 W씩이고, 뒷바퀴 1개가 부담하는 하중을 0.4 W라고 본다.

② 앞바퀴 2개(0.2 W)와 뒷바퀴 4개(1.6 W)의 하중을 합하면 1.8 W가 되며, W는 중량(ton)을 의미한다.

③ 교량설계시 DB-24란, DB(1.8 W)×24란 의미로

$$1.8\,\text{W} \times 24 = 43.2\,\text{ton}$$

차량중량 43.2 ton 이하의 차량이면 모두 통과할 수 있다는 뜻이다.

④ DB의 어원은 D(Doro), B(Ban Truck, Semi−Trailer)로써 D는 도로의 이니셜이고, B는 반트럭이라는 뜻이다.

⑤ DL의 어원은 D는 도로의 이니셜이고, L은 Lane(차선)에서 가져왔으므로 차선하중이라 한다.

Ⅳ. 표준 트럭 하중에 의한 교량의 등급

표준 트럭 하중	교량의 등급	통과 가능 차량의 중량
DB−24	1등교	$1.8\,\text{W} \times 24 = 43.2\,\text{ton}$
DB−18	2등교	$1.8\,\text{W} \times 18 = 32.8\,\text{ton}$
DB−13.5	3등교	$1.8\,\text{W} \times 13.5 = 24.3\,\text{ton}$

Ⅴ. DL 하중(차선 하중)

1) 정의

① 교량의 경간이 길어져서 여러대의 차량이 경간내에 재하될 경우를 고려한 가상의 설계 분포하중이다.

② 통상적으로 교량설계에서 DB 하중과 DL 하중을 검토하여 더 불리한 하중으로 설계한다.

③ DB 하중이나 DL 하중의 점유 폭은 3 m로 본다.

2) DL 하중의 기준

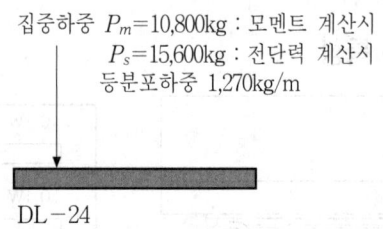

집중하중 $P_m = 10{,}800\text{kg}$: 모멘트 계산시
$P_s = 15{,}600\text{kg}$: 전단력 계산시
등분포하중 1,270kg/m

DL−24

3) 교량 등급별 DL 하중

등 급	기 호	집중하중 P (t/Lane)		등분포하중 W (t/m/Con′c)
		휨모멘트	전단력	
1등교	DL−24	10.8	15.6	1.27
2등교	DL−18	8.1	11.7	0.95
3등교	DL−13.5	6.08	8.78	0.71

VI. DB 하중과 DL 하중의 차이점

구 분	DB 하중	DL 하중
개념	3축 트럭(Semi-Trailer) 1대	여러 차량의 등분포하중
어원	표준 트럭하중 D(Doro) B(Ban Truck)	차선하중 D(Doro) L(Lane)
적용대상	Slab	교각
적용하중	총 중량	집중하중+등분포하중

13 건설기계 경비의 구성

[05중(10), 08중(10)]

I. 정의

① 건설공사에서 기계경비라고 함은 시공기계 사용에 필요한 경비로서 기계손료, 운전경비, 조립 및 해체비, 운송비 등을 말한다.

② 기계경비의 건설기계 사용에 수반하여 각 부분이 마모되고 이것이 누적되어 정비 또는 수리비를 필요로 하게 되고 그 성능이 저하되므로 기계일수록 커지게 된다.

II. 기계경비의 구성

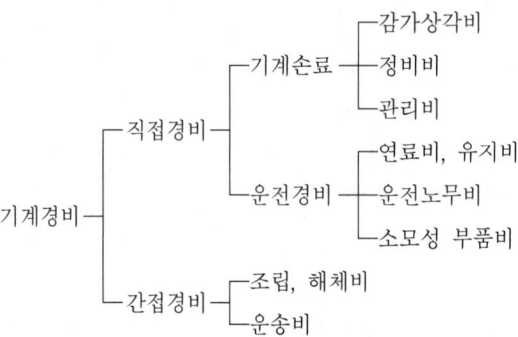

III. 구성요소

1) 감가상각비

① 건설기계의 손상, 마모 정도를 실제 사용연수로 나누어서 비용으로 계상하여 기계의 가치 정도를 감하여 나가는 것이다.

② 감가 상각의 산정 방법에는 정액법, 연수정율법, 산고비례법 등이 있으나 어떠한 방법으로 감가상각하여도 상각비의 누계액은 동일하다.

2) 정비비

① 건설기계를 항상 정상적인 상태로 유지하기 위하여 정기적인 손실점검, 주유, 조정과 정상적으로 마모된 부품교환 등을 하는 정비와 비정상적인 손상에 의한 수리를 하는 데 드는 비용이다.

② 정비비의 구성

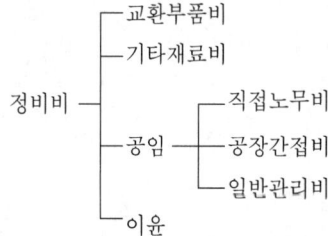

3) 관리비
① 건설기계를 관리하는 데 필요한 경비를 말하며 보관비, 세금, 보험료, 금리 등의 합계액으로 구성된다.
② 기계의 관리비인 보관비, 세금, 보험료, 금리의 비용은 1년간을 기준으로 계산되기 때문에 보통 연간 관리비로 취급하고 연간 관리비를 평균가격으로 나눈 값을 연간관리비율이라고 한다.

4) 연료비
건설기계의 엔진이 정격출력으로 운전될 때 연료 소비량이다.

5) 유지비
기계의 엔진회전을 원활하게 하는 엔진오일, 기어오일, 유압 작동유, 그리스 등의 정기적인 교환 또는 보충하는데 필요한 경비이다.

6) 운전 노무비
기계화 시공에서 기계의 주조종원과 작업능률 향상을 위하여 부조종원을 두게 되는데 이들에게 지급하는 급여, 상여금, 제수당 등의 합계액을 말한다.

7) 소모성 부품비
기계의 운전시간에 비례하여 소모되는 부품으로 일정시간 사용하면 교환을 필요로 하는 부분품을 말한다.

8) 조립, 해체비
기계 사용을 위해서 조립을 할 경우와 기계운반을 위한 해체 작업이 필요할 때 소요되는 비용으로 기계기구 사용료 및 재료비로 구성된다.

9) 운송비
건설기계의 현장 투입에 소요되는 왕복운송에 소요되는 비용으로서 공사현장에서 가장 가까운 시, 도청 소재지로부터 공사현장까지의 운송에 소요되는 경비를 말한다.

14 건설기계 경제 수명

[97중후(20), 06중(10)]

Ⅰ. 정의

① 건설기계의 경제수명은 건설현장에서 사용하는 건설기계의 경제적인 사용시간을 연간 표준 가동시간으로 나눈 값을 말한다.

② 건설기계 사용에 있어서 기계 부품비, 정비비, 기타 소요경비 등이 기계의 실작업량에 비해 과다 지출이 되지 않는 시기까지를 경제수명으로 한다.

$$경제수명 = \frac{내구연한}{연간 \ 표준가동시간}$$

Ⅱ. 경제 수명의 영향 요인

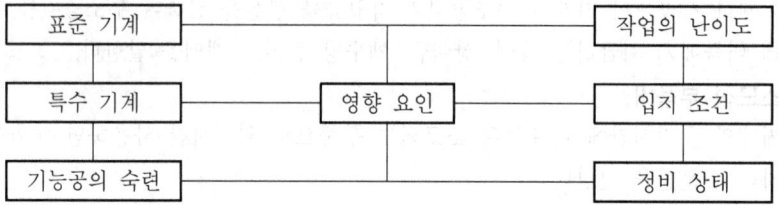

Ⅲ. 경제 수명의 증대 요인

1) 예방 정비
   일일 정비, 수시 정비 등을 통한 기계의 마모 방지

2) 점검, 검사
   정기적인 점검과 검사를 통한 기계의 기능 유지

3) 관리체계 현대화
   현대화된 관리체계 도입으로 기계의 수명 연장

4) 종사원 교육
   최신 기계 도입에 따른 종사자 교육으로 기계의 오동작 방지

5) 적정 기종 선정
   공사의 종류, 토질, 현장 조건을 감안한 기종을 선정함으로써 과도한 작업 방지

6) 표준기계
   표준기계는 정비비가 저렴하고 타 공사의 전용 및 전매 용이

7) 안정성
   결함이 적고 충분한 정비가 이루어진 기계를 선정하여 기계의 가동률 제고

8) 제작사의 신뢰도
   제작사의 신용도, A/S 등의 검토후 기계를 구입함으로써 기계의 신뢰도 확보

Ⅳ. 경제 수명 감소 요인

1) **정비 불량**

   정기 검사, 정비 및 점검 불량 등에 의한 기계의 효율성 저하

2) **조작 미숙**

   기능공의 기계 조작 미숙에 의한 기계의 손상 및 결함 초래

3) **특수 기계**

   기계의 전용성, 범용성의 결여로 인한 가동률 저조로 기계의 노화

4) **작업 난이도**

   기계의 용량, 적용성을 벗어난 과도한 작업에 투입함으로써 물리적 손실 초래

5) **사용 조건의 부적정**

   지형, 토질에 부적합한 기계를 사용함으로써 기계의 내구성 저하

Ⅴ. 건설기계 선정 방법

① 공사의 조건과 기종

② 용량의 적합성

③ 적정한 조합의 가능성

15 건설기계 마력

[00후(10)]

Ⅰ. 정의

① 건설기계의 동력원으로 사용되는 원동기의 능력을 표시하는 단위로 1초간에 얼마만한 일을 하였는가를 나타내는 것으로 마력=힘×속도로 구해진다.

② 건설기계의 능력을 나타낼 때 사용하는 단어로 마력(馬力)이라는 말을 사용하며, 수식으로 나타내면 힘(kg)과 속도(m/sec)의 곱으로 나타낸다.

Ⅱ. 마력 산정법

1) Meter법
   ① 1마력(1HP) : 75 kg·m/sec   ② 단위 : PS(Pferde Starke)

2) Feet-pond법
   ① 1마력(1HP) : 76.07 kg·m/sec   ② 단위 : HP(Horse Power)

3) kW와 상관관계

$1\,kW = 1.3596\,PS = 1.3405\,HP$

$1\,PS = 0.9859\,HP = 0.7355\,kW$

$1\,HP = 1.0143\,PS = 0.746\,kW$

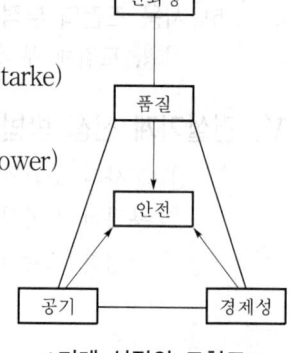

< 기계 선정의 모형도 >

Ⅲ. 마력 단위의 원리

체중 75 kg의 사람이 1초간 1 m 높이에 올라갔을 때 또는 1 kg의 물건을 1초간에 75 m 높이에 올렸을 때의 힘을 1마력이라 한다.

Ⅳ. 마력의 종류

1) 순간 최대 마력

원동기가 낼 수 있는 순간적인 최대의 힘을 말하며 기계 가동률 및 연료 소비율 등을 고려하지 않은 상태로 장시간의 가동은 불가능한 마력

2) 실용 최대 마력

정격 회전 속도에 의하여 1시간 이상 연속시험에 견딜 수 있는 실용상의 최대 마력

3) 실용 정격 마력

실용 최대 마력과 동일 조건하에서 10시간 이상 연속시험에 견딜 수 있는 마력으로 실용 최대 마력의 약 85%를 채용하며 통상 건설기계에 적용

4) 연속 정격 마력

선박 또는 펌프처럼 연속적으로 수천 시간을 사용할 수 있는 마력으로 실용 최대 마력의 약 70% 정도 채용

Ⅴ. 마력에 영향을 미치는 요인

① 원동기가 위치한 표고   ② 대기 온도

16 건설기계 가동률

Ⅰ. 정의

기계 가동률이란 공사에 투입된 건설기계의 총 수에 대한 가동 대수의 비율이다.

Ⅱ. 기계 가동률 산정식

$$기계\ 가동률(\%) = \frac{가동\ 대수}{건설기계의\ 총수} \times 100$$

Ⅲ. 가동률에 영향을 미치는 요소

1) 기상 조건
   강풍·폭우·폭설 등의 악천후
2) 정비 불량
   공사용 기계의 큰 고장 및 수리
3) 안전 사고
   예상하지 못한 재해 및 인사 사고
4) 사전 준비
   작업 및 재료의 사전 준비 및 대기
5) 작업원
   운전자 또는 작업 관련자의 병고·휴업
6) 불가항력 요인
   천재 및 최악의 지반 조건
7) 민원
   기계의 발생 소음 및 진동에 따른 공해

Ⅳ. 가동률 향상 방안

① 효율성·연속성을 고려한 최적 기종의 선택
② 기계의 유지관리와 조직화
③ 면밀한 사전 작업 계획
④ 기계의 자동화·Robot화·무인화
⑤ 기계 운전의 Software 개발
⑥ 저공해성 기계 개발
⑦ 과학적인 시공관리 기법에 따른 기계 운영

17 건설기계 가동 일수율

Ⅰ. 정의

① 가동 일수율이란 시공 효율의 한 요소로서 작업장이나 건설기계의 투입 일수에 대한 가동 일수의 비율로 나타낸다.

② 작업 현장에서 투입된 기계가 실작업에 투입되어 가동할 수 있는 실질적인 기계의 가동을 나타내는 것으로 시공 효율에서 중요한 요소이기도 하다.

Ⅱ. 산정식

$$가동 \ 일수율 = \frac{가동 \ 일수}{투입 \ 일수} \times 100$$

가동 일수 : 실제 작업한 일수
투입 일수 : 가동 일수 + 정비 일수 + 휴지 일수

Ⅲ. 가동 일수 저하 요인

① 천재, 악천후, 나쁜 지질 등의 불가항력적인 요인
② 우발적인 기계 고장, 정비
③ 재해 사고
④ 장시간 작업 대기
⑤ 재료 공급 대기
⑥ 작업원의 질병 및 휴업
⑦ 발주자 지시에 의한 대기
⑧ 근로 쟁의

Ⅳ. 가동 일수 향상 방안

① 정비 점검 철저
② 소모성 부품 여유 확보
③ 기사 및 보조 기사 항시 현장 상주
④ 최신 장비 현장 입고

18 Crusher 장비 조합

[99중(20)]

Ⅰ. 정의

① Crusher란 건설 공사현장에서 원석을 파쇄하여 골재를 생산하는 기계로서 석산에서 원석을 채취하여 1차, 2차, 3차 Crusher를 거치는 동안 요구되는 입경의 골재를 얻을 수 있다.

② Crusher는 큰 하중과 진동, 충격, 분진 등이 발생하는 기계로 현장 설치시 여러 가지 조건 등을 고려해야 하며, 부속 장비의 조합에도 특히 유의하여 선정해야 한다.

Ⅱ. 장비 조합시 고려사항

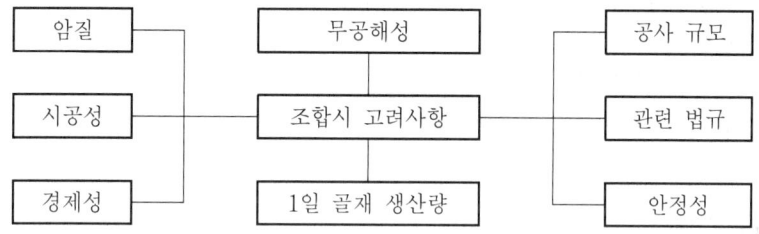

Ⅲ. 장비 조합

1. 1일 생산량 300ton/hr 기준시

1) Feeder
   ① 용도
      쇄석기나 선별기 등에 채취 원석을 연속적으로 정량 공급하는 기계로 체인 Feeder, 에어프론 Feeder, 진동 Feeder, 벨트 Feeder 등이 있다.
   ② 규격
      2,130×5×5,490 mm, 37 kW

2) Jaw Crusher
   ① 용도 : 원석을 1차 파쇄하는 쇄석기로서 기계적인 방법으로 쇄석판을 반복 압쇄하여 원석을 파쇄하는 기계
   ② 규격
      1,070×1,370 mm, 150 kW

3) 진동 스크린
   ① 용도 : 진동을 이용하여 1차 쇄석기에서 나온 골재를 입자별로 선별하는 기계

② 규격

2,130×4,880 mm, 15 kW

4) 금속 감지기

분쇄된 골재에서 금속류를 선별해 내는 기계

5) Cone Crusher

① 용도 : 1차 쇄석기를 통과한 골재를 보다 적은 입경의 골재로 생산할 때 사용하는 기계로서 2차 쇄석기계

② 규격

250×1,520 mm, 110 kW

6) Conveyor

① 용도 : 스크린에 의해 분리된 각 입자를 종류별로 다음 작업장 또는 적치장으로 이동시키는 기계

② 규격 : 현장 여건에 맞추어 길이, 경사를 조정하여 사용

7) 동력 설비

장비 가동을 위한 발전설비

8) 집진기

9) 공기 압축기

Ⅳ. 조합 원칙

① 작업 능력 균형 유지

② 조합 작업의 감소

③ 조합 작업의 중복화

19 임팩트 크러셔(Impact Crusher)

[04전(10)]

Ⅰ. 정의

① Impact Crusher는 쇄석기의 1차 파쇄기로서 회전축에 충격판을 부착하여 고속 회전시켜서 원석에 큰 충격을 주어 파쇄하는 기계이다.

② 쇄석기의 종류에는 1차 파쇄기, 2차 파쇄기, 3차 파쇄기로 나눌 수 있으며, 쇄석기가 암석을 파쇄하는 정도는 파쇄비로 나타낸다.

Ⅱ. Crusher의 종류

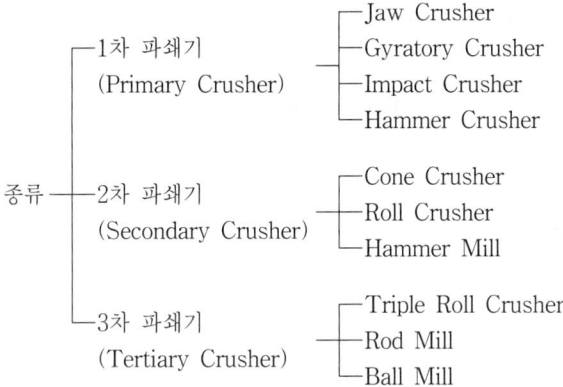

종류
- 1차 파쇄기 (Primary Crusher)
  - Jaw Crusher
  - Gyratory Crusher
  - Impact Crusher
  - Hammer Crusher
- 2차 파쇄기 (Secondary Crusher)
  - Cone Crusher
  - Roll Crusher
  - Hammer Mill
- 3차 파쇄기 (Tertiary Crusher)
  - Triple Roll Crusher
  - Rod Mill
  - Ball Mill

Ⅲ. Impact Crusher의 특성

① 회전수 변동으로 조골재 및 세골재 생산

② 각이 적은 입방체 골재 생산

③ 마모가 특히 심함

Ⅳ. Crusher에서 파쇄할 때 사용하는 힘

① 압축력(Compression) ② 휨(Bending)

③ 충격(Impact) ④ 전단(Shear)

⑤ 비틀림(Torsion) ⑥ 마찰력(Abrasion)

Ⅴ. 용도

① 소규모 사리(자갈)플랜트

② 각형의 입형 수정작업

20   준설선의 종류

[00중(10)]

Ⅰ. 정의

    ① 준설(Dredging)이란 수로나 항로의 수심을 확보하기 위하여 해저나 하저의 토사를 제거하는 것을 말한다.

    ② 준설을 하는 작업선을 준설선(Dredger)이라 한다.

Ⅱ. 준설선의 종류

```
                       ┌ 펌프 준설선(Pump Dredger)
              ┌ 연속식 ─┼ 버킷 준설선(Bucket Dredger)
              │        └ 호퍼 준설선(Drag Suction Dredger)
    준설선 ───┤
              │         ┌ 그래브 준설선(Grab Dredger)
              └ 불연속식 ┤
                        └ 디퍼 준설선(Dipper Dredger)
```

Ⅲ. 준설선 선정시 고려사항

    ① 토질   ② 준설토량

    ③ 준설 심도   ④ 사토장의 조건

    ⑤ 기타(기상조건, 경제성, 시공성, 환경조건 등)

Ⅳ. 준설선의 적용토질 및 특징

준설선형	적용 토질	장 점	단 점
펌프 준설선	• 연질 또는 사질토사 • 비교적 단단한 토사에도 많이 적용 • 자갈섞인 토사	• 호퍼가 있는 대형 준설선이 많다. • 니토의 준설 능력이 우수 • 단가가 저렴하다.	• 암석이나 단단토질 적용 곤란 • 송토관이 파토에 의해 파손 가능 • 숙련을 요한다.
버킷 준설선	• 토사나 자갈, 자갈섞인 토사에 적합 • 많은 양의 준설 • 연질의 연암	• 대규모 공사 적합 • 단가가 비교적 저렴하다. • 기상조건의 영향이 적다.	• 단단 암반 적용 곤란 • 닻을 옮길 때 작업 중단
그래브 준설선	• 토사, 자갈섞인 토사에 적합 • 부분 준설 적합	• 협소한 장소의 준설 • 소규모 준설량에 적합 • 장비, 기구 간단, 경제적	• 준설능력이 적다. • 해저면 평탄작업 곤란
디퍼 준설선	• 단단토질 적용 • 자갈섞인 토사 • 연질의 연암	• 기계고장이 적다. • 굴착력이 크다.	• 계속 준설이 되지 않으므로 능력이 저하 • 운전에 숙련을 요함

21 호퍼 준설선(Trailling Suction Hopper Dredger)

[07전(10)]

Ⅰ. 정의

① 호퍼 준설선은 대규모 항로 준설에 사용하는 것으로, 드래그 석션 준설선(Drag Suction Dredger)이라고도 한다.

② 흡입관 하단의 Drag Head를 통하여 해저 토사를 펌프로 끌어올려 선체의 호퍼에 해저 토사가 가득 채워지면, 이를 토사장까지 자주식으로 운반하여 토사방출 Pipe를 통해 사토하거나 매립지에 펌프로 배송한다.

Ⅱ. 구조도

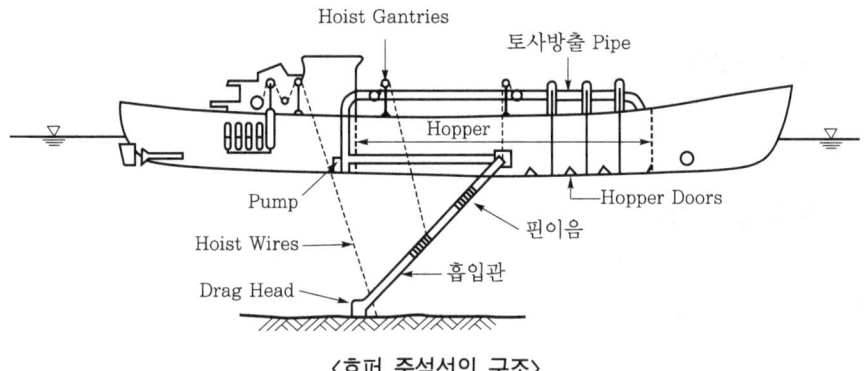

〈호퍼 준설선의 구조〉

Ⅲ. 특징

① 해저의 토사를 준설 펌프로 흡입하여 운반, 배송하는 작업선이다.

② 파랑의 영향을 받지 않아 능률이 좋다.

③ 자력 이동이 가능하여 다른 선박의 운항에 지장을 주지 않는다.

④ 토운선 등의 부속선이 필요없다.

⑤ 대규모 확폭, 충담공사와 하천공사 등의 대량 준설공사에 적합하다.

⑥ 선조비가 고가이며, 현재 8,000 ton급과 10,000 ton급이 개발되었다.

Ⅳ. 준설선의 종류

① Pump Dredger

② Bucket Dredger

③ Drag Suction Dredger(호퍼 준설선)

④ Grab Dredger

⑤ Dipper Dredger

22 | 준설토 재활용 방안

[11중(10)]

Ⅰ. 정의

준설토는 항만, 하천 등의 바닥을 굴착하여 발생되는 토사로써, 환경 오염이 없도록 재처리하여 농경지와 콘크리트 분야 등에 활용되고 있다.

Ⅱ. 준설토의 분류

① 점토　　　　　　　② 점토 + 모래

③ 모래　　　　　　　④ 모래 + 자갈

⑤ 자갈

Ⅲ. 준설토의 유보율

$$유보율 = \frac{유보량(준설토량 - 유실토량)}{준설토량} \times 100(\%)$$

Ⅳ. 준설토 재활용 방안

준설토는 환경오염이 발생하지 않도록 처리과정을 거쳐서 활용하여야 함.

1) 농경지 리모델링

　① 하천 주변의 농경지에 우선 활용

　② 상습 침수 지역 및 객토로 활용

　③ 농경지의 토량 개량용

2) 골재 매각

　① 선별 기계에 의한 골재의 분류

　② 골재 시장의 수급 상황을 감안하여 단계적 판매중

3) 토목용 건설 재료

　① 도로의 보조기층용 자갈

　② 보도 블록, 보차도 경계석

　③ 연약지반처리에 활용

4) 항만, 하천용 콘크리트 제품 제작

　소파 블록, 중공 블록 등 각종 블록

5) 하천 정비 사업

　① 하천제방 축조

　② 생태 공업 조성 등

6) 고강도 콘크리트 제작

　① 하수 슬러지를 이용한 고강도 콘크리트의 제작

　② 수중 콘크리트 공사에 활용 가능

23 운반, 양중기

Ⅰ. 정의

① 건설 공사에 있어서 운반이 차지하는 비중은 대단히 크며, 토공사에는 토사 운반, 골조 및 마감 공사에서는 자재 운반이 주요 작업이 된다.

② 최근 구조물이 대형화됨에 따라 양중 기계 또한 대형화·고능률화·안전성이 우수한 기계를 요구하게 되었다.

Ⅱ. 양중기의 분류

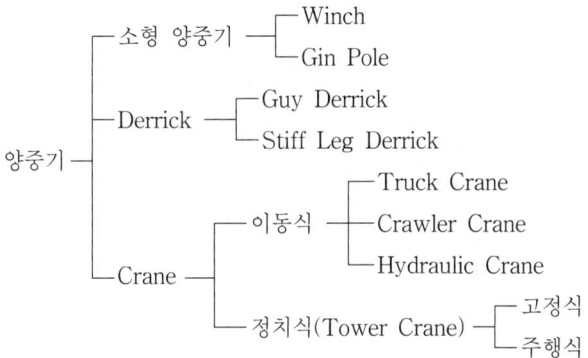

Ⅲ. 운반 기계의 종류

1) Bulldozer

트랙터에 장치된 삽날(Blade)로 지표면을 평행으로 굴삭하면서 운반

2) Scraper

단독으로 굴삭·적재·운반·부설 등의 작업을 연속적으로 수행

3) Dump Truck

가장 많이 사용되는 운반 기계로서 장거리 운반이 가능

4) Belt Conveyor

시공 관리상의 안정성이 보장됨으로 현장내 골재 운반에 많이 사용

Ⅳ. Crane의 특성

1) 이동식 Crane

현장내 이동의 제한을 받지 않으나, 작업 능률과 안정성이 떨어진다.

2) 정치식 Crane(Tower Crane)

Jib의 회전 반경내에서만 작업이 가능하나 작업 능률이 좋다.

24 | Tower Crane

Ⅰ. 정의

① 최근 구조물이 대형화로 인하여 양중기계 또한 대형화·기계화·고성능화가 요구되고 있다.

② Tower Crane 설치시는 Mast 고정을 위한 기초 시공 및 당김줄 고정이 매우 중요하며, 이 부분이 견고하지 않으면 대형 사고의 우려가 크다.

Ⅱ. Tower Crane 구조도

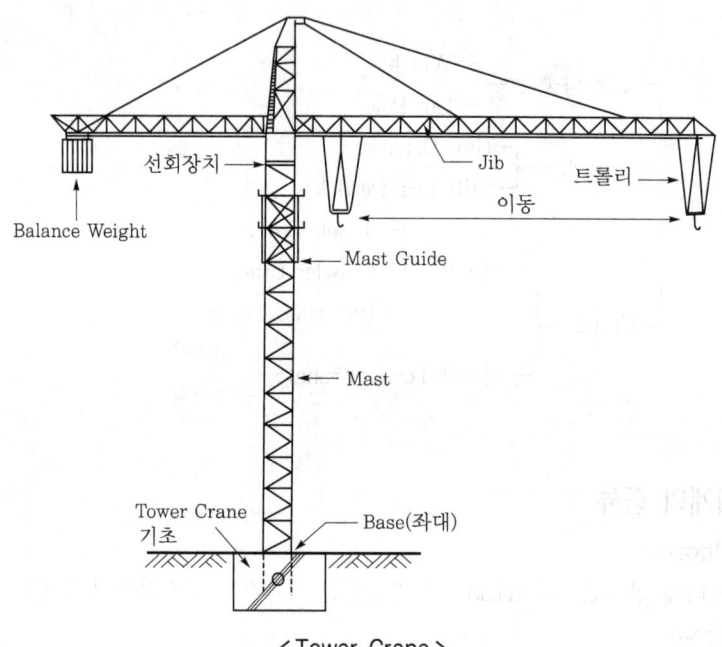

선회장치

Balance Weight

Jib

트롤리

이동

Mast Guide

Mast

Tower Crane 기초

Base(좌대)

< Tower Crane >

Ⅲ. 종류별 특성

1) 설치 방식에 의한 분류(Mast 기초의 이동 여부에 따라)

① 고정식 : 콘크리트, 철골 등의 기초면에 Base를 고정

② 주행식 : Tower Base 밑에 차량을 정착하여 Rail 위를 주행하거나, Tire 또는 Crawler를 장치하여 이동이 가능

2) Climbing 방식에 의한 분류(Climbing시 Base의 상승 여부에 따라)

① Crane Climbing 방식

㉮ 크레인 본체와 Mast가 함께 상승하면서 Base도 상부로 이동

㉯ Mast가 적으므로 고층 빌딩에 유리

② Mast Climbing 방식

㉮ 기초에 Base를 고정하고 Mast Guide 안에서 Segment Mast를 연결

㉯ 클라이밍 중량이 작아도 되며, 단시간 내에 상승할 수 있음

3) Jib 형식에 의한 분류(Jib의 기상(起狀) 여부에 따라)

① 경사 Jib : Jib을 들어올리면 작업 반경이 바뀌는 것으로 대형 크레인에 사용

② 수평 Jib : 수평 Jib의 Trolley가 수평으로 이동하여 작업 반경을 바꿈

Ⅳ. Tower Crane의 능력

① 시방(示方)은 감아올리는 능력(t), 최대 작업 반경(m), 최대 양정 및 타워 높이 (m), 감아올리는 속도(m/분), Jib의 길이(m), 자중 등으로 표시한다.

② 능력은 일반적으로 하중 모멘트(t·m=감아올리는 능력×최대 작업 반경)로 한다.

③ 45~200 t·m가 보통 채용되고 있으며, 100 t·m 이상을 대형 Tower Crane으로 칭한다.

Ⅴ. 배치 계획

① 가능한 한 평탄지로 선정

② Crane의 작업 반경이 건물 배치의 중심이 되는 곳

③ 타 공정의 작업에 지장을 주지 않는 곳

Ⅵ. Mast 기초 시공

① 상부 하중에 견딜 수 있는 구조(지반의 부등 침하 방지)

② 기초판의 크기는 2×2m 이상, 두께는 1.5m 이상

③ 기초판에 매입되는 앵커의 매립 깊이는 1m 이상

Ⅶ. Mast 고정 방식

① Wall Anchoring 방식 : 구조체의 벽에 고정

② Wire Anchoring 방식 : 당김줄(Wire Rope)로 지면에 고정

Ⅷ. 안전 사고 요인

① 기초 Base(좌대)의 강도 부족

② Wire Rope의 파손 및 Joint부 불량

③ 안전 장치 미점검

25 Lease(리스)

Ⅰ. 정의

① Lease란 법률적 용어로 부동산 또는 동산의 소유자가 임대인으로 사용료를 대가로 임차인에게 사용 또는 점유를 인정하는 제도이다.

② 건설업에서는 기계나 장비의 임대에 주로 이용하며, 사용 기간에 따라 Lease · Rental · Charter로 구분한다.

Ⅱ. 분류

분류

Finance Lease
- Lease 업체가 보유하지 않은 특정 장비
- Lease 업체에서 특정 장비를 구입하여 대여
- 사용자의 사용 기간이 정해져 자유 해약 난해

Operating Lease
- Lease 업체가 보유한 장비를 대여
- 사용자의 통보로 자유 해약 가능

Ⅲ. 특징

① 자금의 고정화를 막아 효율적인 운용을 기대한다.

② 업체의 관리 · 정비 등의 합리화에 의한 경비 절감을 도모한다.

③ 기계의 노후, 부식에 대처한다.

④ 담보 물건이 불필요하다.

Ⅳ. 건설 분야에서의 리스(Lease)

1) 리스(Lease)

① 1~2년의 장기간 임대하는 것을 말한다.

② 임차인은 사용 기계나 설비에 대한 운전자(조작자)가 있어야 한다.

③ 기계 · 설비의 정비 · 수리는 임대 업체에서 행한다.

④ 특수한 대형 기계에 주로 적용된다.

2) 렌탈(Rental)

① 월(月) 또는 그 이하 단위로 비교적 단기간에 임대하는 것을 말한다.

② 운전자는 계약 여부에 따라 조정된다.

③ 유지 · 수리는 임대 업체에서 한다.

④ 운전이 간단한 장비에 적용된다.

3) 차터(Charter)

① 운전자와 함께 시간 또는 일(日) 단위로 임대하는 것을 말한다.

② 건설 분야의 일반적인 중기 임차시 사용한다.

Ⅴ. Lease, Rental, Charter의 비교

구 분	Lease	Rental	Charter
임대기간	길다.(1~2년)	비교적 짧다.(월 단위)	짧다.(일 또는 시간)
기계운전자	필요하다.	계약 여부에 따라 다르다.	필요없다.
적용기계	특수 장비	일반 장비	일반 장비
정비·수리	임대 업체에서 한다.	임대 업체에서 한다.	임대 업체에서 한다.

Ⅵ. 개발 방향

1) 조직의 정비
   ① 사용자는 기계·장비의 공동 구입을 위한 Lease 업체와의 가격 협상이 필요하다.
   ② 장기 임대의 경우 임차인은 운전자가 필요하므로 미리 대비해야 한다.
2) 경쟁 원리
   Lease 업체의 경쟁으로 인한 장비의 근대화 및 업체 체질 개선
3) 전문화
   기계·설비의 분야별로 전문화한 업체의 필요

26 건설기계 관련용어

1) 공기 압축기(Air Compressor)
   ① 대기압 이상의 압축 공기(보통 $1 \sim 2\,kgf/cm^2$ 이상)를 만드는 기계
   ② 압축 기구에 따라 용적식 압축기와 터보식 압축기로 대별되며 건설공사에서는 $7\,kgf/cm^2$ 이하의 왕복형, 회전형의 용적식이 많다.
   ③ 용도에 따라 정치식과 가반식, 구조에 따라 수냉, 공냉, 유냉, 1단 압축, 2단 압축 등으로 분류된다.

2) 그라우팅 펌프(Grouting Pump)
   ① Cement, Bentonite, Asphalt, 약액 등을 주재로 한 그라우트제를 암반이나 지반 내에 주입하여 간극 충진, 고결 보강, 지수를 하거나, Prepacked 공법에서 Mortar 주입을 위한 기계
   ② 형식으로 피스톤 펌프, 플런저 펌프, 로터리 펌프 등이 있으며 피스톤 펌프는 가장 일반적으로 사용되고 있는 것으로서 토출량과 토출압을 넓은 범위에서 선정할 수 있다.

3) 어스 오거(Earth Auger)
   ① Screw Auger의 상단에 전동 또는 유압 구동장치를 장착한 것을 오거 리더(Auger Leader)에 정착하고 회전시켜 지반을 착공하기 위한 기계를 말한다.
   ② 사용 기종의 대부분은 크롤러 형식으로 되어 있으며 3륜 트럭, 4륜 트럭으로 짜여진 것과 트럭 프레임으로 짜여진 것 등이 있다.

4) 콘크리트 진동기(Concrete Vibrator)
   ① 혼합한 콘크리트에 진동을 주어 혼합, 운반, 타설 중에 섞여진 공기를 추출하여, 치밀하고 강도 높은 콘크리트를 제조하고, 표면의 마무리 등을 하기 위한 기기이다.
   ② 콘크리트 속에 진동기를 삽입하여 직접 주위에 진동을 주는 내부 진동기, 형틀을 통해 간접적으로 진동을 주어 다지는 형틀 진동기, 주로 콘크리트 제품의 제조에 사용하는 테이블 진동기 등으로 분류된다.

5) 항타선(Piling Barge)
   ① 수상 구조물의 말뚝이나 널말뚝을 설치하기 위한 항타기를 장비한 작업선이다.
   ② 항타선의 선정시 말뚝의 길이, 중량, 사용 해머의 형식, 망루의 높이, 감아올리는 능력, 가이드 폭 등을 검토한다.

기적과 신앙

예수님의 비유 가운데 부자와 나사로의 이야기가 있는데 부자는 음부에 가서 뜨겁고 목이 타는 고통을 받는 중에 아브라함에게 간청하기를 나사로를 환생 부활시켜 자기 집에 보내어 생존한 형제 다섯 명에게 증거해서 사후의 고통을 면하게 해 달라고 했다. 아브라함이 대답하기를 저들이 모세와 선지자의 말을 믿지 아니하면 비록 죽은 자가 살아나서 증거할지라도 믿지 않는다고 단정해서 말했다.(눅 16:19~31)

다시 말하면 성경과 전도자의 증언을 듣지 않는 사람은 최대 기적인 죽은 형제가 살아나서 증언해도 권함을 받지 않는다는 뜻이다.

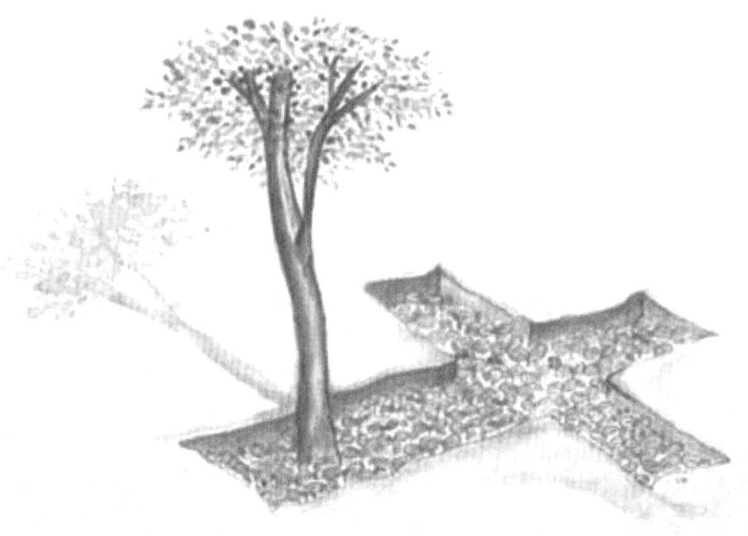

제2장 ▶ 기초

흙막이공 과년도 문제

1. Trench Cut 공법 [05후(10)]

2. Pile Lock [02전(10)]

3. Slurry Wall 공법 [96후(20)]

4. 지하 연속벽(Slurry Wall) [97중후(20)]

5. 지하 연속벽(Diaphram Wall) [07중(10)]

6. 지중 연속벽의 가이드 월(Guide Wall)의 역할 [94후(10)]

7. 지하 연속벽의 Guide-Wall [01중(10)]

8. 벤토나이트 [00중(10)]

9. Cap Beam Concrete [95전(20)]

10. 침투수력(Seepage Force) [12전(10)]

11. 유선망(Flow Net) [99전(20)]

12. 유선망 [02전(10)]

13. Boiling 현상 [87(12)]

14. Boiling 현상 [99중(20)]

15. 퀵샌드(Quick Sand) 현상 [98후(20)]

16. Quick Sand 현상 [02전(10)]

17. 분사 현상(Quick Sand) [06후(10)]

18. Piping 현상 [00중(10)]

19. 히빙(Heaving) 현상 [07전(10)]

20. 히빙(Heaving) 현상 [11전(10)]

21. 부력과 양압력의 차이점 [08전(10)]

22. 부력과 양압력 [16전(10)]

23. 지수벽 [08후(10)]

24. 지반 굴착시 근접 구조물의 침하 [99후(20)]

25. 정보화 시공 [98중후(20)]

26. Earth Anchor [82후(17)]

27. 앵커체의 최소심도와 간격 [10중(10)]

28. 토사지반에서의 앵커의 정착길이 [13전(10)]

29. Soil Nailing 공법 [10후(10)]

1 흙파기 공법(Excavation Method)

Ⅰ. 정의

① 기초 공사를 하기 위해 땅을 파는 일을 흙파기라 하며, 흙파기 공사는 주변 지반의 침하가 발생하지 않도록 해야 하며 흙파기 공법은 지반 상태에 맞는 적정 공법을 선정해야 한다.

② 흙파기 공사에 앞서 지반 조사, 인접 구조물, 대지 주변 매설물 등에 대한 충분한 사전 조사가 필요하며, 흙파기 공법은 크게 모양에 의한 것과 형태에 의한 것으로 분류할 수 있다.

Ⅱ. 사전 조사

① 지하 구조체의 형태, 규모, 범위 등 설계 도서의 검토

② 입지 조건 파악

③ 지하수 및 지반 상황 조사

Ⅲ. 공법의 분류

1. 모양에 의한 분류

1) 구덩이 파기

2) 줄 기초 파기

3) 온통 파기

2. 형식에 의한 분류

1) Open cut 공법
   ① 비탈면 Open Cut 공법
   ② 흙막이 Open Cut 공법

2) Island Cut 공법

3) Trench Cut 공법

4) 지하 연속벽 공법
   ① 벽식 공법
   ② 주열식 공법

5) Top Down 공법

6) Caisson 공법

2 Open Cut 공법(온통 파기)

I. 정의

기초 파기에 있어서 구조물 밑부분을 온통 파내는 것으로, 종류에는 비탈면 Open Cut 공법과 흙막이 Open Cut 공법이 있다.

II. 종류

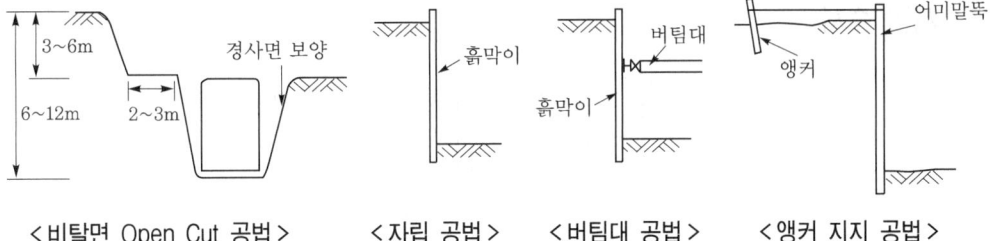

< 비탈면 Open Cut 공법 >　　　< 자립 공법 >　　　< 버팀대 공법 >　　　< 앵커 지지 공법 >

1. 비탈면 Open Cut 공법

1) 흙파기를 하고자 하는 비탈면에 사면의 안전을 확보하고 기초 파기를 하는 공법으로 경사면 보호, 배수로, 집수정 등을 설치하는 경미한 터파기 공법

2) 특징
   ① 지보공 흙막이가 없으므로 경제적
   ② 시공에 제약을 받지 않기 때문에 공기가 단축
   ③ 넓은 부지가 필요하며 깊은 굴착시 토량 증가로 비경제적

2. 흙막이 Open Cut 공법

1) 붕괴의 우려가 있는 흙의 이동을 흙막이에 의해 지지시키면서 굴착하는 공법

2) 특징
   ① 부지 전체의 구조물 구축으로 내지의 활용도 양호
   ② 반출 토사 감소
   ③ 흙막이 지보공으로 작업의 장애

3) 분류
   ① 자립 공법 : 배면토 측압을 흙막이 벽체의 자립에 의해 지지하면서 흙파기하는 공법
   ② 버팀대 공법(Strut 공법) : 붕괴의 우려가 있는 흙의 이동을 버팀대로 지지하는 공법
   ③ 앵커 지지 공법(Tie Rod Anchor 공법) : 흙막이 외부의 지표면을 이용하여 고정 지지 말뚝을 박고 어미 말뚝을 당김으로써 흙의 붕괴에 저항하는 공법

3 Island Cut 공법

Ⅰ. 정의

① 흙막이벽이 자립할 수 있는 만큼의 비탈면을 남기고 중앙부를 먼저 흙파기한후 구조물을 축조하고 경사 버팀대 혹은 수평 버팀대를 이용하여 잔여 주변부를 흙파기하여 구조물을 완성시키는 공법이다.

② 비탈면 Open Cut 공법과 흙막이 Open Cut 공법의 장점을 살린 공법이다.

Ⅱ. 시공 순서

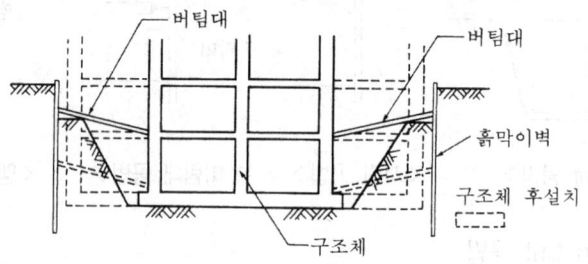

< Island Cut 공법 >

① 흙막이벽 설치
② 흙막이벽이 자립할 수 있는 만큼의 비탈면을 남기고 중앙 부분 굴착
③ 중앙부 구조물 축조
④ 중앙부 구조물에 버팀대를 설치하고 외주 부분 굴착
⑤ 외주 부분 구조물을 중앙부 구조물과 연결하여 지하 구조물 완성

Ⅲ. 특징

① 얕은 지하 구조물로 기초 범위가 넓은 공사에 적당
② 대지 전체에 구조물 구축 및 지보공(버팀대) 절약
③ 연약 지반에서는 비탈면 관계로 깊은 굴착 부적당(깊이 10 m 이내)
④ 지하 공사 2회 실시로 공기가 길어짐

Ⅳ. Cantilever Cut 공법

1) Island Cut 공법에서 깊은 굴착에 사용되는 공법으로 중앙부의 구조물 시공 방법은 Island Cut 공법과 같으나 외곽 부분은 수평 버팀대 대신 G.L에서 구조체를 구축하여 그 구조체로 흙막이벽을 지지하여 상층에서 하층으로 작업을 진행해 가는 공법

2) 특징
① 공기 단축 및 지보공 절약
② 연약 지반에 있어서 Heaving 현상 방지

4 | Trench Cut 공법

[05후(10)]

Ⅰ. 정의

① 지반이 연약하여 Open Cut 공법을 실시할 수 없거나, 지하 구조체의 면적이 넓어 흙막이 가설비가 과다할 때 적용하는 공법이다.

② Island Cut 공법과 역순으로 흙을 파내는 공법이다.

Ⅱ. 시공 순서

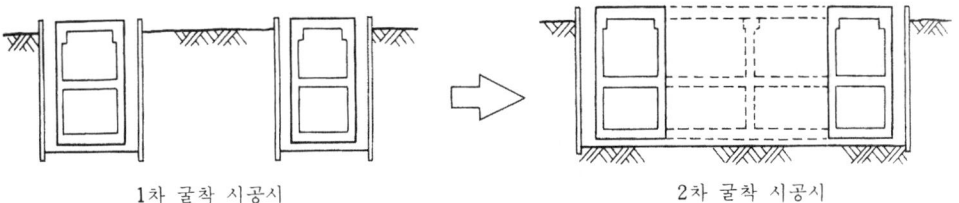

1차 굴착 시공시   2차 굴착 시공시

< Trench Cut 공법 >

① 외주 부분 흙막이벽 설치

② 외주 부분 굴착

③ 외주 부분 구조체 축조

④ 중앙부의 나머지 부분 굴착

⑤ 중앙부 구조물을 외주 부분 구조물과 연결하여 지하 구조물 완성

Ⅲ. 특징

① 중앙 부분 공간 활용 가능

② 버팀대의 길이가 짧아 변형이 적음

③ 흙막이벽(내측 흙막이벽)의 이중 설치로 비경제적

④ 깊은 굴착에 부적당

⑤ Island Cut 공법보다 공기가 길다.

Ⅳ. 적용

① 지반이 극히 연약하여 온통 파기가 곤란할 때

② Heaving 현상이 예상될 때

③ 굴착 면적이 넓어 버팀대를 가설하여도 변형이 심히 우려될 때

5   흙막이 공법

Ⅰ. 정의

① 흙막이 공법이란 흙막이 배면에 작용하는 토압에 대응하는 구조물로서 기초 굴
   착에 따른 지반의 붕괴와 물의 침입을 방지하기 위한 목적으로 토압과 수압을
   지지하는 공법을 말한다.

② 흙막이 공법은 공사의 규모, 공사 비용, 공사 기간, 토질 조건, 현장 여건 등을
   감안하여 적정한 공법을 채택하여야 하며 공법 분류상 크게 나누어 지지방식과
   구조방식으로 분류할 수 있다.

Ⅱ. 공법의 분류

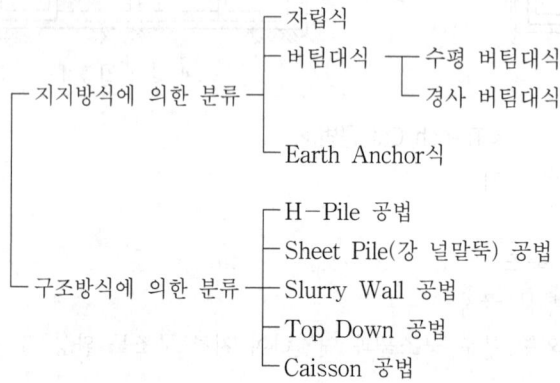

Ⅲ. 공법 선정시 고려사항

① 흙막이 해체 고려
② 구축하기 쉬운 공법
③ 안전하고 경제적
④ 주변 대지 조건 고려
⑤ 차수에 있어 수밀성이 높은 공법
⑥ 지반 성상에 맞는 공법
⑦ 강성이 높은 공법
⑧ 지하수 배수시 배수 처리 공법 적격 여부

6 버팀대식 흙막이 공법

Ⅰ. 정의

① 흙막이벽 안쪽에 띠장(Wale), 버팀대(Strut), 지지 말뚝(Support)을 설치하여 토압, 수압 등에 대하여 저항시키면서 굴착하는 공법이다.

② 버팀대 시공 방법으로 수평 버팀대 방식과 경사 버팀대 방식이 있다.

Ⅱ. 종류

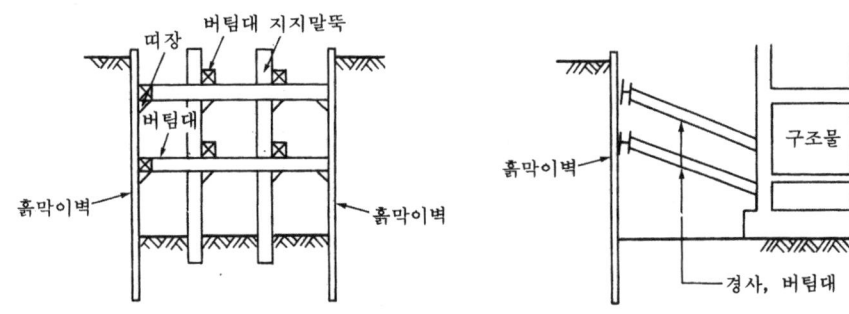

< 수평 버팀대식 흙막이 공법 >   < 경사 버팀대식 흙막이 공법 >

1. 수평 버팀대식 흙막이

  1) 정의

    주위에 흙막이 널말뚝을 박고 내부에 버팀대를 대면서 굴착을 진행하여 가는 공법

  2) 특징

    ① 버팀대식 공법으로 가장 많이 사용되는 공법

    ② 굴착면 전체 구조물 축조 가능

    ③ 경험이 풍부하고 공기가 짧음

    ④ 굴착 심도가 깊어지면 버팀대 설치수가 많아져 본 구조물 시공에 장애 초래

    ⑤ 굴착폭이 커지면 버팀대의 길이가 길어져 구조의 안전성이 저하되므로 보조 Pile을 설치하여 수평 변위 방지

2. 경사 버팀대식 흙막이

  1) 정의

    Island 공법처럼 중앙부를 먼저 굴착하고 본체를 구축한 후에 본체의 벽체에 경사지게 버팀대를 걸쳐 흙막이벽을 지지하면서 굴착하여 가는 공법

2) 특징
① 버팀대의 길이가 짧아 버팀대의 변형률이 적음
② 수평 버팀대식보다 가설비가 적게 듦
③ 대지의 고저차가 있는 경우나 한쪽에 커다란 적재 하중이 있는 경우 유리
④ 구조물의 형상이 복잡한 경우 유리

7 H-Pile 흙막이 공법

Ⅰ. 정의

① 일정한 간격으로 H-Pile(어미 말뚝)을 박고 기계로 굴토해 내려가면서 H-Pile 사이에 토류판을 끼워서 흙막이벽을 형성하는 공법이다.

② 대개 지하 5~6 m 규모의 공사에 많이 사용하며 띠장, 버팀대를 설치해야 한다.

Ⅱ. 특징

Ⅲ. 시공 순서

① 터 고르기(장비의 주행성 확보)

② 일정한 간격으로 어미 말뚝 설치(보통 1.5~2.0 m)

③ 굴착

④ 굴착해 내려가면서 동시에 어미 말뚝 사이에 토류판 설치

⑤ 띠장, 버팀대, 지지 말뚝 설치

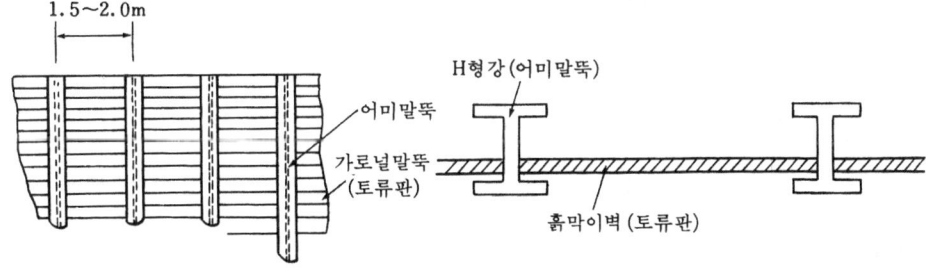

< H-Pile 흙막이 공법 >

8 | IPS(Innovative Prestressed Support) 공법

Ⅰ. 정의

IPS(Innovative Prestressed Support) 공법은 기존의 Strut(버팀보)를 사용하지 않고 IPS 띠장을 흙막이벽체에 운반하여 설치한뒤 PS 강선에 긴장력(Prestress)을 가하여 흙막이벽체를 지지하게 하므로써 굴착으로 인한 토압을 지지하는 공법이다.

Ⅱ. IPS 공법의 원리

Corner 버팀보에 설치된 정착 장치에서 PS 강선에 Prestress를 긴장하므로 인장력(P)에 의해 발생된 반력(Reaction)으로 흙막이벽체를 지지하는 원리이다.

 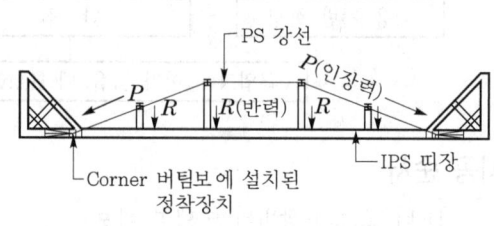

Ⅲ. 특징

① 다수의 버팀대로 인한 작업공간의 침해 방지
② 굴착 현장에서 중장비의 작업공간 확보로 작업 효율 향상
③ 본구조물 작업인 거푸집 및 철근 공사 용이
④ 사용 강재의 회수율이 높아 경제적
⑤ 가시설 설치 및 본구조물의 공기단축 가능
⑥ 띠장의 인장휨 파괴 방지로 안정성 증대
⑦ 강재량 및 작업 Joint 수 절감

Ⅳ. 적용

① 굴착 폭이 넓은 지반으로 버팀대의 설치 및 지지가 어려울 경우
② 지중 매설물의 손상을 최소화하는 작업
③ 굴착 공사시 지반의 변형을 최소화하여 인근 구조물에 피해를 줄이는 경우
④ 지하수의 영향으로 Earth Anchor 시공이 불가능한 경우(H-pile+Earth Anchor 지지 방식의 경우)
⑤ 도심지 공사

9 Steel Sheet Pile 공법(강 널말뚝 공법)

Ⅰ. 정의

① 강재의 널말뚝을 연속해서 박아 수밀성이 있는 흙막이벽을 만들어 이것을 띠장, 버팀대로 지지하는 공법이다.

② 용수가 많고 토압이 크고 기초가 깊을 때 쓰이며 이음 구조로 된 U형, Z형, I형 등의 강널 말뚝을 연속하여 지중에 관입한다.

Ⅱ. Steel Sheet Pile 종류

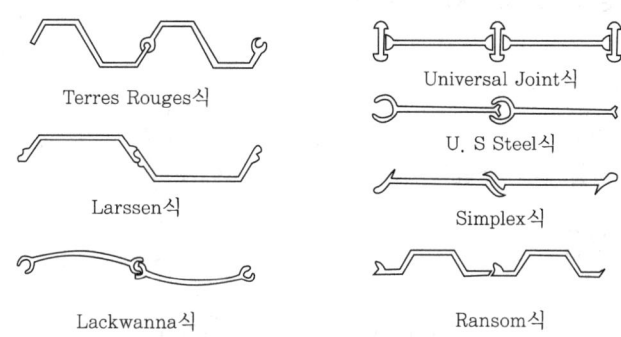

Terres Rouges식

Universal Joint식

Larssen식

U. S Steel식

Simplex식

Lackwanna식

Ransom식

< Steel Sheet Pile 공법 >

① Terres Rouges식   ② Universal Joint식
③ U.S Steel식   ④ Larssen식
⑤ Simplex식   ⑥ Lackwanna식
⑦ Ransom식

Ⅲ. 특징

1) 장점
   ① 지하수위가 높은 연약 지반에 적합
   ② 차수성이 우수
   ③ 시공이 용이
   ④ 공사비가 저렴

2) 단점
   ① 근입 깊이를 깊게 하여 Heaving 방지
   ② 타입시 직타로 인한 소음, 진동 등의 공해
   ③ 자갈 섞인 토질에는 관입이 곤란
   ④ 휨이 크므로 버팀대의 설치가 지연 또는 설치 간격이 너무 넓으면 수평 변형 발생

10 Pile Lock

[02전(10)]

Ⅰ. 정의

① Pile Lock은 지하수가 높은 지반의 흙막이 가설 구조물로 널말뚝(Sheet Pile)을 사용할 때 널말뚝의 연결부에서 발생되는 누수를 차단시킬 목적으로 사용되는 지수재의 일종이다.

② 널말뚝 자체의 차수성으로 본 구조물 시공에 차질이 예상될 때 널말뚝 이음부에 뿜어 붙여서 시공하는 공법이다.

Ⅱ. 널말뚝에 사용하는 지수재의 종류

① Pile Lock
② 케미가드 U-1
③ Pile Gum
④ 아데카 울트라실(Seal)

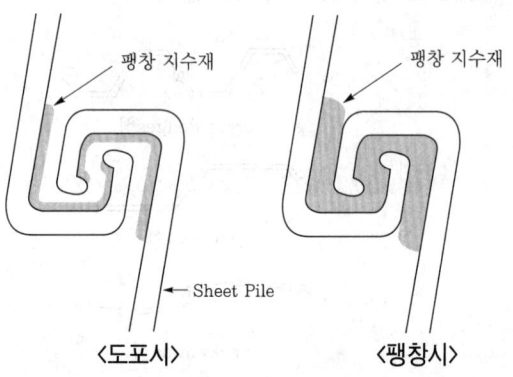

Ⅲ. Pile Lock 시공

1) 연결부 청소

Sheet Pile 연결부를 와이어 브러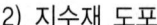시 등으로 이물질을 제거하고 깨끗하게 청소한다.

2) 지수재 도포

널말뚝 연결부에 분사기로 지수재를 도포하며 소규모 공사에서는 붓으로 바르기도 한다.

3) 양생

타입전 도포한 지수재가 널말뚝에 부착될 수 있게 충분한 시간(24시간) 양생시킨다.

4) 널말뚝 시공

타입된 널말뚝의 연결부에 침투수가 있을 때 48시간 이내 도포한 지수재가 10배 이상 팽창되어 연결부에서 누수 현상을 차단시킨다.

Ⅳ. 차수성에 영향 요인

① 널말뚝의 부식 정도　　② 연결부 청소 상태
③ 널말뚝의 변형 상태　　④ 시공에서의 경사 및 회전
⑤ 수질 및 수압

11 강관 널말뚝

Ⅰ. 정의

① 이음매 없는 나선형 용접을 하거나 겹이음 용접을 하여 제작된 강관에 서로 밀실하게 연결할 수 있는 장치를 이용하여 흙막이벽 또는 가물막이용으로 사용되는 강관을 말한다.

② 강관 널말뚝은 특히 교각 기초 공사, 교량 기초 보수, 지하 흙막이벽, 가물막이 등 작용하는 수압이 비교적 크게 작용하는 곳에 이용되는 가설 재료이다.

Ⅱ. 배치 형상

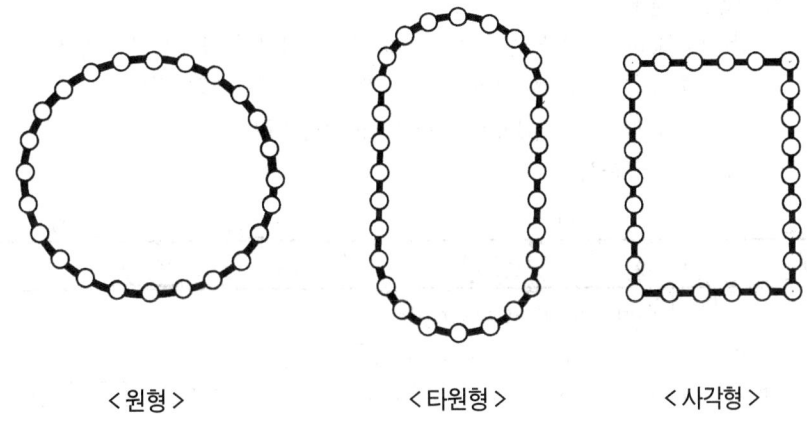

<원형>　　　　　<타원형>　　　　　<사각형>

Ⅲ. 강관 널말뚝 연결 구조

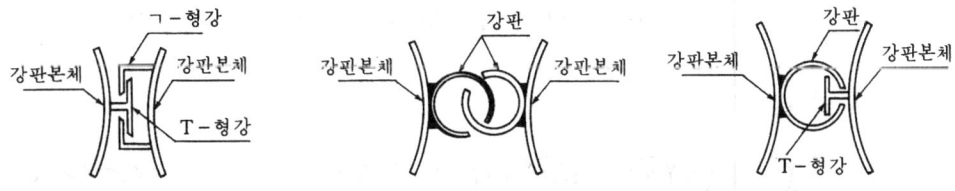

Ⅳ. 용도

① 지하 흙막이벽

② 가물막이

③ 수중 공사 가설 구조

④ 교량 기초 보수 공사

12 Slurry Wall(지하 연속벽) 공법

[96후(20), 97중후(20), 07중(10)]

I. 정의

① Slurry Wall 공법이란 지수벽, 구조체 등으로 이용하기 위해서 지하로 크고 깊은 트렌치를 굴착하여 철근망을 삽입후 Concrete를 타설한 Panel을 연속으로 축조해 나가거나, 원형 단면 굴착공을 파서 연속된 주열(柱列)을 형성시켜 지하벽을 축조하는 벽식·주열식 공법 등이 있으며 지하 연속벽이라고도 한다.

② 지하 흙막이 공법으로 지수성이 우수하고 영구 구조물로 사용이 가능하며 지하공사에서 안전성이 높은 최신의 흙막이 공법이다.

II. 공법의 종류

1) 벽식(壁式) 공법

① 안정액(Bentonite)을 이용하여 지하 굴착 벽면의 붕괴를 막으면서 연속된 벽체를 구축하는 공법으로 일반적으로 많이 사용하는 방법이다.

② 종류 : BW(보링 월 ; Boring Wall), ICOS, ELSE 등

③ Panel 시공 순서

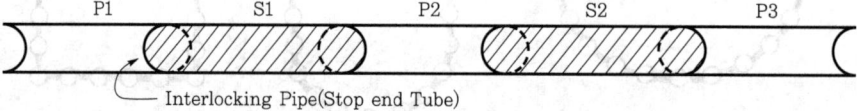

P1   S1   P2   S2   P3

└─ Interlocking Pipe(Stop end Tube)

● 첫번째 Panel은 P1→P2→P3 순서로 시공 〕────〔
● 첫번째 Panel은 S1→S2 순서로 시공, Stop end Tube는 사용치 않음 ▨

2) 주열식(柱列式) 공법

① 현장 타설 Con′c Pile을 연속적으로 연결하여 지중에 주열식으로 흙막이벽을 형성하는 공법으로 말뚝 내에는 철근망, H-Pile 등을 박아 벽체를 보강한다.

② 종류 : SCW, ICOS, Earth Drill, Benoto, RCD, Prepacked Pile(CIP, PIP, MIP) 등

③ 주열의 배치 방식

<접점 배치>   <겹침형 배치>   <어긋매김 배치>   <혼합 배치>
                    (Overlap)   (Zigzag)

III. 용도

① 가설 흙막이 벽, Dam의 차수벽   ② 지하철, 지하도 등의 외벽
③ 구조물 기초용   ④ 공동구, 암거의 외벽

13 벽식 Slurry Wall(Diaphram Wall) 공법

Ⅰ. 정의

① 벽식 Slurry Wall 공법이란 지수벽, 구조체 등으로 이용하기 위해서 지하로 크고 깊은 트렌치를 굴착하여 철근망을 삽입한후 Concrete를 타설한 Panel을 연속으로 축조해 나아가는 벽식 공법이다.

② 굴착 공벽의 붕괴 방지를 위해 Bentonite 안정액을 사용하며 저소음·저진동 공법으로 차수성이 우수하고 안전성 확보가 용이한 공법이다.

Ⅱ. 시공 순서 Flow Chart

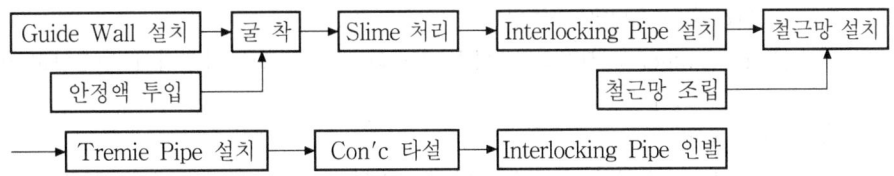

Ⅲ. 특징

① 소음, 진동이 적다.
② 벽체의 강성이 크다.
③ 차수성이 높다.
④ 지반 조건에 좌우되지 않는다.
⑤ 주변 지반에 대한 영향이 적다.
⑥ 공사비가 고가이다.
⑦ Bentonite 이수(泥水) 처리가 곤란하다.
⑧ 굴착 중 공벽의 붕괴 우려가 있다.

Ⅳ. 시공시 주의사항

① 굴착 기계의 수직도 유지 및 시공 오차는 100 mm 이내
② 굴착시 선단부는 교란되기 쉬우므로 시공 속도를 조정하여 천천히 시공
③ Slime은 구조체의 질을 떨어뜨리는 요인이 되므로 Slime 처리 철저
④ 기계 인발을 빨리 진행할 경우 지반 붕괴 현상이 발생하므로 천천히 인발
⑤ Bentonite 용액 관리를 철저히 하여 공벽 붕괴를 방지
⑥ Slime은 건설 공해 물질이므로 분리 시설 및 건조 처리하여 철저히 관리

14 주열식 Slurry Wall 공법

Ⅰ. 정의

현장 타설 Con′c 말뚝을 연속적으로 연결하여 지중에 주열식으로 흙막이벽을 형성하는 공법으로, 말뚝 내에는 철근망, H-Pile 등을 박아 벽체를 보강한다.

Ⅱ. 종류

1) SCW(Soil Cement Wall)
   ① 흙(Soil)에 직접 Cement Paste를 혼합하여 현장 콘크리트 Pile을 연속시켜 지하 연속벽을 만드는 공법이다.
   ② 3축 Auger로 하나의 Element를 조성하여 그 Element를 반복 시공함으로써 지하의 연속벽을 구축한다.
   ③ 1축 Auger를 사용하는 MIP 공법의 개량형으로 차수성이 우수하고 공기 단축에 유리하다.

2) ICOS 공법
   Earth Drill 공법과 유사한 공법으로, ICOS사가 개발한 특수한 Boring Bit로 말뚝 구멍을 하나씩 걸러서 천공한후 Con′c를 타설하는 공법

3) Earth Drill 공법(Calweld 공법)
   회전식 Drilling Bucket으로 필요한 깊이까지 굴착하고, 그 굴착공에 철근망을 삽입하고 Con′c를 타설하여 지름 1~2 m 정도의 대구경 제자리 말뚝을 만드는 공법

4) Benoto 공법(All Casing 공법)
   케이싱 튜브를 요동 장치(Osillator)로 왕복 요동 회전시키면서 유압 잭으로 경질의 지반까지 관입 정착시킨후 그 내부를 해머 그래브로 굴착하여 공내에 철근망을 세운 후 Con′c를 타설하면서 케이싱 튜브를 뽑아내어 현장 타설말뚝을 축조하는 공법

5) RCD(Reverse Circulation Drill) 공법
   리버스 서큘레이션 드릴로 대구경의 구멍을 파고 철근망을 삽입해서 Con′c를 타설하여 현장 말뚝을 만드는 공법

6) Prepacked Concrete Pile
   ① CIP 말뚝(Cast-In-Place Pile) : 지중에 구멍을 뚫고 철근망을 삽입한 다음 자갈을 채운후 주입관을 통해 Mortar를 주입하여 제자리 말뚝을 형성하는 공법
   ② PIP 말뚝(Packed-In-Place Pile) : 중공의 Screw Auger로 소정의 깊이까지 회전시키면서 굴착한 다음 프리팩트 Mortar를 압출시키면서 제자리 말뚝을 형성하는 공법
   ③ MIP 말뚝(Mixed-In-Place Pile) : Auger의 회전축대는 중공관으로 되어 있고 축 선단부에서 시멘트 페이스트를 분출시키면서 토사와 혼합 교반하여 만드는 일종의 Soil Con′c 말뚝

15 ICOS 공법

I. 정의

① ICOS 공법이란 특수 Boring Bit 또는 Clamshell로 굴착하면서 Bentonite 용액을 순환시켜 굴착 벽면의 붕괴를 방지하고 철근망을 삽입하여 원형(지름 0.4~1.0 m) 또는 장방형(1.8~5 m×0.6~0.8 m)의 Con′c 벽체를 지중에 축조하는 공법이다.
② 이태리의 ICOS(Impresa Construzioni Opere Specializzate)사의 특허 공법이다.

II. ICOS 공법의 분류

1. 비트 공법(Bit Method ; 주열식)

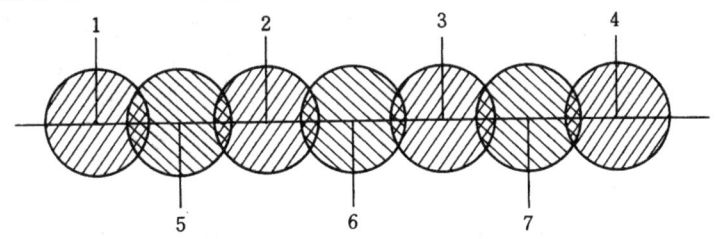

1) Earth Drill 공법과 유사한 공법으로, ICOS사가 개발한 특수 Clamshell로 말뚝 구멍을 하나씩 걸러서 천공한후 Con′c를 타설하는 공법이다.

2) 시공 순서

① ICOS사가 개발한 특수 Bit로 말뚝 구멍을 하나씩 걸러서 천공한다.(1, 2, 3, 4순)
② 천공시 공벽 붕괴 방지를 위하여 안정액을 사용한다.
③ 천공된 말뚝 구멍에 Tremie 관을 이용하여 콘크리트를 타설하며, 콘크리트 타설전 철근망을 삽입하는 경우도 있다.
④ 말뚝과 말뚝 사이의 구멍을 천공한다.(5, 6, 7순)
⑤ 천공된 말뚝 구멍에 Tremie관을 이용하여 콘크리트를 타설한다.

2. 크램셸 공법(Clamshell Method ; 벽식)

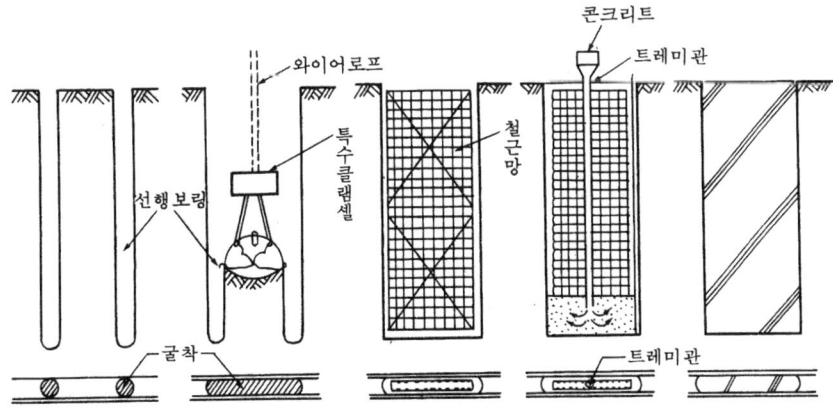

< ICOS Clamshell 공법의 시공 순서 >

1) Slurry Wall과 유사한 공법으로 ICOS사에서 개발한 특수한 Clamshell로 굴착하여 지중에 길이 1.8~5 m, 두께 0.6~0.8 m의 연속 벽체를 형성한다.
2) 시공 순서
   ① 벽의 Panel 양쪽에 선행 Boring을 한다.
   ② 이때, 공벽 붕괴 방지를 위해 안정액을 사용한다.
   ③ 선행 Boring 사이로 특수 Clamshell을 삽입하여 중앙 부분을 굴착한다.
   ④ 굴착 완료후 철근망을 삽입한다.
   ⑤ Tremie관을 이용하여 콘크리트를 타설한다.

Ⅲ. 특징

① 무소음·무진동 공법이다.　　② 모든 토질에 적용이 가능하다.
③ 차수성이 높다.　　④ 주변 지반에 대한 영향이 적다.
⑤ 공사비가 고가이다.　　⑥ 굴착중 공벽 붕괴의 우려가 있다.

Ⅳ. 용도

① 흙막이벽　　② 지수벽
③ 지하 구조물의 지하 벽체　　④ Dam, 제방의 누수 방지벽

Ⅴ. 시공시 유의사항

① 굴착시 수직도 체크
② 구멍내 수위가 지하 수위보다 높게 유지하여 공벽 붕괴 방지
③ 기계 인발을 천천히 하여 지반 이완 방지
④ Slime 처리의 철저로 선단 지지력 확보
⑤ Con'c 타설시 재료 분리 방지
⑥ 유동성이 큰 고강도 Con'c 사용
⑦ 지질에 맞는 안정액 선택 및 신선한 안정액과 교체
⑧ Bentonite 분리 시설 및 건조 처리로 공해 관리 철저

16 지하 연속벽의 가이드 월(Guide Wall)의 역할

[94후(10), 01중(10)]

Ⅰ. 정의

① Guide Wall이란 지하 연속벽을 시공하기 위한 선행 작업으로 지표면의 붕괴 방지, 벽체의 수직도 유지 기준 등 지하 연속벽의 시공 정도를 높일 목적으로 설치하는 구조물이다.

② 특히 Guide Wall은 지중 매설물 조사 및 하수 처리와 지표면 보호 역할 및 흙막이 시공의 평면 위치 결정 등 중요한 역할을 한다.

Ⅱ. Guide Wall의 형태

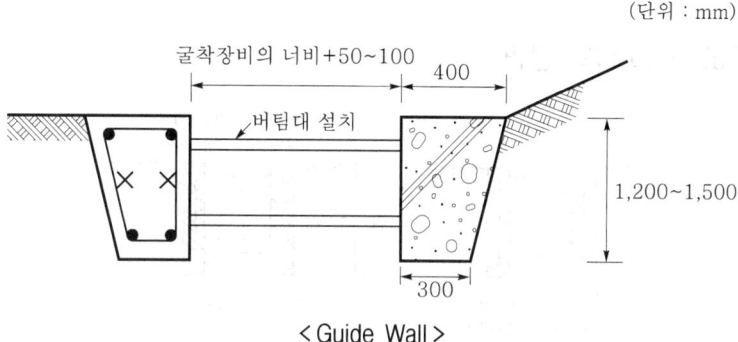

< Guide Wall >

Ⅲ. Guide Wall의 역할

1) 평면 위치 결정
   평면상 연속벽의 시공 위치 결정

2) 굴착 척도
   굴착시 벽체의 수직도 유지 및 굴착 기계의 Guide 역할

3) 인접 구조물 보강
   내·외측 부분 토압 방지

4) 위치 보호
   굴착 장비의 사용에 따른 구조물의 위치 보호

5) 철근망 지지
   철근망 삽입시 수직도 유지

6) 장비 거치대
   Interlocking Pipe 인발시 장비를 거치할 수 있는 작업대 역할

7) 지표 붕괴 방지
   지표수의 유입을 차단함으로써 지표면의 붕괴를 방지

Ⅳ. Guide Wall 시공시 유의사항

① 굴착 장비의 충격에 견딜 수 있도록 견고해야 한다.

② 굴착기 및 굴착중 변형 방지를 위해 버팀대를 설치한다.

③ Guide Wall의 폭은 벽 두께보다 50~100 mm 크게 한다.

④ Guide Wall의 강성을 확보하여 파괴를 방지한다.

⑤ Guide Wall의 밑넣기를 확보하여 변형을 방지한다.

⑥ 지표면이 경사일 때 높은 쪽과 낮은 쪽을 같은 높이로 시공한다.

⑦ Guide Wall은 최소한 지하 수위보다 안정액 수위를 1.0~1.5 m 이상 높게 유지하도록 설치한다.

⑧ 직각 부분 및 Round 부분은 굴착기의 형태 및 크기를 고려하여 시공한다.

⑨ 설치된 Guide Wall 상부 표면에 각 Panel의 위치 및 단위 굴착 위치를 정확하게 표기한다.

Ⅴ. 각종 Guide Wall의 단면

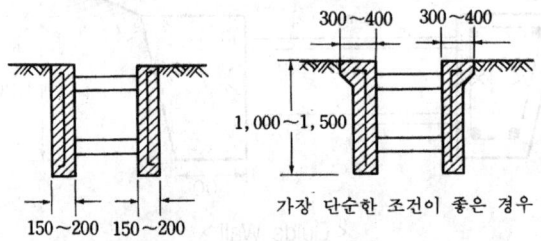

< 지반 조건이 좋은 경우 >

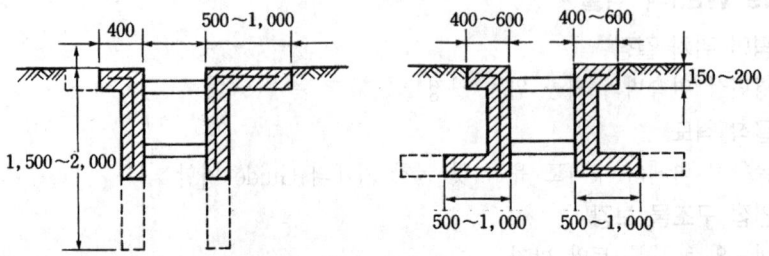

< 지표부의 지반이 약한 경우 >

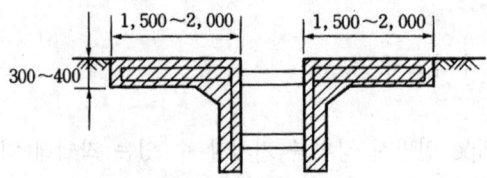

< Guide Wall에 걸리는 재하중이 큰 경우 >

17 안정액(Stabilizer Liquid)

Ⅰ. 정의

① 굴착 공사중 굴착 벽면의 붕괴를 막고 지반을 안정시키는 비중이 큰 액체를 총칭하여 안정액(安定液)이라 한다.

② 안정액은 지반의 상태, 굴착 기계 및 공사 조건 등에 적합한 안정액을 사용하여야 하며, 안정액 관리가 허술하면 사고의 발생 원인이 되므로 안정액 관리를 철저히 하여야 한다.

Ⅱ. 안정액의 요구 성능

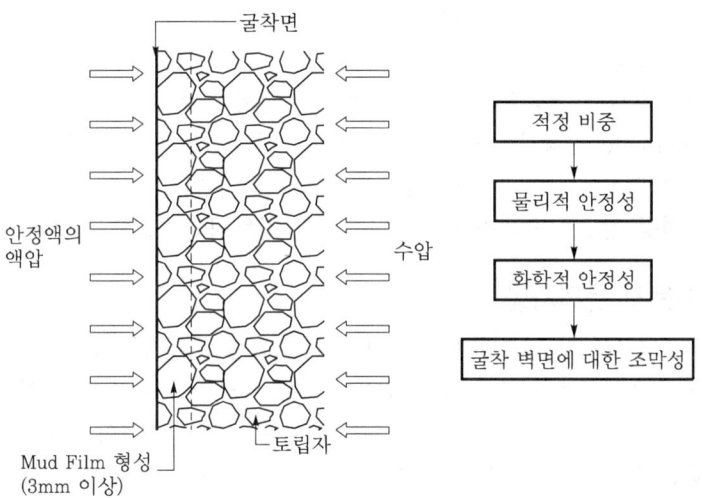

Ⅲ. 목적

① 장기간에 걸친 굴착면 유지 능력으로 굴착 벽면의 붕괴 방지

② 현장 Con'c를 중력 치환할 수 있게 하는 낮은 점성

③ 흙의 간극을 Gel화 하여 굴착면의 흙입자를 지탱

④ 지반으로부터의 지하수 유입과 지반에서의 안정액 유출을 막아 보호막 형성

Ⅳ. 안정액의 분류

1) Bentonite 안정액

① Bentonite는 점토 광물의 하나로 응회암, 석영암 등의 유리질 부분이 분해하여 생성된 미세 점토로 물을 흡수하여 크게 팽창하는 성질이 있다.

② 좋은 Bentonite란 100 cc의 물에 8 g의 Bentonite를 혼합했을 때 침전하지 않아야 한다.

③ 굴착 지반중에 응집이 일어나 물의 이동과 지반의 붕괴 방지

2) CMC(Carboxy-Methyl Cellulose) 안정액

　① CMC란 펄프를 화학적으로 처리하여 만든 인공 풀로서 물에 혼합하면 쉽게 녹아 점성이 높은 액체가 된다.

　② 혼합량은 물 100 cc에 대해 0.1~0.5 g이다.

　③ 반복 사용이 가능하나 비중이 높은 안정액을 만들 수 없다.

3) Bentonite · CMC 혼합 안정액

　CMC 용액에 Bentonite를 2~3% 혼합한다.

4) 폴리머(Polymer) 안정액

　① 친수성 고분자 화학물로서 물에 용해되어 점성을 나타내는 것으로 전분, 알긴산, 소다, 한천, 고무, 젤라틴 등이 있다.

　② 굴착시 혼입되는 토사는 Bentonite계보다 쉽게 분리된다.

　③ 시멘트 염분에 의한 오염이 적다.

5) 염수 안정액

　① 해수에 의해 안정액의 오염이 우려될 때 상황에 따라 해수 또는 염수를 사용한다.

　② Bentonite 안정액에서 필요한 성질을 얻을 수 없을 때 염수 중에서 점성이 높은 내염성 점토를 1~2% 정도의 농도로 첨가한다.

　③ 내염성 점토로 크리소 타일 점토, 화강 점토, Fe 몬모릴로나이트 등이 있다.

V. 안정액 사용시 유의사항

　① 안정액 농도가 옅으면 붕괴 발생률이 많고 농도가 너무 짙으면 Con'c와의 치환이 불완전하게 되므로 공사 조건에 따른 적당한 농도 유지를 해야 한다.

　② 지질, 지하수, 투수층, 공법 종류 등에 따라 결정되어져야 한다.

　③ 좋은 성질의 안정액을 사용해도 공사 기간 중에 그 성질을 측정하지 않으면 사고의 발생 원인이 되므로 비중, 점성, 여과성 등을 관리해야 한다.

18 Bentonite(벤토나이트)

[00중(10)]

I. 정의

① 자연 그대로 안정되어 있는 지반을 수직으로 굴착하면, 지반의 균형이 파괴되어 트랜치 벽면은 항상 붕괴의 우려가 생기므로 이에 대한 대책으로 안정액이 필요하다.

② 벤토나이트는 안정액의 일종으로 고밀도의 팽창성을 갖고 있어 지반을 굴착할 때 지반이 토압에 의해 붕괴되는 것을 방지한다.

II. 안정액 관리 시험

시험 항목	기준치		시험 기구
	굴착시	Slime 처리시	
비중	1.04~1.2	1.04~1.1	Mud Balance
점성	22~40초	22~35초	점도계
pH 농도	7.5~10.5		pH meter
Mud Film 두께	3 mm 이상	1 mm 이상	표준 Filter Press
사분율	15% 이하	5% 이하	Sand Content Tube

III. 벤토나이트의 성질

1) 비중
   ① 진비중 : 2.4~2.95
   ② 분체의 겉보기 비중 : 0.83~1.13
2) 액성 한계 : 330~590%
3) 6~12%의 용해시 pH : 8~10
4) 비표면적 : 80~110 m^2/g

IV. 기능

① 굴착 벽면을 안전히게 지지하여 붕괴 방지
② 굴착 벽면에 불침투막을 형성하여 물의 침입 방지
③ 굴착 토사의 분리
④ 굴착 벽면의 마찰 저항 감소

V. 특징

① 활성이 강해 팽윤하기 쉽고 점성을 얻기 쉽다.
② 콘크리트나 해수에 오염되기 쉽다.
③ 사용후 폐기하는데 분해 및 고형화하기가 어렵다.
④ 물을 함유하면 6~8배의 체적이 팽창한다.

제1절 흙막이공 · 317

19 Slime 및 Desanding

Ⅰ. 개요

모래의 함유율이 높으면 Con′c 강도 저하 및 Joint 부위에 Clearing 작업을 통해 제거된 이물질이나 Slime이 다시 부착되어 누수의 원인이 되므로, Trench 내의 안정액은 모래 함유율이 3% 이내가 될 때까지 계속 Desanding해야 한다.

Ⅱ. Slime

1) 수중 굴착시 굴착한 흙의 고운 입자가 안정액과 혼합되어 굴착 구멍 밑바닥에 가라 앉은 침전 물질을 말하며, 굴착 종료후 3시간 경과후 Slime 처리기로 제거한다.

2) 특징
① Slime 미제거시 침하 발생
② Joint 부위에 부착되어 벽체 누수의 원인
③ Con′c 타설시 치환 능력을 떨어뜨려 Con′c 강도 저하

Ⅲ. Desanding

1) 굴착이 완료된 Trench 내의 안정액은 Gel화 되어 Con′c 타설시 치환 능력을 떨어 뜨리고 많은 모래분이 혼입되어 Slime이 발생되며, 이 Slime이 퇴적되면 굴착 심 도를 유지 못하기 때문에 신선한 안정액과 교체시켜 주는 작업을 말한다.

2) 기능
① 모래 등의 혼입에 따른 Slime 발생 제거
② Joint 부위의 Clearing 작업 효과
③ Con′c 타설시 치환 능력의 저하 방지
④ Joint 부위 누수 방지

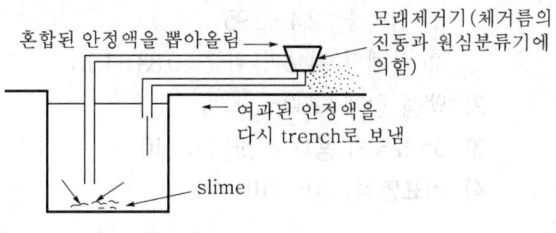

Ⅳ. 안정액 치환 방식

1) Suction Pump 방식
Tremie Pipe나 기타 유사한 Pipe를 굴착 저면까지 설치하고 지상의 Suction Pump로 흡입해서 안정액과 함께 Slime을 퍼올리는 방식

2) Air Lift 방식
Trench내에 Tremie Pipe를 설치한후 Nozzle을 부착한 Air Hose를 관내에 투입 하고 Compressor로 Air를 보내 그 반발력으로 돌아온 Air와 함께 안정액이 흡입 되어 나오는 방식

3) Sand Pump 방식
수중 Pump를 굴착 바닥까지 내려서 Pump로 직접 퍼올리는 방식

20 | Tremie관

Ⅰ. 정의

① 수중 Con'c 타설시 수직 Pipe(Tremie관)를 통해 Con'c 중량에 의해 안정액을 Con'c로 치환하는 역할을 한다.

② Tremie 공법은 수중 Con'c 타설시 굳지 않은 Con'c가 물과 접촉하게 되면 골재 분리 등 여러가지 문제점이 발생하기 때문에 최대한 물과 접촉하지 않도록 하기 위해 특수관을 이용하여 타설하는 기법이다.

Ⅱ. 종류

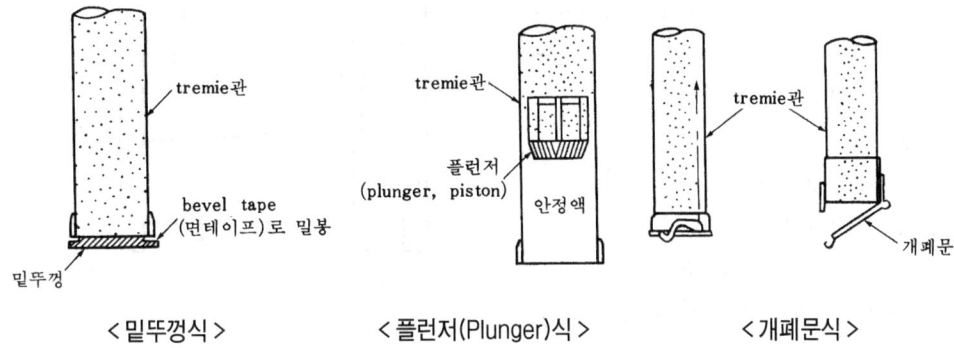

< 밑뚜껑식 >   < 플런저(Plunger)식 >   < 개폐문식 >

1) 밑뚜껑식

선단에 뚜껑을 만들어 Con'c 투입시 Tremie관을 조금 들어올리면 Con'c 중량에 의해 뚜껑이 자동적으로 제거되면서 Con'c 타설

2) 플런저(Plunger)식

Tremie관 투입구에 관경에 맞는 Plunger를 장착하여 Con'c를 투입하면 관내의 안정액을 배제하면서 Con'c 타설

3) 개폐문식

선단에 개폐문을 설치하고 Tremie관을 세워 Con'c를 채운후 선단을 개방하여 Con'c 타설

Ⅲ. Tremie 연결 방식

1) 플랜지(Flange) 연결 방식

① 수심이 깊고 대량의 Con'c를 타설할 때 사용

② 타설시 연결 부위로 물이 들어오는 것을 방지

③ 연결 부위가 견고하여 신뢰성이 높음

2) 소켓(Socket) 연결 방식

① 수심이 얕을 때 사용   ② 소량의 Con'c를 타설할 때 사용

21 | Cap Beam Concrete

[95전(20)]

Ⅰ. 정의

Cap Beam이란 Slurry Wall 상부 및 Pile 흙막이 상부를 마무리하기 위해 타설하는 테두리보 모양의 Con'c Beam을 말한다.

Ⅱ. Slurry Wall 상부의 Cap Beam

1) 역할

Slurry Wall 상부의 이물질 및 취약 Con'c를 Chipping하여 철근 배근 및 Shear Connector를 설치후 Con'c를 타설한 Beam을 말한다.

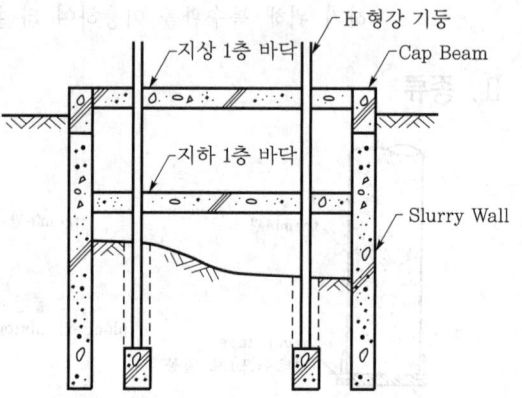

2) 특징
① Panel과 Panel의 연결
② 1층 바닥 수평 확보
③ 하중의 축선 일치

3) Cap Beam의 시공 과정
① 두부 정리
㉮ Slime이 혼입된 상부의 성능 저하 콘크리트의 제거
㉯ 두부 정리시 Guide Wall도 철거
㉰ 두부 정리 완료후 콘크리트 상판에 Cap Beam 설치
② Guide Wall의 철거
㉮ 원칙적으로 Slurry Wall 양쪽의 Guide Wall 모두 철거
㉯ Slurry Wall 안쪽(터파기쪽) Guide Wall은 즉시 철거

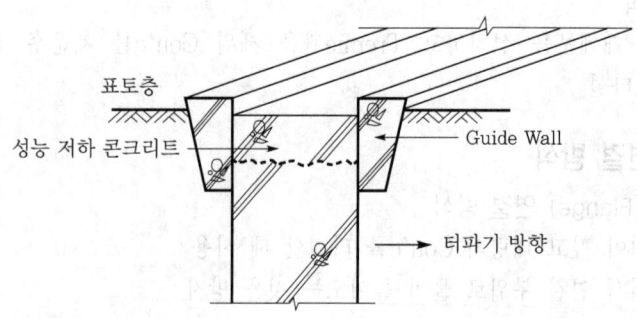

③ Cap beam 시공
㉮ 두부 정리시 Cap Beam 시공을 위한 Slurry Wall 상부의 Level 확보

　　　　　　ⓐ Slurry Wall 상부의 연속성 확보
　　　　　　ⓒ 상부 구조체의 수평 Level 확보
　　　④ 연결철근 처리
　　　　　　㉮ Slurry Wall과 수평 구조체(보, Slab)의 연결 철근 위치 확인
　　　　　　㉯ 연결 철근의 녹방지 대책 마련

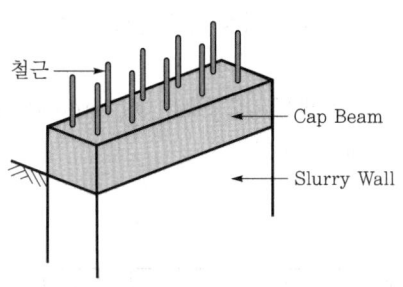
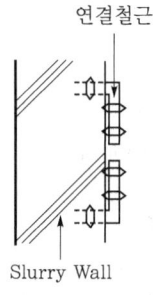
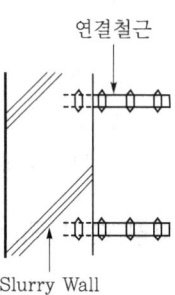

Ⅲ. Pile 상부의 Cap Beam

　1) 의의

　　Pile 흙막이 상부에 Pile 폭 1.5~2배 정도의 폭으로 철근 배근후 Con′c를 타설하여
　　연결한 Beam을 말한다.

　2) 역할

　　① 타설한 기성 Pile 상부에 하중이 작용할 때 각 Pile마다 등분포 하중을 받을 수
　　　있게 한다.
　　② Pile 상부에 축조된 구조물의 부등 침하를 방지한다.
　　③ Pile의 활동을 방지한다.

　3) 시공 방법

　　① Beam의 폭은 Pile 폭의 1.5~2배로 한다.
　　② Pile과 일체성이 확보되도록 한다.
　　③ Con′c 강도, 철근량 등의 규정을 준수한다.

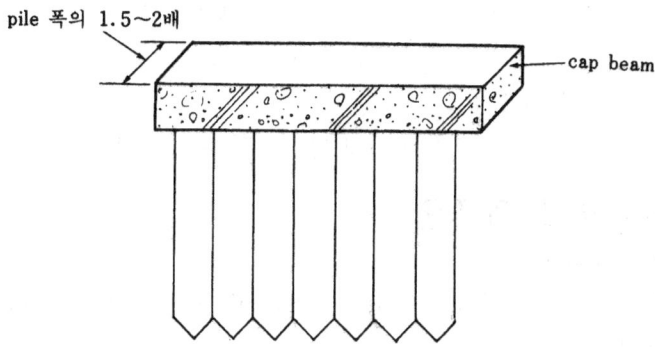

22 | Top Down 공법(역타 공법)

Ⅰ. 정의

① 흙막이벽으로 설치한 Slurry Wall을 본 구조체의 벽체로 이용하고 기둥과 기초를 시공한 다음 점차 지하로 진행하면서 동시에 지상 구조물도 축조해가는 공법이다.

② Top Down 공법에서 지하 바닥 Slab 시공 방법으로 Slab On Ground, Beam On Ground, Slab On Formwork Support가 있다.

Ⅱ. 시공 순서 Flow Chart

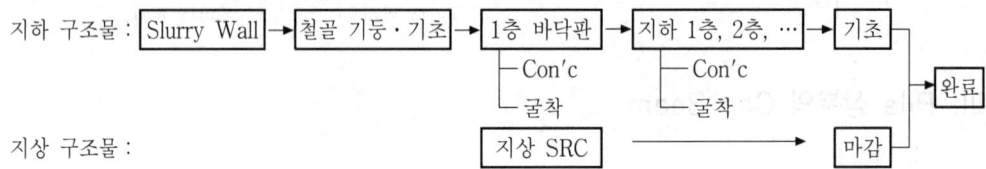

지하 구조물 : Slurry Wall → 철골 기둥·기초 → 1층 바닥판 ┬ Con'c └ 굴착 → 지하 1층, 2층, … ┬ Con'c └ 굴착 → 기초 → 완료

지상 구조물 : 지상 SRC → 마감

Ⅲ. 종류

1) 완전 역타 공법(Full Top Down Method)
   지하 각 층 Slab를 완전하게 시공하여 지하 연속벽의 지지로 주변 지반의 움직임을 방지하는 가장 안전한 공법

2) 부분 역타 공법(Partial Top Down Method)
   바닥 Slab를 부분적(1/2~1/3)으로 시공하는 공법

3) Beam & Girder식 역타(逆打) 공법
   지하 철골 구조물의 Beam과 Girder를 시공하여 지하 연속벽을 지지한후 굴착하는 공법

Ⅳ. 특징

① 지하·지상의 동시 시공으로 공기 단축이 용이
② 1층 바닥이 먼저 타설되어 작업 공간으로 활용 가능
③ 주변 지반에 대한 영향이 적음
④ 기둥, 벽 등의 수직 부재에 역 Joint 발생으로 마감이 곤란

Ⅴ. 바닥 Slab 시공 방법의 종류

1) Slab On Ground
   ① 바닥의 지반을 충분히 다짐하고 무근 Con'c 타설후 바닥 Con'c를 타설하는 방법이다.

② Slab 두께가 커지는 단점이 있다.

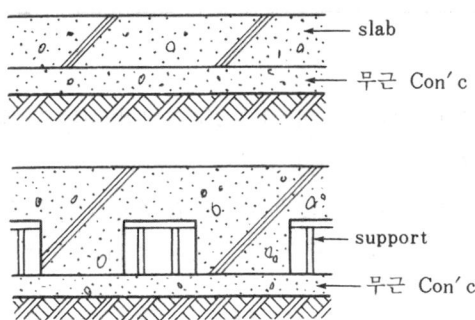

2) Beam On Ground
   ① Beam 하부를 지면에 닿게 하고 Slab 밑은 Support로 지지하는 방법
   ② Con′c 타설후 Beam 사이에 있는 Support와 Form의 해체가 어려움
3) Slab On Formwork Support
   ① 지반 아래에 작업 공간이 확보되는 깊이까지 Support로 지지하는 방법
   ② 시공이 편리하며 많이 사용

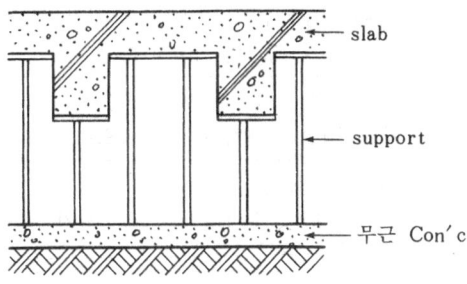

<Slab On Formwork Support>

VI. 시공시 유의사항
   ① 지하 연속벽 공사시 벽체의 수직도와 Panel Joint의 Slime 제거
   ② 기둥 및 기초 공사시 기둥의 수직도와 Buckling 점검
   ③ 연속벽과 기둥의 연결 철근(Dowel Bar)의 확인 시공
   ④ 이음부 처리에 세심한 주의
   ⑤ 지하 수위 유동과 지반 변위를 조사하여 안전하고 합리적인 시공 관리

23 │ SPS(Strut as Permanent System ; 영구 구조물 흙막이) 공법

Ⅰ. 정의

① Top Down 공법은 가설 Strut(버팀대) 공법의 성능을 개선하여 본구조체인 기둥, 보를 흙막이 버팀대로 활용하는 공법이다.

② SPS 공법은 Top Down 공법의 문제점인 지하공사시 조명 및 환기 부족을 개선하여 개발된 공법으로 근래에 시공 빈도가 가장 높은 공법이다.

Ⅱ. SPS 공법 특징

구 분	특 징
환기·조명	① 지하 공사시 철골만 설치하여 아래로 진행하므로 환기 양호 ② 최소한의 조명 시설로 작업가능하며, 나머지는 자연채광 이용 ③ Top Down 공법에 비해 지하 작업장의 환기·조명이 양호
구조적 안정	① 철골과 RC Slab가 띠장의 역할을 하므로 구조적으로 안정 ② 가설 Strut 해체시 발생하는 지반 이완현상 감소 ③ 가설 띠장 해체시 발생하는 지반 균열 방지
시공성	① 구조체 철골 간격이 가설재의 간격보다 넓어 작업공간 확보 ② 굴착공사용 장비의 작업성 향상
공기	① 기초 완료후 지상과 지하 동시 시공 가능 ② 가설 Strut의 해체 과정 생략으로 공기 감소
원가	① 가시설 공사비가 필요 없음 ② 공기 단축 및 시공성 향상으로 원가 절감
환경친화적	① 인접 지반에 대한 피해 감소 ② 폐기물 발생 저감

Ⅲ. SPS 공법의 분류

1) Up-Up 공법(Double Up 공법)

① 지하, 지상 구조물 공사의 동시 진행 가능(Up-Up 공법)

② 지하는 최하층 Slab부터 콘크리트 타설

③ 동시에 지상은 철골공사 진행

④ SPS 공법중 Up-Up 공법의 활용도 높음

2) Down-Up 공법

① 지하구조물 Slab 콘크리트 타설후 지상구조물 공사 진행

② 지하 및 지상 공사를 순차적으로 진행하므로 공기단축에 불리

③ 그러므로 Up-Up 공법에 비해 그 활용도가 낮음

24 SCW(Soil Cement Wall) 공법

Ⅰ. 정의

지하 연속벽 공법 중의 하나로 Soil에 직접 Cement Paste를 혼합하여 현장 Con'c Pile을 연속시켜 지중 연속벽을 완성시키는 공법으로 토류벽, 차수벽으로 이용한다.

Ⅱ. 공법의 종류

종 류	시공 방식
연속방식	3축 Auger로 하나의 Element를 조성하여 그 Element를 반복 시공함으로써 일련의 지중 연속벽을 구축시키는 방식
Element방식	3축 Auger로 하나의 Element를 조성하여 1개 공 간격을 두고 선행과 후행으로 반복 시공함으로써 지중 연속벽을 구축시키는 방식
선행방식	단축(1축) Auger로 1개공 간격을 두고 선행 시공한 후, Element방식과 동일한 시공법으로 지중 연속벽을 구축시키는 방식

Ⅲ. 특징

① 차수성이 우수하다.
② 공기 단축 및 공사비가 저렴하다.
③ 소음 진동 및 주변의 피해가 적다.
④ 시공 기술 능력에 따라 품질의 편차가 크다.
⑤ 토사 성질의 양부가 강도를 좌우한다.

Ⅳ. 시공 순서 Flow Chart

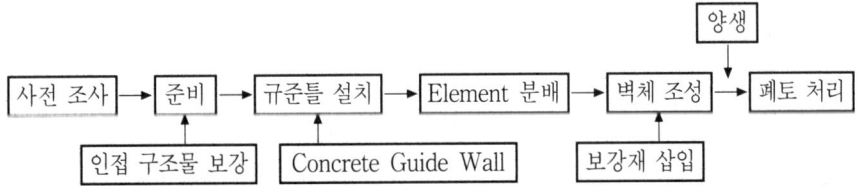

Ⅴ. 시공시 유의사항

① 근입장의 깊이는 1.5~2 m 유지
② Auger 설치시 Rod 수직도 체크
③ 지하수 이동 여부를 사전에 조사

25 흙의 투수성

Ⅰ. 정의

① 흙은 아무리 잘 다져져 있다 하더라도 간극은 그 이웃끼리 서로 연결되어 있으며, 연속되어 있는 간극 사이에 물이 흐를 수 있는 성질을 투수성이라 한다.

② 터파기 지반의 투수성은 배수 등의 공사에 중대한 영향을 주며, 투수성의 대소는 지하수위 아래의 기초 공사의 난이, 점토 지반의 압밀 침하 속도 등과 관련이 깊다.

Ⅱ. 다아시(Darcy)의 법칙

$$Q = kiA$$

Q : 침투 유량, k : 투수계수
t : 수두 경사(動水勾配), A : 단면적

Ⅲ. 토중수(Soil Water)

① 자유수(중력수) : 빗물이나 지표의 물이 지하에 투수하는 물로 지형과 기상에 따라 상하 이동한다.

② 흡착수(Absorbed Water) : 상온에서 흙입자의 표면에 생기는 물리화학적 작용에 의해 굳게 흡착되어 있는 물로 빙점이 낮고 표면 장력이 크다.

③ 화학수 : 원칙적으로 이동, 변화가 없고 공학적으로 흙입자와 일체로 본다.

Ⅳ. 토질별 투수성

1) 점토 지반

① 압밀 침하의 시간을 지배한다.

② 탈수 공법인 Sand Drain 공법, Paper Drain 공법, Pack Drain 공법 등이 관련이 있다.

2) 모래 지반

① 투수성이 크다.

② Well Point 공법이 투수성과 관련이 있다.

Ⅴ. 투수계수의 성질

① 투수계수가 큰 것은 투수량이 크고 모래는 점토보다 크다.

② 투수계수는 불교란 시료의 투수 시험 또는 현지에서 양수 시험에 의해 구할 수 있다.

Ⅵ. 투수계수에 영향을 주는 요인

입자의 모양, 크기, 간극비, 포화도, 간극수의 점성과 밀도, 흙의 구조

26 침투압(Seepage Pressure)

[12전(10)]

Ⅰ. 정의

① 침투압이란 투수계수가 큰 사질토 지반에서 임의의 두 점간의 수두차로 침투수가 흐를 때 침투수가 흙입자에 가하는 마찰력을 말한다.

② 침투압은 물의 단위중량에 두 점간의 수두차를 곱하여 구하며, 항상 물이 흐르는 방향으로 작용한다.

Ⅱ. 침투압(S) 산정식

$$침투압(S) = \gamma_w i Z = \gamma_w \frac{\Delta h}{Z} Z = \gamma_w \Delta h$$

γ_w : 물의 단위 중량

i : 동수 구배

Δh : 임의 두 점간의 수두차

Z : 심도

Ⅲ. 침투 방향에 따른 구분

구분 ┬ 침투가 없는 경우(정수위 상태, 침투압=0)
     ├ 하향 침투(하향 침투압 발생)
     └ 상향 침투(상향 침투압 발생)

Ⅳ. 산정 방법

① 피조메타로 직접 측정하는 방법

② 유선망으로 추정하는 방법

Ⅴ. 용도

① 양압력 산정

② Piping 판정

27 | 동수 구배와 한계 동수 구배

I. 동수 구배(Hydraulic Gradient)

1) 정의

동수 구배란 물이 수평으로 흐르는 경우 임의 두 지점의 전수두를 연결한 직선의 기울기를 말한다.

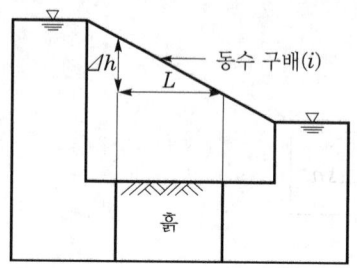

$$동수\ 구배(i) = \frac{전수두차(\Delta H_t)}{물이\ 통과한\ 거리(L)}$$

2) 전수두(H_t)

① 수리학적 $H_t = H_e(위치\ 수두) + H_p(압력\ 수두) + H_v(속도\ 수두)$

② 토질학적 $H_t = H_e + H_p = Z + \dfrac{U}{\gamma_w}$

Z : 기준면에서 임의의 점까지 거리

U : 간극 수압

γ_w : 물의 단위 중량

II. 한계 동수 구배(Critical Hydraulic Gradient)=한계 동수 경사

1) 정의

한계 동수 구배란 상향 침투압이 증가되어 분사 현상이 발생할 때의 동수 구배를 말한다.

2) 산정식

$$한계\ 동수\ 구배(i_{cr}) = \frac{G_s - 1}{1 + e}$$

여기서, G_s : 흙의 비중
e : 간극비

III. 용도

① 유출 속도 산정   ② 침투 유량 산정

③ 침투압 산정   ④ 침투 속도 산정

⑤ Piping 판정

28 | 유선망(Flow Net)

[99전(20), 02전(10), 10전(10)]

Ⅰ. 정의

흙 속으로 수위차에 의해서 물이 흐를 때 그 자취를 유선이라 하는데 각 유선에 따라 손실 수두가 동일한 위치를 연결한 등수두선에 의해 이루어진 곡선군을 말한다.

Ⅱ. 유선망 작도법

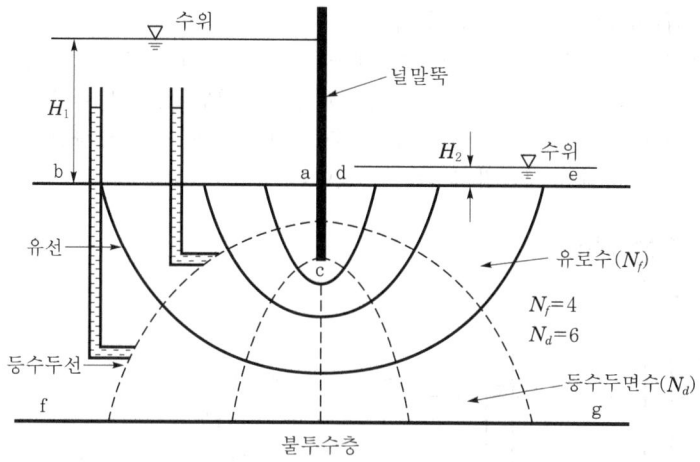

① 상단선 a−c−d와 하단선 f−g 사이를 적당히 분할하여 2~3개의 유선을 최대 및 최소의 a−b와 d−e에 직교하도록 매끄럽게 그린다.
② 이들 유선과 직교하면서 거의 정방형을 이루도록 몇 개의 등수두선을 그린다.
③ 수리학적으로 합리적이고 전체적으로 균형이 잡히도록 수정 보완하여 그림을 완성한다.

Ⅲ. 특징

① 인접한 2개의 유선 사이, 즉 각 유로의 침투 유량은 같다.
② 인접한 2개의 등수두선 사이의 수두 손실은 서로 동일하다.
③ 유선과 등수두선은 직교한다.
④ 유선망, 즉 2개의 유선과 2개의 등수두선으로 이루어진 사각형은 이론상 정사각형이다(내접원 형성).
⑤ 침투 속도 및 동수 구배는 유선망의 폭에 반비례한다.

Ⅳ. 목적

① 침투 유량 산정
② 임의 지점에서 간극 수압 추정

29 Boiling(Quick Sand ; 분사 현상)

[87(12), 98후(20), 99중(20), 02전(10), 06후(10)]

Ⅰ. 정의

① 사질 지반에서 지반 굴착시 흙막이벽의 배면 지하수위와 굴착 저면과의 수위차가 클 때 흙막이벽 내부로 침투한 침투수에 의하여 흙입자간의 유효 응력이 상실, 즉 전단 응력이 0이 될 때 굴착 저면을 통하여 지반토인 모래와 물이 분출하는 현상을 Boiling이라 하며 Quick Sand 또는 분사 현상이라 한다.

② Boiling이 발생함으로써 모래와 물이 분출하여 지반이 파괴되는 것을 보일링 파괴(Boiling Failure)라고 한다.

③ Boiling으로 인한 분출 현상이 계속되면 지반토가 분출되어 관상, 특히 Pipe 모양인 물의 통로(침투 유로)가 형성되는 것을 Piping이라 한다.

④ Boiling 발생은 수위차에 의한 동수 구배가 한계 동수 구배보다 크게 될 때 굴착면 바닥에서 모래가 분출되는 것이다.

Ⅱ. Boiling 발생 원리

1) 상향 침투

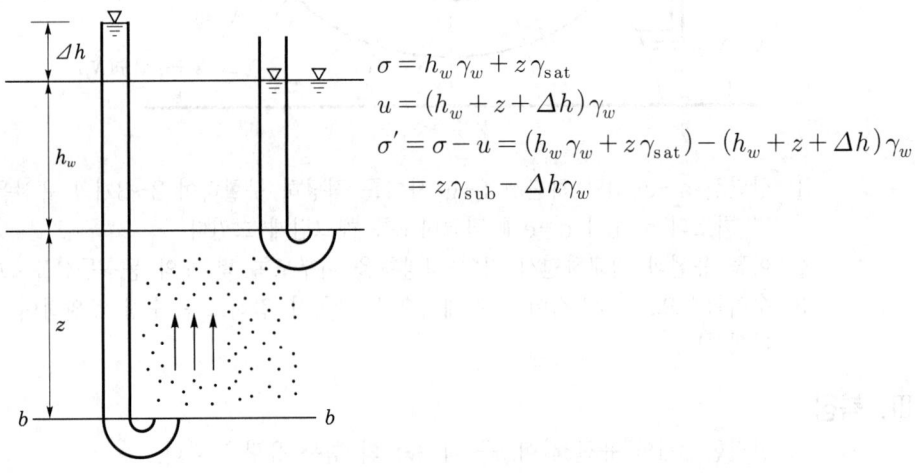

$$\sigma = h_w \gamma_w + z \gamma_{\text{sat}}$$
$$u = (h_w + z + \Delta h) \gamma_w$$
$$\sigma' = \sigma - u = (h_w \gamma_w + z \gamma_{\text{sat}}) - (h_w + z + \Delta h) \gamma_w$$
$$= z \gamma_{\text{sub}} - \Delta h \gamma_w$$

2) 한계 동수 경사

위의 식에서 유효 응력 σ'가 상실되어 0가 된다고 하면

$$z \gamma_{\text{sub}} - \Delta h \gamma_w = 0$$
$$z \gamma_{\text{sub}} = \Delta h \gamma_w$$

즉, $\dfrac{\Delta h}{z} = i_{cr} = \dfrac{\gamma_{\text{sub}}}{\gamma_w} = \dfrac{G_s - 1}{1 + e}$

유효 응력이 상실되어 0가 될 때 동수 경사(i)를 한계 동수 경사(i_{cr})라 하며 다음 식으로 나타낸다.

$$i_{cr} = \dfrac{G_s - 1}{1 + e}$$

3) Boiling 발생

동수 경사(i)가 한계 동수 경사(i_{cr})보다 크게 될 때, 즉 $i > i_{cr}$일 때 Boiling이 발생된다.

4) Boiling에 대한 안전율

$$F_s = \frac{i_{cr}}{i}$$

F_s가 1.5보다 커야 분사 현상이 일어나지 않는다.

Ⅲ. 발생 원인

① 흙막이의 근입장 깊이가 부족할 때
② 흙막이벽의 배면 지하수위와 굴착 저면과의 수위차가 클 때
③ 굴착 하부 지반에 투수성이 큰 모래층이 있을 때

Ⅳ. 방지 대책

① 흙막이의 밑둥을 깊이 박는다.
② 흙막이의 근입장을 불투수층까지 박는다.
③ Deep Well 공법, Well Point 공법 등에 의해 지하수위를 저하시킨다.
④ Sheet Pile 등의 수밀성 있는 흙막이를 설치한다.
⑤ 약액 주입 공법에 의해 지수벽 또는 지수층을 형성한다.

30 Quick Clay와 Quick Sand

Ⅰ. Quick Clay

1) 정의
① Quick Clay란 바다에서 퇴적되어 염분으로 면모 구조가 된 해성 점토가 담수의 영향으로 점토 성분중 염분이 빠져나가 이산 구조로 변한 연약한 점토를 말한다.
② 염분이 빠져나가면서 입자 사이의 결합력이 감소되어 압밀 침하가 크게 발생하며, 전단 강도의 감소가 크다.

2) Quick Clay의 판정 방법
① 교란된 지반 강도에 대한 자연 지반의 불교란 강도비인 예민비(S_t)로 판정한다.

$$S_t = \frac{q_u(\text{불교란 강도})}{q_{ur}(\text{교란 강도})}$$

② 예민비(S_t)가 8~64인 점토를 Quick Clay라 한다.

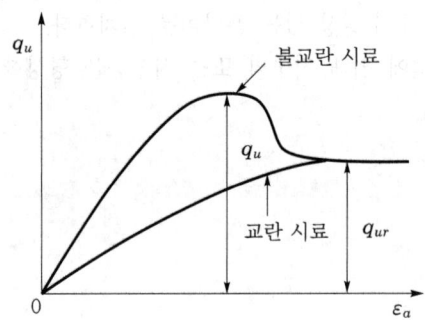

Ⅱ. Quick Sand(분사 현상)

1) 정의
① Quick Sand란 사질토 지반에서 수두차로 인해 상향 침투압이 발생하여 모래가 위로 분출하는 현상을 말한다.
② 분사 현상은 Boiling을 유발하게 하며 Piping의 원인이 되어 토류벽 붕괴 및 제방이 붕괴된다.

2) 분사 현상의 판정 방법
① 동수 구배(i)로 판정
동수 구배(i) > 한계 동수 구배(i_{cr}) : 분사 현상 발생
② 유효 응력(σ')으로 판정
침투압(S') > 유효 응력(σ') : 분사 현상 발생

Ⅲ. Quick Clay와 Quick Sand의 차이점

구 분	Quick Clay	Quick Sand
발생 원인	(면모 구조 $\xrightarrow{\text{용탈}}$ 이산 구조)	수두차
전단 강도 감소 원인	점토 구조 변환	구속 하중 감소
문제점	진행성 파괴 발생 유동화 발생	Piping 발생 액상화 현상
판정	예민비(S_t)=8~64	동수 구배, 유효 응력

31 Piping

[00중(10)]

Ⅰ. 정의

① Piping이란 사질 지반에서 흙막이 배면의 미립 토사가 유실되면서 지반내에 Pipe 모양의 수로가 형성되어 지반이 점차 파괴되는 현상을 말한다.

② 흙막이벽에서의 Piping 현상은 흙막이벽 배면에서 발생과 굴착 저면에서 발생하는 두 가지 양상을 보인다.

Ⅱ. 흙막이 배면 Piping

1) 정의

차수성이 적은 흙막이 공법에서 흙막이 배면의 지하수가 흙막이 벽으로 유출될 때 지반토가 유실되어 물의 통로를 형성할 때 발생된다.

2) 도해

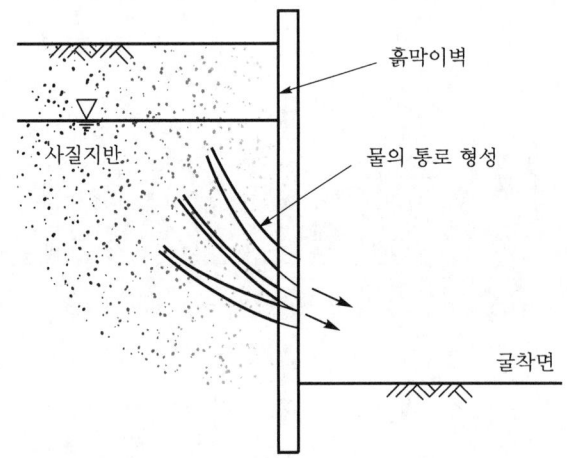

3) 발생 원인

① 지하수 과다

② 흙막이 배면 피압수 존재

③ 흙막이벽의 차수성 부족

4) 방지 대책

① 차수성 높은 흙막이 공법 시공

② 흙막이벽 밀실 시공

③ 지하수위 저하

④ 지반 고결

Ⅲ. 굴착 저면 Piping

1) 정의

사질 지반에서 흙막이벽 배면과 굴착 저면과의 수위차가 현저히 클 때 굴착 저면이 상향의 침투수에 의해 지반토와 함께 물이 분출하여 지반에 물의 통로가 형성되는 것을 말한다.

2) 도해

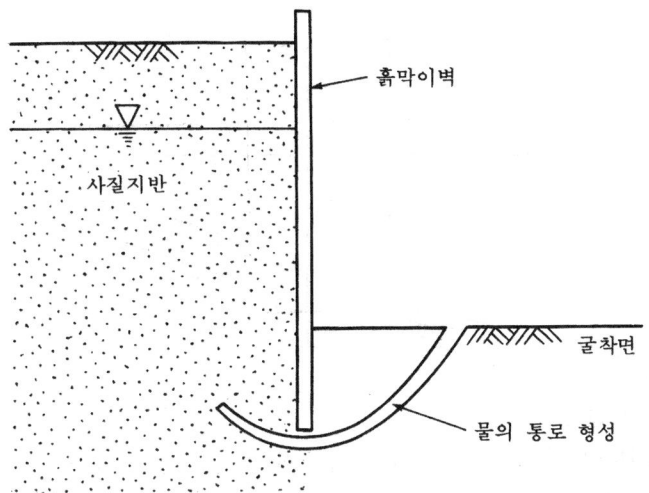

3) 발생 원인

① 굴착면과의 높은 지하 수위차

② Boiling 발생

③ 투수성이 큰 사질 지반

④ 흙막이 근입 깊이 부족

4) 방지 대책

① 흙막이벽 근입 깊이 깊게

② 지하수위 저하

③ 지반 고결

④ 흙막이벽 불투수층까지 근입

32 Dam Up 현상

Ⅰ. 정의

지표면 아래에 흐르고 있는 지하수를 어떤 구조물이 차단할 때 하류쪽의 지하수위는 저하되고 상류쪽의 지하수위가 상승하는 현상을 Dam Up 현상이라 한다.

Ⅱ. 개념도

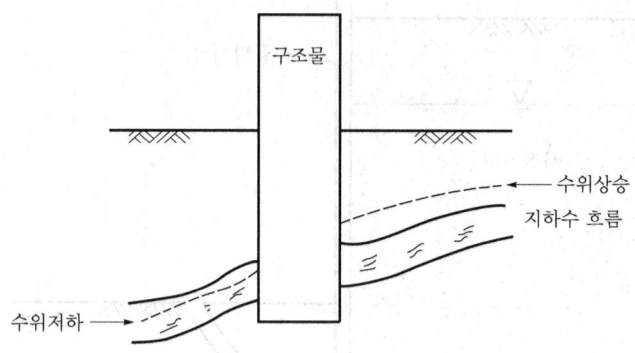

Ⅲ. 문제점

1) **균열 발생**
하부측의 수압은 저하되고 상부측의 수압은 상승하면서 구조물에 발생하는 힘의 불균형으로 균열 발생

2) **누수 현상**
구조물 콘크리트의 강도, 내구성, 수밀성 등이 저하되어 구조체에 누수가 발생

3) **구조물 붕괴**
수압 상승으로 인한 지하 측압의 증대로 구조물 붕괴 사고 발생 우려

4) **Sliding**
상류에서 하류로 구조물이 미끄러져 나가 구조물의 균열, 누수, 붕괴 현상 초래

Ⅳ. 대책

1) **충분한 구조 계산**
설계 하중의 충분한 산정으로 소요 단면 및 철근량 확보로 구조물의 안전성 확보

2) **외방수**
지하층 외부를 전부 방수층으로 시공하여 지하수압에 대처

3) **배수**
Deep Well, Well Point 공법 등으로 지하수위 저하

4) **지하수 흐름 변경**
지하수 흐름을 구조물에 영향이 없는 쪽으로 우회시켜 흐름에 의한 악영향을 최대한 축소

33 Leaching(용탈 현상)

Ⅰ. 정의

① Leaching(용탈 현상)이란 물에 의해 토립자 광물 성분이 용해되거나 토립자 흡착수 농도가 감소되어 시간이 경과함에 따라 지반 강도가 저하되는 현상을 말한다.

② 점토에서 Leaching이란 담수에 의해 해성 점토의 염분의 농도 및 입자간의 결합력이 감소되어 전단 강도가 저하되는 현상이다.

③ 약액 주입에서 Leaching이란 지반의 간극에 주입하여 고결된 Homogel의 실리카 농도가 지하수에 의해 감소되어 전단 강도가 감소되는 현상이다.

Ⅱ. Leaching으로 인한 전단 강도(S) 변화

1) 해성 점토 지반

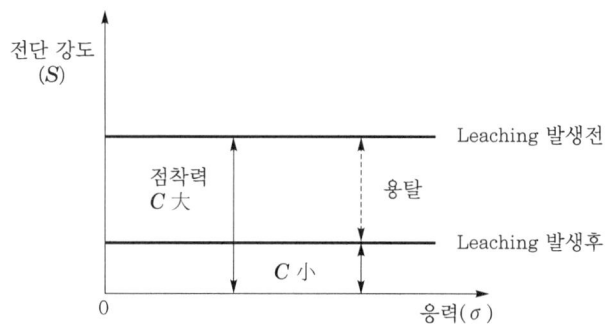

① 점토 구조의 변환으로 전단 강도 감소
② 진행성 파괴 및 유동화 발생

2) 약액 주입 지반
① 주입재의 농도가 감소되어 전단 강도 감소
② 지반이 연약해지고 투수성이 증가하여 Piping 발생

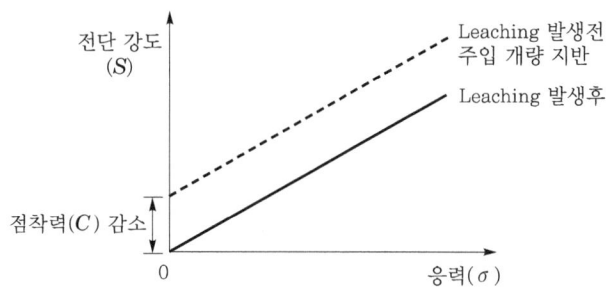

Ⅲ. Leaching시 문제점

① 지반의 안정성 저하
② 과대한 침하 발생
③ 측방 유동 발생
④ 진행성 파괴 발생

Ⅳ. 대책

1) 침하 저감 공법
  ① 심층 혼합 처리 공법(RJP, DJM)
  ② Sand Compaction Pile 공법
2) 침하 촉진 공법
  ① 진공 압밀 공법(대기압 공법)
  ② Preloading 공법
  ③ Drain 공법

34 Heaving

[07전(10), 11전(10)]

Ⅰ. 정의

① 연약 점토 지반의 굴착시 흙막이벽 내외의 흙이 중량 차이에 의해서 굴착 저면 흙이 지지력을 잃고 붕괴되어 흙막이 바깥에 있는 흙이 안으로 밀려 굴착 저면이 부풀어 오르는 현상을 Heaving이라 한다.

② Heaving 현상에 의해 굴착 저면의 파괴 및 주변 지반의 침하를 일으키는 현상을 히빙 파괴(Heaving Failure)라 한다.

Ⅱ. 개념도

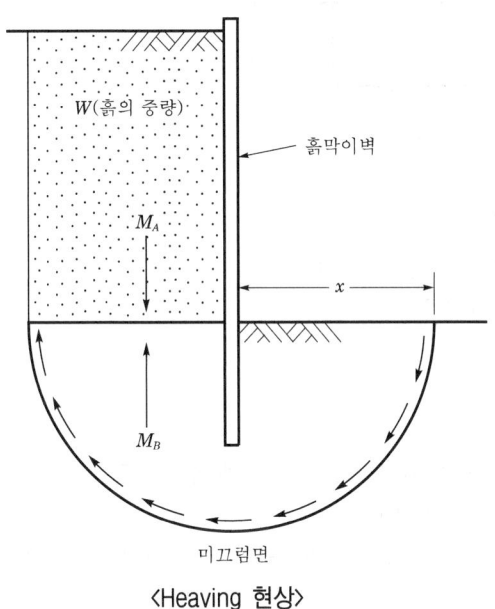

$M_A > M_B \times$ 안전율일 때 Heaving 발생
- M_A(회전 모멘트)$= W \times x/2$
- $M_B =$ 마찰 면적 $\times$ 흙의 점착력
- 안전율 $= 1.2$ 이상

⟨Heaving 현상⟩

Ⅲ. 발생 원인

① 흙막이벽의 근입장 부족 　　② 흙막이벽 내외의 흙이 중량차이가 클 때

Ⅳ. 방지 대책

① 흙막이의 근입장을 경질 지반까지 박는다.

② 부분 굴착을 하여 굴착 지반의 안전성을 높인다.

③ Island Cut 공법을 채용해서 흙막이벽 전면에 중량을 부여한다.

④ 약액 주입 공법, 동결 공법 등으로 굴착저면을 고결시킨다.

⑤ 강성이 큰 흙막이를 사용한다.

⑥ 흙막이벽 배면 Earth Anchor를 시공한다.

35 부력과 양압력

Ⅰ. 부력

1) 정의

① 액체속에 잠겨있는 물체의 표면에 상향으로 작용하고 있는 물의 압력을 부력이라 말한다.

② 이 힘의 크기는 물체가 물속에 잠긴 부피와 같은 액체의 무게와 같다.

2) 부력의 표시

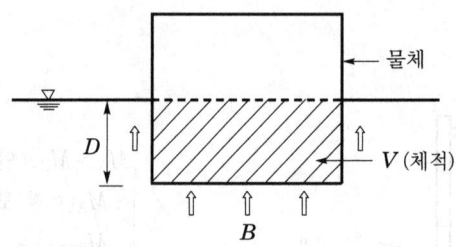

① 부력$(B) = \gamma_w \times V(\mathrm{tonf})$

γ_w : 물의 단위 중량

V : 물체가 액체속에 잠겨 있는 부분의 체적

② 부력은 힘의 단위(tonf)로 나타낸다.

Ⅱ. 양압력

1) 정의

① 구조물이 지하수위 이하에 놓이게 되면 구조물 저면에 상향으로 작용하는 물의 압력을 받게 되는 것을 양압력이라 말한다.

② 물이 정수위 상태일 때 작용하는 양압력은 정수압과 같고 구조물 저면에 작용하는 침투수가 있는 경우의 양압력은 침투시 간극 수압과 같다.

2) 양압력의 표시

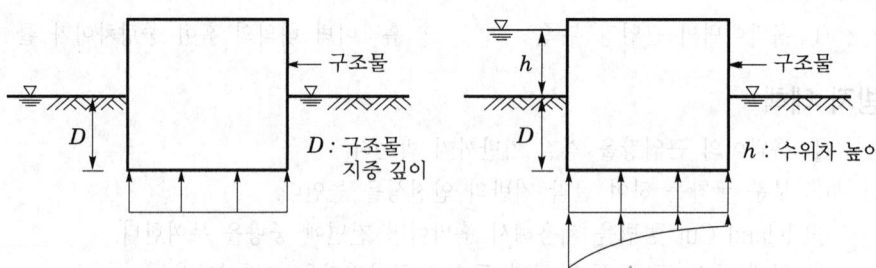

① 정수위 상태

양압력 : $D \times \gamma_w (\mathrm{tonf/m^2})$

② 침투 발생시

양압력 : $(D + h) \times \gamma_w (\mathrm{tonf/m^2})$

Ⅲ. 구조물에 미치는 영향

① 부력으로 구조물이 부상하면 구조물 변형 및 파손 크게 발생
② 양압력이 발생하면 구조물 침하 및 구조물 균열 발생

Ⅳ. 대책

① 배수 공법으로 지하수위 저하
② Slurry Wall, Sheet Pile, Soil Cement Wall 공법 등으로 지하수 차단
③ 구조물 하중을 증가시키는 방법
④ 구조물 저면에 부상 방지용 Anchor 시공

36 　 부력을 받은 지하 구조물의 부상방지 대책

Ⅰ. 개요

① 지하 구조물은 지하수위에서 구조물 밑면까지의 깊이만큼 부력을 받으며 구조물의 자중이 부력보다 적으면 구조물이 부상하게 된다.

② 지하 깊이가 깊어질수록 지하수의 영향은 증대하여 부력 또한 커지므로 정확한 지질 조사를 토대로 사전 대책이 이루어져야 하며, 효율적인 대처 방안이 설계 및 시공 측면에서 검토되어져야 한다.

Ⅱ. 부력의 영향

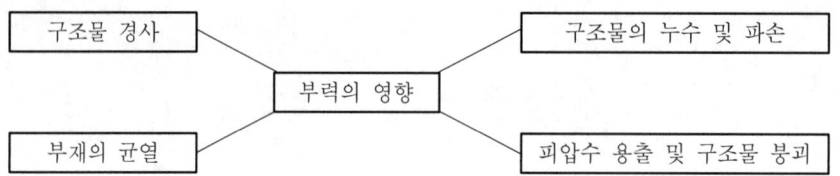

Ⅲ. 부력의 발생 원인

원 인	발생 현상
지하 피압수	압력 수두차에 의해 구조물의 기초 저면이 뜨는 현상 발생
지하수위 변동	매립 지대, 계곡 지대 등에 구조물이 위치할 때 우기시 지하수위의 상승으로 부력 발생
지반 여건	구조물의 불투수층이 강한 점토층이나 암반층에 위치할 때 물의 유입으로 인한 수위의 증가로 기초 저면에 부력이 발생
구조물의 자중	부력보다 구조물 자중이 적을 때 구조물이 떠오르는 현상이 발생

Ⅳ. 부상방지 대책

① Rock Anchor를 기초 저면 암반까지 Anchor시킴

② 마찰 말뚝 이용하여 기초 하부의 마찰력 증대

③ 인접 건물에 긴결하여 수압 상승에 대처

④ 유입 지하수를 강제 Pumping하여 외부로 배수

⑤ 구조물 자중 증대로 부력에 대항

⑥ 지하 중간 부위층 지하수 채움

⑦ 브래킷을 설치하여 상부의 매립토 하중으로 수압에 대항

⑧ 지하 구조물 깊이, 규모 축소 등의 구조물 변경

⑨ 배수 공법을 이용하여 지하 수위 저하

⑩ 지하실 바닥은 부력을 받으므로 철근 역배근 및 설계 응력, 처짐에 대한 것도 고려

37 피압수(被壓水)

Ⅰ. 정의

① 지반중의 대수층에 존재하는 지하수가 상위 토층의 지하수보다 높은 수두를 갖을 때 피압수라고 한다.

② 상하의 불투수층, 즉 점토 지반 사이에 높은 압력을 갖는 지하수로서 부력 발생, 용출, 공벽 붕괴 등의 현상이 발생한다.

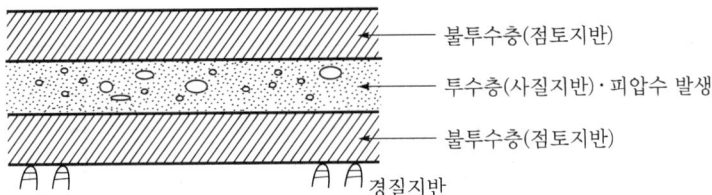

불투수층(점토지반)
투수층(사질지반)·피압수 발생
불투수층(점토지반)
경질지반

Ⅱ. 피압수의 문제점

1) 터파기의 용출 현상

상부흙의 하중으로 피압수가 유지되다가 굴착시 흙이 제거되면서 분출되는 현상

2) 제자리 Con´c 말뚝 및 Slurry Wall의 공벽 붕괴

굴착 벽면에 피압수에 의한 부풀음으로 공벽 붕괴 현상 발생

3) 부력 발생

압력 수두차에 의해 건물의 기초 저면이 뜨는 현상 발생

Ⅲ. 대책

1) 배수 공법

중력 배수, 강제 배수 등의 배수 공법으로 피압 수위 저하로 수압 저하

2) 차수성 흙막이

개수성인 H-Pile 사용할 때 피압수가 토류벽에 침투하므로 차수성이 높은 Sheet Pile, Slurry Wall 등의 차수성이 좋은 공법 선택

3) 지반 조사

지반 조사시 피압수층을 파악하여 사전 대책 수립

4) 흙막이 근입장

흙막이벽의 근입장을 불투수층까지 근입하여 피압수에 의한 흙막이벽 붕괴 방지

5) 약액 주입 공법

약액 주입 공법에 의해 지수벽 또는 지수층을 설치

38 | 흙막이 공사의 H-Pile에 작용하는 토압

Ⅰ. 정의

흙막이벽은 중량물의 적재, 중량 차량의 왕래 등으로 인하여 과대 측압이 발생할 우려가 있으므로, 토압에 대한 충분한 힘의 균형 관계 해석 및 공사중에 발생할 수 있는 설계 이외의 작업 하중에 대해서도 충분히 고려되어야 한다.

Ⅱ. 흙막이에 작용하는 토압 분포

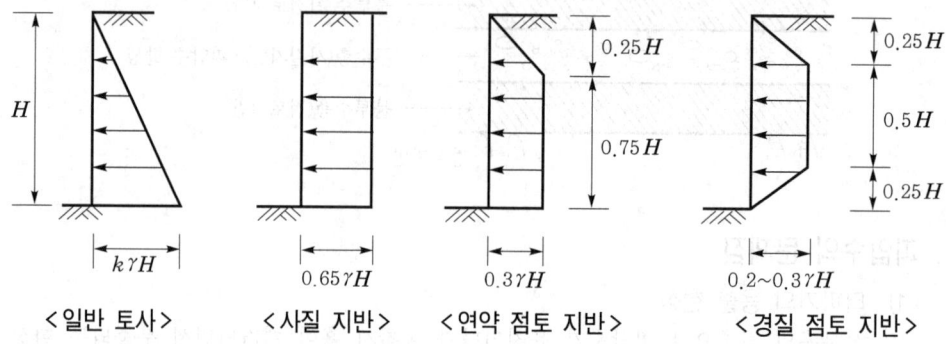

| 〈일반 토사〉 | 〈사질 지반〉 | 〈연약 점토 지반〉 | 〈경질 점토 지반〉 |

$\begin{cases} k : \text{측압계수(주동 토압계수)} \\ \gamma : \text{습윤토의 단위체적 중량(t/m}^3) \\ H : \text{깊이(m)} \end{cases}$

Ⅲ. 흙막이의 구조 설계시 유의사항

① 토압, 수압으로 발생되는 측압에 견디어야 한다.
② 과대 변형을 억제해야 한다.
③ 터파기를 한 저부 또는 하부 지반이 안정되어야 한다.

Ⅳ. 힘의 균형 도시

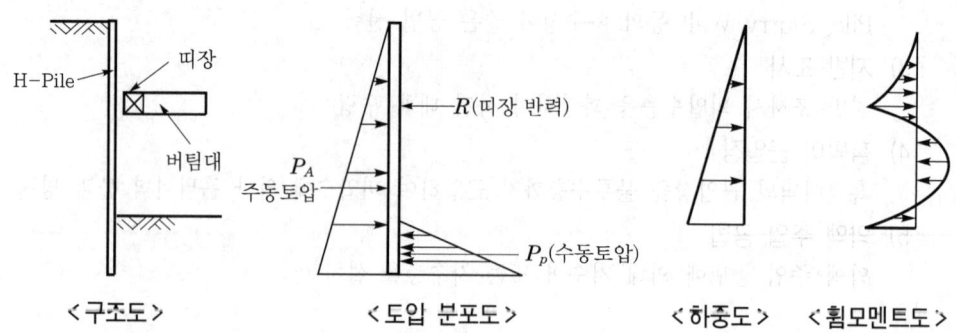

〈구조도〉   〈도입 분포도〉   〈하중도〉 〈휨모멘트도〉

39 소단(小段 ; Berm)

Ⅰ. 정의

절토·성토 및 지하 터파기시 경사면을 한 법면으로 마감할 때 안전상 문제가 발생하므로 구배를 수평으로 완화시켜 주는 평탄한 부분을 소단이라 한다.

Ⅱ. 소단의 설치

보통 구배의 소단은 대략 높이 5~6 m마다 1~1.5 m 폭의 소단을 두는 것이 좋다.

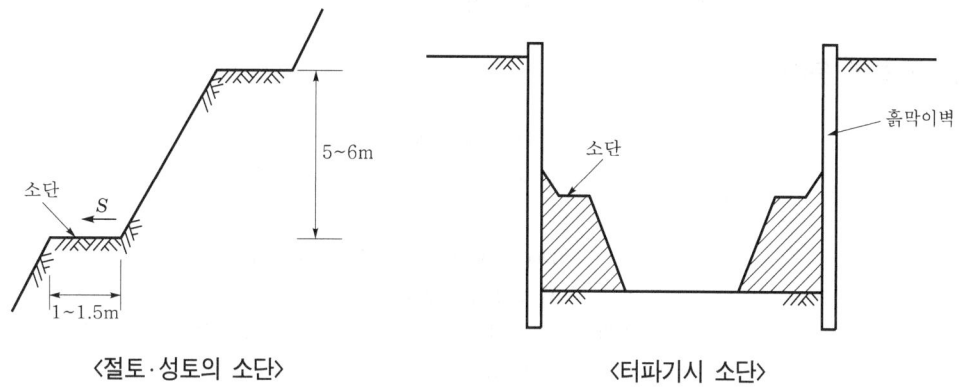

〈절토·성토의 소단〉　　　　　　　〈터파기시 소단〉

Ⅲ. 소단의 설치 기준

기관명	소단 설치 기준	
	절 토	성 토
국토교통부	토사 : 5 m마다 폭 1 m 소단 4% 횡단 구배 리핑암 : 7.5 m마다 소단 발파암 : 20 m마다 폭 3 m 소단	6 m마다 폭 1 m 소단
한국도로공사	발파암 : 20 m마다 폭 3 m 소단 기타 : 5 m마다 폭 1 m 소단	6 m마다 폭 1 m 소단
LH공사	5 m마다 1~1.5 m 폭 필요시 10 m마다 폭 1.5 m 소단과 배수공	

Ⅳ. 유의사항

① 절토·성토시 안전성 검토
② 터파기시 버팀대(Strut)와의 조화
③ 토사의 안식각 고려

40 배수 공법

Ⅰ. 정의

① 배수 공법이란 구조물을 구축할 때 굴착면이 지하수위 이하에 있거나 굴착시에 흘러 들어오는 물을 양수에 의해 지하수위를 저하시켜 Dry Work한 상태로 굴착 및 기초 공사의 원활한 작업을 도모하기 위하여 채택하는 공법이다.

② 배수 공법은 Boiling 및 Heaving 방지, Trafficability 증진, 토공량을 감소할 수 있으나, 배수 공법으로 인한 주변 우물의 고갈, 압밀에 의한 지반 침하, 하수도 침하 등의 문제점들도 고려되어야 한다.

Ⅱ. 공법의 분류

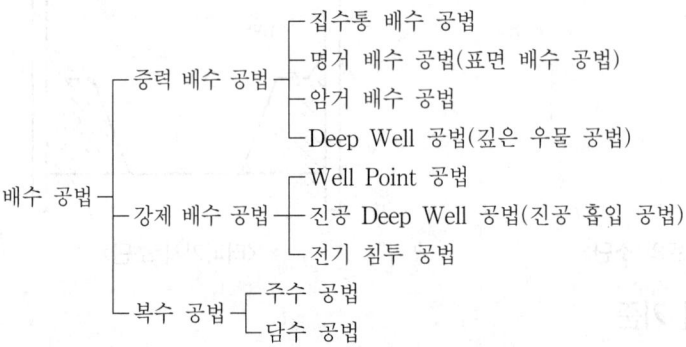

Ⅲ. 배수의 목적

① 지반의 Dry Work
② 지반의 압밀 촉진(점토 지반)
③ 장비의 Trafficability(주행성) 증진
④ Boiling 및 Heaving 방지
⑤ 굴착 작업 용이

Ⅳ. 공법 선정시 고려사항

① 토질 상황
② 예상 수위 저하고
③ 지하수 상황
④ 시공성 · 경제성 · 안정성 · 무공해성

41 중력 배수 공법

Ⅰ. 정의

① 물이 높은 곳에서 낮은 곳으로 흐르는 중력의 법칙을 이용하여 지하수위를 저하시키는 공법으로, 종류에는 집수통 배수 공법, 명거 배수 공법, 암거 배수 공법, Deep Well 공법 등이 있다.

② 자연 흐름에 의해 집수되는 물을 배수하는 것으로 투수성이 좋은 사질 지반에서 많이 이용되며 시공이 간단한 공법이다.

Ⅱ. 종류

1. 집수통 배수 공법

1) 정의

터파기 한구석에 깊은 집수통을 설치하고 여기에 지하수가 고이게 하여 수중 Pump에 의해 외부로 배수하는 공법

2) 특징

① 설비가 간단하고 경비가 저렴

② 용수 상황에 따라 집수통의 수량 조절이 가능

③ 투수성이 좋은 사질 지반에 유리

2. 명거 배수 공법

1) 정의

Trench(도랑) 등을 이용하여 배수시키는 공법

2) 특징

① 일반적으로 지표수의 배제에 채용

② 지형의 구배를 이용하여 자연 배수가 가능토록 함

3. 암거 배수 공법

1) 정의

암거(유공관, 자갈)를 지중에 매설하여 배수시키는 공법

2) 특징

① 얕은 층의 지하수를 배제

② 암거 재료의 선정에 유의

4. Deep Well 공법(깊은 우물 공법)

1) 정의

터파기의 장내에 깊은 우물을 파고, Strainer를 부착한 Casing을 삽입하여 수중 Pump로 양수하는 공법

2) 특징
① 고 양정의 Pump를 사용할 때 깊은 대수층의 양수가 가능
② 한 개소당 양수량이 많음
③ Well Point 공법과 비교하여 준비 작업이 복잡하고 공사비도 고가

42 Deep Well 공법(깊은 우물 공법)

Ⅰ. 정의

① 터파기의 장내에 깊은 우물을 파고, Casing Strainer를 삽입하여 수중 Pump로 양수하는 공법이다.

② 지하수위를 강하시키는 공법으로, Strainer와 우물벽과의 공간에는 Filter 재료 (자갈 등)를 충진하여 Strainer의 막힘을 방지해야 한다.

Ⅱ. 특징

① 고양정의 Pump를 사용할 때 깊은 대수 층의 양수가 가능

② 한 개소당 양수량이 많음

③ Well Point 공법과 비교하여 준비 작업 이 복잡하고 공사비 도 고가

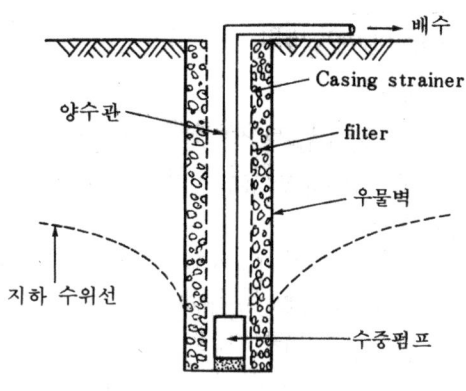

< Deep Well 공법 >

Ⅲ. 적용

① 용수량이 매우 많아 Well Point의 적용이 어려운 장소

② 대수층이 사력층 때문에 Well Point의 설치가 곤란한 경우

③ Heaving이나 Boiling 현상이 발생할 가능성이 있는 경우

Ⅳ. 시공 순서

① 소정의 깊이까지 천공

② Casing Strainer 삽입

③ Strainer와 공벽 사이에 Filter 재료를 충진

④ 수중 Pump 설치 및 양수

Ⅴ. 시공시 유의사항

① 굴착시에는 투수성을 해칠 염려가 있는 공법이나 재료를 사용하지 말 것

② Filter 재료는 원지반보다도 투수성이 좋고 세립토가 통과하기 어려운 재료 사용

③ 스크린 개공률(開孔率)은 가급적 크게 할 것

④ 우물관의 최하단부에는 바닥 뚜껑을 설치하여 양수 중 Boiling 현상을 방지할 것

⑤ 스크린 주위는 철망을 감아 Filter 재료의 유입을 방지할 것

43 강제 배수 공법

I. 정의

① 진공(Vaccum)에 의해 물을 강제적으로 모아서 배수하는 공법으로, 종류에는 Well Point 공법, 진공 Deep Well 공법, 전기 침투 공법 등이 있다.

② 자연 집수가 되지 않는 지반에 강제적으로 지반내 지하수를 집수하는 공법으로 지하수 영향 범위가 아주 넓은 공법이다.

II. 종류

1. Well Point 공법

1) 정의

지중에 Pipe(집수관)를 1~2 m 간격으로 박고, Well Point를 사용하여 지하수를 진공 Pump로 흡입 탈수하여 지하수위를 저하시키는 공법

2) 특징

① 투수층이 비교적 낮은 사질 Silt층까지도 강제 배수 가능

② Heaving 및 Boiling 방지

③ 공기 단축 및 공비 절감

④ 압밀 침하로 인한 주변 대지 및 도로의 균열 발생

⑤ 지하수위 저하로 주변 우물 고갈

2. 진공 Deep Well 공법(진공 흡입 공법)

1) 정의

① 우물관 내의 기압을 진공 Pump로 강하시켜 지하수를 수중 Pump로 배수하여 지하수위나 피압수두를 저하시키는 공법

② Deep Well 공법과 진공 Pump를 합친 강제 배수 공법

2) 특징

① 점성토의 지반 개량에 많이 사용

② 필요 수위 저하량과 필요 배수량이 많을 때 사용

③ Well Point 공법에 비해 설치비가 고가

3. 전기 침투 공법

1) 정의

물이 양극에서 음극으로 흐르는 원리를 이용한 공법으로 투수성이 매우 작은 점토 지반에 사용하며, Vertical Drain 공법(연직 배수 공법)에 밀려서 현재는 거의 사용되지 않는다.

2) 특징

① 점토 지반의 간극수 탈수   ② 강제 배수와 함께 압밀 촉진

③ 점토 지반의 강도 증가

44 Well Point 공법

Ⅰ. 정의

① 지중에 Pipe(집수관)를 1~2 m 간격으로 박고 Well Point를 사용하여 지하수를 진공 Pump로 흡입 탈수하여 지하수위를 저하시키는 공법이다.

② Well Point 공법은 강제 배수 공법의 대표적인 공법이며 Siemens Well 공법이 개발된 공법으로, 양정 깊이가 7 m 이상시는 다단식으로 Well Point를 설치한다.

Ⅱ. 특징

① 투수층이 비교적 낮은 사질 Silt층까지도 강제 배수 가능

② Heaving 및 Boiling 방지

③ Dry Work 작업 가능

④ 공기 단축 및 공비 절감

⑤ 압밀 침하로 인한 주변 대지, 도로 균열 발생

⑥ 지하수위 저하로 주변 우물 고갈

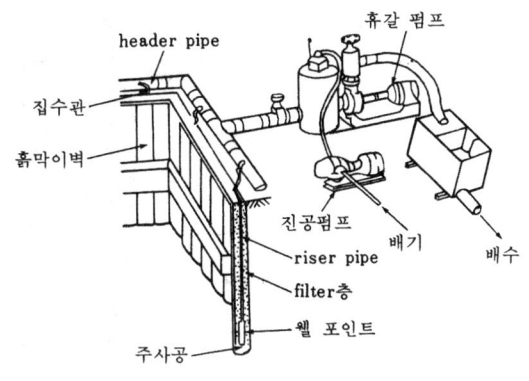

< Well Point 공법 >

Ⅲ. 시공 순서

1) 집수관 설치

Well Point와 연결된 흡입관(Riser Pipe)을 Water Jet를 이용하여 지중에 관입

2) Filter층 형성

관입후 Jet 압력을 높이면 흡상관 주변 미립분이 씻기고 굵은 입자만 남아 Filter층을 형성, 지반에 따라 Filter층 형성이 곤란할 때 모래를 투입하여 말뚝 형성

3) Header Pipe(가로관)에 연결

집수관은 스톱 밸브를 거쳐 Head Pipe에 연결

4) Pump 설치

Header Pipe 끝을 Well Point Pump에 연결하여 물과 공기를 분리

Ⅳ. 시공시 유의사항

① 지질에 대한 공법의 적정성 여부 검토

② Filter 재료는 원지반보다 투수성이 큰 거친 모래 선택

③ 양정 깊이 7 m 이상시 다단식 Well Point 채용

④ 예비 Pump 및 예비 전원을 설치할 것

⑤ 배수로 인한 주변의 피해에 유의할 것

45 | 진공 Deep Well 공법(진공 흡입 공법)

Ⅰ. 정의

① 우물관 내의 기압을 진공 Pump로 강하시켜 지하수를 빨아들여서 수중 Pump로 배수하여 지하수위나 피압 수두를 저하시키는 공법

② Deep Well 공법과 진공 Pump를 합친 강제 배수 공법

Ⅱ. 개념도

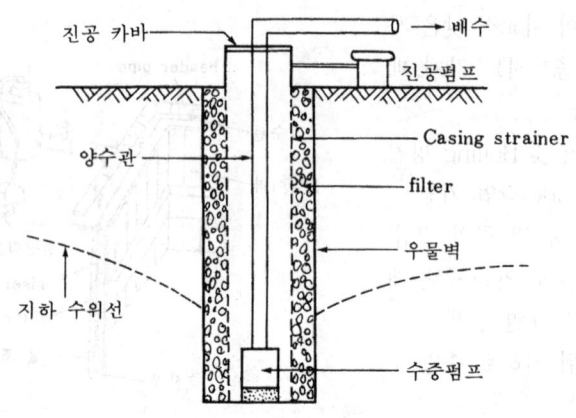

<진공 Deep Well 공법>

Ⅲ. 특징

① 점성토의 지반 개량에 많이 사용

② 필요 수위 저하량과 필요 배수량이 많을 때 사용

③ Well Point 공법에 비해 설치비 고가

④ 투수층이 작은 대수층에 사용

Ⅳ. 시공 순서

① 소정의 깊이까지 굴착 ② Casing Strainer를 삽입

③ Strainer와 공벽 사이에 Filter 재료를 충진

④ 수중 Pump 및 진공 Pump 설치(진공 베이스로 기밀 유지)

⑤ 우물 내의 기압을 진공 펌프로 강하시켜 지하수를 수중 Pump로 배수

Ⅴ. 시공시 유의사항

① 우물관 상부 및 우물관 주위 기밀성 유지

② Filter 재료는 투수성이 좋은 재료 사용

③ Filter 재료 상단은 점토 등으로 Sealing하여 기밀성을 유지할 것

46 복수 공법(Recharge Well Method)

Ⅰ. 정의

① 주변 지반에 주수(注水)함으로써 흙의 함수량 변화를 적게 하여 지하수위 저하
에 의해 발생되는 주변의 영향을 최소화 시키는 공법이다.

② 지하 굴착으로 인해 지하수위가 저하될 때 적용하여 지반 변형을 방지할 목적
으로 이용된다.

Ⅱ. 이용 목적

① 주변 지반 침하 방지
② 주변 우물 고갈 방지
③ 지하 매설물 파손 방지

Ⅲ. 종류

1. 주수 공법

1) 현장에서 양수한 물을 다시 주수
Sand Pile에 의해 지중에 주입하여
기초 저면의 지하수위를 원상태로
유지시켜 지반의 침하·균열을 방지
하는 공법

2) 요점

① Pumping에 의해 고갈한 물을
주입한다.

② 굴착 저면이 인접 구조물의 기
초면보다 낮을 때 사용하며 인
접 구조물의 부등 침하를 방지
할 수 있다.

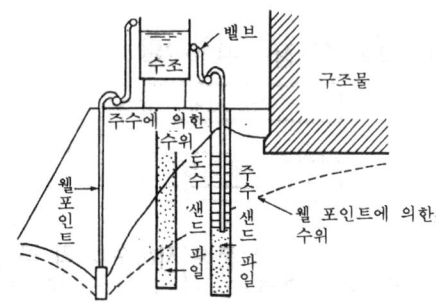

< 주수 공법 >

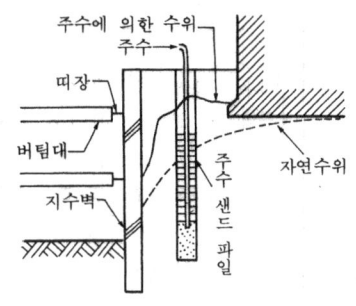

< 담수 공법 >

③ 주수한 물에 의한 굴착면의 붕괴를 방지하기 위해 도수 Sand Pile을 둔다.

2. 담수 공법

1) 흙막이벽을 지수벽으로 설치하여도 지하수위가 약간 저하되어 자연수위를 유지하
기 어려우므로 주수 Sand Pile을 통하여 지하수위 저하만큼 물을 주수하여 자연
수위를 유지하는 공법

2) 요점

① 자연적으로 나가는 물만을 주입한다.
② 흙막이벽에 강성을 높여야 한다.

47 흙막이 굴착시 지하수 대책

I. 개요

① 지하 구조물의 축조에 있어서 지하수 처리는 토류벽의 안전 시공은 물론 주변 지반에 미치는 영향이 크다.

② 흙막이 공사시 지하수 처리에 대한 검토와 토질에 대한 상세한 조사로 차수 공법 및 배수 공법에 의한 지하수 처리를 면밀하게 검토해야 한다.

II. 공법 선정시 고려사항

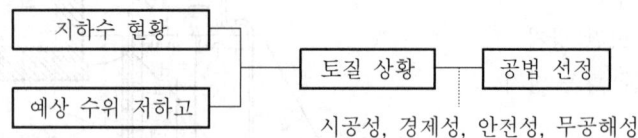

시공성, 경제성, 안전성, 무공해성

III. 지하수 대책 분류(지하수 처리 공법)

분류		처리 공법
차수 공법	차수 흙막이 공법	① Sheet Pile 공법(강널 말뚝 공법) ② Slurry Wall 공법 ③ Top Down 공법(역타 공법)
	약액 주입 공법	① Cement 주입 공법 ② LW 공법
	고결 공법	① 생석회 말뚝 공법 ② 동결 공법 ③ 소결 공법
배수 공법	중력 배수 공법	① 집수통 배수 공법 ② Deep Well 공법(깊은 우물 공법)
	강제 배수 공법	① Well Point 공법 ② 진공 Deep Well 공법(진공 흡입 공법 : Vaccum Deep Well Method) ③ 전기 침투 공법
	복수 공법	① 주수 공법 ② 담수 공법

48 | 차수 공법(지수 공법)

[08후(10)]

Ⅰ. 정의

① 차수 공법이란 지하수의 유입을 방지하기 위해 차수벽 또는 지수벽을 설치하는
공법이며, 지하수 처리는 흙막이의 안전 시공에 중요하므로 토질, 지하수 상태, 현
장 상황 등이 고려되어야 한다.

② 지하 굴착 공사에서 작업장을 Dry Work한 상태로 유지하고 굴착 지반의
Boiling, Heaving, Piping 방지 목적으로 이용하고 있다.

Ⅱ. 시공 상세도

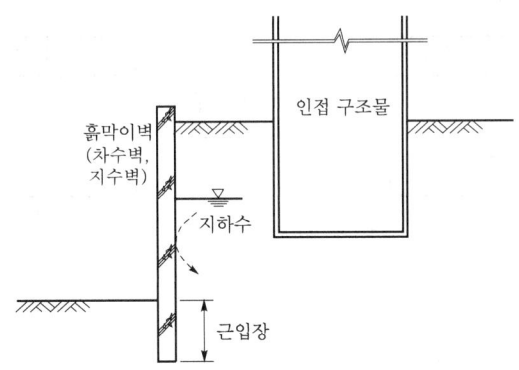

Ⅲ. 종류

공 법	특 징
차수 흙막이 공법	① Sheet Pile 공법(강널 말뚝 공법) : Sheet Pile을 지중에 박아 토압을 지지하고 이것을 띠장, 버팀대로 지지하는 공법이다. ② Slurry Wall 공법 : 안정액으로 벽체의 붕괴를 방지하면서 지하로 트렌치를 굴착하여 철근망을 삽입후 Concrete를 타설한 지하벽을 연속으로 축조해 가는 공법이다. ③ Top Down 공법(역타 공법) : 흙막이벽으로 설치한 Slurry Wall을 본구조체의 벽체로 이용하고 기둥과 기초를 시공한 다음 지하 및 지상 구조물을 축조해 가는 공법이다.
약액 주입 공법	① Cement 주입 공법 : 사질 연약 지반에 Cement Paste를 Grouting하여 지반을 강화하는 공법으로 낮은 농도로 주입을 시작하여 차츰 농도를 높여 완료한다. ② LW 공법 : 물유리 용액과 Cement 현탁액을 지중에 주입시켜 지반을 강화하는 공법으로 균일하게 일정 범위 주입이 가능하므로 확실한 주입 효과가 있다.
고결 공법	① 생석회 말뚝 공법 : 지반내에 생석회(CaO)에 의한 말뚝을 설치하여 흙을 고결화시켜 지지력의 증대와 말뚝 주변의 지반 강화를 도모하는 공법이다. ② 동결 공법 : 지중의 수분을 일시적으로 동결시켜 지반의 강도와 차수성을 향상하고 그 동안에 목적된 본 공사를 실시하는 일종의 가설 공법이다. ③ 소결 공법 : 점토질의 연약 지반에 Boring하여 구멍을 뚫고 그 속을 가열하여 그 주변의 흙을 탈수시켜 지반을 개량하는 고결 공법의 일종이다.

49 　지반 굴착시 근접 구조물의 침하

[99후(20)]

Ⅰ. 정의

① 도심지 공사중 지반을 굴착하는 공사 현장에서 적용 공법 부적절, 관리 부실 등에 의해 근접해 있는 구조물에 적지 않은 침하가 발생된다.

② 근접 구조물이 있는 현상에서 지반 굴착 작업은 굴착전 사전 조사 및 공법 선정등의 시공 계획을 수립한후 공사를 진행해야 한다.

Ⅱ. 사전 조사

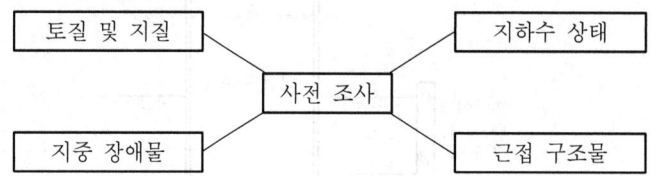

Ⅲ. 침하 원인

1) 지하수 배수
① 지반 굴착시 지하수의 과다 배수
② 지하수위 저하에 따른 지반 응력 상태 변화

2) 지반토 유출
① 지하수의 용출에 의한 지반토의 유출
② 지반내 간극 발생

3) Boiling
① 굴착 저면에서 지하수 차이에 의해 물과 지반토가 함께 분출
② 흙막이 배면의 지반 구성 변화

4) Heaving
① 점성토 지반에서 굴착 저면의 지반이 융기되는 현상
② 흙막이 배면의 지반토가 활동을 하는 상태

5) 흙막이 가구 변형
① 규격 부족의 재료 사용
② 재사용 자재의 이상 변형
③ 접합부의 변형
④ 구조 계산 잘못

Ⅳ. 방지 대책

1) 수밀성 흙막이벽 시공
① 지하수 배수 억제
② 흙막이벽 배면 변형 억제
③ 강성 있는 흙막이벽 시공

2) 복수 공법
배수한 지하수를 다시 지하로 급수하여 종전 지하수위 유지

3) 약액 주입 공법
① 간극 수압 감소
② 지반 고결
③ 지하수 이동 억제

4) Underpinning
① 기존 구조물의 기초 보강
② 본 공사에 근접 구조물의 밑받이
③ 차단벽 설치

5) Strut Jacking
① 흙막이 가설 구조물의 Strut에 Jacking
② 굴착에 따른 흙막이 벽체의 변형 억제

6) 계측 관리
① 시공전부터 시공 완료시까지 구조물의 변형 관리
② 인근 구조물의 변형 관리 및 지반 변형 계측
③ 계측 자료에 따른 대비책 수립

50 계측 관리(정보화 시공)

[98중후(20)]

I. 개요

① 건설 현장에서 설계 가정치와 실제 지반의 조건이 일치하지 않기 때문에 현재 상태의 안정성과 위험 정도를 판단하고 계측 관리 결과에 의해 설계와 시공을 보완하면서 시공을 해야 한다.

② 계측 관리의 정확성·이용성·경제성 등을 고려하여 계측 기기를 선택해야 하며, 현장에서 얻어지는 자료는 예측치와 비교 분석하여 공사의 안정성 및 적합성을 판단해야 한다.

II. 목적

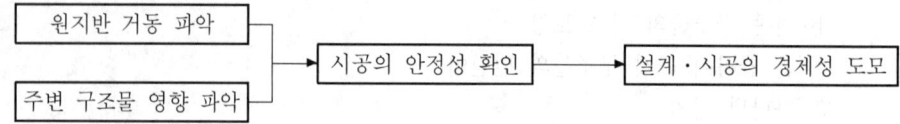

III. 공사별 계측 항목

1) 연약 지반

① 침하계   ② 변위계
③ 경사계   ④ 토압계
⑤ 간극 수압계   ⑥ 지표면 침하계

2) 흙막이 공사

① 인접 구조물 경사계   ② 균열 측정계
③ 지중 변위계   ④ 지하 수위계
⑤ 간극 수압계   ⑥ 부재 응력 측정계
⑦ 부재 변형계   ⑧ 토압계
⑨ 소음, 진동 측정계   ⑩ 지표면 침하계

3) 터널 공사

① 지표면 침하계   ② 천단 침하계
③ 내공 변위계   ④ Rock Bolt 인발 측정계
⑤ Rock Bolt 축력 측정계   ⑥ 지중 변위계
⑦ 지하 수위계   ⑧ 간극 수압계
⑨ 지중 침하계

4) 댐공사

① 지표면 침하계   ② 층별 침하계
③ 경사 측정계   ④ 간극 수압계

⑤ 토압계   ⑥ 누수량 측정계

⑦ 수평 변위계   ⑧ 수직 변위계

⑨ 이음부 변위 측정   ⑩ 수위 측정기

⑪ 온도계   ⑫ 지진계

Ⅳ. 계측 관리의 Flow Chart

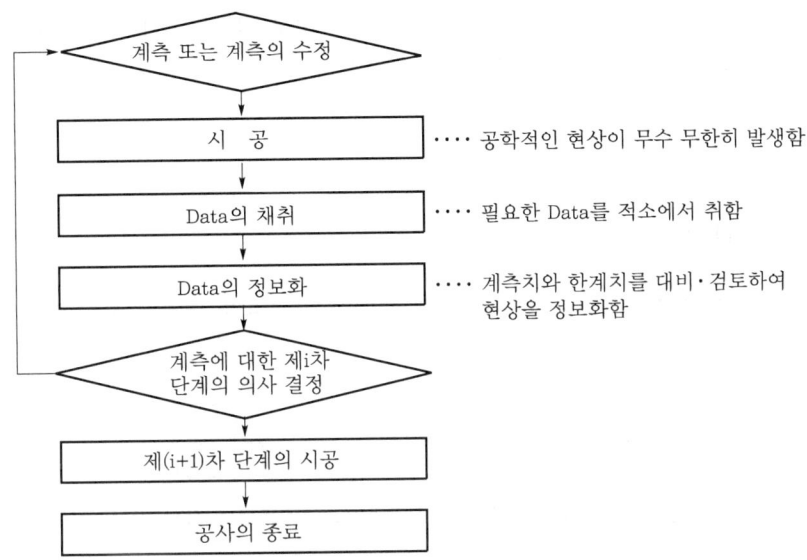

Ⅴ. 계측시 유의사항

① 제조회사 매뉴얼 참조

② 단말부의 오염, 습기 방지

③ 계측기의 보호캡 사용

④ 사용되는 배터리의 충전 교체

⑤ 일상 점검으로 기기 오염 및 고장 방지

⑥ 계측기의 충격과 손상 방지

⑦ 계측 장비의 식별 가능한 Color화

⑧ 전기 플러그의 누전 방지용 캡 사용

⑨ 청결성과 건조 상태 유지

51 | Earth Anchor 공법

[82후(17)]

Ⅰ. 정의

① Earth Anchor 공법이란 흙막이벽 등의 배면을 원통형으로 굴착하고 Anchor체를 설치하여 주변 지반을 지지하는 공법을 말한다.

② Earth Anchor는 흙막이벽의 Tie Back Anchor로 이용되는 외에도 지내력 시험의 반력용, 옹벽의 수평 저항용, 흙붕괴 방지용, 교량에서의 반력용 등 다양한 용도로 사용되고 있다.

Ⅱ. 분류

1. 지지 방식별 분류

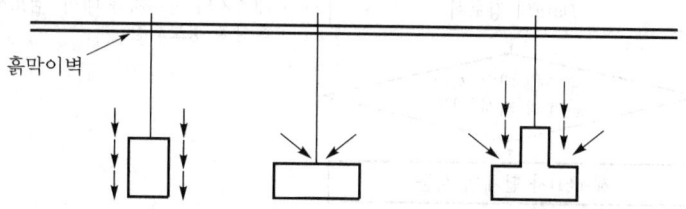

흙막이벽

　＜마찰형 지지 방식＞ ＜지압형 지지 방식＞ ＜복합형 지지 방식＞

1) 마찰형 지지 방식

   일반적으로 널리 이용되는 지지 방식으로 Anchor체의 주면 마찰 저항에 의해 인장력에 저항하는 방식

2) 지압형 지지 방식

   Anchor체의 일부 또는 대부분을 국부적으로 크게 확공하여 앞쪽면의 수동 토압 저항에 의해 인장력에 저항하는 방식

3) 복합형 지지 방식

   Anchor체 앞면에 수동 토압 저항과 주면 마찰 저항의 합에 의해 인장력에 저항하는 방식

2. 용도에 의한 분류

1) 가설용 Anchor

   ① 흙막이 배면에 작용하는 토압에 대응하기 위하여 설치하는 Anchor로서 지하 구조체가 완성되면 되메우기전에 철거한다.

   ② 지내력 시험의 반력용으로 사용한다.

2) 영구용 Anchor

   ① 구조물의 별도 보강이 필요할 때 사용한다.

② 구조물의 부상 방지용(Rock Anchor)·옹벽의 수평 저항용·교량의 보강용으로 사용한다.

Ⅲ. 특징

1) 장점
① 버팀대가 없어 굴착 공간을 넓게 활용　　② 대형 기계 반입 용이
③ 작업 공간이 좁은 곳에서도 시공 가능　　④ 공기 단축이 용이

2) 단점
① 시공후 검사가 곤란
② 인접한 구조물의 기초나 매설물이 있는 경우 부적합
③ 사질토 지반과 굴착 심도가 깊어지면 시공 곤란

Ⅳ. 시공 순서 Flow Chart

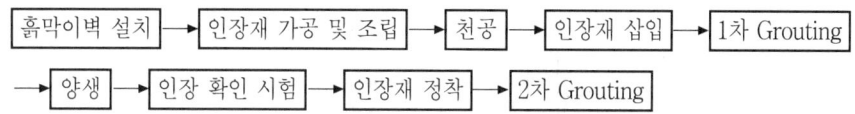

흙막이벽 설치 → 인장재 가공 및 조립 → 천공 → 인장재 삽입 → 1차 Grouting

→ 양생 → 인장 확인 시험 → 인장재 정착 → 2차 Grouting

Ⅴ. 시공시 주의사항

① 인장재는 주로 PS 강선을 사용하여 가공 및 조립을 정확히 할 것
② 천공시 공벽을 안전하게 보호할 것
③ 인장재 삽입은 정착장에 안전하게 삽입되도록 깊이 삽입할 것
④ 정착장의 인장력이 설계대로 확보되었는지 반드시 확인할 것
⑤ Grouting재는 인장재에 부식 영향이 없을 것
⑥ 인발력이 작용하여 지반 균열 발생시 Grouting으로 지반 보강
⑦ Grouting 양생시 진동, 충격, 파손이 없도록 주의
⑧ 영구용 Anchor인 경우에는 자유장 부분의 PS 강선 부식 방지를 위해 방청재로 2차 Grouting 실시

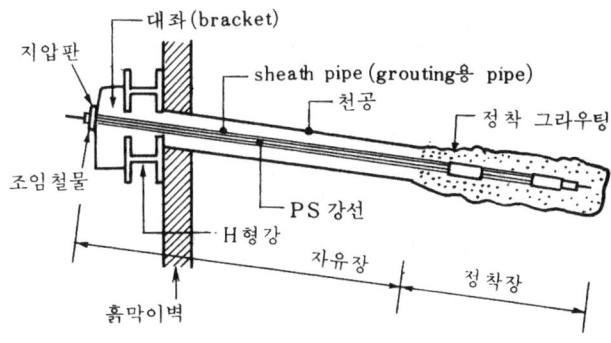

< Earth Anchor >

52 앵커체의 최소심도와 간격(토사지반)

[10중(10), 13전(10)]

Ⅰ. 정의

① 흙막이벽 등의 배면을 원통형으로 굴착하고 앵커체를 설치하여 주변지반을 지지하는 공법을 Earth Anchor 공법이라 한다.

② 이때 앵커체의 인발에 대한 안정성을 유지하기 위하여 앵커체의 최소심도와 간격을 정하여 둔다.

Ⅱ. Earth Anchor의 시공순서

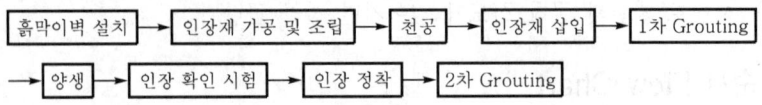

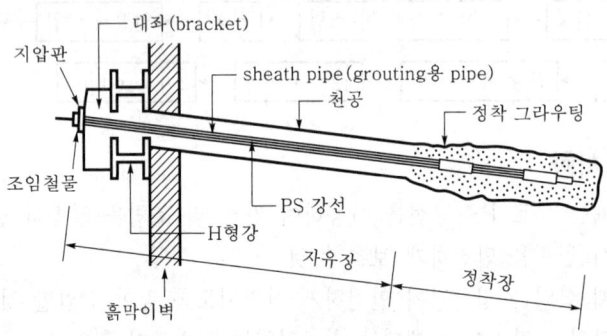

< Earth Anchor >

Ⅲ. 최소심도(정착길이)와 간격

구 분	최소심도(m)	간격
토사지반	5 m 이상	4D 이상
암반지반	1.5 m 이상	D : Anchor체의 직경

1) 자유장의 길이

① 자유장의 길이는 최소 4.5 m 이상

② $\left(45° + \dfrac{\phi}{2}\right) + 0.15\,H$ 또는 $\left(45° + \dfrac{\phi}{2}\right) + 1.5\,m$ 중 큰 값

③ 마찰형 지지방식의 경우에는 10 m 이내로 한다.

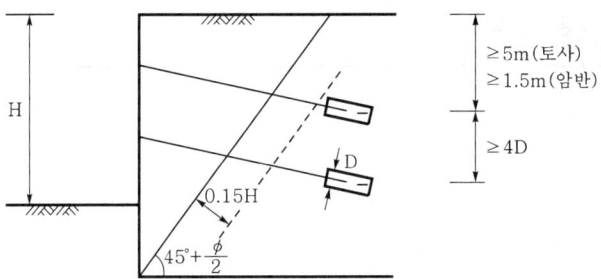

2) Anchor체의 안정

　　① 1단 앵커 시공시 초기변위억제를 위해 지표면에서 $-1.5\,\mathrm{m}$ 위치에 설치

　　② 앵커체가 지반의 인발에 대해 안정할 것

53 지압형 앵커

I. 정의

① 지압형 앵커란 지반에 고정되는 앵커체 단부의 지압 저항으로 인장력을 지지하도록 직경을 크게 한 앵커를 말한다.

② 지압형 앵커는 일반적으로 많이 이용되는 마찰력 앵커를 적용할 수 없는 경우에 채택된다.

③ 지압형 앵커는 반드시 설계 위치에서의 인장 시험으로 설계 앵커 축력을 결정해야 한다.

II. 앵커체 종류

<마찰형 앵커>   <지압형 앵커>   <복합형 앵커>

III. 특징

1) 마찰형 앵커 적용이 곤란한 경우 적용

① 마찰형 앵커에 진행성 파괴가 발생하는 경우

② 마찰형 앵커로 충분한 지지력 확보가 곤란한 경우

2) 인장 시험 필요

① 설계 위치에서의 인장 시험 실시

② 인장 시험으로 인한 설계 앵커 축력 결정

3) 실적 미비

적용 실적이 미비한 상황임

Ⅳ. 시공순서

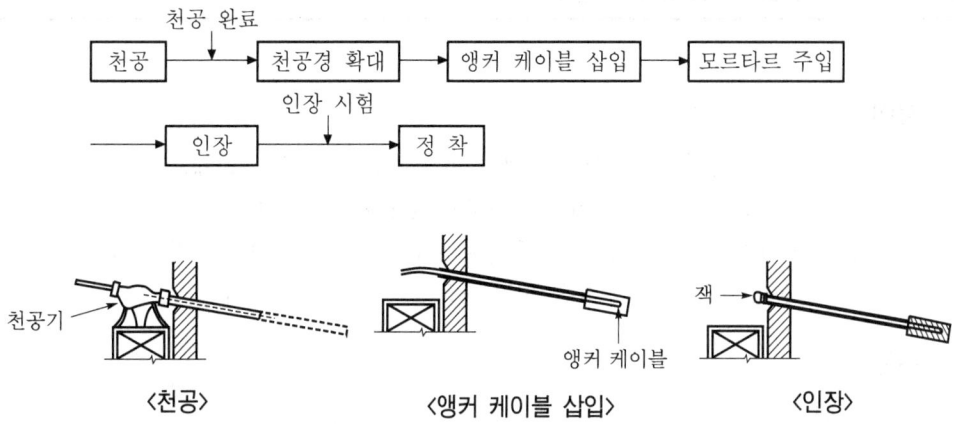

〈천공〉　　　　　〈앵커 케이블 삽입〉　　　　　〈인장〉

54 Rock Anchor 공법

Ⅰ. 정의

① Rock Anchor란 지반의 암반까지 천공하여 설치하는 Anchor로서 암반과의 정착에 의해 구조물을 지지하는 영구용 Anchor를 말한다.

② 인장재(강봉·PS 강선)을 사용하여 사면 보호, 터널 단면 보강, 구조물 부상 방지, 옹벽 구조물 지지 등의 여러 용도로 이용되는 공법이다.

Ⅱ. 용도

① 피압수 부력에 의한 구조물 부상 방지용

② 옹벽의 수평 저항용

③ 사면 안정

④ 터널 단면 보강

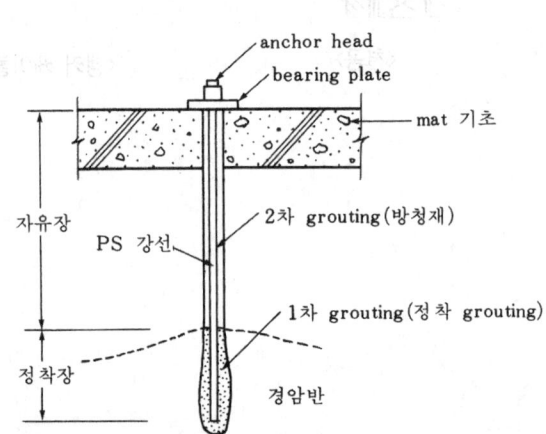

< Rock Anchor >

Ⅲ. 시공 순서

① 암반부에 굴착 천공

② 인장재(PS 강선) 삽입

③ 정착장에 1차 Grouting

④ 양생 및 인장 확인

⑤ 인장재 정착

⑥ 자유장의 PS 강선 부식 방지를 위해 방청재로 2차 Grouting

Ⅳ. 시공시 주의사항

① 인장재는 주로 PS 강선을 사용하여 가공 및 조립을 정확히 할 것

② 천공시 공벽을 안전하게 보호할 것

③ 인장재 삽입은 정착장에 안전하게 삽입되도록 암반에 깊이 삽입할 것

④ Grouting재는 인장재에 부식 영향이 없을 것

⑤ Grouting 양생시 진동, 충격, 파손이 없도록 주의할 것

55 Jacket Anchor 공법

Ⅰ. 정의

① 구조물을 지반에 정착하기 위해 지중에 설치되는 앵커의 정착 지반이 쓰레기 및 해안 근접 매립층, 강변 인접 실트층, N치 6~7 이하의 점토층 및 실트층, 그리고 대규모 전석 또는 자갈층으로 이루어졌을 때 현장 시공시 앵커체의 구근이 형성되지 않으므로 기존의 앵커 시공이 불가능하다.

② 대상 지반이 자갈층이나 균열이 많은 지층일 경우의 정착장을 나일론과 면으로 구성된 Jacket Pack으로 보호하고 그라우트재를 주입하여 그라우트 앵커체를 형성하는 특수 앵커 공법을 Jacket Anchor 공법이라 한다.

Ⅱ. 개념도

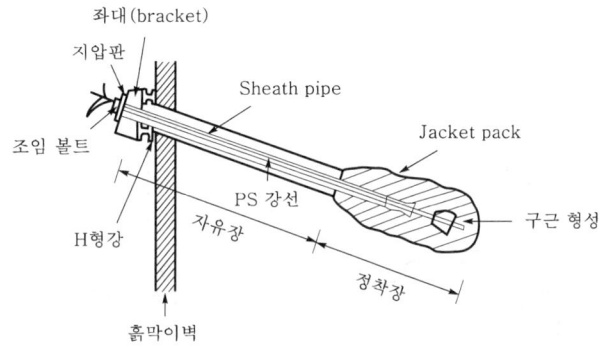

Ⅲ. 특징

① 일반적인 앵커보다 지반 마찰력이 두 배 정도 증가한다.
② 탈수 효과에 의한 강도가 크다.
③ 인장에 의한 크랙의 발생이 최대한 억제된다.
④ 그라우트가 유실되기 쉬운 지층에서도 앵커가 확실히 정착 가능하다.
⑤ 그라우트의 수입량이 감소한다.
⑥ 앵커의 정착부가 면과 나일론으로 구성되어 있어 무게가 가볍다.
⑦ 유연성과 시공성이 기존의 앵커보다 양호하다.

Ⅳ. 적용 지질 조건

① 지층 대부분 매립층과 퇴적토층으로 구성된 지반
② 퇴적토층은 주로 세립질 모래 지반
③ 연약 지층 점성토층과 호박돌 및 자갈층 지반
④ 해안 매립(주로 전석층) 지반
⑤ 굴착층의 균열이 심한 암반층 지반
⑥ 강변 매립 지역

56 소일 네일링(Soil Nailing) 공법

[10후(10)]

I. 정의

① 소일 네일링 공법이란 흙과 보강재 사이의 마찰력, 보강재의 인장 응력, 전단 응력 및 휨모멘트에 대한 저항력으로 흙과 Nailing의 일체화에 의하여 지반의 안정을 유지하는 공법이다.

② 공법의 원리는 보강토 공법이나 그라운드 앵커(Ground Anchor) 공법과 비슷하며, 보강토 공법은 주로 성토 사면에 사용되지만, 소일 네일링 공법은 절토면이나 절토사면 또는 흙막이 공법 등에 사용되는 공법이다.

II. 시공 상세도

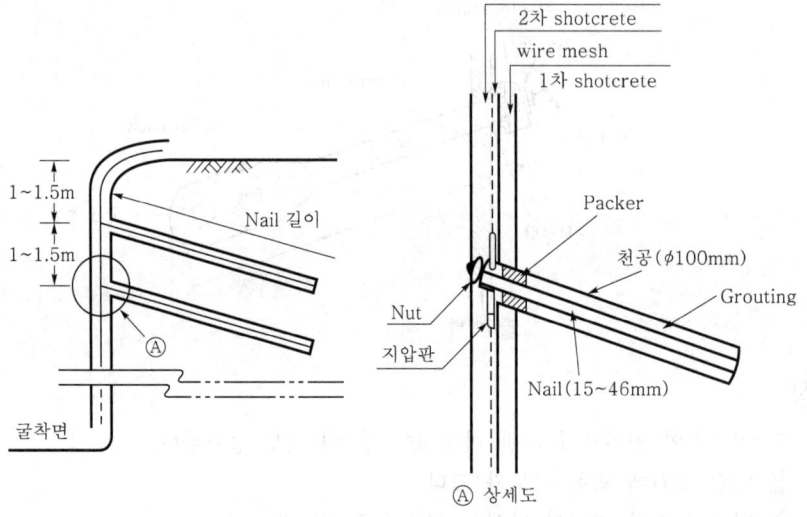

III. 특징

1) 장점
   ① 공사비 절감
   ② 공기 단축
   ③ 작업 공간 활용
   ④ 소음·진동 피해의 최소화
   ⑤ 단계적 작업 가능

2) 단점
   ① 상대 변위 발생이 우려
   ② 지하수가 있을 때 작업 곤란
   ③ 품질관리가 어렵다.

Ⅳ. 용도

① 굴착면 안정 및 가설 흙막이

② 사면 안정

③ 터널의 지보 체계

④ 기존 옹벽 보강

⑤ 병용 공법으로 활용

Ⅴ. 사용 재료

① 보강재(Nail)

② 그라우트(Grout)재

③ 지압판

④ 콘크리트

⑤ Wire Mesh

Ⅵ. 시공 순서 Flow Chart

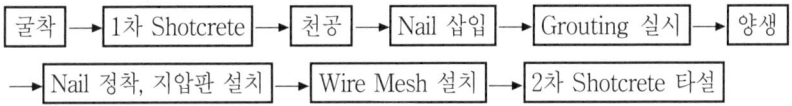

굴착 → 1차 Shotcrete → 천공 → Nail 삽입 → Grouting 실시 → 양생

→ Nail 정착, 지압판 설치 → Wire Mesh 설치 → 2차 Shotcrete 타설

Ⅶ. 시공시 유의사항

① 굴착 작업시 벽면 보강

② Shotcrete 시공시 5℃ 이상 기온 유지

③ 천공 각도 유지

④ 정해진 천공 간격 유지

⑤ Nut를 이용한 긴장 작업

⑥ 인발 시험기로 부착력 확인

⑦ 배수 Pipe 설치

Ⅷ. 문제점

① 점착력이 없는 사질토 지반에는 시공이 곤란하다.

② 건조한 지반에서는 시공이 곤란하다.

③ 지하수 아래에서는 시공이 어렵다.

④ Nail과 지압판이 부식될 가능성이 높은 지반에서의 시공이 어렵다.

Ⅸ. 개발 방향

① 현장 지반 조사 실시와 Soil Nailing의 적용성 검토

② 모든 토질 조건에 시공 가능한 공법 개발

③ 특수한 지반에 적용 가능한 공법 개발

57 흙막이공 관련용어

1) 이수(泥水, Slurry)
   ① 현장 타설 말뚝에서 굴착중 공벽의 붕괴를 방지하기 위하여 공내에 채우는 비중이 높은 물
   ② 이수에는 굴착토 중의 세립분이 물에 혼입하여 자연적으로 이루어질 수 있는 것과 Bentonite 등을 혼합하여 만든 안정액이 있다. 안정액은 맑은 물에 Bentonite를 혼합한 이수로서 분산제, CMC(Carboxy Methyl Cellulose)를 첨가한다.

2) 다이얼 게이지(Dial Gauge)
   정확한 침하량(1/100 mm)을 측정할 수 있는 시계형의 측정 기구로서 지내력 시험에 이용

3) 그라우팅(Grouting) 공법
   연약 지반에 Cement Paste를 압입하여 지반을 경화하는 공법

4) Penetro Meter
   관입 시험기로 막대기 끝에 콘 또는 슈를 부착하여 흙속에 압입하거나 타입하여 관입 저항을 구해서 자연 지반의 역학적 성상을 파악하는 현장 토질 시험기의 하나

5) Earth Pressure Meter
   토압을 측정하는 기계

죽음의 영점(零點)에 서 보라.

죽음의 철학자 하이데커의 말을 빌리지 않더라도 삶이란 죽음과 얼굴을 맞대고 있다.

① 반드시 죽는다.

② 언제 죽을지 아무도 모른다. 삶의 길이는 하나님의 절대 비밀인 것이다.

③ 인생은 이 세상에 홀로 왔다 홀로 죽어 간다. 누구도 대신 할 수가 없고, 집단 자산을 하더라도 각자의 죽음이 따로 따로다.

④ 살고 있는 사람은 한 사람도 예외없이 다 죽음이란 종점을 향해 가고 있다.

⑤ 삶이 절대 나의 것이듯이 죽음도 먼 남의 것이 아닌 절대 나의 것이다. 나는 나의 장례식 꿈을 꾼 일이 있다. 하관식이 끝나고 식구들이 헌토를 할 때 깨났다. 관 속에 있던 나, 그 때 나는 가장 가난한 마음의 0점에서 내 양심과 내세와 하나님 앞에 피 묻는 예수의 십자가를 붙잡았다.

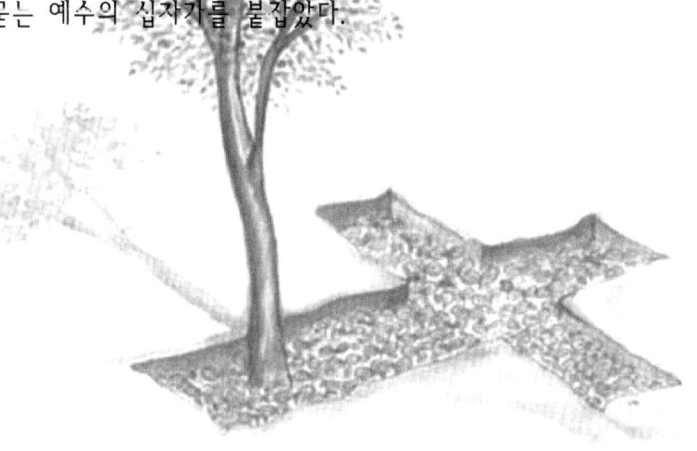

제2장 ▶ 기초

제2절 기초공

기초공 과년도 문제

1. 얕은 기초와 깊은 기초 [99중(20)]
2. 사항(斜抗) [09중(10)]
3. 콘크리트 구조물 기초의 필요 조건 [02후(10)]
4. 국부 전단파괴와 전반 전단파괴 [98중후(20)]
5. 보상 기초(Compensated foundation) [09전(10)]
6. 직접 기초에서의 지반파괴 형태 [06후(10)]
7. 깊은 기초의 종류와 특징 [97중전(20)]
8. 무리 말뚝 [00전(10)]
9. 무리(群) 말뚝 [01후(10)]
10. PHC(Pretensioned spun High strength Concrete) 파일 [02중(10)]
11. 개단 말뚝과 폐단 말뚝 차이점 [96후(20)]
12. 개단 말뚝과 폐단 말뚝 [97후(20)]
13. 폐단 말뚝과 개단 말뚝 [12후(10)]
14. 말뚝의 폐색 효과(Plugging) [13전(10)]
15. 배토 말뚝과 비배토 말뚝의 종류와 특징 [00중(10)]
16. 타입공법과 매입공법 [09후(10)]
17. 말뚝 타입시 유압 Hammer의 특징 [96후(20)]
18. SIP(Soil Cement Injected Precast Pile) 공법 [99전(20)]
19. 파일 쿠션(Pile Cushion) [04전(10)]
20. 말뚝의 지지력 산정 방법 [97중전(20)]
21. 말뚝의 정적 재하 시험과 동적 재하 시험의 비교 [99후(20)]
22. 파일 동재하 시험(Pile Dynamic Analysis) [06중(10)]
23. 정·동 재하 시험(Statnamic Load Test) [99후(20)]
24. 기초의 허용 지내력 [95중(20)]
25. 말뚝의 하중 전이 함수 [98전(20)]
26. 타입 말뚝 지지력의 시간경과 효과(Time Effect) [07중(10)]
27. 말뚝의 주면 마찰력 [11중(10)]
28. 말뚝의 부마찰력(Negative Friction) [94후(10)]
29. 부마찰력(Negative Skin Friction) [03전(10)]
30. 부마찰력(Negative Skin Friction) [05전(10)]
31. 말뚝의 부마찰력(Negative Friction) [06후(10)]
32. 말뚝의 부마찰력(Negative Skin Friction) [07전(10)]
33. 주동말뚝과 수동말뚝 [14전(10)]
34. 피어(Pier) 기초 공법 [05후(10)]
35. Earth Drill 공법 [02전(10)]
36. 돗 바늘 공법(Rotator type all casing) [09전(10)]
37. Prepacked 콘크리트 말뚝 [04후(10)]
38. MIP(Mixed-In-Place Pile) 토류벽 [99중(20)]
39. 내부굴착말뚝 [12중(10)]
40. Open Caisson의 마찰력 감소 방법 [03후(10)]
41. 진공 케이슨(Pneumatic Caisson)의 침하 조건식 [94후(10)]
42. 하이브리드 Caisson [07중(10)]
43. 파일벤트 공법 [08전(10)]
44. Underpinning [84(10)]
45. Underpinning 공법 [99후(20)]
46. 하수관의 시공 검사 [01중(10)]

1 기초 공법의 종류

[99중(20)]

I. 개요

① 기초(Foundation, Footing)란 구조물의 최하부에 있어 구조물의 하중을 받아 이것을 지반에 안전하게 전달시키는 구조 부분이다.

② 따라서 기초 밑의 지반내에 어느 지점에서도 하중으로 인하여 지반을 파괴할 만한 과대한 응력이 발생하지 않도록 기초 밑의 접촉면에 상부 구조에서 받는 하중을 잘 분포시켜서 지반에 전달하는 기능을 갖고 있어야 한다.

③ 기초 공법에는 직접 기초를 얕은 기초라 하고 말뚝 기초와 Caisson 기초를 깊은 기초라 한다.

II. 기초 공법 분류

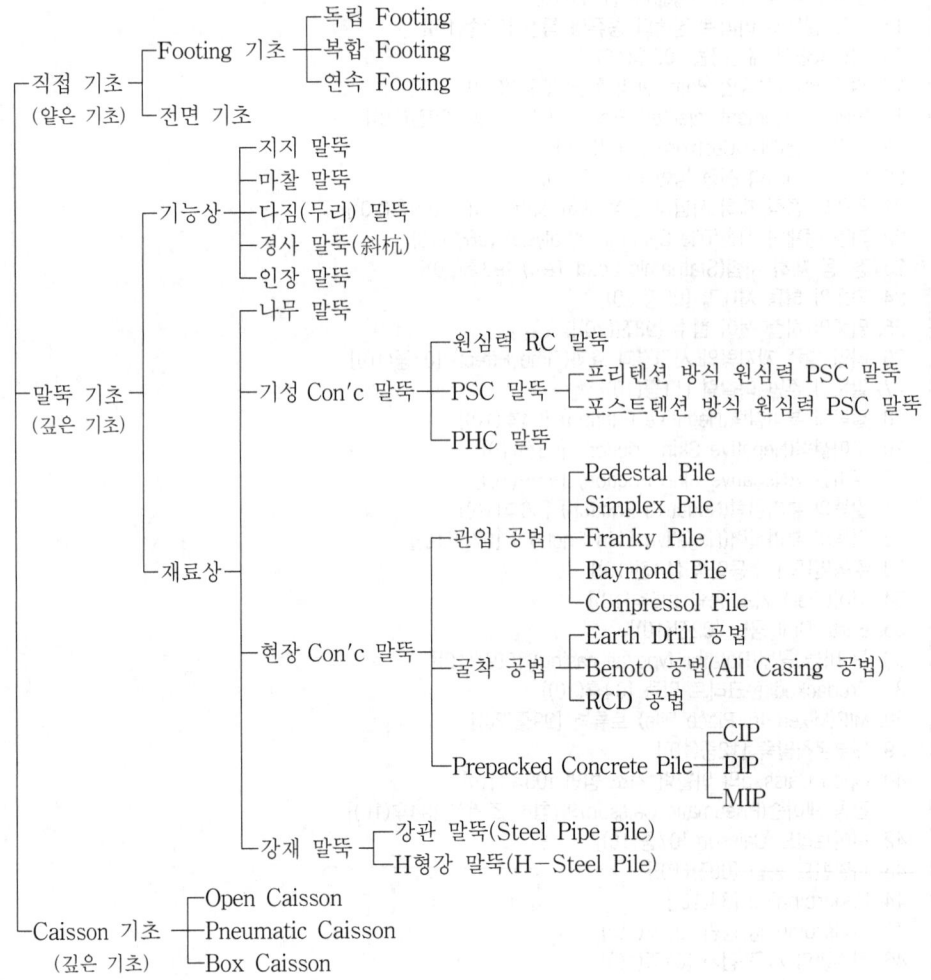

2 콘크리트 구조물의 기초 필요조건

[02후(10)]

Ⅰ. 개요

① 기초란 상부 구조물을 안전하게 지지하기 위하여 축조되는 구조물로 얕은 기초
와 깊은 기초로 대별되어 진다.

② 얕은 기초란 상부 구조물의 하중을 직접 지반으로 전달시키는 구조로 지반 위
에 놓이는 구조이며, 깊은 기초는 말뚝이나 케이슨 등을 이용하여 상부 하중을
지중으로 전달시키는 구조를 말한다.

Ⅱ. 기초의 분류

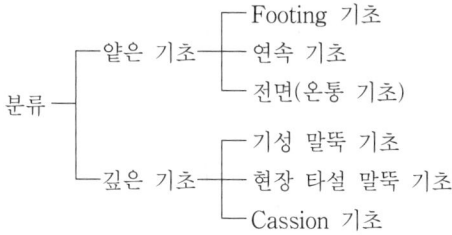

```
                    ┌─ Footing 기초
          ┌─ 얕은 기초 ─┼─ 연속 기초
          │           └─ 전면(온통 기초)
분류 ──────┤
          │           ┌─ 기성 말뚝 기초
          └─ 깊은 기초 ─┼─ 현장 타설 말뚝 기초
                      └─ Cassion 기초
```

Ⅲ. 기초 필요조건

1) 최소한 근입 깊이 유지

① 상부 구조물을 지지하는 기초 구조물은 겨울철 동상을 피하기 위해서 최소한
근입 깊이가 요구

② 기초 구조물이 횡방향 하중에 저항 목적

2) 지지력 확보

① 기초는 상부 구조물을 안전하게 지지할 수 있는 지지력 확보

② 지지력 시험을 통한 허용 지지력 이상 강도 확보

3) 허용 침하량 이내

상부 구조물의 종류에 따라 허용되는 침하량 이내가 되게 침하량이 규정의 허용
침하량 이내 요구

4) 횡방향 저항력 확보

① 교대 및 교각 등에서 발생되는 수평력에 저항할 수 있는 횡방향 저항력 확보

② 경사 말뚝 또는 근입 깊이 등으로 저항력 증대

5) 시공성 확보

① 기초는 현장 입지 조건을 고려한 시공성 확보

② 상부 구조물의 지지와 시공 가능성을 충분히 검토

6) 경제성 확보

① 상부 구조물의 종류에 따른 기초 형식 결정

② 상부 구조물과 기초 구조물의 공사비 균형 유지

3 국부 전단파괴와 전반 전단파괴

[98중후(20), 06후(10)]

Ⅰ. 개요

지반상에 상부 구조물에 의하여 과도한 침하가 발생될 때 지반이 파괴되는 양상으로 평판 재하 시험에 의한 하중−침하량 곡선상에서 지반이 항복점을 통과하게 되면서 국부 전단파괴와 전반 전단파괴로 나타난다.

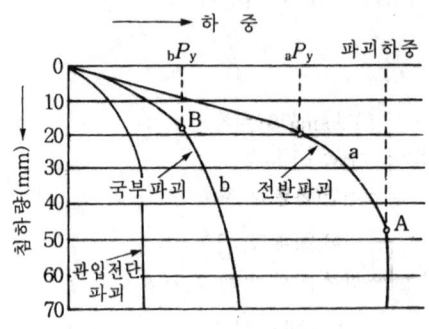

< 하중−침하량 곡선의 특성 >

Ⅱ. 국부 전단파괴(Local Shear Failure)

1) 정의

지반상의 구조물이 과도한 침하로 지반이 파괴될 때 미끄럼면에 따라서 부분적으로만 극한 전단 강도가 발휘되는 형태의 지반 파괴 현상이다.

2) 특성

① 하중−침하량 곡선에서 재하 초기부터 곡선이 변곡되면 침하량을 표시한다.
② 뚜렷한 항복점이 없이 점진적인 지반 파괴가 발생된다.
③ 지반 파괴 형상이 진행성 파괴(Progressive Failure)가 계속 진행된다.
④ 항복 하중 및 극한 하중 결정이 어렵다.

3) 발생 토질

① 지반이 느슨한 사질토
② 예민한 점성토

4) 발생 도해

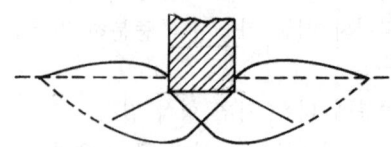

Ⅲ. 전반 전단파괴(General Shear Failure)

1) 정의
지반상의 구조물이 과도한 침하로 파괴되기전에 활동면을 따라서 전면적으로 흙의 극한 전단 강도가 발휘되는 형태의 지반 파괴 현상이다.

2) 특성
① 하중·침하량 곡선에서 재하 초기에는 직선적인 변화로 침하된다.
② 항복점에 도달하면 침하 속도가 커지면서 곡선이 급커브로 절곡된다.
③ 하중 증가에 따라 점차 침하량이 커지다가 파괴점에 도달한다.
④ 그 이후 하중 증가가 없이도 침하가 계속되며 지반 파괴를 일으킨다.
⑤ 항복 하중 및 극한 하중을 쉽게 결정할 수 있다.

3) 발생 토질
① 치밀한 사질토
② 단단한 점성토

4) 발생 도해

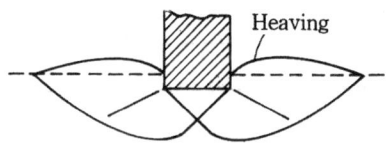

Ⅳ. 관입 전단파괴(Punching Shear Failure)

1) 정의
기초가 상당히 느슨한 지반 위에 있으면 Footing 기초 양편에서의 전단 영역은 명확하지 않고 지표면의 Heaving도 생기지 않으면서 침하 파괴되는 것을 말한다.

2) 발생 도해

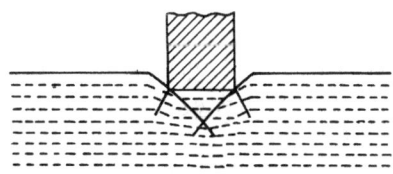

3) 발생 토질
① 대단히 느슨한 사질토
② 대단히 예민한 점성토

4 기초 허용 침하량과 대책

Ⅰ. 개요
① 구조물의 축조시 지반의 조건, 기초의 형식, 상부 구조의 특성 등을 고려하여 부등 침하가 생기지 않도록 하며 부등 침하의 발생시 부등 침하에 기인한 부재각 때문에 부재에 과대한 응력이 발생하여 구조물의 변형이 일어나게 된다.
② 부등 침하가 구조물의 악영향을 미치지 않는 범위 내에서 어느 정도의 침하는 허용한다.

Ⅱ. 기초의 종류에 따른 허용 침하량

기초의 종류	허용 침하량(mm)	
	모 래	점 토
독립 기초	50	75
온통 기초	75	125

Ⅲ. 허용 침하량 초과시의 대책
1) 구조물의 강성 증대
   ① 전체 구조물의 강성을 높인다.
   ② 특히 수평재가 유효하기 때문에 수평재를 우선 고려한다.
2) 구조물의 형상 및 중량 배분
   ① 구조물의 길이가 길면 부등 침하가 발생하기 쉽다.
   ② 구조물의 길이를 짧게 할 수 없을 경우에는 무게를 가장자리에 크게 하고 중앙부에 작게 배분하여 자중 응력이 평균화가 되게 한다.
   ③ 중량 배분이 평균화가 되면 부등 침하량이 줄어든다.
3) 구조물의 경량화
   ① 구조물의 자중이 경량화 될 수 있도록 설계·시공한다.
   ② 지하실 등을 설치하면 유효 중력이 감소한다.
4) Pile의 이용
   ① 지지 말뚝을 경질 지반까지 지지시킨다.
   ② Rock Anchor 등을 이용하여 주변 지반에 구조물을 지지한다.
5) 지반 개량
   지반을 개량하여 부등 침하 발생을 방지한다.
6) 신축 이음 설치

5 기초의 부등 침하 원인 및 대책

I. 개요

① 부등 침하는 상부 구조에 일종의 강제 변형을 주는 것으로 인장 응력과 압축 응력이 생기고, 균열은 인장 응력에 직각 방향으로, 침하가 적은 부분에서 침하가 많은 부분에 빗방향으로 생기는 것이 보통이다.

② 공사 완료후 부등 침하로 인한 균열이 발생되면 보수도 어려울 뿐만 아니라 구조물의 내구성에도 많은 영향을 미치게 되므로, 사전 조사 단계에서부터 충분한 검토와 지반 조사로 지반에 맞는 기초 공법을 선정해야 한다.

II. 기초 침하 형태

기초 침하 형태	균등 침하	부동 침하	
		전도 침하	부등 침하
도해			
기초 지반 및 하중 조건	① 균일한 사질토 지반 ② 넓은 면적의 낮은 건물	① 불균일한 지반 ② 좁은 면적의 초고층 건물 ③ 송전탑 및 굴뚝 등	① 점토 기초 지반 ② 구조물 하중 영향 범위내 점토층 존재

III. 부등 침하의 원인

① 연약 지반 위에 기초 시공
② 연약 지반의 분포 깊이가 다른 지반에 기초를 시공
③ 종류가 다른 지반에 기초를 시공했을 때 연약 지반에 부등 침하
④ 지하 매설물 또는 Hole로 인한 부분 침하 현상
⑤ 서로 다른 기초의 복합 시공으로 인한 부등 침하
⑥ 인근 지역에서의 부주의한 터파기로 인한 토사 붕괴로 부등 침하
⑦ 지하수위 변동으로 인한 지하수위 상승
⑧ 무리한 구조물 증설로 인한 하중 불균형으로 부등 침하

IV. 부등 침하 대책

① 지반 개량 공법으로 연약 지반 개량
② 사전 지반 조사로 지반에 맞는 공법 검토
③ 구조물 자중 저감

④ 마찰 말뚝 이용
⑤ 구조물의 평면 길이를 짧게 하여 하중 불균형 방지
⑥ 지하수위를 저하시켜 수압의 변화 방지
⑦ 구조물의 형상 및 중량의 균등 배분
⑧ 이질 지반이 분포할 경우 복합 기초를 사용하여 지지력 확보
⑨ 동일 지반에서는 기초의 제원을 통일하여 부등 침하를 방지

6 Top-base 공법(콘크리트 팽이말뚝 기초 공법)

Ⅰ. 정의

① 팽이형 콘크리트 매트 기초 공법(Method of Concrete Top-Base Mat Foundation)
이란 짧은 팽이모양 Concrete Pile을 연약 지반상에 전면 기초 형태로 연속 압입 설
치하여 지중 말뚝 주변의 간격을 쇄석으로 채워서 다짐한후 팽이말뚝 상부의 연
결 철근을 결속하여 Con'c Mat 기초를 만드는 공법이다.

② 연약 지반에서의 지지력 증대 및 침하 감소의 효과가 크며, 중소 규모의 구조물
에 적합한 공법이다.

Ⅱ. 구조도

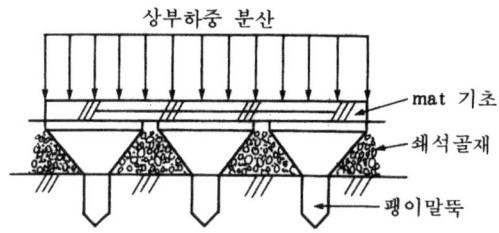

Ⅲ. 특징

① 강성이 큰 Mat 기초의 기능 우수
② 소음, 진동이 적음
③ 가격이 저렴하며 재료의 입수 용이
④ 특수 장비가 불필요하며 시공성이 우수
⑤ 지지력 증대 및 침하 억제
⑥ 시공 장소에 구애받지 않음
⑦ 진동, 충격 흡수
⑧ 지지력이 크지 않은 중소규모 구조물에 적합

Ⅳ. 용도

① 수로 구조물 기초 : Manhole, Open Channel
② 공사용 도로의 기초 : 가설 도로
③ 기계 진동 방지 기초 : 공장
④ 벽체의 기초 : 옹벽
⑤ 교량의 기초 : 교대, 교각
⑥ 도로 포장의 기초 : 노상, 보조기층

⑦ 지주 구조물의 기초 : 철탑
⑧ 암거의 기초 : Box-Culvert, Pipe-Culvert
⑨ 구조물의 기초 : 창고, 주택 등 중규모 구조물

V. 시공 순서

① 부설 지반의 정지
② 작업 곤란시 작업장 바닥에 쇄석 골재 포설
③ 위치 철근의 배치
④ 팽이말뚝 압입 설치
⑤ 팽이말뚝 사이에 쇄석 골재의 채움 및 다짐
⑥ 연결 철근의 결속
⑦ 본 구조물 설치

7　부력 기초(Floating Foundation)

[09전(10)]

Ⅰ. 정의

① 부력 기초란 지지층이 깊은 경우 기초가 설치되는 지반을 굴착하여 제거한 흙 무게로 구조물 하중 증가를 감소 또는 완전히 제거시키는 형식의 얕은 기초의 일종이며 보상 기초(Compensated foundation)라고도 한다.

② 지지력은 만족하나 압밀 침하가 발생하므로 침하를 허용하는 구조물에 적용하여야 한다.

> 배토 중량이 구조물의 무게보다 클 때 안전 : 배토 중량 > 구조물의 무게

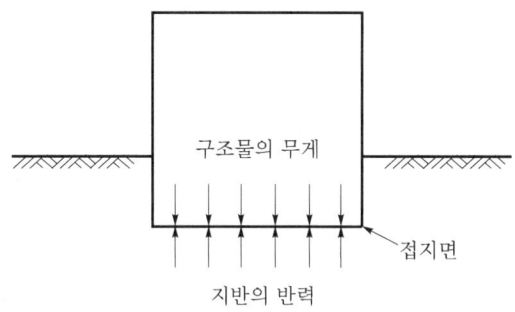

Ⅱ. 설계시 검토사항

① 기초의 깊이　　　　　② 기둥의 배치
③ 하중의 분포　　　　　④ 구조물의 형상
⑤ 구조물의 중량 배분

Ⅲ. 특징

① 지지층이 깊은 경우의 기초에 적용
② 지지층에 지지되지 않은 기초에 적용
③ 기초의 공사비 절감
④ 침하를 허용하는 구조물에 적용
⑤ 마찰력으로 지지하는 마찰 말뚝

Ⅳ. 시공시 유의사항

① 기초 하부 지반을 손상시키지 않도록 유의해야 한다.
② 하부에 점토 지반이 있을 경우 지하수위에 의한 압밀 침하에 유의한다.
③ 기초 부분의 축조는 온통 기초로 한다.
④ 구조물 전체의 중량 Balance를 고려하여 기초 저면의 접지압이 같도록 한다.

8 깊은 기초의 종류와 특징

[97중전(20)]

I. 개요

① 깊은 기초란 지표 근처의 지층이 구조물의 하중을 지지할 수 없는 경우에 지중의 굳은 지층에 하중을 전달시키기 위한 구조물이다.

② 이러한 기초에는 말뚝 기초와 Pier 기초 및 Caisson 기초가 대표적인 형식이다.

II. 깊은 기초의 종류

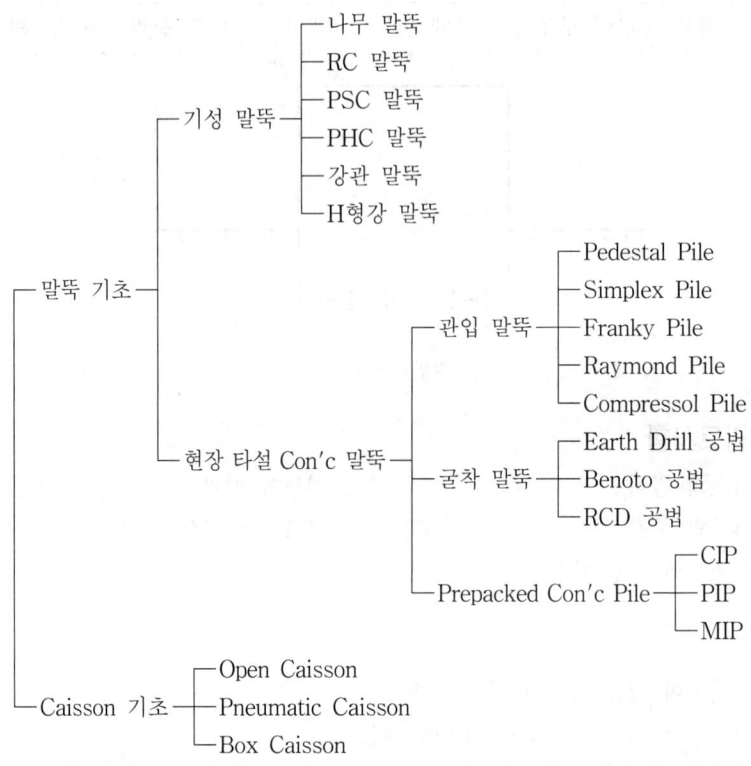

III. 종류별 특징

1. 기성 말뚝

1) 정의

공장에서 미리 제작된 말뚝을 현장에서 타입, 진동, 압입, 사수 등의 방법으로 지중에 삽입시켜서 기초 말뚝으로 이용하는 공법이다.

2) 특징

① 지지층이 어느 정도 깊고

② Footing의 터파기가 가능하고 부마찰력 발생이 적을 때 적용 가능

③ 중간층에 전석, 호박돌 등이 있을 때는 시공이 곤란

④ 타입 말뚝에서 소음, 진동 등이 발생

⑤ 지하 매설물이나 지중 장애물 때문에 시공상 문제점 발생

2. 현장 관입 말뚝

1) 정의

지표면에서 외관 및 중량추를 이용하여 지반에 삽입한 뒤 그 속에 콘크리트를 채워 넣으며 외관을 인발하여 지하에 콘크리트 말뚝을 형성하는 기초 공법이다.

2) 특징

① 지반 다짐 효과가 있다.

② 굳은 지반에서 시공이 곤란하다.

③ 지하수가 많은 지반에서 시공이 곤란하다.

④ 깊은 심도 시공이 곤란하다.

⑤ 최근에는 사용되지 않는 공법이다.

3. Pier 기초(현장 타설 말뚝 기초)

1) 정의

구조물 기초의 중심에서 지반을 굴착하여 무근 또는 철근 콘크리트를 타설하여 지중에 대구경, 깊은 심도의 콘크리트 말뚝을 현장에서 직접 형성하는 공법이다.

2) 특징

① 무소음, 무진동 공법으로 도심지 공사에 유리하다.

② 시공 속도가 빠르고 경제적이다.

③ 대구경의 깊은 기초가 가능하다.

④ 말뚝 선단 및 주변 지반의 연약 성향이 있다.

⑤ 수중 콘크리트의 품질 확인이 곤란하다.

4. 케이슨(Caisson) 기초

1) 정의

원형 또는 각형의 상자 형태로 콘크리트를 제작하여 지반을 굴착, 침하시켜 지지층에 도달시키는 기초 공법으로 수평 저항력 및 연직 지지력이 큰 기초 공법이다.

2) 특징

① 깊은 지지층의 대형 구조물 기초에 사용한다.

② 수평 저항력을 요구하는 구조물의 기초에 이용된다.

③ 침하 심도가 커지면 주면 마찰력이 커져서 침하가 곤란하다.

④ 지지력에 대한 신뢰성이 낮다.

⑤ 저반 콘크리트 타설후 2차 침하가 발생한다.

⑥ 주변 지반이 Boiling, Heaving 등에 의해 이완되기 쉽다.

9 말뚝 기초

Ⅰ. 정의

① 말뚝 기초란 기초 하부의 지반이 연약하여 기초 상부의 하중을 지탱할 수 없거
나 부등 침하의 우려가 있는 곳에 말뚝을 박아 기초의 지지력을 증대시키기 위
한 것이다.

② 말뚝 기초는 기능상 또는 재료상으로 분류되며 구조물의 구조, 규모, 지반 조건,
입지 조건 등을 고려하여 말뚝을 선정해야 한다.

Ⅱ. 말뚝의 분류

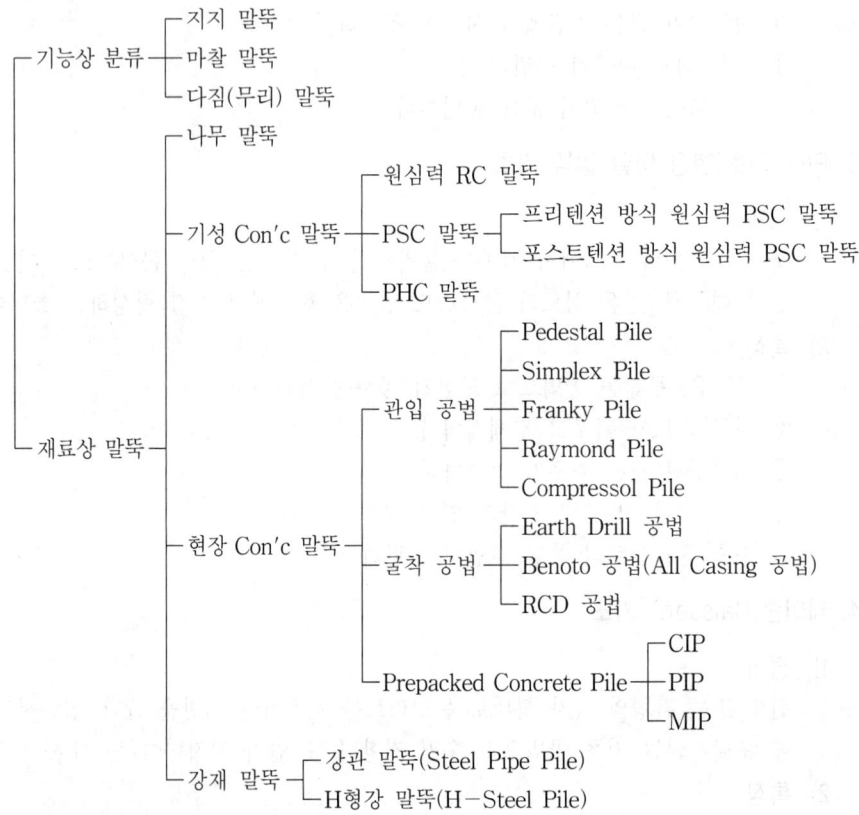

Ⅲ. 말뚝 선택시 고려사항

① 구조물 구조
② 하중
③ 지내력
④ 말뚝 지지력

10 말뚝의 기능상 분류

Ⅰ. 개요

① 말뚝 기초는 구조물의 하중이 너무 크든가 기초 지반의 지내력이 너무 작아서 직접 기초로 구조물의 하중을 충분히 지지할 수 없는 경우에 지내력이 충분한 지지층까지 말뚝을 도달시켜 구조물의 하중을 전달하는 기초 구조를 말한다.

② 말뚝 기초는 크게 기능상 분류와 재료상 분류로 나눌 수 있다.

Ⅱ. 말뚝 이음에 의한 말뚝 재료의 허용 하중 감소율

이음 방법	용접 이음	볼트 이음	충전 이음
감소율(개소당)	5%	10%	20%

Ⅲ. 말뚝 선택시 고려사항

① 구조물 구조
② 하중
③ 지내력
④ 말뚝 지지력

Ⅳ. 말뚝의 기능상 분류

분 류	분류별 특징
지지 말뚝 (Bearing Pile)	① 연약한 지반에 말뚝을 관통시켜 단단한 지지층에 도달시키므로 상부 구조물의 하중을 말뚝 선단의 지지력에 의존하여 지지하는 말뚝이다. ② 선단 지지 말뚝(End Bearing Pile)이라고도 한다. ③ 말뚝 단면이 받는 하중은 말뚝의 두부와 선단이 거의 같다.
마찰 말뚝 (Fricition Pile)	① 연약한 지층이 깊어 굳은 지층까지 말뚝을 도달시킬 수 없을 때 말뚝전 길이의 주면 마찰력에 의해서 지지하는 말뚝 ② 말뚝의 두부가 받는 하중은 말뚝 길이에 따라 점차 감소하여 밀뚝의 선단에서는 하중을 거의 받지 않는다.
다짐 말뚝 (Compaction Pile)	① 말뚝을 무리지어 박음으로써 무른 지반을 밀실하게 다지는 말뚝 ② 느슨한 사질 지반에 사용한다.
빗말뚝 (Oblique Pile)	횡방향에 저항하는 말뚝으로 횡말뚝이라고도 한다.
인장 말뚝 (Tensile Pile)	큰 Bending Moment를 받는 기초의 인장측이나 말뚝의 재하 시험시 하중 재하 말뚝과 같이 인장력에 저항하는 말뚝
앵커 말뚝 (Anchor Pile)	반력 말뚝 재하 시험시 유압 잭에 대한 반력용으로 사용하는 말뚝

11 다짐(무리) 말뚝

[00전(10), 01후(10)]

Ⅰ. 정의

① 말뚝은 상부 토층의 지지력이 적은 경우에 상부 구조물의 하중을 지지력이 큰 하부의 토층이나 암반층에 전달하기 위하여 사용하는 길고 가느다란 부재이다.

② 다짐 말뚝이란 경질 지반이 너무 깊어서 지지 말뚝을 박을 수 없을 경우 사용하는 말뚝으로, 여러 개의 말뚝을 무리지어 박음으로써 무른 지반을 밀실하게 다지는 다짐 효과가 있는 말뚝을 말한다.

Ⅱ. 말뚝 선택시 고려사항

Ⅲ. 특징

① 무리에 속한 말뚝과 흙은 한 덩어리로 움직인다.

② 무리 말뚝의 지지력은 개개 말뚝의 합보다 작다.

③ 주위의 상당한 깊이까지 응력이 작용하므로 침하량이 커진다.

④ 지지력을 높이기 위해 말뚝 길이보다는 수량을 많게 한다.

Ⅳ. 사질토에 설치한 무리 말뚝

① 말뚝 주위의 흙이 말뚝 지름의 3배 이상 다져진다.

② 좁은 간격으로 타입시 말뚝 주위와 말뚝 사이의 흙은 상당히 다져진다.

③ 말뚝의 중심 간격이 좁을 경우 나중에 타입되는 말뚝은 박기가 어려워진다.

Ⅴ. 점성토에 설치한 무리 말뚝

① 연약하고 예민한 점토에 무리 말뚝을 타입하면 흙이 광범위하게 교란된다.

② 무리 말뚝 타입시 말뚝 주위에서 지표면이 부풀어 오른다.

③ 부풀어 오른 흙은 시간이 지나면서 재압밀 되어 원래의 전단 강도를 회복한다.

④ 재압밀은 말뚝 몸체에 하향력을 유발한다.

12 기성 Con′c 말뚝

I. 정의

① 기성 콘크리트 말뚝이란 미리 공장에서 철근, PS 강재, 콘크리트 등을 이용하여 생산되는 말뚝으로 자동 설비가 갖추어진 공장의 생산이므로 품질이 균일하다.

② 기성 Con′c 말뚝은 비교적 큰 내력을 필요로 하는 경우나 지하수위가 낮은 경우에 많이 사용하며 일반적으로 15 m 이내가 경제적이며, 종류로는 원심력 RC 말뚝, PSC 말뚝, PHC 말뚝이 있다.

II. 시공 Flow Chart

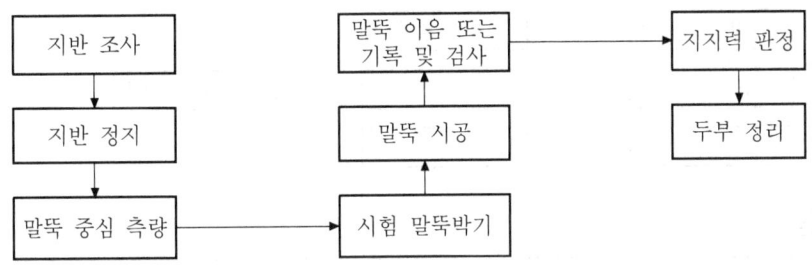

III. 종류

종 류		종류별 특징
원심력 RC 말뚝	정의	공장 제작으로 단면은 중공 원통형이고 보통 RC 말뚝이라 부르며, 주로 기초 말뚝으로 쓰인다.
	특징	① 재료가 균질하고 강도가 큼 ② 선단 지반에의 접착성이 우수 ③ 말뚝 이음 부분에 대한 신뢰성이 비교적 적다. ④ 중량물이며 보관, 운반, 박기 등에 주의가 필요하다.
PSC 말뚝	Pre−Tensioning Centrifugal PSC Pile	사전에 PS 강재에 인장력을 주어 놓고, 그 주위에 Con′c를 타설, 경화후 PS 강재를 절단하여 PS 강재와 Con′c의 부착으로 프리스트레스를 도입하는 방법
	Post−Tensioning Centrifugal PSC Pile	Con′c 타설전에 Sheath관을 설치하고, Con′c 경화후 Sheath 관내에 PS 강재를 넣어 긴장하여 단부에 정착시켜 프리스트레스를 도입하고, Sheath관 내를 시멘트 Grouting 하는 방법
PHC 말뚝	정의	일반적으로 프리텐션 방식에 의한 원심력을 이용하여 제조된 Con′c 말뚝으로 압축 강도 80 MPa 이상의 고강도 Con′c 사용
	특징	① 설계 지지력을 크게 취할 수 있다. ② 타격력에 대하여 저항력이 크다. ③ 휨에 대한 저항력이 크다. ④ 경제적인 설계가 가능하다.

13 원심력 RC 말뚝(Centrifugal Reinforced Concrete Pile)

Ⅰ. 정의

① 공장 제작으로 단면은 중공 원통형이고 보통 RC 말뚝이라 부르며, 주로 기초 말뚝으로 쓰인다.

② 철근을 배치한 거푸집에 콘크리트를 채워서 거푸집의 회전으로 원심력을 발생시켜 제작하는 말뚝이다. 길이는 15 m 정도까지 만들 수 있으나 보통 5~10 m 정도가 많이 사용된다.

Ⅱ. 공법 선정시 고려사항

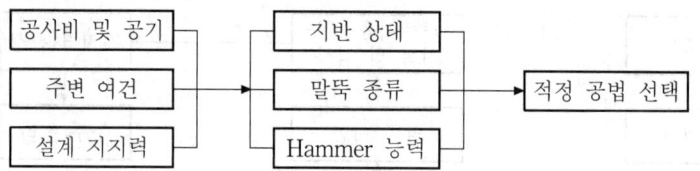

Ⅲ. 특징

장 점	단 점
① 재료가 균질하고 강도가 큼	① 말뚝 이음부분에 대한 신뢰성 부족
② 말뚝 길이는 15m 이하로 경제적	② 중량물이며 보관, 운반, 박기 등에 주의 필요
③ 선단 지반에의 접착성이 우수	③ 중간 경질 지층(N값 30 정도)의 관통 난해

Ⅳ. 말뚝 간격

① 말뚝 지름의 2.5배 이상

② 750 mm 이상

Ⅴ. 시공시 유의사항

① 말뚝 자체 및 이음매 강도가 충분할 것

② 변형이 없고 내구성이 있을 것

③ 말뚝 캡을 필히 씌울 것

④ 안전한 지지와 허용 침하 한도를 고려할 것

⑤ 소음, 진동, 공사비, 공기를 고려할 것

⑥ 인접 구조물에 대한 영향을 고려할 것

⑦ 말뚝의 수직을 유지할 것

14 PSC 말뚝(Prestressed Concrete Pile)

Ⅰ. 정의

① 축방향으로 배근된 PS 강재(PS Steel Bar)에 의하여 말뚝 몸체에 Prestress를 가하여 인장력을 증대시킨 말뚝이다.

② 제조법에는 프리텐션법과 포스트텐션법이 있으며, 기초로서 큰 것을 제외하고는 대부분 프리텐션법이 쓰인다.

Ⅱ. 말뚝의 안정성 검토

안정성 검토	안전 조건
말뚝 지지력 검토	구조물 하중 ≤ 허용 지지력
말뚝 침하량 검토	침하량 < 허용 침하량

Ⅲ. 종류

1) 프리텐션 방식 원심력 PSC 말뚝(Pre-tensioning Centrifugal PSC Pile)
   사전에 PS 강재에 인장력을 주어 놓고, 그 주위에 Con'c를 쳐 경화후 PS 강재를 절단하여 PS 강재와 Con'c의 부착으로 프리스트레스를 도입하는 방법

2) 포스트텐션 방식 원심력 PSC 말뚝(Post-tensioning Centrifugal PSC Pile)
   Con'c 타설전에 Sheath관을 설치하고, Con'c 경화후 Sheath 관내에 PS 강재를 넣어 긴장하여 단부에 정착시켜 프리스트레스를 도입하고 Sheath 관내를 시멘트 Grouting하는 방법

Ⅳ. 특징

① 항타시 발생하는 반사파에 의한 인장 응력을 완전히 흡수하기 때문에 균열이 없다.

② 말뚝 이음은 용접 이음으로 하기 때문에 신뢰성이 있다.

③ 중간 성실 시층(N값 30 정도)의 관통이 용이하다.

④ RC 말뚝에 비해 휨모멘트 저항이 강하다.

⑤ 내구성이 크다.

Ⅴ. 시공시 유의사항

① 말뚝 자체 및 이음매 강도가 충분할 것

② 변형이 없고 내구성이 있을 것

③ 말뚝 캡을 필히 씌울 것

④ 말뚝의 수직을 유지할 것

15 | PHC 말뚝(Pre-tensioning Centrifugal HC Pile)

[02중(10)]

Ⅰ. 정의

① Prestress 도입 방식에 의한 원심력을 응용하여 제조된 Con'c 압축 강도 80 MPa 이상의 고강도 Con'c 말뚝이다.

② PHC Pile용 PS 강선은 Autoclave 양생시 높은 온도에 의한 긴장력 감소를 방지하기 위해 이완 및 풀림이 작은 특수 PS 강선을 이용한다.

Ⅱ. 말뚝 간격

① 말뚝 지름의 2.5배 이상

② 750 mm 이상

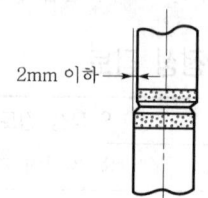

2mm 이하

<이음부의 편심량>

Ⅲ. 특성

1) 설계 지지력을 크게 취할 수 있다.

설계 기준 강도가 80MPa로 종래의 PSC Pile(50MPa)보다 크게 증진한다.

2) 타격력에 대하여 저항력이 크다.

항타시 발생하는 반사파에 의한 인장 응력을 완전히 흡수하기 때문에 균열이 없다.

3) 경제적인 설계가 가능하다.

지반의 상황에 맞추어 길이 조정이 가능하며, 주문후 2일 후에는 납품이 가능하다.

4) 휨에 대한 저항력이 크다.

축방향의 하중을 받으면서 휨을 받는 저항력이 PSC Pile보다 크다.

5) Creep 및 건조 수축이 적다.

Autoclave를 양생한 콘크리트가 상압 증기 양생한 콘크리트보다 Creep 및 건조수축이 현저하게 적다.

6) 선단부 Flat Shoe의 채용

① Pile의 직진성과 항타 단면을 고려하여 강판제 Flat형 Shoe 사용한다.

② 선단부흙이 자연적인 돔(Dome)을 형성하여 관입이 용이하다.

Ⅳ. 시공시 유의사항

① 말뚝의 이음은 용접 이음으로 한다.

② 말뚝 항타 중간에 전석층, 호박돌이 있을 때 타격을 주의한다.

③ 말뚝 캡의 구조는 타격력에 충분히 견디는 강성의 것을 사용한다.

④ 안전한 지지와 허용 침하 한도를 고려한다.

⑤ 말뚝 이음부의 편심량은 이음부 전반에 대하여 2 mm 이하이다.

16 Autoclave 양생 말뚝

Ⅰ. 정의

① Autoclave 양생이란 밀폐 용기속에서 시멘트 제품을 고압 증기로 양생하는 것을 말하며, 이와 같이 양생된 Con′c 말뚝을 고압 증기 말뚝(Autoclave Curing Pile)이라 한다.

② 고압 증기 양생으로 제작된 콘크리트 말뚝은 일반 증기 양생 제품보다 양생 시간 단축 및 강도 증대 효과가 아주 큰 양생 공법이다.

Ⅱ. 특징

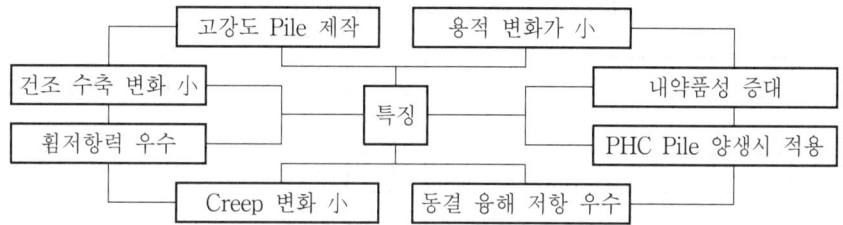

Ⅲ. Autoclave 양생에 의한 방법

1) Silica 분말 혼입 방법

Cement의 일부를 Silica 분말로 바꾸는 방법이다.

2) 고성능 감수제 혼입 방법

Con′c에 고성능 감수제를 다량으로 혼입시키는 방법이다.

Ⅳ. 제조법(Silica 분말 혼입 방법)

1) Con′c의 원재료에 Silica 분말 혼입

2) 원심력 성형

3) 1차 양생

① Autoclave전 양생

② 보통 압력의 증기 양생

4) 탈형하여 프리스트레스를 가함

5) 2차 양생

① 강철제의 용기 속에서 10기압, 120℃에서 16기압, 200℃ 정도의 포화 증기로 양생

② 1차 양생후 즉시 실시

17 강재 말뚝(Steel Pile)

Ⅰ. 정의

① 말뚝을 재질별로 크게 분류할 때 콘크리트와 강재로 분류되는데 강재 말뚝은 말뚝의 구성 요소로 강재를 사용하여 원형, 각형, H형 등의 형상으로 제작된 말 뚝을 말한다.

② 강재 말뚝 단면 형상에 따라 강관 말뚝(Steel Pipe Pile)과 H형강 말뚝(H-Steel Pile)이 있으며, RC 말뚝에 비하여 가볍고 운반 및 시공이 용이하다.

Ⅱ. 특징

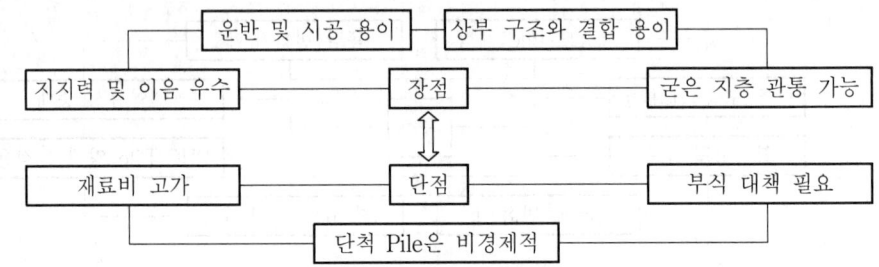

Ⅲ. 종류

1) 강관 말뚝(Steel Pipe Pile)

① 강관을 원통형으로 전기 저항 용접 또는 Arc 용접에 의하여 제조한 용접 강관 이 주로 쓰이며, 용접 강관 중에서도 나선 강관(Spiral Pipe)이 많이 쓰인다.

② 관의 외경은 약 40~100 cm까지의 36종이 있고, 길이는 12~15 m 정도이다.

③ 강관 말뚝은 장척 말뚝으로 사용되는 수가 많으며, 현장 용접에 의하여 이어 쓴다.

④ 강관 말뚝 타입에는 주로 Diesel Hammer를 사용한다.

2) H형강 말뚝(H-steel Pile)

① H형 단면으로 된 형강재로 압연형 강재와 용접형 강재로 구분되나 말뚝으로는 압연형 강재가 주로 쓰인다.

② 말뚝의 이음 방법으로는 맞댄 용접과 덧판 모살 용접 이음의 두 종류가 있으며, 용접 강도상 덧판 모살 용접이 좋다.

③ 선단 지지 말뚝으로 많이 사용한다.

Ⅳ. 시공시 유의사항

① 강재의 부식 두께는 연간 0.05~0.1 mm 정도로 부식에 유의해야 한다.

② 방식 방법에는 판두께를 증가시키는 법, 도장법, 전기 방식법 등이 있다.

③ 전기 방식법이 유효하나 성상비가 많이 든다.

18 개단 말뚝과 폐단 말뚝의 차이점

[96후(20), 97후(20), 12후(10)]

Ⅰ. 개요
파일의 종류에 따라 선단부의 형상, 특성이 열려 있는 개단 형식과 선단부가 밀폐되어 있는 폐단 형식의 말뚝이 있다.

Ⅱ. 개단 말뚝

1) 정의
파일의 선단 형상이 Open Type으로 개방된 상태로서 강관 파일에서 주로 사용되어지는 형식이다.

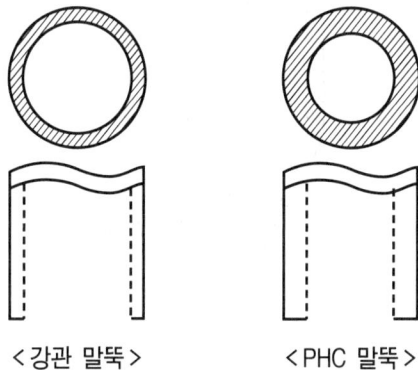

< 강관 말뚝 >   < PHC 말뚝 >

2) 특징
① 선단이 열려 있는 형상
② 지반 다짐 효과 감소
③ 대구경의 강관 파일 시공
④ 시공 능률 향상
⑤ 내부 토사 제거후 Con′c 충진
⑥ 인접 구조물 영향 감소

Ⅲ. 폐단 말뚝

1) 정의
말뚝 선단부를 밀폐시켜 말뚝 타입시 지반의 다짐 효과를 얻을 수 있으며 파일 내부에 지하수 등 이물질의 침투를 최대한 억제시킬 수 있는 형상의 말뚝을 말한다.

2) 특징
① 선단이 폐합된 형상이다.
② 주위 지반의 교란 범위가 크다.
③ 다짐 효과에 의한 측압 발생
④ 타입 순서에 따른 시공 필요
⑤ 인근 구조물의 영향 확대
⑥ 소음, 진동이 크게 발생

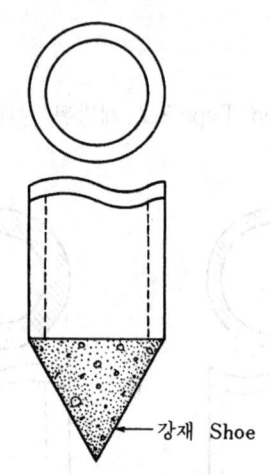

←강재 Shoe

Ⅳ. 차이점

차이점	개단 말뚝	폐단 말뚝
선단부 형상	Open	Close
지지력	선단 지지력	선단 지지력+주면 마찰력
시공성	시공 속도 빠름	시공 속도 느림
소음, 진동 발생	적다	크다
인접 구조물 영향	다소 적다	많다
대구경 파일 시공	가능하다	시공성이 없다
깊은 기초 시공 능력	깊은 지지층까지 시공 가능	깊은 시공 곤란

19 말뚝의 폐색효과(plugging)

Ⅰ. 정의

① 개방 말뚝을 지중에 관입할 때 말뚝 속에 흙이 들어가 말뚝과의 사이에 마찰력이 발생하여 말뚝의 선단이 폐색된 것과 같은 거동을 나타내는 것이다.

② 말뚝 선단부를 밀폐시킨 폐색 말뚝의 효과를 나타내므로 지반 다짐 효과가 우수하며 말뚝 내 지하수 등 이물질의 침투를 방지한다.

Ⅱ. 개념도

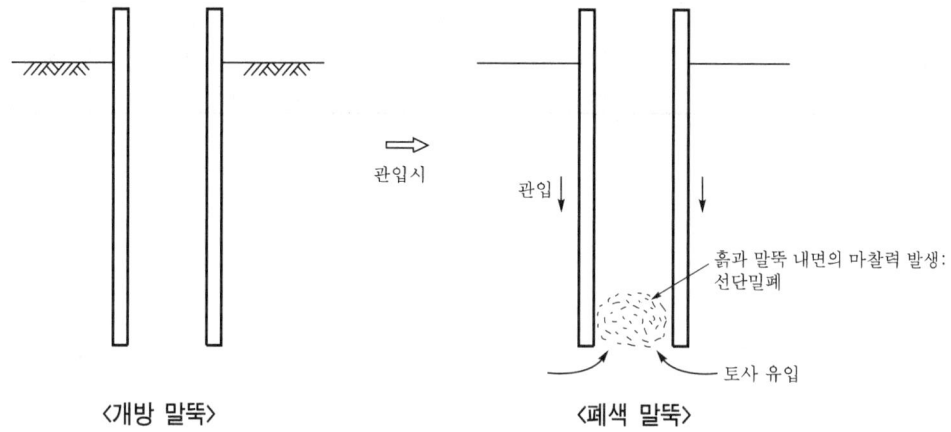

<개방 말뚝>   <폐색 말뚝>

※ 개발말뚝의 관입 시 말뚝 내면과 흙과의 마찰로 선단이 폐쇄된 폐색말뚝의 효과를 냄

Ⅲ. 말뚝의 폐색효과

① 선단 극한 지지력 증대

② 주면 극한 마찰력 증대

③ 지반의 교란 범위가 큼

④ 배토 말뚝 효과 발생

Ⅳ. 말뚝의 폐색 효과로 인한 피해

① 개단 말뚝이 폐단 말뚝으로 형상이 바뀜

② 주위 지반의 교란 효과와 교란 범위가 큼

③ 주변 지반의 다짐 효과에 의한 측압 발생

④ 인근 구조물에 대한 영향 확대

⑤ 소음 및 진동이 크게 발생

⑥ 시공 능률 저하

Ⅴ. 개방 말뚝과 폐색 말뚝의 비교

비교		개방 말뚝	폐색 말뚝
말뚝 지지력	선단 극한 지지력	적다.	크다.
	주면 극한 마찰력	적다.	크다.
말뚝 간격		$2D$(교란 범위가 적다.)	$3D$(교란 범위가 크다.)
주변 지반 영향		적다.	크다.
시공법		중굴 공법	항타 공법
시공비		비싸다.	싸다.
공사 기간		길다.	짧다.
주변 흙 거동에 따른 분류		비배토 말뚝	배토 말뚝
적용성		• 해양 구조물 깊은 기초 • 호박돌 등으로 타입 곤란 지반 깊은 기초	• 민원 소지가 적은 지역 • 호박돌과 자갈층이 존재하지 않는 지반

20 배토 말뚝과 비배토 말뚝의 종류와 특징

[00중(10)]

Ⅰ. 정의

① 배토 말뚝이란 지반에 타입되는 말뚝에 의하여 지반토가 밀려서 인접 지반이 영향을 받게 되는 말뚝을 말한다.

② 비배토 말뚝이란 현장 타설 말뚝처럼 말뚝이 위치하는 곳의 지반토를 제거하여 인접 지반에 영향을 주지 않는 말뚝을 말한다.

Ⅱ. 말뚝 분류

1) 배토 말뚝

타격, 진동으로 타입하는 말뚝

2) 비배토 말뚝

Preboring 말뚝, 현장 타설 말뚝

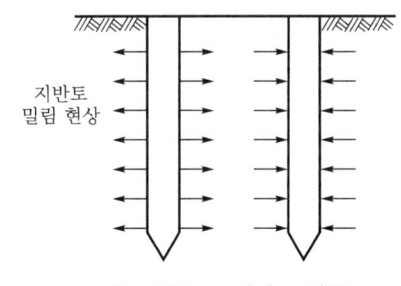

〈배토 말뚝〉 〈비배토 말뚝〉

Ⅲ. 종류별 특징

1. 배토 말뚝

1) 특징

① 지반 다짐 효과가 크다.

② 말뚝의 주면 교란 영역이 발생한다.

③ 제작된 말뚝 타입으로 시공 속도가 빠르다.

④ 타입 공법으로 시공이 간단하다.

⑤ 공사비가 비교적 싸다.

⑥ 시공 과정에서 건설 공해가 발생된다.

2) 배토 말뚝의 종류

① 목재 말뚝

② 콘크리트 말뚝 : RC 말뚝, PSC 말뚝, PHC 말뚝

③ 강관 폐단 말뚝

2. 비배토 말뚝

1) 특징

① 지반 다짐 효과 없다.　　② 지지층 확인이 가능하다.

③ 깊은 심도 시공이 가능하다.　　④ 말뚝 시공 주면 교란이 적다.

⑤ 시공 말뚝 개수를 줄일 수 있다.　　⑥ 건설 공해 발생이 적다.

2) 비배토 말뚝의 종류

① 중굴 말뚝 공법 : 강관 속파기　　② Preboring 말뚝 공법 : SIP

③ 인력 굴착 공법 : Gow 공법, Chicago 공법

④ 기계 굴착 공법 : Earth Drill, Benoto, RCD

21 사항(斜抗)

[09중(10)]

Ⅰ. 정의
① 사항은 연직 방향 축선에 대하여 일정한 각도를 가지고 설치된 말뚝이다.
② 수평 하중이 작용하면 말뚝이 휨응력을 받으므로 말뚝을 경사지게 하여 수평력의 일부를 말뚝 축방향력으로 전환시키기 위한 말뚝이다. 말뚝을 경사지게 하면 말뚝의 수평력 부담이 적어져 연직 하중 및 수평 하중 양쪽이 균형을 이룬다.

Ⅱ. 사항의 형상

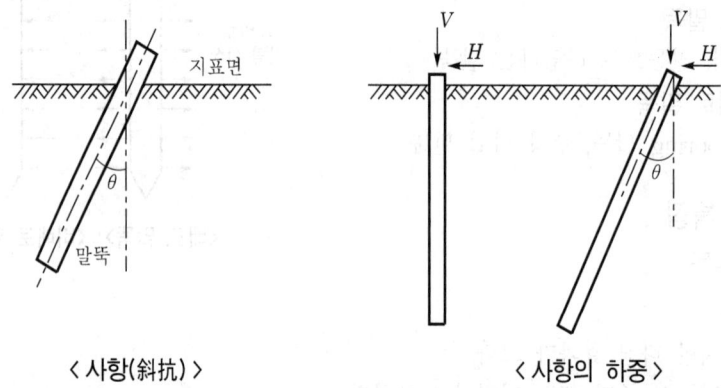

〈 사항(斜抗) 〉　　　　　　　　　　〈 사항의 하중 〉

Ⅲ. 사항의 시공 방안
1) 측방 유동 방지 목적
2) 연직 하중 및 수평 하중의 균형 유지
　　수평력의 일부를 말뚝 축방향력으로 전환시키므로 말뚝의 수평력 부담이 적어져 연직 하중 및 수평 하중 양쪽이 균형을 이루게 된다.
3) 경제적인 시공 가능
　　① 수평력이 작을 경우는 연직 말뚝으로 수평력을 부담시킨다.
　　② 수평력이 클 때 말뚝의 횡저항만으로 말뚝의 수평력을 지지시키면 말뚝수가 많아져 비경제적이 된다.
4) 수평력이 큰 구조물에 이용
　　교대 및 옹벽 등 배면에 토압, 수압 등이 작용하는 구조물 및 잔교 등 연직 하중에 비하여 수평 하중이 큰 구조물에 많이 이용되고 있다.
5) 무리 말뚝의 시공
　　말뚝 기초의 경우 1방향의 경사를 가진 경사 말뚝만으로 1개의 기초를 구성하는 경우는 적으며, 경사 말뚝을 조합하거나 연직 말뚝과 혼용하는 무리 말뚝으로 하는 경우가 많다.

22 | 기성 Con′c Pile의 시공

Ⅰ. 개요

기성 Con′c Pile은 재료 구입이 쉽고 시공이 용이하나 재료의 운반, 저장, 항타시 균열에 주의해야 하며, 시공시 진동과 소음으로 인한 건설 공해에 대처할 수 있는 저소음 타격 공법 및 무소음·무진동 기계 장비의 개발이 필요하다.

Ⅱ. 시공 순서 Flow Chart

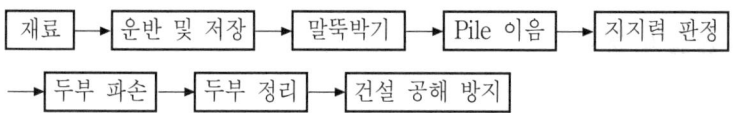

Ⅲ. 시공

1) 재료

   KS 제품이어야 하며, 재령이 28일 이상이어야 한다.

2) 운반 및 저장

   ① 운반시 충격이나 손상을 주지 말 것

   ② 말뚝 저장은 2단 이하로 하고, 종류별로 나누어 보관

3) 말뚝박기

   [지반 조사] ⇒ [표토 제거] ⇒ [수평 규준틀 설치] ⇒ [말뚝 중심 보기] ⇒ [재료 반입 및 검수] ⇒ [말뚝박기] ⇒ [두부 정리]

4) Pile 이음

   ① 경제적이어야 하며, 시공이 용이하고 단시간 내 이음이 가능해야 한다.

   ② 이음의 종류는 장부식·충전식·Bolt식·용접식이 있다.

5) 지지력 판정

   지질의 형태, 말뚝 형식, 시공성, 경제성 등에 비추어 적당한 방법을 선택

6) 두부 파손

   말뚝재의 강도 확보, Cushion재 두께 확보, 연직도 확보 등으로 말뚝 두부 파손 방지

7) 두부 정리

   ① 말뚝머리 절단은 Pile에 충격을 주지 않는 기계를 사용하여 소요 길이 확보

   ② 두부 정리가 완료된 Pile은 기초 Con′c 타설시까지 충격 및 오염 방지

8) 건설 공해 방지

   ① 저소음 기성 말뚝 공법 채택 및 저소음 기성 말뚝 세우기 공법 채택

   ② 현장 타설 Con′c 말뚝으로 대처

23 기성 Con′c Pile 박기 공법

I. 정의
① 기성 Con′c의 말뚝박기 공법으로는 타격 공법, 진동 공법, 압입 공법, Water Jet 공법, Pre-boring 공법, 중공 굴착 공법 등이 있다.
② 구조물의 대형화로 인한 환경 공해가 사회적 문제화가 되고 있으므로 소음 및 진동을 억제할 수 있는 무소음·무진동 공법인 압입 공법, Water Jet 공법, Pre-boring 공법, 중공 굴착 공법 등이 많이 사용되고 있다.

II. 말뚝박기 공법의 분류

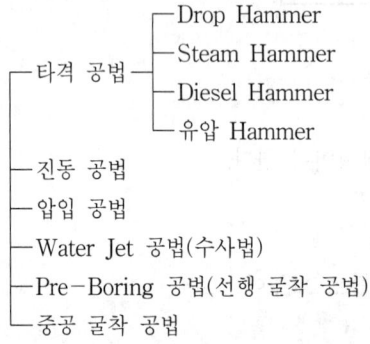

```
              ┌─ Drop Hammer
              ├─ Steam Hammer
      ┌ 타격 공법 ┤
      │       ├─ Diesel Hammer
      │       └─ 유압 Hammer
      ├ 진동 공법
      ├ 압입 공법
      ├ Water Jet 공법(수사법)
      ├ Pre-Boring 공법(선행 굴착 공법)
      └ 중공 굴착 공법
```

III. 말뚝박기 순서 Flow Chart

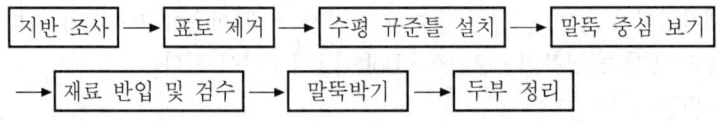

지반 조사 → 표토 제거 → 수평 규준틀 설치 → 말뚝 중심 보기

→ 재료 반입 및 검수 → 말뚝박기 → 두부 정리

IV. 말뚝박기 공법 선정시 고려사항
① 공사 기간 및 공사비
② 기성 Con′c Pile의 종류
③ Pile의 총 수량
④ 중간층을 포함한 지질 상황
⑤ 공사 현장의 위치
⑥ 말뚝박기 기계의 능력

V. 말뚝박기 시공시 유의사항

1) **최종 관입량**

   10~20회의 타격 평균값으로 하여 그 결과 기록, 유지

2) **중단없이 계속 수직박기**

   말뚝 끝이 일정한 깊이까지 닿도록 수직으로 계속 박기

3) **두부 정리**

   ① 말뚝머리 절단은 Pile에 충격을 주지 않는 기계를 사용하여 소요 길이 확보

   ② 버림 Con'c 위 60 mm 남기고, Con'c만 파쇄

4) **이어박기 수량 증가**

   예정 위치에 도달되어도 최종 관입량 이상일 때

5) **세우기**

   ① 시공 계획서에 따라 2개소 이상의 규준대를 설치하여 수직 세움

   ② 매다는 점의 위치 준수

6) **길이 변경 검토**

   예정 위치에 도달하기전 침하되지 않을 경우 검토하여 길이 변경

7) **Pile 손상 방지**

   말뚝 머리에 나무 또는 가마니를 덮어 말뚝머리 깨지는 것 방지

8) **Pile 위치 확인**

   소정 깊이까지 기초 파기하고 정확한 말뚝 위치 확인

9) **Pile 박기 간격**

   ① 중앙부 : $2.5\,d$ 이상 또는 750 mm 이상

   ② 기초판 끝과의 거리 : $1.25\,d$ 또는 375 mm

10) **Pile 박기 순서**

   중앙부 말뚝을 먼저 박고, 주변부 말뚝을 박아 박기가 용이

11) **시험 항타**

   ① 실제 길이보다 긴 것 사용

   ② 실제 말뚝과 동일한 방법으로 시공

12) **인접 말뚝 피해**

   항타시 인접 말뚝이 솟아오르면 타격력을 증가시켜 원지반 이하로 다시 관입

24 ☐ 타격 공법

Ⅰ. 정의

항타기로 말뚝을 직접 타격하여 박는 공법으로 Pile의 종류, 총 수량, 지반의 상태, 공사장 위치, 항타기의 종류 등을 고려하여 적정 Hammer를 선정하여야 한다.

Ⅱ. 현장 시공도

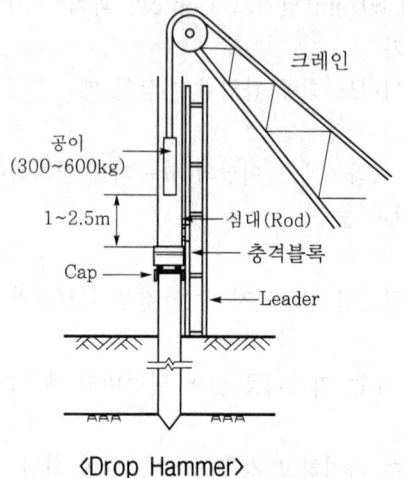

〈Drop Hammer〉

Ⅲ. Hammer의 종류

종 류	종류별 특징
Drop Hammer (떨공이)	① 지름 45 m/m 정도의 쇠막대 또는 철관을 심대(Rod)로 쓰고, 공이는 소요 중량 300~600 kg의 것을 사용하며, 원치로 로프를 당겨 공이를 끌어올려 자유낙하로 말뚝을 타설한다. ② 가설틀은 4각틀 또는 평틀식으로 비계목을 짜고, 그 중심에 심대(Rod)를 세운다. ③ 중추의 무게는 말뚝 무게의 2배 정도를 선택한다. ④ 낙하고를 1~2.5 m 정도로 하여 말뚝머리의 파손을 막는다.
Steam Hammer	① 증기압을 이용해서 타입하는 기계로 실린더, 피스톤, 자동 증기 조작 밸브 등으로 구성되어 있다. ② 기체가 완전히 말뚝머리에 올려져 있어 말뚝머리 파손이 적다.
Diesel Hammer	① Diesel Hammer는 단동식과 복동식이 있으며 기계틀, 기동 장치 및 공이(Hammer) 등으로 구성되어 있다. ② 비교적 좁은 장소에서도 작업할 수 있으며 타입 정도가 높다. ③ 최근 가장 널리 쓰이는 기계로 타격에너지가 크다.
유압 Hammer	① 유압을 이용하여 램을 상승·낙하시켜 타격에너지를 얻는다. ② 램 낙하고 조절이 가능하고, 저소음 공법으로 기름·연기의 비산이 없다.

Ⅳ. 타격 공법의 특징

① 시공이 용이하며, 시공 속도가 빠름

③ 우수한 선단 지지력 확보

④ 기계음, 타격음 등의 소음, 진동 발생

⑤ 말뚝 두부 파손 우려

25 │ Diesel Hammer 공법

I. 정의

Diesel Hammer는 공이(Ram)의 낙하에 의해 말뚝머리를 타격하는 순간 내부 연소실의 발화 폭발력으로 공이가 원래의 높이까지 위로 오르는 반작용으로 말뚝을 박는 타격 공법이다.

II. Diesel Hammer의 구동 방식

① 단동식(Single Acting)
② 복동식(Double Acting)

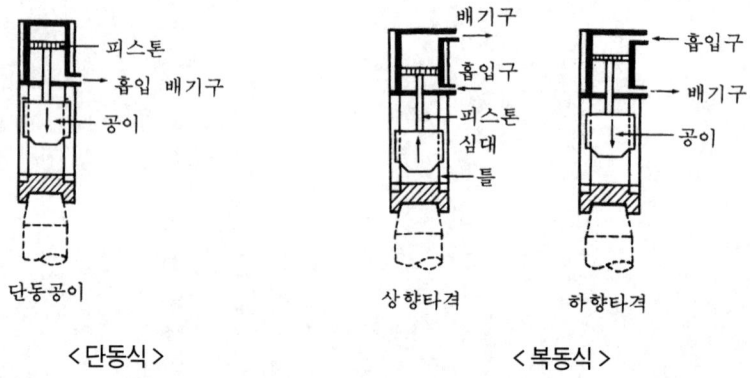

< 단동식 >   < 복동식 >

III. 특징

1) 장점

   ① 타격 에너지가 크다.   ② 경비가 저렴하며 기동성이 좋다.
   ③ 박는 속도가 빠르다.   ④ 운전이 간단하며 시공관리가 용이하다.

2) 단점

   ① 타격 에너지가 크므로 말뚝을 파손할 우려가 있다.
   ② 타격음이 크고 기름, 연기 등의 비산이 따른다.
   ③ 연약 지반에서는 발화되지 않으며 능률이 저하된다.

IV. 시공시 유의사항

① 타격력이 커서 말뚝머리가 파손될 우려가 있으므로 Cushion 두께를 확보하여 말뚝머리 보양 및 파손을 방지한다.
② 말뚝의 연직도를 체크하여 편타에 의한 말뚝 파손을 방지한다.
③ 전체 Cover 방식으로 기계 전체를 덮어 타격음에 의한 소음을 방지한다.
④ Clean Hammer를 사용하여 유연(기름, 연기) 비산을 방지한다.

26 유압 Hammer의 특징

[96후(20)]

Ⅰ. 정의

① 유압에 의한 Piston Rod의 작동으로 공이(Ram)를 자유 낙하시켜서 그 타격력으로 말뚝을 타격하는 공법으로 공이의 낙하 높이는 0.1~1.2 m의 범위에서 자유로이 선정할 수 있어 지반 조건에 따라 낙하 높이를 결정할 수 있다.

② 공이의 낙하 높이는 조작판의 제어에 따라 0.1~1.2 m의 범위에서 자유로이 선정할 수 있어 지반 조건에 따라 낙하 높이를 결정할 수 있다.

Ⅱ. 유압 해머 작동 기구도

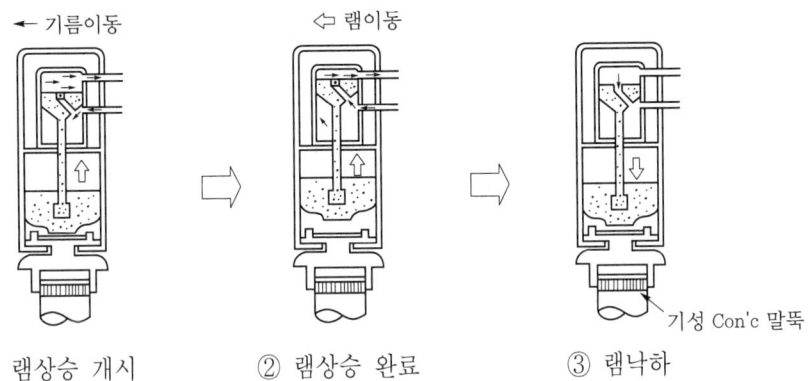

| ① 램상승 개시 | ② 램상승 완료 | ③ 램낙하 |

Ⅲ. Hammer 선정시 고려사항

① 말뚝 타입의 가능성
② 경제성 검토
③ 소음, 진동 등의 환경 문제
④ 보조 공법의 필요 여부 검토

Ⅳ. 특징

1) 장점

① 저소음 시공 : 방음 커버를 사용하여 소음 발생을 저감시킬 수 있다.

② 높은 타격 에너지 : 디젤 해머에 비해 중량의 Ram을 이용하여 높은 타격 에너지를 얻는다.

③ 타격 에너지 조정 : Ram의 상승 높이 조절로 파일 규격에 따른 타격 에너지 적용이 가능하다.

④ 연약 지반 시공 : 디젤의 폭발력과는 달리 Ram의 상승을 유압으로 하므로 연약 지반 파일 타입에도 시공성이 좋다.

⑤ 무공해 시공 : 유압 작동으로 Ram을 상승하여 낙하시키는 공법으로 기름 비산이 없는 무공해 공법이다.

2) 단점

① 두부 파손 : 높은 타격 에너지 때문에 타입시 파일 두부의 파손이 크게 생기므로 타격력에 맞는 적절한 쿠션 사용이 요구된다.

② 대형 장비 : 유압 해머가 디젤 해머에 비해 중량이 크기 때문에 대형의 시공 장비(크레인)를 요구한다.

③ 램 쿠션 사용 : 유압 해머의 타격력을 확실하게 하고 균등하게 파일에 전달시킬 목적으로 램 쿠션을 사용한다.

V. 시공시 유의사항

① 대형 작업 장비로 작업 지반의 안정성 요구
② 파일의 두부 파손 방지를 목적으로 쿠션재 관리
③ 타격 효율을 고려한 강성이 큰 쿠션재 사용
④ 정확한 타격력을 전달하기 위한 램 쿠션 사용
⑤ 시공중 쿠션재의 마모 파손 상태 관리
⑥ 램 낙하고에 따른 예상 최종 관입량 결정

27 진동 공법

Ⅰ. 정의

① 상하 방향으로 진동이 발생하는 Vibro Hammer(진동식 말뚝 타격기)를 사용하여 말뚝을 박는 공법으로, Vibro Hammer의 진동으로 주변 저항 및 선단 저항을 저하시켜서 말뚝의 중량과 Hammer의 자중을 이용하여 말뚝을 박는다.

② Vibro Hammer의 진동으로 말뚝의 마찰 저항을 저감시켜 말뚝을 인발하는데 이용하기도 한다.

Ⅱ. 적용

① 연약 지반에 적합

② 말뚝 인발에 사용

Ⅲ. 특징

1) 장점

① 정확한 위치 방향으로 타입한다.

② 연약 지반에서 말뚝박는 속도가 다른 공법보다 빠르다.

③ 말뚝 머리에 손상이 적다.

④ 말뚝 박기시 소음이 적다.

⑤ 타입 및 인발을 겸용할 수 있다.

⑥ Leader가 필요없다.

2) 단점

① 경질 지반에서는 충분히 관입되지 않는다.

② 대용량의 전력이 필요하다.

③ 진동이 수반된다.

④ 토질 변화에의 순응성이 낮다.

⑤ 말뚝의 지지력 추정법이 명확하지 않다.

< Vibro Hammer >

Ⅳ. 시공시 유의사항

① 사질 지반에서는 진동에 의해 다짐이 이루어져서 마찰 저항이 증가하여 관입이 곤란해지므로 사질 지반에서 사용을 피한다.

② 경질 지반에서 사용시 Earth Auger나 Water Jet 공법을 병용하여 주면 마찰력을 경감하여 타입한다.

③ 시공시 정전에 대비하여 보조 발전 시설을 준비한다.

④ Vibro Hammer에 충격 흡수재를 붙여서 소음 및 진동을 경감시킨다.

28 압입 공법

Ⅰ. 정의

① 유압 기구(압입 기계)를 갖춘 압입 장치의 반력을 이용하여 말뚝을 압입하여 박는 공법으로 압입 하중은 계획 하중의 1.5배 이상의 하중이 필요하다.

② 압입 공법시 압입시키는 힘은 반력 기구만으로는 어려우므로, 일반적으로 타 공법과 병용하여 압입력을 적게 하면서 시공 능률을 향상시킨다.

Ⅱ. 공법 선정시 고려사항

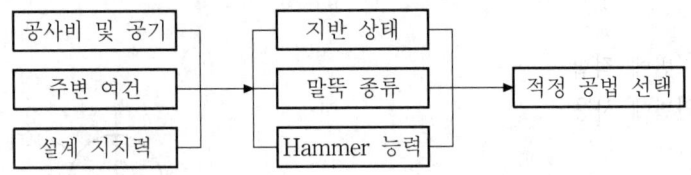

Ⅲ. 압입 공법과 병용식

① Pre-Boring 공법과의 병용

② 중공 굴착 공법과의 병용

③ Water Jet 공법과의 병용

Ⅳ. 특징

① 압입 하중의 측정에 의하여 말뚝의 지지력을 판정할 수 있다.

② 주변 지반을 교란하지 않는다.

③ 비교적 연약 지반에 사용하여 소음·진동이 적다.

④ 말뚝 두부의 파손이 거의 없다.

⑤ 대규모 설비가 필요하며 기동성이 떨어진다.

⑥ 큰 지지력을 기대하는 말뚝에는 부적당하다.

Ⅴ. 시공시 유의사항

① 압입 장치의 하중에는 기계 장치를 포함해도 압입력의 1.5배 이상의 중량이 필요하므로 연약한 지반에서의 이동에 주의한다.

② 압입시에 말뚝틀과 기계 장치가 전도되지 않도록 설치한다.

③ 말뚝에 힘을 전달할 때 말뚝을 확실히 지지하는 동시에 말뚝 본체에 손상을 주지 않도록 매는 장치를 사용한다.

④ Water Jet 공법 등의 보조를 받아 지반을 느슨하게 하면서 압입을 용이하게 한다.

29 | Water Jet 공법(수사법)

Ⅰ. 정의

① 모래층, 모래 섞인 자갈층 또는 진흙층 등에 고압으로 물을 분사시켜 수압에 의해 지반을 무르게 만든 다음 말뚝을 박는 공법이다.

② Water Jet 공법 단독으로는 말뚝의 관입이 어려우므로 압입 공법과 병용하여 사용하는 경우가 많다.

Ⅱ. 상세도

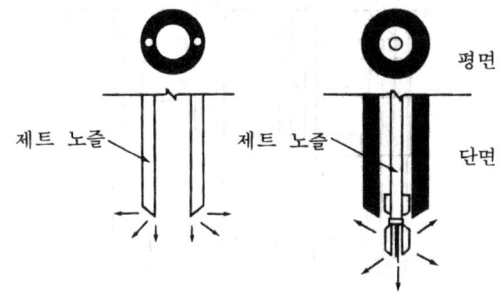

평면

제트 노즐   제트 노즐

단면

< Water Jet 공법 >

Ⅲ. 특징

① 관입이 곤란한 사질 지반에 유리한 공법이다.

② 소음, 진동이 적다.

③ 말뚝 두부의 파손이 없다.

④ 배출 토사를 분석하여 지층이 판명된다.

⑤ 자갈층과 암반을 제외한 모든 지층에 적용 가능하다.

⑥ 물러진 지반의 복구가 어려우므로 재하를 목적으로 하는 기초 말뚝에는 사용을 금지한다.

Ⅳ. 시공시 유의사항

1) 지지 내력의 확인

말뚝의 선단 지반을 무르게 하므로 지지 내력의 확인이 필요하다.

2) 지지 내력 확인 방법

최종 단계에서 타입 공법을 이용하고 침하량으로 지지 내력을 확인한다.

3) 수원의 확보

수량(水量)이 200~1,000 l/min 정도가 필요하므로 별도의 수조를 설치한다.

4) 진흙물 및 배출토 처리

배출 토사가 부지내에 들어가지 않도록 침전 설비를 설치한다.

30 | Pre-boring 공법(선행 굴착 공법)

Ⅰ. 정의

Auger로 미리 구멍을 뚫어 기성 말뚝을 삽입한후 압입 또는 타격에 의해 말뚝을 설치하는 공법이다.

Ⅱ. 현장 시공도

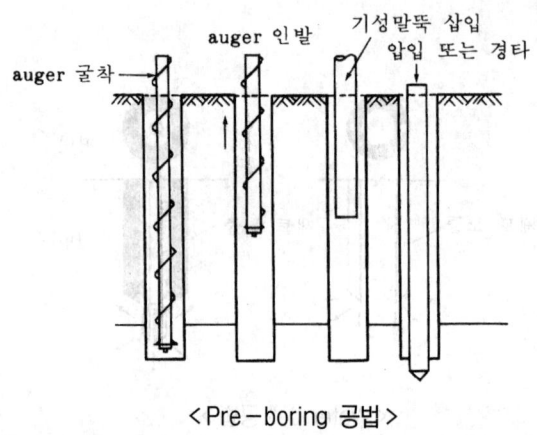

< Pre-boring 공법 >

Ⅲ. 시공 순서

① Auger를 회전하며 지중에 삽입하여 지지층까지 굴착
② 서서히 Auger 인발(공벽 붕괴 방지를 위하여 안정액 사용 가능)
③ 말뚝을 삽입한후 압입이나 타격(경타)에 의해 말뚝 설치 완료

Ⅳ. 특징

① 말뚝박기 시공시의 소음 및 진동이 적다.
② 타입이 어려운 전석층이 있어도 시공이 가능하다.
③ 말뚝머리 파손이 적다.
④ 말뚝이 부러질 위험이 없다.
⑤ 천공 깊이는 Leader의 높이로 결정되나 통상 15~18 m이다.

Ⅴ. 시공시 유의사항

① 굴착 지름은 말뚝 지름보다 100 mm 정도 크게 한다.
② 주면 마찰력은 없으나 선단 지지력에 의하여 지지되는 말뚝이므로 말뚝의 허용 지지력 계산시 유의한다.
③ 공벽 붕괴에 유의하고 부득이한 경우에는 안정액을 사용할 수 있다.
④ 선단 지지력을 확보하기 위해 압입 또는 경타한다.

31 | SIP(Soil Cement Injected Precast Pile)

[99전(20)]

Ⅰ. 정의

① Auger로 안정액을 주입하면서 굴진하고 소정의 깊이에 도달하면 Cement Paste 를 주입하면서 서서히 Auger를 인발하여 기성 말뚝을 삽입하는 공법이다.

② Auger의 회전은 역회전이 가능하여 굴진과 교반 작업의 구분 시공이 용이하며, Pre-boring과 Cement Mortar 주입 공법을 합한 공법이다.

Ⅱ. 시공 순서

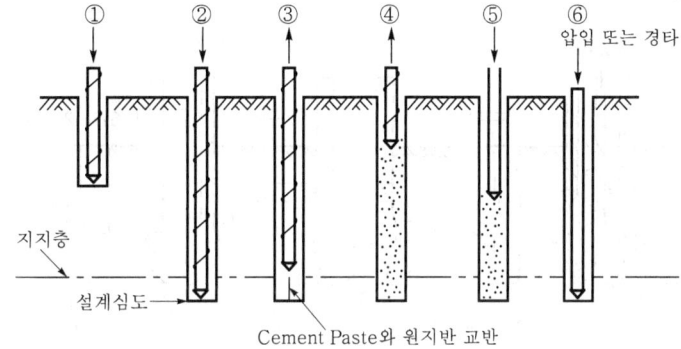

① Auger를 지중에 삽입하여 안정액을 주입하면서 굴진(정회전)

② 지지층 확인후 설계 심도까지 굴진

③ 설계 심도까지 도달하면 Auger를 상하 왕복하면서 원지반토와 교반

④ Cement Paste를 주입하면서 Auger를 인발(역회전)

⑤ 기성 말뚝 자중으로 삽입

⑥ 압입이나 타격(경타)에 의해 말뚝 설치 완료

Ⅲ. 특징

① 무소음·무진동 공법으로 도심지에서 작업 가능

② 다양한 종류의 지층에 사용이 가능하며, 공정이 단순하여 공기 단축

③ Auger 장비는 다축 Auger기로서 3축까지 사용이 가능하나 선단 지층이 단단한 경우에는 단축 Auger기로 시공하여 풍화암까지 시공 가능

Ⅳ. 시공시 유의사항

① 굴착 지름은 말뚝 지름보다 100 mm 정도 크게 함

② Auger의 수직도 확인후 굴진 시작

③ 굴착 완료후 굴진 심도를 측정하여 굴진 심도가 미달되면 Auger로 재굴진

32 중공 굴착 공법(中堀工法 ; 속파기 공법)

Ⅰ. 정의

① 말뚝의 중공부에 스파이럴 Auger를 삽입하여 굴착하면서 말뚝을 관입하고, 최종 단계에서 말뚝 선단부의 지지력을 크게 하기 위하여 타격 처리나 시멘트 밀크 등을 주입하여 처리하는 공법이다.

② 중공 굴착 공법은 타격 공법으로 시공이 곤란한 지역 또는 부마찰력이 예상되는 지반에 파일을 시공할 때 이용되는 공법으로 무소음·무진동 공법이다.

Ⅱ. 시공 순서

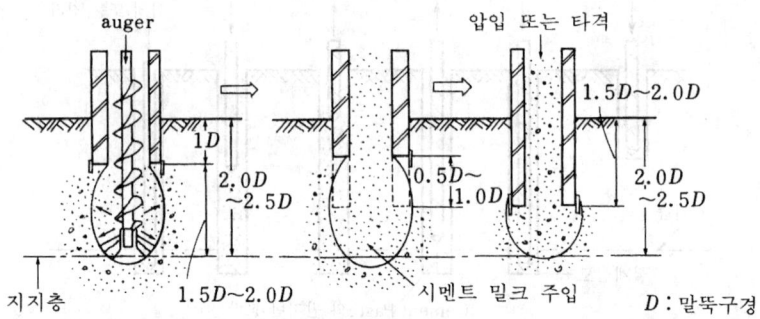

< 중공 굴착 공법 시공 순서 >

① 소정의 위치에 기계를 설치하고 먼저 2~3 m로 터파기를 한다.
② 보조 크레인으로 말뚝을 세운다.
③ 말뚝의 중공부에 Auger를 삽입하여 굴착하면서 말뚝을 관입한다.
④ 지지층까지 굴착하여 시멘트 밀크 등을 주입한다.
⑤ 압입 장치 또는 타격에 의해 말뚝을 침설하여 완료한다.

Ⅲ. 특징

① 대구경 말뚝에 적합한 공법이다.　② 배출 토사로 지질 판단이 용이하다.
③ 말뚝 파손이 없다.　④ 타격 말뚝에 비해 소음·진동이 적다.
⑤ 스파이럴 Auger로 굴착하기 때문에 경질층 제거가 용이하다.

Ⅳ. 시공시 유의사항

① 말뚝의 수직도를 확인할 것
② 말뚝의 선단 지지력을 확보할 수 있도록 지지층에 확실히 도달시킬 것
③ 선단 지지층이 교란되므로 시멘트 밀크 등을 주입하여 선단 지지력을 확보할 것
④ 자중에 의한 말뚝의 침하에는 한도가 있으므로 압입 장치로 말뚝을 압입할 것

33 타입 공법과 매입 공법

[09후(10)]

I. 정의

① 타입 말뚝은 지반을 측방과 하향으로 다지면서 낙하에너지에 의해 말뚝을 지반에 관입시키는 공법으로 그 대표적인 예가 해머로 타입한 기성 말뚝이다.

② 매입 말뚝은 기성 말뚝을 지반의 굴착공에 매입하여 설치하는 말뚝으로서, 그 대표적인 예로 중굴 공법과 선굴착 공법과 회전 압밀 공법이 있다.

II. 타입 공법과 매입 공법의 비교

구 분	타입 말뚝	매입 말뚝
개요	• 낙하에너지에 의해 말뚝을 지반에 관입시키는 공법 • 주변에 진동 및 소음으로 인한 위해 영향이 없을 때 가능한 공법이다. • 연약점토, 느슨한 사질토지반에 용이하며, 자갈, 전석 및 $N=50$ 이상 지반에서는 적용이 곤란하다.	• 말뚝내부에 굴착장비를 넣어 말뚝 선단부의 지반을 굴착이나 구멍을 파서 지반중에 말뚝을 관입해 가는 공법 • 진동 및 소음 문제로 인하여 타입 말뚝을 적용할 수 없을 경우 • 기초지반에 자갈, 전석이 분포되어 있을 경우 적용
종류	Drop, Diesel, Steam 및 Hydraulic Hammer	중굴 공법, 선굴착 공법, 회전 압밀 공법
특징	• 공정이 단순하여 공정이 빠르다. • 지지력 확인이 용이하며, 공법 중 가장 확실하다. • 지반에 자갈 및 전석 등이 포함되어 있을 경우 시공이 곤란하다. • 지반 진동 및 소음이 크다. • 민원발생 소지가 크므로 주변여건에 따라 제약이 많다. • 말뚝이 15m 이상일 경우 수직이음이 필요하며, 이에 따라 시공효율이 떨어진다. • 지반의 측방이동 및 융기가 발생한다.	• 소음, 진동이 적다. • 대구경 말뚝도 시공이 가능하다. • 이음이 없고 긴 말뚝 하나로서 완성이 가능하다. • 길이 조절이 비교적 용이하다. • 굴착토사에 의한 중간층 및 지지층의 토질을 확인할 수 있다. • 타입하는 일이 적어 인접 구조물에 대해 영향이 적다. • 타입방식에 비해 시공관리가 어렵다. • 지반의 교란으로 지지력이 저하한다. • 오수 및 이토처리가 필요하다.

34 | Pile 인발 공법

Ⅰ. 정의

① Pile 인발 공법은 흙막이벽의 가설재로 사용된 Sheet Pile, H-Pile 등을 박기 불량으로 재시공을 하기 위한 인발 및 공사 완료후 인발을 하기 위해 실시하며, 기능적으로 크게 정적 공법과 동적 공법으로 분류할 수 있다.

② 지반에 박혀 있는 말뚝, Sheet Pile 등을 인발하게 되면 그 부위에 간극 형성으로 지반 침하, 인근 구조물 경사등의 위험이 따르므로 인발후 즉시 양질의 재료로 간극을 채워야 한다.

Ⅱ. 인발 공법의 분류

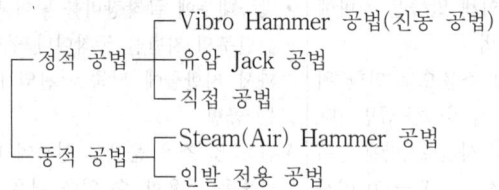

```
         ┌ Vibro Hammer 공법(진동 공법)
  ┌ 정적 공법 ┼ 유압 Jack 공법
  │         └ 직접 공법
  │         ┌ Steam(Air) Hammer 공법
  └ 동적 공법 ┴ 인발 전용 공법
```

Ⅲ. 인발 공법의 분류

1. 정적 공법

1) Vibro Hammer 공법(진동 공법)
   ① Vibro Hammer의 진동으로 Pile의 마찰 저항을 저감하여 인발하는 공법
   ② 진동은 보통 상하 진동에 의한 것이 많고 Sheet Pile 인발시 많이 사용

2) 유압 Jack 공법
   ① 유압 Jack 인발력을 Pile에 작용시켜서 인발하는 공법
   ② 연약 지반에 적합하며 리더없이 크레인 등에 유압 Jack을 매달아 인발

3) 직접 공법
   ① Wire Rope에 의해 Winch 또는 Crane을 이용하여 Pile을 인발하는 공법
   ② 큰 힘을 사용하므로 대규모적인 설비와 위험이 따름

2. 동적 공법

1) Steam(Air) Hammer 공법
   ① 타격 장치인 Steam Hammer 또는 Air Hammer를 반대 방향으로 설치하여 반대 방향의 타격력을 주어 Pile을 인발하는 공법
   ② 컴프레서 등의 제설비가 필요하며 배기음이 큼

2) 인발 전용 공법
   ① 인발 전용 장치에 디젤, 압축 공기 또는 증기를 동력으로 하여 Pile 상부에 충격을 주어 인발하는 공법
   ② 압축 공기 또는 증기를 사용하는 경우 대규모 설비가 필요하므로 설비가 간편한 디젤식을 많이 사용

35 말뚝박기시 두부 파손의 원인 및 대책

Ⅰ. 개요

① 기성 Con'c 말뚝의 두부는 Cushion 등으로 보호하지만 Hammer의 타격 에너 지가 가장 크게 전달되는 부위로 파손되는 경우가 많다.

② 말뚝재의 파손은 구조물 전체가 구조적으로 불안정해지는 결과를 가져오게 되므로 말뚝재의 강도 확보, Cushion재의 두께 확보, 연직도 확보 등으로 말뚝 두부의 파손을 방지해야 한다.

Ⅱ. 말뚝 파손의 형태

① 말뚝 두부 파손   ② 말뚝 두부 종방향 Crack
③ 휨 Crack(말뚝 중간부의 횡 Crack) ④ 횡방향 Crack
⑤ 말뚝 선단부 파손   ⑥ 말뚝 이음부 파손

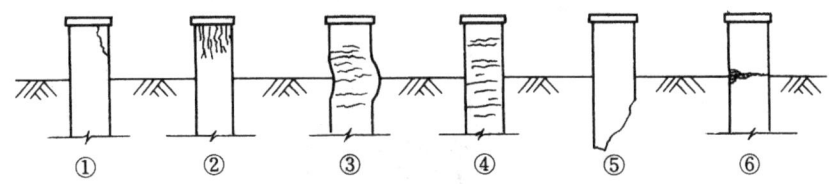

Ⅲ. 파손 원인

① 운반 및 취급 부주의   ② 말뚝 강도 부족
③ 편심 항타   ④ 타격 에너지 과다
⑤ 축선 불일치   ⑥ Hammer의 과다 용량
⑦ Cushion 두께 부족   ⑧ 연약 지반에서 타격시
⑨ 이음부 불량   ⑩ 타격 횟수 과다
⑪ 지반 경사   ⑫ 지중 장애물

Ⅳ. 대책

① 말뚝운반 및 보관시 취급주의   ② 말뚝재의 강도 확보
③ 편타 금지   ④ 말뚝 관입량 확인
⑤ Hammer와 말뚝의 축선 일치   ⑥ 적정 Hammer의 선정
⑦ Cushion 두께 확보 및 보강   ⑧ 지반 조건에 맞는 시공법 선정
⑨ 이음부 용접 철저   ⑩ 말뚝의 제한 총 타격 횟수 엄수
⑪ 타입 저항이 적은 말뚝 선정   ⑫ 말뚝 두부 파손시 보강재로 보강
⑬ 연직도의 확인 및 관리   ⑭ Rebound량, 관입량을 조사후 타설시기 결정

36 말뚝의 Cushion

[04전(10)]

Ⅰ. 정의

① 기성 Con'c 말뚝에서 타격 공법은 가격이 저렴하며 균일한 품질과 공사 기간을 단축시키는 특성을 가진 깊은 기초 공법으로 건설 현장에서 많이 이용되어지는 공법이다.

② 타격되는 기성 말뚝의 Hammer와 말뚝 사이에 설치하여 말뚝의 파손을 방지할 목적으로 설치하는 것을 Cushion이라 한다.

Ⅱ. Cushion 설치 방법

1) Hammer와 Cap 사이 설치

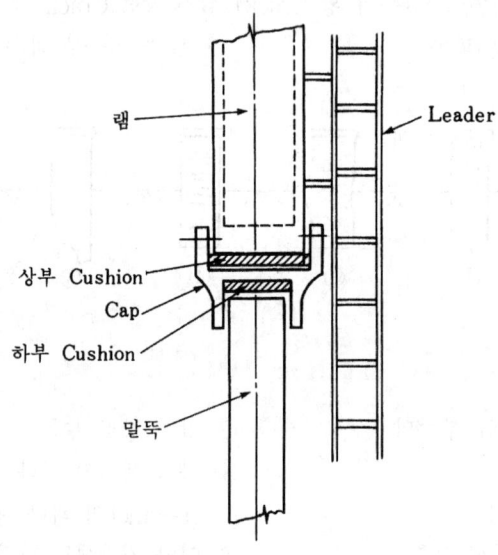

2) Cap 하부에 설치

Ⅲ. Cushion의 효과

① 말뚝 손상 방지 ② 소음 경감
③ 응력 집중 방지 ④ 완충 작용

Ⅳ. Cushion 재료

① 떡갈나무 ② 베니어판
③ 벚나무 ④ 느티나무

V. Cap

1) 역할
   ① 말뚝 지지
   ② 편타 방지
   ③ 응력 집중 방지
   ④ 말뚝머리 보호

2) 형식
   ① Cushion재 상부 설치

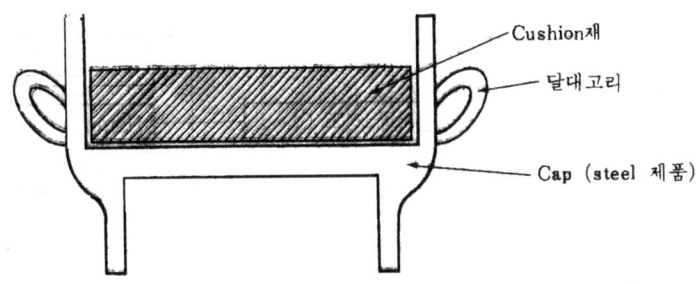

   ② Cushion재 하부 설치

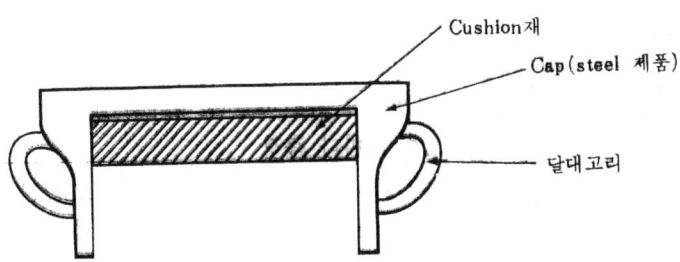

VI. 말뚝의 타격 횟수 제한 규정

구 분	RC 말뚝	PSC 말뚝	AC 말뚝	강말뚝
타격 횟수	1,000	2,000	3,000	3,000

37 말뚝박기 시험(시험 말뚝박기, 試抗打)

Ⅰ. 정의

① 시항타란 말뚝박기 시험으로 항타 장비, 말뚝 길이, 작업 방법, 허용 관입량 등의 내용을 미리 파악하여 본 공사에 이용하기 위해 실시하는 시험이다.

② 시험 말뚝은 말뚝박기에 앞서 말뚝 길이, 지지력 등을 조사하는 시험으로 실제 말뚝과 동일한 조건으로 시행한다.

Ⅱ. 목적

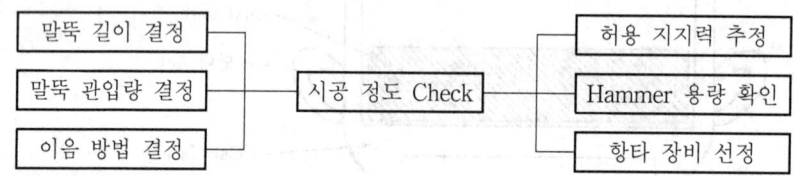

Ⅲ. 시험 방법

1) 기초 면적 $1,500 \, m^2$까지는 2개, $3,000 \, m^2$까지는 3개의 단일 시험 말뚝을 설치한다.

2) 시험 말뚝은 실제 말뚝과 똑같은 조건으로 하고 실제 말뚝박기에 적용될 타격 에너지와 가동률로 말뚝을 박는다.

3) 말뚝의 최종 관입량은 10~20회 타격한 평균 침하량으로 본다.

4) 말뚝의 최종 관입량과 Rebound 측정량으로 지지력을 추정한다.

5) Rebound Check

① 말뚝이 50 cm 관입할 때마다 측정

② 말뚝이 약 3 m 이내 남았을 때는 말뚝 관입량 100 mm마다 측정

③ Hammer의 낙하고는 말뚝 관입량 범위에서 평균 낙하고 측정

Ⅳ. 시험시 유의사항

① 말뚝은 중단없이 연속적으로 박는다.

② 말뚝은 정확히 수직으로 박는다.

③ 관입은 소정의 위치까지 박고 그 이상 무리하게 박지 않는다.

④ 타격 횟수 5회에 총 관입량이 6 mm 이하인 경우는 타입 거부 현상으로 본다.

⑤ 말뚝은 기초 밑면에서 15~30 cm 위의 위치에서 박기를 중단한다.

⑥ 말뚝머리의 설계 위치와 수평 방향의 오차는 100 mm 이하이다.

38 기성 Con′c Pile의 이음 공법

Ⅰ. 개요

① 기성 Con′c Pile은 일반적으로 15 m 이하의 말뚝을 많이 사용하기 때문에 15 m 이상의 말뚝을 필요로 할 때에는 말뚝을 이음해서 사용한다.

② 기성 Con′c Pile의 이음 공법에는 장부식 · 충전식 · Bolt식 · 용접식이 있다.

Ⅱ. 이음 공법

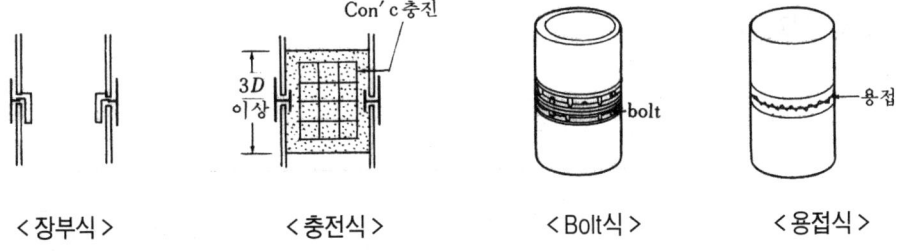

<장부식>   <충전식>   <Bolt식>   <용접식>

1) 장부식 이음(Band식 이음)
   ① 이음부에 Band를 채워서 이음하는 공법
   ② 구조가 간단하여 단시간 내 시공이 가능
   ③ 타격시 <형으로 구부러지기 쉬우며, 강성이 약해 연결 부위의 파손율이 높음

2) 충전식 이음
   ① 말뚝 이음부의 철근을 따내어 용접한후 상하부 말뚝을 연결하는 Steel Sleeve를 설치하여 Con′c로 충진하는 방법으로 일반적으로 많이 쓰이는 공법
   ② 압축 및 인장에 저항할 수 있으며, 내식성 우수
   ③ 이음부의 길이는 말뚝 지름의 3배($3D$) 이상

3) Bolt식 이음
   ① 말뚝 이음부분을 Bolt로 죄어 시공하는 방법으로 시공이 간단
   ② 이음 내력이 우수하나 가격이 비교적 고가
   ③ Bolt의 내식성과 타격시 변형 우려

4) 용접식 이음
   ① 상하부 말뚝의 철근을 용접한후 외부에 보강 철판을 용접하여 이음하는 방법
   ② 설계와 시공이 우수한 가장 좋은 방법으로 강성이 우수
   ③ 용접 부분의 부식성이 문제

Ⅲ. 이음시 구비 조건

① 이음시 강도 확보   ② 내구성 및 내식성
③ 수직성 유지   ④ 시공이 신속하고 간단

39 말뚝의 지지력 산정 방법

Ⅰ. 정의

① 말뚝의 지지력은 말뚝 선단 지반의 지지력과 주면 마찰력의 합을 말하며, 말뚝의 허용 지지력은 말뚝 선단의 지지력과 주면 마찰력의 합(合)을 안전율로 나눈 것을 말한다.

② 말뚝의 지지력에는 축방향 지지력, 수평 지지력, 인발 저항 등이 있으나, 보통 말뚝의 지지력이라 하면 축방향 지지력을 말한다.

Ⅱ. 허용 지지력

$$R_a(\text{허용 지지력}) = \frac{R_u(\text{극한 지지력})}{F_s(\text{안전율})}$$

구 분	정역학적 공식	동역학적 공식	
		Sander식	Engineering News식
안전율(F_s)	3	8	6

Ⅲ. 지지력 산정 방법

1) 정(靜)역학적 추정 방법

① 설계전에 여건상 재하 시험을 실시하기 곤란할 때 이용

② 실제 공사시에는 필히 재하 시험에 의한 허용 지지력의 확인이 필요

③ Terzaghi 공식(토질 시험에 의한 방법)

$$R_u(\text{극한 지지력}) = R_p(\text{선단 극한 지지력}) + R_f(\text{주면 극한 마찰력})$$

④ Meyerhof 공식(표준 관입 시험에 의한 방법)

$$R_u = 30 N_p A_p + \frac{1}{5} N_s A_s + \frac{1}{2} N_c A_c$$

2) 동(動)역학적 추정 방법

① Sander 공식

$$R_u = \frac{W \times H}{S}$$

W : 타격에 유효한 Hammer 무게(kg)

H : Hammer 낙하고(cm)

S : 말뚝 평균 관입량(cm)

② Engineering News 공식(Wellington 공식)

㉮ Drop Hammer

$$R_u = \frac{W \times H}{S + 2.54}$$

㉯ Steam Hammer

- 단동 : $R_u = \dfrac{W \times H}{S + 0.254} \Rightarrow R_a = \dfrac{W \times H}{F_s\,(S + 0.254)}$

- 복동 : $R_u = \dfrac{(W + a \cdot p) \times H}{S + 0.254}$

3) 재하 시험에 의한 방법

① 일정한 실물 시험으로 말뚝의 허용 지지력을 직접적으로 산출한다.

② 재하 시험은 재하가 장기에 이루어지며, 한 개의 말뚝에 대한 시험이라는 점에 대해 고려해야 한다.

4) 소음과 진동에 의한 방법

① 말뚝박기시 소음과 진동의 크기로 지지층 도달 확인

② 지지층 도달전 1.5 m 정도 관입시에 소음과 진동이 최대

5) Rebound Check

① 연약 지반에서 상부 구조물의 하중을 지탱하기 위하여 말뚝 기초 시공시 허용 지내력을 산출하는 방법

② 관입량과 Rebound Check로 말뚝과 지반의 탄성 변형량 확인

6) 시험 말뚝박기에 의한 방법

① 항타 시공 장비 및 작업 방법 선정

② 말뚝 길이, 치수, 이음 방법, 정착시 1회 타격 허용 관입량 등으로 설계나 시공 기간을 결정

7) 자료에 의한 방법

공사 지역의 인접한 장소에서 실시한 신뢰성 있는 자료가 있을 때 자료를 참고 및 이용하는 간이적인 방법

8) Pre−boring시 전류계 지침에 의한 방법

① 전류계 지침의 높낮이로 판단하는 방법

② 경질 지반의 굴착시 전류계의 지침이 높게 되는데, 이를 보고 깊이와 지지력을 판단

40 정재하 시험

Ⅰ. 정의

① 기초 말뚝의 거동을 파악하기 위하여 가장 확실한 방법으로 타입된 말뚝에 실제 하중으로 재하 시험을 하는 것을 정재하 시험이라 한다.

② 정재하 시험은 시험 목적에 따라서 시험 횟수, 시험 방법, 말뚝 시공법, 재하 방법, 측정 방법 등을 충분히 검토하여 실시해야 한다.

Ⅱ. 정재하 시험 분류

```
                    ┌ 압축 재하 시험 ┬ 실물 재하 방법
정재하 시험 ┼ 인발 시험      └ 반력 Pile 재하 방법
                    └ 수평 재하 시험
```

Ⅲ. 시험 방법

1. 압축 재하 시험

1) 등속도 관입 시험

① 말뚝이 등속도로 관입되도록 지속적으로 하중을 증가시키는 방법이다.

② 말뚝의 기초 지반이 파괴될 때까지 계속 관입한다.

③ 말뚝의 극한 하중 결정에 주로 사용된다.

④ 관입 속도는 $0.25 \sim 0.5 \, mm/min$로서 시험 소요 시간이 $2 \sim 3$시간이 소요된다.

2) 하중 지속 시험

① 말뚝에 하중을 가하여 1시간 정도 말뚝 침하를 시킨후, 동일한 하중을 한 단계씩 지속적으로 높여가는 방법이다.

② 설계 하중의 두 배의 하중까지 재하하며 한 단계의 하중은 설계 하중의 25%로 8단계로 재하한다.

③ 건설 현장에서 지지력 확인 시험으로 적당한 시험이다.

④ 극한 하중, 항복 하중이 확인되지 않을 때도 있다.

2. 인발 시험

① 타입된 말뚝을 유압 잭을 이용하여 인발하는 시험이다.

② 시험 방법은 압축 재하 시험과 비슷한 방법으로 시행한다.

3. 수평 재하 시험

① 타입된 말뚝이 수평 하중에 저항하는 정도를 측정하는 시험이다.

② 무리 말뚝에서의 수평 재하 시험시 말뚝 간격은 지름의 10배 이상이 되어야 한다.

③ 외말뚝의 수평 재하 시험은 콘크리트 받침 블록을 이용하여 재하한다.

Ⅳ. 각종 재하 방법

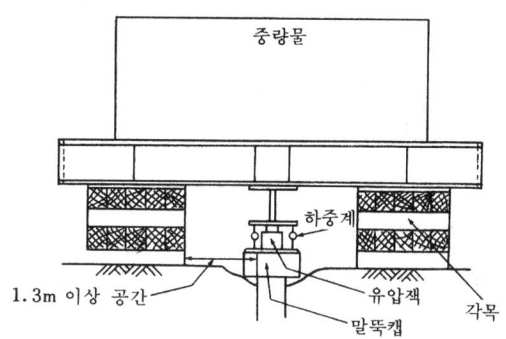

< 실물 재하 방법 >

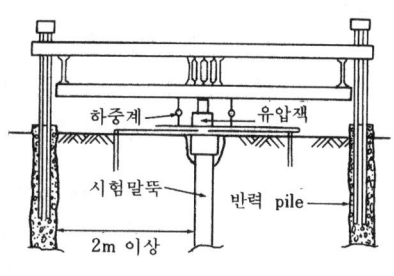

< 반력 Pile 재하 방법 >

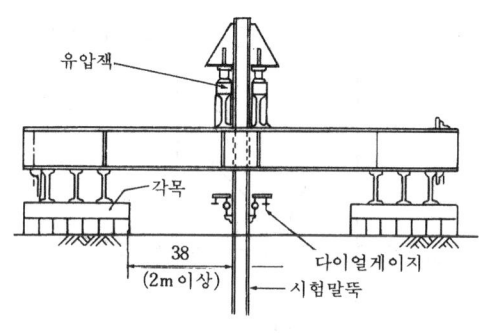

< 인발 시험 >

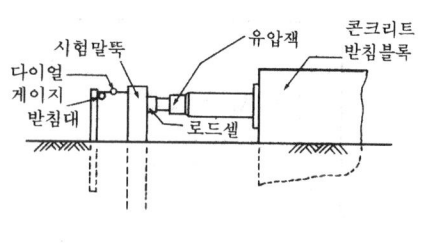

< 외말뚝의 수평 재하 시험 >

41 | 파일 동재하 시험(Pile Dynamic Analysis)

[99후(20), 06중(10)]

I. 정의

① 파일 동재하 시험은 항타시 말뚝 몸체에 발생하는 변형률과 가속도를 분석·측정하여 말뚝의 지지력을 결정하는 시험 방법이다.

② 파일의 허용 지지력 판단 방법

```
┌─ 정역학적 방법 ─ Terzaghi, Meyerhof
├─ 동역학적 방법 ─ Sander, Engineering News, Hiley
└─ 파일 재하 시험 방법 ─┬─ 파일 정재하 시험
                        └─ 파일 동재하 시험(PDA Test)
```

II. 시험 방법 및 설치도

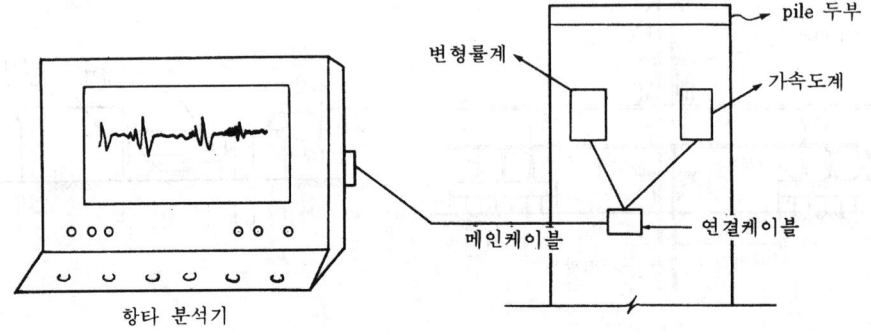

항타 분석기

파일 두부에 가속도계(Accelero Meter)와 Strain Gauge(Strain Transducer)를 부착하여 가속도와 변형률을 측정하여 파일에 걸리는 응력을 환산하여 지지력을 측정하는 방법

III. 항타 분석기의 구성

① 항타 분석기(Pile Driving Analyzer)
② 가속도계(Accelerometer)
③ 변형률계(Strain Transducer)
④ 메인 케이블(Main Cable)
⑤ 연결 케이블(Connection Cable)

Ⅳ. 시험 목적

① 파일의 지지력 측정
② 파일의 파손 유무를 체크
③ 지지력 분석

Ⅴ. 특징

① 시험 방법이 간단하다.
② 소요 내력 파악이 쉽다.
③ 비용이 저렴하다.
④ 신속한 판정이 가능하다.
⑤ 현장의 활용도가 높다.

Ⅵ. 시험시 주의사항

① 변형계와 가속계를 정확히 부착시킨다.
② 말뚝 지지력 판단시 감독관을 입회시킨다.
③ 자료의 Data Base화를 실시한다.
④ 정도 확인을 철저히 한다.

Ⅶ. 재하 시험 특성 비교표

분 류	동재하 시험	정재하 시험
방법	간단하다	부지 확보 등 복잡하다
비용	저렴하다	많이 소요된다
시간	소요 시간이 짧다	소요 시간이 길다
정도 관리	보통이다	우수하다

Ⅷ. 항타 분석기 출력치

① 밀뚝 두부에시의 압축력
② 말뚝 두부의 최대 변위
③ 전달되는 최대 에너지
④ 말뚝의 건전도 지수
⑤ 말뚝의 전체 저항력
⑥ 정적 극한 지지력
⑦ 말뚝에 작용하는 인장 응력

42 정·동재하 시험(Statnamic Load Test)

[99후(20)]

Ⅰ. 정의

① 정·동재하 시험(Statnamic Load Test)이란 정적 및 동적 재하 하중으로 말뚝의 극한 지지력을 구하는 시험이다.

② 이 시험법은 캐나다의 버잉험이 개발한 것이며, Statnamic이란 Static의 Stat와 Dynamic의 Namic을 조합하여 만든 용어이다.

Ⅱ. 시험 방법

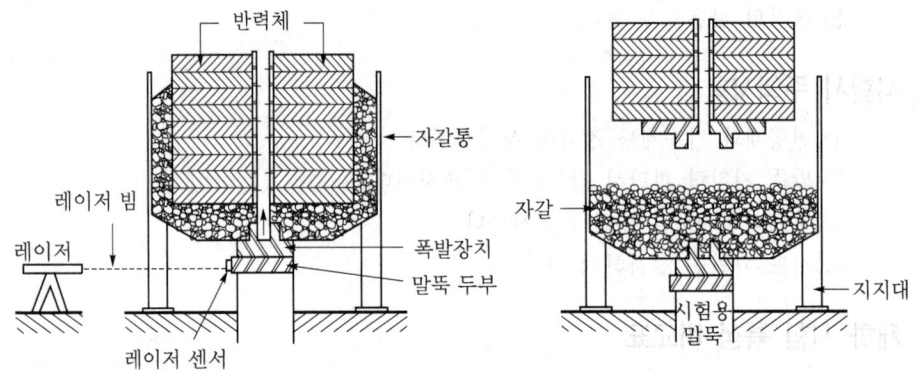

① 말뚝 두부에 고체 연료를 이용한 폭발 장치 설치

② 폭발 장치 위에 정재하 시험 하중 1/20의 반력체 설치

③ 폭발에 의한 말뚝 침하

④ 레이저에 말뚝 변위량과 다른 장비에 의한 속도, 가속도, 하중 측정

⑤ Computer에 의한 해석으로 극한 지지력 산정

Ⅲ. 특징

1) 장점

① 시험시간 단축 및 말뚝 손상이 없음

② 암반 지지 말뚝은 정재하 시험 결과의 일치

③ 대구경 말뚝 또는 현장 타설 말뚝의 재하 시험 가능

④ 정재하 시험 하중의 1/20 소요 하중만 필요

2) 단점

① 고체 연료 가격이 고가

② 적용 예가 적어 충분한 연구가 필요

③ 마찰 말뚝은 적용 곤란

43 | Rebound Check

I. 정의

① 연약 지반에서 상부 구조물의 하중을 지탱하기 위하여 말뚝 타입시 반동에 의해 튀어 오르는 값을 체크하여 기초 시공시 허용 지내력을 산출하는 방식이다.

② 관입량과 Rebound Check로 Hiley 공식에 의하여 말뚝의 탄성 변형량(C_1)과 지반의 탄성 변형량(C_2)을 측정하여 말뚝 길이, 치수 말뚝의 이음 방법 등을 판정한다.

II. 현장 실례

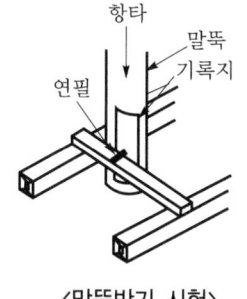

〈말뚝박기 시험〉　〈관입량 및 Rebound량〉

III. Hiley 공식

① 극한 지지력(R_u)

$$R_u = \frac{e_f F}{S + \dfrac{C_1 + C_2 + C_3}{2}}\left(\frac{W_h + e^2 W_p}{W_h + W_p}\right)$$

S : 말뚝의 최종 관입량(cm),　　F : 타격 에너지(t·cm)

C_1 : 말뚝의 탄성 변형량(cm),　　W_h : Hammer의 중량(t)

C_2 : 지반의 탄성 변형량(cm),　　W_p : 말뚝의 중량(t)

C_3 : Cap Cushion의 변형량(cm),　e^2 : 반발계수 ┌ 탄성 : $e=1$

e_f : Hammer의 효율(0.6~1.0)　　　　　　　　　└ 비탄성 : $e=0$

위의 공식에서 C_1, C_2는 항타 시험시 Rebound Check로 구한다.

② R_a(허용 지지력) $= \dfrac{R_u(\text{극한 지지력})}{F_s(\text{안전율})} = \dfrac{R_u}{3}$

Ⅳ. Check 방법

① 말뚝의 일정 부위에 그래프(Graph)지 부착
② 말뚝에 인접하여 연필(펜)을 꽂는 장치 설치
③ 항타에 따른 침하 및 반발력을 그래프지에 도식

Ⅴ. 측정 사항

① 말뚝 관입량
② Rebound량 측정
③ Hammer의 낙하고 측정

44 양방향 말뚝재하시험

Ⅰ. 정의

① 현장타설말뚝의 말뚝 선단부 또는 임의 위치에 가압용 재하장치를 설치하여 양방향 말뚝재하시험장치의 상판과 하판에 각각 축방향 하중을 가하는 시험이다.

② 양방향 말뚝재하시험은 지지력 특성시험과 지지력 확인시험으로 구분할 수 있으며, 전자는 말뚝의 선단지지력 특성 또는 주면지지력 특성을 얻는 것이 목적이며, 후자는 이미 정해진 말뚝의 설계지지력의 만족여부를 확인하는 것이 목적이다.

Ⅱ. 양방향 말뚝재하시험의 시험도해

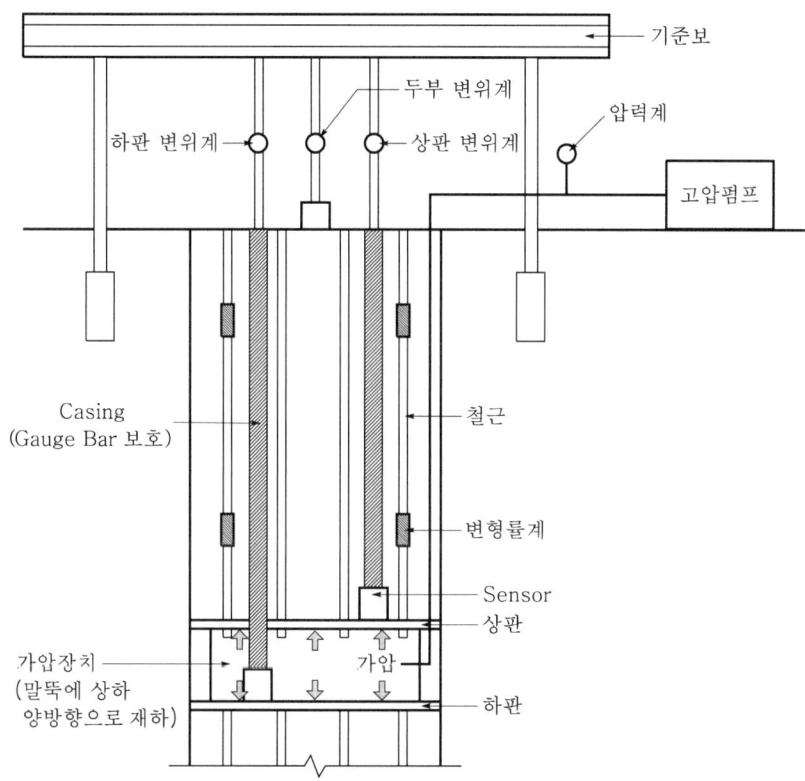

양방향 말뚝재하시험은 말뚝 내 재하장치인 가압장치의 작용에 의해 말뚝 내 상향 및 하향으로 작용하는 압력을 각종 Sensor를 통하여 말뚝의 지지력을 측정하는 시험이다.

Ⅲ. 시공시 유의사항

① 양방향 말뚝재하장치를 시험 말뚝에 설치시 편심·경사·낙하 등 시험에 지장이 발생할 우려가 없도록 한다.

② 시험말뚝은 원칙적으로 본 말뚝과 동일한 방법으로 시공한다.

③ 양방향 말뚝재하장치의 하중이 말뚝의 선단지반에 확실히 전달되도록 배려한다.

④ 하중전이 측정용 Sensor를 지반의 지층별 마찰지지력이 확인될 수 있는 위치에 설치한다.

⑤ 양방향 말뚝재하장치를 말뚝의 선단 또는 임의의 위치에 정확히 설치한다.

⑥ 시험말뚝의 시공에 있어서는 시공 상황을 상세히 기록한다.

45 현장타설 콘크리트말뚝의 건전도 시험

Ⅰ. 정의

① 현장타설 콘크리트말뚝에서 말뚝의 두부정리 전 시공의 양부(良否)를 파악하기 위한 시험이다.

② 말뚝 시공시 미리 설치된 탐사관(Sonic Guide Pipe)에 송수신 센서를 삽입하여 초음파속도를 통해 말뚝의 품질상태와 결함유무를 확인하는 시험이다.

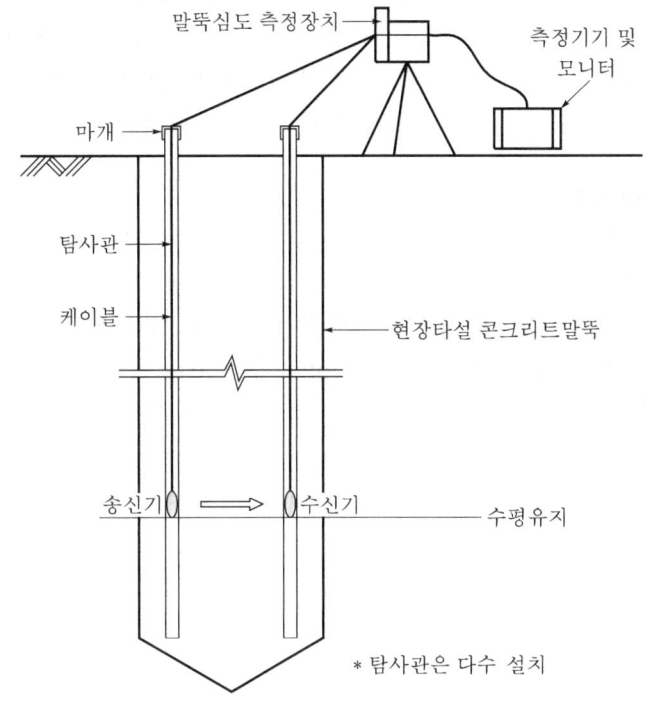

Ⅱ. 시험시기

콘크리트 타설 후 7일 경과 후 30일 이내 콘크리트 강도가 80% 이상 되는 시점

평균 말뚝 길이(m)	시험 수량(%)
20 이하	10
20 ~ 30	20
30 이상	30

III. 시험방법

① 노출 탐사관의 상부를 일정 길이로 절단
② 탐사관 상단까지 깨끗한 물을 채움
③ 추를 매단 줄자를 넣어 탐사관 상태 및 심도 확인
④ 송신기 및 수신기를 삽입
⑤ 측정기기를 초기화하고 기기작동 시작
⑥ 송신기와 수신기를 동시에 상부로 이동하면서 시험 시작
⑦ 결함의 형태와 위치는 모니터에 표시
  - 도달시간 증가나 신호의 진폭이 감소되면 결함임
⑧ 불량이 의심되는 곳은 송신 및 수신기 위치를 변화시켜 반복시험 실시
⑨ 다수의 탐사관을 이용하여 탐사위치를 차례로 바꿔가며 시험
⑩ 이상이 없을 시 모르타르로 탐사관 내 그라우팅 실시

IV. 시험시 유의사항

① 내부 송신과 수신 센서의 위치는 말뚝길이 방향과 직교하는 동일 평면상에 설치
② 초음파 발신 및 수신 케이블의 길이는 검사대상 말뚝길이를 고려
③ 말뚝의 선단부로부터 송신과 수신센서를 동시에 끌어 올리면서 연속적으로 측정
④ 말뚝심도에 따른 검측간격은 50 mm 이내로 할 것
⑤ 탐사관의 끝은 이물질이 유입되지 않도록 마개 설치

46 기초 허용 지내력

[95중(20)]

Ⅰ. 정의

① 허용 지내력이란 극한 지지력에 대하여 소정의 안전율을 가지며 침하량이 허용치 이하가 되게 하는 하중 강도의 최대치를 의미한다. 즉 지지력도 안전하고 침하량도 허용치를 초과하지 않는 능력을 말한다.

② 일반적으로 작은 크기의 기초의 허용 지내력은 지지력에 의해 결정되고, 큰 기초의 허용 지내력은 침하에 의하여 결정된다.

Ⅱ. 허용 지내력

1. 허용 지지력

1) 허용 지지력$(R_a) = \dfrac{극한 \ 지지력(R_u)}{안전율(F_s)}$

2) 얕은 기초(직접 기초)의 극한 지지력(R_u)

$$R_u = \alpha c N_c + \beta \gamma_1 B N_r + \gamma_2 D_f N_q$$

$\alpha, \ \beta$: 기초 모양에 따른 형상계수

<기초의 형상계수>

형상계수 \ 기초	연속 기초	원형 기초	정사각형 기초	사각형 기초
α	1.0	1.3	1.3	1.3
β	0.5	0.3	0.4	$0.5+1.0 \, B/L$

3) 말뚝 기초의 극한 지지력

① 정역학적 공식

㉮ Terzaghi 공식

$$R_u = R_p + R_f$$

㉯ Meyerhof 공식

$$R_u = 30 N_p A_p + \frac{1}{5} N_s A_s + \frac{1}{2} N_c A_c$$

② 동역학적 공식

㉮ Sander 공식 : $R_u = \dfrac{WH}{S}$

㉯ Engineering News 공식 : $R_u = \dfrac{WH}{S+2.54}$

4) 안전율(F_s)

① 얕은 기초의 안전율

$$F_s = 3$$

② 정역학적 공식

$$F_s = 3$$

③ 동역학적 공식

㉮ Sander 공식

$$F_s = 8$$

㉯ Engineering News 공식

$$F_s = 6$$

2. 허용 침하 지지력(q_s)

① 구조물의 축조시 지반의 조건, 기초의 형식, 상부 구조의 특성 등을 고려하여 부등 침하가 생기지 않도록 하며 부등 침하의 발생시 부등 침하에 기인한 부재 각 때문에 부재에 과대한 응력이 발생하여 구조물의 변형이 일어나게 된다.

② 부등 침하가 구조물의 악영향을 미치지 않는 범위 내에서 어느 정도의 침하는 허용한다.

③ 기초에 따른 허용 침하량

기초의 종류	허용 침하량(mm)	
	모래	점토
독립 기초	50	75
온통 기초	75	125

④ 허용 침하 지지력(q_s)=허용 침하량에 해당하는 지지력

3. 허용 지내력

허용 지내력은 허용 지지력과 허용 침하 지지력 중 작은 값을 적용한다.

47 말뚝의 하중 전이함수

[98전(20)]

Ⅰ. 정의

① 말뚝의 하중 전이는 특정한 위치에 말뚝을 설치하였을 때 말뚝–흙 시스템의 모든 요소에 있어 응력–변형률–시간 특성 및 파괴 특성에 따라 말뚝머리 부분에 작용하는 하중이 여러 가지 조건에 의해 선단부에 변화되어 전달되는 것을 말한다.

② 하중 전이함수에 변화를 주는 조건은 간극비, 함수비, 액성 한계, 소성 지수, 균열 계수, 곡률계수 등이 있다.

Ⅱ. 하중 전이함수

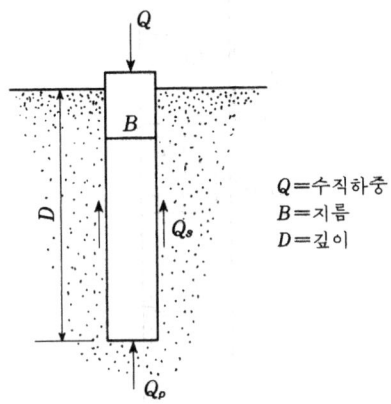

Q=수직하중
B=지름
D=깊이

1) 정량적 분석을 위해 위의 그림과 같이 말뚝이 근입된 경우를 고려해 보자.

2) 하중 전이 해석

① 말뚝축을 따라 여러 깊이(Z)에 변형률 측정을 Gauge 설치한다.

② 깊이(Z)에 따라 축방향 하중의 측정값을 얻는다.

③ 다음과 같은 말뚝 주변에서의 하중 전이를 나타낸다.

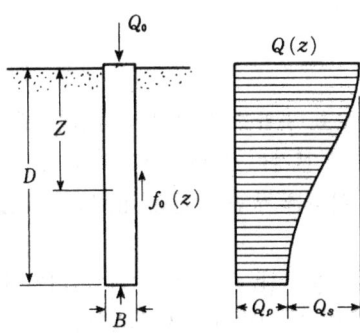
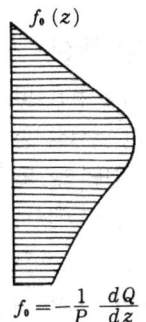

$$f_0 = -\frac{1}{P}\frac{dQ}{dz}$$

④ 그림에서 함수 $Q(z)$는 말뚝 주변에서의 하중 전이를 나타낸다.

⑤ 이 곡선에서 $Z = D$의 세로 좌표값은 말뚝 전단 하중(Q_p)

⑥ $Q - Q_p = Q_s$는 말뚝 주변 하중을 나타낸다.

3) 주변 저항력(f_o)

함수 Q_z를 말뚝 주변 길이 P로 나누면 다음과 같이 말뚝 주변의 주변 저항력 분포를 얻을 수 있다.

$$f_o = -\frac{1}{P}\frac{dQ}{dz}$$

Q_z가 깊이 Z에 따라 감소하는 한 f는 양의 값이다.

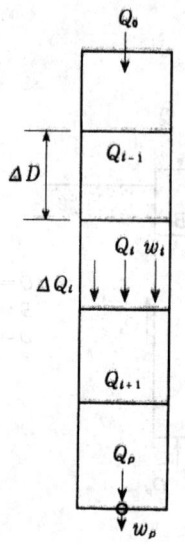

< 하중 전이 해석에서 전이함수법 >

4) 하중 전이함수

축방향력(Q)는 이른바 전이함수로부터 계산할 수 있는데 전이함수는 다음 형태의 경험적 혹은 해석적 관계이다.

$$\Delta Q = Q_i - Q_{i-1} = f(W_i)$$

Ⅲ. 전이함수의 특성

① 요소로 전이되는 하중과 그 요소 변위량 사이에 유일한 관계가 성립되도록 한다.

② 어떤 임의의 말뚝 요소를 따라 생기는 변위량은 고려중인 말뚝 요소 이외의 다른 말뚝 요소들에 의해 전이되는 주변 하중(Skin Load) ΔQ에 영향을 받지 않는다는 가정이 있다.

③ 다른 말로 표현하면 말뚝을 둘러싼 흙 대신 서로 독립적인 비선형 스프링을 각 요소의 중앙에 설치하여 말뚝을 지지하도록 가정했다는 것이다.

48 타입 말뚝 지지력의 시간 경과 효과(Time Effect)

[07중(10), 10중(10)]

I. 정의

① 점성토 지반에서 말뚝 항타로 인하여 발생한 과잉 간극 수압이 시간이 지남에 따라 소산하며, 그에 따라 지반 내의 유효 응력이 증가하면서 말뚝의 지지력이 증가하는 현상을 시간 경과 효과라 한다.

② 사질토 지반에서는 말뚝 항타로 인한 과잉 간극 수압이 발생하더라도 지반의 높은 투수계수로 인하여 즉시 소산되기 때문에 말뚝의 지지력은 변화하지 않는다는 것이 정설로 인정되었으나 실무에서는 사질토 지반에서도 이러한 시간 경과 효과가 나타난다.

II. 시간 경과 효과의 개념

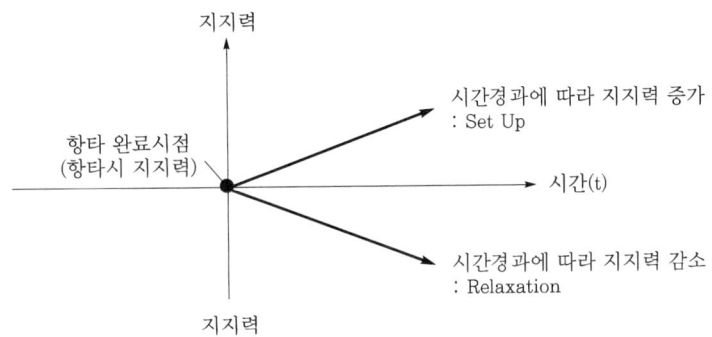

1) 말뚝의 지지력이 증가하는 경우

시간이 경과함에 따라 말뚝의 지지력이 증가하는 경우를 Set Up 또는 Freeze라고 부른다.

2) 변화하지 않는 경우

① 시간이 경과함에도 말뚝의 지지력이 거의 변화하지 않는 경우

② 시간 경과에 따라 말뚝 지지력이 증가하는 경우보다는 많지 않지만 그래도 상당히 많은 사례가 조사되었다.

3) 말뚝 지지력이 감소하는 경우

① 시간이 경과함에 따라 말뚝 지지력이 감소하는 경우

② 문헌에 의하면 이러한 경우는 극히 희귀한 경우로 언급하고 있으며 Relaxation 이라고 한다.

Ⅲ. 현장 적용시 유의사항

① 말뚝 기초의 최적 설계와 고강도 강관 말뚝의 실무 적용을 위해서는 결국 현장
   조건에서의 시험 시공이 필수적이다.
② 시간 경과 효과는 말뚝 기초의 설계와 시공에 중대한 영향을 준다.
③ 일반 말뚝의 설계에서도 필수적으로 요구되는 과정이며 이미 여러 개의 중요
   설계 기준 및 시방서에서 이 과정을 채택하고 있으며 향후 개선이 필요하다.

49 기성 Con'c 말뚝 두부(頭部) 정리

Ⅰ. 정의

① 말뚝머리 절단을 커터기 또는 말뚝에 유해한 충격 및 손상을 주지 않는 기구를 사용하여 책임기술자의 지시에 따라 말뚝머리를 처리한다.

② 두부 정리가 완료된 말뚝은 기초 Con'c 타설시까지 충격 방지 및 이음 부분에 오염을 방지해야 한다.

Ⅱ. 말뚝 두부 정리

1) 말뚝이 길 때

① 버림 Con'c 위 60 mm 남기고 Con'c만 절단

② 연결 Joint 철근은 300 mm 이상 확보

③ 내부 받이판은 Pile 지름의 1/2(0.5D) 되는 밑지점에 둘 것

④ Con'c 절단점의 100 mm 아래에 Band로 조여 Crack 방지

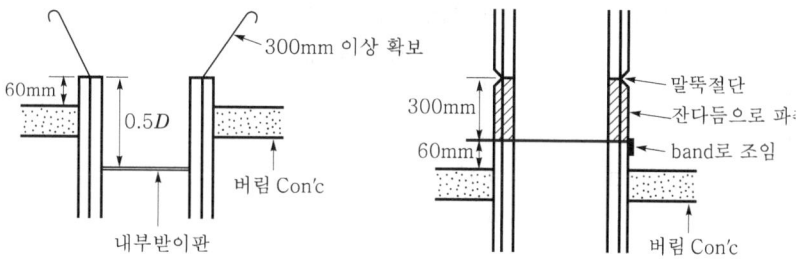

2) 말뚝이 짧을 때

① 보강 철물은 Pile 본체 철근 개수 이상

② Joint 철근은 버림 Con'c면 위로 300 mm 이상

③ 말뚝머리 주근은 30~45° 벌려서 기초속 매립

④ 내부 받이판은 Pile 지름의 1/2(0.5 D)되는 밑지점에 둘 것

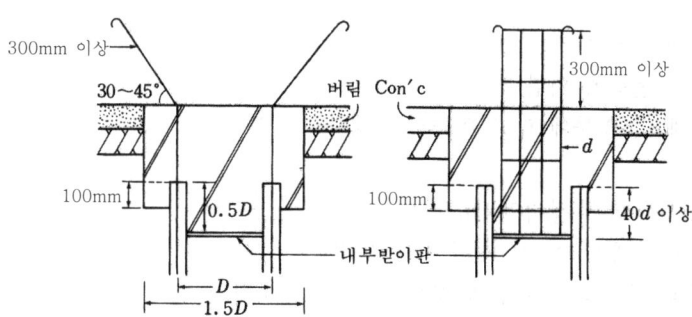

50 　기성 Pile 무소음·무진동 공법

Ⅰ. 정의

① 건설 공사에서 소음·진동에 따른 주변 민원 발생은 사회 문제화되고 있으며, 말뚝박기 공사시의 소음·진동은 다른 공종에 비해 심한 편이다.

② 이를 방지하기 위한 대응책으로 개발된 것은 무소음·무진동 공법이며, 도심지 공사에서의 활용은 증가되리라 본다.

Ⅱ. 무소음·무진동 공법의 분류

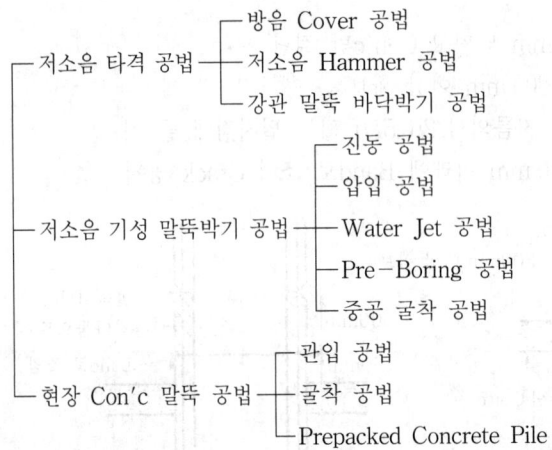

```
                  ┌─ 방음 Cover 공법
┌─ 저소음 타격 공법 ─┼─ 저소음 Hammer 공법
│                  └─ 강관 말뚝 바닥박기 공법
│
│                       ┌─ 진동 공법
│                       ├─ 압입 공법
├─ 저소음 기성 말뚝박기 공법 ─┼─ Water Jet 공법
│                       ├─ Pre-Boring 공법
│                       └─ 중공 굴착 공법
│
│                   ┌─ 관입 공법
└─ 현장 Con'c 말뚝 공법 ─┼─ 굴착 공법
                    └─ Prepacked Concrete Pile
```

Ⅲ. 기성 Pile의 문제점(건설 공해)

1) 소음
   ① 항타 장비의 소음
   ② 타격음
   ③ 부대 장비의 운전음

2) 진동
   ① 타격에 의한 발생 진동
   ② 장비 운용에 의한 진동
   ③ 자재 운반 등에 따른 이동시 발생하는 진동

3) 분진
   ① 타격시 타격 장비의 Oil 비산
   ② Pile 자재의 파손에 의한 발생 먼지
   ③ 자재 및 장비의 수송에 따른 현장 토사 분진

51 저소음 타격 공법

Ⅰ. 개요

도심지 기성 말뚝박기 공사시 소음, 진동, 비산, 분진 등으로 인한 주변 민원 발생이 문제가 되고 있으므로, 무소음·무진동 공법의 활용과 철저한 시공 관리로 건설 공해를 예방해야 한다.

Ⅱ. 저소음 타격 공법의 종류

① 방음 Cover 공법
② 저소음 Hammer 공법
③ 강관 말뚝박기 공법(강관 말뚝 바닥치기 공법)

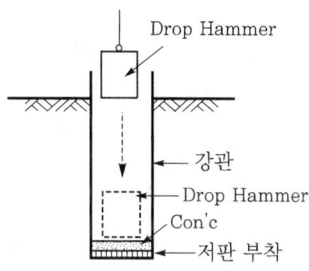

< 강관 말뚝 바닥치기 공법 >

Ⅲ. 저소음 타격 공법

1) 방음 Cover 공법
   ① 흡음성이 있는 방음 Cover를 부착하여 Diesel Hammer의 소음을 감소시키는 공법
   ② 방음
      ㉮ 부분 Cover 방식 : Hammer만을 덮는 방식으로 차음 효과가 떨어짐
      ㉯ 전체 Cover 방식 : 기계 전체를 덮는 방식으로 부분 Cover 방식보다 차음 효과 우수
   ③ 방음 Cover의 차음 효과는 개구율을 작게 한 완전 밀폐형이 양호
2) 저소음 Hammer 공법
   ① Hammer 자체의 구조에 의해 박을 때의 소음이 적은 공법
   ② 비교적 연약 지반에서 사용하며 유압에 의한 Hammer 사용
3) 강관 말뚝박기 공법(강관 말뚝 바닥치기 공법)
   ① 저판을 부착시킨 강관의 저부에 적당량의 Con′c를 채우고, 이 부분을 Drop Hammer로 타격해서 관입시키는 공법
   ② 엷은 강관을 사용하는 경우에는 속채우기 Con′c를 타설

52 말뚝의 주면 마찰력

[11중(10)]

Ⅰ. 정의

① 지지말뚝은 일반적으로 선단지지력과 주면 마찰력에 의해 상부의 하중을 지지한다.

② 주면 마찰력에는 말뚝의 상향으로 작용하는 정마찰력과 말뚝의 하향으로 지지하는 부마찰력이 있다.

Ⅱ. 말뚝의 주면 마찰력의 분류

① 정마찰력(Positive Friction)

② 부마찰력(Negative Friction)

Ⅲ. 말뚝의 주면 마찰력

1) 정마찰력(Positive Friction)

① 지지말뚝에서의 지지력＝선단지지력＋주면마찰력

② 이 때 주면마찰력은 상향의 정(正, positive)마찰력으로 Pile의 지지력을 증대시킨다.

③ $R_p + PF > P$

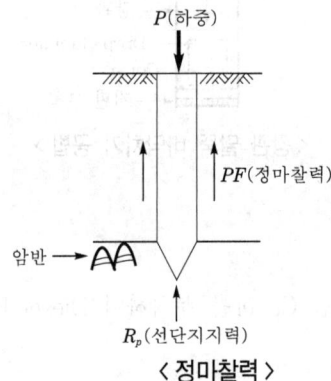

〈 정마찰력 〉

2) 부마찰력(Negative Friction)

① 주면마찰력이 지반의 침하로 인하여 하향으로 작용하여 Pile의 지지력을 감소시킨다.

② $R_p > NF + P$

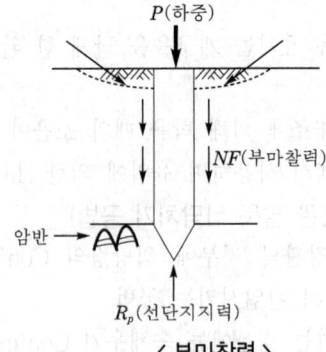

〈 부마찰력 〉

Ⅳ. 말뚝의 중립점

① 말뚝 주변의 침하량은 지표면이 최대이고, 깊이에 따라 점점 감소하며, 압밀층 내에서 지반침하와 말뚝의 침하량이 같아지는 지점

② 중립점의 위치는 말뚝이 박혀 있는 지지층의 굳기에 따라 달라진다.

53 말뚝의 부마찰력(Negative Friction)

[94후(10), 03전(10), 05전(10), 06후(10), 07전(10)]

Ⅰ. 정의

지지 말뚝은 일반적으로 선단 지지력과 주면(周面) 마찰력에 의해 상부 하중을 지지시키며, 지반이 연약 지반일 때는 주면 마찰력이 하향으로 작용하는데 이때의 마찰력을 부(−)의 주면 마찰력이라 한다.

Ⅱ. 부의 주면 마찰력의 영향

① 지반 침하
② 구조물 균열
③ Pile의 지지력 감소

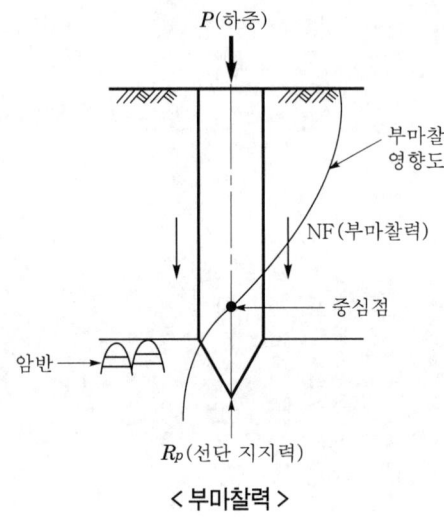

< 부마찰력 >

Ⅲ. 부의 주면 마찰력의 발생 원인

① 지반 중에 연약 지반이 존재할 때
② 침하가 진행중인 지역에 항타시
③ Pile의 간격을 조밀하게 항타시
④ 진동으로 인한 압밀 침하의 발생시
⑤ 지하수위 흡상 지역에서의 항타시
⑥ Pile 이음부의 시공 불량으로 인한 이상 응력 발생시
⑦ 지표면에 과적재물 장기 적재시

Ⅳ. 부의 주면 마찰력의 방지 대책

① 항타 시공전 연약 지반 개량으로 지지력 확보
② Pile 표면적을 작게 하여 마찰력 감소

③ 진동으로 인한 주위 지반 교란을 방지

④ 지하수를 저하시켜 수압 변화 방지

⑤ Casing 사용, Pile 표면에 역청제 도포 등으로 마찰력 감소

⑥ Pile의 항타 순서 준수

⑦ 지표면의 상재 하중 제거로 압밀 침하 방지

⑧ 이음부의 마찰력 감소 및 강성 확보

⑨ 지하수위 Check, 토질 조사 등 사전 조사 철저

V. 중립점

1) 정의

압밀층 내에서 지반 침하량과 말뚝의 침하량이 같아서 상대적 변위가 없는 점을 말하며 NF(−)는 중립점 윗부분에서 발생한다.

2) 중립점의 위치

① 중립점까지의 깊이$=nH$

n : 말뚝에 따른 계수

H : 말뚝 길이

② n값

㉮ 마찰 말뚝, 불완전 지지 말뚝 : 0.8

㉯ 모래, 자갈층에 지지 : 0.9

㉰ 암반, 굳은 층에 지지 : 1

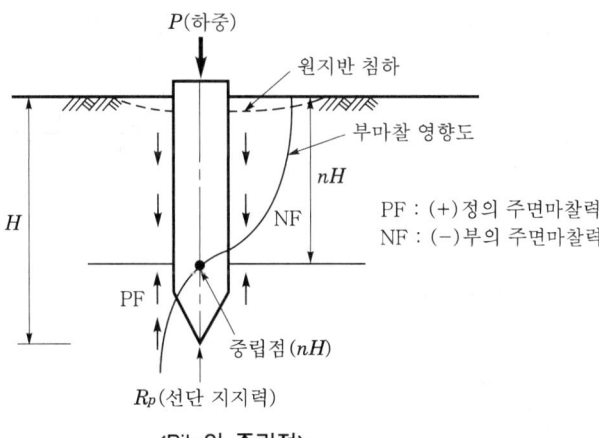

〈Pile의 중립점〉

54 주동 말뚝과 수동 말뚝

[14전(10)]

Ⅰ. 주동 말뚝(Active Pile)

1) 정의

주동 말뚝이란 수평력이 작용하는 상부 구조물에 의해 말뚝 두부가 먼저 변형되어 주변 지반이 저항하는 말뚝을 말한다.

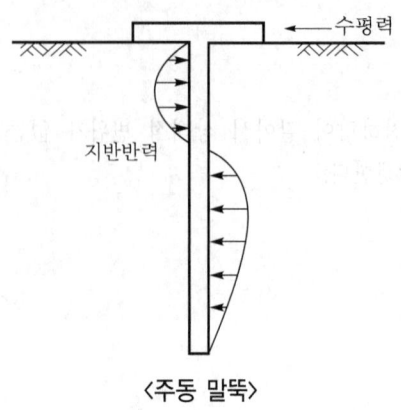 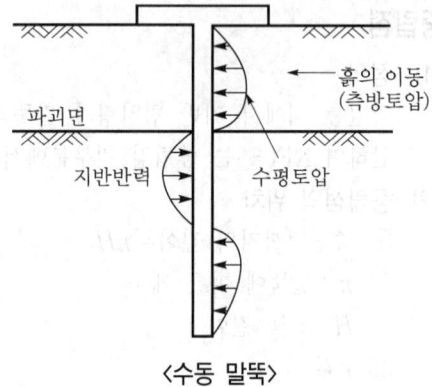

〈주동 말뚝〉 〈수동 말뚝〉

2) 용도

① 교대 기초 말뚝

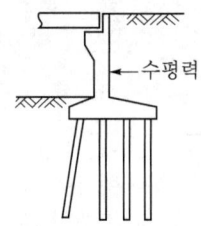

② 해양 구조물 기초 말뚝

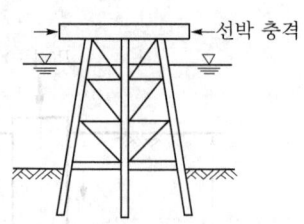

③ 횡잔교

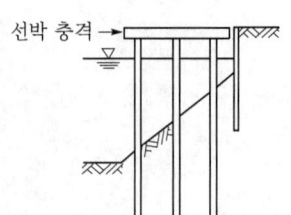

④ Anchor Pile

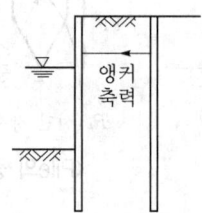

Ⅱ. 수동 말뚝(Passive Pile)

1) 정의

수동 말뚝이란 말뚝 인접 지반의 성토나 압밀 침하 등으로 말뚝 주변 지반이 먼저 변형되어 말뚝에 측방 토압이 작용하는 말뚝을 말한다.

2) 용도

① 연약 지반 교대 기초

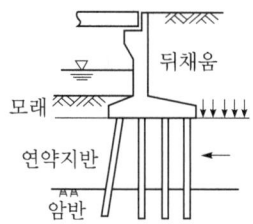

② 연약 지반 구조물 기초

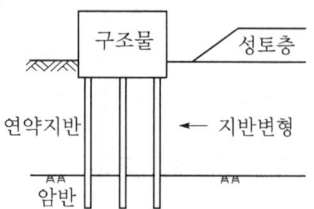

③ 횡잔교(활동)

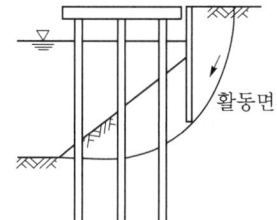

④ 사면 안정용 말뚝(엄지 말뚝)

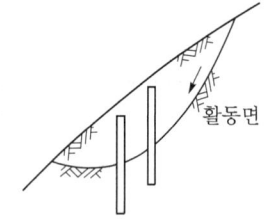

Ⅲ. 주동 말뚝과 수동 말뚝의 차이점

차이점	주동 말뚝	수동 말뚝
수평 변형 주체	말뚝	주변 지반
작용 수평력	상부 구조물로 결정	지반과 말뚝의 상호 작용으로 결정
해석 방법	간단	복잡

55 | 피어(Pier) 기초 공법

[05후(10)]

I. 정의

① Pier란 지층에 형성되는 Con'c Pile로서 현장 타설 Con'c Pile이나 Well 공법에서 Pile의 길이는 짧고 직경은 큰 Pile을 의미하며, 보통 직경은 $D=75\,cm$ 이상이고, 길이 $l \leq 15\,D$인 Pile을 총칭한다.

② Pier 기초는 지지력이 크고 소음과 진동이 작기 때문에 도심지 기초 공사에 유효한 공법이나 Slime · 폐액 등의 처리를 철저히 하여, 환경 공해의 방지와 수중 Con'c의 품질관리에 유의해야 한다.

II. Pier 기초 공법의 분류

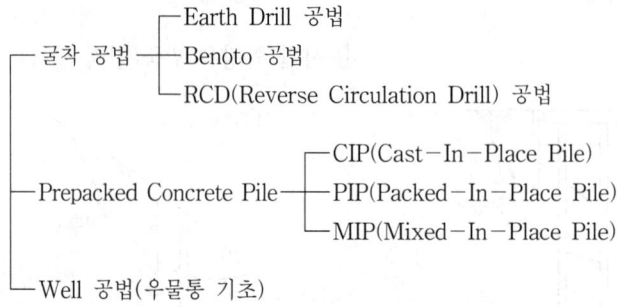

굴착 공법 ─┬─ Earth Drill 공법
　　　　　├─ Benoto 공법
　　　　　└─ RCD(Reverse Circulation Drill) 공법

Prepacked Concrete Pile ─┬─ CIP(Cast-In-Place Pile)
　　　　　　　　　　　　├─ PIP(Packed-In-Place Pile)
　　　　　　　　　　　　└─ MIP(Mixed-In-Place Pile)

Well 공법(우물통 기초)

III. 특징

① 무소음 · 무진동 공법
② 토질상태 직접 확인
③ 확실한 지지층까지 도달
④ 기초의 규격, 깊이 조정 용이

IV. 환경 공해 방지

① 안정액 분리시설 및 건조처리
② 폐액 정화후 방류
③ 흙탕물 침전조 설치

56 선단 확대 말뚝(Base Enlarged Pile)

Ⅰ. 정의

① 선단 확대 말뚝이란 현장 타설 콘크리트 말뚝에서 말뚝 선단부의 단면을 확대 시켜 지반과의 접하는 면적을 넓게 함으로써 선단 확대부를 Footing으로 이용 하는 말뚝이다.

② 선단을 확대한 말뚝은 지지력을 증대시키고 굴착토의 양과 사용 콘크리트를 절 감하여 공기 단축 및 공비 절감 효과가 큰 현장 타설 말뚝이다.

Ⅱ. 모양에 따른 말뚝 분류

① 균일 단면 말뚝(Uniform Pile)

② 측면 경사 말뚝(Tapered Pile)

③ 선단 확대 말뚝(Base Enlarged Pile)

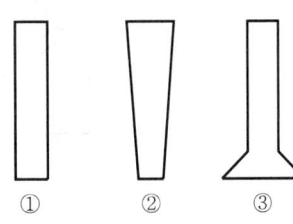

Ⅲ. 특징

① 지지력 증대   ② 굴착 토량 감소

③ 사용 콘크리트 절감   ④ 말뚝 침하량 감소

⑤ 적용 지반 범위가 좁음

Ⅳ. 선단 확대 시공 방법

1) 상부 힌지 버킷 방식(아래 열림 방식)

① 버킷의 상단에 힌지 설치   ② 드릴 로드에 의해 구동

③ 회전팔에 Cutting Teeth 부착   ④ 굴착된 흙은 버킷으로 제거

⑤ 굴착 단면이 원뿔형 형태를 유지

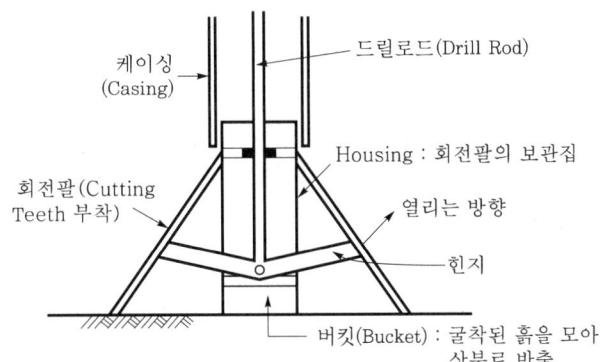

2) 하부 힌지 버킷 방식(위 열림 방식)

① 버킷의 바닥에 힌지로 된 팔 설치

② 굴착 동작이 항상 구멍 저부에서 작동

③ 굴착 단면 형상이 종모양의 형태 유지
④ 안정 측면에서는 원뿔형보다 불리
⑤ 바닥 힌지 팔이 버킷을 들 때 구멍에 끼는 경향이 있음

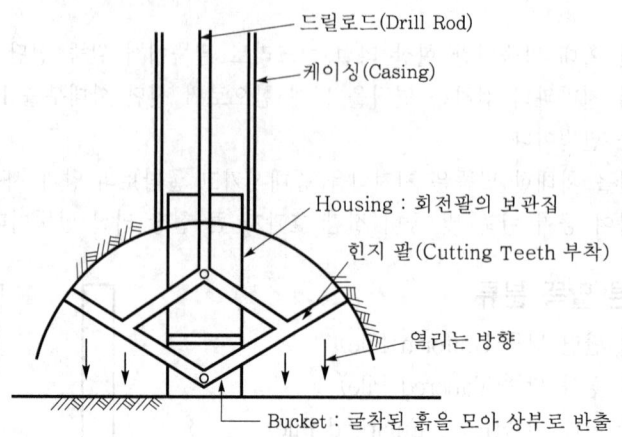

3) 인력 굴착 방식
① 안정되고 건조한 흙 또는 암반 지역에 적용
② 작업자의 안전 작업을 목적으로 강재 리브(Rib) 사용
③ 굴착공으로 내려서 확대 굴착면에 단단히 접하도록 조립
④ 인력에 의한 확대 굴착 작업

V. 시공시 주의사항

① 느슨한 지반에서 공벽 보호는 Casing 이용
② 케이싱의 내부 청결 유지
③ 굴착된 흙이나 암 부스러기는 수거하여 조사 내용과 비교
④ 굴착공의 지름이 작을 경우에는 빛을 비추어 검사
⑤ 굴착공 내의 어떠한 흙 부스러기나 덩어리는 콘크리트 타설전 제거
⑥ 콘크리트 타설전 바닥 깊이 검측
⑦ 굴착 완료후 콘크리트 타설은 6시간 이내 완료
⑧ 굴착공 내 작업자는 안전띠 및 안전모 착용
⑨ 안전등 및 가스 감지 장비 설치

57 현장 Con′c 말뚝(제자리 Con′c 말뚝)의 종류

Ⅰ. 정의

제자리 Con′c 말뚝이란 현장에서 소정의 위치에 구멍을 뚫고 Con′c 또는 철근 Con′c를 충진해서 만드는 말뚝을 말하며 관입 공법, 굴착 공법, Prepacked Con′c Pile이 있다.

Ⅱ. 제자리 Con′c 말뚝의 분류

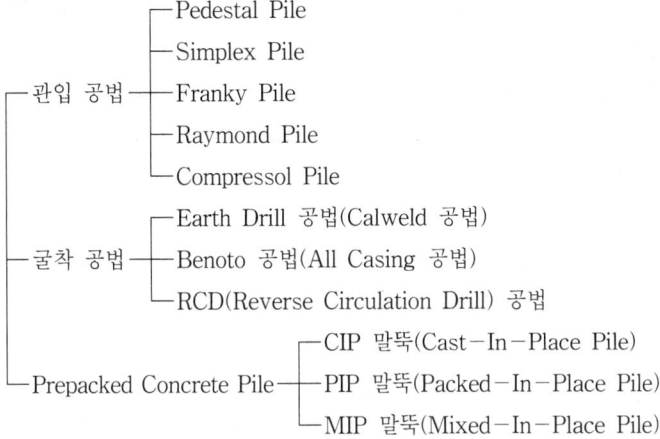

```
              ┌─ Pedestal Pile
              ├─ Simplex Pile
   관입 공법 ──┼─ Franky Pile
              ├─ Raymond Pile
              └─ Compressol Pile

              ┌─ Earth Drill 공법(Calweld 공법)
   굴착 공법 ──┼─ Benoto 공법(All Casing 공법)
              └─ RCD(Reverse Circulation Drill) 공법

                              ┌─ CIP 말뚝(Cast-In-Place Pile)
   Prepacked Concrete Pile ───┼─ PIP 말뚝(Packed-In-Place Pile)
                              └─ MIP 말뚝(Mixed-In-Place Pile)
```

Ⅲ. 제자리 Con′c 말뚝

1) 관입 공법
   ① Pedestal Pile [외관＋내관, 구근 형성]
   Simplex Pile을 개량하여 지내력 증대를 위해 말뚝 선단에 구근을 형성하는 공법
   ② Simplex Pile [외관(철제 쇠신)＋추]
   외관을 소정의 깊이까지 박고 Con′c를 조금씩 넣고 추로 다지며 외관을 빼내기는 공법
   ③ Franky Pile [외관(주철제 원추형의 마개)＋추, 합성 말뚝]
   외관을 추로 내리쳐서 소정의 깊이에 도달하면 내부의 마개와 추를 빼내고 Con′c를 넣어 추로 다져 외관을 조금씩 들어 올리면서 선단 구근 말뚝을 형성하는 공법
   ④ Raymond Pile [얇은 철판제의 외관＋심대(Core), 유각]
   얇은 철판제의 외관에 심대(Core)를 넣어 지지층까지 관입한후 심대를 빼내고 외관내에 Con′c를 다져넣어 말뚝을 만드는 공법
   ⑤ Compressol Pile [3개의 추]
   구멍속의 잡석과 Con′c를 교대로 넣고 중추로 다지는 공법

2) 굴착 공법
① Earth Drill 공법(Calweld 공법) : 회전식 Drilling Bucket으로 필요한 깊이까지 굴착하고 그 굴착공에 철근망을 삽입하고 Con′c를 타설하여 지름 1~2 m 정도의 대구경 말뚝을 만드는 공법
② Benoto 공법(All Casing 공법) : 케이싱 튜브를 요동 장치(Osillator)로 왕복 요동 회전시키면서 유압 잭으로 경질의 지반까지 관입하여 정착시킨후 그 내부를 해머 그래브로 굴착하여 공내에 철근망을 세운후 Con′c를 타설하여 말뚝을 축조하는 공법
③ RCD(Reverse Circulation Drill) 공법 : 리버스 서큘레이션 드릴로 대구경의 구멍을 파고 정수압으로 공벽을 보호하여 철근망을 삽입한후 Con′c를 타설하여 현장 말뚝을 만드는 공법
3) Prepacked Concrete Pile
① CIP 말뚝(Cast-In-Place Pile) : Earth Auger로 지중에 구멍을 뚫고 철근망을 삽입(생략 가능)한 다음 Mortar 주입관을 설치하고 먼저 자갈을 채운후 주입관을 통하여 Mortar를 주입하여 제자리 말뚝을 형성하는 공법
② PIP 말뚝(Packed-In-Place Pile) : 연속된 날개가 달린 중공의 Screw Auger의 머리에 구동 장치를 설치하여 소정의 깊이까지 회전시키면서 굴착한 다음 흙과 Auger를 빼올린 분량 만큼의 프리팩트 Mortar를 Auger 기계의 속구멍을 통해 압출시키면서 제자리 말뚝을 형성하는 공법
③ MIP 말뚝(Mixed-In-Place Pile) : Auger의 회전축대는 중공관으로 되어 있고 축선 단부에서 시멘트 페이스트를 분출시키면서 토사를 굴착하여 토사와 시멘트 페이스트를 혼합 교반하여 만드는 일종의 Soil Con′c 말뚝이다.

Ⅳ. 시공시 유의사항
① 굴착시 수직도 Check
② 구멍내 수위를 지하수위보다 높게 유지하여 공벽 붕괴 방지
③ 기계 인발을 천천히 하여 지반 이완 방지
④ Con′c 타설시 재료 분리 방지
⑤ 유동성이 큰 고강도 Con′c 사용
⑥ 소음 및 진동이 없는 공법 채용
⑦ 지지층에 1 m 이상 관입시켜 지지력 확보

58 관입(貫入) 공법

Ⅰ. 정의

① 말뚝용 강관(Steel Pipe)을 지중에 때려박고, 그 속에 철근과 Con'c를 부어 넣어서 만든 제자리 말뚝 공법으로, 강관은 단관을 쓰기도 하지만 이중관으로 구성된 공법도 있다.

② 관입 공법으로 현장 말뚝 시공은 다짐 장비, 낙하추 등의 진동 소음이 발생되므로, 도심지 시공에는 부적합한 공법이다.

Ⅱ. 관입 공법의 종류

① Pedestal Pile
② Simplex Pile
③ Franky Pile
④ Raymond Pile
⑤ Compressol Pile

Ⅱ. 관입 공법

1) Pedestal Pile [외관+내관, 구근 형성]
① Simplex Pile을 개량하여 지내력 증대를 위해 말뚝 선단에 구근을 형성하는 공법
② 외관과 내관의 2중관을 소정의 위치까지 박은 다음 내관은 빼내고 관내에 Con'c를 부어 넣고 내관을 넣어 다지며 외관을 서서히 빼올리면 말뚝 선단이 구근을 형성
③ 기성 말뚝과의 합성 말뚝으로도 사용

2) Simplex Pile [외관(철제 쇠신)+추]
① 외관을 소정의 깊이까지 박고 Con'c를 조금씩 넣고 추로 다지며 외관을 빼내가는 공법
② 외관 끝에는 철제의 쇠신을 대고 외관을 박음

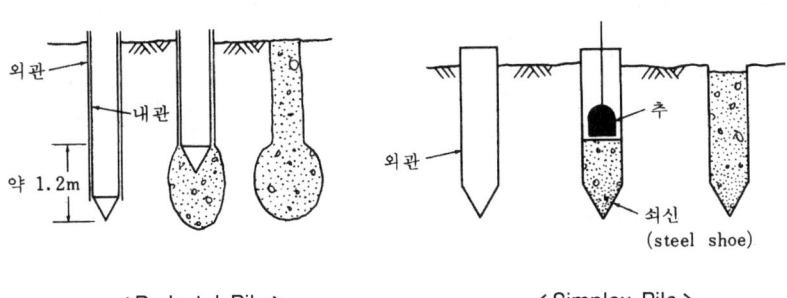

< Pedestal Pile >   < Simplex Pile >

3) Franky Pile [외관(주철제 원추형의 마개)+추, 합성 말뚝]
  ① 심대 끝에 주철제의 원추형 마개가 달린 외관을 추로 내리쳐서 소정의 깊이에
    도달하면 내부의 마개와 추를 빼내고 Con′c를 넣어 추로 다져 외관을 조금씩
    들어 올리면서 선단 구근 요철 말뚝을 형성하는 공법
  ② 원추형 주철제 마개 대신 나무 말뚝을 쓰고 때려박은 다음 Franky Pile 형성
    과정을 밟으면 합성 말뚝이 됨
  ③ 소음과 진동이 적어 도심지 공사에 적합

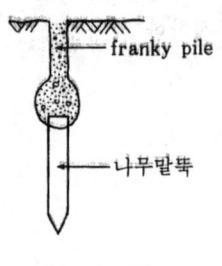

< Franky Pile >

4) Raymond Pile [얇은 철판제의 외관+심대(Core), 유각]
  ① 얇은 철판제의 외관에 심대(Core)를 넣어 지지층까지 관입한후 심대를 빼내고
    외관내에 Con′c를 다져넣어 말뚝을 만드는 공법
  ② 연약 지반에 사용

5) Compressol Pile [3개의 추]
  ① 구멍속의 잡석과 Con′c를 교대로 넣고 중추로 다지는 공법
  ② 1.0~2.5 t 정도인 3개의 추(▼, ◗, ◣)를 사용, 자유 낙하하여 천공
  ③ 지하수가 많이 나지 않는 굳은 지반에 짧은 말뚝으로 사용
  ④ 원시적인 방법으로 근래에는 사용하지 않음

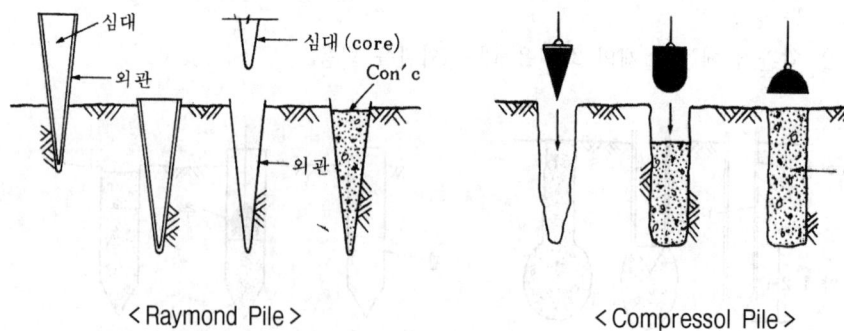

< Raymond Pile >   < Compressol Pile >

59 굴착 공법

I. 정의

① 기계 굴착 공법은 Casing을 지표 또는 지중에 삽입하여 굴착 기계로 굴착하거나 Earth Drill 굴착기로 굴착하여 철근과 Con'c를 부어넣어 제자리 Con'c 말뚝을 형성하는 공법을 말한다.

② 굴착 공법은 시공 현장 토질에 따라 공법을 선정하여 시공하게 되는데 공법으로는 Earth Drill 공법, Benoto 공법, RCD 공법 등이 있다.

II. 굴착 능률 향상 방안

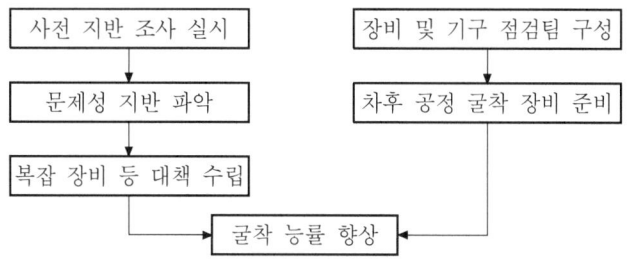

철저한 지반 조사로 지반의 문제점을 미리 해결하여 굴찰 능률을 향상시켜야 함

III. 굴착 공법의 종류

1) Earth Drill 공법(Calweld 공법)

① 회전식 Drilling Bucket으로 필요한 깊이까지 굴착하고, 그 굴착공에 철근망을 삽입한후 Con'c를 타설하여 지름 1~2 m 정도의 대구경 제자리 말뚝을 만드는 공법

② 제자리 Con'c Pile 중 진동·소음이 가장 적은 공법

③ 기계가 비교적 소형으로 굴착 속도가 빠름

④ 붕괴하기 쉬운 모래층, 자갈층에는 부적당하며 중간 굳은 층의 굴착이 어려움

2) Benoto 공법(All Casing 공법)

① 케이싱 튜브를 요농 장치(Osillator)로 왕복 요동 회전시키면서 유압 잭으로 경질의 지반까지 관입 정착시킨후 그 내부를 해머 그래브로 굴착하여 공내에 철근망을 세운후 Con'c를 타설하여 말뚝을 축조하는 공법

② All Casing 공법으로 붕괴성이 있는 토질에도 시공 가능

③ 적용 지층이 넓으며 장척 말뚝(50~60 m) 시공 가능

④ 기계가 대형이고 중량으로 기계 경비가 고가이고 굴착 속도 느림

3) RCD(Reverse Circulation Drill) 공법

① 리버스 서큘레이션 드릴로 대구경의 구멍을 파고 정수압으로 공벽을 보호하여 철근망을 삽입한후 Con'c를 타설하여 현장 말뚝을 만드는 공법

② 시공 속도가 빠르고 유지비가 비교적 경제적으로 Casing Tube가 필요치 않음
③ 정수압 관리가 어렵고 적절하지 못하면 공벽 붕괴의 원인이 되며 다량의 물이
   필요

Ⅳ. 굴착 공법의 특성 비교

굴착 공법 종류	굴착 기계	공벽 보호 방법	적용 지반
Earth Drill 공법	Drilling Bucket	안정액(Bentonite)	점토
Benoto 공법	Hammer Grab	Casing	자갈 지반
RCD 공법	특수 Bit+Suction Pump	정수압($0.2\,kg/cm^2$)	사질토, 암반

60 Earth Drill 공법(Calweld 공법)

Ⅰ. 정의

① 회전식 Drilling Bucket으로 필요한 깊이까지 굴착하고, 그 굴착공에 철근망을 삽입, Con'c를 타설하여 지름 1~2 m 정도의 대구경 제자리 말뚝을 만드는 공법
② 미국의 칼웰드사가 고안하여 개발한 공법으로 칼웰드 공법이라고도 한다.

Ⅱ. 시공 순서 Flow Chart

굴착 → 표층 Casing Pipe 삽입 및 안정액 주입 → Slime 제거

→ 철근망 넣기 → Tremie관 삽입 → Con'c 타설 → 표층 Casing 인발

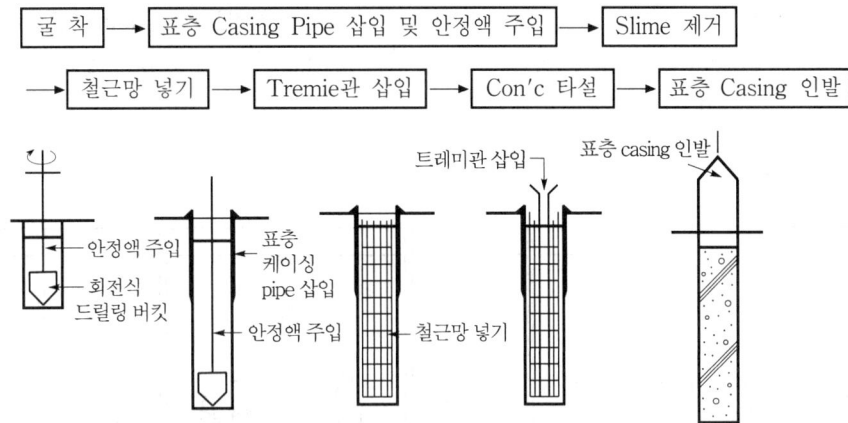

① 굴착   ② Casing pipe 삽입   ③ 철근망 넣기   ④ Tremie관 삽입   ⑤ 표층 casing 인발
및 안정액 주입

< Earth Drill 공법 >

Ⅲ. 특징

① 제자리 Con'c Pile 중 진동 소음이 가장 적은 공법
② 기계가 비교적 소형으로 굴착 속도가 빠름
③ 좁은 장소에서의 작업이 가능하고 지하수가 없는 점성토에 적당
④ 붕괴하기 쉬운 모래층, 자갈층에는 부적당
⑤ 중간 굳은 층의 굴착이 어려움
⑥ Slime 처리가 불확실하여 말뚝의 초기 침하 우려

Ⅳ. 시공시 유의사항

① 지표면의 붕괴 방지를 위해 4~8 m까지 표층 Casing하고 Bentonite로 공벽을 보호
② Slime 처리를 철저히 하여 지지력을 확보
③ Con'c 타설시 강도 유지와 재료 분리 방지로 Con'c 품질 확보
④ 폐액 처리를 철저히 하여 환경 공해 방지

61 돗바늘 공법(Rotator Type Casing)

[09전(10)]

Ⅰ. 정의

① 돗바늘 공법은 Benoto 공법과 흡사하면서 상반되는 점도 많은데, 크게 다른 점은 Benoto 공법은 요동기(Oscillator)를 사용하며 선 hammer grab, 후 Casing 굴진인 반면 돗바늘 공법은 전선회기(Rotator)를 사용하며 선 Casing, 후 hammer grab의 형식을 갖는 점이다.

② 돗바늘 공법에서 사용하는 Casing 선단에는 토사층으로부터 암반에 이르기까지 모든 지층을 천공할 수 있는 특수강 bit가 장착되며, Casing 본체는 강력한 Torque를 견딜 수 있도록 하기 위하여 이중 철판 구조로서 상당히 두껍게 제작되어 있다.

Ⅱ. 시공 순서

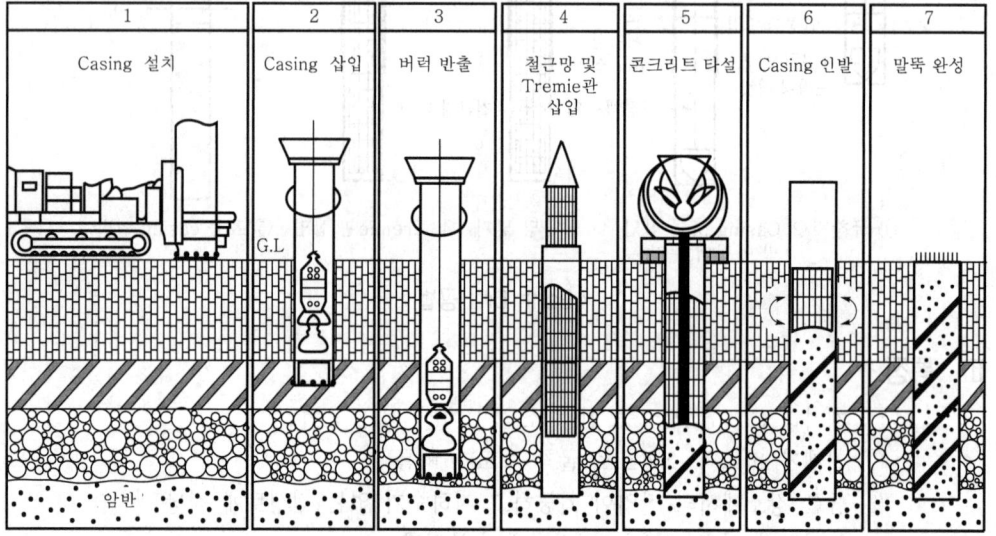

1	2	3	4	5	6	7
Casing 설치	Casing 삽입	버럭 반출	철근망 및 Tremie관 삽입	콘크리트 타설	Casing 인발	말뚝 완성

Ⅲ. 공법의 특징

① Casing에 의한 굴진 방법이므로 공벽 유지가 확실하다.

② 선단 지지층이 암반일 경우 암이 Core의 형태로 채취되므로 그 성분을 확실하게 확인할 수 있다.

③ 말뚝의 수직 상태가 양호하다.

④ Casing이 선행하므로 Heaving 및 Boiling 현상이 없다.

⑤ 자갈, 전석 등 어떠한 지층이라도 Chisel을 사용하지 않고도 굴진이 가능하다.

⑥ Casing에 의한 굴진이므로 경사진 암반에서의 시공도 별 무리가 없다.

⑦ 청수로 공내부를 청소할 수 있기 때문에 경지반과 콘크리트의 접착이 양호하다.

⑧ 이수를 사용하지 않기 때문에 타설한 콘크리트의 품질이 양호하며 시공 속도가 빠르다.

⑨ 장비가 대형이고 고가이다.

⑩ 시공비가 다소 고가이다.

⑪ 장비의 중량이 크므로 진입로나 시공 위치에서 빠지거나 기울어지기 쉽다.

⑫ 고가의 Bit, Casing의 마모가 크다.

Ⅳ. 공법의 적용 범위

① 대용량의 말뚝 기초

② 자갈, 전석, 암반을 관통해야 하는 곳의 말뚝 기초

③ 기성 콘크리트 말뚝, H-형강 등 지중 매설물의 제거

④ 주열식 지하 연속벽 시공시 암반 근입과 겹이음(Overlapping)을 확실하게 할 수 있다.

⑤ 수직갱(Open Shaft)

⑥ 터널 등의 환기구

| 62 | Benoto 공법(All Casing 공법) |

Ⅰ. 정의

① 프랑스의 배노토사가 개발한 대구경 굴삭기에 의한 현장 타설 말뚝 공법이다.

② 케이싱 튜브를 요동 장치(Osillator)로 좌우 요동시키면서 유압 잭으로 경질의 지반까지 관입하여 정착시킨후 그 내부를 해머 그래브로 굴착하여 공내에 철근 망을 세운후 Con′c를 타설하면서 케이싱 튜브를 뽑아내어 현장 타설 말뚝을 축 조하는 공법이다.

Ⅱ. 시공 순서 Flow Chart

```
Casing Tube 세우기 → Hammer Grab로 굴착 → 동시에 Casing Tube 삽입
 → 철근망 넣기 → Tremie관 삽입 → Con′c 타설 → Casing Tube 인발
```

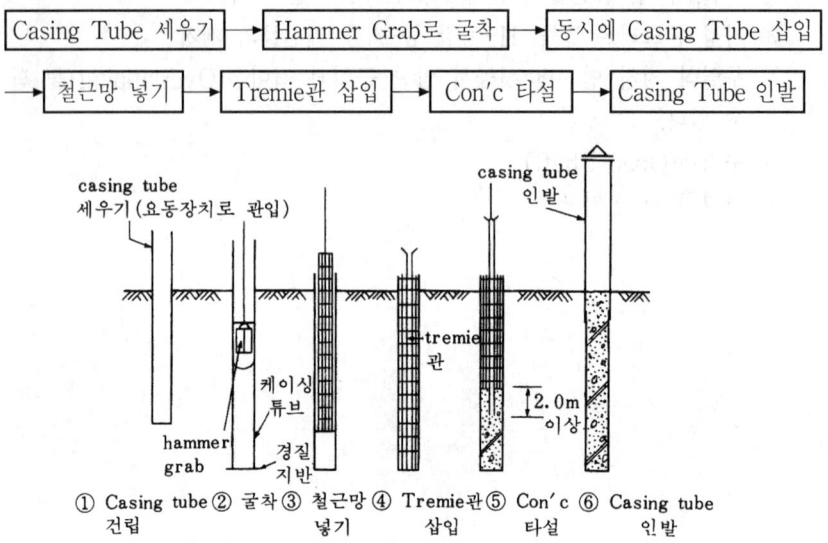

① Casing tube 건립 ② 굴착 ③ 철근망 넣기 ④ Tremie관 삽입 ⑤ Con′c 타설 ⑥ Casing tube 인발

< Benoto 공법 >

Ⅲ. 특징

① All Casing 공법으로 붕괴성이 있는 토질에도 시공 가능

② 적용 지층이 넓으며 장척 말뚝(50~60 m)의 시공이 가능하며 굴착하면서 지지 층 확인이 용이

③ 기계가 대형이고 중량으로 기계 경비가 고가이며 굴착 속도가 느림

④ Casing Tube를 빼는데 극단적인 연약 지대, 수상에서는 반력이 크므로 적합하 지 않음

Ⅳ. 시공시 유의사항

① 유동성이 큰 고강도 Con′c 사용　　② 피압수 차단 등 지하수 처리 철저

③ 말뚝 선단 지반의 무름 및 말뚝 주변의 지반 무름 방지

④ Con′c 타설시 철근망이 뜨는 일이 있으므로 주의

63 RCD 공법(Reverse Circulation Drill ; 역순환 공법)

Ⅰ. 정의

① 리버스 서큘레이션 드릴로 대구경의 구멍을 파고 정수압으로 공벽을 보호하고 철근망을 삽입한후 Con'c를 타설하여 현장 말뚝을 만드는 공법이다.

② 보통 로터리식 보링 공법과는 달리 물의 흐름이 반대이고 드릴 로드의 끝에서 물을 빨아올려 굴착 토사를 물과 함께 지상으로 배출하여 지반을 굴착하는 공법으로 역순환 공법 또는 역환류 공법이라고도 한다.

Ⅱ. 현장 시공도

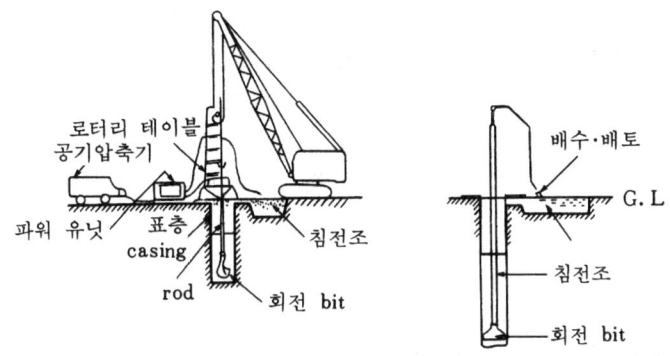

Ⅲ. 특징

① 시공 속도가 빠르고 유지비가 비교적 경제적
② Casing Tube가 필요하지 않으며 수상 작업(해상 작업)이 가능
③ 타공법에서 문제가 많은 세사층의 굴착도 가능
④ 정수압 관리가 어렵고 적절하지 못하면 공벽 붕괴 원인이 되며 다량의 물이 필요
⑤ 호박돌층, 전석층, 피압수 유출시 굴착 곤란

Ⅳ. 시공 순서 Flow Chart

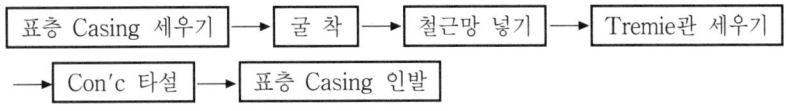

Ⅴ. 시공시 유의사항

① 지하수위보다 2 m 이상 물을 채워 공벽에 0.2 kg/cm^2 이상의 정수압을 유지한다.
② 굴착 속도가 너무 빠르면 공벽 붕괴의 원인이 되므로 굴착 속도를 지킨다.
③ Tremie 선단은 바닥에서 10~20 cm 띄어 둔다.

64 | Prepacked Con'c Pile

[04후(10)]

Ⅰ. 정의

① Prepacked Con'c Pile이란 기초 공사에서 소정의 위치에 구멍을 뚫고 Con'c 또는 주위의 흙을 이용해서 만드는 제자리 말뚝을 말한다.

② 흙막이벽 및 차수벽 등으로 활용되는 무소음·무진동 공법으로 충분한 사전 조사와 시공성, 안전성 및 지반에 맞는 적정 공법의 검토가 필요하다.

Ⅱ. 특징

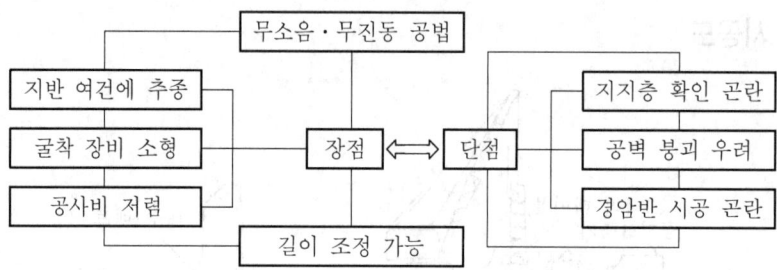

Ⅲ. 종류

종 류	시공 방법
CIP (Cast-In-Place Pile)	Earth Auger로 지중에 구멍을 뚫고 철근망을 삽입(생략 가능)한 다음 모르타르 주입관을 설치하고 먼저 자갈을 채운후 주입관을 통하여 모르타르를 주입하여 제자리 말뚝을 형성하는 공법이다.
PIP (Packed-In-Place Pile)	연속된 날개가 달린 중공의 Screw Auger의 머리에 구동 장치를 설치하여 소정의 깊이까지 회전시키면서 굴착한 다음 흙과 Auger를 빼올린 분량 만큼의 프리팩트 모르타르를 Auger 기계의 속구멍을 통해 압출시키면서 제자리 말뚝을 형성하는 공법이다.
MIP (Mixed-In-Place Pile)	Auger의 회전축대는 중공관으로 되어 있고 축선단부에서 시멘트 페이스트를 분출시키면서 토사를 굴착하여 토사와 시멘트 페이스트를 혼합 교반하여 만드는 일종의 Soil Con'c 말뚝이다.

65 | CIP(Cast-In-Place Pile)

Ⅰ. 정의

① Earth Auger로 지중에 구멍을 뚫고 철근망(또는 H-Beam)을 삽입한 다음 Mortar 주입관을 설치하고 먼저 자갈을 채운후 주입관을 통하여 모르타르를 주입하여 제자리 말뚝을 형성하는 공법이다.

② 이 공법은 지질이 양호하고 지하수위가 낮은 지반에 적용하며 공벽 붕괴의 우려가 있는 지반에는 시공이 곤란하다.

Ⅱ. 시공 순서 Flow Chart

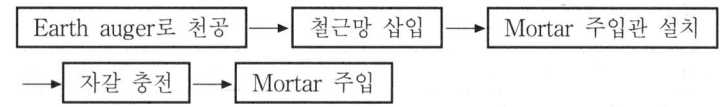

Earth auger로 천공 → 철근망 삽입 → Mortar 주입관 설치

→ 자갈 충전 → Mortar 주입

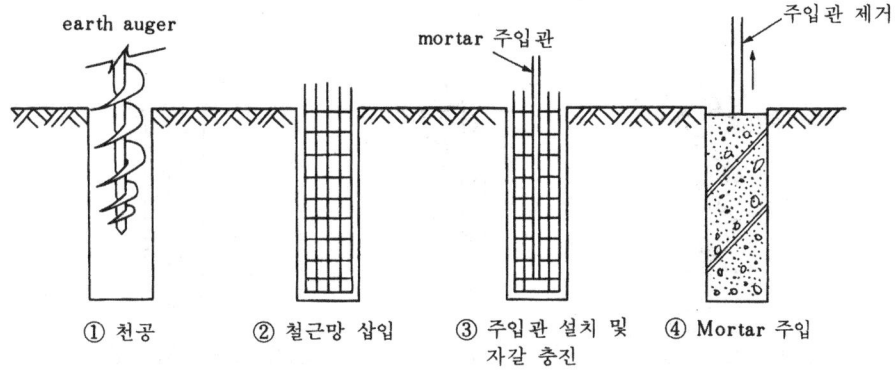

① 천공 ② 철근망 삽입 ③ 주입관 설치 및 자갈 충진 ④ Mortar 주입

Ⅲ. 특징

① 지하수가 없는 경질 지층에 사용
② 좁은 장소에 시공 장비의 투입이 용이
③ 주열식 흙막이 벽체로 이용
④ 벽체 연결 부위 취약

Ⅳ. 시공시 유의사항

① 굴착 및 주입시 상부의 표토층 붕괴 방지를 위해 표층 Casing(공 드럼) 설치
② 굴착은 주입 효과를 높이기 위해 일정 간격으로 굴착
③ 25 mm 이하의 굵은 골재를 균일하게 충진
④ 철근망 삽입과 동시에 Mortar 주입관 설치

66 PIP(Packed-In-Place Pile)

Ⅰ. 정의

① 연속된 날개가 달린 중공의 Screw Auger의 머리에 구동 장치를 설치하여 소정의 깊이까지 회전시키면서 굴착한 다음, 흙과 Auger를 빼올린 분량 만큼의 프리팩트 Mortar를 Auger 기계의 중앙 구멍을 통해 압출시키면서 제자리 말뚝을 형성하는 공법이다.

② Auger를 빼내면 곧 철근망 또는 H형강 등을 Mortar 속에 꽂아서 말뚝을 완성한다.

Ⅱ. 시공 순서 Flow Chart

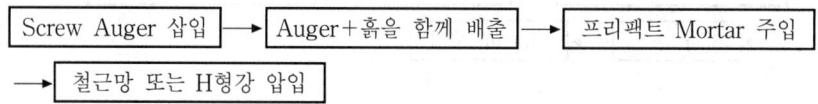

```
Screw Auger 삽입 → Auger+흙을 함께 배출 → 프리팩트 Mortar 주입
→ 철근망 또는 H형강 압입
```

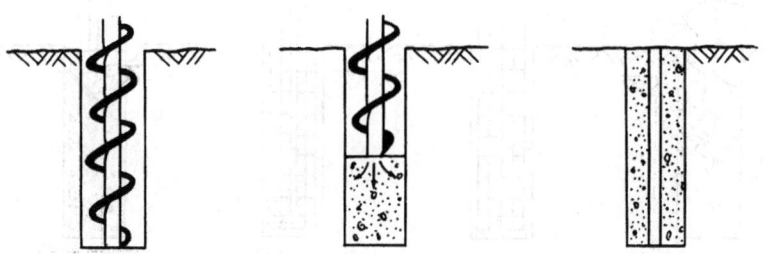

< Screw Auger 삽입 >   < 프리팩트 Mortar 주입 >   < 철근망 또는 H형강 압입 >

Ⅲ. Prepacked Con'c Pile의 종류

① CIP(Cast-In-Place Pile)
② PIP(Packed-In-Place Pile)
③ MIP(Mixed-In-Place Pile)

Ⅳ. 특징

① 사질층 및 자갈층에 유리
② Auger만으로 굴착하므로 소음, 진동이 없음
③ 장치가 간단하고 취급이 용이
④ 주열식 흙막이 지수벽으로 이용
⑤ 지지 말뚝으로 사용

67 MIP(Mixed−In−Place Pile)

[99중(20)]

Ⅰ. 정의

① Auger의 회전축은 중공관으로 되어 있고 축선단부에서 시멘트 페이스트를 분출시키면서 토사를 굴착하여 토사와 시멘트 페이스트를 혼합 교반하여 만드는 일종의 Soil Con'c 말뚝이다.

② Auger를 뽑아낸 뒤에 필요에 따라 철근망을 삽입하기도 한다.

Ⅱ. 시공 순서 Flow Chart

Auger 굴진 삽입 → 시멘트 페이스트 분출 → 지중 토사와 혼합 교반

→ Soil Con'c 말뚝 조성

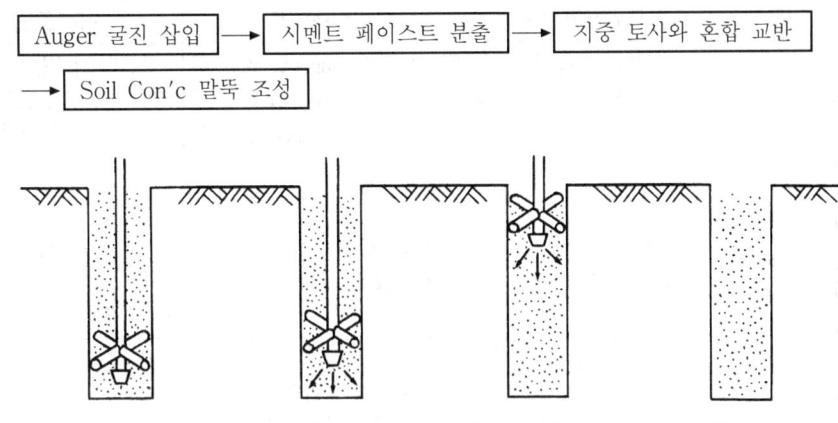

① Auger 굴진 삽입　② 시멘트 페이스트 분출　③ 지중토사와 혼합교반　④ Soil Con'c 말뚝 조성

Ⅲ. Prepacked Con'c Pile의 종류

① CIP(Cast−In−Place Pile)

② PIP(Packed−In−Place Pile)

③ MIP(Mixed−In−Place Pile)

Ⅳ. 특징

① 비교적 연약 지반에 사용

② 지하 흙막이벽으로 사용

③ 사질층, 자갈층에 유리

④ 흙을 골재로 이용하므로 경제적

⑤ 지중에 형성되므로 지지층의 확인이 곤란

68 | 내부 굴착 말뚝

[12중(10)]

Ⅰ. 정의

① 내부 굴착 말뚝이란 말뚝의 시공지점에 굴착장비로 소정의 깊이까지 굴착한 후 말뚝을 삽입하는 공법을 말한다.

② 내부 굴착 말뚝의 대표적인 공법으로는 Preboring공법, SIP(Soil cement Injected Precast Pile)공법, PRD(Percussion Reverse Drill)공법 등이 있다.

Ⅱ. 내부 굴착 말뚝 공법 비교

구분	Preboring공법	SIP공법	PRD공법
시공법	• 나선형 Auger로 지반을 굴착한 후 말뚝을 삽입	• 나선형 Auger로 지반 굴착 후 Cement paste를 주입하면서 Auger 인발 및 말뚝 삽입	• 상호역회전 하는 내측 Auger와 외측 Casing으로 지반을 천공한 후 말뚝을 삽입
시공요점	• 선굴착 공법 • Auger 배토 • 최종 항타	• 선굴착 공법 • Auger로 배토 • Cement paste 주입 • 최종 경타	• 속파기 공법 • 말뚝을 Casing으로 사용 가능 • 최종경타
특징	• 풍화암까지 천공 가능 • 시공속도가 빠름 • 점토지반에 적용 시 유리 • 시공비가 저렴	• 풍화암까지 천공 가능 • 안정액 주입으로 공사비가 Preboring보다 고가 • 주면마찰과 횡저항에 유리 • 공벽유지를 위해 Casing 사용	• 자갈층, 전석층까지 천공 가능 • 수직도 유지용이 • 공벽유지 확실 • 소음, 진동이 큼 • 공사비 고가 • 안정액이 필요 없음
선단처리방법		• Cemnet paste 주입 후 경타	• 콘크리트 속채움 후 경타

Ⅲ. 시공 시 유의사항

① 말뚝의 지지층 관입여부를 확인할 것

② Auger 및 Casing 인발시 공벽 붕괴에 유의

③ Cement Paste 및 콘크리트의 지중 유출에 유의

④ 말뚝의 수직도 관리 철저

69 Open Caisson(우물통 기초) 공법

Ⅰ. 정의

① Open Caisson 공법이란 상하단이 개방된 우물통을 지표면에 거치한후 Caisson 내부에서 지반토를 굴착하여 소정의 지지층까지 침설하는 공법을 말한다.

② 일반적으로 교량 기초, 고가교, 기계 기초 등에 많이 사용하며 근입 심도는 15~ 20 m 정도가 가장 유리하다.

Ⅱ. 시공 순서 Flow Chart

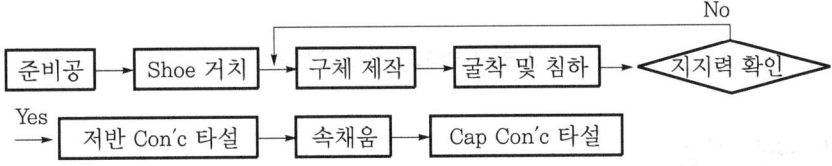

Ⅲ. 특징

1) 장점
   ① 시공 설비 간단
   ② 공사비 적게 들어 경제적
   ③ 소음에 의한 공해가 거의 없음
   ④ 심도를 깊게 할 수 있음

2) 단점
   ① 침하 속도가 일정하지 않아 능률 저하
   ② 굴착중 장애물(호박돌, 전석) 제거가 곤란
   ③ 굴착중 Shoe 선단의 하부 굴착시 Caisson의 경사 변위가 자주 발생
   ④ 침설중 주변 지반의 교란으로 인접 구조물에 악영향 발생
   ⑤ 지지력 측정 곤란

Ⅳ. 용도

① 교량 교각 기초   ② 대형 기계 기초
③ 상수도 취수탑

Ⅴ. 거치 방식

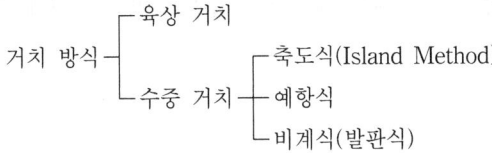

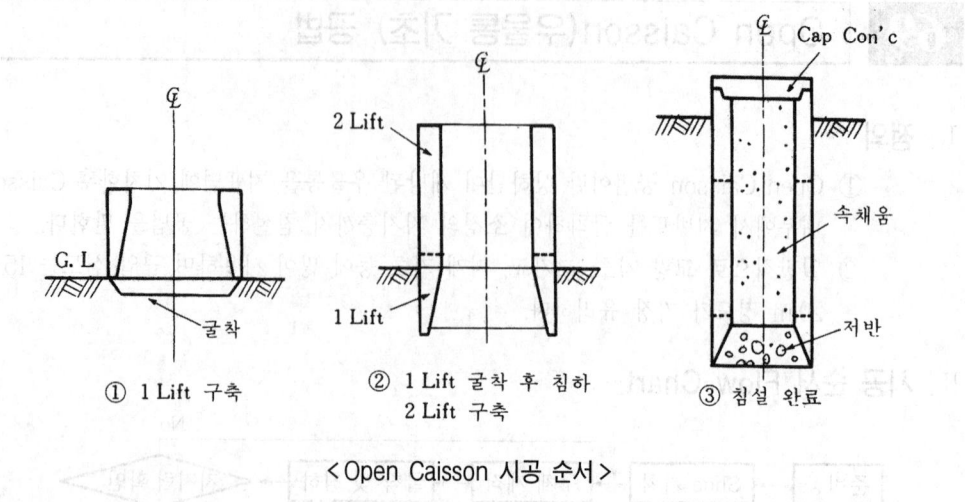

① 1 Lift 구축   ② 1 Lift 굴착 후 침하   ③ 침설 완료
                    2 Lift 구축

< Open Caisson 시공 순서 >

VI. 경사 수정 방법

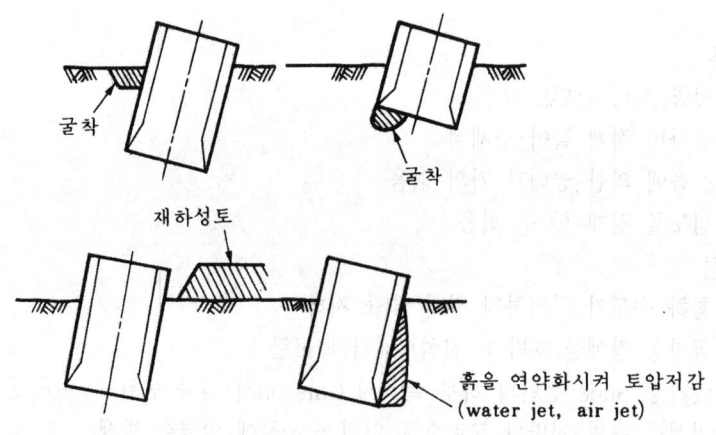

흙을 연약화시켜 토압저감
(water jet, air jet)

VII. 시공시 유의사항

① 연약 지반에 거치시 부등 침하, 경사 등이 발생하므로 지반 개량이 필요
② 우물통 내부 물 배수시 강제 배수는 지반을 파괴하므로 피할 것
③ 우물통 침설시 우물통의 경사와 편심에 유의할 것
④ 수중 Con'c의 품질관리 철저
⑤ 굴착중 Caisson Shoe 부분의 장애물 제거시 작업원의 안전 확보에 유의

70 | Open Caisson의 마찰력 감소 방법

[03후(10)]

Ⅰ. 정의

① 우물통은 자중 또는 재하중에 의해 소정의 깊이까지 침하시켜 기초로서의 지지력을 확보해야 한다.

② 침하 과정에서 악조건에 의해 침하 불능시 지반과 우물통 벽면의 마찰 저항과 우물통 날끝의 마찰력을 감소시킬 수 있는 방안을 검토해야 한다.

Ⅱ. 침하 조건

① 우물통의 침하 작업은 내부의 토사 굴착과 하중 재하로 이루어진다.

② 다음 조건을 만족할 때 침하되거나, 만족치 않을 때는 침하 촉진 공법이 필요하다.

③ 침하 조건식

$$W_C + W_L > F + P + U$$

(우물통 하중＋재하중 > 주면 마찰력＋선단 지지력＋양압력)

Ⅲ. 마찰력 감소 방법

1) 자중 증대

우물통의 자중을 증대시킴으로써 주면 마찰력과 선단 지지력보다 우물통의 하중을 크게 하여 침하의 촉진을 위한 설계를 한다.

2) 재하중 공법

초기에는 자중으로 쉽게 침하하지만, 심도가 깊어짐에 따라 침하가 곤란해지면 재하중하여 침하시키며 재하 재료는 Rail, 철괴, 콘크리트 블록, 흙가마니 등을 사용한다.

3) 자갈 채움

우물통 표면에 둥근 자갈을 넣음으로써 우물통 구조체와 주변 흙을 절연시킴과 동시에 마찰력을 감소시켜 우물통의 침하를 촉진시킨다.

4) 활선제 도포

우물통 구조체에 특수 표면활성제를 도포하여 주면 마찰 저항을 감소시켜 침하를 용이하게 하는 공법이다.

5) 용액 주입 공법

우물통 주변에 자갈을 채우는 대신 매끄러운 용액을 주입하여 마찰 감소 효과를 기대한다.

6) 주수법

용액 주입 공법에 사용하는 매끄러운 용액 대신 재료의 구득이나 관계가 용이한 물을 사용한다.

7) 분기법

① 주수법에 사용하는 물 대신 공기를 고압으로 주입시켜 우물통 표면과 토사의 사이를 공기막으로 절연시켜 침하를 촉진시킨다.

② 토양의 오염이나 지반을 교란시킬 염려가 없다.

8) Friction Cutter

① 침하 촉진을 위한 Friction Cutter를 날 끝에 붙인다.

② 부등 침하의 염려가 있으므로 주의하여 굴착하며, Friction Cutter 주변을 먼저 굴착하지 말고, 중앙 부근에 먼저 굴착하여 자연 침하시킨다.

9) 발파 공법(진동 공법)

화약 폭발에 의해 우물통 자체에 충격을 가하여 마찰 저항을 감소시켜 침하시키는 공법으로 진동 공법이라고도 한다.

10) Water Jet 공법

우물통의 주면 마찰력으로 인하여 침하 속도가 느리면 날끝부분에 물을 고압으로 분사시켜 지반을 느슨하게 하여 마찰력 감소 효과를 유도하는 공법이다.

11) Air Jet 공법

① Water Jet 공법의 물 대신 공기를 고압으로 날끝부분에 가하여 지반의 이완을 도모하여 침하를 촉진시키는 공법이다.

② 토사의 날림으로 인한 작업 환경의 악조건에 유의한다.

12) 수위 저하 공법

① 우물통 내부의 수위가 양압력으로 작용하여 부력이 발생하므로 우물통 침하에 방해가 되므로 수위를 저하시켜 양압력을 줄인다.

② 지나치게 수위를 저하시키면 Boiling · Heaving · Piping 등이 발생하여 우물통의 급격한 침하와 편심의 원인이 되므로 유의해야 한다.

71 | Pneumatic Caisson 공법(공기 잠함 공법)

Ⅰ. 정의

① 용수량이 대단히 많고 깊은 기초를 구축할 때에 쓰이는 공법으로 밀폐되어 있는 최하부 작업실 내부를 지하 수압에 상응하는 고압 공기를 공급하여 지하수의 침입을 방지하면서 흙파기 작업을 하여 Caisson을 침하시키는 공법이다.

② Caisson은 침하되는 대로 지상에서 이어 만들기 하여 지지층 지반에 도달하면 작업실에 Con'c를 채워넣어 기초를 구축한다.

Ⅱ. 시공 순서 Flow Chart

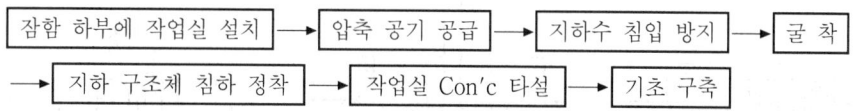

잠함 하부에 작업실 설치 → 압축 공기 공급 → 지하수 침입 방지 → 굴착 → 지하 구조체 침하 정착 → 작업실 Con'c 타설 → 기초 구축

Ⅲ. 특징

① 용수량이 많은 지반의 기초에 적합하며 기초 저면의 지반 확인 가능

② 지하수를 Pumping하지 않으므로 수위 저하에 의한 지반 침하가 없음

③ 대형 기계 설비로 공사비가 고가

④ 대형은 유압식 굴착기를 사용하고 소형은 인력 굴착을 하므로 공기가 길어짐

Ⅳ. 시공시 유의사항

① 작업실은 높이 1.8 m 이상으로 끝날과 천장 Slab는 일체 Con'c 타설

② 정전에 대비하여 비상 전원 필요

③ 굴착은 중앙부터 파고 주변 파기를 할 것

④ 고기압 내에서 작업하므로 케이슨(잠함)병에 유의

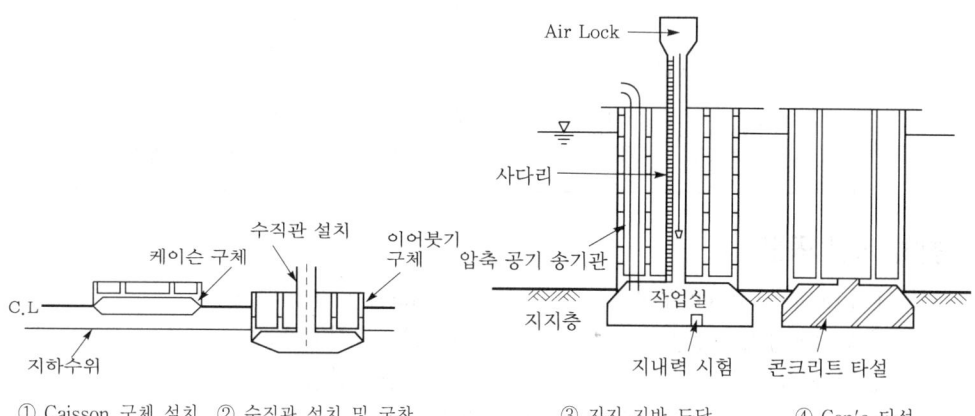

① Caisson 구체 설치 ② 수직관 설치 및 굴착   ③ 지지 지반 도달   ④ Con'c 타설

72 진공 케이슨(Pneumatic Caisson)의 침하 조건식

[94후(10)]

I. 정의

진공 Caisson이란 Caisson 저부에 작업실을 만들고 압축 공기를 넣어 지하수 유입, Heaving · Boiling을 막으면서 인력 굴착하여 Caisson을 침설시키는 공법이다.

II. 진공 Caisson의 특징

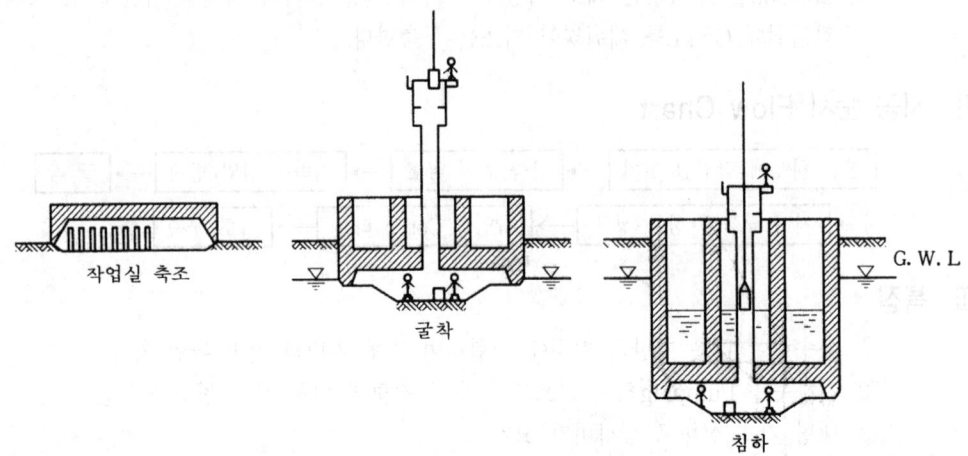

작업실 축조   굴착   침하   G. W. L

① 침하 공정이 빠르다.   ② 주위 지반을 흐뜨리지 않는다.
③ 지내력의 평가가 가능하다.   ④ 콘크리트의 품질 확보가 쉽다.
⑤ 지하수 처리가 완벽하다.   ⑥ 관리, 노무 인원이 많이 필요하다.
⑦ Caisson병이 발생된다.

III. 침하 조건식

① 우물통의 침하 작업은 내부의 토사 굴착과 하중 재하로 이루어진다.
② 다음 조건을 만족할 때 침하되나, 만족치 않을 때는 침하 촉진 공법이 필요하다.

$$W_C \;+\; W_L \;>\; F \;+\; P \;+\; U$$
（우물통 하중） （재하중）   （주면 마찰력） （선단 지지력） （양압력）

IV. 침하 촉진 공법

① Friction Cutter 부착   ② Caisson 자중 증대
③ Water Jet, Air Jet 공법   ④ 표면 활성제 도포
⑤ 발파 공법   ⑥ 재하중 공법
⑦ Caisson 내의 수위 저하로 양압력 감소

73 케이슨 기초의 Shoe(표준 날끝)

I. 정의

① 케이슨 기초는 현장에서 구체를 제작하면서 케이슨 내부를 굴착하여 구체를 침하시키는 기초 공법으로 교량, 기계 기초 등의 대형 구조물 기초에 많이 이용되는 공법이다.

② 케이슨의 침하는 지반의 토질 조건에 따라 작업 공정이 크게 좌우되므로 구체 제작전에 토질 조건에 맞는 날끝을 선정하는게 아주 중요하다.

II. 토질 조건에 맞는 Shoe(표준 날끝)

1) 점성토 혹은 사질 토층의 지반

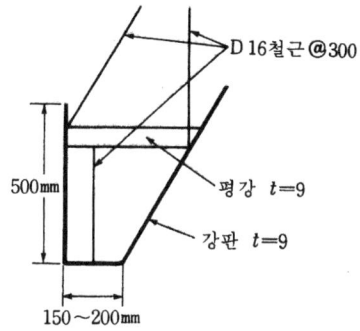

< Open Caisson >

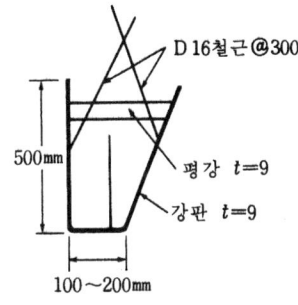

< 공기 Caisson >

2) 큰 조약돌이나 호박돌을 함유한 지반

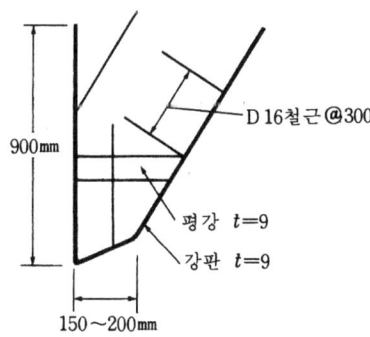

< Open Caisson >

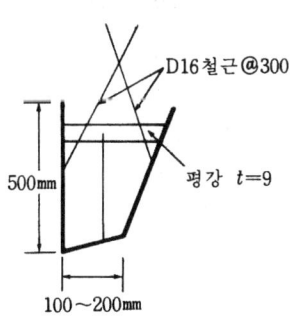

< 공기 Caisson >

3) 발파를 하는 경우

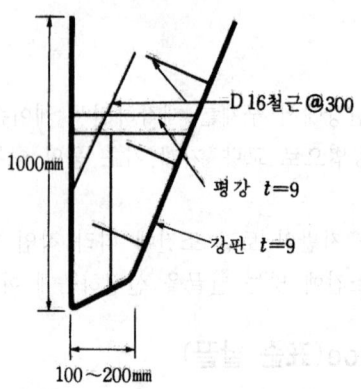

4) 극히 연약한 지반

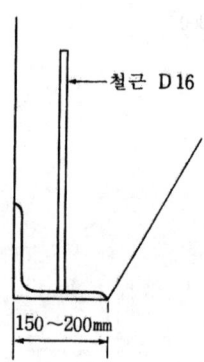

Ⅲ. 날끝 선정시 고려사항

① 지반 토질
② 케이슨 규격
③ 예정 침설 깊이
④ 굴착 방법
⑤ 시공성, 경제성

74 케이슨 기초 시공의 기계 설비

Ⅰ. 개요

① 대형 토목 구조물의 기초 공법으로 널리 이용되고 있는 케이슨 기초의 시공 과정에서 필요로 하는 주요 시공 기계 기구의 선정이 아주 중요한 요소가 된다.

② 기계 설비의 선정은 케이슨의 형식과 작업의 안전성 및 공사 규모, 기간 등을 충분히 고려하여 전체 공사의 시공 기계 기구와 균형을 취하는 것이 매우 중요하다.

Ⅱ. 선정시 고려사항

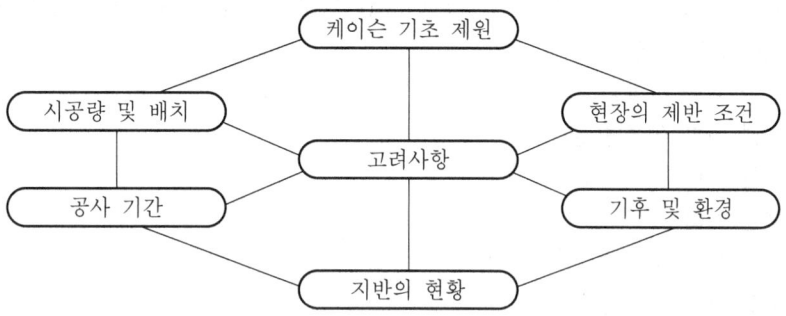

Ⅲ. 공기 케이슨 시공 기계 설비(Pneumatic Caisson)

1) **안전용 설비**
   유해 가스 농도 측정기, 추락 방지책, 안전 네트, 고압 치료실 등

2) **시공 관리용 설비**
   평판 재하 시험용 기구, 작업실 관측용 모니터, 관측 기구 등

3) **작업 기반 작성용 설비**
   작업용 비계, 복공판, 밑판 등

4) **운반 설비**
   크레인, 트럭, 벨트 컨베이어, 불도저 등

5) **콘크리트 타설 설비**
   콘크리트 펌프, 에지테이트, 크레인 버킷, 슈트, 진동기 등

6) **동력, 조명, 급수 설비**
   수전반, 트랜스, 발전기, 펌프, 라이트 등

7) **굴착 및 침설 설비**
   양중기, 작업실내 굴착 기계, 토사 버킷, 착암기, 하중계, 제트 장치, 수중 펌프, 휴대식 압력계, 회중 전등 등

8) 송기 설비

공기 압축기, 저압 전동기, 공기 냉각 장치, 공기 청정 장치, 공기조, 자동 압력 조정 장치, 공기 유량계, 컴프레서, 공기 호스, 압력계, 자기 기록계 등

9) 의장 설비

에어 로크, 샤프트, 송기관, 배기관, 하부 도어, 연락 장치(벨, 버저, 전화, 인터폰)

10) 기타 설비

철근 가공대, 절단기, 철근 굴곡기, 전기 용접기, 가스 절단기 등

Ⅳ. Open Caisson 시공 기계 설비

1) 안전용 설비

유해 가스 농도 측정기, 추락 방지책, 안전 네트, 고급 용구, 안전 표지 등

2) 시공 관리용 설비

평판 재하 시험용 기구, 작업실 관측용 모니터, 관측 기구 등

3) 작업 기반 작성용 설비

작업용 비계, 복공판, 밑판 등

4) 운반 설비

크레인, 트럭, 벨트 컨베이어, 불도저 등

5) 콘크리트 타설 설비

콘크리트 펌프, 에지테이트, 크레인 버킷, 슈트, 진동기 등

6) 동력, 조명, 급수 설비

수전반, 트랜스, 발전기, 펌프, 라이트 등

7) 굴착 및 침설 설비

양중기, 크램셸, 버킷, 수중 펌프, 잠수 장비, 제트 장치 등

8) 송기 송수 설비

공기 압축기, 공기 호스, 송기 본관, 수중 펌프 등

9) 기타 설비

철근 가공대, 절단기, 철근 굴곡기, 전기 용접기, 가스 절단기 등

④ 강성 증대
⑤ 자재 및 가설재 감소 효과
⑥ 콘크리트량의 감소
⑦ 대형화 가능

Ⅴ. Hybrid Caisson과 RC Caisson의 차이점

구 분	Hybrid Caisson	RC Caisson
사용 재료	강판, 형강, 전단 연결재, 콘크리트	콘크리트
단면 형상	기초를 확대하여 지반 반력을 작게 할 수 있음	기초를 설치할 경우, 길이는 1.5m 정도까지임
함체 자중	① 함체의 자중이 작음 ② 홀수가 작은 Caisson의 설계가 용이	Hybrid Caisson과 비교하여 함체의 자중이 큼
인양 운반	인양 방향으로 각도를 맞추어 인양비스를 부착하면 들고리를 사용하지 않고 인양 가능	일반적으로 들고리를 사용하여 직접 인양

76 파일벤트 공법

[08전(10)]

Ⅰ. 정의

① 파일벤트 공법은 인천 대교에서 시공한 공법으로서 교량 상부 하중을 지층으로 전달하는 하부 구조인 파일 기초와 교각을 동일 단면으로 일체화한 공법을 말한다.

② 파일 기초 및 교각을 분리하는 일반 공법보다 구조 역학적인 측면에서 세밀한 검토가 필요하나 시공이 간편하여 공사 기간도 대폭 단축될 뿐만 아니라 공사비 절감에도 탁월한 공법이다.

Ⅱ. 파일벤트 공법의 형상

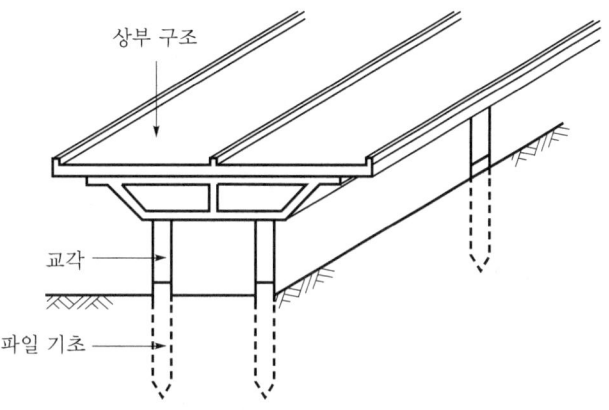

Ⅲ. 특징

1) 기초와 상부 구조의 일체화

① 하부 구조인 말뚝과 교각을 동일 단면으로 일체화 시공함으로써, 하중 전달 구조가 확실하다.

② 시공 이음이 발생하지 않아 건고한 구조물을 축조할 수 있다.

2) 공사 기간 단축

① 일반 공법은 하부 기초 시공후 상부 공사를 시행함에 따라 공사 기간이 많이 걸리고 상부 구조와 하부 구조의 연결시 일어나는 문제점들이 많이 발생하고 있다.

② 일반적으로 일반 공법에 비해 1개소당 30일 정도의 공기 단축을 가져올 수 있다.

3) 공사비 절감

① 공기가 절감되어 공사비가 절감되고 품질관리도 용이한 공법이다.

② 하부 구조인 말뚝과 교각의 일체화에 따른 연속 시공이 가능하고 품질관리의 단일화에 따라 공사비가 절감된다.

4) 구조학적인 측면에서 세밀한 검토 필요

77 Underpinning 공법

[84(10), 99후(20)]

Ⅰ. 정의

① Underpinning이란 구조물의 기초를 보강하거나 또는 새로운 기초를 설치하여 기존 구조물을 보호하는 보강 공사 공법이다.

② 경사된 구조물을 바로 잡을 때 또는 인접한 터파기에서 기존 구조물의 침하를 방지할 목적으로 Underpinning을 할 때도 있다.

Ⅱ. 공법의 종류

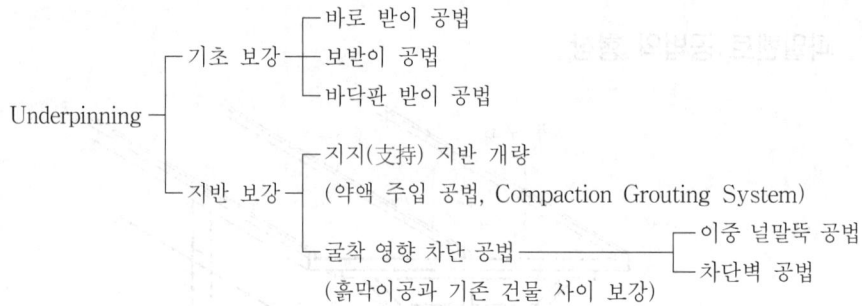

```
                        ┌ 바로 받이 공법
            ┌ 기초 보강 ─┼ 보받이 공법
            │            └ 바닥판 받이 공법
Underpinning┤
            │            ┌ 지지(支持) 지반 개량
            │            │ (약액 주입 공법, Compaction Grouting System)
            └ 지반 보강 ─┤                          ┌ 이중 널말뚝 공법
                         └ 굴착 영향 차단 공법 ──────┤
                           (흙막이공과 기존 건물 사이 보강)  └ 차단벽 공법
```

Ⅲ. Underpinning을 실시할 경우

① 구조물에 침하가 생겨 복원할 경우

② 구조물을 이동할 경우

③ 구조물의 침하나 경사를 미연에 방지할 경우

④ 기존 구조물 밑에 지중 구조물을 설치할 경우

Ⅳ. 종류별 특징

1) 바로받이 공법

① 철골조나 자중이 비교적 가벼운 구조물에 적용

② 기존 기초 하부에 신설 기초 설치

2) 보받이 공법

① 기존 하부에 신설보를 설치

② 기존 기초를 보강

3) 바닥판받이 공법

바닥판 전체를 신설 구조물이 받치는 공법

4) 약액 주입 공법

① 고압으로 약액을 주입하면서 서서히 인발

② 약액의 종류로는 물유리, 시멘트 페이스트 등이 있음

5) Compaction Grouting System

① Mortar를 초고압(200 kg/cm² 이상)으로 지반에 주입하는 공법

② 1차 주입후 Mortar가 양생하면 재천공하여 주입을 반복

6) 이중 널말뚝 공법

① 인접 구조물과 거리가 여유있을 때 이중 널말뚝 공법 적용

② 지하수위를 안정되게 유지하여 침하 방지

7) 차단벽 공법

① 상수면 위에서 공사가 가능한 경우 적용

② 구조물 하부 흙의 이동을 막음

V. 시공시 유의사항

① 부등 침하가 생기지 않도록 기초 형식을 기존의 것과 동일하게 한다.

② 시공시에는 기초의 부등 침하가 허용치 이내가 되도록 관리한다.

③ 계측 관리를 하여 안전에 대비한다.

④ 흙막이 및 주변 상황을 조사한다.

⑤ 하중에 관한 조사를 실시한다.

78 하수관의 시공 검사

Ⅰ. 정의

① 하수관은 일반적으로 동력 방식보다는 자연 유하 방식으로 오수 또는 우수를 이동시킬 목적으로 설치되는 구조물을 말한다.

② 하수관의 시공 검사는 시공이 완료된 하수관의 내·외부 시공정도, 하수관의 수밀성 등을 검사하는 것으로 대표적으로 육안 검사, 연막 검사, CCTV 검사 등이 있다.

Ⅱ. 하수관거의 종류

① 콘크리트 흄관
② PSC관
③ PE관

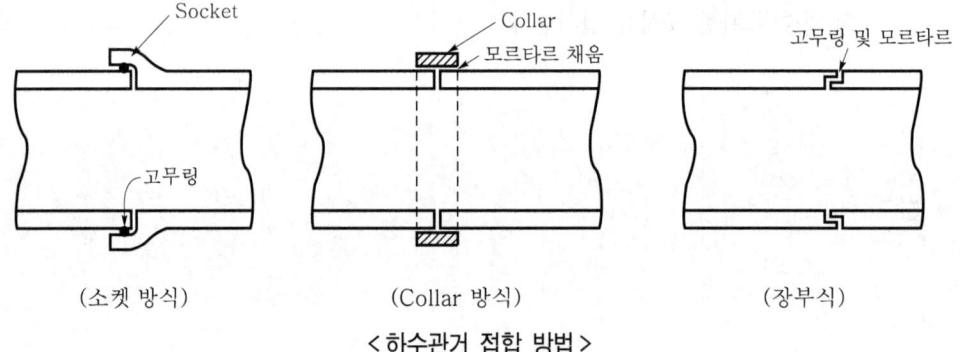

| (소켓 방식) | (Collar 방식) | (장부식) |

< 하수관거 접합 방법 >

Ⅲ. 하수관의 시공 검사

1) 하수관 검사
① 현장에 반입된 관의 성능 검사표 점검
② 균열, 변형, 파손 여부 점검
③ 본래의 형상 유지 점검

2) 관 기초 검사
① 사용 관거에 따른 기초 선정
② 모래 기초, 자갈 기초, 침목 기초, 콘크리트 기초 등의 상태 검사
③ 사용 재료, 두께, 규격 등

3) 구배 검사
① 하수관로의 구배 검토
② 유입·유출구의 수준측량 자료 확인

4) 접합부 검사

    ① 관 종류에 따른 접합 방법 검토

    ② Socket 연결, Collar 접합

    ③ 접합부 수밀성 검사

    ④ 연막 검사

5) 관 내부 검사

    ① CCTV에 의한 관로 내부 검사

    ② 이음부 및 불량 부위 촬영

    ③ 대구경의 관로인 경우 인력에 의한 직접 육안 검사

6) 균열 검사

    ① 현장 반입관거의 균열 발생 검사

    ② 시공된 관로의 균열 발생 여부

7) 부속품 점검

    ① 맨홀과의 접합부 시공 검사

    ② 연결관과의 접합부

    ③ 접합부 Collar, 고무링 등 검사

79 기초공 관련용어

1) 강성 기초(Rigid Foundation)
    ① 설계상 강체로 가정할 수 있는 기초를 강성 기초, 강체로는 가정할 수 없고 강성을 고려하여 설계해야 하는 기초를 탄성체 기초(Elastic Foundation)라 한다.
    ② 기초의 수평 저항을 검토하는 경우에 Caisson과 직접 기초는 강성 기초로서, 말뚝은 탄성체 기초로서 취급하는 경우가 많다.
    ③ 탄성체 기초를 연성 기초(Flexible Foundation)라 부르는 경우도 있으며 접지압을 구할 때 강성이 충분히 작아서 연성이라 가정할 수 있는 기초인 경우를 연성 기초라 한다.

2) 근입비(Depth Ratio)
    ① 지표면에서 기초 Slab 저면까지의 근입 깊이(Penetration Depth : D)와 기초 Slab의 저면 폭(B)과의 비를 말한다.
    ② 도로교 시방서에서는 근입비(D/B)가 0.5 이하인 것을 직접 기초라 하고 있으며, 항만 시설의 기준에서는 1.0 이하인 것을 직접 기초라 하고 있다.

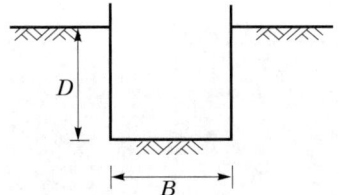

3) 격벽(Partition Wall)

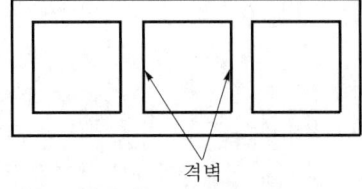

격벽

    ① Caisson 기초와 널말뚝식 기초의 내부에 있어서 좌우의 측벽간을 연결하여 단면을 분할하는 연직벽이다.
    ② 외측에서의 하중에 대한 수평 단면의 보강을 하는 것이 주된 목적이지만 연직 방향의 보강보로서 사용하는 경우도 있다.

4) PRD(Percussion Rotary Drill) 말뚝
    ① 강관 말뚝 선단에 Bit를 부착하고 강관 내부에서 오거 굴착기로 관내토를 제거하면서 회전에 의해 말뚝을 설치하는 공법이다.
    ② 모든 지층에 적용이 가능하고 진동 소음이 적으며 굴착과 동시에 말뚝을 설치하므로 시공이 빠르다.

God For Health

1. 충분한 음식과 수면은 보약이다.

2. 과로를 피하고 시간은 낭비하지 않는다.

3. 스트레스는 그때 그때 풀어준다.

4. 매일 가벼운 운동(어느 정도 숨가쁜)과 산책을 한다.

5. 당당하고 활기찬 표정과 자세를 만든다.

6. 창조주를 기억하고 매 순간 의뢰한다.

7. 과음, 과식은 절대 금하고 감사한 마음으로 음식을 먹는다.

8. 담배를 끊는다.

9. 체질 개선을 위해 녹황색 채소, 신선한 과일, 등푸른 생선, 해조류를 많이 먹는다.

10. 고단백, 비타민, 저칼로리, 미네랄을 함유한 균형있는 영양식품을 섭취한다.

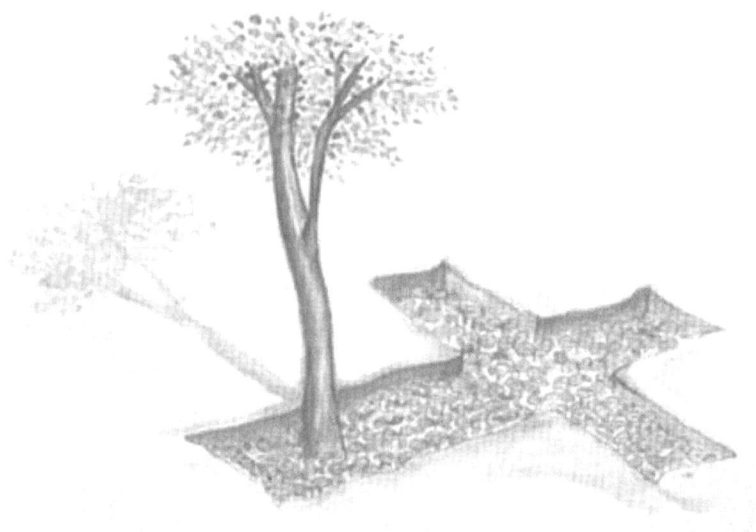

제3장 ▶ 콘크리트

제1절 철근 공사

철근 공사 과년도 문제

1 원형 철근(Round Bar)과 이형 철근(Deformed Bar)

Ⅰ. 정의

① 콘크리트 구조물에서 압축 응력에 비해 비교적 약한 인장 응력을 보강할 목적으로 콘크리트 속에 매입하는 것을 철근이라 한다.

② 철근에는 크게 나뉘어 표면이 매끈한 원형 철근과 인위적으로 요철을 둔 이형 철근으로 나누어진다.

Ⅱ. 철근의 구비조건

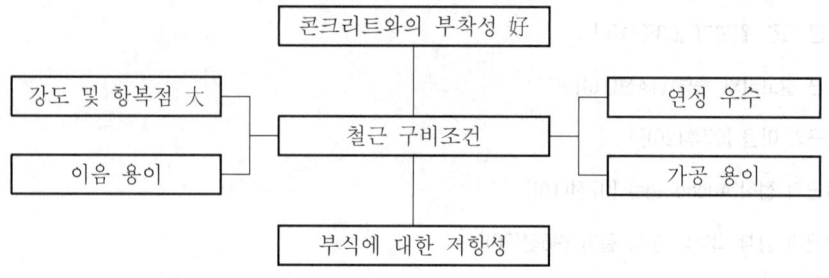

Ⅲ. 원형 철근(Round Bar)

1) 정의

강재의 표면이 돌기가 없는 미끈한 표면을 가진 것으로 직경 16 mm의 철근을 $\phi 16$ 으로 표기하며 부착력이 비교적 낮은 철근으로 환봉이라고도 한다.

2) 형상

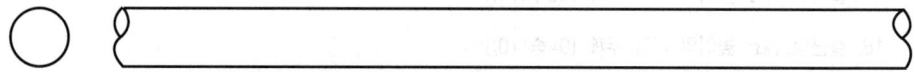

3) 특징

① 부착력이 낮다.

② 미끄럼 저항성이 낮다.

③ 최근 사용이 거의 없다.

Ⅳ. 이형 철근(Deformed Bar)

1) 정의

강재의 표면에 리브(Rib)와 마디 등의 요철을 두어 부착력을 크게 한 것으로 동일 단위 중량의 원형 철근으로 환산한 공칭 직경을 사용하며 D 10, D 13으로 표기한다.

2) 형상

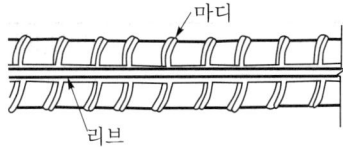

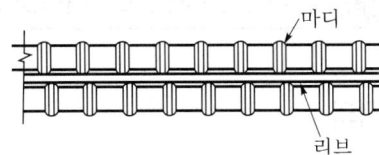

3) 특성

① 부착력이 크다.

② 미끄럼 저항성이 크다.

③ 압축측 배치 철근의 갈고리가 필요없다.

V. 차이점

구 분	이형 철근	원형 철근
부착력	양호	낮다.
미끄럼 저항성	크다.	적다.
사용성	요철로 인한 사용성 난이	사용성 좋음
정착 길이	원형에 비해 짧음	정착 길이 길다.
정착 방법	갈고리 및 기타 방법	원형 갈고리 필수
가공성	난이	좋다.

2 정(正)철근과 부(負)철근

[79(10), 01후(10)]

Ⅰ. 정의

① 콘크리트에서 비교적 약한 인장 응력을 보강할 목적으로 이형 또는 원형의 강재를 콘크리트속에 배치하는데 이를 철근이라 한다.

② 정철근이란 콘크리트 구조물에서 발생되는 (+)모멘트에 저항하기 위해 배치하는 철근이며, 부철근이란 (−)모멘트에 저항하기 위해 배치하는 주철근을 의미한다.

Ⅱ. 철근 구조 배치도(3경간 연속보)

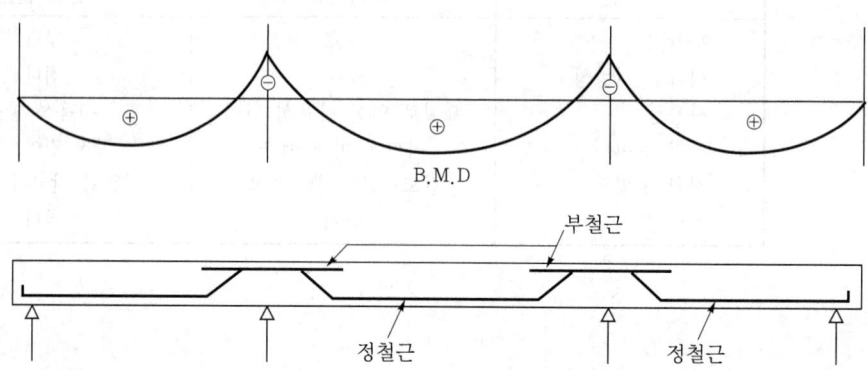

Ⅲ. 철근의 구비조건

① 콘크리트와의 부착성이 좋은 것
② 강도가 크고 항복점이 큰 것
③ 연성이 크고 가공이 쉬울 것
④ 부식에 대한 저항성이 있을 것
⑤ 용접이 잘 되는 것

Ⅳ. 정철근

1) 정의

슬래브 또는 보에서 정(正, +)의 휨모멘트에 의해서 일어나는 인장 응력에 대항하기 위하여 배치한 주철근

2) 배치 위치

① 슬래브 및 보의 하부
② 라멘 구조의 중앙 하부
③ 옹벽의 벽체 배면

V. 부철근

1) 정의

슬래브 또는 보에서 부(負, −)의 휨모멘트에 의해서 일어나는 인장 응력에 대항하기 위하여 배치한 주철근

2) 배치 위치

① 연속교의 지점 상부

② 라멘 구조의 측벽 상부

③ 보의 기둥 상부

④ 슬래브에서 보 상부

3 주철근과 전단철근

[02후(10)]

I. 주철근

1) 정의
   ① 주철근이란 철근 구조물을 설계할 때 적용하는 설계 하중에 의하여 그 단면적이 정해지는 철근이다.
   ② 철근 콘크리트 구조물에서 발생되는 인장 응력에 저항하기 위해서 콘크리트속에 배치된다.

2) 분류
   ① 정(正)철근
      ㉮ 철근 콘크리트 구조물이 작용 하중으로 발생하는 ⊕Moment에 의한 인장 응력에 저항하기 위해 배치하는 주철근
      ㉯ 정정 구조의 단순 보에서 ⊕Moment가 발생되는 보의 중앙부 하단에 배치

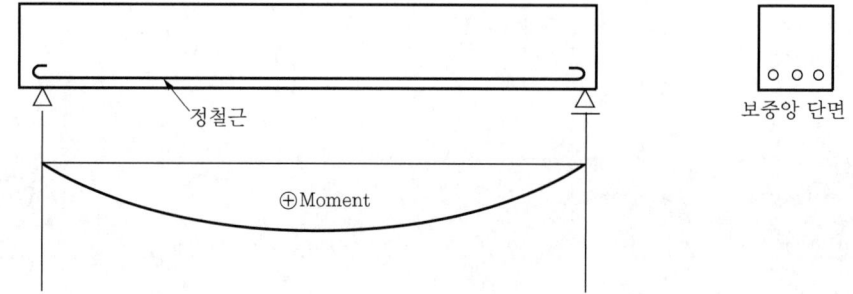

   ② 부(負)철근
      ㉮ 철근 콘크리트 구조물에서 발생되는 ⊖Moment에 의한 인장 응력에 저항하기 위해 배치하는 주철근
      ㉯ 부정적 구조의 연속 보에서 ⊖Moment가 발생되는 보의 지점 상단부에 배치

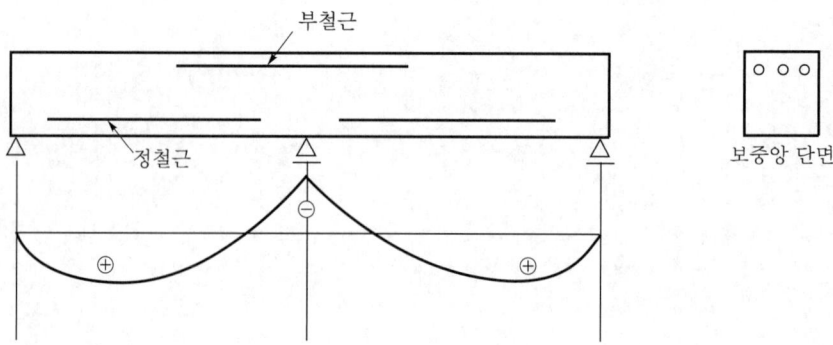

II. 전단철근

1) 정의

① 철근 콘크리트 구조물에서 보의 중앙부에는 주인장 응력이 발생되고 보의 단부 지점 부위에는 보의 축에 대하여 45°의 경사로 발생되는 사인장 응력이 발생되는데 이에 저항하기 위해 배치하는 철근이다.

② 보에서 발생되는 사인장 응력에 의해 사인장 균열은 보통의 사용 상태에서 보에 직각으로 발생되는 휨균열과는 달리 갑작스런 파괴를 발생시킨다.

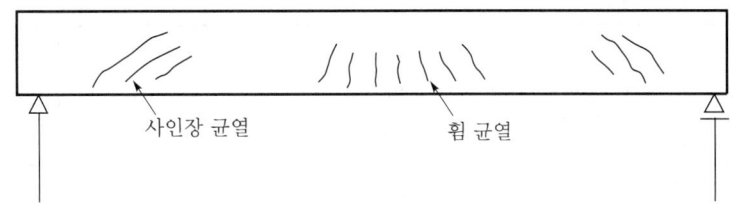

2) 분류

① 절곡철근(Bent Up Bar)

㉮ 철근 콘크리트 보에서 휨모멘트가 아주 적은 단부 부근의 인장 철근을 구부려 올려서 보의 상단부에 배치한다.

㉯ 이를 절곡 철근이라 하며 보통의 45°를 구부려 올리거나 내려서 사용한다.

② 스터럽(Stirrup)

㉮ 철근 콘크리트보에 배치된 주철근(인장 철근)은 그냥 두고 별도의 철근을 보의 축에 45° 또는 90°로 배치하여 사인장 응력에 저항하도록 하는 철근이다.

㉯ 스터럽을 주철근에 45°로 배치하는 스터럽을 경사 스터럽이라 하며 90°로 배치하는 스터럽을 수직 스터럽이라 한다.

㉰ 경사 스터럽은 사인장 응력의 작용 방향에 평행으로 설치되어 응력상 유리하지만 시공이 번거로워 별로 이용되지 않는다.

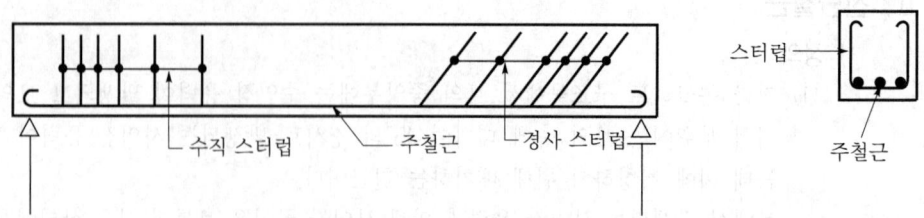

└ 수직 스터럽   └ 주철근   └ 경사 스터럽

스터럽 →

주철근

Ⅲ. 주철근과 전단철근의 비교

구 분	주철근	전단철근
구조 해석	설계 하중에 의해 단면적이 정해지는 철근	사인장 응력에 대항하기 위한 철근
분류	정(正)철근, 부(負)철근	절곡철근, 스터럽
철근의 규격	D 25~D 32mm	D 10~D 16mm
역할	구조물 지탱	사인장 균열 방지

4 온도 철근

Ⅰ. 정의

① 콘크리트에 배치하여 온도 변화, 건조 수축, 기타 원인에 의하여 콘크리트에 일어나는 인장 응력에 대비하여 가외로 보조적으로 더 넣는 철근을 말한다.

② 온도 철근은 콘크리트 구조물에서 구조적으로 응력에 저항하는 철근이기보다 콘크리트 구조물에서 온도 변화 또는 콘크리트 건조 수축 등에 의해 발생되는 균열 발생을 제어할 목적으로 사용되는 철근이다.

Ⅱ. 배치 목적

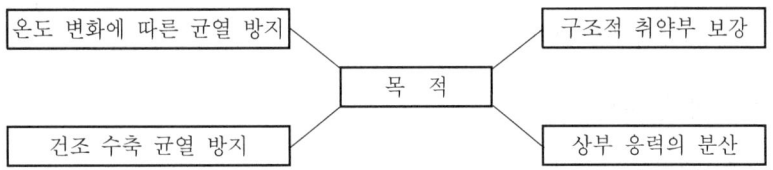

Ⅲ. 1방향 슬래브에서 온도 철근 배치

1) 배치 기준

바닥 슬래브와 지붕 슬래브에서 휨철근이 1방향으로만 배치되는 경우에는 이 휨철근에 직각 방향으로 건조 수축 및 온도 철근을 둔다.

2) 사용량

항복 강도	콘크리트 총 단면적에 대한 철근비(P)
350 MPa 이하 이형 철근	0.0020
400 MPa인 이형 철근 또는 용접 강선망	0.0018
0.0035의 항복 변형률에서 항복 강도 400 MPa 초과할 때	$\dfrac{0.0018 \times 4,500}{f_y}$
※ 다만 철근비(P)는 0.0014 이상이어야 한다.	

3) 배치 간격

슬래브 두께의 3배 이하 또는 400 mm 이하라야 한다.

4) 정착

건조 수축 및 온도 철근은 철근이 항복 강도(f_y)의 인장 강도를 받을 수 있도록 정착시킨다.

Ⅳ. 1방향 PSC 슬래브

건조 수축 및 온도 변화에 대한 보강으로 PS 긴장재를 배치하는 경우 다음 규정을 따라야 한다.

1) 배치 기준
유효 Prestress에 의해 전단면에 평균 압축 응력이 0.7 MPa 이상 되도록 긴장재를 배치한다.

2) 배치 간격
① 긴장재의 배치 간격은 1,800 mm를 넘지 않아야 한다.

② 긴장재 간격이 1,300 mm를 초과하는 경우에는 건조 수축 및 온도 철근을 추가로 배근해야 하다.

③ 추가하여 보강하는 철근은 양단 가장자리로부터 긴장재 간격과 같은 거리까지 연장 배치해야 한다.

Ⅴ. 슬래브의 배근 형태

1) 1방향 슬래브
① 변장비 : $\lambda = l_y / l_x > 2$

② 단변 방향 : 주근

③ 장변 방향 : 온도 철근

2) 2방향 슬래브
① 변장비 : $\lambda = l_y / l_x \leq 2$

② 단변 방향 : 주근

③ 장변 방향 : 부근(배력 철근)

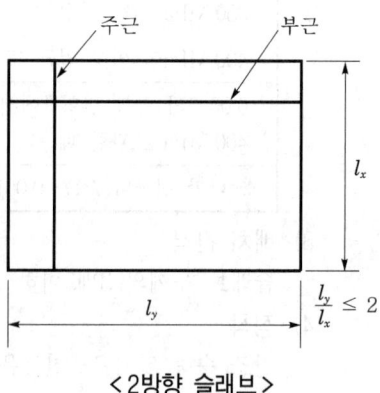

〈1방향 슬래브〉

Ⅵ. 슬래브 철근의 종류

1) 주근(主筋)
1방향 슬래브나 2방향 슬래브에서 단변 방향에 배근되어 하중을 크게 받는 철근

2) 부근(副筋)
2방향 슬래브에 장변 방향에 배근되어 응력을 분산시키는 보조 철근으로 배력근

3) 온도 철근
1방향 슬래브에서 장변 방향에 배근되어 콘크리트의 건조 수축 균열을 방지하는 철근

〈2방향 슬래브〉

4) Slip Bar
콘크리트 슬래브의 팽창 줄눈에서 두 슬래브의 수평 유지를 목적으로 삽입한 철근

75 Hybrid Caisson(하이브리드 케이슨)

[07중(10)]

Ⅰ. 정의

① Hybrid Caisson이란 강재와 철근 콘크리트를 견고하게 일체화시킨 합성 구조 형식으로 구성된 Caisson이다.

② Hybrid Caisson의 구조는 바닥판 및 기초가 철골 철근 콘크리트 구조, 측벽이 합성판 구조, 격벽이 강판 구조로 구성된다.

③ 합성판은 통상적으로 콘크리트와 비교해서 동일 두께시 큰 부재 강도를 가지기 때문에 판두께를 얇고 경량화하여 부유시의 흘수(吃水)를 감소시킬 수 있다. 또한 저판을 길게 뺄 수 있어 저면 반력의 조정을 가능하게 할 수 있는 등 각각의 조건에 가장 합리적인 단면을 얻어 낼 수 있다.

Ⅱ. Hybrid Caisson의 시공도

① 바닥판 및 기초 : SRC(철골 철근 콘크리트) 구조

② 측벽 : 합성판 구조(강판+콘크리트)

③ 격벽 : 강판 구조

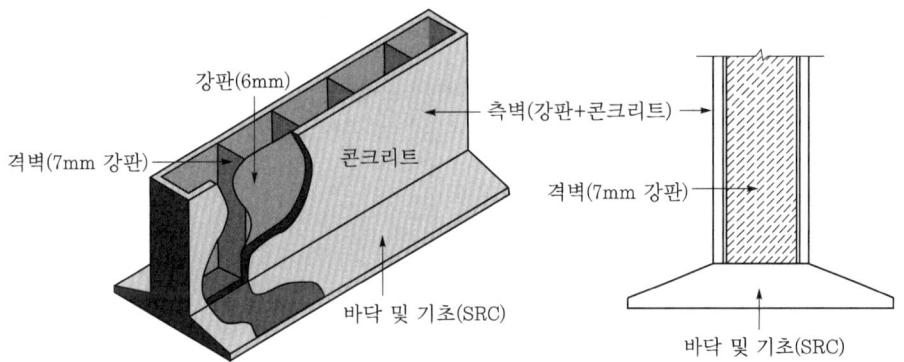

Ⅲ. 적용성

① 내진 성능이 필요한 구조물

② 항내의 해수 교환 유도

③ 경제적인 Caisson 축소

④ 소파(消波) 가능한 유수실을 갖는 Caisson

Ⅳ. 특징

① 지반 개량의 범위 감소

② Caisson의 경량화

③ 기자재의 간소화

5 스터럽(Stirrup)

[79(10)]

Ⅰ. 정의

① 전단력에 의하여 발생한 전단 응력은 사인장 응력으로서 사인장 균열이 발생한다.

② 사인장 균열에 대비하여 보강한 철근을 전단 보강 철근, 사인장 철근, 복부 철근 또는 Stirrup이라 한다.

③ Stirrup에는 수직 Stirrup, 경사 Stirrup, 절곡 철근이 있으며 전단력이 큰 단부에서는 간격을 좁게 배근하고 전단력이 적은 중앙부로 갈수록 간격을 넓게 배근한다.

Ⅱ. 도해

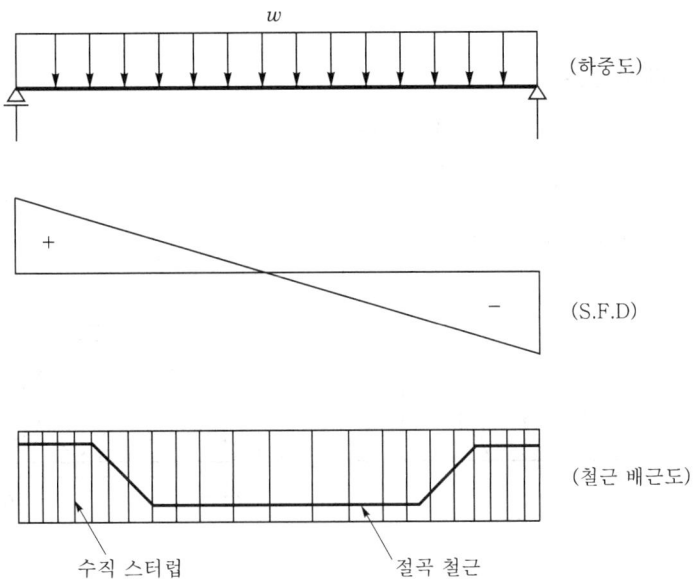

(하중도)

(S.F.D)

(철근 배근도)

수직 스터럽   절곡 철근

Ⅲ. 스터럽의 종류

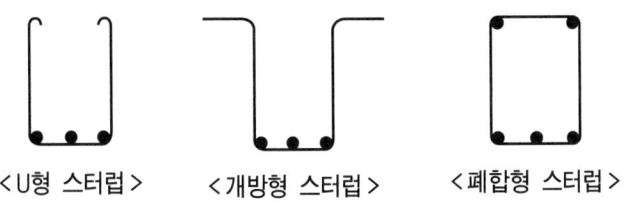

<U형 스터럽>   <개방형 스터럽>   <폐합형 스터럽>

Ⅳ. 스터럽의 사용 예

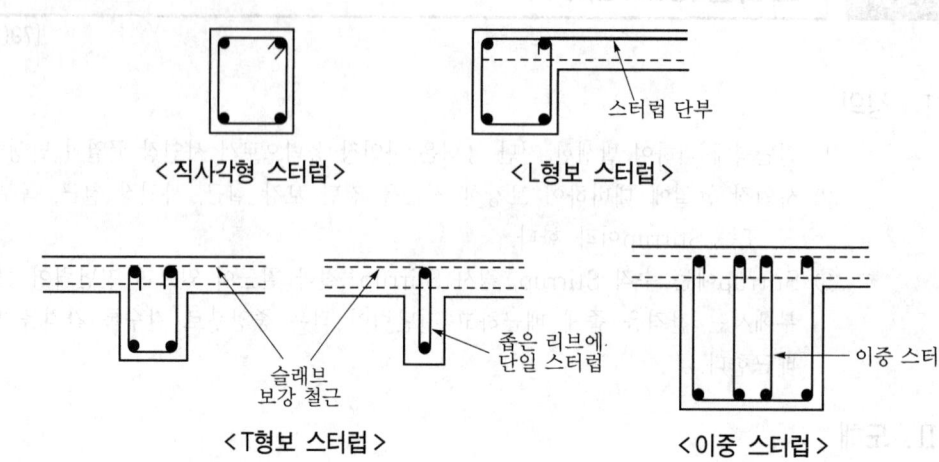

< 직사각형 스터럽 >   < L형보 스터럽 >

스터럽 단부

슬래브
보강 철근

< T형보 스터럽 >

좁은 리브에
단일 스터럽

이중 스터

< 이중 스터럽 >

Ⅴ. 스터럽의 배치 간격

① 수직 스터럽의 간격은 $\frac{1}{2}d$ 이하, 600 mm 이하로 한다.

② 경사 스터럽과 절곡 철근은 45°의 사인장 균열면과 한번 이상 교차되도록 배치하며 주철근 방향으로 $\frac{3}{4}d$ 이하로 한다.

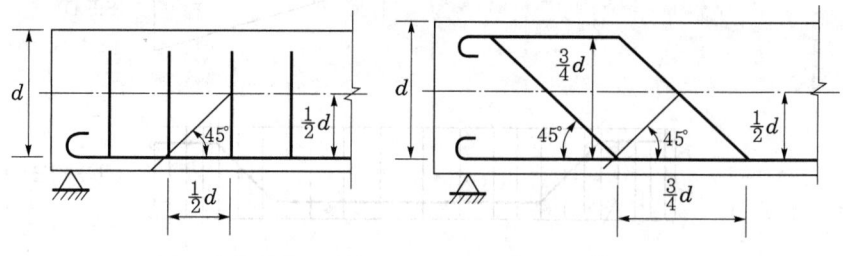

6 절곡 철근(Bent Up Bar)

[79(10)]

I. 정의

① 보에서 휨응력에 따라 중앙부에서는 하부에, 단부에 휘어 올려 상부에 배근되는 축방향 철근을 절곡 철근 또는 굽힘 철근이라 한다.

② 절곡 철근은 휨모멘트가 0이 되는 보 안목 길이의 1/4 지점에서 절곡이 되며, 부재축과 이루는 각도는 30~45°가 적당하다.

II. 휨응력에 따른 절곡 철근의 배근 형태

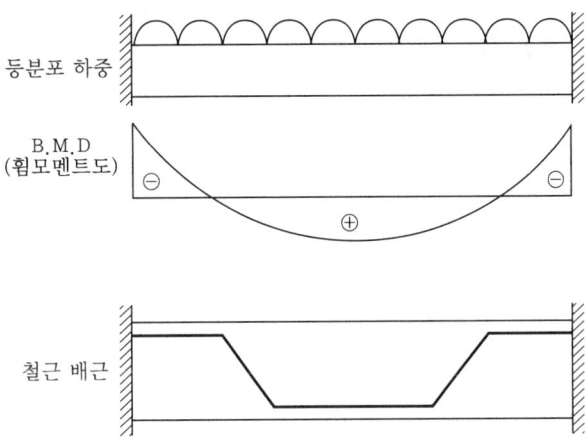

III. 절곡 철근의 역할

① 휨응력에 유효하게 작용
② 상하 주근의 간격을 정확하게 유지
③ 스터럽을 결속하는데 필요
④ 보 단부의 사인장(斜引張) 균열 방지
⑤ 전단 보강에 유효

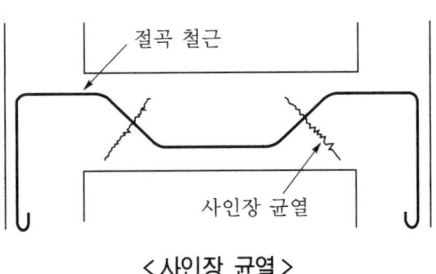

< 사인장 균열 >

Ⅳ. 보 철근의 종류

종 류	규 격	목 적	일반 사항
주근	D 13(ϕ12) 이상	휨력 보강	중요한 보는 복근 배근
절곡 철근 (Bent Up Bar)	D 13(ϕ12) 이상	사인장 균열 방지	안목 거리의 1/4 지점에서 절곡
늑근 (Stirrup)	D 6 이상	전단 보강과 주근의 위치 고정	중앙부는 넓게 배근 단부는 좁게 배근

Ⅴ. 시공시 주의사항

① 부재축과의 각도는 30~45°로 한다.

② 휨응력이 적은 안목 거리의 1/4 지점에서 절곡한다.

③ 보 춤이 600 mm 이상일 때는 상하 주근의 중간에 보조근을 넣는다.

7 나선 철근(Spiral Hoop)

I. 정의

① 기둥에서 좌굴이나 전단력을 받아 주는 Hoop 대신 철근을 이음없이 나선상으로 감아 시공하는 철근을 나선 철근이라 한다.

② 용접에 의한 폐쇄형 Spiral Hoop는 일반 Hoop보다 전단 보강의 효과가 더 크고, 콘크리트의 탈락 및 주근의 노출에 의한 내구성 저하를 억제하는 효과가 있다.

II. 시공 상세도

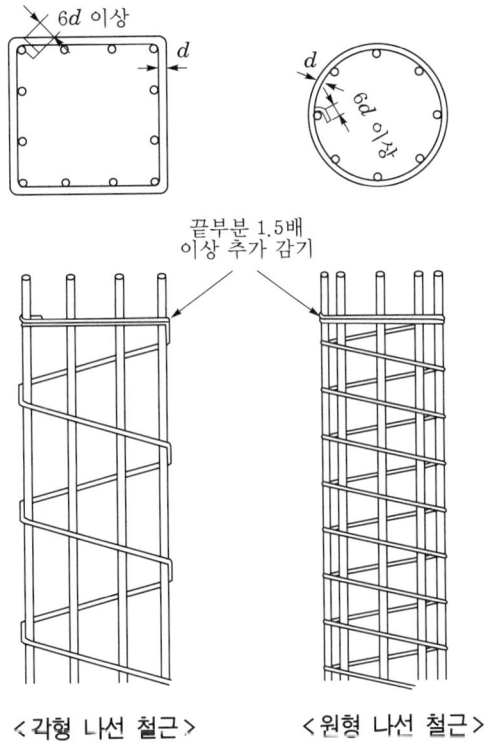

<각형 나선 철근>   <원형 나선 철근>

III. 분류

① 각형(角形) 나선 철근 : 각형 기둥에 사용

② 원형(圓形) 나선 철근 : 원형 기둥에 사용

Ⅳ. 필요성

① 지진력에 대한 보강 필요

② 전단 보강·좌굴 방지·콘크리트 구속 등에 효과적인 공법 요구

③ 철근의 기계적 접합법의 실용화 필요

Ⅴ. 특징

① 전단력에 대한 저항이 큼

② 좌굴 방지에 효과적

③ 콘크리트의 탈락 방지 및 구속력 증대

④ 내진 설계에 유리

⑤ 철근의 가공비가 고가

⑥ 재료비가 고가임

Ⅵ. 개발 방향

① 기둥의 전단 보강, 구조체의 내구성 확보, PC화 등의 차원

② 지진시 반복되는 전단 파괴에 대한 보강 차원

③ 철근의 Pre-fab화, 성력화(省力化), 현장 작업의 간략화 차원

8 가외 철근

[98중후(20)]

Ⅰ. 정의

가외 철근이란 콘크리트의 온도 변화, 건조 수축, 기타의 원인에 의하여 콘크리트
에 일어나는 인장 응력에 대비하여 가외로 더 넣는 보조적인 철근을 말한다.

Ⅱ. 가외 철근 배치 목적

① 온도 변화에 의한 균열 방지
② 건조 수축에 의한 변형 방지
③ 취약 부위 보강

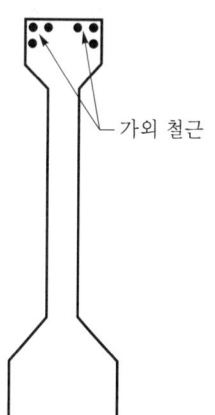

가외 철근

Ⅲ. 가외 철근 배치

1) Ⅰ형 Precast보

프랜지 폭이 작고 가는 Ⅰ형보의 지간, 중앙 부분의 상연단
모서리에는 가설할 때 생기는 인장 응력에 대비하여 가외 철
근을 배치한다.

2) 시공 이음부

신·구 콘크리트 사이의 온도차, 건조 수축 차이 등에 의하
여 발생되는 인장 응력에 대비하여 가외 철근을 배치한다.

3) 바닥판의 헌치부

바닥판 등에서 PS 강재를 배치할 때 PS 강재의 인장력 분력에 의하여 콘크리트
가 파손되지 않도록 가외 철근을 배치한다.

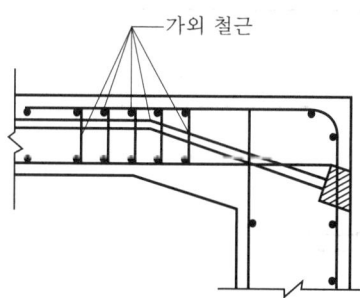
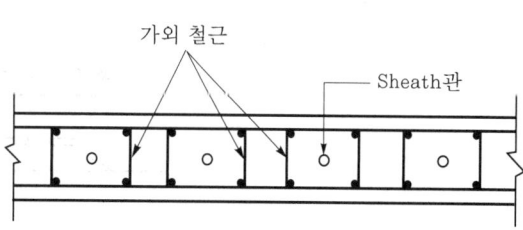

4) Con'c보

현장치기 Con'c보에서 복부 양측면의 축방향으로 지름 13 mm 이상 300 mm 이
하의 간격으로 가외 철근을 배치한다.

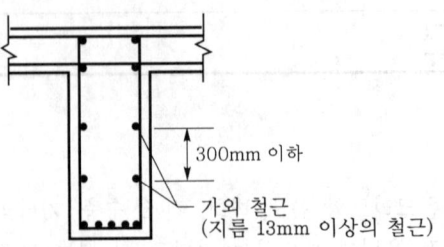

5) PS 콘크리트 T형보

　PS 콘크리트 T형보의 아래 플랜지에 Prestress를 도입할 때에는 큰 압축 응력을
받기 때문에 가외 철근을 충분히 배치한다.

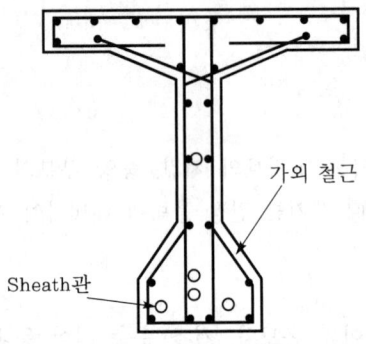

6) 교량의 받침부

　교량에서 받침부는 상부 하중에 의한 반력을 받기 때문에 콘크리트에 지압 응력
및 직각 방향의 인장력이 생기므로 이에 대비한 가외 철근을 배치한다.

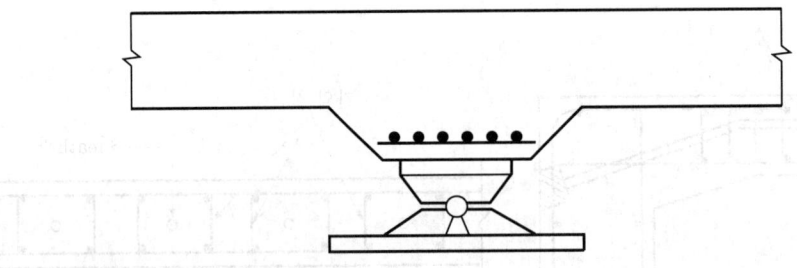

9 용접 철망(Welded Steel Wire Fabric)

Ⅰ. 정의

① 용접 철망이란 철선을 직교시켜 배열하고, 교차점을 전기 저항 용접시켜 제조한 철망을 말한다.

② 철근공사의 신뢰성 향상, 공기 단축, 성력화를 위한 공법이다.

Ⅱ. 용접 철망의 분류

1) 재료별
   ① 원형 용접 철망(원형 철근 사용)
   ② 이형 용접 철망(이형 철근 사용)

2) 생산별
   ① Sheet Type
   ② Roll Type

Ⅲ. 용접 철망의 규격

① 너비 1 m×길이 2 m

② 너비 2 m×길이 4 m

③ 취급상 제한으로, 너비 2,450 mm
   ×길이 6,000 mm가 일반적

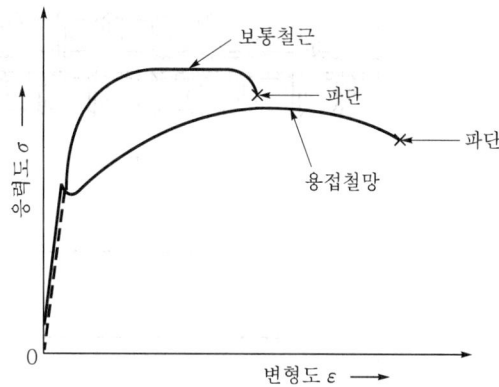

< 철근과 용접 철망의 응력 변형 곡선 비교 >

Ⅳ. 장점

① 조립 및 설치 시간 절감(종래 배근법의 30~60%)

② 균열 분산 능력이 높음

③ 인건비의 절감

④ 인장 강도의 증가로 재료 절감

⑤ 정확한 배근 가능

⑥ 부착성이 좋음

⑦ 균열 제어에 효과적

⑧ 숙련도가 필요하지 않음

⑨ 전기 배선 및 배관 공사 용이

Ⅴ. 단점

① 철근에 비해 재료비가 고가　　② 형상 및 치수에 제한이 있음

③ 넓은 보관 창고가 필요　　　　④ 강선의 신장률이 적음

⑤ 구부림과 절단이 많으면 시공 능률 저하　⑥ 부식의 진행이 일반 철근보다 빠름

10	철근의 공칭 단면적

[94후(10)]

Ⅰ. 정의

공칭 단면적이란 이형 철근을 동일한 길이의 원형 철근으로 제조하였을 때의 환산 단면적을 말한다.

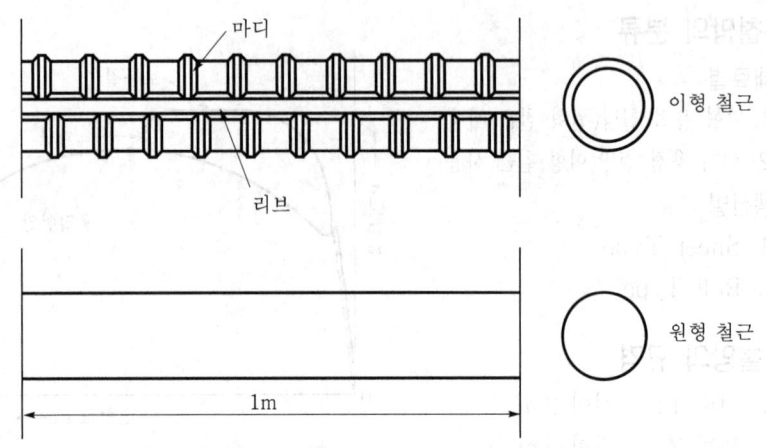

Ⅱ. 공칭 단면적 산출식

$$공칭\ 단면적 = \frac{단위\ 길이의\ 이형\ 철근\ 중량(g/cm)}{철재의\ 단위\ 용적\ 중량\ 7.85(g/cm^3)}$$

Ⅲ. 산출 목적

이형 강봉에서는 외부의 돌기에 의하여 직접 단면적을 실측할 수 없으므로 중량에서 역산하여 공칭 단면적을 구한다.

Ⅳ. 공칭 단면적의 용도

① 이형 철근의 인장 강도 산출
② 철근의 항복점 산출
③ 구조물 설계시 철근 계산

V. 이형 철근의 공칭 단면적

호 칭	단위 중량 (kg/m)	공칭 지름 (mm)	공칭 단면적 (cm^2)	공칭 둘레 (cm)
D 6	0.249	6.35	0.3167	2.0
D 10	0.560	9.53	0.7133	3.0
D 13	0.995	12.7	1.267	4.0
D 16	1.56	15.9	1.986	5.0
D 19	2.25	19.1	2.865	6.0
D 22	3.04	22.2	3.871	7.0
D 25	3.98	25.4	5.067	8.0
D 29	5.04	28.6	6.424	9.0
D 32	6.23	31.8	7.942	10.0
D 35	7.51	34.9	9.566	11.0
D 38	8.95	38.1	11.40	12.0
D 41	10.50	41.3	13.40	13.0
D 51	15.9	50.8	20.27	16.0

11 철근의 기계 가공

Ⅰ. 개요

① 철근의 기계 가공은 공장에서 철근을 가공하고 현장에서는 조립만 하는 이원화 방안으로 발전하여 최근 많이 이용되고 있다.

② 가공 공정을 현장 내의 별도의 부지를 이용하거나 가급적 현장에 가까운 장소를 이용하여 관리하며 철근공사의 시공성 및 원가 절감의 효과를 가져온다.

Ⅱ. 철근공사 Flow Chart

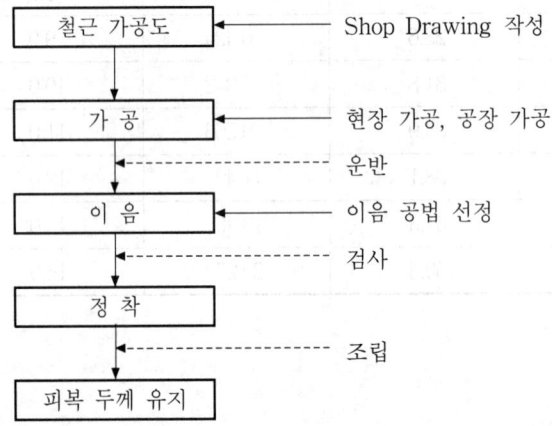

Ⅲ. 철근공사의 문제점

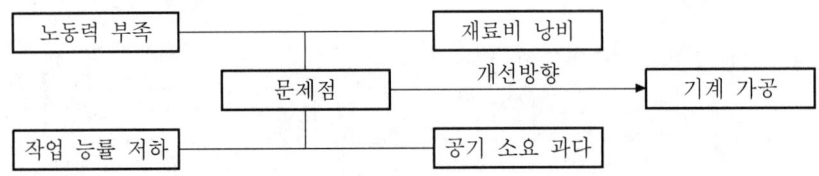

Ⅳ. 기계 가공의 효과(개선 방향)

1) 원가의 절감
   ① 자재비 및 현장 노무비의 절감
   ② 철근공사의 노무비 비율은 50~60%로 매우 높음
   ③ 기능 인력의 수요가 줄어듦으로 인한 노무비 절감

2) 기능 인력난의 해소
   ① 가공 공정이 공장에서 이루어지므로 기능 인력의 감소
   ② 3D 업종 기피로 인한 인력난의 해소

3) 품질 향상

① 설계도(Shop Drawing)에 의한 정확한 가공

② 시공이 간략화

4) 작업 환경 개선

① 현장 내의 소운반이 줄어듦

② 철근 가공장이 공장화 되어 위험 요소가 제거됨

③ 현장 안전 관리가 용이

5) 공기 단축

가공, 조립의 이원화로 인한 현장 작업의 감소

V. 전망

철근의 기계 가공은 철근공사의 문제점인 기능공의 고령화로 인한 인력난 해소에
기여하고 지속적인 노임 상승에 대한 대처 방안으로 점차 확대 시행될 것이다.

12 철근 표준 갈고리

[03중(10), 14전(10)]

Ⅰ. 개요

① 철근의 표준 갈고리는 철근이 콘크리트에 매입되어 제 기능을 다할 수 있도록 갈고리의 형상 및 길이를 정해둔 것이다.

② 표준 갈고리의 시방 규정에서는 주철근에 대한 표준 갈고리와 스터럽과 띠철근에 대한 표준 갈고리로 구분을 하고 있다.

Ⅱ. 분류

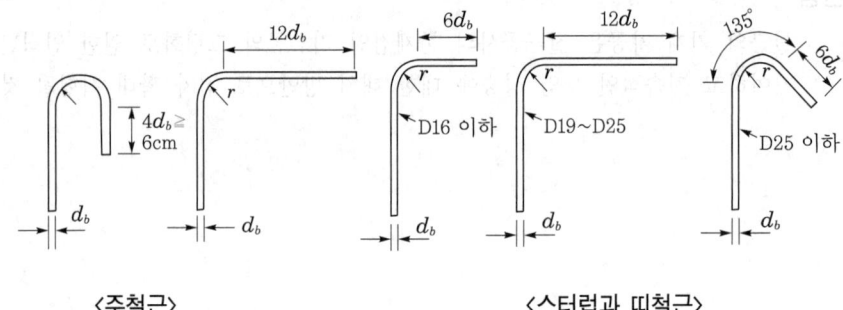

〈주철근〉 　　　　　　　〈스터럽과 띠철근〉

1. 주철근

1) 반원형 갈고리

반원 끝에서 $4\,d_b$ 이상 또는 60 mm 이상 더 연장

2) 90° 갈고리

90° 원의 끝에서 $12\,d_b$ 이상 더 연장

2. 스터럽과 띠철근

1) 90° 갈고리

① D 16 이하 철근은 90° 원 끝에서 $6\,d_b$ 이상 연장

② D 19~D 25인 철근은 90° 원의 끝에서 $12\,d_b$ 이상 연장

2) 135° 갈고리

D 25 이하 철근은 135° 구부린 끝에서 $6\,d_b$ 이상 연장

Ⅲ. 최소 내면 반지름

1) 반원형 갈고리와 90° 갈고리

2) 스터럽과 띠철근

① D 16 이하 철근일 경우 : 내면 반지름은 $2\,d_b$ 이상

② D 16 초과 철근일 경우 : $3\,d_b$~$5\,d_b$로 한다.

철근의 지름	최소 반지름
D 10~D 25	$3\,d_b$
D 29~D 35	$4\,d_b$
D 38 이상	$5\,d_b$

13 철근 구부리기

I. 정의

철근의 구부리기는 표준 갈고리 이외의 철근을 가공할 때 구부리는 작업으로 절곡 철근의 구부리기 작업과 라멘 형식의 모서리에 위치하는 철근의 구부리기 작업이 있다.

II. 규정

1) 스터럽, 띠철근
   구부리는 내면 반지름은 철근 지름 이상

2) 절곡 철근
   절곡 철근의 구부리는 내면 반지름은 $5\,d_b$ 이상

3) 라멘 구조
   모서리 부분의 외측에 연하는 철근의 구부리는 내면 반지름은 $10\,d_b$ 이상

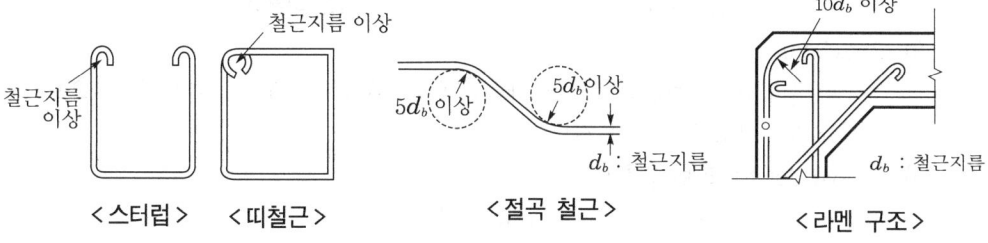

<스터럽>　　<띠철근>　　　　<절곡 철근>　　　　　<라멘 구조>

4) 기타
   기타 철근의 구부리는 내면 반지름은 표준 갈고리 최소 내면 반지름 이상

<표준 갈고리 내면 반지름>

철근의 지름	최소 반지름
D 10~D 25	$3\,d_b$
D 29~D 35	$4\,d_b$
D 38 이상	$5\,d_b$

5) 큰 응력 작용 위치
   큰 응력을 받는 곳에서 철근을 구부릴 때는 그 구부리는 반지름을 더 크게 하여 철근 반지름 내부의 콘크리트가 부서지는 것은 방지해야 한다.

14 | 철근의 이음

[97후(20)]

I. 개요

철근의 이음은 한 곳에 편중되지 않도록 하여야 하며, 사전에 구조도 등의 검토를 통하여 현장 여건에 적합한 이음 공법을 채택하는 것이 무엇보다 중요하다.

II. 이음 공법

1) 겹친 이음(Lap Joint)

철근 이음할 1개소에 두 군데 이상 결속선으로 결속하는 이음

2) 용접 이음

금속의 야금적 성질(고열에 의해 융합되는 것)을 이용한 이음

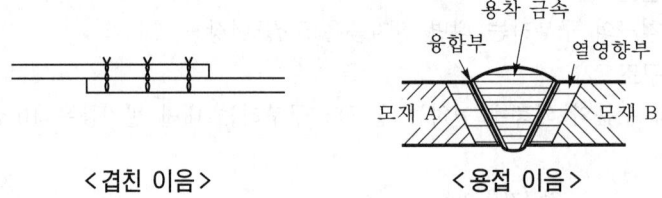

< 겹친 이음 >   < 용접 이음 >

3) 가스(Gas) 압접

철근의 접합면을 맞대고 압력을 가하면 Oxy Acetylene Gas의 중성염으로 두 부재를 부풀어오르게 하여 접합

4) Sleeve Joint(슬리브 압착)

접합 부재를 Sleeve 속에 넣고 유압 Jack으로 압착

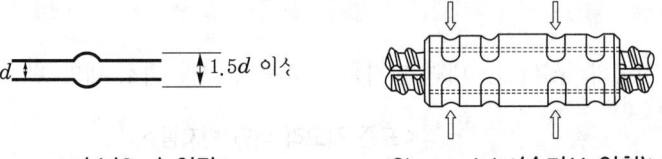

< 가스(Gas) 압접 >   <Sleeve Joint(슬리브 압착)>

5) 슬리브(Sleeve) 충전 공법

Sleeve 구멍을 통하여 에폭시나 모르타르 등의 Grout재 주입하여 이음

6) 나사 이음

철근에 숫나사를 만들고 Coupler 양단을 Nut로 조여 이음

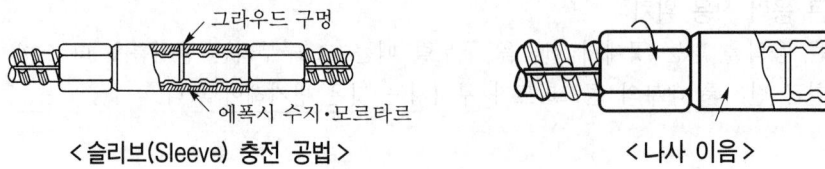

< 슬리브(Sleeve) 충전 공법 >   < 나사 이음 >

7) Cad Welding

철근에 Sleeve를 끼우고 화약과 합금의 혼합물을 넣고 순간 폭발로 녹은 합금이 공간 충진

8) G-loc Splice

깔대기 모양의 G-loc Sleeve를 끼우고 G-loc Wedge를 망치로 쳐서 이음

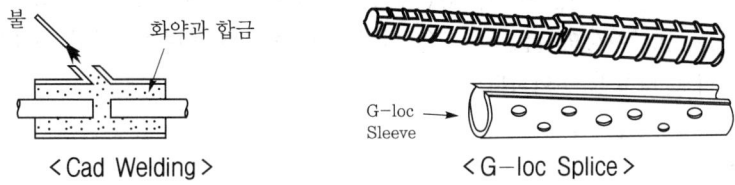

      < Cad Welding >   < G-loc Splice >

15 철근의 Gas 압접

I. 정의

① 철근의 접합면을 직각으로 절단하여 줄로 연마한 후, 서로 맞대고 압력을 가하면서 맞댄 부위를 산소 아세틸렌 가스(Oxy Acethylene Gas)의 중성염으로 가열하면 1,200~1,300℃에서 접합부가 부풀어오르면서 접합되는 것이다.

② 19 mm 이상의 굵은 철근을 압접할 때는 겹친 이음에 비해 경제적이고, 콘크리트 타설이 용이하다.

II. 시공도

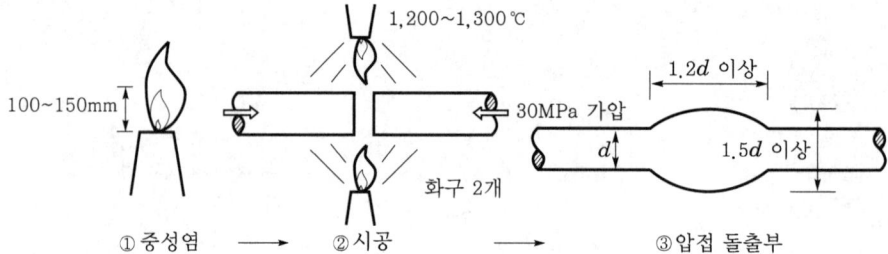

① 화구는 2개를 사용하고 불꽃 끝에서 100~150 mm 안의 중성염으로 가열

② 압접면에 대해 30 MPa 이상의 압력 유지

③ 불꽃이 접합 부위를 완전히 감싸게 하고, 20 mm 이상 떨어지지 않게 함

III. 압접 기준

① 용접 돌출부의 직경은 철근 직경의 1.5배 이상

② 용접 돌출부의 길이는 철근 직경의 1.2배 이상

③ 철근 중심축의 편심량은 철근 직경의 $1/5d$ 이하

④ 용접 돌출부의 단부에서 용접면 엇갈림은 철근 직경의 $1/4d$ 이하

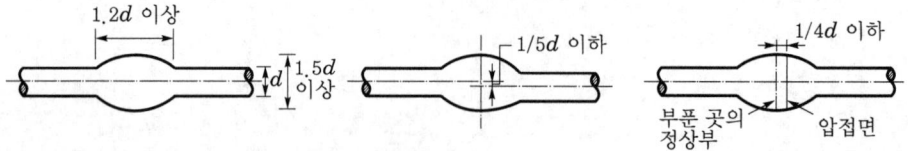

IV. 압접 시공 Flow Chart

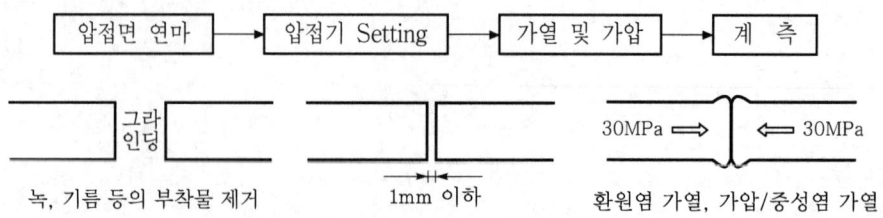

16 | 슬리브 조인트(Sleeve Joint ; 슬리브 압착)

I. 정의

① 철근의 이음은 한곳에 편중되지 않도록 하여야 하며 사전에 구조도 등의 검토
를 통하여 현장 여건에 적합한 이음 공법을 채택하는 것이 무엇보다 중요하다.

② 접합 부재를 Sleeve 속에 넣고 유압 Jack으로 압착하여 이음하는 공법이다.

II. 철근 이음 공법의 분류

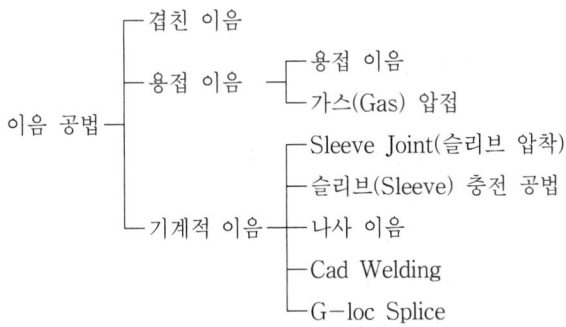

III. Sleeve Joint의 특성

① 접합할 부재를 Sleeve 속에 넣고, 유압 잭으로 압착

② 인장·압축에 대한 내력 확보

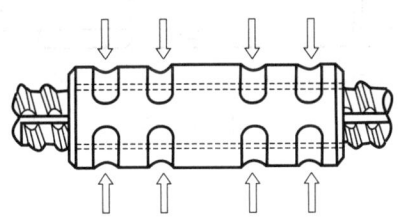

< Sleeve Joint(슬리브 압착) >

17 | 나사 이음

Ⅰ. 정의

① 나사 이음은 철근에 숫나사를 만들고 Coupler 양단을 Nut로 조여서 이음하는 방식으로 이음후 조임 확인 시험을 실시하여야 한다.

② 철근의 이음은 한곳에 편중되지 않도록 하여야 하며, 사전에 구조도 등의 검토를 통하여 현장 여건에 적합한 이음 공법을 채택하는 것이 무엇보다 중요하다.

Ⅱ. 철근 이음 공법의 분류

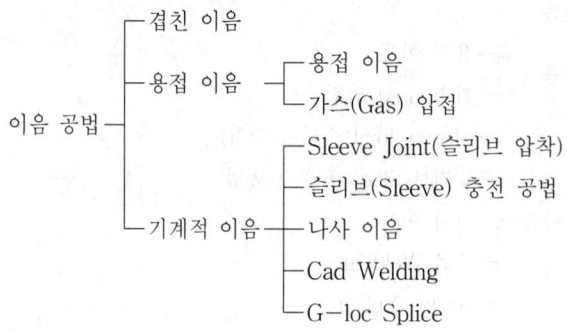

```
                ┌─ 겹친 이음
                │
                │                 ┌─ 용접 이음
                ├─ 용접 이음 ─────┤
                │                 └─ 가스(Gas) 압접
이음 공법 ──────┤
                │                 ┌─ Sleeve Joint(슬리브 압착)
                │                 │
                │                 ├─ 슬리브(Sleeve) 충전 공법
                └─ 기계적 이음 ───┤
                                  ├─ 나사 이음
                                  │
                                  ├─ Cad Welding
                                  │
                                  └─ G−loc Splice
```

Ⅲ. 나사 이음 구조

철근을 커플러에 끼운후 양단부에 있는 너트를 조여서 철근에 인장력을 준다.

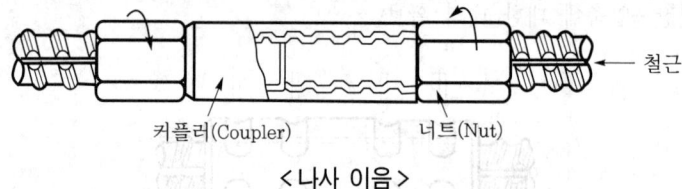

커플러(Coupler)   너트(Nut)   철근

< 나사 이음 >

Ⅳ. 특징

① 시공이 간편하다.

② 누구나 시공할 수 있다.

③ 굵은 철근 이음에 적당하다.

④ 열을 사용하지 않으므로 철근의 변화가 없다.

⑤ 특수한 기계(유압 토크렌치)가 필요하다.

⑥ 나선이 커플러에 잘 물리도록 주의한다.

18 Cad Welding

Ⅰ. 정의

① 철근에 Sleeve를 끼우고 Sleeve 구멍을 통하여 화약과 합금을 섞은 혼합물을 넣고 순간 폭발시키면 합금이 녹아 공간을 충진하여 이음되는 공법이다.

② Cad Welding은 기성제 철근보다 인장 강도가 큰 부착 응력을 가지게 해주는 이음 공법이다.

Ⅱ. 철근 이음 공법의 분류

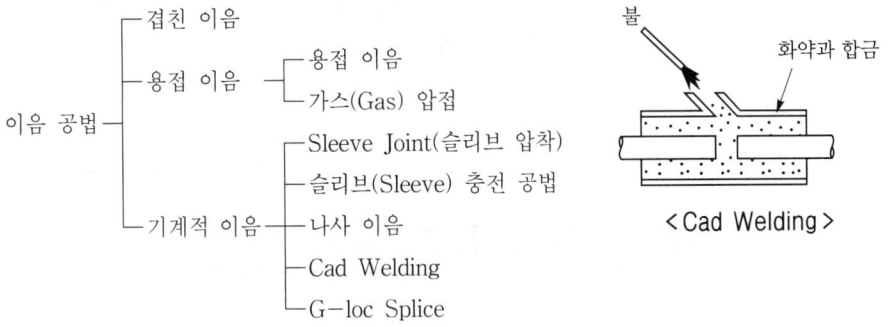

<Cad Welding>

Ⅲ. Cad Welding 적용 대상

① 단면이 적은 구조체

② 철근이 복잡하게 들어갈 경우

③ D 35 이상 철근의 이음

Ⅳ. Cad Welding 특징

1) 장점

① 기후에 영향이 적고, 화새 위험 감소

② 예열 및 냉각이 필요없고, 용접 시간이 짧음

③ 인장 및 압축에 대한 전달 내력 확보 용이

④ 각종 이형 철근에 적용 범위가 넓음

⑤ 철근량(이음 길이 감소) 감소 및 콘크리트 타설 용이

2) 단점

① 육안 검사가 불가능

② 철근의 규격이 다른 경우 사용 불가

③ X-Ray·방사선 투과법 등의 특수 검사 필요

19 G-loc Splice

I. 정의

① 깔대기 모양의 G-loc Sleeve를 이음할 두 철근 사이에 끼우고 G-loc Wedge 를 망치로 쳐서 이음하는 공법이다.

② 철근의 규격이 다른 경우는 Reducer Insert를 사용하면 시공이 가능하다.

II. G-loc Splice 사용 재료

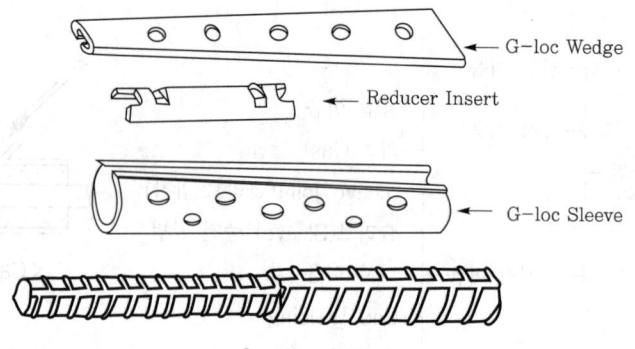

① G-loc Wedge
② Reducer Insert
③ G-loc Sleeve

III. 철근 이음 공법의 분류

① 겹친 이음(Lap Joint)   ② 용접 이음
③ 가스(Gas) 압접   ④ Sleeve Joint(슬리브 압착)
⑤ 슬리브(Sleeve) 충전 공법   ⑥ 나사 이음
⑦ Cad Welding   ⑧ G-loc Splice

IV. 시공 순서 Flow Chart

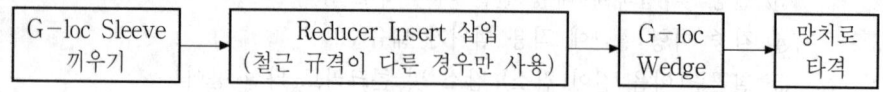

V. 시공시 유의사항

① 수직 철근에 전용으로 사용된다.
② 철근의 단부는 평평해야 한다.
③ Sleeve나 Wedge는 철근 규격에 맞는 것을 사용한다.

20 Grip Joint 공법

Ⅰ. 정의

① Grip Joint란 철근과 철근의 이음부에 철제 Sleeve를 이용하여 유압 펌프·고압 Press기 등으로 Sleeve를 조여서 맞댄 철근을 이음하는 공법을 말한다.

② 재래 공법과 달리 고압 Press기에 압력을 가하게 되면 가압 시간이 자동 Control 되므로 어떤 기계의 이형 철근이라도 똑같은 기계 조작으로 손쉽게 이음할 수 있는 공법이다.

Ⅱ. 도해

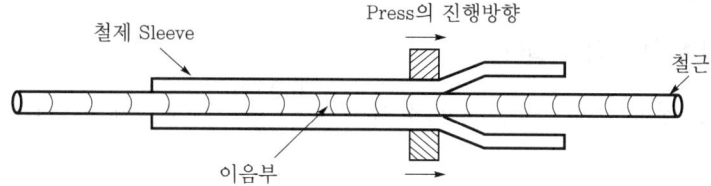

Ⅲ. 특징

1) 장점

① 철근 굵기에 상관없이 작업이 가능하다.
② 접합부의 신뢰도가 높다.
③ 기계의 운반 및 조작이 간단하다.
④ 배근이 진행된 천장에서도 작업이 가능하다.
⑤ 기상 조건에 제약을 받지 않는다.
⑥ 화재의 위험이 없다.
⑦ 작업의 능률면에서도 우수하다.

2) 단점

① 부수의시 무상의 염려가 있다.
② 에폭시 코팅 철근 사용할 때 코팅이 벗겨지므로 보수가 필요하다.
③ 일반 결속선을 이용한 이음보다 시간적 소요가 많다.

Ⅳ. 이음시 주의사항

① 응력이 큰 곳을 피한다.
② Hook는 이음 길이에 포함하지 않는다.
③ 철근 규격 상이시 가는 철근 지름을 기준으로 한다.
④ 엇갈리게 이음하고, 이음이 1/2 이상을 한곳에 집중시키지 않는다.
⑤ 이음 길이의 오차는 10% 이내이다.

21 철근의 정착(Anchorage)

Ⅰ. 개요

① 철근 콘크리트 부재 각 단면의 철근에서 계산된 인장력 또는 압축력이 매입 길이, 갈고리, 기계적 정착 또는 이들의 조합에 의한 단면의 양측에서 충분히 발휘될 수 있도록 철근을 정착하여야 한다.

② 정착 길이는 구조물에 발생되는 인장 응력을 콘크리트에 전달하는데 필요한 매입 길이이다.

Ⅱ. 철근의 정착

1. 정착 길이

1) 압축 철근 정착 길이

① 정착 길이 $l_d = l_{db} \times$ 보정계수 $= \dfrac{0.25 d f_y}{\sqrt{f_{ck}}} \times$ 보정계수 $\geq 0.04 d f_y$

l_{db}(기본 정착 길이) $= \dfrac{0.25 d f_y}{\sqrt{f_{ck}}}$

l_d : 정착 길이(mm)

l_{db} : 기본 정착 길이(mm)

d : 철근의 공칭 지름(mm)

f_y : 철근의 설계기준 항복 강도(MPa)

f_{ck} : 콘크리트의 설계기준강도(MPa)

〈보정계수〉

요구되는 철근량을 초과하여 배근된 경우의 보정계수	소요 철근량/실제 철근량
지름 6 mm 이상, 간격 10 mm 이하인 나선 철근이나 중심 간격 100 mm 이하인 D 13 띠철근으로 횡보강된 경우의 보정계수	0.75

② 압축 철근의 정착 길이(l_d)는 200 mm 이상이어야 한다.

2) 인장 철근 정착 길이

① 정착 길이 $l_d = l_{db} \times$ 보정계수 $= \dfrac{0.6 d f_y}{\sqrt{f_{ck}}} \times (\alpha\beta\lambda\gamma)$

l_{db}(기본 정착 길이) $= \dfrac{0.6 d f_y}{\sqrt{f_{ck}}}$

보정계수 $= \alpha\beta\lambda\gamma$

〈보정계수〉

철근 배근 위치계수(α)	상부 철근	$\alpha=1.3$
	기타 철근	$\alpha=1.0$
에폭시 도막계수(β)	에폭시 도막 철근	$\beta=1.2\sim1.5$
	일반 철근	$\beta=1.0$
경량 콘크리트계수(λ)	경량 콘크리트	$\lambda=1.0\sim1.3$
	일반 콘크리트	$\lambda=1.0$
철근 굵기계수(γ)	D 19 이하의 철근	$\gamma=0.8$
	D 22 이상의 철근	$\gamma=1.0$

② 인장 철근의 정착 길이는(l_d)는 300 mm 이상이어야 한다.

2. 정착시 주의사항

① 부재 중심선을 넘겨 정착한다.
② Hook은 정착 길이에 포함하지 않는다.
③ 정착 길이의 허용 오차는 10% 이내이다.

22 철근의 정착 길이와 부착 길이

Ⅰ. 개요
① 철근 콘크리트 부재 각 단면의 철근에서 계산된 인장력 또는 압축력이 매입 길이, 갈고리, 기계적 정착 또는 이들의 조합에 의한 단면의 양측에서 충분히 발휘될 수 있도록 철근을 정착하여야 한다.
② 정착 길이는 구조물에 발생되는 인장 응력을 콘크리트에 전달하는데 필요한 매입 길이로서 갈고리는 인장 철근을 정착하는데만 사용하여도 좋다.

Ⅱ. 정착 길이
1) 정의
정착 길이란 철근에 작용하는 인장 응력을 콘크리트에 충분히 전달하는데 필요한 매입 길이를 말한다.

2) 정착 길이
① 압축 철근 정착 길이

㉮ 정착 길이 $l_d = l_{db} \times$ 보정계수 $= \dfrac{0.25 d f_y}{\sqrt{f_{ck}}} \times$ 보정계수 $\geq 0.04 d f_y$

l_{db}(기본 정착 길이)$= \dfrac{0.25 d f_y}{\sqrt{f_{ck}}}$

㉯ 압축 철근의 정착 길이(l_d)는 200 mm 이상이어야 한다.

② 인장 철근 정착 길이

㉮ 정착 길이 $l_d = l_{db} \times$ 보정계수 $= \dfrac{0.6 d f_y}{\sqrt{f_{ck}}} \times (\alpha\beta\lambda\gamma)$

l_{db}(기본 정착 길이)$= \dfrac{0.6 d f_y}{\sqrt{f_{ck}}}$

㉯ 인장 철근의 정착 길이(l_d)는 300 mm 이상이어야 한다.

Ⅲ. 부착 길이
1) 정의
철근이 콘크리트속에서 응력 전달을 할 때 철근과 콘크리트의 부착에 의해 전달되어지는데 이에 필요한 길이를 부착 길이라 한다.

2) 철근 부착의 영향 요인
① 철근 표면 상태
② 철근 덮개
③ 콘크리트 강도
④ 다짐 상태
⑤ 철근의 위치 방향

3) 허용 부착 응력

조 건	허용 부착 응력
이형 철근을 인장 철근으로 사용한 경우	$\tau_{oa} = 0.64\sqrt{f_{ck}}$
이형 철근을 압축 철근으로 사용한 경우	$\tau_{oa} = 1.72\sqrt{f_{ck}} \leqq 2.8\text{MPa}$
300 mm 이상의 유효 높이를 가진 상부 철근	$\tau_{oa} = 0.45\sqrt{f_{ck}}$

4) 부착 길이

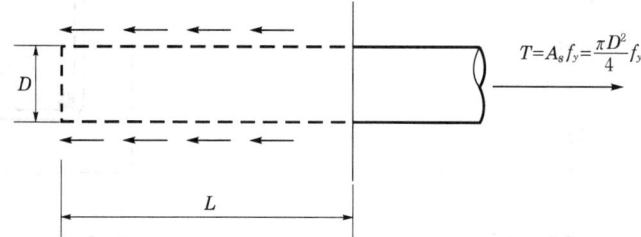

① 그림과 같이 콘크리트속에 묻어 둔 철근을 한쪽 끝에서 $T = A_s f_y$ 만큼의 인장력으로 항복은 되지만 콘크리트에서 뽑혀 나오지 않아야 한다.

② 이 때 묻힌 최소 길이를 정착 길이 또는 최소 매설 길이라 하며, 철근의 부착 길이가 된다.

③ 매설된 철근 표면적($\pi D L$)에 일어나는 평균 부착력(부착 강도)

$$U = \tau_o \pi DL$$

④ 철근의 인장력

$$T = A_s f_y = \frac{\pi D^2}{4} f_y$$

⑤ 부착 길이(L)의 산정은 $U > T$ 조건을 만족해야 한다.

$$\tau_o \pi DL > \frac{\pi D^2}{4} f_y \text{ 에서}$$

$$L = \frac{\pi D^2}{4 \pi D \tau_o} f_y = \frac{D}{4\tau_o} f_y$$

23 철근의 피복 두께(Covering Depth)

[99중(20), 13전(10), 16전(10)]

I. 정의

철근 콘크리트 구조체에서 철근을 보호할 목적으로 철근을 콘크리트로 감싼 두께를 말하며, 철근 표면과 콘크리트 표면의 최단 거리를 피복 두께(덮개)라 한다.

II. 철근 피복의 목적

① 내구성 확보
② 부착성 확보
③ 내화성
④ 방청성 확보
⑤ 콘크리트의 유동성 확보

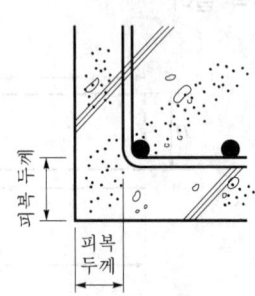

〈 철근의 피복 두께 〉

III. 두께의 결정시 고려사항

① 부재의 종류별 마무리 유무 고려
② 환경 조건 파악
③ 시공 정도 검토
④ 소요 내화성·내구성·구조 내력 등의 확보 범위 고려

IV. 최소 피복 두께

부위			피복 두께(mm)
흙, 옥외 공기에 접하지 않는 부위	슬래브, 장선, 벽체	D 35 mm 초과	40 mm
		D 35 mm 이하	20 mm
	보, 기둥		40 mm
흙, 옥외 공기에 접하는 부위	노출되는 콘크리트	D 29 mm 이상	60 mm
		D 25 mm 이하	50 mm
		D 16 mm 이하	40 mm
	영구히 묻혀있는 콘크리트		80 mm
수중에서 타설하는 콘크리트			100 mm

V. 검사

1) 외관 검사
   육안 검사
2) 외관 검사 결과의 확인 검사
   외관 검사에 의해 피복 두께가 의심가는 곳 검사
3) 실 외면의 피복 두께 검사
   각 층마다 바닥 및 지붕 슬래브의 모서리면 검사

24 철근의 유효 높이와 피복 두께

[00후(10), 04중(10)]

Ⅰ. 정의

① 철근의 유효 높이란 철근 콘크리트 직사각형 단면보 설계시 응력을 계산할 때 적용시키는 보의 높이로 인장 철근 도심에서 압축측 상단까지의 거리를 말한다.
② 피복두께란 철근을 보호할 목적으로 철근을 콘크리트로 감싼 두께로, 철근 표면과 콘크리트 표면의 최단 거리를 말한다.

Ⅱ. 유효 높이 및 피복 두께

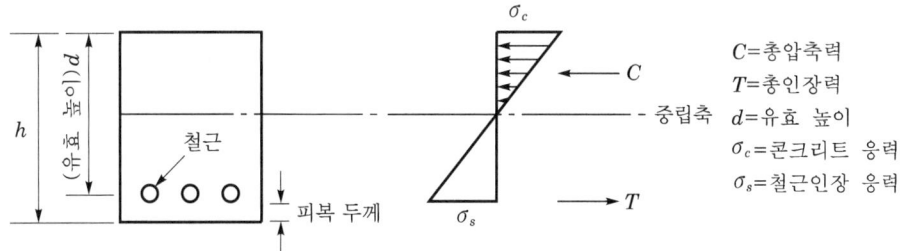

C=총압축력
T=총인장력
d=유효 높이
σ_c=콘크리트 응력
σ_s=철근인장 응력

Ⅲ. 유효 높이를 사용하는 이유

① 철근 콘크리트 보는 정(+)의 모멘트를 받는다면 중립축을 경계로 위쪽은 압축을 받고 아래쪽은 인장을 받는다.
② 콘크리트와 철근의 합성 부재로서 콘크리트의 인장 응력은 무시한다.
③ 응력 해석시 단면 높이 h를 사용하지 않고 철근 도심에서 압축측 표면까지의 거리 d를 사용한다.
④ 이 때 d를 단면의 유효 높이(Effective Depth)라 한다.

Ⅳ. 피복 두께 확보 이유

① 철근의 부식방지
② 부재의 내화구조
③ 부착응력 확보
④ 내구성 향상
⑤ 철근과 콘크리트의 일체 거동

V. 피복 두께 규정(최소 피복 두께)

부 위			피복 두께(mm)
흙, 옥외 공기에 접하지 않는 부위	슬래브, 장선, 벽체	D 35 mm 초과	40 mm
		D 35 mm 이하	20 mm
	보, 기둥		40 mm
흙, 옥외 공기에 접하는 부위	노출되는 콘크리트	D 29 mm 이상	60 mm
		D 25 mm 이하	50 mm
		D 16 mm 이하	40 mm
	영구히 묻혀있는 콘크리트		80 mm
수중에서 타설하는 콘크리트			100 mm

25 철근 배근 검사 항목

[12중(10)]

Ⅰ. 정의

① 철근은 구조도면에 의해 현장 또는 공장에서 가공하여 현장에서 조립한다.

② 철근의 배근 검사는 현장에서 철근의 배근(조립)이 완료된 후, 콘크리트 타설 전에 실시하는 검사로 현장담당자 및 감리측에서 정확하게 검사하여 품질시공이 되게 하여야 한다.

Ⅱ. 철근 배근 검사 항목

구분	검사 항목
형상 및 간격	• 철근의 종류(일반철근, 고강도 철근) • 철근의 공칭 지름 • 철근의 수량으로 간격을 조사
이음	• 겹친이음의 이음 길이 및 위치 • 기계적 이음인 경우 시방서 확인 • 결속선의 결속 여부(결속률)
철근의 품질	• 녹 발생 여부 • 시공 전후 철근의 휘어짐 • 보 철근의 경우 콘크리트의 밀실 충전 여부
피복 두께	• 보, Slab 기둥, 벽 등 각 부위별 최소 피복 두께 확보 여부
간격재	• 간격재의 종류 확인 • 간격재의 수량 및 배치
이물질	• 철근에 이물질 부착 여부

Ⅲ. 철근의 품질관리

검사 항목	검사 방법	판정 기준
철근 반입시	납품서 및 육안검사	설계도서규정
가공	줄자 및 육안검사	설계도서규정
이음 및 정착	줄자 및 육안검사	설계도 · 시공도규정
철근간격	줄자 및 육안검사	설계도서규정

26 강재의 방식 공법

[97전(20)]

Ⅰ. 정의

① Con'c 속에 매입한 강재의 부식은 Con'c의 강도와 내구성에 크게 영향을 미치는 요인 중 하나이다.

② 강재의 부식에 의하여 Con'c에 균열이 발생하고 열화를 촉진하여 Con'c의 수명을 단축시키는 결과를 초래한다.

Ⅱ. 부식의 형태

1) 전면 장기 부식
2) 국부 단기 부식
   ① 공간(간극)
   ② 틈간 부식
   ③ 박리 부식

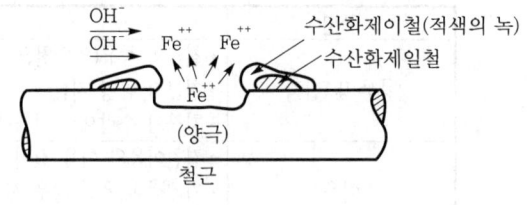

〈강재의 부식〉

Ⅲ. 강재 방식 공법

공 법	방식 방법
Con'c 표면 라이닝	합성 수지 재료를 이용하여 Con'c 표면을 라이닝 또는 도장하여 유해 물질의 침투로부터 보호하는 방법
강재 도금	강재를 아연 도금으로 피복하여 강재의 부식을 원천적으로 봉쇄하는 방법
전기 방식	외부 전원 방식, 유전 양극 방식 등을 이용하여 강재의 부식을 방지하는 방법
방청제	Con'c 속에 강재 부식을 방지하기 위하여 아질산계 등의 혼화제를 사용하는 방법
방식성 강재	염류에 대한 영향을 최소화하기 위해 내염성 강재를 사용하는 방법
염소 이온량	Con'c 중의 염소 이온량을 적게 하여 강재의 부식을 방지하는 방법
피복 두께	강재 외부의 피복 두께를 두껍게 하여 균열 폭을 적게 한다.
밀실 Con'c	Con'c의 물결합재비를 될 수 있는 한 작게 하고 고로 슬래그, 미분말 등의 포졸란을 사용
특수 Con'c 사용	레진 Con'c(REC), 폴리머 시멘트 Con'c(PCC), 에폭시 등의 사용으로 Con'c의 수밀성을 크게 향상시켜 강재의 부식을 방지하는 방법

27 콘크리트의 방식 공법

[97전(20)]

Ⅰ. 정의

① 콘크리트 구조물이 외부의 산, 염기, CO_2 등으로부터 크게 영향을 받아 콘크리트의 열화가 우려될 경우가 생긴다.

② 콘크리트 표면을 특수한 공법으로 처리하여 외부의 악영향으로부터 보호하기 위하여 시공하는 것을 콘크리트 방식 공법이라 한다.

Ⅱ. 방식의 필요성

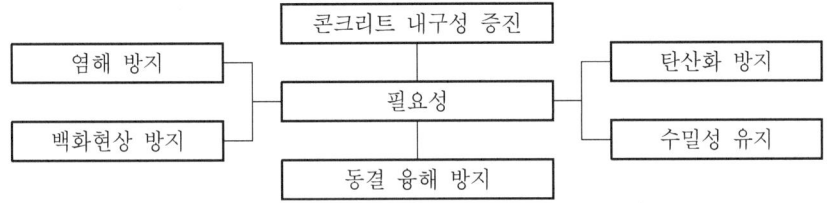

Ⅲ. 방식 공법

1) 방수막 형성

① 콘크리트 외부면에 역청제 또는 고분자계를 이용하여 방수 처리함으로써 외기와 차단시키는 공법이다.

② 방수 공법은 시트 방수와 도막 방수로 나누어진다.

2) 미장

구조물의 콘크리트를 보호하기 위하여 외벽에 시멘트 모르타르로 피복하는 방법이다.

3) 도장

① 도료를 이용하여 콘크리트 외부에 도장 처리하여 외기로부터 콘크리트를 보호하는 방법이다.

② 도료의 종류에는 수용성 도료, 에폭시, 우레탄, 염화비닐 등이 있다.

4) 뿜어붙이기

구조물의 표면에 고성능 방수제를 혼입한 모르타르를 뿜어붙이기 하여 외기로부터 콘크리트를 보호하는 방법이다.

5) 침투액 도포

콘크리트 표면에 침투성이 강한 폴리우레탄 에멀전 등을 직접 바탕면에 분사시켜 콘크리트면을 보호하는 공법이다.

6) 방수 물질 혼합 공법

콘크리트 시공시 분말 또는 용액의 방수 물질을 혼입하여 콘크리트의 간극을 적게 하여 외기로부터 보호하는 방법이다.

7) 팽창재 사용

콘크리트에 $25\sim60\,kg/m^3$ 정도의 팽창재를 혼입하여 건조 수축을 감소시키고 균열을 억제시켜 콘크리트의 열화를 방지한다.

28 전기 방식 공법

I. 정의

① 전기 방식 공법이란 해수 또는 지중에 있는 강널말뚝, 강말뚝 등의 강재가 수분 및 염분에 의한 부식이 진행되는데 이를 방지하기 위하여 전기를 이용하여 수중에 위치하는 강재 부식을 막는 공법이다.

② 전기 방식 공법에는 피방식체(강말뚝, 강널말뚝)보다 전위차가 낮은 비금속체를 설치하여 강재를 방식시키는 유전 양극 방식과 외부에서 직접 직류 전류(방식 전류)를 유입시켜 강재에 방식 전류를 공급하는 외부 전원 방식 공법이 있다.

II. 특징

III. 용도

① Steel Sheet Pile 안벽 방식

② 잔교, Dolphin의 강재 방식

③ 수문, 취수구 Screen 방식

④ 해저 Pile, 기초 Steel Pile의 방식

⑤ 급수 및 통신 배관, 하역 기계 등의 방식

IV. 공법의 종류

1. 유전 양극 방식(희생 양극법)

1) 정의

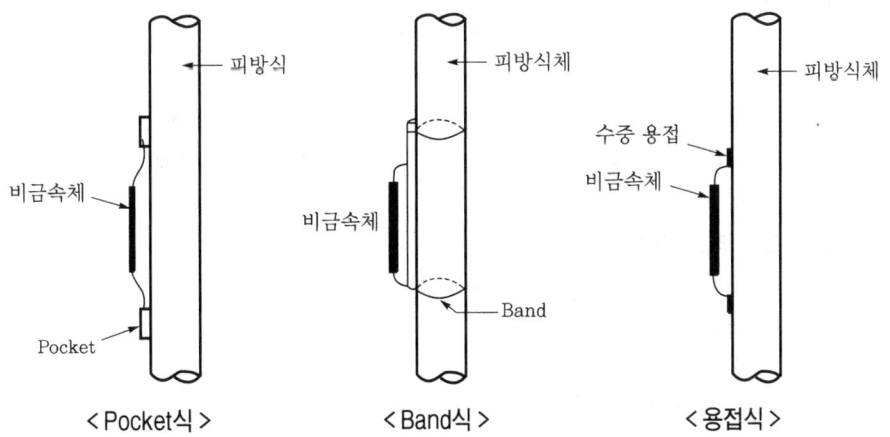

<Pocket식>   <Band식>   <용접식>

① 피방식체보다 전위가 낮은 비금속체인 알루미늄, 마그네슘, 아연 등의 양극(＋극)을 강구조물에 접속하고 피방식체와 비금속체간의 전위차로 발생하는 전류를 방식 전류로 이용하는 방법이다.

② 전류의 유출에 따라 비금속체가 소모되므로 희생 양극법이라고 하며 비금속체의 소모에 따라 5년 또는 10년을 주기로 교환 설치하여야 한다.

  2) 비금속체 설치 방법

   ① Pocket식　　　　　　② Band식　　　　　　③ 용접식

2. 외부 전원 방식

  1) 정의

   ① 외부에서 세렌 또는 실리콘 정류기 등의 직류 전원 장치를 사용하여 피방식체 (강말뚝, 강널말뚝)에 −전극을 접속하고 해중 또는 지중에 ＋전극을 접속시켜 피방식체에 방식 전류를 공급하는 방법으로 전원 공급은 가는선을 통해 강재 안벽에 연결하여 공급한다.

   ② 외부 전원 방식에는 단식 변압 방식과 복식 변압 방식(분산 방식)이 있으며 대규모 시설에는 전력 손실이 적고 유지 비용이 적은 복식 방식을 이용한다.

  2) 외부 전원 공급 방법

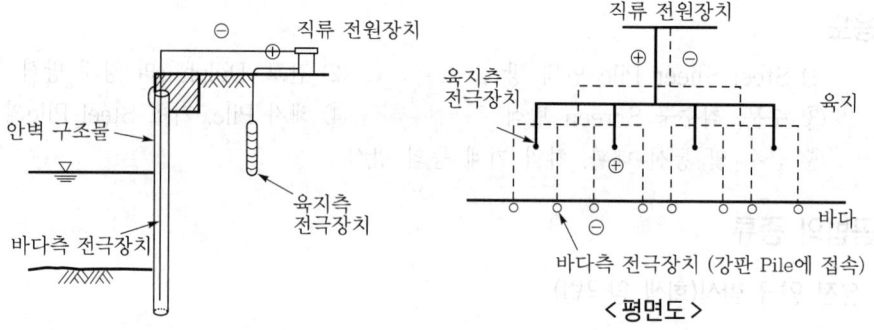

〈평면도〉

  3) 배치 방법

   ① 단식 변압 방식은 안벽의 경우 100~200 m에 한대의 직류 전원장치를 설치하여 몇 개의 회로로 분할하여 각 회로마다 배선한다.

   ② 복식 변압 방식은 안벽의 연장이 수백 m에 달하는 대형 시설에 여러 개의 정류기를 분산 배치하여 배선중의 손실을 거의 0에 가깝게 하는 방식으로 배치한다.

  4) 시공시 주의사항

   ① 충분한 용량을 가진 부품 사용

   ② 내식성이 충분한 것 사용

   ③ 방진, 방수를 고려한 설계

   ④ 정류기 등은 통풍이 잘 되는 옥내에 설치

   ⑤ 고저나 지반 침하 등을 고려한 기초 처리

29 | Epoxy 수지 도장 철근(Epoxy Coated Re-bar)

Ⅰ. 정의

① 콘크리트 중의 철근은 강알칼리성(pH 12~13)의 부동태 피막으로 보호되어 있지만 외부로부터 콘크리트에 침투한 염화물 등에 의하여 철근에 녹이 발생한다.

② 콘크리트에 염화물 등이 침투하면 철근이 부식되고 부식되는 과정에서 철근이 팽창하여 콘크리트에 균열이 생기게 되는데 이러한 콘크리트의 열화를 방지하는 대책으로 철근의 부식 인자를 차단하기 위해 철근의 표면에 Epoxy 수지를 피복한 것이 Epoxy 수지 도장 철근이다.

Ⅱ. 탄산화로 인한 철근 부식 과정

① $Ca(OH)_2 + CO_2 \rightarrow CaCO_3 + H_2O$

② 도해

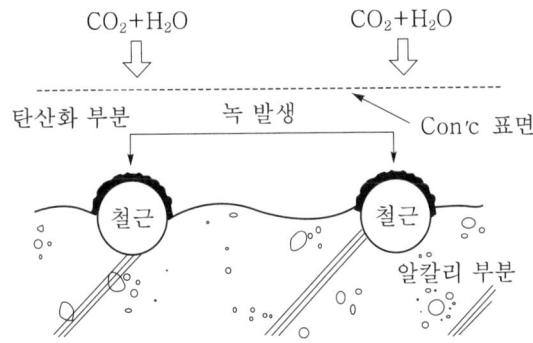

Ⅲ. Epoxy 수지 도장 철근의 특성

1) 내식성

   일정한 막두께(200 μm) 이상 코팅할 경우 우수한 내식성을 가진다.

2) 부착성

   ① 일반 철근과 차이가 없다.

   ② 겹침 이음시에는 일반 철근의 허용 부착 응력도의 80%만 적용한다.

3) 휨가공성

   일반 철근과 차이가 없다.

4) 내약품성

5) 내염성

6) 내알칼리성

Ⅳ. 시공시 유의사항

1) 운반

① Wire Rope 등을 사용하여 양중시에는 고무판 등을 사용하여 피막을 보호한다.

② 소운반시에도 보호 Cover를 사용한다.

③ 접촉으로 인한 피막 손상에 유의한다.

2) 가공

① Cutter 또는 Shear Machine을 사용한다.

② 절단후에 절단부에 보수용 도료를 바른다.

③ 휨가공시는 도막과 접촉 부위에 보호 Cover를 사용한다.

3) 조립

① Hammer 등의 충격을 피한다.

② 비닐 피복 결속선으로 결속한다.

4) 이음

① 허용 부착 응력도값을 일반 철근의 80%만 적용한다.

② 따라서 이음 부분을 보강한다.

5) 콘크리트 타설

① 타설 높이를 1.5 m 이하로 한다.

② 봉상 Vibrator를 사용한다.

30 철근의 부동태막

Ⅰ. 정의

① 부식할 가능성을 가진 금속이 그 활성을 잃고 부식하기 어려운 성질을 가진 상태를 부동태라 하며, 콘크리트에 매설된 철근 표면에는 이러한 성질의 막이 형성되는데 이를 부동태막이라고 한다.

② 부동태막은 일반적으로 강재 표면에 산소가 화학 흡착하고 그 위에 치밀한 산화물층이 생성되는 것으로 두께 $20 \sim 60 \text{Å}$ 정도의 막을 형성하게 되는 것이다.

Ⅱ. 도해

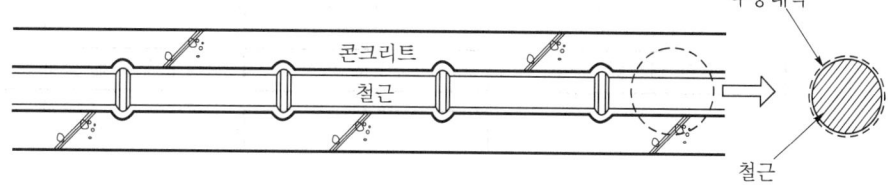

Ⅲ. 철근의 부동태막 파괴 원인

① $CaO + H_2O \rightarrow Ca(OH)_2 + CO_2 \rightarrow CaCO_3 + H_2O$

② 탄산화 반응으로 pH의 농도가 $8.5 \sim 9.5$ 이하가 될 때 부동태막이 파괴된다.

③ 탄산화 속도가 빠를수록 부동태막 파괴가 빠르다.

④ 피복이 두꺼울수록 부동태막 파괴 속도가 느리다.

⑤ 콘크리트 타설이 밀실할수록 파괴 속도가 느리다.

Ⅳ. 부동태막 파괴시 피해

① 콘크리트 내부 철근 부식으로 녹 발생

② 녹 발생시 철근 체적 $2.5 \sim 4$배 정도 팽창

③ 콘크리트 표면 균열 발생

④ 균열로 인한 물과 공기의 침입이 급속히 진행

⑤ 구조물의 붕괴 상태로 발전

⑥ 부동태막의 파괴시 구조물의 내용 연한에 다다른 것으로 간주한다.

Ⅴ. 염해에 의한 콘크리트 손상 형태

노후화도	외관 특징	강재 부식
0	이상 없음	내부 강재의 부식이 없음
1	녹물에 의한 얼룩이 있음	스터럽 등 철근의 부식
2	바늘모양의 박리가 있음(녹물은 볼 수 없는 경우가 있다.)	
3	종(축방향)균열이 있음(녹물은 볼 수 없는 경우가 많다.)	시스, PS 강선까지도 부식됨
4	3이 진행된 상태 전면에 종(축방향)균열이 있음(콘크리트가 박락하고 철근이 노출)	

31 | 철근의 Pre-fab 공법(철근의 선조립 공법, 조립식 철근 공법)

Ⅰ. 정의

① 철근 콘크리트 공사에 사용하는 철근을 기둥·보·바닥·벽 등의 부위별로 미리 공장에서 조립하여, 현장에서 이 부재를 접합하는 공법이다.

② 공기 단축, 작업 환경 개선, 안전성 확보를 위한 공사의 합리화 추구 및 건설의 공업화 발전에 필요한 공법이라고 본다.

Ⅱ. 목적

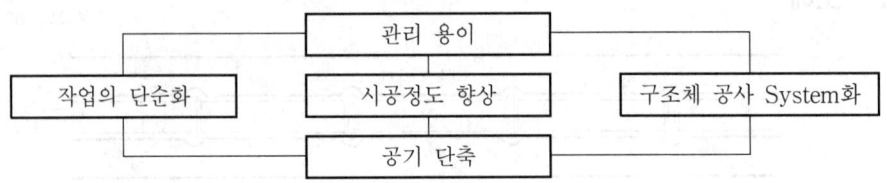

Ⅲ. 분류

1) 구조물 철근 선조립 공법
   ① 교량 Box Girder 철근
   ② 현장 타설 콘크리트 말뚝 철근 등
2) 기둥·보 철근의 Pre-fab화
3) 벽·바닥 철근의 Pre-fab화(용접 철망 사용)

Ⅳ. 철근의 이음 공법

① 겹친 이음(Lap Joint)   ② 용접 이음
③ 가스(Gas) 압접   ④ Sleeve Joint(슬리브 압착)
⑤ 슬리브(Sleeve) 충전 공법   ⑥ 나사 이음
⑦ Cad Welding   ⑧ G-loc Splice

Ⅴ. 문제점

① 접합부의 취약   ② 기술 개발 미비 및 초기 투자 과다
③ 공장 생산의 호환성 미비   ④ 운반비 증가로 실질적인 원가 상승

Ⅵ. 대책

① 철근 이음 및 가설 방법의 표준화   ② 정착 방법 개발 및 표준화
③ Pre-stress 적용시 구조적 해석   ④ 작업 여건에 적합한 방법 선정

32 철근 공사의 문제점 및 개선 방향(합리화 방안)

Ⅰ. 정의

① 철근의 구조물은 대형화 및 고층화하고 있는 추세이나, 건설 현장에서는 기능 인력 부족 및 고령화로 공기 및 품질관리면에서 많은 문제가 발생되고 있다.

② 철근 공사는 다른 공종에 비해 노동력이 많이 필요한 공종으로서, 인력 부족 문제를 개선하기 위해서는 철근 공사의 Pre-fab화가 필요하다.

Ⅱ. 철근공사 Flow Chart

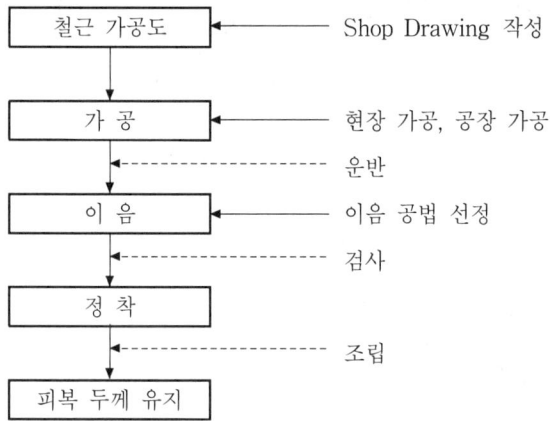

Ⅲ. 문제점

① 3D 업종의 기피 현상 확대
② 기능 인력의 부족
③ 후속 공정과의 동선 혼란으로 작업 능률 저하
④ 구조물 규격의 다양성 및 복잡성
⑤ 재료의 보관 및 취급의 곤란
⑥ 현장 기능공에 의한 시공 의존도가 높다.

Ⅳ. 개선 방향

① 설계도의 표준화 및 규격화
② Pre-fab화한 공법의 개발
③ 이음 방식의 기계화 유도
④ 시공의 Robot화 적용
⑤ 필요 치수의 주문 생산 방식의 정착화
⑥ 기계화에 의한 소량 주문 가공 체제의 개발
⑦ High Tension Bar 등 부착성이 좋은 재료의 개발

33 철근의 응력 – 변형도 곡선(Stress – Strain Curve)

Ⅰ. 정의

철근의 기계적인 성질을 파악하기 위하여 인장 시험을 실시하여 공시체(철근)의 응력과 변형도와의 관계를 직각좌표에 나타낸 곡선을 응력–변형도 곡선(Stress –Strain Curve)이라 한다.

Ⅱ. 응력–변형도 곡선(Stress – Strain Curve)

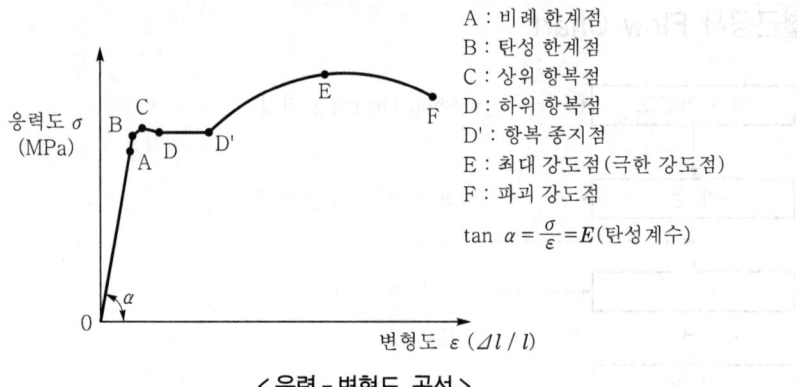

A : 비례 한계점
B : 탄성 한계점
C : 상위 항복점
D : 하위 항복점
D' : 항복 종지점
E : 최대 강도점(극한 강도점)
F : 파괴 강도점

$$\tan \alpha = \frac{\sigma}{\varepsilon} = E\,(탄성계수)$$

< 응력 – 변형도 곡선 >

Ⅲ. 한계점 · 항복점 · 종지점 · 강도점

1) A점(비례 한계점)
   ① 이 점에 도달할 때까지의 응력도(σ)와 변형도(ε)는 직선
   ② 철근의 응력과 변형이 비례하는 한계점

2) B점(탄성 한계점)
   ① 탄성 한계점에 가해진 외력이 제거되면 변형은 원점으로 복귀됨
   ② 이 점을 벗어나면 응력도가 커지면서 소성 변형하게 됨
   ③ 외력이 제거되어도 계속 변형하는 상태를 소성 변형이라 함

3) C점(상위 항복점)
   응력의 증가가 없음에도 불구하고 변형이 급속히 진행되는 시작점

4) D점(하위 항복점)
   이 항복점을 넘으면 하중은 증가하나 응력도는 변화하지 않음

5) D'점(항복 종지점)
   응력에 비해 변형이 큰 종지점

6) E점(최대 강도점)
   철근은 파괴하지 않으나 응력도는 저하하면서 변형도는 증대되는 점

7) F점(파괴 강도점)
   철근의 단면 일부가 가늘어지면서 파괴됨

34 응력(Stress)

Ⅰ. 정의

① 부재에 외력이 작용하면 단면 내에서 외력에 저항하려는 내력이 발생하게 되는데 이 힘을 응력이라 한다.

② 응력은 단위 면적당 작용하는 힘의 크기(MPa)로 나타내며 수직 응력·휨응력·전단 응력 등이 있다.

Ⅱ. 응력의 종류

1) 수직 응력

① 부재를 축방향으로 인장 또는 압축할 때 생기는 응력

② 축방향력에 따라 인장 응력과 압축 응력이 있다.

③ 수직 응력 공식 : $\sigma = \dfrac{N}{A}$ (단, N : 축력, A : 단면적)

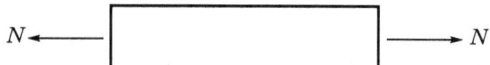

2) 휨응력

① 부재에 휨모멘트가 작용할 때 생기는 응력

② 중립축을 중심으로 상부에는 휨압축 응력이 하부에는 휨인장 응력이 동시에 발생한다.

③ 휨응력 공식 : $\sigma_b = \dfrac{M}{I} y$

M : 모멘트, I : 단면 2차 모멘트, y : 중립축까지의 거리

3) 전단 응력

① 부재에 전단력이 작용할 때 생기는 응력

② 수직 전단 응력과 수평 전단 응력이 동시에 발생한다.

③ 전단 응력 공식 : $\tau = \dfrac{S}{A}$

S : 전단력, A : 단면적

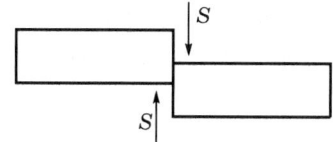

35 강재에 축하중 작용시의 진응력과 공칭 응력

[03후(10)]

Ⅰ. 정의

① 강재에 인장력을 가하면 응력(σ)이 발생하게 된다. 이때의 응력을 단면적으로 나눈값으로 진응력과 공칭 응력으로 구분한다.

② 진응력은 실응력(Actual Stress)이라고 하고, 공칭 응력은 공학 응력(Engineering Stress)이라고 한다.

Ⅱ. 진응력

① 어떤 단계에서 시험편에 가해진 하중을 시험편 평형부의 최소 단면적으로 나눈값이 진응력이다.

$$\sigma_t = P/A'$$

σ_t : 진응력

P : 하중

A' : 변형을 가했을때의 최소 단면적

② $\sigma = P/A'$ (공칭 응력) 사용 경우 곡선 변화된 단면적 A' 사용 경우를 진응력이라 한다.

③ 일반적으로는 진응력을 사용한다.

Ⅲ. 공칭 응력

① 강재의 인장 시험편에 인장력을 가하던 축방향 응력이 발생할 때 최초 단면적으로 나눈값을 말한다.

$$\sigma = P/A$$

σ : 공칭 응력

P : 하중

A : 응력을 가하기 전의 단면적

② A값에 최초 단면적을 사용할 때의 응력을 공칭 응력이라 한다.

③ 하중을 하중 방향에 수직한 원래의 단면적으로 나눈값이다.

Ⅳ. 진응력(True Stress)과 공칭 응력(Normal Stress) 사이의 관계

① 진응력은 실제 인장 시험시 단면이 변하는 값으로 하중을 나눈값이고 공칭 응력은 시편의 초기 단면적으로 나눈값이다.

② 공칭 응력은 실제 응력이 아니라 명목상의 응력이다.

③ 공칭 응력은 초기 단면적을 이용하여 구한 응력이므로 실제로 존재하는 응력은 아니다.

④ 초기 바의 단면적이 인장력에 의하여 감소하게 되는데, 이때의 면적을 이용하여 구해낸 응력값이 진짜 응력값이다.

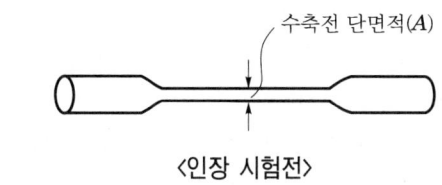

수축전 단면적(A)

〈인장 시험전〉

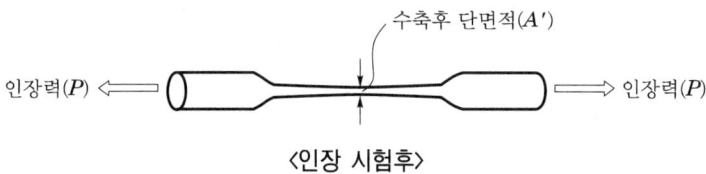

수축후 단면적(A')

인장력(P) ⇐   ⇒ 인장력(P)

〈인장 시험후〉

36 평형 철근비(Balance Steel Ratio)

[05후(10)]

Ⅰ. 정의

① 평형 철근비(P_b)는 콘크리트의 압축 응력과 철근의 인장 응력이 동시에 허용 응력에 도달할 때의 철근비를 말하고, 이 때의 인장 철근 단면적을 평형 철근 단면적이라 한다.

② 콘크리트에 대한 철근비는 콘크리트의 취성 파괴보다 철근의 연성 파괴가 일어 나도록 평형 철근비 이하가 되도록 설계하는 것이 안전하다.

③ 철근 콘크리트 보의 철근비 규정은 Slab나 보 등 휨재의 철근비가 평형 철근 비의 0.75배를 초과하지 않도록 규정하고 있는 것을 말한다.

Ⅱ. 인장 철근비(P_t)와의 관계

1) 평형 철근비 이하($P_t < P_b$)

① 인장측 철근이 먼저 허용 응력에 도달

② 과소 철근비이므로 중립축이 압축측으로 상향

③ 인장 철근의 연성 파괴 발생

2) 평형 철근비 이상($P_t > P_b$)

① 압축측 콘크리트가 먼저 허용 응력에 도달

② 과대 철근비이므로 중립축이 인장측으로 하향

③ 콘크리트의 취성 파괴가 일어나므로 위험

3) 평형 철근비($P_t = P_b$)

① 인장측 철근과 압축측 콘크리트가 동시에 허용 응력에 도달

② 철근의 허용 저항 모멘트나 콘크리트의 허용 저항 모멘트중 어느 것이나 적용 가능

③ 각 재료를 최대한 활용하므로 가장 경제적이다.

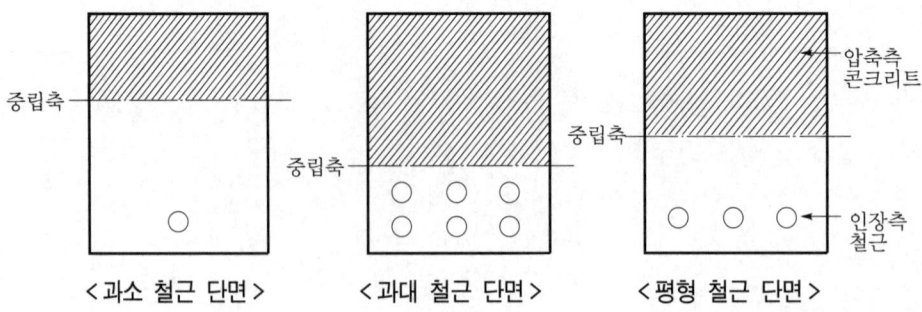

<과소 철근 단면>	<과대 철근 단면>	<평형 철근 단면>

37 철근 콘크리트보의 내하력과 유효 높이

[12전(10)]

Ⅰ. 정의

① 철근 콘크리트의 보는 Slab의 하중을 받아 기둥에 전달하는 구조체로써 철근 콘크리트조 라멘 구조에서 적용되는 주요 구조체이다.

② 철근 콘크리트 보의 내하력은 철근콘크리트보가 상부 하중인 Slab의 하중을 지탱하고 안전하게 기둥에 전달될 수 있는 힘을 말한다.

Ⅱ. 철근 콘크리트보의 내하력에 영향을 미치는 요소

1) 보의 철근량

① 보 단면 철근량의 면적이 클수록 유리

② 굵은 철근보다 가는 철근을 많이 배치할수록 유리

2) 보의 폭

보의 폭이 넓을수록 유리

3) 보의 유효높이

보의 유효높이가 클수록 유리

Ⅲ. 철근 콘크리트 보의 유효 높이

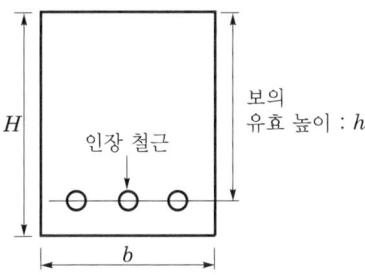

보의 유효 높이 : h

인장 철근

1) 보의 단면계수(z)

$$z = \frac{1}{6}bh^2$$

보의 유효 높이(h)가 클수록 보의 단면계수가 커지므로 상부에 작용하는 응력에 대한 저항성이 높아진다.

2) 보의 응력 저항 성능

보의 폭(b)과 유효 높이(h)가 클수록 응력에 대한 저항성이 증가한다.

Ⅳ. 철근 콘크리트 보의 평행 철근비

① 평행 철근비(P_b)는 콘크리트의 압축 응력과 철근의 응력이 동시에 허용 응력에 도달할 때의 철근비를 말하고, 이 때의 인장 철근 단면적을 평형 철근 단면적이라 한다.

② 콘크리트에 대한 철근비는 콘크리트의 취성 파괴보다 철근의 연성 파괴가 일어나도록 평형 철근비 이하가 되도록 설계하는 것이 안전하다.

③ 철근 콘크리트 보의 철근비 규정은 Slab나 보 등 휨재의 철근비가 평형 철근비의 0.75배를 초과하지 않도록 규정하고 있는 것을 말한다.

38 | 보의 유효 높이와 철근량

[06후(10)]

Ⅰ. 정의

① 보의 유효 높이는 보의 콘크리트 상부에서 하부 인장 철근 중심까지의 거리를 말한다.

② 보의 철근량은 보가 파괴시 콘크리트의 취성 파괴보다 철근의 연성 파괴가 일어나도록 평형 철근비 이하로 설계하는 것이 안전하다.

Ⅱ. 보의 유효 높이

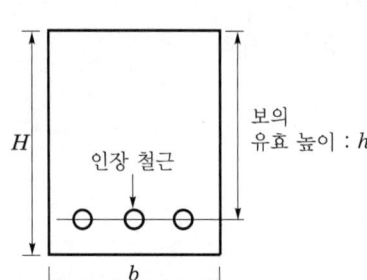

H
인장 철근
b
보의
유효 높이 : h

1) 보의 단면계수(z)

$$z = \frac{1}{6}bh^2$$

보의 유효 높이(h)가 클수록 보의 단면계수가 커지므로 상부에 작용하는 응력에 대한 저항성이 높아진다.

2) 보의 응력 저항 성능

보의 폭(b)과 유효 높이(h)가 클수록 응력에 대한 저항성이 증가한다.

Ⅲ. 보의 철근량

1) 최소 철근비

① 인장측 철근이 먼저 허용 응력에 도달

② 과소 철근비이므로 중립축이 압축측으로 상향

③ 인장 철근비 연성 파괴 발생

2) 최대 철근비

① 압축측 콘크리트가 먼저 허용 응력에 도달

② 과대 철근비이므로 중립축이 인장측으로 하향

③ 콘크리트의 취성 파괴가 일어나므로 위험

3) 균형 철근비

① 인장측 철근과 압축측 콘크리트가 동시에 허용 응력에 도달

② 철근의 허용 저항 모멘트나 콘크리트의 허용 저항 모멘트중 어느 것이나 적용 가능

③ 각 재료를 최대한 활용하므로 가장 경제적

39 | 안전율(Safety Factor)

Ⅰ. 정의

① 구조물은 장기적으로 작용하는 고정 하중 및 적재 하중에 대하여 안전해야 하며, 적설 하중·풍하중 및 지진력 등의 단기 하중에 대해서도 안전해야 한다.

② 안전율이란 재료가 파괴될 때까지의 최대 응력

즉, 극한 강도를 허용 응력으로 나눈값을 말한다.

$$안전율 = \frac{극한\ 강도}{허용\ 응력}$$

Ⅱ. 특징

① 하중, 응력 및 재료의 성질에 따라 달라진다.

② 시공의 정밀도 및 사용 상태에 따라 달라진다.

③ 일반적인 강재의 안전율은 3~3.5 정도이다.

④ 콘크리트의 안전율은 3~4 정도이다.

⑤ 구조 안전율 $= \dfrac{붕괴\ 하중}{설계\ 하중}$

⑥ 재료 안전율 $= \dfrac{재료의\ 강도}{허용\ 응력도}$

Ⅲ. 실례

1) 기성 Pile의 지지력

① $R_a(허용\ 지지력) = \dfrac{R_u(극한\ 지지력)}{F_s(안전율)}$

② $F_s(안전율) = \dfrac{R_u(극한\ 지지력)}{R_a(허용\ 지지력)}$

③ 안전율 산정

㉮ 정역학 : $F_s = 3$

㉯ 동역학 : $F_s = 6\sim8$

2) 콘크리트

① f_b(허용 휨 압축 응력도)$=0.4f_{cu}$(압축 강도)

② 안전율$(F_s) = \dfrac{f_{cu}}{f_b} = 2.5$

40 | 인장철근에 의한 콘크리트 할렬 균열

Ⅰ. 정의

철근 콘크리트 공사에서 인장철근의 덮개, 철근 간격이 시방 규정의 최소값 이하
가 될 때 인장철근 주위에 콘크리트가 철근을 따라 철근 배근 방향 또는 콘크리트
외부 방향으로 생기는 균열을 할렬 균열이라 한다.

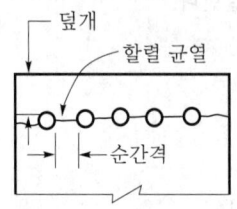 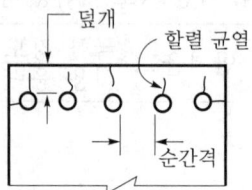

Ⅱ. 발생 원인

① 철근 덮개 부족   ② 철근 간격 시방 규정보다 좁을 때

Ⅲ. 방지 대책

① 철근 덮개 확보   ② 할렬을 억제하는 횡방향 철근 배치

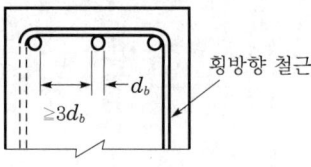 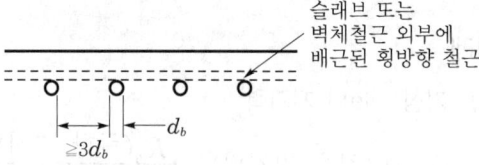

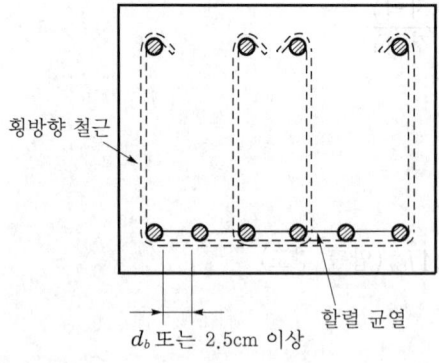 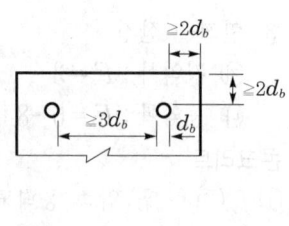

41 철근 콘크리트 구조의 성립 이유

Ⅰ. 개요

① 인장력에 취약한 콘크리트를 인성이 큰 재료인 철근으로 보강하여 일체화시킨 구조를 철근 콘크리트 구조라 한다.

② 철근 콘크리트 구조는 콘크리트와 철근의 부착 강도가 높아 복합 구조로서 외력에 저항할 수 있는 대단히 합리적인 일체성 구조이다.

Ⅱ. 철근 콘크리트 구조의 장·단점

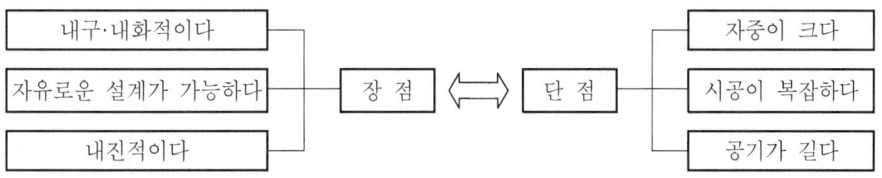

Ⅲ. 철근 콘크리트 구조의 성립 이유

1) 선(열)팽창계수 동일

① 선팽창계수 : $1 \times 10^{-5}/℃$

② 온도 변화에 따른 선팽창계수의 차이가 없다.

2) 철근 부식 방지

① 콘크리트는 알칼리성이고 철근은 산성이다.

② 따라서 알칼리성(pH : 12~13)인 콘크리트속의 철근은 녹이 슬지 않아 충분한 내구성을 확보하게 된다.

3) 일체성 확보

① 콘크리트는 압축력, 철근은 인장력을 주로 부담하여 상호 보완적이다.

② 콘크리트와 철근은 부착성이 좋다.

③ 따라서 외력에 대해 일체로 작용한다.

4) 내화성

콘크리트의 적당한 피복으로 열에 약한 철근을 보호한다.

42 철근 공사 관련용어

1) **강재(鋼材)**

   철을 주성분으로 한 구조용 탄소강의 총칭으로서 철근 콘크리트용 봉강(棒鋼), PS 강재, 형강, 강판 등을 포함한다.

2) **조립용 철근**

   철근을 조립할 때 철근의 위치를 확보하기 위하여 쓰는 보조적인 철근

3) **슬립 바(Slip Bar)**

   콘크리트 Slab의 팽창 줄눈에서 두 Slab의 수평 유지를 목적으로 Slab 중심선 방향으로 이동할 수 있도록 삽입한 철근

4) **간격재(Spacer)**

   ① 철근과 거푸집 또는 철근과 철근의 간격을 유지하기 위한 철제·철근제 또는 모르타르제 등으로 괴거나 끼움

   ② 조립한 철근의 위치 확보 및 콘크리트 시공중에 철근의 위치 이동을 방지

5) **도막**

   에폭시 분체 도장에 의해 철근 표면에 형성된 에폭시 수지 피막

인생 안내

인간은 어디서 와서, 어디로 가며, 왜 사는가? 이 세 가지는 가장 보편적이고 근본적이며 본질적인 물음이다.

우연히 만난 남녀의 성 행위에서 수십억 중의 정자 하나가 난자 하나를 만나서 생긴 것이 인간이다.

인간을 형성하고 있는 화학적 요소를 분석하면 약간의 지방, 철분, 당분, 석회분, 마그네슘, 인, 유황, 칼륨 등과 염분과 대부분의 수분이 전부이다.

아마 화학 약품점에서 몇 천 원이면 살 수 있을 것이다. 거기다 고도로 발달한 동식물의 생명체가 들어 있다고 생각해 본다.

그러나 그런 사고로는 인간의 의미와 목적은 모른다. 자연에게 물어봐도 답이 없고 자신이나 과학이나 철학이나 종교에게 물어봐도 대답할 수 없다.

나를 만든 분만 알고 있다. 사람은 하나님의 형상으로 만들어 졌고, 천하보다 소중한 사랑의 대상이라고 성경이 가르쳐 준다.

성경은 인생의 안내도이고 예수님은 그 길의 안내자이자 이 세상은 우리의 영원한 주소가 아니다.

호출이 오면 언제라도 떠나야 하는 출생과 사망 사이의 다리를 통과하는 나그네이며, 예수가 그 길이요, 생명이다.

제3장 ▶ 콘크리트

제2절 거푸집 공사

거푸집 공사 과년도 문제

1. SCF(Self Climbing Form) [96중(20)]

2. SCF(Self Climbing Form) [10후(20)]

3. Sliding Form [82전(10)]

4. Sliding Form과 Self Climbing Form의 특징 [15중(10)]

5. 교각의 슬립폼(Slip Form) [11후(10)]

6. 슬립폼 공법 [13전(10)]

7. LB(Lattice Bar) Deck [09전(10)]

8. 거푸집과 동바리공의 안전성 및 시공상 주의점 [96중(20)]

9. 거푸집 동바리 시공시 고려사항 [15후(10)]

1 Metal Form

Ⅰ. 정의

① 기계적으로 만든 강철제 형틀에 맞추어 콘크리트를 타설하는 것으로서 거푸집의 전용성을 높이고, 공기 단축 및 시공의 정확성을 높인 거푸집 공법이다.

② 구조체의 형상이 단순하고 반복성이 높은 토목 공사에 많이 적용되고 있었으나, 최근 들어서는 건축 공사에서 평면의 형상이 단순한 곳에 많이 적용되고 있다.

Ⅱ. 구성 및 시공도

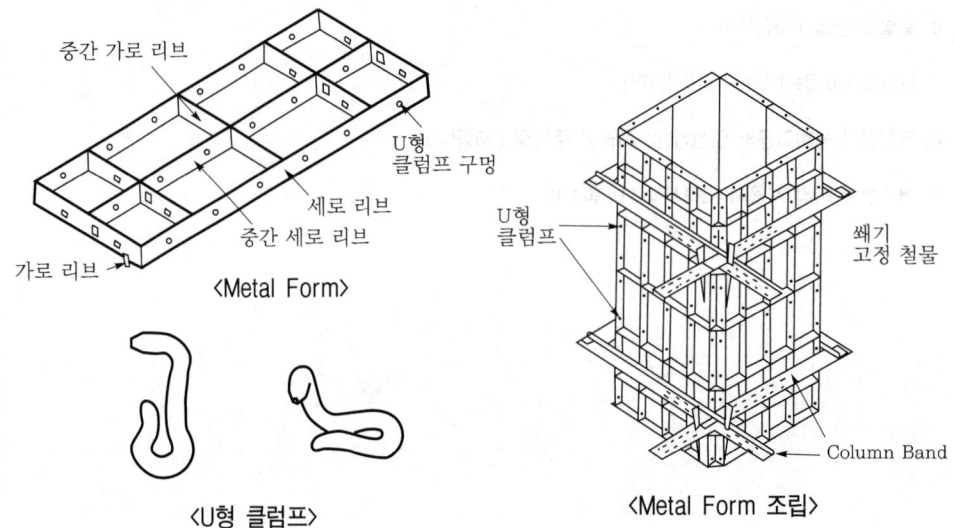

중간 가로 리브
U형 클럼프 구멍
세로 리브
중간 세로 리브
가로 리브
〈Metal Form〉

〈U형 클럼프〉

U형 클럼프
쐐기 고정 철물
Column Band
〈Metal Form 조립〉

Ⅲ. 거푸집의 분류

1) 재료별
   ① 철제 Metal Form　　② 알루미늄제 Metal Form

2) 사용 형태별
   ① Corner용 Metal Form　　② 곡면형 Metal Form
   ③ Dam용 Metal Form　　④ Road용 Metal Form

Ⅳ. 특징

① 내구성 우수　　② 콘크리트 타설 정밀도 우수
③ 수밀성 우수　　④ 조립 및 해체 용이
⑤ 제치장 Con′c에 유리　　⑥ 거푸집의 전용 횟수 증가
⑦ 중량이므로 취급이 곤란함　　⑧ 평면의 형상이 복잡하면 불리

Ⅴ. 개발 방향

① 성력화(省力化 : Labour Saving)　　② 고강도의 경량 재료 개발
③ 거푸집 작업의 System화　　④ 거푸집의 정밀도 향상

2 | Gang Form(대형 Panel Form)

Ⅰ. 정의

① 주로 외벽에 사용되는 거푸집으로서 대형 Panel 및 멍에, 장선 등을 일체화시켜 해체하지 않고 반복 사용하도록 한 것이 Gang Form 또는 대형 Panel Form이라 한다.

② 구조물의 고층화 및 양중 기계의 발달로 Gang Form의 사용이 늘어나고 있으며, 재래식 공법에 비하여 경제성 및 안전성이 유리하다.

Ⅱ. Gang Form의 구성

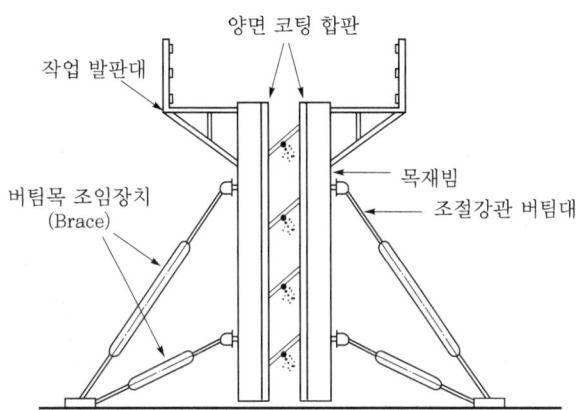

Ⅲ. 벽전용 거푸집의 분류

① Gang Form(대형 Panel Form)　　　② Climbing Form

Ⅳ. 특징

① 시공 능률 향상　　　　　　　　② 노동력 절감 및 공기 단축

③ 초기 투자비가 재래식보다 높다.

④ 양중 장치를 필요로 하나 소형도 가능

⑤ 제작 장소 및 해체후 보관 장소 필요

Ⅴ. 시공시 유의사항

① 양중 장비를 고려한 Panel 제작

② 바람에 의한 안전성 검토

③ 낙하 및 추락 방지를 위한 안전 시설 점검

④ 양중, 이동시 변형되지 않도록 강성 확보

3 Climbing Form

Ⅰ. 정의

① Climbing Form이란 벽체용 거푸집으로서 갱폼에 거푸집 설치를 위한 비계틀과 기 타설된 콘크리트의 마감 작업용 비계를 일체로 조립·제작한 거푸집을 말하며, 한꺼번에 인양시켜 거푸집의 설치·해체가 가능한 공법이다.

② 보통 Climbing Form이란 측벽 거푸집인 Gang Form에 비계를 일체화(Unit화)하여 외부의 마감을 별도의 비계 설치없이 마무리할 수 있다.

Ⅱ. 벽 전용 거푸집의 분류

① Gang Form(대형 Panel Form)
② Climbing Form

Ⅲ. 특징

① 성력화(省力化)가 가능
② 시공의 정밀도 향상
③ 연속 반복 작업으로 공기의 단축
④ 외부 마감 공사를 동시에 할 수 있음
⑤ 거푸집의 전용 횟수가 늘어남
⑥ 설치 및 해체품의 절감
⑦ 대형 양중 장비가 필요
⑧ 외부 마감 공사의 Timing이 중요

Ⅳ. 시공시 유의사항

① 박리제 도포 계획을 철저히 이행
② 장비 고장시 대비책 마련
③ 낙하 방지를 위한 안전 시설 점검
④ 가설 비계가 없으므로 후속 공정과의 관계 철저히 검토
⑤ 바람에 의한 안전성 검토
⑥ 양중 등 이동시 변형되지 않도록 충분힌 강성 확보

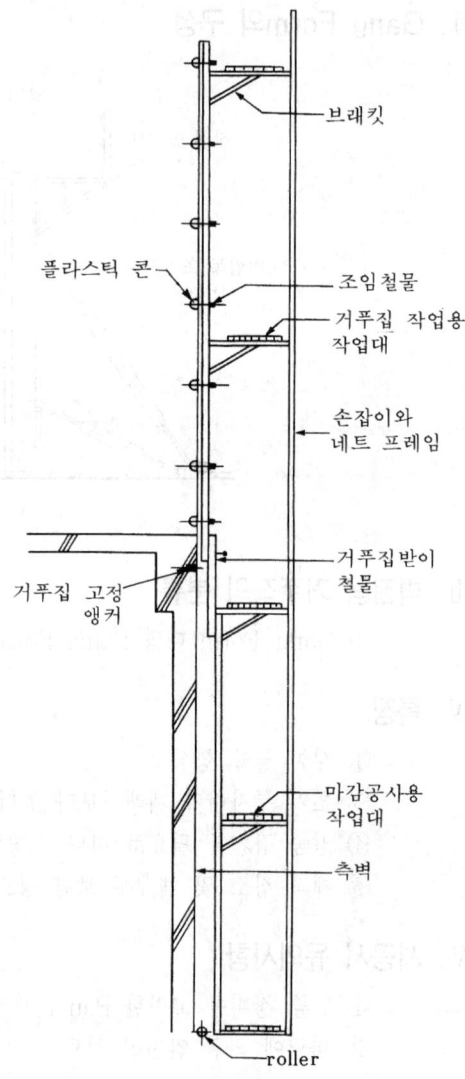

< Climbing Form 공법 >

4 SCF(Self Climbing Form)

[96중(20), 10후(10), 15중(10)]

Ⅰ. 정의

① Self Climbing Form은 1개를 높이로 제작된 System Form을 자체유압기 (Hydraulic Jack)와 인양레일(Climbing Profile)을 이용하여 상승시키는 벽체시스템 거푸집 공법이다.

② 양중 장비가 필요없고, 스스로 상승하므로 Auto Climbing Form이라고도 한다.

Ⅱ. Self Climbing Form 시공순서

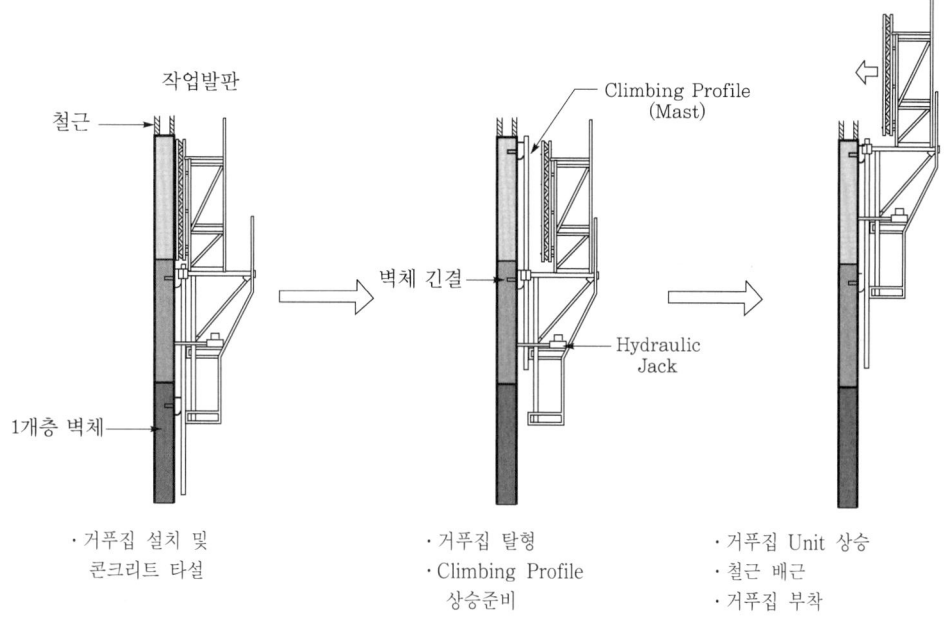

철근
작업발판
1개층 벽체

벽체 긴결

Climbing Profile
(Mast)

Hydraulic
Jack

· 거푸집 설치 및
  콘크리트 타설

· 거푸집 탈형
· Climbing Profile
  상승준비

· 거푸집 Unit 상승
· 철근 배근
· 거푸집 부착

Ⅲ. 특징

① 양중 장비 필요없이 스스로 상승하므로 Auto Climbing Form이라고도 함

② 벽체의 변형(두께, 평면 등)에 대처 가능

③ Embed Plate 설치가 자유로움

④ Stock Yard에서 선조립 후 설치

⑤ 1개층 분으로 제작되므로 거푸집 길이가 길어짐

⑥ RC 구조물의 Core 부분에 많이 채택

Ⅳ. 시공시 유의사항

    ① 벽체 강도 10 MPa 이상

    ② 1, 2층은 일반 거푸집 필요

    ③ 초기 Setting 시간 과다

    ④ 벽체 최소두께 250 mm 이상 필요

    ⑤ 허용풍속 35 m/s 이하

5 Sliding Form

[82전(10)]

Ⅰ. 정의

일정한 평면을 가진 구조물에 적용되면 연속하여 Con′c를 타설하므로 Joint가 발생하지 않는 수직 활동 거푸집 공법이다.

Ⅱ. 연속 공법의 대형 거푸집 분류

1) 수직
   Sliding Form, Slip Form
2) 수평
   Traveling Form

Ⅲ. 목적

① 공기 단축
② 연속 타설로 Con′c의 수밀성 확보
③ 자재 및 노무의 절약

Ⅳ. 특성

① 단면의 변화가 없는 구조물에 적용
② 거푸집의 높이 1~1.2 m 정도
③ 1일 상승 높이 5~8 m
④ Con′c 연속 타설로 Joint 발생 감소

< Sliding Form >

Ⅴ. 시공 순서 Flow Chart

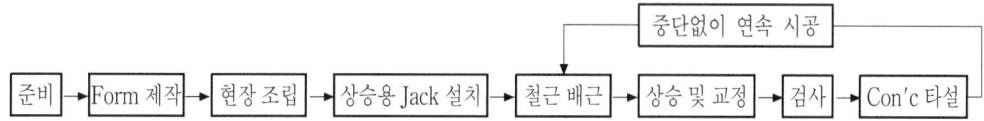

Ⅵ. 시공시 유의사항

① 거푸집 제작시 내·외벽 마감 작업 발판 설치
② 주야간 연속 작업으로 충분한 기능공 확보
③ Con′c의 연속 공급 및 문제 발생시 대처 방안
④ 연직 상태를 수시로 점검
⑤ Jack의 여유 용량 및 Rod에 가해지는 하중 계산
⑥ 야간 작업 및 고소 작업이므로 안전 대비 철저

6 | Slip Form

[11후(10), 13전(10), 15중(10)]

Ⅰ. 정의

① Slip Form은 교각과 같은 수직 구조물에 이음부분이 없이 연속적으로 콘크리트를 타설할 수 있는 거푸집이다.

② 거푸집을 해체하지 않고 천천히 상승시키며, 구조물 완성 후에 거푸집을 해체하는 연속 수직 활동 거푸집의 일종이다.

Ⅱ. 연속 수직 활동 거푸집 종류

1) Sliding Form

구조물 단면의 변화가 없는 곳에 적용

2) Slip Form

① 구조물 단면의 변화가 있는 곳에 적용

② 교각과 같이 Taper져서 올라가는 구조물에 적용

Ⅲ. 특징

1) 장점

① 연속 콘크리트 타설로 공기 단축(2배 이상)

② Cold Joint 및 시공 Joint 미발생

③ 거푸집의 전용성 우수

④ 정확한 공기 예측 가능

⑤ 구조물의 조기 강도 확보

2) 단점

① 콘크리트 건조 수축 발생 우려

② 콘크리트의 유동성 부족으로 밀실성 우려

③ 콘크리트 재료비 상승

Ⅳ. 시공 시 유의사항

① 24시간 연속 작업으로 인한 시공의 안전성 저하

② 거푸집의 상승속도에 따라 콘크리트의 품질에 영향

③ 콘크리트 타설 직후 차양막, 막양생제 등이 필요

④ 콘크리트 재료 분리 발생에 유의

7 Traveling Form

Ⅰ. 정의

① 콘크리트 공사에서 동일 단면의 작업이 연속적으로 이루어질 때 사용하는 거푸집으로 Traveler라는 가동 골조 또는 발판 위에 지지된 이동형 거푸집을 말한다.

② Traveling Form은 토목 공사 현장에서 여러 공종에서 이용되고 있는 실정이며 특히 터널 라이닝 공사, 교량 교각 공사, 케이슨 공사, 암거 공사 등 연속되는 동일 단면 형상 구조물에 사용된다.

Ⅱ. 도해

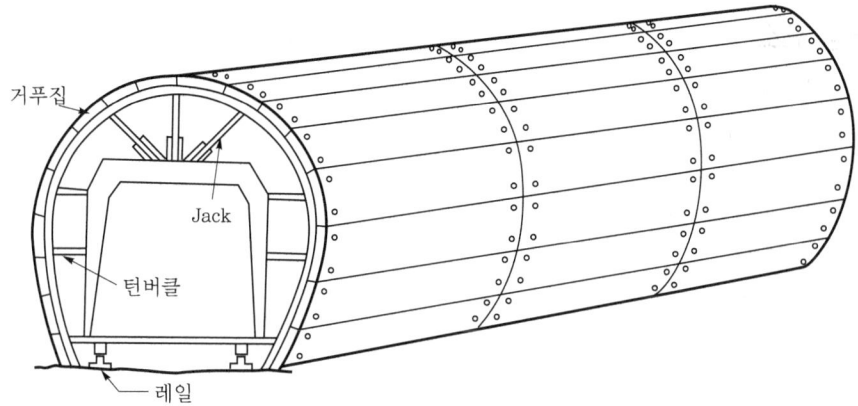

Ⅲ. 특징

① 공기 단축
② 거푸집 반복 사용으로 공비 절감
③ 공정 단순
④ 경제적인 시공
⑤ 시공성 향상
⑥ 품질 향상
⑦ 노무 절감

Ⅳ. 용도

① 터널 공사
② 교량 공사
③ 항만 공사
④ 구조물 공사

V. 연속 공법의 거푸집 분류

1) 수직

Sliding Form, Slip Form

2) 수평

Traveling Form

VI. 시공 순서 Flow Chart

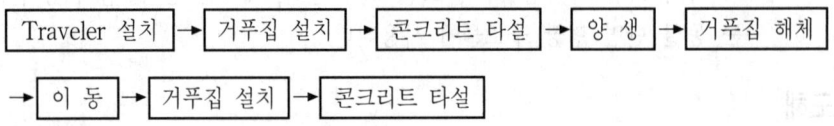

Traveler 설치 → 거푸집 설치 → 콘크리트 타설 → 양 생 → 거푸집 해체

→ 이 동 → 거푸집 설치 → 콘크리트 타설

VII. 구성 요소

① Traveler

② 거푸집

③ Jack

④ 지지 Block

⑤ 턴버클

⑥ Rail

8 Bow Beam과 Pecco Beam

Ⅰ. 정의

① Bow Beam은 하층의 작업 공간을 확보하기 위하여 철골 트러스와 유사한 경량 가설보를 설치하여 바닥 콘크리트를 타설하는 공법이다.

② Pecco Beam은 Bow Beam과 같이 하층의 작업 공간을 확보하기 위한 무지주 공법으로, 내부보가 있어 Span의 조절이 자유로운 공법이다.

Ⅱ. 시공 상세도

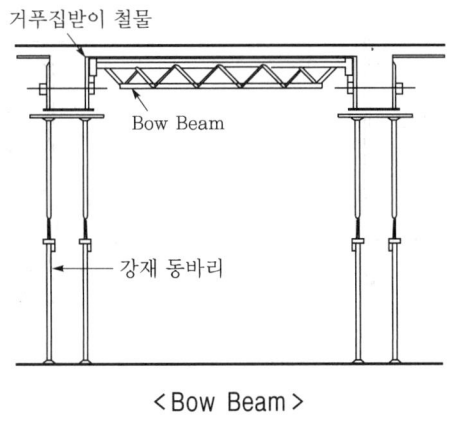

< Bow Beam >

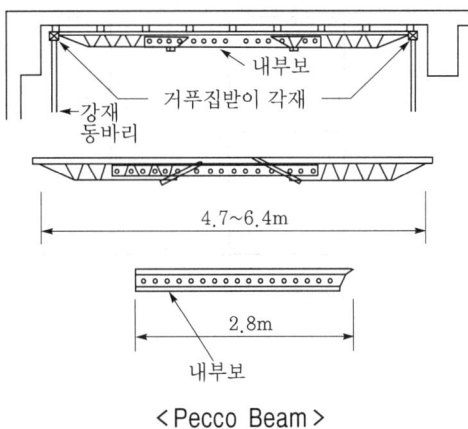

< Pecco Beam >

Ⅲ. 목적

① 하층의 작업 공간 확보

② 기능 인력의 절감 효과

③ 노무비 절감 효과

④ 연속 반복 작업으로 공기 단축

Ⅳ. 무지주 공법의 종류별 특성

1) Bow Beam

   ① 층고가 높고 큰 Span에 유리 ② 하층의 작업 공간 확보에 유리

   ③ 구조적으로 안전성 확보 ④ Span이 일정한 경우만 적용

2) Pecco Beam

   ① 내부보로서 Span 조정이 자유로움

   ② 전용 횟수가 100회 이상

   ③ 최대 허용 모멘트는 1.5 t·m

   ④ 4.7~6.4 m까지 Span 조정이 가능

9 | Euro Form

Ⅰ. 정의

① 콘크리트 거푸집용 코팅 합판과 강재틀로 구성된 규격화된 거푸집을 말한다.

② Euro Form은 독일을 중심으로 개발된 규격화된 거푸집 공법으로 원래의 이름은 Modular Form이라 하여 규격화된 표준 타입의 구조물에 적용함으로써 생산성을 향상시키고 전용 횟수를 증대시키는 것을 목적으로 개발되었다.

Ⅱ. 구성

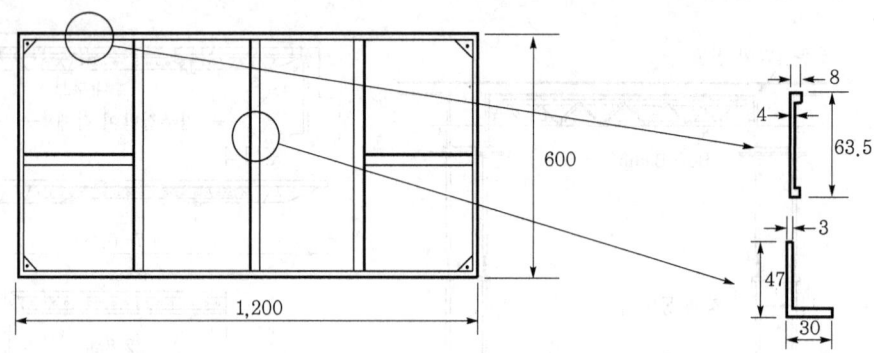

Ⅲ. 분류

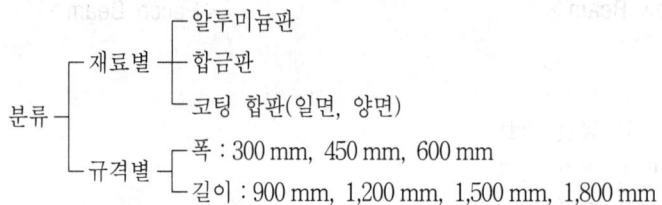

Ⅳ. 장점

① 목재 거푸집에 비하여 전용 횟수가 크다.(20회 이상)

② 조립 및 해체가 간단하다.

③ 공기 단축 및 노무 절감 효과가 있다.

④ 숙련도를 요하지 않는다.

⑤ 목재 거푸집과의 혼용이 가능하다.

Ⅴ. 단점

① 목재에 비하여 무게가 무겁다.

② 인력을 이용하여 운반할 경우 인력 소모가 크다.

③ 장비를 사용할 경우 초기 투자비가 비싸다.

10 Ferro Deck[LB(Lattice Bar)]

[09전(10)]

Ⅰ. 정의

① 공장에서 일체화된 바닥 구성재(거푸집 대용 아연도 강판+Slab용 철근 주근)를 현장에서는 배력근·연결근만 시공함으로써 철근과 거푸집 공사를 동시에 Pre-fab화한 공법이다.

② 철근 작업을 공장에서 대신하고 현장에서는 설치 작업만 하므로 노무 절감 및 공기 단축을 할 수 있는 공법이다.

Ⅱ. 시공 상세도

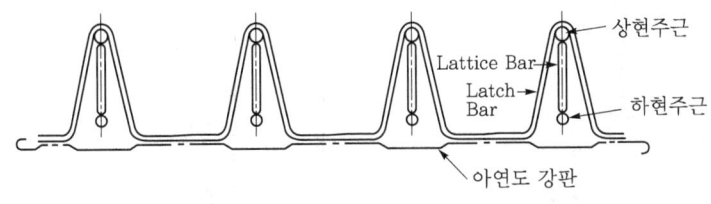

< Ferro Deck >

Ⅲ. 특징

① 시공의 정밀도 향상

② 공기 단축(생산성 향상)

③ 공사비 절감

④ 시공이 단순

⑤ 안전성이 높음

⑥ 설계 범위가 넓음

Ⅳ. 시공 순서 Flow Chart

자재 반입 및 양중 → 설치 → 단부 못질 또는 용접 → 철근 연결(배력근·연결근 등) → 콘크리트 타설

Ⅴ. 적용 대상 구조

① 철근 콘크리트 구조의 바닥판

② 철골 철근 콘크리트의 바닥판

③ 철골 구조의 바닥판

④ PC 구조의 바닥판

Ⅵ. 재료

① 상·하현 주근 : D 13 또는 D 10

② Lattice Bar : $\phi 6$

③ Latch Bar : $\phi 4$

④ 연결근·배력근·보강근 : D 13 또는 D 10

⑤ 강판 : 용융 아연도 강판 0.4~0.5 mm

11 | Textile Form(특수 거푸집)

Ⅰ. 정의

① 종래의 거푸집에 직경 3~5 mm, 간격 5~10 mm의 작은 구멍을 뚫고, 그 위에 특수 직포를 부착시켜 통기·투수성을 갖도록 만든 것을 Textile Form 또는 Filter Sheet Form Method, Dry Form 공법이라고 한다.

② 특수 직포는 Polyester계 섬유를 사용하며, 콘크리트면에 접하여 잉여수나 공기를 배출하는 반면 시멘트 입자는 차단시키는 필터 기능을 가지고 있다.

Ⅱ. Mechanism

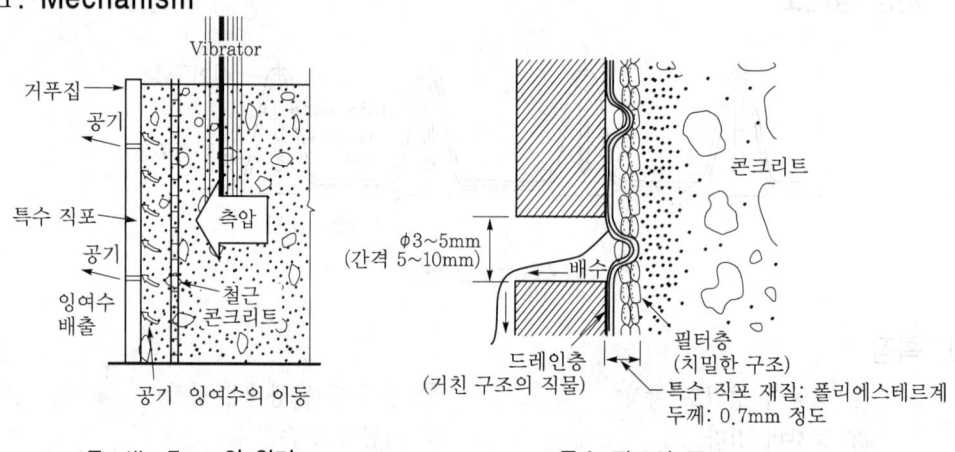

<Textile Form의 원리>   <특수 직포의 구조>

Ⅲ. 목적

① Bleeding, Laitance 방지, 염해·탄산화 등에 대한 저항성 증대
② 표층부의 미관 확보 및 품질(강도·내구성 등)향상

Ⅳ. 공법의 효과

① 통기 효과로 인한 Bleeding 감소 및 잉여수의 배출로 미관이 좋아짐
② 탈수 효과로 표면 강도가 증대되어 28일 강도가 종래 공법의 2배 이상 높아짐
③ 탄산화 깊이 1/4, 염분 침투 깊이 1/5, 동결 융해 깊이 1/10 정도로 각각 감소
④ 별도의 마감 공사가 필요 없음(제치장 콘크리트에 유리)
⑤ 필터는 5~10회 정도 사용 가능

Ⅴ. 시공시 유의사항

① 못·철근 등에 의해 직포를 손상시키지 않도록 한다.
② 배수된 물의 처리는 거푸집 하단에 홈통을 설치하여 집수한다.
③ 종래 거푸집에 비해 접착력이 좋아지므로 장선 및 지보공의 설치를 충분히 한다.

12 제물치장 거푸집

Ⅰ. 정의

① 제물치장 거푸집은 거푸집을 제거한후 노출되는 콘크리트 면을 그대로 마감면으로 하는데 사용되는 거푸집으로 자연 그대로의 미를 살려보자는 이념에서 출발한 것이다.

② 제물치장 거푸집은 마감재의 절약, 구체의 자중 감소, 공종의 감소 및 경제적으로 공사비가 절감되는 효과가 있다.

Ⅱ. 시공 도해

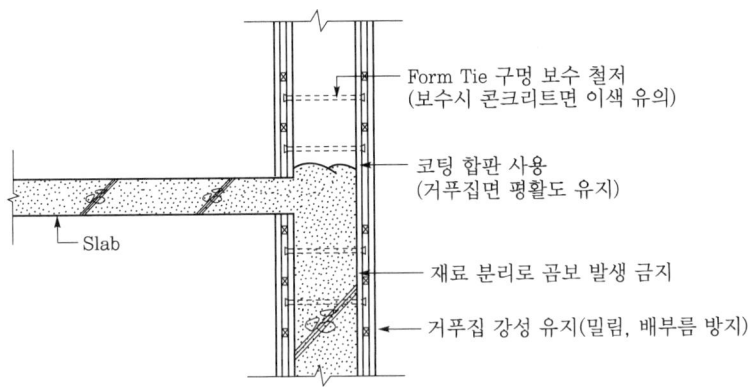

- Form Tie 구멍 보수 철저 (보수시 콘크리트면 이색 유의)
- 코팅 합판 사용 (거푸집면 평활도 유지)
- Slab
- 재료 분리로 곰보 발생 금지
- 거푸집 강성 유지(밀림, 배부름 방지)

Ⅲ. 특징

① 구조물의 자중이 감소한다.

② 고강도 콘크리트를 추구한다.

③ 공사 내용의 단일화로 경제적이다.

④ 거푸집 설치의 비용이 증가한다.

⑤ 구조체의 정확도 확보가 힘들고 보수가 어렵다.

Ⅳ. 콘크리트면의 보수

① 구조적인 결함의 곰보는 콘크리트면이 건조하기 전에 보수한다.

② 보수면이 거친 경우 2일 정도 경과후 연마 기계로 갈아낸다.

③ 작은 결함은 Mortar에 석고를 혼합(된비빔)하여 보수한다.

④ 작은 흠집은 나무주걱(도장 공용)으로 땜질한다.

⑤ 결함 부분을 발라서 살려내는 것은 삼가한다.

⑥ 빛깔은 본체와 유사하게 하고 부분적으로 광택이 나지 않도록 유의한다.

V. 시공시 유의사항

① 콘크리트 균열에 대해 적극적인 제어 대책이 필요하다.

② 철근의 피복 두께는 규정보다 1 cm 정도 더 확보한다.

③ 박리제 선정시 콘크리트면에 오염이나 경화 불량 등이 생기지 않는 것을 선택한다.

④ 거푸집 시공시 정밀도에 특히 유념하여 시공한다.

⑤ 거푸집 재료는 낡은 고체를 즉시 교체하고 전용률을 낮게 측정한다.

⑥ 콘크리트 타설시 Cold Joint가 생기지 않도록 한다.

13 긴결재(緊結材) 및 격리재(隔離材 ; Separator)

Ⅰ. 개요

① 콘크리트 타설시 거푸집의 변형·터짐 등을 방지하고, 거푸집 설치시 형상 그 대로를 유지하기 위한 재료를 말한다.

② 거푸집의 공간(간격)을 유지하기 위한 재료이다.

Ⅱ. 현장 시공도

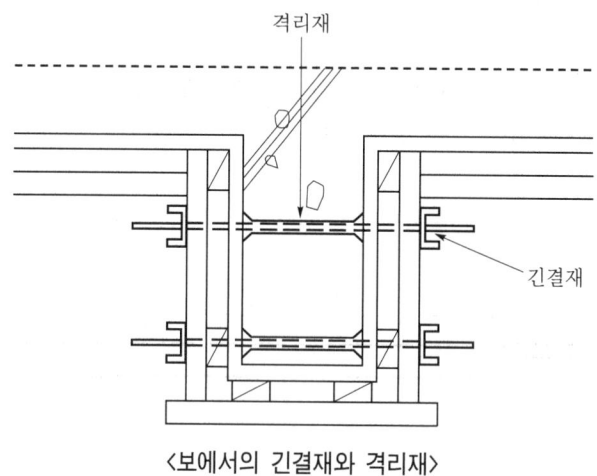

격리재

긴결재

〈보에서의 긴결재와 격리재〉

Ⅲ. 긴결재(緊結材)

1) Form Tie(Form Tie Bolt, Form Tie Rod, 긴장재)

① Form Tie는 벽체와 기둥의 거푸집이 굳지 않은 콘크리트 측압에 저항할 수 있도록 최종적으로 잡아주는 부재이다.

② 관통형(Through Type), 매입형(Embedded Type), Flat Tie Bar 등이 있다.

2) 철신(Steel Wire)

① 철선은 Form Tie 등이 사용될 수 없는 곳 및 기타 보조 역할로 사용된다.

② #8, #10 철선이 주로 사용되며, 철선 인장 강도의 40%를 허용 하중으로 계산한다.

3) Wire Rope 및 Turn Buckle

① 수평 하중에 저항하는 부재로서 거푸집에 버팀대를 설치하기 어려운 곳에 설치 하여 인장 저항하는 긴결재이다.

② 구성 부재로는 Wire Rope·Turn Buckle·Turn Buckle Bolt·Shackle 등이 있다.

4) Column Band

① 기둥 체결재로서 기둥의 측압에 저항하는 역할을 한다.

② 종류에는 평형(Flat Bar Type), 각형(Angle Bar Type), 찬넬형(Channel Type)이 있다.

Ⅵ. 격리재(隔離材 ; Separator)

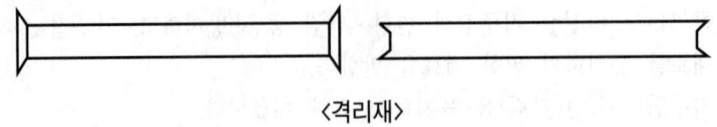

〈격리재〉

1) 철근 및 철판재
철선과 같이 주로 사용되며 철선에 의해 긴장한 거푸집이 소정의 간격 이하로 변형하는 것을 방지한다.

2) Pipe재
주로 Form Tie와 같이 사용되며 Form Tie에 의해 긴장된 거푸집이 소정의 간격 이하로 변형되는 것을 방지한다.

3) 모르타르재
주로 기성제가 많이 사용되며 콘크리트 구조체와 재료의 특성이 같아 유리하다.

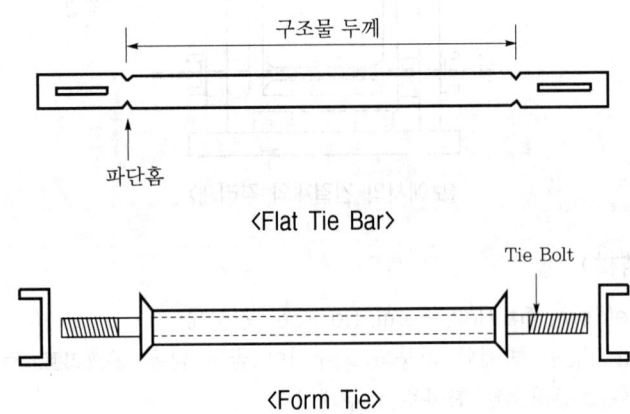

〈Flat Tie Bar〉

〈Form Tie〉

14 박리제(剝離濟 ; Form Oil)

Ⅰ. 정의

① 박리제란 거푸집과 콘크리트의 부착을 감소시켜 탈형을 쉽게 하고, 거푸집의 전용률을 높이기 위한 거푸집 도포제를 말한다.

② 거푸집의 종류, 콘크리트의 종류, 콘크리트 타설 방법, 마무리 공사의 시방 등의 조건을 충분히 고려하여 선정하여야 한다.

Ⅱ. 시공 상세도

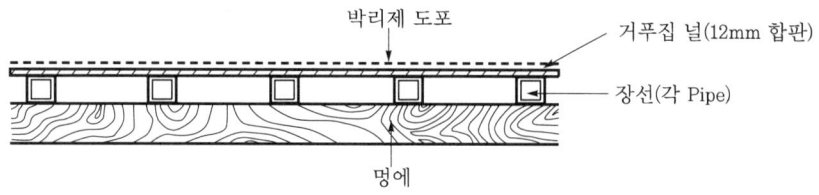

박리제 도포
거푸집 널(12mm 합판)
장선(각 Pipe)
멍에

Ⅲ. 분류

① 비눗물 · 지방산 유제(脂肪酸乳劑)

② 유성계(油性系) : 광물유(鑛物油)에 각종의 첨가제 배합

③ 폐유(廢油) · 경유(輕油) : 지방유(脂肪維) 첨가

④ 합성 수지 : 우레탄(Urethane), 에폭시(Epoxy), 스티렌(Styrene), 알키드(Alkyd)계

⑤ 왁스(Wax) : 파라핀(Paraffin), 천연 왁스

Ⅳ. 요구 성능

1) 목제 거푸집(생목, 합판)

① 흡수를 방지하고, 거푸집의 치수 변화를 방지

② 마감 공사에 영향을 주지 않을 것

2) 금속제 기푸집(강제, 이연제, 알루미늄제)

① 방청 효과가 있을 것

② 아연 · 알루미늄은 양성(兩性) 금속이므로 내알칼리성과 피막성이 높을 것

Ⅴ. 효과

① 거푸집의 탈형을 용이하게 함

② 거푸집의 전용 횟수를 증가시킴

③ 콘크리트의 경화 불량 방지

④ 수분 흡수 방지 및 방청 효과

VI. 시공시 유의사항

① 거푸집 종류에 상응한 박리제를 선택 사용
② 박리제의 도포전에 거푸집면의 청소 철저
③ 균일하며 적정량의 박리제 도포
④ 금속제 거푸집의 방청제가 굳어지면서 건조 피막이 형성되지 않도록 유의
⑤ 콘크리트 타설시 거푸집의 온도, 탈형 시간 준수
⑥ 철근에 묻지 않도록 유의(부착 강도 저하)
⑦ 콘크리트 색조에 영향이 없는지를 시험 사용

15 거푸집 공사 시공 계획

Ⅰ. 개요

① 거푸집 공사는 콘크리트를 타설하기 위해 설계도서에 명시된 형상을 동일하게 형성시켜 주고 콘크리트가 경화될 때까지 외기 영향을 최소화하여 콘크리트의 품질을 확보하는데 목적이 있다.

② 거푸집 공사는 구조체 공사비의 20~30%를 차지하므로 사전 조사에서부터 설계도서 검토 및 시공성, 경제성, 안전성이 있는 공법을 선택하는 것이 무엇보다 중요하다.

Ⅱ. 거푸집 공사 Flow Chart

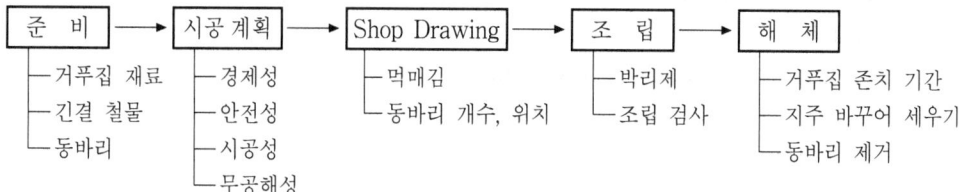

Ⅲ. 거푸집의 구비 조건

① 가공 용이, 치수 정확 ② 수밀성 확보, 내수성 유리

③ 가격 저렴, 경제성 ④ 외력에 강하고 청소·보수 용이

Ⅳ. 시공 계획

1) 사전 조사

① 설계 도서 및 계약 조건 검토 ② 공해, 기상, 관계 법규의 검토

2) 공법 선정

시공성, 경제성, 안전성, 무공해성

3) 6요소

① 공정 관리(공기 단축) ② 품질관리(질 우수)

③ 원가 관리(경제적) ④ 안전 관리

⑤ 공해 ⑥ 기상

4) 6M

Man, Machine, Material, Money, Method, Memory

5) 관리

하도급 관리, 실행 예산, 현장원 편성, 사무 관리, 대외 업무 관리

6) 가설

동력, 용수, 수송, 양중

16 | 거푸집과 동바리공의 안전성 및 시공상 주의점

[96중(20), 15후(10)]

I. 개요

① 거푸집이란 콘크리트를 일정한 형상과 치수로 유지시켜 원하는 구조물을 얻도록 해주는 가설 구조체이다.

② 동바리는 거푸집을 유지시켜 콘크리트가 소요 강도를 얻을 때까지 안전하게 받쳐 주는 것을 말한다.

II. 안전성

1. 하중(외력)

1) 생 Con'c의 중량은 22.5 kN/m³(2,300 kgf/m³)로 계산

2) 작업 하중
   ① 강도 계산용 : 3.53 kN/m²(360 kgf/m²)
   ② 처짐 계산용 : 1.76 kN/m²(180 kgf/m²)

3) 충격 하중
   ① 강도 계산용 : 11.27 kN/m²(1,150 kgf/m²)$\left(\text{Con'c 중량의 } \dfrac{1}{2} \right)$

   ② 처짐 계산용 : 5.64 kN/m²(575 kgf/m²)$\left(\text{Con'c 중량의 } \dfrac{1}{4} \right)$

4) 생 Con'c의 측압 고려
   벽, 기둥, 보 옆의 거푸집 설계시 측압 고려

2. 강도

1) 휨강도

   ① $M_{\max} = \dfrac{wl^2}{8}$

   $M_{\max}$: 최대 휨모멘트

   ② $\sigma = \dfrac{M_{\max}}{Z}$

   σ : 휨응력

2) 전단 강도

   $Q_{\max} = \dfrac{wl}{2}$

   $Q_{\max}$: 최대 전단력

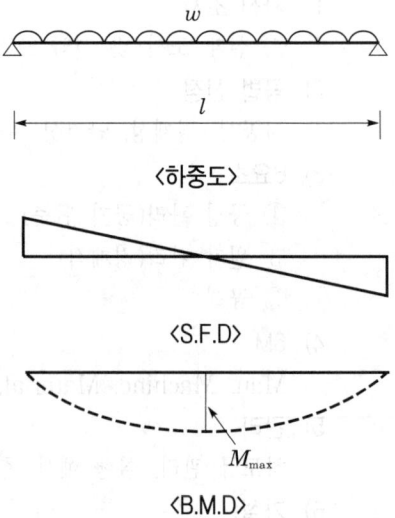

〈하중도〉

〈S.F.D〉

〈B.M.D〉

3) 처짐

$$Q_{\max}(\text{최대 처짐}) = \frac{5wl^4}{384EI} \leq \text{허용 처짐량}$$

$$\theta(\text{최대 처짐각}) = \frac{wl^3}{24EI} \leq \text{허용 처짐각}$$

Ⅲ. 시공상의 유의점

1. 거푸집

1) 강성 및 강도 확보
   Con'c 타설시 거푸집의 변형 및 파열이 일어나지 않도록 강도 유지

2) 거푸집 수밀성 유지
   ① 타설시 모르타르나 시멘트 Paste가 유출되면 품질 저하
   ② 조립후 간극, 틈을 최소화

3) 거푸집의 조임
   ① 조임은 볼트나 강봉을 사용하며 철선은 사용하지 않는다.
   ② 볼트의 간격, 배치, 강도 등을 파악한후 동일하고 균등하게 설치

4) 박리제
   ① Con'c에 오염되지 않는 재료 사용
   ② 철근 등에 묻지 않도록 거푸집 내면에 바른다.

2. 동바리

1) 균등한 응력 유지
   ① 버팀대, 장선, 멍에를 완전 고정하고 위치, 간격은 동일 조건하에 같은 치수 유지
   ② 부등 침하 방지

2) 동바리의 조립
   충분한 강도와 안전성을 가지도록 경사, 높이 등에 주의하여 시공

3) 동바리 전도 방지
   ① 버팀대, 로프, 체인, 턴 버클 등에 의해 좌굴 및 전도 방지
   ② 연결 부위의 강도를 확보한다.

4) 동바리 교체 원칙적으로 불가
   ① 큰 보 하부의 동바리
   ② 작업 하중, 집중 하중 등 큰 하중이 있을 때

5) 동바리 이음
   동바리의 이음은 하중을 충분히 전달할 수 있는 구조로 한다.

17 거푸집 공사의 안전성 검토

Ⅰ. 개요
① 거푸집은 철근 콘크리트 구조체를 설계도의 형상대로 만들기 위한 가설 공작물로서 거푸집 널·동바리·체결 철물 등으로 이루어졌다.
② 거푸집은 콘크리트 타설시 발생하는 각종 하중(Con'c 중량·작업 하중·충격 하중·측압 등)으로부터 안전한 구조여야 한다.

Ⅱ. 안전성 검토 Flow Chart

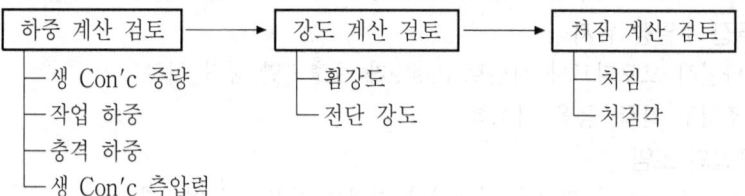

```
하중 계산 검토  ──→  강도 계산 검토  ──→  처짐 계산 검토
 ├ 생 Con'c 중량      ├ 휨강도            ├ 처짐
 ├ 작업 하중          └ 전단 강도         └ 처짐각
 ├ 충격 하중
 └ 생 Con'c 측압력
```

Ⅲ. 안전성 검토
1) 하중(외력) 계산 검토
   ① 생(生 : Fresh) Con'c 중량 : 미경화 Con'c 중량은 2,300 kgf/m³
   ② 작업 하중(바닥판·보밑 거푸집만 고려) : 강도 계산용은 360 kgf/m², 처짐 계산용은 180 kgf/m²
   ③ 충격 하중(바닥판·보밑 거푸집만 고려)
      ㉮ 강도 계산용은 1,150 kgf/m²(Con'c 중량의 1/2)
      ㉯ 처짐 계산용은 575 kgf/m²(Con'c 중량의 1/4)
   ④ 생(生 : fresh) Con'c 측압력 : Con'c 측압의 최대값
      ㉮ 벽=1.0 tf/m²(0.5×2.3 tf/m³= 약 1.0 tf/m²)
      ㉯ 기둥=2.5 tf/m²(1.0×2.3 tf/m³= 약 2.5 tf/m²)
2) 강도 계산 검토
   ① 휨강도 검토
   ② 전단 강도 검토
3) 처짐 계산 검토
   ① 처짐 검토
   ② 처짐각 검토

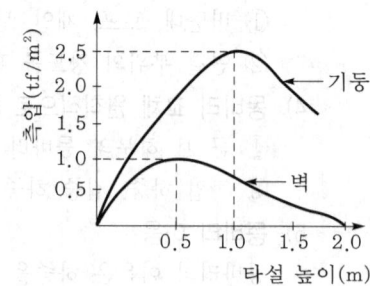

< 최대 측압 및 Concrete Head >

18 콘크리트 측압

Ⅰ. 정의

① 미경화 콘크리트를 타설하게 되면 거푸집의 수직 부재(거푸집널 등)는 유동성을 가진 콘크리트의 수평 방향 압력을 받게 되는데 이것을 측압이라 한다.

② 측압은 미경화 콘크리트의 윗면으로부터 거리(m)와 단위 용적 중량(tf/m^3)의 곱으로 표시하며, 단위는 tf/m^2이다.

Ⅱ. 인력 다짐시 측압(Lateral Pressure)

1) Concrete Head

① 콘크리트 타설 윗면에서부터 최대 측압이 생기는 지점까지의 거리를 말한다.

② 콘크리트의 타설된 높이에 따라 측압이 증가되다가 일정한 높이에 도달하면 측압은 오히려 감소하게 된다.

2) 측압

① Concrete Head의 최대값

  ㉮ 벽 : 0.5 m

  ㉯ 기둥 : 1.0 m

② 콘크리트의 최대 측압

  ㉮ 벽 : 0.5 m × 2.3 tf/m^3 ≒ 1.0 tf/m^2

  ㉯ 기둥 : 1.0 m × 2.3 tf/m^3 ≒ 2.5 tf/m^2

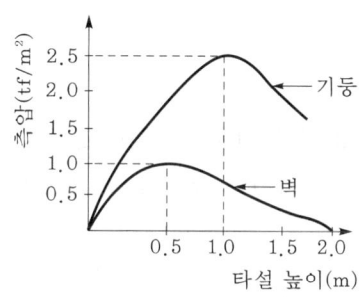

< 최대 측압 및 Concrete Head >

Ⅲ. 진동 다짐시 측압의 표준치

(단위 : tf/m^2)

분 류	기 둥	벽
진동기 미사용	3	2
진동기 사용	4	3

Ⅳ. 측압에 영향을 주는 요인(큰 경우)

① Form의 간격이 넓을 경우
② Form의 표면이 평활할수록
③ 콘크리트의 Slump치가 클수록
④ 콘크리트의 시공 연도가 좋을수록
⑤ 철골·철근량이 적을수록
⑥ 외기의 온·습도가 낮을수록
⑦ 부배합일수록
⑧ 타설 속도가 빠를수록
⑨ 다짐이 충분할수록
⑩ 상부에서 직접 낙하할 경우

19 | Concrete Head

I. 정의

콘크리트 타설 윗면에서부터 최대 측압이 생기는 지점까지의 거리를 Concrete Head라 하며, 타설 속도·타설 높이 등에 따라 Concrete Head의 높이는 달라지며 측압도 같이 변화하게 된다.

II. Concrete Head와 측압의 관계

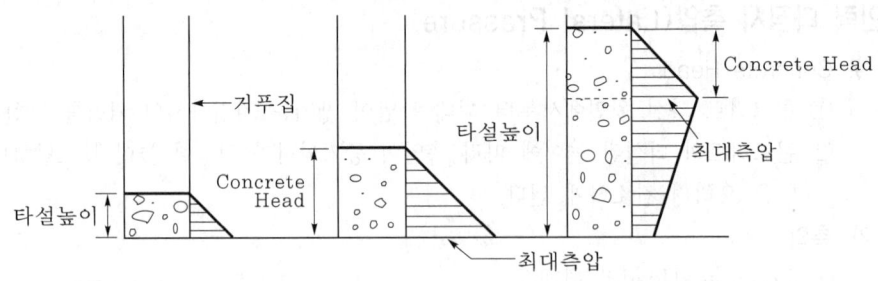

① 타설시작   ② Concrete Head 도달   ③ Concrete Head 초과

III. 인력 다짐시 측압의 최대값

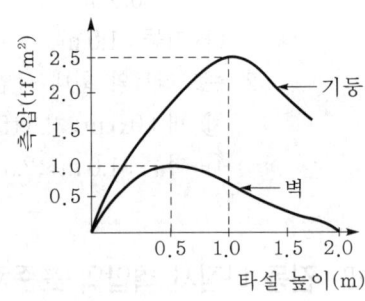

1) Concrete Head의 최대값
   ① 벽 : 0.5 m
   ② 기둥 : 1.0 m
2) 콘크리트의 최대 측압
   ① 벽 : $0.5\,m \times 2.3\,tf/m^3 ≒ 1.0\,tf/m^2$
   ② 기둥 : $0.1\,m \times 2.3\,tf/m^3 ≒ 2.5\,tf/m^2$

< 최대 측압 및 Concrete Head >

IV. 측압의 측정 방법

1) 수압판에 의한 방법
   금속재 수압판을 거푸집면 바로 아래에 장착하고, 콘크리트와 직접 접촉시켜 측압에 의한 탄성 변형에서 측압력을 측정하는 방법
2) 수압계를 이용하는 방법
   수압판에 직접 스트레인 게이지를 부착하여 수압판의 탄성 변형량을 정기적으로 측정하여 실제 수치를 파악하는 방법
3) 죄임 철물의 변형에 의한 방법
   거푸집 죄임 철물(Separator)이나 죄임 본체인 Bolt에 Strain Gauge를 부착시켜 응력 변형을 일으킨 양을 정기적으로 파악하여 측압으로 환산하는 방법
4) OK식 측압계
   거푸집 죄임 철물 본체에 유압 Jack을 장착하여 전달된 측압을 Bourdom Gauge에 의해 측정하는 방법

20 거푸집의 합리화 방안

Ⅰ. 개요

① 거푸집 공사는 철근 콘크리트 공사비의 20~30% 정도를 차지하며, 마감 작업의 바탕인 구조체의 품질에 영향이 크므로 합리적인 재료 및 공법 선정이 필요하다.

② 합리적인 시공 계획을 위해서는 재료·장비·공법에 대한 충분한 지식과 풍부한 경험이 필요하며, 시공 계획을 수행할 능력이 있는 기능 인력의 확보가 중요하다.

Ⅱ. 합리화를 위한 공법

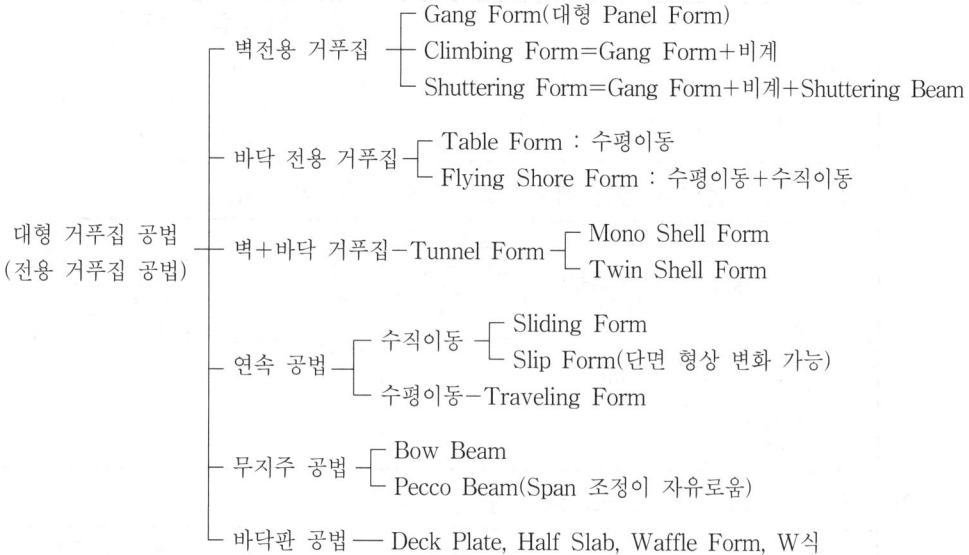

대형 거푸집 공법 (전용 거푸집 공법)

- 벽전용 거푸집
  - Gang Form(대형 Panel Form)
  - Climbing Form=Gang Form+비계
  - Shuttering Form=Gang Form+비계+Shuttering Beam
- 바닥 전용 거푸집
  - Table Form : 수평이동
  - Flying Shore Form : 수평이동+수직이동
- 벽+바닥 거푸집─Tunnel Form
  - Mono Shell Form
  - Twin Shell Form
- 연속 공법
  - 수직이동
    - Sliding Form
    - Slip Form(단면 형상 변화 가능)
  - 수평이동─Traveling Form
- 무지주 공법
  - Bow Beam
  - Pecco Beam(Span 조정이 자유로움)
- 바닥판 공법──Deck Plate, Half Slab, Waffle Form, W식

Ⅲ. 문제점

① 기능 인력 확보 및 양성 노력 부족
② 전용 횟수의 부족
③ 시공 오차가 크고 대량 생산의 어려움
④ 기업체의 신공법 기피 현상

Ⅳ. 합리화 방안

성력화	대형 System 거푸집의 사용으로 인력 절감
업체의 의식개혁	전문 기능 인력 양성 노력과 전문 하도급업체 육성
공법의 개발	부재의 공업화·재료의 건식화·시공의 기계화
합리적인 현장 품질관리	경험·직감에서 탈피하여 과정을 중시하는 합리적인 사고의 정착
모듈화(Module化)	모듈화된 치수의 사용으로 전용 횟수 증가 및 재료의 손실 감소

21 | 거푸집 존치기간

Ⅰ. 개요
① 거푸집은 콘크리트가 상당히 경화하여 거푸집에 압력을 받지 않게 될 때까지 그 상태로 두는 것이 원칙이다.
② 구조물의 콘크리트가 자중 및 시공 중에 가해지는 하중을 받는데 필요한 강도에 달할 때 될 수 있는 대로 빨리 거푸집 및 동바리를 떼어 내는 것이 좋다.

Ⅱ. 존치기간
1) 압축 강도를 시험할 경우

부 재	콘크리트의 압축 강도(f_{cu})
확대 기초, 보 옆, 기둥, 벽 등의 측벽	5 MPa 이상
슬래브 및 보의 밑면, 아치 내면	설계기준강도의 2/3 이상 또한 14 MPa 이상

2) 압축 강도를 시험하지 않을 경우(기초, 보 옆, 기둥, 벽인 측면)

시멘트의 종류 / 평균기온	조강 포틀랜드 시멘트	보통 포틀랜드 시멘트 고로 슬래그 시멘트(특급) 포틀랜드 포졸란 시멘트(A종) 플라이 애시 시멘트(A종)	고로 슬래그 시멘트 포틀랜드 포졸란 시멘트(B종) 플라이 애시 시멘트(B종)
20℃ 이상	2일	3일	4일
20℃ 미만 10℃ 이상	3일	4일	6일

3) 거푸집 존치기간 비교(콘크리트의 압축강도 시험시)

부 재	콘크리트의 압축 강도(f_{cu})	시방서의 종류
슬래브 및 보의 밑면, 아치 내면	설계기준강도의 2/3 이상 또한 14 MPa 이상	콘크리트 표준 시방서
		가설공사 표준 시방서
	21일 이후 또한 설계기준강도 90% 이상	토목공사 표준 시방서

Ⅲ. 해체시 유의사항
① 거푸집의 강성은 해체시까지 유지할 것
② Con'c의 양생에 지장이 없도록 진동·충격 등에 유의할 것
③ 해체의 순서는 조립의 역순으로 실시할 것
④ 공법의 선정시 해체가 용이하고 안전한 공법을 채택할 것
⑤ 숙련공에 의한 작업이 실시되어야 안전사고가 예방됨
⑥ 안전사고 방지를 위한 사전교육 실시 및 해체시 감시자를 둘 것
⑦ 상부층의 콘크리트 타설 후 하부층의 동바리 해체를 실시할 것

22 거푸집 공사 관련용어

1) 와이어 클립퍼(Wire Cliper)
   거푸집 긴장 철선을 콘크리트 강화후 절단하는 절단기
2) 요크(York)
   슬라이딩 폼 공법에서 거푸집을 수직으로 끌어올리는 장비
3) 크램프(Clamp)
   ① 강재로서 나무 구조의 이음·접합 등의 보강에 사용하는 철물
   ② 강관 비계의 조립에 사용되는 파이프 상호를 결합하는 철물
4) 스페이서(Spacer)
   철근과 거푸집의 간격 유지로 피복두께를 확보하는 간격제(굄재)
5) 인서트(Insert)
   ① 콘크리트에 달대와 같은 설치물을 고정하기 위하여 매입하는 철물
   ② 콘크리트 타설전에 설치하는 선설치 방법과 콘크리트 타설후에 설치하는 후설치 방법
   ③ 선설치 방법이 견고하고 안전하므로 주로 선설치 방법을 사용
6) 거푸집 진동기
   PC 공장에서 거푸집의 외부에 진동을 가하는 것
7) 즉시 탈형
   반죽이 매우 된 콘크리트에 강력한 진동 다짐이나 압력 등을 가하여 성형시킨후 즉시 거푸집의 일부 도는 전부를 떼어내는 것
8) Drop Head
   철재 거푸집(Euro Form)에서 지주를 제거하지 않고 Slab 거푸집만 제거할 수 있도록 사용되는 철물

제3장 ▶ 콘크리트

제3절 일반 콘크리트

일반 콘크리트 과년도 문제

1. 조강 Cement의 특성 [75(10)]
2. 콘크리트 수화열 관리방안 [06후(10)]
3. 시멘트의 풍화 [06전(10)]
4. 경량 골재의 종류 [96후(20)]
5. 개정된 콘크리트 표준시방서상 부순 굵은 골재의 물리적 성질 [06전(10)]
6. 골재의 조립률(Fineness Modulus) [01전(10)]
7. 골재의 유효 흡수율과 흡수율 [04전(10)]
8. 골재의 흡수율과 유효 흡수율 [16전(10)]
9. 골재의 유효 흡수율 [94후(10)]
10. 골재의 유효 흡수율 [01후(10)]
11. Concrete 혼화재와 혼화제의 차이점과 종류 [97중전(20)]
12. 수화 조절제 [13전(10)]
13. 콘크리트 혼화 재료로서의 촉진제 [95중(20)]
14. 유동화제 [95전(20)]
15. 유동화제 [01전(10)]
16. 고성능 감수제와 유동화제의 차이 [03후(10)]
17. 수중 불분리성 콘크리트 [11전(10)]
18. 실리카 퓸(Silica Fume) [04전(10)]
19. 잠재 수경성과 포졸란(Pozzolan) 반응 [03후(10)]
20. 플라이 애시(Fly Ash) [01후(10)]
21. 펌퍼빌리티(Pumpability) [04전(10)]
22. 진동 다짐 공법의 상세 [77(10)]
23. 콘크리트 구조물 줄눈 [97중후(20)]
24. 콘크리트의 시공 이음 [97후(20)]
25. 콘크리트 포장의 시공 조인트(Joint) [07후(10)]
26. Cold Joint [85(10)]
27. Cold Joint [90후(10)]
28. Cold Joint [92전(10)]
29. 콜드 조인트(Cold Joint) [94후(10)]
30. 콜드 조인트(Cold Joint) [01후(10)]
31. 콜드 조인트(Cold Joint) [02중(10)]
32. 신축 장치(Expansion Joint) [00중(10)]
33. 분리 이음(Isolation Joint) [05전(10)]
34. 균열 유발 줄눈의 설치 목적 및 지수대책과 시공관리시 고려해야 할 내용 [98중전(20)]
35. 균열 유발 줄눈 [99전(20)]
36. 균열 유발 줄눈 [08중(10)]
37. 지연줄눈(Delay Joint, Shrinkage Strip, Pour strip) [13전(10)]
38. 습윤 양생 방법 [77(10)]
39. 촉진 양생 [04후(10)]
40. Con′c 온도제어 양생방법 중 Pipe Cooling 공법 [03후(10)]

일반 콘크리트 과년도 문제

41. 콘크리트의 적산온도 [02중(10)]
42. 콘크리트의 적산온도(Maturity) [06중(10)]
43. 불량 레미콘처리 [06전(10)]
44. 레미콘 현장반입 검사 [06후(10)]
45. 워커빌리티(Workability) 측정방법 [04중(10)]
46. 비파괴 시험(Non－Destructive Test) [07전(10)]
47. 콘크리트의 초음파 검사 [15전(10)]
48. 시방배합과 현장배합 [79(10)]
49. 시방배합과 현장배합 [86(20)]
50. 콘크리트 시방배합과 현장배합 [98중후(20)]
51. 현장배합 [82전(10)]
52. 현장배합 [05후(10)]
53. 설계기준강도와 배합 강도 [79(10)]
54. 콘크리트의 설계기준강도와 배합 강도 [02후(10)]
55. 배합 강도 [92전(10)]
56. 콘크리트의 배합 강도 [01전(10)]
57. 배합 강도를 정하는 방법 [03전(10)]
58. 콘크리트 배합 강도 결정방법 2가지 [04후(10)]
59. 콘크리트 배합 결정에 필요한 항목 [12후(10)]
60. 변동계수와 증가계수 [93후(20)]
61. 변동계수 [92전(10)]
62. 공칭강도와 설계강도 [11후(10)]
63. W/C비 선정방법 [01후(10)]
64. 물시멘트비와 콘크리트 압축 강도 σ_{28}과의 관계 [77(10)]
65. 물결합재비(W/B, Water Binder Ratio) [10중(10)]
66. 물-시멘트비(W/C)와 물-결합재비(W/B) [14중(10)]
67. 콘크리트의 조기강도 평가 [00전(10)]
68. 콘크리트 운반중의 슬럼프 및 공기량 변화 [00후(10)]
69. 골재의 최대치수 [92전(10)]
70. 잔골재율 [96전(20)]
71. 잔골재율(s/a) [11중(10)]
72. 철근 콘크리트 시방서상의 사용성과 내구성 [00후(10)]
73. 안전성과 사용성 [93후(20)]
74. 콘크리트 내구성 지수(Durability Factor) [07후(10)]
75. 환경지수와 내구지수 [99중(20)]
76. 환경지수와 내구지수 [10후(10)]
77. 콘크리트 구조물의 열화현상(Deterioration) [01중(10)]
78. 해사의 염해 대책 [95전(20)]
79. 콘크리트의 염해(Chloride Attack) [07전(10)]
80. 염분과 철근 방청 [03전(10)]
81. 콘크리트의 탄산화(Carbonation) [08중(10)]
82. 콘크리트의 알칼리 골재반응 [95전(20)]

일반 콘크리트 과년도 문제

83. 콘크리트의 알칼리 골재반응 [97전(20)]
84. 알칼리 골재반응[09중(10)]
85. Concrete Shrinkage(수축) [87(10)]
86. 소성(塑性) 수축(收縮) 균열(龜裂) [96전(20)]
87. 콘크리트의 소성 수축 균열 [04전(10)]
88. 콘크리트 자기 수축 현상 [10후(10)]
89. 자기 수축 균열(Autogenous Shrinkage Crack) [14후(10)]
90. 콘크리트의 건조수축 [02전(10)]
91. 콘크리트의 초기균열 [97후(20)]
92. 황산염과 에트린가이트(Ettringite) [06전(10)]
93. 콘크리트의 황산염 침식(Sulfate Attack) [05중(10)]
94. 콘크리트의 분리와 Bleeding의 방지법 [77(10)]
95. Bleeding [90후(10)]
96. 콘크리트 블리딩(Bleeding) 및 레이턴스(Laitance) [05중(10)]
97. 콘크리트 블리딩(Bleeding) 및 레이턴스(Laitance) [08중(10)]
98. 허니컴(Honey Comb) [05전(10)]
99. 중공 콘크리트 슬래브의 균열발생원인 [97전(20)]
100. H형 강말뚝에 의한 슬래브의 개구부 보강 [11전(10)]
101. 콘크리트의 보수재료 선정기준 [12중(10)]
102. 피로파괴와 피로강도(疲勞破壞와 疲勞强度) [96전(20)]
103. 피로한도(疲勞限度) [99전(20)]
104. 피로파괴 [99후(20)]
105. 콘크리트의 피로강도 [06중(10)]
106. 콘크리트 포장의 피로균열(Fatigue Cracking) [08전(10)]
107. 콘크리트의 크리프(Creep) [94후(10)]
108. 콘크리트의 크리프(Creep) 현상 [01전(10)]
109. 콘크리트의 Creep 현상 [04중(10)]
110. 콘크리트 인장강도 [11전(10)]
111. 취도계수(脆渡係數) [04중(10)]
112. 극한 한계상태와 사용 한계상태 [97선(20)]
113. 프리텐션방식과 포스트텐션방식 [79(10)]
114. 프리텐션(Pretension) 공법과 포스트텐션(Post-tension) 공법 [02후(10)]
115. 강선 긴장순서와 순서결정이유 [12전(10)]
116. PC 강재의 Relaxation [94후(20)]
117. PC 인장재의 Relaxation [96후(20)]
118. PC 강재의 Relaxation [00후(10)]
119. 강재의 Relaxation [08중(10)]
120. Prestress의 손실 [11중(10)]
121. 응력부식(應力腐蝕) [99전(20)]
122. 응력부식(Stress Corrosion) [04후(10)]
123. Pre-stressed Concrete(PSC) Grout 재료의 품질조건 및 주입시 유의사항 [98중전(20)]

1 　 Cement의 종류

Ⅰ. 개요

① Portland Cement는 석회질의 원료와 점토질의 원료를 혼합하여 소성한 Clinker
에 석고를 가하여 분쇄한 것이다.

② 중요한 성분으로는 석회(CaO : 무수황산), 이산화 규산(SiO_2), 삼산화 알미늄
(Al_2O_3), 산화철(Fe_2O_3 : 산화제2철)과 석고를 첨가한 무수황산(SO_3 : 3산화유
황) 등이 있다.

Ⅱ. Cement의 분류

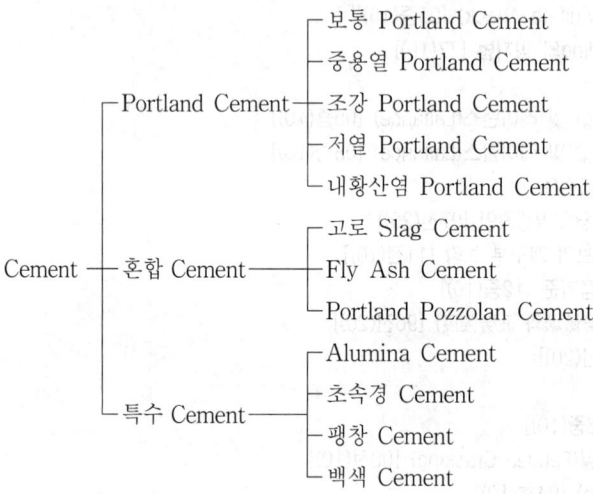

```
                            ┌ 보통 Portland Cement
                            ├ 중용열 Portland Cement
            ┌ Portland Cement ┼ 조강 Portland Cement
            │               ├ 저열 Portland Cement
            │               └ 내황산염 Portland Cement
            │               ┌ 고로 Slag Cement
  Cement ──┼ 혼합 Cement ───┼ Fly Ash Cement
            │               └ Portland Pozzolan Cement
            │               ┌ Alumina Cement
            │               ├ 초속경 Cement
            └ 특수 Cement ───┼ 팽창 Cement
                            └ 백색 Cement
```

Ⅲ. Cement의 선정 및 저장시 유의사항

① 풍화된 Cement는 비중이 작아지고 응결을 지연시킴

② 풍화된 Cement는 초기 강도가 작아지고, 특히 압축 강도를 저하시킴

③ 방습 설비가 완전하고 검사가 쉬운 곳에 품종별로 구분하여 저장할 것

④ Cement 창고는 통풍이 되지 않도록 할 것

⑤ 바닥은 지면으로부터 300 mm 이상 띄워야 방습에 유리함

⑥ 반입한 순서대로 꺼내 쓰도록 할 것

⑦ 13포대 이상 쌓지 않도록 하며, 장기간 저장시는 7포대 이상 쌓으면 안 됨

⑧ 3개월 이상 저장한 Cement는 사용전에 시험을 거쳐야 함

⑨ Cement의 온도가 너무 높을 때는 온도를 낮추어 사용할 것

2 중용열 Portland Cement

Ⅰ. 정의

① Alumina의 성분이 작고, Silica 성분이 많은 Cement로서 초기 강도의 발현은 늦으나 장기 강도에는 유리한 Cement이다.

② 수화열이 낮아 건조 수축의 발생이 적고, 균열의 발생도 적다.

Ⅱ. 중용열 Portland Cement의 강도 발현 곡선

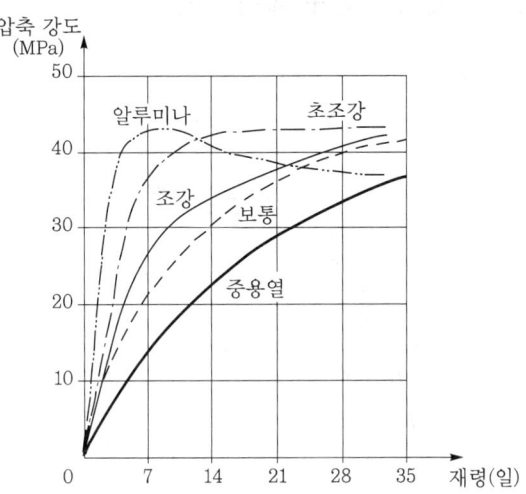

Ⅲ. 적용 대상

① Mass Con'c   ② 수밀 Con'c

③ 차폐(중량) Con'c   ④ 서중 Con'c

⑤ Dam 및 기초와 같은 Massive한 구조물

Ⅳ. 특성

① 내침식성 및 내구성이 크다.

② 장기 강도 및 내화학성의 확보에 유리하다.

③ 모르타르의 간극 충진 효과가 크다.

④ Bleeding 현상이 적어진다.

⑤ 수화 발열량이 낮아 균열의 발생이 적다.

Ⅴ. 사용할 때 유의사항

① 콘크리트의 단위 수량이 증가하여 강도상 불리할 수 있으므로 유의

② Silica 성분은 탄산 가스에 의한 탄산화가 쉬우므로 유의

③ 동결 융해에 대한 저항성은 보통 Cement보다 불리한 경우가 많으므로 유의

3 조강 Portland Cement의 특성

[75(10)]

Ⅰ. 개요

① 석회와 Alumina 성분을 많이 포함한 Cement로서, 보통 Portland Cement의 7일 강도를 3일만에 발현시킬 수 있다.

② 조강 Portland Cement의 사용시 7일이면 보통 Portland Cement의 28일 강도를 확보할 수 있으나, 수화 발열량이 많아 건조 수축 균열에 대비하여야 한다.

Ⅱ. 조강 Portland Cement의 강도 발현 곡선

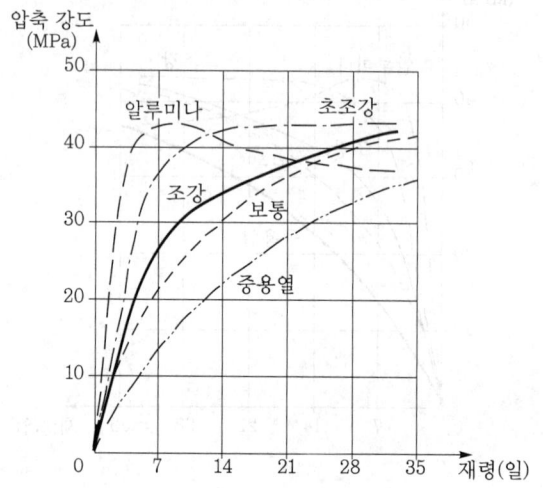

Ⅲ. 적용 대상

① 긴급 공사
② 한중 Con'c 공사
③ 조기 고강도를 요하는 공사
④ 수중 공사
⑤ 콘크리트 2차 제품

Ⅳ. 특성

① 조기 강도의 발현이 빠르다.
② 응결할 때 수화 발열량이 많다.
③ 낮은 온도에서도 강도 저하가 적다.
④ 분말도가 높다.
⑤ 건조 수축에 의한 균열이 생기기 쉽다.
⑥ 보통 Portland Cement보다 Slump의 감소가 크다.

Ⅴ. 사용시 유의사항

① 치수가 큰 구조물의 타설시 1회의 타설량이 너무 커서는 안 됨
② 치수가 큰 구조물의 타설시는 냉각 방법의 고려가 필요함
③ 재령이 경과한 후에도 구조체에 고온의 영향(강도 저하의 원인)이 없을 것
④ 타설할 때까지의 소요 온도를 최대한 짧게 유지할 것

4 고로 Slag Cement

Ⅰ. 정의

① Portland Cement의 Clinker와 고로 Slag에 석고를 가하여 혼합 분쇄하여 만들거나 Clinker · 고로 Slag · 석고를 따로 조합 분쇄하여 만든 Cement이다.
② Slag의 주성분은 Silica, Alumina, 석회를 주성분으로 하고 있다.

Ⅱ. 고로 Slag의 성분 분석

구 분	성분율(%)
Silica(SiO_2)	30~35
Alumina(Al_2O_3)	13~18
석회(CaO)	38~45
산화제2철(Fe_2O_3)	0.5~1.0
산화마그네슘(MgO)	0.5~1.5

Ⅲ. 혼합 Portland Cement의 분류

① 고로 Slag Cement
② Fly Ash Cement
③ Portland Pozzolan Cement

Ⅳ. 분쇄 방식

① 동시 분쇄 방식 : 건조 Slag · Clinker · 석고를 동시에 분쇄
② 분리 분쇄 방식 : 건조 Slag · Clinker · 석고를 따로 분쇄하여 혼합
③ Slurry 혼합 방식 : 물을 가한 Slag(Slurry)를 Portland Cement와 혼합

Ⅴ. 특징

① 구조체의 장기 강도를 좋게 한다.
② 해수 · 하수 · 지하수 · 광천 등의 내침투성이 우수하다.
③ 수화열이 낮다.
④ 분말도가 낮다.

Ⅵ. 사용시 유의사항

① 응결 시간이 다소 늦어지므로 유의할 것
② Silica 성분의 탄산가스에 의한 탄산화가 쉬우므로 유의할 것
③ 동결 융해에 대한 저항성이 약하므로 유의할 것
④ Pump의 압송시 저항성이 크므로 유의할 것

5 | Portland Pozzolan Cement

Ⅰ. 정의

① 포틀랜드 시멘트에 포졸란을 첨가하여 혼합한 시멘트를 Portland Pozzolan Cement 라고 하며 Pozzolan Cement라고도 한다.

② Cement의 수화 과정에서 발생하는 수산화칼슘과 결합(Pozzolan 반응), 불용 성 화합물을 생성하는데 이때의 Silica질의 재료를 Pozzolan이라 한다.

Ⅱ. Silica질 재료(Pozzolan)의 분류

분류	토 사
천연 Pozzolan	규조토(硅藻土), 응회암(凝灰岩), 규산백토(硅酸白土), 화산재 등
인공 Pozzolan	Fly Ash, 소점토(燒粘土) 등

Ⅲ. 혼합 Cement의 분류

① 고로 Slag Cement

② Fly Ash Cement

③ Portland Pozzolan Cement

Ⅳ. 특징

① 콘크리트의 화학 저항성이 향상되며, Workability가 좋아짐

② Portland Pozzolan Cement중 Alumina가 많으면 초기 강도가 높아지고, Silica 가 많으면 장기 강도가 높아짐

③ 모르타르 내의 간극을 충진하는 효과가 크고, 투수성이 줄어듦

④ 성형성이 좋고, 보수성이 좋음

⑤ Bleeding이 감소하고, 백화 현상이 적어짐

⑥ 수화 발열량이 적고, 온도 응력에 의한 균열을 방지하는 역할을 함

Ⅴ. 사용할 때 유의사항

① 콘크리트의 단위 수량이 증가하여 강도상 불리할 수 있으므로 유의해야 한다.

② Portland Pozzolan Cement는 탄산가스에 의한 탄산화가 쉬우므로 유의해야 한다.

③ 동결 융해에 대한 저항성이 약하므로 유의해야 한다.

④ 표면 활성제 등의 혼화제는 Pozzolan에 흡착되어 사용량이 많아질 수 있으므 로 유의해야 한다.

6 Alumina Cement

Ⅰ. 정의

① Aluminium의 원광석인 Bauxite 같은 Alumina 성분을 석회석과 균일하게 혼합될 때까지 소성(Burning)하여 급격히 냉각시켜 분쇄한 Cement이다.
② 알루민산 석회를 주광물로 한 Cement이다.

Ⅱ. Alumina Cement의 강도 발현 곡선

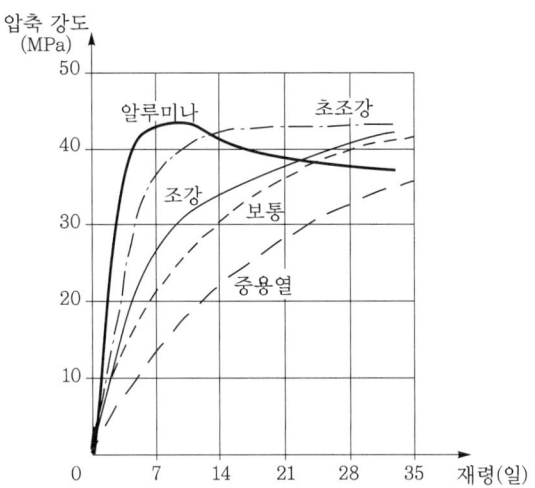

Ⅲ. 적용 대상

① 구조체의 조강성이 필요한 공사
② 내화 Con'c 공사
③ 긴급 공사
④ 내화학성이 필요한 공사
⑤ 저온에서의 공사

Ⅳ. 특징

① 조기 강도가 커서 보통 Portland Cement의 28일 강도를 24시간만에 발현
② 해수에 대한 저항성과 내화성이 커지나, 가격이 고가
③ 응결·경화시 발열량이 큼
④ 한랭기 공사시 수화열로 인해 응결에 필요한 정상적인 온도를 유지할 수 있음
⑤ 콘크리트 타설후 4시간만에 10 MPa 이상의 강도가 생김
⑥ Alumina Gel이 Cement 입자를 피복하여 내침식성(耐侵食性)이 좋아짐

V. 사용시 유의사항

① 초기에는 고강도를 발현하나 불안정적이고, 시간이 경과함에 따라 안정적이 되므로 강도 저하에 유의해야 함

② 물결합재비는 40~50%가 적당하며, 타설후 온도가 높아지는 것에 유의

③ 큰 구조물의 시공시 1회의 타설량이 너무 커서는 안 되며, 별도의 냉각 방법 등을 고려

④ 보통 Portland Cement보다 Slump의 감소가 빠르므로 타설까지의 소요 시간을 짧게 하고, 재령이 경과한 후에도 구조체에 높은 온도가 있으면 강도 저하가 있으므로 유의

7 팽창 Cement

Ⅰ. 정의

① 물과 반응하여 경화의 과정에서 팽창하는 성질을 가진 Cement를 말한다.
② 팽창 방법으로는 Ettringite(석회, Bauxite, 석고가 주원료)를 많이 생성시키는
방법과 수산화칼슘의 결정에 의하여 팽창시키는 방법이 있다.

Ⅱ. 팽창 콘크리트와 보통 콘크리트의 팽창성

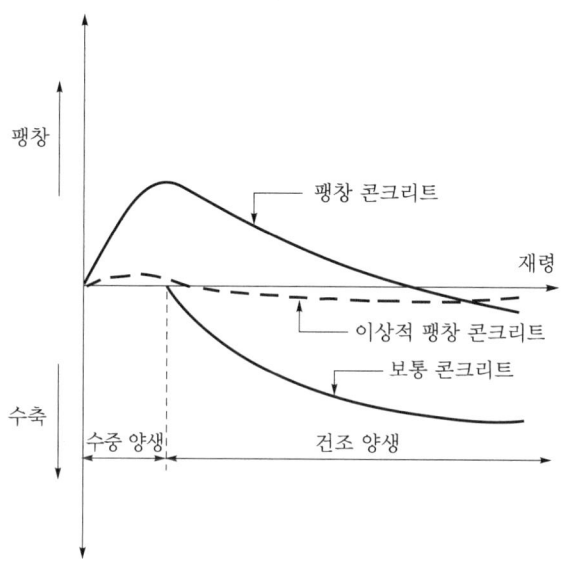

Ⅲ. 적용 대상

① 균열 보수 공사
② 장 Span의 구조물 공사
③ Pre-cast 대형 Panel 부재 제작
④ 상구소물 기초변 처리
⑤ Grout재로 사용
⑥ 무(無) Joint의 도로 포장 공사

Ⅳ. 특징

① 콘크리트의 결점인 수축성을 개선
② 28일간 습도 약 50%로 기건 양생했을 때 0.05% 팽창하였고, 수중 양생한 경
우는 0.15% 정도의 팽창을 함(공시체 시험)
③ 응결·Bleeding·Workability는 보통 Portland Cement와 비슷함
④ 수축률은 보통 콘크리트에 비해 20~30% 낮음

⑤ 균열 발생이 보통 Portland Cement에 비해 현저히 감소

⑥ 콘크리트가 수밀화되므로 강도가 커짐

⑦ 콘크리트가 팽창하여 압축 응력을 발생시키므로 Prestress가 도입되는 효과 발생

V. 유의사항

① 팽창 Con'c는 양생에 의한 품질 변화가 많으므로 유의해야 한다.

② 비빔 시간이 길어지면 팽창률이 저하하므로 유의해야 한다.

③ 개발 단계에 있으므로 적용시 신중한 검토가 필요하다.

8 백색 Portland Cement

Ⅰ. 정의

① 산화철 성분을 작게 하고, Cement의 주성분인 석회석 및 점토의 선정시 착색 성분이 없는 것을 사용하여 백색으로 만든 Cement이다.

② 백색 Portland Cement는 내구성이 필요한 구조체보다는 장식용, 미장용, 인조 대리석 제작 등에 주로 사용된다.

Ⅱ. 포틀랜드 시멘트의 품질 기준

구 분	분말도 (cm^2/g)	안정도 (%)	초 결 (분)	종 결 (시간)	압축 강도(MPa)		
					3일	7일	28일
KS 규격	2,800 이상	0.8 이하	60 이상	10 이하	13 이상	20 이상	29 이상

Ⅲ. 용도

① Slate, 인조석, Terrazzo, 연석, Tile 등의 콘크리트 2차 제품

② 구조물, 기념탑, 공원 시설 등의 도장에 사용

③ 안전 지대, 횡단 보도, 중앙 분리대, 교통 관계 표식용 등에 사용

④ 실내의 Hall, 공장, 창고, 지하실 등의 밝기가 필요한 곳

Ⅳ. 특징

① 물과 비빈후 2~3시간이 경과하면 흰 정도가 10% 감소, 1주후 원상태로 됨

② 산화 철분을 극도로 줄인 Cement임

③ 보통 Portland Cement보다 높은 강도를 발휘하며, 단기 강도는 조강 Portland Cement와 거의 비슷함

④ 강도가 높기 때문에 물, 풍우, 서리, 동결 등에 강함

Ⅴ. 사용할 때 유의사항

① 습기에 약하므로 건조 상태로 보관하여야 한다.

② 골재가 오염되거나 다른 재료와 혼합되면 Cement의 순백이 떨어지므로 유의해야 한다.

③ 안료의 첨가량은 시멘트 중량의 10% 이하가 적당하고, 많이 첨가하면 강도 저하나 경화 불량의 원인이 된다.

④ 시공후 2일 이내에 외기온이 5℃ 이하로 저하할 경우는 시공을 피해야 한다.

9 | MDF(Macro Defect Free) Cement

Ⅰ. 정의

① 1981년 영국에서 처음 개발되었으며, Cement 입자가 대단히 미세한 분말 구조로 되어 있어 고수밀성의 Con'c를 얻을 수 있다.

② 콘크리트에 큰 기공이나 결함이 없게 하여 MDF(Macro Defect Free)라고 불려지게 되었다.

Ⅱ. 성능 및 효과

압축 강도	·150~250 MPa 이상
인장 강도	·30~100 MPa 이상
휨강도	·40~150 MPa 이상

① 물결합재비 10% 이하의 Cement Paste 제조 가능

② Cement 중의 큰 결함이나 기공($2{\sim}15\mu$m 정도)을 추출해 내어 응력 집중에 의한 파괴 방지

Ⅲ. 적용 대상

① 고수밀성·고강도성이 요구되는 구조

② 공업용 선반의 Plate 등

③ 콘크리트 제품(Tile, 창문틀 등)

④ 건설용 구조재, 공장 생산 제품 등

Ⅳ. 특성

① 낮은 물결합재비로 저 기공의 Con'c를 얻을 수 있음

② 충전 및 보강 효과가 뛰어남

③ 철의 강도의 반(1/2)정도

④ 치밀한 미수화(未水和) Clinker 효과

⑤ 유동성과 분산성을 높이기 위한 혼화 재료를 사용함

Ⅴ. 사용시 유의사항

① 건조한 곳에 보관하여 10단 이하 적재

② 공기중의 수분과 반응하며, 풍화하기 쉽고 Gel Time과 강도가 저하

③ 현장 반입후 빠른 시간에 사용할 것

10 콘크리트 품질관리와 품질 검사

Ⅰ. 개요

① Con′c 공사는 비빔·운반 도중 재료 분리가 없게 하고, 타설·다짐은 균일하고 밀실히 하여 양생을 충분히 함으로써 좋은 품질의 Con′c를 얻을 수 있다고 본다.

② Con′c 품질 검사는 재료에 대한 시험(Cement, 골재)과 타설 전후의 시기적 시험으로 구분할 수 있다.

Ⅱ. 품질관리 Flow Chart

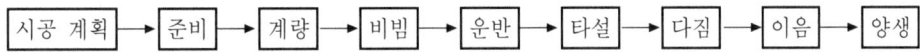

시공 계획 → 준비 → 계량 → 비빔 → 운반 → 타설 → 다짐 → 이음 → 양생

Ⅲ. 품질 검사

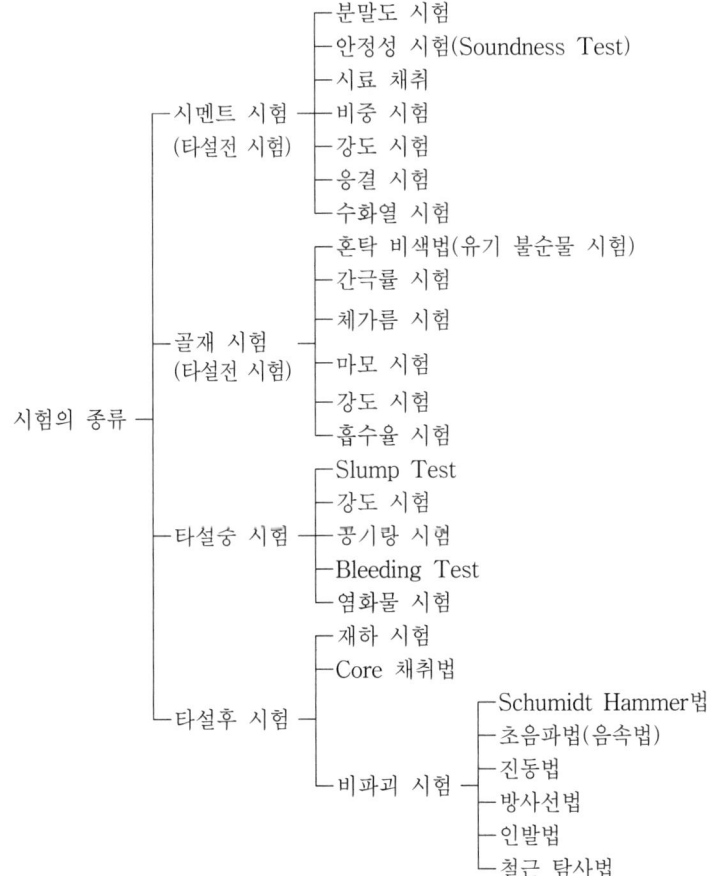

- 시험의 종류
  - 시멘트 시험 (타설전 시험)
    - 분말도 시험
    - 안정성 시험(Soundness Test)
    - 시료 채취
    - 비중 시험
    - 강도 시험
    - 응결 시험
    - 수화열 시험
  - 골재 시험 (타설전 시험)
    - 혼탁 비색법(유기 불순물 시험)
    - 간극률 시험
    - 체가름 시험
    - 마모 시험
    - 강도 시험
    - 흡수율 시험
  - 타설중 시험
    - Slump Test
    - 강도 시험
    - 공기량 시험
    - Bleeding Test
    - 염화물 시험
  - 타설후 시험
    - 재하 시험
    - Core 채취법
    - 비파괴 시험
      - Schumidt Hammer법
      - 초음파법(음속법)
      - 진동법
      - 방사선법
      - 인발법
      - 철근 탐사법

Ⅳ. 품질관리

① 시공 계획 : 입지 조건, 설계 도서 검토 등 공사 전반에 대한 관리
② 준비 : 기상 조건, 레미콘 공장 선정, 인력 등에 대한 관리
③ 계량 : 계량 오차, 동력 오차 등에 대한 관리
④ 비빔 : 기계 비빔일 경우 회전 속도, 시간 등에 대한 관리
⑤ 운반 : 레미콘의 운반 거리, 도로 교통량, 정체 시간 등에 대한 관리
⑥ 타설 : 철근 배근, 거푸집, 매설물 등에 대한 관리
⑦ 다짐 : 진동 방법, 진동 시간, 간격, 깊이 등에 대한 관리
⑧ 이음 : Cold Joint 방지, Movement Joint에 대한 관리
⑨ 양생 : 양생 방법, 기간, 진동·충격 방지 등에 대한 관리

11 시멘트 분말도

Ⅰ. 정의

① 분말도 시험은 시멘트의 수화 작용과 강도를 측정하기 위한 것이다.

② 분말도 시험법에는 체가름 시험법과 비표면적 시험(브레인 공기 투과장치에 의한 시험)법 등이 있다.

Ⅱ. 분말도의 성질

종 류	성 질
분말도가 큰 시멘트	① 시멘트 입자의 크기가 가늘어 면적이 커진다. ② 수화열이 많아지고 응결이 빠르다. ③ 건조 수축이 커지므로 균열이 발생하기 쉽다.
분말도가 작은 시멘트	① 시멘트 입자가 크므로 면적이 적어진다. ② 시공 연도가 나쁘고 수밀성이 저하된다. ③ 골재를 둘러싸는 능력이 적어서 강도가 저하된다.

Ⅲ. 시험 방법

1) 체가름 시험(표준체 시험)

① 시료 50 gf를 표준체(88 μm)에 넣고 한 손으로 1분간 150번의 속도로 체를 두드려 치며, 25회 두드릴 때마다 체를 약 1/6 회전시킨다.

② 1분간 통과량이 0.1 gf 이하가 되면 그치고, 남은 것을 측정하여 분말도를 산정한다.

2) 비표면적 시험(브레인 투과장치에 의한 시험)

① 비표면적 시험에는 단위는 cm^2/gf로 표시되며 보통 시멘트의 경우 2,800~3,200 cm^2/gf이다.

② 비표면적이란 1 gf의 시멘트가 가지고 있는 전체 입자의 면적을 말한다.

③ 분말도가 클수록, 즉 미세할수록 표면적은 증가되고 수화작용이 빨라진다.

Ⅳ. 포틀랜드 시멘트의 분말도

① 보통 포틀랜드 시멘트 : 3,000 cm^2/gf

② 중용열 포틀랜드 시멘트 : 2,800 cm^2/gf

③ 조강 포틀랜드 시멘트 : 3,200 cm^2/gf

12 응결(Setting) 및 경화(Hardening)

Ⅰ. 정의

① Cement가 물과 접촉하여 수화반응에 따라 점점 굳어져 유동성을 잃기 시작해 서부터 형상을 그대로 유지할 정도로 굳어질 때까지의 과정을 응결(Setting)이 라 한다.

② 응결 과정 이후의 강도 발현 과정을 경화(Hardening)라 한다.

Ⅱ. 응결 · 경화 과정(수화 과정)

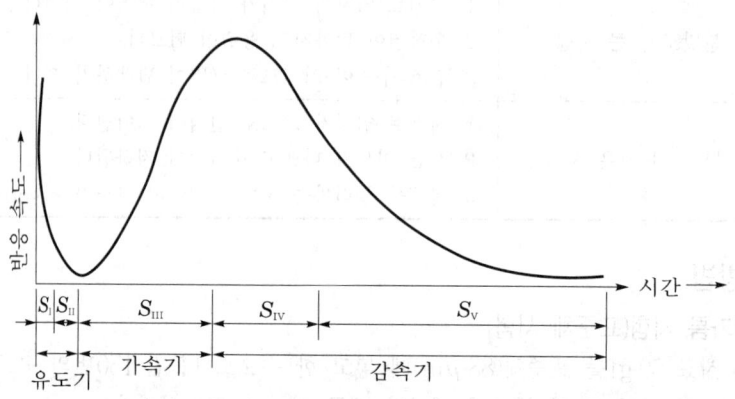

Ⅲ. 응결에 영향을 주는 요인

① Cement의 품질

② Con'c의 배합

③ 골재 및 혼합수 내의 성분

④ 고온 · 저습 · 일사 · 바람 등에 의해 응결이 빨라짐

⑤ Cement의 분말도가 높을수록 빨라짐

⑥ Slump가 작을수록 응결이 빠름

⑦ 물결합재비가 작을수록 응결이 빠름

⑧ 장시간 비빈 Con'c가 비빔이 정지되면 급격히 응결됨

Ⅳ. 유의사항

① 응결이 진행되고 이어치기 할 경우 Cold Joint가 발생할 수 있음

② 응결 과정중에 Bleeding, 침하 등에 유의할 것

③ 응결 과정중에 초기 수축, Cement의 수화 발열량으로 초기 균열이 발생하거나 장기 재령에서의 균열의 원인이 되므로 유의할 것

13 | False Set(헛응결, 이상 응결, 이중 응결)

Ⅰ. 정의

① Cement에 물을 주입한후 Cement Paste가 10~20분에 굳어지고 → 다시 묽어지고 → 이후 순조롭게 응결되어 가는 현상을 헛응결이라 한다.

② Cement에 석고의 양이 충분하지 않아 발생하는 현상이다.

Ⅱ. 응결 · 경화 과정(수화 과정)

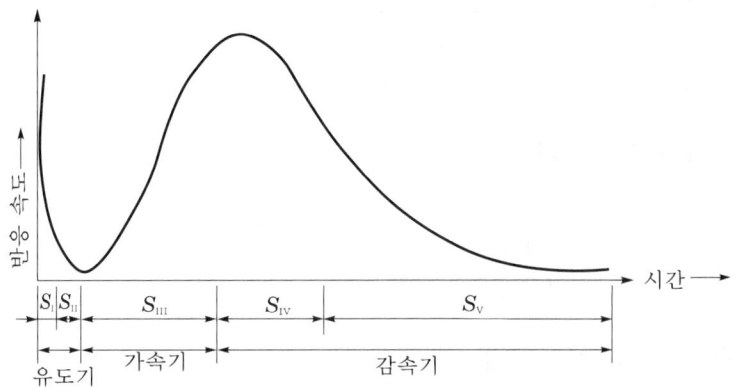

1) 유도기

① S_I : Cement에 물을 부어 비비면 짧은 시간 내에 반응

② S_{II} : 물을 부은후 30분~2시간 동안 계속됨(유도기, 휴식기, 잠복기)

2) 가속기

S_{III} : Cement의 구성화합물 Alit에 의해 급속히 반응

3) 감속기

① S_{IV} : 수화 생성물의 양이 늘어나 입자 간극이 메워지면서 반응 속도가 늦어짐

② S_V : S_{IV} 기보다 더 늦어짐

Ⅲ. False Set

① 알루민산 3칼슘(C_3A)의 수화반응으로 나타나는 현상

② S_I 기에서 Cement에 포함된 석고가 C_2A와의 수화반응으로 소진되었을 때 S_{IV} 기에서 수화를 억제하는 기능이 없어져 C_3A의 수화반응이 진행되면서 나타나는 현상임

③ Cement에 석고의 첨가량이 적기 때문에 발생하는 현상

14 콘크리트의 수화열

Ⅰ. 정의

① Cement에 물을 부어 자극하면 다량의 열을 방출하면서 굳어지게 되는데, 이 때에 수산화칼슘(가성소다)이 생성된다.

② 이러한 현상을 수화반응이라고 하며, 이때 발생되는 열을 수화열이라고 한다.

Ⅱ. 수화반응 화학식

$$CaO + H_2O \xrightarrow[\text{수화열 발생}]{\text{수화반응}} Ca(OH)_2$$

CaO : 석회, H_2O : 물, $Ca(OH)_2$: 수산화칼슘

Ⅲ. 수화반응에 필요한 수량

① 결합수 : Cement량의 25%
② Gel 수 : Cement량의 15% } 합계 : Cement량의 40% 정도
③ 경험치 : Cement량의 50% 정도

Ⅳ. 수화열에 영향을 주는 요인

① Cement의 품질
② Con′c의 배합
③ 시공 방법
④ 고온·저습·일사·바람 등
⑤ Cement의 분말도
⑥ Cement 중의 석고 혼입량
⑦ Portland Cement와 고로 Slag와의 치환율
⑧ Portland Cement에 포함된 클링커 광물

Ⅴ. 수화열(클 경우)에 의한 피해

① 균열 발생의 원인
② 누수에 의한 철근 부식
③ 구조체의 강도 저하
④ 열화의 원인

Ⅵ. 억제 대책

① 분말도가 낮은 Cement를 사용
② 저열용 Cement의 사용
③ 골재의 입도가 좋은 것 사용
④ Slump 감소 방지
⑤ 적당한 배합 설계(Slump, 물결합재비 등이 너무 작지 않게)일 것

15 시멘트의 풍화

[06전(10)]

Ⅰ. 정의

① 시멘트는 저장시 공기중에 방치해 두면 수분을 흡수하여 경미한 수화반응을 일으킨다.

② 수화반응에 의해 형성된 수산화칼슘($Ca(OH)_2$)이 이산화탄소(CO_2)와 반응하여 탄산석회($CaCO_3$)를 생성하며 굳어지는 것을 풍화라 한다.

> 수화반응 : $CaO + H_2O \rightarrow Ca(OH)_2$
> 풍화 : $Ca(OH)_2 + CO_2 \rightarrow CaCO_3 + H_2O$

Ⅱ. 풍화 시험방법

① 시멘트의 풍화시험은 강열감량(强熱減量)시험으로 한다.

② 강열감량은 시멘트에 900~1,000℃에서 60분 강열(强熱)을 가했을 때 감량(減量)이다.

③ 시멘트 강열감량은 보통 0.5~0.8% 정도이다.

Ⅲ. 풍화 시멘트의 문제점

① 강도(초기강도, 압축 강도) 발현이 저하된다.

② 내구성이 저하된다.

③ 강열 감량이 증가한다.

④ 응결이 지연된다.

⑤ 비중이 작아진다.

Ⅳ. 시멘트 풍화 방지방법(저장방법)

① 창고의 바닥높이는 지면에서 300 mm 이상 유지

② 채광창 이외는 밀폐

③ 우수의 침입을 방지

④ 지붕누수 방지

⑤ 시멘트 쌓기의 높이는 13포(1.5 m) 이내

16 경량 골재의 종류

[96후(20)]

I. 정의

① 경량 골재란 골재의 비중이 세골재는 2.0 미만, 조골재는 1.6 이하를 말하며, 천연 경량 골재·인공 경량 골재 등으로 나뉜다.

② Con'c 구조체를 경량화할 목적으로 개발되었으며, 초기에는 비내력용으로 사용되었으나 점차적으로 구조용의 목적으로 그 활용도가 넓어지고 있다.

II. 골재의 분류

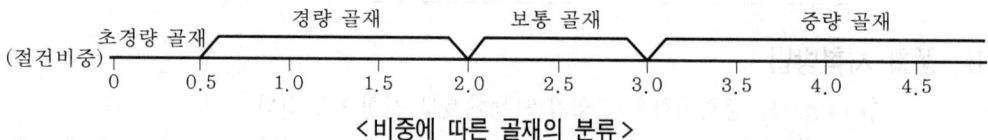

<비중에 따른 골재의 분류>

III. 종류

1) 천연 경량 골재

천연에서 얻을 수 있는 골재로서 입형이 불안정하고 흡수율이 크며 퇴적 화산암을 채굴한 뒤 체가름 또는 입도 조정하여 사용되며, 대표적인 것은 다음과 같다.

① 화산암(Volcanic Rock)

② 화산암재(Scoria)

③ 화산재(Volcanic Ash)

④ 응회암(Tuff)

⑤ 규조토(Ditomaceous Earth)

2) 인공 경량 골재

원료를 미분쇄한후 입자상으로 가공한 것을 건조·소성·팽창시킨 조립형과 원료를 적당한 크기로 분쇄하여 소성·팽창시킨 비조립형이 있으며, 대표적인 것으로 다음과 같은 것이 있다.

① 혈암·점판암(Shale Clay·Clay Slate Stone)

② 팽창 질석(Expanded Vermicuite)

③ Fly Ash

④ 용융광재(Expanded Slag)

⑤ 석탄재(Cinder Ash)

IV. 적용성

① 경량 Con′c

② Precast Panel

③ 교량 공사

④ 초고층 구조물 공사

⑤ 콘크리트 2차 제품(경량 벽돌, 경량 블록, 경량 석재 등)

V. 특징

① 비중이 가볍다.

② 단열 방음성이 좋다.

③ 내동해성, 시공 연도가 향상된다.

④ 부재 중량을 감소시킬 수 있다.

VI. 종류별 단위 중량

<경량 골재의 단위 용적 중량>

종 류	건조된 상태의 최대 단위 중량(t/m^3)
잔골재	1.12
굵은 골재	0.88
잔골재와 굵은 골재의 혼합물	1.04

VII. 개발 방향

① 고강도 경량 골재 개발

② 비중 0.5~0.6의 초경량 골재 개발

③ 경량 골재와 사용하는 고성능 감수제, 혼화제 개발

17 고로 슬래그 골재(Blast Furnace Slag Aggregate)

Ⅰ. 개요

① 건설 분야의 급속한 성장으로 인해 골재 수요를 급격히 증가시켜, 강자갈 · 강 모래를 거의 소진시킴으로써 해사와 쇄석 및 쇄석사 사용이 늘어나고 있다.

② 그러나 해사와 쇄석의 사용은 환경 및 자연을 파괴하므로 이에 대한 대체 자원으로써, 철광석 제조시 부산물로 산출되는 슬래그의 적극적인 활용이 시급한 실정이다.

③ 고로 슬래그는 철광석과 석회석 중, 철 이외의 성분이 용해되어 철 위에 뜨는 광재로서 비중의 차이로 철과 분리되므로 채취할 수 있고, 콘크리트의 건조 수축에 의한 균열 발생을 감소시키며 휨강도 및 장기 강도를 증대시킨다.

Ⅱ. 종류별 용도

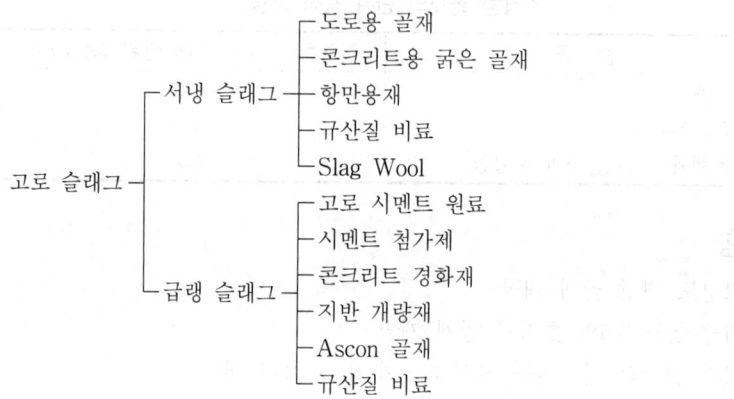

Ⅲ. 고로 슬래그의 성질

1) 세골재로 사용할 때(일반 콘크리트와 비교)
   ① 초기 압축 강도가 10% 정도 낮다.
   ② 장기 강도는 증가한다.
   ③ 인장 강도와 휨강도는 유사하다.
   ④ 건조 수축량은 10~30% 적다.

2) 조골재로 사용할 때(일반 콘크리트와 비교)
   ① 물결합재비가 낮을수록 조기 강도가 높다.
   ② 인장 강도는 유사하나 휨강도는 높다.
   ③ 건조 수축이 작다.
   ④ 동결 융해 저항성은 좋은 품질의 쇄석 및 자갈 사용할 때와 동등하다.
   ⑤ 내열성이 우수하다.

18 개정된 콘크리트 표준 시방서상 부순 굵은 골재의 물리적 성질

[06전(10)]

I. 정의

① 부순 굵은 골재는 쇄석을 의미하는 바, 반응성의 광물질에 대해서는 지역마다 암질이 다르고 동일 지역에서의 사용 실적이 적은 원석을 채집하기 때문에 사전에 충분한 조사가 필요하다.

② 쇄석은 모가 나 있어서 시공 연도가 떨어지나 강자갈보다 6~8% 단위 수량이 증가하며, 강도는 10% 정도 증가하는 장점이 있다.

II. 부순 굵은 골재의 물리적 성질

시험 항목	품질 기준
절대 건조 밀도(gf/cm^3)	2.5 이상
흡수율(%)	3.0 이하
안정성(%)	12 이하
마모율(%)	40 이하
0.08 mm체 통과량(%)	1.0 이하

III. 골재의 저장

① 골재는 각 치수별 또는 종류별로 저장

② 같은 치수의 골재라도 종류별로 나누어 저장

③ 골재 저장은 배수가 잘 되는 곳에 저장

IV. 부순 굵은 골재 선정시 유의사항

① 파쇄되지 않은 골재의 사용 엄금

② 골재의 청결상태 및 유해물 혼입 여부

③ 세장하거나 엷은 석편 사용 금지

④ 골재의 비중은 규정 이내

⑤ 흡수량이 큰 골재 사용 금지

19 혼탁 비색법(混濁比色法 ; 유기 불순물 시험)

Ⅰ. 정의

① 모르타르 또는 콘크리트에 사용되는 천연 골재 중에 함유되어 있는 유기 불순물의 해로운 양을 대략 결정하는데 사용되는 시험법이다.

② 골재의 사용 여부를 결정하고 더 정밀한 시험이 필요한지 여부를 결정하는데 사용되어진다.

Ⅱ. 골재 시험의 분류

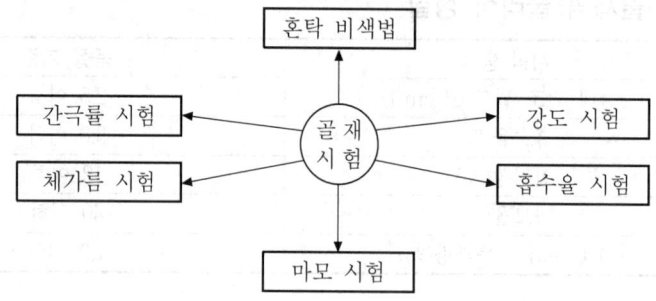

Ⅲ. 시험 기구

1) 시험용 유리병

① 고무마개가 있고 눈금이 있는 400 ml 용량의 무색 유리병 2개

② 그 중 1개는 130 ml와 200 ml의 눈금이 있어야 함

2) 가성소다 용액

물 97%에 가성소다 3%의 무게비로 용해한 것임

3) 식별용 표준색 용액

알코올 용액 10%, 탄닌산용액 2%를 만들고, 그것의 2.5 ml를 수산화나트륨용액 3%의 97.5 ml에 타서 400 ml의 유리병에 넣고 잘 흔들어 24시간 동안 놓아둔 것

4) 시료

4분법 또는 시료 분취기를 사용, 450 ml를 채취

Ⅳ. 시험 방법

① 시료를 시험용 유리병에 130 ml 되는 눈금까지 채움

② 가성소다 용액 3%를 가하여 골재와 합한 용액 전량이 200 ml가 되게 함

③ 병마개를 닫고 잘 흔든후 24시간 동안 가만히 놓아둠

④ 표준색 용액보다 진할 경우 유기 불순물의 양이 해로운 것으로 판단되며, 더 정밀한 시험이 필요하게 됨

20 골재의 실적률(實積率)과 공극률(空隙率)

Ⅰ. 정의

① 실적률이란 골재의 단위용적(m^3) 중의 실적 용적을 백분율(%)로 나타낸 값을 말한다.

② 공극률(간극률)이란 골재의 단위용적(m^3) 중의 공극(간극)을 백분율(%)로 나타낸 값을 말한다.

Ⅱ. 실적률(實積率)

$$d = \frac{W}{\rho} \times 100$$

    d : 실적률(%)

    v : 공극률(%)

    ρ : 비중

    W : 단위용적 중량(kg/l)

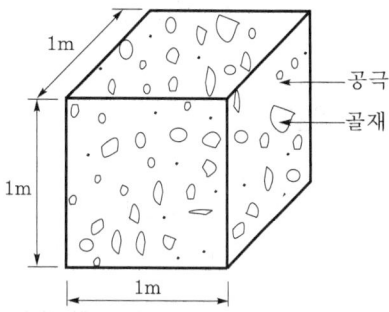

Ⅲ. 공극률(空隙率)

$$v = \left(1 - \frac{W}{\rho}\right) \times 100$$

Ⅳ. 실적률이 클 경우(공극률이 작을 경우) Con'c에 주는 영향

① Cement Paste량이 감소함

② 건조 수축을 감소시킴

③ 수화 발열량을 감소시킴

④ 단위수량을 감소시킴

⑤ 콘크리트 내구성 및 강도가 증가함

⑥ 콘크리트의 수밀성이 커짐

⑦ 콘크리트의 마모 저항성이 커짐

⑧ 콘크리트의 투수성 및 흡수성이 작아짐

⑨ 경제적으로도 유리함

Ⅴ. 표준 실적률 및 공극률

① 굵은 골재 최대 치수 20 mm의 깬 자갈의 실적률은 55% 이상

② 고강도 및 고내구성 콘크리트에 사용되는 골재의 실적률은 59% 이상

③ 잔골재의 공극률은 30~45%

④ 굵은 골재의 공극률은 27~45%

21 조립률(FM ; Fineness Modulus)

[01전(10), 10전(10)]

Ⅰ. 정의

① 콘크리트에 사용되는 골재의 입도를 수치적으로 나타내는 지표로서 체의 치수 80 mm, 40 mm, 20 mm, 10 mm, 5 mm, 2.5 mm, 1.2 mm, 0.6 mm, 0.3 mm, 0.15 mm의 10개의 체를 한 조로 체가름 시험을 하여 각 체의 통과하지 않은 잔류 시료의 중량 백분율의 합(가적 잔류율 누계)을 100으로 나눈 값으로 나타낸다.

② 조립률(FM) $= \dfrac{\text{각 체의 통과하지 않은 잔류 시료의 중량 백분율의 합(가적 잔류율 누계)}}{100}$

Ⅱ. 용도

① Con'c의 경제적인 배합 결정
② 골재 입도의 균등성 판단
③ 골재 사용 적부 판단

Ⅲ. Con'c 에 사용되는 골재의 최적 조립률

1) 세골재

모래와 같이 잔골재에서 조립률 FM=2.3~3.1

2) 조골재

자갈 등으로 굵은 골재에서 조립률 FM=6~8

Ⅳ. 조립률 계산 방법

체 번호	잔류량(g)	잔류율(%)	가적 잔류율(%)
80 mm		0	0
40 mm	20	10	10
20 mm	60	30	40
10 mm	60	30	70
5 mm	40	20	90
2.5 mm	20	10	100
1.2 mm			100
0.6 mm			100
0.3 mm			100
0.15 mm			100
소 계	200	100	710

$$FM = \frac{10+40+70+90+(100 \times 5)}{100} = 7.1$$

① 골재 입자의 지름이 클수록 조립률이 크다.

② 일반적으로 골재의 조립률은 잔골재는 2.3~3.1, 굵은 골재는 6~8 정도가 좋다.

V. 조립률이 Con′c에 미치는 영향

① 단위 수량

② 단위 시멘트량

③ 건조 수축

④ Con′c 품질

⑤ 물결합재비

⑥ Con′c 강도 및 내구성

⑦ 재료 분리

22 | 골재의 함수 상태

[04전(10)]

I. 개요

① 콘크리트에 사용되는 골재가 수분을 포함하고 있는 상태에 따라 각각이 다른 상태를 나타내며 그에 따라 비중도 달리하게 된다.

② 콘크리트 배합의 시방 배합에서 골재 상태는 표면건조포화상태(표건상태)로 하며, 현장 배합은 현장에 따른 재료의 함수 상태에 따라 배합을 조정하게 된다.

II. 골재의 함수 상태

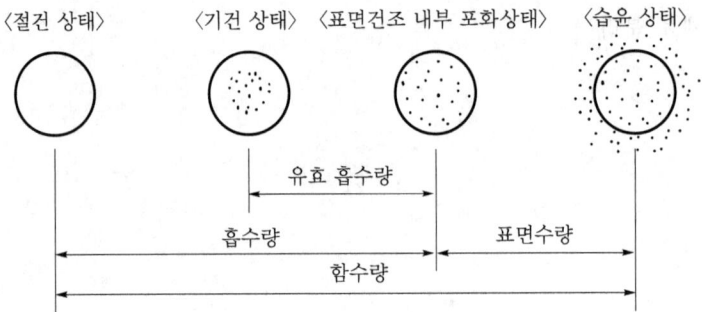

1) **절건 상태(절대건조상태)**
   노건조 상태라고도 하며 건조로에서 $105 \pm 5\,^{\circ}\mathrm{C}$의 온도로 골재가 일정한 무게가 될 때까지 완전 건조된 상태이다.

2) **기건 상태**
   건조한 실내에서 골재의 무게가 일정해질 때까지 건조시킨 상태이며 공기중 건조 상태라고 한다.

3) **표면건조 내부 포화상태(표건상태, 표면건조포화상태)**
   골재 입자의 표면에는 물기가 없고 입자 내부의 빈틈은 물로 채워진 상태이며 Con'c 배합 설계에 있어서 기준이 되는 상태이다.

4) **습윤 상태**
   골재 입자의 내부가 물로 채워져 있고 표면에도 물기가 있는 상태이다.

5) **함수량**
   골재의 내부 및 외부에 함유하고 있는 수분의 전체 수량(물의 질량)을 뜻한다.

6) **흡수량**
   절건 상태에서 표면건조 내부 포화상태까지 단계에서 흡수한 수량(물의 질량)이다.

7) **유효 흡수량**
   기건 상태 골재가 표면건조 내부 포화상태 단계까지 흡수된 수량이다.

8) **표면 수량**
   ① 표면건조포화상태에서 습윤 상태까지의 수량으로 함수량에서 흡수량을 뺀 값으로 나타낸다.
   ② 표면 수량＝함수량－흡수량

23 골재의 유효 흡수율

[94후(10), 01후(10), 16전(10)]

Ⅰ. 정의

① 골재의 기건상태로부터 표건상태(표면건조 내부포화상태)가 되기까지 흡수할 수 있는 수량(물의 질량)을 유효흡수량이라 하고, 골재의 절건상태로부터 표건 상태가 되기까지 흡수할 수 있는 수량을 흡수량이라 한다.

② 그러므로 유효흡수율이란 유효흡수량에 대한 기건상태 골재질량의 백분율이다.

$$유효흡수율 = \frac{유효흡수량}{기건상태의\ 골재질량} \times 100(\%)$$

③ 흡수율이란 흡수량에 대한 절건상태 골재질량의 백분율이다.

$$흡수율 = \frac{흡수량}{절건상태의\ 골재질량} \times 100(\%)$$

Ⅱ. 골재 함수 상태

골재가 공기중의 건조 상태(기건 상태)에서 표면건조상태(표건상태)로 되는 데 필요한 수량

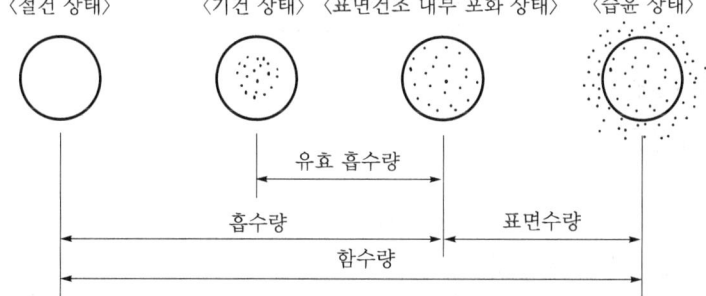

〈절건 상태〉　〈기건 상태〉〈표면건조 내부 포화 상태〉　〈습윤 상태〉

유효 흡수량　흡수량　표면수량　함수량

1) 골재의 함수율
   골재 습윤상태의 전체 물의 질량에 대한 절건상태 골재질량의 백분율

$$함수율 = \frac{함수량}{절건상태의\ 골재질량} \times 100(\%)$$

2) 골재의 표면수율
   골재의 표면에 붙어있는 물의 질량에 대한 표건상태 골재질량의 백분율

$$표면수율 = \frac{표면수량}{표건상태의\ 골재질량} \times 100(\%)$$

Ⅲ. 골재 흡수율 영향 요인

① 골재의 석질　　② 골재 보관 상태　　③ 골재의 흡수 능력
④ 비중　　　　　⑤ 골재의 간극률

24 골재중의 유해물

Ⅰ. 개요

① Con'c에 사용하는 골재로 깨끗한 강자갈, 강모래를 사용할 때는 별다른 문제가 없으나 최근 강모래, 강자갈의 고갈로 육지 자갈, 산모래, 바닷 모래 등을 사용하면서 Con'c의 강도 및 보강용 강재에 해를 끼치는 물질에 대해 문제가 많아졌다.

② 골재중에 함유된 유해물에 의해 콘크리트의 강도 저하, 내구성 저하, 체적 수축, 건조 수축 증가, 균열 발생, 응결 촉진, 장기 강도 저하 등 콘크리트에 많은 결함을 초래하게 된다.

Ⅱ. 유해물에 의한 문제점

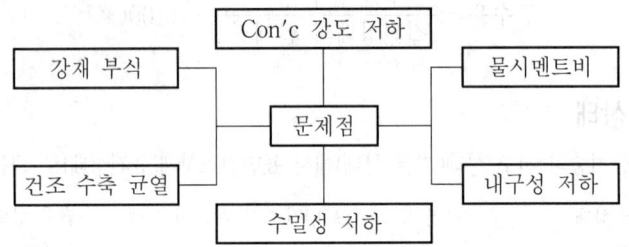

Ⅲ. 유해물의 종류

1) 유기 불순물
   ① 정의
      ㉮ 골재 중에 유기 불순물로서는 식물이 땅속에서 부식하여 생기는 푸민산과 탄닌산을 들 수 있다.
      ㉯ 식물이 땅속에서 부식되어 생긴 것으로 육지 모래, 산모래에서 많이 포함된다.
   ② Con'c에 미치는 영향
      ㉮ 시멘트 응결, 경화 지연
      ㉯ 양이 증가되면 경화 불량
   ③ 탄닌산을 첨가한 표준액의 색상 변화

색	사용 여부	강도 저하율 (1 : 3 모르타르의 경우)
무색 아닌 담황색	양호	0%
농황색	사용 가능	10~20%
적색	콘크리트의 소요 강도가 작을 때만 사용 가능	15~30%
담청색	사용 불가	25~50%
암적색	사용 불가	50~100%

2) 니분(泥粉)

① 정의 : 육지 모래와 산모래에 많이 포함되는 실트와 점토질의 미세한 가루를 말한다.

② Con'c에 미치는 영향

    ㉮ 단위 수량 증가　　　　　　㉯ Con'c 체적 수축

    ㉰ 건조 수축 증가　　　　　　㉱ 균열 발생

    ㉲ 강도 및 내구성 저하

3) 염분

① 정의 : 강자갈, 강모래의 고갈로 대체 사용되는 세척되지 않는 바닷 모래에 함유된 염분을 말한다.

② Con'c에 미치는 영향

    ㉮ 철근 부식　　　　　　　　㉯ Con'c 응결 촉진

    ㉰ 장기 강도 저하　　　　　　㉱ 건조 수축 증가

    ㉲ 수밀성 저하

Ⅳ. 잔골재의 유해물 함유량 한도

< 잔골재의 유해물 함유량의 한도(중량 백분율) >

종　류	최대치
점토 덩어리	1.0[1]
0.08 mm체 통과 　　콘크리트 표면이 마모 작용을 받는 경우 　　기타의 경우	 3.0[2] 5.0[2]
석탄, 갈탄 등으로 비중 2.0의 액체에 뜨는 것 　　콘크리트의 외관이 중요한 경우 　　기타의 경우	 0.5[3] 1.0[3]

[주] (1) 시료는 KS F 2511에 의한 골재 씻기 시험(0.08 mm체 통화량)을 한 후에 체에 남는 것을 사용한다.

    (2) 부순 모래 및 고로 슬래그 잔골재의 경우, 0.08 mm체를 통과하는 재료가 점토나 조개껍질이 아닌 돌가루인 경우에는 그 최대치를 각각 5%와 7%로 하여도 좋다.

    (3) 고로 슬래그 잔골재에는 적용하지 않는다.

V. 굵은 골재의 유해물 함유량 한도

<굵은 골재의 유해물 함유량의 한도(중량 백분율)>

종 류	최대치
점토 덩어리	0.25
연한 석편	5.0[1]
0.08 mm체 통과량	1.0[2]
석탄, 갈탄 등으로 비중이 2.0의 액체에 뜨는 것	
콘크리트의 외관이 중요한 경우	0.5[3]
기타의 경우	1.0[3]

[주] (1) 교통이 심한 슬래브 또는 경도가 특히 요구되는 경우에 적용한다.
  (2) 부순돌의 경우, 0.08 mm체 통과량(씻기 시험에서 없어지는 것)이 돌가루인 경우에는 최대치를 1.5%로 해도 좋다. 다만, 고로 슬래그 굵은 골재의 경우에는 최대치를 5.0%로 해도 좋다.
  (3) 고로 슬래그 굵은 골재에는 적용하지 않는다.

25 Con'c에 사용되는 혼화 재료

Ⅰ. 개요
① Con'c의 구성 재료인 Cement, 골재 등에 첨가하여 콘크리트에 특별한 품질을 부여하고 성질을 개선하기 위한 재료이다.
② 혼화 재료에는 시멘트 중량의 5% 미만으로서 약품적 성질만 가지고 있는 혼화제와 시멘트 중량의 5% 이상으로서 Cement의 성질을 개량하는 혼화재로 구분된다.

Ⅱ. 목적

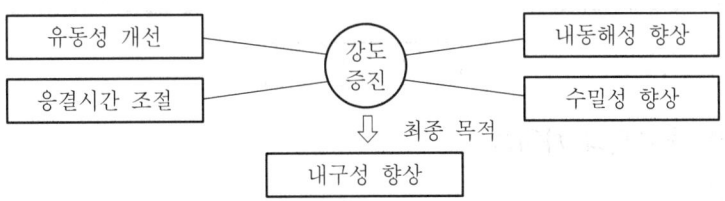

Ⅲ. 분류
1) 혼화제(混和劑)
   ① 표면 활성제(AE제, 감수제, AE 감수제, 고성능 감수제, 고성능 AE 감수제)
   ② 응결 경화 조절제(촉진제, 지연제, 급결제, 초지연제)
   ③ 방수제
   ④ 방청제
   ⑤ 발포제, 기포제
   ⑥ 수중 불분리성 혼화제
   ⑦ 유동화제(流動化劑)
   ⑧ 방동제
2) 혼화재(混和材)
   ① 고로 Slag   ② Fly Ash
   ③ Pozzolan   ④ 팽창재
   ⑤ 착색재(着色材)

Ⅳ. 선정시 고려사항
① 설계기준강도는 그대로 유지될 것
② 시공 연도를 향상시킬 것
③ 콘크리트의 고강도화
④ 경화후 콘크리트에 유해한 성질이 없을 것

26 | Concrete 혼화재와 혼화제의 차이점과 종류

[97중전(20)]

Ⅰ. 개요

혼화 재료란 콘크리트 구성 재료인 시멘트, 물, 골재 등에 첨가하여 콘크리트에 특별한 성질을 부여하거나 성질을 개선하기 위한 재료를 말한다.

Ⅱ. 혼화 재료의 사용 목적

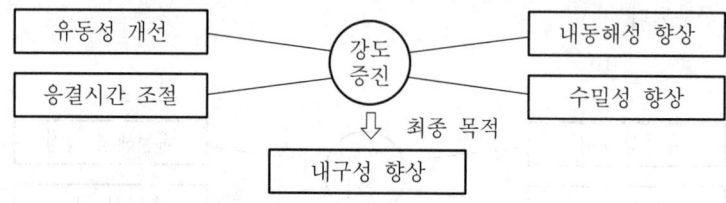

Ⅲ. 혼화재와 혼화제의 차이점

1) 혼화재
   ① 첨가량이 시멘트 중량의 5% 이상으로 시멘트 성질을 개량한다.
   ② 사용량이 많아서 배합 설계시 중량 계산에 포함한다.
   ③ 종류로는 고로 Slag, Fly Ash, 포졸란 등이 있다.

2) 혼화제
   ① 첨가량이 시멘트 중량의 5% 미만으로 약품적 성질이다.
   ② 사용량이 적어 설계시 중량 계산에서 제외된다.
   ③ 종류로는 표면 활성제, 응결 경화 조절제, 방수제, 방청제, 발포제, 수중 불분리성 혼화제, 유동화제, 방동제 등이 있다.

3) 차이점

	혼화재	혼화제
첨가 사용량	시멘트 중량의 5% 이상	시멘트 중량의 5% 미만
배합 설계시 고려 사항	중량 계산에 포함	중량 계산에서 제외
사용 조건	첨가 재료적 성질	약품적 성질
종류	Fly Ash, 고로 Slag, 포졸란	AE제, AE 감수제, 경화제, 응결제, 방동제

Ⅳ. 종류별 특징

1. 혼화재

1) 고로 Slag

세철소에서 얻어지는 슬래그 분말을 Con'c에 혼합하여 Con'c의 화학 저항성을 개선한다.

2) Fly Ash

일종의 석탄재로서 특정 입도 범위의 입상 잔사를 말하며, Con′c 속에서 골재와 시멘트 사이에서 볼베어링 작용으로 Workability를 향상시킨다.

3) Pozzolan

시멘트가 수화할 때 수산화칼슘과 화합하여 강도, 화학적 저항성, 수밀성 등을 개선시킨다.

2. 혼화제

1) AE제

굳지 않은 Con′c의 성질을 개량하여 시공성을 향상시킨다.

2) AE 감수제

콘크리트중에 미세 기포를 연행시키면서 작업성을 향상시키며 응결을 촉진하고 조기 강도를 증진시킨다.

3) 경화 촉진제

염화칼슘의 적당량을 Con′c에 혼입하여 응결을 촉진하고 조기강도를 증진시킨다.

4) 응결 지연제

시멘트와 물 사이에서 수화작용을 지연시켜서 콘크리트의 응결 시간을 조절한다.

5) 방동제

콘크리트 동결을 방지하기 위하여 염화칼슘, 식염이 쓰이지만 철근 콘크리트에서는 식염을 사용해서는 안 된다.

27 표면 활성제(계면 활성제 ; Surface Active Agent)

Ⅰ. 정의

① 혼화제는 물리적, 화학적 혹은 물리화학적 작용에 의해 경화 전후의 콘크리트 및 경화중의 콘크리트의 성질을 개선하거나, 경제성 향상 등의 목적으로 사용된다.

② 표면(계면) 활성제는 기름에 녹기 쉽고 물에 녹기 어려운 친유기(親油基)와 물에 잘 녹고 기름에 녹기 어려운 친수기(親水基)로 구성 되어 있고, 이 양쪽의 종류나 함유량에 따라 계면 활성제로서의 기포·분산·습윤 작용이 정해진다.

Ⅱ. 작용

1) 기포 작용(주로 AE제)

① 계면활성제의 용액에 기계적 수단을 가하여 공기를 혼입시키면 용액에 둘러싸인 기포가 생긴다.

② 발생한 기포 가운데 기포성이 뛰어나고 안정된 것을 콘크리트에 이용한다.

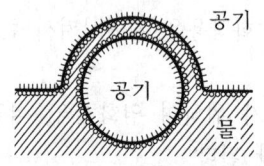

2) 분산 작용(주로 감수제·AE 감수제·고성능 감수제·고성능 AE 감수제)

응집해 있던 시멘트 입자간의 물과 공기를 분산제를 첨가하여 해방시키기 때문에 시멘트에 유동성이 생기게 된다.

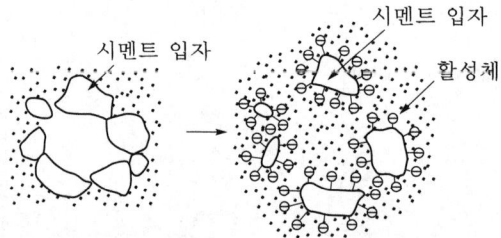

3) 습윤 작용(주로 감수제·AE 감수제)

계면활성제의 용액은 물보다 표면장력이 작아 침투성이 좋으므로, 그 용액은 각각의 시멘트 입자의 표면을 적시어 시멘트 입자와 물을 충분히 접촉시켜 수화작용이 쉬워지게 된다.

Ⅲ. 종류

AE제·감수제·AE 감수제·고성능 감수제·고성능 AE 감수제

28 │ AE제(Air Entraining Admixture)

Ⅰ. 정의

① 독립된 공기 기포를 균일하게 분포시킴으로써 콘크리트의 시공성을 향상시키고, 동결 융해에 대한 저항성을 증대시키기 위한 목적으로 사용된다.

② AE제에 의하여 생성된 0.025~0.25 mm 정도의 지름을 가진 기포를 Entrained Air라 하고, 3~5% 정도 증가하면 시공 연도에 도움이 된다.

Ⅱ. AE제의 사용량과 공기량

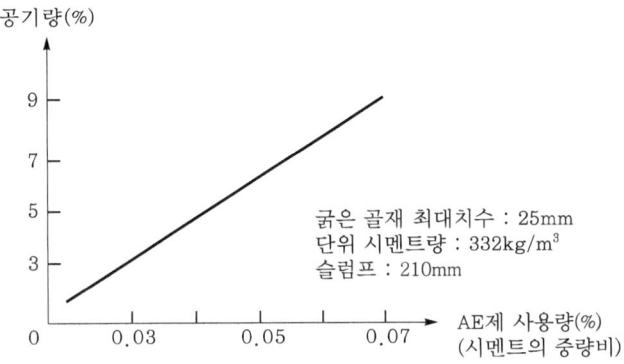

Ⅲ. 특징

1) 장점
① Workability 개선
② 단위수량 감소
③ 동결 융해에 대한 저항성 증대
④ Bleeding 감소
⑤ 알칼리 골재반응 감소
⑥ 재료 분리를 감소
⑦ 수밀성 증대

2) 단점
① Entrained Air의 양이 6% 이상 증가하면 내구성 저하
② Entrained Air의 양이 1% 증가하면 콘크리트 강도 3~5% 감소
③ 철근과의 부착력 감소

Ⅳ. 유의사항

① AE제는 소량이므로 계량에 주의하고, 계량 오차는 3% 이내일 것

② 운반 및 진동 다짐시는 공기량이 감소하므로 소요 공기량의 1/4~1/6 정도 많게 할 것

③ Entrained Air의 변동을 적게 하기 위해 잔골재의 입도를 균일하게 할 것

④ 공기량이 많아지면 시공성은 좋아지나 강도가 저하되므로 유의할 것

⑤ 조립률의 변동은 ±0.1 이하로 억제하는 것이 바람직함

⑥ 비빔시간과 온도는 공기량에 영향을 주므로 유의할 것

⑦ 사전에 충분한 시험을 통해 콘크리트 내구성에 지장이 없도록 할 것

29 | Entrapped Air와 Entrained Air

Ⅰ. 정의

① 일반적으로 콘크리트에는 혼화제를 첨가하지 않아도 큰 입경의 공기(1% 정도)가 불규칙적으로 존재하는데 이것을 Entrapped Air라 한다.

② AE제에 의하여 생성된 0.025~0.25 mm 정도의 지름을 가진 기포를 Entrained Air라 하고, 3~5% 정도 증가하면 시공 연도에 도움이 된다.

Ⅱ. 공기량과 내구성 지수

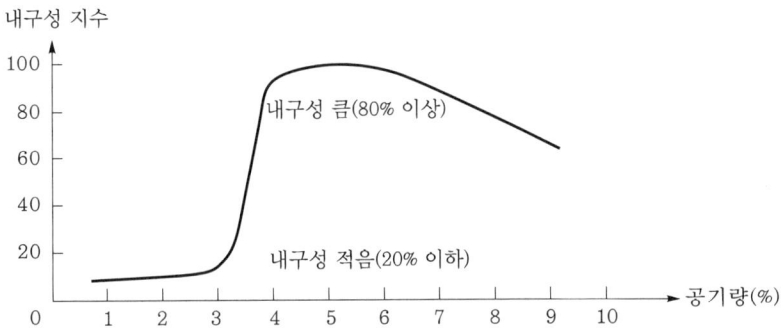

Ⅲ. Entrained Air의 목적

① Workability의 증대
② 동결 융해에 대한 저항성 증대
③ 단위 수량의 증대
④ 재료 분리 및 Bleeding 감소

Ⅳ. Entrained Air의 특징

① Entrained Air의 양이 7% 이상 증가하면 내구성 저하
② Entrained Air의 양이 1% 증가하면 콘크리트 강도 3~5% 감소
③ Entrained Air의 양이 2% 이하에서는 내동결 융해성을 기대할 수 없음
④ Ball Bearing적인 역할로 Workability 개선
⑤ Entrained Air 1%는 단위수량 3%에 상당하는 효과

Ⅴ. Entrained Air의 양이 감소되는 요인

① 단위 시멘트량의 증가 및 시멘트 분말도가 높을 경우
② Fly Ash의 미연소 Carbon이 많을 경우
③ 골재의 형상이 편평하고, 잔골재중 0.15 mm 이하의 골재가 많을 경우
④ 잔골재의 조립률 및 굵은 골재의 최대 치수가 클 경우

⑤ 사용되는 물의 pH가 낮거나 불순물이 많을 때
⑥ Slump가 작거나 비비기 온도가 높을 경우
⑦ 비비기 Mixer의 능력이 저하된 경우
⑧ 수송 시간이 길어졌거나 Pump 압송력과 거리가 클 경우

VI. 유의사항

① Entrained Air의 변동을 적게 하기 위해 잔골재의 입도를 균일하게 할 것
② 조립률의 변동은 ±0.1 이하로 억제하는 것이 바람직함
③ 운반 및 진동 다짐시는 공기량이 감소하므로 소요 공기량의 1/4~1/6 정도 많게 할 것
④ 비빔 시간과 온도는 공기량에 영향을 주므로 유의할 것

30 감수제 및 AE 감수제

Ⅰ. 정의

① 감수제란 계면활성 작용에 의해 Cement 입자를 분산시켜 Workability를 향상시킴으로써 단위 수량을 감소할 수 있는 혼화제이다.

② AE 감수제란 AE제의 성능과 더불어 감수 효과를 증대시킨 혼화제이다.

Ⅱ. 감수제의 감수 성능

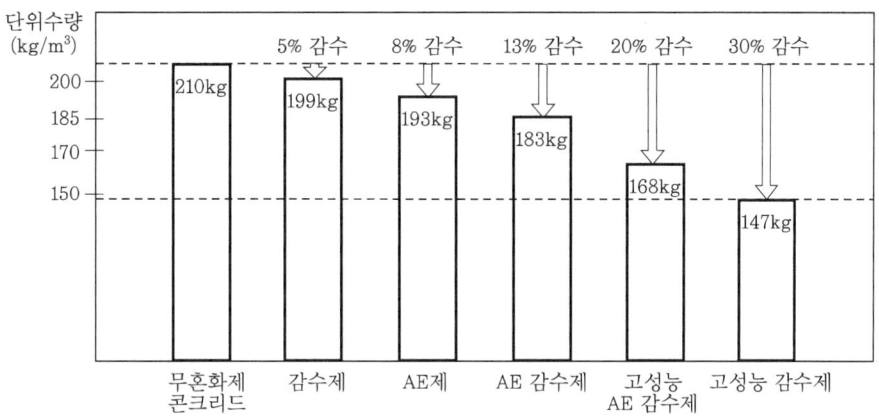

Ⅲ. 감수제의 분류

1) 음이온계

   시판되는 Con'c AE제의 대부분이 음이온계임

2) 양이온계

   AE제가 양이온을 띤 것으로 최근에는 사용되지 않음

3) 비이온계

   수용액 중에서 이온 성분을 띤 것은 아니나 분자 지체가 계면활성 작용을 한

Ⅳ. 특징

① 감수 효과가 뛰어남(감수제 : 4~6%, AE 감수제 : 12~16%)

② 단위 시멘트량 6~10% 감소

③ Bleeding 감소

④ 응결 시간의 조절 가능

⑤ 수화 발열량 감소

⑥ 콘크리트의 수밀성 향상

⑦ 동결 융해 저항성 향상

V. 시공시 유의사항

① 과잉 사용으로 응결 지연 및 강도 저하에 유의

② 공사에 사용하는 재료와 시공 조건하에서 혼화제의 성능을 미리 시험할 것

③ 보관시 종류 및 품종별로 구분하여 서로 혼합되지 않도록 관리할 것

④ 장기간 방치로 품질 및 특성을 확인할 수 없는 것은 사용하지 말 것

⑤ 계량 장치는 정기 검사를 통하여 정확하게 작동되도록 할 것

⑥ 소량의 염화물이 함유되어 있으므로 염화물량이 문제시 되는 곳은 사용하지 말 것

31 응결·경화 조절제

Ⅰ. 정의

① 혼화제는 물리적, 화학적 혹은 물리화학적 작용에 의해 경화 전후의 콘크리트 및 경화중의 콘크리트 성질을 개선하거나 경제성 향상 등의 목적으로 사용된다.

② 응결·경화 조절제는 콘크리트가 수화반응이 시작되어 응결이 진행됨에 따라 유동성은 점차 떨어져 곧 경화하게 되는데 이 속도를 임의로 조정하는 혼화제를 말하며, 속도를 지연시키는 것을 지연제, 속도를 촉진시키는 것을 촉진제라 한다.

Ⅱ. 촉진제 및 지연제

구 분		내 용
촉진제	성분	① 이전에는 염화칼슘을 사용하였다. ② 최근에는 질산염, 아질산계의 무기염, 규산칼슘 등의 성분이 개발되어 사용한다.
	특징	① 한중 콘크리트의 초기 강도 발현에 유효하다. ② 시멘트 수화에 있어 칼슘이온 강도를 높인다.
지연제	성분	① 유기질계 : 리그닌설폰산염계, 옥시칼폰산염계 ② 무기질계 : 규불화 마그네슘
	특징	① 서중 콘크리트의 발열 억제나 Cold Joint 방지에 유효하다. ② 공기 연행성이 있기 때문에 다량으로 사용할 수 없다. ③ 응결 시간을 24~36시간 연장하는 초지연제도 있다.

Ⅲ. 용도에 따른 혼화제의 종류

① 작업 성능이나 동결 융해 저항 성능의 향상 : AE제, AE 감수제
② 단위 수량, 단위 시멘트량의 감소 : 감수제, AE 감수제
③ 강력한 감수 효과와 강도의 대폭적인 증가 : 고성능 감수제
④ 강력한 감수 효과를 이용한 유동성의 대폭적인 개선 : 유동화제
⑤ 응결·경화 시간의 조절 : 촉진제, 지연제, 초지연, 급결제
⑥ 염화물에 의한 강재의 부식을 억제 : 방청제
⑦ 기포를 발생시켜 충진성, 경량화 등에 이용 : 기포제, 발포제
⑧ 점성, 응집 작용 등을 향상시켜 재료 분리를 억제 : 증점제, 수중 콘크리트용 혼화제

32 수화 조절제

[13전(10)]

I. 정의

① 국내뿐 아니라 특히 더운 지방에서 콘크리트 타설시 계절 및 현장의 거리 제한에 따라 콘크리트 물성 변화가 발생하여 폐기되는 콘크리트가 빈번히 발생되고 있다.

② 수화 조절제는 일정 시간 동안 콘크리트의 수화반응을 지연 및 억제시킬 수 있는 제품으로 사용량에 따라 6시간에서 14일까지 응결 지연이 가능한 제품이다.

II. 수화 조절제의 물성

구분	물성	비고
색상	연노랑색	투명 액상
비중	1.1±0.11	20℃에서 측정
pH	3±1	
사용량	시멘트 중량의 0.1~3%	시험 배합 후 결정
유동성 유지시간	6시간~14일	0.5% 사용 시 12시간 유동성 유지

III. 특징

① 장시간 유동성 확보로 운송거리에 제한이 없음

② 시간 경과에 따른 폐콘크리트 발생이 없음

③ 급결제 첨가시 콘크리트 본연의 응결 및 경화 진행

④ 콘크리트의 단기강도 및 장기강도 증가

IV. 첨가 방법

1) 공장 첨가

콘크리트 배합 시 혼합수에 첨가

2) 현장 첨가

현장에서 콘크리트에 직접 첨가

V. 적용(필요성)

① 장시간 운반이 필요한 경우

② Cold Joint 발생을 억제할 경우

③ 습식 shotcreat

④ 서중 콘크리트 타설 시

⑤ 유동성의 지속성이 필요한 콘크리트

VI. 사용시 유의 사항

① 사용량은 운송거리 등 현장 여건을 감안

② 사용 전에 시험 배합 실시

③ 첨가 후 저속 교반

④ 유동성 손실을 방지하기 위하여 공기 차단

33 | 콘크리트 혼화 재료로서의 촉진제

[95중(20)]

I. 개요

거푸집의 조기 탈형에 의한 거푸집 사용, 회전율의 제고, 한랭시 콘크리트 응결, 경화 촉진과 양생 기간 단축을 목적으로 사용하는 혼화제를 말한다.

II. 시멘트 수화반응을 촉진시키는 물질

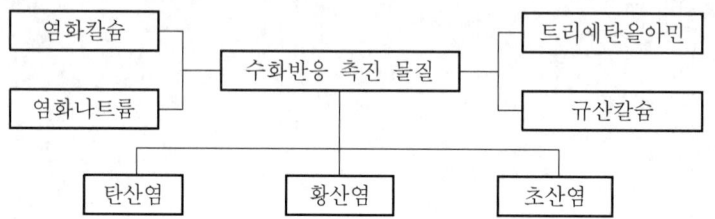

III. 촉진제의 효과

1) 응결 촉진
   Con'c의 수화반응을 촉진시켜 조기에 콘크리트를 응결시킨다.
2) 측압 감소
   동절기 Con'c 타설시 발생하는 측압을 감소시킬 수 있다.
3) 초기 동해 방지
   Con'c의 조기 강도 발현으로 초기 동해를 입을 시간이 줄어들어 동해 방지 효과가 크다.
4) 거푸집 조기 해체
   Con'c의 조기 강도 발현으로 거푸집 해체 시기를 앞당길 수 있다.
5) 초기 강도 증대
   Con'c 응결 속도가 빠르므로 조기 응결을 요구하는 구조물의 시공에 이용한다.

IV. 사용시 유의사항

1) 철근 부식
   ① 염화칼슘($CaCl_2$)에 의한 Con'c 내의 염화물 함유량 증가로 철근 부식이 우려된다.
   ② 최근 염화물 규제치가 $0.3 \, kg/m^3$ 이하로 규제되어 염화칼슘 촉진제를 사용할 수 없게 되었다.
2) 한중 Con'c 타설
   한중 콘크리트에 사용하면 초기 강도가 발현하여 초기 동해를 방지하고 측압 감소 등의 효과는 있으나 다량 사용시 Con'c 품질 저하 우려가 있다.

3) 타설 속도

Con'c 응결이 빠른 시간 내에 이루어지므로 Con'c 운반과정과 시공과정에서 신속한 작업이 되어야 한다.

4) 혼합 사용

타 혼화제와 혼합 사용시 Con'c에 미치는 영향을 고려하여 시험을 통하여 혼합 사용한다.

5) 혼화제의 저장

직사 광선을 피하고 서늘한 곳에 저장하여야 하며 타 혼화제와 분리하여 저장한다.

6) 사용 방법

제조회사의 시방 규정에 따른 사용량, 시공 방법 등을 준수하여 사용한다.

34 유동화제

[95전(20), 01전(10)]

Ⅰ. 개요

보통 콘크리트와 동일한 작업성으로 물시멘트비를 감소할 목적인 경우는 고성능 감수제를 사용하고, 물시멘트비는 같으나 Workability 향상을 목적으로 할 때는 유동화제를 사용하나 재료의 특성은 모두 같다.

Ⅱ. 유동화 콘크리트의 제조 방법

제조 방법	콘크리트 플랜트			운 반	공사 현장		
①	베이스 콘크리트 제조			애지테이터	유동화제 첨가	교반 (유동화)	콘크리트 부리기
②	베이스 콘크리트 제조	유동화제 첨가	교반 (유동화)	애지테이터			콘크리트 부리기
③	베이스 콘크리트 제조	유동화제 첨가		애지테이터		교반 (유동화)	콘크리트 부리기

Ⅲ. 유동화제의 분류

① 나프탈렌 설폰산염계
② 멜라민 설폰산염계
③ 변성 리그린 설폰산염계

Ⅳ. 유동화제의 효과

① 감수 효과
② 적은 공기 연행성
③ 응결 지연 효과
④ 강재의 비부식성
⑤ 시공 연도 개선

Ⅴ. 특징

① Slump가 80~120 mm까지 직선적으로 상승
② 분산 효과가 커짐
③ 건조 수축이 적음

④ 구조체의 내구성 향상

⑤ 감수율이 20~30% 정도

⑥ 저기포성, 저응결 지연성

⑦ 콘크리트의 수밀성 향상

⑧ 사용할 시간은 첨가 후 30분까지

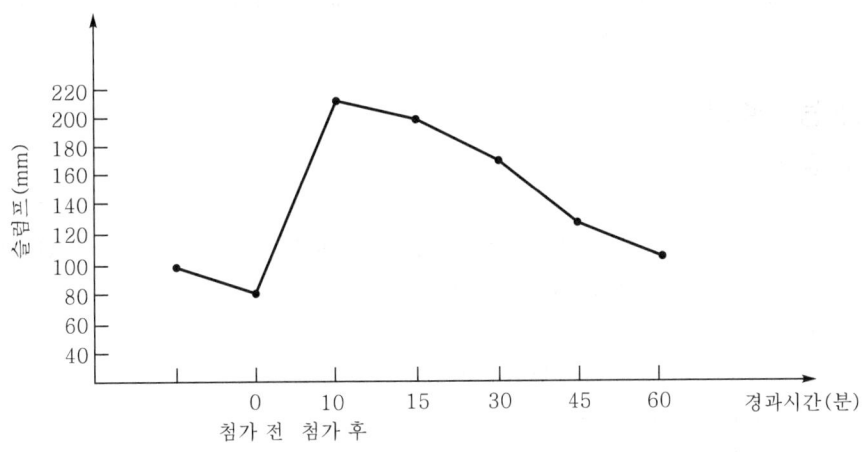

< 유동화제를 사용한 Con'c Slump 변화 >

VI. 적용 대상

① Prestress Con'c

② Con'c Pile 및 흄관

③ 고강도 콘크리트

④ 유동화 콘크리트

VII. 시공시 유의사항

① 첨가량이 0.75%를 넘으면 재료 분리가 생기므로 유의할 것

② 리그린계는 첨가량이 증가하면 공기량도 증가하므로 유의할 것

③ 리그린계는 0.25% 이상 첨가하면 응결 지연 현상이 생기므로 유의할 것

④ 강도는 증가하나 탄성계수는 오히려 둔화되므로 유의할 것

⑤ 콘크리트가 가열되면 큰 기공이 생겨 물침투가 쉬워지므로 유의할 것

35 | 고성능 감수제와 유동화제의 차이

[03후(10)]

Ⅰ. 개요

① 고성능 감수제와 유동화제는 혼화제의 일종으로 강도 및 유동성 향상을 위하여 사용한다.

② 사용 목적에 따라 적절한 혼화제를 선정하고 물결합재비를 감소하여 콘크리트의 품질을 개선하여야 한다.

Ⅱ. 고성능 감수제

1) 정의

고성능 감수제는 일반적인 감수제의 기능을 더욱 향상시켜 시멘트를 효과적으로 분산시키고, 응결지연, 강도저하, 지나친 공기연행 등의 악영향 없이 단위수량을 대폭 감소시킬 수 있는 혼화제를 말한다.

2) 효과

① 20~30%의 대폭적인 단위수량 감소

② Cement Paste의 유동성 증대

③ 내구성 증진

   ㉮ 건조수축, 투수성 감소

   ㉯ 탄산화, 내동결 융해성에 유리

   ㉰ 피로, 크리프 현상 감소

④ 고강도 콘크리트 제조

3) 감수 성능

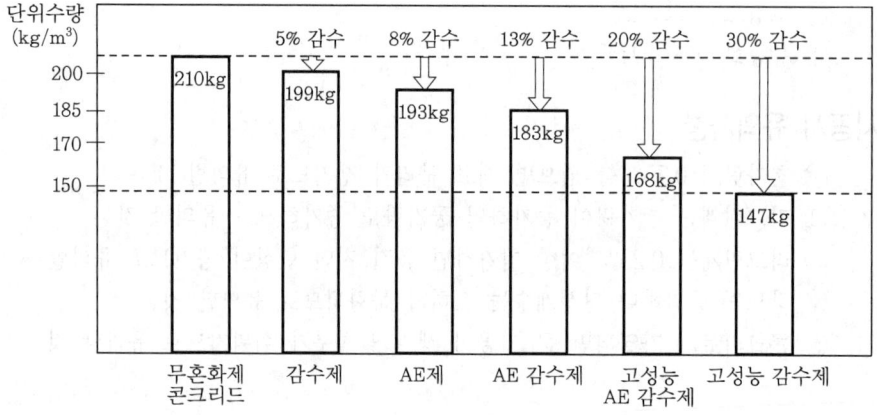

Ⅲ. 유동화제

1) 정의

유동화제는 일반적으로 단위수량을 증가시키지 않고 유동성을 증진시키는 것으로 콘크리트 품질의 저하없이 타설 및 다짐 작업을 용이하게 하므로서 인건비의 절감 등 경제적인 이점을 얻을 수 있다.

2) 유동화제의 분류

① 나프탈렌 설포산염계

② 멜라민 설폰산염계

③ 변성 리그린 설포산염계

3) 특징

① Slump가 120 mm에서 210 mm까지 일시적 상승

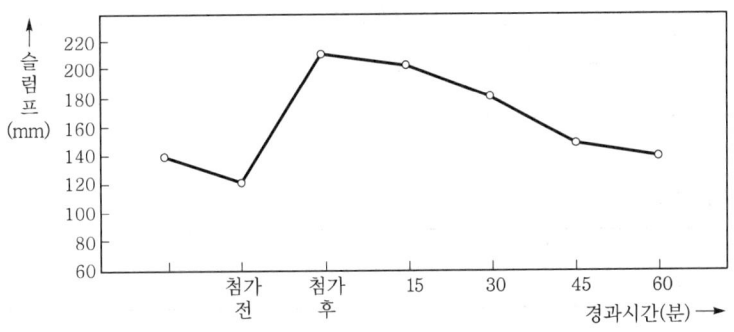

〈유동화제를 사용한 Con′c의 Slump 변화〉

② 감수율이 20~30% 정도

③ 분산 효과가 커진다.

④ 저기포성 저응결 지연성

⑤ 건조 수축이 적고 수밀성이 증대되고 구조체의 내구성이 향상

Ⅳ. 고성능 감수제와 유동화제의 차이점

구 분	고성능 감수제	유동화제
효과	물결합재비 감소로 고강도화	타설 및 다짐성 향상
물결합재비	감소	변동 없음
유동성	증대	개선
Workability	양호	향상

36 방청제

Ⅰ. 정의

① 방청제란 철근 콘크리트 중의 철근이 해수에 포함되어 있는 염류에 의해 녹이 발생하는 것을 방지하기 위해 사용되는 혼화제이다.

② 철근 콘크리트속의 철근은 콘크리트의 탄산화, 전류의 흐름, 균열의 발생 및 염해에 의해 녹이 발생하며 그중 염해에 대한 대책으로 콘크리트의 배합시 방청제를 첨가하여 사용한다.

Ⅱ. 철근의 부식 Mechanism

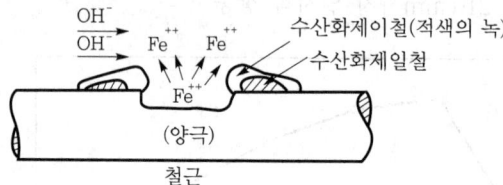

철근과 철근의 표면에 접하는 물질 사이에 생기는 화학반응에 의해 철근의 표면이 소모해 가는 현상

Ⅲ. 방청제의 구분

1급	세골재의 염분(NaCl) 함유량이 0.02% 이하인 경우 사용
2급	세골재의 염분(NaCl) 함유량이 0.02%를 초과하는 경우 사용

Ⅳ. 해사 사용 콘크리트의 문제점

① 하천사 사용 콘크리트에 비해 철근의 녹 발생률이 현저하다.

② 시공후 2년이 경과하면 피복 콘크리트에 영향이 나타난다.

③ 시공후 15~20년 후에 콘크리트 내구성이 현저히 저하된다.

Ⅴ. 철근의 방청조치

① 물결합재비를 적게 하고 밀실한 콘크리트를 만든다.

② 피복두께를 증가시킨다.

③ 양질의 방청제를 사용한다.

④ 아연도금 철근을 사용한다.

⑤ 수밀성이 높은 표면마감을 한다.

Ⅵ. 방청제 사용시 유의사항

① 시행 가능한 방청조치를 가능한 한 병용한다.

② 방청제 선택시 충분한 연구자료 및 사용 실적이 있는 것을 사용한다.

③ 방청제의 사용 방법·사용량을 준수한다.

④ 콘크리트에 방청제를 투입시 반드시 확인한다.

⑤ 양질의 AE 감수제와의 병용은 특히 효과적이다.

37 수중 불분리성 혼화제(Non-dispersible Underwater Concrete Admixture)

[11전(10)]

Ⅰ. 정의

① 수중 불분리성 혼화제란 일반 콘크리트에 첨가하여 콘크리트를 수중에 타설할 때 재료분리 방지목적으로 독일에서 개발된 콘크리트 혼화제를 말한다.

② 수중 콘크리트로서 트레미관, 밑열림 상자, 펌프 압송 등으로 수중에 콘크리트를 타설할 때 수중에서 물에 의해 콘크리트 성분이 분해되지 않게 하고 높은 유동성으로 시공성을 향상시키는 혼화제이다.

Ⅱ. 수중 불분리성 혼화제의 효과

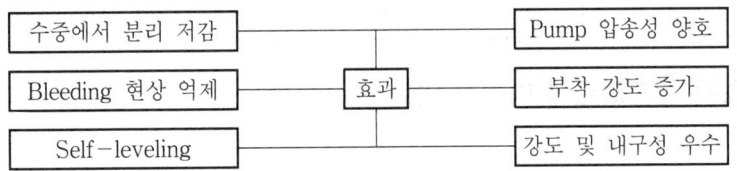

Ⅲ. 종류

1) 셀룰로오스계
① 메틸셀룰로오스
② 히드록시 셀룰로오스
③ 히드록시 프로필셀룰로오스
④ 히드록시 에틸메틸셀룰로오스

2) 아크릴계
① 폴리아크릴아미드
② 폴리아크릴아미드와 아크릴산소다와의 공중합물
③ 폴리아크릴아미드 부분 가수분해물

Ⅳ. 사용량

일반 콘크리트에서 사용량
① 셀룰로오스계 : $2 \sim 3 \, \mathrm{kg/m^3}$
② 아크릴계 : $3 \sim 4 \, \mathrm{kg/m^3}$

V. 품질 규정

항 목		표준형	지연형
블리딩률(%)		0.01 이하	
공기량(%)		4.5 이하	
슬럼프 플로의 시간적 감소량(mm)	30분 후	30 이하	–
	2시간 후	–	30 이하
수중 분리도	현탁물질량(mg/l)	50 이하	
	pH	12.0 이하	
응결시간(시간)	초결	5 이상	18 이상
	종결	24 이내	48 이내
수중제작 공시체의 압축 강도(MPa)	재령 7일	15.0 이상	
	재령 28일	25.0 이상	

VI. 굳지 않은 콘크리트에 미치는 영향

① 유동성 향상
② 공기량 증가
③ 블리딩 저감
④ 응결시간 지연
⑤ 재료 분리 저항성

VII. 사용시 유의사항

① 혼합시 혼합 믹서의 혼합 능력 큰 것 사용
② 감수제, AE 감수제 등 추가 혼화제 사용
③ 높은 압송 저항성 고려
④ 적정 사용으로 환경 보존

38 | Silica Fume

[04전(10)]

Ⅰ. 정의

① Silicon 또는 페로 Silicon 등의 규소 합금 제조시 발생하는 폐가스를 집진하여 얻어진 부산물로서 초미립자($1\mu m$ 이하)이다.

② 이산화규소(SiO_2)가 주성분으로 고강도 Con'c를 제조하는데 사용된다.

Ⅱ. 물리적 성질

① 90% 이상이 구형의 형상을 하고 있음

② 입경이 $1\mu m$ 이하, 평균 입경이 $0.1\mu m$ 정도, 비표면적은 약 $20\,m^2/gf$ 정도

③ 비중이 약 2.1~2.2 정도이고, 단위용적 중량은 $250\sim300\,kg/m^3$ 정도

시멘트 페이스트　　고성능 감수제를 사용한　　시멘트 페이스트
　　　　　　　　　시멘트 페이스트　　실리카 흄+고성능 감수제

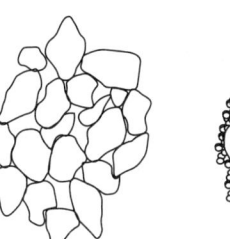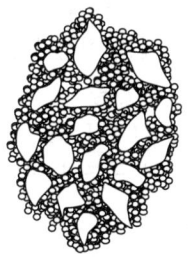

< 실리카흄의 효과 >

Ⅲ. 장점

① 고강도 및 투수성이 작은 콘크리트를 만듦　② Bleeding 감소

③ 고성능 감수제의 사용으로 단위 수량 감소　④ 강도 및 내화학성 증대

⑤ 수화 초기에 발열량 감소　　　　　　　　⑥ 수밀성 및 기밀성 증대

⑦ Pozzolan 반응에 따른 알칼리 감소

Ⅳ. 단점

① 단위 수량(고성능 감수제 미사용)의 증가　② 탄산화 깊이의 증대

③ 건조 수축의 증대　　　　　　　　　　　④ 소성 수축 균열의 증가

Ⅴ. 유의사항

① 고성능 감수제의 사용은 필수적이므로 유의할 것

② 고강도·고내구성의 콘크리트를 제조하기 위해서는 물결합재비 30% 이하 유지

③ 혼합률은 5~15% 정도가 적당하며, 너무 많아지면 소성 수축 균열이 발생하므로 유의할 것

39 | 잠재 수경성과 포졸란(Pozzolan) 반응

[03후(10)]

Ⅰ. 개요

① 잠재 수경성과 포졸란 반응은 혼화재의 대표적인 성질이며, 포졸란 반응을 일으키는 혼화재에는 Faly Ash와 Sillica Fume 등이 있다.

② 잠재적 수경성은 고로 슬래그에 나타나는 기본적인 성질이다.

Ⅱ. 잠재 수경성

1) 정의

① 잠재 수경성(潛在水硬性)이란 물과 접촉하면 수경성을 나타나지 않으나, 자극제란 물질이 물속에 존재하면, 수경성을 나타내는 성질을 말한다.

② 자극제란 잠재하고 있는 성질을 불러 깨우기 위한 촉매적인 작용을 하는 첨가제이다.

③ 고로 슬래그 등 혼화재가 수산화기(OH^-)의 촉매반응으로 인해 물과 반응하여 미소경화체를 형성하는 현상이다.

2) 잠재 수경성의 반응

① 분말 슬래그 pH 12 이상의 $Ca(OH)_2$의 포화용액 중에 방치하면 슬래그의 알루미나규산염 구조가 절단되어 수화하기 시작하고 서서히 칼슘이온이 소모된다.

② 그러나 $Ca(OH)_2$의 공급을 중단하고 어느 정도 이하의 알칼리량이 되면 반응은 진행되지 않는다.

③ 슬래그의 잠재 수경성을 자극함으로서 수화반응을 촉진시키는 자극제로 클링커와 석고를 사용한다.

3) 특징

① Con'c의 수밀성 증대

② Con'c의 강도 증진

③ 내구성 향상

④ 해수에 대한 저항성 우수

⑤ 수화반응에 의해 생기는 조직 치밀

Ⅲ. 포졸란(Pozzolan) 반응

1) 정의

① 자체의 수경성은 없으나 Cement 수화반응시 발생하는 수산화칼슘($Ca(OH)_2$)과 화합하여 불용성의 화합물을 만드는 반응을 포졸란 반응이라 한다.

② 포졸란은 콘크리트에 혼합하여 경화전 콘크리트 Workability를 향상시키고 콘크리트 수화열을 감소시키며, 경화후 콘크리트 장기 강도가 증가되고 수밀성이 향상되는 효과를 가져오는 혼화재이다.

2) 포졸란의 종류
  ① 천연 포졸란
    ㉮ 화산재
    ㉯ 규조토
    ㉰ 응회암
  ② 인공 포졸란
    ㉮ Fly Ash
    ㉯ 소점토

3) 특징
  ① Workability 향상
  ② 수화열 감소
  ③ 장기 강도 증진
  ④ 내황산염 화학 저항성 향상
  ⑤ 수밀성 향상
  ⑥ 알칼리 골재반응 억제
  ⑦ 동결 융해 저항성 저하
  ⑧ 단위수량 증가 현상 발생

4) 사용시 유의사항
  ① 단위수량 증가에 유의해야 한다.
  ② 강도 저하요인이 있다.
  ③ 과다 사용시 탄산화 및 응결 지연을 초래한다.

40 고로 Slag

Ⅰ. 정의

① 용광로 방식의 제철 작업에서 선철과 동시에 주로 알루미나 규산염으로 구성된 Slag가 생성되며, 용융상태의 고온 Slag를 물·공기 등으로 급냉하여 입상화한 것을 고로 Slag라 한다.

② Slag는 Silica, Alumina, 석회를 주성분으로 하고 있다.

Ⅱ. 냉각 방법에 따른 고로 Slag의 분류

종 류	용 도
서냉 슬래그	도로용(표층, 노반, 충전), 콘크리트용 골재, 항만 재료, 지반 개량재 시멘트, 클링커 원료, 규산석회 비료 등
급냉 슬래그	고로 시멘트용(시멘트 혼합제), 시멘트 클링커 원료, 콘크리트 혼합재, 경량 기포 콘크리트 원료(ALC), 지반 개량재, 콘크리트용 세골재, 아스팔트용 세골재, 노반 안정 치환, 규산석회 비료, 항만 재료, 토목 공용
반급냉 슬래그	경량 콘크리트용 골재, 경량 매립재, 기타 보온재

Ⅲ. 고로 Slag가 Con′c에 미치는 영향

① 콘크리트 구조체의 장기 강도 증진
② 해수·하수·지하수·광천 등에 대한 내침투성이 우수해짐
③ 단위수량과 세골재율이 조금 커짐
④ 재료분리 및 Bleeding이 조금 많아짐
⑤ 건조 수축률은 조금 작아짐
⑥ 수화 발열량에 의한 온도 상승
⑦ 초기 강도는 적게 나오지만 장기 강도가 커짐

Ⅳ. 유의사항

① Entrapped Air가 많으므로 AE제 첨가시 약간 적게 할 것
② 응결시간이 다소 빨라지므로 유의해야 함
③ Pump 압송시 저항성이 크므로 유의해야 함
④ Silica 성분이 탄산가스에 의한 탄산화가 쉬우므로 유의해야 함
⑤ 연행 공기를 확보하지 못하면 동결 융해에 대한 저항성이 떨어지므로 유의할 것

41 Fly Ash

[01후(10)]

Ⅰ. 정의

① 화력발전소 등의 연소 보일러에서 부산되는 석탄재로서 연소 폐가스 중에 포함되어 있는 재를 집진기에 의해 회수한 미세한 입상의 잔사를 말한다.

② Pozzolan계를 대표하는 혼화제로서 Workability를 개선하고 수화 발열량을 감소시키는 효과가 있다.

Ⅱ. Fly Ash 혼합률에 따른 콘크리트 압축 강도

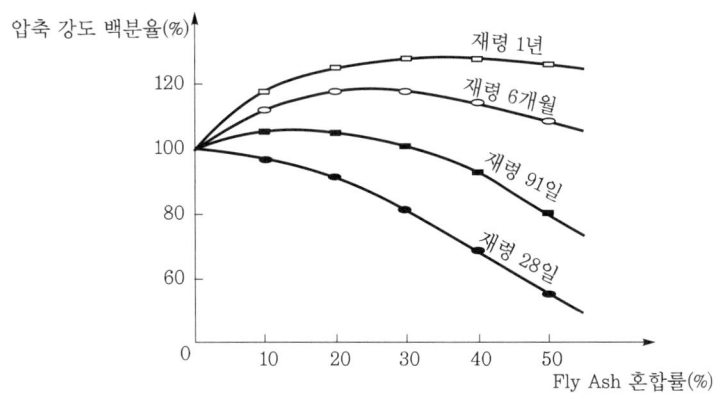

Ⅲ. 혼합률의 조정

① 초기 강도 저하 억제 : 10% 이하

② 초기 강도 저하는 어느 정도 인정하고, 수화열 감소·장기 강도 증진·건조 수축 감소 등의 목적 : 20~30%

③ Mass Con'c, 중용열 Portland Cement, 고로 Slag Cement 등 : 10%

Ⅳ. Fly Ash가 Con'c에 미치는 영향

① Con'c의 유동성 개선

② 단위수량 감소

③ Bleeding 현상 감소

④ 장기 강도의 개선

⑤ 수화 발열량의 감소

⑥ 알칼리 골재반응 억제 효과

⑦ 황산염에 대한 저항성 증대 효과

⑧ 콘크리트의 수밀성 향상

V. 유의사항

① 초기 강도는 일반 콘크리트보다 낮으므로 유의할 것
② 온도가 높을수록 강도 증진 효과는 저하하므로 유의할 것
③ 혼합률이 20% 이상 늘어나면 피복 두께를 1 cm 정도 늘리는 것이 바람직
④ 초기 습윤 양생이 대단히 중요하며, 양생 온도에도 유의할 것
⑤ AE 콘크리트의 경우는 AE제가 Fly Ash에 흡착되기 때문에 사용량을 증가할
　필요가 있으므로 유의할 것
⑥ Fly Ash는 일반적으로 응결시간이 늦어지므로 유의할 것
⑦ 공기중의 수분과 반응하면 응집현상이 일어날 수 있으므로 유의할 것

42 현장 콘크리트 공사의 단계적 시공관리(품질관리)

I. 개요

① 현장 콘크리트의 시공관리는 구조물의 강도·내구성·수밀성 등을 향상시키면서 경제적인 시공을 하는데 그 목적이 있다.

② 콘크리트의 단계적 시공관리는 비빔·운반은 재료 분리를 방지하고, 타설·다짐은 균일하게 하여 충분한 양생을 함으로써 우수한 콘크리트를 생산하는데 있다.

II. 단계적 시공관리 Flow Chart

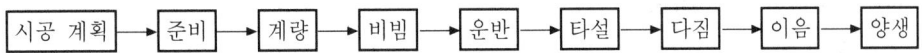

시공 계획 → 준비 → 계량 → 비빔 → 운반 → 타설 → 다짐 → 이음 → 양생

III. 단계적 시공관리

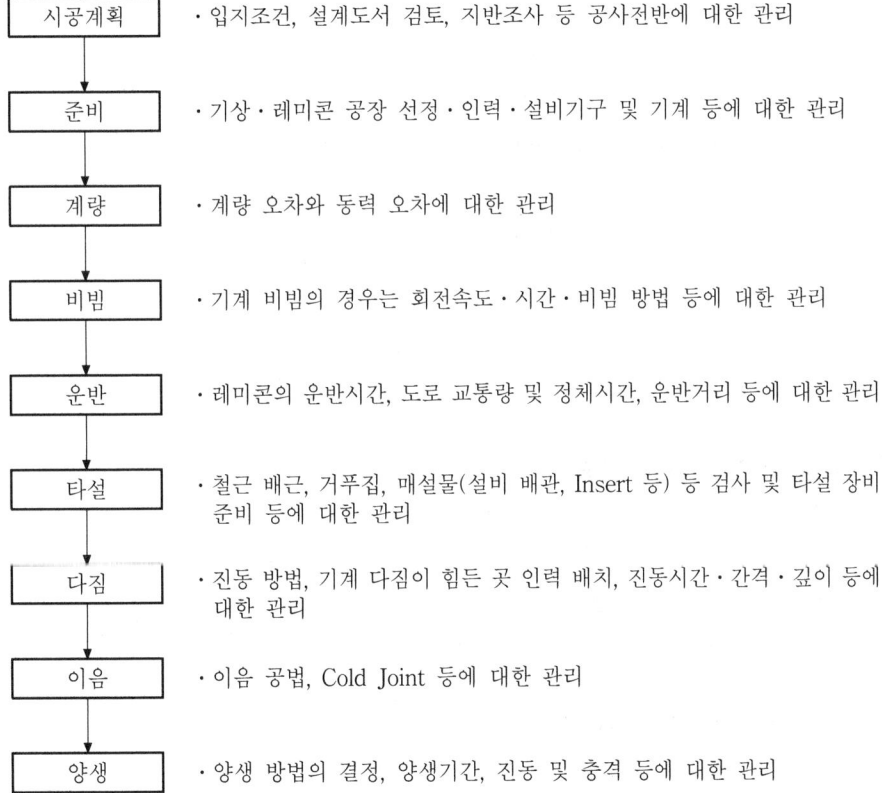

단계	관리 내용
시공계획	·입지조건, 설계도서 검토, 지반조사 등 공사전반에 대한 관리
준비	·기상·레미콘 공장 선정·인력·설비기구 및 기계 등에 대한 관리
계량	·계량 오차와 동력 오차에 대한 관리
비빔	·기계 비빔의 경우는 회전속도·시간·비빔 방법 등에 대한 관리
운반	·레미콘의 운반시간, 도로 교통량 및 정체시간, 운반거리 등에 대한 관리
타설	·철근 배근, 거푸집, 매설물(설비 배관, Insert 등) 등 검사 및 타설 장비 준비 등에 대한 관리
다짐	·진동 방법, 기계 다짐이 힘든 곳 인력 배치, 진동시간·간격·깊이 등에 대한 관리
이음	·이음 공법, Cold Joint 등에 대한 관리
양생	·양생 방법의 결정, 양생기간, 진동 및 충격 등에 대한 관리

43 | Remixing(다시 비빔)과 Retempering(되비빔)

Ⅰ. 정의

① Remixing이란 모르타르 또는 콘크리트가 아직 굳기 시작하지 않았으나 일정 시간이 경과하여 재료 분리가 발생 했을 때 다시 비빔을 하여 재료를 혼합하는 것이다.

② Retempering이란 모르타르 또는 콘크리트가 Slump 저하로 인해 굳기 시작할 때 물 또는 유동화제를 첨가하여 되비빔 하는 것을 말한다.

Ⅱ. Remixing(다시 비빔)

1) 정의

아직 굳지 않은 콘크리트가 재료 분리된 경우 다시 비빔하는 것

2) 재료 분리시 문제점

① 콘크리트 강도 및 내구성이 저하된다.

② 철근과의 부착 강도가 저하된다.

③ 곰보 발생으로 미관이 손상된다.

④ Bleeding 및 Laitance 발생으로 콘크리트 부재간의 이음부 강도가 저하된다.

3) 대책

① 적정한 타설 속도를 유지한다.

② 슈트에서 직접 타설하지 않고 중간에 받아서 타설한다.

③ 철근 배근시 굵은 골재의 유입이 쉽도록 배근한다.

④ 브러시 등으로 Laitance를 제거한다.

⑤ 가능한 한 재료 분리가 발생하기 전에 타설할 수 있도록 계획한다.

Ⅲ. Retempering(되비빔)

1) 정의

굳기 시작한 콘크리트에 물과 유동화제 등을 첨가하여 재비빔 하는 것

2) 물 첨가(가수)의 경우

① 4시간 경과한 콘크리트의 경우 W/B비 10% 증가로 Slump가 같아진다.

② 강도의 변화는 거의 없다.

3) 유동화제를 사용한 경우

① 유동화제 첨가 30분후가 Slump 최대치가 된다.

② 유동화제 첨가 60분후에는 효력이 상실되므로 이전에 작업을 완료한다.

③ Slump 120 mm인 경우 시간이 90분 경과하면 Slump가 55 mm로 저하되므로 유동화제 $1,300 \, cc/m^3$를 첨가하면 Slump가 80~100 mm 정두 증가된다.

④ 유동화제 사용의 목적은 강도와 관계없이 Slump치의 회복으로 시공성을 좋게
하는 것이다.

Ⅳ. Remixing과 Retempering 방지법

① 일정 시간내에 사용한다.

	동절기	하절기
모르타르	90분	60분
콘크리트	120분	90분

② 건 비빔후 사용 직전에 물을 첨가하여 비빔후 사용한다.

③ 일정시간이 경과한 재료는 폐기 처분한다.

44 콘크리트 타설 공법

Ⅰ. 개요

① 콘크리트의 요구 성능(강도·내구성 등)이 확보될 수 있는 타설 계획·타설 구획·1일 타설량·인원·기계 및 기구 등을 충분히 검토하여 타설 공법을 결정한다.

② 타설 공법은 크게 운반 방법과 타설 방법에 의한 것으로 나눌 수 있다.

Ⅱ. 현장 콘크리트 타설 전경

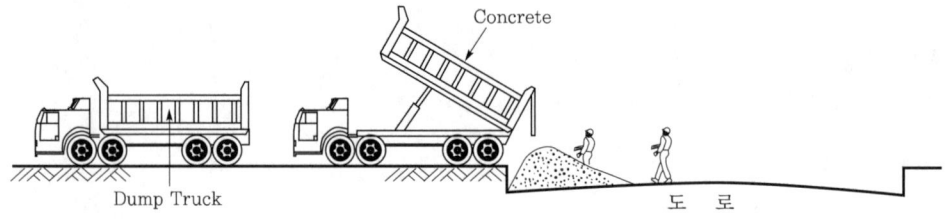

Ⅲ. 공법별 유의사항

종 류		종류별 특징
운반 방법에 의한 분류	Bucket 공법	Crane을 이용하여 Bucket에 Con'c를 담아 직접 타설
	Chute 공법	콘크리트 타설용 철제판(반원 모양)을 통해 높은 곳에서 중력 타설
	Cart 공법	손수레를 이용한 인력 소운반 타설
	Pump 공법	Con'c 수송용 Pump(Piston식, Squeeze식)를 이용하여 타설
	Press 공법	Pump 공법과 비슷하며, 좁은 장소에서의 운반에 사용
타설 방법에 의한 분류	Pocket 타설 공법	수직 거푸집 측면에 투입구 Pocket을 만들어 타설
	VH(Vertical Horizontal) 분리 타설 공법	주로 Half PC Slab 공법에 적용하여 기둥·벽 등 수직 부재를 먼저 타설하고, PC 판과 맞물리게 Topping Con'c 타설
	Tremie Pipe 타설 공법	Con'c 타설시 Tremie Pipe를 통해 Con'c의 중력으로 안정액을 치환하면서 타설
	Concrete Distributor 공법	콘크리트 타설 장소 바닥에 Rail을 설치하여 콘크리트 분배기를 직선으로 이동시키면서 타설
	CPB(Concrete Placing Boom) 공법	별도의 수직상승용 Mast에 연결된 Boom을 통해 콘크리트 타설

45 | 콘크리트 펌프(Concrete Pump)

Ⅰ. 개요

① Concrete 수송용 Pump를 이용하여 콘크리트를 타설하는 방법으로서 정치식(定置式)과 트럭 탑재식(Concrete Pump Car)이 있다.

② 최근 구조물이 대형화·고층화되고 있어 Concrete Pump 공법에 대한 활용이 일반화 되어 있다.

Ⅱ. 분류

1) 가설 장치에 따른 분류
   ① 정치식(定置式)
   ② 트럭 탑재식(Concrete Pump Car)
2) 압송 방식에 따른 분류
   ① Piston type Pump
      ㉮ 기계식
      ㉯ 수압식 또는 유압식
   ② Squeeze Type Pump

< Piston type Pump >

Ⅲ. 성능

① 수평 거리 : 200~300 m
② 수직 거리 : 40~60 m
③ 압송량 : 30~50 m^3/h

< Squeeze type Pump >

Ⅳ. 특징

1) 장점
   ① 타설 속도가 빨라 공기 단축 ② 노무비 절감
   ③ 품질 향상 기대 ④ 성력화 기능
2) 단점
   ① Slump 저하 ② 압송관의 Plug 현상

Ⅴ. 시공시 유의사항

① 거푸집 측압 발생
② Con'c 연속 공급
③ 배관의 수평 거리는 최소화
④ 호퍼 내의 가수 금지
⑤ 모르타르를 먼저 압송하여 콘크리트의 윤활성 향상

46 Plug 현상(Pipe 막힘 현상, 폐색 현상)

Ⅰ. 정의

① Con'c Pump 공법에 의한 Con'c 타설시 Pipe Line의 청소 불량, 최소 혼합 시간 미준수 등에 의해 Pipe가 막히는 현상을 말한다.

② 극한 상황하(서중, 한중)에서의 Con'c 타설시 주로 발생하며, 주로 시공자 및 감독자의 부주의에 의해 발생한다.

Ⅱ. 고려사항

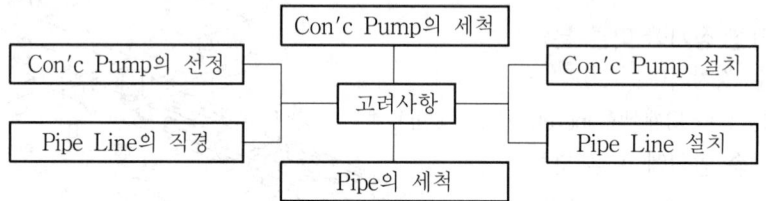

Ⅲ. Con'c Pump 공법의 문제점

① 수작업에 의한 세척

② 막힘 원인(Pipe 연결 부위, Pipe의 노후 등)을 내포하고 있음

③ 한번 막히면 보수해야 할 Pipe량이 엄청남

④ Cold Joint의 발생, 공기의 지연 등의 원인이 됨

Ⅳ. 원인

① Pipe Line 내의 이물질 및 쇄석 등의 거친 골재 사용

② 윤활 Grout량의 부족 및 공기 압력의 부족

③ Con'c Bleeding 및 Pipe Line의 수밀성 부족

④ 동절기 Pipe 내에 결빙 발생

⑤ 서중기 Con'c의 급격한 Slump 저하

⑥ 낡은 Pipe의 사용 및 장기간 Pumping 중단

Ⅴ. 대책

① Slump 저하가 예상될 때는 적절한 혼화제(지연제 등) 사용

② 장비는 철저히 정비하고 유지관리할 것

③ Pipe Line의 직경·두께·청소 상태 등을 철저히 점검할 것

④ Con'c Pumping 가능성에 대한 충분한 검사(Slump Test 등)

⑤ 동절기 Pipe내 물축임 작업시 내벽의 결빙 방지를 위해 부동액 첨가

⑥ 서중기의 Con'c 타설시는 Pumping 중단 시간을 가급적 단축할 것

⑦ 서중기의 Con'c 타설시기는 하루중 비교적 시원한 시간을 택할 것

47 콘크리트 분배기(Concrete Distributor)

Ⅰ. 정의

① 건설 현장에서 콘크리트 타설시 Pump 압송에 의한 타설 공법이 타설 시간 단축, 타설 작업의 용이성으로 인해 많은 건설 현장에서 채택되고 있다.

② 콘크리트 타설시 압송력에 의해 철근과 거푸집에 충격을 주어 구조체에 악영향을 미치고 있다.

③ 콘크리트 분배기는 콘크리트 타설 장소에 Rail을 설치하여 이동하면서 타설하므로 철근과 거푸집에 미치는 영향을 최소화하기 위한 콘크리트 타설 공법이다.

Ⅱ. 현장 시공도

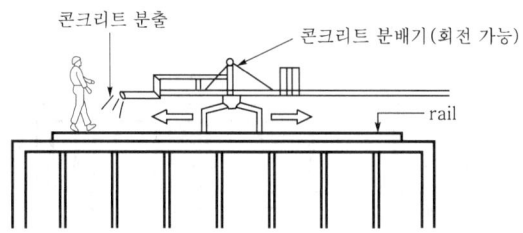

Ⅲ. 특징

① 바닥에 Rail을 설치하여 분배기를 직선 이동시킴

② 분배기는 회전 이동이 가능

③ Pump의 압송력이 철근에 직접 닿지 않으므로 콘크리트 타설시 철근에 영향을 최소화

④ 분배기의 이동은 Tower Crane을 이용

⑤ 분배기의 타설 영역은 15 m 내외

48 CPB(Concrete Placing Boom)

Ⅰ. 정의

① 고층 구조물에서의 고강도 콘크리트 사용이 증가되고 있으며, 콘크리트의 품질과 공정 관리를 위해 CPB(Concrete Placing Boom)를 사용한다.

② CPB는 수직 상승용 Mast를 별도로 설치하여야 하며, 콘크리트 타설 Boom을 연결하여 철근에 영향을 주지 않고 적은 인원으로 빠르게 콘크리트를 타설할 수 있다.

Ⅱ. CPB에 의한 콘크리트 타설

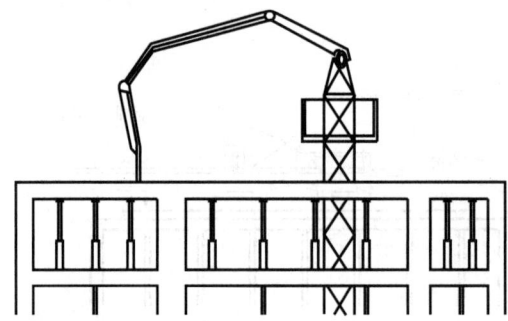

Ⅲ. 특징

① 고층 구조물의 고강도 콘크리트 타설시 주로 이용
② 콘크리트 타설시 철근에 영향이 전혀 없음
③ 적은 인원으로 신속한 타설 가능
④ 수직 상승용 Mast 별도 설치
⑤ 초기 구입비나 임대료가 고가

Ⅳ. 레미콘 타설 Flow Chart

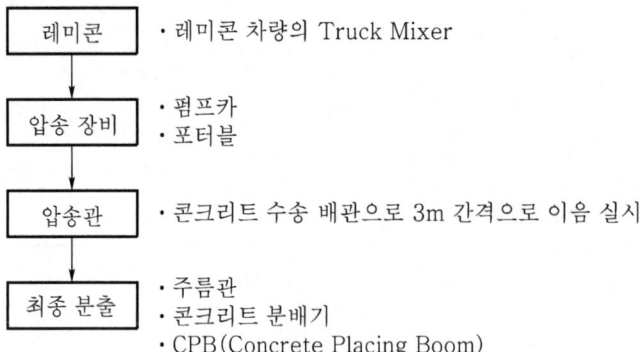

레미콘 → • 레미콘 차량의 Truck Mixer

압송 장비 → • 펌프카
• 포터블

압송관 → • 콘크리트 수송 배관으로 3m 간격으로 이음 실시

최종 분출 → • 주름관
• 콘크리트 분배기
• CPB(Concrete Placing Boom)

49 펌퍼빌리티(Pumpability)

[04전(10)]

Ⅰ. 정의

① Concrete의 수송용 Pump를 이용하여 Concrete를 타설하는 방법으로서 정치식과 트럭 탑재식(Concrete Pump Car)이 있다.

② Pumpability란 Concrete Pump Car의 작업 성능을 말하는 것으로 폐색 현상을 방지하기 위해 적절한 작업상태를 유지해야 한다.

Ⅱ. 펌퍼빌리티의 영향 요인

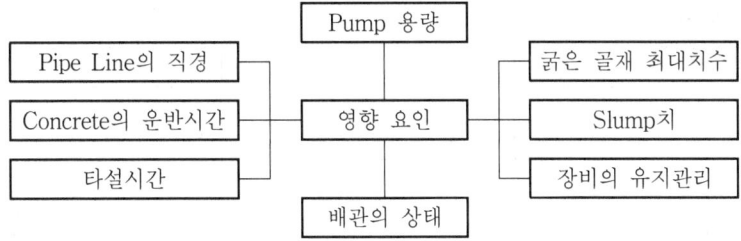

Ⅲ. 펌퍼빌리티의 향상 방안

1) Concrete 배합 설계시

① Slump치 100~180 mm 이상

② 단위 Cement량 250 kg/m³ 이상

③ S/a 35~80%

④ 굵은 골재 최대치수 25 mm 이하

2) 시공시 유의사항

① 수송관 배관시 굴곡을 적게 배관

② 서중·한중시 수송관 보온·단열 덮개 설치

③ 수송관 일정 간격으로 Air Compressor의 공기 주입구 설치하여 압송 불능시 대처

④ 사용 전후 청소 철저

⑤ 수송관 이음부분 확인 철저

50 콘크리트 진동 다짐 공법

[77(10)]

Ⅰ. 정의

① 진동 다짐은 콘크리트 내용물을 밀실하게 하고 간극을 배제하여 철근 및 매설물과의 부착력을 향상시키고 거푸집의 구석구석까지 Con′c를 균일하고도 치밀하게 채우는 작업을 말한다.

② 다짐 작업에 사용되는 장비는 대나무, 나무 망치, 진동봉, 거푸집 진동기, 진동대 등 여러 가지가 사용되며 콘크리트 품질향상을 위한 필수 작업이다.

Ⅱ. 다짐의 효과

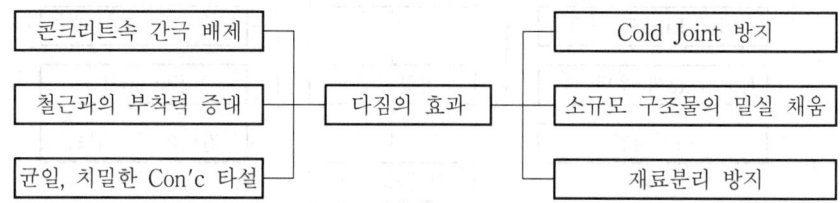

Ⅲ. 진동 다짐기

1) 내부 진동기(봉형 진동기)

강제 봉속에 진동체를 넣어서 공기 모터 또는 전동 모터의 회전력을 이용하여 강제봉을 진동시켜 콘크리트속에 넣어서 Con′c를 다짐하는 방법이다.

2) 외부 진동기

얇은 벽, 깊은 곳 등의 내부 진동기 사용이 곤란한 장소에서 외부 거푸집에 진동을 주어 다짐하는 방법으로 거푸집 진동기를 사용한다.

3) 평면 진동기

콘크리트 포장과 같이 두께가 얇은 평면 구조물에 사용하는 진동기이다.

4) 진동대

Precast Con′c 제품 생산 또는 공시체 제작에 이용되는 형식으로 작업 Mold 받침대에 장착하여 다짐하는 방법이다.

Ⅳ. 슬럼프 및 진동 시간과의 관계

슬럼프(mm)	0~30	40~70	80~120	130~170	180~200	200 이상
진동 시간(초)	22~28	17~22	13~17	10~13	7~10	5~7
진동 유효 반경(mm)	250	250~300		300~350	350~400	

Ⅴ. 다짐시 주의사항

① 진동기 사용 다짐은 연직으로 한다.

② 진동기 삽입 간격은 일반적으로 500 mm 이내로 한다.

③ 충분한 진동으로 콘크리트와 거푸집판과의 접속면에 시멘트풀 선이 나타나게 한다.

④ 봉형 진동기를 뺄 때는 간극이 생기지 않게 천천히 뺀다.

⑤ 내부 진동기의 횡방향으로 이동해서는 안 된다.

⑥ 진동기의 형식, 수량 등은 시공 Con′c량을 고려하여 선정한다.

⑦ 콘크리트의 재진동은 콘크리트가 유동화 될 수 있는 범위내에서 실시한다.

51 재진동 다짐

I. 정의

① 타설 및 다짐이 완료된 콘크리트는 경화하는 과정에서 수분과 기포가 발생하게 되는데, 특히 상부 수평 철근 밑으로 집중되어 철근과의 부착력을 감소시키므로, 이를 개선하기 위하여 실시하는 것이 재진동 다짐이다.

② 재진동 다짐은 아직 굳지 않은 콘크리트에 내부 진동기로 다져서, 콘크리트속의 수분·기포를 제거하여 콘크리트의 품질을 향상시키고, 거푸집의 부실로 물이 과다 손실된 부분의 콘크리트를 균질성 있게 만들기 위해서 실시한다.

II. 시공법

구 분	내 용
시기	가동중인 진동기가 자중만의 힘으로 콘크리트를 액상화할 수 있을 때도 가능한 늦게 한다. 일반적으로 초기 다짐후 1~2시간후에 실시한다.
깊이	상부 표면에서 0.5~1 m 정도
방법	일반적인 것은 진동 다짐시와 동일하나 진동기를 뽑을 때 천천히 뽑아 내부와 표면에 구멍이 남지 않도록 한다.

III. 효과

① 경화과정의 콘크리트 상부 표면으로 떠오른 수포와 기포를 제거하므로 콘크리트 품질이 향상된다.

② 거푸집의 부실로 인하여 물이 과다 손실된 부분을 재다짐하여 콘크리트의 균질성을 유지한다.

③ 콘크리트 자체의 강도가 증가하게 된다.

④ 철근과의 부착력이 증대된다.

IV. 활용 방안

① 콘크리트 재료 및 재질에 따라 달라지는 재진동 다짐의 효과와 적정 다짐시기 및 방법에 대해서 많은 연구와 노력이 필요하다.

② 재진동시에는 상부 철근의 부착 응력 감소 규정의 적용을 완화 또는 폐지하여, 공사 진행시 실제로 이득을 얻을 수 있는 근거가 마련되어야 한다.

52 콘크리트 구조물 줄눈

[97중후(20)]

Ⅰ. 개요

① 콘크리트 구조물은 외기의 온도변화 및 건조수축 등의 영향으로 균열이 발생되어 강도 저하의 원인이 된다.

② 시공 계획시 줄눈 재료 및 공법의 선정에 주의하고 철저한 시공관리로 균열을 사전에 예방해야 한다.

Ⅱ. 줄눈의 종류

줄눈의 종류 ─┬─ 시공 줄눈(Construction Joint)
            ├─ 신축 줄눈[Expansion Joint ; 분리 이음(Isolation Joint), 분리 줄눈]
            └─ 수축 줄눈(Contraction Joint ; 균열 유발 줄눈)

Ⅲ. 시공 줄눈(Construction Joint)

1) 정의

시공 줄눈이란 콘크리트 타설시 경화한 콘크리트 또는 경화하기 시작한 콘크리트에 접하여 새로운 콘크리트를 칠때 생기는 신·구 콘크리트의 이음매에서 발생하는 Joint를 의미한다.

2) 설치 위치

① 강도상 지장이 적은 곳

② 이음 길이와 면적이 최소가 되는 곳

③ 1회 타설량과 시공순서에 무리가 없는 곳

3) Cold Joint

Con'c의 치기중에 장비의 변화, 레미콘 수급 불량, 일기 변화 등으로 시공 계획에 의한 이음이 아닌 이음

Ⅳ. 신축 줄눈(Expansion Joint)

1) 정의

구조물의 온도변화에 따른 팽창·수축 혹은 부등 침하·진동 등에 의해 균열 발생이 예상되는 위치에 설치하는 Joint이다.

2) 기능

① 온도 변화 및 신축 활동

② 균열 방지

③ 부등 침하

3) 유의사항

① 연속되는 철근을 절단시킨다.

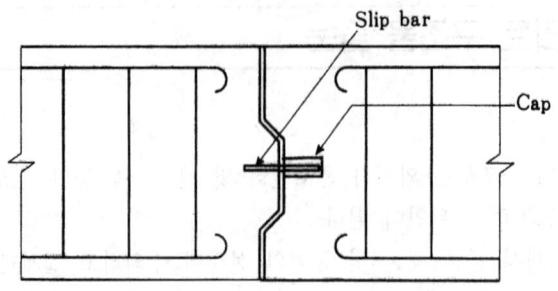

② 전단력이 작용하는 곳에서 전단 Key 설치
③ 수밀을 요하는 구조물에서는 지수판 사용

V. 수축 줄눈(Contraction Joint ; 균열 유발 줄눈)

1) 정의
 ① 콘크리트 구조물은 내부의 수화열과 외부의 온도 변화·건조 수축·외력에 의한 변형 등에 의해 균열이 발생하여 구조물의 강도 및 내구성 저하의 원인이 된다.
 ② 균열 유발 줄눈이란 미리 정해진 장소에 균열을 집중시킬 목적으로 소정의 간격으로 단면 결손부를 설치하여 균열을 강제적으로 생기게 하는 줄눈을 말하며, 수축 줄눈이라고도 한다.

2) 기능
 ① 건조 수축
 ② 균열 제어
 ③ 변형 억제

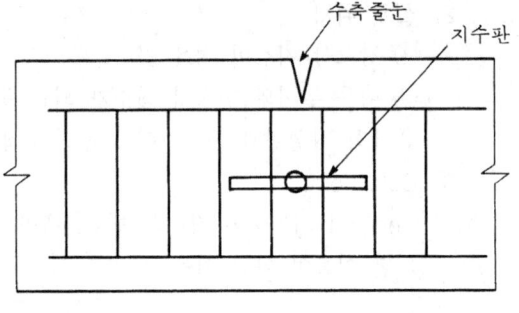

3) 유의사항
 ① 철근은 단락시키지 않고 연속시킨다.
 ② 단면을 감소시켜서 균열을 유도한다.
 ③ 수밀을 요하는 구조물은 지수판을 사용한다.
 ④ 수축 줄눈은 수평 또는 수직으로 설치하여 외관을 고려한다.

VI. 개선 방향

① Joint 보강재 선정시 신축성 고려
② 줄눈의 위치는 계획 단계에서 선정
③ 이음부 하자 발생 방지 대책 수립

53 콘크리트의 시공 이음

[97후(20), 07후(10)]

Ⅰ. 정의

시공 이음이란 콘크리트 타설시 경화한 콘크리트 또는 경화하기 시작한 콘크리트에 접하여 새로운 콘크리트를 칠 때 생기는 신·구 콘크리트의 이음매에서 발생하는 터짐 혹은 균열을 의미한다.

Ⅱ. 시공 이음

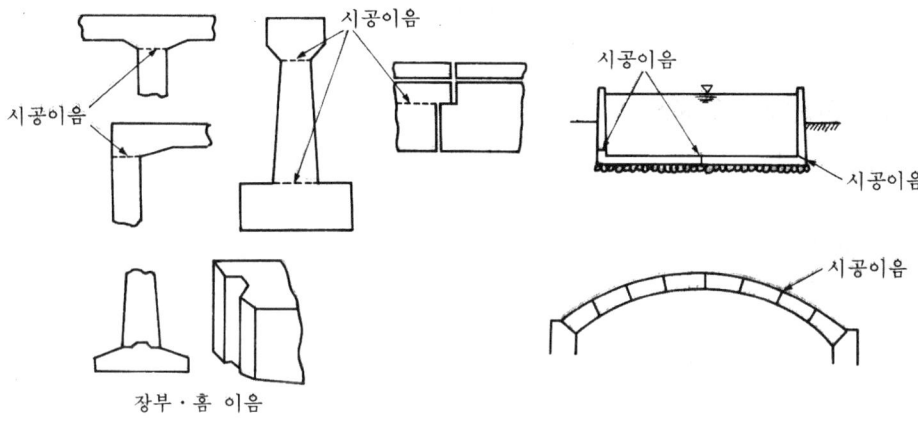

장부·홈 이음

Ⅲ. 설치 위치

① 구조물의 강도상 영향이 적은 곳
② 이음 길이와 면적이 최소가 되는 곳
③ 1회 타설량과 시공 순서에 무리가 없는 곳
④ 충격, 균열이 발생되지 않는 곳
⑤ 시공중 1일 마무리 지점
⑥ 부재의 압축이 작용하는 방향과 직각으로 설치

Ⅳ. 시공 방법

1) 수평 시공 이음
① 거푸집에 접하는 선은 평행한 직선이 되도록 한다.
② 이어치기 콘크리트 표면은 Laitance, 노출된 굵은 골재 등을 제거한 후 흡습시킨다.
③ 다짐을 철저히 하여 접착을 좋게 한다.
④ 수밀을 요하는 구조물에서는 지수판 설치후 타설한다.

2) 연직 시공 이음
① 거푸집을 견고하게 설치하고 진동 다짐한다.
② 구 콘크리트의 시공 이음면은 Wire Brush로 청소하고, Chipping한 후에 시공한다.
③ 진동 다짐으로 밀실 시공한다.

V. 시공시 유의사항
① 이어치기면 주변 거푸집 청소
② 이어치기면 거칠게 하고 물청소
③ 이어치기면 레이턴스, 먼지, 유지 제거
④ 구콘크리트 응결 시작시 진동봉 삽입 금지
⑤ 구콘크리트면 분리 골재 제거

VI. 시공 이음에서 문제점
① 균열 발생
② 철근 부식
③ 탄산화 촉진
④ 누수 발생
⑤ 구조물 단차 발생
⑥ 응력 저하

VII. Cold Joint
① 콘크리트의 치기중 온도 변화, 레미콘 수급 불량, 일기 변화 등으로 시공 계획에 의한 이음이 아닌 이음을 뜻한다.
② Con'c 내에 생긴 불연속층으로 전콘크리트와 후콘크리트의 경계가 생기는 것이다.
③ 서중 Con'c에 많이 발생한다.
④ 구조물의 강도, 내구성, 수밀성 저하 및 외관을 저해시키는 요인이 된다.

54 콜드 조인트(Cold Joint)

[85(10), 90후(10), 92전(10), 94후(10), 01후(10), 02중(10)]

Ⅰ. 정의

① 콜드 조인트란 콘크리트 타설 온도가 25℃ 초과에서 2시간 이상, 25℃ 이하에서는 2.5시간이 지난후 이어붓기할 경우에 콘크리트 이어치기 부분에서 시공 부주의에 의해 발생하는 Joint이다.

② 압축강도 3.5 MPa 발현 이후 발생한다.

③ 시공 계획에 의한 Joint가 아닌 시공 불량에 의해 발생한 Joint이다.

Ⅱ. Cold Joint에 의한 피해

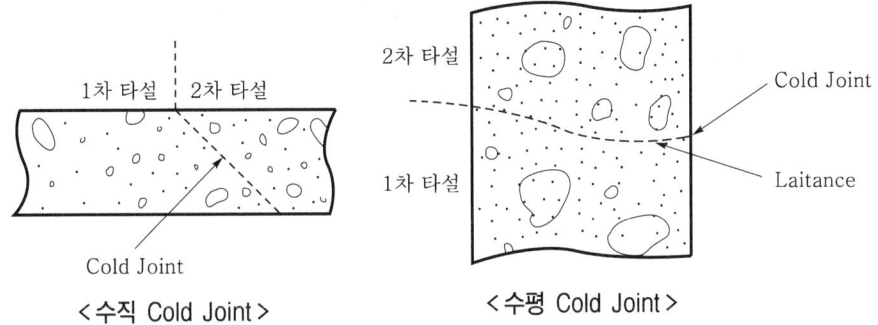

< 수직 Cold Joint >   < 수평 Cold Joint >

① Con'c 구조체의 내구성 저하

② 철근의 부식

③ 탄산화의 요인

④ 콘크리트의 수밀성 저하

⑤ 누수의 원인

⑥ 마감재의 균열

Ⅲ. 원인

① 넓은 지역의 순환 타설시 돌아오는 시간이 2시간을 초과할 때

② 장시간 운반 및 대기로 재료 분리가 된 콘크리트를 사용할 때

③ Massive한 구조물에서 과도한 수화 발열량 발생

④ 계획 설계시 Movement Joint의 누락 및 미시공

⑤ 여름철 콘크리트 타설 계획이 불충분할 때

⑥ 분말도가 높은 Cement를 사용할 때

Ⅳ. 대책

① 사전에 콘크리트 운반 계획을 철저히 수립

② 레미콘 배차 계획 및 간격을 철저히 엄수

③ 타설 구획의 순서를 철저히 엄수

④ 여름철 콘크리트는 응결 지연제 등의 혼화제 계획 필요

⑤ 큰 구조물의 콘크리트 타설시 Pipe Cooling 계획 필요

⑥ 레미콘의 운반 및 대기 시간을 검사하여 이전에 Remixing

Ⅴ. Cold Joint 감소 방안

① 콘크리트 수평 타설

② Bleeding 수 및 빗물 신속히 제거

③ Slip Form 공법에서 올리기 작업시 치밀한 계획 관리 수립

④ 다짐을 위한 진동봉은 구콘크리트 층에 진동봉 삽입 금함

⑤ 이어치기면 Laitance 제거

⑥ 콘크리트 타설면 이물질 제거 및 청소

55 신축 줄눈(Expansion Joint)

[00중(10), 05전(10)]

Ⅰ. 정의

① 신축 줄눈이란 구조물의 온도 변화에 따른 팽창·수축 혹은 부등 침하·진동 등에 의해 균열 발생이 예상되는 위치에 설치하는 균열 방지를 위한 Joint를 말한다.

② 콘크리트 구조체의 단면을 완전히 분리시키므로 분리 이음(Isolation Joint) 또는 분리 줄눈이라고도 한다.

Ⅱ. 신축 줄눈(분리 이음) 도해

아스팔트 등을 바른다.   철근

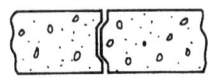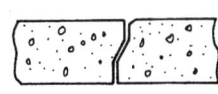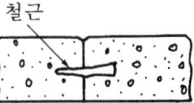

<벽체 신축 이음>

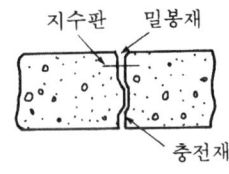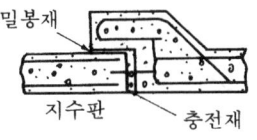

<벽 또는 판의 수밀 신축 이음>

Ⅲ. 설치 목적

① 양생 기간 및 사용중 안전성 확보

② 콘크리트의 팽창과 수축 조절

③ 콘크리트 구조물의 변형 수용

④ 부등 침하·진동 방지

Ⅳ. 유의사항

① 온도 변화가 큰 지역은 60 m 이내, 적은 지역은 90 m 이내마다 설치 고려

② 구조체의 형식, 기초의 연결 형식, 횡방향 변위 등에 대한 고려

③ 구조물의 규모와 형태

④ 온도 변화 및 온도 조절 방식

56 균열 유발 줄눈의 설치 목적 · 지수 대책 · 시공 관리

[98중전(20), 99전(20), 08중(10)]

Ⅰ. 개요

① 콘크리트 구조물은 내부의 수화열과 외부의 온도 변화 · 건조 수축 · 외력에 의한 변형 등에 의해 균열이 발생하여 구조물의 강도 및 내구성 저하의 원인이 된다.

② 균열 유발 줄눈이란 미리 정해진 장소에 균열을 집중시킬 목적으로 소정의 간격으로 단면 결손부를 설치하여 균열을 강제적으로 생기게 하는 줄눈을 말하며, 수축 줄눈이라고 한다.

Ⅱ. 균열 유발 줄눈의 도해

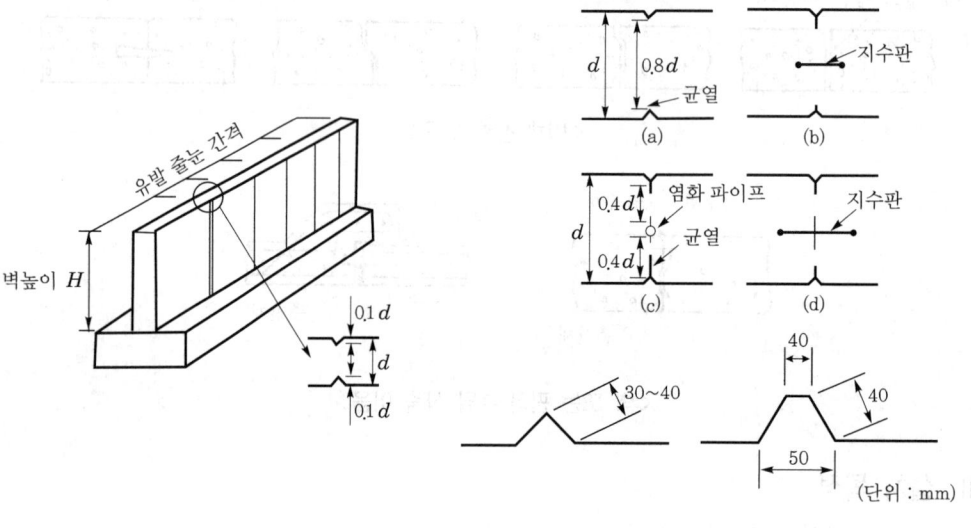

<일반도>   <홈 단면 상세>

Ⅲ. 설치 목적

① 건조 수축 제어

② 균열 유도

③ 온도 변화에 대응

④ 외관 고려

⑤ 구조물 보호

⑥ 내구성 증진

⑦ 열화 방지

⑧ 부등 침하 방지

IV. 지수 대책

1) 지수판 설치

지수를 요하는 구조물의 지수 대책으로 균열 유발 줄눈 중앙부에 신축성 있는 지수판 등을 설치한다.

2) 도해

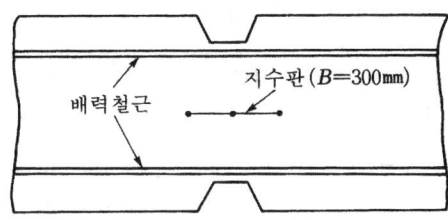

3) 설치 방법

① 균열 유발 줄눈 설치 구간 중앙부에 신축성 있는 지수판을 설치한다.

② 지수판은 콘크리트 타설시 이동되지 않게 견고하게 고정시켜야 한다.

③ 지수판은 구조물의 규격을 고려하여 적정 치수 이상이 되는 것을 사용한다.

V. 시공관리시 고려해야 할 내용

① 연직 배치

② 보강 철근 삽입

③ 외관 고려

④ 철근 연속 배치

⑤ 단면 축소

⑥ 등간격 준수

⑦ 밀실 다짐

57 | 지연 줄눈(Delay Joint, Shrinkage Strip, Pour Strip)

[13전(10)]

Ⅰ. 정의

① 장span의 구조물 시공시 수축대(Shrinkage Strips, 폭 1 m 정도 남겨 놓음)만 설치하고, 콘크리트 타설 후 초기수축(보통 4주 후)을 기다렸다가 그 부분을 콘크리트 타설하여 일체화한다.

② 100 m를 초과하는 구조물에 Expansion Joint의 설치 없이 시공이 가능하다.

Ⅱ. Delay Joint의 시공

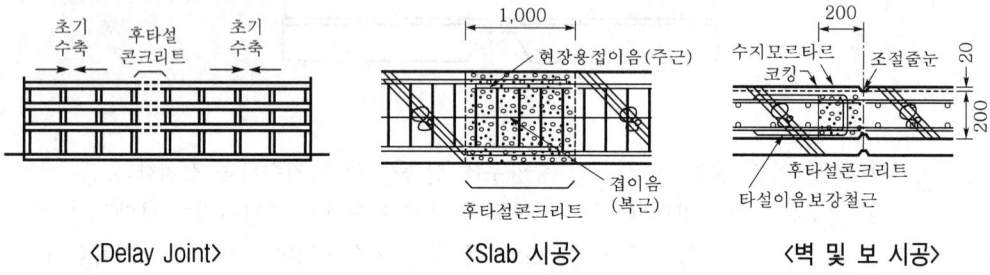

〈Delay Joint〉 〈Slab 시공〉 〈벽 및 보 시공〉

Ⅲ. 특징

① 100 m가 넘는 구조물에 유리
② 이중기둥이 없어짐
③ 구조체 및 마감비용 절감
④ 구조체의 일부가 후공사가 됨
⑤ Joint가 1개소 증가함
⑥ 거푸집 존치기간이 길어짐

Ⅳ. 시공시 유의사항

① Delay Joint 부분은 4주 후 타설
② Delay Joint의 폭은 Slab는 1 m 정도 벽 및 보는 20 cm 정도
③ 온도응력이 문제가 될 경우는 완전히 끊어 시공할 것
④ 옥상부는 방수에 유의할 것
⑤ 타단은 Control Joint 설치
⑥ 폭 20~100 cm 정도는 보통 Con'c를 사용하나 폭이 넓은 경우는 무수축 Con'c 사용

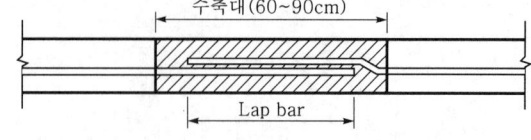

수축대(60~90cm)

Lap bar

※ 수축대는 Lap bar 길이보다 길게 시공

58 콘크리트 공사의 양생(보양 ; Curing)

Ⅰ. 정의

① Cement의 수화반응을 촉진시키기 위한 조치로서, 알맞게 배합된 Con′c를 타설한 후 경화의 초기 단계에서부터 적절한 환경을 만드는 것을 말한다.
② 양생의 목적은 미경화 콘크리트에서 원래 물로 채워져 있던 공간을 Cement의 수화 생성물로 채워질 때까지 Con′c를 포수상태로 유지하는 것이다.

Ⅱ. 양생에 영향을 주는 요소

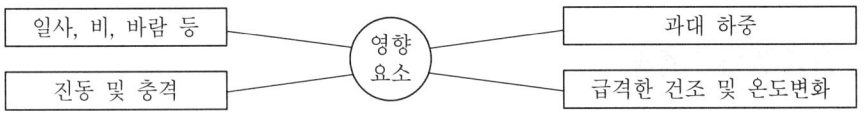

| 일사, 비, 바람 등 | 영향 요소 | 과대 하중 |
| 진동 및 충격 | | 급격한 건조 및 온도변화 |

Ⅲ. 양생의 분류

1) 습윤 양생(Wet Curing)
   보양 Sheet, 거적 및 Springkler 등을 이용하여 습윤상태 유지
2) 증기 양생(Steam Curing)
   단시일 내에 강도를 발현시키기 위해 고온의 수증기로 양생
3) 전기 양생(Electric Curing)
   저압 교류를 Con′c로 보낸 전기 저항으로 발생하는 열을 이용한 양생
4) 피막 양생(Membrane Curing)
   Con′c 표면에 피막 양생제를 뿌려 수분 증발을 방지하는 양생
5) Precooling
   Con′c 재료의 일부 또는 전부를 냉각시켜 온도 상승을 방지
6) Pipe Cooling
   Con′c 타설 전에 Pipe를 설치하여 냉각수를 순환시켜 온도 상승을 방지
7) 단열 보온 양생
   단열재(보온 Sheet 등)를 이용하여 Con′c를 양생하는 방법
8) 가열 보온 양생
   온상선, 적외선, 공간 가열 등을 이용하여 양생하는 방법

Ⅳ. 유의 사항

① Con′c 타설후 7일 이상 거적 등으로 덮은후 습윤 유지
② 조강 Portland Cement는 5일 이상 거적 등으로 덮은후 습윤 유지
③ Con′c 타설후 3일간은 보행 및 작업을 금함

59 습윤 양생(Wet Curing) 방법

[77(10)]

Ⅰ. 정의

① 습윤 양생이란 콘크리트 타설후 콘크리트속의 물 증발로 콘크리트의 경화에 영향을 주거나, 소성 수축에 의한 콘크리트 표면에 균열의 발생이 예상될 때 실시하는 양생 방법이다.

② 습윤 양생은 주로 서중 콘크리트 타설시 실시하며, 방법으로는 콘크리트 위에 Sheet 및 거적으로 보양한 후 물을 뿌리는 방법과 스프링클러로 살수하는 방법 및 콘크리트 타설전 거푸집에 물축임하는 방법 등이 있다.

Ⅱ. 양생 방법의 종류

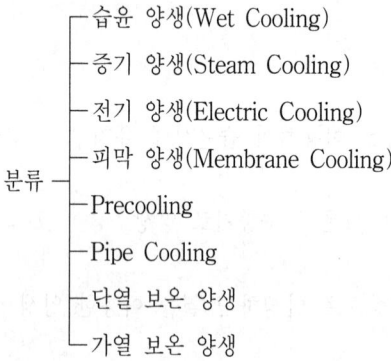

분류
- 습윤 양생(Wet Cooling)
- 증기 양생(Steam Cooling)
- 전기 양생(Electric Cooling)
- 피막 양생(Membrane Cooling)
- Precooling
- Pipe Cooling
- 단열 보온 양생
- 가열 보온 양생

Ⅲ. 습윤 양생 방법

1) Sheet 보양후 살수

① Sheet나 거적 등으로 콘크리트를 보양후 살수한다.

② 살수시 Sheet가 항상 습윤상태를 유지하도록 한다.

③ 여름철 주간에는 2시간 간격으로 살수하며 야간에도 수시로 점검하여 Sheet가 마르지 않도록 한다.

2) 스프링클러 살수

① 콘크리트 타설전에 미리 스프링클러를 설치한다.

② 타설중 기 타설된 콘크리트는 굳기 시작하므로, 타설후 1시간 경과되면 살수를 시작한다.

③ 타설후 Sheet 등으로 보양하여 살수하면 더욱 효과적이다.

3) 거푸집 물축임

① 콘크리트 타설전 콘크리트 수분이 거푸집으로 흡수되는 것을 방지하기 위해 실시한다.

② 거푸집에 충분히 물축임을 한다.

③ 거푸집에 고인 물은 콘크리트 타설전에 제거한다.

IV. 목적

① 콘크리트의 급격한 건조 방지

② 콘크리트 균열 방지

③ 마감 공사를 위한 콘크리트면 보호

④ 콘크리트의 강도 및 내구성 증대

V. 습윤 양생시 주의사항

① 타설후 7일 동안 습윤 양생(조강 포틀랜드 시멘트는 5일 이상)

② 기온이 높거나 직사 광선을 받는 경우에는 콘크리트 면이 건조하지 않게 충분히 양생

③ 타설후 3일 동안 보행 금지 및 중량물 적재 금지

④ 경화중 충격·진동 방지

60 | 증기 양생(고온 촉진 양생)

[04후(10)]

Ⅰ. 정의

① 양생(Curing)이란 시멘트의 수화반응을 촉진시키기 위한 조치로서 양질의 콘크리트를 얻기 위해서는 알맞게 배합된 콘크리트를 타설한 후 경화의 초기 단계에서 적절한 양생법을 채택하여야 한다.

② 증기 양생이란 거푸집을 빨리 제거하고 단시일 내에 소요 강도를 발현시키기 위해 고온의 증기로 양생하는 방법으로 고온 촉진 양생이라고 한다.

Ⅱ. 증기 양생된 콘크리트의 초기 강도

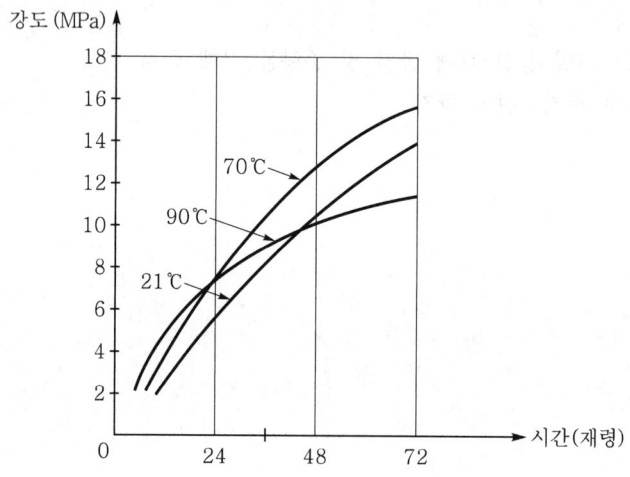

① 온도 21℃에서 3일 양생후의 강도는 14 MPa

② 온도 90℃에서 3일 양생후의 강도는 11.2 MPa

③ 온도 70℃에서 3일 양생후의 강도는 15.6 MPa

Ⅲ. 양생에 영향을 주는 요소

① 양생 온도

② 습도

③ 양생중의 진동·충격

④ 과대 하중

Ⅳ. 증기 양생의 종류

① 상압 증기 양생

② 고압 증기 양생(Autoclaved Curing)

V. 상압 증기 양생

1) 순서
① 거푸집 그대로 증기 양생실에 넣어 양생실 온도를 균등하게 상승시킨다.
② 혼합후 2~3시간 지난후 증기 양생을 개시한다.
③ 온도 상승 속도는 1시간에 20℃ 이하로 하고 최고 온도는 65℃로 한다.
④ 양생이 끝난후 양생실의 온도를 서서히 낮추고 외기와의 온도차가 없도록 한 다음 제품을 꺼낸다.

2) 특징
① 초기 강도는 매우 커지나 그 후의 강도 증진은 적다.
② 양생 온도는 55~75℃이며, 85℃ 이상은 유해하다.

VI. 고압 증기 양생(Autoclaved Curing)

1) 방법
내경 2.5~4 m, 길이 40~60 m의 압력솥에 통상 180℃의 온도와 1 MPa의 압력으로 양생한다.

2) 양생 과정

전 양생 시간	온도 상승 시간	정온도 시간	온도 하강 시간
1~4	3~4	3	3~7

3) 특징
① 단시간에 압축 강도 60~100 MPa를 얻는다.
② 내동해성, 황산염에 대한 저항성이 커진다.
③ 백화가 발생하지 않는다.

61 Autoclave Curing(고압 증기 양생 ; High−Pressure Steam Curing)

Ⅰ. 정의

① 고온·고압(대기압을 초과하는 압력)의 탱크(압력 용기 방식)내에서 하는 콘크리트 양생방법이다.

② 압력 용기를 Autoclave라고 하며, 압력 용기와 고압 증기를 이용한 양생을 Autoclave Curing이라고 한다.

Ⅱ. 특징

구 분	특 징
장점	① 조기 강도가 높음 ② 내구성이 좋고, 황산염 반응에 대한 저항성이 큼 ③ 내동결 융해성 및 백화(Efflorescence) 현상이 감소함 ④ 건조 수축 감소(표준 온도 양생 Con′c의 약 1/6~1/3 정도) 및 수분 이동 감소 ⑤ Creep 변형 감소 및 석회·실리카 반응으로 Cement Paste 중의 석회 감소
단점	① 철근의 부착 강도 감소(표준 양생 콘크리크의 1/2 정도) ② 고압 증기를 양생한 콘크리트는 어느 정도의 취성(脆性)이 있음

Ⅲ. 적용 대상

① 규산 석회 벽돌
② Precast Concrete
③ 콘크리트 2차 제품

Ⅳ. 품질 기준

① 최적 양생 온도는 0.82 MPa의 증기압에 약 177℃ 정도임
② Silica의 최적량은 Cement 중량의 0.4~0.7 정도임
③ 182℃의 최고 온도가 될 때까지 3시간에 걸쳐 천천히 상승시킬 것
④ 최고 온도를 5~8시간 유지한 후 20~30분 내에서 압력을 풀어줌
⑤ 급속히 감압시키면 콘크리트의 건조를 촉진하여 건조 수축을 감소함

Ⅴ. 유의사항

① 과열 증기가 콘크리트에 접촉해서는 안 되며, 여분의 물이 필요함
② Silica를 첨가하면 수축률은 커지나 콘크리트와의 화학 반응으로 양생에는 유리
③ 고압 증기 양생은 Portland Cement에만 적용(알루미나 및 내황산 시멘트는 불리)
④ Silica는 Cement와 분말도를 같게 하고, 양생후 Con′c 표면은 흰색을 띰

62 봉함 양생(Sealed Curing)

Ⅰ. 정의

① 콘크리트 표면으로부터 수분의 증발을 방지하기 위한 양생방법이다.
② 봉함 양생법으로는 방수지나 Plastic Sheet 또는 피막 양생제 등이 가장 많이
사용되고 있다.

Ⅱ. 현장 시공도

〈Sheet 양생〉

〈피막 양생〉

Ⅲ. 재료

1) Plastic Sheet
   ① 콘크리트 양생용 시트재
   ② 농업용 폴리에틸렌 필름
   ③ 농업용 염화비닐 필름
2) 피막 양생제
   ① 합성 수지계 : 비닐 수지, 페놀 수지, 멜라민 수지, 에폭시 수지 등
   ② 유지계 : 아마인유, 대두유, 보일유, 합성 건유 등

Ⅳ. 요구 성능

① 습기가 통하지 않을 것
② 살포 또는 도포가 용이할 것
③ 콘크리트면에 부착성이 좋을 것
④ 풍우・일사 등에 내구적일 것

Ⅴ. 종류별 특성

1) Plastic Sheet 양생
   ① 콘크리트 표면이 손상되지 않을 정도가 되었을 때 콘크리트 표면을 충분히 습윤한 후 Sheet를 덮어 양생
   ② Plastic Sheet는 유연성이 있고 복잡한 모양에도 적용이 가능
   ③ 콘크리트로부터 증발하는 수분을 보유하여 재분배함으로써 양생 효과 증대

2) 피막 양생(Membrane Curing)
   ① 콘크리트 표면에 피막 양생제를 뿌려 콘크리트 중의 수분 증발을 방지하는 양생
   ② 습윤 양생이 안 되거나 습윤 양생후 장기 양생이 필요한 경우
   ③ Cement의 수화에 필요한 습도를 유지시켜 줌

Ⅵ. 시공시 유의사항

① 진동 및 충격에 유의하여 Plastic Sheet 덮을 것
② 콘크리트 표면의 Bleeding 수가 없어진후(타설후 약 2시간 경과) 살포할 것
③ 살포시 피막 양생제가 철근에 묻지 않도록 유의할 것

63 | 피막 양생(Membrane Curing)

Ⅰ. 정의

① 콘크리트 표면에 피막 양생제(Curing Compound)를 뿌려 콘크리트 중의 수분 증발을 방지하는 양생방법이다.

② 습윤 양생이 안 되는 경우나 습윤 양생이 끝난후 장기 양생이 필요한 경우에 많이 사용된다.

Ⅱ. 현장 시공도

〈피막 생성〉

Ⅲ. 요구 성능

① 습기가 통하지 않을 것

② 살포 또는 도포가 용이할 것

③ 콘크리트면에 부착성이 좋을 것

④ 풍우·일사 등에 내구적일 것

Ⅳ. 재료

1) 합성 수지계

① 비닐 수지　　　　　　　② 페놀 수지

③ 멜라민 수지　　　　　　④ 에폭시 수지

2) 유지계

① 아마인유　　　　　　　② 대두유

③ 보일유　　　　　　　　④ 합성 건유

V. 시공시 유의사항

① 열흡수 방지를 위해 백색 도료를 혼합하여 백색 또는 회백색으로 할 것

② 터널 내와 같이 통풍이 안 되는 장소는 휘발 성분에 의한 화재에 유의

③ 콘크리트 표면의 Bleeding 수가 없어진후(타설후 약 2시간 경과) 살포할 것

④ 살포는 방향을 바꾸어 2회 이상 실시할 것

⑤ 살포 시기가 지연될 때는 콘크리트를 습윤상태로 유지할 것

⑥ 살포시 피막 양생제가 철근에 묻지 않도록 유의할 것

64 온도 제어 양생

Ⅰ. 정의

① 온도 제어 양생이란 콘크리트가 충분히 경화가 진행될 때까지 필요한 온도 조건을 일정하게 유지하여, 저온·고온 등의 급격한 온도 변화에 의한 유해한 영향을 받지 않도록 하는 양생을 말한다.

② 온도 제어 양생은 외부 기온과 콘크리트와의 온도차를 줄이고 초기 동해 및 온도 응력 발생을 방지하기 위해서 실시한다.

Ⅱ. 습윤 양생 시공도

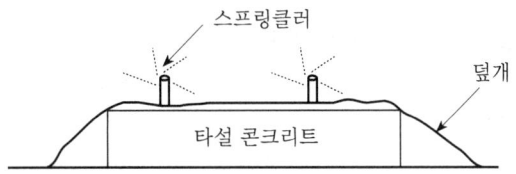

스프링클러

덮개

타설 콘크리트

Ⅲ. 종류

① 습윤 양생
② 증기 양생
③ Pipe Cooling
④ 단열 보온 양생
⑤ 가열 보온 양생

Ⅳ. 목적

① 초기 동해로부터의 보호
② 급격한 건조 수축 균열 방지
③ 온도 응력 발생 방지
④ 콘크리트와 외부 기온과의 차이를 최소화

Ⅴ. 종류별 특징

1) 습윤 양생

① 기온이 높고 습기가 낮은 경우에는 표면이 갑자기 건조하여 균열이 발생하기 쉬우므로 살수, 또는 덮개 등의 적절한 조치를 하여 표면의 건조를 최대한 억제하는 것이다.

② 기온이 높거나 직사광선을 받을 경우에는 콘크리트면이 건조하지 않도록 충분히 양생한다.

2) 증기 양생

　① 증기 양생이란 거푸집을 빨리 제거하고 단시일 내에 소요 강도를 발현시키기
　　위해 고온의 증기로 양생하는 방법이다.

　② 한중 Con′c에는 증기 보양이 유리하다.

　③ 종류

　　㉮ 저압 증기 양생(Low Pressure Steam Curing) : 상압 증기 양생

　　㉯ 고압 증기 양생(High Pressure Steam Curing) : Autoclaved Curing

3) Pipe Cooling

　① Mass Con′c에 이용한다.

　② Pipe의 지름·간격·통수의 온도와 양생 기간 등에 대하여 충분히 검토해서 정
　　해야 한다.

　③ 통수 방법(냉각 속도·냉각 기간·냉각 순서)이 적당치 못하면 부피내 온도차
　　가 크게 되어 균열 발생이 원인이 된다.

　④ Pipe Cooling은 물 이외에도 냉기에 의한 방법도 있다.

4) 단열 보온 양생

　① 한중 콘크리트에서 온도 저하 방지를 위한 양생 방법이다.

　② Sheet나 단열재 등으로 콘크리트 표면을 보양한다.

5) 가열 보온 양생

　① 콘크리트 타설후 초기 양생 동안 콘크리트가 동해를 입지 않게 하기 위하여 가
　　열하고 주위 온도를 높이는 양생법이다.

　② 종류에는 공간 가열·표면 가열·내부 가열 등이 있다.

65 Pipe Cooling 공법

[03후(10)]

Ⅰ. 정의

① 콘크리트 내부의 온도 상승을 방지하기 위하여 타설전에 미리 냉각관을 배치하고 그 속으로 냉기 또는 냉각수를 통과시켜 콘크리트의 내부 온도를 저하시키는 방법이다.

② 서중 Con'c 또는 Mass Con'c의 시공에 있어서는 콘크리트 내외부 온도차에 의한 균열(온도 균열)의 발생을 제어하기 위한 양생방법이다.

Ⅱ. Pipe Cooling 현장 시공도

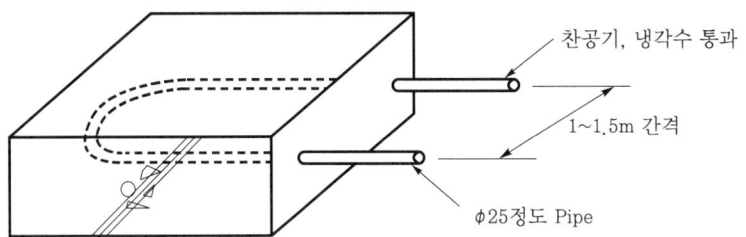

Ⅲ. 특징

① 수화열을 억제시키는 효과가 크다.

② 장기간에 걸쳐 발열이 일어나는 경우에 적용한다.

③ Con'c 내부 온도 제어가 용이하다.

④ 일반적으로 Dam 구조물에 많이 사용된다.

⑤ 시공이 번거롭고 냉각 Pipe Grouting에 비용이 많이 소요된다.

Ⅳ. 시공 방법

1) 배관 설치

새로운 콘크리트를 타설하기 전에 쿨링용 파이프를 수평으로 배치한다.

2) 배관 규격

① 직경 25 mm 강관 사용

② 1코일 길이는 200~300 m 정도

③ 토수량은 매분 13~16 *l* 정도

④ 파이프 표준 간격은 1.5 m이나 경우에 따라서는 1 m로도 한다.

3) 냉각수 온도

① Pipe Cooling을 할 때는 냉각관 주위에 급격한 온도변화는 Con'c를 균열시킬 우려가 있으므로 주의하여야 한다.

② 냉각수의 온도는 콘크리트 온도차가 20℃ 이하가 되게 한다.

4) 통수 방법

① Pipe Cooling에 배출되는 냉각수의 온도가 20℃ 이하로 내려갈 때까지 통수시킨다.

② 콘크리트 타설과 동시에 시작하여 2~4주 정도 지속한다.

③ 콘크리트 온도의 균등한 저하를 위해 흐름 방향을 1~2일마다 바꾸어 준다.

V. 유의사항

① 급격한 온도변화가 생기지 않도록 한다.

② 냉각관은 Con′c 타설전에 누수검사를 하여야 한다.

③ Pipe Cooling 완료후 Pipe 내에는 Grouting을 실시한다.

④ 장외 배관은 단열처리 한다.

⑤ 냉각관의 온도와 Con′c 온도차이는 20℃ 이내가 되게 하여야 한다.

66 콘크리트의 적산 온도(積算溫度 ; Maturity)

[02중(10), 06중(10)]

Ⅰ. 정의

① 한중 Con′c의 강도 발현을 비빔후 부터의 경과 시간과 양생 온도의 곱의 적분
  함수[∑(경과 시간×양생 온도)]로 나타낸 것을 말한다.

② 초기의 Con′c 경화 정도를 평가하는 지표가 된다.

Ⅱ. 적산 온도

1) 적산 온도와 압축 강도와의 관계

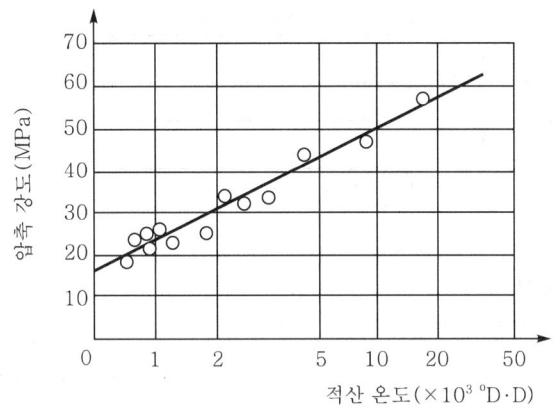

2) $M(°\text{D} \cdot \text{D}) = \sum_{z=1}^{n} (\theta \cdot z + 10)$

M : 적산 온도(°D · D 또는 °D×일)

z : 재령(일, day)

θ : 콘크리트의 일평균 양생 온도(℃, °D, degree)

n : 구조체 콘크리트의 강도관리 재령(일)

$\theta \cdot z$: 재령 z(일)에 있어서 콘크리트의 일평균 양생 온도(°D×D 또는 °D×일)

Ⅲ. 양생 온도의 영향

① 양생 온도를 높이면 수화반응을 촉진시켜 콘크리트 조기 강도에 유리

② 응결 기간에 온도를 높이면 조기 강도는 증가하나 7일 이후 강도는 불리함

③ 급속한 수화 반응은 다공질의 빈약 구조를 형성하여 강도상 불리함

Ⅳ. 사용 현황

① 일반 현장 : 15℃ 이상으로 48시간 이상 초기 양생을 해야 한다.

② PC 제작시 : 100℃ 온도로 6~8시간 정도 초기 양생을 실시해야 한다.

67 불량 레미콘 처리

[06전(10)]

Ⅰ. 정의

① 불량 레미콘이란 레미콘의 Slump 저하, 공기량 변화, 염화물 함유량 초과 및 운반 시간이 경과한 레미콘을 말한다.

② 또한 현장 도착 전후 레미콘에 가수를 하였거나, 기타 레미콘에 사용된 자재(시멘트, 골재 등)가 규정치를 벗어난 경우에도 불량 레미콘에 해당된다.

Ⅱ. 불량 레미콘의 유형

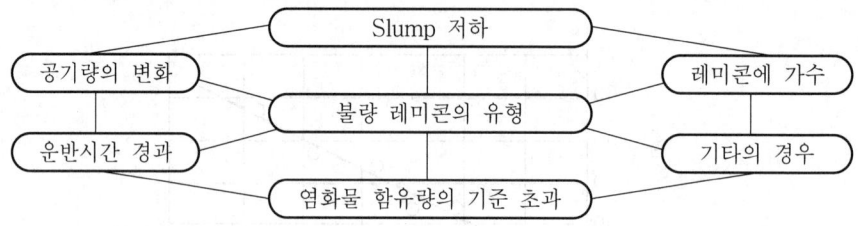

Ⅲ. 불량 레미콘 처리

① 감리원과 시공자는 불량 레미콘이 발생한 경우 즉시 반품 처리하고, 불량 레미콘 폐기처리 사항을 확인하여 기록을 비치하여야 하고, 발주자에게 매월 말 그 결과를 보고하여야 한다.

② 반품 처리된 레미콘의 타현장 반입을 방지하기 위해 불량 레미콘 폐기 확인서를 운전자, 공장장 등의 서명을 하여 폐기하도록 하여야 한다.

Ⅳ. 폐기 확인서

① 반품된 레미콘의 타현장 반입을 방지하기 위해 불량 레미콘 폐기 확인서를 징구

② 폐기 확인서가 허위로 판명될 경우는 한국건설감리협회로 하여금 회원사에 통보

③ 일간 건설지 등에 게재하는 등 해당 제품의 사용을 금지

Ⅴ. 불량 레미콘의 사용시 조치

① 해당 제품 사용 중지

② 정밀 안전진단 실시

③ 사용된 구조물 재시공

68 콘크리트 타설중 시험

[06후(10)]

Ⅰ. 개요

Con'c 공사는 사용 재료 선정에서 최종 마무리까지 그 품질에 대한 시험을 행하여야 하며, 특히 타설중 콘크리트에 대한 시험은 제작하는 구조물의 품질을 예측할 수 있는 중요한 과정이다.

Ⅱ. 타설중 시험

1. Slump 시험

1) 정의

미경화 Con'c의 반죽 질기(Consistency)를 측정하여 시공 연도(Workability)를 판단하고자 실시하는 시험이다.

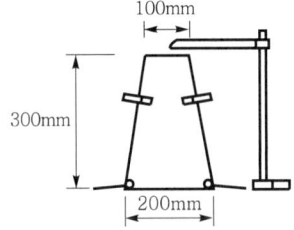
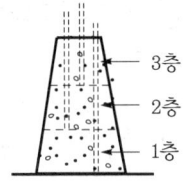
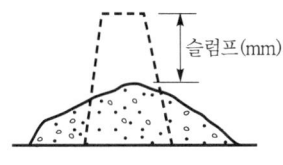

2) 시험방법

① 수밀성 평판 위에 철제 몰드를 중앙에 설치한다.
② 비빈 Con'c를 거의 같은 양의 3층으로 나누어 채우고 각 층마다 다짐봉으로 25회씩 고르게 다진다.
③ 상단까지 다짐이 마무리 되면 몰드를 빼올린다.
④ 몰드를 빼올린 다음 공시체가 충분히 주저 앉은 다음 그 높이를 측정하여 당초 몰드의 높이차를 5 mm 단위로 측정하여 슬럼프값으로 한다.

2. 콘크리트 압축강도시험

Con'c 품질을 확인하기 위하여 사용하는 Con'c에서 시료를 채취하여 공시체를 제작하여 양생시킨 다음 7일, 14일, 28일 강도를 측정하여 Con'c 품질 및 공정관리에 반영하는 중요한 사항이다.

3. 공기량 시험

1) 정의

AE 콘크리트에서는 동일 재료로 동일 배합일지라도 골재의 입도 및 기타 재료의 변화에 의해서 공기량이 상당히 변화되는데 공기량이 적절한가를 확인하기 위하여 공기량 시험을 해야 한다.

2) 시험 방법

① 공기량 측정기(워싱턴 에어미터) 용기 내에 3층으로 나누어 각 층 25회로 나누어 다진다.

② 윗면을 용기 상단까지 고르게 한후 뚜껑을 밀실하게 닫는다.

③ 공기실의 압력을 초압력까지 올린 다음 5초가 지난후의 안정된 압력계의 눈금을 읽어 이 값을 콘크리트의 겉보기 공기량으로 한다.

④ 공기량 계산

$$A(\text{공기량}) = A_1(\text{겉보기 공기량}) - G(\text{골재 수정계수}) \ (\%)$$

3) 도해

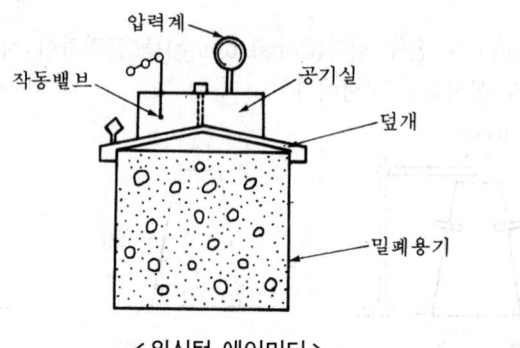

< 워싱턴 에어미터 >

4. Bleeding Test

① Bleeding이란 콘크리트 타설후 혼합수가 시멘트 입자와 골재의 침강에 의해 위로 떠오르는 현상이다.

② 처음 60분은 10분 간격으로 그 후로는 30분 간격으로 혼합수를 빨아낸다.

③ Bleeding 양의 측정

$$\text{Bleeding 양}(\text{cm}^3/\text{cm}^2) = \frac{V}{A}$$

V : 혼합수의 부피

A : 시험 표면적

④ Bleeding 양이 많으면 레이턴스의 발생이 많아진다.

⑤ Bleeding 양이 많으면 굵은 골재가 모르타르로부터 분리된다.

⑥ Bleeding 양을 줄이기 위해서는 단위 수량을 줄이거나 혼화재(포졸란)를 사용한다.

5. 염화물 함유량 시험

① Con'c 속에 염화물은 바다자갈, 바다모래, 사용수 등의 영향이 가장 크다.

② 공사 현장에서의 측정법으로 간이 측정기법, 이온 전극법, 시험지법 등이 널리

이용된다.

③ Con′c 속에 염화물 함유량 총량 규제치는 $0.3\,kg/m^3$이다.

6. 콘크리트 온도

① 콘크리트 온도는 굳지 않은 Con′c의 품질, 수화열에 의한 온도 변화, 강도 발현성, 경화후의 품질 등에 영향을 주게 된다.

② Mass Con′c, 한중 Con′c 또는 서중 Con′c의 시공에 있어서는 중요한 관리 항목이다.

7. 콘크리트 단위 용적 중량 시험

콘크리트 중량이 구조물에 미치는 영향이 큰 경량 콘크리트 또는 해양 콘크리트에서 구조물이 예인되어 설치된 경우와 같이 단위 용적 중량의 대폭적인 변동이 구조물의 성질에 현저한 영향을 줄 경우 실시하는 시험이다.

Ⅲ. 타설중 시험의 목적

① 경제적인 Con′c 제작

② 소요 품질의 Con′c 제작

③ 생산에서 타설까지의 Con′c 품질변화 정도 확인

④ Con′c Workability 확인

69 Slump Test

Ⅰ. 정의

미경화 Con'c의 반죽 질기(Consistency)를 측정하여 시공 연도(Workability)를 판단하고자 실시하는 시험이다.

Ⅱ. 시험 방법

<표준 슬럼프값>

(단위 : mm)

장 소	일반적인 경우	단면이 큰 경우
철근 콘크리트	80~180	60~150
무근 콘크리트	50~180	50~150

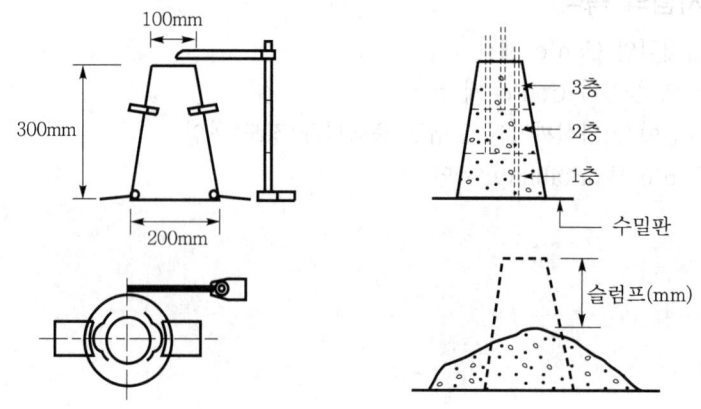

< 슬럼프 시험 >

① 수밀성 평판 위에 시험통을 설치(중앙에)함
② 비빈 Con'c를 100 mm 높이까지 부어넣고 다짐 막대로 윗면을 25회 다짐
③ ②의 과정을 두 번 되풀이하여 실시함
④ 상단까지 다짐이 마무리되면 몰드를 빼올린다.
⑤ 몰드를 빼올린 다음 공시체가 충분히 주저 앉은 다음 그 높이를 측정하여 당초 몰드의 높이차를 5 mm 단위로 측정하여 슬럼프값으로 한다.

< 슬럼프 시험 >

슬럼프	좋 음		나 쁨	
150~180 mm		균등한 슬럼프는 충분한 끈기가 있다. 덤핑하여 내리지만 끈기가 있다.		끈기가 없고 부분적으로 무너진다. 덤핑으로 터슬터슬 허물어진다.
200~220 mm		미끈하게 넓혀지고 골재의 분리가 없다.		밑기슭은 시멘트풀이 흘러내린다. 골재가 분리되어 위에 뜬다.

Ⅲ. 시험 기구

① 수밀성 평판
② 시험통(Slump Cone)
③ 다짐 막대(Tamper) : 지름 16 mm, 길이 500~600 mm
④ Slump 측정용 자
⑤ 소형 삽, 혼합기(Mixer), 흙손 등

Ⅳ. Con′c 타설중 시험의 분류

① Slump Test
② 강도 시험
③ 공기량 시험
④ Bleeding Test
⑤ 염화물 시험

70 W/B비가 작은 Con'c 배합에서 Slump 증가 방법

I. 개요

① 콘크리트는 구조물의 형상, 규격 등에 따라 작업성 확보를 위하여 적정의 반죽질기가 요구되는데 W/B비가 작을수록 콘크리트의 Slump가 작게 되고 Workability가 저하된다.

② 현장에서 좋은 콘크리트를 만들기 위하여 W/B비를 작게 하여 콘크리트를 제조하면서 Slump를 증가시키기 위해서는 AE제, 감수제, AE 감수제, 분산제 등의 혼화제를 사용하여 구조물에 요구되는 Workability를 확보하는 것이 중요하다.

II. W/B비가 작을 경우

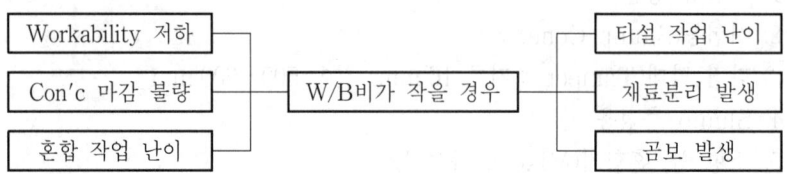

III. Slump 증가 방법

1) AE제

① 콘크리트 내부에서 독립된 미세 기포를 발생시켜 콘크리트 Workability를 개선시키며 동결 융해에 대한 저항성도 크게 한다.

② 콘크리트 중에 연행된 공기(Entrained Air)의 입경이 $10 \sim 100 \ \mu m$ 정도의 구상으로서 균등하게 분포되어 골재와 골재 사이에서 윤활 역할을 하게 된다.

2) 감수제, AE 감수제

① 콘크리트에 혼입되어 콘크리트중의 시멘트 입자를 분산시킴으로써 콘크리트의 Workability가 크게 개선되는 효과가 있다.

② 감수제, AE 감수제는 계면활성 작용 중 시멘트 입자에 대한 습윤 분산작용이 특히 강한 것으로 기포성이 큰 AE제와는 달리 Workability 증가 효과가 크다.

3) 유동화제

일반적인 감수제의 기능을 더욱 향상시켜 시멘트를 효과적으로 분산시키고 응결지연 및 지나친 공기 연행, 강도 저하 등의 악영향없이 높은 첨가율로 사용하여 W/B비가 작은 콘크리트의 Workability 개선 효과가 크다.

4) 잔골재율 적게
① 배합시 잔골재율을 작게 하면 소요 Workability의 콘크리트를 얻기 위한 단위 수량이 감소되고 단위 시멘트가 적게 되어 경제적이면서 Workability가 개선된다.
② 잔골재율이 너무 작으면 콘크리트가 거칠어지고 재료 분리 발생 및 Workability가 도리어 더 나빠진다.

5) 굵은 골재 종류
굵은 골재로 부순돌, 고로 슬래그 등을 사용하는 것보다 입도 및 입형이 좋은 강자갈을 사용함으로써 콘크리트의 Workability가 개선된다.

Ⅳ. 혼화제 사용시 유의사항

① KS 규정품 사용
② 소량의 혼화제는 희석하여 사용
③ 사용전 충분한 시험 거친후 사용
④ 혼합 시간, 온도 등에 유의 시공
⑤ 지정된 사용량 준수
⑥ 염화물 총량 규제 범위내 사용
⑦ 보관 저장시 섞임없이 종류별 보관
⑧ 일사 광선, 열, 동해 등의 피해 입지 않게 보관
⑨ 계량 오차 발생 방지

71 워커빌리티(Workability) 측정 방법

[04중(10)]

Ⅰ. 정의

콘크리트 Consistency는 콘크리트의 연도(軟度)를 말하는 것으로 Workability의 성질 중 하나이며, Workability는 콘크리트의 연도, 유동성, 소성, 비분리성, 시공의 난이도 및 마감성을 포함하는 성질이다.

Ⅱ. Workability 측정 방법 분류(일반 콘크리트)

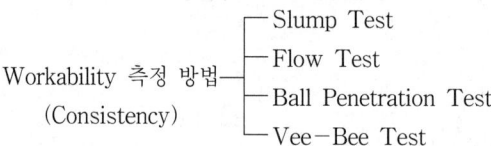

Workability 측정 방법
(Consistency)
- Slump Test
- Flow Test
- Ball Penetration Test
- Vee−Bee Test

Ⅲ. 분류별 특성

1. Slump Test

1) 도해 설명

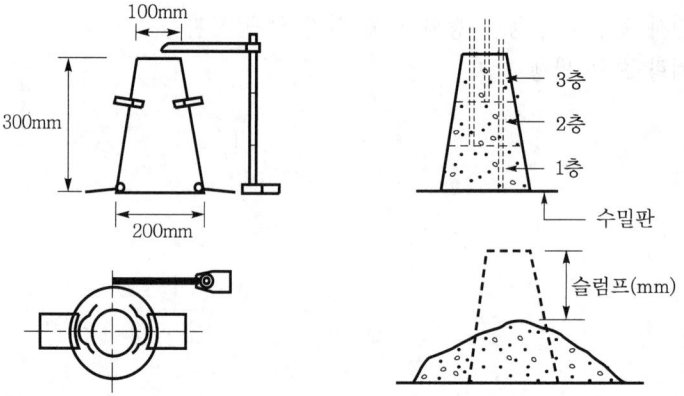

수밀성 평판 위의 시험통속에 콘크리트를 채우고, 시험통을 제거하여 콘크리트의 무너진 높이를 측정하고 시험

2) 시험 방법
① 수밀성 평판 위에 시험통을 중앙에 설치함
② 비빈 콘크리트를 10 cm 높이까지 부어넣고 다짐막대로 윗면을 25회 다짐
③ ②를 두 번 되풀이하여 실시함

2. Flow Test

1) 도해 설명

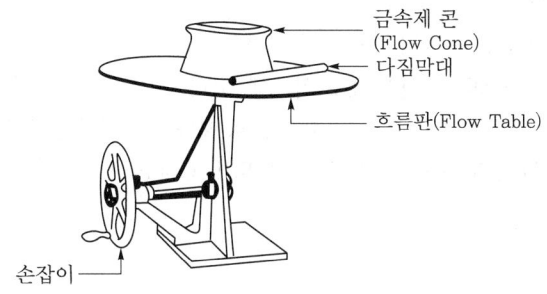

금속제 콘
(Flow Cone)

다짐막대

흐름판(Flow Table)

손잡이

<흐름 시험기>

흐름판을 상하운동시켜 금속제 콘속에 있는 콘크리트의 흐름값을 구하는 시험

2) 시험 방법

① 흐름판의 중앙에 금속제 콘을 놓고, 콘크리트를 2등분하여 넣고, 각각 25회 다짐한 후 연직으로 들어올린다.

② 흐름판을 10초에 15회 상하운동시켜 콘크리트의 반죽직경을 측정하여 다음 식으로 흐름값(flow value)을 구한다.

$$흐름값(\%) = \frac{\text{시험후의 직경(cm)} - 25.4\,cm}{25.4\,cm} \times 100$$

3. Ball Penetration Test(구관입 시험)

① 구관입 시험기를 콘크리트 표면에 놓아 구(Ball) 자중에 의해 콘크리트속으로 가라앉은 관입깊이 측정

② 포장 콘크리트 등 평면 타설된 콘크리트 반죽질기 측정

③ 관입값의 1.5~2배가 Slump값과 거의 비슷

4. Vee-Bee Test

1) 도해 설명

진동으로 인해 콘크리트가 퍼져서 자유낙하 하는 투명한 플라스틱 원판에 완전히 접하는 시간 측정

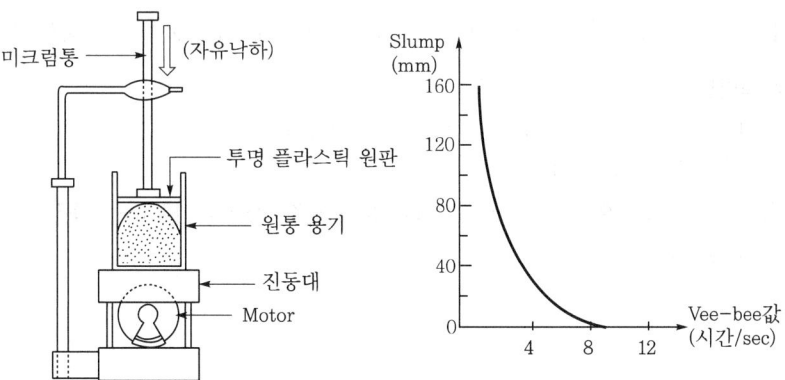

미크럼통

(자유낙하)

투명 플라스틱 원판

원통 용기

진동대

Motor

Slump
(mm)

Vee-bee값
(시간/sec)

2) 시험 방법

    ① 진동대 위에 원통 용기 고정

    ② 원통 용기속에 콘크리트를 채움

    ③ 투명한 플라스틱 원판을 콘크리트에 접하게 설치하고 진동 가함(침하도)

    ④ 원판의 전면에 콘크리트가 완전히 접할 때까지의 시간을 측정한 값(퍼짐시간 측정)

    ⑤ Slump Test가 어려운 비교적 된 비빔 Concrete에 적용

5. Slump Flow Test

1) 도해 설명

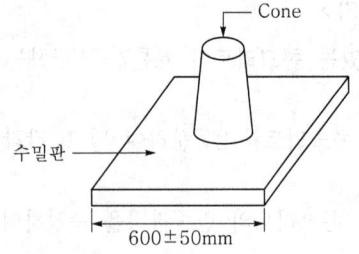

수밀판 위의 수밀 Cone 속에 콘크리트를 넣고 Slump Flow값을 측정하는 시험

2) 시험 방법

    ① 콘크리트의 퍼진 지름이 500 mm가 될 때까지의 시간 Check

    ② 5±2초이면 합격

6. L자형 Flow Test

1) 도해 설명

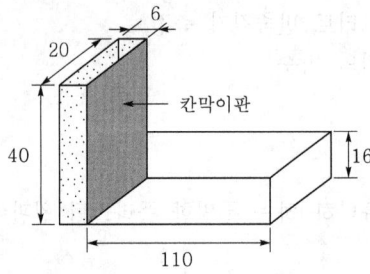 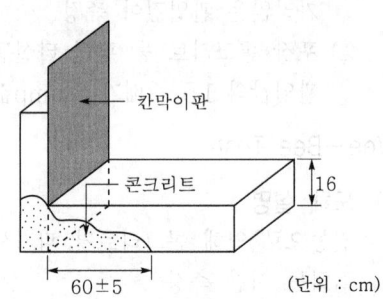

L-type의 Form 속에 콘크리트를 흘러내려 Slump Flow값을 측정하는 시험

2) 시험방법

    ① L형 Form의 수직부위에 콘크리트를 채운다.

    ② 칸막이를 제거한다.

    ③ L형 Form 속으로 흘러내린 콘크리트의 수평길이(Slump Flow)를 측정하여 60±5 cm 이면 유동성 우수

72 흐름 시험(Flow Test)

Ⅰ. 정의

미경화 Con'c를 시험기의 흐름판 위에 놓고 상하로 운동시켜 그 변형을 측정하여 Con'c의 유동성과 시공 연도(Workability)를 측정하는 시험이다.

Ⅱ. Workability 측정시험 분류

```
                              ┌─ 일반 콘크리트 ─┬─ Slump Test
                              │                 ├─ Flow Test
Workability 측정시험 ─────────┤                 ├─ Ball Penetration Test
(Consistency)                 │                 └─ Vee-Bee Test
                              │
                              └─ 초유동화 콘크리트 ─┬─ Slump Flow Test
                                                    └─ L형 Flow Test
```

Ⅲ. 시험 기구

① 흐름판(Flow Table) : 직경 76.2 cm, 밑면 지름 25.4 cm, 운동 높이 1.27 cm
② 금속제 콘(Flow Cone) : 하면 직경 17.1 cm
③ 다짐 막대 : 지름 16 mm

Ⅳ. 시험 방법

① 흐름판의 중앙에 금속제 콘을 놓고, Con'c를 2등분 하여 넣고, 각각 25회 다짐 한 후 연직으로 들어올린다.
② 흐름판을 10초에 15회 상하 운동시켜 Con'c의 반죽 직경을 측정하여 다음 식 으로 흐름값(Flow Value)을 구한다.

$$흐름값(\%) = \frac{시험후의\ 직경(cm) - 25.4\ cm}{25.4} \times 100$$

Ⅴ. 특징

① 일정 배합의 Con'c는 단위 수량과 흐름의 관계가 비례함
② 충격을 가하여 시험을 실시하므로 굵은 골재가 분리되기 쉬움

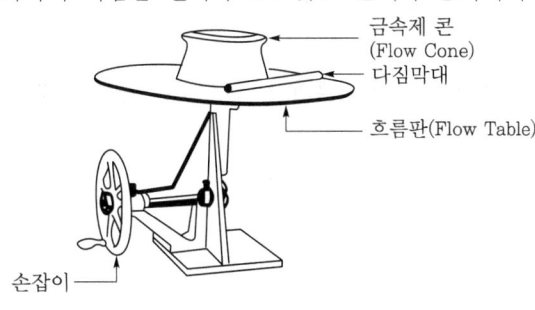

< 흐름 시험기 >

73 콘크리트 구조물의 비파괴 시험(Concrete Non-destructive Test)

[07전(10)]

Ⅰ. 정의

콘크리트 구조물의 압축 강도를 추정하고 내구성 진단, 균열의 위치, 철근의 위치 등을 파악하는데 있어서 구조체를 파괴(재하 시험, Core 채취법 등)하지 않고, 비파괴적인 방법으로 측정하는 검사방법이다.

Ⅱ. 필요성(비파괴적 방법)

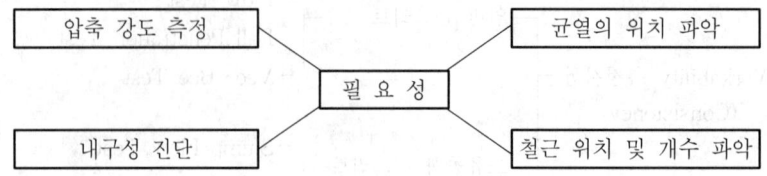

Ⅲ. 비파괴 시험의 종류별 특성

1) **Schumidt Hammer(타격법, 반발 경도법)**
Con'c 표면을 타격하여 반발계수를 계측하여 Con'c의 강도를 추정하는 검사 방법

2) **방사선법**
X선 발생장치 또는 방사선 동위원소에서 방사되는 X선, γ선을 이용하여 철근의 위치·크기 또는 내부 결함 등을 조사하는 시험

3) **초음파법(음속법)**
발신자와 수신자 사이를 음파가 통과하는 시간을 측정하여 음속의 크기에 의해 강도를 측정하는 검사방법

4) **진동법**
Con'c 공시체에 진동을 주어 그때의 공명·진동 등으로 Con'c 탄성계수를 측정하는 검사방법

5) **인발법**
철근을 종류별로 배치한 후 콘크리트를 타설하여 경화시킨후 잡아당겨서 철근과 Con'c의 부착력을 검사하는 시험

6) **철근 탐사법**
전자 유도에 의한 병렬 공진회로의 진폭 감소를 응용한 것으로서 콘크리트 구조물의 철근 탐사를 위한 시험

74 슈미트 해머(Schumidt Hammer ; 타격법, 반발 경도법)

Ⅰ. 정의

① Con′c 표면을 타격하여 반발계수를 계측하여 Con′c의 강도를 추정하는 것으로써 비파괴 검사의 일종이다.
② 검사 장비가 소형·경량이고, 조작이 용이하여 광범위하게 사용될 전망이다.

Ⅱ. Con′c 비파괴 검사의 종류

① Schumidt Hammer법
② 초음파법
③ 진동법
④ 방사능법
⑤ 인발법
⑥ 철근 탐사법

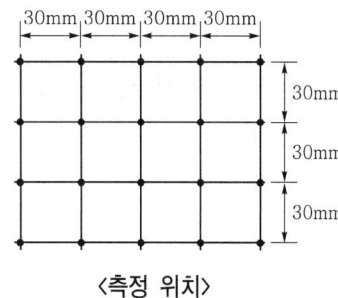

〈측정 위치〉

Ⅲ. 특징

① 구조가 간단하고 사용하기 편리하다.
② 비용이 비교적 저렴하다.
③ 구조체의 습윤 정도에 따라 시험 결과가 달라진다.
④ 신뢰성이 부족하다.

Ⅳ. 시험 방법

1) 측정 위치
벽·기둥·보 등의 측면
2) 측정 지점
간격 30 mm로 가로 5개, 세로 4개 선을 그어 만나는 교점 20곳 측정

Ⅴ. 시험시 유의사항

① 두께 100 mm 이하의 판재, 1변이 150 mm 이하 단면의 기둥·보 등은 피함
② Con′c 재령은 28일이 경과한 후 실시할 것
③ 표면이 미장·도장 등의 표피가 있는 경우 제거한 후 실시할 것
④ 타격면과 키는 수직이 되게 하여 서서히 힘을 가하여 타격할 것
⑤ 화재로 소실되었던 구조체는 강도를 정확히 계측하기 어려우므로 유의해야 함

75 초음파법(음속법)

[15전(10)]

Ⅰ. 정의

① 초음파법은 콘크리트 중의 음속의 크기에 의해 강도를 추정하는 것으로 음속은 피측정물의 소정의 개소에 붙인 발진자와 수신자의 사이를 음파가 전하는 시간을 측정하여 식에 의해 정한다.

② 콘크리트 구조물의 비파괴 시험은 압축 강도를 추정함은 물론 내구성 진단, 균열의 위치, 철근의 위치 등을 구조체의 파괴없이 파악할 수 있는 시험이다.

Ⅱ. 음속을 측정하는 공식

$$V_t = \frac{L}{T}$$

V_t : 음속(m/s)

L : 측정 거리(m)

T : 음파의 전달시간(sec)

Ⅲ. 측정 순서 Flow Chart

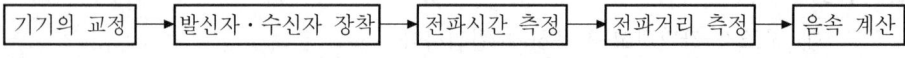

기기의 교정 → 발신자 · 수신자 장착 → 전파시간 측정 → 전파거리 측정 → 음속 계산

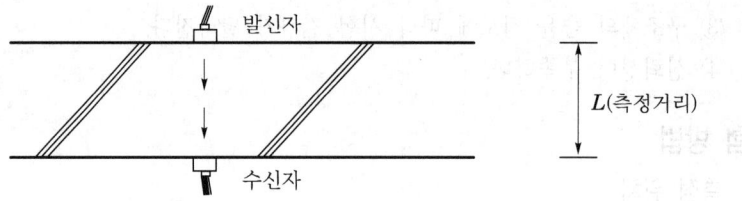

발신자

L(측정거리)

수신자

Ⅳ. 특징

① 콘크리트의 내부 강도 측정이 가능하다.

② 타설후 6~9시간후 측정이 가능하다.

③ 강도가 작을 경우 오차가 크고, 철근의 영향이 크다.

④ 음속 측정 장치는 50~100 kHz 정도의 초음파를 이용한다.

Ⅴ. 시험

1) 측정부위 선정

① 콘크리트 품질을 대표할 수 있는 곳

② 비교적 측정이 용이한 곳

2) 표면처리

① 콘크리트 표면은 평활하고, 불순물은 깨끗이 제거

② 콘크리트 표면에 마감재 제거 후 시험

3) 측정거리

    100 mm 이상, 10 m 이내

4) 측정점

    ① 같은 측정을 2회 이상 실시

    ② 가능한 많은 측정점 선정

VI. 실용화 위한 표준화 필요

    ① 음속 측정 장치

    ② 콘크리트 함수율, 철근 재하 응력 등의 영향 파악

    ③ 강도, 품질 판정 기준

76 Con'c의 배합 설계

[12후(10)]

Ⅰ. 정의

강도·내구성·수밀성 등을 가진 콘크리트를 경제적으로 얻기 위해서 Cement, 골재 등을 적당한 비율로 배합하는 것을 말한다.

Ⅱ. 배합의 요구조건

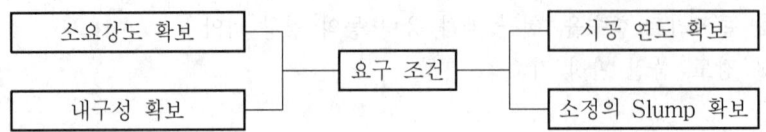

Ⅲ. 배합 설계순서

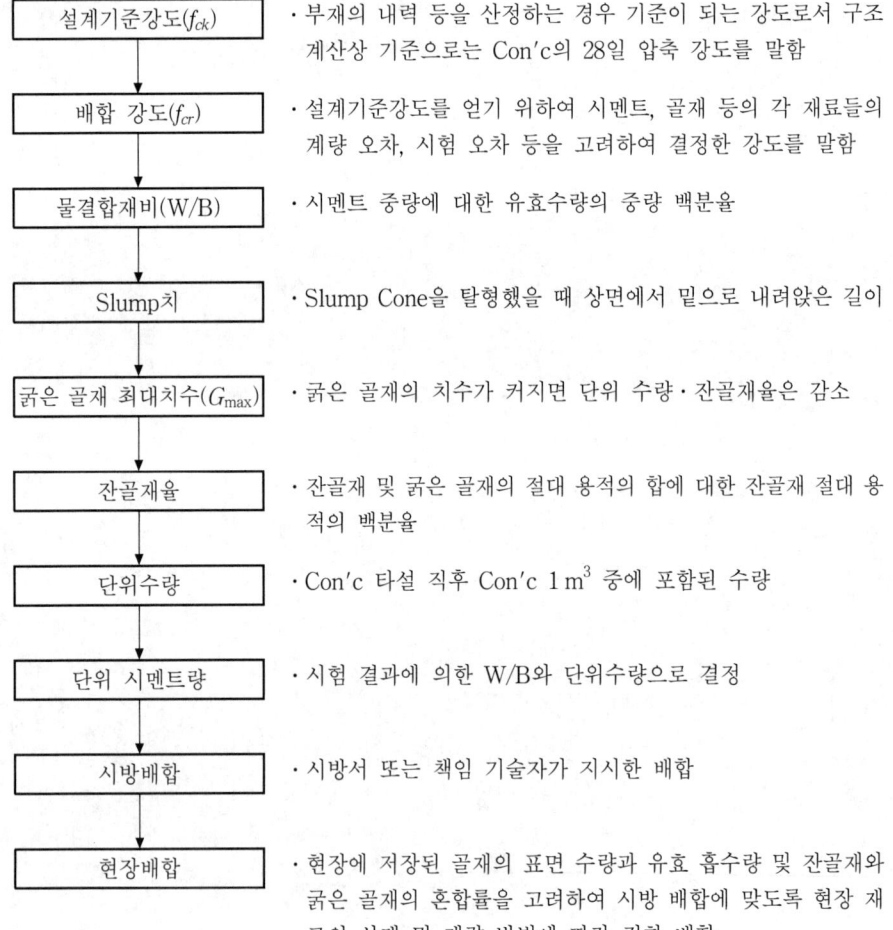

설계기준강도(f_{ck})	· 부재의 내력 등을 산정하는 경우 기준이 되는 강도로서 구조 계산상 기준으로는 Con'c의 28일 압축 강도를 말함
배합 강도(f_{cr})	· 설계기준강도를 얻기 위하여 시멘트, 골재 등의 각 재료들의 계량 오차, 시험 오차 등을 고려하여 결정한 강도를 말함
물결합재비(W/B)	· 시멘트 중량에 대한 유효수량의 중량 백분율
Slump치	· Slump Cone을 탈형했을 때 상면에서 밑으로 내려앉은 길이
굵은 골재 최대치수(G_{max})	· 굵은 골재의 치수가 커지면 단위 수량·잔골재율은 감소
잔골재율	· 잔골재 및 굵은 골재의 절대 용적의 합에 대한 잔골재 절대 용적의 백분율
단위수량	· Con'c 타설 직후 Con'c 1 m³ 중에 포함된 수량
단위 시멘트량	· 시험 결과에 의한 W/B와 단위수량으로 결정
시방배합	· 시방서 또는 책임 기술자가 지시한 배합
현장배합	· 현장에 저장된 골재의 표면 수량과 유효 흡수량 및 잔골재와 굵은 골재의 혼합률을 고려하여 시방 배합에 맞도록 현장 재료의 상태 및 계량 방법에 따라 정한 배합

77 | 콘크리트 시방 배합과 현장 배합

[79(10), 86(20), 98중후(20), 10중(10)]

Ⅰ. 정의

① 콘크리트 배합이란 시멘트, 물, 골재, 혼화 재료 등을 적정한 비율로 배합하여 강도, 내구성, 수밀성을 가진 경제적인 콘크리트를 얻기 위한 설계를 말한다.

② 배합에는 시방 배합과 현장 배합이 있으며 시방 배합을 기준으로 하여 현장에서 사용 골재, 시공 조건 등을 고려하여 배합을 수정하여 사용한다.

Ⅱ. 배합의 요구조건

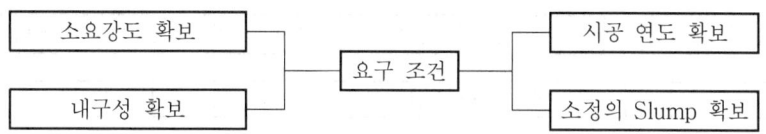

Ⅲ. 배합설계 Flow Chart

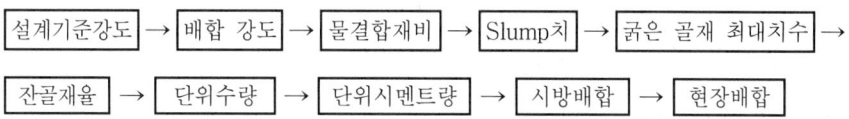

Ⅳ. 시방 배합

1) 시방서 또는 책임 기술자가 지시한 배합

2) 골재 입도

① 5 mm체를 100% 통과하는 것은 잔골재

② 5 mm체를 100% 남는 것은 굵은 골재

3) 골재의 함수 상태 : 표면 건조 내부 포화 상태

4) 단위량 : 1 m³당

Ⅴ. 현장 배합

1) 현장 골재의 표면 수량, 흡수량, 입도 상태를 고려하여 시방 배합의 결과에 가깝게 현장에서 하는 배합

2) 골재 입도

① 5 mm체를 거의 통과하고, 일부만 남아 있을 때는 잔골재

② 5 mm체를 거의 남게 되고, 일부만 통과되었을 때는 굵은 골재

3) 골재의 함수 상태 : 기건 상태 또는 습윤 상태

4) 단위량 표시 : Mixer 용량에 의해 1 batch량으로 표시

78 현장 배합

[82전(10), 05후(10)]

I. 정의

① 배합에는 시방배합과 현장배합이 있으며, 시방배합을 기준으로 하여 현장에서 시공 골재, 시공 조건 등을 고려하여 배합을 수정하여 사용한다.

② 현장 배합이란 현장 골재의 표면수량, 흡수량, 입도 상태를 고려하여 시방 배합에 가깝게 현장에서 배합하는 것을 말한다.

II. 배합 설계 Flow Chart

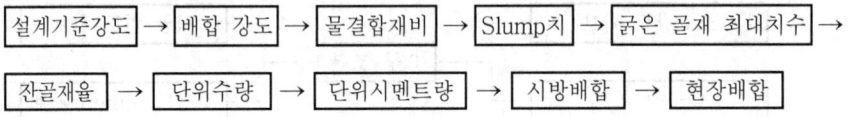

$$\boxed{설계기준강도} \rightarrow \boxed{배합\ 강도} \rightarrow \boxed{물결합재비} \rightarrow \boxed{Slump치} \rightarrow \boxed{굵은\ 골재\ 최대치수} \rightarrow$$

$$\boxed{잔골재율} \rightarrow \boxed{단위수량} \rightarrow \boxed{단위시멘트량} \rightarrow \boxed{시방배합} \rightarrow \boxed{현장배합}$$

III. 골재의 입도

① 잔골재 : 표준망체 5 mm체를 거의 통과하는 것

② 굵은 골재 : 표준망체 5 mm체에 거의 남는 것

IV. 골재의 함수 상태

기건상태 또는 습윤상태

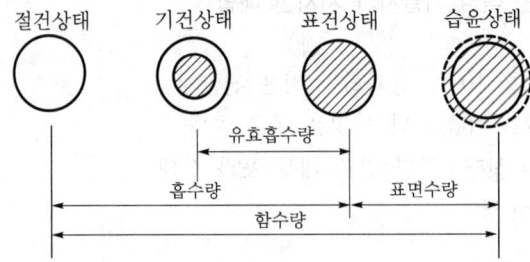

1) 기건상태

골재를 공기중에 건조하여 내부는 수분을 포함하고 있는 상태

2) 습윤상태

골재의 내부는 이미 포화상태이고, 표면에도 물이 묻어 있는 상태

V. 단위량 표시 및 계량방법

1) 단위량 표시

Mixer 용량에 의해 1 batch량으로 변경

2) 계량방법

중량 또는 부피

79 설계기준강도와 배합 강도

[79(10), 02후(10), 09후(10)]

Ⅰ. 정의

① 설계기준강도란 Con'c 부재의 설계시 계산의 기준이 되는 Con'c 강도로서, 일반적으로 재령 28일의 압축 강도를 기준으로 한다.

② 배합 강도란 설계기준강도에 적당한 계수를 곱하여 할증한 압축 강도를 말하며, 배합 설계시 소요 강도로부터 물결합재비를 정할 경우에 쓰인다.

Ⅱ. 설계기준강도(Specified Compressive Strength : f_{ck})

1) 정의

콘크리트 부재 설계에 있어서 기준으로 한 압축 강도를 말하며 일반적으로 재령 28일의 압축 강도를 기준으로 한다.

2) 주요 공종별 설계기준강도 규정

일반 철근 콘크리트	재령 28일 압축 강도
댐 콘크리트	재령 91일 압축 강도
도로 포장 콘크리트	재령 28일 휨강도

3) 재령 28일 강도를 기준하는 이유

실제 구조물에 있어서는 표준 양생한 시험 공시체의 재령 28일의 압축 강도에 비하여 그 콘크리트 강도를 크게 증가시킬 수 있을 정도의 양생을 기대할 수 없기 때문이다.

Ⅲ. 배합 강도(Required Average Strength : f_{cr})

1) 정의

콘크리트 배합을 정하는 경우에 목표로 하는 압축 강도를 말하며 일반적으로 재령 28일의 압축 강도를 기준으로 한다.

2) 결정방법

① 구조물에 사용된 콘크리트의 압축 강도가 설계기준강도보다 작아지지 않도록 현장 콘크리트의 품질변동을 고려하여 콘크리트의 배합 강도(f_{cr})를 설계기준강도(f_{ck})보다 충분히 크게 정해야 한다.

② 현장 콘크리트의 압축 강도 시험값(배합 강도)이 설계기준강도 이하로 되는 확률은 5% 이하여야 하고 또한 압축 강도 시험값이 설계기준강도보다 3.5 MPa 이하로 되는 확률은 1% 이하여야 한다.

③ 배합 강도의 결정은 '②'항의 조건을 충족시키도록 다음의 두 식에 의한 값 중 큰 값을 적용한다.

$$f_{cr} \geq f_{ck} + 1.34s \, (\text{MPa})$$

$$f_{cr} \geq (f_{ck} - 3.5) + 2.33s \, (\text{MPa})$$

s : 압축 강도의 표준편차(MPa)

Ⅳ. 설계기준강도와 배합 강도와의 관계

1) 관계식

$$f_{cr} \geq f_{ck} + ks$$

k : f_{ck} 이하로 되는 확률이 5% 이하로 될 때 정해지는 계수로 표에 의해 1.64

s : 표준편차

그러므로 위의 식은

$$f_{cr} \geq f_{ck} + 1.64s$$

$$f_{cr} - 1.64s \geq f_{ck}$$

이 식을 양변에 f_{cr}로 나누면

$$\frac{f_{cr} - 1.64s}{f_{cr}} \geq \frac{f_{ck}}{f_{cr}} \quad \text{양변을 정리하면}$$

$$\frac{f_{cr}}{f_{ck}} \geq \frac{1}{1 - 1.64\dfrac{s}{f_{cr}}}$$

2) 변동계수

압축 강도의 변동계수 $V = \dfrac{s}{x} \times 100$에서 배합 강도 f_{cr}은 평균 강도 $\overline{x}$와 같으므로 위의 식은 다음과 같이 된다.

$$\frac{f_{cr}}{f_{ck}} \geq \frac{1}{1 - 1.64 \times \dfrac{V}{100}}$$

여기서, $\dfrac{f_{cr}}{f_{ck}} = \alpha$로 놓으면

$$\alpha = \frac{1}{1 - 1.64 \times \dfrac{V}{100}} \, \text{이 되며}$$

이 증가계수로 표시한다.

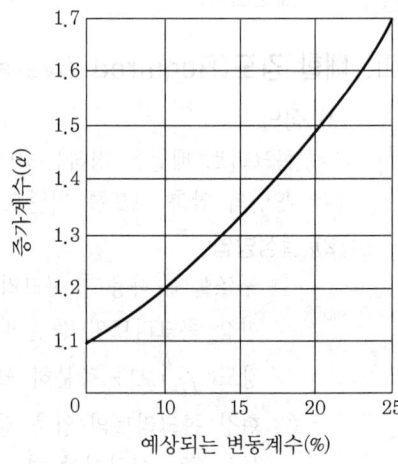

3) 설계기준강도와 배합 강도와의 관계

$$\frac{f_{cr}}{f_{ck}} = \alpha \text{에서 } f_{cr} = \alpha f_{ck} \text{가 된다.}$$

4) 변동계수를 알고 증가계수를 구하는 법

80 배합 강도(Required Average Strength ; f_{cr})

Ⅰ. 정의

① 배합 강도란 콘크리트의 배합을 정하는 경우에 목표로 하는 압축 강도를 말하며 일반적으로 재령 28일의 압축 강도를 기준으로 한다.

② 일반적으로 현장 콘크리트 압축 강도 시험값이 설계기준강도 이하로 되는 확률이 5% 이하가 되도록 정해야 한다.

Ⅱ. 설계기준강도

① 콘크리트 부재설계에 있어서 기준으로 한 압축 강도를 말하며 일반적으로 재령 28일의 압축 강도를 기준으로 한다.

② 주요 공종별 설계기준강도

일반 철근 콘크리트	재령 28일 압축 강도
댐 콘크리트	재령 91일 압축 강도
도로 포장 콘크리트	재령 28일 휨강도

Ⅲ. 배합 강도

1) 결정 방법

① 구조물에 사용된 콘크리트의 압축 강도가 설계기준강도보다 작아지지 않도록 현장 콘크리트의 품질변동을 고려하여 콘크리트의 배합 강도(f_{cr})를 설계기준강도(f_{ck})보다 충분히 크게 정해야 한다.

② 현장 콘크리트의 압축 강도 시험값(배합 강도)이 설계기준강도 이하로 되는 확률은 5% 이하여야 하고 또한 압축 강도 시험값이 설계기준강도보다 3.5 MPa 이하로 되는 확률은 1% 이하여야 한다.

③ 콘크리트의 압축 강도 시험값이란 굳지 않은 콘크리트에서 채취하여 제작한 공시체를 표준 양생하여 얻은 압축 강도의 평균값을 말한다.

④ 배합 강두의 결정은 '②'항의 조건을 충족시키도록 다음의 두 식에 의한 값 중 큰 값을 적용한다.

$$f_{cr} \geq f_{ck} + 1.34s \, (\text{MPa})$$

$$f_{cr} \geq (f_{ck} - 3.5) + 2.33s \, (\text{MPa})$$

여기서, s : 압축 강도의 표준편차(MPa)

⑤ 콘크리트 압축 강도의 표준편차는 실제 사용한 콘크리트의 실적으로부터 결정한다. 다만, 공사 초기에 그 값을 추정하기가 불가능하거나 중요하지 않은 소규모의 공사에서는 $0.15 f_{ck}$를 적용한다.

81 증가계수

Ⅰ. 정의

① 배합 강도 결정시 시공 현장에서 강도 저하 요소에 따른 위험률을 고려하여 정해진 계수로서 강도 변동에 따라 결정된다.

② 일반적으로 현장 Con′c 압축 강도 시험값이 설계기준강도 이하로 나타내는 확률이 5% 이하가 되도록 변동계수를 고려하여 설계기준강도에 적정의 증가계수를 곱하여 배합 강도를 결정하게 된다.

Ⅱ. 증가계수 구하는 법

1) 3개 이상의 실적 자료를 통계분석하여 수식으로 구하는 방법

$$f_{cr} = \alpha \times f_{ck}$$

$\alpha = \dfrac{1}{1-kV}$ (보통 $\alpha = 1.15$값을 많이 사용)

$V = \dfrac{s}{x}$

$s = \sqrt{\dfrac{\displaystyle\sum_{x=i}^{n}(x_i - \overline{x})^2}{n}}$

  f_{cr} : 배합 강도

  f_{ck} : 설계기준강도

  k : f_{ck} 이하로 되는 확률에 의해 정해지는 계수

  s : 표준편차

  V : 변동계수

  α : 증가계수

2) α -V 곡선에서 구하는 방법

① 현장에서 예상되는 콘크리트 압축 강도의 변동계수에 따라 시험값이 설계기준강도 이하로 되는 일이 1/20 이상의 확률로 일어나지 않도록 정하는 것으로 다음 그림으로 표시된다.

② 콘크리트의 배합 강도는 일반적인 경우 현장에서의 콘크리트 압축 강도 시험값이 설계기준강도 f_{ck} 이하로 되는 일이 1/20 이상의 확률로 일어나서는 안 된다.

③ 그러므로 배합 강도 f_{cr}은 설계기준강도 f_{ck}의 변동 크기에 따라 정해지는 증가계수를 곱할 필요가 있다.

④ 이 증가계수는 현장에서 압축 강도 시험값의 변동에 따라 시방서의 $\alpha - V$ 곡선에서 구한 값으로 한다.

3) 표준편차 s와 변동계수 V를 가정하여 수식으로 구하는 방법

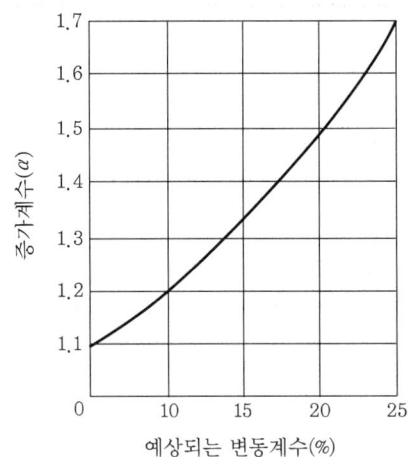

① 표준편차는 시공 조건·기상 등에 의해 결정되므로, 과거의 경험을 토대로 가정한다.

② 표준편차를 평균값으로 나눈 값을 변동계수라 하며 과거의 실적을 고려하여 가정한다.

82 변동계수

[92전(10), 93후(20)]

Ⅰ. 정의

① 콘크리트 공사에서 배합 강도를 결정할 때 현장에서의 Con′c 품질이 현장의 골재상태, 시멘트의 품질 변동, 계량 오차, 비비기 과정 등에 의해 상당히 변동된다.

② 변동계수란 이러한 변동 요인에 의해 변동되는 콘크리트의 배합을 보정하기 위하여 배합 강도 결정시 강도 변동에 따른 특성을 나타내는 계수를 말하며 설계 기준강도에 곱하여 배합 강도를 구하는데 사용하는 것이다.

Ⅱ. 변동계수

1) 배합 강도

$$f_{cr} = \alpha f_{ck}$$

2) 증가계수

$$\alpha = \frac{1}{1 - kV}$$

3) 변동계수

$$V = \frac{s(표준편차)}{\overline{x}(공시체\ 압축\ 강도의\ 평균값)}$$

$$s = \sqrt{\frac{\sum_{x=i}^{n}(x_i - \overline{x})^2}{n}}$$

Ⅲ. 변동계수(V)값의 판정

변동계수(V)	시공관리 정도
10% 이하	매우 우수
10~15% 이하	우수
15~20% 이하	보통
20% 이상	불량

Ⅳ. 변동계수에 영향을 주는 요인

① 현장 골재 상태 ② 시멘트 품질 변동
③ 재료의 계량 오차 ④ 혼합 과정
⑤ 작업인의 숙련도 ⑥ 기상, 기후
⑦ 시공관리 정도

Ⅴ. 변동계수와 증가계수와의 관계

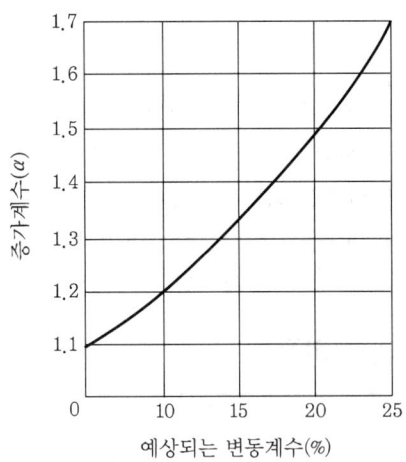

83 공칭강도와 설계강도

[11후(10)]

Ⅰ. 정의

① 콘크리트의 가장 중요한 물성에는 강도, 내구성·수밀성이 있는바, 공칭강도는 레미콘의 상품으로서의 강도 구분이며, 품질조건에 따라 보증되는 것으로 통상 공칭강도의 값은 설계강도를 의미한다.

② 단, 강도 이외의 내구성, 수밀성을 규정한 배합일 경우, 물결합재비가 낮으면 설계강도와 공칭강도의 값은 다르다.

Ⅱ. 공칭강도와 설계강도의 차이점

구분	공칭강도	설계강도
강도를 규정하는 경우	같은 의미로 사용	
내구성, 수밀성을 규정한 물결합재비가 다를 경우	공칭강도와 설계강도의 값이 다름	

콘크리트의 내구성과 수밀성을 향상시키기 위하여 고로 Slag 등의 혼화재료를 콘크리트에 혼입할 경우, 물결합재비의 변동이 발생하여 콘크리트의 강도가 균일하기 어려우므로 공칭강도를 설계강도보다 높게 측정한다.

ex) 고로 Slag를 혼화재로 사용하여 내구성과 수밀성을 향상시킬 경우의 설계 강도와 공칭강도

- 설계강도 : 30 MPa
- 공칭강도 : 32 MPa

Ⅲ. 내구성, 수밀성을 규정한 물결합재비

Con'c 분류	물결합재비
경량 골재 콘크리트	45~60% 이하
한중 콘크리트	60% 이하
수밀 콘크리트	50% 이하
수중 콘크리트	50% 이하
해양 콘크리트	45~50% 이하

Ⅳ. 배합강도

① 설계강도에 적당한 계수를 곱하여 할증한 압축강도

② 배합설계시 소요강도로부터 물결합재비를 정할 경우 사용

84 물결합재비 선정방법 및 적정범위

[01후(10)]

Ⅰ. 개요

① Cement의 중량에 대한 유효 수량의 중량 백분율로서 Cement Paste의 농도를 말하는 것이다.

② 물결합재비의 선정방법에는 압축 강도·내구성·수밀성 등이 있다.

Ⅱ. 선정 방법

시멘트의 종류		W/B범위(%)	W/B산출 공식(%)
포틀랜드 시멘트	보통	40~65	$W/B = \dfrac{51}{f_{28}/k + 0.31}$
	조강	40~65	$W/B = \dfrac{41}{f_{28}/k + 0.17}$
	중용열	40~65	$W/B = \dfrac{66}{f_{28}/k + 0.64}$
고로 시멘트	A종	40~65	$W/B = \dfrac{46}{f_{28}/k + 0.23}$
	B종	40~60	$W/B = \dfrac{51}{f_{28}/k + 0.29}$
	C종	40~60	$W/B = \dfrac{44}{f_{28}/k + 0.29}$

Ⅲ. 특성

① Con'c 강도 및 내구성을 결정하는 중요한 요인이다.

② 물결합재비 1%는 Con'c 1 m³에 대한 물의 양 3~4 l 정도이다.

③ 물결합재비가 커지면 강도·내구성·수밀성이 떨어진다.

④ 적정한 Workability 내에서 가능한 한 적게 해야 한다.

Ⅳ. 적정 범위

① 경량 골재 Con'c : 45~60% 이하 ② 한중 Con'c : 60% 이하

③ 수밀 Con'c : 50% 이하 ④ 수중 Con'c : 50% 이하

⑤ 해양 Con'c : 45~50% 이하

⑥ 이 외의 일반 Con'c : 60% 이하

Ⅴ. 최소화 대책(배합 설계시)

① 굵은 골재 최대 치수를 크게 ② 잔골재율은 작게

③ 단위 수량은 작게 ④ 혼화제 중 감수제 사용 검토

85 | 물결합재비와 콘크리트 압축 강도 f_{28}과의 관계

[77(10)]

I. 개요

① 물결합재비는 콘크리트 강도, 내구성, 수밀성에 가장 큰 영향을 미치는 것으로 좋은 콘크리트를 만들기 위해서는 가능한 한 적게 하는 것이 좋다.

② 콘크리트를 만드는 과정에서 물결합재비를 결정하는 방법으로는 강도에 의한 방법, 내구성, 수밀성에 의한 방법이 있다.

II. 물결합재비와 f_{28} 과의 관계

시멘트의 종류		W/B 범위(%)	W/B 산출 공식(%)
포틀랜드 시멘트	보통	40~65	$W/B = \dfrac{51}{f_{28}/k + 0.31}$
	조강	40~65	$W/B = \dfrac{41}{f_{28}/k + 0.17}$
	중용열	40~65	$W/B = \dfrac{66}{f_{28}/k + 0.64}$
고로 시멘트	A종	40~65	$W/B = \dfrac{46}{f_{28}/k + 0.23}$
	B종	40~60	$W/B = \dfrac{51}{f_{28}/k + 0.29}$
	C종	40~60	$W/B = \dfrac{44}{f_{28}/k + 0.29}$

III. 물결합재비 최소화 대책

① 굵은 골재 최대 치수를 크게 한다.

② 잔골재율을 작게 한다.

③ Silica Fume을 사용한다.

④ 단위 수량을 적게 한다.

⑤ 골재는 흡수율이 작은 것이 좋다.

⑥ 고성능 감수제 사용할 때 W/B는 25%까지 줄일 수 있다.

86 물결합재비(W/B ; Water Binder Ratio)

[10중(10), 14중(10)]

Ⅰ. 정의

① 물결합재비란 굳지 않은 콘크리트(또는 모르타르)에 포함되어 있는 시멘트풀(Cement Paste) 속의 물과 결합재의 중량비이다.

② 결합재는 시멘트와 혼화재료를 합한 것으로, 혼화재료는 시멘트의 단점을 보완하는 역할을 하기 위해 사용된다.

Ⅱ. 사용되는 혼화재료

① 고로 Slag
② Polymer
③ Fly Ash

Ⅲ. 혼화재료의 목적

① 시멘트 사용량의 감소 효과로 이산화탄소(CO_2) 발생 저감
② 수화열 저감
③ 콘크리트의 밀실화
④ 콘크리트의 장기 강도 증대
⑤ 고강도 콘크리트의 제조

Ⅳ. 물시멘트비와 물결합재비의 비교

구 분		물시멘트비	물결합재비
정의		시멘트풀 속의 물과 시멘트의 중량비	시멘트풀 속의 물과 결합재의 중량비
기호		W/C	W/B
수화열		높음	낮음
상 도	단기강도	보통	다소 낮음
	장기강도	보통	높음

87 | 콘크리트 조기 강도 평가

[00전(10)]

Ⅰ. 정의

콘크리트 공사 현장에서 콘크리트 강도는 일반적으로 제작 공시체의 28일 압축 강도로 하지만 공사 관리상 보다 빨리 콘크리트 강도를 추정하기 위한 것으로 사용하는 방법을 조기 강도 평가라 한다.

Ⅱ. 조기 강도 평가방법 분류

① 굳지 않은 콘크리트의 분석시험 결과 이용
② 촉진 경화시킨 콘크리트 조기 강도 시험결과 이용
③ 동일 양생 조건의 공시체 조기 강도 시험결과 이용

Ⅲ. 조기 강도 평가방법

1. 분석 시험

1) 정의

굳지 않은 콘크리트에서 사용 시멘트량과 사용 수량을 측정하여 물결합재비를 추정하여 콘크리트 강도를 조기에 판정하는 것이다.

2) 특성

① 시험장치 및 기구 간편
② 조작이 간편
③ 시험 소요시간이 짧음
④ 시험 결과 판정 용이

2. 촉진 시험

1) 정의

콘크리트의 경화를 온수·증기·수화열·급결제 등을 이용하여 경화를 촉진시킨 후 압축 강도 시험을 하는 방법이다.

2) 분류

① 급속경화법 : 굳지 않은 콘크리트에서 채취한 시료 중에서 일정량의 모르타르에 급결성 약제를 첨가하여 공시체 제작한 다음 1~1.5시간 양생후 압축시험을 하여 강도 추정하는 방법이다.
② 55℃ 온수법 : 굳지 않은 콘크리트에서 채취한 시료를 공시체를 만들어 55℃ 항온 수조에서 20.5시간 양생한 후 30분간 냉각하여 압축 시험을 하여 28일 강도를 추정하는 방법이다.

3. 7일 강도에서 추정

1) 정의

현장에서 제작한 공시체를 20±3℃의 수조에서 7일간 양생하여 구한 7일 강도를 28일 압축 강도로 추정하는 방법이다.

2) 관계식(외 기온이 15℃ 이상일 경우)

① 조강 포틀랜드 시멘트인 경우

$$f_{28} = f_7 + 8 (\text{MPa})$$

② 보통 포틀랜드 또는 혼합 시멘트인 경우

$$f_{28} = 1.35 f_7 + 3 (\text{MPa})$$

88 | 시공 연도에 영향을 주는 요인

Ⅰ. 정의

굳지 않은 Con'c가 재료 분리의 발생을 적게 하고, 밀실하게 채워지기 위해서는 유동성이 필요하게 되는데 이것을 시공 연도라 한다.

Ⅱ. 특성

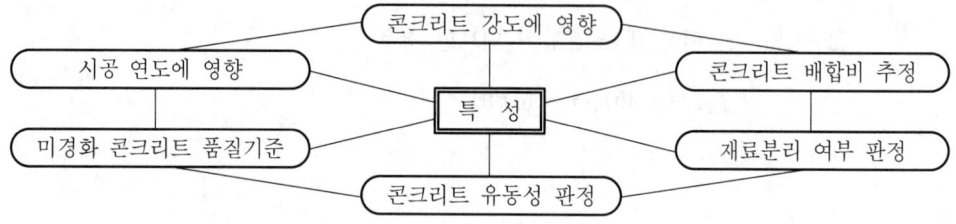

Ⅲ. 시공 연도에 영향을 주는 요인

요 인	요인별 특성
시멘트의 성질	시멘트의 종류, 분말도, 풍화의 정도에 의한 영향
골재의 입형	입자가 둥근 강자갈은 시공 연도가 좋아지고, 평평한 입형의 골재는 불리함
혼화 재료	AE제 · AE 감수제 · 감수제 등은 단위수량을 감소시키고, 시공 연도를 향상
물결합재비	물결합재비가 높으면 시공 연도는 좋으나 강도가 저하됨
굵은 골재 최대치수	굵은 골재의 치수가 작으면 시공 연도는 좋으나 강도가 저하됨
잔골재율	잔골재율이 클수록 시공 연도는 좋으나 강도가 저하됨
단위수량	단위수량이 많으면 시공 연도는 좋으나 재료 분리가 발생
공기량	공기량 1% 증가시 Slump 20 mm 정도 커지게 됨
비빔시간	비빔이 불충분하거나 과도하면 시공 연도가 나빠짐
온도	콘크리트의 온도가 높을수록 시공 연도는 저하됨

89 | 콘크리트 운반중의 슬럼프 및 공기량 변화

[00후(10)]

Ⅰ. 정의

① 콘크리트는 운반에 소요되는 시간에 따라 품질이 변화되며 특히 배치 플랜트에서 타설 현장까지 운반하는 과정에서 Slump 손실과 공기량 손실이 발생된다.

② 운반중에 발생된 슬럼프 및 공기량 변화는 콘크리트 품질에 아주 나쁜 영향을 주게 되며 특히 Workability가 나쁘게 되어 시공성이 떨어지게 된다.

Ⅱ. 콘크리트 시방서상의 품질 규정

1) 슬럼프의 허용차

슬럼프	슬럼프의 허용차
25	±10 cm
50~65	±15 cm
80~180이하	±25 cm
210	±30 cm

2) 공기량 규정치

콘크리트	공기량 규정치
보통 콘크리트	4.5%±1.5%
경량 콘크리트	5%±1.5%

Ⅲ. 슬럼프 손실 요인

① 운반 시간 초과
② 외부 기온
③ 콘크리트 온도
④ 혼화제 사용 유무

Ⅳ. 슬럼프 및 공기량 변화시 문제점

① 콘크리트 압송성 저하
② 재료분리 발생
③ 구조물 마감성 불량
④ 수밀성 저하
⑤ 철근과의 부착력 저하
⑥ 강도, 내구성 저하

Ⅴ. 레미콘 공장 선정시 고려사항

① 운반거리
② 품질관리 상태
③ 생산설비 및 운반차량
④ 품질관리 기술자 보유 여부

90 굵은 골재 최대치수

[92전(10)]

Ⅰ. 개요
① 굵은 골재는 체규격 5 mm 표준 망체를 이용하여 100% 남는 골재로 한다.
② 굵은 골재의 치수가 커지면 단위 수량과 잔골재율은 감소하여 강도는 증가하나 시공 연도는 나빠진다.

Ⅱ. 배합 설계 Flow Chart

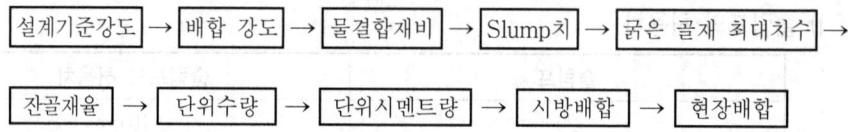

설계기준강도 → 배합 강도 → 물결합재비 → Slump치 → 굵은 골재 최대치수 →

잔골재율 → 단위수량 → 단위시멘트량 → 시방배합 → 현장배합

Ⅲ. 골재의 구비조건
① 견고해야 하며, 모양이 구형에 가까울 것
② 밀도가 높고 물리적·화학적 성질이 안정될 것
③ 풍화되지 않고 Cement Paste와 부착력이 좋을 것
④ 내구성·내화성이 클 것

Ⅳ. 굵은 골재 최대치수의 결정

구조물의 종류	굵은 골재의 최대치수(mm)
매시브한 콘크리트(큰 교각, 큰 기초 따위)	80~100
어느 정도 매시브한 콘크리트(교각, 두꺼운 벽, 기초 큰 아치 따위)	50~80
두꺼운 슬래브	4~50
슬래브, 기둥, 보, 벽	25
확대 기초	40
지하벽, 케이슨	50

Ⅴ. 콘크리트에 미치는 영향
① 굵은 골재치수가 커지면 단위 수량이 감소하여 콘크리트 강도 증가
② 굵은 골재치수가 커지면 단위 시멘트량의 감소로 건조 수축 감소
③ 굵은 골재치수가 커지면 물시멘트비가 감소하여 콘크리트 강도 증가
④ 40 mm를 초과하면 오히려 콘크리트의 부착 강도가 감소

91 잔골재율(세골재율 ; S/a)

Ⅰ. 정의

① 잔골재 및 굵은 골재의 절대 용적의 합에 대한 잔골재의 절대 용적의 백분율을 잔골재율이라 한다.

② 잔골재율이 작아지면 단위 수량, 단위 시멘트량이 감소한다.

Ⅱ. 배합 설계 Flow Chart

설계기준강도 → 배합 강도 → 물결합재비 → Slump치 → 굵은 골재 최대치수 →

잔골재율 → 단위수량 → 단위시멘트량 → 시방배합 → 현장배합

Ⅲ. 잔골재율 산정식

$$\left(\frac{S}{a}\right) = \frac{\text{Sand 용적}}{\text{Aggregate 용적}} \times 100 = \frac{\text{Sand 용적}}{\text{Gravel 용적} + \text{Sand 용적}} \times 100$$

1) 잔골재

표준망체 5 mm체를 100% 통과하는 것

2) 굵은 골재

표준망체 5 mm체에 100% 남는 것

Ⅳ. 잔골재율에 영향을 주는 요인

① 잔골재의 입도
② 콘크리트의 공기량
③ 단위 시멘트량
④ 혼화 재료의 종류

Ⅴ. 콘크리트에 미치는 영향

① 잔골재율을 적게 하면 단위 수량이 감소하여 콘크리트의 강도 증가
② 잔골재율을 적게 하면 단위 시멘트량이 감소하여 장기 강도 증가
③ 잔골재율을 적게 하면 Workability가 나빠짐
④ 잔골재율을 너무 작게 하면 오히려 콘크리트가 거칠어지고 재료 분리가 발생됨
⑤ Con'c Pump 시공시 잔골재율이 큰 콘크리트는 Plug 현상이 발생됨
⑥ 잔골재율이 클수록 건조 수축 증가
⑦ 잔골재율이 클수록 침하 균열 증가
⑧ 잔골재율이 클수록 소성 수축 증가

92 콘크리트 배합에서 주안점

Ⅰ. 정의

① 콘크리트 배합이란 강도, 내구성, 수밀성 등을 가진 콘크리트를 경제적으로 얻기 위해서 Cement, 골재, 물 등을 적절한 비율로 배합하는 것을 말한다.

② 현장에서 콘크리트 공사 시공전에 사용할 콘크리트에 대해 배합 설계를 할 때 콘크리트가 악영향을 받지 않게 설계하는 것이 무엇보다 중요하다.

Ⅱ. 콘크리트의 배합 설계 Flow Chart

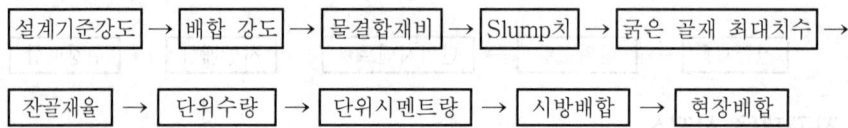

설계기준강도 → 배합 강도 → 물결합재비 → Slump치 → 굵은 골재 최대치수 →

잔골재율 → 단위수량 → 단위시멘트량 → 시방배합 → 현장배합

Ⅲ. 배합에서 주안점

1) 적은 시멘트량

   가능한 한 적은 시멘트 사용으로 시멘트의 알칼리 성분에 의한 피해 저감

2) 많은 굵은 골재 사용량

   굵은 골재 사용량을 크게 하여 단위 시멘트 감소, 단위 수량 감소, 잔골재율 감소 효과를 얻는다.

3) 적은 단위 수량

   사용 수량 저감으로 W/B비 감소 효과 증대

4) 염화물 혼입량의 최소화

   잔골재, 물에 함유된 염화물 혼입량은 염화물 총량 규제치 허용 한도 이내

5) 낮은 슬럼프값

   슬럼프값을 작게 하여 단위 수량, 잔골재율, 단위 시멘트량 등의 저감 효과

6) 적정 혼화제량

   적정한 혼화제 사용으로 Con'c 품질 향상, 재료 절감 효과로 경제적인 콘크리트 생산

7) Fly Ash나 고로 슬래그 사용

   콘크리트의 내구성, 내화학성, 내동해성 향상 기대

93 빈배합(Poor Mix)과 부배합(Rich Mix)

Ⅰ. 정의

① 빈배합이란 콘크리트의 배합시 단위 시멘트량이 비교적 적은 $150\sim250\,kg/m^3$ 정도의 배합을 가리키며, 부배합이란 단위 시멘트량이 $300\,kg/m^3$ 이상의 배합을 말한다.

② 콘크리트 배합시 부배합일수록 경화하는 과정에서 수화열의 발생이 많게 되어 균열이 가기 쉽고 또 빈배합일수록 점성(Viscosity)이 떨어지므로, 최적의 배합이 중요하다.

Ⅱ. 배합의 요구성능

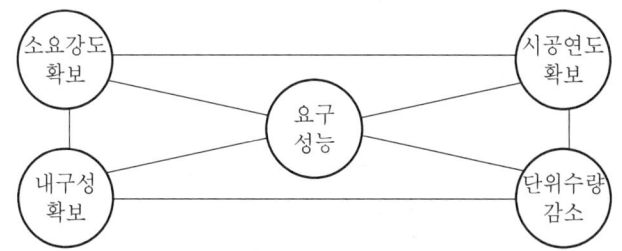

Ⅲ. 배합 설계 Flow Chart

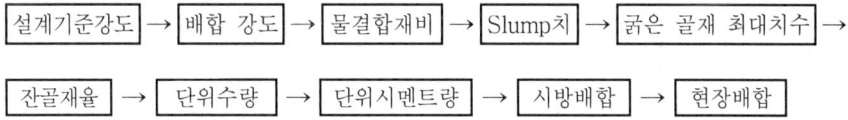

Ⅳ. 빈배합의 특징

① 수화열이 적어 균열의 발생이 적어진다.
② 알칼리 골재반응이 줄어든다.
③ 경화시 콘크리트의 온도 상승이 적으므로 서중 콘크리트 타설시 유리하다.
④ 배합시 비빔 시간이 길어진다.
⑤ 구조체 강도의 저하가 우려된다.
⑥ 재료 분리 현상이 발생하기 쉽다.

Ⅴ. 부배합의 특징

① 경화시 수화열의 과다 발생으로 구조체에 균열이 많이 생긴다.
② 수밀성 · 강도 · 내구성이 떨어진다.
③ 콘크리트의 온도가 높아져 Precooling 또는 Pipe Cooling 등의 양생이 필요하다.
④ 조기강도가 높아 한중 콘크리트 타설시 유리하다.
⑤ 비경제적인 배합이 된다.

94 튼튼한 콘크리트(Durable Concrete)

I. 정의

① 콘크리트는 시멘트, 골재, 물, 혼화제 등을 혼합하여 만들어지는 구조체로서 재료, 배합, 시공과정에서의 정도에 따라 그 품질이 달리 나타난다.

② 튼튼한 콘크리트 즉, 양질의 콘크리트 생산을 위하여 Fresh Con'c 단계, 응결단계, 경화후 등의 단계별로 품질관리가 요구된다.

II. 튼튼한 콘크리트 요구조건

1) Fresh(굳지 않은 콘크리트) 상태
   ① 높은 변형성(High Deformability)
   ② 높은 분리 저항성(High Segregation Resistance)

2) 초기 단계(응결 단계)
   ① 작은 침하(Small Settlement)
   ② 작은 경화 수축(Small Hardening Shrinkage)
   ③ 작은 수화 발생열(Small Heat Generation of Hydration)
   ④ 작은 건조 수축(Small Drying Shrinkage)

3) Hardened(경화후)
   적은 침투성(Small Permeability)

III. 작업 수행 과정

① 침하 없는 타설 작업   ② 균열 최소화 방안
③ 산소, 탄소, 염소 등에 대한 저항성   ④ 동결 융해에 대한 저항성

< Required Performance >

State	Property	Performance
Fresh (굳지 않은 콘크리트)	High Deformability (높은 변형성)	침하없이 타설
	High Segregation Resistance (높은 분리 저항성)	
Early Age (응결 단계)	Small Settlement & Hardening Shrinkage (작은 침하와 경화 수축)	균열 최소화
	Small Heat Generation of Hydration (작은 수화 발생열)	
	Small Drying Shrinkage (작은 건조 수축)	
Hardened (경화후)	Small Permeability (작은 침투성)	산소, 탄소, 염소, 동결융해의 저항성

95 | Con'c 품질 특성에 영향을 주는 요인

I. 개요

① 콘크리트는 시멘트, 골재, 물 등의 원재료를 배합설계, 혼합, 타설, 양생 등의 많은 공정을 거쳐서 구조체 콘크리트로 완성되는 것이다.

② 완성된 구조체 콘크리트 품질에 영향을 주는 요인으로는 크게 나누어 재료, 배합, 시공 과정을 들 수 있는데, 이들 과정에서 발생하는 많은 요인들이 콘크리트 구조체에 영향을 미치게 된다.

II. 특성 요인도

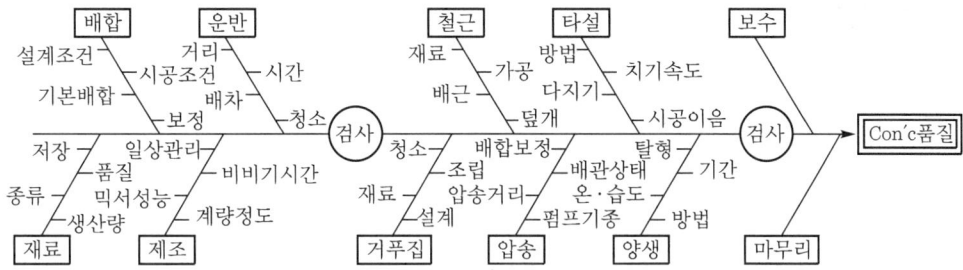

III. 영향을 주는 요인

공 정	요 인
재료	저장, 품질, 종류, 생산량
배합	설계 조건, 시공 조건, 기본 배합, 보정
제조	계량 정도, 믹서 성능, 비비기 시간, 일상 관리
운반	운반 거리, 운반 시간, 배차 간격, 운반차 청소 상태
검사	염화물 함유량, Slump, 공기량 Con'c 상태, 이물질 함유 여부
거푸집	설계, 재료 상태, 조립 방법, 청소 상태
철근	재료, 가공, 배근, 덮개
압송	입송 거리, 펌프 기종, 배관 상태, 배합 보정
타설	타설 방법, 타설 속도, 다지기, 시공 이음
양생	양생 방법, 습도, 양생 기간, 탈형 시기

96 | 철근 콘크리트 시방서상의 사용성과 내구성

[00후(10)]

Ⅰ. 정의
① 사용성이란 구조물에 외력이 작용할 때 구조물의 안전에 지장이 없는 범위에서 구조물에 대한 신뢰가 있어야 하는데 이를 사용성이라 한다.
② 내구성이란 구조물이 주어진 환경 조건하에서 설계 공용기간 동안에 안정성, 사용성, 미관을 갖도록 유지되어져야 하는데 이를 내구성이라 한다.
③ 예컨대 구조 계산상 처짐량이 10cm 발생하더라도 구조상으로는 하자가 없지만 구조물 사용에 위험을 느낀다면 사용상 위험을 느끼지 않을 정도로 처짐량을 허용침하량 이하가 되게 하여 사용성을 크게 하여야 한다.

Ⅱ. 검토사항

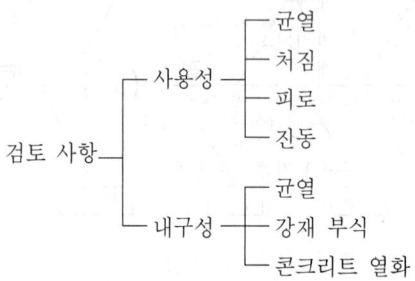

Ⅲ. 사용성 검토사항
1) 균열
① 구조물의 기능, 내구성 및 미관 등의 사용목적에 손상을 주는가에 대하여 검토
② 휨모멘트, 전단, 비틀림 모멘트, 축방향력에 의하여 발생되는 균열 검토
③ 수밀성이 요구되는 구조에서는 소요 수밀성을 갖는 허용 균열폭으로 검토
④ 미관이 중요시되는 미관상의 허용 균열폭을 설정하여 균열 검토

2) 처짐
① 휨을 받는 구조물이나 부재의 처짐 및 변형이 구조의 강도, 기능, 사용성, 내구성 및 미관에 손상을 주지 않는 충분한 강성 보유
② 하중 작용시에 순간적으로 발생하는 단기 처짐과 변형 및 장기간에 걸쳐 지속적으로 발생하는 장기 처짐과 변형
③ 구조물이나 부재의 단기 및 장기 처짐량은 허용 침하량 이하

3) 피로
① 충격을 포함한 사용 활하중에 의한 철근의 응력범위에 따른 피로에 대하여 검토
② 반복 하중에 의한 철근의 응력이 규정값을 초과하는 경우에 피로의 안정성 검토
③ 피로 검토가 필요한 구조 부재에서 철근은 구부리지 않고 사용

4) 진동

   내진 설계의 기준에 의한 검토

Ⅲ. 내구성 검토사항

1) 균열

① 콘크리트 표면의 균열폭을 환경조건, 덮개, 강재부식에 대한 균열폭 이하로 제어하는 것이 원칙

② 공용기간이 짧은 구조 또는 콘크리트내에 강재가 부식하지 않도록 표면이 잘 보호되어 있는 구조 및 가설 구조물 등은 균열 검토하지 않음

2) 강재 부식

① 내구성에 관한 균열폭을 검토할 경우에는 구조물이 놓이는 환경조건 고려

② 강재 부식에 대한 환경조건은 건조한 환경, 습윤 환경, 부식성 환경, 극심한 부식성 환경의 4종류로 분류

3) 콘크리트 열화

① 초기단계 기간에 환경 영향으로 탄산화, 염분침투, 황산염 축적 등의 현상으로 표면 보호층 손상 발생

② 구조 기능의 현저한 약화가 나타나는 전파단계

97 | 안전성(Safety)과 사용성(Serviceability)

[93후(20)]

I. 개요

① 철근 콘크리트 구조물은 사용 기간 중 작용하는 모든 외력에 대하여 안정성이 확보될 수 있도록 안전하게 설계되어야 하고 사용성(Serviceability)도 확보되게 설계되어야 한다.

② 예를 들면 육교에서의 어느 정도의 처짐은 구조물의 파괴에는 전혀 지장이 없으나 사용자가 그 처짐에 대하여 위험을 느낀다면 사용성에 문제가 발생하므로 구조적인 안전성에는 무리가 없는 설계일지라도 사용성 때문에 처짐을 작게 해야 한다.

II. 안전성(安全性 ; Safety)

1) 정의

① 안전성이란 구조물이 파괴를 일으키는 하중의 크기와 구조물의 강도, 작용 외력 등에 의해 사용성을 확보한 상태에서 안전해야 되는데 이를 안전성이라 한다.

② 구조물의 안전성 검토는 극한 하중으로 검토한다.

2) 설계 적용

콘크리트 강도설계법은 안전성에 중점을 둔 설계법이다.

3) 안전성 평가

① 구조물의 강도 검토　　　　② 구조물에 작용 하중 및 파괴 하중 검토

4) 극한 한계 상태

구조물 또는 부재가 안전성 한계를 벗어나서 파괴 또는 파괴에 가까운 상태를 말한다.

III. 사용성(使用性 ; Serviceability)

1) 정의

① 사용성이란 구조물에 외력이 작용할 때 구조물의 안전에 지장이 없는 범위 내에서 구조물 사용에 대한 신뢰가 있어야 하는데 이를 사용성이라 한다.

② 구조물의 처짐이나 균열 등 사용성 검토는 사용 하중에 의하여 검토한다.

2) 설계 적용

콘크리트 허용 응력 설계법은 사용성에 중점을 둔 설계법이다.

3) 사용성 평가

① 부재에 발생하는 처짐 정도　　② 부재 균열

③ 사용중에 진동 발생　　　　　④ 구조물 기능 저하

⑤ 주위 미관을 해치고 사용자에게 불안감을 주게 될 때 사용성이 좋지 않다.

4) 사용 한계 상태

처짐, 균열, 진동 등이 과대하게 일어나서 정상적인 사용 상태의 필요 조건을 만족하지 않게 된 상태를 말한다.

98 콘크리트의 내구성 지수(Durability Factor)

[07후(10)]

Ⅰ. 정의

콘크리트의 내구성 지수란 콘크리트 구조물의 내구 저항성을 재료, 설계, 시공의 3개 분야로 나누어 정량적으로 나타내는 것으로 구조물의 내구 저하를 저항하는 정도를 나타낸다.

Ⅱ. 내구지수 측정항목

구 분	재료 분야	설계 분야	시공 분야
1	시멘트의 종류	설계 기술자의 수준	시공 기술자의 수준
2	골재의 흡수율	철근의 피복	콘크리트의 반입과정
3	골재의 입도	배근의 세부사항	운반, 타설, 반입과정
4	혼화재의 종류	가외 철근비	표면 마무리와 양생
5	유동성 및 재료분리 저항성	시공 이음	철근의 가공
6	물결합재비	설계 도면의 명시 여부	철근의 조립
7	단위수량	온도 균열 지수	거푸집 공사
8	염화물 함유량	허용 균열 폭	동바리 공사
9	콘크리트 재료의 생산체계	거푸집의 종류	그라우트 공사
		표면 보호재의 종류	

Ⅲ. 내구지수 산정

1) 산정 방법

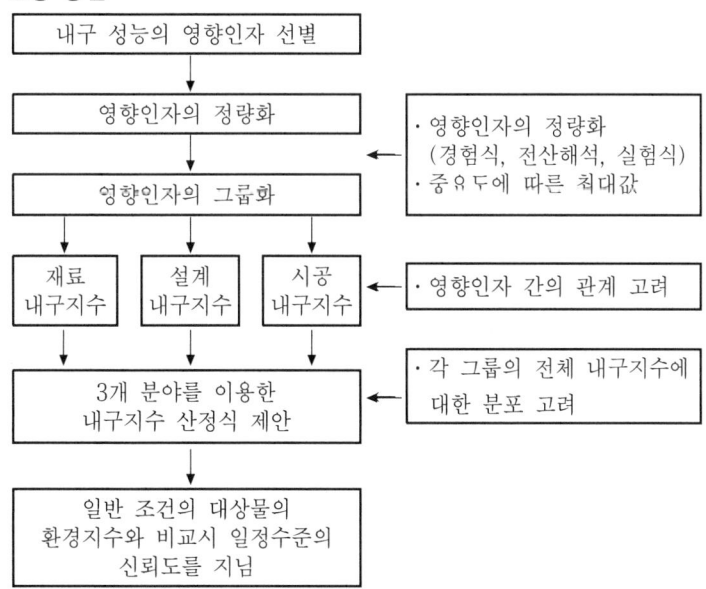

2) 산정식

$$D_T = D_o + \Sigma \Delta D_T$$

D_T : 내구지수

D_o : 기본 내구지수

ΔD_T : 재료, 설계, 시공분야의 내구지수

Ⅳ. 내구지수와 환경지수의 관계

$$\frac{D_T}{E_T} \geq \gamma_T \quad \therefore D_T \geq E_T$$

D_T : 내구지수(Durability Factor)

E_T : 환경지수(Environment Factor)

γ_T : 구조물계수(1.0)

99 환경지수와 내구지수

[99중(20), 10후(10)]

Ⅰ. 개요

구조물의 정밀안전 진단에서 구조물에 대한 평가를 기존의 구조 성능 위주의 평가가 아닌 시공, 구조, 내구 성능의 독립적이고, 유기체적인 성능 평가를 하는 것으로 환경지수와 내구지수가 쓰여지고 있다.

Ⅱ. 환경지수

1) 정의

구조물이 노출된 환경에 따라 콘크리트의 열화인자의 영향을 정량적으로 나타내는 것으로 구조물이 노출 환경에 따라 발생하는 열화정도 또는 내구저하 정도를 나타낸다.

2) 산정방법

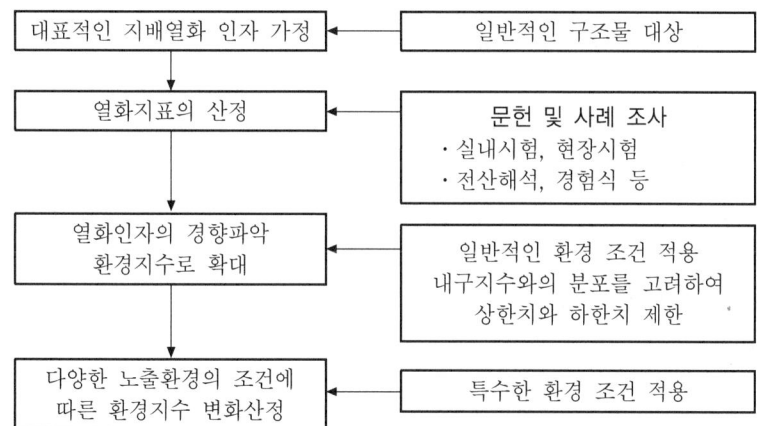

3) 산정식

$$E_T(환경지수) = (100 + \Delta E_T)\frac{\sqrt{(t-10)}}{40}$$

ΔE_T : 환경지수 증가치

t : 사용기간

Ⅲ. 내구지수

1) 정의

구조물의 내구 저항성을 재료, 설계, 시공의 3개 분야로 나누어 정량적으로 나타내는 것으로 구조물의 내구저하에 저항하는 정도를 나타낸다.

2) 산정방법

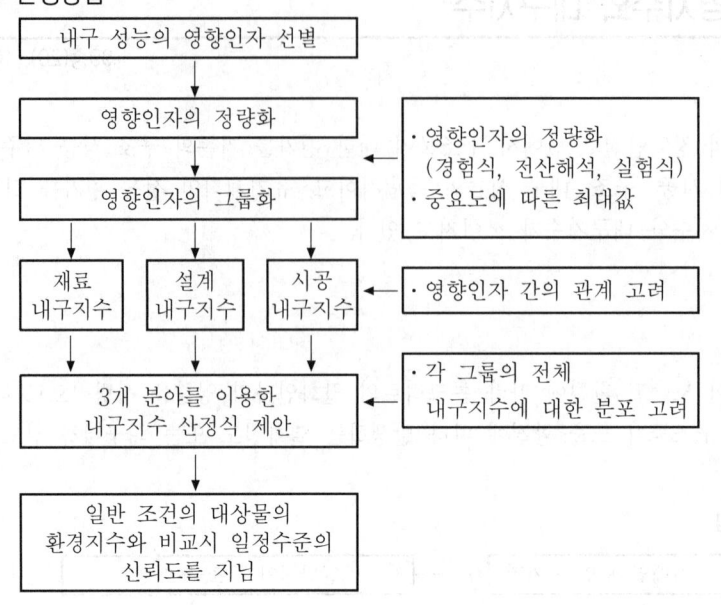

3) 산정식

$$D_T(\text{내구지수}) = D_o + \Sigma \Delta D_T$$

D_o : 기본 내구지수

ΔD_T : 재료, 설계, 시공 분야의 내구지수

Ⅳ. 환경지수와 내구지수의 관계

1) 관계식

$$\frac{D_T(\text{내구지수})}{E_T(\text{환경지수})} \geq \gamma_T (\text{구조물계수로 지침에서 } 1.0)$$

2) 관리방안

$$D_T \geq E_T$$

100 Con'c의 내구성 저하원인과 방지대책(열화원인과 방지대책)

[01중(10)]

Ⅰ. 정의

내구성이란 Con'c 구조물이 구성하는 재료(Cement, 골재 등)가 파손·노후·부식·균열 등이 생기지 않고, 오랜 시간동안 사용 연한을 유지하는 것을 말한다.

Ⅱ. 내구성 저하원인(열화원인)

1) 물리·화학적 작용
① 염해 : Con'c 중에 염화물(CaCl)이나 대기 중의 염화물이온(Cl^-)의 침입으로 철근을 부식시켜 구조체에 손상을 입히는 현상
② 탄산화 : 탄산가스, 산성비 등의 영향으로 Con'c가 수산화칼슘(강알칼리) 상태에서 탄산칼슘(약알칼리) 상태로 변화하는 현상
③ 알칼리 골재반응 : Con'c 중의 수산화알칼리와 골재 중의 알칼리반응성 물질(Silica, 황산염) 등과의 사이에서 일어나는 화학반응 현상

2) 기상 작용
① 동결 융해 : 미경화 Con'c의 온도가 0℃ 이하일 때 Con'c 중의 물이 얼어 있다가 외기 온도가 따뜻해지면 얼었던 물이 녹으면서 구조물에 피해를 준다.
② 온도 변화 : Con'c가 급격히 건조하게 되면 Con'c 표면과 Con'c 내부의 건조 수축차에 의해 Con'c 표면의 인장 응력으로 균열을 유발시킨다.
③ 건조 수축 : Con'c 타설후 수분이 증발하면서 Con'c의 체적 감소로 수축이 발생하게 되는 현상을 말한다.

3) 기계적 작용
① 진동·충격 : Con'c 타설후(7일 이상 양생, 3일간 진동·충격 방지) 유해한 진동·충격은 내구성 저하의 원인이 된다.
② 마모·파손 : Con'c 재령이 경과한 후에도 과하중, 운동 하중(대형 장비 운행) 등은 구조체를 마모·파손시켜 내구성을 저하시킨다.

Ⅲ. 방지(예방) 대책

1) 염해 방지
① 염해에 강한 Cement 및 혼화제(AE제, AE 감수제 등) 사용
② 철근은 아연 도금, Epoxy Coating 등을 하여 사용

2) 탄산화 방지
① 혼화제(AE제, AE 감수제 등)를 사용하고, 기공률을 적게 할 것
② 부재 단면을 크게 하고 피복 두께는 두껍게 하며, 탄산가스의 영향을 적게

3) 알칼리 골재반응 방지
① 알칼리 골재반응에 무해한 골재 및 저알칼리형의 Cement 사용

② Con'c 1 m^{3}당 알칼리 총량(Na$_2$O 당량)으로 0.3 kg 이하로 사용

4) 동결 융해 방지

　① AE제, AE 감수제를 사용하여 적당량(4~5%)의 연행 공기를 둠

　② Con'c의 수밀성을 좋게 하고, 단위 수량을 작게 할 것

5) 온도 변화 방지

　① 수화열이 작은 중용열 Portland Cement 및 Fly Ash 등의 사용

　② 냉각 공법(Precooling, Pipe Cooling)의 적용 검토

6) 건조 수축 방지

　① 중용열 Portland Cement 사용 및 증기 양생을 실시함

　② 골재는 흡수율이 적고 입도가 양호하며, 탄성계수 및 치수가 클수록 유리

7) 양생

　① Con'c 타설후 7일 이상 거적 등으로 덮고, 습윤 보존 실시

　② 수화열에 의해 부재 중심부의 온도가 외기 온도보다 25℃ 이상 될 우려가 있을
　　경우는 거푸집을 장기 존치해야 한다.

8) 진동·충격·마모·파손 금지

　① Con'c 타설후 3일간(부득이한 경우는 1일간)은 원칙적으로 보행, 공사 기구 및
　　중량물의 적치를 금지함

　② 물결합재비를 작게 하고, 충분한 양생으로 압축 강도를 높임

　③ 표면은 평활하게 하고, 마모 저항성이 큰 골재를 사용

9) 기타

　① 소성 수축 균열의 방지를 위해 초기에 외기로부터의 노출을 피함

　② 침하 균열을 방지하기 위해 충분한 다짐을 실시

101 해사의 염해 대책

[95전(20), 07전(10)]

Ⅰ. 정의

① 염해란 콘크리트 중에 염화물(CaCl)이 철근을 부식시킴으로써 Con'c 구조체에 손상을 입히는 현상을 말한다.

② 염해에 대한 피해를 줄이기 위해서는 배합수, 골재, 시멘트 등에 대한 철저한 품질 시험이 필요하며, 현장에서도 염도 측정을 통한 지속적인 관리가 필요하다.

Ⅱ. 염분 함유량 규제치

구 분	철근 콘크리트	무근 콘크리트
해사	0.02% 이하	0.1% 이하
레미콘	$0.3\,kgf/m^3$ 이하	$0.6\,kgf/m^3$ 이하

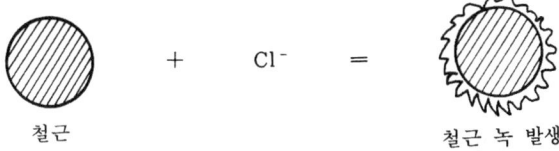

철근   + Cl^- =   철근 녹 발생

Ⅲ. 염해의 문제점

① 강도 저하   ② Con'c의 열화

③ 균열   ④ 내구성 저하

Ⅳ. 염해 대책

1) 재료

① 유기 불순물이 함유되지 않은 물 사용

② 중용열 Portland Cement 사용

③ 잔골재의 염분 함유량 규정 이내

④ AE 혼화제 사용

2) 철근 보강

① 철근 아연 도금

② 철근 Epoxy Coating

③ 방청제 사용

④ 철근 부동태막 보호

3) 배합
  ① W/B비 적게
  ② Slump치 적게 배합
  ③ 굵은 골재 최대치수 크게 사용
  ④ 잔골재율 적게

4) 시공
  ① 콘크리트 표면 Coating
  ② 피복 두께 유지
  ③ 밀실 다짐
  ④ 양생 철저

5) 염분 제거
  ① 자연 강우에 의한 제거
  ② Sprinkler 살수
  ③ 하천 모래와 혼합 사용
  ④ 제염제 사용
  ⑤ 준설 직후 세척
  ⑥ 제염 Plant에서 세척

V. 염분 함유량 측정방법
  ① 질산은 측정법
  ② 이온 전극법
  ③ 시험지법

102 염분과 철근 방청

[03전(10)]

Ⅰ. 정의

① 철근 콘크리트에서 철근의 발청은 구조물의 내구성을 저하시키는 가장 큰 요인으로 염분에 의한 철근의 발청을 막아야 한다.

② 철근의 발청을 방지하기 위하여 아연도금 및 에폭시 피복 등으로 철근 방청을 해야 한다.

Ⅱ. 염분 함유량 규제치

구 분	철근 콘크리트	무근 콘크리트
해사	0.02% 이하	0.1% 이하
레미콘	$0.3\,\mathrm{kgf/m^3}$ 이하	$0.6\,\mathrm{kgf/m^3}$ 이하

Ⅲ. 염해로 인한 철근부식 반응

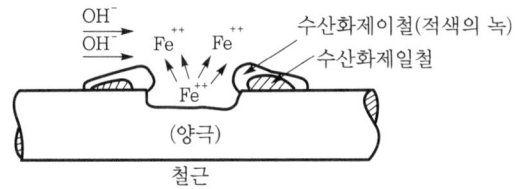

철근과 철근의 표면에 접하는 물질 사이에 생기는 화학반응에 의해 철근의 표면이 소모해 가는 현상

① $2Cl_2 + Fe^{++} = FeCl_2 + 2H_2O$

$\qquad = \underline{Fe(OH)_2} + 2H^+ + 2Cl^-$

$\qquad\qquad$ ↳ 수산화 제1철

② $4Fe(OH)_2 + 2H_2O = \underline{4Fe(OH)_3}$

$\qquad\qquad\qquad$ ↳ 수산화 제2철(녹)

Ⅳ. 철근 부식으로 인한 문제점

① 철근 단면의 손실 : 구조물의 내하력 감소

② 철근의 체적 팽창 : 콘크리트 균열 발생

③ 균열 발생으로 유해 성분의 침투

④ 구조물의 급속한 내구성 저하

V. 철근 방청

1) 아연 도금

① 철근 아연 도금은 염해에 대한 저항력이 높다.

② 철근의 염화물 이온반응을 억제한다.

2) Epoxy Coating

① Epoxy Coating은 철근의 방식성을 높인다.

② Spray를 사용하여 평균 도막 두께를 $150 \sim 300 \, \mu m$ 정도로 유지시킨다.

3) 방청제

① 콘크리트에 방청제를 사용하여 철근의 부식을 억제한다.

② 아질산계 방청제를 사용한다.

4) 철근의 부동태막 보호

① 강알칼리(pH 12.5~13) 속의 철근 표면에 얇은 태막(수산화 제2철)이 형성되는 것을 철근의 부동태막이라 한다.

② 철근의 부동태막은 강알칼리성에서만 유지되며, 철근 부식을 막아준다.

103 | Con'c 탄산화(Carbonation)

[08중(10)]

Ⅰ. 정의

① 탄산가스, 산성비 등의 영향으로 Con'c가 수산화칼슘(강알칼리) 상태에서 탄산칼슘(약알칼리) 상태로 변화하는 현상이다.

② 탄산화를 방지하기 위해서는 양질의 재료와 적당한 강도와 확보되는 배합 설계를 통하여 철저한 시공관리를 하는데 있다.

Ⅱ. 탄산화 이론

① 화학식

$$Ca(OH)_2 + CO_2 \rightarrow CaCO_3 + H_2O$$

② 내구성 저하

철근의 부식 → 부피 팽창 → Con'c 균열 → Con'c 열화

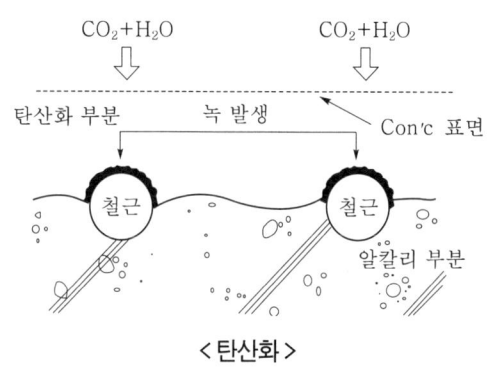

< 탄산화 >

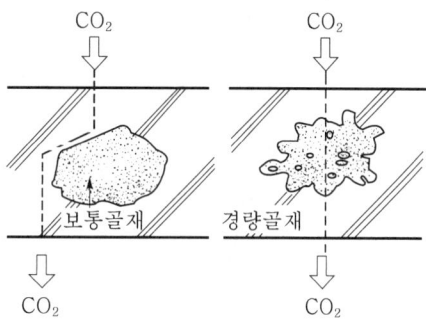

< 보통 골재와 경량 골재의 탄산화 비교 >

Ⅲ. 원인

① 탄산가스의 농도가 클 경우
② Cement의 분말도가 클 경우
③ 물결합재비가 클 경우
④ 습도가 낮을 경우
⑤ 경량 골재의 사용
⑥ 온도가 높을수록
⑦ 혼합 시멘트의 사용
⑧ 산성비의 영향 또는 단기 재령일 때

Ⅳ. 대책

① 혼화제(AE제, AE 감수제 등) 사용
② 타일, 돌붙임 등의 마감
③ 피복 두께를 두껍게
④ 부재 단면을 크게 할 것
⑤ 장기 재령 유지
⑥ 기공률을 적게 할 것
⑦ 습도는 높고 온도는 낮게 유지
⑧ 탄산가스의 영향이 적도록
⑨ 다짐 및 양생을 충분히 할 것
⑩ 재료 분리 방지

104 수화반응과 수화과정

Ⅰ. 정의

① Cement에 물을 부어 자극하면 다량의 열을 방출하면서 굳어지게 되는데, 이 때에 수산화칼슘(가성소다)이 생성된다.

② 이러한 현상을 수화반응이라고 하고, 이때 발생되는 열을 수화열이라고 하며, Cement가 응결되는 과정을 수화과정이라 한다.

Ⅱ. 수화반응 화학식

$$CaO + H_2O \xrightarrow[\text{수화열 발생}]{\text{수화 반응}} Ca(OH)_2$$

CaO : 석회
H_2O : 물
$Ca(OH)_2$: 수산화칼슘

Ⅲ. 수화과정(응결 · 경화과정)

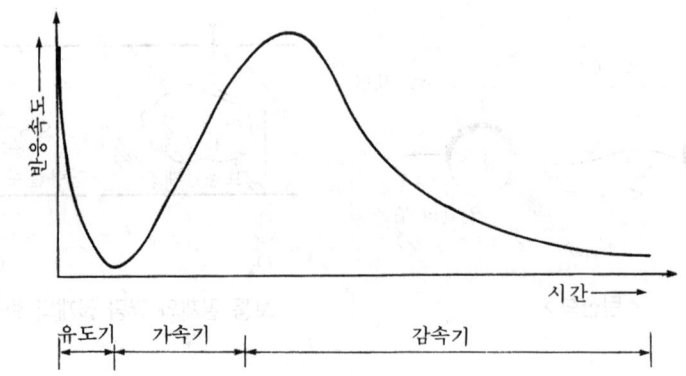

① 유도기 → ② 가속기 → ③ 감속기

Ⅳ. 수화반응에 영향을 주는 요인

① Cement의 품질
② Con′c의 배합
③ 시공 방법
④ 고온 · 저습 · 일사 · 바람 등
⑤ Cement의 분말도
⑥ Cement 중의 석고 혼입량
⑦ Portland Cement와 고로 Slag와의 치환율
⑧ Portland Cement에 포함된 클링커 광물

105 | 콘크리트의 알칼리 골재반응(AAR ; Alkali Aggregate Reaction)

[95전(20), 97전(20), 09중(10)]

Ⅰ. 정의

① Cement 중의 수산화알칼리와 골재 중의 알칼리 반응성 물질(Silica, 황산염 등)과의 사이에서 일어나는 화학반응으로 골재가 팽창되는 현상을 말한다.

② 알칼리 골재반응을 방지하기 위해서는 알칼리 반응성 물질이 적은 재료를 선정하고, 배합 설계를 철저히 하여야 한다.

Ⅱ. 알칼리 골재반응의 분류

① 알칼리 실리카반응(알칼리 골재반응이라 하면 주로 이 반응을 말함)

② 알칼리 탄산염반응

③ 알칼리 실리게이트반응

Ⅲ. 알칼리 골재반응에 의한 피해

① Con′c 구조물의 균열 원인

② 알칼리 실리카 Gel의 석출

③ Con′c 구조물의 백화 발생

④ 부재의 엇갈림이나 이동 발생

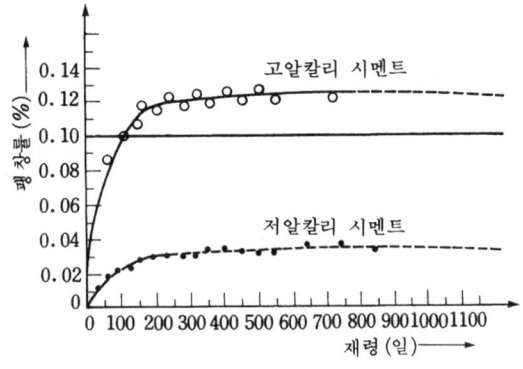

< 알칼리 골재반응 비교 >

Ⅳ. 원인

① 알칼리 반응성 물질(Silica, 황산염 등)의 양이 많은 경우

② Con′c 중의 수산화알칼리 용액의 양이 많은 경우

③ 습도가 높거나 습윤 상태일 경우

④ Con′c 중의 수분의 이동으로 알칼리가 농축되었을 경우

⑤ 단위 시멘트량이 너무 많은 경우

⑥ 제지상 Con′c인 경우

Ⅴ. 대책

① 알칼리 골재반응에 무해한 골재 사용

② 저알칼리형의 Cement(Na_2O 당량)로 0.6% 이하로 사용

③ Con′c $1\,m^3$당 알칼리 총량(Na_2O 당량)으로 $0.3\,kg$ 이하로 사용

④ Pozzolan(고로 Slag, Fly Ash, Silica Fume 등) 사용

⑤ 습도를 낮추고 Con′c 중의 수분 이동 방지

⑥ 단위 시멘트량을 낮추어 배합 설계할 것

⑦ Con′c 표면은 마감재(타일, 돌붙임) 시공하는 것이 유리함

106 동결 융해(凍結融解)

Ⅰ. 정의

① 미경화 Con′c의 온도가 0℃ 이하일 때 Con′c 중의 물이 얼어 있다가 외기 온도가 따뜻해지면 얼었던 물이 녹는 현상을 말한다.

② 한번 동결되었던 Con′c는 양생을 한다 하더라도 소요 강도가 확보되기 어려우므로 사전 준비에 의한 철저한 시공관리가 필요하다.

Ⅱ. 동결 융해에 의한 피해

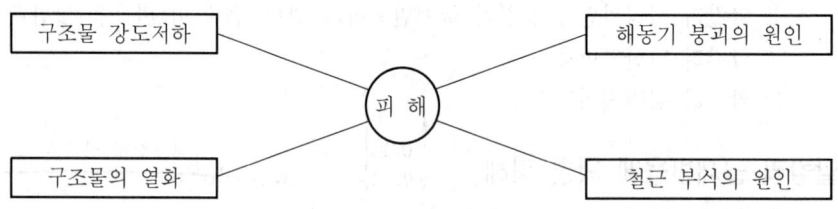

Ⅲ. 원인

① 콘크리트 중의 자유수

② 흡수율이 큰 골재 사용(연석 등)

③ 물결합재비가 클 경우

④ 적당한 혼화제를 사용하지 않은 경우

⑤ Con′c에 수분(눈, 비 등) 침투

Ⅳ. 대책

① Con′c에 적당량의 연행 공기(4~5%가 적당) 사용

② 단위수량을 작게 할 것

③ AE제, AE 감수제 사용(동결 융해 300회 반복에 90% 이상 강도 유지)

④ 물의 침입을 방지하기 위해 물끊기, 물흐름 구배 및 제설제 등을 사용

⑤ 최소 양생 기간의 준수

⑥ 기포 간격계수가 작을수록(기포가 작아짐) 유리

⑦ Entrained Air는 동결시 자유수의 피난처가 됨

⑧ 물결합재비를 작게 할 것

⑨ Con′c의 수밀성을 좋게 할 것

107 온도 변화(溫度變化)

Ⅰ. 정의

① Con′c가 급격히 건조하게 되면 Con′c 표면과 Con′c 내부의 온도차에 의해 Con′c 표면에 인장 응력이 발생되는 현상을 말한다.

② 이 때 발생되는 인장 응력으로 인해 균열이 발생되기도 하며, 구조체의 강도를 저하시키는 원인이 된다.

Ⅱ. 온도 변화에 영향을 주는 요인

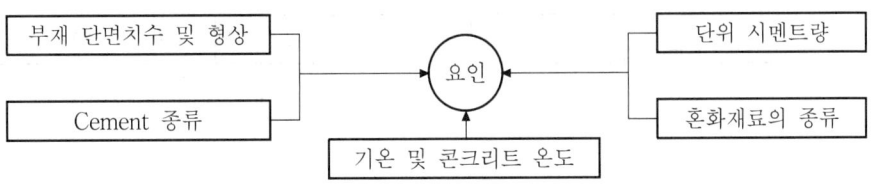

Ⅲ. 온도 변화에 의한 피해

① Plastic Cracks의 발생   ② 누수에 의한 철근 부식
③ 구조체의 강도 저하   ④ 열화의 원인

Ⅳ. 원인

① 콘크리트의 온도와 외기온의 차가 클수록
② 단면 치수가 클수록
③ 콘크리트의 탄성계수가 클수록
④ 수화 발열량이 클수록
⑤ 단위 시멘트의 양이 많을수록

Ⅴ. 대책

① 수화열이 적은 중용열 Portland Cement 사용
② Fly Ash 등의 혼화재 사용
③ 굵은 골재 최대 치수를 가능한 한 크게 할 것
④ 단위 시멘트량을 감소할 것
⑤ 냉각 공법(Precooling, Pipe Cooling 등) 적용
⑥ 적당한 간격의 Expansion Joint 설치
⑦ 인장 변형에 저항력이 큰 콘크리트 사용
⑧ Con′c의 타설 온도를 낮출 것

108 | 콘크리트의 수축(Shrinkage)

Ⅰ. 정의

콘크리트는 타설 직후부터 수축이 발생하며, 이를 분류하면 경화과정에서 발생하는 소성수축과 자기수축, 그리고 경화 후 발생하는 건조수축 및 탄산화수축이 있다.

Ⅱ. 콘크리트 수축 Mechanism

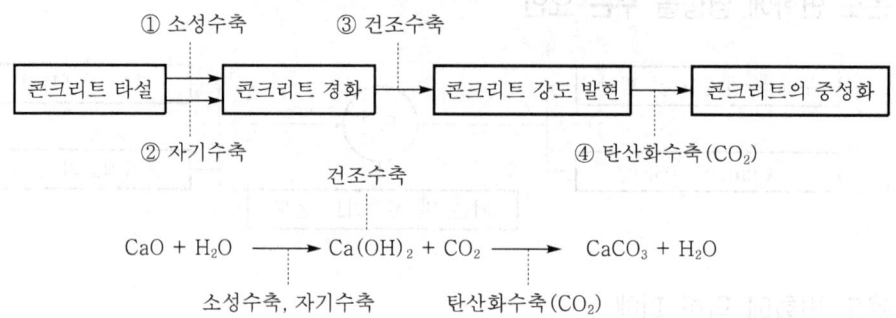

Ⅲ. 수축의 분류

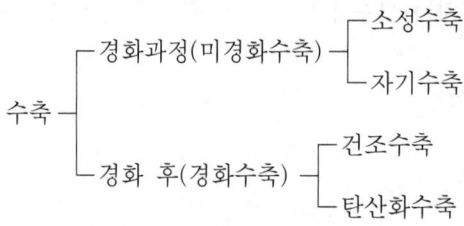

1) 소성수축(Plastic Shrinkage)
   ① 미경화 콘크리트가 건조한 바람이나 고온저습한 외기에 노출되었을 경우, 급격한 증발 건조에 의해 콘크리트의 체적이 감소하는 현상
   ② 일반적으로 콘크리트 내 수분의 증발이 Bleeding 속도보다 빠를 때 발생
2) 자기수축(自己收縮)
   ① 미경화 콘크리트의 경화과정에서 시멘트의 수화반응에 의한 초결 이후 발생하는 체적 감소 현상
   ② 수화반응에 의한 수화과정에서 콘크리트 속의 배합수기 소비되이 콘크리드의 체적이 감소하는 현상

3) 건조수축(Drying Shrinkage)

① 콘크리트 경화 후 콘크리트 속의 잉여수가 증발하면서 콘크리트의 체적이 감소
하는 현상

② 콘크리트의 수화반응에서 소비되고 남은 물을 잉여수라 함

4) 탄산화수축(Carbonation Shrinkage)

① 콘크리트 경화 후 어느 정도 시간이 경과하면, 공기 중의 탄산가스(CO_2)에 의
한 시멘트 수화물의 탄산화 작용으로 콘크리트의 체적이 감소하는 현상

② 오랜시간에 걸쳐 발생되며, 구조체의 내구성에 큰 영향을 미침

109 콘크리트 자기수축(自己收縮)

[10후(10), 14후(10)]

Ⅰ. 정의

① 콘크리트의 자기수축(Autogenous Shrinkage)이란 콘크리트 타설 후 시멘트의 수화반응에 의한 경화과정에서 초결 이후 발생하는 체적감소 현상을 말한다.

② 외부로부터의 수분 이동, 하중, 온도변화, 구속 등이 아닌 내부의 물리적, 화학적인 구조가 변화하여 콘크리트의 체적이 감소하는 현상이다.

③ 시멘트의 수화과정에서 콘크리트 속의 배합수가 소비되어 콘크리트의 체적이 감소하는 현상으로 건조수축과는 차이가 있다.

Ⅱ. 콘크리트 수축의 분류

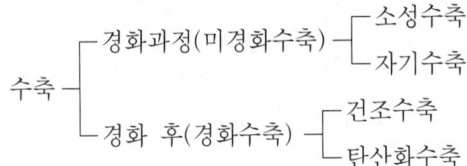

Ⅲ. 영향인자

① 시멘트의 종류
② 배합설계
③ 혼화재료
④ 콘크리트의 압축강도
⑤ 콘크리트의 인장강도
⑥ 탄성계수
⑦ Creep

Ⅳ. 특징

① 시멘트의 수화반응에 의해 배합수가 소비되면서 콘크리트 내부의 상대습도 감소
② 건조수축은 수분이 외부로 증발하면서 발생하지만 자기수축은 수화반응에 의한 수분의 소비에 의해 발생
③ 배합수가 상대적으로 적은 고강도 콘크리트에서 자기수축이 크게 발생
④ 고강도 콘크리트에서 자기수축으로 인한 균열발생 우려가 높음
⑤ Mass 콘크리트에서는 건조수축에 자기수축이 포함된다.

Ⅴ. 자기수축으로 인한 콘크리트의 피해

① 콘크리트 내부의 응력 발생
② 콘크리트의 균열 발생

110 소성 수축 균열

[96전(20), 04전(10)]

Ⅰ. 정의

① 미경화 Con'c가 건조한 바람이나 고온 저습한 외기에 노출되면 급격히 증발, 건조되어 증발 속도가 Bleeding 속도보다 빠를 때 발생하는 균열을 말한다.

② 균열의 모양이 불규칙하고 균열 폭은 0.1 mm 이하이며, 노출 면적이 넓은 Slab 등에서 타설 직후 많이 발생한다.

Ⅱ. 소성 수축 균열 발생 Mechanism

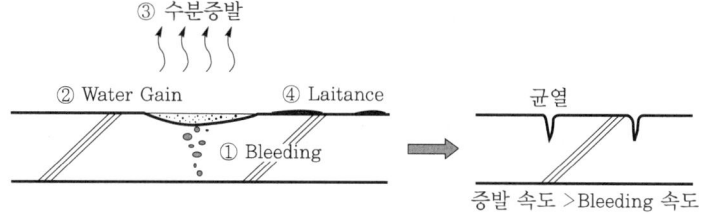

Bleeding 속도보다 수분 증발 속도가 빠를 경우 소성 수축 균열 발생

Ⅲ. 발생원인

① 물의 증발 속도가 $1 \, kg/m^2/h$ 이상일 때

② Bleeding이 적은 된비빔의 Con'c일 경우

③ 건조한 바람이 심하게 불 경우

④ 거푸집 누수가 심한 경우

⑤ 시멘트 이상 응결 발생시

⑥ 고온 저습한 기온인 경우

Ⅳ. 발생시기

① Con'c 타설 지후

② 양생이 시작되기 전

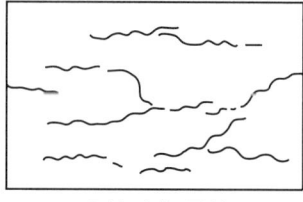

< 소성 수축 균열 >

Ⅴ. 방지대책

1) 단위 수량 감소

콘크리트를 배합할 때 Workability가 허용되는 범위 내에서 가능한 단위 수량을 감소시킨다.

2) 충분한 양생

콘크리트 타설 직후 수분 증발을 막고 습윤 상태로 Con'c가 경화될 수 있게 충분히 양생한다.

3) 비반응성 골재

골재는 사용전 시험을 통하여 화학 반응성 골재의 사용을 금하고 입도 분포가 양
호한 골재를 사용한다.

4) 피복 두께

시방 규정에 규정된 철근의 피복 두께를 준수하여 초기 수축 균열을 방지한다.

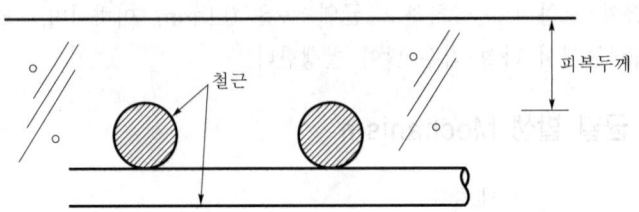

5) 차양막 설치

콘크리트 타설 직후 직사 광선으로부터 Con′c면을 보호하고 수분 증발을 방지하
기 위하여 차양막을 설치한다.

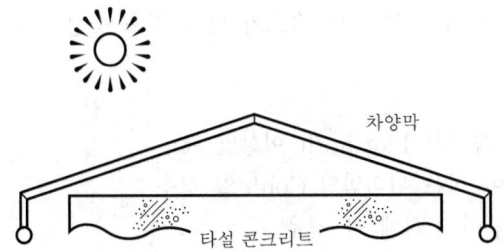

6) 바람막이 사용

강한 바람이 불 때 콘크리트의 수분 증발을 억제하기 위하여 강한 바람으로부터
바람막이를 이용하여 Con′c를 보호한다.

111 건조 수축(Drying Shrinkage)

[87(10), 02전(10)]

Ⅰ. 정의

① Con'c 타설후 수분이 증발하면서 Con'c의 체적 감소로 수축이 발생하게 되는 현상을 말한다.

② 건조 수축은 균열을 발생시키며, 그로 인한 물의 침입으로 철근이 부식하여 구조체의 강도를 저하시킬 수 있으므로 유의해야 한다.

Ⅱ. 건조 수축 균열 Mechanism

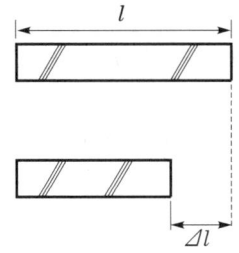

〈구속이 없는 경우 건조 수축〉

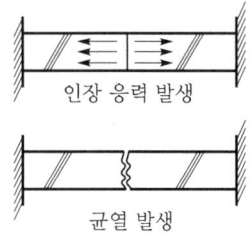

인장 응력 발생

균열 발생

〈구속이 있는 경우 건조 수축〉

Ⅲ. 건조 수축에 영향을 주는 요인

① Cement의 종류　　　　② 골재의 형태 및 크기
③ 함수비 및 배합비　　　④ 혼화 재료
⑤ 증기 양생　　　　　　⑥ 부재의 크기

Ⅳ. 원인

① 분말도가 높은 Cement
② 불량한 입도의 골재
③ 단위 수량이 클수록
④ 경화촉진제, 염화갈슘제 등의 사용
⑤ Pozzolan계 혼화재 사용(건조 수축 및 단위 수량이 증가함)

Ⅴ. 대책(건조 수축 감소)

① 중용열 Portland Cement 사용　②수축 줄눈(Contraction Joint) 설치
③ 골재의 흡수율이 작을수록　　　④ 굵은 골재 최대 치수가 클수록
⑤ 단위 수량은 작을수록　　　　　⑥ 증기 양생은 건조 수축을 감소시킴
⑦ 부재의 크기가 클수록　　　　　⑧ 입도가 양호한 골재 사용
⑨ 철근의 배치 및 시공이 좋을수록 ⑩ 팽창 Cement의 사용

112 탄산화 수축(Carbonation Shrinkage)

I. 정의

① 탄산화 수축이란 공기 중 탄산가스(CO_2)에 의한 시멘트 수화물의 탄산염화 작용에 의하여 콘크리트 등 시멘트수화물이 수축하는 성질을 말한다.

② 건조 수축의 종류에는 경화 수축, 건조 수축, 탄산화 수축이 있으며 균열을 발생시켜 구조체의 수밀성 저하로 인한 강도 · 내구성에 영향을 미치게 된다.

II. 탄산화 수축 Mechanism

① 수화작용 : $CaO + H_2O \rightarrow Ca(OH)_2$

② 탄산화 수축(탄산화) : $Ca(OH)_2 + CO_2 \rightarrow CaCO_3 + H_2O$

③ 탄산화 과정이 탄산화를 의미한다.

④ 탄산화 수축으로 균열이 발생되어 구조체의 내구성을 저하시킨다.

III. 특징

① 콘크리트의 응결 및 경화 촉진을 위해 배합시 염화물($CaCl_2$)을 첨가하는 경우 발생한다.

② 염화칼슘의 혼합 비율이 많을수록 건조 수축이 커진다.

③ 골재의 형태 및 크기에 따라 수축 정도가 차이가 난다.

④ 증기 양생시 건조 수축이 감소된다.

IV. 원인

① 분말도가 높은 시멘트

② 불량한 입도의 골재

③ 단위 수량이 클수록

④ 경화 촉진제, 염화 칼슘제 등의 사용

V. 대책

① 중용열 Portland Cement를 사용한다.

② 수축 줄눈(Contraction Joint)을 설치한다.

③ 흡수율이 작은 골재를 사용한다.

④ 굵은 골재의 최대 치수를 크게 한다.

⑤ 증기 양생을 실시한다.

113 콘크리트의 초기 균열

[97후(20)]

I. 정의

① 콘크리트를 거푸집에 타설한 후부터 종료하기까지에 발생하는 균열을 일반적으로 초기 균열이라고 한다.

② 초기 균열은 그 원인에 따라 소성 수축 균열, 침하 균열, 거푸집 변형에 의한 균열, 진동·재하에 의한 균열 등으로 크게 나눌 수가 있다.

II. 소성 수축 균열

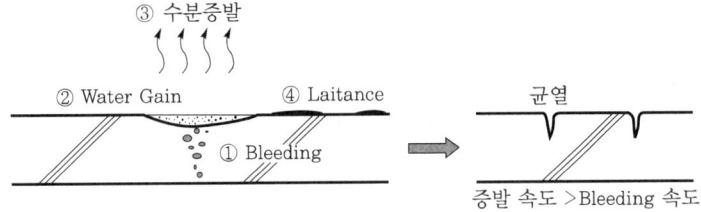

③ 수분증발

② Water Gain   ④ Laitance

① Bleeding

균열

증발 속도 > Bleeding 속도

Bleeding 속도보다 수분 증발 속도가 빠를 경우 소성 수축 균열 발생

1) 원인

① 수분 증발 속도 > Bleeding 속도

② 거푸집으로부터의 누수

③ 초기 콘크리트 표면의 수분 부족

④ 시멘트의 급격한 응결

2) 대책

① 타설 종료후에 콘크리트 표면 피복

② 직사 광선이나 바람에 대한 노출 금지

③ 습윤 양생 철저

III. 침하 균열

1) 원인

① 묽은 비빔 콘크리트에서의 Bleeding

② 부재의 두께 차 및 콘크리트 타설 높이 차

2) 대책

① 단위 수량 및 Slump값 저감

② 타설 속도 및 1회 타설 높이 조절

③ 다짐 철저

④ 침하 종료 이전에 굳어져 점착력을 잃지 않는 시멘트 혼화제 선정

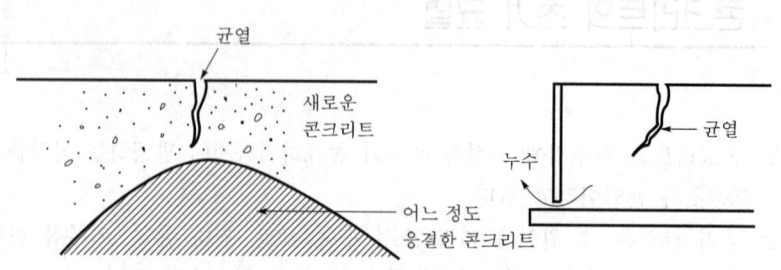

Ⅳ. 거푸집 변형에 의한 균열

1) 원인
① 거푸집 긴결 철물의 부족
② 동바리 불량에 의한 부등 침하
③ 콘크리트 측압에 의한 거푸집 변형

2) 대책
① 거푸집은 볼트나 강봉으로 조임
② 동바리는 충분한 강도와 안정성 확보
③ 콘크리트 타설 속도, 순서를 준수

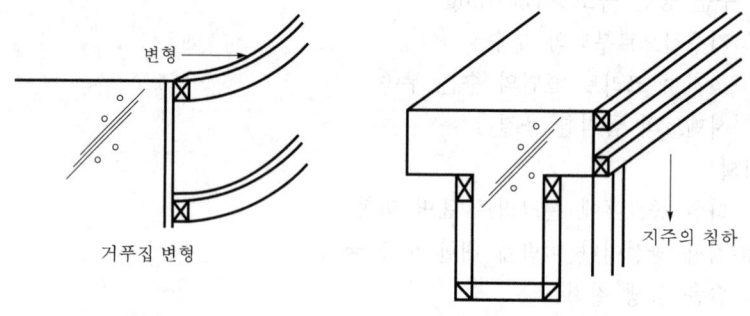

Ⅴ. 진동·재하에 의한 균열

1) 원인
① 타설 완료시 콘크리트 근처에서의 말뚝 박기
② 기계류의 진동

2) 대책
① 거푸집의 강성 증대
② 초기 재령시 재하 금지

114 침하 균열(침강 균열)

Ⅰ. 정의

Con'c를 타설하고 다짐하여 마감 작업을 한 후에도 Con'c 자체가 침하하게 되는데 이 경우 철근의 위치는 고정되어 있으므로 철근 위에 놓여 있는 Con'c가 부등 침하로 인해 균열이 발생되는데 이를 침하 균열이라 한다.

Ⅱ. 침하 균열 발생 도해

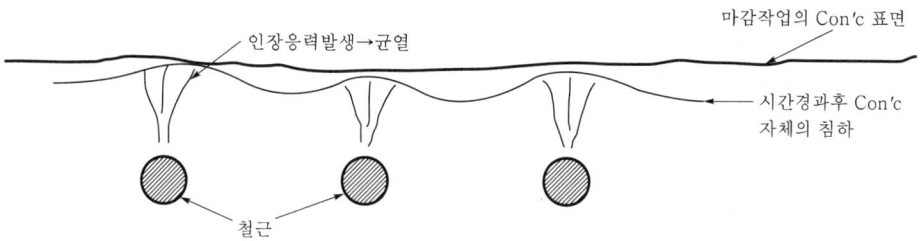

Ⅲ. 발생 위치

① Slab에서 상부 철근 부위
② 보의 스터럽 부위
③ 기타 Con'c 표면에 가까운 수평 철근 부위
④ 기둥과 Slab의 접속부 상단
⑤ 보와 Slab의 접속부 상단

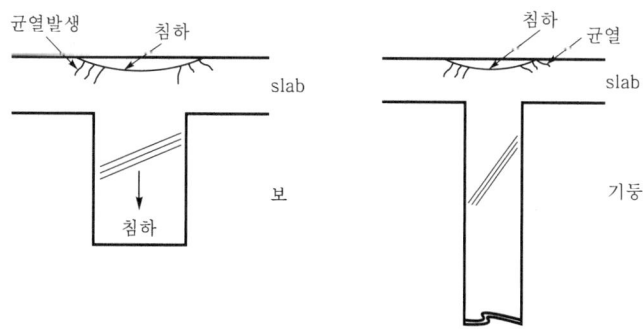

Ⅳ. 침하 균열 영향 요소

① 철근 직경이 클수록 침하 증가
② Slump가 클수록 침하 증가
③ 잔골재율이 클수록 침하 증가
④ 다짐이 불충분하여 침하 증가
⑤ W/B비가 클수록 침하 증가
⑥ 거푸집이 밀실하지 않을 때 침하 증가
⑦ Bleeding이 많을 때 침하 증가

Ⅴ. 발생 원인

① 거푸집 누수
② 잔골재율 과다
③ 불충분한 다짐
④ 과도한 W/B비
⑤ 양생 과정에서 진동 충격
⑥ 철근 배근의 이동

Ⅵ. 침하 균열 방지책

① Con'c 배합 설계 조정
② 충분한 다짐
③ W/B비 가능한 한 적게
④ 2차 진동 다지기
⑤ 타설 속도 및 1회 타설량의 조절
⑥ 단위 수량 및 Slump값 적게
⑦ 보, 기둥은 침하 완료후 Slab 타설
⑧ Refloating(재마무리)

115 화학적 침식

Ⅰ. 정의

Con'c 구조체를 구성하는 재료들이 서로 화학 반응하거나 외부 환경의 영향 등에 의해 화학 반응을 일으켜 구조체의 강도 저하 및 열화되는 것을 화학적 침식이라고 한다.

Ⅱ. 화학적 침식에 의한 피해

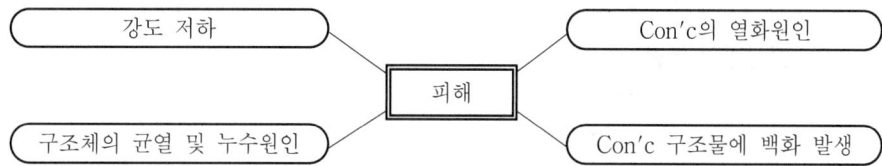

Ⅲ. 원인별 분류

1) 염해

   염화물($CaCl$), 염화물 이온(Cl^-) 등에 의한 침식

2) 탄산화

   탄산가스, 산성비 등에 의한 침식

3) 알칼리 골재반응

   수산화 알칼리와 알칼리 반응성 골재의 화학 반응으로 침식

4) 황산염 반응

   배합수 중의 황산염이 Cement 중의 칼슘알루미나와 접촉하여 칼슘설포알루미나를 형성하여 체적 팽창

5) 전식

   고압 전류가 철근에서 Con'c를 향해 흐르게 되면 철근이 산화, 부식되어 Con'c가 체적 팽창하는 현상

Ⅳ. 대책

① 염해에 강한 Cement 및 혼화제(AE제, AE 감수제 등) 사용
② 철근은 아연 도금, Epoxy Coating 등을 하여 사용
③ 탄산화는 습도는 높고 온도는 낮게 유지하고, 탄산가스의 영향을 적게 함
④ 부재 단면을 크게 하고 피복 두께는 두껍게 하며, 기공률을 적게 할 것
⑤ 알칼리 골재반응에 무해한 골재 및 저알칼리형의 Cement 사용
⑥ Con'c $1\,m^3$당 알칼리 총량(Na_2O 당량)으로 $0.3\,kg$ 이하로 사용
⑦ 내황산염 · 중용열 · 고로 Slag · Fly Ash Cement를 사용함
⑧ 전식을 막기 위해서는 항상 건조 상태 유지

116 | 황산염과 에트린가이트(Ettringite)

[06전(10)]

Ⅰ. 황산염

1) 정의
   ① 황산염은 시멘트의 수화에 의해 발생한 수산화칼슘과 반응하여 황산칼슘(석고)를 생성하여 체적을 증대시킨다.
   ② 황산칼슘(석고)은 시멘트중의 칼슘알루미나와 반응하여 칼슘설포 알루미네이트를 생성하여 체적팽창에 의해 콘크리트를 붕괴하게 한다.

2) 황산염의 영향
   ① 체적팽창 발생
   ② 조직의 다공질화
   ③ 철근의 부식 촉진
   ④ 화학작용을 일으켜 동결융해
   ⑤ 마모 촉진

Ⅱ. 에트린가이트(Ettringite)

1) 정의
   ① 에트린가이트란 시멘트가 수화할 때 시멘트 중의 알루미네이트와 석고와의 반응으로 침상 결정의 광물을 말한다.
   ② 에트린가이트는 팽창 시멘트에서 팽창을 촉진시키는 인자로서 많이 실용화되고 있는 실정이다.

2) 특징
   ① 보통 포틀랜드 시멘트에 적당량을 혼합한 후, 수화시 팽창하며 건조수축을 보상한다.
   ② 과다 혼합시 팽창 균열이 발생하므로 유의한다.
   ③ 팽창 시멘트용으로 사용된다.

117 콘크리트 황산염 침식

[05중(10)]

Ⅰ. 정의

① 콘크리트 구조체를 구성하는 재료들이 서로 화학반응을 하거나 외부 환경의 영향 등에 의해 화학반응을 일으켜 구조체의 강도 저하 및 열화되는 것을 화학적 침식이라고 한다.

② 황산염 침식은 배합수 중의 황산염이 시멘트 중의 칼슘알루미나와 접촉하여 칼슘설포 알루미네이트를 형성하여 체적이 팽창하게 되는 현상을 말한다.

Ⅱ. 황산염 침식에 의한 피해

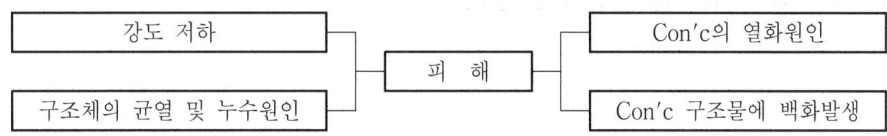

Ⅲ. 원인

1) 황산염(SO_4) 반응
   ① 황산염은 해수층에 존재
   ② 시멘트중의 칼슘알루미나와 접촉하여 칼슘설포알루미네이트를 형성하여 체적이 팽창
   ③ 체적 팽창으로 인한 구조체 균열발생 및 내부철근 부식

2) 염해
   염화물(NaCl), 염화물 이온(Cl^-) 등에 의한 침식

Ⅳ. 방지대책

① 내황산염 Cement, 중용열 Cement, 고로 Slag Cement, Fly Ash Cement를 사용함

② 부재 단면을 크게하고 피복두께는 두껍게 함

③ 콘크리트 내부의 기공률을 적게 할 것

④ Con'c 표면 방식처리

⑤ 염해에 강한 Cement 및 혼화제(AE제, AE 감수제 등) 사용

118 콘크리트 표면에 발생하는 결함

Ⅰ. 정의

① 콘크리트 표면의 결함은 곰보, 백태, 이색, 균열 및 시공 관리 부족에 따른 재료 분리 등이 있다.

② 콘크리트 표면에 발생하는 결함은 재료, 시공, 양생 과정에서 품질 관리 부족으로 발생하며, 이를 방지하기 위해서는 제조 과정에서 양생에 이르는 전과정을 통해 철저한 품질 계획이 필요하다.

Ⅱ. 콘크리트 표면에 발생하는 결함

1) Honey Comb(곰보)

콘크리트 표면에 조골재가 노출되고 그 주위에 모르타르가 없는 상태

2) 백태

콘크리트의 노출 표면에 흰색의 가루가 발생하는 현상

3) Dusting

① 콘크리트 표면이 먼지와 같이 부서지고 먼지의 흔적이 표면에 남아있는 현상

② 콘크리트의 껍질이 벗겨지는 현상

4) Air Pocket(기포)

① 수직이나 경사진 콘크리트의 표면에 10 mm 이하의 구멍이 발생하는 현상

② 콘크리트가 조금씩 파여 보임

5) 얼룩 및 색 차이

콘크리트 표면에 거푸집 조임 철물 등에 의한 녹물이 흘러내리는 현상

6) Cold Joint

① 콘크리트 표면에 길게 불규칙한 선이 발생

② 콘크리트 간의 접착 불량

7) 균열

콘크리트면에 전체적으로 또는 부분적으로 불규칙적인 균열의 발생

Ⅲ. 결함의 처리

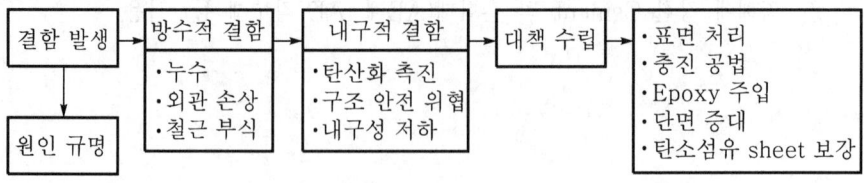

119 콘크리트의 재료 분리 원인 및 방지 대책

[77(10)]

Ⅰ. 정의

① 콘크리트의 구성 요소(시멘트·물·잔골재·굵은 골재)가 골고루 분포되어 있지 않고 균질성을 상실한 상태를 재료 분리라 한다.

② 재료 분리 방지를 위해서는 배합 설계·운반·타설·다짐·거푸집·배근 등의 여러 측면에서의 대책이 필요하다.

Ⅱ. 재료 분리에 의한 피해

Ⅲ. 원인

① 최소 단위 시멘트량 부족

② 굵은 골재치수가 40 mm 초과 및 입형(편평한 것 불리)

③ Slump치가 높은 경우

④ 골재의 비중차(굵은 골재·잔골재) 및 특수 골재(중량 골재·경량 골재)

⑤ 비빔 시간의 지연

⑥ 단위 수량이 클 경우

⑦ 물결합재비가 크고 점성이 떨어질 때

⑧ Bleeding 현상

Ⅳ. 방지 대책

① 단위 시멘트량이 너무 적지 않게 배합 설계

② 굵은 골재 최대치수는 피복 두께나 철근의 간격을 고려하여 선정

③ 적정한 혼화제 사용으로 Slump는 낮추되 재료 분리는 방지

④ 적정한 입도 및 입형의 골재 선정

⑤ AE제나 Pozzolan은 콘크리트의 응집을 증가시켜 재료 분리 방지

⑥ 거푸집은 Cement Paste의 유출이 안되는 수밀 재료 사용

⑦ 물결합재비는 65% 이하로 유지

⑧ 운반 시간이 길어지면 지연제의 사용 계획 수립

⑨ Con'c는 직타를 피하고 타설 높이는 최소화하여야 함

⑩ 다짐은 철근 및 매설물 주위도 빠짐없이 철저히 함

120 블리딩(Bleeding) 현상

[77(10), 90후(10), 05중(10), 08중(10)]

Ⅰ. 정의

① 콘크리트 타설후 물과 미세한 물질(석고, 불순물 등)등은 상승하고, 무거운 골재나 Cement 등은 침하하게 되는 현상을 Bleeding이라 한다.

② Bleeding 현상은 일종의 재료 분리 현상으로서 Water Gain 및 Laitance 현상을 유발시켜 콘크리트의 품질을 저하시키는 원인이 되기도 한다.

Ⅱ. Bleeding에 의한 피해

① 철근과 Con'c의 부착 강도 저하

② Slump 및 강도 저하

③ Con'c의 수밀성 저하

④ Con'c의 이방성(異方性)의 원인

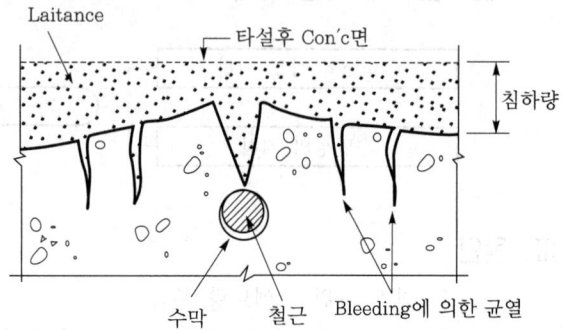

〈Bleeding 현상〉

Ⅲ. 원인

① 물결합재비가 클수록

② 반죽 질기가 클수록

③ 굵은 골재 최대치수가 클수록

④ 타설 높이가 클수록, 그리고 타설 속도가 빠를수록

⑤ 분말도가 낮은 Cement의 사용

⑥ 쇄석 Con'c는 일반 Con'c에 비해 Bleeding이 큼

⑦ 단위 수량·다짐·부재의 단면 치수 등이 클수록

Ⅳ. 대책

① 1회 타설 높이를 작게 하고, 과도한 다짐은 방지할 것

② 적당한 혼화제(AE제, AE 감수제 등)를 사용함

③ 단위 수량이 적은 된비빔의 Con'c를 사용함

④ 분말도가 높은 Cement의 단위 시멘트량을 크게 하여 사용함

⑤ 거푸집은 Cement Paste의 유출이 없는 수밀성 거푸집 사용

⑥ 굵은 골재는 쇄석보다 강자갈을 사용함

⑦ 초속경 Cement는 응결 시간이 빨라 Bleeding이 적음

⑧ 굵은 골재의 치수는 작게 하여 사용할 것

121 Water Gain 현상

Ⅰ. 정의

① 콘크리트 타설후 물과 미세한 물질(석고, 불순물 등) 등은 상승하고, 무거운 골재나 Cement 등은 침하하게 되는 현상을 Bleeding이라 한다.

② 미경화 Con'c에 있어서 물이 상승하여 표면에 고이는 현상을 Water Gain 현상이라 하며, Bleeding 현상에 의해 발생된다.

Ⅱ. Water Gain에 의한 피해

① Con'c 구조체의 내구성 저하

② 균열 발생의 원인

③ Con'c의 재료 분리 유발

④ Con'c의 수밀성 저하

< Water Gain 현상 >

Ⅲ. 원인

① 굵은 골재 최대치수가 클수록

② 단위 수량이 클수록

③ 분말도가 낮은 Cement

④ 다짐 및 부재의 단면 치수가 클수록

⑤ 물결합재비 및 반죽 질기가 클수록

⑥ 쇄석 Con'c일 경우

⑦ 타설 높이가 클수록

⑧ 타설 속도가 빠를수록

Ⅳ. 대책

① 굵은 골재의 치수는 작게 하고, 균일한 입도 조정

② 분말도가 높은 Cement 사용

③ 단위 수량을 적게 할 것

④ 단위 시멘트량을 많게 할 것

⑤ 된비빔의 Con'c 사용

⑥ 적당한 혼화제(AE제, AE 감수제 등)를 사용함

⑦ 1회 타설 높이를 작게 하고, 과도한 다짐은 방지할 것

⑧ 굵은 골재는 쇄석보다 강자갈을 사용함

⑨ 초속경 Cement는 응결 시간이 빨라 Water Gain 현상이 적음

122 Laitance(Scaling)

[05중(10)]

Ⅰ. 정의

① 콘크리트 타설후 물과 미세한 물질(석고, 불순물 등)은 상승하고, 무거운 골재나 Cement 등은 침하하게 되는 현상을 Bleeding이라 한다.

② Bleeding에 상승된 물과 미세한 물질 중 물은 증발해버리고 남은 미세한 물질인 찌꺼기를 Laitance라 하며 Scaling이라고도 한다.

Ⅱ. Laitance에 의한 피해

① 이어치기 부분의 부착강도 저하

② Con'c 구조체의 내구성 저하

③ Cold Joint 발생

④ 철근의 부식

⑤ 탄산화 요인

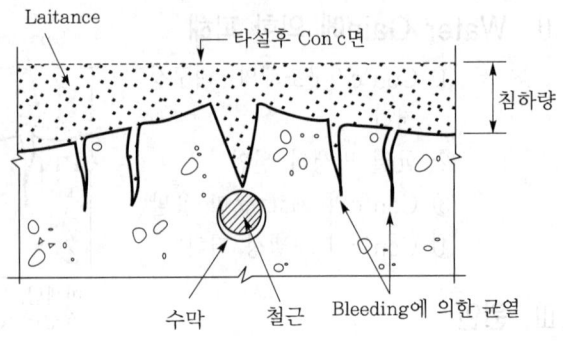

< Laitance >

Ⅲ. 원인

① 물결합재비가 클수록

② 반죽 질기가 클수록

③ 굵은 골재 최대치수가 작을수록

④ 타설 높이가 클수록

⑤ 단위 수량이 많을수록

⑥ 묽은 비빔일수록

Ⅳ. 대책

① 1회 타설 높이를 작게 함

② 과도한 다짐 방지

③ 된비빔 콘크리트 타설

④ 거푸집은 누수가 적은 재료 선정

⑤ AE제, 감수제 등을 사용

⑥ 쇄석보다는 강자갈을 사용

⑦ 분말도가 미세한 Cement 사용

⑧ 잔골재율은 작게

⑨ 굵은 골재 최대치수는 크게

123 허니컴(Honey Comb)

[05전(10)]

Ⅰ. 정의

① 허니컴이란 콘크리트의 타설 및 양생된 후 거푸집을 해체하면, 콘크리트 표면에 모르타르가 부족하여 조골재만 노출된 상태를 말한다.

② 콘크리트 표면에 자갈만 모여서 곰보 모양을 이루고 있어 잔골재 및 Cement Paste가 적절히 혼합되지 않은 부분이다.

Ⅱ. 콘크리트 표면에 발생하는 결함

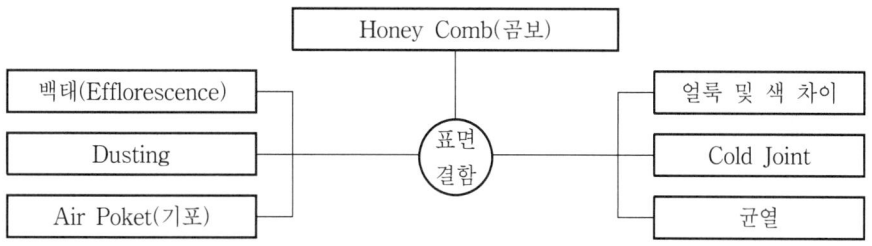

Ⅲ. 허니컴의 원인

① 다짐 부족

② 시공 연도 불량

③ 거푸집 사이로 Mortar 누출

④ 재료분리 발생

Ⅳ. 허니컴의 대책

① 거푸집의 밀실 시공

② 거푸집 및 동바리 강성 유지

③ 운반 및 타설 중 재료분리 방지

④ 진동기 사용규정 준수

⑤ 피복두께 확보

124 | Channeling 현상과 Sand Streak 현상

Ⅰ. 정의

① Channeling이란 W/B비가 높은 콘크리트 타설시 거푸집과 콘크리트 사이에 생기는 수로를 통해 일시적으로 물과 Cement Paste가 함께 위로 떠 올라가는 현상이다.

② Sand Streak이란 Channeling 현상의 결과로 모래가 지나가는 자리에 선 (Line, Streak)이 남게 되는 현상을 말한다.

③ Channeling 현상과 Sand Streak 현상은 단위 수량이 큰 콘크리트에서 발생하며, 재료 분리의 주원인이 되고 Laitance의 과다 발생으로 콘크리트 부착력이 감소하게 된다.

Ⅱ. 도해

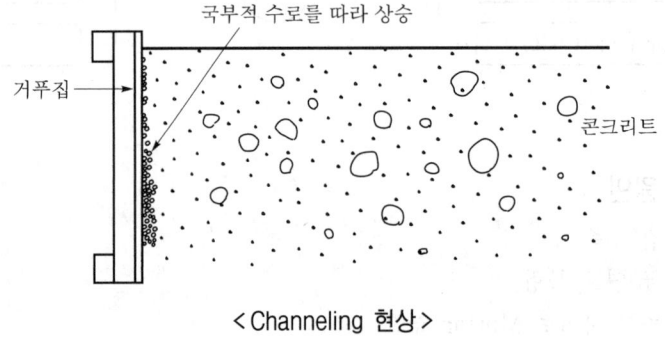

< Channeling 현상 >

Ⅲ. Channeling 현상의 피해

① Laitance의 과다 발생으로 콘크리트간의 부착력 감소

② 간극의 발생으로 수밀성 저하

③ 구조체의 강도 및 내구성 저하

④ 재료 분리 현상의 주원인

Ⅳ. Sand Streak 현상의 피해

① 콘크리트 타설후 비중이 큰 골재는 침하하므로 콘크리트 부분적 강도 차이 발생

② 비중차에 의해 물과 Cement Paste가 상승하여 Bleeding 및 Laitance 과다 발생

③ 콘크리트 표면에 모래가 지나간 선(Streak)이 발생

Ⅴ. Channeling과 Sand Streak의 발생 원인

① W/B비가 높은 콘크리트를 사용할 때
② 단위 수량이 높은 콘크리트를 사용할 때
③ 콘크리트 타설시 가수등 물을 첨가할 때
④ 타설시 다짐이 충분하지 못할 때

Ⅵ. 방지 대책

① 타설시 품질관리를 통하여 가수등 물의 첨가를 하지 않게 한다.
② 배합이 W/B비와 단위 수량은 줄인다.
③ 콘크리트 타설시 다짐을 철저히 한다.
④ 유동화제 등 적정한 혼화제를 사용한다.
⑤ 재진동 다짐을 실시하여 콘크리트 내의 과다 수분을 제거한다.

125 콘크리트 속의 간극

I. 개요

① 콘크리트는 물과 시멘트, 골재 등을 혼합하여 경화시켜서 만드는 것으로서 여러 가지의 보조적인 재료를 사용하여 성질을 개선시킨 복합체이다.

② 완성된 콘크리트속의 간극은 콘크리트의 강도, 내구성, 수밀성 등에 크게 영향을 미치는 요소로서 콘크리트를 만드는 과정에서 간극 발생을 최대한 억제시켜 품질 좋은 콘크리트를 만들어야 할 것이다.

II. 콘크리트속의 간극과 강도와의 관계

경화된 시멘트 풀의 강도는 간극이 차지하는 부피에 반비례하여 감소한다.

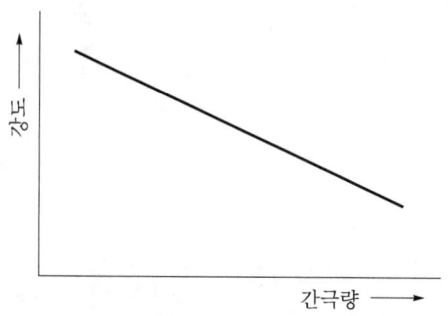

III. 간극에 의한 피해

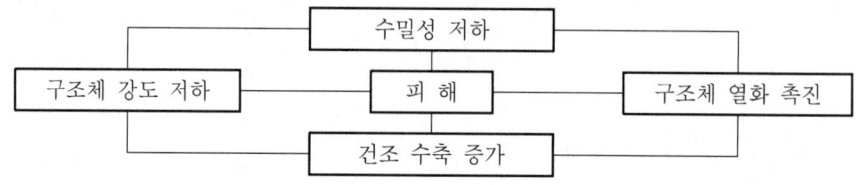

IV. 간극 형성 과정

1) 수화 작용

시멘트는 물과 만나면 수화 작용을 하게 되는데 관계식은 다음과 같다.

$$CaO + H_2O \rightarrow Ca(OH)_2$$

2) 수화에 필요한 최소 수량

시멘트가 완전히 수화하는데 필요한 물의 양은 시멘트량의 25% 정도이다.

3) 작업성

시멘트가 수화를 위해서는 물이 시멘트 입자에 도달할 수 있어야 하는데, 그러기 위하여 시멘트와 물이 충분히 유동성을 가지는데 필요한 수량은 10~15% 정도 더 요구된다.

4) 소요 물결합재비
① 결국 시멘트가 충분한 수화를 위하여 필요로 하는 최소 물결합재비는 35~40% 가 필요하게 된다.
② 실제 콘크리트 시공에서 콘크리트의 워커빌리티를 얻기 위하여 일반적으로 보다 많은 물결합재비가 요구된다.

5) 간극 형성
콘크리트를 타설한 후 수화에 쓰이고 남은 콘크리트속의 물은 시간 경과에 따라 증발하게 되는데 증발되기까지 물이 차지하던 곳이 간극으로 남게 되어 콘크리트속의 간극을 형성하게 된다.

V. 간극 감소 대책
① 물결합재비는 적게
② 밀실 다짐
③ 단위 수량 적게
④ 최적의 양생 실시
⑤ 입도 분포 좋은 골재 사용

126 콘크리트 균열 원인

Ⅰ. 개요

① 콘크리트 구조물의 균열은 미경화 콘크리트에서 소성 수축 균열·침하 균열·거푸집 변형에 의한 균열·진동 및 재하에 의한 균열 등이 있으며, 경화 콘크리트에서는 재료·배합·시공 및 내구성 저하 요인에 의한 균열이 있다.
② 콘크리트의 균열 발생을 방지하기 위해서는 설계에서부터 재료·배합·타설·양생에 이르기까지 전과정에서의 품질 확보가 중요하다.

Ⅱ. 균열 분류

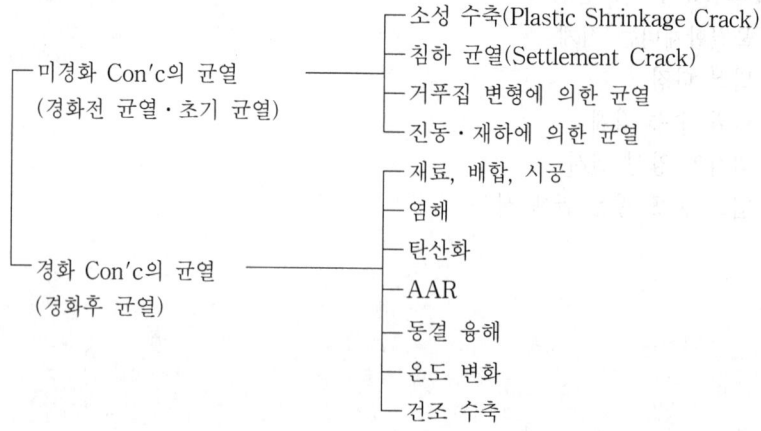

미경화 Con'c의 균열
(경화전 균열·초기 균열)
- 소성 수축(Plastic Shrinkage Crack)
- 침하 균열(Settlement Crack)
- 거푸집 변형에 의한 균열
- 진동·재하에 의한 균열

경화 Con'c의 균열
(경화후 균열)
- 재료, 배합, 시공
- 염해
- 탄산화
- AAR
- 동결 융해
- 온도 변화
- 건조 수축

Ⅲ. 균열 원인

1) 소성 수축 균열
   노출 면적이 넓은 Slab에서 타설 직후에 Bleeding 속도보다 증발 속도가 빠를 때 발생하는 균열이다.

2) 침하 균열
   Con'c를 타설하고 다짐하여 마감 작업을 한 이후에도 계속하여 침하하게 되는데 이것을 침하 균열이라 한다.

3) 거푸집 변형에 의한 균열
   거푸집, 동바리 및 콘크리트 측압 등에 의한 거푸집 변형에서 오는 Con'c 균열이다.

4) 진동·재하에 의한 균열
   Con'c 타설 완료시 콘크리트 근처에서의 파일 항타, 시공 기계의 진동 등에 의한 균열이다.

5) 재료 불량
   시멘트는 풍화한 것을 사용하면 동결 융해에 대한 저항력이 떨어져 균열이 발생한다.

6) 배합 불량

물결합재비가 너무 크면 Con′c 균열의 원인이 된다.

7) 시공 불량

운반시 재료 분리가 발생하면 균열의 원인이 된다.

8) 염해

염분은 Con′c 내의 철근을 부식시켜 부피가 팽창하게 되어 균열을 일으킨다.

9) 탄산화

① $CaO(석회) + H_2O \xrightarrow{\text{수화 반응}} Ca(OH)_2$: 수산화칼슘(강알칼리 성분)

② $Ca(OH)_2 + CO_2(탄산가스) \xrightarrow{\text{탄산화 반응}} CaCO_3 + H_2O$ → 수분 침투 → 철근 부식
   → 팽창 → 균열

10) 알칼리 골재반응(AAR반응 ; Alkali Aggregate Reaction)

골재 중의 반응성 물질과 시멘트 중의 알칼리 성분이 반응하여 Gel상의 불용성 화합물이 생겨 콘크리트가 팽창하여 균열이 발생하는 현상을 알칼리 골재반응이라 한다.

11) 동결 융해

동절기에 Con′c가 타설하고 해빙기가 되면 콘크리트 내부의 수분이 녹으면서 표면이 가라앉게 된다. 이것을 동결 융해 현상이라 한다.

12) 온도 변화

콘크리트의 두께가 800 mm 이상이 되면 구조체 내부와 외부의 온도차에 의한 온도 구배가 생겨 균열이 발생한다.

13) 건조 수축

① Con′c는 타설후 급격한 건조시 수축으로 인한 균열이 발생한다.
② 재료 선정시 분말도가 큰 시멘트를 사용할 경우 균열이 발생한다.

127 중공 Slab의 균열 발생 원인과 대책

[97전(20)]

Ⅰ. 정의

① 슬래브교로서 지간이 10~20 m 정도일 때 Fiber Board나 기타 재료를 사용하여 세로 방향으로 구멍을 내어 자중을 감소시킨 슬래브를 중공 슬래브라 한다.

② 짧은 지간에서는 Pretension 방식으로 제조된 Precast 제품을 현장에서 Post-tension 방식으로 조립하여 설치하기도 한다.

Ⅱ. 중공 Slab의 도해

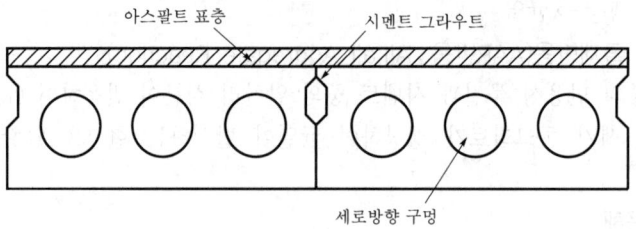

아스팔트 표층   시멘트 그라우트

세로방향 구멍

< 중공 슬래브(Voided Slab) >

Ⅲ. 균열 발생 원인

① 단면 축소
② 중공관 하부 간극
③ 침하 균열
④ 소성 수축 균열
⑤ W/B비의 과다
⑥ 재료 불량

Ⅳ. 방지 대책

① 중공관의 고정
② 철근 배근
③ 유동화제 사용
④ W/B비
⑤ Con'c 운반
⑥ 다짐
⑦ 양생
⑧ 이음
⑨ 품질관리

128 H형 강말뚝에 의한 슬래브의 개구부 보강

[11전(10)]

I. 개요

① Slab란 연직하중을 받는 부재로서 하중을 고루 전달하는 역할을 하며, 일방향, 이방향 Slab 등으로 분류된다.

② H형 강말뚝에 의한 슬래브의 주위에는 Punching Shear에 의한 균열 등이 발생하므로, 이를 대비하여 구조 기준에 따른 보강을 해야 한다.

II. H형 강말뚝에 의한 Slab에서의 Crack 및 위험단면

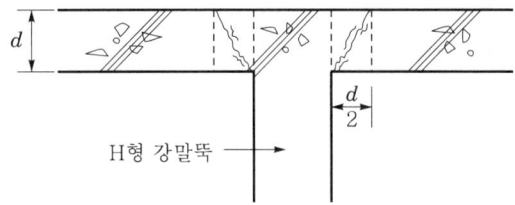

III. 개구부의 보강철근 배근방법

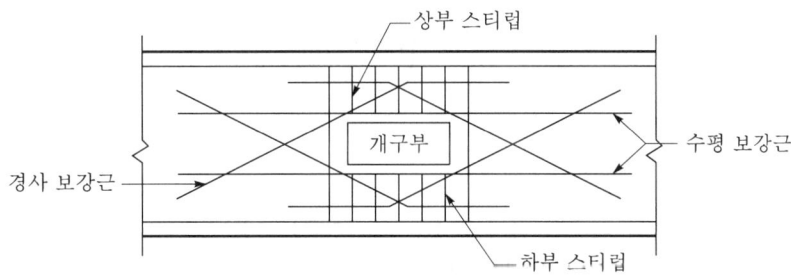

IV. 시공시 주의사항

① 주근 절단을 최소화하도록 개구부 단변을 주근방향으로 배치

② 개구부 시공 전 철근탐사로 주근 절단을 최소화

③ 개구부 시공으로 단면내력의 감소가 우려될 경우 강재보 등으로 보강

129 | 콘크리트 구조물의 균열 보수·보강 대책

Ⅰ. 개요

균열은 배합 설계에서부터 현장 시공에 이르는 철저한 관리로 예방하는 것이 관건이나, 시공상 어쩔 수 없이 발생하는 균열도 있으므로 적절한 보수·보강 대책이 필요하다.

Ⅱ. 원인

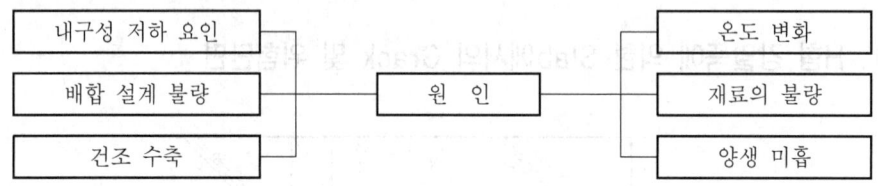

Ⅲ. 보수·보강 대책

품질을 원래 수준으로 유지하는 것이 보수이고, 더 좋게 하는 것이 보강이다.

1) 표면 처리 공법
   ① 균열이 발생한 부위에 Cement Paste 등으로 도막을 형성하는 공법이다.
   ② 균열의 폭이 좁고 경미한 잔균열 발생시 적용한다.

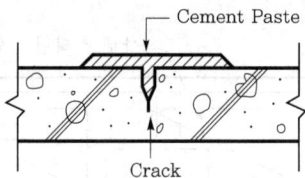

2) 충전 공법(V-cut)
   ① 균열의 폭이 대단히 작고(약 0.3 mm 이하) 주입 곤란한 경우 균열의 상태에 따라 폭, 깊이가 10 mm 되게 V-cut, U-cut을 한다.
   ② 잘라낸 면을 청소한 후 팽창 모르타르 또는 Epoxy 수지를 충전하는 공법이다.

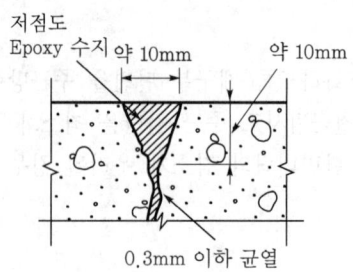

3) 주입 공법

① 에폭시 수지 그라우팅 공법이라고도 한다.

② 균열의 표면뿐만 아니라 내부까지 충전시키는 공법이다.

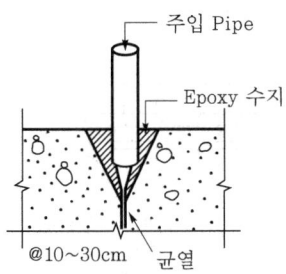

4) 강재 Anchor 공법

① 꺾쇠형의 Anchor체로 보강하는 공법이다.

② 균열이 더 이상 진행되는 것을 방지한다.

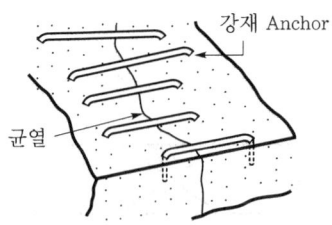

5) 강판 부착 공법

① 부재 치수가 작은 구조의 보강 공법이다.

② 균열 부위에 강판을 대고 Anchor로 고정한 후 접촉 부위를 Epoxy 수지로 접착한다.

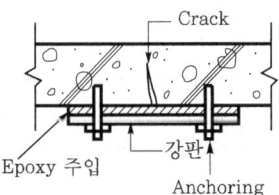

6) 탄소섬유 Sheet 공법

① 강화섬유 Sheet인 탄소섬유 Sheet를 접착제로 콘크리트 표면에 접착시켜 보강하는 공법이다.

② 시공이 편리, 복잡한 형상의 구조물에 적용 가능하다.

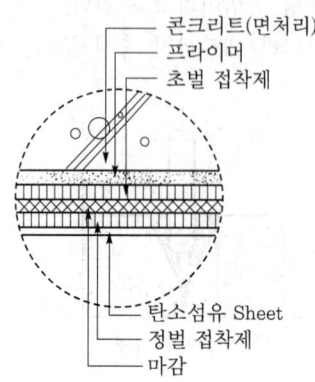

7) Prestress 공법
① 균열의 깊이가 깊고 구조체가 절단될 염려가 있는 경우에 적용한다.
② 구조체의 균열방향에 직각되게 PS 강선을 넣어 주입 공법 등과 병행하여 사용된다.

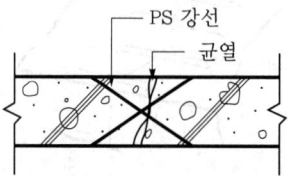

8) 치환 공법
① 열화 또는 손상 부위가 작고, 경미할 때 적용
② Con'c 국부를 제거하고, 깨끗이 청소한 후에 접착성이 좋은 무기질·유기질 접착제를 이용하여 치환한다.

9) B.I.G.S 공법(Balloon Injection Grouting System)
① 고무 튜브에 압력을 가하여 균열 심층부까지 충전 주입하는 공법이다.
② 균일한 압력관리가 용이하다.

130 콘크리트 보수재료 선정기준

Ⅰ. 정의

① 콘크리트 구조물은 시간이 경과함에 따라 여러 요인으로 인하여 내구성이 저하 되므로 적정한 보수공사를 시행하는 유지관리가 필요하다.

② 콘크리트의 보수재료는 콘크리트의 손상정도와 부위별에 따라 적정 재료를 선 정하여야 하며, 정밀시공의 구조물의 내구성을 증대시켜야 한다.

Ⅱ. 콘크리트 보수재료 선정기준

보수 재료	선정 기준
Cement Paste	• 균열이 경미한 잔균열 • 균열의 폭이 좁아 구조적인 영향이 없을 경우 • 보수 후 도장 등으로 마무리
주입용 보수재	• 균열의 폭이 0.2 mm 이상인 경우 • 주로 천정이나 벽체 부위에 선정 • 균열의 폭이나 깊이에 따라 주입압 조절 • 균열 보수에 가장 광범위하게 활용됨
Epoxy 수지	• 균열폭이 작고 깊은 경우 선정 • 균열폭에 따라 V-cut 후에 Epoxy 수지 충전 • 구조물의 바닥 부위에 많이 적용
탄소 섬유 Sheet	• Slab나 보 등 전면적으로 보수보강할 경우 선정 • 경량으로 시공이 용이하며 보수 효과가 큼 • 구조물의 자중이 크게 증가하지 않음
강재	• 구조물의 기둥이나 보 등의 내력증대가 필요할 경우 • 보수 효과가 높으나 자중 증대 우려 • 부분적으로 활용

Ⅲ. 보수 후 처리

① 콘크리트 구조물의 보수 후에는 보수재료의 보호를 위해 적절한 처리 실시

② Cement계 재료인 경우 단산화를 지연시기기 위한 재료 선정

③ 강재의 경우 방청과 내화성에 유의하여 재료 선정

④ 보수 후 직접 외기에 닿는 부분은 미관을 고려

131 | Con'c의 성질

Ⅰ. 개요

Con'c의 성능은 경화한 Con'c에 대한 품질(압축 강도, 내구성 등에 의해)로 판단되며, 경화한 Con'c의 품질은 미경화 Con'c에 의해 결정되므로 Con'c의 성질을 잘 파악하여 좋은 Con'c가 될 수 있도록 품질관리하여야 한다.

Ⅱ. 미경화 Con'c의 성질

① Workability : Con'c의 작업성의 정도를 나타냄

② Consistency : Con'c의 변형 능력(유동성 등)을 나타냄

③ Plasticity : 변형 속도와 저항력에 의해 결정되는 점성의 강하기를 말함

④ Finishability : 마감 작업의 용이성을 나타냄

⑤ Compactability : 다짐의 용이성을 나타냄

⑥ Mobility : 점성, 응집력 등에 대한 유동의 용이성을 나타냄

⑦ Viscosity : 마찰 저항(전단 응력)이 일어나는 찰진 성질을 말함

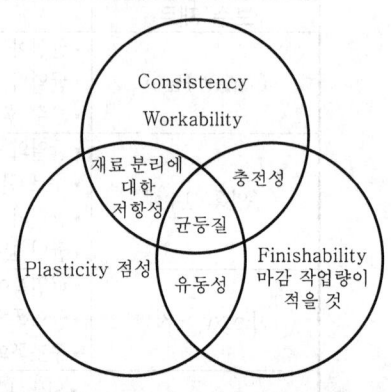

< 미경화 콘크리트의 성질 >

Ⅲ. 경화 Con'c의 성질

① 탄성 변형 : 탄성 범위 내에서 생기는 변형으로 탄성 한도 내의 상태

② 압축 강도 : 부재의 축방향에서 누르는 힘에 견디는 강도

③ 인장 강도 : 부재의 축방향에서 잡아당기는 힘에 견디는 강도

④ 휨강도 : 휨 Moment가 가해질 때의 강도

⑤ 전단 강도 : 부재의 직각 방향에서 생기는 힘에 견디는 강도

⑥ 부착 강도 : 재료와 재료간에 분리되지 않는 강도를 나타냄

⑦ 피로 강도 : 무한 반복되는 일정 하중에도 파괴되지 않는 강도

⑧ 체적 변화 : 건조 수축, 온도 변화 등에 의해 체적이 변화함

⑨ 내구성 : 노후·파손·부식 등이 없이 사용 연한을 길게 유지하는 성질

⑩ Creep : 일정 하중에 대한 응력의 변화없이 변형은 증가되는 현상

132 콘크리트 Consistency(반죽 질기)

Ⅰ. 정의

콘크리트의 Consistency는 그 콘크리트의 Workability를 나타내는 지표로서 일반적으로 단위 수량의 다소에 의한 콘크리트 연도를 표시하는 것으로 전단 저항 및 유동 속도에 관계된다.

Ⅱ. Consistency 선정 요인

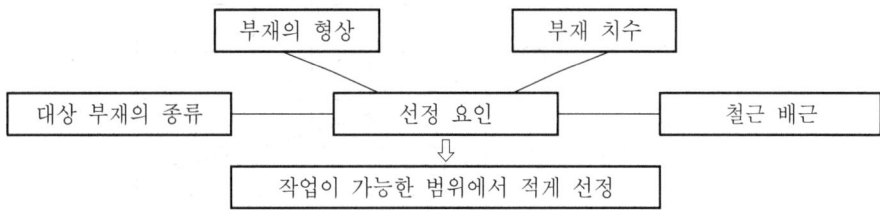

Ⅲ. Consistency 영향 요인

1) 단위 수량
   ① 단위 수량이 크게 될수록 Consistency는 크게 되나, 너무 많으면 재료 분리가 쉽게 되고 Workability가 나빠진다
   ② 단위 수량이 약 1.2% 증가에 Slump 10 mm 증가한다.

2) 단위 시멘트량
   단위 시멘트가 많아질수록 Plasticity가 증가하고 빈배합보다는 부배합에서 Consis-tency가 좋아진다.

3) 시멘트 성질
   시멘트의 종류, 분말도, 풍화의 정도에 따라 영향이 있으며 분말도가 높은 시멘트의 경우 시멘트 Paste의 점성이 높아지므로 Consistency는 적게 된다.

4) 골재의 입도, 입형
   골재중에 포함된 0.3 mm 이하의 세립분은 콘크리트에 점성을 주고 Plasticity를 좋게 하나 세립분이 많으면 Consistency가 적게 되므로 골재의 입도는 조립한 것부터 세립한 것이 적당한 비율로 혼합된 것이 좋다.

5) 공기량
   ① AE제나 감수제에 의해서 Con'c 속에 연행된 미세 기포의 Ball Bearing 작용에 의해 Con'c의 Consistency가 좋아진다.
   ② 공기량 1% 증가에 Slump 20 mm 정도 크게 되며 슬럼프를 일정하게 할 경우 단위 수량을 약 3% 저감할 수 있다.

6) 혼화 재료
양질의 포졸란을 사용하면 Workability가 개선되는데 특히 Fly Ash는 미분의 둥근 형상으로 Ball Bearing 작용에 의해 Consistency를 좋게 한다.

7) 혼합 시간
Con'c 혼합 시간이 불충분하고 불균질한 상태의 콘크리트는 반죽 질기가 나빠진다.

8) 온도
콘크리트 온도가 높을수록 반죽 질기가 저하된다.

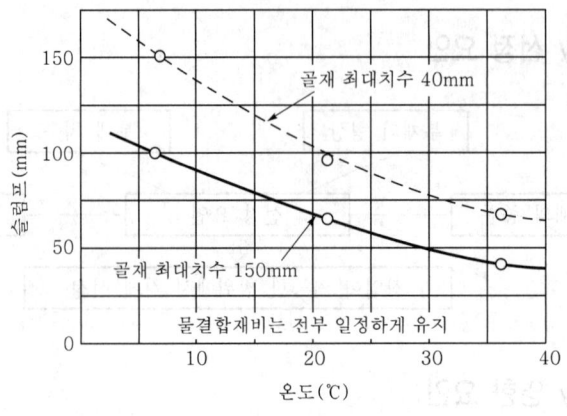

< 콘크리트 비빔 온도와 슬럼프 >

Ⅳ. Workability 측정 방법

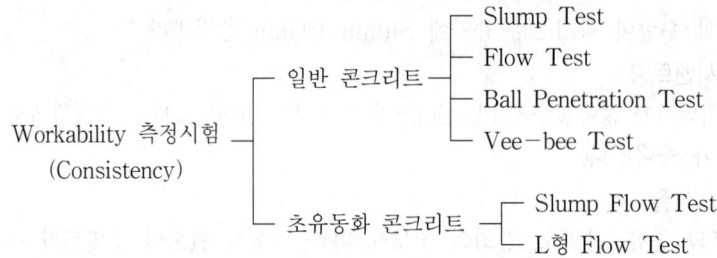

133 레오로지(Rheology)

Ⅰ. 정의

레오로지란 물질의 변형과 유동을 이론적으로 취급하는 학문 분야(유동학)로서 미경화 Con'c에 적용하여 Workability의 복잡한 성질을 보다 본질적으로 이해하고, 그것을 시공의 합리화에 기여하도록 시도한 것이다.

Ⅱ. 물질의 유동 특성

구 분	특 성
뉴튼 유동	① 물체에 외력을 가하면 즉시 유동하기 시작하는 것 ② 물, 알코올 등의 단순 액체가 이에 속함
빙함(Bingham) 유동	① 물체에 외력을 가해도 전단 응력을 넘지 않으면 유동을 시작하지 않음 ② 점토, 미경화 Con'c 및 모르타르 등의 고분자의 고농도액이 이에 속함
항복치	Bingham 물체가 전단 응력의 일정 한계치(항복치) 이하에서는 유동하지 않는 것을 말함
소성 점도	Bingham 물체가 유동이 있은 후에 있어서 유동의 용역 정도(容易程度)를 나타낸 것

Ⅲ. 항복치 및 소성 점도에 영향을 주는 요인(작을 경우)

① Con'c의 단위 수량이 많을수록
② Con'c의 단위 시멘트량이 적을수록
③ 반죽 질기는 커지고, 재료 분리 저항성은 작아짐(커지면 반대 현상 발생).

Ⅳ. 유의사항

① 항복치가 작은 묽은 비빔의 Con'c에서는 소성 점도가 어느 정도 큰 것이 바람직하다.
② 항복치가 큰 된비빔 콘크리트의 경우는 소성 점도가 작은 편이 진동 다짐 및 기타의 작업에 유리하다.
③ 단위 수량 및 단위 시멘트량을 일정하게 한 Con'c에서는 소성 점도가 최소가 되는 곳의 잔골재율을 최적 잔골재율이라 한다.

134 　콘크리트의 인장강도

[10중(10)]

Ⅰ. 정의

① 콘크리트의 인장강도란 콘크리트가 인장하중에 의해 파괴될 때까지의 최대 응력을 말한다.

② 콘크리트의 인장강도는 콘크리트 압축강도의 1/10~1/14 정도로 아주 낮으므로 보통 철근 콘크리트 설계에서는 이를 무시하고 있다.

③ 콘크리트 인장강도는 도로포장, 수조 등의 설계와 건조수축균열이나 온도균열의 저감 및 방지를 도모하는 경우에서는 중요하게 다루어지고 있다.

Ⅱ. 인장강도의 적용

① 콘크리트 도로 포장

② 콘크리트 수조의 설계

③ 건조수축균열 저감

④ 콘크리트 온도균열의 저감 및 방지

Ⅲ. 인장강도의 계산

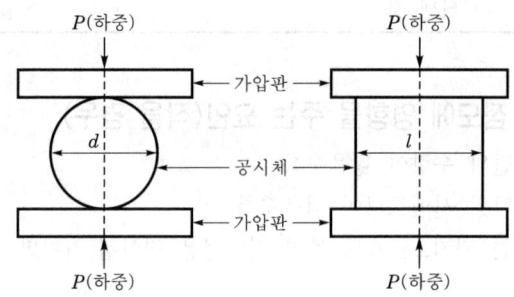

$$T = 2P/\pi ld$$

T : 인장강도(kgf/cm^2)

P : 시험기에 나타난 최대하중(kgf)

l : 공시체의 길이(cm)

d : 공시체의 직경(cm)

135 | 피로한도, 피로강도, 피로파괴

[96전(20), 99전(20), 99후(20), 06중(10)]

Ⅰ. 개요

콘크리트 구조물에 하중이 계속적으로 반복하여 작용하게 되면 콘크리트가 피로하게 되어 피로한도에 도달하며, 이 한도를 초과할 시 구조물이 파괴된다.

Ⅱ. 피로 발생 요인

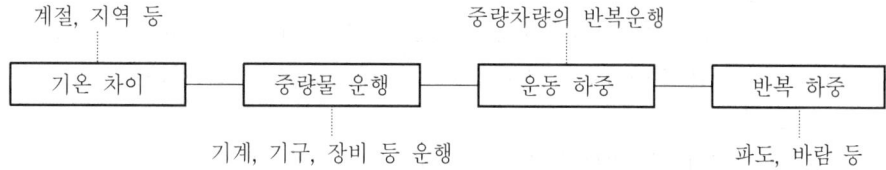

Ⅲ. 피로에 영향을 받는 구조물

① 해양 구조물
② 도로, 교량, 송신탑
③ 고속 철도 구조물
④ 공장의 크레인 거더, 연돌
⑤ 기계 기초

Ⅳ. 피로한도(疲勞限度)

1) 정의

반복되는 하중의 응력이 일정한 수준 이하일 때 구조물은 파괴되지 않으므로 이때의 하중을 피로한도라고 한다.

2) 특징

① 피로한도보다 낮은 반복 하중은 10% 내외의 정적 강도를 증가시킨다.
② 피로한도보다 낮은 반복 하중은 피로강도를 개선시킨다.
③ 일반적으로 콘크리트 구조물에는 피로한도가 없다.
④ 피로한도 이상의 하중을 되풀이 하면 구조물이 붕괴된다.

Ⅴ. 피로강도(疲勞强度)

1) 정의

구조물이 무한 반복 하중에 대해 파괴되지 않는 강도의 최대치를 피로강도라고 한다.

2) 특징
① 일반 콘크리트에서 10,000회의 반복 하중에 견디는 한계이다.
② 피로강도는 하중의 반복 횟수, 응력 변동 범위에 의해 결정된다.
③ 반복 하중이 응력 진폭이 일정한 경우와 변화하는 경우에 따라 피로강도는 변한다.
④ 콘크리트는 건조 상태가 양호할수록 피로강도가 크다.

VI. 피로파괴(疲勞破壞)

1) 정의
구조물에 하중이 반복적으로 작용하여 구조물에 피로가 적재되어 정적 파괴 하중보다 작은 하중에도 구조물이 파괴될 때를 피로파괴라 한다.

2) 특징
① 콘크리트의 비탄성 변형률이 클수록 피로파괴에 유리하다.
② 횡방향의 압력이 적을수록 피로파괴에 유리하다.
③ 낮은 반복 하중은 콘크리트의 강도를 증가시킨다.
④ 피로파괴는 콘크리트의 재령 및 강도와는 관계가 없다.

VII. 유의사항

① 피로균열은 정적 파괴의 경우보다 파괴 변형률이 크고 광범위하므로 유의
② 일반적으로 Con'c는 피로한도가 없으므로 유의
③ 최소 응력값이 낮을수록 피로 수명은 낮아지므로 유의
④ 피로파괴는 콘크리트의 재령이나 강도의 크기와 무관하므로 유의
⑤ 편심 하중을 받는 Con'c는 최대 응력보다 낮은 응력을 받는 부분이 있으므로 응력을 균등하게 받는 Con'c보다 유리할 수 있음
⑥ 변동 진폭 하중(Variable Amplitude Loading)이 일정 진폭 하중(Constant Amplitude Loading)의 경우보다 해로우므로 유의

136 콘크리트 피로 균열(Fatigue Cracking)

[08전(10)]

Ⅰ. 정의

① 피로 균열은 반복 하중에 의하여 발생하며, 콘크리트가 피로 한도를 초과할 경우 콘크리트 포장체에 균열이 발생하게 된다.

② 콘크리트 포장의 피로 균열은 일반적으로 교통 하중이 주로 영향을 미치나, 온도에 의한 변형 혹은 지반의 지지력 약화나 다른 형태의 변형을 포함할 수도 있다.

Ⅱ. 콘크리트 포장의 균열 종류

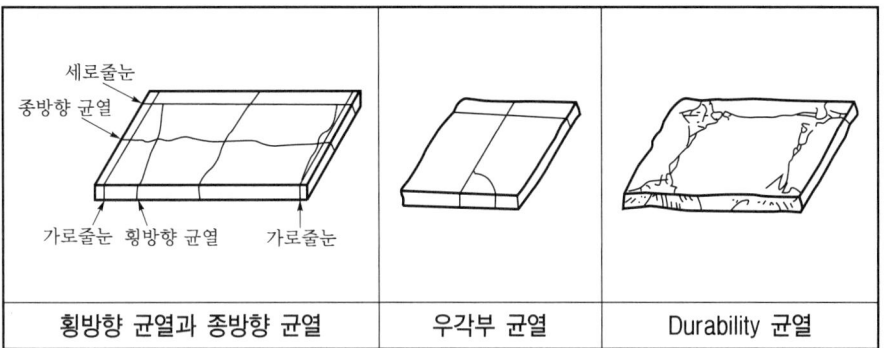

횡방향 균열과 종방향 균열	우각부 균열	Durability 균열

Ⅲ. 피로 균열을 유발하는 요소

1) 포장의 하중 이력

콘크리트 포장 도로의 차량 하중의 중량, 통행 횟수, 통행 대수, 과적 여부에 따라 피로 균열을 일으킨다.

2) 기온차

기온차가 많은 지역이나 계절의 변화가 심한 지역에서는 피로 균열에 의한 피로 파괴의 발생이 크다.

3) 상세 부위의 형태

콘크리트 포장의 두께 변화가 많은 지역에 중차량의 반복운행으로 피로 균열의 유발이 심해진다.

4) 시공상태 및 품질

콘크리트 포설시의 콘크리트의 품질이나 다짐상태, 양생 방법에 따라서 피로 균열의 변화가 심하다.

5) 콘크리트의 건조 상태
  ① 콘크리트의 건조상태가 양호할수록 피로 강도가 커진다.
  ② 피로 강도가 커지므로 인해 피로 균열이 저감된다.

6) 하중의 반복 횟수
  ① 피로 균열은 하중의 반복 횟수, 응력 변동 범위에 의해 피로 강도가 결정된다.
  ② 피로 강도에 따라 피로 균열이 발생한다.

137 콘크리트의 크리프(Creep)

[94후(10), 01전(10), 04중(10)]

Ⅰ. 정의

① 일정한 지속 하중하에 있는 Con′c가 하중은 변함이 없는데도 불구하고 시간이 지나면서 변형이 점차로 증가하는 현상을 말한다.

② Creep 변형은 탄성 변형보다 크며, 지속 응력의 크기가 정적 강도의 80% 이상이 되면 파괴 현상이 발생하는데 이것을 Creep 파괴라 한다.

Ⅱ. 변형과 시간과의 관계

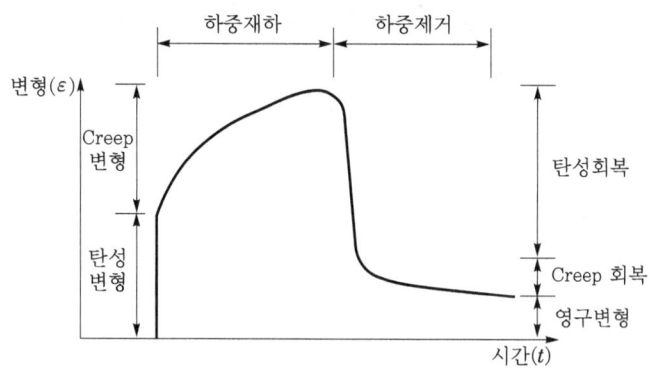

Ⅲ. 특징

① 같은 Con′c에서 응력에 대한 Creep의 진행은 일정함

② 재하 기간 3개월에 전 크리프의 50%, 1년에 약 80%가 완료됨

③ 온도 20~80℃ 범위에서는 온도의 상승에 비례함

④ 정상 Creep(2차 Creep) 속도가 느리면 Creep 파괴 시간이 길어짐

⑤ Creep 변형이 일정하게 되어 파괴하지 않을 때의 지속 응력 또는 지속 응력의 정적 강도에 대한 비율(응력비)을 Creep 한도(정적 강도의 75~90% 정도)라고 하며, 피로 한도에 해당하는 것임

Ⅳ. 영향을 주는 요인(커질 경우)

① 재령이 짧을수록

② 응력이 클수록

③ 부재의 치수가 작을수록

④ 대기중 습도가 낮을수록

⑤ 대기의 온도가 높을수록

⑥ 물결합재비가 클수록

⑦ 단위 시멘트량이 많을수록

⑧ 다짐이 나쁠수록

V. Creep 파괴

① 변천 Creep(1차 Creep) : 변형 속도가 시간이 지나면서 감소
② 정상 Creep(2차 Creep) : 변형 속도가 일정하거나 최소로 변형
③ 가속 Creep(3차 Creep) : 변형 속도가 차차 증가하여 파괴

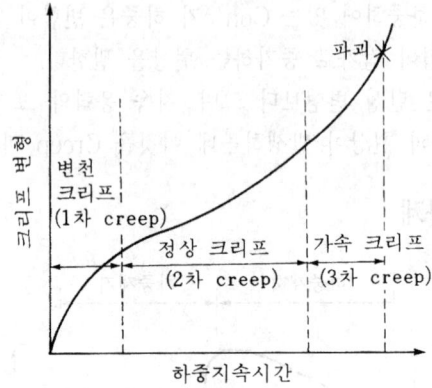

138 | Con´c의 기술 개발 방향

Ⅰ. 개요

최근의 구조물이 고층화·복잡화·다양화·대공간 필요 등의 요구 성능을 만족시키기 위해서는 Con´c의 고강도화·경량화·고수밀성화 등의 성질이 필요하게 되었다.

Ⅱ. Con´c의 문제점

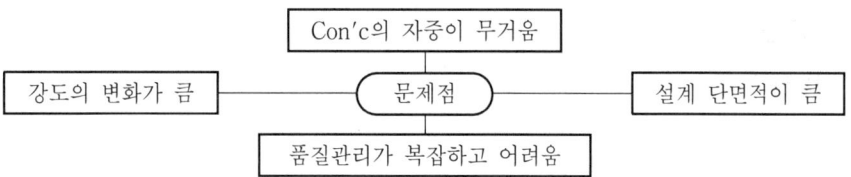

```
                    ┌──────────────────┐
                    │ Con´c의 자중이 무거움 │
                    └──────────────────┘
                             │
┌────────────┐         ╭──────────╮         ┌────────────┐
│ 강도의 변화가 큼 │─────────│  문제점   │─────────│ 설계 단면적이 큼 │
└────────────┘         ╰──────────╯         └────────────┘
                             │
                    ┌──────────────────┐
                    │ 품질관리가 복잡하고 어려움 │
                    └──────────────────┘
```

Ⅲ. 기술 개발 방향

1) 고강도화

특수한 기능의 혼화 재료(Silica Fume, 고성능 감수제 등)를 사용하고, 철저한 품질관리로 고강도화

2) 고품질화

고성능 Emulsion 수지를 사용하여 Con´c의 인장 강도를 증가시켜 균열을 방지하고, 고성능 팽창 Cement 등 가격이 저렴한 고품질의 재료 개발

3) 혼화재

혼화재(Fly Ash·고로 Slag·Silica Fume 등)를 사용하여 Workability를 개선하고, 고강도·고품질의 경량 Con´c 제조

4) 경량화

경량 골재를 사용하지 않고 첨단 화학에 의한 고분자 수지를 이용하여 Con´c에 기포를 혼입한 것만으로도 고강도·고품질의 경량 Con´c 제조

5) Ceramic화

종래의 Con´c는 500℃의 내열 한도를 가지고 있었으나, Con´c 표면에 유약을 발라 소성할 수 있게 되어 1,000℃ 이상에도 견딜 수 있게 함

6) Con´c의 시공성 개선

Con´c의 다짐이 필요없는 Self-leveling 기능을 가진 High-performance Con´c(초유동화 Con´c)의 개발

7) 고성능 감수제, M.D.F Cement, Silica Fume, Autoclave 양생 등

Con´c의 시공성을 높이고(고성능 감수제), 고수밀성을 갖는(M.D.F Cement), 고강도(Silica Fume, Autoclave 양생 등)의 Con´c 개발

139 | 탄성(Elasticity)과 소성(Plasticity)

Ⅰ. 정의

① 탄성이란 철근 콘크리트 구조에서 철근은 하중 제거후 잔류 변형률이 생기지 않는 성질을 말한다.

② 반면에 물체에 탄성한도를 초과하는 하중을 가하게 되면 물체가 변형되어 하중을 제거하여도 변형이 원상태로 회복되지 않는 성질을 소성이라 한다.

Ⅱ. 개념도

1) 탄성

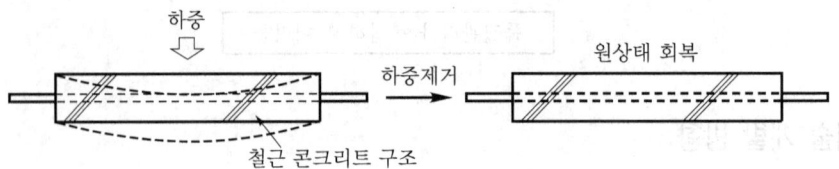

2) 소성

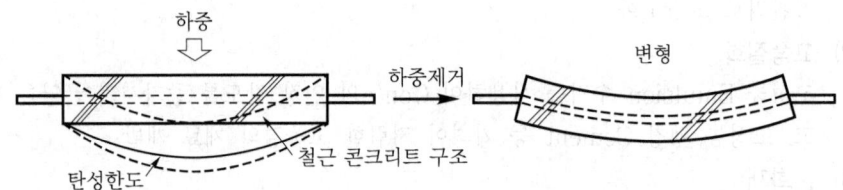

Ⅲ. 탄성(Elasticity)

1) 정의

탄성이란 물체에 하중을 가하면 변형되고 하중을 제거하면 변형도 없어져서 원형으로 되돌아가는 성질을 말한다.

2) 철근의 탄성계수

① 철근은 보통의 상태에서 탄성적 성질을 나타내며 하중 제거후 잔류 변형률이 나타나지 않는 재료이다.

② 철근의 탄성계수 : $E_s = 200,000 \, \text{MPa}$

3) 콘크리트 탄성계수

① 콘크리트는 엄밀하게 말하면 비탄성 재료이며, 인장에 매우 약하고 늘어나는 인성이 적고 지속 하중에 의하여 Creep가 일어나고 건조하면 수축하는 성질을 가지고 있으며 하중 제거후 잔류 변형률이 생기는 재료이다.

② 콘크리트 탄성계수

㉮ 콘크리트 압축 강도가 $30\,\text{MPa}$ 이하인 경우

Con'c 단위중량 W_c가 $1.45 \sim 2.5\,\text{tf/m}^3$일 때

$$E_c = 4{,}270\,W_c^{1.5}\,\sqrt{f_{ck}}\ (\text{MPa})$$

4) 탄성계수비

① 콘크리트 탄성계수에 대한 철근의 탄성계수의 비를 말한다.

$$n = \frac{E_s\,(철근의\ 탄성계수)}{E_c\,(콘크리트\ 탄성계수)}$$

② 탄성범위 내에서는 압축을 받는 철근은 콘크리트 응력의 n배의 응력을 부담한다.

Ⅳ. 소성(Plasticity)

1) 정의

① 소성이란 물체에 탄성한도를 초과하는 응력을 가하여 변형시키면 마치 점성이 큰 유체와 같은 성질을 나타내며 응력을 제거하여도 변형이 원상태로 회복되지 않고 그대로 남아있는 성질을 말한다.

② 일반적으로 소성 설계, 소성 해석이란 말은 강구조에서 주로 쓰이고 철근 콘크리트에서는 극한 설계, 또는 극한 해석이라는 용어로 통용된다.

2) 소성 힌지

철근 콘크리트 구조물의 한 단면이 극한 모멘트에 도달 했을 때 파괴에 이르는 단계에서 단면이 소성적으로 저항하여 부재에 회전 가능한 부분이 생기는데 이를 소성 힌지라 한다.

3) 소성 모멘트

부재가 항복점 응력에 도달할 때의 모멘트를 항복 모멘트라 하고 단면이 저항할 수 있는 최대 모멘트를 극한 모멘트라 할 때 항복 모멘트부터 극한 모멘트에 이를 때 까지의 모멘트를 총칭하여 소성 모멘트라 한다.

140 취성 파괴와 연성 파괴

Ⅰ. 개요

① 철근 콘크리트란 콘크리트의 약한 인장 응력을 보강하기 위하여 인장측에 보강용 철근을 사용하는 것으로 설계시 콘크리트에 사용되는 철근량을 산정하게 된다.

② 철근 콘크리트가 파괴될 때 철근 사용량에 따라 철근 콘크리트 파괴 형상이 취성 파괴 또는 연성 파괴 현상을 보이게 된다.

Ⅱ. 건축자재의 기계적 성질

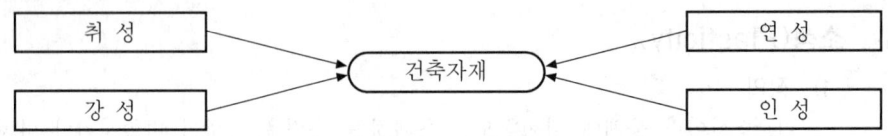

Ⅲ. 취성 파괴

철근비가 어느 한계값 이상인 보, 즉 과다 철근보(Over Reinforced Beam)에서 인장 철근이 항복하기 전에 압축측 콘크리트가 파괴되어 사전 징후없이 갑작스럽게 일어나는 파괴를 취성 파괴라 한다.

Ⅳ. 연성 파괴

인장 철근이 항복함으로써 균열과 처짐이 크게 발달하여 중립축이 압축측으로 이동하면서 콘크리트의 압축 변형률이 극한 변형률에 이르러 보가 파괴되는데, 이때 철근이 항복한 후 상당한 연성을 나타내기 때문에 갑작스런 파괴가 되지 않는데 이러한 파괴를 연성 파괴라 한다.

Ⅴ. 평형 철근비

1) 정의

인장 철근의 항복과 Con′c 압축 파괴가 동시에 일어났을 때의 철근비를 말하며 철근이 항복할 때 콘크리트의 압축 변형률이 0.003에 도달할 때의 철근비를 말한다.

2) 산정식

$$P_b = k_1 0.85 \times \frac{f_{ck}}{f_y} \times \frac{6,120}{f_y + 6,120}$$

P_b : 평형 철근비, f_y : 철근의 항복 응력

f_{ck} : 설계기준강도, k_1 : 계수

Ⅵ. 과소 철근보

철근비가 어느 한계값 즉 균형 철근비 이하가 되어 콘크리트보가 상당한 연성을 나타내며 연성 파괴를 일으키는 보를 뜻한다.

Ⅶ. 과다 철근보

철근비가 어느 한계값, 즉, 균형 철근비 이상이 되어 콘크리트보가 갑작스런 취성 파괴를 일으키는 보를 뜻한다.

141 | 탄성계수(Modulus of Elasticity)

Ⅰ. 정의
① 탄성이란 물체에 응력을 가하면 변형되고, 응력을 제거하면 변형도 없어져서 원형으로 되돌아가는 성질을 말한다.
② 탄성계수란 응력과 변형 사이에 1차원 관계식으로 나타낼 때 두 관계를 맺는 정수계수를 말한다.

Ⅱ. 탄성계수

$$E(탄성계수) = \frac{\sigma(응력)}{\varepsilon(변형)}$$

1) 콘크리트 압축 강도가 30 MPa 이하인 경우
Con'c 단위중량 W_c가 $1.45 \sim 2.5 \, \text{tf/m}^3$일 때

$$E_c = 4,27 \, W_c^{1.5} \sqrt{\sigma_{ck}} \, (\text{MPa})$$

2) 철근의 탄성계수
$$E_s = 200,000 \, \text{MPa}$$

3) PS 강재의 탄성계수
실험에 의한 결정 또는 제조자가 주어지는 것이 원칙이나 그렇지 않을 경우
$$E_{ps} = 200,000 \, \text{MPa}$$

Ⅲ. 탄성계수의 특성
① 탄성계수가 큰 콘크리트일수록 같은 응력을 가할 때 변형량이 적다는 것을 뜻한다.
② 같은 강도의 콘크리트에서는 보통 콘크리트보다 경량 Con'c쪽이 탄성계수가 작은값을 나타낸다.
③ 같은 종류의 콘크리트에서 압축 강도가 클수록 탄성계수가 크다.
④ 강재의 탄성계수는 재질이나 강도 특성에 관계없이 $2.1 \times 10^5 \, \text{MPa}$으로 일정한 값을 나타낸다.

Ⅳ. 푸아송비(Poisson's ratio)
1) 정의
① 보통의 재료에 축방향으로 하중을 가할 경우 부재의 축방향과 횡방향에 대한 변형이 발생하는데, 이때 횡방향의 변형과 축방향의 변형의 비를 푸아송비라 한다.

$$\text{푸아송비(Poisson's Ratio)} = \frac{\text{횡방향의 변형률}}{\text{축방향의 변형률}}$$

② 푸아송비의 역수를 푸아송수라 한다.

$$\text{푸아송수(Poisson's Number)} = \frac{\text{축방향의 변형률}}{\text{횡방향의 변형률}}$$

2) 변형률과 푸아송비

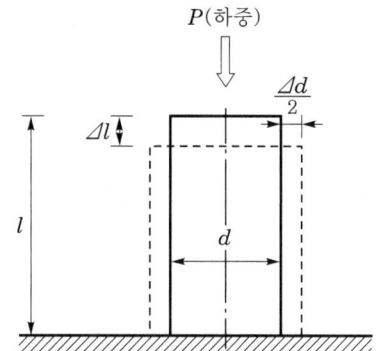

① 축방향의 변형률(세로방향의 변형률) : εl

$$\varepsilon l = \frac{\Delta l}{l}$$

② 횡방향의 변형률(가로방향의 변형률) : εd

$$\varepsilon d = \frac{\Delta d}{d}$$

③ 푸아송비(Poisson's Ratio) : ν

$$\nu = \frac{\text{횡방향의 변형률}}{\text{축방향의 변형률}} = \frac{\varepsilon d}{\varepsilon l}$$

④ 푸아송수(Poisson's Number) : m

$$m = \frac{1}{\nu} = \frac{\varepsilon l}{\varepsilon d}$$

3) 탄성계수와 푸아송비의 관계

① $G = \dfrac{1}{2(1+\nu)} E$

② $K = \dfrac{1}{3(1-2\nu)} E$

　　G : 전단탄성계수, K : 체적탄성계수, E : 영계수(탄성계수), ν : 푸아송비

4) 콘크리트 푸아송비

① 일반적으로 고강도 콘크리트일 때 : 약 0.11

② 빈배합 콘크리트일 때 : 약 0.21

142 취도계수(脆渡係數)

[04중(10)]

Ⅰ. 정의

① 취도계수란 압축 강도에 대한 인장 강도 비율을 말한다.

$$취도계수 = \frac{압축\ 강도}{인장\ 강도}$$

② 취도계수가 클수록 취성 성질을 가지고 있다.

Ⅱ. 취성의 정의

① 여리게 파괴되는 성질
② 외력의 작용에 의해 파괴에 이르기까지 변형 능력이 적은 재료의 성질
③ 취성 재료 : 주철, 유리

Ⅲ. 암석의 취도계수

① 암석은 전형적인 취도계수가 큰 취성 재료이다.
② 압축 강도가 비교적 큰 것에 비해 휨강도 인장 강도, 전단 강도 등이 적고 특히 인장 강도는 압축 강도의 1/10~1/30 정도이다.
③ 일반적으로 강도가 큰 것은 화강암, 안산암, 대리석이고 약한 것은 사암, 응회암이다.

Ⅳ. 콘크리트의 취도계수

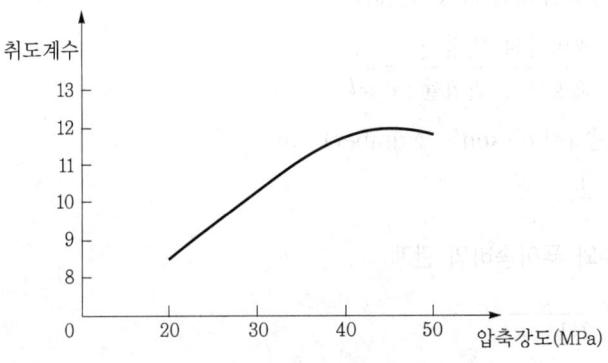

〈콘크리트의 압축 강도와 취도계수〉

① 콘크리트의 인장 강도는 압축 강도와 비교해서 매우 적다.
② 콘크리트의 취도계수는 압축 강도가 클수록 크다.
③ 일반적으로 철근 콘크리트 부재 설계시 인장 강도는 무시하나 보의 사인장 응력 슬래브 구조의 설계 등에서는 콘크리트 인장 강도는 중요하며 직접 영향을 미친다.

143 허용 응력 설계법과 강도 설계법

Ⅰ. 개요

① 구조물의 설계는 일반적으로 구조 해석과 단면 계산으로 이루어지는데 작용하는 하중에 의해 구조물에 발생되는 응력과 변형을 알아내고 부재 단면의 안전은 검토하에 주어진 하중 작용에 대해 안전하고, 경제적인 단면을 결정하는 것이 설계의 기본이다.

② 허용 응력 설계법이란 탄성 설계법이라 하며 종래 방법으로 콘크리트 설계법의 유일한 방법이었으며 강도 설계법은 1960년도 초반부터 부재의 파괴에 가까운 상태에 기초를 둔 강도 설계법이 있다.

Ⅱ. 응력-변형도 곡선(Stress-strain curve)

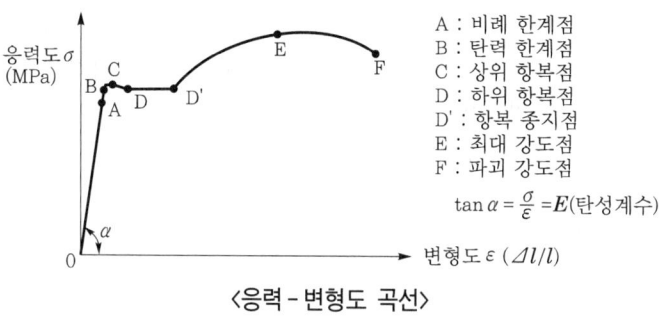

A : 비례 한계점
B : 탄력 한계점
C : 상위 항복점
D : 하위 항복점
D' : 항복 종지점
E : 최대 강도점
F : 파괴 강도점

$$\tan \alpha = \frac{\sigma}{\varepsilon} = E(탄성계수)$$

〈응력-변형도 곡선〉

Ⅲ. 허용 응력 설계법(탄성 설계법)

1) 정의

철근 Con'c를 탄성체를 보고 탄성 이론에 의해 구한 콘크리트의 응력 f_c 및 철근의 응력 f_s 가 각각 그 허용 응력 f_{sa} 및 f_{ca}를 넘지 않도록 설계하는 방법을 말하며, 탄성 설계법이라고 한다.

2) 허용 응력 설계법에서의 가정

① 변형은 중립축에서부터 거리에 비례한다.

② Con'c의 탄성계수는 정수이다.

③ Con'c의 휨인장 응력은 무시한다.

3) 철근과 Con'c의 탄성계수비(n)

① 허용 응력 설계법은 탄성 이론으로 응력을 해석하기 때문에 철근과 Con'c의 탄성계수비 n의 값이 필요하다.

② 보통 골재를 사용하는 콘크리트 탄성계수

$$E_c = 1,500 \sqrt{f_{ck}}(\text{MPa})$$

③ 철근의 탄성계수

$$E_s = 200,000 \, \text{MPa}$$

④ 탄성계수비

$$n = \frac{E_s}{E_c} = \frac{200,000}{1,500\sqrt{f_{ck}}} = \frac{136}{\sqrt{f_{ck}}}$$

Ⅳ. 강도 설계법(극한 하중 설계법)

1) 정의

철근 콘크리트 부재가 파괴 상태 또는 파괴에 가까운 상태에 기초를 두며 그 때의 부재 강도를 극한 강도라 하고 구조체 부재가 안전하기 위해서 강도 결함을 고려한 감소계수와 작용 하중은 초과 하중을 고려한 하중계수를 접하여 설계하는 것을 강도 설계법이라 한다.

2) 가정

① 철근 및 콘크리트의 변형률은 중립축으로부터 거리에 비례한다.

② 압축측 연단에서 콘크리트 최대 변형률은 0.003으로 가정한다.

③ 항복 강도 f_y 이하에서 철근의 응력은 그 변형률의 E_s 배로 본다.

④ 콘크리트 인장 강도는 휨계산에서 무시한다.

⑤ 콘크리트의 압축 응력이 $0.85f_{ck}$로 균등하고, 이 응력이 압축 연단으로부터 $a = k_i$까지 등분포한다고 가정한다.

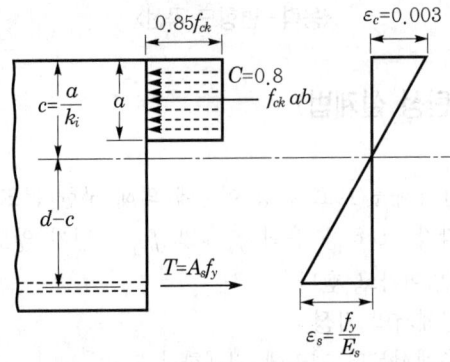

㉮ C = 압축 연단에서 중립축까지 거리

㉯ $K = f_{ck}$가 28 MPa까지인 Con'c에서는 0.85이고, 28 MPa에서 1 MPa씩 증가할 때 0.85의 값은 0.007씩 감소시켜야 한다.

즉, $k_i = 0.85 - 0.007\left(\dfrac{f_{ck} - 280}{10}\right)$

㉰ 위와 같은 이론을 적용시켜 부재의 강도를 계산하여 구한 강도를 공칭 강도라 한다.

144 극한 한계 상태와 사용 한계 상태

[97전(20)]

I. 개요

① 콘크리트 구조물의 설계 방법은 종래에는 허용 응력 설계법이었으나 1960년대 초반부터 극한 강도 설계법이 시방서에 채택되기 시작했다.

② 극한 한계 상태란 구조물 또는 부재가 안전성을 벗어나서 파괴 또는 파괴에 가까운 상태를 말하며 강도 설계법에서 안전성에 중점을 두었을 때의 한계 상태를 말한다.

③ 사용 한계 상태란 구조물 또는 부재가 처짐, 균열, 진동 등이 과대하게 일어나서 정상적인 사용 상태가 아닌 상태를 말하며 허용 응력 설계법에서 사용성에 중점을 두었을 때의 한계 상태를 말한다.

II. 극한 한계 상태(Ultimate Limit State)

① 구조물 또는 부재가 파괴되어 전도, 좌굴, 큰 변형 등을 야기시킴으로써 불안정을 초래하는 상태로서 최대 내하 응력에 대응하는 한계 상태를 말한다.

② 다시 말해서 구조물 또는 부재가 파손 또는 파손에 가까운 상태가 되어 그 기능을 완전히 상실한 상태를 말한다.

III. 사용 한계 상태(Serviceability Limit State)

① 구조물 또는 부재가 과도한 처짐, 균열, 진동, 피로 균열 발생 등에 의해 사용 측면에서 건전성을 상실하는 상태로서 통상의 사용되는 내구성에 관련된 한계 상태를 말한다.

② 처짐, 균열, 진동 등이 과대하게 일어나서 정상적인 사용 상태의 필요 조건을 만족하지 않게 된 상태를 사용 한계 상태라 한다.

IV. 극한 한계 상태와 사용 한계 상태

	극한 한계 상태	사용 한계 상태
정의	파괴 또는 파손에 이르는 상태로서 최대 내하 응력에 대응하는 한계 상태	파괴는 되지 않으나 사용하기에 위험을 느끼는 사용 한계 상태
구조물 상태	파괴, 전도, 좌굴, 큰 변형	과도한 처짐, 균열, 진동, 피로 균열 발생
구조물의 사용	사용 불가	보수 보강 조치후 사용
적용 설계법	극한 강도 설계법	허용 응력 설계법
평가 방법	안전성 한계	사용성 한계

V. 한계 상태

① 안전성의 척도를 구조물이 파괴될 확률(파괴 확률), 또는 구조물이 파괴되지 않을 확률(신뢰성)로 나타내려 한다.

② 현재 영국에서 채택하고 있는 한계 상태 설계법으로 하중 작용과 재료 강도에 대한 부분 안전 계수(Partial safety factor)를 도입 사용하고 있다.

145 헌치(Haunch)

Ⅰ. 정의

① 콘크리트 구조물에서 부재의 두께나 높이가 급격하게 변화되는 부분에서 응력
의 집중 등에 의하여 구조물이 국부적인 손상을 입는 것을 방지하기 위하여 단
면을 서서히 증감시키는 것을 Haunch라 한다.

② 특히 수평 부재와 수직 부재가 접하는 부위에 연결부를 보강할 목적으로 단면
을 크게 하고 철근으로 보강한 부위로서 슬래브와 보, 기둥과 보, Box Girder,
라멘 구조 등에 설치한다.

Ⅱ. 각종 Haunch의 예

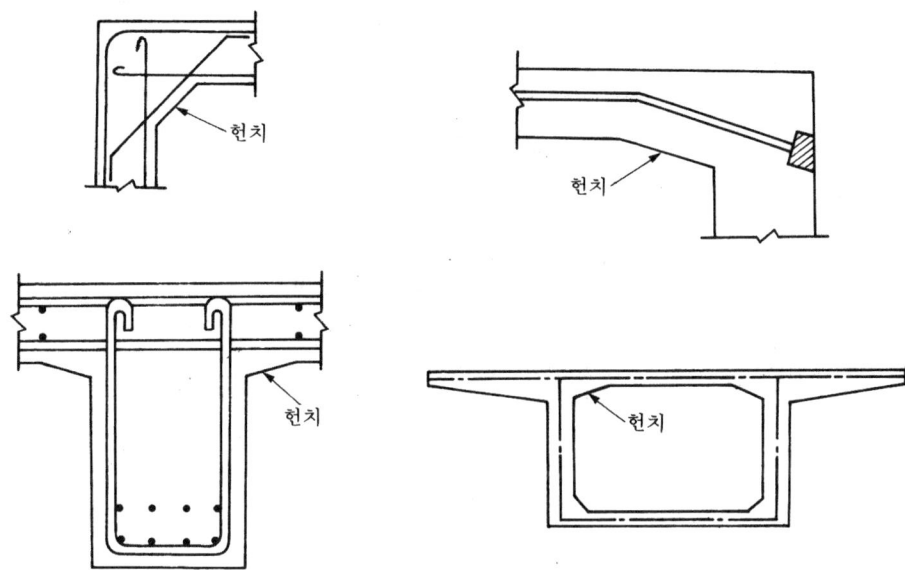

Ⅲ. Haunch 설치 목적

① 연속적인 응력 전달

② 응력 집중 방지

③ 균열 발생 방지

④ 구조물 보강

Ⅳ. Haunch 설치

① 바닥판에는 지지보 위에 헌치를 두는 것을 원칙으로 한다.

② 헌치의 기울기는 1 : 3보다 완만하게 한다.

③ 기울기가 1 : 3보다 급할 경우에는 기울기 1 : 3까지의 두께를 바닥판의 유효두께로 간주한다.

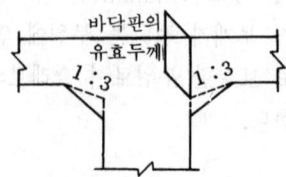

④ 헌치에는 그 안쪽에 연하여 철근을 배치하는 것을 원칙으로 한다.

⑤ 헌치에 배치하는 철근은 13 mm 이상으로 한다.

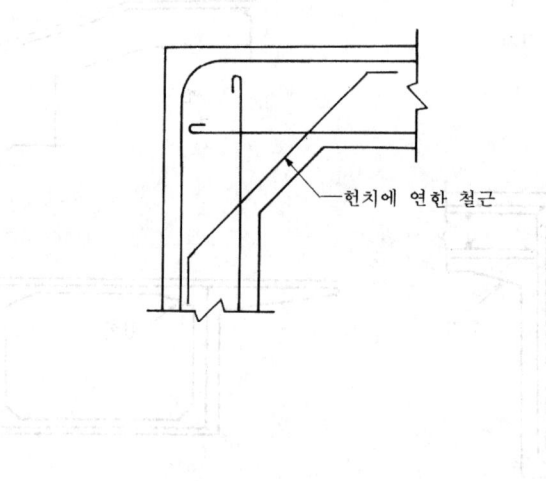

146 | Prestressed Con'c

Ⅰ. 개요

① 콘크리트가 압축에 대해서는 큰 강도를 발휘하는데 비해 인장력에 대한 응력이 압축 강도의 1/10~1/13 정도로 약하게 나타낸다.

② 이를 보강하기 위하여 하중에 의하여 콘크리트에 일어나는 인장 응력을 상대하기 위해 미리 콘크리트 부재에서 인장 응력이 작용하는 곳에 PS 강선을 이용하여 압축 응력을 준 콘크리트를 Prestressed Con'c라 한다.

Ⅱ. Prestressing 방법

1) Pretension 방식

미리 PS 강선에 인장력을 가하여 긴장해 놓은 채 콘크리트를 치고 Con'c가 경화한 후에 PS 강재의 인장력을 풀어 Con'c에 Prestress가 도입되는 방식이다.

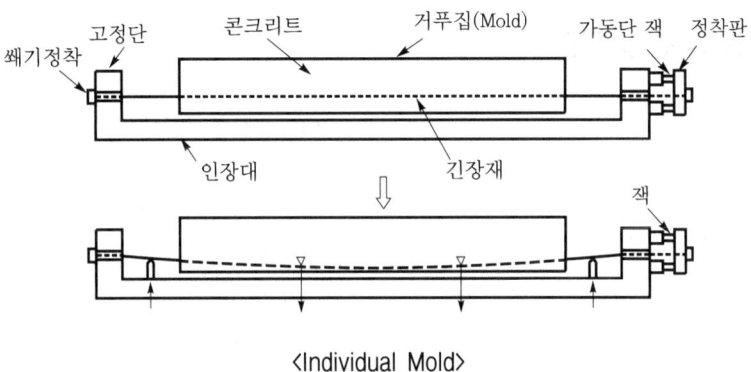

〈Individual Mold〉

2) Post tension 방식

콘크리트 타설전에 덕트(Duct)를 설치한후 Con'c를 타설하고 콘크리트를 경화한 후 PS 강재에 양단 Jack으로 긴장하고, 그 끝을 Con'c 부재 끝에 정착하여 Prestress를 도입하는 방식이다.

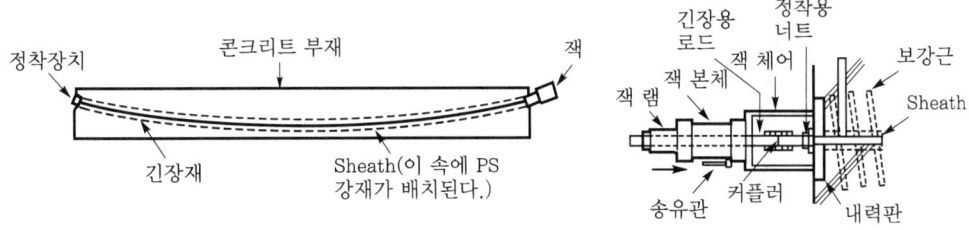

Ⅲ. PS Con'c의 특징

1) 장점
   ① 내구성 및 수밀성이 좋다.
   ② 충격, 반복 하중에 대한 저항성 크다.
   ③ 전단면을 유효하게 사용한다.
   ④ 처짐, 자중, 체적 감소
   ⑤ 안전성 확보
   ⑥ 분할 시공

2) 단점
   ① 공사비가 비싸다.
   ② 진동이 크다.
   ③ 내화성이 적다.
   ④ 숙련공을 요구한다.
   ⑤ 세심한 시공관리가 요구된다.

Ⅳ. Prestress 손실 원인

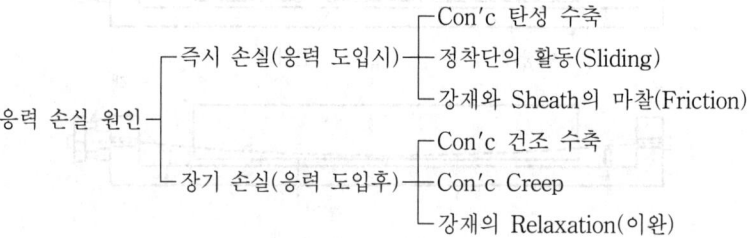

Ⅴ. PSC의 용도

① 장대 교량
② 철도 침목
③ PSC 보(Beam)
④ 대형 유류 Tank
⑤ 도로 포장
⑥ 원자력 시설
⑦ PSC 흄관
⑧ PSC 널말뚝
⑨ 건축 외장

147 | Pretension 공법과 Post—tension 공법

[79(10), 02후(10)]

I. 프리텐션(Pretension) 공법

1) 정의
① PS 강재를 긴장한 상태에서 Con′c를 타설하고, 경화후 긴장을 해제하여 부재 내에 압축력이 생기게 한 것으로 인장 강도가 증가한다.
② 설계기준강도가 30 MPa 이상이며, 제조방법으로는 Long—Line 공법과 Individual Mold 공법이 있다.

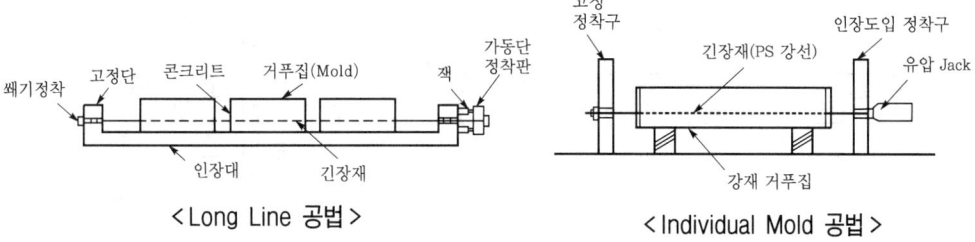

\<Long Line 공법\>   \<Individual Mold 공법\>

2) 특징
① 설계 하중하에서 구조물의 균열이 방지되고, 내구성이 증대됨
② 장 Span의 설계가 가능함
③ 부재에 확실한 강도와 안전성이 보장됨
④ 탄성 및 복원성이 큼
⑤ 거푸집 공사, 가설 공사 등이 축소됨

3) 제조 방법
① Long Line 공법 : 여러 개의 부재를 한 번에 생산
② Individual Mold 공법(단독 몰드 공법, 단독식) : 한 번에 1개의 부재

II. 포스트텐션(Post—tension) 공법

1) 정의
① Sheath관을 배치하고, Con′c를 타설하여 경화한 후에(공장 제작) PS 강재를 긴장하여 Grout재를 주입한후 2차 경화후 긴장을 해제하는 방법(현장 설치 및 긴장)이다.
② 현장에 시공하는 방법으로 PS 강재를 여러 차례에 걸쳐 긴장시키는 공법으로 토목에서는 교량 등에 많이 사용하고 있다.

2) 특징
① Sheath관을 이용
② 탄력성 및 복원성이 뛰어남
③ 장 Span의 설계가 가능

④ 가설 공사 등이 축소됨
⑤ 설계 하중하에서 구조물의 균열 방지
⑥ 현장에서 Prestress 도입 가능

3) 공법 분류
① Freyssinet
② BBRV
③ Dywidag
④ VSL

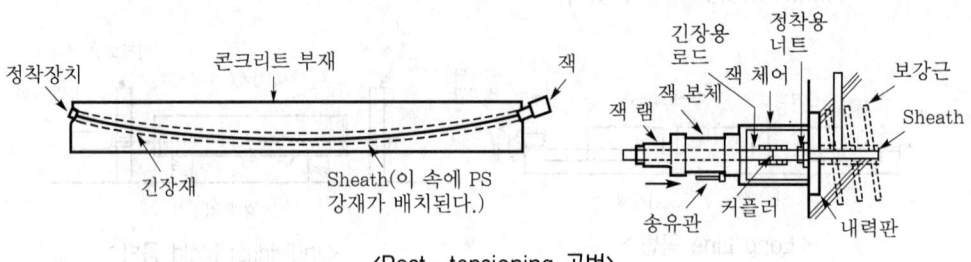

〈Post-tensioning 공법〉

148 Pretension 공법

I. 정의

① PS 강재를 긴장한 상태에서 Con′c를 타설하고, 경화후 긴장을 해제하여 부재 내에 압축력이 생기게 한 것으로 인장 강도가 증가한다.

② 설계기준강도가 30 MPa 이상이며, 제조방법으로는 Long−line 공법과 Individual Mold 공법이 있다.

II. 시공 도해

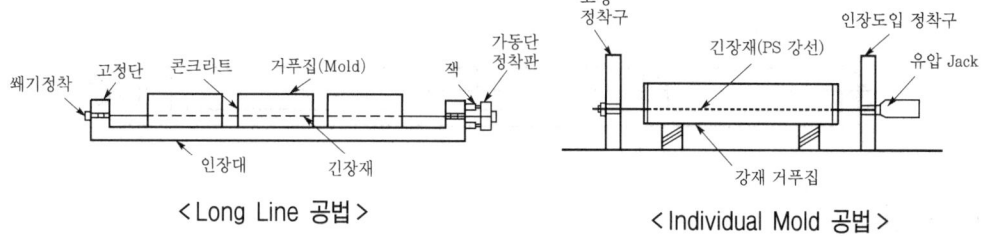

<Long Line 공법>　　　　<Individual Mold 공법>

III. 특징

① 설계 하중하에서 구조물의 균열이 방지되고, 내구성이 증대된다.

② 장 Span의 설계가 가능하다.

③ 부재에 확실한 강도와 안전성이 보장된다.

④ 탄성 및 복원성이 크다.

⑤ 거푸집 공사, 가설 공사 등이 축소된다.

IV. Prestressed Con′c의 제조 방법

① Pretension 공법

㉮ Long Line 공법 : 여러 개의 부재를 한 번에 생산

㉯ Individual Mold 공법(딘독 몰드 공법, 단독식) : 한 번에 1개의 부재

② Post−tension 공법 : 설계기준강도 30 MPa 이상

V. 재료의 선정

① Cement : 보통 Portland Cement, 고로 Slag Cement, Fly Ash Cement 등

② 골재 : 잔골재의 염화물량 0.02~0.04% 이하

③ Concrete : 염소 이온량은 2~3 MN/m^3 이하

④ 강재 : 규격품을 사용하고, 용접 철망은 4 mm 이상의 것 사용

149 Prestress 공법 중에서 Long-line 공법

Ⅰ. 정의

① Prestress 공법이란 인장 응력이 생기는 부분에 미리 압축의 Prestress를 주어 Con'c의 인장 강도를 증가하도록 한 것이다.

② Pre-tension 공법에 의한 제조방법 중 대표적인 공법으로서 1회의 Pre-stressing으로 여러 개의 부재를 제조할 수 있는 방법을 Long-line 공법이라 한다.

Ⅱ. Long-line 공법 도해

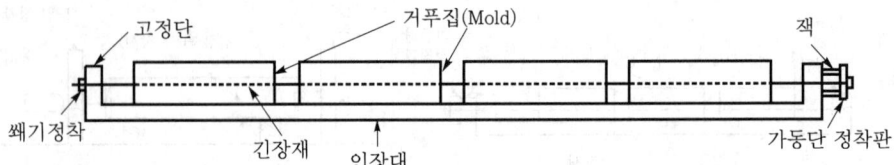

고정단　　　거푸집(Mold)　　　잭
쐐기정착　　긴장재　인장대　　가동단 정착판

Ⅲ. 특징

① 장 Span의 설계가 가능하다.

② 설계 하중에서 구조물의 균열이 방지되고, 내구성이 증대된다.

③ 탄성 및 복원성이 크다.

④ 부재에 확실한 강도와 안전성이 보장된다.

⑤ 거푸집 공사, 가설 공사 등이 축소된다.

Ⅳ. Prestressed Con'c의 제조 방법

① Pretension 공법 : 설계기준강도 30 MPa 이상

　㉮ Long-line 공법 : PS 강재를 긴장 배치하고, 그 사이에 여러 개의 거푸집을 두어 타설후 긴장을 해제하는 방법으로 한 번에 여러 개의 부재를 얻을 수 있다.

　㉯ Individual Mold 공법(단일 몰드 공법, 단독식) : 거푸집 자체를 인장대로 하고, PSC 부재를 제조하는 방법으로서 1회의 Prestressing으로 1개의 부재밖에 만들지 못한다.

② Post-tension 공법 : 설계기준강도 30 MPa 이상

Ⅴ. 취급 및 가공시 유의사항

① PS 강재는 창고 또는 덮개로 덮어 저장

② PS 강봉의 나사부분은 녹막이 도장

③ PS 강봉의 나사부 여장 절단시 PS 강재의 공칭 직경의 1.5배 남기고 가스 절단

④ 현장에서 PS 강재의 시공시 가열 및 용접해서는 안 된다.

150 Post-tension 공법

I. 정의

① Sheath관을 배치하고, Con'c 타설하여 경화한 후에(공장 제작) PS 강재를 긴장하여 Grout재를 주입한후 2차 경화후 긴장을 해제하는 방법(현장 설치 및 긴장)이다.

② 현장에 시공하는 방법으로 PS 강재를 여러 차례에 걸쳐 긴장시키는 공법으로 토목에서는 교량 등에 많이 사용하고 있다.

II. 시공 도해

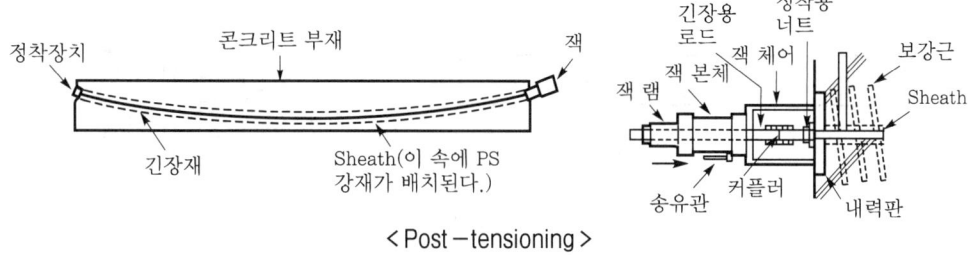

< Post-tensioning >

III. 특징

① Sheath관을 이용   ② 탄력성 및 복원성이 뛰어남
③ 장 Span의 설계가 가능   ④ 가설 공사 등이 축소됨
⑤ 설계 하중하에서 구조물의 균열 방지   ⑥ 현장에서 Prestress 도입 가능

IV. Prestressed Con'c의 제조 방법

① Pretension 공법 : 설계기준강도 30 MPa 이상

　㉮ Long Line 공법 : 여러 개의 부재를 한 번에 생산

　㉯ Individual Mold 공법(단일 몰드 공법, 단독식) : 한 번에 1개의 부재

② Post-tension 공법 : 설계기준강도 30 MPa 이상

V. 재료의 선정

① Cement : 보통 Portland Cement, 고로 Slag Cement, Fly Ash Cement 등
② 골재 : 잔골재의 염화물량 0.02~0.04% 이하
③ Concrete : 염소 이온량은 $2 \sim 3 \, \text{MN/m}^3$ 이하
④ Grout재 : 물결합재비가 40% 이하로 하고, 긴장후 즉시 실시하되 빈틈이 생기지 않도록 함
⑤ 강재 : 규격품을 사용하고, 용접 철망은 4 mm 이상의 것 사용

151 | 언본드 포스트텐션(Unbond Post-tension) 공법

Ⅰ. 정의

① 언본드 포스트텐션 공법이란 PS 강재에 방청 윤활제를 바르고 Sheath관에 삽입하여 방습 보강지의 테이프를 감은 긴장재(Unbond-tendon)를 콘크리트에 매입하는 포스트텐션 공법이다.

② 부착이 없기 때문에 파괴 내력이 저하되는 불리한 점도 있으나, 번잡한 그라우트 작업을 생략할 수 있는 시공상의 이점이 있다.

Ⅱ. 시공 도해

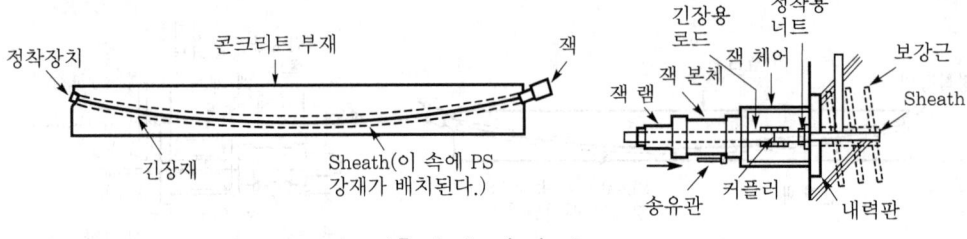

< Post-tensioning >

Ⅲ. 특징

① 방청 윤활유를 도포한 PS 강재의 사용으로 No Grouting 공법이다.

② 콘크리트와의 부착이 없기 때문에 파괴 내력이 저하된다.

③ 그라우팅 작업을 생략할 수 있어 시공상의 이점이 많이 있다.

④ 미국·캐나다 등에서 주차장이나 사무실 건물의 슬래브에 많이 사용된다.

⑤ 일본에도 Flat Slab나 소규모 보, 물탱크에 실용화 되어 있다.

⑥ 기존 구조물을 보강하는 경우에 사용된다.(단, 내화상의 배려가 필요하다.)

Ⅳ. Prestressed 콘크리트의 제조 방법

1) Pretension 공법 : 설계기준강도 30 MPa 이상

① Long Line 공법 : 여러 개의 부재를 한 번에 생산한다.

② Individual Mold 공법(단일 몰드 공법, 단독식) : 한 번에 1개의 부재를 생산한다.

2) Post-tension 공법 : 설계기준강도 30 MPa 이상

Ⅴ. 재료의 선정

① Cement : 보통 Portland Cement, 고로 Slag Cement, Fly Ash Cement 등

② 골재 : 잔골재의 염화물량 0.02~0.04% 이하

③ Concrete : 염소 이온량은 $2{\sim}3\,MN/m^3$ 이하

④ 강재 : 규격품을 사용하고, 용접 철망은 4 mm 이상의 것 사용

152 │ Prestressed Con´c에 사용되는 재료의 품질

Ⅰ. 개요

① 인장 응력이 생기는 부분에 미리 압축의 Prestress를 주어 Con´c의 인장 강도를 증가하도록 한 것이다.

② 제작 방법으로는 Pretension 공법과 Post-tension 공법이 있다.

Ⅱ. 재료의 품질(시멘트, 골재, 콘크리트, 강재)

Cement	보통 Portland Cement, 고로 Slag Cement, Fly Ash Cement 등이 주로 사용되며, 압축 강도가 크고, 건조 수축이 적은 것을 선정
골 재	① 골재는 유해량의 흙·먼지 등이 적고, 내화성 및 내구성의 것을 선정 ② Pretension 부재(잔골재의 염화물량)는 0.02% 이하 ③ Post-tension 부재(잔골재의 염화물량)는 0.04% 이하
Concrete	① 설계기준강도가 Pretension 방식과 Post-tension 방식 모두 30 MPa 이상으로 규정 ② Slump값은 180 mm 이하로 하고, PSC 그라우트 중의 염화물 이온의 총량은 $0.3\,kgf/m^3$ 이하로 한다.
강재	① PS 강선, 이형 PS 강선, PS 꼬은선은 KS D 7002의 규격품 사용 ② PS 강봉, 이형 PS 강봉은 KS D 3505의 규격품 사용 ③ 용접 철망은 직경이 4 mm 이상의 것으로 함

Ⅲ. 특징

① 하중에 대한 균열, 수축에 의한 균열이 적다.

② 탄성 및 복원성이 크다.

③ 장 Span 시공이 가능하다.

④ 내화 성능에 대한 주의 및 제작 시공에 고도의 기술과 세심한 주의가 필요하다.

Ⅳ. 취급 및 가공시 유의사항

① PS 강재는 창고 또는 덮개로 덮어 저장

② PS 강봉의 나사 부분은 녹막이 도장

③ PS 강봉의 나사부 여장 절단시 PS 강재의 공칭 직경에 1.5배를 띄우고, 가스 절단

④ 현장에서 PS 강재 시공시 가열 및 용접해서는 안 된다.

153 PS 강재

I. 정의

① Prestressed Con'c 부재에 고강도의 인장 강도를 가진 강선으로 콘크리트 부재에 Prestress를 도입하게 되는데 이 때 사용하는 강선을 PS 강재라 한다.

② PS 강재로는 PS 강봉, PS 강선, PS 강연선, 이형 PS 강봉 등이 사용되고 있으며 구조물의 종류에 따라 적절이 사용된다.

II. PS 강재가 요구하는 성질

① 인장 강도가 높아야 한다.

② 응력 부식에 대한 저항성이 커야 한다.

③ 항복비가 커야 한다.

④ 콘크리트와의 부착성이 좋아야 한다.

⑤ Relaxation이 적어야 한다.

⑥ 어느 정도의 피로 강도를 가져야 한다.

⑦ 적당한 연성과 인성이 있어야 한다.

⑧ 직진성이 좋아야 한다.

III. 종류별 특성

1) PS 강선

① 지름 2.9~9 mm 정도의 원형의 고강도 강선을 말한다.

② 원형 PS 강선과 이형 PS 강선의 두 종류가 있다.

③ PS 강선은 하나 또는 여러 개를 나란히 놓아 한다발로 사용하기도 한다.

④ 이형 PS 강선은 콘크리트와의 부착 강도를 높이기 위해 표면에 요철을 일정한 간격으로 두는 것이다.

⑤ 이형 PS 강선은 주로 Pretension 방식에 많이 사용한다.

2) PS 강연선(PS 연선 ; PS Strand)

① 2개 이상의 PS 강선을 꽈배기 모양으로 꼬아서 사용하는 것을 PS 강연선이라 한다.

② 2개를 꼬아서 사용하는 2연선(2 Strand)과 한 개의 심선에 6개의 측선을 꼬아서 만든 7연선(7 Strand) 등이 있으며 그 밖에 3연선 19연선 등이 있다.

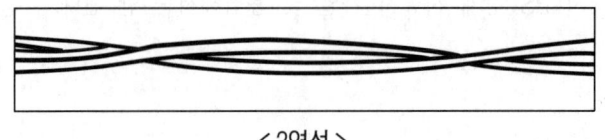

< 2연선 >

③ 심선은 측선보다 지름이 약간 큰 것을 사용한다.

④ 작은 지름의 PS 강연선은 Pretension과 Post-tension 방식 양쪽에 다 쓰인다.

⑤ PS 강연선은 가소성이 있기 때문에 곡선 배치가 쉽고 시공성이 좋다.

3) PS 강봉

① 지름이 9.2~32 mm 정도이며 주로 Post-tension 방식에 쓰인다.

② 이형 PS 강봉은 지름이 7.4~13 mm 정도로 표면에 요철의 돌기를 일정한 간격을 붙인 것이다.

③ PS 강봉은 PS 강선이나 PS 강연선보다 강도는 떨어지지만 머리 가공 또는 나사 가공으로 쉽게 정착이 가능하다.

④ PS 강선과 PS 강연선보다 Relaxation이 적다.

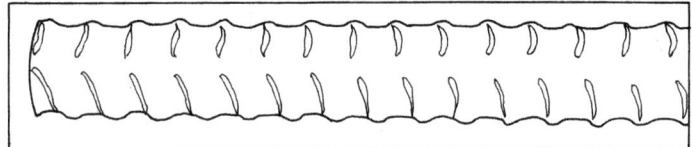

4) 기타

① 피복 PS 강재 : PS 그라우트를 주입하지 않고 부착시키지 않는 상태로 사용해도 부식되지 않게 도금 또는 플라스틱으로 피복한 것이 있다.

② 저 Relaxation PS 강재 : 보통의 PS 강선, PS 강연선보다 Relaxation이 적은 강재를 말한다.

③ 특수 PS 강연선 : 3개의 소선을 꼬아 만든 3연선 또는 많은 수의 소선을 꼬아서 만든 다층 PS 강연선, 다중 PS 강연선 등이 있다.

④ PS 경강선 : PS 전주, PS관과 같은 공장 제품에 쓰이며, PS 탱크에서는 냉간 인발 가공을 하면서 감아가는데 사용된다.

 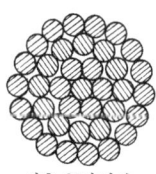 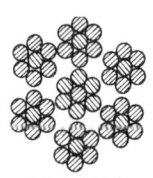

다층 19강 연선　　　다층 37강 연선　　　다중 7강 연선

⑤ FRP Rod : PS 강선 대신에 최근에 사용되는 것으로 아라미드 섬유(Aramid Fiber), 탄소 섬유(Carbon Fiber), 유리 섬유(Glass Fiber) 등의 긴 섬유를 다발로 하여 에폭시 수지 등으로 결합시킨 봉상 복합재인 FRP(Fiber Reinforce Plastic) Rod가 긴장재로 사용되는 것을 말한다.

Ⅳ. 기타 용어

1) Tendon

   긴장재라는 의미로 PS 강재를 한 개 또는 여러 개를 다발로 하여 Prestressing
   할 수 있는 상태로 해놓은 것을 Prestressing Tendon이라 한다.

2) Sheath

   ① Post-tension 방식의 PS 부재에서 긴장재를 수용하기 위하여 미리 콘크리트
   속에 뚫어 두는 구멍을 덕트(Duct)라 하며 덕트를 형성하기 위하여 사용되는
   주름진 관을 시스(Sheath)라 한다.

   ② Grouting에 의해 부착시킬 경우에는 0.2~0.4 mm 정도의 강제 Sheath가 사
   용된다.

154 강선 긴장 순서와 순서 결정 이유

[12전(10)]

I. 정의

① PS 강선은 콘크리트 부재에 발생하는 인장응력을 상쇄하기 위하여 인장 측에 미리 압축응력을 도입한 PS(Prestressed)콘크리트에 적용된다.

② PS 강선의 긴장하는 방식에 따라 Prestressing 방식과 Post tension 방식으로 PS(Prestressed) 콘크리트를 구분한다.

II. 강선 긴장 순서

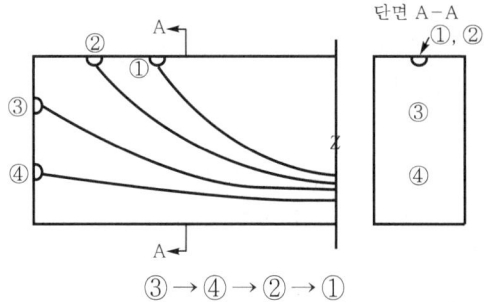

$$③ → ④ → ② → ①$$

부재단에서 가장 멀리 정착된 것부터, 긴장하여 상하, 좌우 대칭이 되도록 긴장한다.

III. 순서 결정 이유

PS강선의 응력 손실을 최소화하기 위해 순서를 결정

1) 응력 도입 시 손실(즉시 손실)

① 콘크리트의 탄성 수축

② 정착단의 활동(Sliding)

③ 강재와 sheath관의 마찰

2) 응력 도입 후 손실(상기 손실)

① 콘크리트의 건조 수축

② 콘크리트의 Creep

③ 강재의 이완(Relaxation)

155 PS 강재의 Relaxation

[94후(20), 96후(20), 00후(10), 08중(10), 11중(10)]

Ⅰ. 정의

① PS 강재를 긴장하여 응력이 도입된후 시간 경과에 따라 인장 응력이 감소하는데 이러한 현상을 강재의 Relaxation이라고 한다.

② PSC 부재에서는 도입된 Prestress힘이 시간과 더불어 감소하기 때문에 Creep로 취급하기 보다는 Relaxation으로 취급하는 것이 타당하다.

Ⅱ. 순 Relaxation

1) 정의

일정한 변형하에서 일어나는 것으로 최초 도입된 인장 응력에 대한 인장 응력 감소량의 백분율을 말한다.

2) 관계식

$$순\ Relaxation = \frac{인장\ 응력\ 감소량}{최초\ 도입된\ 인장\ 응력} \times 100$$

Ⅲ. 겉보기 Relaxation

1) 정의

콘크리트의 건조 수축이나 Creep의 영향에 의하여 콘크리트가 수축함에 따라 보통의 Relaxation 값보다 적은 값이 되는 것을 말한다.

2) 결정 방법

그러므로 겉보기 Relaxation값은 순 Relaxation값으로부터 콘크리트 건조 수축 Creep 등의 영향을 고려하여 정해야 한다.

Ⅳ. PS 강재의 겉보기 Relaxation값

PS 강재의 종류	겉보기 Relaxation값(r)
PS 강선, 강연선	5%
PS 강봉	3%
저 Relaxation PS 강재	1.5%

Ⅴ. PS 강재의 Relaxation이 PSC 부재에 미치는 영향

① Prestress 손실에 의한 구조물의 변형

② 부재의 균열 발생

③ 내구성 저하

④ 수밀성 저하

⑤ 구조물의 처짐 발생

⑥ 사용성 및 안전성 저하

Ⅵ. PS 강재의 종류

① PS 강선

② 이형 PS 강선

③ PS 강연선(PS Strand)

④ PS 강봉

⑤ 이형 PS 강봉

⑥ 기타

Ⅶ. PS 응력 손실

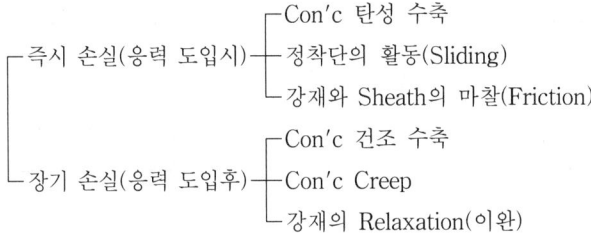

156 응력 부식(應力腐蝕)

[99전(20), 04후(10)]

Ⅰ. 정의

① 응력 부식(Stress Corrosion)이란 Prestress Concrete에서 높은 응력을 받는 PS 강재는 급속하게 녹스는 경우가 있으며, 또는 표면에 녹이 보이지 않더라도 조직이 취약해지는 현상을 말한다.

② 응력 부식 발생은 응력을 받는 PS 강선, 집중 응력을 받는 강구조물, 강재의 용접 부위에서 많이 발생된다.

Ⅱ. 응력 부식 촉진 요인

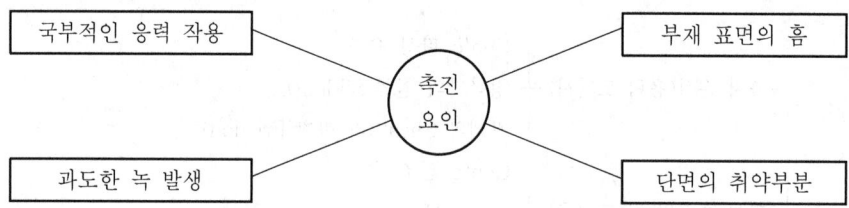

Ⅲ. 응력 부식 발생되는 곳

① 긴장한 PS 강선
② 강구조 가공에 따른 이상 응력 발생 부위
③ 강구조의 용접 부위
④ 응력 집중이 큰 강구조물

Ⅳ. 응력 부식 발생 원인

1) 용접후 잔류 응력 존재
강구조물에서 각 부재간의 이음을 용접으로 할 때 용접에 의해 발생된 응력이 잔류 응력으로 남을 경우

2) PS 강재 긴장
Prestress Con'c 부재에서 긴장으로 PS 강재에 응력이 도입되었을 때 PS 강재에 급격한 녹 발생

3) 응력 집중
강구조물에서 어느 취약한 부재가 집중적으로 응력을 받게 되었을 때 많은 녹을 발생시킨다.

4) 강재 변형
강재가 급격하게 변형을 일으킬 때 그 부위에서 강재의 허용 응력 이상의 응력 발생으로 응력 부식 발생

V. 방지 대책

1) Grouting
PS 부재에 Prestress를 도입하고 난후 강재가 긴장해 있을 때 부식 발생이 생기기전에 시멘트 모르타르로 Grouting을 실시한다.

2) 에폭시 도장
강재를 가공 또는 용접 작업이 끝났을 때 바탕처리후 에폭시로 표면을 밀실하게 도장한다.

3) 잔류 응력 제거
용접 부위에서 잔류 응력이 있을 경우 열처리 공법으로 잔류 응력을 제거한다.

4) 응력 분산
강구조물의 부재에 응력이 집중되지 않고 분산 작용될 수 있게 압축재와 인장재의 배치를 한다.

5) 표면 흠 제거
강재 또는 PS 강재의 표면에 취급중에 생겨난 흠은 강재에 영향을 되도록 적게 하기 위해 제거한다.

6) 단면 보강
단면 취약부 등에서 발생되는 응력 부식을 막기 위해 단면을 보강한다.

157 PSC Grout 재료의 품질 조건 및 주입시 유의사항

[98중전(20), 10중(10)]

Ⅰ. 개요

① PSC(Prestressed Concrete) 공법에서 사용되는 재료는 PS 강재, 콘크리트, Grouting 등이 있으며, 긴장 방법에 따라 Pretension 방식과 Post-tension 방식으로 나누어진다.

② PS 강선을 긴장한 후 Sheath 내에 시멘트풀을 이용하여 강선과 콘크리트 부재가 일체가 될 수 있도록 가압 장치를 이용하여 주입하는 것을 Grouting이라고 한다.

Ⅱ. Grouting의 목적

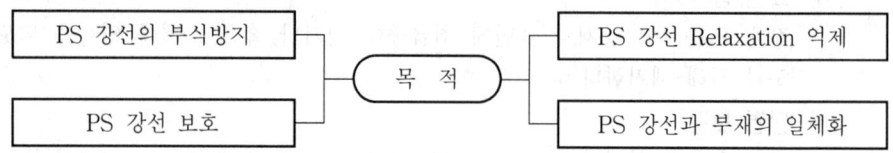

Ⅲ. 품질 조건

1) W/B
   45% 이하

2) 팽창률
   10% 이하

3) 강도
   20 MPa 이상

4) 사용 골재
   세립 잔모래

5) 혼화제
   유동성, 지연제, 감수제, 알루미늄 분말

6) 유동성
   포틀랜드 시멘트 사용으로 시공에 적합한 반죽질기 선정

Ⅳ. 주입시 유의사항

1) 주입 시기
   ① 긴장이 끝난 PS 부재를 방치하게 되면 긴장재의 튀어나오는 사고, PS 강선의 녹발생 또는 부재의 파손을 가져올 우려가 있다.

② 긴장재와 부재를 일체화하고 PS 강재의 부식 발생 방지 목적으로 Prestres-sing 끝난 직후 될 수 있는 한 빨리 해야 한다.

2) 주입

주입 중 너무 압력을 높이는 것은 바람직하지 못하므로 주의해야 하며 일반적으로 그라우팅 압력은 최소 0.3 MPa 이상으로 한다.

3) 주입 방법

① 주입은 그라우트 펌프로 천천히 해야 한다.

② 그라우트 재료는 그라우트 펌프에 넣기전에 적당한 체를 사용하여 걸러야 한다.

③ 덕트가 긴 경우 주입구는 적당한 간격으로 두는 것이 좋다.

4) 사용 믹서

① 5분 이내에 충분히 비빌 수 있는 것이며 충분한 용량을 갖는 것이어야 한다.

② 시멘트 입자를 분산시키는 강력한 것을 쓰는 것이 바람직하다.

5) 공기 유입 방지

압축 공기로 직접 그라우트에 압력을 가하는 방식은 공기 혼입 우려가 있으므로 사용해서는 안 된다.

6) 에지테이트 사용 방법

① 그라우팅 재료는 주입이 끝날 때까지 천천히 휘저을 수 있는 것이어야 한다.

② 혼입 순서는 물 및 감수제, 시멘트, 기타의 고운 분말의 순서로 투입하는 것을 표준으로 한다.

7) 주입량

유출구로부터 균일한 반죽질기의 주입재가 충분히 유출될 때까지 중단해서는 안 된다.

8) 한중 시공

① 한중에 시공할 경우에는 주입전에 깨끗한 물로 씻고 충분히 흡습시킨다.

② 주입재의 온도는 10~25℃ 표준 주입후 적어도 5일간은 5℃ 이상 유지하는 것을 원칙으로 한다.

9) 주입전 청소

Sheath 관내는 주입 작업선에 깨끗한 물로 씻고 충분히 흡습시킨다.

10) 그라우트 펌프

주입재를 천천히 공기가 혼입되지 않게 주입할 수 있는 것이어야 한다.

11) 서중 시공

① 주입재의 온도가 상승되지 않고 그라우트가 급결되지 않게 해야 한다.

② 주입전에 Sheath관에 물을 흘려 보내어 충분히 적셔준다.

158 일반 콘크리트 관련용어

1) 단위굵은 골재용적

   단위굵은 골재량을 그 굵은 골재의 단위용적 중량으로 나눈 값

2) 단위량

   콘크리트 $1\,m^3$를 만들 때 쓰이는 각 재료의 양으로 단위시멘트량(C), 단위수량 (W), 단위골재량, 단위잔골재량(S), 단위굵은 골재량(G), 단위 AE 제량, 단위 포 졸란량 등과 같이 사용한다.

3) Ettringite

   ① Ettringite란 석회와 석고 및 알루미나를 조합한 광물로서, 보통 시멘트에 적 당량을 혼합하여 팽창 시멘트로 이용된다.

   ② 용도는 균열 보수 공사, 장 Span 구조물 공사, 철골 세우기의 기초 상부 고름 질, Grout재, 무(無) Joint의 도로 포장 공사 등에 사용한다.

   ③ 양생에 의한 품질변화가 없고, 비빔 시간이 길어지면 팽창률이 저하되며, 아직 개발 단계에 있으므로 적용시 신중한 검토가 필요하다.

4) 바라이트(Barite) 모르타르

   중원소 바리움 원료로 한 분말 재료, 모래, 시멘트를 혼합한 방사선 차단 재료로 쓰 인다.

5) 연속 믹서

   콘크리트용 재료의 계량, 공급 및 비비기를 하는 각 기구를 일체화하여 굳지 않은 콘크리트를 연속해서 제조하는 장치

6) 원심력 다지기

   몰드를 고속으로 회전시켜서 원심력을 이용하여 콘크리트를 다지는 것

7) 절대 용적

   부어넣은 직후 콘크리트속에 공기를 제외한 각 재료가 순수하게 차지하고 있는 용 적

8) 제조 책임자

   공장제품의 제조에 책임을 가진 공장의 기술자

9) 이넌데이터(Inundator)

   콘크리트 재료의 계량장치의 일종으로 시멘트량에 대한 수량을 정확하게 하여 강 도가 일정한 콘크리트를 만들기 위한 장치

10) 위세 크리터(wa-ce-creter)

    물결합재비를 일정하게 유지시키면서 골재를 계량하는 장치

11) Air meter(Washington Air Meter)

    아직 굳지 않은 콘크리트속의 공기량을 재는 압력식의 기계로서 수압식과 기압식 이 있다.

12) 시멘트 강도(k)
① 시멘트 강도(k)는 현장에 반입된 시멘트에 대하여 KS L 5105에 규정한 시멘트 시험을 행하여 시멘트의 28일 압축 강도를 정한다.
② 현장에서는 28일의 시간적 여유가 없으므로 3일 또는 7일 강도로서 추정한다.

13) 표면 진동기
도로공사 등에서 콘크리트 상면에 진동을 가하는 것

14) 말대형(꽂이식) 진동기
보통공사에 많이 사용되는 것으로 콘크리트에 삽입시켜 사용하는 것

15) 성형(Molding)
콘크리트를 몰드에 채워넣고 다져서 제품의 모양을 만드는 것

16) Slump cone-Slump
시험에 사용되는 원뿔모양의 강철제 용기

17) Slump 손실(Slump Loss)
타설전 콘크리트의 Slump가 시멘트의 응결 또는 공기 중의 수분에 없어져서 저하하는 것

18) 모세관 간극(Capillary Cavity)
① 콘크리트 입자들 사이에서 발생하는 모세관 모양의 불연속 간극
② 불포화상태의 토립자 사이에 있는 물이 표면장력 상승시로 인하여 발생한 흙중의 공간(간극)

19) 테크노 체카
① 콘크리트 구조물의 균열을 자동 계측하는 차량
② 전장 10.25 m의 차량에 신축회전 자재의 다관절 팔을 가진 로봇과 레이저 계측장치를 탑재한 것으로 콘크리트 상판의 균열 점검을 신속·간단하게 행할 수 있어서 보수기간, 보수방법 등의 판정이 정확하고 효율적이다.

20) 무근 콘크리트
강재로 보강하지 않은 콘크리트

21) 배합
콘크리트 또는 모르타르를 만들 때 소요되는 각 재료의 비율이나 사용량

22) Punching Shear
① 철근 콘크리트 기초판에 기둥의 축력이 가해지는 경우나 Slab에 집중 하중이 작용하는 경우에 발생
② 직접 전단에 해당되는 상태 또는 그때의 전단력

제3장 콘크리트

제4절 특수 콘크리트

특수 콘크리트 과년도 문제

1. Dry Mixing Remicon [90후(10)]

2. 서중 콘크리트 [77(10)]

3. 서중 콘크리트 [15후(10)]

4. 서중(暑中) Concrete의 양생 [97전중(20)]

5. Mass Concrete에서의 온도 균열 [08후(10)]

6. 매스 콘크리트의 온도 균열 지수 [98전(20)]

7. 온도 균열 지수 [99전(20)]

8. 수중 콘크리트 [13후(10)]

9. Tremie Concrete [75(10)]

10. Prepacked Concrete [75(10)]

11. 수밀 콘크리트와 수중 콘크리트 [11중(10)]

12. Pre-Wetting [04중(10)]

13. 콘크리트 폭열 현상 [12전(10)]

14. 고성능 콘크리트 [03후(10)]

15. 고유동 콘크리트 [09전(10)]

16. 굳지 않은 콘크리트의 성질 [03전(10)]

17. 해양 콘크리트 [03중(10)]

18. 물보라 지역(Splash Zone)의 해양 콘크리트 타설 [12중(10)]

19. Pozzolith Concrete [75(10)]

20. 강섬유 보강 콘크리트 [98후(20)]

21. 진공 콘크리트(Vacuum Processed Concrete) [11후(10)]

22. 폴리머 콘크리트 [05후(10)]

23. 폴리머 시멘트 콘크리트(Polymer - Modified Concrete, PMC) [09중(10)]

24. 폴리머 함침 콘크리트(Polymer Impregnated Concrete) [06전(10)]

25. 순환 골재 콘크리트 [10후(10)]

26. 팽창 콘크리트 [98중후(20)]

27. 팽창 콘크리트 [02중(10)]

28. 팽창 콘크리트 [10후(10)]

29. 화학적 프리스트레스트 콘크리트(Chemical Prestressed Concrete) [06중(10)]

30. 에코 콘크리트(ECO Concrete) [05중(10)]

1 콘크리트 제조

Ⅰ. 개요

① 현장 타설 콘크리트의 거의 대부분이 레미콘 공장에서 제조되고 있으며, 현재 현장 비빔으로 제조된 콘크리트는 찾아보기 힘들다.

② 콘크리트의 배합 계획은 레미콘 공장측에서 담당하며 시공자는 콘크리트에 필요한 품질을 지정하고 필요에 따라 배합 내용을 생산자와 협의하여 제조한다.

Ⅱ. 레미콘 공장의 제조 공정

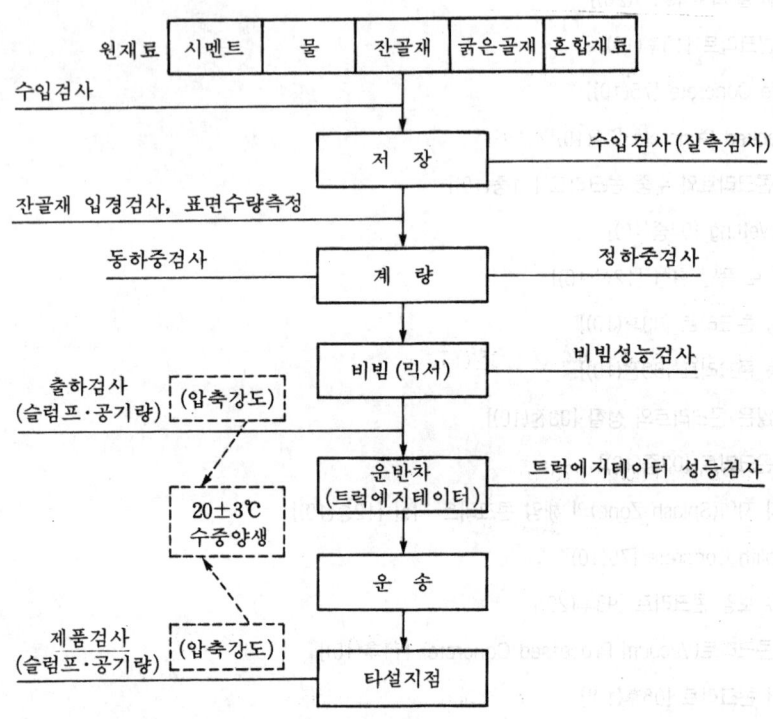

Ⅲ. 현장에서 레미콘 품질 확인 사항

① 염화물 함유량 ② 공기량

③ Slump Test ④ 레미콘 제조시간

⑤ 공시체를 통한 압축 강도 시험 ⑥ 세골재 품질에 따른 유동성

Ⅳ. 운반 방법별 종류

① Central Mixed Concrete ② Shrink Mixed Concrete

③ Transit Mixed Concrete

2 | 레미콘(Ready Mixed Concrete)

Ⅰ. 정의

① 레미콘이란 Con'c 제조 설비를 갖춘 곳(레미콘 공장)에서 생산하여 굳지 않은 상태로 현장에 운반되는 Concrete를 말한다.

② 도심지 공사에서 Batcher Plant나 골재의 저장없이 좋은 품질의 Con'c를 주문만 하면 Mixer Truck으로 공급받을 수 있으므로 안전하다.

Ⅱ. 운반 방법별 종류

종 류	종류별 특성
Central Mixed Concrete	Plant에 설치된 Mixer에서 반죽 완료된 Con'c를 Truck Agitator로 휘저으면서 현장까지 운반되며, 근거리에 사용됨
Shrink Mixed Concrete	Plant의 Mixer에서 약간 혼합된 Con'c를 Truck Mixer로 운반도중에 비비기를 끝내는 방법으로 중거리에 사용됨
Transit Mixed Concrete	Plant에서 재료만 계량하여 Truck Mixer로 운반하는 중에 완전히 비비기를 끝내는 방법으로 장거리에 사용됨

Ⅲ. 특징

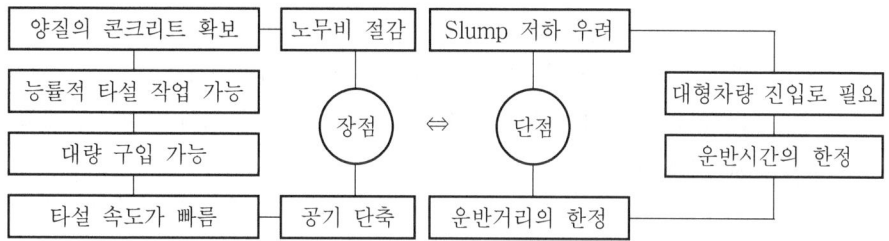

Ⅳ. 시공시 유의사항

① 현장까지의 운반시간 및 배출시간
② Con'c 제조 능력
③ 운반차의 대수
④ 공장의 제조 설비
⑤ 품질관리 상태
⑥ Cement의 종류
⑦ 골재의 입도·입형·크기 등
⑧ 염화물 함유량의 한도

3 | 레미콘의 압축강도 검사기준과 판정기준

Ⅰ. 정의

① 레미콘의 압축강도는 구조물의 구조적 성능과 직결되므로 콘크리트 타설 시 철저한 품질관리가 필요하다.

② 현장에서의 레미콘 품질시험은 압축강도시험, Slump시험, 공기량 및 염화물 시험 등이 있다.

Ⅱ. 압축강도 시험

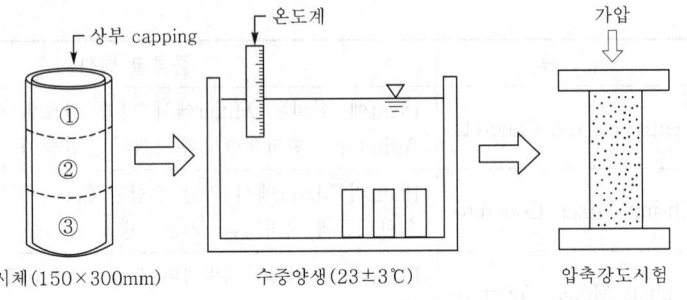

공시체(150×300mm) 수중양생(23±3℃) 압축강도시험

Ⅲ. 압축강도 검사기준

1) 공시체 제작(레미콘 120 m³마다 다음과 같이 1회 실시)

① 28일 강도용 공시체는 3개조 9개 제작

② 28일 강도 추정을 위한 7일 강도용 공시체는 1개조 3개 제작

③ 거푸집 존치기간 판단용 공시체는 층별로 3개조 9개

(층별 : 수직부재용 1개조 3개, 수평부재용 1개조 3개, 예비용 1개조 3개)

2) 공시체 시료 채취

① 28일 강도용 공시체는 콘크리트 배출량의 1/4, 2/4, 3/4 배출시점에서 채취

② 7일 강도용 공시체는 콘크리트 배출량의 1/2 배출시점에서 채취

3) 공시체 양생

① 공시체의 탈형 후 현장 수중양생 실시

② 급격한 온도 변화나 햇볕이 닿는 곳은 피함

4) 시험시기와 횟수

① 1회/일 (공시체 3개 시험을 1회로 함)

② 120 m³마다 1회

③ 배합 변경 시

Ⅳ. 압축강도 판정기준

1) 판정기준

① $f_{ck} \leq 35\,\mathrm{MPa}$

㉮ 연속 3회(공시체 9개) 시험 평균이
설계기준강도 이상

㉯ 각 1회(공시체 3개) 시험 평균이
"설계기준강도$-3.5\,\mathrm{MPa}$" 이상

┐ 둘 다 만족

② $f_{ck} > 35\,\mathrm{MPa}$

㉮ 연속 3회 시험 평균이
설계기준강도 이상

㉯ 각 1회 시험 평균이
"설계기준강도$\times 90\%$" 이상

┐ 둘 다 만족

2) 불합격 시의 조치

① 3개의 시험 Core를 채취하여 강도시험 실시

② 3개의 시험 Core의 강도가 설계기준강도의 85%를 초과하고 각각의 공시체가
설계기준강도의 75%를 초과하면 합격

③ 3개의 시험 Core가 강도부족시 재시험을 하며 결과에 따라 필요한 조치방안
수립

4 배처 플랜트(Batcher Plant)

Ⅰ. 정의

① Con'c를 만드는 데 필요한 재료(물, Cement, 골재, 혼화 재료 등)를 넣고(1회분) Mixing하여 Con'c를 생산하는 설비이다.

② Batcher Plant는 재료를 정확히 계량하는 Batching Plant와 재료를 비빔하는 Mixing Plant로 구성되어 있다.

Ⅱ. Batcher Plant의 구조

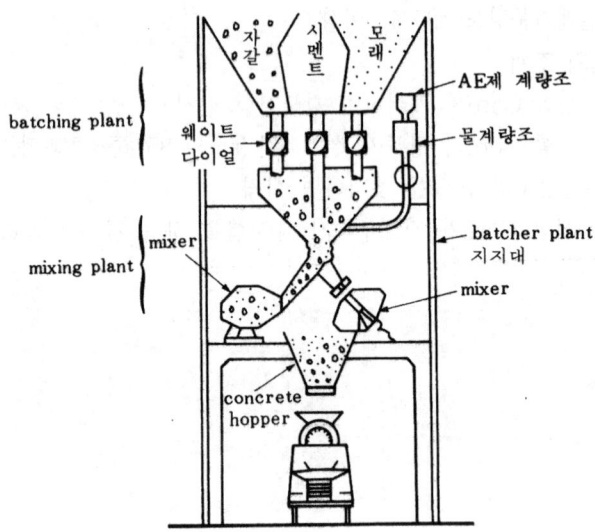

Ⅲ. Batcher Plant의 제조 방식

① 수동식

② 반자동식

③ 자동식

④ 전자동식

Ⅳ. Batching Plant의 분류

① 간이 Batching Plant : 각 재료를 정확하고 능률적으로 계량하기 위한 것으로써 현장에 주로 이용

② Concrete Batching Plant : 전문 공장제품을 생산하기 위한 것으로써 강도의 편차가 적고 고급 Con'c를 얻는데 유리

5 | 레미콘 공장 선정시 고려사항

Ⅰ. 개요
① Con'c 제조 설비를 갖춘 곳(레미콘 공장)에서 생산하여 굳지 않은 상태로 현장에서 운반되는 Concrete를 Ready Mixed Concrete라 한다.
② 운반하는 과정에서의 품질 변화가 많고, 레미콘 공장의 선정이 Con'c 구조체의 품질을 결정하므로 유의해야 한다.

Ⅱ. 운반 과정 Flow Chart

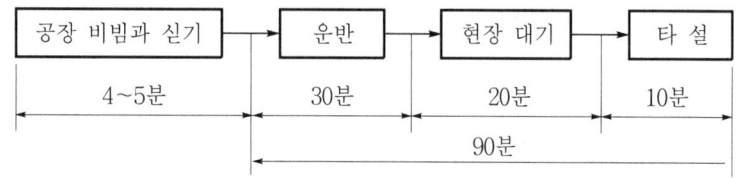

Ⅲ. 운반 방법별 분류
① Central Mixed Concrete
② Shrink Mixed Concrete
③ Transit Mixed Concrete

Ⅳ. 특징
① 균질하고 양질의 Con'c 확보
② 노무비가 절감
③ 타설 작업이 능률적
④ 공기가 단축
⑤ 운반이나 공급 범위가 한정
⑥ 돌발적인 사고에 의해 품질이 저하

Ⅴ. 선정시 고려사항
① 현장까지의 운반시간 및 배출시간
② K.S 표시 허가 공장
③ Con'c 제조 능력
④ 타설 종료까지의 시간 한도
⑤ 운반차의 대수
⑥ 공장의 제조 설비
⑦ 품질관리 상태
⑧ 운반차의 성능 검토
⑨ 타설량·타설 시기·기간 등
⑩ 특수 Con'c 제조 가능 여부
⑪ 공장 출발시와 현장 도착시의 품질 변화 한도·대책·검사 방법 등

6 트럭 애지테이터(Truck Agitator)

Ⅰ. 정의

① Ready Mixed Concrete 중에 Central Mixed Concrete를 운반하는 트럭으로서, 이미 비빈 Con'c의 재료 분리를 방지하기 위한 목적으로 사용된다.

② Ready Mixed Concrete란 아직 굳지 않은 상태로 현장에 운반되는 Concrete를 말한다.

Ⅱ. Truck Agitator의 구조

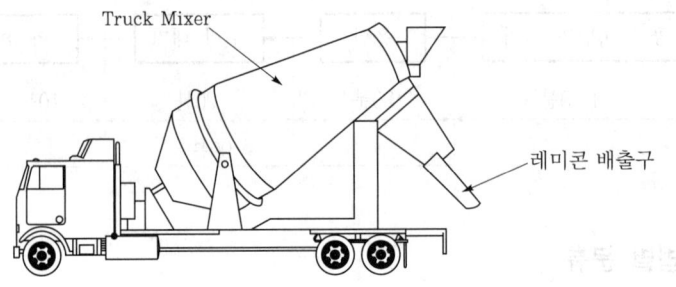

Truck Mixer

레미콘 배출구

Ⅲ. 운반 Truck의 종류

Truck agitator	① Central Mixed Concrete에 사용된다. ② Plant에 설치된 Mixer에서 반죽 완료된 Con'c를 휘저으며, 현장까지 운반한다.
Truck mixer	① Shrink Mixed Concrete 및 Transit Mixed Concrete에 사용된다. ② Plant의 Mixed에 약간 혼합되었거나 계량만 된 Con'c를 운반하는 중에 비빔한다.

Ⅳ. 특징

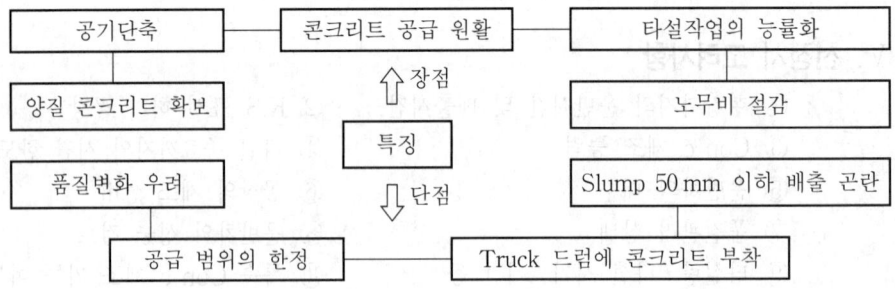

Ⅴ. 유의사항

① 현장까지의 운반 거리
② 운반차의 성능
③ Con′c 타설량·타설 시기 등
④ 공장 출발시와 현장 도착시의 품질 변화 한도·대책 등
⑤ 운반 능률에 대한 관리 및 배차 관리
⑥ 돌발 사고(교통 사고, 교통량 증가 등)에 대한 충분한 사전 조사 및 대책 수립

7 | Dry Mixing Remicon

[90후(10)]

Ⅰ. 정의

① 공장에서 모르타르 또는 콘크리트에 물을 가하지 않고 시멘트와 골재만 비빔하여 현장에 운반한 후, 현장에서 물을 혼합하는 방법을 Dry Mixing Remicon 라 한다.

② 콘크리트 타설 현장에서 콘크리트 생산 공장과의 소요 시간이 규정 시간을 초과할 때 사용되는 공법으로 품질관리가 요구된다.

Ⅱ. Dry Mix의 원리

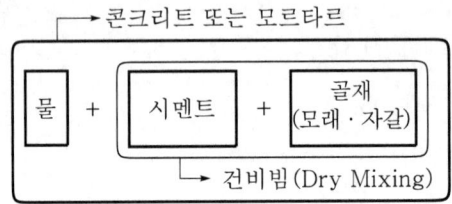

Ⅲ. 특징

1) 장점

① 공장과 현장과의 거리가 너무 멀 경우에 채택된다.

② 노무비가 절감된다.

③ 공기가 단축된다.

④ 균질하고 양질의 제품을 얻을 수 있다.

2) 단점

① 운반이나 공급 범위가 한정된다.

② 중차량 진입으로 운반로의 정비가 필요하다.

Ⅳ. 용도

① 도서 지역 콘크리트 공사

② 긴급을 요하는 공사

③ 사용에 대한 예측이 불가한 공사 등

Ⅴ. 시공시 유의사항

① 물의 정확한 계량이 Con′c의 품질을 좌우한다.

② Dry Mix에 사용되는 골재는 완전히 건조된 것을 사용해야 한다.

③ 골재의 습윤 상태를 정확히 파악하고, 시멘트와의 화학 반응(수화 반응)이 발생되기전에 시공하도록 하여야 한다.

8 Remicon의 가수(加水)

Ⅰ. 정의

① Remicon의 가수란 레미콘을 현장에서 타설전에 작업성을 용이하게 하기 위해서 레미콘에 물을 첨가하여 된비빔 콘크리트를 묽은 비빔으로 만드는 것을 말한다.

② Remicon의 가수로 작업성이 용이해지고 Pump 배관의 수송 능력은 향상되나 구조물 자체에 강도, 내구성, 수밀성 등에 큰 악영향을 미쳐 부실 시공의 원인이 된다.

Ⅱ. 가수 실례

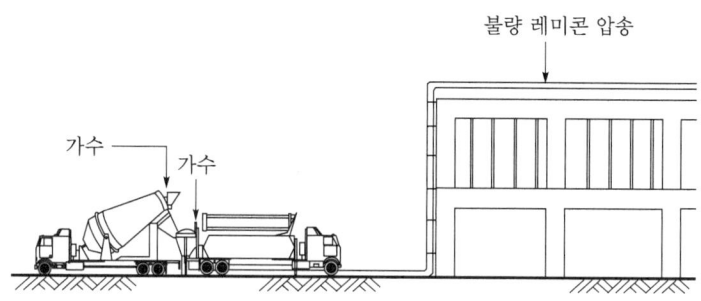

Ⅲ. 가수를 하는 경우

① 콘크리트가 시간이 경과하여 굳기 시작할 때

② 콘크리트 Slump의 부족으로 벽·기둥 등의 수직 부재에 밀실한 충진이 어려울 때

③ Pump 배관이 길어서 콘크리트가 배관을 통과하는 동안 Slump의 저하가 일어날 때

④ 콘크리트 중의 재료(모래)가 불량하여 콘크리트 유동성이 저하될 때

⑤ 야간 작업으로 인하여 타설 속도를 지나치게 빠르게 할 때

Ⅳ. 문제점

① 강도 및 내구성 저하

② 재료 분리 발생

③ 수밀성, 방수성 저하

④ 내마모성 저하로 건물 수명 단축

⑤ 동결 융해에 대한 저항성 감소

V. 가수 방지 대책

① 기능공 교육 및 의식의 전환
② 시공의 기계화
③ 표준 품셈의 보완
④ 품질관리 및 품질 검사 기준 확립
⑤ 레미콘의 성능 향상 및 적정한 혼화제의 사용
⑥ 고성능 콘크리트 개발 및 사용 확대

9 한중 콘크리트(Winter Concrete)

Ⅰ. 정의

① 일평균 기온이 4℃ 이하가 되는 경우 한중 콘크리트의 적용을 받도록 규정하고 있으며, 초기 동해 방지가 가장 중요하다.

② Con'c 타설후 0℃ 이하가 되면 동해가 발생될 수 있으므로 초기 양생을 철저히 하여 Con'c의 어느 부분도 0℃ 이하가 되지 않도록 한다.

Ⅱ. 한중 콘크리트 준비사항

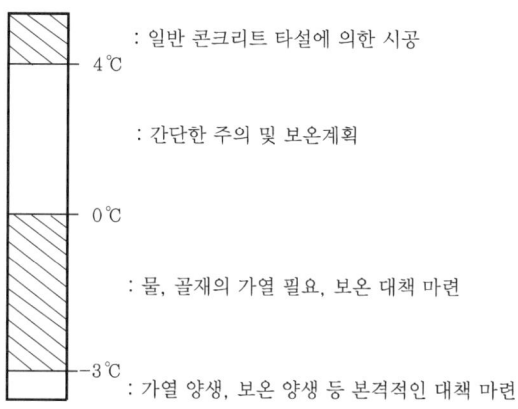

- 4℃ : 일반 콘크리트 타설에 의한 시공

  : 간단한 주의 및 보온계획

- 0℃

  : 물, 골재의 가열 필요, 보온 대책 마련

- -3℃ : 가열 양생, 보온 양생 등 본격적인 대책 마련

Ⅲ. 특징

① 물결합재비는 60% 이하
② 단위수량은 최소화할 것
③ 경화가 빠른 Cement 사용
④ 적절한 혼화제를 사용할 것

Ⅳ. 동해의 원인

① 콘크리트 중의 자유수
② 흡수율이 큰 골재 사용(연석 등)
③ 물결합재비가 클 경우
④ Con'c에 수분(눈·비 등) 침투

V. 방지 대책

① AE제, AE 감수제, 고성능 AE제 등을 사용한다.

② Con'c 타설시 온도는 5~20℃ 미만 정도로 한다.

③ 물의 온도는 40℃ 이하로 유지한다.

④ 단열 보온 양생, 가열 보온 양생 등을 실시한다.

⑤ 단위수량을 적게 배합 설계한다.

⑥ 물의 침입을 방지하기 위하여 물끊기, 물흐름 구배, 제설제 등의 방법을 사용한다.

⑦ Con'c 내부에 적당량의 연행 공기(4~5% 정도)를 둔다.

10 한중 콘크리트의 양생

Ⅰ. 정의

① 한중 콘크리트란 일평균 기온이 4℃ 이하 조건에서 시공하는 콘크리트로서 기온의 변화에 따라 동결 융해로 콘크리트의 수축·팽창·균열 현상을 일으켜 내구성이 저하되는 원인이 된다.

② 그러므로 콘크리트 타설후 빙점 이하가 되면 경화전 콘크리트에 동해가 쉽게 발생되며, 초기 동해후에는 충분한 양생을 한다 해도 회복이 불가능하므로 초기 양생이 매우 중요하다.

Ⅱ. 양생 방법

1) 초기 양생

① 타설후 압축 강도 5 MPa가 될 동안 0℃ 이상 유지한다.

② 양생 온도와 양생 기간을 미리 계획한다.

③ 보온 양생 방법을 결정한다.

2) 단열 보온 양생

① 수화열을 보존하기 위해서 비닐, 시트, 단열재 등으로 표면을 보호한다.

② 2가지 이상의 방법을 병용하면 더욱 효과적이다.

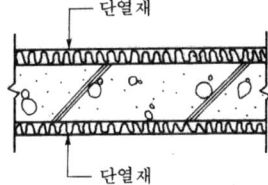

< 단열 보온 양생 >

3) 가열 보온 양생

① 콘크리트 타설후 인위적으로 가열한다.

② 급격한 건조를 방지하며 시험 가열을 실시한다.

③ 종류에는 공간 가열 양생, 표면 가열 양생, 내부 가열 양생 등이 있다.

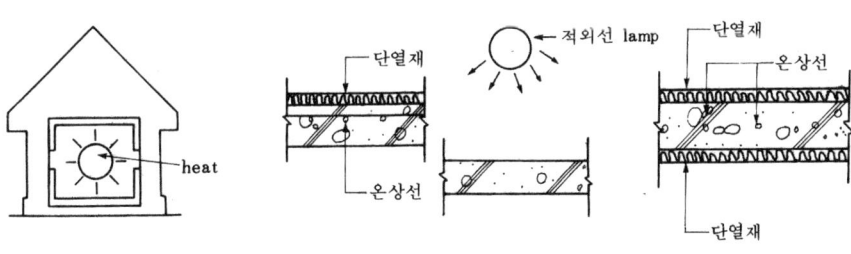

< 공간 가열 양생 >　　　< 표면 가열 양생 >　　　< 내부 가열 양생 >

Ⅲ. 유의사항

① Cement는 가열하지 않는다.

② 타설에 앞서 이어붓기면 또는 철근, 거푸집에 있는 얼음, 눈 등을 제거한다.

③ 콘크리트 어느 부분도 0℃ 이하가 되지 않도록 초기 양생을 한다.

11 한중 콘크리트의 적외선 Lamp 양생

Ⅰ. 정의

① 한중 콘크리트는 일평균 기온이 4℃ 이하의 조건에 타설되는 콘크리트로 기온 저하로 인한 동해가 염려되는 콘크리트이다.

② 적외선 Lamp 양생은 Lamp의 열을 이용하여 콘크리트 주변의 기온을 10℃ 이상으로 유지하여 양생하는 방법이다.

Ⅱ. 현장 시공도

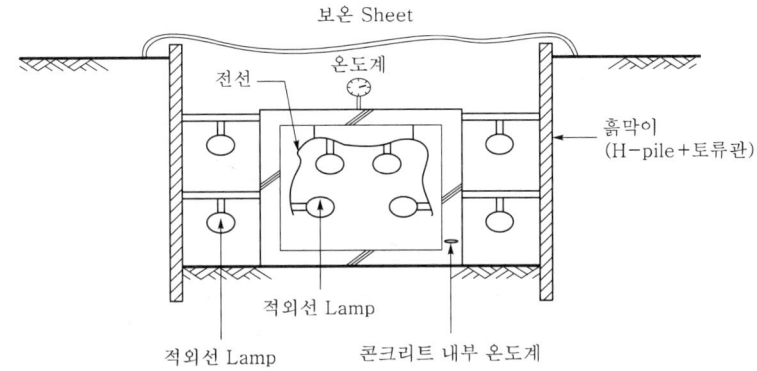

〈 콘크리트의 외기 양생 온도를 10℃ 이상으로 유지 〉

Ⅲ. 양생 관리

1) 양생 온도

10℃ 이상으로 관리

2) 콘크리트 내부 온도

타설 3일째 콘크리트 내부 온도 24℃ 내외

3) 콘크리트 강도

타설 3일째 콘크리트 강도 7 MPa 이상

Ⅳ. 특징

① 작은 단면의 구조물 양생에 적합

② 지하 공동구 등의 지하 구조물에 유리

③ 콘크리트의 품질 확보 가능

④ 전기세 등 경제성 파악 필요

12 서중 콘크리트(Hot Weather Concrete)

[77(10), 15후(10)]

Ⅰ. 정의

① 일평균 기온이 25℃ 또는 최고 온도가 30℃를 넘는 시기에 혼합·운반·타설 및 양생을 하는 경우 서중 콘크리트의 적용을 받도록 규정하고 있다.

② 급격한 수분 증발로 Cold Joint가 발생할 우려가 있으므로 Precooling 등의 냉각 공법 등을 사전에 검토한다.

Ⅱ. 서중 콘크리트 온도에 따른 단위수량

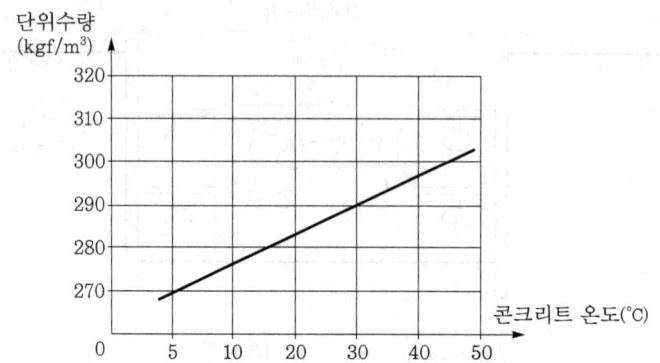

Ⅲ. 특징

① Precooling 등의 냉각 공법 검토

② 타설시 온도는 35℃ 이하

③ Slump는 180mm 이하에서 정한다.

④ 단위수량 및 단위 시멘트량은 최소화한다.

Ⅳ. Cold Joint의 원인

① 장시간 운반 및 대기로 재료 분리된 Con′c를 사용할 때

② Massive한 구조물의 수화열

③ 설계시 각종 Movement Joint의 누락 및 미시공

④ 넓은 지역의 순환 타설시 돌아오는 시간이 2시간을 초과할 때

Ⅴ. 대책

① Precooling 등의 냉각 공법을 검토

② 혼화제는 AE 감수제 지연형, 감수제 지연형 등을 사용

③ 사전에 콘크리트 운반 계획을 철저히 수립

④ 중용열 Portland Cement 등 분말도가 낮은 Cement 사용

⑤ Dry Mixing한 재료를 현장 반입하여 사용하는 방법

13 서중 콘크리트의 양생

Ⅰ. 정의

① 서중 콘크리트란 일평균 기온이 25℃ 또는 최고 온도가 30℃를 넘는 시기에 시공하는 콘크리트로서 Slump의 저하, 수분의 급격한 증발 등으로 인하여 시공상의 결함이 발생된다.

② 그러므로 습윤 양생, 피막 양생, Precooling, Pipe Cooling, 차양막 설치, 덮개 사용 등의 양생법 적용을 검토하고 혼화제를 사용하여 시공성 및 지연성을 확보한다.

Ⅱ. 습윤 상태 유지

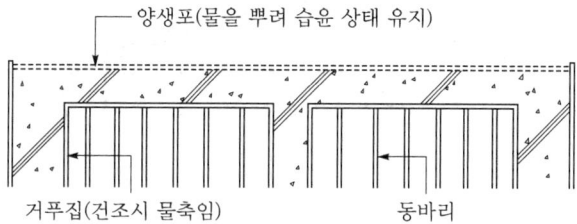

양생포(물을 뿌려 습윤 상태 유지)

거푸집(건조시 물축임)   동바리

습윤 양생 상태가 오랫동안 지속될수록 콘크리트의 강도 및 내구성 증대

Ⅲ. 서중 콘크리트 타설시 문제점

① 콘크리트 온도 10℃ 상승에 단위 수량이 2~5% 증가되므로 강도 및 내구성이 저하된다.

② 콘크리트 온도가 10℃ 상승하면 Slump가 25 mm 감소한다.

③ 공기량 감소로 시공 연도 및 내구성이 저하된다.

④ 응결 시간의 단축으로 Cold Joint 발생이 많아진다.

⑤ 물결합재비 증가로 강도 및 내구성이 저하된다.

⑥ Bleeding의 증발 속도보다 수분의 증발이 빨라 소성 수축 균열이 발생한다.

Ⅳ. 양생

1) 습윤 양생

① 타설전 거푸집에 살수하여 건조를 방지한다.

② Sheet나 거적 등으로 보양후 살수한다.

③ 타설후 7일 이상 습윤 양생을 실시한다.

2) 피막 양생

① 콘크리트 표면에 피막 양생제를 뿌려 콘크리트의 수분 증발을 방지하는 방법이다.

② 피막 양생제로는 검정색, 흰색, 담색이 있다.

③ 검정색은 직사광선이 없는 곳에 사용한다.

3) Pipe Cooling

① 콘크리트 타설전에 25 mm Pipe를 수평으로 배치하고 냉각수를 통과시킨다.

② 냉각 Pipe는 타설전에 누수 검사를 실시하고, 2~3주간은 콘크리트의 소요 온도를 유지한다.

③ Pipe Cooling이 끝나면 구멍을 그라우팅재로 마무리한다.

4) 차양막 설치

타설후 콘크리트 표면을 직사광선에 의한 건조로부터 보호하기 위하여 차양막 시설을 미리 해둔다.

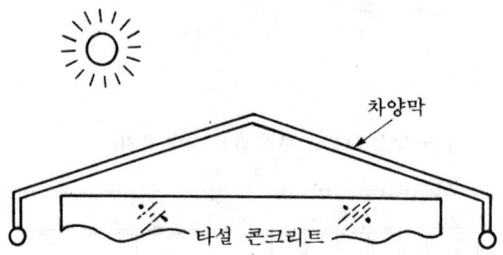

5) 덮개 사용

표면의 건조가 예상되면 Sheet 등을 이용하여 덮고 살수하여 Con'c 표면의 건조를 최대한 억제하여야 한다.

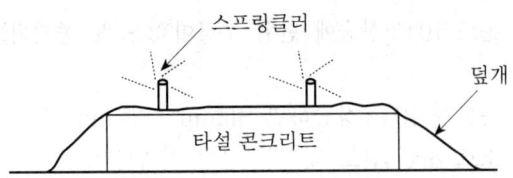

V. 시공시 주의사항

① 거푸집에 물을 뿌려 콘크리트에 수분이 흡수되지 않게 한다.

② 콘크리트의 비빔에서 타설까지의 시간을 90분 이내로 한다.

③ 콘크리트의 응결을 지연시킨다.

14 서중 콘크리트와 한중 콘크리트

Ⅰ. 개요

① 일평균 기온이 25℃ 또는 최고 온도가 30℃를 넘는 시기에 혼합·운반·타설 및 양생을 하는 경우 서중 콘크리트의 적용 대상이며, 부어넣을 때 온도는 35℃ 이하로 유지한다.

② 일평균 기온이 4℃ 이하가 되는 경우 한중 콘크리트의 적용을 받도록 규정하고 있으며, 초기 양생 기간 내에 5 MPa가 얻어지도록 양생 계획한다.

Ⅱ. 기온별 콘크리트 분류

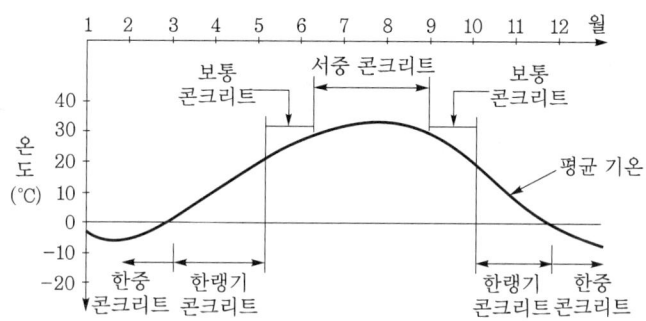

Ⅲ. 서중 콘크리트

1) 특징

① 적절한 혼화제 사용

② Precooling 등의 냉각 공법 검토

③ 단위수량과 단위 시멘트량은 최소화할 것

④ Slump는 180 mm 이하에서 정함

⑤ 타설시 온도는 35℃ 이하

2) 유의사항

① 고온의 Cement는 사용을 삼가할 것

② 물·골재 등은 낮은 온도의 것을 사용할 것

③ 혼화제는 AE 감수제 지연형, 감수제 지연형 등을 사용

④ 거푸집에 물을 뿌려 Con'c의 수분이 거푸집에 흡수되지 않게 할 것

Ⅳ. 한중 콘크리트

1) 특징
   ① 물결합재비는 60% 이하
   ② 단위수량은 최소화할 것
   ③ 적절한 혼화제를 사용할 것
   ④ 경화가 빠른 Cement를 사용할 것

2) 유의사항
   ① AE제, AE 감수제 및 고성능 AE제 중 한 가지는 반드시 사용할 것
   ② Cement는 가열해서는 안 되며, 골재는 직접 불꽃에 대고 가열해서는 안 된다.
   ③ 타설시 온도 15~20℃ 미만
   ④ 물의 온도는 40℃ 이하
   ⑤ 단열 보온 양생, 가열 보온 양생 등을 실시할 것

Ⅴ. 서중 콘크리트와 한중 콘크리트의 비교표

구분 \ 종류	서중 Concrete	한중 Concrete
기 온	일평균 기온 25℃ 초과 최고 온도가 30℃ 초과	일평균 기온 4℃ 이하
Cement	중용열 Portland Cement	조강 Portland Cement
혼화제	응결 지연제	응결 경화 촉진제
양 생	Pipe Cooling	가열 보온 양생(공간, 표면, 내부 가열 등)

15 매스 콘크리트(Mass Concrete)

Ⅰ. 정의

① 보통 부재 단면의 최소치수가 800 mm 이상이고, 내부 최고 온도와 외기 온도 의 차가 25℃ 이상이 예상되는 경우의 Con'c를 말한다.

② Con'c 표면과 Con'c 내부의 건조 수축의 차에 의한 온도 균열에 유의하고, 방지 대책으로는 냉각 공법(Precooling, Pipe Cooling) 등이 있다.

Ⅱ. Mass Con'c의 온도관리

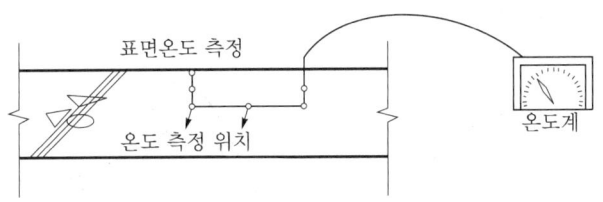

표면온도 측정

온도 측정 위치

온도계

〈Mass Concrete〉

내 · 외부의 온도 차가 25℃ 이하가 되도록 관리하여 온도균열을 억제

Ⅲ. 온도 균열의 원인

① Con'c의 탄성계수가 클수록

② 수화 발열량이 클수록

③ Con'c의 온도와 외부 기온의 차가 클수록

④ 부재의 단면이 클수록

⑤ 단위 시멘트량이 많을수록

⑥ 온도 변화가 클수록

Ⅳ. 냉각 공법(온도 균열 제어 양생방법)

공 법	양생방법
Precooling	① Con'c 재료의 일부 또는 전부를 냉각시켜 콘크리트의 온도를 낮추는 방법 ② 저열용 Portland Cement를 사용하고, 얼음은 물량의 10~40% 정도로 하며, 각 재료(Cement, 골재 등)는 온도를 낮추어 사용
Pipe Cooling	① Con'c 타설전에 Pipe를 배관하고, Pipe 내로 냉각수나 찬공기를 순환시켜 콘크리트의 온도를 낮추는 방법 ② ϕ 25 mm 흑색 Gas Pipe를 사용하며, 간격은 1.0~1.5 m 정도로 하고, 냉각수 대신 찬공기를 넣기도 한다.

16 온도 구배

Ⅰ. 정의

① 온도 구배란 Mass 콘크리트나 한중 콘크리트의 타설시 콘크리트 부재의 내·외부 온도차를 말하며, 주원인은 Cement Paste의 수화열에 의해 발생한다.

② 온도 구배를 방지하기 위해서는 배합시 재료를 냉각시키는 방법과 양생시 내·외부 온도차를 줄이는 방법 등이 있다.

Ⅱ. 도해

내·외부 온도차에 의해 발생

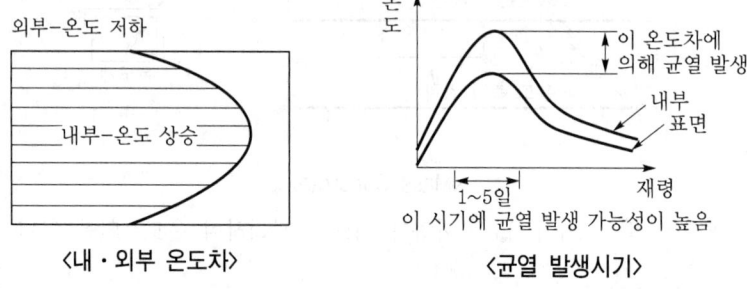

〈내·외부 온도차〉 〈균열 발생시기〉

Ⅲ. 원인

① Cement Paste의 수화열이 클수록 크다.

② 콘크리트의 온도와 외기온의 차이가 클수록 크다.

③ 단위 시멘트량이 많을수록 크다.

④ 콘크리트 타설 온도와 타설 높이가 클수록 크다.

⑤ 타설 부재의 두께가 두꺼울수록 크다.

⑥ 외기 온도가 낮을수록 크다.

Ⅳ. 대책

① 배합시 골재량을 늘인다.

② 내·외부의 온도차를 줄인다.

③ 혼화재를 사용하여 응결·경화를 지연시킨다.

④ 재료를 냉각하여 사용한다.

⑤ 단열성이 있는 거푸집의 사용 및 해체 기간을 연장한다.

⑥ 콘크리트의 인장 강도를 크게 한다.

17 온도 균열

[08후(10)]

Ⅰ. 정의

① 콘크리트가 수화 반응을 할 때 발생되는 고온의 내부 온도와 콘크리트 표면의 온도차가 25℃ 이상일 때 발생되는 균열을 말하며 매스 콘크리트, 한중 콘크리트, 댐 콘크리트 등에서 발생된다.

② 콘크리트 타설후 시공 초기에 발생하며 콘크리트 강도 발현이 충분치 않은 시점에서 발생하므로 콘크리트의 강도, 내구성, 수밀성 등에 악영향을 미치는 요인이 된다.

Ⅱ. 내부 구속에 의한 균열

1) 정의

구조체의 내부와 외부의 온도 분포 차이에 의해 발생하는 균열이다.

2) 균열 발생 과정

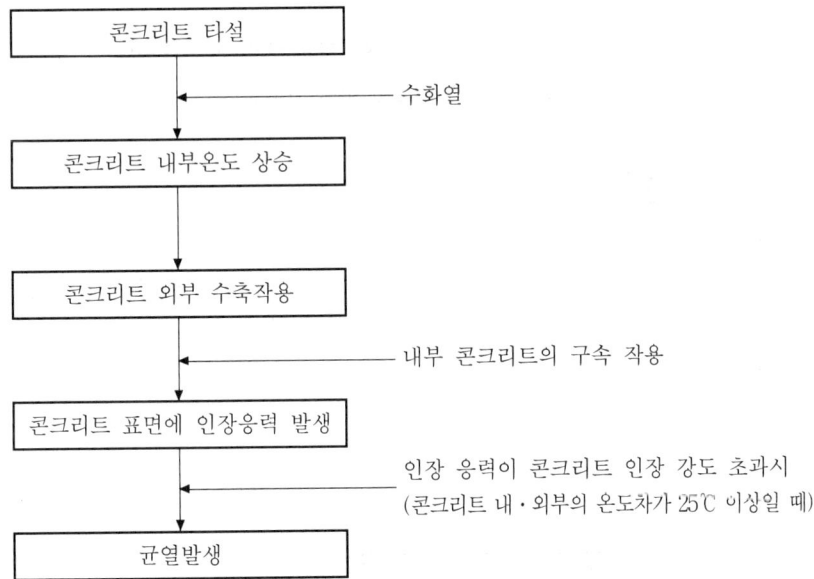

3) 발생 시기

① 재령 1~5일 정도에서 Con'c 내부 온도가 최고가 될 때

② 거푸집 탈형 직후

4) 발생 양상

① 폭 0.1~0.3 mm 정도로 발생

② 규칙성이 없는 발생 분포

③ 단면 관통 균열이 아님

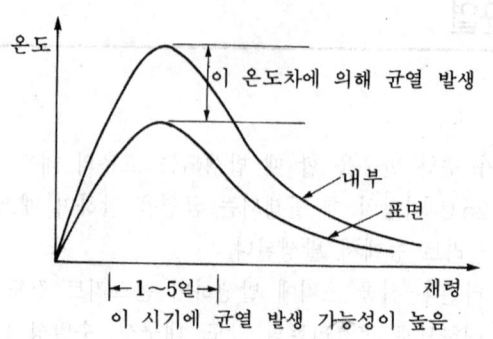

< 내부 구속시 온도 균열 발생 시기 >

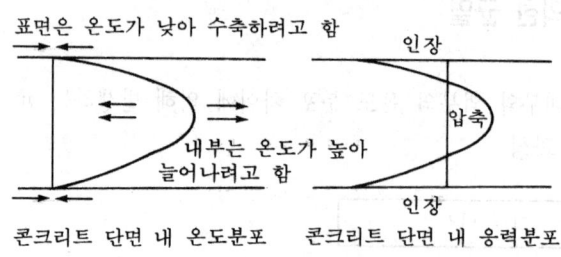

콘크리트 단면 내 온도분포   콘크리트 단면 내 응력분포

< 내부 구속 응력의 발생 기구 >

Ⅲ. 외부 구속에 의한 균열

1) 정의

구조체가 온도 상승에 의해 팽창되었다가 온도 하강시 수축될 때 지반 또는 이미 타설된 Con'c에 의해 구속되어 발생하는 균열이다.

2) 균열 발생 과정

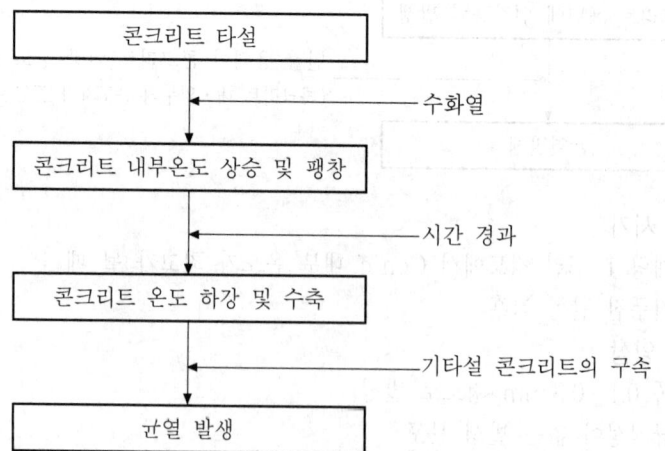

3) 발생 시기

내부 Con′c 온도가 하강하여 외기 온도와 같아질 때까지 발생

4) 발생 양상

① 폭 0.2~0.5 mm 또는 그 이상

② 구속이 있는 단면에서 발생

③ 세로로 곧장 뻗은 단면 관통 균열 형태

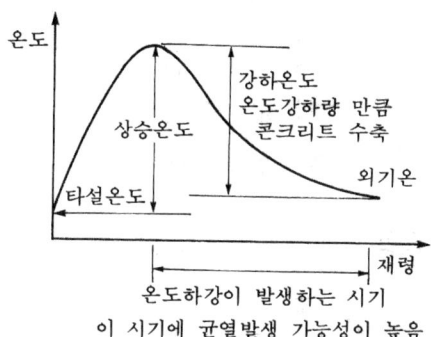

< 외부 구속시 온도 균열 발생 시기 >

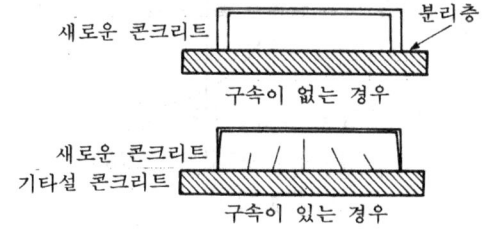

< 외부 구속 응력의 발생 기구 >

18 | 매스 콘크리트의 온도 균열 지수

[98전(20), 99전(20)]

Ⅰ. 정의

① 두꺼운 부재에 콘크리트를 타설할 때 내·외부 온도차에 의한 온도 구배가 발생하여 콘크리트 표면에 인장 응력이 발생되는데, 이 때 콘크리트가 견딜 수 있는 인장 강도를 온도에 의한 인장 응력으로 나눈 값을 온도 균열 지수라고 한다.

② 온도 균열 지수는 다음의 식으로 나타낸다.

$$온도 \ 균열 \ 지수(I_{cr}) = \frac{인장 \ 강도}{온도 \ 인장 \ 응력}$$

Ⅱ. 온도 균열 지수(I_{cr})의 적용

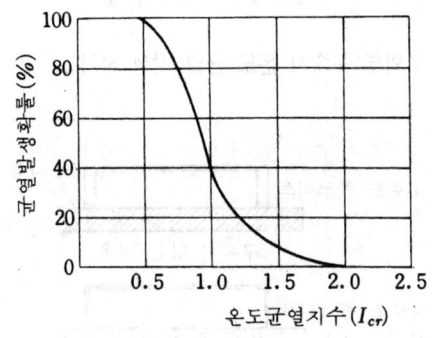

① 균열을 방지할 경우 : 1.5 이상
② 균열 발생을 제한할 경우 : 1.2 이상 1.5 미만
③ 유해한 균열 발생을 제한할 경우 : 0.7 이상 1.2 미만

Ⅲ. 특징

① 온도 균열 지수가 커질수록 균열 방지에 대한 안전성이 높아진다.
② 온도 균열 지수가 작아질수록 안정성은 낮아지도록 되어 있다.
③ 목표값은 구조물에 요구되는 수밀성이나 기밀성 등의 기능을 감안하여 정한다.
④ 균열의 내구성이나 내력에의 영향, 환경 등도 감안하여 정해야 한다.

IV. 최대 균열폭과 온도 균열 지수와의 관계

1) 최대 균열폭과 온도 균열 지수

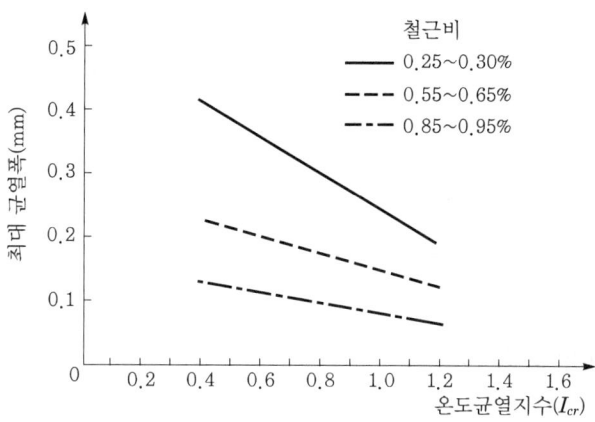

2) 온도 균열 지수와 철근비의 상호 관계

① 아직 명확히 밝혀져 있지 않다.

② 예측 방법도 확립되어 있지 않다.

③ 균열폭을 예측하기 위해서는 과거의 사례 등을 참고하는 것이 좋다.

3) 온도 균열 폭의 제어

① 온도 균열 지수를 높인다.

② 철근비를 높인다.

③ 가는 철근을 분산시켜 배근한다.

19 온도 균열 제어 방법

I. 정의

① 온도 균열은 콘크리트의 타설 초기에 콘크리트의 강도 발현이 충분치 않은 시점에서 부재의 내·외부 온도 차이에 의한 온도 구배로 인하여 발생되는 균열을 의미하며, 한중 Con'c · Mass Con'c · Dam Con'c 등에서 발생된다.

② 이 온도 균열을 제어하는 방법으로는 콘크리트 온도를 저감시키는 방법과 온도 응력을 완화시키는 방법 및 온도 응력에 대한 콘크리트의 저항력을 증대시키는 방법이 있다.

II. 온도 균열 제어 방법

1) 콘크리트의 온도 저감 방법

1st Level	2nd Level	3rd Level
단위 시멘트량 감소	① 단위 수량 감소 ② 설계기준강도 저하	① Slump 및 잔골재율의 저하 ② 굵은 골재의 최대치수 증대 ③ 고성능 AE 감수제 사용
저열성 시멘트 사용	설계 재령의 장기화	
타설 온도 저하	① Precooling ② 낮은 기온시 타설	
타설 높이 저하		
강제적 온도 저하	Pipe Cooling (냉수·냉동·액체 질소)	콘크리트 구성 재료(물·골재)의 온도 저하후 배합

2) 온도 응력의 완화 방법

1st Level	2nd Level	3rd Level
외부 구속의 저하	부재 두께의 감소	수축 줄눈 및 신축 줄눈 설치
신·구 콘크리트의 온도 차이 감소	① 타설 시간 단축 ② 구콘크리트 가열	
부재의 내·외부 온도 차이 감소	보온 양생	① 보온성 거푸집으로 부재 표면 보호(Sheet·단열재·물) ② 양생 기간을 길게

3) 온도 응력에 대한 저항력 증대 방법

1st Level	2nd Level	3rd Level
Prestress 도입	① 팽창제 ② 기계적 Prestress	강섬유·유리섬유 사용
인장 저항력 증가	① 섬유 보강 ② Polymer 보강	

20 온도 균열을 막기 위한 시공상 유의점

Ⅰ. 정의

① Con'c가 급격히 건조하게 되면 Con'c 표면과 Con'c 내부의 건조 수축의 차에 의해 Con'c 표면에 인장 응력이 발생하게 된다.

② 이 때 발생되는 인장 응력으로 인해 균열이 발생되는데 이것을 온도 균열이라고 하며, 구조체의 강도를 저하시키는 원인이 된다.

Ⅱ. 분할 타설

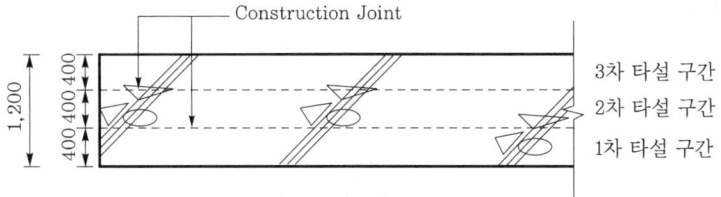

온도 균열을 방지하기 위해서는 분할 타설을 하는 바, 1차 타설후 2차 타설까지의 시간 간격은 수화열이 저감되는 5일 이후 타설

Ⅲ. 피해

① 누수에 의한 철근 부식

② 구조체의 강도 저하

③ 열화의 원인

Ⅳ. 시공상의 유의점

① Con'c의 타설 온도를 낮출 것

② 인장 변형에 저항이 큰 콘크리트를 사용할 것

③ 수화열이 적은 중용열 Portland Cement를 사용할 것

④ 굵은 골재의 최대치수를 가능한 크게 할 것

⑤ Fly Ash 등의 혼화재를 사용할 것

⑥ 적당한 간격의 Expansion Joint를 설치할 것

⑦ 냉각 공법(Precooling, Pipe Cooling 등) 적용

⑧ 단위 시멘트량을 감소할 것

⑨ 적당한 타설 속도를 유지할 것

⑩ Con'c의 1회 타설 높이를 적게 할 것

21 | 수중 콘크리트(Underwater Concrete)

[13후(10)]

Ⅰ. 정의

① 수중 콘크리트란 물이 많이 나고 배수가 불가능한 지하층 공사 및 호안·하천 변의 기초 공사 또는 가물막이 공사 등에 적용되는 콘크리트이다.

② 수중 콘크리트에는 일반 수중 콘크리트와 수중 불분리성 혼화제를 사용하는 수중 불분리성 콘크리트, 현장치기 말뚝과 지하 연속벽에 사용되는 수중 콘크리트 및 Prepacked 콘크리트 공법 등이 있다.

Ⅱ. 현장 시공도

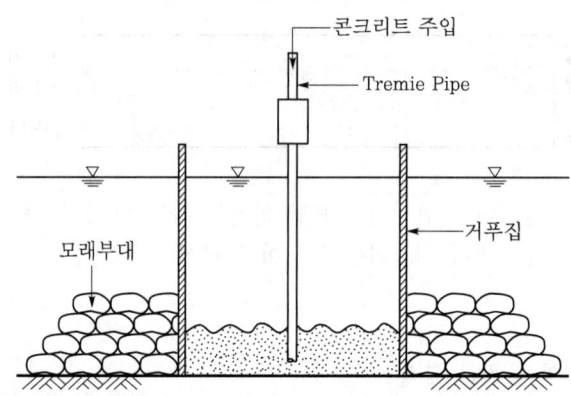

Tremie Pipe의 출구를 막고 수중에 투입하여 물과 치환하면서 콘크리트 타설

Ⅲ. 수중 콘크리트의 분류

분류
- 일반 수중 콘크리트
- 수중 불분리성 콘크리트
- 현장치기 말뚝 및 지하 연속벽의 수중 콘크리트
- Prepacked 콘크리트

Ⅳ. 문제점 및 대책

문제점	① 철근과 콘크리트의 부착 강도 불량 ② 재료 분리 발생 ③ 콘크리트의 균질성 확보가 어려움 ④ 시공후 품질 검사가 어려움
대책	① 가물막이 공사에 의한 Dry Work ② 기성 Con'c 제품 사용 ③ 배합 강도를 높임 ④ 수중에서 분리가 적은 특수 혼화 재료 사용

22 Tremie Concrete

[75(10)]

Ⅰ. 정의

① Tremie Concrete란 콘크리트를 타설할 때 수중 시공 또는 타설 높이가 높은 경우 콘크리트 재료 분리 및 성질 변화를 방지할 목적으로 Tremie Pipe를 사용하는 콘크리트를 말한다.

② 수중 콘크리트 시공 및 현장 타설 콘크리트 말뚝 공사에 많이 사용되는 공법으로 타설시 특별한 관리를 요구한다.

Ⅱ. 특징

① 수중 공사에서 재료 분리 방지　　② 콘크리트 수화열 억제

③ 콘크리트와 안정액 혼합 방지　　④ 타설시 철저한 품질관리 필요

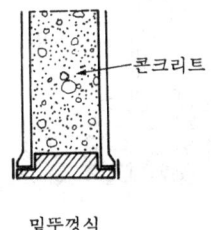
밑뚜껑식

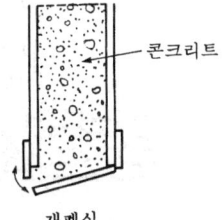
개폐식

< Tremie Pipe 하부 구조 >

Ⅲ. Tremie 콘크리트 시공법

1) Tremie 설치

Tremie의 출구를 막고 수중에 투입하여 소정 위치까지 Tremie Pipe를 설치한다.

2) 콘크리트 타설

Tremie Pipe 내에 콘크리트를 채우고 난후 아래 부분 출구를 열고 콘크리트를 배출한다.

3) Tremie 인발

Tremie Pipe의 선단이 항상 콘크리트속에 2 m 이상 묻히게 유지하며 Tremie Pipe를 서서히 빼올린다.

Ⅳ. 시공시 유의사항

① Tremie Pipe 내에는 콘크리트 이외에 공기·물·불순물이 있어서는 안 된다.

② Tremie Pipe의 내경은 굵은 골재 치수의 8배 이상이어야 한다.

③ 타설 중에 수평 이동은 금한다.

④ 타설은 좌우가 수평되게 서서히 진행한다.

⑤ 별도의 다짐을 하지 않는다.

23 Prepacked Concrete

[75(10)]

Ⅰ. 정의

거푸집 안에 미리 굵은 골재를 채워 넣은후 주입관을 통하여 간극 속으로 특수한 모르타르를 주입하여 Con′c를 만드는 공법이다.

Ⅱ. 시공 상세도

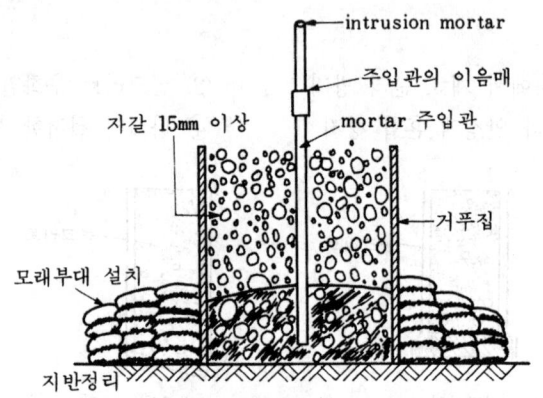

Ⅲ. 특징

① 건조 수축 및 침하량이 적음
② 수중에서의 팽창이 적음
③ 내구성·수밀성·동결 융해성이 좋음
④ 수화 발열량이 적음

Ⅳ. 재료 및 배합

① 굵은 골재의 최대치수는 15 mm 이상의 입도가 좋은 것을 사용하되 가능한 큰 것이 좋음
② Intrusion Aid를 사용하고, 보통 Cement를 사용함
③ 잔골재는 1.2 mm체에 100%, 0.6 mm체에 90% 통과한 것

Ⅴ. 적용 대상

① 기존 구조물의 보수·보강 공사
② 수중 Con′c 공사
③ 기초 공사 및 주열식의 현장 타설 흙막이 공사
④ 해수의 영향을 받는 곳

VI. 시공 순서 Flow Chart

거푸집 공사 → 철근망 설치 → Mortar 주입관 설치 → 굵은 골재 → Intrusion Mortar 주입

VII. 시공시 유의사항

① Mortar Mixer는 주입 Mortar를 5분 이내에 비빔할 수 있는 것으로 할 것
② 거푸집의 강도는 주입 Mortar의 측압을 견디며, 이음부에서 Cement Paste의 유출이 없도록 할 것
③ Mortar 주입압은 골재 사이의 간극을 충분히 메울 수 있도록 하고, 연속 시공할 것

24 | Intrusion Aid

Ⅰ. 정의

① Fly Ash, 분산제, Aluminium 분말 등을 적당히 혼합하여 만든 혼화 재료로써 특히 콘크리트의 유동성을 좋게 한다.

② Intrusion Aid에 Cement, 세골재 등과 혼합하여 Intrusion Mortar를 만들고, 이것을 수중 Con′c 공사, Prepacked Con′c 공사 등에 활용하게 된다.

Ⅱ. 용도 및 특성

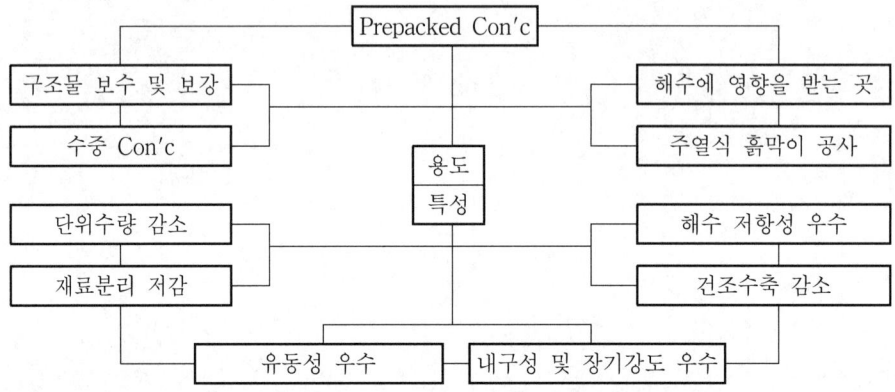

Ⅲ. Intrusion Mortar의 품질

① 흐름 시간은 16~20초 정도, 팽창률은 5~10% 정도, Bleeding률은 3% 이하에서 관리

② 단위 수량의 증가없이 충분한 유동성, 불분리성 등을 가질 것

③ 수화 발열량(보통 Con′c의 20~60% 정도), 수중에서의 팽창 등이 적을 것

④ 충분한 내구성·수밀성·내동결 융해성 등을 가질 것

Ⅳ. Intrusion Mortar의 주입관리

① 주입관의 선단은 Mortar속에 0.5~2.0 m 이상 묻히게 할 것

② Mortar Pump는 Piston식을 채택하는 것이 유리함

③ 주입관 설치는 수직 방향으로 2 m 이하 간격을 표준으로 함

④ 수평 방향 주입관은 2 m 이하 간격, 상하 간격 1.5 m 이하를 표준으로 함

⑤ Mortar의 상승 속도는 0.3~2.0 m/hr 정도로 함(측압·재료 분리 방지)

⑥ 주입 순서는 Mortar Mixer → Agitator Truck → Mortar Pump → Mortar 주입관의 순으로 이루어짐

25 수밀 콘크리트(Watertight Concrete)

Ⅰ. 정의

① 지하실, 수중 구조물, 정수장, 수영장, 수조, 지붕 Slab 등의 수밀성을 필요로 하는 공사에 사용되는 Con′c를 말한다.

② 물·시멘트·Slump는 최소화하고, 분말도가 높은 Cement를 사용하되, 적절한 혼화제(고성능 감수제 등)를 사용함으로써 수밀성을 높인다.

Ⅱ. 수밀성 저해요인

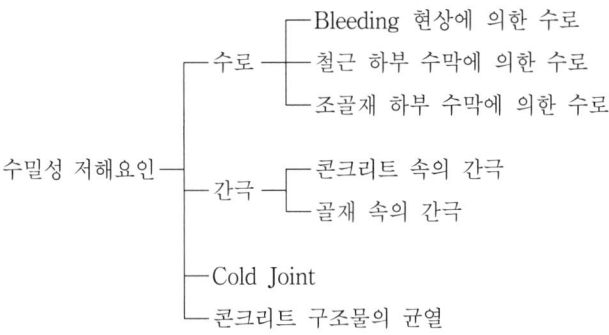

Ⅲ. 특성

① 내화학적 저항력이 크다.

② 강도·내구성 등이 같이 좋아진다.

③ 유동성 및 분산성을 높이기 위해 적절한 혼화 재료를 사용한다.

Ⅳ. 재료 및 배합

재료	Cement	분말도가 높은 Cement(미세한 분말 구조)를 사용하는 것이 바람직함
	골재	골재는 구형의 입도가 균일한 것을 사용하는 것이 좋음
	혼화 재료	미세힌 재료의 응김현상을 막기 위해 고성능 감수제 시용
배합	물결합재비	55% 이하로 하며, 시공 연도의 범위내에서 가능한 작게 할 것
	Slump치	180 mm 이하로 하고, 가능한 작게 하되 재료 분리는 없도록 할 것
	굵은 골재 최대치수	4% 이하로 하며, 적당한 혼화제를 사용할 것
	단위 수량	시공 연도의 범위내에서 가능한 적게 하는 것이 좋음

V. 시공시 유의사항

① 타설시 Con′c의 온도는 30℃ 이하로 유지할 것

② 이어붓기의 시간 간격은 외기 온도 25℃ 미만일 때 90분 이하로 할 것

③ 타설후 1일, 가능하다면 3일간은 중량물의 적재나 보행을 삼가할 것

④ 수밀성 재료에 의한 거푸집 공사로 Cement Paste의 유출을 방지할 것

26 수밀 콘크리트와 수중 콘크리트

I. 수밀 콘크리트

1) 정의

① 지하실, 수중 구조물, 정수장, 수영장, 수조, 지붕 Slab 등의 수밀성을 필요로 하는 공사에 사용되는 Con'c를 말한다.

② 물·시멘트·Slump는 최소화하고, 분말도가 높은 Cement를 사용하되, 적절한 혼화제(고성능 감수제 등)를 사용함으로써 수밀성을 높인다.

2) 특성

① 내화학적 저항력이 크다.

② 강도·내구성 등이 같이 좋아진다.

③ 유동성 및 분산성을 높이기 위해 적절한 혼화 재료를 사용한다.

3) 시공시 유의사항

① 타설시 Con'c의 온도는 30℃ 이하로 유지할 것

② 이어붓기의 시간 간격은 외기 온도 25℃ 미만일 때 90분 이하로 할 것

③ 타설 후 1일, 가능하다면 3일간은 중량물의 적재나 보행을 삼갈 것

④ 수밀성 재료에 의한 거푸집 공사로 Cement Paste의 유출을 방지할 것

II. 수중 콘크리트

1) 정의

① 수중 콘크리트란 물이 많이 나고 배수가 불가능한 지하층 고사 및 호안·하천 변의 기초 공사 또는 가물막이 공사 등에 적용되는 콘크리트이다.

② 수중 콘크리트에는 일반 수중 콘크리트와 수중 불분리성 혼화제를 사용하는 수중 불분리성 콘크리트, 현장치기 말뚝과 지하 연속벽에 사용되는 수중 콘크리트 및 Prepacked 콘크리트 공법 등이 있다.

2) 문제점 및 대책

문제점	① 철근과 콘크리트의 부착 강도 불량 ② 재료 분리 발생 ③ 콘크리트의 균질성 확보가 어려움 ④ 시공 후 품질 검사가 어려움
대책	① 가물막이 공사에 의한 Dry Work ② 기성 Con'c 제품 사용 ③ 배합 강도를 높임 ④ 수중에서 분리가 적은 특수 혼화재료 사용

3) 수중 콘크리트의 분류

분류 ┬ 일반 수중 콘크리트
 ├ 수중 불분리성 콘크리트
 ├ 현장치기 말뚝 및 지하 연속벽의 수중 콘크리트
 └ Prepacked 콘크리트

27 지수판(Water Stop ; Cut-Off Plate)

I. 정의

① 지수판은 콘크리트의 이음부에서 수밀을 위하여 콘크리트속에 묻어서 누수 방지나 지수 효과를 얻는 판모양의 재료이다.

② 지수판은 내구성과 변형 성능이 있어야 하고, 콘크리트와의 부착력이 좋은 형상의 것이어야 한다.

II. 종류

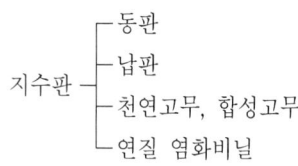

지수판
- 동판
- 납판
- 천연고무, 합성고무
- 연질 염화비닐

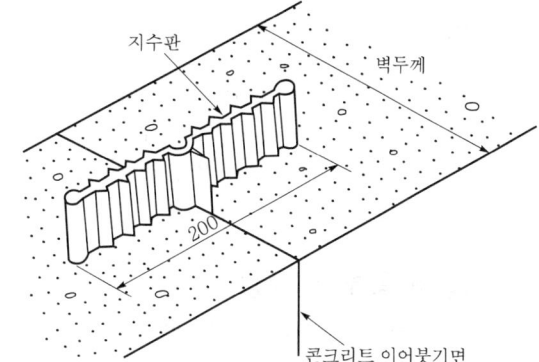

< 지수판 시공 >

III. 요구 성능

① 인장 강도 및 인열 강도가 크고, 유연성이 풍부할 것

② 흡수 및 투수에 대한 저항성이 클 것

③ 내알칼리성·내구성 및 내약품성이 양호할 것

④ 노화되지 않고, 내구성이 좋을 것

⑤ 시공시에 용접 등의 가공이 용이할 것

IV. 시공시 유의사항

① 재료 선정시 콘크리트에 대한 밀착성이 좋은 것을 선정한다.

② 철근이 있는 곳은 피하고, 구조체 중앙부에 설치한다.

③ 미리 콘크리트 타설 높이를 설정후 수평에 맞춰서 설치한다.

④ 콘크리트 타설시 구부러지지 않게 보조 철물로 고정한다.

⑤ 타설 직후, 양생전에 충격을 주면 지수 성능이 저하된다.

시험 항목	단 위	규정값
인장강도	MPa	12 이상
신장률	%	250 이상
노화성(중량 변화율)	%	±10 이내
유연성	℃	-30 이하

* 폴리염화비닐 지수판의 규격(KS M 3805)

28 | 방수 콘크리트(구체 방수 ; Waterproofed Concrete)

Ⅰ. 정의

① Con'c의 방수를 목적으로 방수제를 첨가하거나 도포하는 방법으로써 Con'c를 수분의 침투로부터 보호하기 위한 Con'c를 말한다.

② 방수 방법은 혼합법과 도포법으로 나뉜다.

Ⅱ. 원리

① 미세물질을 혼입하여 Con'c 속의 간극을 채움

② 발수성 물질을 혼입하여 흡수를 차단

③ Con'c 내부에 수밀성의 막을 형성함

④ 가용성 물질을 침투 및 도포시켜 방수성 확보

Ⅲ. 공법별 종류 및 특성

1) 혼합법(Con'c에 혼합시킴)

① 염화칼슘계($CaCl_2$ 또는 $CaCl_2 \cdot 6H_2O$) : 수화 반응을 촉진시켜 경화가 빨라지면서 Con'c를 치밀하게 함

② 규산소다(물유리)계 : Con'c 중의 수산화칼슘과 반응하여 Con'c를 치밀하게 함(급결제)

③ 규산질(Silica) 분말계 : Fly Ash, Silica Fume 등을 사용하여 Con'c의 간극을 채움

④ 지방산계 : Con'c 중의 수산화칼슘과 고급지방산이 결합하여 Con'c 속의 모세관 간극을 충진하며, 발수성의 고급지방산 칼슘을 생성함

⑤ Paraffin Emulsion 및 Asphalt Emulsion : Con'c에 혼입하면 발수 작용으로 인해 흡수성을 감소시킴으로써 방수성을 개선하는 방법으로 계면활성제와 함께 사용됨

2) 도포법(침투성 도포제계 ; Sylvester Method)

① Con'c에 명반과 비눗물을 섞은 뜨거운 물을 여러 차례 바르는 방법

② 1차는 침투하여 수밀화하고, 2차는 표면에 보호 피막을 형성함

29 | 경량 콘크리트(Light Weight Concrete)

Ⅰ. 정의

① 설계기준강도가 15 MPa 이상 24 MPa 이하이고, 기건 단위용적 중량이 1.4~
2.0 tf/m³ 범위 내에 들어가는 Con′c를 말한다.

② 경량 골재, 톱밥, 석탄재 등 경량의 재료를 이용하거나 기포를 Con′c 중에 형
성하여 Con′c 부재를 경량화하였다.

Ⅱ. 경량 콘크리트의 열적 성능

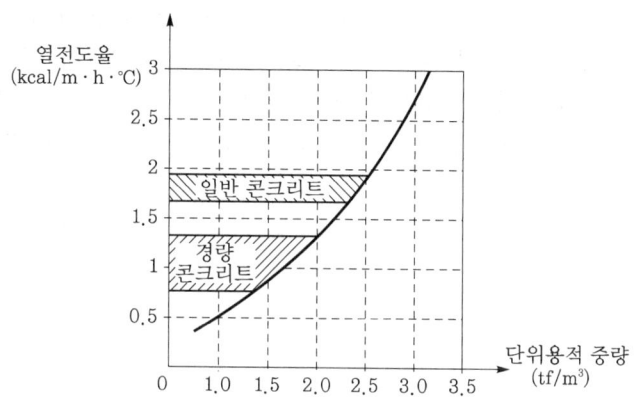

콘크리트의 열전도율은 단위용적 중량에 의한 영향이 큼

Ⅲ. 종류

종 류	제조 방법
보통 경량 Con′c	골재의 비중이 세골재는 2.0 미만, 조골재는 1.6 이하의 경량 골재를 사용
기포 Con′c (Cellular Concrete)	기포제를 이용하여 물리적 반응에 의해 기포를 발생시키거나, 발포제를 사용하여 Gas 기포를 발생
다공질 Con′c (Porous Concrete)	입경이 작은 굵은 골재와 Cement Paste만 사용하여 다공질의 Filter 형성
톱밥 Con′c	톱밥을 골재로 사용하여 못을 박을 수 있게 한 Con′c
신더 Con′c (Cinder Concrete)	석탄재를 골재로 사용한 Con′c

Ⅳ. 특징

① 자중 경감 효과

② 단열 및 방음성이 좋음

③ 흡수성·건조 수축 등이 큼

④ 열전도율이 일반 Con′c의 1/10 정도

Ⅴ. 시공시 유의사항

① Slump는 180 mm 이하, 단위 시멘트량은 300 kgf/m^3 이하, 물결합재비는 60% 이하

② 굵은 골재 최대치수는 15~20 mm로 함(인공 경량 골재를 사용할 때)

③ 경량 골재는 배합전에 충분히 습윤하여 표면 건조 내부 포화 상태로 유지할 것

④ 혼화제는 AE제·AE 감수제를 쓰고, 공기량은 5%를 표준으로 함

⑤ 피복 두께는 보통 콘크리트의 피복 두께에 10 mm를 더한 값으로 함

⑥ 비중이 1.0 이하의 골재는 압축 강도와 탄성계수가 현저히 저하하므로 유의해야 함

⑦ 염소가스는 철근 부식을 촉진하고, 질소가스는 독성이므로 취급상 유의해야 함

30 Pre−Wetting

[04중(10)]

Ⅰ. 정의

① 경량 골재를 사용하기전에 골재에 미리 물을 흡수시키는 작업을 Pre−Wetting 이라 말한다.

② 골재의 Pre−Wetting은 함수량이 큰 경량 골재의 경우 콘크리트 비빔 및 운반중에 골재 흡수가 일어나지 않도록 하기 위하여 사용전에 미리 골재에 살수하여 흡수하게 하여야 한다.

Ⅱ. 경량 골재의 Pre−Wetting

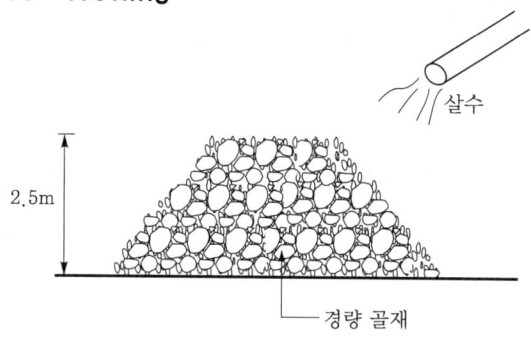

사전에 골재를 충분히 흡수시켜 콘크리트 비빔이나 운반 도중의 흡수 방지

Ⅲ. 골재의 적용

팽창 혈암을 사용한 조골재 경우는 1시간 이상, 세골재는 24시간 이상 Pre−Wetting 을 실시한다.

Ⅳ. 경량 골재 콘크리트의 문제점

① 시공이 복잡

② 다공질이고 투수성이 큼

③ 건조 수축이 큼

④ 탄산화 속도가 빠름

Ⅴ. 경량 골재 콘크리트 시공시 유의사항

① 골재의 흡수율이 크므로 콘크리트 배합전 충분히 물을 흡수시킨다.

② 콘크리트 운반거리는 가능한 짧게 한다.

③ 흙 또는 물과 접촉되는 부위는 사용을 금지한다.

④ 콘크리트 타설시 침하가 크므로 다짐, 시공 이음에 주의한다.

⑤ 타설후 7일 이상 습윤상태의 양생을 유지한다.

⑥ 콘크리트 다짐은 고성능 진동기를 사용하여 충분히 다짐한다.

⑦ 콘크리트 타설시 재료 분리가 생기지 않도록 각별히 주의한다.

⑧ 건조 수축이 크게 일어나므로 조기 건조를 방지한다.

31 보통 경량 콘크리트

Ⅰ. 정의

① 골재의 비중이 세골재는 2.0 미만, 조골재는 1.6 이하의 경량 골재를 이용하여 만든 Con'c를 말한다.

② 경량 골재로는 크게 천연 경량 골재와 인공 경량 골재로 나뉜다.

Ⅱ. 경량 골재의 종류

종 류	경량 골재
천연 경량 골재	① 화산암(Volcanic Rock), 화산암재(Scoria), 화산재(Volcanic Ash) ② 응회암(Tuff), 규조토(Diatomaceous Earth)
인공 경량 골재	① 혈암·점판암(Shale Clay·Clay Slate Stone) ② 팽창질석(Expanded Vermiculite) ③ Fly Ash ④ 용융광재(Expeaded Slag) ⑤ 석탄재(Cinder Ash)

Ⅲ. 적용 대상

① Precast Panel 제품
② 부재의 자중 경감
③ 초고층 구조물 공사
④ 콘크리트 2차 제품(경량벽돌 등)

Ⅳ. 특징

① 비중이 가벼움
② 단열 및 방음성이 좋음
③ 내동해성, 시공 연도가 향상됨

Ⅴ. 시공시 유의사항

① 굵은 골재의 최대치수는 15~20 mm로 함(인공 경량 골재를 사용할 때)
② 비중이 1.0 이하의 골재는 압축 강도와 탄성계수가 현저히 저하되므로 유의해야 함
③ 부립률은 10% 이하로 함
④ 경량 콘크리트의 피복 두께는 보통 콘크리트의 피복 두께에 10 mm를 더한 값
⑤ 배합은 소요 강도·시공 연도·비중·균일성·내구성 등을 충분히 검토할 것
⑥ 배합전에 충분히 흡수시키고, 표면 건조 내부 포화 상태로 유지할 것
⑦ Slump값은 180 mm 이하, 단위 시멘트량은 300 kgf/m^3 이상, 물결합재비는 60% 이하로 할 것

32 기포 콘크리트(Cellular Concrete)

Ⅰ. 정의

① 기포제를 Cement에 혼합하는 경우 물리적 반응에 의해 기포를 발생시키거나 발포제를 사용하여 화학적 반응에 의한 Gas를 발생시켜 경량화한 Con′c를 기포 콘크리트라고 한다.

② 경량성·단열성·내화성 등이 좋아진다.

Ⅱ. 현장 시공도

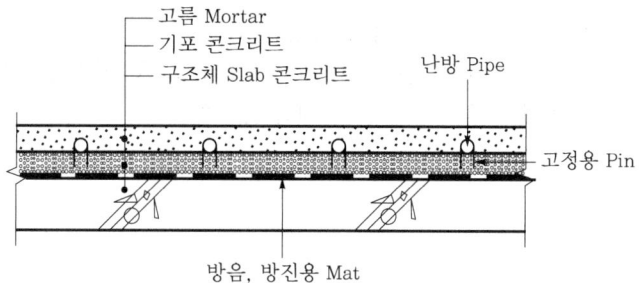

주거용 구조물의 보온 바닥재 시공시 적용

Ⅲ. 요구 성능

① 경량성

② 내화성

③ 단열성

④ 방음성

Ⅳ. 적용 대상

① 바닥 단열 및 흡음재

② 경량 Precast 제품

③ A.L.C(Autoclaved Light-weight Concrete)

Ⅴ. 기포 도입 방법별 분류

기포법	기포제를 사용, 물리적인 방법(표면활성제 사용, AE제 등)으로 기포 발생
발포법	발포제를 사용, 화학 반응(알루미늄 분말 등을 사용)으로 기포 발생

Ⅵ. 특징

① 구조물의 자중 경감 효과가 큼

② Con'c 타설시 시공성이 좋고, 노동력이 절감됨

③ 수밀도가 $1,500 \sim 1,600 \, kg/m^3$ 정도임

④ 흡수성, 건조 수축 등이 큼

⑤ 열전도율은 일반 콘크리트의 1/10 정도임

Ⅶ. 시공시 유의사항

① 염소가스는 철근의 부식을 촉진시킬 수 있으므로 유의해야 함

② 질소가스는 약품 자체의 독성으로 취급상 주의가 필요함

③ 질소가스는 고가이므로 적용시 충분한 검토가 필요함

④ 현재는 수소가스(금속 알루미늄 분말+Cement 중 알칼리=가스 발생)가 비용면과 반응성에서 유리하여 많이 채택하고 있음

33 다공질 콘크리트(Porous Concrete)

Ⅰ. 정의

① 입경이 작은 굵은 골재만을 사용한 다공질의 투수성이 있는 콘크리트를 말한다.
② 내부에 많은 작은 구멍을 가지고 있어서 수로의 Filter로 사용되고 있으며, 경량이다.

Ⅱ. 경량 골재 콘크리트의 설계기준강도

골재에 의한 콘크리트 종류	사용 골재		설계기준강도 (MPa)	단위용적 중량 (kg/m³)
	잔골재	굵은 골재		
1종 경량 골재 콘크리트	모래, 부순 모래 고로 슬래그 잔골재	인공 경량 골재	18~24	1,700~2,000
2종 경량 골재 콘크리트	인공 경량 잔골재 또는 인공 경량 잔골재 일부 사용		15~21	1,400~1,700

Ⅲ. 적용 대상

① 배수용 수로
② 식수의 여과 장치
③ 구조물에 적용(하중 경감)

Ⅳ. 특징

① 잔골재(모래 등)는 사용하지 않음
② 굵은 골재의 치수는 5~10 mm 정도의 것을 사용
③ 기포는 골재를 둘러싼 시멘트풀로 만듦

Ⅴ. 시공시 유의사항

① 중량 배합비 1(시멘트) : 5(골재)로 시공할 것
② 물결합재비는 33% 정도로 할 것
③ 압축 강도가 7 MPa 이상의 것을 사용함

34 | Thermo – Con'c(Thermo Concrete)

Ⅰ. 정의

① Con'c 제작시 골재는 전혀 사용하지 않고, 물·Cement·발포제만으로 만든 경량 Con'c를 말한다.

② 기포 Con'c의 일종이며, 발포 방식(발포제 사용)에 의에 만든 Con'c를 말한다.

Ⅱ. Thermo – Con의 다짐

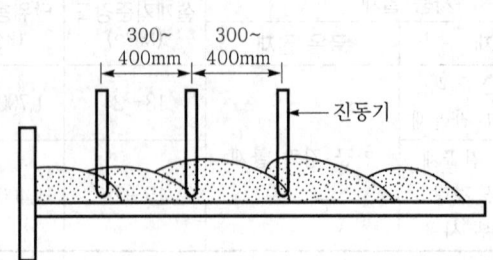

진동기 간격	300~400 mm
진동 시간	15초
진동수	8,000 rpm

① 경량 콘크리트 타설시 진동기 사용이 원칙

② 진동수 7,200~8,000 rpm시 다짐 효과 최대

Ⅲ. 적용 대상

① 경량 Precast 제품

② 바닥 단열 및 흡음재

③ A.L.C(Autoclaved Light–weight Concrete)

Ⅳ. 품질 및 특성

① 물결합재비는 43% 이하로 함

② 압축 강도는 4~5 MPa 정도로 함

③ 인장 강도는 0.43~0.5 MPa, 휨강도는 1.7~1.9 MPa 정도로 함

④ 흡수율은 10~14%, 열전도율은 0.16~0.18 kcal/mh℃ 정도로 함

⑤ 비중은 0.8~0.9 정도임

Ⅴ. 발포가스의 종류(발포제 사용)

① 수소가스   ② 산소가스

③ 아세틸렌가스   ④ 탄산가스

⑤ 암모늄가스   ⑥ 염소가스

Ⅵ. 요구 성능

① 경량성
② 방음성
③ 단열성
④ 내화성

Ⅶ. 시공시 유의사항

① 건조 수축(일반 Con'c의 5배 정도)에 의한 균열 발생
② 발포제를 사용할 때 염소가스는 철근의 부식을 촉진시킴
③ 발포제를 사용할 때 질소가스는 독성으로 인해 취급상 불리함
④ 질소가스는 고가이므로 선정시 신중을 가해야 함

35 | 중량 콘크리트(Heavy Concrete, 차폐 Con′c)

Ⅰ. 정의

① 중량 골재를 사용하여 방사선(X선·γ선·중성자선)을 차폐할 목적으로 비중(3.2~4.0)이 큰 중량 골재를 사용한 Con′c를 말한다.

② 중량 골재로는 철광석·중정석·자철광 등을 사용한다.

Ⅱ. 중량 콘크리트의 개념도

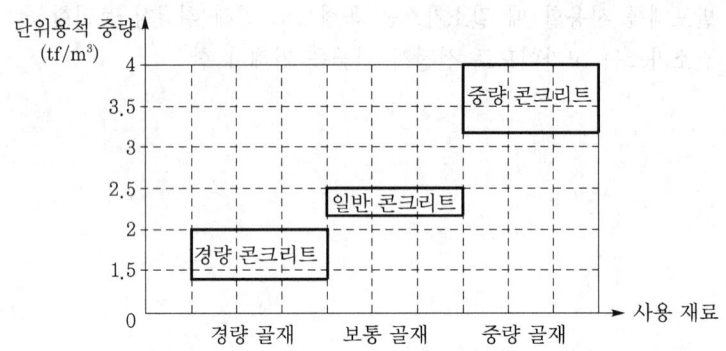

Ⅲ. 재료 및 배합

재료	Cement	보통 Portland Cement, 고로 Slag Cement, Pozzolan Cement 등 사용
	골재	철광석·중정석·자철광·철편 등 비중이 3.2~4.0의 골재 사용
	혼화 재료	단위 수량, 단위 시멘트량을 작게 할 목적으로 감수제 및 수화열을 작게 하기 위해 Fly Ash 등을 사용
배합	물결합재비	50% 이하를 원칙으로 한다.
	Slump치	150 mm 이하로 하며, 100 mm 이하가 바람직하다.
	굵은 골재 최대치수	중량 골재를 사용하므로 치수가 작고 균일하여야 재료 분리가 적다.
	단위 수량	단위용적 중량의 저하, 수축 균열의 발생, 수밀성·내구성 저하를 가져올 수 있으므로 시공 연도가 확보되는 범위내에서 가능한 작게 한다.

Ⅳ. 시공시 유의사항

① 초기 보양 기간은 5일 이상으로 하며, 습윤 양생을 실시한다.

② 타설후 1일, 가능하다면 3일간은 중량물의 적재나 보행을 삼가한다.

③ 혼화 재료 중의 염소나 황산 성분은 철근을 부식시키므로 유의한다.

④ 단위 시멘트량의 최소치를 $270 \, kg/m^3$ 이상으로 하고, 가능한 적게 하여야 한다.

⑤ 재료의 계량 오차는 Cement 1%, 골재 3%, 물 1%, 혼화재 2~3% 정도가 바람직하다.

36 고강도 콘크리트(High Strength Concrete)

Ⅰ. 정의

① Con′c의 설계기준강도가 보통 Con′c에서 40MPa 이상, 경량 Con′c에서는 27MPa 이상의 Con′c를 말한다.

② 고성능 감수제(유동화제) 등을 사용하여 된비빔의 Con′c를 타설할 수 있게 하였고, Silica Fume 등의 미세 분말을 사용하여 강도·내구성을 높인 Con′c이다.

Ⅱ. 고강도 콘크리트의 제조

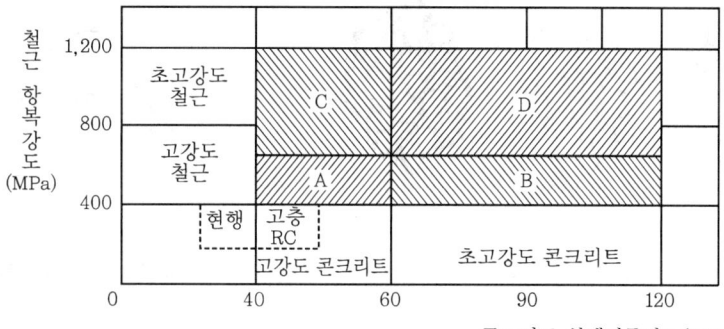

A : 고강도 철근과 고강도 콘크리트를 사용한 RC조
B : 고강도 철근과 초고강도 콘크리트를 사용한 RC조
C : 초고강도 철근과 고강도 콘크리트를 사용한 RC조
D : 초고강도 철근과 초고강도 콘크리트를 사용한 RC조

Ⅲ. 특징

① 작업성 향상
② 강도 증진
③ 부재의 경량화 가능
④ 균질한 Con′c 확보
⑤ 물결합재비 감소
⑥ 취성 파괴의 우려가 있음

Ⅳ. 재료

① 고성능 감수제(유동화제) : 물결합재비를 감소시키며, Workability를 향상시킨다.

② 혼화재 : Fly Ash, Silica Fume 등의 미분말 사용으로 강도·수밀성이 증대된다.

③ 골재 : 조골재와 세골재가 골고루 섞이고, 간극률 및 시멘트량을 감소시킨다.

V. 배합

① 물결합재비는 55% 이하로 하고, 가능한 적게 한다.

② Slump치는 150 mm 이하로 하고, 유동화제 첨가 콘크리트는 210 mm 이하로 한다.

③ 굵은 골재의 최대치수는 40 mm 이하로서 보통은 25 mm 이하로 하며, 철근의 수평 간격의 3/4, 부재 최소치수의 1/5 이내로 한다.

④ 단위 수량은 175 kgf/m^3 이하로 하고, 가능한 작게 설계한다.

⑤ 단위 시멘트량은 Workability 범위내에서 가능한 작게 한다.

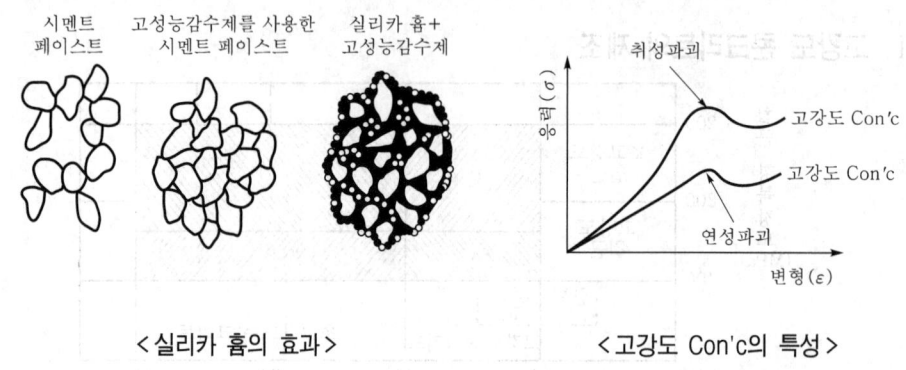

< 실리카 흄의 효과 > < 고강도 Con'c의 특성 >

37 콘크리트 폭열 현상(Spalling Failure)

[12전(10)]

Ⅰ. 정의

① 콘크리트 폭열 현상이란 화재시 콘크리트 구조물에 물리적·화학적 영향을 주어 파괴시키는 현상으로서 여러 요인이 복합해서 작용된다.

② 화재시 영향을 주는 요인은 화재의 강도, 화재의 형태, 화재 지속 시간, 구조 형태, 콘크리트의 종류 및 골재의 종류, 강재의 종류 및 화재시 발생하는 가스 등의 영향을 받는다.

Ⅱ. 화재에 의한 콘크리트의 손상

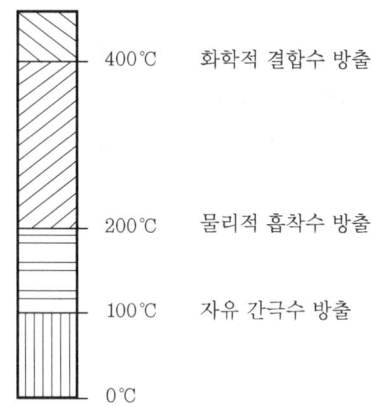

400℃	화학적 결합수 방출
200℃	물리적 흡착수 방출
100℃	자유 간극수 방출
0℃	

Ⅲ. 폭열 발생 원인

① 흡수율이 큰골재의 사용

② 내화성이 약한 골재의 사용

③ 콘크리트 내부 함수율이 높을 때

④ 치밀한 조직으로 화재시 수증기 배출이 안 될 때

Ⅳ. 영향을 주는 요인

1) 화재의 강도(최대 온도)

화재의 최대 온도가 300℃까지는 콘크리트의 손상이 거의 없다.

2) 화재의 형태

① 부분적인 것과 전면적인 것이 있다.

② 구조물의 변형 및 구속력의 강도에 의해 결정된다.

3) 화재 지속 시간

화재 지속 시간	콘크리트 파손 깊이
80분후(800℃)	0~5 mm
90분후(900℃)	15~25 mm
180분후(1100℃)	30~50 mm

4) 구조 형태

① 보의 단면 및 Slab의 두께가 작을수록 위험하다.

② 부정정 구조물에는 변형이 억제되어 있으므로 구속력이 크다.

5) 콘크리트 및 골재의 종류

석회암을 골재로 사용한 콘크리트는 화재시 높은 열에 의해 발생되는 증기압으로 파멸된다.

6) 강재 종류

① 냉간 가공 강재 : 500℃ 이상에서 강도 상실

② 일반 자연 강재 : 900℃ 이상에서 강도 상실

7) 화재시 발생하는 가스에 의해 영향을 받는다.

Ⅴ. 대책

1) 간접적인 대책

① 화재·가스 경보기 설치

② 소화기 설치

③ 누전 방지 대책 강구

④ 방화 조직·기구 설치

2) 직접적인 대책

① 내화 Coating 도포

② 방화 System 강구 및 스프링클러 가동

③ 내화 Paint 도포

38 고내구성 콘크리트

[09후(10)]

Ⅰ. 정의

① 내구성이란 Con′c 구조물을 구성하는 재료(Cement, 골재 등)가 파손·노후·균열 등이 생기지 않고 오랜 기간 동안 사용 연한을 유지하는 것을 말한다.

② 장기 강도가 중요시 되는 Con′c이며, 배합 설계를 통한 적당한 재료를 선정하여 철저한 품질관리가 먼저 선행되어야 한다.

Ⅱ. 내구성에 영향을 주는 요인

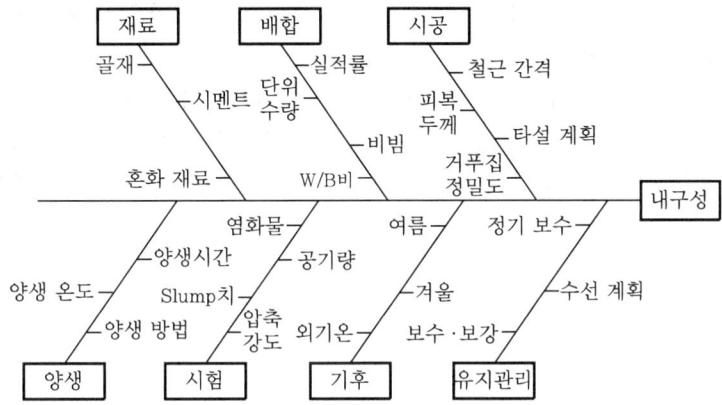

Ⅲ. 내구성 저하 원인

① 염해(鹽害)

② 탄산화

③ 알칼리 골재반응(Alkali Aggregate Reaction)

④ 동결 융해(凍結融解)

⑤ 온도 변화(溫度變化)

⑥ 건조 수축(Drying Shrinkage)

Ⅳ. 품질 및 배합(대책)

① 설계기준강도는 보통 Con′c 21~36 MPa 이하, 경량 Con′c는 21~27 MPa 이하

② Slump값은 120 mm 이하, 유동화제를 사용할 경우는 180 mm 이하(Base Con′c 120 mm 이하)

③ 단위 수량은 175 kgf/m^3 이하로 함

④ 단위 시멘트량은 보통 Con′c는 300 kgf/m^3 이상, 경량 Con′c는 330 kgf/m^3 이상

⑤ 물결합재(%)는 다음 표의 값 이하로 함

시멘트의 종류＼콘크리트의 종류	보통 콘크리트	경량 콘크리트
포틀랜드 시멘트, 고로 슬래그 시멘트, 특급 실리카 시멘트 A종, 플라이 애시 시멘트 A종	60%	55%
고로 슬래그 시멘트 1급, 실리카 시멘트 B종, 플라이 애시 시멘트 B종	55%	55%

Ⅴ. 시공시 대책(유의사항)

① 콘크리트에 함유된 염화물량은 염소이온량 $0.2 \, \text{kgf/m}^3$ 이하로 유지

② 타설시 Con'c의 온도는 3℃ 이상, 30℃ 이하로 유지

③ 비빔에서 타설 종료까지의 시간은 외기온 25℃ 미만은 90분 이하, 25℃ 이상은 60분 이하

④ 철근, 금속제 거푸집은 온도가 50℃를 초과하면 살수 냉각을 실시함

⑤ Con'c의 봉상 진동기는 가능한 직경과 성능이 좋은 것으로 할 것

⑥ 봉상 진동기의 삽입 간격은 600 mm 이하로 하고, 재료 분리가 생기지 않게 함

39 | 고성능 콘크리트(High Performance Concrete)

[03후(10)]

Ⅰ. 정의

① 고성능 콘크리트는 고강도 콘크리트의 한 단계 위인 Con'c로서, 유동성 증진 이외에도 고강도·고내구성·고수밀성을 갖는 Con'c를 말한다.

② 고성능 콘크리트는 고강도화 및 고유동화함에 따라 시공성을 향상시킬 수 있을 뿐 아니라, 최근에는 무다짐(자체 충진형) Con'c 방향으로 발전되고 있다.

Ⅱ. Con'c의 단계별 발전

구분 \ 연대	1960년대	1970년대	1980년대	1990년대
Con'c의 종류	AE Con'c	유동화 Con'c	고강도 Con'c	고성능 Con'c
사용 재료	AE제	유동화제	고성능 감수제 Silica Fume	고성능 감수제 Silica Fume, M.D.F Cement, Autoclave 양생
품질 특성	고내구화	고유동화	고강도화	고내구화, 고유동화, 고수밀화, 고강도화

Ⅲ. 특징

① 시공 능률 향상　　　　② 작업량 감소
③ 진동 다짐의 감소　　　④ 처짐(변형) 감소
⑤ 재료 분리 감소　　　　⑥ 공사 기간 단축

Ⅳ. 고성능 재료

① 고성능 감수제 : 보통 Con'c와 동일한 작업성으로 물시멘트비를 대폭 감소할 목적인 경우에 사용되며, 감수율이 20~30% 정도이며, 수밀성도 향상됨

② Silica Fume : Silicon 등의 규산합금 제조시 발생하는 폐가스를 집진하여 얻어진 초미립자($1\ \mu m$ 이하)이며, 고성능 감수제와 같이 사용하면 수밀성·강도 등이 향상

③ M.D.F Cement : 콘크리트의 큰 기공($2\sim15\ \mu m$ 정도)이나 결함을 없게 함으로써 고수밀성 및 고강도화를 실현하는 Cement

④ Autoclave 양생 : 고온·고압의 탱크 안에서 하는 고압 증기 양생으로서, 이 방법에 의해 Con'c를 양생하면 최고 $100\sim120\ MPa$까지의 고강도가 가능함

40 유동화 콘크리트(Super Plasticized Concrete)

Ⅰ. 정의

① 미리 비빔한 Con′c에 유동화제를 첨가하여 일정 시간 동안만 유동성을 증대시켜 작업성을 좋게 한 Con′c를 말한다.

② 물결합재비는 같게 하고, Workability를 향상시킴으로써 된비빔의 Con′c도 쉽게 시공할 수 있다.

Ⅱ. 유동 Con′c의 Slump 변화

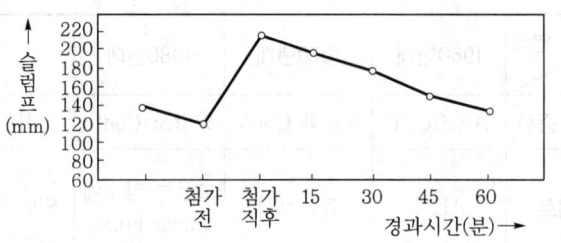

〈유동화제를 사용한 Con′c의 Slump 변화〉

Ⅲ. 유동화 콘크리트의 유동성

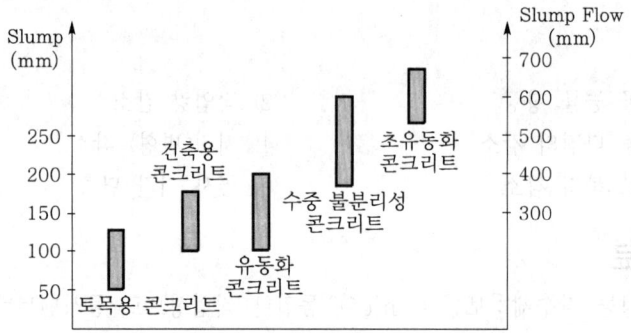

Ⅳ. 특징

① Slump가 120 mm에서 220 mm까지 직선 상승

② 분산 효과가 커짐

③ 수밀성·내구성 등이 향상됨

④ 건조 수축이 적음

⑤ 감수율이 20~30% 정도이나 사용 시간의 엄수(첨가후 1시간)가 중요함

⑥ Slump의 상승은 50~80 mm가 표준이며 최대 100 mm임

⑦ Slump의 최대치는 210 mm로 함

Ⅴ. 유동화제의 분류

① 나프탈렌 설폰산염계
② 멜라민 설폰산염계
③ 변성 리그닌 설폰산염계

Ⅵ. 제조 방법

제조 방법	콘크리트 플랜트			운 반	공사현장		
현장 첨가 방식	Base 콘크리트 제조			Agitator	유동화제 첨가	교반	부림
공장 유동화 방식	Base 콘크리트 제조	유동화제 첨가	교반	Agitator			부림
공장 첨가 방식	Base 콘크리트 제조	유동화제 첨가		Agitator		교반	부림

Ⅶ. 배합

① 배합 강도는 유동화 첨가전 Con′c의 압축 강도에 따라 정함
② 물결합재비는 55% 이하 정도로 함
③ Slump(mm)는 다음 표 정도로 함

콘크리트의 종류	베이스 콘크리트	유동화 콘크리트
보통 콘크리트	150 이하	210 이하

④ Base Con′c의 단위 수량은 $185\,kgf/m^3$ 이하로 함
⑤ 공기량은 보통 Con′c는 4%, 경량 Con′c는 5% 이하를 표준으로 함

Ⅷ. 시공시 유의사항

① Base Con′c와 유동화 Con′c의 Slump값, 유동화제 첨가량 등을 기재할 것
② 유동화제 첨가는 제조 공장 이외에는 현장에서 실시하는 것이 원칙임
③ 계량 오차는 1회 계량분의 3% 이내로 함
④ 유동화제 첨가량은 보통 시멘트 중량의 0.5~1% 정도
⑤ 리그닌계를 0.25% 이상 첨가하면 응결 지연 현상이 일어나므로 유의할 것
⑥ 강도는 증가되나 탄성계수는 오히려 둔화되므로 유의할 것

41 고유동 콘크리트

[09전(10)]

Ⅰ. 정의

① 현장 다짐이 불가능하거나 작업 공간이 협소하여 다짐 효과를 기대할 수 없는 경우 품질 향상을 위해 유동성, 충전성, 재료 분리 저항성 등을 겸비하여 타설되는 콘크리트이다.

② 고유동 콘크리트는 자중에 의한 유동성과 다짐없이 충전될 수 있는 충전성 및 Cement Paste와 골재의 결합력을 높이는 재료 분리 저항성이 중요한 특성이다.

Ⅱ. 사용 혼화 재료

혼화 재료	용 도
고성능 AE 감수제	물시멘트비의 대폭 감소(약 20% 감소)
Fly Ash	결합재의 구속수 및 경화 발열 감소
고로 Slag 미분말	시멘트 경화시 발열 감소
분리 저감제	Cement Paste, Mortar의 점성 증대 콘크리트의 유동성, 충전성 개선

Ⅲ. 특성

① 배합적 특성
② 유동성 우수
③ 재료 분리 저항성 겸비
④ 충전성 겸비
⑤ 시공성(Workability) 우수
⑥ 고내구성 확보

Ⅳ. 유동화 콘크리트와 비교

구 분	유동화 콘크리트	고유동화 콘크리트
혼화 재료	유동화제	고성능 AE감수제, Fly Ash, 고로 Slag 미분말, 분리 저감제
다짐 여부	다짐 필요	자중에 의한 다짐(다짐 필요 없음)
목적	시공연도 개선	• 다짐이 불가능한 부분 • 다짐 효과를 기대할 수 없는 부분
효과	고강도 콘크리트 제조 (40 MPa 이상)	초고강도 콘크리트 제조 (60 MPa 이상)
유동성 평가	Slump Test	Slump Flow
주요 특성	시공연도 향상, 균열 방지, Bleeding 감소	우수한 유동성, 재료 분리 저항성, 충전성

42 　Base Concrete

Ⅰ. 정의

① Base Concrete에 유동화제를 첨가하게 되면 유동화 콘크리트가 된다.

② Base Concrete 유동화제를 첨가하기 전의 콘크리트를 말하며, Base Concrete 의 품질은 유동화 콘크리트의 품질에 직접적인 영향을 준다.

Ⅱ. 재료

구 분	사용 재료
Cement	보통 Portland Cement, 고로 Slag Cement, Pozzolan Cement, Fly Ash Cement 등이 사용됨
골재	유해량의 먼지·흙·유기 불순물을 포함하지 않고, 내화성 및 내구성이 있을 것
	절건 비중이 2.4 이상, 흡수율 4% 이하
염화물 함유량	0.04~0.1% 이하인 것을 사용할 것

Ⅲ. 배합

① Slump(mm)

콘크리트의 종류	베이스 콘크리트	유동화 콘크리트
보통 콘크리트	150 이하	210 이하

② 굵은 골재 최대치수는 20~40 mm 범위내에서 철근 간격의 4/5 이하, 피복 두께 이하가 되도록 정함

③ 단위 수량은 185 kgf/m³ 이하로 함

④ 단위 시멘트량은 270 kgf/m³ 이상으로 함

Ⅳ. 유의사항

① Base Concrete와 유동화 콘크리트의 Slump, 유동화제 첨가량을 기재할 것

② 타설중 이어붓기의 시간 간격은 외기 온도 25℃ 미만은 150분, 25℃ 이상은 120분으로 하고, 유동성의 저하를 고려하여 정할 것

③ 콘크리트 비빔에서 타설 종료까지의 시간 한도는 외기 온도 25℃ 미만은 120분, 25℃ 이상은 90분을 한도로 하고, 유동화제의 경과 시간을 고려하여 정할 것

④ 콘크리트 타설후 7일 이상 포장 등으로 덮고, 충분히 습윤할 것

⑤ 타설후 3일간(부득이한 경우 1일간)은 중량물 적치 및 보행을 금함

43 Fresh Concrete(미경화 콘크리트)의 성질

[03전(10)]

Ⅰ. 정의

① 좋은 Con'c를 얻기 위해서는 적당한 시공성·반죽질기·성형성·마감성 등이 Fresh Concrete(生 콘크리트)의 성질을 만족시켜야 한다.

② 경화 Con'c의 품질은 미경화 Con'c에 의해 결정되는데 Fresh Concrete의 성질은 Con'c의 품질(미경화·경화)에 영향을 주므로 유의해야 한다.

Ⅱ. 성질

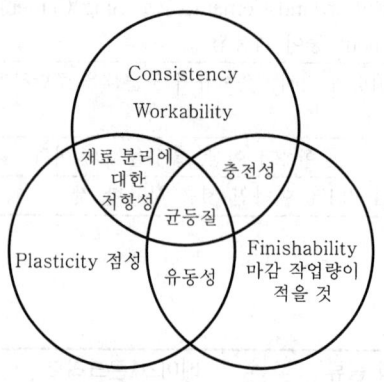

< 미경화 콘크리트의 성질 >

① Workability(시공성) : Con'c 작업성의 정도(시공성)를 나타냄
② Consistency(반죽질기) : Con'c의 변형 능력(유동성 등)을 나타냄
③ Plasticity(성형성) : Con'c의 변형 속도와 저항력에 의해 결정되는 점성의 강도를 나타냄
④ Finishability(마감성) : Con'c의 마감 작업시 용이성 정도를 나타냄
⑤ Compactability(다짐성) : Con'c의 다짐시 용이성 정도를 나타냄
⑥ Mobility(유동성) : Con'c의 점성, 응집력 등에 대한 유동의 용이성 정도를 나타냄
⑦ Viscosity(점성) : Con'c의 마찰 저항(전단 응력)이 일어나는 찰진 성질을 말함

Ⅲ. Fresh Concrete의 성질에 영향을 주는 요인

① Cement의 품질 및 성질
② 단위 시멘트량
③ 단위 수량 및 비빔 시간
④ 골재의 입도와 형상
⑤ 공기량 및 온도
⑥ 혼화 재료

44 해양 콘크리트(Off-Shore Concrete ; 해수에 영향을 받는 콘크리트)

[03중(10), 12중(10)]

Ⅰ. 정의

① 해수에 접하는 Con′c 및 해안 부근에서 해수의 물거품이나 해풍 등을 받을 우려가 있는 Con′c를 말한다.

② 해수의 물리적·화학적 작용이나 기상 작용, 그리고 파랑이나 표류 고형물에 의한 마모나 충격 등에 충분히 견딜 수 있어야 한다.

Ⅱ. 해양 콘크리트의 시공 이음

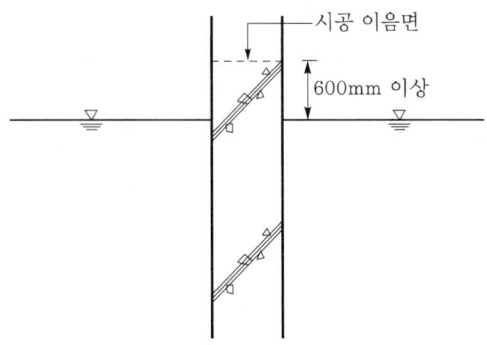

시공 이음(Construction Joint)은 만조시 해수면으로부터 600 mm 이상 높은 곳에 설치

Ⅲ. 적용 대상

① 대형 해양 구조물
② 해안에 접한 구조물
③ 방파제 및 선착장
④ 해안 제방 등

Ⅳ. 해양 콘크리트의 침식 작용

물리적 작용	• 건조 습윤의 반복 • 파도에 의한 마모 • 동결 융해
화학적 작용	• 해수중의 황산마그네슘과 수화생성물이 반응하여 체적 팽창

V. 요구 성능

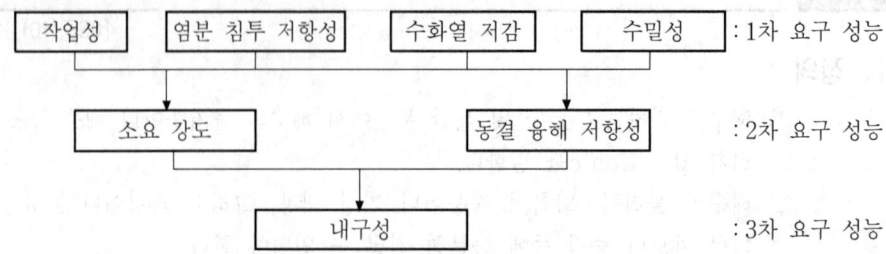

해양 콘크리트의 경우 작업성과 염해에 대한 대책을 마련한후 시공에 임한다.

VI. 재료

① Cement는 중용열 Cement, 고로 Slag Cement, 내황산 Cement 등을 사용함
② 골재는 내구성·내마모성이 있고, 흡수율이 적고, 균일한 입도의 것을 사용함
③ 철근은 아연도금, Epoxy 수지 도장 등을 하여 시공함
④ 물은 염류·유기물·산 등의 함유물이 적은 것을 사용함

VII. 배합

① 물결합재비는 45~50% 이하로 함
② 단위 시멘트량은 $300 \, kgf/m^3$으로 함
③ 공기량은 4% 정도이며, 굵은 골재 최대치수가 클수록 공기량은 적어짐
④ 혼화 재료는 양질의 AE제, AE 감수제, 고성능 감수제 등을 사용함

VIII. 유의사항

① 보통 철근을 사용할 경우 70~90 mm 이상의 피복 두께가 필요함
② Cold Joint가 생기지 않도록 하여야 함(연속 타설)
③ 마모·충격 등이 심한 곳은 고무 방충제, 석재, 강재, 고분자 재료 등으로 보강
하거나 철근의 피복 두께를 증가시킴

45 | AE 콘크리트(Air-Entrained Concrete)

Ⅰ. 정의

① AE제란 독립된 공기 기포를 균일하게 분포시킴으로써 Con′c의 시공성을 향상시키고, 동결 융해에 대한 저항성을 증대시키기 위한 목적으로 사용된다.

② AE제를 사용한 Con′c를 AE 콘크리트라고 하며, 이 때 생성된 0.025~0.25 mm 정도의 지름을 가진 기포를 Entrained Air라고 한다.

Ⅱ. 물결합재비에 따른 공기량과 압축 강도의 관계

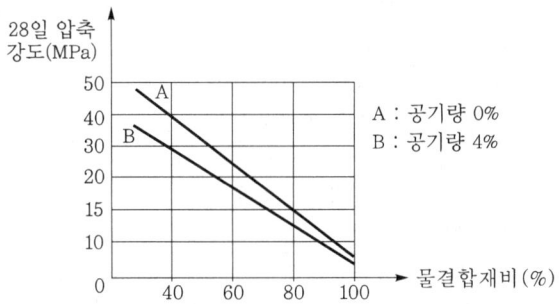

A : 공기량 0%
B : 공기량 4%

Ⅲ. AE제의 분류

① 음이온계(대부분의 AE제에 사용)

② 양이온계(최근에는 사용되지 않음)

③ 비이온계

Ⅳ. Entrained Air

① 공기 기포의 지름 0.025~0.25 mm 정도

② 3~5% 정도가 적당함

③ Ball Bearing적인 역할로 Workability 개선

④ 1%의 공기 기포는 단위 수량 3%에 상당하는 효과를 줌

⑤ 공기 기포 2% 이하에서는 내동결 융해성을 기대할 수 없음

Ⅴ. 특징

1) 장점

① Workability 개선

② 단위 수량 감소

③ 동결 융해에 대한 저항성 증대

④ Bleeding 감소

⑤ 알칼리 골재 반응 감소

⑥ 재료 분리를 감소

2) 단점
   ① Entrained Air의 양이 6% 이상 증가하면 내구성이 저하됨
   ② Entrained Air의 양이 1% 증가하면 Con'c 강도 3~5% 감소
   ③ 철근과의 부착력 감소

VI. 공기량에 영향을 미치는 요인

요 인	특 성
Cement	·단위 시멘트량 및 시멘트 분말도가 증가하는 경우 공기량은 감소한다. ·Fly Ash의 사용이 많은 경우 공기량은 감소한다.
골재	·잔골재 중 0.15 mm 이하의 입자 분포가 많으면 공기량은 감소한다. ·잔골재의 조립률이 클 때, 잔골재율이 낮을 때, 굵은 골재의 치수가 클 때 공기량은 감소한다.
물	·pH가 낮을 때 연행 공기량은 감소한다. ·불순물이 많은 경우 공기량은 감소한다.
Con'c의 온도	·Slump가 현저하게 적은 경우 공기량은 감소한다. ·비빔 온도가 높은 경우 공기량은 감소한다.(Con'c 온도가 10℃ 증가시 공기량은 20~30% 감소)
비빔	·믹서의 공칭 용량보다 작은 양 또는 큰 양을 비빌 때 공기량은 감소한다. ·믹서의 능력이 저하된 경우 또는 비비기 시간이 길어질 경우 공기량은 감소한다.
운반	·수송 시간이 길어질 경우 공기량은 감소한다. ·Pump의 압송 압력과 거리가 클 경우 공기량은 감소한다.

VII. 시공시 유의사항

① AE제는 소량이므로 계량에 주의하고, 계량 오차는 3% 이내로 할 것
② 운반 및 다짐시는 공기량이 감소되므로 소요 공기량에서 1/4~1/6 정도 늘릴 것
③ Entrained Air의 변동을 적게 하기 위해 잔골재의 입도를 균일하게 할 것
④ 조립률의 변동은 ±0.1 이하로 억제하는 것이 바람직함
⑤ 비빔 시간과 온도는 공기량에 영향을 주므로 유의할 것
⑥ 공기량이 많아지면 시공성은 좋아지나 강도가 저하되므로 유의할 것

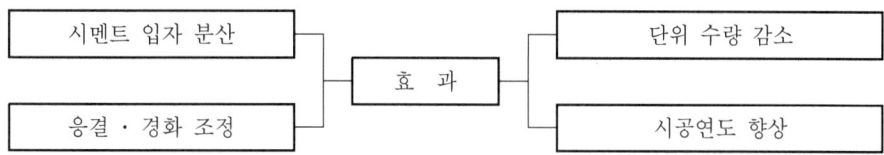

46 | Pozzolith Concrete

[75(10)]

Ⅰ. 정의

① 콘크리트 중의 시멘트 입자 분산 및 미세 기포를 연행시켜 작업성 향상 및 분산 효과에 의해 단위 수량을 감소시킬 수 있는 혼화제를 Pozzolith라 하는데, 경화 조정제(지연 및 촉진)로도 사용된다.

② Pozzolith란 AE 감수제의 일종으로 시판되는 제품명을 말하며 이를 혼합하여 만든 콘크리트를 Pozzolith Concrete라 한다.

Ⅱ. Pozzolith의 효과

```
시멘트 입자 분산 ┐           ┌ 단위 수량 감소
                  ├─ 효 과 ─┤
응결 · 경화 조정 ┘           └ 시공연도 향상
```

Ⅲ. Pozzolith의 역할

경화전 콘크리트	· Bleeding 및 단위수량 감소 · 응결시간 조절
경화 콘크리트	· 압축 강도 및 수밀성 향상 · 동결 융해 저항성 향상

Ⅳ. Pozzolith Concrete의 특징

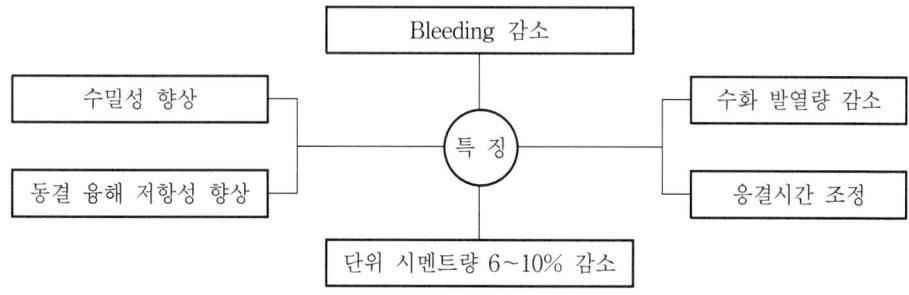

```
                    Bleeding 감소
수밀성 향상                              수화 발열량 감소
                    특 징
동결 융해 저항성 향상                    응결시간 조정
              단위 시멘트량 6~10% 감소
```

V. Pozzolith Con'c 시공시 유의사항

① 과잉 사용으로 응결 지연 및 강도 저하에 유의

② 공사에 사용하는 재료와 시공 조건하에서 혼화제의 성능을 미리 시험할 것

③ 보관시 종류 및 품종별로 구분하여 서로 혼합되지 않도록 관리할 것

④ 장시간 방치로 품질 및 특성을 확인할 수 없는 것을 사용하지 말 것

⑤ 계량 장치는 정기 검사를 통하여 정확하게 작동되도록 할 것

⑥ 소량의 염화물이 함유되어 있으므로 염화물량이 문제시 되는 곳은 사용하지 말 것

47 섬유 보강 콘크리트(F.R.C ; Fiber Reinforced Concrete)

Ⅰ. 정의

① Con′c의 인장 강도와 균열에 대한 저항성을 높이고, 인성을 개선시킬 목적으로 Con′c 중에 각종 섬유를 보강시켜 만든 Con′c를 말한다.

② 섬유 재료를 Con′c 중에 혼입함으로써 Con′c의 변형성, 강도 등을 개선하고 여러 형태의 Con′c 제품의 생산이 용이하게 되었다.

Ⅱ. 섬유 보강 콘크리트의 Mechanism

섬유의 평균 간격(s) 유지

$$s = 5\sqrt{\frac{\pi}{\beta}} \times \frac{d}{\sqrt{V}} = 13.8d\sqrt{\frac{1}{V}}$$

s : 섬유의 평균 간격
β : 섬유의 축방향 투영 길이($=0.405$)
d : 섬유의 길이
V : 섬유의 절대 용적비(%)

Ⅲ. Con′c의 문제점

① 인장 강도에 약함
② 휨강도에 약함
③ 하중의 흡수 능력이 작고 취성적 성질이 있음
④ 충격 강도가 낮음

Ⅳ. 종류별 특성

종 류	종류별 특성
강섬유 보강 Con′c(SFRC)	·강선 절단, 박판 절단 등의 방법을 통해 얻어진 강섬유(길이 20~30 mm, 지름 0.3~0.9 mm 정도)를 용적비의 1~2% 혼입한 Con′c ·인장 강도·휨강도·전단 강도·내열성·내구성 등이 크게 향상됨
유리 섬유 보강 Con′c(GFRC)	·고온의 용융 유리에서 만든 무기 섬유(길이 25~40 mm 정도)를 Cement Paste나 Con′c 중에 혼입하여 만든 Con′c ·인장 강도, 초기 재령의 충격 강도·내화성 등이 향상됨
탄소 섬유 보강 Con′c(CFRC)	·Acrylic 섬유를 소성하여 만든 Poly−Acrylonitrile(P.A.N)계 섬유와 석탄 Pitch를 원료로 만든 Pitch계 섬유 등을 특수 Mixer로 혼합한 Con′c ·인장 강도·휨강도 등이 향상됨
비닐론 섬유 보강 Con′c(VFRC)	·합성 섬유 Vinylon을 보강재로 한 섬유 보강 Con′c임 ·다른 합성 수지에 비해 가격이 저렴하고, 고강도·고탄성·내후성(내자외선)·내산·내알칼리성 등이 우수함

V. 유의사항

① 섬유가 분산되지 않고 모여서 둥글둥글한 형상(Fiberball)이 되면 강도에 불리하다.

② 비빔중의 분산 상태가 타설·다짐 중에도 그대로 유지되도록 한다.

③ 강섬유는 부식이 표면에 노출된 경우 건물의 외벽 등 미관상 문제가 있을 수 있다.

④ S.F.R.C는 일반 Con'c에 비해 열전도율이 높아지므로 유의한다.

48 강섬유 보강 콘크리트(S.F.R.C ; Steel Fiber Reinforced Con'c, S.R.C)

[98후(20)]

I. 정의

① 강선 절단, 박판 절단 등의 방법을 통하여 얻어진 강섬유(두께 0.1~0.5 mm, 길이 20~30 mm 정도)를 용적비의 1~2% 혼입한 Con'c이다.

② 인장 강도·휨강도·전단 강도·내열성·내구성 등이 크게 향상된다.

II. 강섬유 혼입률과 휨강도

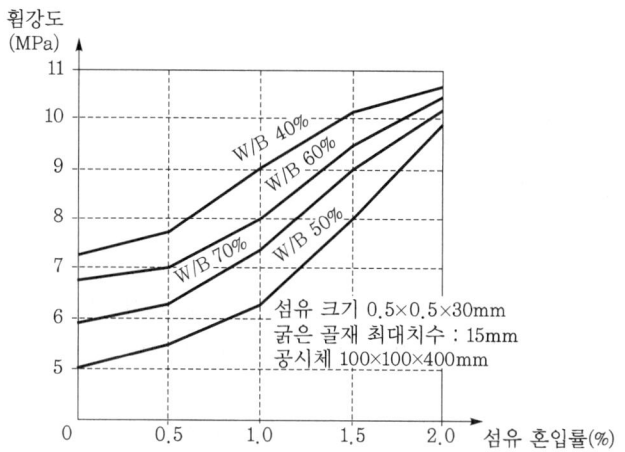

III. 적용 대상

① 도로 포장 및 터널 공사

② 콘크리트 2차 생산 제품(Hume Pipe 등)

③ 마무리용 모르타르

④ 내화 재료 및 기계 기초 등

IV. 강섬유 제조 방법

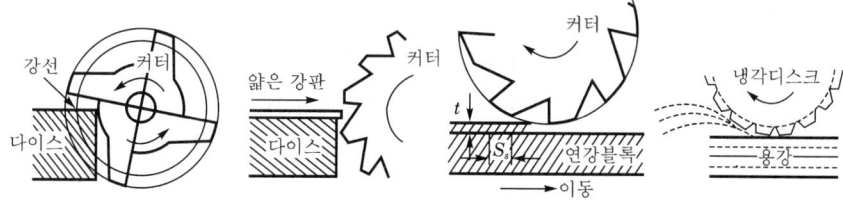

Ⅴ. 섬유의 종류

① Steel Fiber(강 섬유)

② Glass Fiber(유리 섬유)

③ Nylon, Rayon, Cotton Fiber

④ Propylene, Polyethylene Fiber

⑤ Cabon Fiber(탄소 섬유)

Ⅵ. 섬유 보강의 효과

① 인장 강도 증진

② 인성 증진

③ 내마모성 증진

④ 내충격성 향상

⑤ 균열의 확대, 발전 억제

⑥ 휨, 압축, 할렬, 인장 강도 등이 약간 증가

Ⅶ. 특성

① 콘크리트 구조체에 큰 병형이 일어난 후에도 취성 파괴는 생기지 않는다.

② 섬유 혼입률이 1~2% 정도이면 보통 Con′c에 비해 인장 강도가 30~60% 정도 증가한다.

③ 에너지 흡수 능력(휨, 인성)은 1.5% 혼입시 보통 Con′c의 100배 정도 증가한다.

④ 내충격성은 0.5% 혼입시 50배, 1% 혼입시 100배 정도 증가한다.

⑤ 내열성은 2% 혼입시 보통 Con′c에 비해 80~120% 정도 증가한다.

Ⅷ. 유의사항

① 강섬유의 혼입으로 발생하는 반죽질기의 저하와 재료 분리 등에 유의해야 한다.

② 강섬유의 부식이 표면에 노출될 경우 미관상 문제(스테인리스강 또는 방청 처리)가 되므로 유의해야 한다.

③ 세골재율은 60% 정도로 하고, 굵은 골재의 최대치수는 15 mm 이하 정도가 유리하다.

④ 단위 시멘트량은 $400 \, kgf/m^3$ 정도로 하는 것이 유리하다.

⑤ 강섬유의 혼입으로 Slump가 감소되므로 유의해야 한다.

49 유리 섬유 보강 콘크리트(G.F.R.C ; Glass Fiber Reinforced Con′c, G.R.C)

Ⅰ. 정의

① 고온의 용융 유리에서 만든 무기 섬유(길이 25~40 mm 정도)를 Cement Paste 나 Con′c 중에 혼입하여 만든 Con′c를 말한다.

② 인장 강도, 초기 재령의 충격 강도, 내화성 등이 향상된다.

Ⅱ. 적용 대상

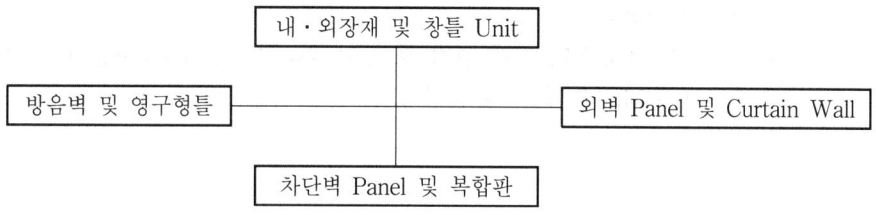

Ⅲ. 제조 방법별 분류

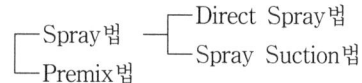

Ⅳ. 특성

① 인장 강도, 초기 재령의 충격 강도, 내화성 등이 우수함

② Design이 자유로움

③ 섬유 길이가 40 mm까지는 길수록 휨강도가 증가함

④ Cement량이 많을수록 강도는 커지나 안전성은 오히려 작아짐(최근에는 모래 를 많이 사용함)

⑤ 양생 조건 구애를 받지 않고, 최대 인장 강도와 변형 성능이 개선됨

⑥ 섬유 혼입량 및 섬유 길이가 증가할수록 충격 강도는 증가함

V. 유의사항

① 제조 방법(타설·다짐·양생 등)에 따라 역학적 성질이 크게 변화하므로 유의해야 함

② 장기 휨강도가 2년만에 초기 강도의 1/2까지 저하했다가 2년후부터 일정하게 되므로 유의해야 함

③ 섬유 혼입이 6% 이상되면 다공성이 증대되어 인장 강도가 다소 저하할 수 있음

④ 작업성 및 경제성 등을 감안하여 길이는 25~38 mm, 혼입률은 5~6% 정도가 적당함

⑤ 섬유 길이 및 섬유 혼입률은 일정 혼입률 이상이 되면 인장 강도 및 휨강도가 오히려 저하됨

⑥ G.R.C의 탄성계수, 비례 한계 강도, Poisson's Ratio(포아송비) 등은 섬유 혼입률보다 Matrix에 의해 결정됨

50 탄소 섬유 보강 콘크리트(C.F.R.C ; Carbon Fiber Reinforced Con'c)

Ⅰ. 정의

① Acrylic 섬유를 소성하여 만든 Poly-Acrylonitrile(P.A.N)계 섬유와 석탄 Pitch를 원료로 만든 Pitch계 섬유 등을 특수 Mixer로 혼합한 Con'c이다.

② 가격이 비교적 저렴하고, 역학적 특성·내알칼리성·내수성·내화학적 안전성 및 내열성·내마모성 등이 우수하다.

Ⅱ. 탄소섬유의 혼입률과 인장 강도

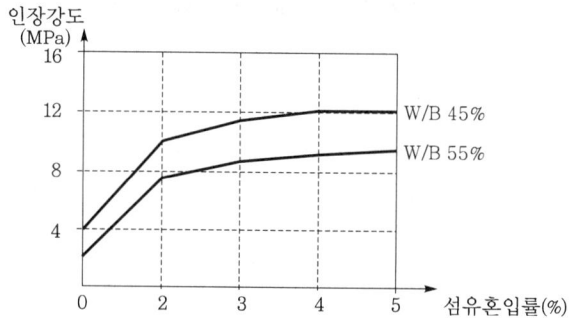

물결합재비가 낮을 경우 탄소섬유 혼입률이 많을수록 콘크리트 인장 강도 증가

Ⅲ. 적용 대상

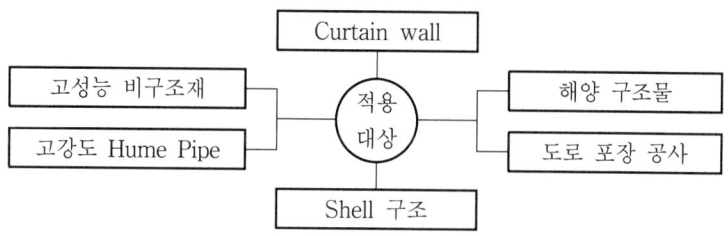

Ⅳ. 특성

① 인장 강도는 P.A.N계를 사용할 때 1.7~2.4배, Pitch계가 1.5~1.9배 정도 증가 된다.

② 휨강도는 P.A.N계를 사용할 때 2.6~3.5배, Pitch계가 2.2~3.0배 정도 증가 된다.

③ G.R.C의 경우에 비해 내충격성이 크다.

④ 보통 Con'c보다 동결 융해에 대한 저항성이 개선된다.

⑤ Silica Fume을 사용하면 질량 감소는 5% 이내, 상대 동탄성계수는 95% 이상 이다.

⑥ Silica Fume 사용과 함께 Autoclave Curing을 하게 되면 질량 감소, 상대 동탄성계수 등의 변화도 크며, 내구성 지수도 80 이상을 나타낸다.

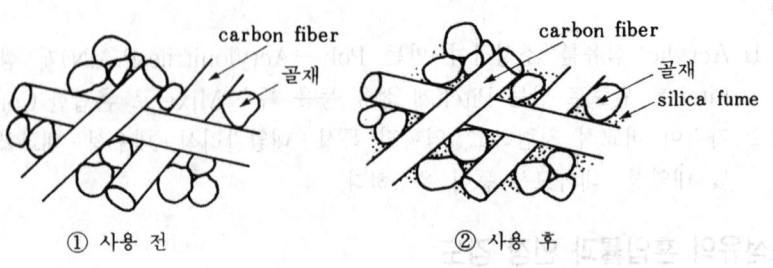

< CFRC에서 Silica Fume 충진재의 사용 >

Ⅴ. 유의사항

① 탄소 섬유의 혼입량과 섬유 길이가 증가하면 Flow 값은 저하하므로 유의해야 한다.
② 단위 용적당 중량은 섬유 혼입률이 증가할수록 크게 저하하므로 유의해야 한다.
③ 골재는 8호 규사 이하의 미세립 골재가 적당하다.
④ 탄소 섬유의 혼입량이 증가하면 압축 강도는 약간 저하하므로 유의해야 한다.

51 비닐론 섬유 보강 콘크리트(V.F.R.C ; Vinylon Fiber Reinforced Con′c)

Ⅰ. 정의

① 합성 섬유 Vinylon을 보강재로 한 섬유 보강 Con′c이다.

② 다른 합성 수지에 비해 가격이 저렴하고, 고강도·고탄성·내후성(내자외선)· 내산·내알칼리성 등이 우수하다.

Ⅱ. 비닐론 섬유 보강 콘크리트의 휨응력−처짐 곡선

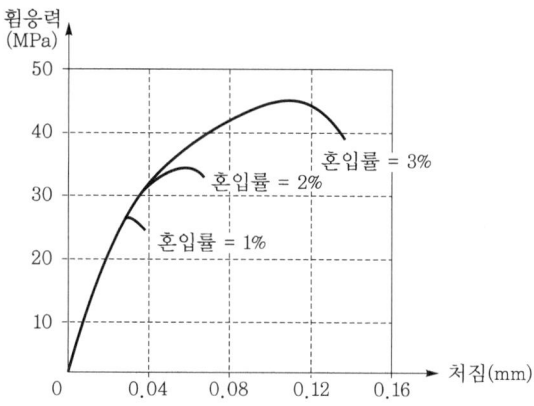

Ⅲ. 적용 대상

① 석면 대체의 고급 슬레이트 및 균열 방지를 위한 Mortar 보강

② 경량 V.F.R.C Panel 및 영구 거푸집

③ 토목 공사용 법면 보강재 및 측도 블록

Ⅳ. 비닐론 섬유의 특성

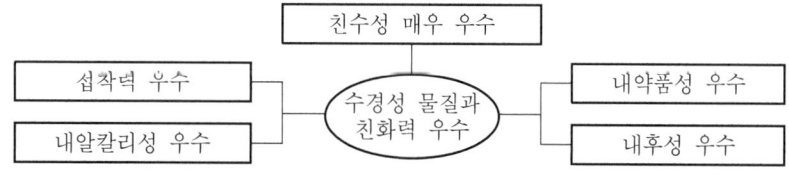

Ⅴ. 특성

① 휨강도 및 동결 융해에 대한 저항성이 크다.

② 섬유 혼입률이 증가할수록 파괴 응력은 크게 향상된다.

③ 균열 응력(인장 응력)이 발생하면 분산시키는 능력이 있다.

④ 비닐론 섬유를 일축 방향으로 배치했을 경우 균열 강도는 보통 Mortar의 2배 이상, 파단 강도는 4배 이상, 인성도 크게 향상된다.

⑤ 보통 Con'c에 비해 파단시까지의 처짐이 크다.(연성 파괴)

⑥ 경량 Mortar의 휨강도 및 인성의 보강 효과가 크다.

VI. 유의사항

① 비닐론 섬유를 일축 방향이 아닌 직각 방향으로 배치하면 보강 효과를 기대할 수 없다.

② 비닐론 섬유 시공시 Con'c 중에 균등히 분포시키고 Fiber Ball을 형성하지 않도록 하는 것이 무엇보다 중요하다.

③ 비빔 중의 분산 상태가 타설·다짐 중에도 그대로 유지되도록 한다.

52 제치장 Con´c(Exposed Concrete)

Ⅰ. 정의

① 거푸집을 제거한후 노출된 Con´c면 그대로를 마감면으로 하는 Con´c를 말한다.

② 마감재가 절약되고, 구조체의 자중이 감소되며, 공정이 줄어들어서 공사비의 절감 효과가 있다.

Ⅱ. 외벽 제치장 콘크리트 시공도

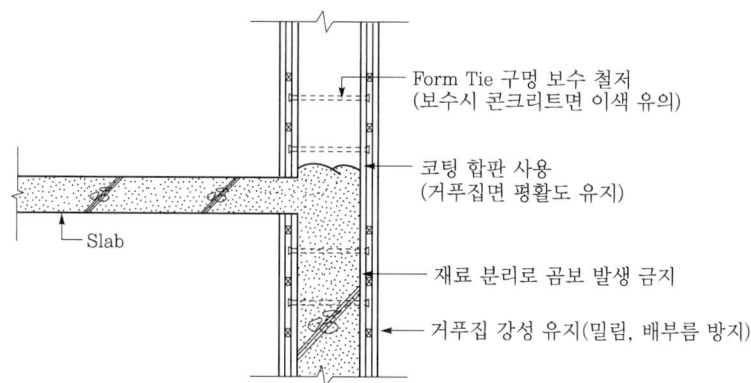

- Form Tie 구멍 보수 철저 (보수시 콘크리트면 이색 유의)
- 코팅 합판 사용 (거푸집면 평활도 유지)
- 재료 분리로 곰보 발생 금지
- 거푸집 강성 유지(밀림, 배부름 방지)
- Slab

Ⅲ. 특징

① 구조체의 자중이 감소함

② 고강도 Con´c를 추구함

③ 건설 자재가 절감됨

④ 거푸집 공사의 정밀성이 요구됨

⑤ 구조체의 정확도 확보가 힘들며, 보수가 어려움

Ⅳ. 재료 및 배합

재 료	① 물은 유해량의 유기 불순물 등이 적은 것으로 하고, 특히 염분 함유량은 철저히 관리함 ② Cement는 동일 회사, 동일 공장의 제품을 사용할 것(시멘트 공장마다 빛깔이 다름) ③ 골재는 입도가 균일하고 가능한 적은 치수의 것을 사용함 ④ 혼화 재료는 Fly Ash 등 미세 분말을 사용하며, 표면활성제의 채택도 고려할 것
배 합	① 물결합재비는 된비빔의 Con´c를 사용하므로 가능한 적게 할 것 ② Slump는 기초에서는 50~100 mm 정도로 하고, 기타는 100~150 mm 정도로 하며, 보통 가경식(可傾式) Mixer를 사용함 ③ 굵은 골재의 최대치수는 25 mm 이하로 하며, 가능한 작은 치수로 함 ④ 세골재의 크기는 5 mm 이하로 하고, 보통은 2.5 mm 이하로 함 ⑤ 단위 시멘트량은 크게 하며, 강도는 20 MPa 이상일 때 마무리가 용이함

Ⅴ. 유의사항

① 구조적으로 결함이 될 수 있는 곰보는 Con′c면이 건조하기전에 보수할 것

② 보수면이 거칠 경우 2일 정도 경과후 연마 기계로 갈아냄

③ 결함 부위를 발라서 살려내는 것은 삼가함

④ Form tie 제거후 발생한 구멍은 된비빔 방수 Mortar로 2회 이상 사춤할 것

⑤ Form 이음 자국은 망치와 정으로 고른후 연마 기계로 마무리함

53 진공 콘크리트(Vacuum Concrete)

[11후(10)]

Ⅰ. 정의

Con'c 타설후 진공 Mat, Vacuum Pump 등을 이용하여 Con'c속에 잔류해 있는 잉여수 및 기포 등을 제거함으로써 콘크리트 강도를 증대시킨다.

Ⅱ. Flow Chart 및 시공 장치도

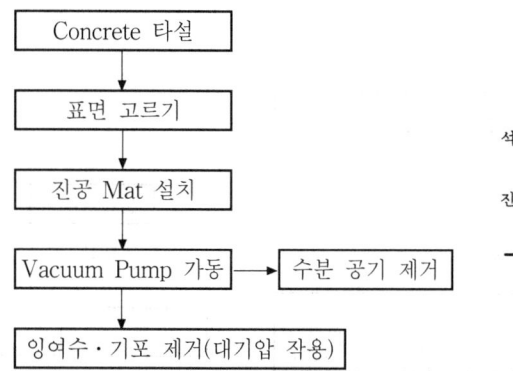

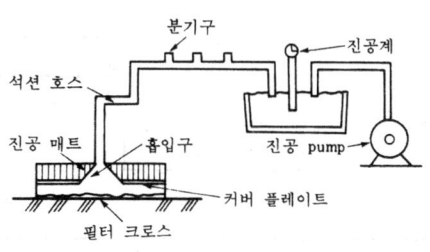

\<진공 콘크리트\>

Ⅲ. 특성

① 초기 강도 및 장기 강도 증대 ② 경화 수축 등이 감소
③ 표면 경도와 마모 저항성 증대 ④ 동해에 대한 저항성 증대

Ⅳ. 적용 대상

① 한중 콘크리트 공사 ② 포장 콘크리트
③ Precast Panel 제작시 ④ Slab 부재 타설용

Ⅴ. 시공

① 표면에 약 $9\,t/m^2$이 대기압이 작용하여 내마모성·내동결 융해성이 증대됨
② 타설후 20분 내에 혼합 용수의 30%를 흡수하여 물시멘트비가 작아짐
③ 진공 처리하면 수축이 일반 Con'c의 약 20% 정도 감소함

Ⅵ. 유의사항

① 진공 처리 기간은 타설 직후, 경화 직전까지로 함
② Slump은 150 mm 이하, 공기량은 3~4% 정도로 유지함
③ 수화 반응에 필요한 W/B비 25%, gel 수 15~20% 정도는 유지할 것
④ 200 mm 이상 부재(단면)는 서중기시 20~25분, 한중기시 30~40분 내에 실시

54 Polymer 콘크리트(Plastic Concrete, Resin Concrete)

[05후(10)]

I. 정의

① Cement와 같은 무기질 Cement를 전혀 사용하지 않고, Polymer만으로 골재를 결합시켜 제조한 Con'c를 말한다.

② Plastic Concrete 또는 Resin Concrete라고 부르기도 했으나, 최근에는 관련 국제 기구에서 용어를 통일하여 Polymer Concrete라고 부르고 있다.

II. 콘크리트-폴리머 복합체의 분류

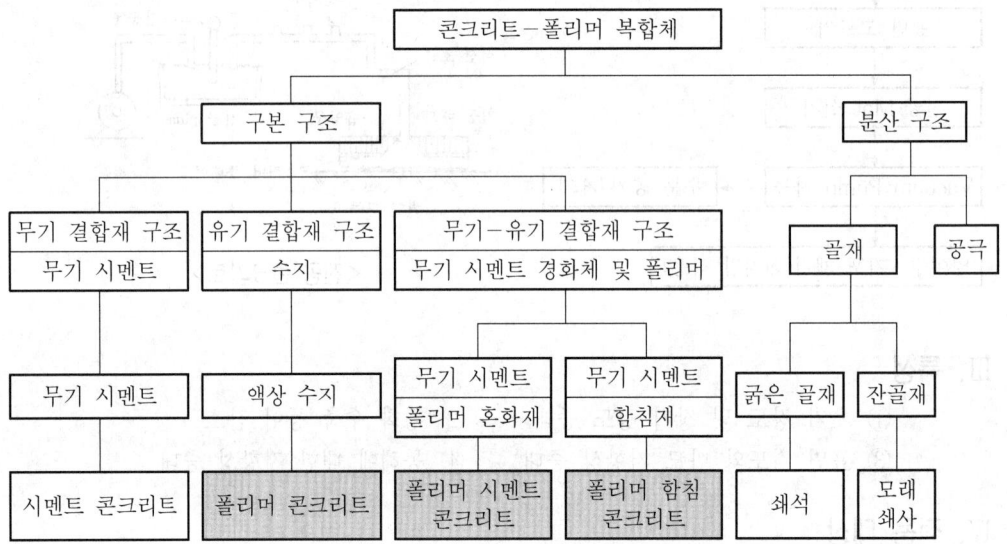

III. 콘크리트-폴리머 복합체(Concrete-Polymer Composite)의 종류

① Polymer Concrete

② Polymer Cement Concrete

③ Polymer Impregnated Concrete

IV. 특징

① 부재 단면의 축소 및 경량화 가능

② 골재와의 접착성이 좋고, 한랭지·동절기 공사에 유리(시공 시간이 빠름)

③ 기밀·수밀하여 방수성 및 내동결 융해성이 좋음

④ 우수한 내약품성이 있고, 타설후 1~3시간 이내에 거푸집 해체 가능

⑤ 내열성이 약하고(50℃ 이상에서부터 변형) 경화시 수축이 큼

⑥ 탄성계수는 작기 때문에 변형도가 증대됨

V. 제조 및 품질

① 골재와 충진재를 강제 믹서 속에서 충분히 섞음

② 소정량의 Polymer 결합제에 경화제·경화 촉진제 등을 첨가해서 1~3분간 혼합한후 믹서속에 넣고, 계속적으로 3~5분간 작동시킴

③ 비빔한 Polymer Concrete는 짧은 시간 내에 사용해야 함

④ 골재는 고강도 골재를 사용하고, 함수율은 0.5% 이하로 함

⑤ 충진재는 입경이 1~30 μm 정도의 탄산칼슘, Silica, Fly Ash 등을 사용하고, 함수율은 0.5% 이하로 할 것

⑥ 경화제와 경화 촉진제를 사용함으로써 경화 시간을 제어함

VI. 유의사항

① 현장 시공시 바닥 표면의 함수율이 8~10% 이하가 되도록 건조시킬 것

② 한랭지나 동절기 공사에서는 시공면의 온도를 50℃ 내외로 유지할 것

③ 빠른 시간 내에 시공하여야 하며, 거푸집에는 박리제 도포

④ Con′c 1회 타설 깊이는 보통 5~10 cm(최대 30 cm) 이하가 바람직함

55 | Polymer Cement Concrete

[09중(10)]

Ⅰ. 정의

① 결합재를 Cement와 Polymer를 사용하여 만든 Con′c를 말하며, PMC (Polymer Modified Concrete)라고도 한다.

② Polymer Cement Concrete는 일반 콘크리트의 배합 설계(시공 연도 및 압축 강도 위주)에 인장 강도・휨강도・접착성・수밀성・기밀성・내약품성・내마모성 등도 고려해서 배합 설계가 이루어지며, 제조 방법은 일반 Con′c와 동일하다.

Ⅱ. Polymer Cement 콘크리트의 재령에 따른 압축 강도

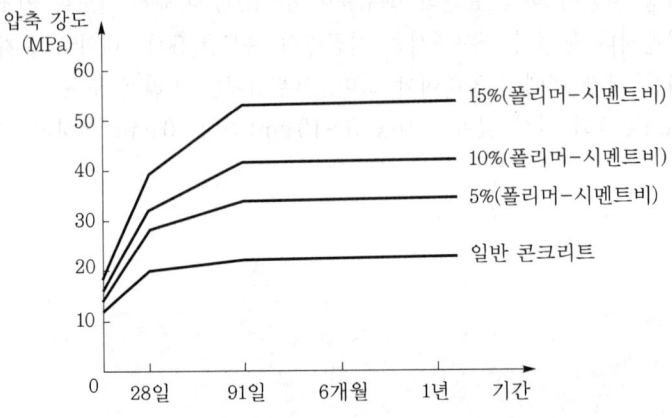

일반적으로 폴리머-시멘트비가 15% 내외에서 압축 강도의 최대값이 나타난다.

Ⅲ. 적용 대상

① 보수 및 개수 공사   ② 타일 등의 접착용 Mortar

③ 방수재・보강재・방식재 등   ④ 도로 포장 및 바닥재

Ⅳ. 특징

① 시공 연도 향상(Polymer의 Ball Bearing 작용, Polymer Dispersion의 분산 작용 등)

② 물결합재비 감소

③ 고강도 및 건조 수축 감소

④ 반죽질기 향상 및 내동결 융해성 개선

⑤ Bleeding 및 재료 분리 감소

⑥ 단위 수량 대폭 감소

⑦ 건조 수축 및 탄성계수 감소

V. 재료 및 품질

① Cement는 각종의 Polymer Cement, 혼합 Cement, 알루미나 Cement 등 사용
② 혼화제로는 주로 Polymer Dispersion(과도한 공기 연행을 방지할 것)을 사용
③ 물결합재비보다도 폴리머-시멘트비가 Con′c에 미치는 영향이 큼
④ 물결합재비는 30~60% 정도로 작게 할 것
⑤ 폴리머-시멘트비는 5~30% 정도로 하고, 증가할수록 인장·휨·접착·수밀 등은 큼
⑥ 비빔은 Cement와 골재를 넣고 비빈 다음 Polymer Dispersion을 넣고(3~5분간) 비빔

VI. 유의사항

① 폴리머-시멘트비가 너무 크면 표면 경도가 작아지므로 유의할 것
② 골재는 흡수율이 크면 소정의 폴리머-시멘트비를 얻을 수 없으므로 유의할 것
③ 초기 습윤 양생후 기건 양생을 하여야 고강도의 콘크리트를 얻을 수 있을 것
④ Polymer Dispersion은 과도한 공기 연행 방지를 위해 제조시 소포제를 첨가할 것

56 Polymer Impregnated Concrete(폴리머 함침 콘크리트)

[06전(10)]

Ⅰ. 정의

① Cement계의 재료를 건조시켜 미세한 간극에 액상 Monomer를 함침·중합시켜 일체화시킨 Concrete를 Polymer Impregnated Concrete라 한다.

② 기존의 Con'c 표면을 충분히 건조한후 적당한 방법으로 그 위에 함침용 Monomer를 저유하여 자연 함침시키고, 열중합한다.

Ⅱ. 적용 대상

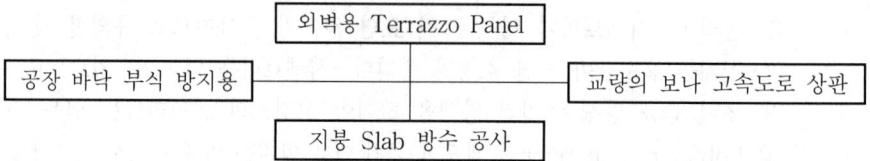

Ⅲ. 목적

① 기존 Con'c 구조물의 강도 향상

② 수밀성 및 내약품성 증대

③ 염화물 이온의 침투나 탄산화에 대한 저항성 증대

④ 내마모성 향상

Ⅳ. 시공 순서 Flow Chart

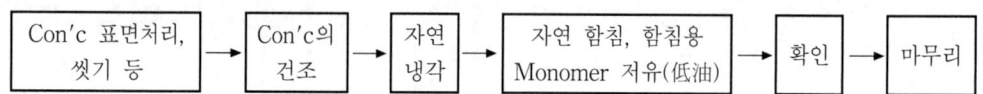

Ⅴ. 시공시 유의사항

① 기존 Con'c의 건조 정도가 시공후 Polymer Impregnated Concrete의 성질에 큰 영향을 주므로 충분히 건조시킬 것

② 열풍 히터, 적외선 히터 등을 이용하여 120~150℃ 정도, 6 hr 이상으로 건조시킴

③ 함침용 Monomer의 저유는 건조시킨 Con'c를 상온까지 냉각한후 실시할 것

④ 함침용 Monomer의 양은 3~5 kgf/m^2, 저유 시간은 4~10 hr로 함

⑤ 시공후 코아 채취로 함침 깊이(20~30 mm 정도)를 확인할 것

ЖЖЖЖ

ЖЖ

57 고로 Slag Concrete

I. 정의
① 용광로 방식의 제철 작업에서 선철과 동시에 주로 알루미나 규산염으로 구성된 Slag가 생성되며, 용융상태의 고온 Slag를 물·공기 등으로 급랭하여 입상화한 것을 고로 Slag라 한다.
② 고로 Slag Cement를 이용한 Con'c를 고로 Slag Con'c라 한다.

II. 고로 Slag 종류별 용도

구 분	용 도
서냉 Slag(괴상 Slag)	도로용(표층, 노반, 충전)·콘크리트용 골재, 항만 재료, 지반 개량재 등
급랭 Slag(입상화 Slag)	고로 Cement용, 시멘트 클링커 원료, Con'c 혼화재, 경량 기포 Con'c(A.L.C 원료) 등
반급랭 Slag(팽창 Slag)	경량 콘크리트용, 경량 매립재, 기타 보온재 등

III. 특징

장 점	① 콘크리트의 장기 강도가 증진됨 ② 해수·하수·지하수·광천 등에 대한 내침투성이 우수해짐 ③ 건조 수축률이 작아짐 ④ 초기 강도는 적으나, 장기 강도가 커짐
단 점	① 단위 수량과 세골재율이 커짐 ② 재료 분리 및 Bleeding이 많아짐

IV. 유의사항
① Entrapped Air가 많으므로 AE제 첨가시 배합량을 약간 적게 할 것
② 응결 시간이 다소 빨라지므로 유의해야 함
③ Pump 압송시 저항성이 크므로 유의해야 함
④ Silica 성분의 탄산가스에 의한 탄산화가 쉬우므로 유의해야 함
⑤ 연행 공기를 확보하지 못하면 동결 융해에 대한 저항성이 떨어질 수 있으므로 유의할 것

58 Fly Ash Concrete

I. 정의

① 화력발전소 등의 연소 보일러에서 부산되는 석탄재로서, 연소 폐가스 중에 포함되어 집진기에 의해 회수된 미세한 입상의 잔사를 Fly Ash라 한다.

② Con'c 중에 Fly Ash가 혼입되면 Workability가 개선되고, 수화 발열량을 떨어뜨리는 효과가 있다.

II. Fly Ash 혼합률에 따른 콘크리트 압축 강도

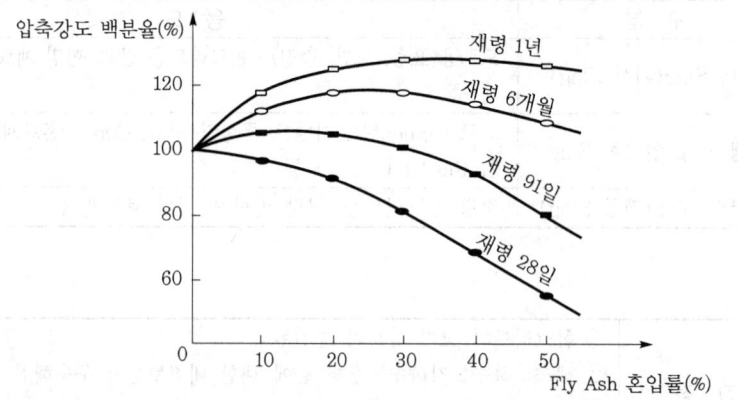

III. 혼합률 조정

① 초기 강도 저하 억제의 목적 : 10% 이하

② Mass Con'c 및 중용열 Portland Cement, 고로 Slag Cement 등에는 10% 정도

③ 초기 강도 저하는 어느 정도 인정하고, 수화열 감소·장기 강도 증진·건조 수축 감소 등의 목적일 경우 20~30% 정도

IV. 특성

① Con'c의 유동성 개선

② Bleeding 현상 감소

③ 알칼리 골재 반응 억제 효과

④ 수화 발열량 감소

⑤ 장기 강도의 개선

⑥ 수밀성 증대

⑦ 초기 재령은 Fly Ash의 양이 많을수록 떨어짐

⑧ 황산염에 대한 저항성 증대

Ⅴ. 유의사항

① 혼합률을 20% 이상 늘리면 피복 두께를 1 cm 정도 늘리는 것이 바람직함

② Fly Ash Concrete는 일반적으로 응결 시간이 늦어지므로 유의할 것

③ 초기 습윤 양생이 대단히 중요하며, 양생 온도에도 유의할 것

④ AE제를 Fly Ash Concrete와 같이 사용하는 경우 AE제가 Fly Ash에 흡착되어 사용량이 증가할 수 있으므로 유의해야 함

⑤ 초기 강도는 일반 Con′c보다 낮으므로 유의할 것

⑥ 온도가 높을수록 강도 증진 효과는 저하하므로 유의할 것

⑦ Fly Ash는 입자가 구형이므로 Con′c의 Pumpability를 좋게 함

⑧ Con′c 내부에 알칼리를 감소시켜 탄산화를 촉진시킬 우려가 있으므로 유의할 것(빈 배합을 제외하고는 장기적으로 큰 차이가 없음)

59 순환골재 콘크리트

[10후(10)]

Ⅰ. 정의

순환골재 콘크리트란 폐콘크리트를 재활용하여 사용하는 콘크리트를 말하며, 환경 공해를 줄이고 자원을 보존하며, 건설자재의 수급을 원활하게 하는 차원에서 중요한 의미를 갖는다.

Ⅱ. 필요성

① 환경공해의 억제
② 자원 회수
③ 운반비 절약 및 공기단축
④ 재생사업의 발달 및 기계산업의 발달

Ⅲ. 순환골재 콘크리트의 성질

1) 종류
① A종 콘크리트 : 50% 이상 순환골재를 사용한 것으로 설계기준강도 15 MPa(간이 콘크리트에 사용)
② B종 콘크리트 : 30~50%의 순환조골재 사용, 설계기준강도 18 MPa
③ C종 콘크리트 : 30% 이하 순환조골재 사용, 설계기준강도 21 MPa

2) 품질
① 같은 Slump의 콘크리트를 비비는데 단위수량이 많다.
② 혼합비율이 30% 이하인 경우는 보통 콘크리트와 큰 차이가 없다.
③ 콘크리트의 강도가 약간 저하하고, 건조수축량이 많고, 강도와 탄성률이 낮고, 동결융해에 약하다.
④ 순환골재의 혼합비율이 클수록 압축강도는 저하(쇄석에 비해 10% 저하)한다.

3) 성질
① Slump는 감소하고 공기량은 순환골재의 혼입량 증가에 따라 현저하게 증가한다.
② Bleeding량은 적다.
③ 경화시 건조수축이 크다.
④ 압축강도는 30~40% 정도 감소하고 탄성력이 없다.

60 초속경 콘크리트

Ⅰ. 정의

① 초조강 Con′c보다도 더욱 빠른 강도 발현 성능이 있고, 또 성분 조성에 따라 응결·경화 시간을 조절할 수 있다는 특징이 있다.

② 초속경 Cement를 사용하며, Autoclave 양생을 실시한다.

Ⅱ. 적용 대상

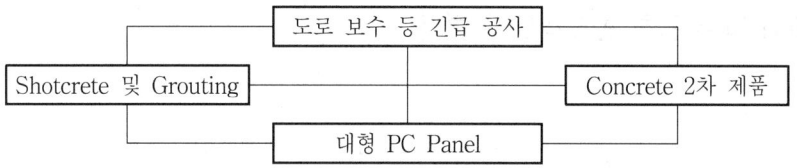

Ⅲ. 사용 재료 및 양생 방법

① 초속경 Cement

② 초속경 혼화제

③ Autoclave 양생

Ⅳ. 특징

1) 장점

① 저온에서도 강도 발현이 쉽게 됨

② Bleeding 등의 재료 분리가 적어짐

③ 온도의 고저에 상관없이 강도 발현함

④ 타설후 침하량이 적어 침하 균열 등의 발생이 적음

2) 단점

① Autoclave 양생을 할 경우는 장기 극한 강도가 다소 작아질 수 있음

② Shotcrete(초속경 혼화제 사용) 공사시 Creep 변형 및 건조 수축이 증가함

Ⅴ. 유의사항

① 초속경 Cement는 응결이 빨라 표면 처리시 주의를 요함

② Autoclave 양생시 온도는 40~100℃(적정치 : 60~80℃)로 관리

③ Autoclave 양생시 건조 수축 및 Creep 변형을 일반 Con′c보다 60% 정도 감소시킬 수 있으나, 장기 극한 강도는 저하할 수 있으므로 유의할 것

④ 초속경 혼화제는 철근을 부식($CaCl_2$)시킬 수 있으나, 알칼리 골재반응(A.A.R)은 억제함

61 팽창 콘크리트

[98중후(20), 02중(10), 10후(10)]

I. 정의

① 팽창 콘크리트란 팽창재를 시멘트, 물, 잔골재, 굵은 골재 등과 같이 비빈 것으로 경화한 후에도 체적 팽창을 일으키는 모든 콘크리트를 말한다.

② 팽창 효과에 따라 건조 수축 등에 의한 균열을 줄일 수 있으며 균열 내력이 향상되므로 정수 설비, 터널 등에 많이 사용한다.

II. 양생에 따른 팽창 콘크리트의 변화

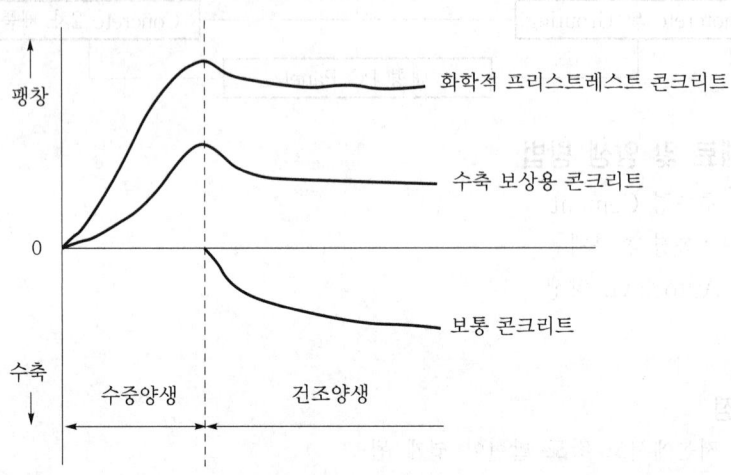

III. 특징

① 강도 증대   ② 수밀성 증대
③ 균열 발생 억제   ④ 건조 수축 방지
⑤ Prestress 도입 효과

IV. 적용성

① 수밀을 요하는 구조물   ② 정수장 시설 등 지하 구조물
③ 교량의 바닥틀   ④ 터널 복공
⑤ 도로 포장 공사

V. 팽창재의 분류

1) 에트린 가이트계

산화칼슘, 알루미나, 무수황산을 주성분으로 하고 팽창 속도와 팽창량을 억제하기 위하여 주성분의 비율, 분말도, 제조시의 소성도 등을 변화시킨 것이다.

2) 석회계

유리된 산화칼슘을 주성분으로 하며 시멘트의 수화 반응을 이용한 것으로 제조 과정에서 소결, 피복, 점도 조정 등의 특별한 제조 방법으로 제조된 것이다.

VI. 팽창 콘크리트의 분류

1) 수축 보상용 콘크리트

건조 수축 균열을 줄이는데 주목적으로 사용되는 것으로서 콘크리트의 팽창을 철근 등에 의해 구속하여 건조 수축에 의한 인장 응력을 상쇄시키거나 줄이는 정도의 작은 팽창력을 갖는 콘크리트이다.

2) 화학적 프리스트레스트 콘크리트

수축 보상용 콘크리트보다 큰 팽창력을 갖는 것으로서 구속한 콘크리트에 건조 수축이 생긴 후에도 큰 화학적 Prestress가 남기 때문에 외력에 의한 인장 응력에 저항시키는 것을 목적으로 하는 콘크리트이다.

VII. 시공시 유의사항

① 팽창재 및 팽창 콘크리트의 성질을 충분히 파악한다.
② 팽창 성능 강도, 내구성, 수밀성, 강재 보호 기능 및 품질 변동이 적어야 한다.
③ 팽창재의 저장 및 취급시 품질 변화에 유의한다.
④ 팽창재의 사용량은 소요 팽창률이 얻어지도록 시험에 의해 결정한다.
⑤ 팽창재의 믹서 투입은 시멘트와 동시 투입 또는 단독 투입시 충분히 비벼지는 것은 시험을 통하여 미리 확인한다.
⑥ 팽창 콘크리트의 양생은 적어도 5일간은 습윤 상태를 유지한다.
⑦ 증기 양생, 촉진 양생을 실시할 경우 미리 시험을 통하여 확인하는 것이 원칙이다.
⑧ 포대가 파손되거나 저장 기간이 길어진 경우에는 사용전 품질 시험으로 확인후 사용한다.

VIII. 팽창 콘크리트 규정

① 팽창률 시험치는 재령 7일 시험치를 기준으로 한다.
② 수축 보상용 콘크리트 팽창률은 100×10^{-6} 이상, 250×10^{-6} 이하인 값을 표준으로 한다.
③ 화학적 Prestress용 콘크리트 팽창률은 200×10^{-6} 이상, 700×10^{-6} 이하인 값을 표준으로 한다.
④ 팽창 콘크리트 강도는 재령 28일의 압축 강도를 기준으로 한다.
⑤ 팽창재의 저장은 습기 침투 방지를 위해 사일로 또는 창고에 저장한다.
⑥ 포대 팽창재는 지상 300 mm 이상의 마루 위에 15포대 이상 적재를 금지한다.
⑦ 화학적 Prestress용 콘크리트의 단위 시멘트량은 260 kg/m³ 이상으로 한다.

62 화학적 프리스트레스트 콘크리트(Chemical Prestressed Concrete)

[06중(10)]

Ⅰ. 정의

① 팽창 시멘트를 사용하여 만든 콘크리트를 팽창 콘크리트라 하며, 그 종류에는 수축 보상용 콘크리트와 화학적 프리스트레스트 콘크리트가 있다.

② 화학적 프리스트레스트 콘크리트는 큰 팽창력을 가진 콘크리트로서, 콘크리트 타설후 큰 팽창력으로 프리스트레스트를 준 콘크리트이다.

③ 프랑스의 Lossier가 제안한 것으로 콘크리트관이나 콘크리트 포장과 같이 2방향으로 프리스트레싱을 필요로 하는 구조물에 이용되고 있다.

Ⅱ. 화학적 프리스트레스트 콘크리트의 팽창 정도

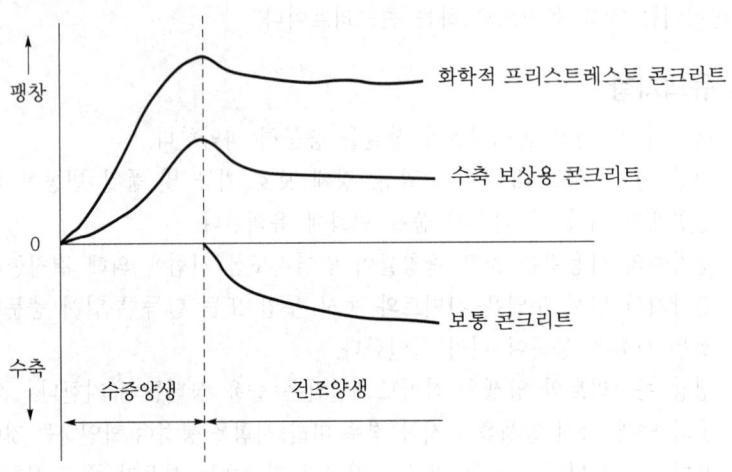

수축 보상용 콘크리트보다 더 큰 팽창력을 가지고 있다.

Ⅲ. 팽창 콘크리트의 분류

1) 수축 보상용 콘크리트

건조 수축 균열을 줄이는데 주목적으로 사용되는 것으로서 콘크리트의 팽창을 철근 등에 의해 구속하여 건조 수축에 의한 인장 응력을 상쇄시키거나 줄이는 정도의 작은 팽창력을 갖는 콘크리트이다.

2) 화학적 프리스트레스트 콘크리트

수축 보상용 콘크리트보다 큰 팽창력을 갖는 것으로서 구속한 콘크리트에 건조 수축이 생긴후에도 큰 화학적 프리스트레스가 남기 때문에 외력에 의한 인장 응력에 저항시키는 것을 목적으로 하는 콘크리트이다.

Ⅳ. 특징

    ① 강도 증대

    ② 수밀성 증대

    ③ 균열 발생 억제

    ④ 건조 수축 방지

    ⑤ Prestress 도입 효과

Ⅴ. 용도

1) 수축 보상용

    ① Grouting용

    ② 교량의 교각 상부 Shoe 부분

    ③ 콘크리트 구조물의 보수·보강용

    ④ 저수조, 수중 구조물 등

2) 프리스트레스트 도입 분야

    ① 콘크리트 포장 도로

    ② 콘크리트 흄관, 암거 박스 등

63 | Ferro−Cement

Ⅰ. 정의

① 철망과 고강도 Mortar의 유기적인 결합에 의해 제작된 얇은 판을 말한다.

② 보통의 철근 콘크리트보다 충격·균열·파손 등에 대한 저항력이 크다.

Ⅱ. 시공도

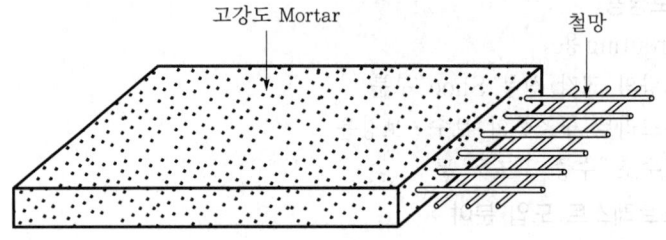

고강도 Mortar   철망

Ⅲ. 용도

① 탱크, 사이로, 대형 Dome, Shell 구조 등

② 선박의 외피재, 해양 구조물, 교량 구조 등

Ⅳ. 특징

① 균열에 대한 강도가 크고, 균열이 발생해도 작게 분산시킴

② 해수에 잘 견디므로 내구성이 우수함

③ 수밀성이 좋음

④ 내충격성이 우수하고 경량임

⑤ Design에 구애를 받지 않음

⑥ 두께가 얇은 부재의 제작이 가능함

Ⅴ. 시공 방법의 종류

시공 방법	특 징
바름칠법	직접 바름하는 것으로써 성형성은 좋으나, 수작업이므로 대량 생산이 어려움
뿜칠법	Mortar를 공기 압력으로 뿜칠하는 방법임
흘려넣기법	Mortar를 흘려넣는 것으로서 덜섞임 및 건조 수축에 유의할 것

VI. 유의사항

① 철근망 눈 크기, 적층수 등을 고려하여 2.5 mm 이하의 세골재 사용

② 표면 마감은 기포나 얼룩짐 등이 생기지 않도록 하며, 소정의 두께 확보

③ Mortar 시공후 일사, 급격한 건조 수축 등은 피해야 함

④ 물결합재비는 35~45% 정도로 함

64 내식(耐蝕) Concrete

Ⅰ. 정의

Con'c 구조물이 대기 중에 수분·기온의 영향·화학 약품·부식·침식 등에 대하여 충분히 견딜 수 있도록 한 Con'c를 말한다.

Ⅱ. 철근의 부식 과정

1) pH 농도에 따른 철근의 부식 속도

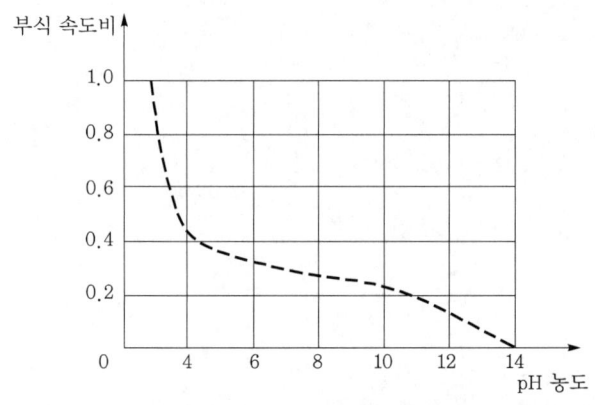

① 강알칼리(pH 12~14)에서 철근 부식 저하
② pH 농도 10 이상시 철근의 부동태막 형성

2) 철근의 부식

철근과 철근의 표면에 접하는 물질 사이에 생기는 화학 반응에 의해 철근의 표면이 소모해 가는 현상

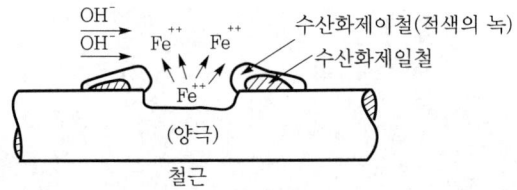

Ⅲ. 화학적 침식에 의한 피해

① 구조체의 강도 저하
② 구조체의 균열 및 누수 원인
③ Con'c의 열화 원인
④ Con'c 구조물의 백화 발생

Ⅳ. 부식의 원인

① 염해   ② 탄산화
③ 알칼리 골재 반응   ④ 동결 융해
⑤ 온도 변화   ⑥ 건조 수축
⑦ 황산염 반응   ⑧ 전식

Ⅴ. 부식 방지 대책(내식 Con′c)

① Polymer Concrete는 수밀성이 좋아 염해 및 탄산화에 강함
② 철근은 아연 도금, Epoxy Coating 등을 하여 사용할 것
③ 알칼리 골재 반응이 적은 골재를 사용하고, 저알칼리형의 Cement를 사용
④ Pozzolan(고로 Slag, Fly Ash, Silica Fume 등) 사용
⑤ 동결 융해 방지를 위해 AE제, AE 감수제 등의 혼화제 사용
⑥ 온도 변화를 최소화하기 위해서는 중용열 Portland Cement(저열용 Cement) 사용
⑦ 건조 수축을 방지하기 위해 분말도가 낮은 Cement와 입도가 좋은 골재 사용
⑧ 부재의 단면을 크게 하고, 피복 두께는 두껍게 하며, 기공률을 적게 할 것
⑨ 전식을 방지하기 위해서는 항상 건조 상태를 유지할 것

65 깬자갈(쇄석) 콘크리트

Ⅰ. 정의

① 최근에 골재 수요의 증가는 하천 골재의 부족 현상을 가져와 굵은 골재가 깬자갈(쇄석)로 대체되고 있는 실정에 있다.

② 깬자갈(쇄석)을 사용한 Con′c를 말하며, 강자갈 콘크리트에 비해 단위 수량이 약간 커지지만 동일 물시멘트일 경우 강도가 커지는 장점이 있다.

Ⅱ. 파쇄 공정 Flow Chart

1차 파쇄[粗碎]	→	2차 파쇄[中碎]	→	3차 파쇄[細碎]

Ⅲ. 깬자갈의 종류

① 현무암
② 안산암
③ 경질사암
④ 화강암 및 석회암 등

Ⅳ. 배합

① 강자갈 Con′c와 동일한 Slump를 얻기 위해서는 단위 수량이 $10 \sim 20 \, kgf/m^3$ 증가함
② 깬자갈 골재는 강골재에 비해 실적률이 $3 \sim 5\%$ 적으므로 실적률이 1% 저하할 때마다 단위 수량이 4% 증가됨
③ 실적률 1% 증가에 대한 잔골재율의 증가는 1%로 하고 있음
④ 잔골재율은 강골재 Con′c보다 $3 \sim 5\%$ 증가됨

Ⅴ. 품질 및 유의사항

① 화강암은 부술 때 균열이 남아 있을 우려가 있으므로 바람직하지 못함
② 알칼리 골재 반응 시험을 거쳐 무해하다고 판정된 골재만 사용할 것
③ 깬자갈은 깨끗하고 내구적이며, 먼지·흙·유기 불순물 등의 유해량을 함유하지 않은 것 사용
④ 깬자갈의 실적률은 55% 이상이어야 함
⑤ 혼화제는 AE제 등의 표면 활성제를 사용하고, 골재의 입형 조절, 시공 연도를 개선할 필요가 있음
⑥ 강자갈보다 표면적이 크기 때문에 부착 강도가 크게 됨

66 Hot Concrete

Ⅰ. 정의

① 골재 또는 Mixer 속의 Con′c를 가열하여 고온으로 비빈 Con′c를 Hot Concrete 라고 하며, 40~60℃의 고온도에서 반죽된다.(Hot Mixer 방식)

② 재료를 보통 50~55℃ 정도로 가열하며(재료 방식), 증기 양생법에서 공기를 단축하기 위하여 실시한다.

Ⅱ. Hot Concrete의 운반

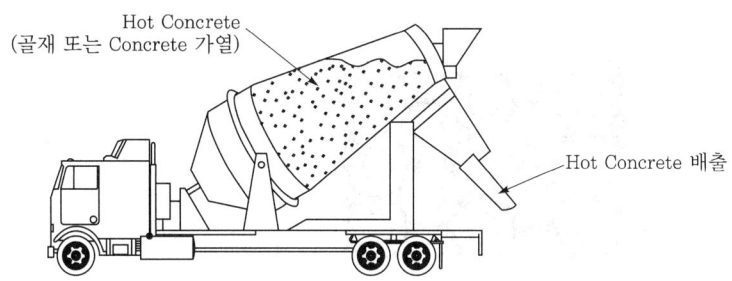

```
                    Hot Concrete
              (골재 또는 Concrete 가열)

                                          ← Hot Concrete 배출
```

Ⅲ. 적용 대상

① Precast Con′c 부재

② 콘크리트 2차 제품

③ 철도의 직결 궤도 Slab

Ⅳ. 방식 분류

① 재료 방식 : 증기 또는 열풍에 의해 가열된 골재와 온수를 사용하는 혼합 방식

② Hot Mixer 방식 : 1964년 덴마크에서 개발하여 실용화되었으며, 날개 부분에서 증기를 분사하는 특수한 Mixer를 이용하여 혼합중에 가열하는 방식

Ⅴ. 유의사항

① 비빈후 시간 경과에 따른 Slump 저하가 심하기 때문에 복잡한 형상의 제품에는 적합하지 않음

② 조강 Portland Cement를 사용한 Hot Concrete(약 50~55℃ 정도)를 사용

③ Prehot한 거푸집(약 50~55℃ 정도)에 콘크리트를 타설함

④ 증기 양생을 실시하는데 약 3시간 정도 경과하면 거푸집 탈형(강도 8~10 MPa 정도)이 가능함

67 SEC(Sand Enveloped Cement) 콘크리트

Ⅰ. 정의

① SEC는 모래 표면에 시멘트 입자를 부착시켜 골재의 표면 부착 강도를 증대하여 콘크리트의 강도·내구성을 향상시키는 방법이다.

② 골재의 수요 증가에 따른 양질의 골재가 고갈되어 석산 골재·해안 골재의 사용이 증가하고 있으나 이에 대한 품질 기준의 미확보로 콘크리트 강도 확보에 어려움이 생겨 개발된 것이다.

Ⅱ. 원리도

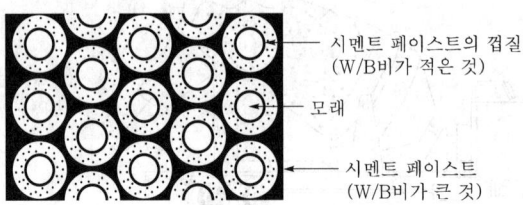

시멘트 페이스트의 껍질
(W/B비가 적은 것)

모래

시멘트 페이스트
(W/B비가 큰 것)

Ⅲ. 공법 원리

① 표면 수량을 조절한 모래와 시멘트의 혼합으로 모래의 표면에 시멘트 입자가 부착되어 W/B비가 적은 강한 겉껍질이 형성된다.

② 겉껍질 상호간의 접촉으로 골재가 튼튼하게 연결된다.

③ 소량의 시멘트로 고강도 콘크리트 제조가 가능하다.

④ 세골재와 시멘트 페이스트 표면 부착을 향상시켜 콘크리트 강도가 증대된다.

Ⅳ. 효과

① 골재의 재료 분리 현상 방지

② 강도의 확보로 구조물의 품질 향상

③ Bleeding 및 Laitance 감소

④ 콘크리트 응결·경화시 체적 변화 감소

⑤ 천연 자원(석산 골재, 해안 골재 등)의 활용이 가능

V. 제조 과정 Flow Chart

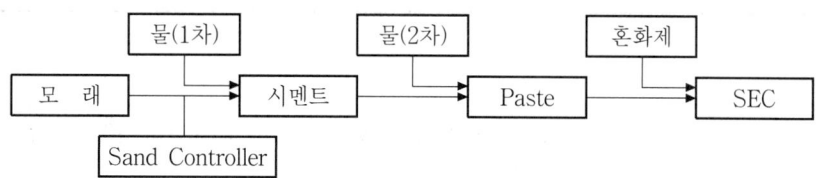

VI. 용도

① Tunnel 공사의 뿜칠용 콘크리트

② 콘크리트 Pile의 제조

③ 기타 기성 콘크리트 제품의 제조

68 무 세골재 콘크리트

Ⅰ. 정의

① 무 세골재 콘크리트는 배합에서 잔골재를 넣지 않고 10~20 mm의 굵은 골재와 시멘트·물만으로 만들어진 콘크리트이다.

② 내부에는 다량의 큰 간극이 형성되게 되는 데 이 간극이 무 세골재 콘크리트의 물리적 특성에 크게 영향을 끼치므로 무 세골재 콘크리트의 압축 강도는 5~15 MPa 정도로 보통 콘크리트보다 낮다.

Ⅱ. 제조 원리

```
시멘트+굵은 골재(10~20mm)+물  ──제조──▶  콘크리트  +  간극
```

잔골재(모래)를 사용하지 않으므로 내부에 다량의 큰 간극이 형성됨

Ⅲ. 제조

구 분	사용 재료
골재의 입도	① 입도는 10~20 mm 이내로 20 mm 이상은 최대 5% 이내이다. ② 10 mm를 통과하는 것도 최대 10% 이내가 되면 적합하다.
골재 형상	① 구형에 가까운 형상의 골재를 선택한다. ② 골재의 표면 조직은 다소 거친 것이 부착에 좋다.
물시멘트비	① 반죽 질기나 워커빌리티에 크게 좌우됨이 없이 단지 시멘트 페이스트의 골재 피복 및 점착력 증진에 기인한다. ② 보통 콘크리트의 물결합재비 범위보다 상당히 낮은 수준에서 범위가 한정되어져야 한다.
단위 시멘트량	① 큰 자갈이나 쇄석을 사용하고 시멘트 골재 용적 배합비가 1:8일 때 약 180 kgf/m^3 정도 소요 ② 경량 골재인 경우에는 1:6 배합비에 250 kgf/m^3 정도 시멘트량 소요

Ⅳ. 특성

1) 압축 강도

① 일반적으로 무 세골재 콘크리트는 시멘트와 용적비로 1:6~1:10까지 물시멘트비 40% 제조될 때 압축 강도 5~15 MPa 정도의 값을 갖는다.

② 무 세골재 콘크리트의 강도를 좌우하는 요인은 콘크리트의 밀실도에 따른 단위 용적 중량과 단위 시멘트량, 골재 용적 배합비에 따른 시멘트 페이스트의 골재 피복 두께에 밀접한 관계가 있다.

2) 부착 강도

① 일반적으로 무 세골재 콘크리트는 철근과의 부착이 약하기 때문에 철근 콘크리트로는 사용하지 않는 것이 상례이다.

② 만일 철근을 사용할 경우 부착 강도를 높이고, 부식을 막기 위해 약 2~3 mm 정도의 시멘트 페이스트를 피복하여 사용한다.

3) 건조 수축

① 무 세골재 콘크리트의 건조 수축은 같은 골재를 사용한 보통 콘크리트에 비하여 현저히 작은 약 60% 정도이다.

② 무 세골재의 건조 수축은 그 전체의 80%가 타설 10일 이내에 발현되며 보통 콘크리트는 같은 기간에 60% 정도이다.

69 방오(防汚 ; Antifouling) 콘크리트

Ⅰ. 정의

① 방오란 대기 중에서 구조물이 화학물의 부착으로 인해 변화나 노화되는 것을 방지하고, 다습한 환경에서 박테리아나 곰팡이 등의 부착 및 번식을 방지하며, 특히 해수 중에서 해양 생물들의 부착 및 서식을 방지하는 것이다.

② 방오 콘크리트란 방오제(Antifouling Agent)를 콘크리트에 혼합하므로 장기간에 걸쳐 방오 성능을 발휘하여 해양 오염을 대폭 줄이는 것을 목적으로 한 콘크리트이다.

Ⅱ. 개발 배경(문제점)

① 해양 생물들이 선박 하부에 부착·서식으로 인한 선박 항속의 저하

② 항속 유지를 위한 에너지 소비의 증가

③ 해양 구조물 외관의 손상

④ 구조물의 내구성 및 기능 저하

⑤ 원자력 및 화력 발전소의 냉각 설비 계통이 해양 생물에 의해 냉각 효율이 저하되는 점

⑥ 발전소에서 이물질 제거를 위한 과다한 유지 관리비의 소요

⑦ 이물질 제거시 설비 가동 중단으로 인한 경제적 손실

Ⅲ. 방오 콘크리트 제조

폴리머 시멘트 콘크리트 및 폴리머 콘크리트에 방오제를 혼합하여 제조한다.

1) 방오제

유기 주석계와 구리계가 있다.

2) 결합재

폴리머 시멘트 콘크리트와 폴리머 콘크리트가 있다.

3) 충전재 및 골재

① 충전재 : 중탄산칼슘·Fly Ash

② 골재 : 강 모래 등의 일반 골재

Ⅳ. 방오제의 용출 형태 및 방오 성능

1) 방오제 용출 형태

① 비마모성 용해형 : 방오 페인트 도막이 해수에 용해되면서 방오제를 용출시키는 형태

② 비용해형 : 고농도의 방오제를 함유하여 도막이 용해되지 않고, 방오제 상호 접촉으로 내부 방오제가 용출되는 형태

③ 자기 마모형 : 도막이 가수 분해와 용해 작용이 일어나면서 방오제가 용출되는
형태

2) 방오 성능

① 용출 특성

㉮ 방오제의 용출 특성은 비용해형 용출이다.

㉯ 용출 속도는 초기에는 빠르고 30일 경과후는 거의 일정하다.

② 해양 폭로

㉮ 구리계 방오 콘크리트가 유기 주석계보다 방오 성능이 우수하다.

㉯ 폴리머 콘크리트가 폴리머 시멘트 콘크리트보다 장기간에 걸쳐 일정한 방
오 성능을 나타낸다.

70 　조습(燥濕) 콘크리트(Humidity Controlling Concrete)

Ⅰ. 정의

① 최근 철근 콘크리트 구조물의 보급과 알미늄 섀시 등의 사용에 따른 실내의 기밀성이 높아진 결과, 결로에 대한 많은 문제가 발생하게 되었다.

② 다공성이 뛰어난 제올라이트를 콘크리트에 혼합함으로 습기를 흡착하는 우수한 조습성을 발휘하며, 습기에 의해 문제가 되는 병원, 미술관, 박물관 등에 습기에 대한 피해를 줄일 수 있다.

③ 이러한 천연 제올라이트를 이용하여 제조한 콘크리트를 조습 콘크리트라고 한다.

Ⅱ. 제올라이트(Zeolite)의 특징

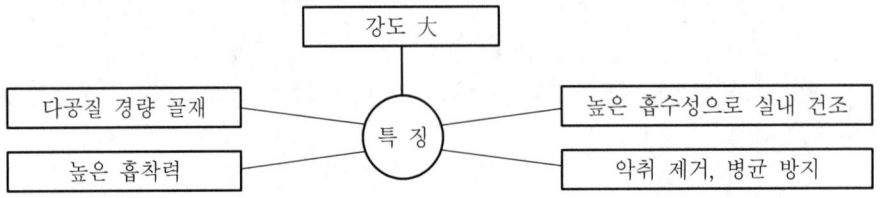

Ⅲ. 천연 제올라이트의 조습성 재료로서의 성질

① 물을 우선적으로 흡착한다.

② 온도의 상승·하강에 대한 조습성의 영향이 크다.

③ 수증기압이 저하시 흡습 용량이 커진다.

④ 온도 의존성이 높다.

Ⅳ. 제올라이트 혼합 콘크리트의 효과

① 콘크리트 압축 강도를 증가

② 다공질 경량 콘크리트 제조

③ 알칼리 함유량의 증가

④ 알칼리 골재 반응에 대한 억제 효과

⑤ 질소산화물 같은 유해가스를 흡수

Ⅴ. 천연 제올라이트 주요 생산국

① 한국

② 중국

③ 일본

71 에코 콘크리트(ECO Concrete)

[05중(10)]

Ⅰ. 정의

① ECO란 Environmentally Conscious Concrete의 약자로서 환경 보존 및 생태계와의 조화를 도모한다는 의미의 환경친화형 콘크리트이다.

② 다공성 콘크리트에 식물을 배양한 형태를 취하고 있으며, 콘크리트내에 식물이 성장할 수 있는 식생 기능과 콘크리트의 기본적인 역학적 성질과의 공존에 있다.

Ⅱ. 구성

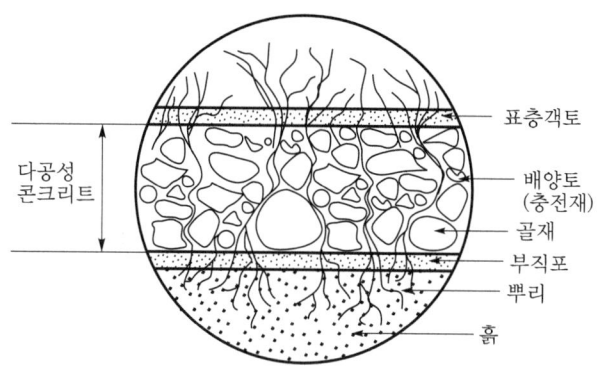

〈 에코 콘크리트(ECO Concrete) 〉

① 입도 조성이 된 굵은 골재를 소량의 시멘트 페이스트로 골재를 서로 접착시켜 형성된 것이다.

② 콘크리트의 비중은 1.6~2.0 정도이다.

③ 물결합재비는 30~40%정도로 한다.

④ 간극률은 5~35%정도이다.

Ⅲ. 용도

① 불안정한 토양의 조기 녹지화

② 일반 녹지화 기능

③ 수질 및 대기오염 정화 블록

④ 도로 주변의 방음벽

⑤ 해양 양식용 인공어초

Ⅳ. 일반 콘크리트와 배합의 용적비 비교

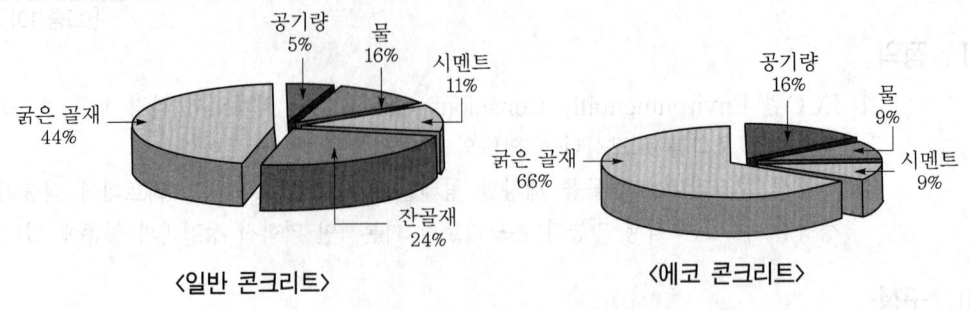

〈일반 콘크리트〉 〈에코 콘크리트〉

72 특수 콘크리트 관련용어

1) PS 강재

　　프리스트레스를 주기 위하여 사용하는 고강도의 강재

2) 초기 동해

　　응결 경화의 초기에 받는 콘크리트의 동해

3) 내부 구속 응력

　　콘크리트 단면내의 온도차에 의해 발생하는 내부 구속 작용에 의한 응력

4) 외부 구속 응력

　　새로 친 콘크리트 부재의 자유로운 열변형이 외부적으로 구속을 받을 때 발생하는
　　응력

5) 경량 골재의 표건 비중

　　표면 건조 상태에 있는 경량 골재 입자의 비중

6) 경량 골재의 표면 건조 상태

　　습윤 상태의 경량 골재에 있어서 표면수가 없는 상태

7) 굵은 골재의 최소치수

　　프리팩트 콘크리트에 쓰이는 굵은 골재에서 중량으로 적어도 95% 이상 남는 체
　　중에서 최대치수의 체눈의 호칭 치수로 나타낸 굵은 골재의 치수

8) 기건 단위 용적 중량

　　경량 골재가 대기 중의 자연 건조 상태에서의 단위 용적 중량

9) 부립률(浮粒率)

　　경량 굵은 골재 중 물에 뜨는 입자의 전 경량 굵은 골재에 대한 중량 백분율

10) 진공 매트(Vaccum Mat)

　　① 콘크리트 표면을 진공으로 하여 물·공기를 제거하고, 대기의 압력으로 콘크리
　　　트를 가압하는 공법

　　② 진공 처리한 Concrete는 조기 강도·내구성·마모성이 커지고, 건조 수축이 적
　　　게되므로 콘크리트 기성재의 제조에 사용

11) 물결합재비

　　프리팩트 콘크리트에 있어서 Fly Ash 또는 기타의 혼화재를 사용하여 비빈 모르
　　터 또는 콘크리트에서 골재가 표면 건조 포화 상태에 있다고 보았을 때 풀(Paste)
　　속에 있는 물과 시멘트 및 Fly Ash, 기타 혼화재와의 중량비(기호 : W/B)

12) 주입 모르타르

　　프리팩트 콘크리트의 주입에 쓰는 모르타르로서 시멘트, Fly Ash 또는 기타의 혼
　　화재료, 모래, 감수제, 알루미늄 분말, 물 등을 혼합하여 만든 것

[길잡이]
토목시공기술사

용어설명 II (전문공종 종론·부록)

권유동 · 김우식 · 이맹교 지음

BM (주)도서출판 **성안당**

■ 도서 A/S 안내

성안당에서 발행하는 모든 도서는 저자와 출판사, 그리고 독자가 함께 만들어 나갑니다.

좋은 책을 펴내기 위해 많은 노력을 기울이고 있습니다. 혹시라도 내용상의 오류나 오탈자 등이 발견되면 **"좋은 책은 나라의 보배"**로서 우리 모두가 함께 만들어 간다는 마음으로 연락주시기 바랍니다. 수정 보완하여 더 나은 책이 되도록 최선을 다하겠습니다.

성안당은 늘 독자 여러분들의 소중한 의견을 기다리고 있습니다. 좋은 의견을 보내주시는 분께는 성안당 쇼핑몰의 포인트(3,000포인트)를 적립해 드립니다.

잘못 만들어진 책이나 부록 등이 파손된 경우에는 교환해 드립니다.

저자 문의 : acpass@daum.net, sadangpass@naver.com

본서 기획자 e-mail : coh@cyber.co.kr(최옥현)

홈페이지 : http://www.cyber.co.kr   전화 : 031) 950-6300

제4장 **도 로**

제5장	교 량

□ 교량 과년도 문제 / 1043

Professional Engineer Civil Engineering Execution

CONTENTS

제6장 터 널

CONTENTS

제7장 댐

□ 댐 과년도 문제 / 1327

제8장 항 만

☐ 항만 과년도 문제 / 1373

제9장 하 천

제10장 총론

● CONTENTS ●

제2절 | **공사관리**

□ **공사관리 과년도 문제 / 1521**

제3절 시공의 근대화

□ 시공의 근대화 과년도 문제 / 1635

• CONTENTS •

제11장 부 록

☐ 과년도 출제경향 분석표

제4장 ▶ 도 로

1 도로 각 층의 역할 및 품질 규정

Ⅰ. 개요

① 도로는 상부 구조에 의해 아스팔트 콘크리트 포장과 시멘트 콘크리트 포장으로 크게 분류되며 입지 조건, 교통량, 도로 등급 등에 의해 공법이 선정된다.

② 상부 구조를 지지하는 하부 구조로는 노체, 노상, 보조기층, 기층으로 분류되며 각 층에 따른 역할 분담이 확실하게 되어 있다.

Ⅱ. 노체(Road Bed)

1) 역할

노상의 바로 아랫면에 위치하는 층으로서 노상 및 포층에서 전달되는 하중 일부를 지지하는 층이다.

2) 품질 규정

① 최대치의 300 mm 이하

② 수침 CBR 2.5 이상

③ 다짐도 90% 이상

④ 콘관입 시험치 q_c=0.5~0.75 MPa(q_c=(2~3)CBR값)

Ⅲ. 노상(Subgrade)

1) 역할

노상은 포장 밑에 위치하는 흙쌓기, 땅깎기의 최상부 1 m 부분을 말하며 포장과 일체가 되어 교통 하중을 지지하는 중요한 역할을 하는 층이다.

2) 품질 규정

	단 위	상부 노상	하부 노상
두께	mm	400	600
최대치수	mm	100 이하	150 이하
#4체 통과량	%	25~100	
#200체 통과량	%	0~25	50
PI		10 이하	30 이하
수정 CBR		10 이상	5 이상
일층 시공 두께		20	20
Proof Rolling	mm	5 이하	

Ⅳ. 보조기층(하층 노반)

1) 역할

노상 위에 위치하는 층으로써 상부에서 전달되는 교통 하중을 분산시켜 노상에 전달하는 층이다.

2) 품질 규정

	아스팔트 포장	콘크리트 포장
입상 재료	마모 감량　50% 이하 소성 지수　6 이하 실내 CBR　30 이상 모래 당량　25 이상 최대 입경　50 mm 이하	포장 Slab 바로 아래 위치할 때 실내 CBR 80 이상
시멘트 안정 처리	수정 CBR≧10, PI≦9 일축 압축 강도(7일) 1 MPa	－
석회 안정 처리	수정 CBR≧10, PI≦6~18 일축 압축 강도(10일) 0.7 MPa	－

Ⅴ. 기층(상층 노반)

1) 역할

기층은 아스팔트 포장에서는 상부층에서 전달되는 하중을 하부층으로 넓게 분산시키는 층이며 콘크리트 포장에서는 표층에 대한 균일한 지지력 확보 및 배수 기능을 하는 층이다.

2) 품질 규정

	아스팔트 포장	콘크리트 포장
입도 조정	쇄석 및 슬래그 : 수정 CBR≧80, PI≦4 수경성 슬래그 : 수정 CBR≧80 일축 압축 강도(14일) 1.2 MPa	수정 CBR≧45, PI≦6
시멘트 안정 처리	일축 압축 강도(7일) 3 MPa 수정 CBR≧20, PI≦9	일축 압축 강도(7일) 2 MPa PI≦9
석회 안정 처리	일축 압축 강도(10일) 1 MPa 수정 CBR≧20 PI≦6~18	일축 압축 강도(10일) 1 MPa PI≧6~18 PI≦6~18
역청 안정 처리	마샬 안정도 25 MPa 이상 (상온 혼합), 35 MPa 이상 (가열 혼합), PI≦9	왼쪽과 같음
아스팔트 중간층	－	최대 입경 20 mm 이하의 가열 밀입도 아스팔트 콘크리트
막자갈, 자갈, 모래	수정 CBR≧20, PI≦6	수정 CBR≧20, PI≦10

2 콘크리트 포장에서 보조기층의 역할

[01후(10)]

Ⅰ. 정의

① 도로에서 보조기층은 작용하는 상부 하중을 분산시켜 노상으로 전달하는 층이다.

② 보조기층에서 사용되는 재료로는 하천 골재, 혼합 골재 등이 있으며 최근에는 자연산의 하천 골재가 고갈 상태여서 혼합 골재 사용이 주를 이루고 있다.

Ⅱ. 콘크리트 포장의 구조

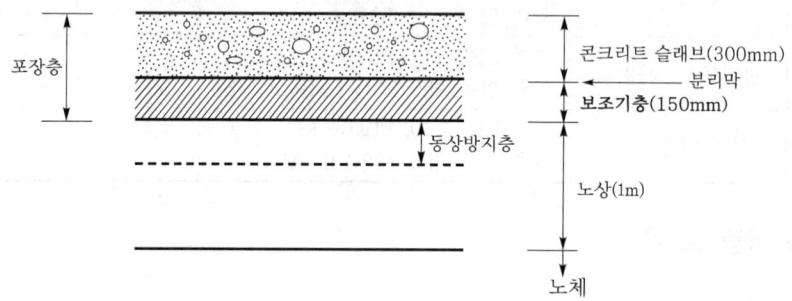

Ⅲ. 보조기층의 역할

1) 하중분산

상부에서 전달되는 교통 하중을 넓게 분산시켜 노상으로 전달시키는 역할

2) 포장층 지지

시멘트 콘크리트 포장의 슬래브 또는 아스팔트 포장층을 지지 견고하게 지지

3) 포장의 강성 증대

포장층에 작용하는 교통 하중에 안전하게 지지할 수 있게 포장체의 강성 증대

4) 배수 기능

포장을 통하여 침투되는 지표수의 배수 기능

5) Pumping 현상 방지

① 콘크리트 포장의 균열 틈으로 들어간 물이 차량 통과시 노상토와 함께 균열 틈으로 솟아나오는 현상

② 물과 노상토의 세립토가 빠져 균열 하부에 공동(Void)이 발생

③ 지지력 저하 및 단차 발생

3 Cement 안정 처리 공법

Ⅰ. 정의

도로 공사에서 노상 또는 노반의 지지력이 부족할 때 현지 재료에 보충 재료를 가하고, 여기에 시멘트를 첨가하여 혼합한후 포설하는 것으로 기층의 지지력 증대 공법으로 효과가 탁월한 공법이다.

Ⅱ. 안정 처리 공법 분류

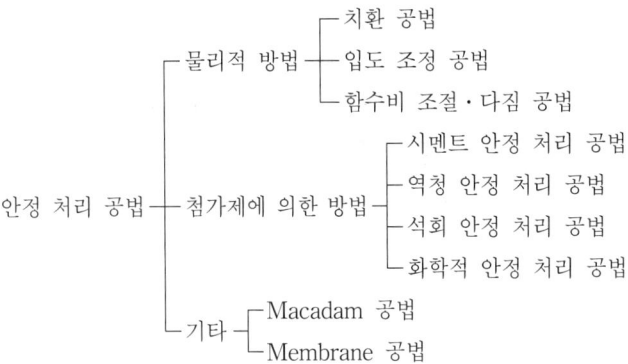

Ⅲ. 특징

① 강도 증가   ② 함수량 변화에 따른 강도 저하 방지

③ 내구성 증대   ④ 부등 침하 방지

Ⅳ. 재료 선정

1) 시멘트

① 시멘트는 보통 포틀랜드 시멘트를 사용한다.

② Fly Ash 등을 사용하면 강도 및 기타 성질을 개량할 수 있다.

2) 골재

① 기본 재료는 현지 재료를 사용한다.

② 보충 재료로 부순 돌, 자갈, 슬래그, 모래 등을 사용한다.

③ 다량의 연석(軟石)이나 실트, 점토 덩어리가 함유되지 않는 재료이어야 한다.

④ 체분석 시험에서 0.425 mm체 통과분의 소성 지수가 9 이하인 재료를 사용한다.

Ⅴ. 배합

① 재료의 4% 정도의 시멘트량으로 최적 함수비를 구한다.

② 시멘트량을 2%씩 변화시킨 공시체를 만든다.

③ 제작 공시체를 6일간 양생하고 1일간 수침하여 일축 압축 시험을 실시한다.

④ 일축 압축 강도 $q_u = 3\,MPa$에 해당되는 시멘트 량을 구한다.

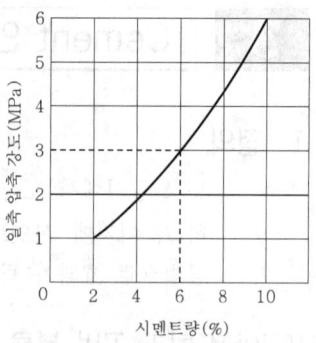

< 시멘트량−일축 압축 강도 >

Ⅵ. 시공

1) 시공 방법

① 현장 혼합 방법(Road Stabilizer) : 청소한 보 조기층면에 골재를 균일하게 포설한후 그 위에 소요량의 시멘트를 균일하게 살포하고, 혼합 기계로 혼합한후 최적 함수비로 살수 혼합하는 방식이다.

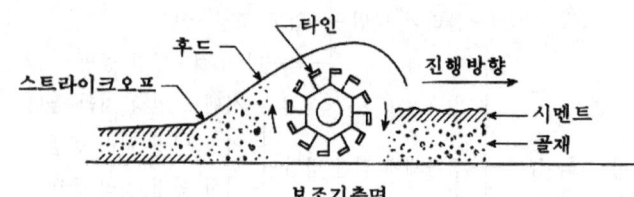

보조기층면

② 공장 플랜트 혼합 방식 : 자동 설비가 되어 있는 플랜트장에서 규정의 혼합 시 간으로 최적 함수비가 되도록 가수량을 조절하며 혼합하는 방식이다.

2) 포설 및 다짐

① 포설은 마무리 두께 200 mm 이하가 되도록 균일하게 포설

② 소정의 다짐도가 얻어지도록 균일한 다짐

③ 포설 다짐은 가수 혼합후 2시간 이내 완료

3) 시공 이음

① 매일 작업 완료시 도로 중심선에 직각으로 설치

② 이음 부위에 충분한 다짐이 되도록 시공

③ 2층 이상 포설시 세로 이음은 1층 마무리 두께 2배 이상, 가로 이음은 1m 이 상 어긋나게 설치

4) 마무리

① 시멘트 안정 처리 기층의 마무리면은 계획고와의 차이가 30 mm 이하

② 임의의 20 m 이내 2지점 측정시 계획고 차이 15 mm 이하

5) 양생

① 양생은 작업 완료후 즉시 시행

② 동결이 예상되는 경우는 동상 방지 대책을 수립

③ 보통 포틀랜트 시멘트일 때 최소 7일간 습윤 유지

④ 필요시 $1\,m^2$당 $1\,l$의 피막 양생제를 사용하여 피막 양생 실시

4 Macadam 공법

Ⅰ. 정의

① 교통량이 적은 소규모 도로에서 아스팔트 포장의 기층 처리에 사용하는 것으로 주골재로 50~100 mm의 쇄석을 깔아 고르고, 이들이 충분히 맞물릴 때까지 전압하고 골재의 간극을 세골제로 채워 쇄석의 맞물림과 세립분의 점성에 의해 안정성을 확보하는 공법이다.

② 이 공법은 영국의 J. L. Macadam이 고안한 공법으로서 기층으로 오랫동안 사용되어 온 공법이며 특히 부순 돌이 흔한 지방에서 경제성이 있다.

Ⅱ. 특징

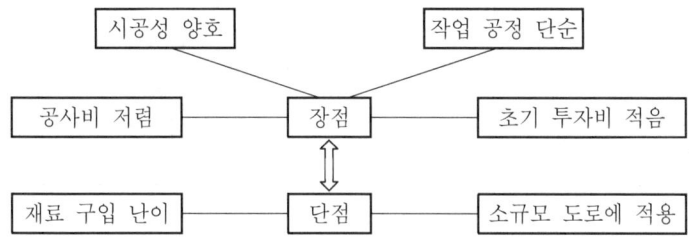

Ⅲ. 공법의 종류

① 물다짐 Macadam 공법
② 모래 채움 Macadam 공법
③ 쐐기돌 채움 Macadam 공법

Ⅳ. 시공법

1) 주골재

① 포설 : 50~100 mm의 주골재를 포설한다.
② 다짐 : 진동 롤러로 충분히 맞물릴 수 있게 40~50회 이상 다짐한다.
③ 요철 처리 : Macadam 공법에서 마무리면의 요철은 주골재로 집아야 한다.

2) 채움 골재

① 물다짐

㉮ 채움 골재로써 19 mm 이하 또는 13 mm 이하의 부순 돌 부스러기를 살포하여 빗자루로 쓸어넣고 롤러의 철륜에 물을 뿌리면서 다짐하는 방법이다.
㉯ 살수량은 표준으로 7~10 l/m^2로 한다.

② 모래 다짐

㉮ 채움 골재로써 산모래 또는 강모래를 살포하여 주골재의 간극을 채우고 철륜 롤러에 물을 뿌리면서 다짐하는 방법이다.

　　　④ 물다짐 공법과 같으나 사용수가 그다지 많지 않다.

　③ 쐐기돌 : 쐐기 골재로써 30~19 mm 또는 19~13 mm의 부순 돌을 살포하여 주골재의 간극에 채우고 다짐한후 다시 13~5 mm의 부순 돌을 살포하고 다짐하는 공법이다.

Ⅴ. Macadam 공법의 설계

공 종	마무리 두께 (mm)	주골재		채움 골재	
		입경 (mm)	사용량 (m^3/100m^2)	입경 (mm)	사용량 (m^3/100m^2)
물다짐 Macadam	70	80~60	8.5	부순 돌 부스러기(20~0)	2.5
	50	60~40	6.3	부순 돌 부스러기(13~0)	1.7
모래 다짐 Macadam	70	80~60	8.5	산모래 또는 강모래(13~0)	2.5
	50	60~40	6.3	산모래 또는 강모래(13~0)	1.7
쐐기돌 Macadam	70	80~60	8.5	부순 돌 쐐기 골재(30~20)	1.8
				부순 돌 채움 골재(13~5)	0.7
	50	60~40	6.3	부순 돌 쐐기 골재(20~13)	1.0
				부순 돌 채움 골재(13~5)	0.7

5 흙 쌓기공의 노상 재료

[97전(20)]

Ⅰ. 개요

① 도로 공사에서 노상은 전달되는 상부 하중을 지지할 수 있는 지지력을 가져야 하는 중요한 구성체이다.

② 노상을 구성하는 재료는 지하수 영향이 적고 큰 지지력을 가질 수 있는 재료이어야 한다.

Ⅱ. 노상 재료의 규정

	단 위	상부 노상	하부 노상
두께	mm	400	600
최대치수	mm	100 이하	150 이하
#4체 통과량	%	25~100	
#200체 통과량	%	0~25	50
PI		10 이하	30 이하
수정 CBR		10 이상	5 이상
일층 시공 두께	mm	200	200
Proof Rolling	mm	5 이하	

Ⅲ. 노상 재료 구비 조건

① 팽창성이 적은 재료
② 탄성적 반응이 없는 재료
③ 유기질토를 함유하지 않은 재료
④ 간극이 적은 재료
⑤ 지하수의 영향이 적은 재료
⑥ 동상에 민감한 미립토(0.02 mm 이하)를 적게 함유한 재료
⑦ 입도 분포가 양호한 재료

Ⅳ. 시공시 유의사항

① 지하 수위 : 노상토 마감면 이하 600 mm까지는 지하수위가 상승되지 않도록 한다.
② 노상 다짐 : 다짐도 95% 이상이 되도록 다짐한다.
③ 침투수 방지 : 지표수 및 침투수의 침입을 막는다.
④ 지하 용수 : 유도 배수, 맹암거 등으로 처리후 시공한다.
⑤ 다짐 장비
  ㉮ 진동 다짐 장비 사용
  ㉯ 균일성 있는 노상이 되도록 다짐 횟수 결정
  ㉰ 과다짐에 의한 토립자 파괴 방지

6 | 아스팔트(Asphalt)

Ⅰ. 정의

① 흑색 또는 흑갈색의 고체 또는 반고체의 접착성을 갖는 재료로서 이황화탄소(CS_2)에 용해되는 탄화수소의 혼합물을 말하며 역청(Bitumen)을 주성분으로 하는 것을 말한다.

② Asphalt 종류로는 천연 Asphalt와 석유 Asphalt로 대별되며 주로 도로 포장에 사용되며 건축물의 방수 재료, 방청용 도료, 철도 침목 방부제 등으로 사용된다.

Ⅱ. 용도 및 특성

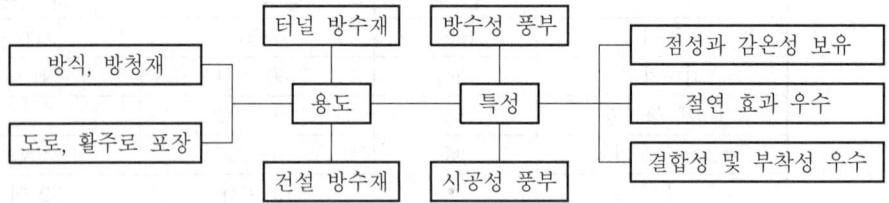

Ⅲ. 아스팔트 분류

1) 천연 아스팔트(Native Asphalt)

① Lake Asphalt(湖水 아스팔트) : 무거운 원유가 지각의 저지대에 퇴적되어 있는 것

② Rock Asphalt(암 아스팔트) : 다공질의 퇴적암 중에 아스팔트분이 깊숙히 침투되어 있는 것

③ Sand Asphalt(모래 아스팔트) : 아스팔트분과 모래가 섞여 있는 것

2) 석유 아스팔트(Petroleum Asphalt)

① Straight Asphalt : 원유로부터 아스팔트분을 될 수 있는 한 변질되지 않도록 증류법에 의해 비등점이 높은 성분을 잔류물로 분리시켜 얻는 아스팔트이다.

㉮ Asphalt Cement

㉯ 액체 Asphalt

㉠ 유화 아스팔트(아스팔트 유제)

㉡ Cut Back Asphalt

㉰ 특수 Asphalt

㉠ 고무 Asphalt

㉡ 수지 Asphalt

② Blown Asphalt : 증류한 잔사유에 고온의 공기를 불어넣어 아스팔트 성질이 변화된 가볍고 탄력성이 풍부한 아스팔트이다.

Ⅳ. 아스팔트 제조 과정

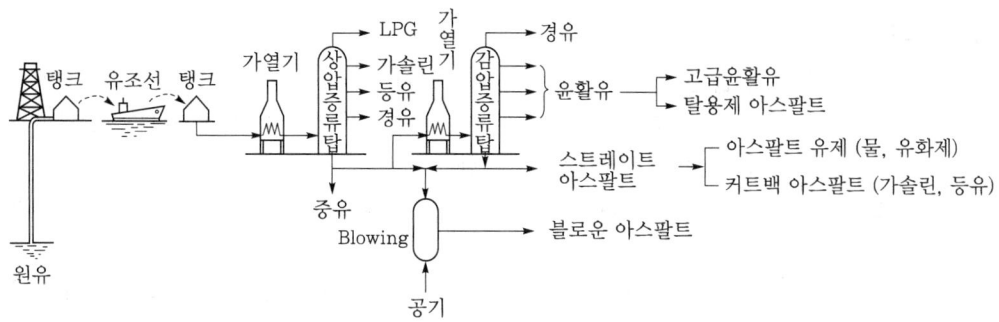

〈원유에서 아스팔트가 나올 때까지〉

7 │ 유화 아스팔트(아스팔트 유제 ; Asphalt Emulsion, Emulsified Asphalt)

[01후(10)]

Ⅰ. 정의

① 물에 녹지 않는 아스팔트를 수중에 분산시키기 위해서는 아스팔트에 유화제를 섞어 유성과 수성의 특징을 겸비하도록 한 유탁액을 유화 아스팔트 또는 아스팔트 유제(Asphalt Emulsion)라 한다.

② 아스팔트 유제는 갈색의 액체로서 물과 유화제를 혼합하여 만든 수용액 아스팔트를 말한다.

③ 아스팔트 유제는 골재에 살포되었을 때 분해 생성된 아스팔트가 피막을 형성하여 부착성이 좋고, 빗물 등에 의하여 재유화되지 않아야 한다.

Ⅱ. 분류

양이온계 유화 아스팔트 (Cationic계)	① 유화제, 안정제로 사용되는 지방 디아민염, 제4급 암모늄염 등의 계면활성제를 함유하는 물속에 아스팔트를 분산시킨 것 ② 아스팔트 입자의 표면이 양(+) 전하를 갖고 일반적으로 산성을 나타낸다.
음이온계 유화 아스팔트 (Anionic계)	① 유화제, 안정제로 사용되는 비누, 알킬술폰산염 등의 계면활성제를 함유하는 물속에 아스팔트를 분산시킨 것 ② 아스팔트 입자 표면이 음(-) 전하를 갖고 일반적으로 알칼리성을 나타낸다.

Ⅲ. 분류별 용도

분 류		용 도
양이온계 유화 아스팔트	음이온계 유화 아스팔트	
RS(C)-1	RS(A)-1	보통 침투용 및 표면 처리용 (동절기용을 제외함)
RS(C)-2	RS(A)-2	동절기 침투용 및 동절기 표면 처리용
RS(C)-3	RS(A)-3	프라임 코트용 및 소일 시멘트 안정 처리층 양생용
RS(C)-4	RS(A)-4	택 코트용
MS(C)-1	MS(A)-1	개립도 골재 혼합용
MS(C)-2	MS(A)-2	밀입도 골재 혼합용
MS(C)-3	MS(A)-3	소일 아스팔트 혼합용

[주] RS : 급속 응결(Rapid Setting)　　　　MS : 중속 응결(Medium Setting)
　　 C : 양이온(Cationic)　　　　　　　　 A : 음이온(Anionic)

8 상온유화 아스팔트

[03중(10)]

Ⅰ. 정의

① 상온유화 아스팔트 콘크리트는 가열하지 않고 유화 아스팔트를 첨가하여 제조하는 도로 포장재로 선진국 유럽과 미국에서 주로 사용되어 왔으며 21세기에 새롭게 주목받고 있는 환경 친화적인 포장 재료이다.

② 유화 아스팔트는 아스팔트를 미립자로 만들어 물에 분산시킨 암갈색의 윤기나는 액체로 골재에 뿌리면 물과 아스팔트가 분리되는 현상을 가지고 있다.

③ 우리나라에서는 상암 월드컵 경기장 건설시 주차장 등의 포장에 사용한 실적이 있다.

Ⅱ. 유화 아스팔트의 Mechanism

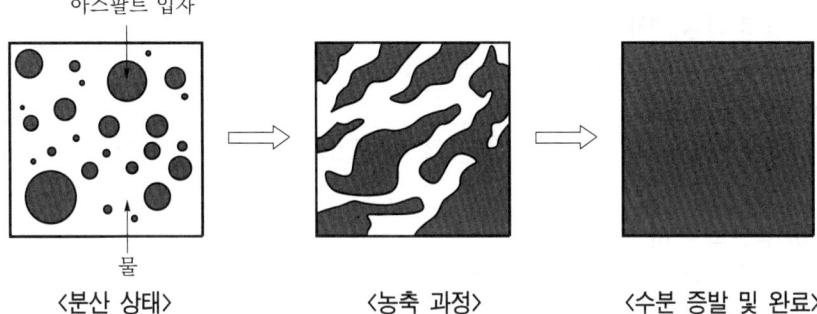

〈분산 상태〉   〈농축 과정〉   〈수분 증발 및 완료〉

물과 아스팔트가 혼합 및 농축되어 수분 증발 과정을 통해 아스팔트의 분해가 완료됨

Ⅲ. 유화 아스팔트의 분류

1) 양이온계 유화 아스팔트
RS(C)-1, RS(C)-2, RS(C)-3, RS(C)-4
MS(C)-1, MS(C)-2, MS(C)-3

2) 음이온계
RS(A)-1, RS(A)-2, RS(A)-3, RS(A)-4
MS(A)-1, MS(A)-2, MS(A)-3

Ⅳ. 특징

1) 습윤 골재 사용 가능

2) 환경 친화적
① 폐기물을 재활용하므로 공해 발생이 적다.
② 유제를 가열하지 않으므로 공해 발생이 적다.

3) 공사비 절감

① 재활용품인 폐아스팔트 콘크리트를 사용하므로 공사비가 절감된다.

② 유제를 가열하지 않고 골재를 특별히 건조할 필요가 없다.

4) 시공성이 우수

① 가열하지 않으므로 온도관리가 필요없다.

② 습윤상태의 골재를 사용하므로 물기가 있는 지역에서도 시공이 가능하다.

5) 대기 오염 방지 효과

유제를 가열하지 않고 사용하여 대기오염 발생이 없다.

6) 재생 아스콘의 활용 가능

재생 아스팔트와 신재 아스팔트를 50 : 50의 비율로 사용하여 재생 아스팔트 콘크리트의 활용이 가능하다.

7) 온도 관리 불필요

실온에서 제조되고 포설되므로 온도관리가 불필요하다.

8) 균열 발생 억제

온도의 영향이 적은 관계로 균열 발생이 억제된다.

9) 응결시간 단축

실온에서 제조되고 실온에서 포설후 다짐으로 응결시간이 단축되어 교통 개방이 빠르다.

10) 강도의 저하

일반 아스팔트 콘크리트에 비해 강도가 저하하는 단점이 있어 대형차량의 통행이 불가하다.

V. 용도

1) 아스팔트 콘크리트의 재생

재상 아스팔트 콘크리트와 일반 콘크리트를 5 : 5 비율로 제조되므로 폐아스팔트 콘크리트의 재활용이 우수하다.

2) 소도로 포장 및 주차장 포장

① 소도로나 주차장 등의 포장에 많이 사용한다.

② 서울 상암 월드컵 경기장의 소도로 및 주차장에 사용한 실적이 있다.

3) 농로 포장

소량의 아스팔트 콘크리트가 필요한 지역에서 이동식 간이 플랜트에 의한 시공으로 다양한 용도가 있다.

4) 교통 개방이 조속히 필요한 곳

교통량이 많아 교통 개방이 즉시 이루어져야 하는 경우 포설후 다짐과 동시에 교통 개방이 가능하다.

9 | 커트백 아스팔트(Cutback Asphalt)

Ⅰ. 정의

① Cutback이란 아스팔트에 가솔린, 등유 등의 용제를 혼합하는 과정을 말하며, 이러한 과정을 거쳐 유동성을 향상시킨 액체 아스팔트이다.

② 상온에서 약간만 가열하여도 시공할 수 있으며, 시공후 용제의 휘발성에 의해 포장에 적합한 점도로 된다.

Ⅱ. 종류

1) RC(Rapid Curing ; 급속 경화형)

가솔린처럼 휘발이 빠른 용제를 사용한 것으로 RC-0, RC-1, RC-2, RC-3, RC-4, RC-5의 6종류로 분류된다.

2) MC(Medium Curing ; 중속 경화형)

등유 또는 경유를 용제로 사용하여 경화 속도를 다소 늦춘 것으로 MC-0, MC-1, MC-2, MC-3, MC-4, MC-5의 6종류로 분류된다.

3) SC(Slow Curing ; 완속 경화형)

중유와 같이 휘발성이 낮은 용제를 사용한 것이다.

Ⅲ. 용도

① Prime Coat
② Tack Coat
③ 상온 혼합식 공법
④ 가열 침투식 공법
⑤ 상온 침투식

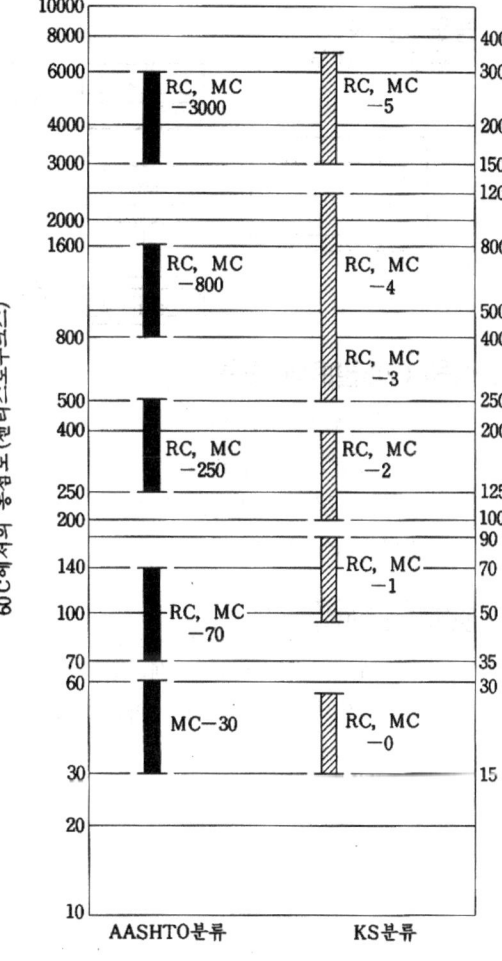

< 커트백 아스팔트의 호칭 비교 >

10 블로운 아스팔트(Blown Asphalt)

I. 정의

① Blown Asphalt는 Straight Asphalt를 가열로에서 약 200~230℃로 가열하고 블로잉 장치로부터 일정량의 공기(통상 0.5~2 m^3/min · ton)를 불어 넣어 230~280℃ 온도로 블로잉 반응을 시킨 아스팔트이다.

② 이와 같이 만든 블로운 아스팔트는 Straight Asphalt보다 연화점과 경도가 높으며 감온성과 침입도가 낮은 단단한 아스팔트가 된다.

II. 용도 및 특성

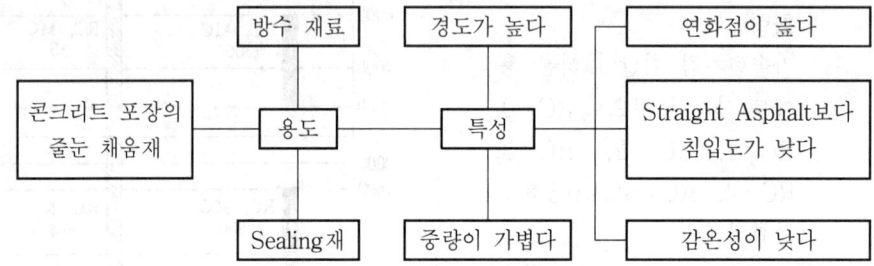

III. 석유 아스팔트의 종류

① Asphalt Cement
② Cutback Asphalt
③ Emulsified Asphalt
④ Blown Asphalt

IV. Semi Blown

스트레이트 아스팔트를 제조할 때 약간의 공기를 불어넣어 처리하는 것을 말하며, 사용상으로는 스트레이트 아스팔트에 포함되고 있다.

11 개질(改質) 아스팔트

I. 정의

① 개질 아스팔트란 공용중인 도로에서 원하는 포장 성능, 즉 포장의 내구성 및 내유동성의 증진을 목적으로 일정량의 개질재를 첨가하여 아스팔트의 물성을 개선시킨 것을 말한다.

② 개질재에는 고무계열, 플라스틱계열, 산화촉매계열, 천연 아스팔트계열 등 다양한 종류가 있다.

II. 개질재 사용 이유

① 소성변형 억제
② 온도균열 감소
③ 골재의 박리 저감
④ 소음 감소
⑤ 내구성 향상

III. 종류 및 특성

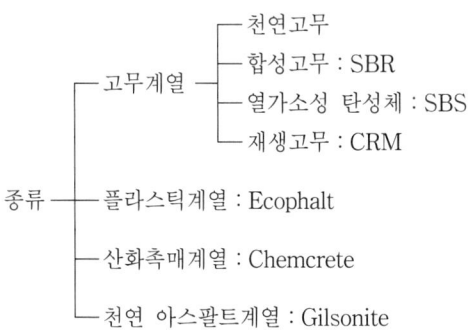

1) SBR(Styrene Butadiene Rubber)
① 친연 Latex를 혼합
② 경제적이며 광범위하게 사용함.
③ 고무의 본래 성질을 이용하여 아스팔트의 단점 보완
④ 저온에 대한 내구성 및 휨강도 우수
⑤ 반복하중에 대한 저항성 우수

2) SBS(Styrene Butadiene Styrene)
① 소성변형 방지
② 균열에 대한 저항성 증대(피로 및 저온 균열 저항성 증대)
③ 미끄럼 저항성 우수

④ 소음 감소 효과

⑤ 기존 아스팔트 대비 고가임.

⑥ Asphalt : 약 2배

3) CRM(Crumb Rubber Modifier)

① 폐타이어를 이용

② 폐타이어를 2mm 이하로 분쇄하여 200℃에서 아스팔트 혼합

③ 내유동성 증가

④ 균열저항성 증가

4) Ecophalt

① 포장체에 공극(약 20%)을 형성

② 소성변형 및 취성파괴 감소

③ 미끄럼 저항성 증대

5) Chemcrete

① 망간, 구리 등 유기금속의 원소로 구성

② 초기 낮은 점도로 생산 및 작업성 우수

③ 양생될수록 점도 향상

④ 소성변형 감소

⑤ 표층에 사용시 균열 발생 우려

6) Gilsonite

① 천연 아스팔트

② 골재와 아스팔트의 부착력 증가

③ 박리에 대한 저항성 증가

12 구스 아스팔트(Guss Asphalt)

[01전(10)]

Ⅰ. 정의

① 일반 도로의 보조기층, 기층은 강성이 크고 변형이 적으므로 일반 아스팔트 혼합물을 사용하지만 강교에서 강상판은 강성이 적고 변형이 크게 나타나므로 변형에 대한 저항력이 큰 구스 아스팔트가 사용된다.

② 구스 아스팔트 혼합물은 스트레이트 아스팔트에 열가소성 수지 등의 개질재를 혼합한 아스팔트에 조골재, 세골재 및 필러를 배합해서 쿠커(Cooker) 속에서 200~260℃의 고온으로 혼합한 혼합물을 말한다.

③ 포설 작업은 전용 휘니셔로 포설하고 Roller의 다짐은 하지 않는 특성을 가지고 있다.

Ⅱ. 특징

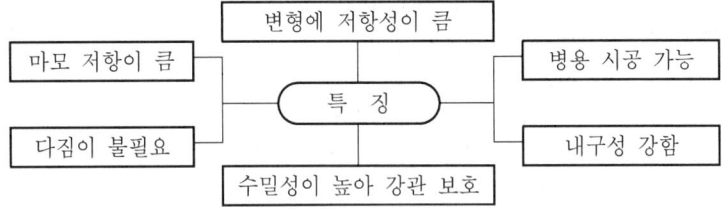

Ⅲ. 일반 혼합물과 다른 점

① 침입도 20~40의 스트레이트 아스팔트 사용

② 아스팔트량은 7~10%

③ 필러(Filler)를 20~30% 배합

④ 유동성 향상 위한 Trinidad Lake Asphalt를 20~30% 혼합

⑤ Cooker를 이용해 1~2분 가열 혼합

⑥ Roller 사용 안 함

⑦ 1층 포설 두께는 보통 30~40 mm

Ⅳ. 재료 및 배합

1) 아스팔트

① 일반적으로 침입도 20~40의 포장용 스트레이트 아스팔트 75%와 천연 아스팔트를 정제한 트리니다드 에퓨레(Trinidad Epure)를 25% 혼합해 사용한다.

② 혼합후 아스팔트의 연화점은 60℃ 이상

2) 골재

① 일반 아스팔트 혼합물에 비하여 적은 골재 배합비를 가진다.

② 골재는 일반적으로 13~5 mm 또는 5~2.5 mm 의 부순돌과 강모래, 석회암 분말을 사용한다.

3) 배합

① 각 골재 배합비 결정

② 설계 Asphalt량 결정

③ 유동성 시험, 관입량 시험

V. 시공

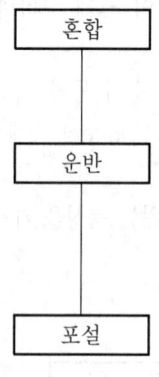

혼합	Filler 가열용 드라이 설치 혼합시 온도는 200~260℃ 혼합시간은 1~2분 가열 혼합
운반	특수 제작된 Cooker 사용 가열 보온 및 교반 장치 장착 D/T으로 운반시 현장에서 다시 Cooker로 옮겨 가열 Cooker에 의한 교반은 30분 이내
포설	구스 전용 아스팔트 Finisher 또는 인력 포설 포장면의 이물질 제거 충분한 시공면 건조 1층 포설 두께는 30~40 mm 표층 시공시에 미끄럼 저항 및 내마모성, 내유동성 향상 위한 쇄석 살포

VI. 일반 아스팔트와 구스 아스팔트의 비교

구 분	일반 아스팔트	구스 아스팔트
사용 재료	AP 60－AP 100＋골재	AP 20－AP 40＋T.L.A＋골재
Filler	4~6%	20~30%
생산 온도	130~150℃	220~260℃
포설 온도	110~130℃	180~200℃
운반	덤프트럭	Cooker(1~2분 가열)
포설	Finisher 또는 인력	전용 Finisher
다짐	Roller	불필요
방수성	다소 부족	완전 방수
접착력	부족	우수
진동 충격 저항성	부족	우수

VII. 국내 시공 사례

① 영종대교

② 광안대교

13 켐크리트(Chemcrete)

Ⅰ. 정의

① 켐크리트(Chemical Concrete)란 역청의 분자 및 화학 구조를 변하게 하는 촉 매제로서 유기 망간을 주원소로 하여 구성된 암갈색 액체 생성물이다.

② 가열 아스팔트 혼합물 생산시 아스팔트 중량의 2% 정도 투입하면 아스팔트와 만나는 즉시 중합 반응이 일어나 분자 구조가 변화되어 내유동성 증진, 소성 변형 감소, 점착성 증가 등 아스팔트 혼합물의 품질을 개선시킨다.

Ⅱ. 켐크리트의 효과

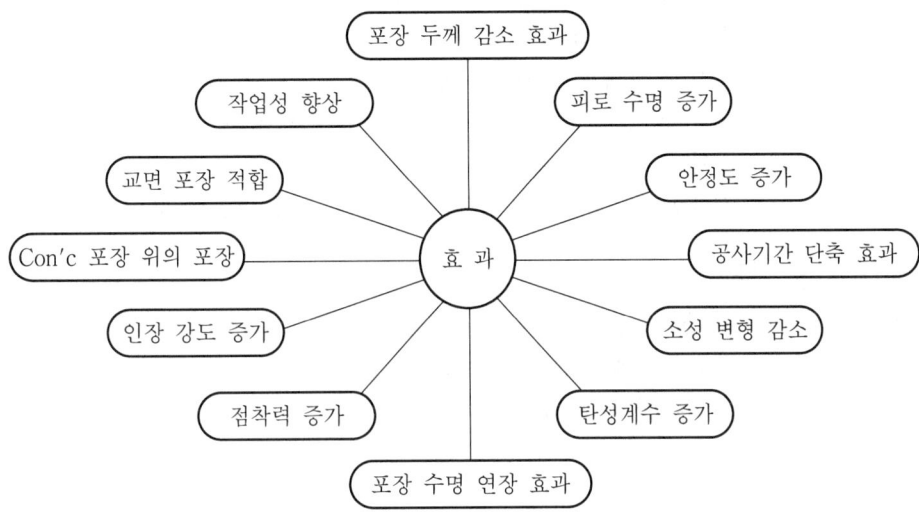

Ⅲ. 켐크리트 품질 시험

1) 아스팔트 품질 시험

구 분		침입도 25℃ (mm)	신도 25℃ (cm)	연화점 (℃)	인화점 (℃)	박막 가열후 침입도비 (%)	박막 가열후 신도 (cm)	삼염화에 탄가용분 (%)	비 중
AP-3	기준	85~100	100↑	−	230↑	47↑	75↑	99	−
	시험값	91	150↑	45	316	60.4	150↑	99.4	1.026
AP-3+켐크리트		96	133	43	262	32.3	95	99	1.026
AP-5	기준	60~70	100↑	−	230↑	52↑	50↑	99↑	−
	시험값	62	150↑	50	320	62.9	130	99.4	1.030
AP-5+켐크리트		65	150↑	49	278	85.2	96	99	1.030

2) 마살 시험

구 분	안정도 (kg)	후로우	간극률	포화도	밀도 (gf/cm³)	안정도 증가율 (%)
AP-3	942	24	3.2	84.1	2.381	100.0
AP-3+켐크리트	1,010	21	3.2	80.4	2.364	107.2
AP-5	1,036	28	3.7	76.1	2.374	100.0
AP-5+켐크리트	1,121	23	4.6	71.7	2.351	108.2

Ⅳ. 특성

① 아스팔트의 유연성 증대로 작업성 향상
② 내유동성 2.4배, 회복 탄성계수가 1.9배 증가로 소성 변형 감소
③ 기층 사용시 단면 절감
④ 표층 사용시 소성 변형에 대한 개선 효과가 큼
⑤ 혼합물 생산 온도는 일반 혼합물보다 10℃정도 낮은 생산 가능
⑥ 생산 온도가 높을 경우 다소의 냄새 발생
⑦ 혼합물 생산후 포설전까지의 시간은 1~2시간 이상 확보 필요

Ⅴ. 국내 시공 실적

① 호남 고속도로(곡성) 덧씌우기 50 mm
② 경부 고속도로(양재) 덧씌우기 50 mm
③ 남해 고속도로(함안) 덧씌우기 50 mm
④ 서울시(잠실~장지동) 기층, 표층 외 다수

14 침입도(Penetration)

Ⅰ. 정의

① 상온에서 반고체 및 고체 상태의 아스팔트 재료의 굳기 정도를 측정하는 것으로 규정된 온도, 하중 및 시간의 조건하에서 표준침이 수직으로 침입한 깊이로 표시한다.

② 침입도는 규정된 조건하에서 아스팔트의 Consistency를 뜻한다.

Ⅱ. 시험 조건

온 도(℃)		하 중(gf)	시 간(초)
표준 조건	25	100	5
특수 조건	0	200	60
	4	200	60
	46	50	5

Ⅲ. 온도

① 아스팔트 굳기 정도 측정

② 아스팔트 경도 표현

③ 아스팔트 감온성 추정

④ 사용 목적 및 적용성 결정

Ⅳ. 시험 방법

1) 기구

① 침입도 계

② 표준침

③ 용기, 물통

④ 온도계

⑤ 시료 이동용 접시

2) 시료 준비

① 부분적인 가열이 되지 않게 하여 일정하게 저어가며 가열한다.

② 아스팔트는 80~90℃ 이상 Tar Pitch의 경우 56℃ 이상 가열을 금한다.

③ 표준침이 침입하는 예상 깊이보다 10 mm 이상의 두께가 되도록 시료 용기에 부어넣는다.

④ 뚜껑을 덮고 21~29.5℃의 온도로 대기 중에 1~1.5시간 방치한다.

⑤ 시료를 규정 온도의 물통에 1~1.5시간 넣어 두고 수조 온도와 일치되도록 한다.

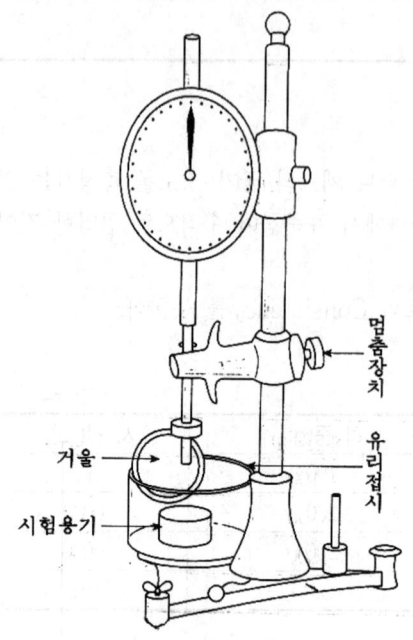
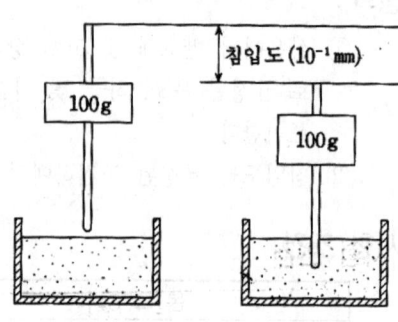

● 표준조건하에 침이 관입하는 척도로서 $\frac{1}{10}$mm 관입을 침입도 1로 한다.

침입도 (10^{-1}mm)

3) 시험 방법

① 이동용 접시속에 시료 용기를 옮기고 시료 용기에 물을 가득 채운다.

② 이를 시험대 위에 놓고 규정된 하중이 실린 표준침을 시료 표면에 접촉되도록 한다.

③ 침이 시료 표면에 접촉된 것을 확인한후 즉시 침입시킨다.

④ 동일 시료에서 용기와 10 mm 이상의 간격을 유지하고 각 측점끼리도 서로 10 mm 이상 떨어지게 하여 3회 이상 측정한다.

4) 결과의 보고

동일 시료로 측정한 세 번의 시험 결과 평균값이 다음의 규정값 이상이 되면 안 된다.

침입도	0~49	50~149	150~249	250 이상
최고와 최저의 차	2	4	6	8

15 | Marshall 안정도 시험

Ⅰ. 정의

① 포장용 아스팔트 혼합물에 대하여 배합 설계에 적용하는 안정도 시험의 일종으로, 미 도로국의 B.G Marshall에 의해서 고안된 시험법이다.

② 최대 입경 25 mm 이하의 아스팔트 혼합물로 다짐한 원추형 공시체(⊖)를 측면(⫙)으로 눕혀 하중을 가하여 소성 변형에 대한 저항력을 측정한다.

Ⅱ. 시험 기기

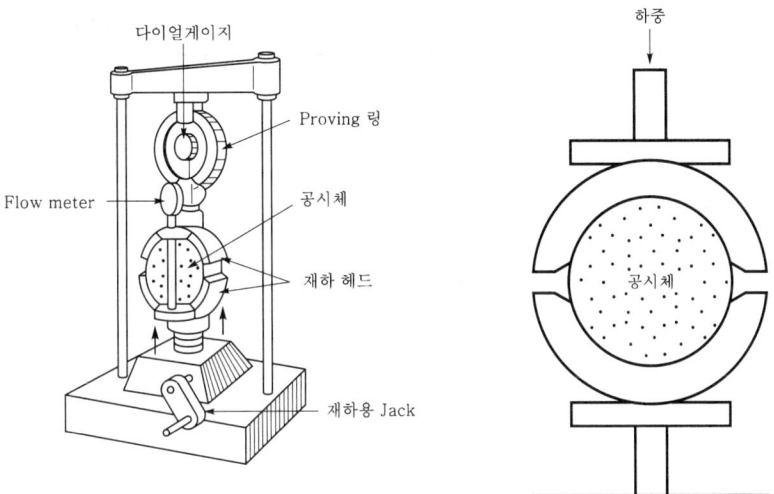

Ⅲ. 시험 방법

1) 재료 준비

① 골재는 필요한 입경별로 체가름하여 25~19 mm, 19~10 mm, 10 mm~No.4, No.4~No.8, No.8체를 통과한 것으로 각각 분리시켜 놓는다.

② 아스팔트

2) 공시체 제작

① 입도별 골재를 원하는 입도가 되도록 계량하여 오븐에 넣고 혼합 온도보다 28℃ 정도 높게 가열한다.

② 가열된 골재를 고르게 혼합한 다음 가열된 아스팔트를 부어 넣는다.

③ 골재 표면이 완전한 피복이 되도록 빠른 시간 안에 혼합 완료한다.

④ 지름 101 mm, 높이 63.5 mm의 몰드에 혼합물을 넣고 중량 4.5 kgf의 다짐 해머를 45 cm 높이에서 50회 자유 낙하시켜 제작한다.

3) 안정도 시험

① 제작된 공시체는 60±1℃ 수조에 30~40분간 수침시킨후 마샬 시험기에 장착한다.

② 반원관형인 상하 2개의 재하 헤드에 끼워 분당 50 mm의 일정한 속도로 지름 방향으로 하중을 가한다.

③ 하중이 최대로 되었을 때의 하중을 kgf 단위로 표시하여 나타낼 때 이것을 마샬 안정도라 하며 이 때 변위된 양을 Flow Meter로 측정한 값을 Flow값이라 한다.

Ⅳ. 적용

	안정도	Flow 값
일반 아스팔트 콘크리트	500 kgf 이상	$24\sim40\left(\dfrac{1}{100}\ \mathrm{cm}\right)$
중교통 도로	750 kgf 이상	

① 최근 배합 설계시 안정도와 Flow값과의 관계에서 안정도÷Flow값이 20~50이면 바람직하다고 한다.

② Shell 석유 연구소에서 이 값을 Stiffness라 하여 소성 변형이 일어나지 않는 혼합물의 한계를 다음과 같이 정하였다.

$$\frac{안정도}{흐름값\left(\dfrac{1}{100}\ \mathrm{cm}\right)}=Stiffness>3\times Tire\ 접지압(kgf/cm^2)$$

16 | 아스팔트 혼합물에 석분을 넣는 이유

[96후(20), 00전(10)]

Ⅰ. 정의

① 석분은 아스팔트 시멘트의 소요량을 감소시키는 채움재로서의 효과와 아스팔트의 품질을 개선시키는 보강재로서의 효과가 있다.

② 석분에는 석회암 분말이 가장 많이 사용되나 시멘트, 화성암류 분말, 소석회 등도 사용된다.

Ⅱ. 석분(Filler)의 종류

Ⅲ. 석분을 넣는 이유

1) 아스팔트량 감소

굵은 골재간의 틈을 채워 아스팔트의 소요량을 감소시키는 채움재로서의 효과가 있다.

2) 내구성 향상

아스팔트와 일체가 되어 혼합물의 안정성, 인성, 내마모성, 내노화성을 높이며 아스팔트의 품질을 개선시키는 보강재로서의 효과가 있다.

3) Interlocking 효과 증대

골재 사이의 간격을 채워줌으로써 Interlocking에 의한 밀도의 증대 효과가 있다.

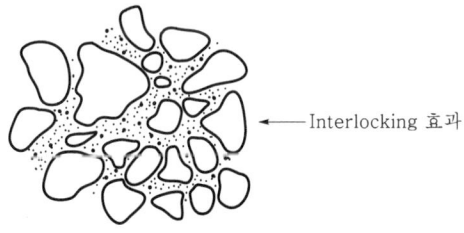

Interlocking 효과

4) 고밀도 아스팔트 포장

채움재로서의 석분 함량이 증가됨으로써 간극률의 감소, 밀도의 증대로 고밀도의 아스팔트 포장이 된다.

5) 차수성 증대

혼합물의 간극 사이에 위치하여 침투수에 대한 저항력 증대로 혼합물의 내구성이 향상된다.

6) 재료 분리 방지

역청재와 조골재간의 채움재 역할로 혼합물의 재료 분리 현상을 방지한다.

7) 박리 현상 방지

포설된 혼합물의 간극을 적게 하므로 조골재가 혼합물에서 박리되는 현상을 방지한다.

8) 지표수 침입 방지

노면에서 빗물 등의 지표수 침입에 따른 노면 하부층의 연약화를 방지하는 목적이 있다.

9) 열화 방지

역청재와 골재와의 결합을 충실하게 하여 혼합물의 열화를 방지한다.

10) 시공성 증대

혼합물에 미세입자의 혼입으로 혼합, 포설, 다짐 등의 시공성이 향상된다.

11) 강도 증대

골재와 골재와의 간극을 채우는 채움재 역할로 혼합물의 강도 증대 효과가 크다.

IV. 석분의 품질 규정

① 수분 : 1% 이하
② 비중 : 2.6 이상
③ No. 200체 통과량 : 70~100%
④ No. 30체 통과량 : 100%

V. 취급시 유의사항

① 비중이 적은 것은 비산하기 쉬우므로 취급에 유의한다.
② 석분 속에 먼지, 진흙, 유기물 등이 섞이지 않도록 한다.
③ 과도한 사용은 내유동성을 저해시키는 요인이 된다.

17 아스팔트 포장용 굵은 골재

Ⅰ. 정의

① 아스팔트 포장에 사용되는 굵은 골재란 No. 8체에 잔류하는 골재를 말하며, 부순돌 또는 부순자갈을 사용한다.

② 부순자갈을 굵은 골재로 사용할 경우에는 1면 이상 부스러진 면을 가져야 하며, No. 4체에 남는 자갈의 중량으로 40% 이상이어야 한다.

Ⅱ. 부순돌의 품질 규정

입도	13 mm, 19 mm
비중	2.45 이상
흡수율	3% 이하
마모 감량	35% 이하
편평 및 세장석 함유량	20% 이하
파쇄율	85% 이하

Ⅲ. 골재의 저장

① 골재는 각 치수별 또는 종류별로 저장

② 같은 치수의 골재라도 종류별로 나누어 저장

③ 골재 저장은 배수가 잘 되는 곳에 저장

④ 잔골재는 천막 등으로 씌워서 비에 젖지 않게 조치

⑤ 석분은 방습 장소에 보관

⑥ 포대 석분은 지상 300 mm 이상의 마루에 저장

Ⅳ. 굵은 골재 선정시 유의사항

① 파쇄되지 않은 골재의 사용 금지

② 골재의 청결상태 및 유해물 혼입 여부

③ 세장하거나 엷은 석편 사용 금지

④ 골재의 비중은 규정 이내

⑤ 흡수량이 큰 골재 사용 금지

⑥ 아스팔트와 접착성 확인

18 시험 포장

[14중(10)]

Ⅰ. 정의
① 시공 현장에서 결정된 배합 조건으로 제조한 콘크리트를 실제 사용할 장비 조합, 인력 편성으로 시공하여 시공의 적합성 및 관리상의 문제점 등을 미리 해결할 목적으로 본공사 전에 시범적으로 시행하는 포장이다.
② 콘크리트 제조에서 운반, 포설, 마무리와 재료 시험, Con'c 품질 등의 공사에 수반되는 전반적인 항목을 검토해야 한다.

Ⅱ. 위치 선정

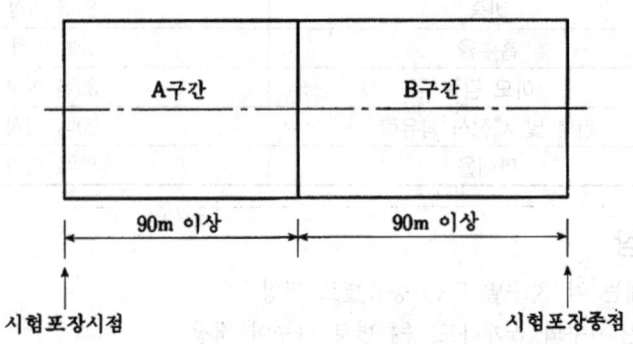

① 종단 선형 및 평면 선형이 양호한 직선 구간을 선정한다.
② 중간층이 완성된 구간을 500 m 선정한다.
③ 시공 연장 : 2차선 동시 포설 180 m 이상

Ⅲ. 시험 포장의 목적
① 생산 콘크리트 품질 시험
② 시공 기계의 적합성
③ 조합 장비의 능력 평가
④ 인력, 장비의 편성
⑤ 표준 시공 방법
⑥ 작업원의 숙련도 평가 등

IV. 포설 준비 Flow Chart

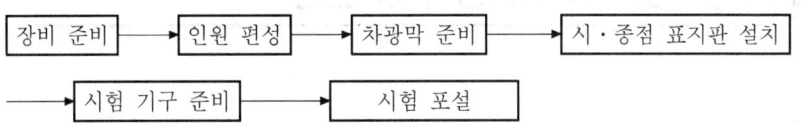

장비 준비 → 인원 편성 → 차광막 준비 → 시·종점 표지판 설치

→ 시험 기구 준비 → 시험 포설

V. 시험 포설시 조사사항

① 도착한 콘크리트 상태 조사
② 기상 상태 조사
③ 양생제 살포시기 및 살포량 조사
④ Tining 시기 및 깊이 조사
⑤ 줄눈 절단(Saw Cutting) 시기 조사
⑥ 줄눈재(Sealant)의 적정 여부
⑦ 인력 시공 마무리부 조사

VI. 시험 포장 위치 선정시 고려사항

① 가능한 Batch Plant에서 가까운 구간 선정
② 통신 연락이 용이한 곳
③ 운반 거리가 가까운 곳
④ 직선 구간에 선정
⑤ 충분한 작업 공간이 확보되는 곳

VII. 시험 포장시 유의사항

① 직접적인 관계자 이외 현장 접근 금지
② 작업 지연 예상에 따른 콘크리트 Workability를 약간 높게
③ 줄눈 설치 및 배치의 확인 검사
④ 콘크리트 부설량은 약간 여유있게
⑤ 충분한 다짐
⑥ 본공사에 사용되는 장비로 시험 포장
⑦ 거푸집 칠거 시기, 줄눈 자르기 기간 등을 검토

19 ASP 포장의 공종별 장비 조합

Ⅰ. 개요

① 장비를 조합할 때는 각 장비의 장·단점을 비교하고, 완료해야 할 작업의 물량, 공기 등을 종합적으로 판단하여 조합한다.

② 각 기계의 용량과 대수를 최대한 균형시켜 조합함으로써 전체 작업의 능률을 높여 시공 단가를 절감시켜야 한다.

Ⅱ. 조합 원칙

```
                  ┌─ 작업 능력의 균형
조합 원칙 ─────────┼─ 조합 작업의 감소
                  └─ 조합 방법의 중복화
```

Ⅲ. 공종별 장비 조합

1. 생산 : Asphalt Mixing Plant

① 재료의 공급, 가열, 건조, 선별, 계량, 혼합에 이르기까지 일관 작업에 의하여 아스팔트 혼합재를 생산하는 기계이다.

② 계량 방법에 의하여 Batch Type과 Continuous Type으로 나눈다.

2. 운반 : Dump Truck

① 아스팔트 혼합물의 운반에 사용되는 장비이다.

② 재료 분리가 발생하지 않는 방법으로 운반하여야 하며, 운반중 보온을 하여 150 mm 내부에서 10℃ 이내에 온도 저하가 되도록 한다.

3. 포설

1) Asphalt Distributor
   ① 아스팔트 포장을 하기 전에 노반과 혼합물의 결합을 좋게 하기 위하여 가열된 아스팔트를 노반에 균일하게 살포하는 기계이다.
   ② 침투식 공법이나 표면 처리 공법 등 대면적의 시공에 사용된다.

2) Asphalt Sprayer
   ① 가열된 아스팔트를 수동으로 노면에 살포하는 기계이다.
   ② 주로 아스팔트 포장 도로의 보수용으로 사용한다.

3) Asphalt Finisher
   ① 아스팔트 혼합물을 포설하는데 사용하는 기계이다.
   ② 주행 장치에 의하여 무한 궤도식과 타이어식 2종류가 있다.

4. 다짐

1) Macadam 롤러

① 1차 다짐에 사용하는 철륜 Roller이다.

② 일반적으로 8~12 tf 무게의 Roller를 사용한다.

2) 타이어 롤러

① 1차 다짐후 골재의 맞물림을 좋게 하는 다짐으로 타이어 Roller를 이용한다.

② 1차 다짐 때 생긴 Hair Crack을 없애는 효과가 있다.

3) 탠덤 롤러

① 마무리 다짐으로 요철 수정이나 자국을 없애는 목적으로 다짐한다.

② 다짐 횟수는 2회 정도가 좋다.

Ⅳ. 조합 예

공사규모 \ 공종	혼 합	운 반	Tack Coating	포 설	다 짐 1차	다 짐 2차	다 짐 마무리	1일 시공
소규모 (200 tf/일)	Plant (20 tf/h)	D/T	Distributor (1)	Finisher (1)	Macadam·R (1)	Tire·R (1)	Tandem·R (1)	50 mm 두께 17~20a
중규모 (300 tf/일)	Plant (30 tf/h)	D/T	Distributor (1)	Finisher (1)	Macadam·R (2)	Tire·R (1)	Tandem·R (1)	50 mm 두께 25~30a
대규모 (500 tf/일)	Plant (60 tf/h)	D/T	Distributor (1)	Finisher (2)	Macadam·R (2)	Tire·R (2)	Tandem·R (2)	50 mm 두께 50~60a

20 마무리 다짐

Ⅰ. 정의

① 마무리 다짐이란 아스팔트 포장에서 포장 표면의 요철을 수정하거나 Roller 자국을 없애기 위해서 실시하는 마지막 포장면 마무리 다짐을 말한다.

② 마무리 다짐에 사용하는 장비로는 탠덤 롤러(Tandem Roller), 타이어 롤러(Tire Roller) 등이 이용된다.

Ⅱ. 다짐의 종류

① 1차 다짐 : Macadam Roller

② 2차 다짐 : Tire Roller

③ 마무리 다짐 : Tire Roller, Tandem Roller

< 탠덤 롤러 >

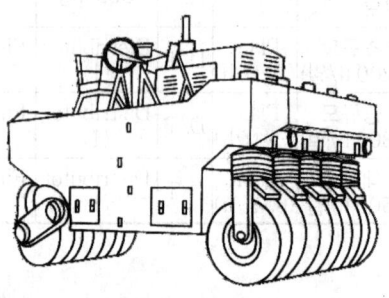

< 타이어 롤러 >

Ⅲ. 목적

① 노면 롤러 자국 제거

② 노면 요철 수정

③ 혼합물 결속력 향상

Ⅳ. 사용 장비

① Tandem Roller(12tf)

② Tire Roller(15tf)

Ⅴ. 다짐 횟수

① 2차 전압이 끝난후 왕복 1회 정도가 적정 하다.

② 다짐시 속도는 Tandem Roller는 2~3 km/h, Tire Roller는 6~10 km/h가 일반적이다.

VI. 유의사항

① 마무리 다짐시 혼합물의 온도는 다짐 효과에 영향을 주므로 60℃가 될 때 개시한다.

② 마무리 다짐시 발견되는 포장 표면의 결함은 즉시 수정, 보완한다.

③ 방금 마무리한 포장 위에 장시간 Roller를 방치해서는 안 된다.

④ 급유 등으로 포장면에 기름류를 흘려서는 안 된다.

⑤ 중교통 도로, 마모를 받는 지역, 한중 시공시에는 Tire Roller 시공이 필요하다.

21 중간층(Binder Course)

Ⅰ. 정의

① 아스팔트 포장에서 기층과 표층 사이에 위치하는 층으로서 기층의 요철을 보정하고 표층에 가해지는 하중을 균일하게 기층에 전달하는 역할을 지니고 있으며 보통 가열 아스팔트 혼합물로 만들어진다.

② 교통량이 많은 시가지 교통에서 포장 두께를 두껍게 하는 것이 곤란할 경우 시멘트 콘크리트로 중간층을 만드는 경우도 있는데 이를 화이트 베이스라 한다.

Ⅱ. 목적

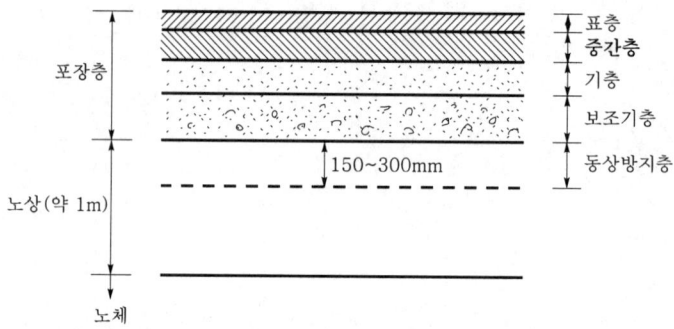

① 기층 요철 보정
② 작용 하중 기층 전달
③ 내수성 및 내구성 증진
④ 기층, 보조기층 보호

Ⅲ. 각 층별 사용 혼합물의 종류

종류		용도
중간층	조립도 아스팔트 콘크리트	중간층
표층	밀입도 아스팔트 콘크리트	내유동성, 내마모성, 미끄럼 저항성, 내구성
	세립도 아스팔트 콘크리트	교통량이 적은 경우, 보행자용 도로 포장
	밀입도 갭 아스팔트 콘크리트	미끄럼 방지를 겸한 표층
마모층	내마모용	내마모용
	미끄럼 방지용	미끄럼 방지용

Ⅳ. 배합

마무리 두께	최대 입경	통과 중량 백분율									아스팔 트량
		25	20	13	4.75	2.36	0.6	0.3	0.15	0.0175	
4~6	19	100	95~100	70~90	35~55	20~35	11~23	5~16	4~12	2~7	4.5~6

Ⅴ. 중간층 혼합물의 관찰항목

① 아스팔트량

② 수분 함유량

③ 혼합 온도

④ 재료 분리 유무

⑤ 작업성

⑥ 다짐 용이성

22 Prime Coat

Ⅰ. 정의

① Asphalt Concrete 포장시 입상 재료(기층 또는 보조기층)와 아스팔트의 부착력을 향상시키기 위하여 아스팔트 포설전에 입상 재료 위에 살포하는 것을 Prime Coat라 한다.

② 보조기층, 입도 조정기층 등의 입상 재료층에 점성이 낮은 역청 재료를 살포·침투시켜 포설하는 아스팔트 혼합물과의 부착을 좋게 하기 위하여 역청 재료를 얇게 피복하는 것을 말한다.

Ⅱ. 시공 상세도

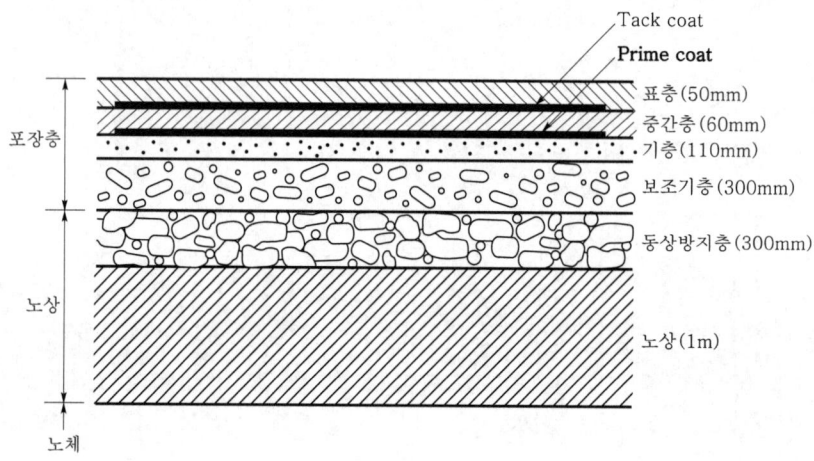

Ⅲ. 목적

① 기층의 방수성 향상

② 입상 기능의 모세 공극 메움

③ 기층과 혼합물의 부착성 향상

Ⅳ. 사용 역청 재료

① 커트백 아스팔트 : MC-0, MC-1, MC-2

② 유화 아스팔트 : RS(C)-3

Ⅴ. 살포 기계

① 아스팔트 Sprayer

② Distributor

Ⅵ. 사용량 및 살포 온도

역청재 사용량	살포 온도
MC−0 : 0.5~1.0 l/m^2 MC−1 : 0.5~1.0 l/m^2 MC−2 : 0.5~1.0 l/m^2 RS(C)−3 : 0.5~1.0 l/m^2 포장 타르 : 0.5~1.0 l/m^2	20~60℃ 40~80℃ 40~90℃ 가열할 필요가 있을 때에는 감독관이 지시하는 온도

Ⅶ. 시공면

① 기층 표면은 시공전에 요철면 정리
② 부석, 먼지, 기타의 이물질 제거
③ 표면은 Prime Coat 시공전 약간의 습윤 상태 유지
④ 기층 표면에 실트분이 있을 경우 Power Broom으로 제거
⑤ 기층 표면에 필요시 소량 살수

Ⅷ. 역청재 살포

① 살포시에는 연석, 교량의 난간 등을 더럽히지 않도록 한다.
② 침투후 부족한 부분에는 다시 살포하고 과잉 부분에는 모래로 흡수 제거한다.
③ 양생은 MC의 경우 48시간 RS의 경우 24시간 이상 양생한다.
④ Prime Coat의 이음 부분은 과소 또는 과다 살포되지 않게 유의하여 시공한다.
⑤ 살포는 Distributor 또는 엔진 Sprayer를 사용한다.

도로 과년도 문제

1. 콘크리트 포장에서 보조기층의 역할 [01후(10)]
2. 흙 쌓기공의 노상 재료 [97전(20)]
3. 유화 아스팔트(Emulsified Asphalt) [01후(10)]
4. 상온 유화 아스팔트 콘크리트 [03중(10)]
5. 구스 아스팔트(Guss Asphalt) [01전(10)]
6. 마샬(Marshall) 안정도 시험 [00후(10)]
7. 아스팔트 혼합물에 석분을 넣는 이유 [96후(20)]
8. 아스팔트 포장의 석분 [00전(10)]
9. 아스팔트 포장용 굵은 골재 [01중(10)]
10. 아스팔트 콘크리트의 시험 포장 [14중(10)]
11. 아스팔트 콘크리트 포장 공사의 공정별 장비 조합 [96중(20)]
12. Asphalt 포장의 파손 원인과 대책 [97중전(20)]
13. 콘크리트 포장의 스폴링(Spalling) 현상 [05중(10)]
14. 아스팔트의 콘크리트 포장의 소성 변형 [02후(10)]
15. 아스팔트(Asphalt)의 소성변형 [11후(10)]
16. 아스팔트 포장에서의 러팅(Rutting) [07후(10)]
17. Reflection Crack(균열 전달 현상) [87(10)]
18. 반사 균열(Reflection Crack) [98후(20)]
19. 포장의 반사열(Reflection Crack) [01전(10)]
20. 도로 포장의 반사 균열(Reflection Crack) [06중(10)]
21. 아스팔트 콘크리트의 반사균열 [11후(10)]
22. 공용 중의 아스팔트 포장균열 [12중(10)]
23. Surface Recycling(노상 표층 재생) 공법 [04후(10)]
24. 재생 포장(Repavement) [07전(10)]
25. 리페이버(Repaver)와 리믹서(Remixer) [95중(20)]
26. 배수성 포장 [05중(10)]
27. 투수성 시멘트 콘크리트 포장 [03전(10)]
28. 투수성 포장 [04전(10)]
29. 장수명 포장 [08후(10)]
30. 저탄소 중온 아스팔트 콘크리트 포장 [09후(10)]
31. 라텍스 콘크리트(Latex-Modified Concrete) 포장 [01중(10)]
32. 포스트텐션 도로 포장[11중(10)]
33. 포장 공사에서 분리막의 역할 [00중(10)]
34. 분리막 [03후(10)]
35. 콘크리트 포장의 분리막 [07중(10)]
36. 콘크리트 포장의 분리막 [14중(10)]
37. 포장 콘크리트의 배합기준 [11후(10)]
38. 콘크리트 포장의 이음(Joint) [96중(20)]
39. 콘크리트 포장의 수축 이음 [95중(20)]
40. 다웰바(Dowel Bar) [01후(10)]
41. 타이바(Tie Bar)와 다웰바(Dowel Bar) [03전(10)]
42. 완성 노면(路面)의 검사 항목 [98중후(20)]
43. P.R.I(평탄성 지수) [00중(10)]
44. 포장의 평탄성 관리 기준 [03전(10)]
45. Pr.I(Profile Index) [04중(10)]
46. Proof Rolling [90전(10)]
47. 프루프 롤링(Proof Rolling) [01전(10)]
48. Proof Rolling [03후(10)]
49. Pop Out 현상 [04중(10)]
50. Pop Out 현상 [13중(10)]
51. 교면 포장 [02전(10)]
52. 교면 포장의 역할 [15후(10)]
53. 교량의 교면 방수 [09전(10)]
54. 강상판교의 교면 포장 [00전(10)]
55. 그루빙(Grooving) [06전(10)]
56. 포장의 그루빙(grooving) [09중(10)]
57. 롤러 다짐 콘크리트 포장(RCCP, Roller Compacted Concrete Pavement) [09중(10)]
58. C.B.R과 S.N(Structural Number) [87(10)]
59. 철도의 강화노반(Reinforced Roadbed) [08후(10)]
60. 철도공사시 캔트(Cant) [13전(10)]

23 Tack Coat

Ⅰ. 정의

① 아스팔트 포장 시공시 기포설된 중간층과 표층의 부착력 향상을 목적으로 중간층 혼합물 위에 액체 아스팔트를 살포하는 것을 Tack Coat라 한다.

② 주로 구포장층 또는 아스팔트 안정기층과 그 위에 포설하는 아스팔트 혼합물과의 부착을 좋게 하기 위하여 구포장면과 아스팔트 안정 처리 기층에 역청 재료를 살포하는 것을 말한다.

Ⅱ. 목적

① 구포장층과 신포장의 부착력 향상

② 안정 처리 기층과 신포장층과의 부착력 확보

③ 일체성 도모

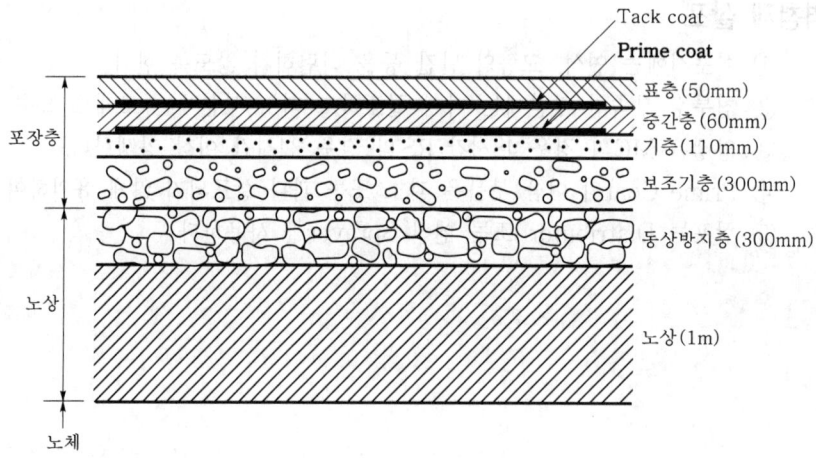

Ⅲ. 사용 역청 재료

1) 커트백 아스팔트

RC-0, RC-1

2) 유화 아스팔트

RS(C)-4

Ⅳ. 살포 기계

① 아스팔트 Sprayer

② Distributor

Ⅴ. 사용량 및 살포 온도

역청재	사용량	살포 온도
RC−0	$0.1 \sim 1.3 \, l/m^2$	$25 \sim 60℃$
RC−1	$0.1 \sim 0.3 \, l/m^2$	$30 \sim 70℃$
RS(C)−4	$0.1 \sim 0.3 \, l/m^2$	가열할 필요가 있을 때에는 감독관이 지시하는 온도

Ⅵ. 시공면 정비

① 표면의 부식 및 먼지 제거
② 미세한 이물질은 Power Broom 사용으로 제거
③ 살포면 수분이 있을 경우 충분히 건조시킨후 시공
④ 아스팔트 혼합물층 시공후 수일내에 표층 시공할 때에는 Tack Coat 시공 생략

Ⅶ. 역청재 살포

① 살포는 Distributor 또는 엔진 Sprayer 또는 핸드 스프레이를 사용한다.
② 역청재 살포후 즉시 타이어 롤러를 주행시켜서 역청재 고르기 작업을 한다.
③ 역청재가 과잉 살포되었을 때에는 제거하고 재시공한다.
④ 살포시에는 연석, 교량, 난간 등에 살포되지 않도록 주의한다.
⑤ 살포후 건조, 부착에 필요한 시간까지 손상되지 않게 충분히 양생한다.
⑥ 양생은 계절과 날씨에 따라 다르지만 보통 1~2시간으로 한다.
⑦ Tack Coat 양생이 종료되면 가능한 빨리 상부층 시공을 하는 것이 좋다.

24 마모층(Wearing Course)

Ⅰ. 정의

아스팔트 포장에서 표층 위에 20~30 mm 정도의 두께로 위치하는 층으로서 비교적 얇은 내마모 혼합물이나 미끄럼 방지용 혼합물층을 말한다.

Ⅱ. 포장 구조도

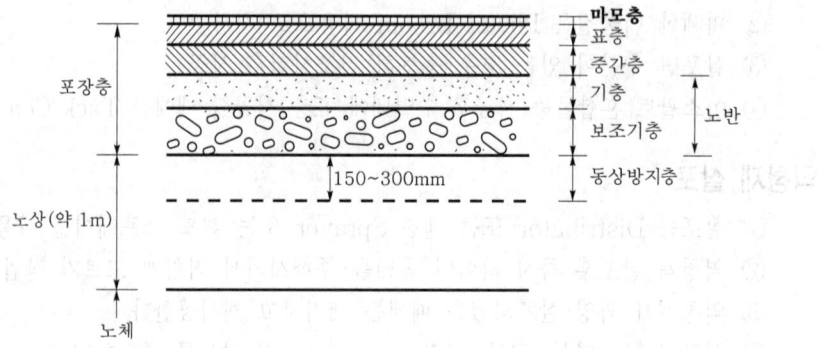

Ⅲ. 각 층별 사용 혼합물의 종류

종 류		용 도
중간층	조립도 아스팔트 콘크리트	중간층
표층	밀입도 아스팔트 콘크리트	내유동성, 내마모성, 미끄럼 저항성, 내구성
	세립도 아스팔트 콘크리트	교통량이 적은 경우, 보행자용 도로 포장
	밀입도 갭 아스팔트 콘크리트	미끄럼 방지를 겸한 표층
마모층	내마모용	내마모용
	미끄럼 방지용	미끄럼 방지용

Ⅳ. 특성

① 적설 한랭지에서 타이어 체인에 의한 마모 방지
② 비교적 급한 구배에서 잘 미끄러지지 않는 층 구성
③ 세립도 아스팔트 콘크리트 사용
④ 포장 설계시 포장 두께에는 포함시키지 않음

Ⅴ. 혼합물 관찰 항목

① 골재 최대치수   ② 아스팔트량
③ 혼합 온도   ④ 재료 분리 유무
⑤ 혼합물의 작업성   ⑥ 다짐의 용이성

25 Seal Coat

Ⅰ. 정의

① 아스팔트 포장에서 급커브 또는 경사가 심한 내리막길의 미끄럼 저항성을 크게 하기 위해, 역청 재료와 골재를 살포하여 전압하는 아스팔트 표면 처리를 말한다.

② 이 공법을 2회 이상 반복하여 두께를 두껍게 하는 공법을 Armor Coat 또는 다중 역청 표면 처리라 한다.

Ⅱ. 목적

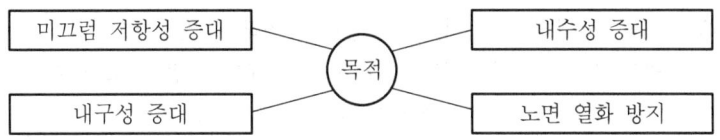

Ⅲ. 종류

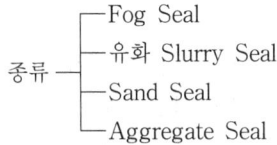

Ⅳ. 사용 역청 재료

1) 도로 포장용 아스팔트
   AC 120~150
2) 커트백 아스팔트
   MC-4, RC-2
3) 유화 아스팔트
   RS(C)-1, RS(C)-2

Ⅴ. 사용 역청 재료의 요구조건

① 부설 골재와의 조기 부착을 위한 충분한 유동성
② 기존의 노면상에 고착될 수 있는 높은 점성도
③ 여름철에는 점성이 큰 재료, 겨울철에는 침입도가 큰 재료
④ 시공성 및 효율성이 좋은 것

VI. 사용량 및 살포 온도

재 료	사용량	살포 온도
AC 150~200	$0.8{\sim}1.5\,l/m^2$	140~180℃
MC-4	$1.0{\sim}2.0\,l/m^2$	95~135℃
RC-2	$1.0{\sim}2.0\,l/m^2$	35~80℃
RS(C)-1	$1.0{\sim}2.0\,l/m^2$	가열할 필요가 있을 때에는 감독관이 지시
RS(C)-2	$1.0{\sim}2.0\,l/m^2$	하는 온도
	$0.4{\sim}0.8\,m^2/100\,m^2$	

VII. 사용 골재

① 부순돌, 파쇄한 자갈 및 굵은 모래
② 견고하고, 깨끗하며, 먼지, 진흙 등이 부착되지 않는 골재
③ 아스팔트 시멘트 또는 MC-4를 사용할 때에는 잘 건조된 골재 사용
④ 유화 아스팔트를 사용할 때에는 약간 습한 골재 사용
⑤ 골재의 입도는 도로용 부순돌 6호(19~10 mm), 7호(13~4.75 mm)의 규격을
   사용

VIII. 시공면 정비

① 시공면은 Seal Coat 시공전 부석, 먼지, 기타의 유해물을 제거 청소
② 조기 부착성을 발휘할 수 있도록 표면이 건조하고 깨끗하게 유지

IX. 시공

① Seal Coat는 5~9월에 걸쳐서 기온이 높을 때 시공하는 것이 좋다.
② 기온이 10℃ 이하일 때는 역청 재료의 부착이 나쁘고 미끄러지기 쉬운 노면이
   되므로 주의를 요한다.
③ 역청재 살포는 연석, 구조물 등을 더럽히지 않도록 소정의 양을 균일하게 살포
   한다.
④ 역청재 살포후 즉시 골재를 균일하게 살포한다.
⑤ 이어서 Tire Roller로 충분히 다져야 한다.
⑥ 역청재가 과잉 살포되었을 때에는 제거하든지 골재를 추가하고 다져야 한다.
⑦ 골재는 다소 많이 살포하는 것이 좋으며 골재가 역청재 속에 충분히 박히도록
   다짐한다.
⑧ 노면에 남은 여분의 골재는 인력 또는 Power Broom으로 모두 제거한다.

26 Asphalt 포장의 파손 원인과 대책

[97중전(20)]

I. 개요

① 아스팔트 포장은 가용성 포장으로서 교통의 반복 하중에 의해 노면 성상에 변형이 생기고 종국에는 피로하여 파손에 이르게 된다.

② 아스팔트 포장의 유지관리에 있어서 파손 형태와 그 원인을 잘 이해하는 것이 중요한 관점이다.

II. 아스팔트 포장의 구성도

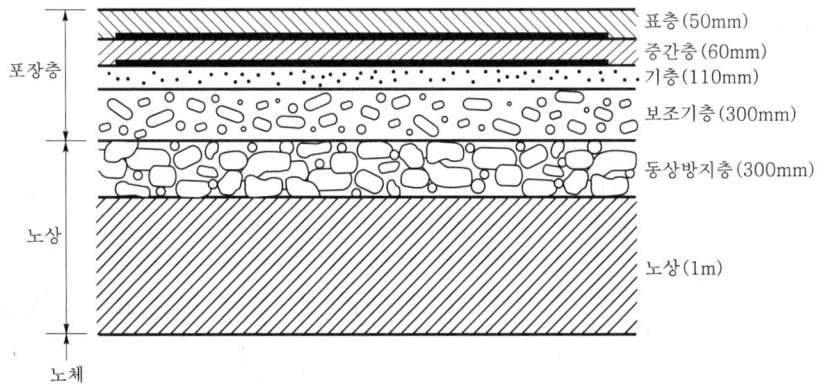

III. 포장 파손 원인

① 포장 두께 부족
② 부등 침하
③ 피로 하중
④ 동결 융해
⑤ 아스팔트 혼합물 불량
⑥ 시공 이음부 결손
⑦ 각 층의 층 분리 발생
⑧ Prime Coating 불량
⑨ Tack Coating 불량
⑩ 과하중 작용
⑪ 동절기 Tire 체인
⑫ 지하수 유입
⑬ 배수 불량

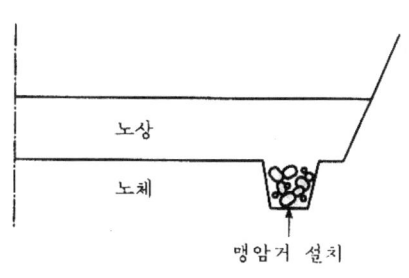

< 배수 시설 >

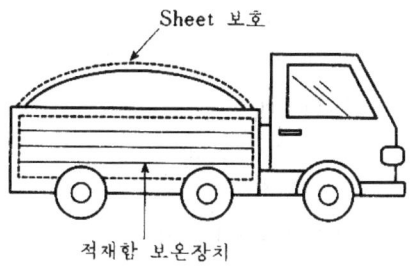

< 혼합물 취급 >

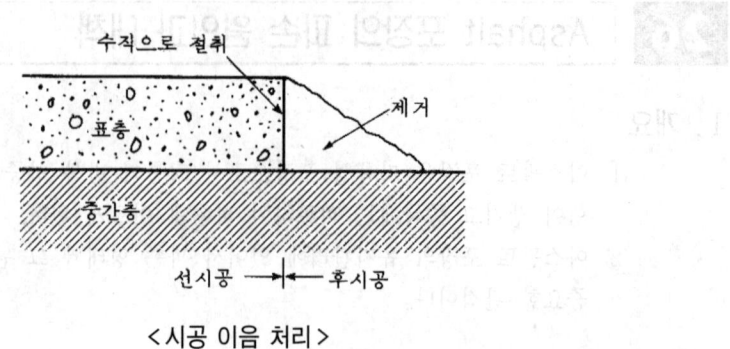

<시공 이음 처리>

Ⅳ. 대책

① 각 층의 설계 두께 유지
② 동상 방지층 설치
③ 배수 시설
④ 기층 안정 처리
⑤ 혼합물 취급
⑥ 재료 선정 시험
⑦ 반입 혼합물 검사
⑧ 시방 규정에 의한 시공
⑨ 시공 이음부 처리
⑩ 연속 포설
⑪ 밀실 다짐
⑫ 한랭기 포설시 혼합물관리
⑬ 품질관리
⑭ 지반 개량
⑮ 교통 통제

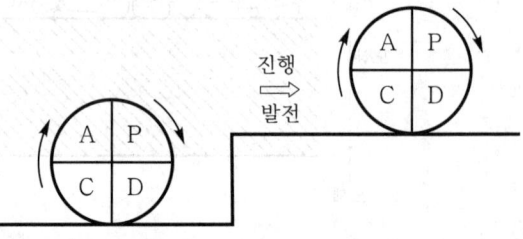

Ⅴ. 보수 보강 공법

① 표면 처리 공법
② Patching
③ 박층 Overlay
④ Overlay
⑤ 절삭 Overlay
⑥ 재포장
⑦ Surface Recyling

27 　아스팔트의 소성변형(Rutting)

[02후(10), 07후(10), 11후(10)]

Ⅰ. 정의

① 주로 아스팔트 포장에서 발생되는 포장 파괴 현상으로 아스팔트 포장의 어느 한 부분을 차량이 집중적으로 통과하게 되어 표층 재료가 마모 또는 유동으로 골모양으로 패이는 파손 형태를 아스팔트의 소성변형(Rutting)이라 한다.

② 도로 횡단 방향의 요철로 차량 통과 빈도가 많은 차선에 국부적으로 발생되는 凹형 패임 즉, 차바퀴 패임 현상이다.

Ⅱ. 변형 측정 방법

```
측정 방법 ┬ 직선자를 이용하는 방법
          ├ 실을 당기는 방법
          └ 횡단 Profile Meter에 의한 방법
```

Ⅲ. 조사 방법

① 조사 대상 구간을 100 m마다 차선별로 시행한다.

② 각 단면 최대치의 평균을 취하여 조사 대상 구간의 값으로 한다.

③ 교차점 부근에서는 200~400 m를 대상 구간으로 하고, 50~100 m마다 측정하여 구간 최대치와 각 단면 최대치의 평균치를 기록한다.

Ⅳ. 발생 원인

① 아스팔트량 과다　　　　② 혼합물의 입도 불량

③ 기층 이하의 침하　　　　④ 노상 지지력 약화

⑤ 과적 차량　　　　　　　⑥ 교통 정체

Ⅴ. 방지대책

① 내유동성이 큰 혼합물 사용　　② 역청 재료는 개질 아스팔트 사용

③ 과하중 차량 통행 제한　　　　④ 회수 더스트분은 30% 이하 사용

⑤ 기층 안정 처리　　　　　　　⑥ 밀실 다짐

⑦ 지하수위 저하　　　　　　　⑧ 노상 지지력 증대

Ⅵ. 보수 대책

① 절삭 공법

② Patching

③ 절삭 Overlay

④ 재포장

28 | Corrugation(파상 요철)

I. 정의

① 아스팔트 포장도로 연장 방향에 규칙적으로 생기는 비교적 짧은 물결 무늬(파상)의 요철을 말하며 이를 파상 요철이라고도 한다.

② 이러한 현상은 Prime Coat 또는 Tack Coat 시공이 불량하게 되었을 때 표층 또는 기층이 종단 방향으로 주름지는 현상을 말한다.

II. 도해

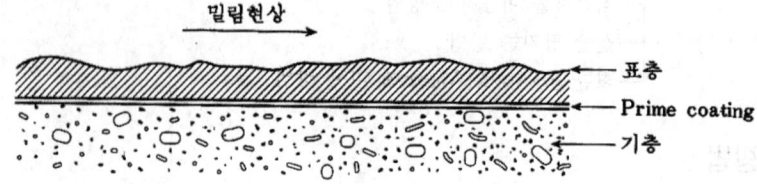

III. Corrugation의 피해

① 안전 운행 위협 ② 소음 발생
③ 운행 차량 파손 ④ 주행성 악화

IV. 발생 원인

① Prime Coat 시공 불량
② Tack Coat 시공 불량
③ 사용 역청 재료의 부적합
④ 혼합물 불량
⑤ 아스팔트량 과잉

V. 방지 대책

① 규정의 역청재 사용
② 시공면 처리
③ 충분한 양생
④ 적정량 살포
⑤ 균일한 살포
⑥ 과다 살포 부위 제거
⑦ 충분한 다짐

29 Spalling(조각 파손)

[05중(10)]

I. 정의

① Spalling이란 콘크리트 포장에서 어떤 응력을 발생시키는 작용에 의해 줄눈부에서 포장 슬래브가 조각으로 쪼개지면서 파손되는 현상이다.

② 주로 시멘트 콘크리트 포장에서 발생되는 파손 형태로서 줄눈 간격 부적절, 줄눈재 불량, 이물질 침투, Dowel Bar 부식 등의 원인으로 포장 파손이 발생된다.

II. Spalling에 의한 피해

① 평탄성 저하
② Blow-up 발생
③ 줄눈재 파손
④ 포장 슬래브 파손 가속

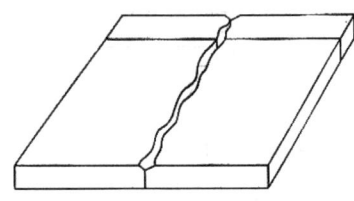

< Spalling(가로 줄눈 부위) >

III. 발생 원인

① Dowel Bar 부식
② 슬래브와 Dowel Bar의 거동 불일치
③ Dowel Bar 이동 거리 미확보
④ Pumping 현상 발생
⑤ 줄눈 부위 비압축성 이물질 침투

IV. 방지 대책

① 줄눈 간격 준수
② Stainless Steel Dowel Bar
③ Dowel Bar 시공시 변형 방지
④ Dowel Bar 설치의 자동화
⑤ Pumping 방지 대책 강구
⑥ 줄눈내 비압축성 이물질 침투 방지
⑦ 배수 시설
⑧ 노면 청소
⑨ 줄눈재의 보수

V. 보수 방법

① Patching
② 줄눈재 교체
③ Dowel Bar 교체
④ 줄눈부 전면 재시공

30 | Stripping(박리 현상)

Ⅰ. 정의

아스팔트 혼합물의 골재와 아스팔트의 접착성이 소멸하여 포장 표면에서 골재가 벗겨지는 현상을 말한다.

Ⅱ. 박리 현상의 피해

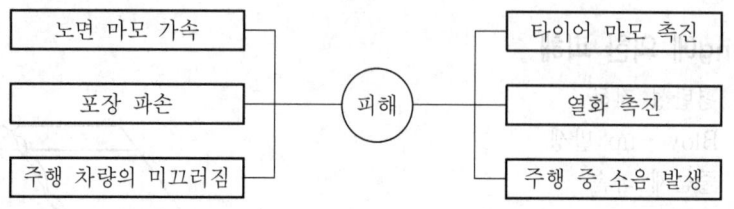

Ⅲ. 발생 원인

① 혼합물의 품질 불량
② 골재와 아스팔트의 친화력 부족
③ 혼합물에 침투한 수분
④ 혼합물 중 아스팔트의 열화

Ⅳ. 박리 방지대책

① 혼합물에 사용되는 석분의 일부에 2~3% 정도 소석회 사용
② 박리 방지제 사용
③ 침입도가 적은 아스팔트 사용
④ 내수성이 좋은 배합으로 아스팔트량은 범위의 상한치 사용
⑤ 개질 아스팔트 사용

Ⅴ. 보수 공법

① Overlay
② Seal Coat, Slurry Seal
③ 재포장

31 | Pumping

Ⅰ. 정의

Pumping 현상이란 콘크리트 포장 Slab의 줄눈부, 균열부에서 상부 자동차 하중에 의하여 Slab가 휘면서 침하함과 동시에 포장 Slab는 아래의 물을 줄눈 또는 균열을 통하여 뿜어 올린다. 이 때 물과 함께 포장 Slab 아래에 있는 흙을 포장 Slab 위로 뿜어올리는 현상을 Pumping이라 한다.

Ⅱ. 여러 가지 형태의 Pumping 현상

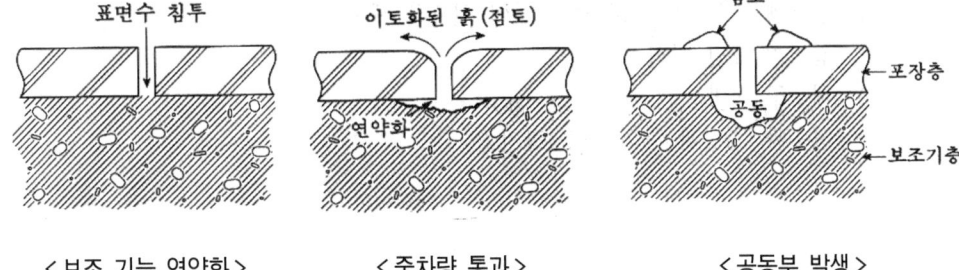

        < 보조 기능 연약화 >   < 중차량 통과 >   < 공동부 발생 >

① 표면수가 침투되어 노상, 보조기층이 물로 인하여 연약화 된다.
② 줄눈 또는 균열로부터 주입 재료가 밀려 나온다.
③ 중차량이 통과하게 되면 물이 뿜어나오면서 이토화된 흙(점토)이 동시에 빠져나온다.
④ 포장 Slab의 줄눈 또는 균열 가까운 부분은 점토로 더럽혀진다.
⑤ 줄눈과 균열 아래에 공동이 생겨 슬래브가 지지력을 잃는다. 또한 가까운 길어깨부에 구멍이 뚫린다.
⑥ 줄눈과 균열 부분이 포장 슬래브가 파손되며 포장 슬래브의 우각부 또는 중앙부에 가까운 줄눈과 균열 부분에서 우각 균열이 발생한다.

Ⅲ. 발생 피해

① 하부 지지력 소멸
② 포장체 하부 공동 발생
③ 포장 파손
④ 도로 기능 마비
⑤ 단차 발생

Ⅳ. 작용 위치

① 콘크리트 포장 줄눈 부위
② 포장 균열 부위
③ Core 채취 구멍 부위

Ⅴ. 방지대책

① 주입재의 완전한 충진
② 줄눈부의 수밀성 유지
③ 길어깨 부분의 불투수성화
④ 표면수의 침투 방지
⑤ 길어깨를 5 mm 정도 낮게 하여 원활한 배수
⑥ 길어깨 표면 처리
⑦ 배수구 정비
⑧ 하수관, 횡단관 등의 누수 방지

32 Blow-up

I. 정의

① 콘크리트 포장에서 주로 발생하는 현상으로 여름철에 기온이 상승함에 따라 콘크리트 슬래브가 팽창하여 가로 팽창 줄눈에 만들어져 있는 여유폭의 부족으로 맞대어져 있는 콘크리트 슬래브가 위로 솟아오르는 현상이다.

② 일반적으로 양측의 슬래브가 솟아오르는 경우가 많으며 줄눈이 수직이 아닐 경우에는 한측 Slab만이 솟아오를 때도 있다.

II. Blow-up 현상의 종류

① 양측 솟아오름 : 일반적인 경우로서 양측 슬래브가 함께 솟아오르는 경우

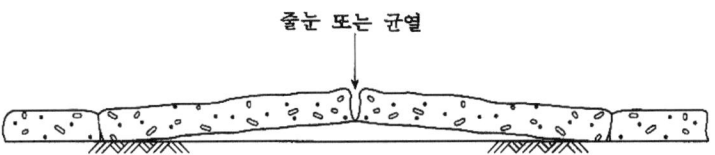

② 한측 솟아오름 : 설치된 줄눈이 수직으로 시공이 되어 있지 않을 때 발생되는 경우

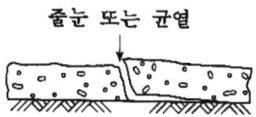

③ 줄눈 부위에서 좌굴 : 줄눈 설치가 부적절할 때 발생되는 경우로 줄눈 위치에서 좌굴되는 경우

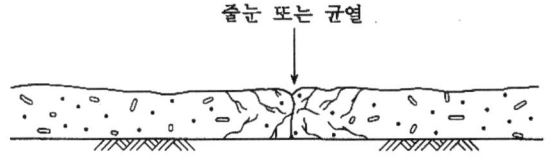

III. 발생 시기

① Blow-up 발생시기는 여름철 기온이 높은 날

② 솟아오르는 높이는 연속된 슬래브의 길이에 따라 50~300 mm 정도 솟아 오름

Ⅳ. Blow-up의 피해

① 교통 장해
② 교통 사고 유발
③ 도로 기능 마비

Ⅴ. 보수방법

① 솟아오른 한측 슬래브를 300~500 mm 정도 절단하여 제거한후 아스팔트 콘크리트로 충진하는 방법
② 한측 슬래브 전체를 제거하는 방법

33 반사 균열(Reflection Crack)

[87(10), 98후(20), 01전(10), 06중(10), 11후(10)]

Ⅰ. 정의

① 반사 균열이란 콘크리트 구조물에서 구콘크리트 구조물에 덮어서 시공할 때 기 시공된 구조물의 균열이 반사되어 발생되는 균열을 말한다.

② 반사 균열은 보통 무근 콘크리트 포장에서 아스팔트 덧씌우기(Overlay)한 경 우 하부 콘크리트 포장의 줄눈이나 균열이 있는 위치에 상층으로 전달되어 상 부 아스팔트 층에 나타나는 균열을 말한다.

Ⅱ. 하자 발생도

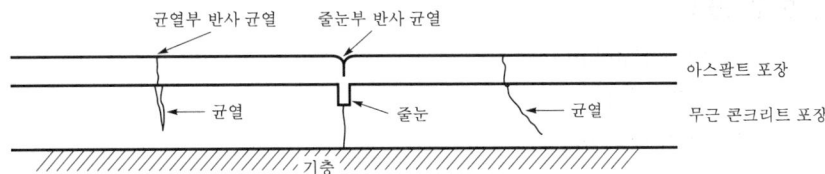

Ⅲ. 포장 균열의 종류

① 피로 균열

② 거북등, 블록 균열

③ 종·횡방향 균열

④ 반사 균열

Ⅳ. 발생 원인

1) 하부 포장의 수평 거동

하부 포장체의 온도 변화, 건조 수축 등에 의해 발생되는 수축·팽창 운동이 균열 부위에 수평 변위 발생하여 상부층으로 전해진다.

2) 상대 변위 발생

상부에서 작용하는 차량 하중에 의한 하부에 위치하는 포장체의 줄눈부 또는 균열 부위에서 상대 변위 발생

3) 하층부 손상

하부 포장체의 파손 부위를 보수하지 않고 상부 포장체를 시공하였을 때 하부 손 상 형태와 동일한 균열 형태로 발생

V. 방지 대책

1) 분리 시공

하층과 상층이 변위 발생에 대해 분리되어 작용할 수 있도록 상하 분리가 되게 시공한다.

2) 하부층 보강

하부층에 발생된 균열을 원인 파악하여 균열이 더 이상 발전되지 않도록 보강 조치후 상층 시공한다.

3) 이음 설치

하부층의 이음부에는 상층에도 같은 위치에 이음을 설치한다.

4) 하층 제거

하부층의 상대 변위가 큰 균열 부위를 제거하고 하부층 재시공후 상부층을 시공한다.

VI. 보수 공법

① 일부 Patching

② 표면 처리

③ 얇은 덧씌우기

④ Sealing

34 공용 중의 아스팔트 포장 균열

[12중(10)]

Ⅰ. 정의

① 아스팔트 포장은 교통의 반복 하중에 의해 노면 성상에 변화가 발생하며, 피로가 누적되면 균열 및 파손이 발생한다.

② 아스팔트 포장의 균열에는 횡방향 균열, 거북등 균열, 단부 균열, 바퀴 자국에 의한 균열, 반사 균열 등이 있으며, 균열별 원인을 잘 파악하여 대책을 수립하여야 한다.

Ⅱ. 아스팔트 포장의 균열

1) 횡방향 균열

차선과 반대 방향으로 발생되는 균열로서 기온변화에 의해 발생

2) 거북등 균열

균열들이 서로 연결되어 거북등과 같은 형상을 나타내는 균열로서 포장 단면의 부족이나 하부층의 처짐으로 인해 발생

3) 단부 균열

아스팔트 포장체의 단부 부근에 발생하는 균열로서 포장 단부의 지지력 부족이나 하부층의 지지력 부족으로 인해 발생

4) 바퀴자국에 의한 균열

아스팔트 포장체가 여름철에 열을 받아 물성이 높아졌을 때 차량의 바퀴 하중에 의해 포장체가 패이면서 발생하는 균열

5) 반사 균열

아스팔트 포장체의 덧씌우기 공사를 했을 경우 하부의 균열이 상부로 반사되어 발생하는 균열

Ⅲ. 균열의 원인

① 포장두께 부족   ② 지반의 부등침하
③ 교통의 피로 하중   ④ 아스팔트 혼합물 불량
④ 시공 이음부 결손   ⑤ 과하중 사용

Ⅳ. 균열방지 대책

① 각 층의 설계 두께 유지   ② 배수 시설 철저 시공
③ 하부층의 안정 처리   ④ 아스팔트 혼합물 취급 철저
⑤ 과적 차량 통행 억제   ⑥ 밀실 다짐

Ⅴ. 보수보강 공법

① 표면처리 공법   ② Patching   ③ 박층 Overlay
④ 전면 Overlay   ⑤ 재포장   ⑥ Surface Recycling

35 Sandwitch 공법

Ⅰ. 정의

① 연약지반 위에 도로 포장 공사를 할 경우, 부등 침하 방지 및 지반 강성을 높이기 위하여 노상토 위에 빈배합의 콘크리트를 타설하고 그 위에 통상적인 구조의 포장을 축조한다.

② 이 때 설치된 빈배합 콘크리트 층 위에 콘크리트 슬래브에 발생되는 균열이 상부 포장층으로 파급되는 것을 방지하기 위하여 콘크리트 슬래브 위에 쇄석 등의 층을 두어 상부공을 시공하게 되는데 이것을 Sandwitch 공법이라 한다.

Ⅱ. 시공 도해

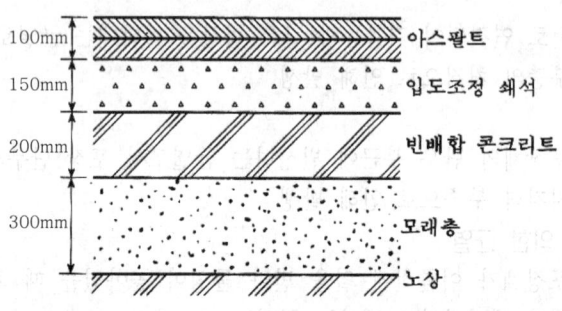

Ⅲ. 효과

① 반사 균열 제어
② 부등 침하 방지
③ 균일한 하중 전달
④ 지지력 증대
⑤ 유지 보수 용이

Ⅳ. 적용성

① 노상층의 지지력 확보가 어려울 때
② 연약지반상의 도로 개설
③ 공기가 촉박할 때
④ 연약지반 처리 과정에서 주위에 파급 효과가 클 때

36 재생포장(Repavement)

[04후(10), 07전(10)]

Ⅰ. 정의

① 기존 아스팔트 포장을 절삭한후 덧씌우기를 하는 보수 작업을 할 때 절삭후 폐아스콘을 아스콘 생산공장 또는 현장에서 재생하여 덧씌우기에 이용하는 방법을 폐아스콘 재생처리 공법(Recycling)이라 한다.

② Repavement는 기존 포장을 가열한후 긁어 일으켜서 정형한 구아스팔트 혼합물층 위에 얇은 층(20 mm 정도)의 신재 아스팔트 혼합물을 포설하고 동시에 다져 마무리하는 공법이다.

Ⅱ. 폐아스콘 재생처리 공법 분류

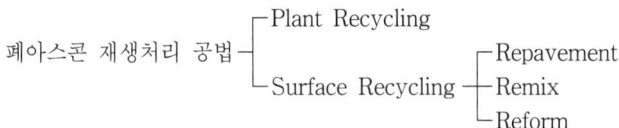

```
                      ┌ Plant Recycling
폐아스콘 재생처리 공법 ┤                        ┌ Repavement
                      └ Surface Recycling ────┼ Remix
                                              └ Reform
```

Ⅲ. Surface Recycling(표층 재생처리 공법)

1. Repavement

1) 정의

기존 포장을 가열한후 긁어 일으켜서 정형한 구아스팔트 혼합물층 위에 얇은 층(20 mm 정도)의 신재 아스팔트 혼합물을 포설하고 동시에 다져 마무리하는 공법으로서 리페이버 장비를 사용한다.

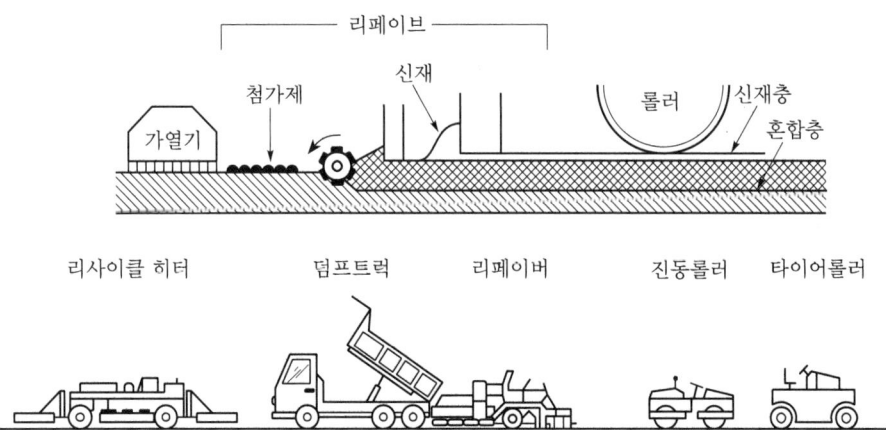

2) 시공 순서

① 가열 : 기존 아스팔트를 가열하여 보온 조치하고, 열을 침투시킨다.

② 가열 온도 : 표면 가열 온도는 200℃ 이하로 하고, 내부 온도는 100℃ 이상이 되도록 한다.

③ 긁어 일으킴 : 가열된 기존 노면을 천천히 리페이버로 긁어 일으킨다.

④ 밭갈이(Windrow) : 긁어 일으킨 재료를 밭갈이 하여 균등한 재질이 되게 한다.

⑤ 정형 : 기존 재료를 첨가제 등을 혼합하여 고르게 포설한다.

⑥ 신재 혼합물 공급 : 긁어 일으켜서 정형한 상부에 신재 혼합물을 보충하여 장비에 의해 포설한다.

⑦ 전압 : 신재 혼합물을 포설한후 재생 혼합물과 동시에 진동롤러, 타이어롤러 등으로 소정의 다짐도가 얻어지도록 충분히 다진다.

2. Remix

기존 포장을 가열한후 긁어 일으킨 구아스팔트 혼합물에 신재의 혼합물을 가하고 혼합하여 포설, 다짐하는 공법으로서, 리믹서 장비를 사용한다.

3. Reform

리셰이프(Reshape)라고 하며 노면에 변형이 심한 경우 신재의 혼합물 사용없이 재정형하는 공법으로서, 장비는 리포머를 사용한다. 이때 미끄럼 방지를 위하여 프리코트(Precoat)한 칩을 살포하는 경우를 리그립(Regrip)이라 한다.

37 리페이버(Repaver)와 리믹스(Remix)

[95중(20)]

I. 정의

① 아스팔트 포장 보수 공법으로 서피스 리사이클링(Surface Recycling) 공법을 의미하며 기존 아스팔트 포장의 혼합물을 재생 사용하는 공법이다.

② 공법의 종류로는 재생 혼합물 위에 신재 혼합물을 포설하는 리페이버 공법과 구아스팔트 혼합물에 신재의 혼합물을 혼합 포설하는 리믹스 공법이 있다.

II. 리페이버(Repaver)

1. 정의

기존 포장을 가열한후 긁어 일으켜서 정형한 구아스팔트 혼합물 위에 얇은 층(20 mm 정도)의 신재 아스팔트 혼합물을 포설하고 동시에 다져 마무리하는 것이다.

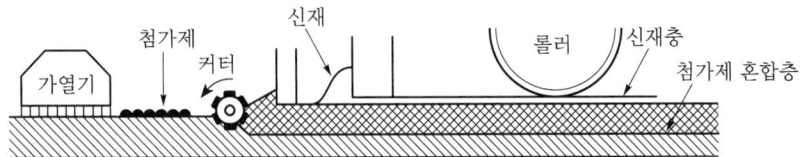

2. 시공 순서

1) 가열
기존 아스팔트를 가열하여 보온 조치하고, 열을 침투시킨다.

2) 가열 온도
표면 가열 온도는 200℃ 이하로 하고, 내부 온도는 100℃ 이상이 되도록 한다.

3) 긁어 일으킴
가열된 기존 노면 위에 첨가제를 살포하고 리페이버의 커터로 긁어 일으킨다.

4) 밭갈이(Windrow)
긁어 일으킨 재료를 밭갈이 하여 균등한 재질이 되게 한다.

5) 정형
균일하게 혼합된 긁어 일으킨 재료를 리페이버로 고르게 포설한다.

6) 신재 혼합물 공급
긁어 일으켜서 정형한 상부에 신재 혼합물을 약 2 cm 정도의 두께로 포설한다.

7) 전압
신재 혼합물을 포설한후 재생 혼합물과 동시에 진동롤러, 타이어롤러 등으로 소정의 다짐도가 얻어지도록 충분히 다진다.

Ⅲ. 리믹스(Remix)

1. 정의

기존 포장을 가열한 후 긁어 일으킨 구아스팔트 혼합물에 신재의 혼합물을 가하고 혼합하여 포설, 다짐하는 것이다.

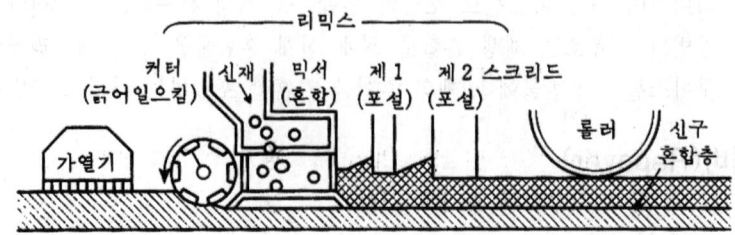

2. 시공 순서

1) 가열
기존 아스팔트를 가열하여 보온 조치하고 열을 침투시킨다.

2) 가열 온도
표면 가열 온도는 200℃ 이하로 하고, 내부 온도는 100℃ 이상이 되도록 한다.

3) 긁어 일으킴
가열된 기존 노면을 천천히 리페이버의 커터로 긁어 일으킨다.

4) 밭갈이(Windrow)
긁어 일으킨 재료를 밭갈이하여 균등한 재질이 되게 한다.

5) 신재 혼합물 보충
긁어 일으킨 재료에 신재의 혼합물을 리믹스 기계의 믹서기에서 골고루 균일한 재료가 될 수 있도록 충분히 혼합한다.

6) 포설
리믹스 뒷부분의 포설 기계를 이용하여 혼합된 재료를 균일하게 포설한다.

7) 전압
긁어 일으킨 재료와 신혼합물이 충분히 혼합된 재료를 포설하고 진동롤러, 타이어 롤러 등으로 소정의 다짐도가 얻어지도록 충분히 다진다.

38 배수성 포장

[05중(10)]

I. 정의

① 배수성 포장은 노면에서 빗물을 신속히 포장체 밖으로 배수하는 것을 목적으로 하는 포장을 말한다.

② 배수성 포장용 아스팔트 혼합물을 표층 또는 기층에 이용하여 보조기층 이하로 빗물이 침투되지 않는 구조로서, 중차량의 통행을 허용할 수 있는 조건을 갖추어야 한다.

③ 우천시 물튀김, Hydro Planning 방지, 야간의 시인성 향상 및 주행 소음 저감 등의 부수적인 효과도 있다.

II. 배수성 포장의 구성

1) 갓길로 배수하는 경우

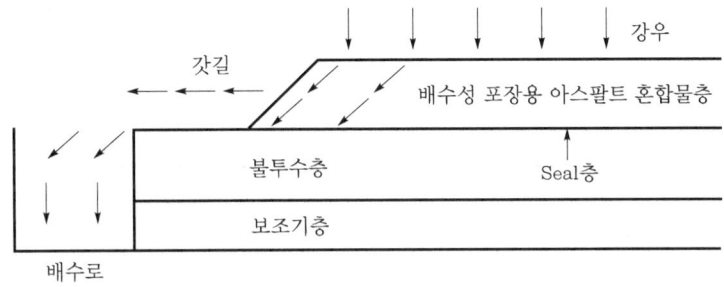

2) 측구에 배수하는 경우

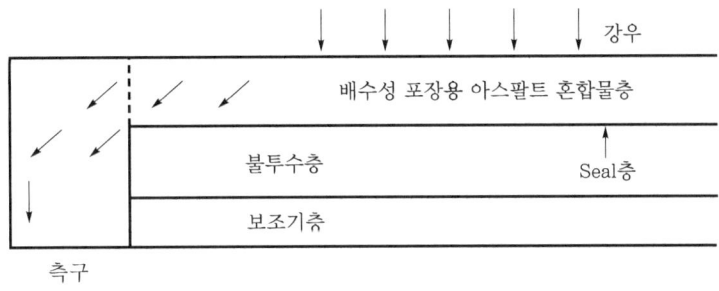

3) 투수성 포장

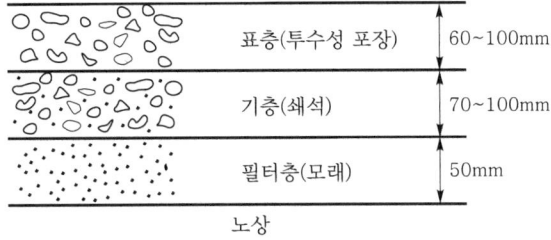

Ⅲ. 시공 관리

1) 다짐 관리
   ① 시험 다짐 실시
   ② 다짐 장비
      ㉮ Tire Roller는 사용하지 않는다.
      ㉯ 진동 Roller 사용시는 골재의 부스러짐에 유의해야 한다.
   ③ 다짐후 두께
      ㉮ 골재 최대치수 19 mm일 경우 50 mm로 한다.
      ㉯ 골재 최대치수 13 mm일 경우 40 mm로 한다.
   ④ 현장 다짐 밀도는 96% 이상으로 한다.

2) 온도 관리

구 분		온도 범위(℃)
생산	골재	170~185
	아스팔트	170~180
	혼합시	170~185
시공	포설	155~170
	1차 다짐	145~160
	2차 다짐	70~90

Ⅳ. 적용시 유의사항

1) 사용 재료
   ① 간극률이 큰 개립도(開粒度 ; Open Grade) 형태의 아스팔트 혼합물이 사용된다.
   ② 골재·결합재의 선택 및 배합·시공을 신중하게 해야 한다.

2) 결합재의 사용
   ① 특수 고점도 개질 아스팔트, 식물성 섬유 등이 사용된다.
   ② 간극률이 크므로 햇볕, 공기, 빗물에 열화(劣化)되기 쉬우므로 주의가 요구된다.

3) 간극률의 유지
   ① 당초의 간극률이 유지되어야만 배수성 포장의 기능이 유지된다.
   ② 공용시에는 주변의 토사 유입을 방지하고, 지속적인 유지관리가 필요하다.

4) 종단 경사가 큰 경우
   ① 비탈 하부에 물의 분출이나 고임 현상이 발생될 수 있다.
   ② 배수 대책을 별도로 검토하여, 중간부에 갓길쪽 배수 구조물을 설치하여 유출시킨다.

39 투수성 포장

Ⅰ. 정의

① 일반 콘크리트와 달리 입경이 작은 굵은 골재만을 사용함으로서, 완성된 콘크리트의 내부에는 물이 통과할 수 있는 구멍이 있게 한 콘크리트를 말한다.

② 내부에 많은 작은 구멍이 있어 도로 포장 슬래브에서 지표수의 침투를 원활히 하여 노면의 쾌적성을 유지시키기 위해 사용된다.

Ⅱ. 시공도

시멘트 콘크리트 포장시 표층을 투수성 포장으로 시공

Ⅲ. 효과

1) 지표수 제어

① 입경이 굵은 골재만 사용하여 완성된 콘크리트로서 내부에는 물을 통과할 수 있다.

② 내부의 많은 간극 사이로 지표수가 침투하여 노면에 빗물이 고이는 것을 방지한다.

2) 표면수에 의한 미끄럼 방지

표면수가 침투하여 수막 현상에 의한 미끄럼 현상을 방지한다.

3) 흡음 및 방음

입경이 굵은 골재로 인한 간극의 과다로 흡음 및 방음 효과가 우수하다.

4) 하수도의 부담 경감과 도시 히천의 범람 방지

Ⅳ. 특징

1) 잔골재의 불필요

① 입도가 10~20 mm 이내로 구성되어 있어 잔골재의 사용이 억제되는 효과가 있다.

② 입도 분포는 20 mm 이상은 최대 10% 이내가 적합하다.

2) 환경 친화적 구조물

표면수를 투수하는 콘크리트로서 자연상태의 토사와 같이 지하수의 흐름이 원활하다.

3) 기술 축척 미비

일반적으로 많이 사용되지 않는 관계로 인해 기술 개발의 속도가 느리고 기술 축적이 미미한 실정이다.

4) 강도, 내구성의 저하

① 일반적으로 투수성 시멘트 콘크리트 포장의 1 : 6 ~ 1 : 10 까지 물시멘트비는 40%에서 제조될 때 압축 강도는 5~15 MPa의 값으로 저강도이다.

② 저강도 콘크리트로서 내구성이 저하하고 부착이 약하기 때문에 부착 강도가 약하다.

V. 제조 방법

1) 골재의 입도

① 입도는 10~20 mm 이내로 20 mm 이상은 최대 5% 이내이다.

② 10 mm를 통과하는 것도 최대 10% 이내가 되면 적합하다.

2) 골재 형상

① 구형에 가까운 형상의 골재를 선택한다.

② 골재의 표면 조직은 다소 거친 것이 부착에 좋다.

3) 물시멘트비

① 반죽질기나 워커빌리티에 크게 좌우됨이 없이 단지 시멘트 페이스트의 골재 피복 및 점착력 증진에 기인한다.

② 보통 콘크리트의 물시멘트비 범위보다 상당히 낮은 수준에서 범위가 한정되어져야 한다.

4) 단위 시멘트량

① 큰자갈이나 쇄석을 사용하고 시멘트 골재 용적 배합비가 1 : 8일 때 약 $180 \, \text{kgf/m}^3$

② 경량 골재인 경우에는 1 : 6 배합비에 $250 \, \text{kgf/m}^3$ 정도 시멘트량 소요

40 쇄석 매스틱 아스팔트(SMA ; Stone Mastic Asphalt) 포장

Ⅰ. 정의

① SMA 포장은 1968년 독일에서 개발된 공법으로 아스팔트 혼합물 제조시 섬유 첨가제는 첨가하여 내유동성 뿐만 아니라 내구성 면에서 아주 우수한 성능을 나타내는 아스팔트 콘크리트 포장 공법이다.

② 현재 표층용 아스콘은 조골재(40%)＋세골재(60%)의 비율로 혼합된 혼합물이나 SMA 아스콘은 독일에서 개발된 Viatop(셀룰로오스 섬유질)이라는 성분과 조골재(90%)＋세골재(10%)의 비율로 혼합한 혼합물을 말한다.

Ⅱ. SMA의 개념도

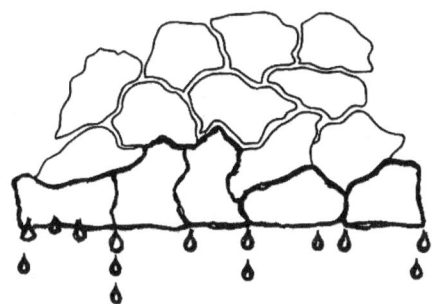

< 일반 혼합물의 흐름 >

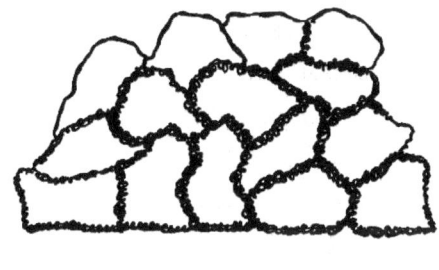

< SMA 혼합물의 흐름 >

Ⅲ. 특징

1) 장점

① 바퀴자국에 대한 저항력이 크다.　② 과중한 교통량에 대한 내하력이 좋다.

③ 유연성이 좋아 균열 발생이 없다.　④ 마모에 대한 저항력이 좋다.

⑤ 내구성이 좋다.

2) 단점

기존 아스콘에 비하여 2.2배 이상인 고가의 혼합물이다.

Ⅳ. 재료

1) 아스팔트

사용하는 아스팔트는 침입도 등급 60~70의 것을 사용한다.

2) 골재

굵은 골재는 편평 세장하지 않은 KS 규정에 맞는 골재를 사용하고 자연 모래는 잔골재로 사용하지 않는다.

3) 채움재
① 광물성 채움재로서 석회석 시멘트 등을 사용하며 함수비 1% 이하인 것을 사용한다.
② 회수 더스트는 절대 사용해서는 안 된다.

4) 섬유 첨가제
① 혼합조에서 분산이 잘 이루어지도록 식물성 섬유(셀룰로오스)에 일정량의 아스팔트 등을 첨가하여 낟알 형태로 생산한 것을 사용한다.
② 섬유 투입량은 혼합물 무게의 0.3%를 기준으로 하며 섬유 투입량의 허용 범위는 소요되는 섬유 무게의 ±10%이다.

V. 시공

1) 섬유의 첨가
건조 저장소에서 소요량을 일정하게 공급하여 균일 혼합하기 위해 40초 이상 계속 혼합한다.

2) 채움재 취급
① 300 mm 이상 높이의 마루에 방습이 잘 되는 장소에 저장하며 정확한 계량장치를 요구한다.
② 회수 더스트(Dust)는 절대 사용해서는 안 된다.

3) 혼합 작업
혼합 온도 170±15℃의 범위내로 혼합한다.

4) 가열 혼합물 저장
가열된 혼합물을 즉시 사용하지 않을 경우에는 가열, 보온이 가능한 사이로에 저장하며 어떤 경우에도 쇄석 매스틱 아스팔트 혼합물을 하루 이상 저장해서는 안 된다.

5) 포설면 정리
① 기존 포장면의 부스러기, 오염 물질을 제거하고 하부층이 균질하게 되도록 아스팔트 유제로 얇은 택 코팅을 실시한다.
② 기존 포장면이 편평하지 않을 경우, 절삭 또는 가열 아스팔트 혼합물로 레벨링층을 시공한다.

6) 포설
① 포설시 혼합물의 온도는 140℃ 이상으로 다짐 작업을 할 때 적정 온도를 유지해야 한다.
② 시방 온도보다 20℃ 이상 낮은 경우, 그 혼합물은 폐기 처리한다.

7) 다짐
① 혼합물의 특성상 포설후에 즉시 12톤 이상의 Macadam 롤러 2대 10톤 이상의 진동이 가능한 탠덤 롤러 1대로 다짐한다.
② 다짐 작업은 5 km/hr 이하의 속도로 초기 다짐하여야 하며 롤러 자국이 제거되고 다짐 기준 밀도가 확보될 때까지 계속 다짐하며 타이어 롤러는 사용하지 않는다.

41 저탄소 중온 아스팔트 콘크리트 포장

[09후(10)]

Ⅰ. 정의

① 중온 아스팔트 콘크리트는 일반적으로 중온 혼합물인 Warm재를 첨가하거나 아스팔트 생산과정에서 일부 공정을 추가하여 기존 가열식 아스팔트 혼합물의 생산온도인 150~180℃보다 10~40℃ 정도 낮춘 아스팔트 혼합물을 생산하여 포장하는 것을 말한다.

② 기존 가열식 아스팔트 콘크리트는 연기, 매연, 독성 물질들이 배출되고 있으나 중온 아스팔트 콘크리트는 이러한 독성을 저감하고 낮은 온도에서도 생산 시공이 가능한 우수한 아스팔트 콘크리트 포장이다.

Ⅱ. 저탄소 중온 아스팔트 콘크리트 포장의 특징

1) 생산연료의 감소 효과
일반 가열식 아스팔트 콘크리트에 비해 생산온도가 약 10~40℃ 감소함에 따라 11~30% 정도의 연료 감소효과가 있다.

2) 작업성이 용이
① 중온에서 생산되므로 작업시 온도의 제약이 적어 작업성이 우수하다.
② 다짐성이 좋아지고 재활용량을 증가시킬 수 있다.

3) 운반거리 증대
기존의 가열식 아스팔트 콘크리트에 비해 생산온도가 낮아 온도관리에 있어서 유리하여 운반거리의 증대 효과가 있다.

4) 시공시기 증대
일반 아스팔트 콘크리트는 겨울철 시공이 매우 어려우나 중온 아스팔트 콘크리트는 어느 정도의 겨울철 시공이 가능하여 시공시기를 증대하는 효과가 있다.

5) 온도균열 감소
중온에서 아스팔트를 생산하기 때문에 아스팔트 Binder의 산화가 적어짐으로 인하여 온도균열이 감소한다.

6) 내구성 증대
중온에서 아스팔트를 생산하기 때문에 온도균열이 저감되어 장기 내구성이 증대된다.

7) 습도의 영향
골재의 가열온도가 저감됨에 따른 습도의 영향을 받을 우려가 있다.

Ⅲ. 기대효과
① 환경오염 저감 효과
② 연료 감소 효과
③ 내구성 증대 효과
④ 유독성 물질 저감 효과

42 장수명 포장

I. 정의

① 장수명 포장이란 설계연한 동안 주기적으로 표층만 재시공하고, 재포장이나 대대적인 보수없이 40년 이상 견딜 수 있는 포장 공법이다.

② 수명이 기존 아스팔트 포장보다 2배 이상이므로 장수명 포장 또는 장수명 아스팔트 포장이라고 한다.

③ 장수명 포장의 기본적인 설계 개념은 기존 아스팔트 포장의 피로균열이나 노상의 소성변형을 거의 억제하여 포장의 설계 수명을 증대시키는 것이다.

II. 장수명 포장의 구조

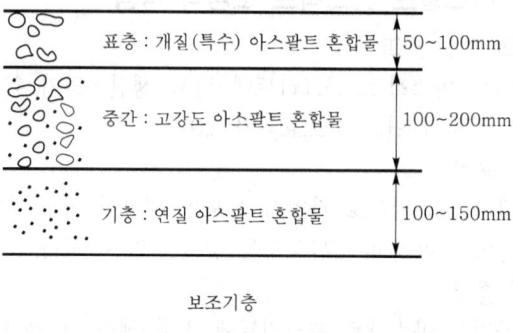

III. 특징

1) 장점

① 중교통 도로포장에 적합

② 포장의 단면 두께를 줄일 수 있음

③ 공용 수명 및 유지 보수 주기 증대

④ 노상의 수분 침투에 의한 아스팔트 기층의 손상 억제

⑤ 아스팔트층 하단의 피로균열 발생 억제

2) 단점

① 시공 경험 부족

② 공용 실적이 전무하여 장기 공용성 예측이 어려움

Ⅳ. 기존 아스팔트 포장과 장수명 아스팔트 포장의 비교

구 분	기존 아스팔트 포장	장수명 아스팔트 포장
단면 구성	표층 50 mm 일반/개질 아스팔트 혼합물 중간층 60 mm 조립도 아스팔트 혼합물 기층 110 mm 조립도 아스팔트 혼합물 보조기층	표층 50~100 mm 개질/특수 아스팔트 혼합물 중간층 100~200 mm 고강도 아스팔트 혼합물 기층 100~150 mm 연질 아스팔트 혼합물 보조기층
설계 개념	① 차량 하중을 포장의 각층이 분담해 지지 ② 설계 수명 20년 후 재시공	① 차량 하중의 대부분을 아스팔트 층이 지지 ② 설계 수명 40년 이상으로 표층의 주기적 보수만 필요
설계 방법	경험적 설계, 역학적-경험적 설계	① 역학적-경험적 설계 ② 피로 및 노상의 소성변형 억제
재료 특성	표층부터 하부로 갈수록 강도 및 내구성이 떨어지는 저급의 재료 사용	아스팔트 각층의 구조적 특성에 적합한 재료 사용
장점	① 시공 경험 풍부 ② 공용 수명 어느 정도 예측 가능	① 중교통 도로포장에 적합 ② 포장의 단면 두께를 줄일 수 있음 ③ 공용 수명 및 유지 보수 주기 증대
단점	① 설계 수명이 상대적으로 짧아 보수 비용 및 사용자 비용이 큼 ② 노상의 수분 침투에 의한 아스팔트 기층의 손상 가능 ③ 피로균열 발생에 대한 대책 부족	① 시공 경험 부족 ② 공용 실적이 전무하여 장기 공용성 예측이 어려움
공사비	상대적으로 저렴	포장 재료 및 두께에 따라 유동적
유지 보수비	설계 수명 및 유지 보수 주기가 짧아 유지 보수비 및 사용자 비용이 큼	설계 수명 및 유지 보수 주기가 증대되이 유지 보수비 및 사용자 비용의 획기적 절감

43 라텍스 콘크리트(Latex-modified Concrete) 포장

[01중(10)]

Ⅰ. 정의

① 라텍스 포장(LMC)이란 시멘트 콘크리트 포장의 성질을 개선시킬 목적으로 콘크리트에 천연고무를 혼입하여 사용하는 포장을 말한다.

② 사용되는 고무로는 천연고무, 스틸렌 브라젠고무(SBR), 재생고무 등이 주로 사용되고 있다.

③ 콘크리트 교면 포장의 취약점인 반복 하중에 의해 발생되는 미세 균열의 충진 효과로 균열 확산 억제 및 방수성이 우수하여 제설지역 교면 포장에 많이 이용된다.

Ⅱ. 특성

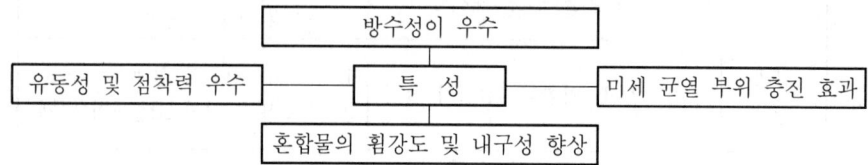

Ⅲ. 제조 방법

1) Latex 제조

    Water 50%+Polymer(고형물) 50% → Latex

2) 라텍스 콘크리트(LMC)

    Latex+Concrete → LMC

Ⅳ. Latex 콘크리트 포장과 타공법 비교

구 분	Latex 콘크리트 포장	Asphalt 콘크리트 포장	시멘트 콘크리트 포장
설치 형식	LMC / 상판 Slab (50mm)	Asphalt Con'c / 상판 Slab (50mm, 방수층)	방수층 / 시멘트 Con'c / 상판 Slab (50mm)
초기 투자비	크다	보통	적다
방수 효과	양호	보통	불량
시공성	다소 복잡	양호	양호
유지 관리	양호	보통	불량
상판 영향 여부	내구성 증진 열화방지	방수층 손상시 상판 열화 발생	마모층 균열 발생시 수분 및 염화물 침투

44 포스트텐션 도로 포장

[11중(10)]

Ⅰ. 정의

① 포스트텐션 도로 포장(PTCP : Post Tensioned Concreate Pavement)은 포장 도로에서 발생하는 인장응력을 포스트텐싱 프리스트레싱 기법을 도입하여 감소시키는 콘크리트 포장이다.

② 포스트텐션 도로 포장은 콘크리트 Slab의 두께를 대폭 감소시킬 수 있으며, 횡방향 줄눈의 간격을 100 m 내외(최대 200 m)로 설치하며, 종방향 줄눈의 생략이 가능하다.

Ⅱ. 개념도

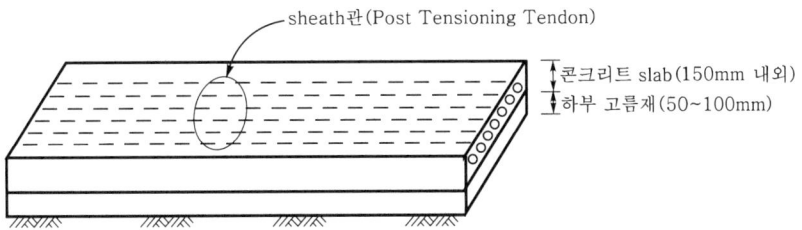

sheath관(Post Tensioning Tendon)
콘크리트 slab(150mm 내외)
하부 고름재(50~100mm)

Ⅲ. 특징

① 콘크리트 Slab 두께를 150 mm 내외로 줄임

② 횡방향 줄눈의 간격을 100 m 내외로 설치함으로써 줄눈 손상에 의한 도로의 보수 시공 및 비용의 대폭 감소

③ 콘크리트 Slab의 균열발생 대폭 감소

④ 도로의 평균 수명이 30~50% 상승

⑤ 유지보수비의 대폭 감소

Ⅳ. 시공시 유의 사항

① 하부 고름재의 마찰 저항에 의한 긴장력 손실

② 콘크리트 건조수축에 의한 응력 손실

③ 콘크리트 Creep에 의한 응력 손실

④ PS 강선의 Relaxation에 의한 응력 손실

⑤ Sheath관과 PS강선 사이의 마찰에 의한 응력 손실

45 분리막(Separation Membrane)

[00중(10), 03후(10), 07중(10), 14중(10)]

I. 정의

① 분리막이란 포장 콘크리트 Slab가 온도, 습도 변화에 따른 Slab의 신축 작용을 원활하게 할 수 있도록 보조 기층과 Slab 바닥면과의 마찰 저항을 감소시키기 위하여 설치하는 얇은 막을 말한다.

② 분리막의 품질은 폴리에틸렌 필름을 기준으로 두께 0.08 mm 이상을 사용하여 현장에서 두께 접촉후 사용한다.

II. 시공 상세도

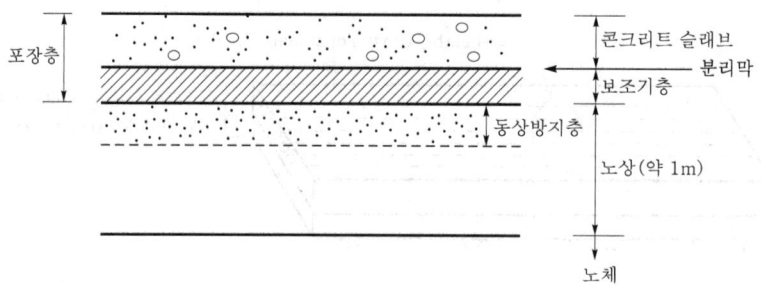

III. 역할

① 마찰 저항 감소
② 콘크리트 모르타르의 손실 방지
③ 콘크리트 이물질 혼입 방지
④ 콘크리트 수분 흡수 방지
⑤ 건조 수축 및 팽창시 활동면 형성

IV. 요구 조건

① 취급이 용이한 것
② 콘크리트 타설시 손상되지 않는 것
③ 가격이 저렴한 것
④ 비흡수성 재료일 것

Ⅴ. 분리막의 재질

① Polyethylene Film(비닐)
② Kraft Paper(루핑, 역청 Sheet)
③ 방수지(Water Proof Paper)

Ⅵ. 분리막 설치

① 분리막을 깔기 전 설치면에 뜬돌, 이물질 등 분리막에 손상을 주는 요인을 제거한다.
② 분리막은 가능한 한 이음없이 전폭으로 깔아야 한다.
③ 부득이 겹이음할 경우 세로 방향 100 mm 이상 가로 방향 300 mm 이상 겹치도록 한다.
④ 연속 철근 콘크리트 포장(CRCP) 공법 적용시에는 분리막을 설치하지 않아도 된다.
⑤ 비닐 설치시 바람의 영향을 받지 않도록 핀으로 양측에 고정시킨다.
⑥ 비닐의 겹이음은 300 mm 이상으로 하고 강우시 우수가 스며들지 않도록 겹이음한다.xx

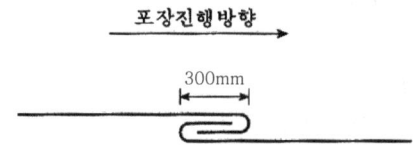

46 포장 콘크리트의 배합기준

[11후(10)]

Ⅰ. 정의

① 포장 콘크리트는 콘크리트 Slab의 휨 저항에 의해 대부분의 하중을 지지하는 포장으로 표층 및 보조기층으로 구성된다.

② 포장 콘크리트의 배합은 필요한 품질을 확보하기 위하여 시공에 적합한 워커빌리티를 확보할 수 있는 범위 내에서 가장 경제적인 배합이 되도록 한다.

Ⅱ. 포장 콘크리트 구조도

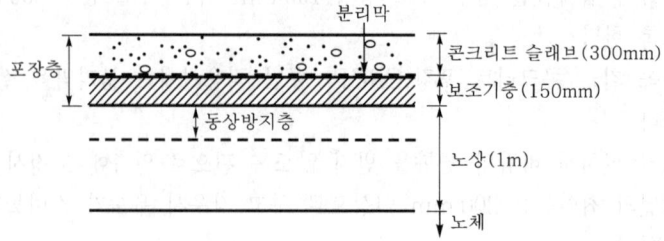

Ⅲ. 포장 콘크리트의 배합기준

1) 설계기준 휨감도
   ① 시험방법 : KS F 2408 기준
   ② 28일 휨강도 4.5 MPa 이상

2) 단위수량
   단위수량 150 kg/m^3 이하

3) 굵은골재의 최대치수
   굵은골재 최대치수 40 mm 이하

4) 슬럼프
   ① 시험방법 : KS F 2402 기준
   ② 슬럼프 40 mm 이하

5) 공기연행콘크리트의 공기량 범위
   ① 시험방법 : KS F 2409 기준
   ② 공기량 4~6%

47 콘크리트 포장 장비 조합

I. 개요

① 장비를 조합할 때는 각 장비의 장·단점을 비교하고, 완료해야 할 작업의 물량, 공기 등을 종합적으로 판단하여 조합한다.

② 각 기계의 용량과 대수를 최대한 균형시켜 조합함으로써 전체 작업의 능률을 높여 시공 단가를 절감시켜야 한다.

II. 조합 원칙

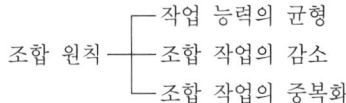

조합 원칙 ┬─ 작업 능력의 균형
          ├─ 조합 작업의 감소
          └─ 조합 작업의 중복화

III. 공종별 장비 조합

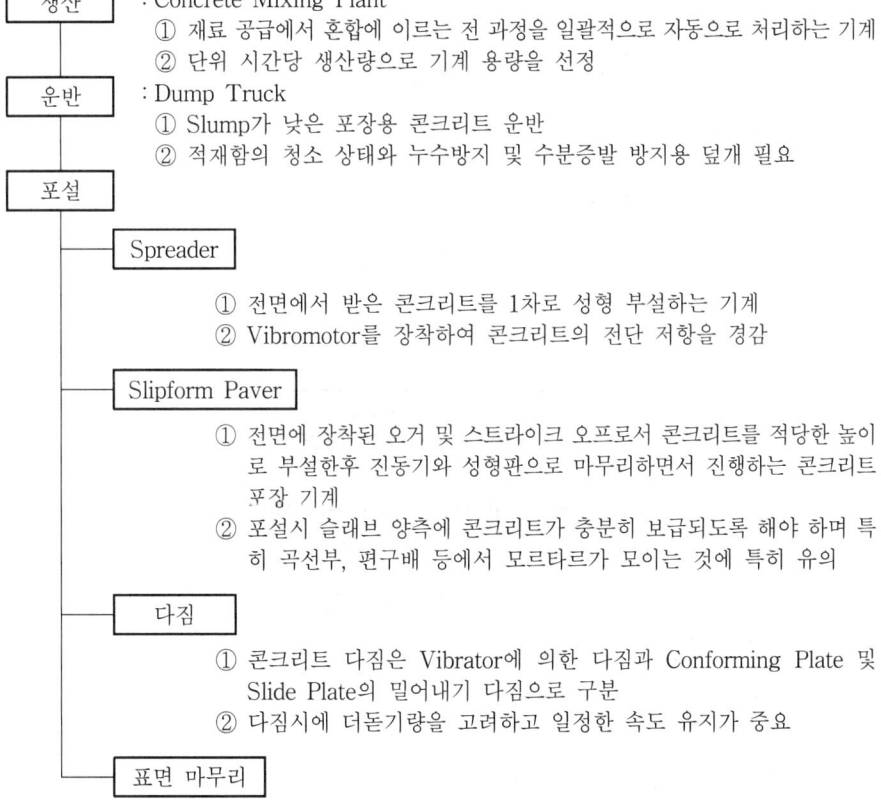

생산 : Concrete Mixing Plant
① 재료 공급에서 혼합에 이르는 전 과정을 일괄적으로 자동으로 처리하는 기계
② 단위 시간당 생산량으로 기계 용량을 선정

운반 : Dump Truck
① Slump가 낮은 포장용 콘크리트 운반
② 적재함의 청소 상태와 누수방지 및 수분증발 방지용 덮개 필요

포설

Spreader
① 전면에서 받은 콘크리트를 1차로 성형 부설하는 기계
② Vibromotor를 장착하여 콘크리트의 전단 저항을 경감

Slipform Paver
① 전면에 장착된 오거 및 스트라이크 오프로서 콘크리트를 적당한 높이로 부설한후 진동기와 성형판으로 마무리하면서 진행하는 콘크리트 포장 기계
② 포설시 슬래브 양측에 콘크리트가 충분히 보급되도록 해야 하며 특히 곡선부, 편구배 등에서 모르타르가 모이는 것에 특히 유의

다짐
① 콘크리트 다짐은 Vibrator에 의한 다짐과 Conforming Plate 및 Slide Plate의 밀어내기 다짐으로 구분
② 다짐시에 더돋기량을 고려하고 일정한 속도 유지가 중요

표면 마무리
주로 Slipform Paver의 Conforming Plate 및 Float로 행해지며 보통 인력 Float도 병용하여 사용

48 콘크리트 포장의 이음(Joint)

[96중(20), 10전(10)]

Ⅰ. 정의

이음은 콘크리트 슬래브에 불규칙한 균열의 발생을 방지할 목적으로 설치하는 것이며, 구조적으로 결함이 생기기 쉬운 장소가 되므로 이것이 약점이 되지 않도록 설계 및 시공상 특히 유의하여야 할 부분이다.

Ⅱ. 이음의 종류

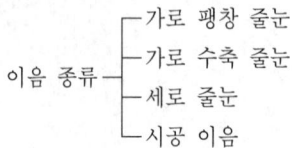

이음 종류 ─┬─ 가로 팽창 줄눈
　　　　　 ├─ 가로 수축 줄눈
　　　　　 ├─ 세로 줄눈
　　　　　 └─ 시공 이음

1. 가로 팽창 줄눈

1) 기능
　① 콘크리트의 수축에 의한 슬래브의 좌굴 방지
　② 온도 상승에 의한 Blow-up 방지

2) 시공 방법
　① 설치 간격 : 60~480 m
　② 줄눈 폭 : 20 mm
　③ 보통 시공 이음 위치에 설치를 많이 한다.
　④ 설치 장소는 비용, 시공성 고려

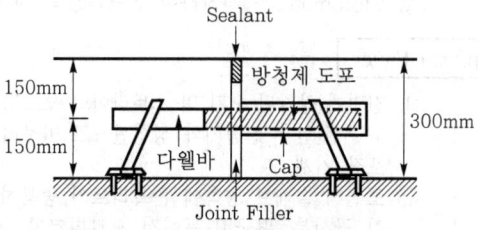

〈가로 팽창 줄눈〉

2. 가로 수축 줄눈

1) 기능
　① 콘크리트 슬래브의 건조 수축 제어
　② 2차 응력에 의한 균열 방지

2) 시공 방법
　① 설치 간격 : 6 m 이하

② 줄눈 폭 : 6~10 mm

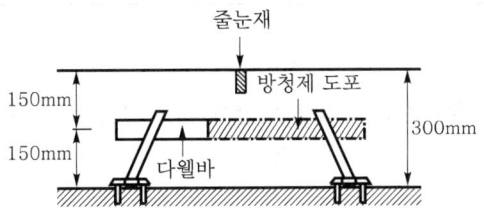

< 가로 수축 줄눈 >

3. 세로 줄눈

1) 기능

세로방향의 수축 균열 방지

2) 시공 방법

① 보통 차선을 구분하는 위치에 설치

② 설치 간격 : 4.5 m 이하

③ 줄눈 폭 : 6~13 mm

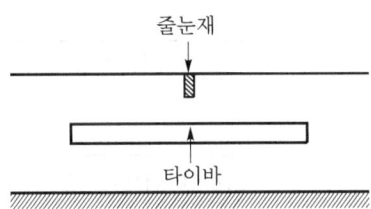

<세로 줄눈>

4. 시공 이음

1) 기능

1일의 작업이 완료되거나 강우 등으로 인하여 콘크리트 치기를 부득이 중단하고 만들어야 할 줄눈

2) 시공 방법

① 슬래브에서는 3 m 이상이 되도록 설치

② 하중 전달, 단차 방지를 위한 Dowel Bar 설치

③ 시공 이음은 대부분 가로 팽창 줄눈 위치에서 실시하며 가로 팽창 줄눈으로 이음부를 보강

49 콘크리트 포장의 수축 이음

[95중(20)]

Ⅰ. 정의

수축 이음은 수분, 온도 그리고 마찰에 의해 발생하는 긴장력을 완화시켜 균열을 억제하기 위해 설치하는 이음이다.

Ⅱ. 이음의 종류

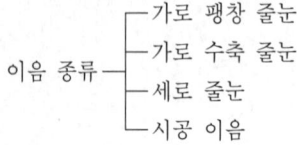

이음 종류 ─┬─ 가로 팽창 줄눈
　　　　　├─ 가로 수축 줄눈
　　　　　├─ 세로 줄눈
　　　　　└─ 시공 이음

Ⅲ. 수축 이음

① 도로의 차선에 직각으로 설치하여 콘크리트의 건조 수축, 온도 변화, 습도 등에 의한 균열을 억제하기 위해 설치한다.

② 설치 간격

포장 슬래브 두께	철망 사용	철망 미사용
250 mm 미만	8 m	6 m
250 mm 이상	10 m	6 m

③ 절단 시기 : Con'c 타설후 24시간 이내에 절단한다.

④ 깊이와 폭 : 깊이는 $\frac{1}{4}t$ 으로 하고, 6~13 mm 폭으로 시공한다.

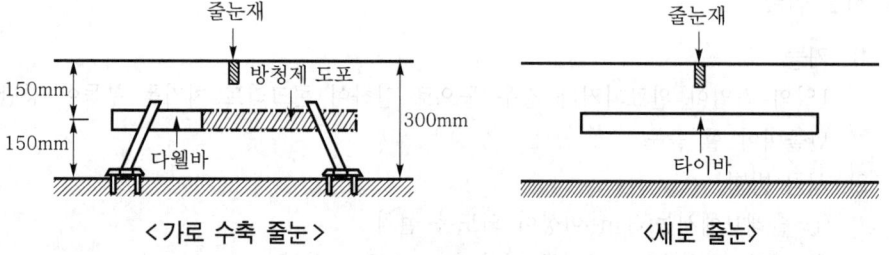

〈 가로 수축 줄눈 〉　　　　　　　〈세로 줄눈〉

Ⅳ. 설치 방법

① Dowel Bar는 주행방향에 직각으로 포장면에 수평으로 설치
② Dowel Bar Assembly는 포설중 변형이 생기지 않게 고정판 사용으로 위치 고정
③ 포설후 절단 위치 표시
④ Dowel Bar Assembly 감독 확인
⑤ 줄눈 위치는 중앙 분리대, 노견과 일치

⑥ Con'c 경화 직후 즉시 절단

V. 시공시 유의사항

1) 줄눈 설치

수축 줄눈 설치는 홈 줄눈을 원칙으로 한다.

2) 홈파기 작업

정해진 깊이까지 노면에 대하여 수직으로 자른다.

3) 줄눈재 충진

줄눈 홈파기 시공 즉시 깨끗이 청소하고 건조시킨후 줄눈재로 채워야 한다.

4) 홈파기 방법

① Con'c 경화후 커터로 자른다.

② Con'c 타설시 치기 줄눈 시공후 Con'c 경화한 다음 커트로 홈파기 한다.

5) 홈파기 깊이

소정의 깊이까지 수직으로 절단해야 하며 $\left(\text{두께의 } \frac{1}{4} \sim \frac{1}{3}\right)$, 만약 홈의 깊이가 부족하면 균열이 일어날 염려가 있다.

6) 자르는 시기

골재의 품질, 양생 온도 및 재령 등의 여러 조건에 따라서 다르나 절단할 때에 콘크리트의 모퉁이가 파손되지 않는 범위내에서 되도록 빠른 시기로 한다.

7) 치기 줄눈 설치

커터로 자르기 전에 불규칙한 균열이 생길 때가 있으므로 이를 막기 위하여 30 m에 1개소 이상의 치기 줄눈을 시공한다.

8) 치기 줄눈 설치 방법

① 피니셔 통과후 진동 줄눈 절단기를 사용하여 설계 위치에 홈을 만들고 그 속에 가삽입물을 묻는다.

② 묻는 깊이는 상단이 Con'c Slab 표면에서 약 5 mm 밑에 있도록 한다.

③ 묻은 뒤에 표면 마무리를 통해 Steel Tape 등으로 평면에 표시를 해두고 경화후 커터로 자른다.

9) 치기 줄눈의 깊이

균열을 목적 위치에 확실하게 유도하기 위해 삽입물의 매입 깊이를 80~100 mm 정도로 하는 것이 좋다.

50 다웰바(Dowel Bar)

[01후(10)]

Ⅰ. 정의

① 다웰바란 콘크리트 구조물에서 이음(줄눈)을 설치할 때 그 부위에서 발생되는 전단력에 저항하기 위하여 설치하는 것으로 일반적으로 철근 등을 사용하여 적정 수량 배치하여 구조물을 외력으로부터 보호하는 것이다.

② 다웰바는 일반 콘크리트 구조물 또는 시멘트 콘크리트 포장의 이음부에 설치할 때 위치가 어긋나지 않도록 정해진 위치에 정확히 설치해야 한다.

Ⅱ. 다웰바의 설치

1) 설치 도해

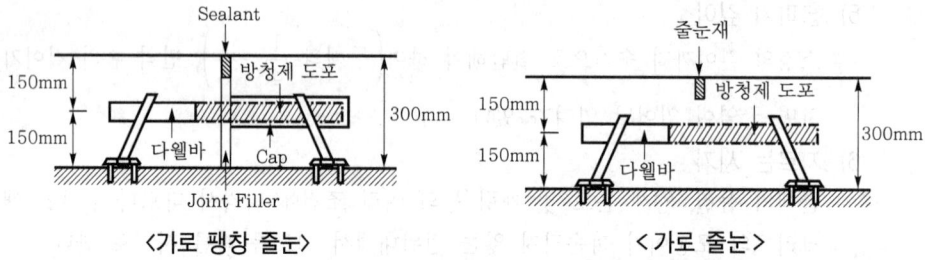

〈가로 팽창 줄눈〉　　　　　　　　　　〈가로 줄눈〉

2) 다웰바의 규격

규 격	D 32 mm
길 이	500 mm
간 격	300 mm

3) 설치

① 다웰바의 설치방향은 차선 방향에 평행
② 다웰바 어셈블리는 위치 고정용 못으로 고정
③ 고정 핀은 75 mm 이상의 콘크리트 못 사용
④ 다웰바의 설치 위치 확인용 포장 끝단에 못 등으로 표시

4) 설치시 유의사항

① 다웰 바 어셈블리는 3단 이상 적재 금지　② 어셈블리의 변형 확인
③ 다웰바 조립상태 확인　　　　　　　　　④ 어셈블리 용접 확인
⑤ 실을 이용한 다웰바의 끝선 확인　　　　⑥ 다웰바의 방식처리
⑦ 다웰바 설치 방향, 포장면과의 수평 상태 확인

Ⅲ. 다웰바의 용도

① 시멘트 콘크리트 포장의 이음부 보강
② 일반 철근 콘크리트 구조물의 이음부 보강

51 타이바(Tie Bar)와 다웰바(Dowel Bar)

[03전(10)]

Ⅰ. 정의

① 타이바(Tie Bar)란 도로의 세로방향 줄눈부에 설치하여 차량 하중 전달과 Slab의 단차 및 세로 줄눈 벌어짐을 방지하기 위해 설치되는 원형 철근을 말한다.

② 다웰바(Dowel Bar)란 콘크리트 구조물에서 이음(줄눈)을 설치할 때 그 부위에서 발생되는 전단력에 저항하기 위하여 설치하는 이형 철근을 말한다.

Ⅱ. 시공 도해

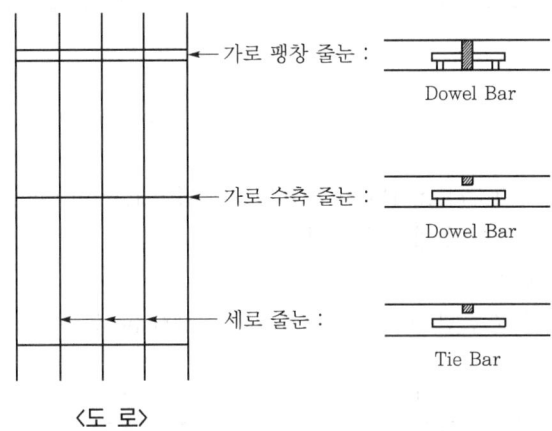

Ⅲ. 타이바의 특성

① 콘크리트 Slab의 연단부 보강 효과

② 콘크리트 Slab 단차 및 세로 줄눈 벌어짐 방지

③ 타이바의 내구성 증진을 위해 방청 페인트 도포

④ 일반적으로 800 mm의 Tie Bar를 750 mm 간격으로 설치

Ⅳ. 다웰바의 특성

① 다웰바의 설치방향은 차선 방향에 평행

② 다웰바 어셈블리는 위치 고정용 못으로 고정

③ 고정핀은 75 mm 이상의 콘크리트 못 사용

④ 다웰바의 설치 위치 확인용 포장 끝단에 못 등으로 표시

52 완성 노면(路面)의 검사 항목

[98중후(20)]

Ⅰ. 정의

도로 공사에서 완성 노면의 검사는 완성된 포장이 설계서, 시방서를 만족하는지의 여부를 판단하는 것으로 폭, 규격, 균열, 평탄성 관리, 밀도, 노면 상태 등을 최종 검사하는 것을 말한다.

Ⅱ. 완성 노면의 검사 목적

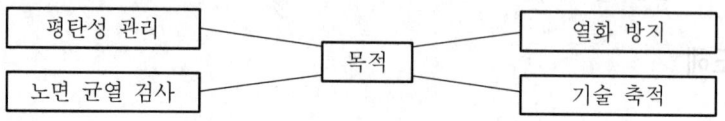

Ⅲ. 검사 항목

1) 평탄성 관리
   ① 종방향
      ㉮ 측정 기기 : 7.6 m Profile Meter기, APL(Longitudinal Profile Analyzer)을 이용하여 종방향의 요철 정도를 파악한다.
      ㉯ 측정 위치
         각 차선 우측 단부에서 내측으로 800~1,000 mm인 부근에서 평행하게 측정한다.

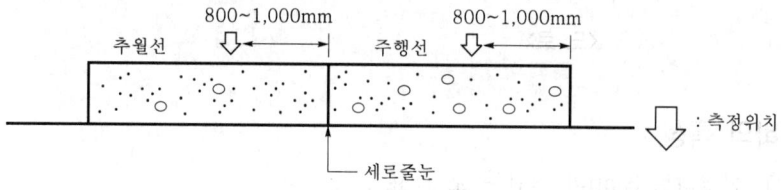

<평탄성 측정 위치도>

2) 혼합물 검사
   ① Core 채취 : 포설후 24시간 이내 공사 감독이 선정한 매 차선 500 m에 1개소 이상에서 Core를 채취한다.
   ② 검사 항목

종 목		규정치
혼합물의 다짐도		96% 이상
포장의 완성 두께		±10%
혼합물의 A/S량		±0.55 이내
혼합물의 입도	No. 8체	±12%
	No. 200체	±5%

3) 규격 검사

① 표층

항 목	규 정
폭	-25 mm 이내
두께	-7 mm 이내

② 중간층

항 목	규 정
폭	-25 mm 이내
두께	-9 mm 이내

4) 이음부 검사

① 신·구 포장의 이음 부위에 Cold Joint 발생의 여부 판단

② 이음부 포장체의 일체성 검사

③ 중간층과 표층의 세로 이음 위치는 150 mm 이상, 가로 이음 위치는 1 m 이상 간격 유지

5) 표면 검사

① 혼합물의 조골재와 세골재의 재료 분리 상태 파악

② 다짐 장비의 바퀴자국 또는 다짐 장비의 장기 정체로 인한 표층의 패임부

6) 균열 검사

① 중간층 불량에 의한 균열

② 기층 불량에 의한 균열

③ 과다짐에 의한 밀림 현상

④ 온도 관리 불량에 따른 혼합물의 균열

53 평탄성 관리

[00중(10), 03전(10), 04중(10), 10전(10)]

Ⅰ. 개요

① 도로 포장에서 완성면의 평탄성은 자동차의 주행 및 도로 안전성에 크게 영향을 미치는 것으로 도로에서는 아주 중요한 요소이다.

② 평탄성 측정 결과에 따라 포장면 마무리의 양부와 포장체의 품질 정도 등을 알 수가 있다.

Ⅱ. 요철 측정 방법

1. 7.6 m Profile Meter에 의한 방법

1) 측정 위치

① 세로방향 : 각 차선 우측 단부에서 내측으로 800~1,000 mm인 부근에서 중심선에 평행하게 측정한다.

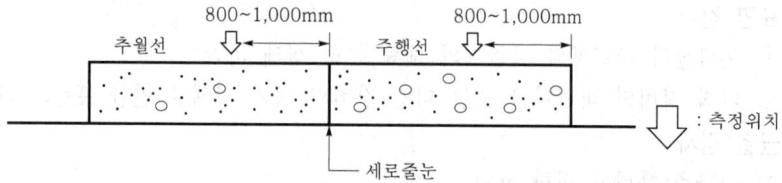

② 가로방향 : 지정된 위치에서 중심선에 직각 방향으로 측정한다.

2) 측정 빈도

① 세로방향 : 1차선마다 측정 단위별 전 연장을 1회씩 측정한다.

② 가로방향 : 시공 이음부 위치 기준으로 시공 진행방향 5 m마다, 세로방향 평탄성이 불량하여 수정한 부위마다 측정한다.

3) 측정 단위

① 세로방향 : 1일 시공 연장 기준으로 하되 시공 이음 전후 중 1개소를 포함한다.

② 가로방향 : 각 횡단면마다 측정한다.

2. APL(Longitudinal Profile Analyzer ; APL-25)에 의한 방법

1) 정의

도로 종단 분석기(APL)는 도로 노면의 요철 정도를 측정하는 데이터 기록 장치의 자동화로 효율적인 평탄성 측정기이다.

2) 특징

① 측정 속도는 10~140 km/hr로 1 mm 미만의 정밀도를 얻을 수 있으며 1일 320~480 km 연속 측정이 가능하다.

② APL 트레일러를 차량에 견인하여 측정하므로 차량 통제없이 신속하게 측정한다.

③ 견인 차량에 내장된 자동 데이터 처리 장치로 결과를 즉시 얻을 수 있다.

④ 장비가 간단하고 견고하며 기상 조건의 변화에 영향이 없다.

3) 측정 원리
   ① 트레일러 바퀴가 상하로 움직이면서 각 축의 운동을 변화기가 감지하여 각 축의 운동량을 전자 신호로 바꾸어 컴퓨터로 보낸다.
   ② 이동 거리, 견인 속도 등 모든 자료가 바퀴에 부착된 센서에 의해 측정되어 컴퓨터로 입력된다.
   ③ 각각의 자료가 입력되면서 컴퓨터 프로그램에 의해 자동으로 측정 도로의 평탄성 자료가 출력된다.

Ⅲ. PrI(Profile Index) 계산 방법

1) 중심선 설정
   측정 단위별 기록지의 파형에 대하여 중간치를 잡아 중심선으로 한다.
2) Blanking Band
   중심선을 중심으로 상하 ±2.5 mm 평행선을 그어 이를 Blanking Band라 한다.
3) PrI 계산
   ① 기록지에 기준선과 Blanking Band가 설정되면 파형선 상하로 벗어난 수직고를 시점으로 기록(h_1, h_2, $\cdots$, h_n)한다.
   ② 측정 단위별 Blanking Band를 벗어난 수직고 합계($h_1 + h_2 + \cdots + h_n$)를 mm 단위로 환산하여 측정 거리를 단위로 하여 나눈 값이 PrI이다.

$$PrI = \frac{\sum (h_1, h_2, \cdots, h_n)}{\text{총 측정 거리}} (mm/km)$$

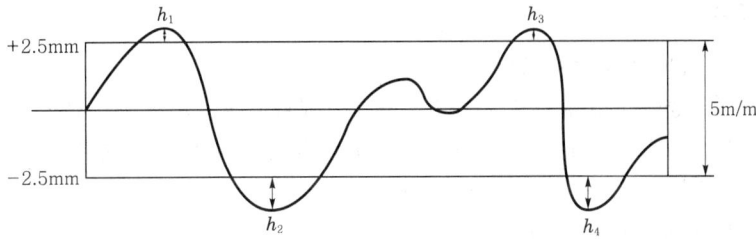

Ⅳ. 평탄성 기준

1) 세로방향
   ① 본선 : 현장 관리 콘크리트 포장 PrI = 160 mm/km 이하, 아스팔트 PrI = 100 mm/km
   ② 대형 장비 투입 불가, 평면 곡선 반지름 600 m 이하, 종단 구배 5% 이상일 경우 240 mm/km
2) 가로방향은 요철 5 mm 이상인 경우
3) 콘크리트 상태 불량, Crack 등 전 불량 부위는 제거후 재시공
4) 평탄성 측정시는 감독 입회하에 하며, 기록 대장에 관리하여 보존

54 | Proof Rolling

[90전(10), 01전(10), 03후(10)]

Ⅰ. 정의

① Proof Rolling은 노상이나 보조 기층, 기층의 다짐이 부족한 곳이나 또는 불량 부분을 발견하기 위하여 덤프 트럭 또는 Tire Roller 등을 전 구간에 3회 이상 주행시켜 변형 형태, 변형량 등을 검사하는 것을 말한다.

② Proof Rolling은 목적에 따라 추가 다짐과 검사 다짐으로 나누어진다.

Ⅱ. 특징

| 넓은 구간 검사 용이 | | 검사 비용 적음 |
| 현장 직접 시험 가능 | 특징 | 불량 여부 판단 용이 |

Ⅲ. 사용 장비

1) 덤프 트럭

   14 ton 이상 트럭으로 적재함에 있어서 토사를 적재하여 사용

2) 타이어 롤러

   ① 복륜 하중 5 ton 이상

   ② 타이어 접지압 $549\,kN/m^2$ 이상

Ⅳ. 목적 분류

1) 추가 다짐(Additional Rolling)

   포장을 통해서 노상면에 가해지는 윤하중보다도 큰 윤하중의 덤프 트럭, 타이어 롤러 등을 노상면에 2~3회 주행시켜서 다짐 부족에 의한 침하와 변형이 일어나는 것을 막는데 있다.

2) 검사 다짐(Inspection Rolling)

   타이어 롤러, 또는 덤프 트럭을 주행시켜서 노상면의 변형이 큰 곳과 불균일한 곳을 조사하며, 불량 부분에 대해서는 양질 재료로 치환 등의 재시공을 하여 변형량이 허용치 이하가 되도록 개선하는데 있다.

Ⅴ. 검사 방법

1) 처짐량 관찰

   노상, 보조 기층, 기층의 최종 마무리를 실시하기 전에 노상, 보조 기층, 기층의 표면에 타이어 롤러, 덤프 트럭을 적어도 3회 주행시킨후 처짐량을 관찰한다.

2) 주행 속도

   처짐량을 관찰하기 전 3회의 주행 속도는 4 km/hr 정도가 좋고 관찰하는 경우의 주행 속도는 2 km/hr 정도가 좋다.

3) 주행 장비 하중

Proof Rolling에 사용하는 Tire Roller 또는 Dump Truck의 단륜(單輪) 하중은 2 ton 이상으로 한다.

4) 검사 시기

① 노상, 보조 기층, 기층 등이 너무 건조되어 있을 때에는 살수차 등으로 살수하여 함수비를 조절한후 검사한다.

② 특히 비를 맞은 다음의 높은 함수비의 상태에서는 Proofing Rolling을 실시하여서는 안 된다.

Ⅵ. 품질 규정

부 위	시방 기준
노반(보조기층, 기층)	3 mm 이하
노상	5 mm 이하

Ⅶ. 중점 확인 구간

① 절성토 경계부

② 구조물 뒤채움부

③ 맹암거 매설부

④ 지하 매설물 매설 위치

Ⅷ. 검사후 조치

Proof Rolling에 의한 스폰지 현상, 밀림 현상 등 현저한 변형이 발생되는 부위는 함수비 조정, 입도 조정, 치환 공법 등으로 조치하여 소정의 지지력을 확보하여야 한다.

55 Benkelman Beam

I. 정의

1953년 미국인 벤켈만(A. C. Benkelman)에 의해 개발된 기구로서 측정봉을 재하용 차량의 후륜 사이로 넣어서 보조 기층이나 기층, 표층 등의 표면 위의 변형량을 측정하는 것을 말한다.

II. 종류

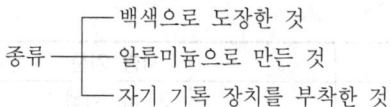

종류 ── 백색으로 도장한 것
 ── 알루미늄으로 만든 것
 ── 자기 기록 장치를 부착한 것

III. 변형량 시험 방법

1) 시험용 기구

① 벤켈만 빔 구조도

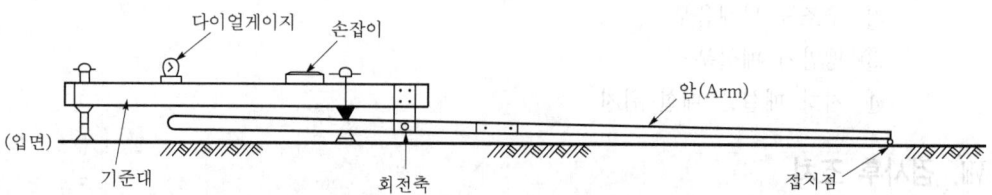

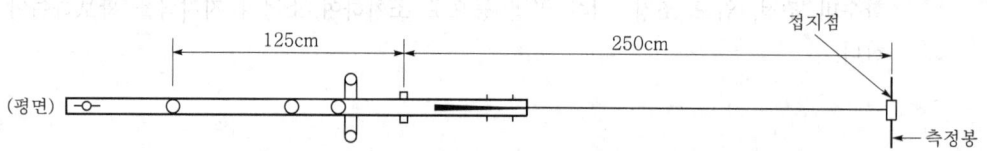

② 측정봉 : 측정봉은 노상면상의 변형량을 측정하는 경우에 사용하는 것으로서 $\phi 16\,mm$, 길이 $500\,mm$의 원형강에 $50 \times 30 \times 2\,mm$의 철판이 용접된 것

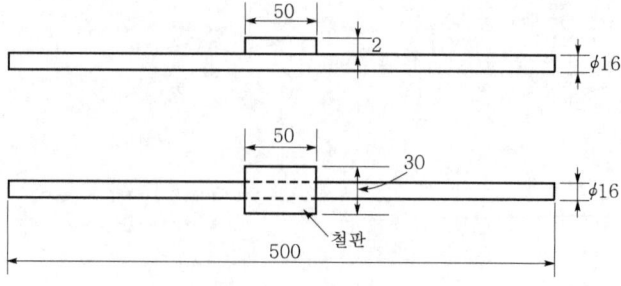

③ 재하용 륜하중

㉮ 타이어 롤러 또는 덤프 트럭으로 다음과 같이 사용한다.

㉯ 노상, 보조기층, 기층에서는 4~5 ton(공기압 $539 \, kN/m^2$)

㉰ 표층에서는 5~8 ton(공기압 $637 \, kN/m^2$)

2) 시험 방법

① 기기 설치

㉮ 측정 장소에서 1.5 m 후방 위치에 트럭의 후륜을 멈춘다.

㉯ 후륜의 2륜 사이에 벤켈만 빔의 Arm(암)을 삽입한다.

㉰ Arm의 선단을 측정 장소에 맞춘다.

㉱ 기준대를 설치하고 그 때의 다이얼 게이지의 눈금을 측정한다.

② 트럭 전진

㉮ 후륜 타이어가 암에 접촉하지 않도록 하여 시속 5 km 정도로 전진시킨다.

㉯ 트럭 후륜이 측정 장소 및 1.5 m 지난 곳에 멈췄을 때 눈금치를 측정한다.

③ 변형량 계산

㉮ 최대 변형량=(측정 장소 통과시의 읽음치−최초 읽음치)×시험기의 배율

㉯ 잔류 변형량=(측정 장소 1.5 m 지난 곳에 멈췄을 때의 읽음치−최초 읽음치)×시험기의 배율

㉰ 탄성 변형량=최대 변형량−잔류 처짐량

3) 처짐량 측정 방법

① 최초 읽음(R_o)

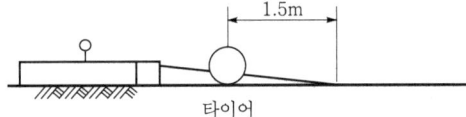

② 최대 읽음(R_m)

③ 최종 읽음(R_t)

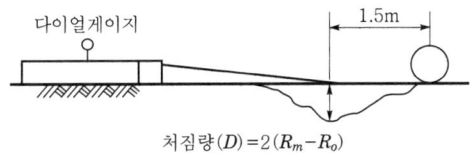

처짐량(D)=2($R_m - R_o$)

56 Pop Out 현상(박리 현상)

[04중(10), 13중(10)]

Ⅰ. 정의

경화된 콘크리트에서 연질의 굵은 골재가 콘크리트 표면 가까이 위치하면서 수분을 흡수하여 동결 팽창되면서 Mortar 층을 뚫고 외부로 빠져 나오는 현상을 말한다.

Ⅱ. 시공도

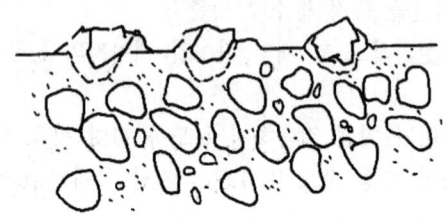

Ⅲ. Pop Out에 의한 피해

① 강도 저하
② 외관 저해
③ 수명 감소
④ 탄산화 촉진
⑤ Con'c 열화
⑥ 수밀성 저하

Ⅳ. 발생 원인

① 동결 융해
② 알칼리 골재 반응
③ 흡수성 골재 사용
④ 철근 부식 팽창
⑤ 염해
⑥ 탄산화
⑦ 팽창성 골재 사용
⑧ 콘크리트 가열

Ⅴ. 방지 대책

① 비흡수성 골재
② 배합수
③ W/B비 감소
④ 반응성 골재 사용 금지
⑤ 표면 Coating
⑥ 방수 처리
⑦ 제염제
⑧ 방청제
⑨ 해사 세척

57 교면(橋面) 포장

[02전(10), 15후(10)]

Ⅰ. 정의

① 교면 포장이란 교통 하중에 의한 충격, 빗물, 기타 기상 조건 등으로부터 교량의 슬래브를 보호하고 통행 차량의 쾌적한 주행성 확보를 목적으로 교량 슬래브 위에 시공하는 포장이다.

② 교면 포장은 강성이 큰 교량 상판 위에 놓여지는 혼합물로서 유동에 약하기 때문에 특히 내유동성이 뛰어난 것이어야 한다.

Ⅱ. 교면 포장 표준 단면도

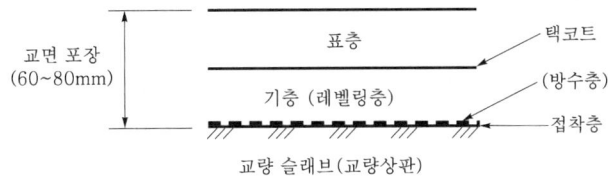

Ⅲ. 교면 포장의 역할

① 교량 슬래브와 부착
② 반복 휨응력에 대한 저항
③ 우수 침투 방지를 위한 방수성능
④ 염화물 침투에 대비한 방수층
⑤ 강상판 부식 방지
⑥ 내유동성에 따른 강도보존
⑦ 통행차량의 쾌적한 주행성 확보

Ⅳ. 교면 포장 시공 순서

1) 표면 처리
   ① 교량 상판 위에 쓰레기, 진흙, 기름 등의 유해한 이물질을 제거한후 건조한 상태가 되어야 한다.
   ② 콘크리트 슬래브에 대해서는 표면의 레이턴스를 와이어 브러시 및 연소기 등으로 충분히 제거한다.

2) 접착층
   ① 교량 슬래브와 방수층 또는 포장과의 부착을 향상시켜 일체화되도록 하는 층으로 고무 아스팔트 접착제, 고무계 접착제, 고무 혼입 아스팔트 유제 등을 사용한다.
   ② 사용량
      ㉮ 콘크리트 슬래브에는 $0.4 \sim 0.5 \, l/m^2$

        ⓝ 강슬래브에는 $0.3 \sim 0.4\, l/m^2$

    ③ 시공시 유의점

        ㉮ 얼룩이 없도록 균일하게 살포

        ⓝ 연석, 난간 등을 더럽히지 않도록 살포

        ㉱ 적정의 살포량을 준수

        ㉺ 강우시 작업 금지

        ㉭ 살포후 휘발분이 증발할 때까지 충분한 양생

3) 방수층

    ① 강슬래브의 부식을 방지할 목적으로 설치하는 층이다.

    ② 콘크리트 슬래브 상의 방수층 위에는 우수 등의 침투수의 배수가 용이하여야 한다.

    ③ 방수층에는 시트계, 도막계 및 포장 등으로 형성된다.

4) 교면 포장

    ① 가열 아스팔트 포장 : 일반적인 아스팔트 혼합물을 사용하여 요철을 고려하여 $60 \sim 80\,$ mm 정도 시공한다.

    ② 구스 아스팔트

        ㉮ 스트레이트 아스팔트에 열가소성 수지 등의 개질재를 혼합한 아스팔트로서 유동성과 안정성이 얻어지도록 고온($200 \sim 260\,℃$)으로 교반 혼합한 혼합물 이다.

        ⓝ 불투수성으로 방수성이 크고 휨에 대한 저항성 및 마모에 대한 저항력이 크며 저온시에도 균열 발생이 적으며 포장 작업시에는 롤러의 다짐 작업이 필요없다.

    ③ 고무 혼입 아스팔트 포장

        ㉮ 스트레이트 아스팔트에 개질재로서 고무를 혼입하여 신도를 증가시키고 유 동 및 마모에 대한 저항성을 높인 개질 아스팔트를 혼합물로 사용한다.

        ⓝ 슬래브와 고무와의 부착성과 마모 및 변형에 대한 저항성을 크게 한 포장 이다.

    ④ 에폭시 수지 포장

        ㉮ 에폭시 수지를 이용하여 슬래브 위에 $3 \sim 10\,$ mm 두께로 시공한다.

        ⓝ 강슬래브는 특히 기름이나 녹을 중성세제 또는 와이어 브러시로 깨끗이 제 거한다.

        ㉱ 콘크리트 슬래브에서 레이턴스와 염화 비닐 양생 피막 등을 제거하고 시공 한다.

58 강교 상판 포장

Ⅰ. 개요

① 강교 상판 위에 포장은 일반 도로 포장과는 달리 진동, 충격 등을 고려하여 포장 공법을 선정해야 한다.

② 강교 상판 교량의 경우 콘크리트 교량과는 달리 상부 구조 자중이 가볍고 각 부재의 단면이 작으며 강성이 작아 전체적인 변형이 크고 국부적인 변형으로 포장이 손상될 염려가 있으므로 이를 고려하여 포장 재료를 선정해야 하는 바, 우리 나라에서는 개질 아스팔트를 주로 사용하고 있다.

Ⅱ. 교량 상판에 사용하는 아스팔트

1) 밀입도 아스팔트

굵은 골재, 잔골재, 필러 및 아스팔트를 가열, 혼합한 혼합물로서 합성 조도에서 No. 8체 통과분이 35~50%이며, 내마모성이 우수하고, 최대 조립 19 mm의 경우는 내유동성도 풍부하다.

2) 개질 아스팔트

석유 아스팔트에 열가열성 고무 또는 열가용성 수지를 균일하게 혼합하여 아스팔트의 성질을 개량한 아스팔트이다.

3) 구스 아스팔트

침입도 40 이하의 아스팔트로서 정제 트리니다트 천연 아스팔트와 석유 아스팔트를 중량비(%) 25 : 75로 혼합한 아스팔트이며 독일, 일본 등에서 주로 사용한다.

4) 매스틱 아스팔트

구스 아스팔트와 유사한 혼합물로서 정제 트리니다드 아스팔트 혼합량 및 골재 배합, 시공 방법에 약간의 차이가 있다. 매스틱 아스팔트는 북유럽 등 한랭 지방에서 많이 사용한다.

Ⅲ. 아스팔트 특성 비교

일반적으로 포장에서 사용되는 밀입도 아스팔트, 개질 아스팔트, 구스 아스팔트, 매스틱 아스팔트의 특성을 비교하면 다음과 같다.

구 분	밀입도 Asp.	개질 Asp.	Guss Asp.	Mastic Asp.
내유동성	가장 좋다	좋다	보통 이상	보통
내마모성	보통	보통 이상	좋다	가장 좋다
시공성	가장 좋다	좋다	보통	어렵다
미끄럼 저항	가장 좋다	좋다	보통	나쁘다
피로 저항	보통	보통 이상	좋다	좋다
사용 기후	온대 지방	온대 지방	온대 지방	한랭 적설지

Ⅳ. 혼합물 선정시 고려사항

① 교면의 보호를 위하여 방수 기능이 완벽하여야 한다.
② 내구성이 우수하여야 한다.
③ 강상판과의 부착이 양호하며, 강상판의 곡률 변형에 대한 피로 저항성이 우수하여야 한다.
④ 유동 저항성 및 균열에 대한 안정성이 우수하여야 한다.
⑤ 유지 보수가 용이하여야 한다.

Ⅴ. 강상판 시공 사례

하층+상층 / 제품특성	(밀입도＋밀입도) Asp.	(개질＋개질) Asp.	(Guss＋Guss) Asp.	(Guss＋개질) Asp.
개 요	굵은 골재, 잔골재, 필러 및 아스팔트를 가열 혼합한 석유 아스팔트로 일반적으로 많이 사용되고 있음	석유 아스팔트에 열가요성 고무 또는 열가요성 수지를 균일하게 혼합하여 아스팔트의 성질을 개량한 것	침입도 40 이하의 아스팔트로서 정제 트리니다드 천연 아스팔트와 석유 아스팔트를 중량비(%) 25 : 75 혼합	상층에 개질 아스팔트와 하층에 Guss－Asp로 시공하여 서로의 단점을 보완하였음
종류 (생산국)	스트레이트 아스팔트(국내 다수 생산)	하이테크, 켐크리트 라텍스, 러브 등(미국, 일본, 한국 등)	구스 아스팔트(미국, 일본, 독일 등)	상층 : 하이테크, 켐크리트, 라텍스 하층 : 구스 아스팔트 (독일, 미국, 일본, 한국)
강상판교 시공 실적	실적 없음	남해 대교, 낙동 대교, 돌산 대교, 동작 대교, 서해 대교	우리 나라에는 영종 대교 및 광안 대교에 설계·시공되었으며 일본, 독일에서 많이 사용	혼주 ~ 시코쿠 연락교(아카시, 세또, 대도대 교), 영종 대교(계획) 등 최근 일본 장대교에서 많이 사용
장 점	시공이 가장 간편, 시공비가 가장 저렴	내마찰성, 내구성, 내마모성 개선, 고온시 유동이나 변형에 대한 안전성 높음, 선택의 폭이 넓음	방수 기능이 우수하고 접착성이 양호, 내구성, 내마모성이 크며 고온시 유동이나 변형 발생에 대한 안전성이 높음	방수 기능 우수, 접착성 및 평탄성이 우수, 고온시 유동이나 변형 발생에 대한 안전성이 높음, 유지 보수가 용이
단 점	방수 기능 불량, 고온시 유동이나 변형 발생에 대한 안전성이 떨어지고 내구성 및 내마모성, 접착성이 타안에 비하여 떨어짐	방수 기능 불량, 접착성이 다소 떨어짐. 단, 남해 대교는 고온의 영향으로 Asp가 유동되어 변형이 발생	시공비가 가장 고가, 플랜트 부품 및 시공 장비의 수입 의존, 고온 포설을 해야 하므로 시공이 어렵다. 유지 보수가 곤란	플랜트 부품 및 시공 장비의 수입 의존, 고온 포설을 해야 하기 때문에 시공이 어렵다. 구성 및 내마모성이 제3안에 비하여 떨어진다.

59 Grooving

[06전(10), 09중(10)]

Ⅰ. 정의

① 콘크리트 포장에서 노면의 미끄럼 방지를 목적으로 콘크리트 Slab를 포설한 즉시 표면을 긁어서 미끄럼 저항성을 높이기 위하여 Grooving 기계의 빗살로 콘크리트 표면을 쓸어서 홈을 파주는 것을 말한다.

② 시공 시기는 콘크리트 Slab 타설후 평탄 마무리가 끝나고 포장 표면에 물기가 없어지면 거친면 마무리를 시작하여 포장면에 생긴 홈을 Tining이라고 한다.

Ⅱ. Grooving 기계 장치

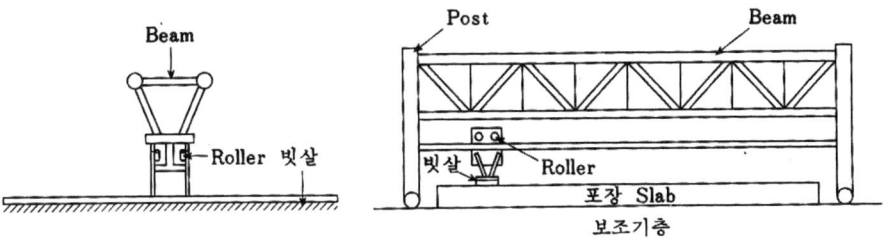

< Grooving 기계 >

Ⅲ. Grooving 작업 시기

① 표면 물기가 사라지고 콘크리트 경화 직전 작업 개시

② 작업 시기가 빠르면 골재가 패임

③ 작업 시기가 늦으면 깊이가 얕음

④ 홈의 방향은 포장 중심선에 직각으로 시공

⑤ 작업시 살수 엄금

Ⅳ. 거친면 마무리 방법

① Grooving에 의한 방법

② 마대 끌기

③ Chipping

④ 골재 노출(Stripping)

⑤ 브러시 사용

Ⅴ. Tining의 효과

① 미끄럼 저항 증대

② 수맥 현상 조기 제거

③ 태양 반사 감소

Ⅵ. Tining 규격

1) 빗살 깊이 : 3~5 mm
2) 간격 : 25~30 mm
3) 빗살 폭 : 3 mm
4) 빗살 1회 시공 폭 : 2.43 m

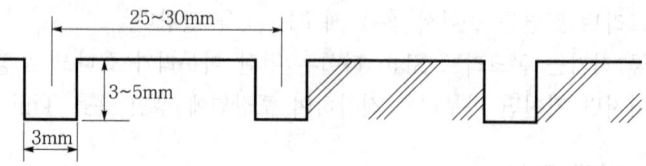

< 시멘트 포장 표면 >

60 | 섬유 보강 시멘트 콘크리트 포장(Fiber Reinforced Cement Concrete Pavemant)

Ⅰ. 정의

① 시멘트 콘크리트 내에 섬유를 혼입하여 강제로 분포시켜 콘크리트의 균열 발생과 발전을 구속하여 인성(Toughness)을 크게 증가시킨 콘크리트를 포설하는 포장 공법이다.

② 보강된 콘크리트는 인성 증가 및 휨강도, 내충격, 내마모 특성을 증가시킬 수 있어 특수 포장으로 시험 적용하고 있다.

Ⅱ. 섬유 보강의 효과

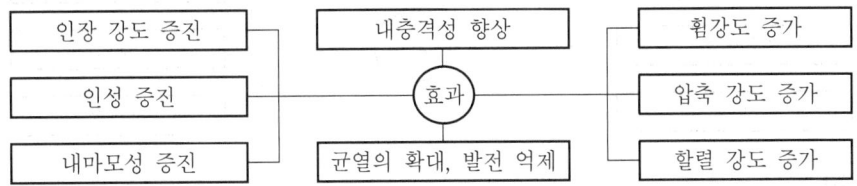

Ⅲ. 사용 섬유

① Steel Fiber(강섬유)
② Glass Fiber(유리 섬유)
③ Nylon, Rayon, Cotton Fiber
④ Polyethylene Fiber
⑤ Cabon Fiber(탄소 섬유)

Ⅳ. 강섬유의 제원

① 지름은 0.15~0.76 mm
② 길이 13~63 mm
③ 형상은 원형, 판형, 봉형
④ 길이/지름의 형상비는 50~100
⑤ 일반적으로 도로 포장에서 강섬유 사용

Ⅴ. 시공

① 일반 콘크리드보다 새골재 함량을 증가시켜 섬유 피복이 확보되도록 정착
② 배합시 섬유와 시멘트의 증가량은 용적 비율을 적용
③ 섬유 함량은 용적의 1~2% 정도

Ⅵ. 시공시 유의사항

① 섬유 사용량이 0.5% 이하시 보강 효과 없음
② 섬유 과다 사용시 밤송이 현상으로 균질성 상실
③ 표면 처리는 마모 처리를 지양하고 Tining만 실시
④ 강섬유 혼입으로 워커빌리티 감소는 단위 시멘트량 증대로 대처
⑤ 섬유 사용량은 1~2% 정도

61 RCCP(Roller Compacted Concrete Pavement)

[09중(10)]

Ⅰ. 정의

① RCCP 공법은 일반 콘크리트 포장과는 달리 슬럼프가 없는 콘크리트를 아스팔트 페이브로 포설하고 진동 롤러 다짐으로 포장하는 공법이다.

② 이 공법은 평탄성이 우수하게 요구되지 않는 자동차 설계 속도가 60 km/hr 이하인 도로, 인터체인지 등에 주로 사용하는 공법이다.

Ⅱ. 용도

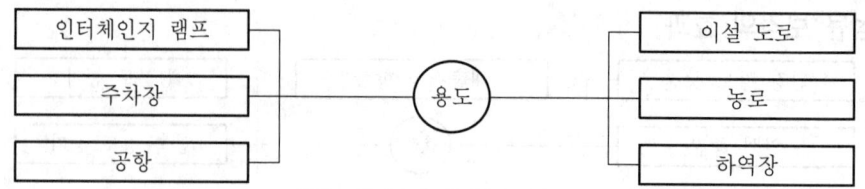

Ⅲ. 특징

① 슬럼프가 0인 콘크리트 사용

② 다짐은 진동 다짐 장비 사용

③ 콘크리트 강도는 일반 콘크리트 포장과 동일

④ 포설 작업은 아스팔트 페이브 사용

⑤ 단위 수량은 최대 건조 밀도를 갖는 최적 함수비 개념을 적용

⑥ W/B비 30~35%

Ⅳ. 시공

① 보조기층이 흡습성 재료인 경우 분리막을 깔든지 적당한 습윤 상태를 유지한다.

② 재료 분리를 막을 수 있는 방법으로 비빔후 치기가 끝날 때까지 1시간 이내로 한다.

③ 라인 센서 등이 부착된 아스팔트 포장 페이브 사용을 표준으로 한다.

④ 다짐 장비는 탠덤, Macadam 및 타이어 롤러로 조합하되 초기에는 밀림 방지 목적으로 무진동 다짐한 다음 진동 다짐한다.

⑤ 마무리 전압은 노면이 평활하게 유지되도록 하고 철륜 롤러를 이용하여 평탄성 마무리를 한다.

⑥ 무근 콘크리트 포장에서 6 m 간격으로 수축 줄눈을 설치한다.

⑦ 수분의 과도한 증발이 없도록 유의하고 경화를 증진시키며 건조 수축으로 인한 유해한 균열이 없도록 양생을 충분히 실시한다.

V. 시공시 유의사항

① 콘크리트 사용 재료는 일반 콘크리트 재료를 기준
② 단위 수량 결정은 토공에서 최적 함수비 개념으로 산출
③ 전압에서 초기 다짐은 무진동 다짐으로 하고 그 다음 진동 다짐을 실시
④ 시공면 처리는 일반 콘크리트 포장과 동일하게
⑤ 포설은 아스팔트 포장 페이브 사용
⑥ 줄눈 부위에는 다짐 관계로 다웰바 또는 타이바 사용은 하지 않음
⑦ 양생은 습윤 양생 또는 피막 양생

62 | CBR과 SN(Structural Number)

Ⅰ. CBR

1) 정의
   ① CBR이란 아스팔트 포장 설계시 현장 사용 재료로 공시체를 제작하여 4일간 수침후 팽창률 및 관입에 대한 하중을 측정하여 시험 단위 하중의 표준 단위 하중에 대한 비를 백분율로 나타낸 것으로서 다음과 같다.

   ② $\text{CBR} = \dfrac{\text{시험 하중(kN)}}{\text{표준 하중(kN)}} \times 100$

2) CBR의 종류
   ① 실내 CBR
      ㉮ 수침 CBR(선정 CBR)
      ㉯ 수정 CBR(설계 CBR)
   ② 현장 CBR

3) 관입량 및 표준 하중

관입량 (mm)	표준 단위 하중 (MN/m²)	표준 하중 (kN)
2.5	6.9	13.4
5	10.3	19.9

4) 목적
   ① 재료 선정
   ② 노상 지지력 확인
   ③ 연성 포장 두께

Ⅱ. SN(Structural Number ; 포장 두께 지수)

1) 정의
   ① SN이란 AASHTO 설계법에서 아스팔트 포장 설계를 할 때 소요 전체 포장 두께를 표시하는 포장 두께 지수를 뜻한다.
   ② 설계의 기본 요소로서 교통량, 서비스 지수, 노상 지지력, 환경 요소 등에 의해 결정되어지는 지수이다.

2) SN 구하는 방법
   ① 설계의 매개 입력 변수로부터 포장 두께 지수(SN ; Structual Number)를 구함

   신뢰도(R)
   표준 편차(S_o)
   등가 단축 환산 설계 교통량($W_{8.2}$) ⎫ SN(포장 두께 지수)
   유효 노상 회복 탄성계수(Mr)
   서비스 손실(ΔPSI)

② 적용 예

R＝95% M_R＝350 kg/cm^2

S_o＝0.35 ΔPSI＝1.9일 때 SN값

$W_{8.2}$＝5×10^4

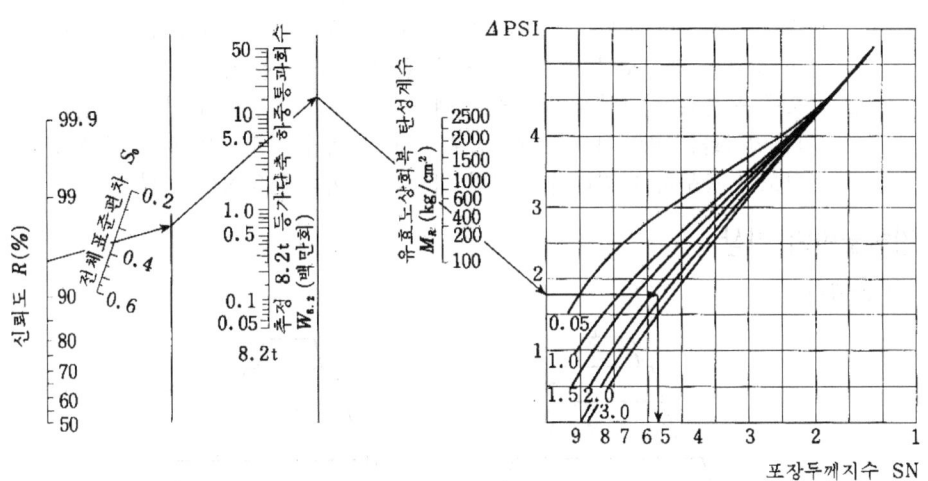

〈연성 포장 설계 포장〉

63 철도의 강화노반(Reinforced Roadbed)

[08후(10)]

Ⅰ. 정의

① 우수 침투에 의한 노반의 강도 저하와 분리 발생을 방지하고 열차 통과시 탄성 변형량을 소정의 한도 내로 유지하기 위하여 입도 조정 쇄석 또는 수경성 입도 조정 고로 슬래그로서 지지력을 크게 한 노반을 말한다.

② 궤도를 충분히 견고하게 지지하고 궤도에 대하여 적당한 탄력을 주며, 상부 노반의 연약화를 방지하고, 또한 상부 노반의 내압 강도 이하로 하중을 분산 전달하도록 충분히 다짐하여 도상의 박힘이 일어나지 않아야 한다.

Ⅱ. 강화노반의 형상

1) 흙쌓기

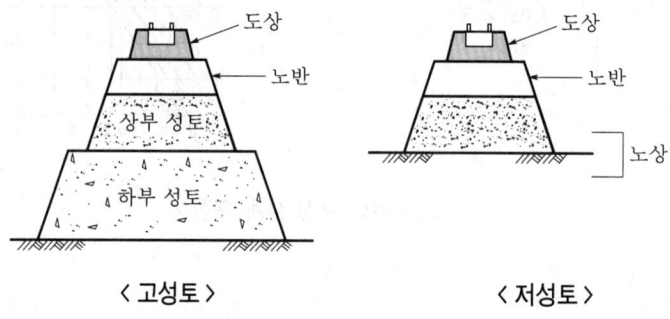

〈 고성토 〉   〈 저성토 〉

2) 땅깎기, 평지

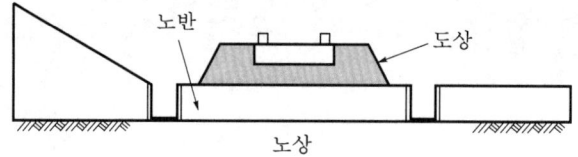

Ⅲ. 철도 노반의 종류

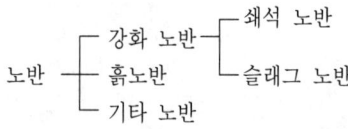

1) 쇄석 노반

아스팔트 콘크리트 및 입도 조정 쇄석 또는 입도 조정 고로 슬래그 쇄석을 다짐하여 만든 노반

2) 슬래그 노반

수경성 입도 조정 고로 슬래그 쇄석을 다짐하여 만든 노반

3) 흙노반

입도 등을 규제한 흙을 다짐하여 만든 노반

64 철도 공사시 캔트(Cant)

[13전(10)]

I. 정의

① 철도 차량은 직선 Rail에서는 중력이 앞뒤로만 이동하기 때문에 전복사고의 위험이 없으나, 곡선부를 운행할 경우 원심력이 작용하여 전복 사고의 위험이 발생한다.

② 캔트(Cant)란 철도 차량이 곡선부를 운행할 때 원심력의 작용을 방지하여 원활하게 운행할 수 있도록 안쪽 Rail을 기준으로 바깥쪽 Rail을 높여 주는 것이다.

II. 개념도

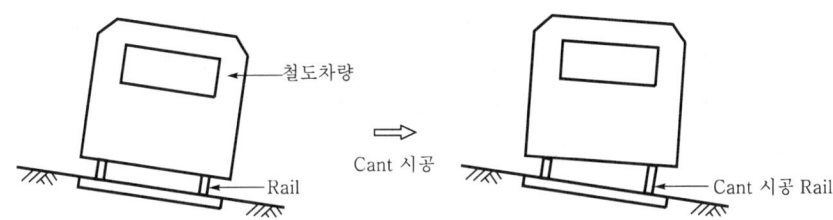

안쪽 Rail을 기준으로 바깥쪽 Rail을 올려줌(Cant)으로써 철도 차량 운행의 안전성 도모

III. Cant 산정식

$$C = \frac{GV^2}{127R}$$

여기서, C : Cant(mm)

$\quad\quad\quad G$: 궤간(mm)

$\quad\quad\quad V$: 열차속도(km/h)

$\quad\quad\quad R$: 곡률 반경(m)

① 열차 속도(V)에 의해 좌우됨

② 최대 Cant는 160 mm임

IV. 필요성

① 철도 차량 주행의 안전성 확보

② 차량 승객의 불안감 해소 및 승차감 유지

③ 철도 차량 전복 사고 방지

65 도로 관련용어

1) **도로교통 진동(Vibration By Road Traffic)**
   ① 도로교통 진동이란 자동차가 도로를 통행할 때 발생하는 진동을 말한다.
   ② 자동차가 유발하는 가진력은 노면 요철의 특성, 자동차의 중량, 주행속도 등에 영향을 받으며, 경감대책은 포장노면 평탄성의 개량, 포장 구조의 검토 등이 있으며, 본질적인 해결로는 도로 계획, 자동차 및 도로 구조의 진동계 대책, 전파경로 대책 등 종합적인 시책이 중요시되고 있다.

2) **노상 배수(Subgrade Drainage)**
   ① 도로 등의 노상 연약화를 막기 위해 지하수위를 저하시키거나 인접한 지대로부터 오상에 침투하는 물을 차단 또는 제거하기 위한 것을 말한다.
   ② 배수구는 도로 등의 종단방향으로만 설치하는 것이 아니라 지하수량이 많은 경우 등에는 횡단방향으로 설치하기도 한다.

3) **박층 포장(Thin Surfacing)**
   ① 표면처리의 일종으로서 보통 가열 아스팔트 혼합물을 두께 25 mm 이하로 포장한 것이다.
   ② 주로 포장에 금이 가거나 오래된 노면의 수선이나, Polishing에 의해 평활해진 노면의 미끄럼 저항성 회복 등에 이용한다.

4) **미끄럼 방지 공법(Anti-Skid Treatment)**
   ① 급한언덕, 곡선구간 등에서의 습윤시의 미끄럼 억제를 목적으로 하는 공법이다.
   ② 개립도(開粒度) 혹은 갭입도 아스팔트 혼합물을 표층에 사용하는 공법, 수지계 재료를 사용하여 경질 골재를 노면에 접착시키는 공법, 그루빙(Grooving)에 의해 포장면을 거친면 마감하는 공법이 있다.

5) **갭·그레이드 아스팔트 콘크리트(Gap-Graded Asphalt Concrete)**
   ① Gap이란 틈·간극을 말한다.
   ② 갭 아스팔트 콘크리트와 세밀도 갭 아스팔트가 있으며, 굵은 골재, 잔골재, 필러 및 Asphalt를 이용한 포장용 가열 혼합물이다.
   ③ 일반적으로 내유동성, 내마모성, 미끄럼 저항성이 뛰어나다.

6) **동상 방지층**
   ① 포장의 구성은 마모층·표층·중간층·기층·보조 기층으로 구성하며, 특히 노상토가 보조 기층에 침입하거나 노상층이 동결하는 것을 방지하기 위하여 선택층 또는 동상 방지층을 노상의 일부로서, 그 기능을 강화하기 위해 별도로 설치한다.
   ② 동상 방지층을 둘 경우 노상토의 지지력은 노상토의 지지력에 동상 방지층의 지지력을 고려하여 결정하여야 한다.

7) CRM 아스팔트

① 폐타이어를 상온에서 분쇄하여 고무 분말로 가공한후 일반 아스팔트 개질재로 첨가하여 성능 개선을 도모한 개질 아스팔트를 말하며, 폐자원의 효율적 이용은 무론이고 환경보호 측면의 부수적 효과도 거둘 수 있다.

② CRM을 아스팔트에 혼입하는 방법에는 CRM을 가열한 아스팔트에 혼합하여 고무 아스팔트 시멘트를 제조하여 사용하는 습식법(Wet Process ; CRM)을 아스팔트 시멘트의 개질재로 사용하는 방법)과 고무 조각을 골재에 넣고 가열하여 아스팔트 콘크리트의 제조시 사용하는 건식법(Dry Process ; CRM을 골재의 일부로 사용하는 방법)이 있다.

8) Gilsonite

① Gilsonite란 미국 유타주 동부의 수직광맥에서 채굴되는 천연 아스팔트로서, 1885년부터 상업적인 목적으로 생산되었다.

② Gilsonite는 아스팔트의 개질재(Modifer) 또는 강화재(Reinforcing Agent)로 사용되어 아스팔트 혼합물의 안정도를 증가시키고, 소성 변형을 감소시키며 온도 변화에 따른 저항성을 증진시키는 것으로 알려져 있다.

9) 채움재

① 아스팔트 혼합물에서 골재 사이의 간극을 채우고, 아스팔트 혼합물의 강도, 내구성, 안정성, 내마모성 등의 성질 개선의 역할을 하는 0.075 mm체를 통과하는 Void Filler, Stiffener Filler 등의 분말을 채움재라 한다.

② 일반적으로 석회암을 분쇄한 석분이 가장 많이 사용되며, 특히 회수 Dust를 사용할 때는 시방 규정의 품질 기준과 사용량 규정을 만족시켜야 한다.

③ 종류

㉮ 석회암을 분쇄한 석분이 가장 많이 사용된다.

㉯ 기타 : Portland Cement, 소석회, Fly-ash, 회수 더스트(Collected Dust), 전기로 제강 더스트, 암석자갈, 슬래그 파쇄시 발생하는 미립자 등

10) 반강성 포장

① 반강성 포장은 개립도 아스팔트의 표면 골재 간극 사이로 시멘트 페이스트(Paste)를 살포하여 침투시킨 포장을 말한다.

② 아스팔트 콘크리트 포장의 연성과 시멘트 콘크리트 포장의 강성을 겸하고 있다.

11) Superpave 설계법

① SHRP(Strategic Highway Research Program)의 연구 성과로서, 공용성 개선을 달성할 수 있는 포장 설계 수단을 확실하고 쉽게 제시하고 있다.

② 소요의 포장 공용성이 달성될 수 있게 아스팔트 바인더, 골재 및 아스팔트 개질재를 선택·조합하여, 일반 아스팔트·재생 아스팔트·밀입도 아스팔트 혼합물·개질 아스팔트 SMA 등은 물론이고 새로운 표층·기층의 시공 및 기존 포장의 덧씌우기 등에도 적용된다.

12) 노상회복 탄성계수
① 흙의 탄성적 성질을 표시하는 지표로서, 노상에서 윤하중에 의한 지지력을 모사(模寫)한 시험법으로 결정된 계수이다.
② 즉, 외력에 의한 노상의 실제 응력상태와 동일한 3축 압축시험을 실시하여, 이 때 나타나는 각 재료의 응답치를 계수화한 것이다.
③ 포장 구조의 기초가 되는 노상의 재료 특성을 평가하기 위해 자연 조건을 감안하여 합리적인 수행을 위해 도입된 계수로서 '86 AASHTO 설계법에서 도입되었다.

인생의 열쇠

'사람은 어디서 와서 어디로 가는 것일까?

황금빛 별 저편에는 누가 사는가?'

이것은 시인 하이네의 물음이다. 이 물음 속에 종교와 철학과 도덕
의 물음의 원점이 있는 것 같다.

누가 이 물음에 대답할 수 있단 말인가?

"당신은 당신의 영광을 위하여 나를 지으셨나이다. 그런고로 당신
안에서 쉴 때까지 내게는 평안이 없었나이다." 이것은 어거스틴
의 고백이다. 예수를 모르고는 나도, 하나님도 모른다(파스칼), 예
수를 본 자는 하나님을 본다.(요 14:9)

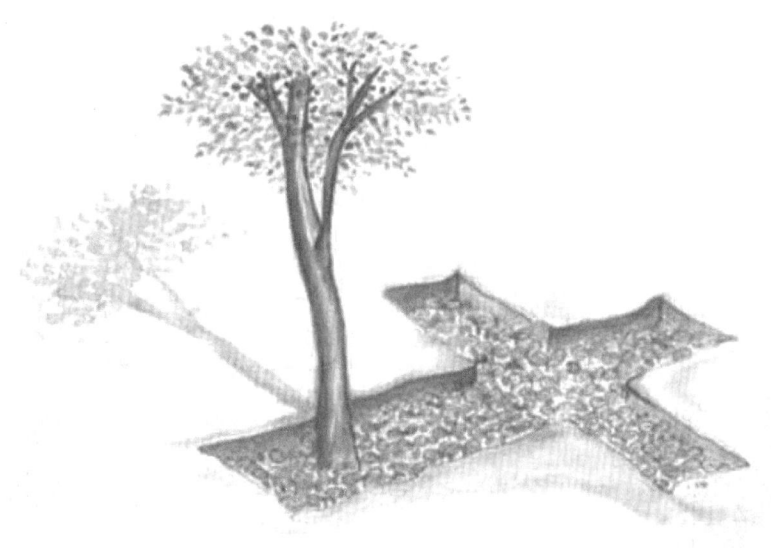

제5장 ▶ 교 량

교량 과년도 문제

1. 단순교, 연속교, 겔버교의 특징 비교 [97중전(20)]
2. 공중작업 비계(Cat Walk) [04전(10)]
3. 교량 가설 공법에서 F.C.M(Free Cantilever Method) [94후(10)]
4. FCM 공법(Free Cantilever Method) [07중(10)]
5. FCM(Free Cantilever Method) [09중(10)]
6. IPC(Incrementally Prestressed Concrete) Girder 교량 가설 공법 [08후(10)]
7. Hybrid 중로아치교 [09후(10)]
8. 일체식 교대 교량(intergral Abutment Bridge) [10전 (10)]
9. 프리플렉스 빔(Preflex Beam)의 원리와 제조 방법 [96중(20)]
10. 프리플렉스 보(Preflex Beam) [01전(10)]
11. 프리플렉스 보(Preflex Beam) [02후(10)]
12. 2경간 연속 합성교의 슬래브 콘크리트의 시공 순서 [98전(20)]
13. 소수 주형(girder)교 [09전(10)]
14. FSLM(Full Span Launching Method) [08전(10)]
15. PSC거더(Girder)의 현장 제작장 선정 요건 [12후(10)]
16. 자정식 현수교 [07중(10)]
17. 자정식(自碇式) 현수교 [15후(10)]
18. 현수교의 지중 정착식 앵커리지(Anchorage) [12중(10)]
19. 사장교와 현수교의 특징 비교 [11중(10)]
20. 사장교와 엑스트라도즈드(Extradosed)교의 구조특성 [12전(10)]
21. 부체교(Floating Bridge) [12전(10)]
22. PCT(Prestressed Composite Truss) 거더교 [12전(10)]
23. 풍동 실험 [10후(10)]
24. 홈(Groove)용접 설명과 그림의 용접기호 설명 [12후(10)]
25. 강재의 용접 결함 [07후(10)]
26. 용접의 결함 원인과 용접 자세 [96중(20)]
27. 용접 부위에 대한 비파괴 검사 [95중(20)]
28. 강재 용접부의 비파괴 시험 방법 [00전(10)]
29. 현장 용접부 비파괴 검사 방법 [07중(10)]
30. 강구조의 압축 부재와 휨부재 연결 방법 [97전(20)]
31. 강재의 저온 균열, 고온 균열 [06전(10)]
32. 무도장 내후성 강재 [05중(10)]
33. TMC(Thermo-Mechanical Control)강 [10전(10)]
34. 강(剛) 구조물의 수명과 내용년수(內用年數) [00후(10)]
35. 교량의 교면방수 [09전(10)]
36. 연속 곡선교의 교좌 장치의 배치 및 설치 방법 [97전(20)]
37. 교좌의 가동 받침과 고정 받침 [02후(10)]
38. 포트 받침(Pot Bearing)과 탄성 고무 받침의 특성 비교 [98전(20)]
39. 교량받침의 손상원인 [12중(10)]
40. 하천의 교량 경간장 [10중(10)]
41. 측방 유동 [07중(10)]
42. 측방 유동 [08후(10)]
43. 지진파(지반 진동파) [04전(10)]
44. 교량의 내진과 면진설계 [08후(10)]

1 교량 Con'c 부재의 치수 변화

Ⅰ. 개요

① 교량에서 콘크리트 T형보 또는 PSC보, PSC Box Girder 제작은 중앙 단면 보다는 지점부 또는 하부 플랜지 폭을 크게 하여, 철근 정착 및 PS 강재 등의 정착구를 배치하기에 충분한 단면이 필요하다.

② 이와 같이 단면을 크게 하거나 줄일 경우에는 급격한 단면 변화가 되지 않게, 그 경사가 1/5 이하가 되도록 폭을 넓히거나 줄이도록 해야 한다.

Ⅱ. 적용 단면

1) T형보 복부폭의 변화

T형보의 복부폭은 중앙부보다는 단면부의 폭을 크게 하여 철근 정착 및 PS 강선 의 정착부를 보강한다.

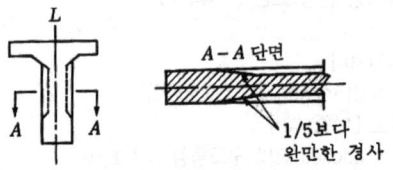

< T형보 복부폭의 변화 >

2) Box Girder Flange 두께 변화

지점부와 같이 단면력이 큰 곳에서는 복부 및 하부 플랜지의 폭이 증가할 경우 단 면 변화 경사는 1/5 이하가 되도록 해야 한다.

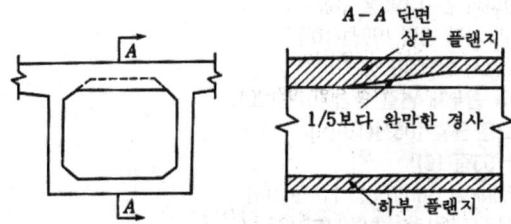

< 박스 거더 플랜지 두께의 변화 >

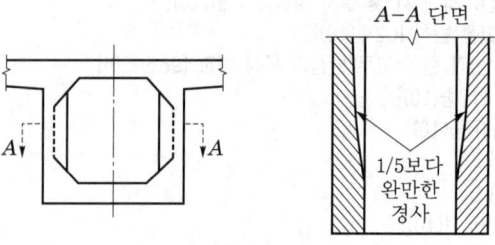

< 박스 거더 복부폭의 변화 >

2 단순교, 연속교, 겔버교의 특징 비교

[97중전(20)]

Ⅰ. 개요

① 교량이란 도로, 철도, 계곡, 하천, 해안 등의 위를 건너거나 다른 도로, 철도, 수로 등의 위를 건너는 경우의 구조물의 총칭이라 정의할 수 있다.

② 교량은 상부 구조 형식에 의하여 단순교, 연속교, 겔버교로 나뉘어진다.

Ⅱ. 상부 구조 형식 선정시 고려사항

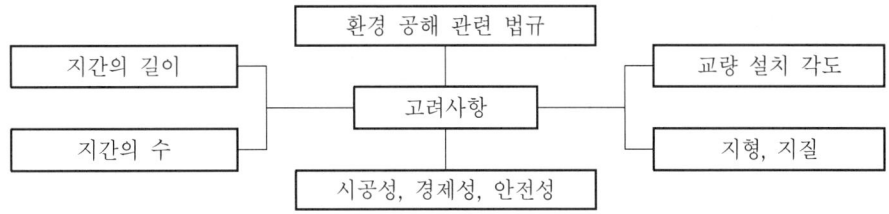

Ⅲ. 단순교

1) 정의

경간이 비교적 짧은 교량 가설시 이용되는 공법으로 2개의 지점으로 설계되며, 그 한쪽은 가동 지점이 되고 반대쪽은 고정 지점이 되게 설계한 정정 구조물이다.

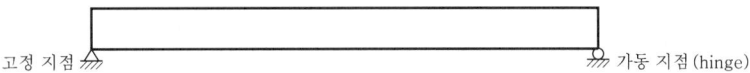

고정 지점　　　　　　　　　　　　　　　　　　　　　가동 지점(hinge)

2) 특징

① 경간장이 짧은 교량에서 적용한다.

② PSC Beam, I형강 등으로 Precast된 단순보를 이용한다.

③ 시공 속도가 빠르며 시공이 용이하다.

④ 경간장 15~30 m에 이용한다.

Ⅳ. 연속교

1) 정의

교량의 상부 구조가 2경간 이상에 걸쳐 연속되어 있는 구조로서 부정정 구조물이다.

2) 특징

① 강재 Truss, 강재 Box Girder, PSC Box Girder 등으로 연속하여 상부 구조를 가설한다.

② 부등 침하의 우려가 없는 곳에 사용한다.

③ 특히 교대 및 교각의 하부 기초 공사에 유의 시공한다.
④ 조형미를 고려한 경간 분할은 다음과 같다.
  ㉮ 3경간일 때 3 : 5 : 3
  ㉯ 4경간일 때 3 : 4 : 4 : 3
  ㉰ 5경간일 때 등간격으로 시공

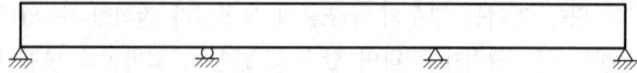

V. 겔버교

1) 정의

교량 양측에 내민보를 이용하여 중앙부에 힌지 형식으로 단순보를 지지하는 형식인 정정 구조물이다.

2) 특징

① 지반이 불량한 경우에 효율적이다.
② 내부 힌지 부분 시공에 유의해야 한다.
③ 내민보+단순보+내민보 형식으로 구성된다.

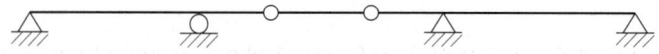

VI. 비교표

구 분	단순교	연속교	겔버교
공사 규모	소규모	대규모	대규모
지반 조건	보통	견고한 지반	불량 지반
신축 장치 개소	많다	적다	보통
적용 경간장	15~30 m	40~70 m	30~60 m
시공성	보통	좋음	숙련 요구
안전성	좋음	좋음	다소 불안
주행성	불량	양호	다소 불량
외관	좋지 않음	좋음	좋음
유지관리	어려움	쉬움	어려움

3 ILM(Incremental Launching Method)

Ⅰ. 정의

① 교대 후면 제작장에서 콘크리트 Box Girder를 1segment씩 만들어 최초 Segment 전방에 추진코(Nose)를 부착하고 전방으로 순차적으로 압출시키는 공법이다.

② 교각 상부에 마찰력이 거의 없는 Sliding Pad를 이용하여 압출시 상부 구조물과 하부 구조물과의 마찰력을 적게 하여 전방으로 밀어내는 공법으로 주행성이 좋고 하부 조건에 지장을 받지 않는 신공법이다.

Ⅱ. ILM 구조도

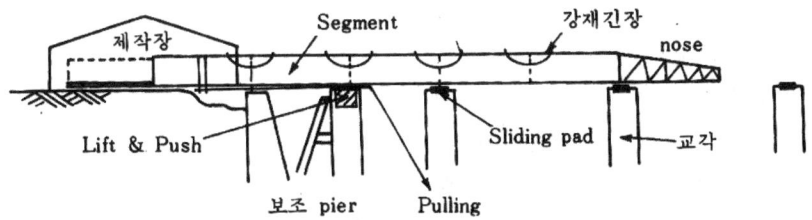

Ⅲ. 특징

1) 장점

① 제작장 설치로 전천후 시공 가능

② 동바리 설치 불필요

③ 거푸집 및 가시설을 반복 사용하므로 경비 절감

④ 반복 공정으로 노무비 절감·공정 계획이 쉬움

⑤ Con'c 품질관리 용이

2) 단점

① 직선·단일 곡선에만 적용 가능

② 제작장 부지 확보

③ 엄격한 규격관리가 요구됨

④ 변화되는 단면의 시공이 곤란

⑤ 교장이 짧으면 비경제적

Ⅳ. 시공 순서 Flow Chart

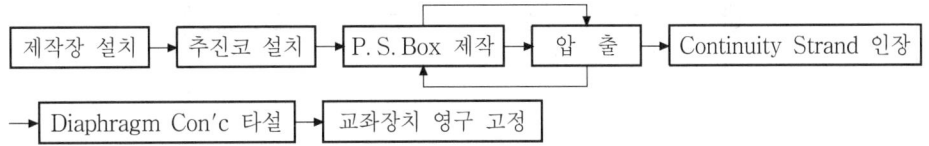

V. 시공상 문제점

① Box Girder 바닥 요철 발생
② Box 하부 Bottom Slab의 단차로 Sliding Pad의 과다 소모
③ 내부 거푸집 해체후 이동 시간 과다
④ Pulling Beam 설치 위치에서 Crack 발생
⑤ Nose와 Seg 정착부 Crack 발생
⑥ 1~4 Seg 구간 Launching된 Box Girder 후단부와 거푸집 단차 발생

VI. 대책

① 제작장의 지반 보강
② Temp Shoe 폭 확대
③ 증기 양생시 인장재 피복
④ Vibrator 공의 고정 배치
⑤ PS 강재 정착부 보강
⑥ Pulling Beam 설치 부위 보강
⑦ 충분한 강도가 발휘될 때까지 양생
⑧ 압출 완료후 내부 거푸집 해체
⑨ 마찰 저항력이 없는 Sliding Pad 사용

VII. 압출 장치

1) Pulling 방식

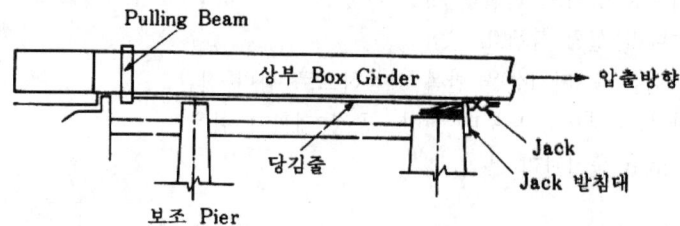

2) Lift up Push 방식

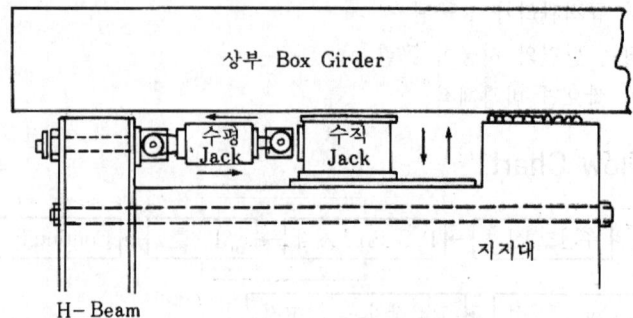

4 MSS(Movable Scaffolding System)

Ⅰ. 정의

① MSS 공법은 동바리 사용없이 거푸집이 부착된 특수 이동식 지보인 비계보와 추진보를 이용하여 교각 위에서 이동하면서 교량을 가설하는 공법이다.

② 교각 위에서 작업을 하므로 교량의 하부 조건에 무관하며, 비계보와 추진보의 반복적인 사용으로 다경간에 유리하다.

Ⅱ. 공법 분류

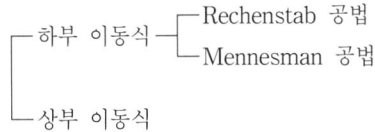

- 하부 이동식 ─┬─ Rechenstab 공법
               └─ Mennesman 공법
- 상부 이동식

Ⅲ. 특징

1) 장점

① 교량 하부의 지형 조건에 무관하다.

② 반복 작업으로 능률의 극대화를 이루어 노무비가 절감된다.

③ 기상 조건에 따른 영향이 적다.

④ 경간이 많은 다경간의 교량(10 span 이상)에 유리하다.

2) 단점

① 이동식 거푸집이 대형이며 중량물이다.

② 초기 투자비가 크다.

③ 변화되는 단면에서는 적용이 곤란하다.

Ⅳ. 공법별 특성

1) Rechenstab 공법

특수 제작된 이동식 비계가 상부공의 하부에 추진보와 비계보로 구분 설치되어 거푸집을 Support하는 형식으로 상부공을 축조하는 공법이다.

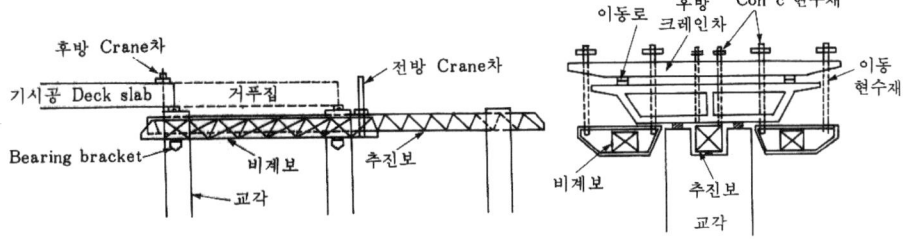

2) Mennesman 공법

Rechenstab 공법과는 달리 별도의 추진보를 두지 않고 경간의 2.3배 되는 2개의 비계보를 이용하여 이동식 거푸집을 지지하며 추진해가는 공법이다.

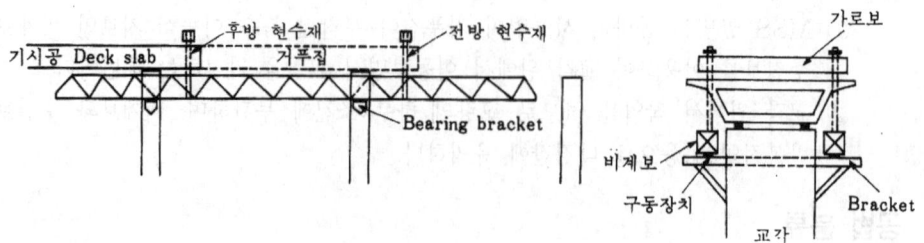

3) 상부 이동식

이동식 비계가 교량 상부 구조 위쪽에 위치한 방식으로 독일 Dywidag사에서 개발한 공법으로 1개의 주형과 거푸집을 매달기 위한 가로 보 및 3개의 이동 받침대로 구성되어 있다.

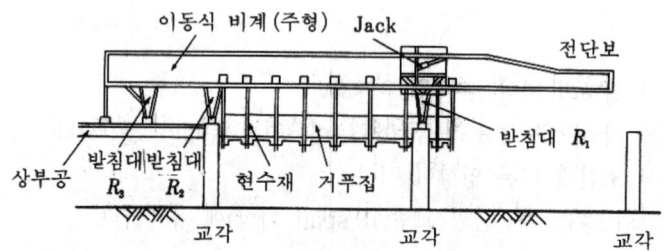

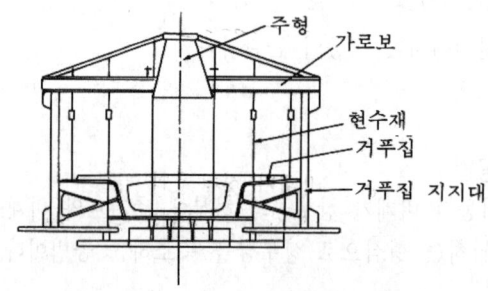

5 공중작업 비계(Cat Walk)

I. 정의

① 공중작업 비계는 고소 작업시 임시적으로 작업자만이 다니기 위해 설치하는 통로로서 작업에 있어서 필히 필요로 하는 가설 구조물이다.

② 공사 완료후에는 구조물의 점검이나 사면의 변화를 사전에 파악하기 위해 설치하는 부속물로서 점검계단, 점검통로로 말한다.

③ Cat Walk를 직역하면 '고양이 걸음'을 걷는 통로로서 극장이나 강당의 천장에 반드시 설치하여 보수와 수리를 위해 통로로 사용하는 작업 발판이다.

II. 용도

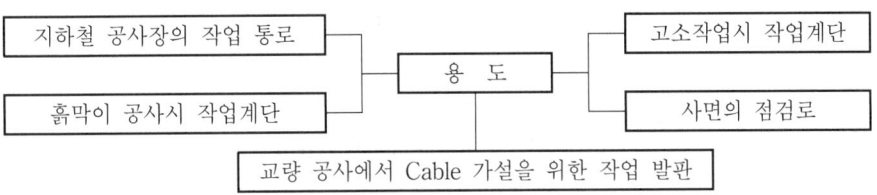

III. 사용 재질

① Stainless Steel
② 목재
③ PE 제품
④ 강재(H형강, L형강, ㄷ형강 등)
⑤ 강선

IV. 시공시 유의사항

① 작업자의 통행을 위한 소요 폭 확보
② 미끄럼 방지를 위한 바닥 재료 선정
③ 안전난간 설치로 추락 예방
④ 작업 충격 및 해상오염에 견딜 수 있는 재료 사용
⑤ 시공 전후 미관을 고려한 재료 선정

V. 유지관리시 유의사항

① 일일 점검을 통한 파손, 단면 결손 부위 확인
② 설계시 구조 검토서 작성
③ 전용계획 수립

6 교량 가설 공법에서 FCM(Free Cantilever Method)

[94후(10), 07중(10), 09중(10)]

Ⅰ. 정의

① 1950년대 독일 Dywidag사에 의해 개발되어 동바리없이 이미 시공된 교각 및 Deck Slab 위에서 Form Traveller·이동식 Truss를 사용하여 좌우 대칭을 유지하면서 전진 가설하여 나가는 공법이다.

② 반복 작업으로 노무비 절감·공기 단축·작업 능률 향상에 이바지한 공법으로 지보공이 필요없으며, Span이 길 때 경제적인 공법이다.

Ⅱ. 공법 분류

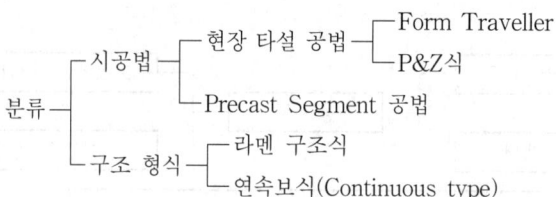

Ⅲ. 특징

1) 장점

① Form Traveller를 이용하여 장대 교량의 상부 구조를 시공한다.

② 한 개의 Segment를 2~5 m로 Block 분할하여 시공한다.

③ 반복 작업으로 노무비가 절감되며, 작업 능률이 향상된다.

2) 단점

① 불균형 Moment 처리를 위한 가 Bent를 설치해야 한다.

② 주작업이 교각 상부에서 이루어지므로 안전에 유의하여야 한다.

Ⅳ. 공법별 특성

1) 현장 타설 공법(Form Traveller)

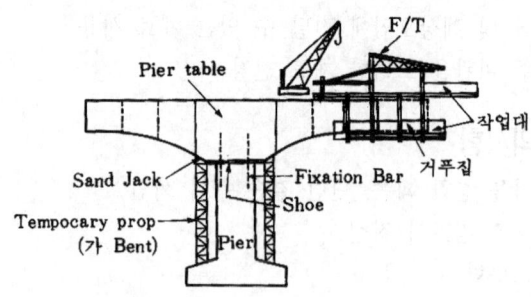

일반적으로 가장 많이 사용하는 공법으로 교각 상부에 주두부를 시공한 후 양측에 Form Traveller를 이용하여 콘크리트를 타설해 나가는 공법이다.

2) P&Z식 이동 지보 공법

독일의 P&Z사에서 개발된 공법으로 교각 위 Pier Table 위에 Truss Girder를 설치하고 Truss Girder에 지지되는 거푸집을 이동시키면서 상부공을 시공하는 공법이다.

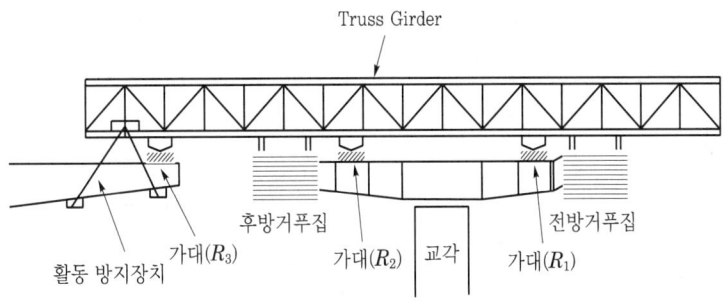

3) Precast Segment Method

현장 타설 공법과는 달리 공장 제작장에서 미리 Segment를 제작하여 현장에서 양중기 또는 Launching Girder를 이용하여 1 Segment씩 접합시켜 나가는 공법이다.

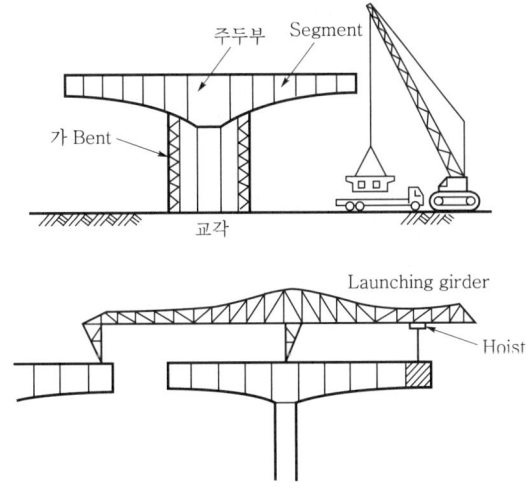

7 불균형 모멘트(Unbalanced Moment)

Ⅰ. 정의

① 불균형 모멘트란 FCM 교량 축조시 교각을 중심으로 상당한 양의 Moment가 발생되는데 교각 양측에 작용하는 Moment가 균형을 이루지 못하고 불균형한 상태로 발생되는 모멘트이다.

② 이렇게 발생되는 불균형 모멘트는 교량 상하부 구조에 불리한 영향을 주게 되어 불안정한 상태가 되므로 시공시 이의 발생을 최소화해야 한다.

Ⅱ. 발생요인

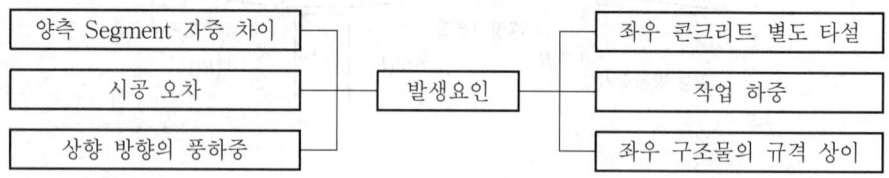

양측 Segment 자중 차이		좌우 콘크리트 별도 타설
시공 오차	발생요인	작업 하중
상향 방향의 풍하중		좌우 구조물의 규격 상이

Ⅲ. 발생 도해

① 교량 상부공의 불균형 하중으로 교각 중앙 부위에 불균형 모멘트가 발생된다.

② 교각 중앙의 교좌장치가 Pin으로 작용하게 되어 불안정 구조가 된다.

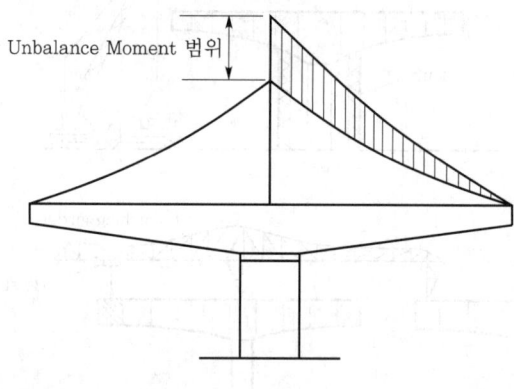

Unbalance Moment 범위

Ⅳ. 대응 방안

1) Temporary Prop

불균형 모멘트가 Temporary Prop를 통해 기초로 전달되어 안정 구조가 된다.

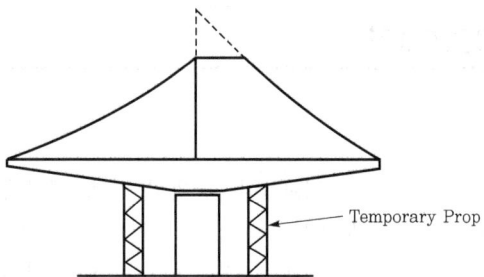

Temporary Prop

2) Stay Cable

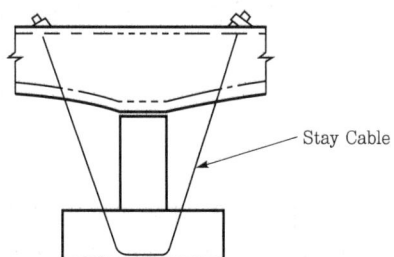

Stay Cable

3) Fixation Bar

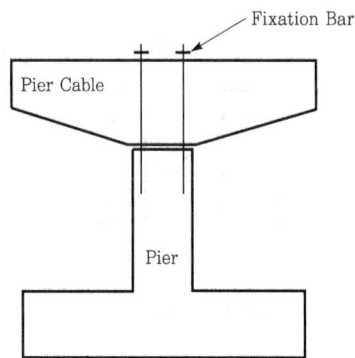

Fixation Bar

Pier Cable

Pier

4) 복합 공법(Temporary Prop+Fixation Bar)

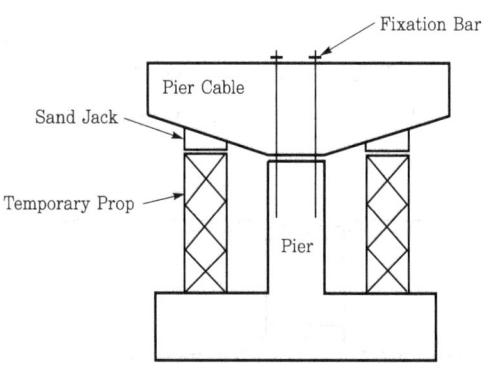

Fixation Bar

Pier Cable

Sand Jack

Temporary Prop

Pier

8 Key Segment

Ⅰ. 정의

① FCM(Free Cantilever Method) 공법의 장대 교량에서 양측 Cantilever 시공이 완료되면 중앙부에서 연속으로 연결할 경우 1~2m 정도의 짧은 Segment가 필요하게 되는데 이를 Key Segment라 한다.

② FCM 공법에서 Key Segment가 설치되면 상부 부재에 작용하던 응력이 재분배되어 정정 구조물에서 부정정 구조물로 전환되면서 설계 사하중과 활하중이 작용하게 된다.

Ⅱ. 고정 장치

1) 횡방향 고정

① 양측 Cantilever 단부에서 교축 직각 방향의 상대 변위를 조정

② 상대 변위가 있으면 Diagonal Bar에 소정의 긴장력 도입으로 변위 수정

③ 변위 조정후 양 Diagonal Bar를 긴장하여 횡방향 변위 구속

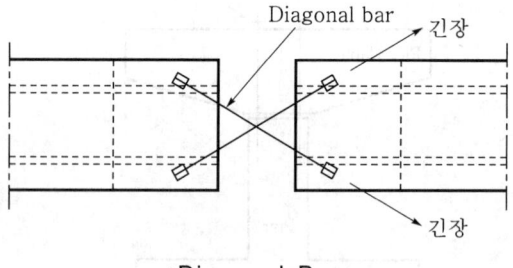

< Diagonal Bar >

2) 수직방향 고정

Form Traveller를 이용하여 양측 캔틸레버의 수직 위치 고정

3) 종방향 고정

① 종방향 버팀대는 H-형강으로 복부의 상부와 하부 두 곳에 설치

② 상부 버팀대는 콘크리트 타설시 급격한 회전 변위 억제

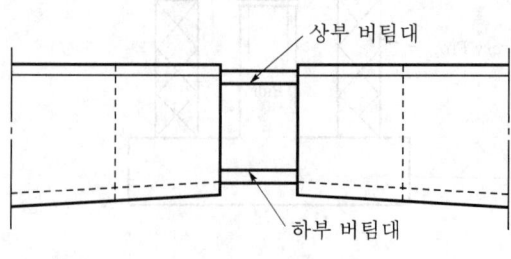

< 종방향 버팀대 >

③ 하부 버팀대는 콘크리트 타설전 일부의 Tendon을 긴장하여 압축력을 작용시킴으로써 교축 방향으로의 상대 이동 억제 및 Pier에 설치된 Fixation Bar 해체시 필요

④ 상부 버팀대가 없을 때의 예상 변위

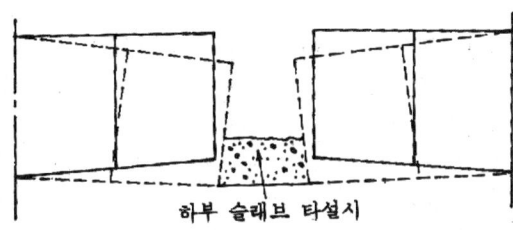

하부 슬래브 타설시

<타설시 예상 변위(버팀대를 생략한 경우)>

Ⅲ. 시공 순서

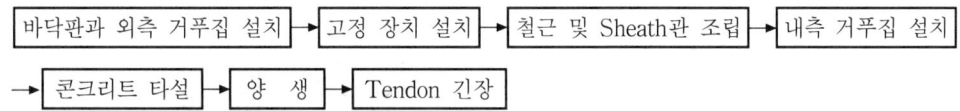

Ⅳ. Key Segment에 의한 응력 재분배

① 전진 가설된 Segment가 Cantilever로서 정정 구조물의 상태로 시공되어 지는데 중앙 부분에 설치되는 Key Segment 설치로 강결되면 부재에 작용하는 Moment가 달리되면서 부정정 구조물로 변하게 된다.

② 이와 같이 구조물 단면에 응력 변화가 발생하는데 이런 현상을 응력 재분배라 한다.

9 IPC(Incrementally Prestressed Concrete) Girder 교량 가설 공법

[08후(10)]

Ⅰ. 정의

① PS 강선의 긴장력을 거더의 제작 단계에 따라 여러 차례로 나누어 단계적으로 도입함으로써 기존의 방법보다 거더의 높이를 현격히 줄이거나 경간을 증가시킬 수 있는 공법이다.

② 기존의 PSC 거더는 노후화로 인한 긴장력의 추가 도입이 필요할 경우 기존 강선의 추가적 긴장이 불가능하였던 반면에 IPC 거더는 단계적으로 강선의 일부를 재긴장할 수 있도록 정착 방법 및 정착 장치의 위치를 조정한다.

③ 거더의 제작·시공뿐만 아니라 유지 관리 및 보수 보강면에서 기존의 PSC 거더보다 기술적·경제적으로 유리한 공법이다.

Ⅱ. IPC 거더의 단면도

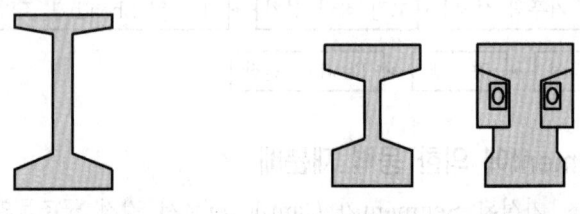

〈 PSC 빔 단면도 〉　　　〈 IPC 거더 단면도 〉

Ⅲ. 특징

1) 낮은 형고

① 시공 단계별로 긴장력(프리스트레스트)을 주어 형고를 기존 제품보다 1/2로 낮출 수 있다.

② 50m까지 장경간 교량의 적용이 가능하다.

2) 유지 보수비 절감

① 거더 내부에 내장되어 있는 PS 강선을 긴장하여 간단하게 보수할 수 있으므로 유지 보수 비용을 절감할 수 있다.

② 내하력을 증대시킬 필요가 있을 때에도 간단하게 보강이 가능하다.

3) 경제성 증대

다른 형식의 거더(Preflex, Steel 박스교 등)에 비해 비용면에서 훨씬 경제적이다.

Ⅳ. 시공 순서

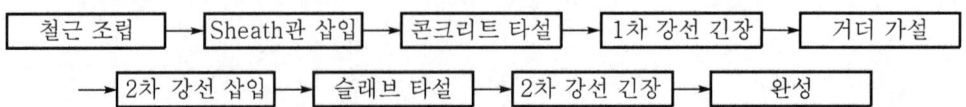

철근 조립 → Sheath관 삽입 → 콘크리트 타설 → 1차 강선 긴장 → 거더 가설

→ 2차 강선 삽입 → 슬래브 타설 → 2차 강선 긴장 → 완성

10 중공 콘크리트 슬래브의 균열 발생 원인

[97전(20)]

Ⅰ. 개요

① 슬래브교로서 지간이 10~20 m 정도일 때 Fiber Board나 기타 재료를 사용하여 세로 방향으로 구멍을 내어 자중을 감소시킨 슬래브를 중공 슬래브라 한다.

② 짧은 지간에서는 Pretension 방식으로 제조된 Precast 제품을 현장에서 Post-tension 방식으로 조립하여 설치하기도 한다.

③ 중공 슬래브 사용은 교량의 횡하 공간 확보 및 자중 경감 목적으로 지간 12 m 정도의 교량에 사용되는 공법이다.

Ⅱ. 중공 Slab의 도해

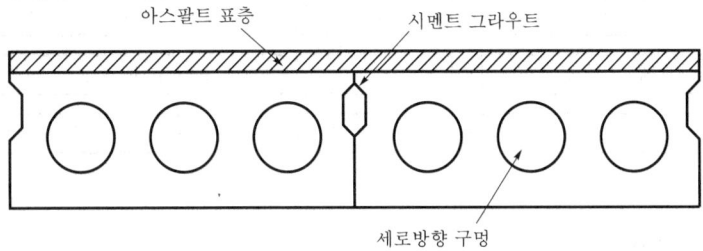

< 중공 슬래브(Voided Slab) >

Ⅲ. 균열 발생 원인

① 단면 축소 : 중공관의 고정 불량으로 인한 부상, 이동으로 설계 단면의 축소에 따른 균열 발생

② 중공관 하부 간극 : 콘크리트 타설시 다짐 부족으로 중공관 하부에 콘크리트가 들어가지 않을 때 균열 발생

③ 침하 균열 : 중공관이 설치된 곳과 설치되지 않은 곳의 침하량 차이에서 오는 침하 균열

④ 소성 수축 균열 : 슬래브 표면에 타설후 Bleeding 속도보다 수분 증발이 빠르게 일어날 때 발생하는 균열

⑤ W/B비의 과다 : 철근 배근과 중공관 매입에 따라 Workability 향상을 위한 W/B비의 과다 측정

⑥ 재료 불량 : 골재의 강도가 낮고 원형이 아닌 골재는 시멘트와의 사이에 간극이 발생하여 균열을 발생시킨다.

Ⅳ. 대책

① 중공관 고정　　② 철근 배근　　③ 유동화제 사용

④ W/B비　　　　⑤ Con'c 운반　　⑥ 다짐

⑦ 양생　　　　　⑧ 이음　　　　　⑨ 품질관리

11 합성형(合成型 ; Composite Girder)

Ⅰ. 정의

① 합성형이란 강형과 철근 콘크리트 바닥판이 일체로 거동하도록 강형의 플랜지와 철근 콘크리트 바닥판을 일체가 되도록 철근, Stud, ㄷ형강 등의 전단 연결재로 합성한 Girder를 말한다.

② 서로 다른 재료의 장점만을 이용하여 강성을 크게 하고 콘크리트로 사용량을 적게 하며 강형의 중량 감소 효과를 얻을 수 있는 공법이다.

Ⅱ. 특징

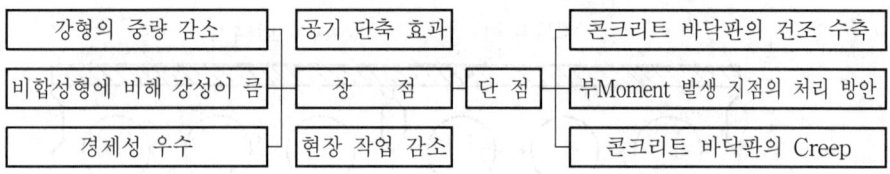

장 점		단 점
강형의 중량 감소	공기 단축 효과	콘크리트 바닥판의 건조 수축
비합성형에 비해 강성이 큼		부Moment 발생 지점의 처리 방안
경제성 우수	현장 작업 감소	콘크리트 바닥판의 Creep

Ⅲ. 합성형의 종류

① 활하중 합성교
② 사하중 및 활하중 합성교
③ Prestress형 합성형
④ 프리플렉스 합성형

Ⅳ. 바닥판 시공 방법

1) 거푸집에 의한 방법
강형과 강형 사이에 동바리 및 거푸집을 사용하여 상부 바닥판 콘크리트를 타설하는 공법

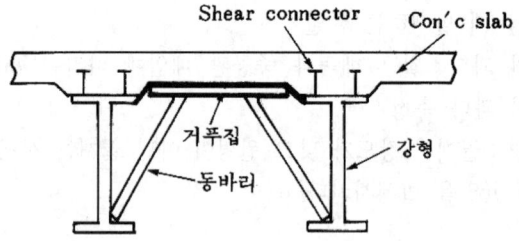

2) Deck Plate에 의한 방법

강형과 강형 사이에 강판을 절곡한 Deck Plate를 설치하여 동바리 설치가 필요없
는 공법

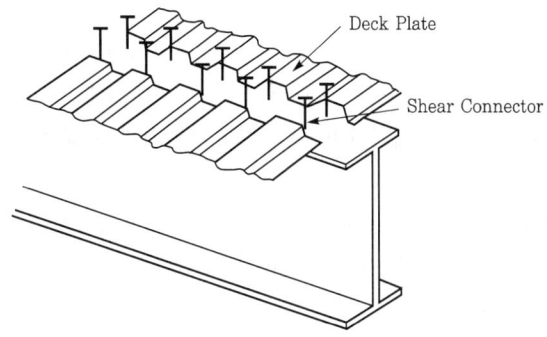

V. 전단 연결재의 종류

① 스터드(Stud)

② ㄷ-형강

③ ㄷ-형강+반원형 형강

④ 블록+반원형 형강

12 Preflex Beam의 원리와 제조 방법

[96중(20), 01전(10), 02후(10)]

Ⅰ. 정의

① 고강도 강재의 보를 미리 솟음을 두고 제작하여, 하부 플랜지에 인장 응력이 생기도록 Preflex 하중을 가한 후, 하부 플랜지에 고강도 Con′c를 타설하여 경화한 다음 하중을 제거하면 강재보의 복원력에 의해 하부 플랜지에 Prestress 가 도입된다.

② 이 때 가하는 하중을 Preflex 하중이라고 하며 이렇게 콘크리트보에 Prestress 를 도입시키는 것을 Preflex Beam이라 한다.

Ⅱ. 원리

1) Preflex 하중 재하
고장력 강판으로 제작한 강형에 양측 1/4 지점에서 하중을 가하여 가상 휨모멘트 를 작용시킨다.

2) 콘크리트 타설
하부 플랜지가 최대의 인장 상태일 때 하부 플랜지 부위에만 고강도의 콘크리트를 타설한다.

3) Prestress 도입
타설 콘크리트가 충분히 양생되었을 때 프리플렉스 하중을 제거하게 되면 강형의 복원력에 의해 하부 플랜지에 타설한 콘크리트에 큰 압축력이 작용되는데 이를 Prestress로 이용하는 방식이다.

Ⅲ. Preflex Beam 제작 방법

1) 고강도 강재보 제작(공장 강재 솟음)
공장에서 미리 강재 솟음을 두고 제작한다.

2) Preflex 하중 재하
양측 1/4 지점 두 곳에 하중을 현장에서 재하한다.

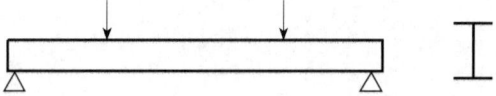

3) 하부 플랜지 Con′c 타설
강재보 하부에 요구되는 인장 응력이 발생될 때 Con′c 강도 40 MPa 이상의 Con′c 를 하부 플랜지에만 타설한다.

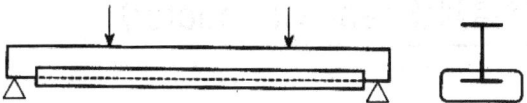

4) Preflex 하중 제거(Release)

① Con'c에 충분한 강도가 발현될 때 강재보에 주어진 하중을 제거하면 고강도 강재의 복원력에 의해 하부 플랜지에 Prestress가 도입된다.

② 이 때 원래의 솟음이 감소되어 있다.

5) 설치

제작된 보를 현장 이동후 설치하고 복부 및 상부, Flange에 Con'c를 타설한다.

Ⅳ. Preflex 도입 방법(공장에서 2개를 동시에 제작)

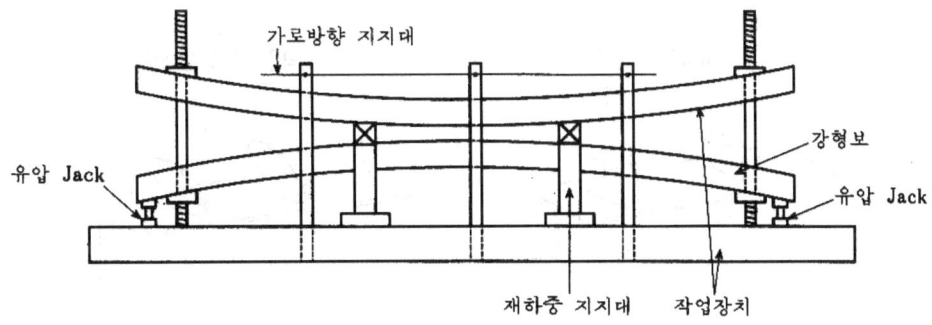

< 도입전 >

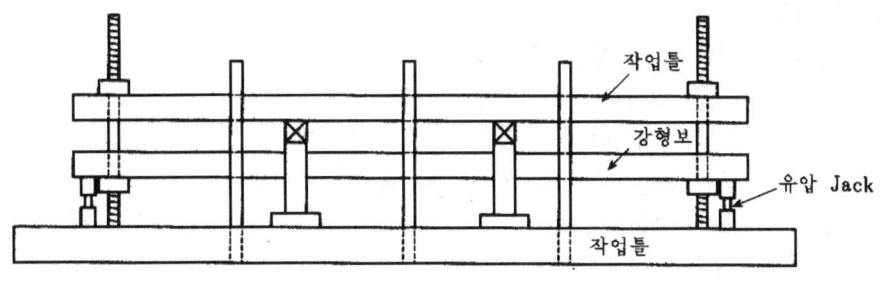

< 도입후 >

13 전단 연결재(Shear Connector)

Ⅰ. 정의

① 전단 연결재는 상부 슬래브 콘크리트와 강형이 일체가 되어 거동하도록 강형의 Flange에 설치하는 결합재로서 Stud 볼트형, 반원형 철근형, ㄷ-형강 등이 있다.

② 합성형이 휨변형, 콘크리트 Creep, 콘크리트와 강형의 온도차, 콘크리트 건조 수축 등에 의해 강형과 콘크리트 사이에 발생되는 전단력에 저항하기 위하여 설치한다.

Ⅱ. 종류

① 스터드(Stud) ② ㄷ-형강+반원형 철근
③ ㄷ-형강 ④ 블록+반원형 철근

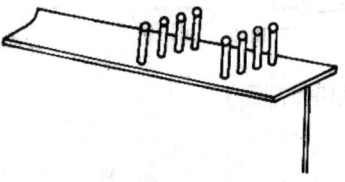

< Stud >

< ㄷ-형강+반원형 철근 >

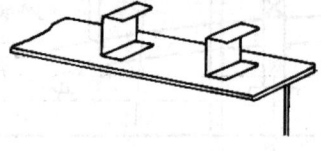

< ㄷ-형강 >

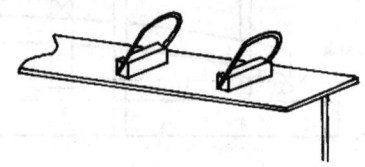

< 블록+반원형 철근 >

Ⅲ. 요구 조건

① 전단 저항력이 충분할 것
② 바닥판과의 결합이 잘 되는 구조일 것
③ 시공성 및 경제성이 있는 것
④ 아주 작은 변형으로 수평 전단력을 전달할 수 있는 것
⑤ 좌굴 또는 기타 원인으로 콘크리트 슬래브가 강형으로부터 분리되는 것을 방지할 수 있는 것

Ⅳ. 설치 간격

① 최대 간격은 바닥판 콘크리트 두께의 3배 이하 600 mm 이하
② 최소 간격은 Stud의 경우 교축 방향은 중심 간격 $5d$ 또는 100 mm, 가로 방향은 $d+30$ mm
③ Stud와 Flange 연단 사이의 최소 간격은 25 mm

Ⅴ. 시공 관리

① Stud의 지름은 19 mm 또는 22 mm를 표준으로 한다.
② 반원형의 지름은 철근 지름의 15배 이상으로 한다.
③ 반원형 철근의 덮개는 철근 지름 2배로 한다.
④ Stud를 제외한 전단 연결재는 소정의 안전도 검사를 해야 한다.
⑤ Stud의 재질은 인장 강도 410~560 MPa, 신장률 20% 이상되는 재료를 사용한다.

Ⅵ. Stud 형상 및 치수

호 칭	줄기 지름(d)		머리 지름(D)		머리 두께(T) 최소	헌치부 반지름(r)	표준 형상 및 치수 표시 기호
	기준 치수	허용차	기준 치수	허용차			
19	19.0	±0.4	32.0	±0.4	10	2~3	
22	22.0		35.0				

Ⅶ. 전단 연결재를 설치하는 플랜지의 최소 두께

전단 연결재의 종류	플랜지의 최소 두께(mm)
1. 스터드	10
2. 블록 또는 ㄷ형강과 반원형 철근을 병용	12 및 필렛 용접의 크기

14 스터드 용접(Stud Welding)

Ⅰ. 정의

① Stud Bolt를 모재에 용접하는 방식으로 스터드 용접은 일종의 자동식 Arc 용접으로 용접시에는 대기(大氣)를 차단시키기 위해 도기질의 테두리(휠)를 사용한다.

② Stud Gun에 용접될 Stud를 꽂은후 모재와 약간 사이를 두고 위치하여 전류를 통하게 하면 Stud가 용접봉과 같은 역할을 하여 Stud의 끝과 모재 사이에서 전기 Arc가 발생하면서 Stud를 모재에 용착시키는 방법이다.

Ⅱ. 시공 상세도

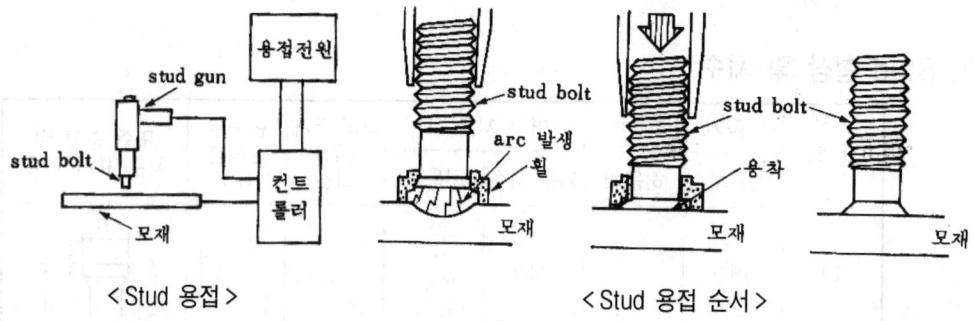

< Stud 용접 >　　　　　< Stud 용접 순서 >

Ⅲ. 특징

① 용접 속도가 빠르며 고능률이다.

② 용접 비틀림이 적다.

③ 강합성형교의 전단 연결재(Shear Connector)로 사용된다.

④ Composite Girder(합성형)에서 전단 연결재인 Stud Bolt를 형강보에 용접하는 데 매우 조작이 간편하고 능률적이다.

⑤ 모재에 대한 열영향이 적다.

⑥ 각종 형상의 Bolt 용접이 가능하다.

⑦ 건축, 교량, 기계, 조선, 전기, 자동차 등 광범위하게 응용된다.

Ⅳ. Stud Bolt 용접상 유의사항

① 용접부의 수분, 녹 등의 불순물을 제거한다.

② Stud 지름에 따라 적절한 전류, Arc 길이, Arc Time을 선정한다.

③ 작업 개시하기전 또는 용접 장치를 이동하는 경우 시험용 Stud재를 용접 시험한다.

④ Deck Plate상에서 용접할 때 Deck Plate의 배치는 Stud 용접 직전에 배치한다.

15 2경간 연속 합성교의 슬래브 콘크리트의 시공 순서

[98전(20)]

I. 개요

① 합성교란 강형과 철근 Con′c 바닥판이 조합되어 일체가 되도록 시공하는 교량 가설 공법이며 강재 I형강, Preflex Beam을 사용한다.

② 강형과 슬래브 바닥판의 연결에 전단 연결재를 설치하여 하중에 저항하게 만든 Girder교이다.

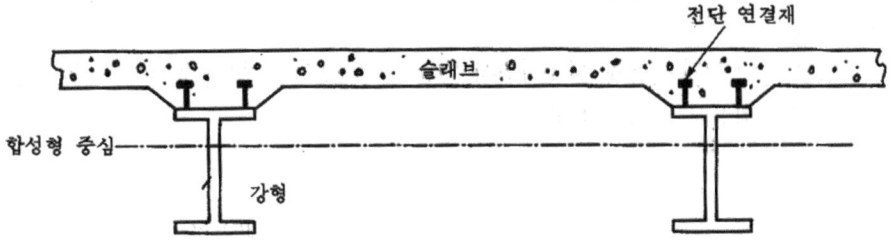

II. 합성교 시공법의 종류

① 활하중 합성교
② 사하중 및 활하중 합성교
③ Prestress 연속 합성교
④ Preflex 합성교

III. 슬래브 콘크리트 시공 순서

1) 강형 설치
   공장 제작된 강형을 조립하여 설치하고 횡형과 횡브레싱 설치
2) 거푸집 설치
   설치된 강형 위에 슬래브 Con′c 타설을 위한 거푸집 및 동바리 설치 작업
3) 전단 연결재(Shear Connector) 설치
   강형과 슬래브 콘크리트가 일체가 될 수 있도록 전단 연결재를 규정에 맞게 설치

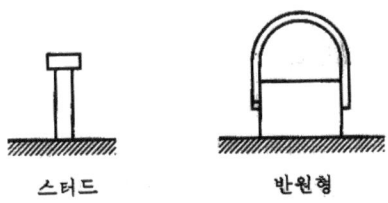

< 전단 연결재의 종류 >

4) **철근 배근**

슬래브 Con'c에 매설되는 철근 배근을 강형의 전단 연결재와 연결하여 배근

5) **철근 검사**

철근의 부식, 간격, 피복 두께, 구부리기, 겹침 이음, 결속 상태 등의 점검

6) **거푸집 및 동바리 검사**

거푸집의 누수, 변형, 표면, 박리제, 선형, 조립 상태, 접합부, 침하, 타이볼트, 청소 상태, 모떼기, 비계틀 상태 등을 점검

7) **콘크리트 타설**

정해진 순서에 따라 Cold Joint가 발생하지 않게 시공 계획에 따른 Con'c 타설

8) **양생**

습윤 양생, 피막 양생, Sheet 양생, 보온 양생, 증기 양생 등의 방법으로 Con'c 상태가 최상이 되도록 보양

16 FSLM(Full Span Launching Method)

[08전(10)]

Ⅰ. 정의

① FSLM 공법은 인천 대교에서 시공한 공법으로서, 교량 상부 Girder의 1경간을 한 번에 육상에서 사전제작하여 바지선으로 해상 이동후, 기시공한 교각 위에 대형 해상 크레인을 이용해 일괄 가설하고, 교량 상부 위에 특수 가설 장비를 배치하여 교량 상부 1경간씩을 원하는 위치로 이동하여 순차적으로 가설하는 공법이다.

② 해상에 거푸집을 설치하고 콘크리트를 타설하는 일반 공법에 비해 품질이 우수하고, 공사 기간도 대폭 단축하고 공사비 절감에도 탁월한 공법이다.

Ⅱ. 시공 순서

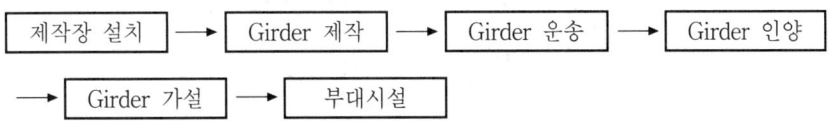

Ⅲ. 특징

1) 품질관리

해상에서 교량의 상부공을 설치하는 재래식 공법에 비해 육상에서 일괄 제작하는 관계로 품질관리가 양호하고, 품질 또한 우수하다.

2) 공사시간 단축

① 일반 공법은 해상에서 고소작업으로 받침대를 설치하여 거푸집 설치후 공사를 시행하는 관계로 공사기간이 많이 소요된다.

② 기후 조건에 따라 공사기간에 연장되는 경우가 종종 일어나지만 FSLM 공법은 그러한 영향을 최소화 할 수 있다.

③ 일반적으로 일반 공법에 비해 공기 단축 시기는 95% 정도의 공기 단축을 가져올 수 있다.

3) 공사비 절감

① 공기가 절감되어 공사비 절감 및 품질관리도 용이한 공법이다.

② 기후 조건이나 고소 작업에 따른 작업능력 저하가 없어지고, 연속 시공이 가능하고 품질관리의 단일화에 따라 공사비가 절감된다.

4) 해상 대형 크레인 필요

① 설치 이동을 위한 3,000톤급의 대형 크레인이 필요하다.

② 대형 크레인의 사용으로 장비 임대료는 증가한다.

17 PSC 거더(Girder)의 현장 제작장 선정 요건

[12후(10)]

Ⅰ. 정의

① PSC 거더는 현장 제작장에서 미리 만들어 현장에서 조립하여 교량을 건설하는 공법으로 교량의 강성이 높은 축조 공법이다.

② PSC 거더의 현장 제작장은 교량이 경제적이고 안전하게 건설될 수 있으며, 제작장 자체의 안정성이 있는지 고려하여 선정하여야 한다.

Ⅱ. PSC 거더 구성도

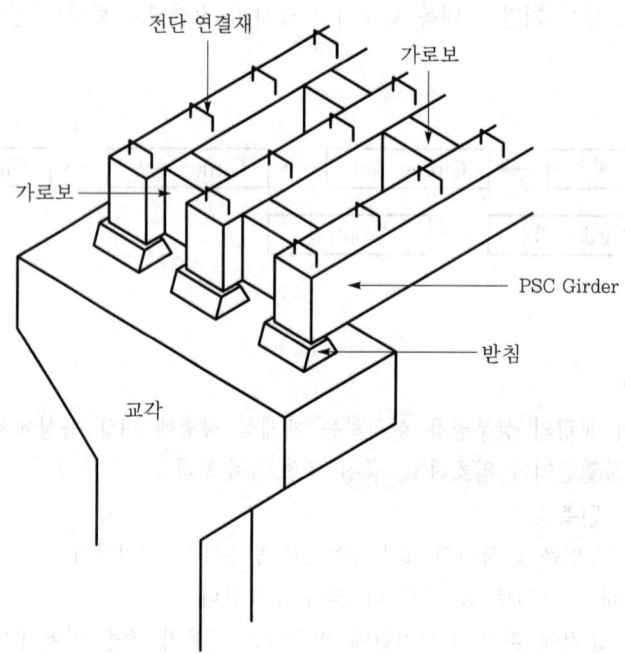

Ⅲ. 현장 제작장 선정 요건

1) 제작장의 지반

① 지반의 지지력이 높아 부등침하 등이 발생하지 않는 곳

② 연약층은 제거하고 자갈 등의 포설로 지지력 확보

2) 제작장의 면적

① 제작설비와 제작 PSC 거더의 적재 및 반출 용이

② 부재의 제작과 재료의 반출입이 용이한 면적 확보

③ 제작 부지에 대한 평탄성 확보

3) 제작에 영향이 없는 곳
　　① 우수로 인한 피해가 없는 곳
　　② 지하 매설물에 의한 영향이 적은 곳
　　③ 소음·진동으로 인한 주변 민원이 적은 곳
　　④ 자재의 반입·반출이 주변 교통에 끼치는 영향이 적은 곳

4) 자재 공급 용이
　　① PSC 거더 제작을 위한 콘크리트, PS강재 등의 자재 공급에 용이
　　② 자재의 관리 및 제작물의 품질관리가 용이

5) 교량 건설 용이
　　① 제작물의 반출이 용이
　　② 대형 장비의 출입이 가능
　　③ 작업 동선의 확보로 경제성 확보

18 자정식 현수교

I. 정의

① 현수교란 주탑(Tower) 및 Anchorage로 주 Cable을 지지하고, 이 Cable에 현수재를 매달아 보강형을 지지하는 교량 형식을 말한다.

② 현수교의 종류에는 Cable의 장력을 보강형이 지지하는 자정식(Self Anchored Type)과 Cable의 장력을 Anchorage로 지지하는 타정식(Earth Anchored Type)이 있다.

③ 자정식 현수교의 대표적인 것으로는 미국 금문교의 중앙 경간이 1,280 m이며, 우리나라에서는 영종대교와 소로대교가 그 대표적인 교량 형식이다.

II. 현수교의 구성

구 성	용 도
주 Cable	주요 인장재
Anchorage	주 Cable의 장력을 대지로 이끄는 부분
주탑	주 Cable의 최고점을 지지하는 강제 또는 철근 콘크리트 구조
보강형	Plate Girder 또는 Truss
현수재	보강형을 주 Cable에 매다는 것

III. 현수교의 분류 비교

구 분	자정식	타정식
구조 형상	① 현수교 단부 보강형 내에 주 Cable 장착 ② 보강형에 축력을 작용하고 단부에 부반력 발생	① 주 Cable을 현수교 단부에 있는 대규모 Anchorage에 정착 ② 보강형에 축력이나 단부 부반력 발생 없음
특징	① 경관성 양호 ② 시공시 가설 교각 필요 ③ 주형에 상시 압축 작용 및 단부 부반력 발생으로 구조가 복잡	① 경관성이 자정식에 비해 불량 ② 시공시 가설 교각 불필요 ③ 자정식에 비해 구조가 비교적 간단

IV. 자정식 현수교

1) 정의

① 주 Cable이 교량의 몸체인 상판에 직접 지지되는 방식이다.

② 자정식 현수교는 주 Cable과 보강형을 먼저 가설한 후 Hanger를 설치하여야 하므로 초기 긴장력이 필요하다.

③ 보강형에 큰 압축력이 발생하므로 대변위를 고려한 기하학적인 비선형에 대한 해석이 필요하다.

2) 시공

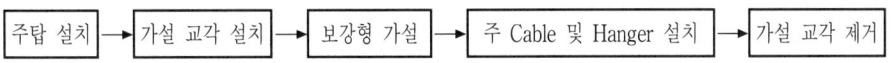

① 주탑 설치

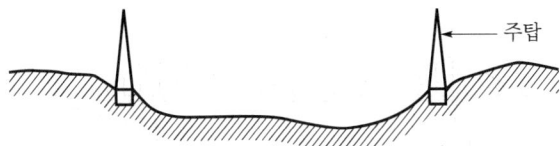

② 가설 교각 설치

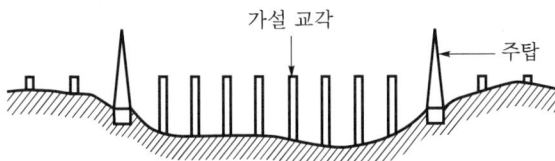

③ 보강형 가설

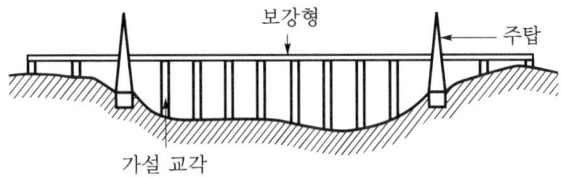

④ 주 Cable 및 Hanger 설치

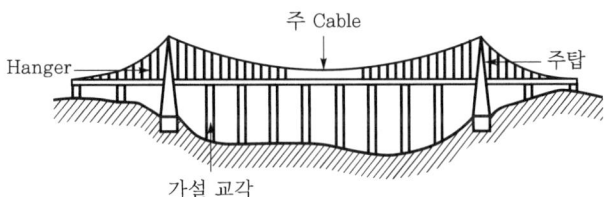

⑤ 가설 교각 제거

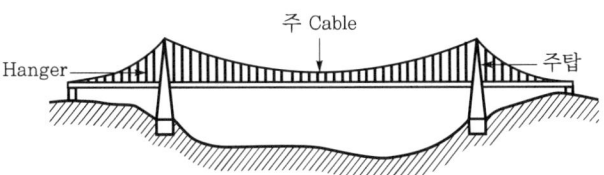

V. 타정식 현수교

1) 정의

   타정식 현수교란 Cable 양 끝이 Anchorage Block이라는 거대한 콘크리트 덩어
   리에 고정되는 방식이다.

2) 타정식 현수교의 형상

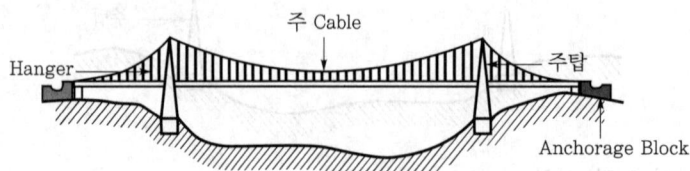

19 현수교의 지중 정착식 앵커리지(Anchorage)

[12중(10)]

Ⅰ. 정의

① 현수교란 주탑(Tower) 및 앵커리지(anchorage)로 주 Cable을 지지하고, 이 Cable에 현수재를 매달아 교량을 지지하는 교량 형식이다.

② 현수교의 종류에는 주 Cable의 장력을 지지하는 방식에 따라 자정식 현수교와 타정식 현수교로 분류한다.

③ 현수교의 지중 정착식 Anchorage는 타정식 현수교에서 주 Cable의 장력을 지지하는 방식으로 지중에 정착된 Anchorage를 통해 주 Cable의 장력을 지지하는 것이다.

Ⅱ. 지중정착식 앵커리지 구조도

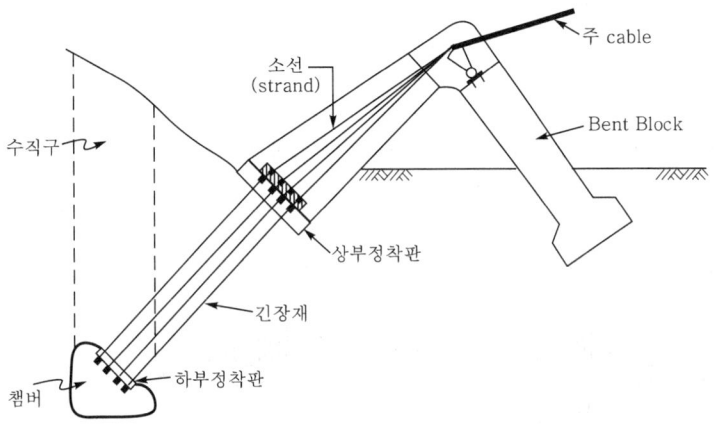

Ⅲ. 시공순서

| 수직구 및 챔버시공 | → | 경사 천공 및 긴장재 설치 | → | 쉐드 및 Bent Block 시공 | → | 소선 결속 |

Ⅳ. 특징

① 주변 환경의 보존력이 뛰어난 친환경공법

② 중력식에 비해 경제적이고 공기단축 가능

③ 콘크리트 사용량이 적음

④ 중력식에 비해 복잡한 구조

20 | 사장교와 현수교의 특징 비교

[11중(10)]

Ⅰ. 사장교

1) 정의

사장교는 소정의 위치에 주탑을 세우고, 주형(Deck Slab)을 적당한 위치에 짧은 간격으로 배치한 다수의 cable로 연결한 교량이다.

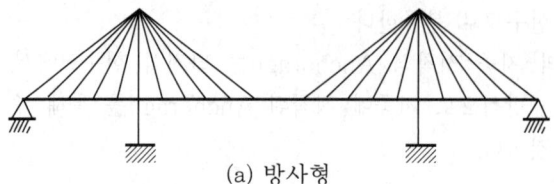

(a) 방사형

2) 구성요소

주탑, 주형(Deck Slab), Cable

Ⅱ. 현수교

1) 정의

현수교는 주탑과 Anchorage로 주 cable을 지지하고, 이 cable에 현수재(hanger)를 매달아 보강형을 지지하는 교량 형식이다.

2) 구성요소

주탑, Anchorage, 주 Cable, 현수재(hanger), 보강형

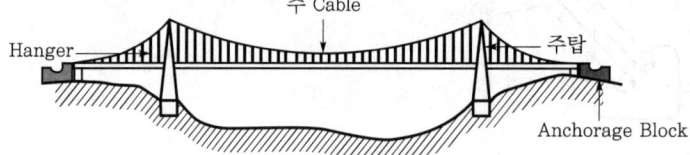

Ⅲ. 사장교와 현수교의 특징 비교

구 분	사장교	현수교
개념도		
시공 경간장	210~330 m	330 m 이상
가장 경제적인 경간장	200~240 m	300 m 이상
Slab 지지	교각+주탑+케이블	교각+주탑+주·보조 케이블
장단점	· 미관 수려 · 적은 수의 교각으로 장대교 가능 · 기하학적인 곡선 가능 · 주탑이 높아 기초가 대형 · 주탑과 기초 공사비가 많이 소요 · 강풍이 많은 지역에는 적용 곤란	· 경간장이 길어 미관 수려 · 교각수가 적어 시공이 빠름 · 선박출입이 많은 곳에 적합 · 주탑이 높아 기초가 대형 · 공사비 고가 · 강풍이 많은 지역은 풍동시험 필수

21 사장교와 엑스트라도즈드(Extradosed)교의 구조 특성

I. 정의

1) 사장교(Cable Stayed Bridege)

① 사장교는 소정의 위치에 주탑을 세우고 주형의 적당한 위치에 짧은 간격으로 배치한 다수의 Cable로 연결한 교량이다.

② 특징

ⓐ 적은 수의 교각으로 장대교 시공 가능

ⓑ 미관이 수려

ⓒ 가설시 하중의 균형 유지 곤란

2) Extradosed교

① 사장교의 변형된 형태로 주탑을 낮게 하여 경제성을 갖추게 하고 Slab에 PS강선을 시공하여 하중의 30% 정도를 분담하게 한 교량이다.

② 특징

ⓐ 주탑이 낮아 사장교에 비해 경제적

ⓑ 기하학적인 곡선으로 미관 수려

ⓒ 설계 및 구조계산 복잡

II. 사장교와 Extradosed교의 구조 특성 비교

구 분	사장교	엑스트라도즈교
개념도		
시공 경간장	210~330m	210m 미만
가장 경제적인 경간장	200~240m	100~200m
Slab 지지	교각+주탑+케이블	교각+주탑+케이블+PS 강재
특징	·미관 수려 ·적은 수의 교각으로 장대교 가능 ·기하학적인 곡선 가능 ·주탑이 높아 기초가 대형 ·주탑과 기초 공사비가 많이 소요 ·강풍이 많은 지역에는 적용 곤란	·주탑이 낮아 경제적 ·하중을 케이블이 70%, 슬래브가 30% 부담 ·사장교의 변형된 교량 ·시공 중에 케이블 장력조절 곤란 ·설계 및 구조계산 난해 ·최신 공법으로 시공실적 부족

22 하이브리드(Hybrid) 중로아치교

[09후(10)]

Ⅰ. 정의

① Hybrid 개념을 도입하여 구조효율의 극대화 및 경제성을 도모하기 위하여 장 경간의 중앙부는 강재, 측면 경간부는 콘크리트를 적용한 복합구조의 교량이다.

② 중앙부의 고정하중을 감소시켜 아치효과에 의해 발생하는 기초 수평력을 최소화하여 연약지반에도 효율적인 교량 형식이다.

Ⅱ. 하이브리드(Hybrid) 중로아치교의 형상

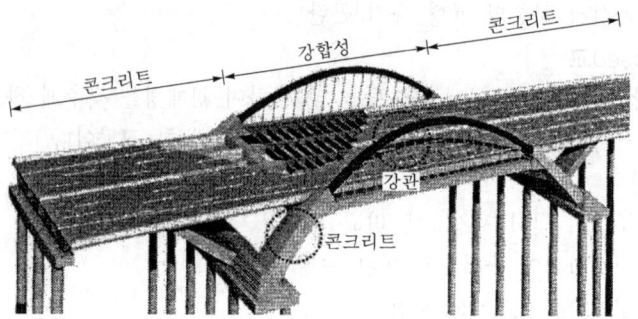

Ⅲ. 특징

1) 구조효율의 극대화

아치리브 : 콘크리트(하단)+강관(상단)

주형 : 콘크리트(측경간)+강합성(주경간)

2) 고정하중에 의한 기초 수평력 제어

① 측면 거더 내에 Tie-Cable을 설치하여 순차적으로 긴장함으로서 기초부에 과대한 수평력 발생을 제어한다.

② 세로보와 PSC 거더를 강봉으로 강결합하여 수평력에 우수하다.

3) 효율성이 우수한 행어시스템 채용

① 구조적 효율성 및 미관이 우수한 케이블 형식 적용

② 하중전달이 확실하며, 구조가 단순한 Pin-Socket 방식의 정착구를 사용하여 효율성이 증대된다.

4) 경제성 우수

① Hybrid 개념을 도입하여 구조효율의 극대화로 경제적으로 우수한 교량을 축조할 수 있다.

② 중앙부는 강재, 측면 경간부는 콘크리트를 적용한 복합구조의 교량으로 교량 중앙부를 강합성으로 경량화하여 경제적인 공법이다.

23 소수 주형(Girder)교

[09전(10)]

Ⅰ. 정의

① 소수 주형교는 단면과 횡방향 구조재를 단순화한 플레이트 Girder교를 의미한다.

② 상부 구조 형식은 주 Girder의 최소화, 바닥판의 장지간화(지간장 : 5.5~10 m), 수직 및 수평 보강재의 최소화를 통한 주 Girder 단면의 단순화, 수직 및 수평 브레이싱의 생략과 가로보의 적용 등이 주요 특징이다.

Ⅱ. 소수 주형교의 구조

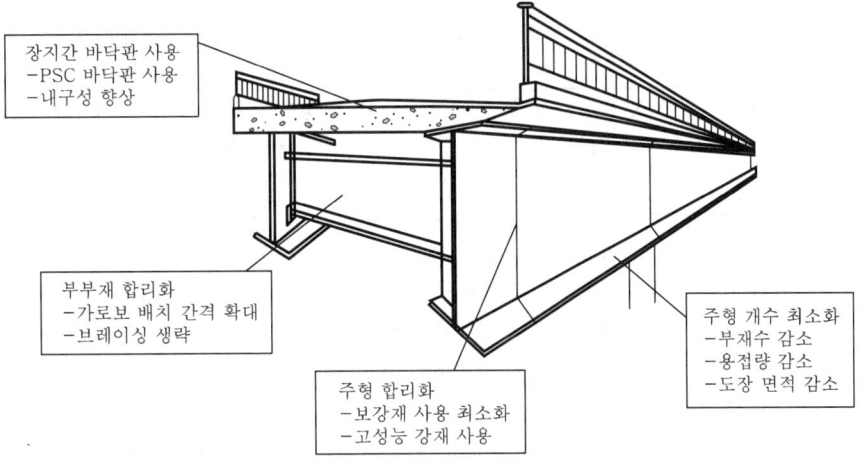

Ⅲ. 소수 주형교의 특성

1) 주 Girder 개수의 최소화

주 Girder의 개수를 최소화(2~3개)하여 설계의 단순화

2) 극후판 사용

두꺼운 플랜지와 주 Girder를 사용하여 강성 확보

3) 형고의 증가

주형수의 감소로 형고가 10~20% 정도 증가

4) 가로보 구조의 합리화

설치 간격을 10 m 내외로 하며, 시공 중인 형강의 사용도 가능하여 제작 간소화

5) 구조의 단순화

주형 및 Bracing 부재수의 감소로 구조 단순화와 시공성 및 품질 관리 용이

6) 미관 우수

단수한 외관 및 Cantilever부의 확대로 주형이 차지하는 폭이 작아 미관이 우수함

7) 용접 개소 감소

용접량의 감소로 피로에 대한 내구성이 뛰어나 품질 관리가 용이

Ⅳ. 일반 판형교와 소수 주형교의 비교

항 목	일반 판형교	소수 주형교
단면도		
주형수	2, 3차선 교량 기준으로 5~7개로 주형수가 많음	주형의 개수를 2~3개로 제한하여 가설이 간단하고 경관이 수려함
강판 두께	얇은 강판을 사용한 강성이 낮은 주형을 여러 개 사용하여 전체 강성을 확보하였으며 집중 하중의 영향으로 비경제적인 설계가 됨	주형수를 줄여 하중을 주형에 효과적으로 분배하는 대신 소수화된 주형의 강판 두께를 두껍게 하여 전체 강성을 확보
강재 종류	주부재 강도는 SWS 490, 부부재 강도는 SWS 400을 사용하여 일반적인 강재를 사용하였으나 단위 강제 중량에 대한 강성이 낮음	고강도 강재를 사용함으로써 구조물 중량을 감소시켜 강재의 사용 효율 및 내구성을 극대화하고 형고를 낮추어 미관 개선
용접	주형의 맞댐 용접으로 품질 관리가 어렵고 주형 개수가 많아 용접 개소 및 연장이 길어져 시공성이 떨어짐	주형의 맞댐 용접이 없고 이음 부위에서 채움관에 의해 플랜지 두께를 변화시켰으므로 품질 관리가 쉽다.
품질 관리 및 유지 보수	부재수 및 용접 개소가 많아 품질 관리 및 유지 관리가 어려움	부재수 및 용접 개소가 적어 품질 관리 및 유리 관리가 쉬움
경제성	강재 사용량 및 제작비가 높아 경제성이 불량함	강재 사용량 및 제작비가 낮아 경제성이 우수함
가설	부재수가 많아 가설에 장시간을 요하며 시공성이 불량함	가설 부재수가 적어(약 30%) 시공성이 우수하고 가설 시간이 짧아 공기 단축을 요하는 공사에 적합함
미관	주형수가 많고 하부 구조 규모가 커서 미관이 불량함	주형수가 적고 하부 구조 규모가 작아 미관이 우수함

24 일체식 교대교량(Intergral Abutment Bridge)

[10전(10)]

I. 정의

① 교량 전체의 신축이음 장치를 두지 않고 상부구조를 교대에 일체시킨 일체구조 형식의 교량을 말한다.

② 조인트가 존재하지 않아 무조인트 교량(Jointless Bridge)이라고 한다.

II. 적용범위

1) 교량연장

① 강교 : 90.0 m 이하

② 콘크리트교 : 120.0 m 이하

2) 기타 제한사항

① 사각 : 60° 이하

② 곡선교 적용 제한

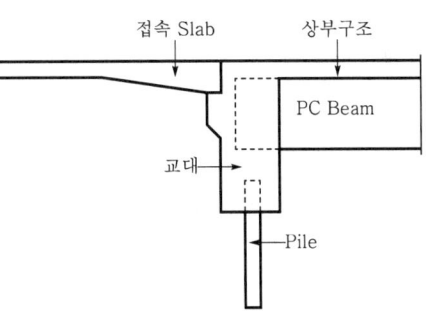

III. 특징

① 지진에 강함

② 구조물 설계가 간단함

③ 신축이음과 받침이 없는 구조로 유지관리 비용 저렴

④ 교량형식, 연장 및 사각조건에 따라 적용상의 제한이 있음

⑤ 교대말뚝에 높은 응력이 발생함

⑥ 교대 배면토 다짐을 하지 않고 그냥 큰 자갈과 흙을 섞어서 시공 가능

IV. 종류

1) 완전일체식(Full.A.B)

① PSC Beam의 단부 철근을 노출시켜 시공시 완전용접 연결한 상부구조

② 상부-교대-기초가 완전 일체 거동

2) 반 일체식(Semi.A.B)

① 상부구조와 교대 사이에 탄성받침으로 연결시켜 이동이 가능한 구조

② 다열 H말뚝 또는 강관말뚝을 기초로 사용

③ 상부구조 교체가 가능함

V. 유의사항

① 침수가 예상되는 지역에는 부력에 대한 검토를 실시하고 적용

② 연약지반에는 적용성을 검토하고 사용

③ 접속슬래브 하부 기층재와의 사이에 비닐을 깔아 마찰력 감소대책 수립

25 부체교(Floating Bridge)

[12전(10)]

I. 정의

① 부체교란 교량 하부에 설치한 부체부(Pontoon)의 부력을 이용하여 설치하는 교량 구조물을 말한다.

② 교량하부구조가 직접 지면에 닿지 않으므로 수심이 깊은 지역이나 연약 지반의 층이 깊이 분포되어 있는 지반에 적합한 교량 구조 공법이다.

II. 시공도

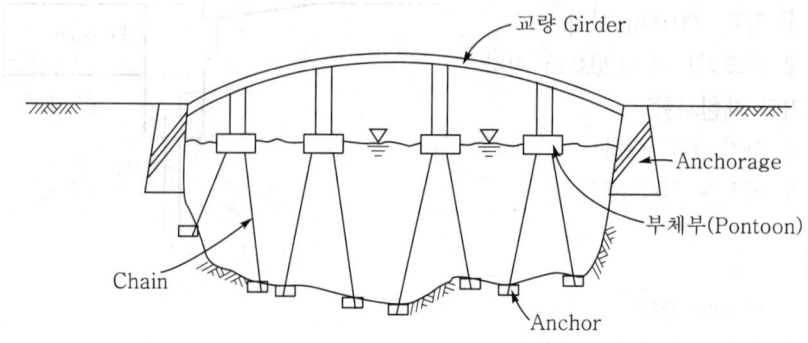

III. 분류

구분	분리식 Pontoon	연속식 Pontoon
개념	부체부(Pontoon)가 따로 분리되어 시공	부체부(Pontoon)가 모두 연결되어 시공
특징	• 해수의 유동이 용이 • 해양 생태계 보존 • 소형선박의 통행 가능 • 기초 파손시 보수 용이 • 최근에 많이 적용 • 바람·파랑의 영향이 많음	• 해수 유동이 곤란 • 해양 생태계 교란 • 소형 선박의 통행 곤란 • 기초 파손시 보수 난이 • 과거에 많이 적용 • 바람·파랑의 영향이 적음

IV. 시공시 유의사항

① 도크(Dock) 육상 조립시 3블록 동시 시공 가능 여부 검토

② 해저의 토질 조건 고려

③ 수심, 계류삭도 및 chain의 재질 및 길이

④ 강재의 부식 여부

⑤ 지역적 기상 및 파장 고려

26 PCT(Prestressed Composite Truss)거더교

[12전(10)]

Ⅰ. 정의

① PCT(Prestressed Composite Truss)거더교는 하부에 Prestress를 도입한 PS콘크리트를 배치하고 상부와 복부재를 철골로 제작한 합성 Truss거더교이다.

② 국내 기술로 개발된 특허 기술로 비교적 경간장이 짧은 교량(40~120 m)에 적용되고 있으며, 시중속도가 빠른 장점을 가지고 있다.

Ⅱ. 구조도

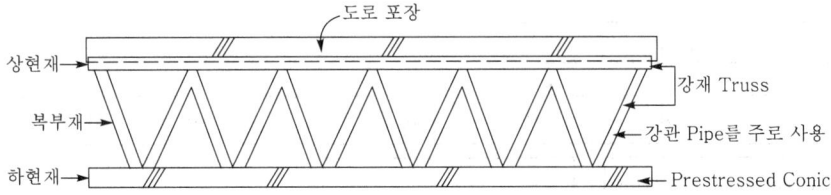

Ⅲ. 특징

① 제작장에서 제작하여 현장에서 설치만 하므로 시공속도가 빠름

② 교량의 경량화 가능

③ 현장 여건에 따라 다양한 가설공법이 가능하며, Crane 사용시 시공성 양호

④ 공장 제작으로 복부재의 다양한 형식 가능

⑤ 아치형으로 제작될 경우 미관 수려

⑥ 장지간 교량의 가설 곤란

⑦ 교량의 중간부 처짐 현상 발생 우려

Ⅳ. 시공사례

① 강원도 정선 홍터교

② 인천대교 연결도로(1공구, 2공구, 3공구)

③ 인천 송도 고가교

④ 강원도 홍천 내천 1교, 내천 천교

⑤ 춘천-양양 고속도로의 장평 2교

27 강구조물 공작도(Shop Drawing) 작성

Ⅰ. 정의

① 강구조물 공작도는 설계 도서와 시방서를 근거로 해서 그린 시공 도면을 말한다.

② 강구조물 공작도의 정밀도는 구조체 전체의 품질과 직결되므로 면밀한 사전 계획 및 검토가 요구된다.

Ⅱ. 강구조물 공작도 작성 Flow Chart

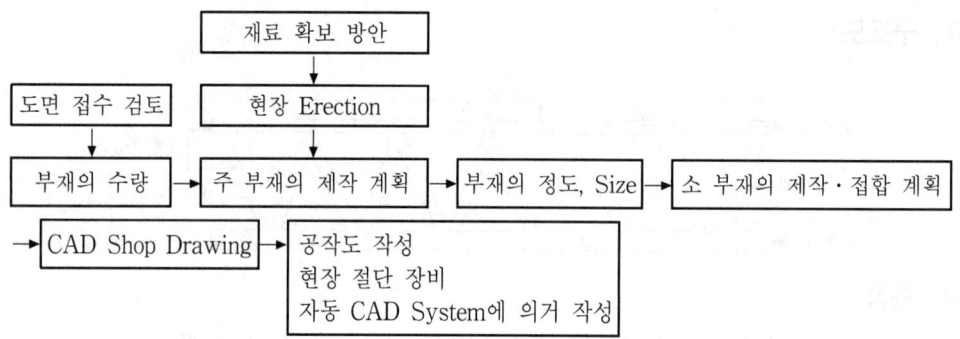

Ⅲ. 필요성

① 정밀 시공 확보

② 도면의 이해 부족으로 인한 문제점 발생 예방

③ 재시공 방지

④ 책임 한계의 명확성

Ⅳ. 검토시 확인사항(유의사항)

① 설계도 및 설계 도서에 준하여 작성

② 제작, 운반, 양중 및 현장 설치 작업시 용이해야 하므로 사전조사 철저

③ 심선도, 각 평면도 및 골조도는 1/100~1/200으로 축적할 것

④ 기둥, 보 등 중요한 곳에는 상세도를 작성해야 하며, 1/10~1/2로 축적할 것

⑤ Anchor Bolt 길이, 굵기, 간격, 위치, Level 표시 및 매입 공법 표기

⑥ 후속 공정과의 작업 순서 및 작업 가능 여부 확인

⑦ 이음 위치, Span, 보상단 위치 등의 치수 검사

⑧ Rivet·Bolt의 Pitch, Gauge, Edge 등

⑨ 용접 위치, 길이, 각장, 형식 표기

⑩ 도장 여부 및 방법, 재료의 검토

28 공장 가공 제작 순서

Ⅰ. 개요

① 공장 작업은 현장 작업에 비하여 공장의 우수한 설비를 사용하여 제작하므로 정확성·견고성·공사 기일 등에 유리하다.

② 현장 설치 작업의 용이성 여부와 품질관리는 공장 제작시 공정별 품질관리 양부에 의해 결정되므로 공정 단계별로 철저한 품질관리가 필요하다.

Ⅱ. 강구조물 공사 Flow Chart

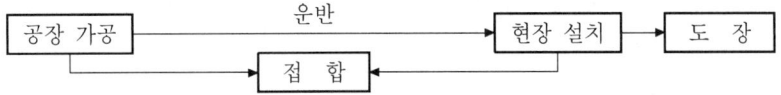

Ⅲ. 공장 제작 작업의 원칙

① 현장 설치 계획에 따라 가공 순서를 정한다.

② 운반 능력 및 조립 조건에 따라 장대물(長大物), 중량물은 분할 가공한다.

③ 동일 부재가 많을 경우 능률적인 작업을 위해 연속 가공한다.

④ 반출이 용이하도록 적치한다.

Ⅳ. 공장 가공 제작 순서

① 원척도

② 본뜨기

③ 변형 바로잡기

④ 금매김

⑤ 절단

⑥ 구멍뚫기

⑦ 가조립

⑧ 본조립

⑨ 검사

⑩ 녹막이칠

⑪ 운반

29 | 강재의 녹막이칠

Ⅰ. 정의

장기간 녹막이 효과를 유지할 목적으로 강재면에 실시하는 것으로서, 공장 제작후 녹막이칠과 현장의 부분 녹막이칠로 분류할 수 있다.

Ⅱ. 공장 제작후 녹막이칠

1) 가공·조립이 완료된 강재는 검정녹(Mill Scale), Slag, 기름, 기타 손상 부위를 제거 청소하고 현장 운반에 앞서 강재면에 녹막이칠을 1회 실시

2) 공장 조립에 있어서 맞댄면 또는 조립후 칠할 수 없는 부분은 조립전에 녹막이칠을 1~2회 실시

3) 녹막이칠 제외 부분
① 현장 용접 부위 및 인접하는 양측 100 mm 이내
② 초음파 탐상 검사에 지장을 미치는 범위
③ 고장력 Bolt 마찰 접합부의 마찰면
④ Con′c에 묻히는 부분
⑤ Pin, Roller 등 밀착하는 부분과 회전면 등 절삭 가공한 부분
⑥ 조립에 의하여 면맞춤되는 부분
⑦ 밀폐되는 내면

Ⅲ. 현장의 부분 녹막이칠

① 현장 접합이 완료되면 노출 부분에 녹막이칠을 실시
② 공사 현장에서 용접할 때까지 개선면에 녹 발생의 우려가 있는 경우
③ 접합부 등 칠하지 않은 부분 및 운반 또는 Wire에 의하여 손상된 부분

Ⅳ. 검사 및 보수

① 검사 방법은 육안 검사를 한다.
② 도막 두께 등과 같은 상세한 검사를 할 경우에는 특기 시방에 따른다.
③ 도막에 발생한 현저한 결함은 다시 칠하고, 도막 두께가 부족한 부분은 덧칠한다.

Ⅴ. 녹막이칠 시공시 유의사항

① 녹막이칠을 하기 전에 반드시 바탕 처리를 실시
② 바탕 만들기를 한 강재 표면에 녹이 발생하기 쉽기 때문에 즉시 녹막이칠 실시
③ 칠작업의 장소가 5℃ 이하, 습도 80% 이상, 기온이 높아 강재의 표면 온도가 50℃ 이상, 칠이 마르기 전에 눈·비·강풍·결로에 의해 도막 손상이 우려될 때 칠작업 중지

30 강재 방청법

Ⅰ. 개요

강재 부식은 강도 저하, 내구성 저하, 마감재의 부착력 감소 등의 피해를 발생시키므로, 방청법에 의하여 물과 산소를 강재 표면으로부터 차단시켜 부식 진행을 방지해야 한다.

Ⅱ. 철골 부식(Mechanism)

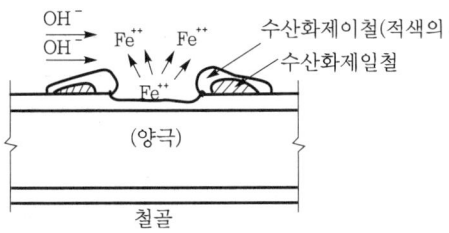

〈철골의 부식〉

철골 표면에 접하는 물질 사이에 생기는 화학반응에 의해 철골의 표면이 소모해 가는 현상

Ⅲ. 부식의 원인

① 강재 표면에 물방울이 부착되면 수분에 녹아 있는 산소의 농도 차이에 의해 산화
② 고온에 의해 철골 각 부재가 산화되면서 부식
③ 상온에서 국부 전지가 발생하여 부식
④ 해안 주변의 해사·해풍으로 인한 염화칼슘에 의해 철의 부식 촉진

Ⅳ. 방청법

종 류	시공 방법
합금법	Stainless Steel, Chrome, Nickel 등으로 합금 처리하여 부식을 방지하는 방법
피막법	기름(불건성유, Vaseline 등)으로 부재의 피막을 형성하여 습기 또는 공기를 차단할 목적으로 하는 일시적인 방법
도장법	부재외 표면에 방청 Paint를 도포히여 피막을 형성하는 빙법
전기법	외부 전류에 의해 부재를 음극으로 하여 분극을 소멸시키는 방법
산소 차단법	산소가 침투하지 못하는 진공 상태를 유지하여 부식 요소인 공기를 차단하는 방법
물제거 방청법	수분 침투의 방지·제거에 의한 방청 효과로 가열 방법을 이용하며 특수 부재에 적용
도금법	부재 표면에 녹이 발생하지 않는 아연 등의 금속으로 도금하여 피막을 형성
기타	① Scale : 내식성, 산화철 피막 형성 ② Lining : 법랑, 고무, Plastic 등 도포 ③ Parkerizing, Bonderizing : 강재 표면에 인산화 피막 ④ 염화물 제거 ⑤ 탄산화 방지

31 강구조물 부재 접합 공법

Ⅰ. 개요

강구조물 공사의 접합은 구조물의 내구성과 밀접한 관계가 있으므로, 접합부의 소요 강도 확보와 접합시 강도·시공성·경제성·안전성·저공해 등을 고려하여 적정한 공법을 선정해야 한다.

Ⅱ. 접합 공법 선정시 고려사항

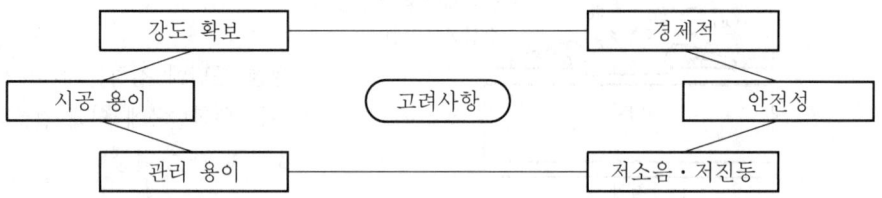

Ⅲ. 접합 공법의 종류

1) Bolt 접합

지압 접합에 의해 응력이 전달되는 접합으로 주요 구조부에는 사용되지 않고 가설 건물이나 가조립 등에 주로 사용

2) Rivet 접합

미리 부재에 구멍을 뚫고 900~1,000℃ 정도로 가열된 Rivet을 Joe Riveter나 Pneumatic Riveter로 충격을 주어 접합하는 방법

3) 고장력 Bolt 접합

① 고탄소강 또는 합금강을 열처리한 항복 강도 700 MPa 이상, 인장 강도 900 MPa 이상의 고장력 Bolt를 조여서 부재간의 마찰력에 의하여 응력을 전달하는 접합 방식

② 접합 방식

㉮ 마찰 접합   ㉯ 인장 접합   ㉰ 지압 접합

4) 용접 접합

① 금속의 접합부를 열로 녹여 원자간의 결합에 의해 접합하는 방식으로, 접합 속도가 빠르며 이음 처리와 작업성이 용이

② 용접 방법

㉮ 피복 Arc 용접(수동 용접, 손용접)

㉯ CO_2 Arc 용접(반자동 용접)

㉰ Submerged Arc 용접(자동 용접)

㉱ Electro Slag 용접(전기 용접)

32 | Bolt 접합

Ⅰ. 정의

지압 접합에 의해 응력이 전달되는 접합으로, 주요 구조부에는 사용되지 않고 가설물이나 부재의 가조립 등에 주로 사용된다.

Ⅱ. 볼트 접합 상세도

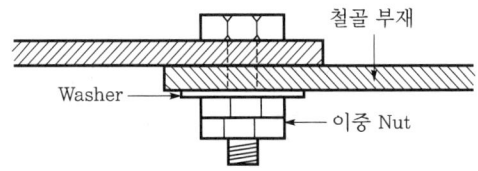

Ⅲ. 특징

장 점	단 점
① 소음이 적고 해체가 용이하다. ② 시공이 간편하다. ③ 가설 건물, 소규모 공사, 가조립시 사용한다.	① 진동시 Nut가 풀리기 쉽다. ② 균등한 조임이 어렵다.

Ⅳ. 불량 Bolt

① 소정의 품질이 아닌 것   ② 소정의 치수가 아닌 것
③ 소정의 Bolt의 풀림 방지가 없는 것   ④ 조임을 잊었거나 느슨한 것
⑤ 조임이 지나친 것

Ⅴ. 불량 Bolt의 처리

① 소정의 품질 및 치수로 교체하여 즉시 조인다.
② Nut는 스프링 와셔 또는 잠금기가 붙은 것을 사용하여 풀림을 방지한다.
③ 조임을 잊은 Bolt는 다시 조이고, 느슨한 것은 적절히 조인다.
④ 지나치게 조인 것은 교체한다.

Ⅵ. 시공시 유의사항

① Bolt 구멍 지름은 Bolt 지름보다 0.5 mm 이상 커서는 안 된다.
② Bolt 조임은 Hand Wrench, Impact Wrench 등을 이용하여 적절히 조인다.
③ 0.5 mm 이상의 Bolt 구멍 어긋남은 Reamer에 의한 수정을 하지 않고 이음판을 교환한다.
④ Bolt 길이는 조임 종료후 Nut 밖에 3개 이상의 나사선이 나오도록 선택한다.

33 Rivet 접합

Ⅰ. 정의

① 미리 부재에 구멍을 뚫고 900~1,000℃ 정도로 가열된 Rivet을 Joe Riveter 나 Pneumatic Riveter로 충격을 주어 접합하는 방법이다.

② Rivet의 검사는 외관의 관찰 또는 검사 망치로 Rivet 머리를 가볍게 두드려 손 끝에 느끼는 감각으로 양부를 판단하며 불량 Rivet은 전량 교체해야 한다.

Ⅱ. Rivet 종류

① 둥근머리 Rivet   ② 민머리 Rivet   ③ 평 Rivet   ④ 둥근 접시머리 Rivet

  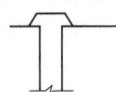 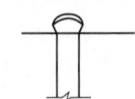

Ⅲ. 특징

① 인성이 크고 불량 Rivet 검사가 용이

② 보통 구조에 사용하기 간편

③ 소음 발생, 화재 위험

④ 공장과 현장 시공과의 품질의 차이가 심함

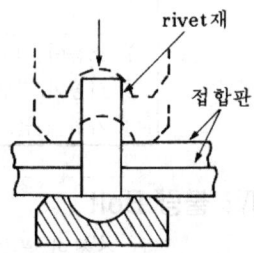

< Rivet 치기 >

Ⅳ. Rivet 구멍 지름

① d(공칭축 지름)<20 mm일 때 구멍 지름(D)은 $d+1.0$ mm

② d(공칭축 지름)≥20 mm일 때 구멍 지름(D)은 $d+1.5$ mm

Ⅴ. 불량 Rivet

① 헐거운 것, Rivet 머리가 갈라진 것

② 모양이 부정확한 것, Rivet 머리가 강재에 밀착되지 않은 것

③ Rivet 머리와 축선의 불일치, 강재간에 틈서리가 있는 것

Ⅵ. 시공시 유의사항

① 강우·강설·강풍시 작업을 중단한다.

② 1,100℃를 초과하면 강재에 변질이 생기므로 초과 가열을 금지한다.

③ 검사에서 불합격된 Rivet은 치핑 해머, Rivet 커터, 드릴 등을 사용하여 Rivet 머리를 따내고 다시 치기를 한다.

④ Rivet 치기는 Rivet 구멍에 완전히 충전되도록 한다.

34 고장력 Bolt(High Tension Bolt) 접합

I. 정의

고탄소강 또는 합금강을 열처리한 항복 강도 $7\,\text{tonf/cm}^2$ 이상, 인장 강도 $9\,\text{tonf/cm}^2$ 이상의 고장력 Bolt를 조여서 부재간의 마찰력에 의해 응력을 전달하는 접합 방식이다.

II. 고장력 Bolt의 종류

① TS(Torque Shear) Bolt
② TS형 Nut
③ Grip Bolt
④ 지압형 Bolt

III. 특징

① 접합부의 강도가 크며, 강한 조임으로 Nut 풀림이 없다.
② 응력 집중이 적고 반복 응력이 강하다.
③ 시공이 간단하며 공기를 단축할 수 있다.
④ 접촉면 관리와 나사 마무리 정도가 어렵다.
⑤ 조이기 검사가 필요하다.
⑥ 숙련공이 필요하며 비교적 고가이다.

IV. 접합 방식

1) 마찰 접합
부재의 마찰력으로 Bolt축과 직각 방향의 응력을 전달하는 전단형 접합 방식
2) 인장 접합
Bolt의 인장 내력으로 Bolt 축방향의 응력을 전달하는 인장형 접합 방식
3) 지압 접합
Bolt의 전단력과 Bolt 구멍의 지압 내력에 의해 응력을 전달하는 접합 방식

V. 고장력 Bolt의 조임 순서

1) 1차 조임
Torque Wrench, Impact Wrench를 사용하여 Bolt군마다 중앙에서 단부로 조인다.
2) 금매김
1차 조임후 Bolt, Nut, Washer 및 부재에 금매김을 한다.
3) 본조임
① Impact Wrench 법
② Torque Control 법
③ Nut 회전법

35 │ TS Bolt(Torque Shear Bolt)

Ⅰ. 정의

① 나사부 선단에 6각형 단면의 Pintail과 Break Neck으로 형성된 Bolt로 조임 Torque가 적당한 값이 되었을 때 Break Neck이 파단되는 고장력 Bolt의 일종이다.

② Pintail은 Nut를 조일 때 전동 조임 기구에 생기는 반력에 의한 회전을 방지하도록 작용한다.

Ⅱ. 시공 상세도

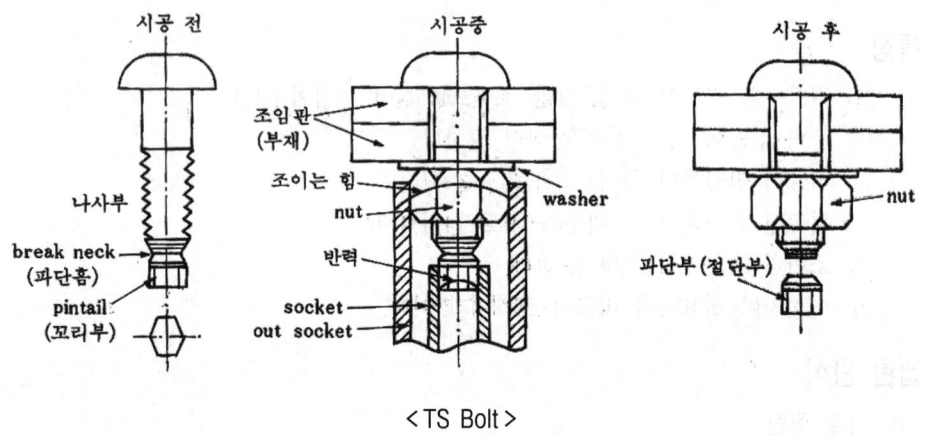

< TS Bolt >

Ⅲ. 고장력 Bolt의 종류

① TS(Torque Shear) Bolt   ② TS형 Nut

③ Grip Bolt   ④ 지압형 Bolt

Ⅳ. 특징

① 사용이 간편하다.

② 온도의 영향을 받기 쉽다.

③ 조임이 끝난후 검사가 곤란하다.

④ 안정된 Bolt의 조임 축력이 필요하다.

Ⅴ. 시공시 유의사항

① Nut 및 Washer는 Bolt의 강도에 따른 표준형 고장력 Bolt인 것을 사용

② 한번 조임이 된 후에는 검사가 곤란하므로 Torque값을 정확하게 체크할 것

③ Torque값에 의존하는 방식이므로 Torque값 변동에 유의할 것

36 Grip Bolt

I. 정의

① 큰 인장홈을 가진 Pintail과 Break Neck(파단홈)으로 형성된 Bolt로 물린홈은 나선의 나사가 아니라 바퀴 모양의 홈으로 보통의 나사가 있는 Bolt와 다르다.

② Grip Bolt는 Nut 대신에 Collar(管)를 사용하여 Pintail의 반력에 따라 Collar를 Bolt 축부의 홈 부분에 파고들게 하여 소정의 축력에 도달하면 Break Neck(파단홈)에서 절단시키는 고장력 Bolt의 일종이다.

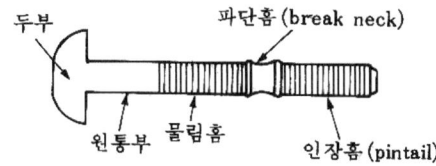

II. 시공 순서

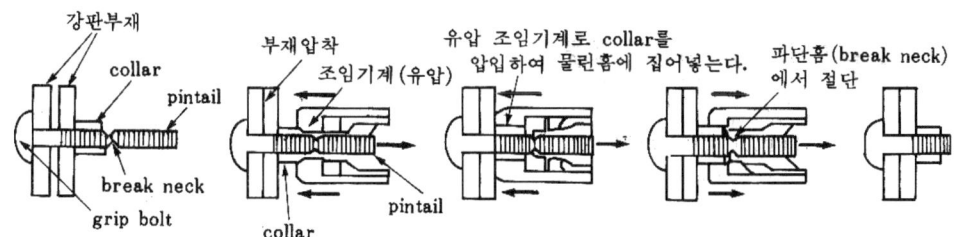

① Grip Bolt 삽입 ② 조임 기계 부착 ③ Collar 압입 ④ Break Neck 파단 ⑤ 완료

III. 특징

① 조임이 확실하다.
② 유압 기계를 사용하므로 조임시 소음이 적다.
③ 물림홈이 나선의 나사가 아니고 바퀴 모양의 홈이다.
④ 조임후 검사가 용이하다.

IV. 시공시 유의사항

① 구멍에 차이가 발생시 Reamer(가심기)로 수정한다.
② 녹은 그라인더로 제거후 시공한다.
③ 부재의 밀착에 유의하며 1차 조임 → 금매김 → 2차 조임 순으로 조임한다.

37 | Impact Wrench

Ⅰ. 정의

① Impact Wrench는 고장력 Bolt 조임용 공구로서 2회 조임을 하며, 1차 조임은 70%, 2차 조임은 100%로 한다.

② Impact Wrench 조임은 주로 경험치에 의한 작업으로 작업후 정확한 확인이 어렵다.

Ⅱ. 압축 공기식 Impact Wrench

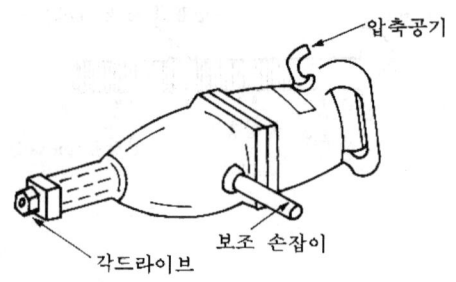

압축공기

보조 손잡이

각드라이브

Ⅲ. 고장력 Bolt 조임 방식의 종류

① Impact Wrench법

② Torque Control법

③ Nut 회전법

Ⅳ. Impact Wrench 조임

① 인력에 의한 조임

② 중앙에서 단부로 체결

③ 축력은 각 Bolt에 균등히 도입

④ 1차 조임은 70%

2차 조임은 100%

Ⅴ. 주의사항

① 보관 Bolt는 사용시 필요량만 반출

② 100% 체결(조임)은 당일 완료

③ 마찰 접합인 경우 조임 순서를 준수하여 휨 방지

④ 100% 체결시에는 변형 방지를 위해 중앙에서 단부로 조임

⑤ 최종 체결은 강우·강풍시 금지

38　고장력 Bolt 조임 검사

Ⅰ. 정의

고장력 Bolt의 조임은 표준 Bolt 장력을 얻을 수 있도록 이음부의 군(群)마다 중앙에서 단부로 조이며, 조임후의 검사 방법으로는 Torque Control법과 Nut 관리법이 있다.

Ⅱ. 고장력 Bolt 조임 순서

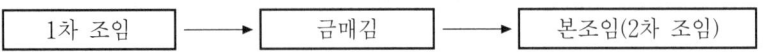

```
┌─────────┐      ┌─────────┐      ┌──────────────┐
│ 1차 조임 │ ───▶ │  금매김  │ ───▶ │ 본조임(2차 조임) │
└─────────┘      └─────────┘      └──────────────┘
```

Ⅲ. 조임 검사

구 분	검사 방법
Torque Control법 (Torque 관리법)	① 본조임 완료후 모든 Bolt에 대해서 1차 조임후에 표시한 금매김에 의해 Nut의 회전량을 육안으로 검사한다. ② Nut의 회전량이 현저하게 차이가 나는 Bolt群은 Torque Wrench를 사용하여 추가 조임에 따른 Torque값의 적부를 검사한다. ③ 반입 검사 때에 얻어진 평균 Torque값의 ±10% 이내의 것을 합격으로 한다. ④ 평균 Torque값 범위를 넘어서 조여진 Bolt는 교체한다. ⑤ 조임을 잊어버리거나 조임 부족이 인정된 Bolt군은 Bolt 검사 및 소요 Torque값까지 추가로 조인다.
Nut 회전법	① 본조임 완료후 모든 Bolt에 대해서 1차 조임후에 표시한 금매김에 의해 Nut의 회전량을 육안으로 검사한다. ② 1차 조임후, 2차 조임시 Nut의 회전량이 120±30°의 범위에 있는 것을 합격으로 한다. ③ 합격 범위를 넘어서 조여진 Bolt는 교체한다. ④ Nut의 회전량이 부족한 Nut는 소요 Nut의 회전량까지 추가로 조인다.

Ⅳ. 검사시 유의사항

① Nut, Bolt, Washer 등이 동시에 회전·축회전을 일으킨 경우나 Nut 회전량에 이상이 인정되는 경우에는 새로운 세트로 교체한다.

② 한 번 사용한 Bolt는 재사용해서는 안 된다.

③ 고장력 Bolt의 조임 및 검사에 사용되는 Torque Wrench와 축력계의 정밀도는 3% 이내의 오차 범위가 되도록 한다.

39 고장력 Bolt의 토크값(Torque값)

Ⅰ. 정의

① 고장력 Bolt 조임 방법 중 Torque Control법에서, 현장의 시공 조건하에서 축력계(軸力計)를 사용하여 Torque Wrench로 필요한 Bolt 장력에 대한 Torque Moment를 구한 값을 토크값(Torque치)이라 하며, 그 값을 표시하는 기능을 가진 기구를 Torque Wrench라 한다.

② Bolt 죄기는 필요한 Bolt의 장력이 생기는 정도로 하지만 그 장력을 계측할 수 없으므로 Nut를 죄는 회전 Moment(Torque)로 추정한다.

Ⅱ. Torque Wrench의 종류

① 플레이트형 Torque Wrench
② 다이얼형 Torque Wrench
③ 프리세트형 Torque Wrench

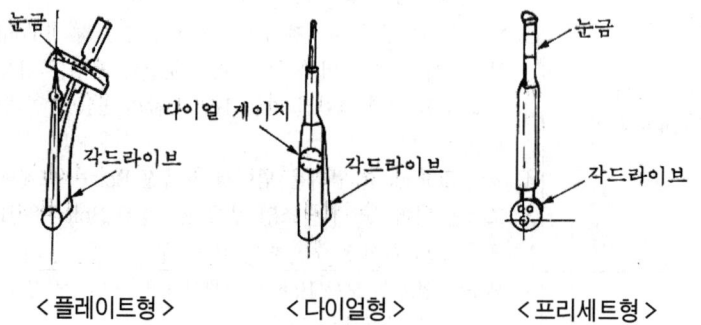

< 플레이트형 >　　　< 다이얼형 >　　　< 프리세트형 >

Ⅲ. 토크값(Torque값) 구하는 공식

$$T = k \cdot d \cdot N$$

T : Torque값(N · m)
k : Torque 계수
d : Bolt의 축부 지름(mm)
N : Bolt의 축력(kN)

Ⅳ. Torque 검사

① Nut를 조여 완료된 후 Torque Wrench를 사용하여 Torque값 측정
② 1군 Bolt 수 ≤ 6개이면 1개 이상 검사
③ 1군 Bolt 수 > 7개이면 2개 이상 검사

40 용접 접합

Ⅰ. 정의

① 금속의 접합부를 열로 녹여 원자간의 결합에 의해 접합하는 방식으로 접합 속도가 빠르며, 산업전 부분에 걸쳐 활용도가 매우 넓은 공법이다.

② 우수한 접합 품질을 확보하기 위해서는 용접의 종류별 특성 파악과 부재에 적합한 용접 방법의 선택이 필요하다.

Ⅱ. 탄소 함유량에 따른 강재의 성질 변화

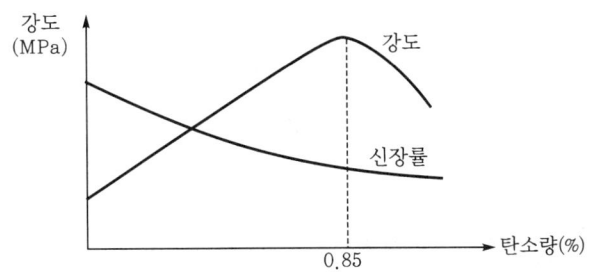

강재의 탄소 함유량이 높을수록 열에 약하고 용접성이 떨어진다.

Ⅲ. 특징

① 응력 전달이 확실하다.　② 강재의 절약으로 철골 중량 감소한다.

③ 수밀성 · 기밀성이 유리하다.　④ 이음처리와 작업성이 용이하다.

⑤ 숙련공이 필요하다.　⑥ 인성이 약하다.

⑦ 무진동 및 무소음으로 공해 문제에 유리하다.

⑧ 용접열로 인한 변형이 발생하기 쉽다.

⑨ 내부 결함 확인 및 용접부 검사 방법이 어렵다.

Ⅳ. 용접 접합의 분류

1) 용접 방법에 의한 분류

① 피복 Arc 용접(수동 용접, 손용접)　② CO_2 Arc 용접(반자동 용접)

③ Submerged Arc 용접(자동 용접)　④ Electro Slag 용접(전기 용접)

2) 용접 기기에 의한 분류

① 직류 Arc 용접기　② 교류 Arc 용접기

③ 반자동 Arc 용접기　④ 자동 Arc 용접기

3) 이음 형식에 의한 분류

① 맞댄 용접(Butt Welding)　② 모살 용접(Fillet Welding)

41 │ 용접 방법의 종류

Ⅰ. 개요

① 강구조물 공사에서 일반적으로 사용되는 방법은 용접(Fusion Welding)으로 용접봉의 끝에 열을 가하여 녹이면서 동시에 모재(Base Metal)도 국부적으로 녹여 용접봉의 녹는 쇳물과 함께 일체가 되도록 결합시키는 방법이다.

② 용접 열원으로는 아크열, 전기 저항열 등이 사용된다.

Ⅱ. 피복 Arc 용접 시공 상세

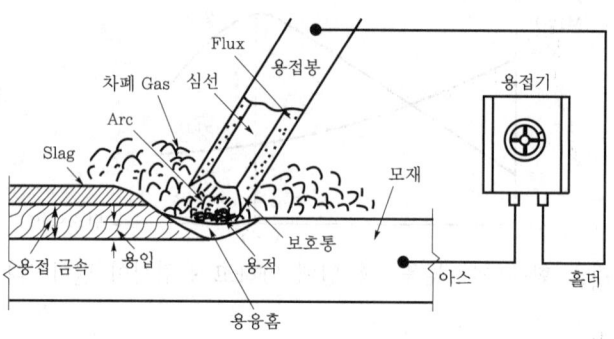

〈피복 Arc 용접〉

Ⅲ. 용접 방법의 종류

종 류	내 용
피복 Arc 용접 (Shield Metal Arc Welding ; 수동 용접, 손용접)	① 용접봉과 용접될 금속에 전류를 보내어 발생시킨 전기 아크열로 용접봉과 모재를 동시에 녹이면서 용접봉의 녹는 쇳물이 모재에 결합되도록 하는 방식이다. ② 수동식으로 현장 용접이나 용접 길이가 짧은 접합에 사용한다. ③ 설비비가 싸고 간편하다. ④ 작업 능률이 나쁘고 용접봉을 갈아 끼워야 한다.
CO_2 Arc 용접 (Gas Welding Arc Welding ; 반자동 용접)	① CO_2로 Shield 해서 작업하는 반자동 용접 방법으로, 자동 용접에 비해 기계 설치가 간단하며 손 용접의 2배 이상의 고능률이다. ② 용입이 깊고 용접 속도가 비교적 빠르다. ③ 결함 발생률이 낮으며 용접 시공이 용이하다. ④ 탄산가스를 사용하므로 풍속의 영향을 받으며 환기가 필요하다.
Submerged Arc 용접(Submerged Arc Welding ; 자동 용접)	① 이음 표면 선상에 플럭스(Flux)를 쌓아올려 그 속에 전극 와이어를 연속하여 송급하면서 용접하는 방법으로 Arc가 Flux 안을 잠행하므로 Submerged Arc 용접이라 한다. ② 대전류를 사용하여 용융 속도를 높여 고능률 용접이 가능하다. ③ 설비비가 많이 들며, 용접의 양부를 확인하면서 작업 진행이 곤란하다.
Electro Slag 용접 (Electro Slag Welding ; 전기 용접)	① 전극 와이어와 용융 Slag 속을 흐르는 전기 저항열을 이용하여 용접을 하는 방법으로 두꺼운 강판 용접시 많이 사용하는 수직 용접법이다. ② 용접 속도가 빠르며 용접 조작이 간단하다. ③ 용접후 뒤틀림이 적다. ④ 모재에 대한 열영향이 크다.

42 피복 Arc 용접(Shield Metal Arc Welding ; 수동 용접, 손 용접)

Ⅰ. 정의

① 용접봉과 용접될 금속에 전류를 보내어 발생시킨 전기 Arc열로 용접봉과 모재를 동시에 녹이면서 용접봉의 녹는 쇳물이 모재에 결합되도록 하는 방식이다.

② 수동식으로 현장 용접이나 용접 길이가 짧은 접합에 사용하며, 현장에서 사용하는 용접기는 대부분 교류 Arc 용접기를 사용한다.

Ⅱ. 개념도

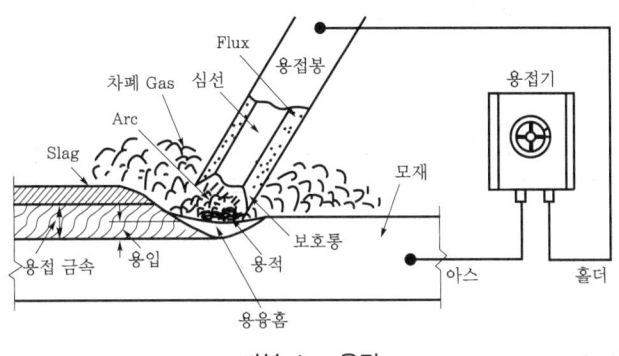

< 피복 Arc 용접 >

Ⅲ. 특징

① 설비비가 싸고 간편하다.　　② 용접 상태를 눈으로 확인할 수 있다.

③ 협소한 공간에서도 작업이 가능하다.　④ 모든 금속 재료에 사용할 수 있다.

⑤ 용접봉 소모로 인해 수시로 교체해야 한다.

⑥ 용접공의 기능도에 의존하며 용접 정밀도가 떨어진다.

Ⅳ. 용접봉

1) 용접봉은 Flux(피복재)와 심선으로 구성된다.

2) Flux(피복재)

① 금속산화물, 탄산염, 셀룰로오스, 탈산제 등을 심선에 도포한 것으로 보호통을 형성한다.

② Slag 또는 연소 Gas를 발생시켜 Arc 주변을 감싸서 공기를 차단하여 산소, 질소의 침입을 방지하는 역할을 한다.

3) 심선(心線)

융착 금속으로 홈(groove)을 메우며 모재의 일부와 융합하여 접합부를 일체화시킨다.

43 용접봉의 피복재(Flux)

Ⅰ. 정의

① 용접봉의 피복재는 용접부 표면의 냉각 속도 지연, 산화 방지 및 심선의 보호 통을 형성하여 Arc의 집중성 및 뿜칠력을 향상시킨다.

② 피복재는 금속산화물, 탄산염, 셀룰로오스, 탈산제 등을 심선에 도포한 것으로 Slag 또는 연소 Gas를 발생시킨다.

Ⅱ. 용접봉의 구성

용접봉은 피복재(Flux)와 심선으로 구성된다.

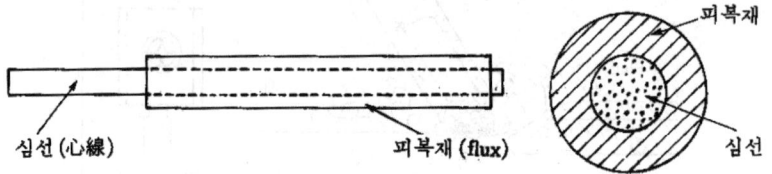

심선 (心線)   피복재 (flux)   피복재 / 심선

Ⅲ. 피복재의 역할

① 공기 차단 : 연소 Gas를 발생시켜 Arc 주변을 감싸서 공기를 차단하여 산소, 질소의 침입 방지

② 보호통 형성 : 심선보다 약간 늦게 녹아 보호통을 형성하여 Arc의 집중성 및 뿜칠력 향상

③ 냉각 속도 지연 : 용접부 표면을 덮는 Slag가 되어 용융 금속의 냉각 속도 지연

④ Arc 안정 : 함유 원소를 이온화하여 Arc를 안정시킴

⑤ 합금 원소 첨가 : 용착 금속에 합금 원소를 혼입 첨가하여 성질을 향상

⑥ 산화 방지 : 용착 금속 중의 불순물을 정련하여 Slag가 되어 용접 표면의 산화 방지

⑦ 결함 발생 : 피복재가 대기 중의 수분을 흡수할 경우 작업성 저하 및 터짐 발생

44 CO₂ Arc 용접(Gas Shield Arc Welding ; 반자동 용접)

Ⅰ. 정의

① CO_2로 Shield해서 작업하는 반자동 용접 방법으로 자동 용접에 비해 기계 설치가 간단하며, 손 용접의 2배 이상의 고능률이다.

② 코일 모양의 강선 와이어(용접봉)를 연속적으로 송급하면서 와이어 모재간에 Arc를 발생시켜 행하는 용접으로, CO_2 Gas(탄산가스)는 Arc 및 용융 금속을 감싸서 공기를 차단하여 산소, 질소의 침입을 방지하는 역할을 한다.

Ⅱ. 원리도

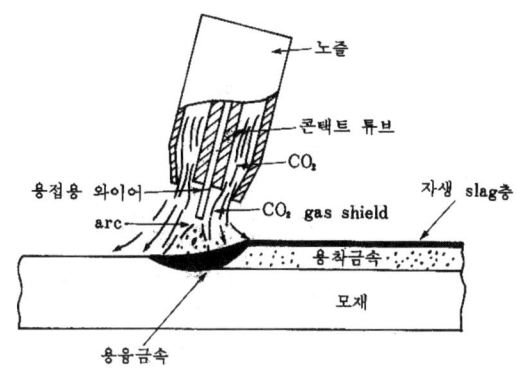

< CO₂ Arc 용접 >

Ⅲ. 특징

① 용입이 깊고 용접 속도가 비교적 빠르다.

② 결함 발생률이 낮으며 용접 시공이 용이하다.

③ 대전류의 사용으로 용접 능률이 향상된다.

④ 탄산가스를 사용하므로 환기가 필요하다.

⑤ 바람의 영향을 받는 옥외에는 작업이 곤란하다.

⑥ Flux에 의한 합금 원소 첨가가 불가능하므로 용접 대상 강재의 종류가 한정된다.

⑦ 녹, 수분 등 불순물에 약하며 결함 발생의 원인이 된다.

Ⅳ. 시공시 유의사항

① 바람으로 인해 탄산가스가 날려서 용접부의 Shield가 불완전하게 되면 Blow Hole, Pit 등의 결함이 발생하므로 바람이 없는 장소에서 용접을 해야 한다.

② 바람이 있는 장소에서 용접을 하는 경우에는 방풍 처리를 철저히 해야 한다.

③ 개선 부분의 녹, 수분, 기름, Mill Scale 등의 불순물을 제거한다.

④ 통풍이 나쁜 곳에서 용접을 할 경우에는 탄산가스에 의한 중독에 주의해야 한다.

45 │ Submerged Arc 용접(자동 용접)

Ⅰ. 정의

① 이음 표면 선상에 Flux를 쌓아 올려 그 속에 전극 와이어를 연속하여 송급하면서 용접하는 방법으로 Arc가 Flux 안을 잠행하므로 Submerged Arc 용접이라 한다.

② 용접될 부분의 표면이 미세한 과립상의 Flux로 덮여 Arc는 Flux에 덮인 와이어(용접봉)의 선단과 모재 사이에서 일어나며, 용융 금속은 Flux와 Slag에 의해 대기에서 보호된다.

Ⅱ. 원리도

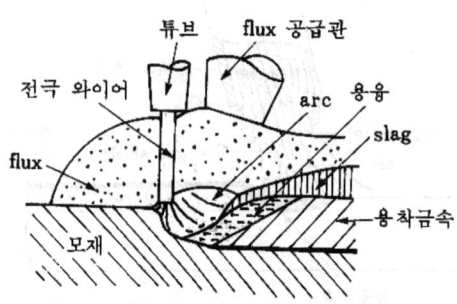

< Submerged Arc 용접 >

Ⅲ. 특징

1) 장점

① 대전류를 사용하여 용융 속도를 높여 고능률 용접이 가능하다.

② 자동 용접이므로 안정된 용접과 이음의 신뢰도가 향상된다.

③ Flux가 용접 금속을 대기(大氣)에서 보호하며 용입이 크다.

④ 냉각 속도가 늦어 열영향부의 경화가 적다.

2) 단점

① 설비비가 많이 든다.

② 확실한 개선 정밀도가 요구된다.

③ Arc가 보이지 않으므로 용접의 양부를 확인하면서 작업 진행이 곤란하다.

④ 일반적으로 용접 자세는 하향 용접 또는 횡방향 용접으로 한정된다.

Ⅳ. 시공시 유의사항

① 개선(Groove) 부분의 청소를 철저히 한다.

② 와이어는 녹 발생시 사용하지 않으며 녹발생 방지를 위해 표면에 동도금을 한다.

③ Flux는 잘 건조된 것을 사용한다.

④ 와이어는 모재의 재질, 판두께, 이음 형상 등에 적정한 Flux와 조합하여 사용한다.

⑤ 루트 간격이 넓어 그 상태로 용접이 불가능하게 될 때 피복 Arc 용접을 사용한다.

46 Electro Slag 용접(전기 용접)

Ⅰ. 정의

① 전극 와이어와 용융 Slag 속을 흐르는 전기 저항열을 이용하여 용접을 하는 방법으로 두꺼운 강판 용접시 많이 사용하는 수직 용접법이다.

② 용접될 2개의 용접판을 20~30 mm 간격으로 놓고 물로 냉각되는 동판을 양 옆에 설치하여 용융 금속이나 Slag를 새어나가지 않게 한후 수직으로 용접하며 올라가는 방식이다.

③ Flux가 녹아 Slag가 일정량이 되면 Arc는 소멸되고 Slag의 전기 저항열로 모재와 와이어(용접봉) 또는 노즐을 녹여 순차적으로 용접을 진행한다.

Ⅱ. 특징

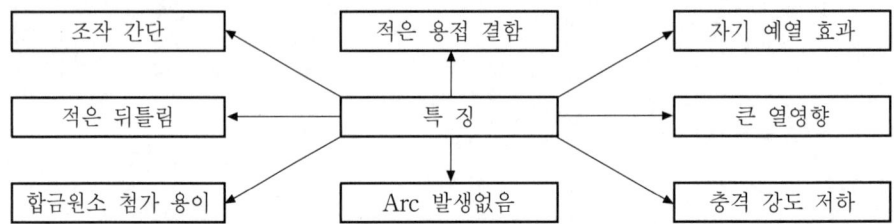

Ⅲ. 종류

종 류	방 식
소모 노즐식 Electro Slag 용접	강제 Pipe를 노즐로 사용하여 용접 Head를 상승시키지 않고 용융 Slag의 상승에 따른 Slag 물에 와이어와 노즐도 함께 용융시키는 방식
비소모 노즐식 Electro Slag 용접	용접의 진행에 따른 용접 Head를 상승시켜 와이어만 용융시키는 방식

Ⅳ. 시공시 유의사항

① 용접의 시작과 끝부분은 용접 결함이 발생하기 쉬우므로 End Tab를 사용한다.

② 용접중에 Slag량 및 Slag의 상태를 체크한다.

③ 동(銅)에 타당한 냉각수의 상태를 체크한다.

④ 용접 자세는 수직으로 한다.

⑤ 이음이 생긴 경우에는 용접후 결함의 유무를 조사하고 수정 용접을 실시한다.

47 맞댄 용접(Butt Welding)

Ⅰ. 정의

① 접합재의 끝을 적당한 각도로 개선하여 접합 부재를 서로 맞대어 홈에 용착 금속을 용융하여 접합하는 방식이다.

② 구조재들을 동일 평면에서 접합하는데 사용되며, 보통 접합하는 부재의 전 하중을 전달해야 하기 때문에 용접 강도가 부재 강도 이상이 되어야 한다.

Ⅱ. 개선(앞벌림, 홈, Groove)의 형태

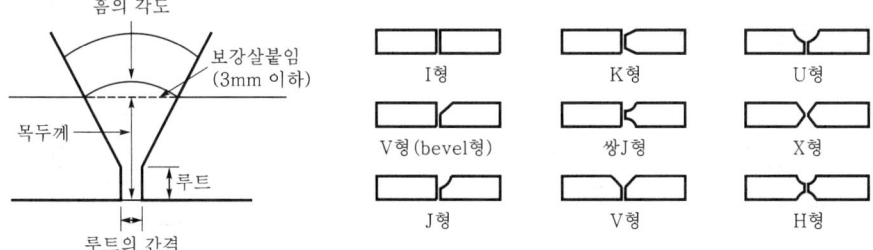

Ⅲ. 맞댄 용접의 분류

1) 완전 용입 맞댄 용접

① 접합부 전면에 용착 금속을 완전히 녹이는 접합으로 맞대는 부재의 전단면이 완전하게 용입되어야 한다.

② 양측 용접을 하는 경우 배면 초층 용접전에 Gouging(밑면 따내기)한 후 용접한다.

③ 뒷댐재를 사용하는 경우 충분한 루트 간격을 확보하여 뒷댐재를 밀착시킨다.

④ 판두께가 다른 이음부

㉮ 용접 표면이 얇은 판쪽부터 두꺼운 판쪽으로 원활하게 기울기를 주어 용접한다.

㉯ 판두께의 차가 10 mm를 넘는 경우 낮은 쪽의 두께에 맞추고 1/2.5 이하의 기울기로 마무리한다.

2) 부분 용입 맞댄 용접

① 용접할 부재의 단면을 전부 용접하지 않고 일부분만 용착시키는 용접이다.

② 용접 덧살의 높이는 완전 용입 맞댄 용접과 동일하다.

③ 유효 목두께는 개선 형상에 의하지 않고 개선 깊이로부터 3 mm 감한 것으로 한다.

< 완전 용입 맞댄 용접 >   < 부분 용입 맞댄 용접 >

48 모살 용접(Fillet Welding)

Ⅰ. 정의

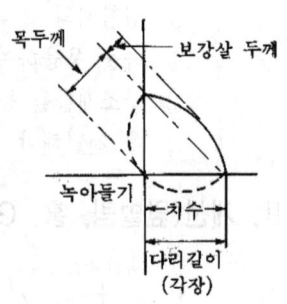

① 목두께의 방향이 모재의 면과 45°의 각을 이루는 용접으로, 가공하기 쉽고 적응성과 경제성이 커 가장 널리 사용되는 용접 방법이다.

② 접합되는 부재의 이음 부분이 부재 겹침에 맞는 가공이면 되므로 현장 용접에 유리한 접합이다.

Ⅱ. 모살 용접의 기본 형태

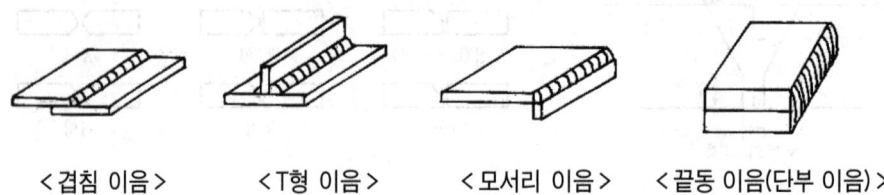

| < 겹침 이음 > | < T형 이음 > | < 모서리 이음 > | < 끝동 이음(단부 이음) > |

1) 겹침 이음(Lap Joint)
   현장 용접으로 많이 사용되며 접합 부재의 맞춤과 가공이 쉽다.

2) T형 이음(Tee Joint)
   조립 평판보에서 Flange와 Web의 이음, Web에 Stiffener의 이음 등에 널리 쓰인다.

3) 모서리 이음(Corner Joint)
   상자형 단면의 모서리 부분을 접합하는데 주로 사용된다.

4) 끝동 이음(단부 이음, Edge Joint)
   구조적으로 사용되는 일은 거의 없고 부재의 가접합에 많이 사용된다.

Ⅲ. 모살 용접의 형식

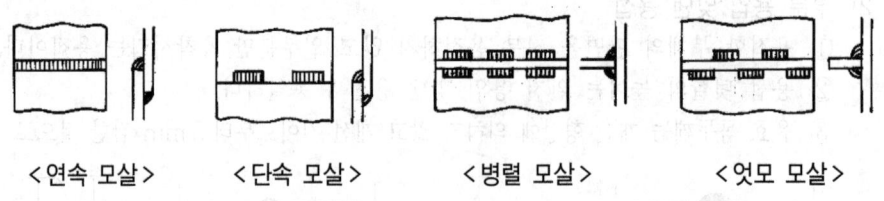

| < 연속 모살 > | < 단속 모살 > | < 병렬 모살 > | < 엇모 모살 > |

49 홈(groove) 용접에 대한 설명과 그림에서의 용접 기호 설명

[12후(10)]

Ⅰ. 홈(groove) 용접

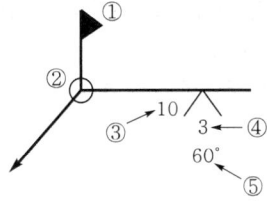

1) 정의

① 용접할 부재의 끝을 적당한 각도로 개선하여 홈(groove)를 형성한 후 용착 금속을 용융하여 접합하는 용접 방식이다.

② 접합부재가 동일 평면에서 접합하는데 사용되며, 용접부의 강도는 부재의 강도 이상 되어야 한다.

2) 홈(groove)의 형태

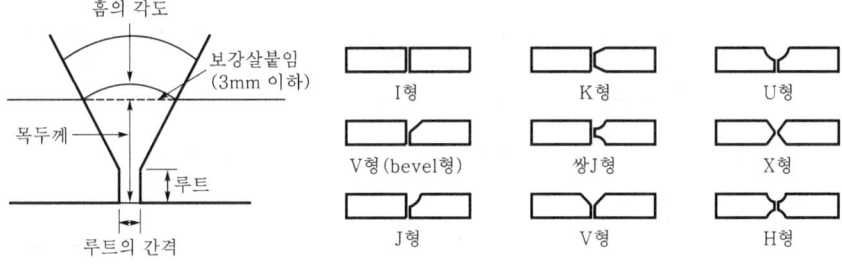

Ⅱ. 용접기호 설명

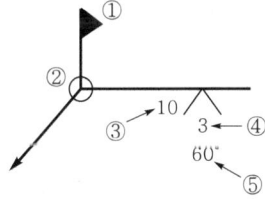

① : 현장 용접

② : 전체 용접(전체 둘레 용접)

③ : 홈(groove)의 깊이(mm)

④ : 루트의 간격

⑤ : 홈(groove)의 개선 각도

50 | 용접 결함의 종류

[07후(10)]

Ⅰ. 개요

용접부의 결함은 구조체의 내구성을 저하하고 접합부의 응력에 대한 강도를 상실하므로, 시공시 결함의 종류를 파악하여 원인 분석 및 대책을 수립해야 하며 용접의 전과정을 걸쳐 철저한 품질관리가 필요하다.

Ⅱ. 결함의 종류

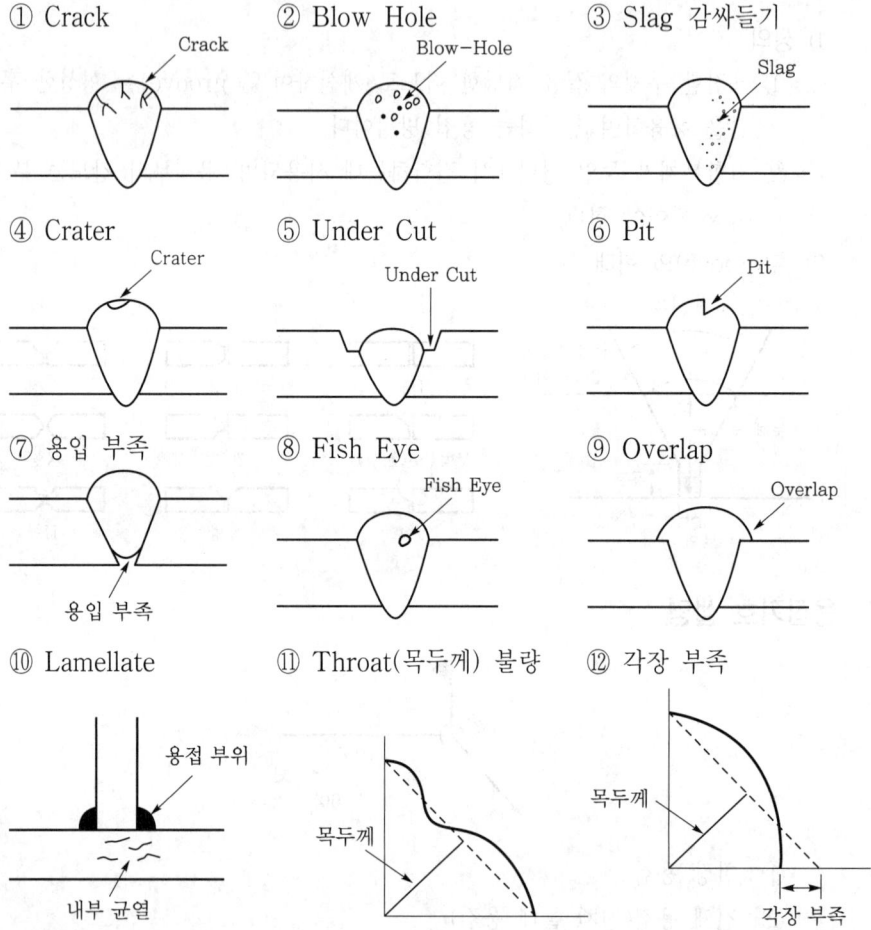

① Crand   ② Blow Hole   ③ Slag 감싸들기

④ Crater   ⑤ Under Cut   ⑥ Pit

⑦ 용입 부족   ⑧ Fish Eye   ⑨ Overlap

⑩ Lamellate   ⑪ Throat(목두께) 불량   ⑫ 각장 부족

Ⅲ. 결함의 원인

① 용접시 전류의 높낮이가 고르지 못할 경우
② 용접 속도가 일정하지 못하고 기능이 미숙할 때
③ 용접봉의 잘못된 선택과 관리 보관이 불량할 경우
④ 용접부의 개선 정밀도 및 청소 상태가 나쁠 때
⑤ 용접 방법, 순서에 의한 변형이 생길 경우

51 언더 컷(Under Cut)

Ⅰ. 정의

과대 전류 혹은 용접 부족으로 모재 표면과 용접 표면이 교차되는 점에 모재가 녹아 용착 금속이 채워지지 않고 홈으로 남아 있는 부분으로 용접 결함의 일종이다.

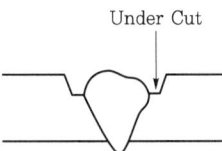

Ⅱ. 용접 결함의 종류

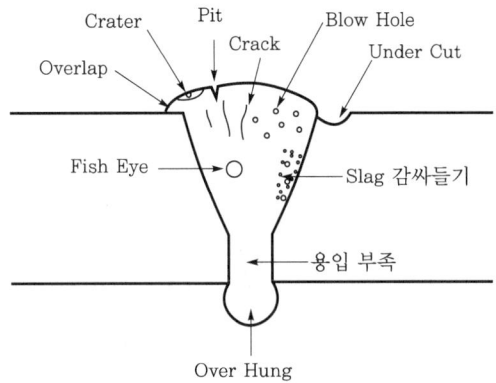

Ⅲ. Under Cut의 원인

① 용접봉의 지지 각도와 운봉 속도가 적당하지 않을 때
② 용접 전류가 너무 클 때
③ 부적당한 용접봉을 사용할 때
④ 용접 자세가 맞지 않을 때

Ⅳ. 대책

① 용접봉의 지지 각도와 운봉 속도 적정 유지
② 용접 전류 적정 유지
③ 적정 용접봉 사용
④ 적정 용접 자세 유지
⑤ Under Cut이 심할 경우 용착 금속을 보충

52 용접의 각장 부족

Ⅰ. 정의

① 각장(다리 길이 ; Leg)이란 모살 용접(Fillet Welding)에서 모재 표면의 만난 점에서 다리 끝까지의 길이를 말한다.

② 각장 부족이란 한쪽 용착면의 다리 길이가 부족한 현상으로 용접 결함의 일종 이다.

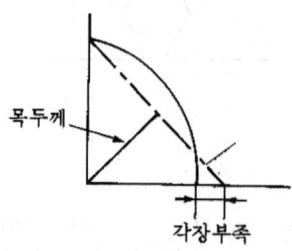

Ⅱ. 각장의 형태

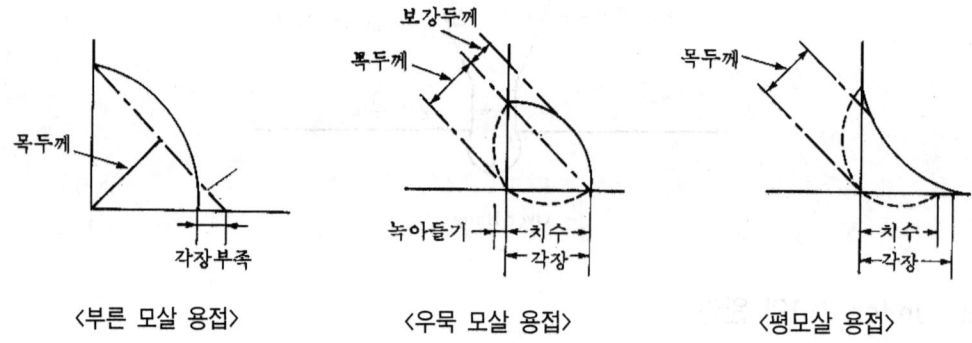

〈부른 모살 용접〉　　　〈우묵 모살 용접〉　　　〈평모살 용접〉

Ⅲ. 발생 원인

① 용접 전류가 적을 때

② 용접 속도가 빠를 때

③ 부적당한 용접봉을 사용할 때

④ 용접 자세가 맞지 않을 때

Ⅳ. 대책

① 용접 전류 적정 유지

② 적정 용접 속도

③ 저수소계 용접봉 사용

④ 적정 용접 자세 유지

53 | 용접 결함 원인과 용접 자세

Ⅰ. 정의

① 용접 접합은 짧은 시간 내에 국부적으로 두 개의 강재를 원자 결합에 의해 접합하는 방법이다.

② 재료, 운봉, 용접봉, 전류 등의 여러 가지 외적 영향에 의해 결함이 발생한다.

Ⅱ. 용접 결함 원인

결 함	원 인
모재의 열팽창	① 강재의 용융점은 1,500℃이므로 용접시 용융 금속의 영향으로 팽창 ② 팽창된 모재가 응고시 원상태로 회복하지 못할 경우
모재의 소성 변형	① 용접열에 의한 굳는 과정의 온도 차이로 인한 변형 ② 용접열의 Cycle 차이로 인한 발생
냉각 과정의 수축	① 용착 금속이 냉각할 때 수축하여 변형 ② 외기의 영향 또는 인접 용접시 온도의 영향으로 수축 상태 변화
모재의 영향	① 개선 정밀 상태에서 용착 금속의 두께, 면적 등의 차이 ② 모재의 강성 여부, 모재가 얇을수록 변형이 큼
용접 시공의 영향	① 용접 시공시 숙련 상태에 따라 변화 ② 동일한 자세로 열의 변화를 최소화하고, 동일한 속도로 용접 속도 유지
잔류 응력	용접 순서, 자세, 방법 등에 의해 선작업된 용접부의 잔류 응력이 연결된 후 작업에 미치는 영향으로 변형이 발생
용접 순서·방법	① 용접 순서와 방법에 따른 응력 발생의 변화 ② 변형의 영향이 큼
환경의 영향	① 외기온에 의한 용접열 Cycle 과정에서 모재의 소성 변형 ② 모재 자체와 용접 부위와의 온도 차이로 인한 응력 발생

Ⅲ. 용접 자세

1) 수평 자세

부재가 수평으로 설치되어 있을 때 용접봉의 용착이 수평 방향으로 형성되는 작업에서의 용접 자세이다.

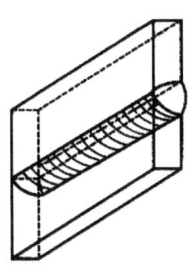

2) 수직 자세

　　용접할 소재가 수직으로 조립된 경우에 용착이 수직으로 형성될 때의 자세이다.

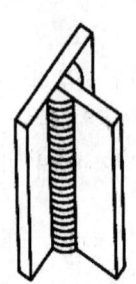

3) 상향 자세

　　용접할 두 부재가 아래로 향하여 구성될 때의 용접 자세이며, 이런 경우의 용접 작업시 특히 유의하여 시공한다. 상향 용접시 단속 용접을 피하고 연속 용접을 한다.

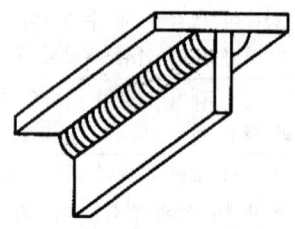

4) 하향 자세

　　용착이 아래로 향하여 두 부재가 조립되어 있을 때의 용접 자세이다.

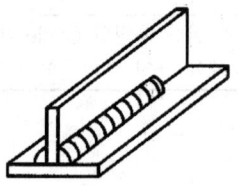

54 End Tab

Ⅰ. 정의

① Blow Hole, Crater 등의 용접 결함이 생기기 쉬운 용접 Bead의 시작과 끝 지점에 용접을 하기 위해 용접 접합하는 모재의 양단에 부착하는 보조 강판을 말한다.

② Run-off Tab라고도 한다.

Ⅱ. 시공도

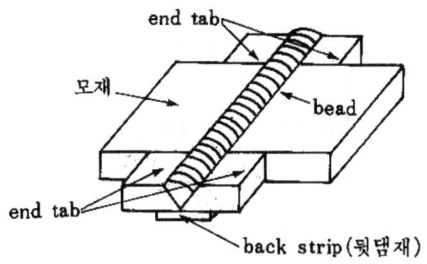

Ⅲ. 특징

① End Tab를 사용했을 때 용접 유효 길이를 전부 인정받을 수 있다.

② 돌림 용접을 할 수 없는 모살 용접이나 맞댄 용접에 적용한다.

③ 용접 이음부의 강도 시험을 할 경우 절단하여 시험편으로 이용할 수 있다.

④ 돌림 용접, 되돌림 용접 등에 의하여 용접 단부의 결함 방지를 인정할 때에는 설치하지 않아도 된다.

⑤ 용접이 완료되면 End Tab를 떼어낸다.

⑥ 용접부 양단 끝의 용접 결함을 방지할 수 있다.

Ⅳ. End Tab의 기준

① End Tab의 재질은 모재와 동일 종류의 철판을 사용한다.

② End Tab에 사용되는 자재의 두께는 본 용접 자재의 두께와 동일해야 한다.

③ End Tab의 길이

용접 방법	End Tab 길이
Arc 손용접	35 mm 이상
반자동 용접	40 mm 이상
자동 용접	70 mm 이상

55 Scallop

Ⅰ. 정의

① 철골 부재 용접시 이음 및 접합 부위의 용접선이 교차되어 재용접된 부위가 열영향을 받아 취약해지기 때문에 모재에 부채꼴 모양의 모따기를 한 것을 말한다.

② Scallop 가공은 절삭 가공기 또는 부속 장치가 달린 수동 Gas 절단기를 사용하며, Scallop의 반지름은 30 mm를 표준으로 한다.

Ⅱ. 적용 부위

1) 기둥과 기둥의 이음

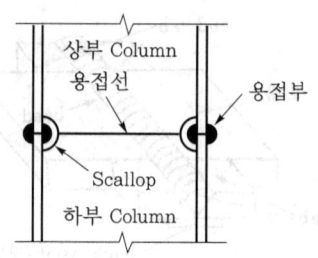

2) 보와 보의 이음

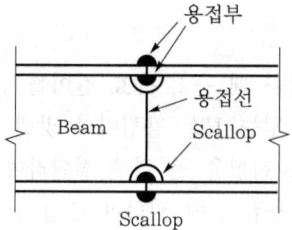

3) 기둥과 보의 접합

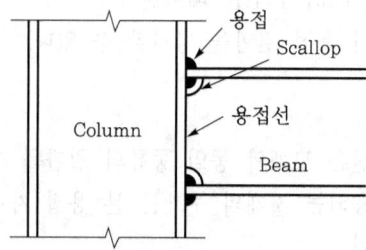

Ⅲ. Scallop의 목적

① 용접선의 교차를 방지

② 열영향으로 인한 취약 방지

③ 용접 균열, Slag 혼입 등의 용접 결함 방지

56 | 용접 부위에 대한 비파괴 검사

[95중(20), 00전(10), 07중(10)]

Ⅰ. 개요

① 용접으로 접합한 후 접합된 용접의 상태를 분석, 올바른 판단을 내리는 것은 품질관리 측면에서 무엇보다 중요하다.

② 용접 검사에는 용접전, 용접중, 용접후 검사로 구분되어지며, 용접전 검사에서는 용접 부재의 적합성 여부를 파악하고, 용접중 검사는 사용 재료 및 장비에서 발생하는 결함을 사전에 방지하기 위함이며, 용접후 검사는 구조적으로 충분한 내력을 확보하고 있는 지를 판단하게 된다.

Ⅱ. 용접 검사 방법 분류

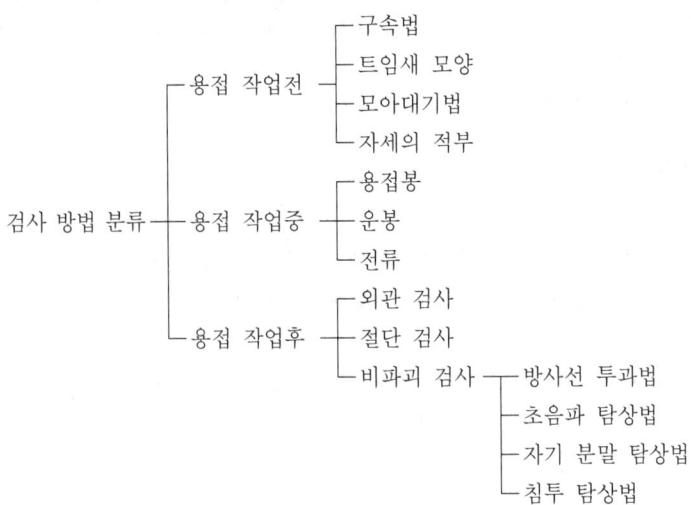

Ⅲ. 비파괴 검사

1. 방사선 투과법

1) 정의

가장 널리 사용되는 검사 방법으로서 X선, γ선을 용접부에 투과하고, 그 상태를 필름에 형상을 담아 내부 결함을 검출하는 방법이다.

2) 특징

① 검사 장소의 제한

② 검사한 상태를 기록으로 보존 가능

③ 두꺼운 부재의 검사 가능

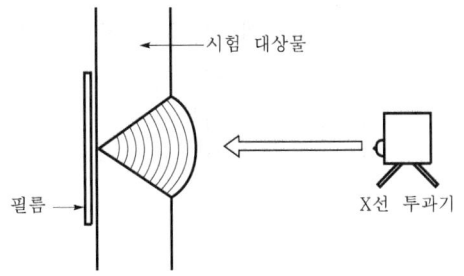

④ 방사선은 인체 유해

⑤ 검사관의 판단에 개인 판정 차이가 큼

2. 초음파 탐상법

1) 정의

용접 부위에 초음파의 투입과 동시에 브라운관 화면에 용접 상태가 형상으로 나타나며, 결함의 종류·위치·범위 등을 검출하는 방법이다.

2) 특징

① 넓은 면을 판단할 수 있으므로 빠르고 경제적

② T형 접합부 검사는 가능하나 복잡한 형상의 검사는 불가능

③ 기록성이 없음

④ 검사관의 기량에 판정 의존

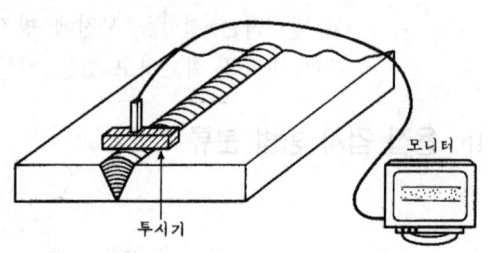

3. 자기 분말 탐상법

1) 정의

용접 부위의 표면이나 표면 주변의 결함, 표면 직하의 결함 등을 검출하는 방법으로 결함부의 자장에 의해 자분이 자화되어 흡착되면서 결함을 발견하는 방법이다.

2) 특징

① 육안으로 외관 검사시 나타나지 않은 균열·흠집·검출이 가능

② 용접 부위의 깊은 내부에 결함 분석이 미흡

③ 검사 결과의 신뢰성 양호

4. 침투 탐상법

1) 정의

용접 부위에 침투액을 도포하여 결함 부위에 침투를 유도하고, 표면을 닦아낸 후 판단하기 쉬운 검사액을 도포하여 검출하는 방법이다.

2) 특징

① 검사가 간단하며 1회에 넓은 범위를 검사할 수 있음

② 비철 금속 가능

③ 표면 결함 분석이 용이

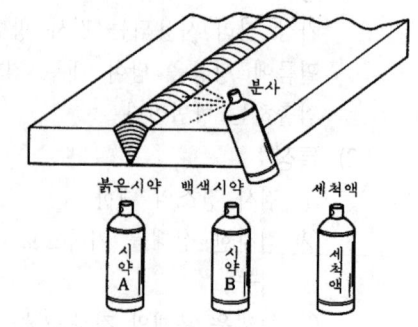

57 방사선 투과법(RT ; Radiographic Test)

Ⅰ. 정의

비파괴 검사 중 가장 널리 사용되는 검사 방법으로서 X선, γ선을 용접부에 투과하고, 그 상태를 필름에 형상을 담아 내부 결함을 검출하는 방법이다.

Ⅱ. 결함 분석

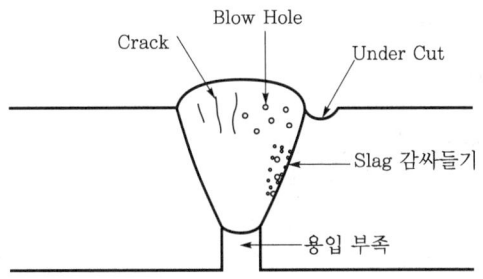

Ⅲ. 특징

장 점	단 점
① 검사한 상태를 기록으로 보존 가능	① 검사 장소의 제한
② 두꺼운 부재의 검사 가능	② 검사관 판단에 개인 판정 차이가 큼
③ 신뢰성이 있어 널리 사용	③ 미세한 균열의 발견 곤란
④ 검사 방법이 간단	④ 방사선은 인체 유해

Ⅳ. 검사 개발 방향

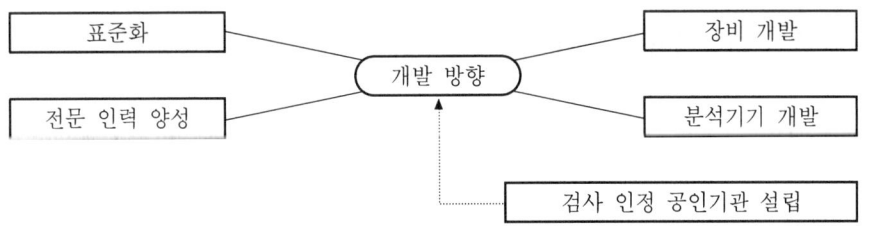

58 초음파 탐상법(UT ; Ultrasonic Test)

I. 정의

① 용접 부위에 초음파를 투입함과 동시에 브라운관 화면에 용접 상태가 형상으로 나타나며 결함의 종류, 위치, 범위 등을 검출하는 방법이다.

② 브라운관 화면에 나타난 영상으로 결함을 판정하며 넓은 면을 판단할 수 있으므로 검사 속도가 빠르고 경제적인 비파괴(N.D.T) 검사법이다.

II. 초음파 탐상 검사의 원리

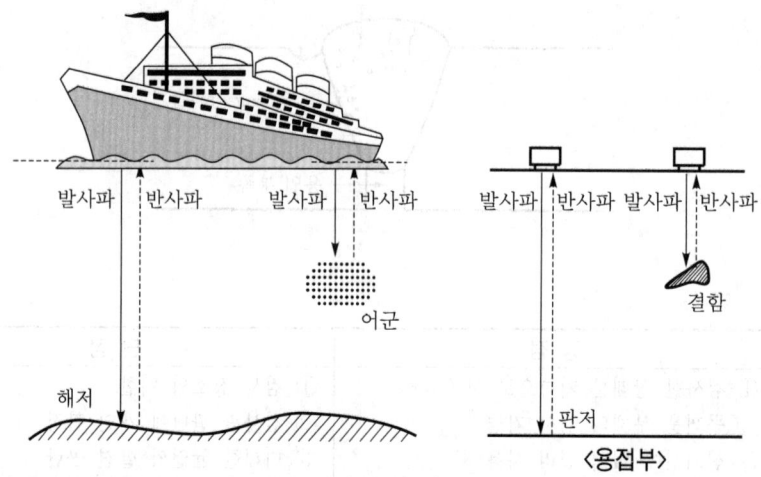

① 어군에 의해 반사되는 음파와 마찬가지로 철판내의 내부 결함은 발사된 음파를 반사시킨다.

② 이때, 반사음의 속도와 반사 시간을 측정하여 결함의 깊이를 측정할 수 있다.

III. 초음파 탐상법의 종류와 용도

탐상법	사용파의 종류	용 도
수직 탐상	세로파	판, 단조, 주조, 두께 측정, 용접
사각 탐상	가로파	용접, 관, 단조
판파 탐상	판파	박판
표면파 탐상	표면파	표면 결함

IV. 특징

① 장치가 소형(4 kg)으로 검사시 운반 취급이 편리하다.

② 검사 속도가 빠르고 경제적이다.

③ 맞댄 이음, T형 이음에 적용된다.

④ 균열의 검출이 용이하다.

⑤ 검사의 경험과 숙련이 필요하다.

⑥ Film을 사용하지 않으므로 기록성이 없다.

⑦ 복잡한 형상의 검사는 불가능하다.

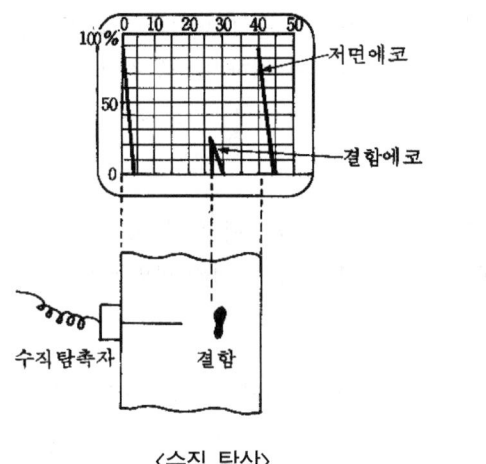

〈수직 탐상〉

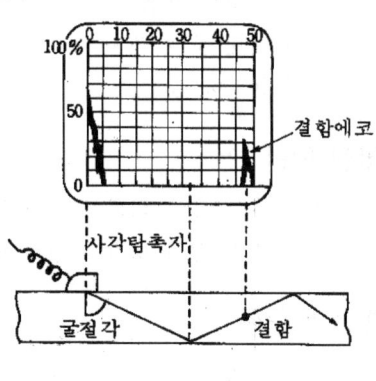

〈사각 탐상〉

V. 검사 방법 결정시 고려사항

① 실시 목적 및 시기

② 각 검사 방법에 따른 특성 파악

③ 검사 대상물의 재질·모양·크기

④ 예상되는 결함의 종류

59 용접 변형의 종류

Ⅰ. 개요

용접 변형은 용접시 온도 변화에 의한 이음부의 응력 변화를 말하며, 이로 인해 설치 정도 불량, 강도 저하, 용접 불량 등 품질이 저하되므로 철저한 방지 대책을 강구해야 한다.

Ⅱ. 발생 원인

① 용융 금속에 의한 모재의 열팽창 　② 용접열에 의한 모재의 소성 변형
③ 용착 금속의 냉각 과정의 수축 　④ 용접 순서와 방법에 따른 응력 발생

Ⅲ. 변형의 종류

① 각변형 : 용접시 온도가 일정하지 못할 경우 이음부의 가장자리 부위가 상부로 변형이 생기는 것
② 종수축 변형 : 길이가 긴 부재를 용접할 때 용접선 방향으로 수축하는 현상
③ 비틀림 변형 : 부재의 기본 구조 설계시 자체 강도 부족으로 용접과 동시에 비틀림 현상 발생
④ 좌굴 변형 : 수축 응력 때문에 중앙부에 파도 모양으로 변형이 발생하는 현상
⑤ 회전 변형 : 부재를 용접할 때 용접되지 않는 개선부가 외측으로 개선 간격이 커지거나 좁아드는 현상
⑥ 종굽힘 변형 : 길이가 긴 T형이나 I형 부재 용접시 좌우 용접선의 종수축량의 차이에 의해 발생
⑦ 횡수축 변형 : 용접선에 따라 직각 방향으로 수축 변형하는 것으로 개선 정밀 상태가 나쁘거나 용접 층수가 많을수록 크게 발생

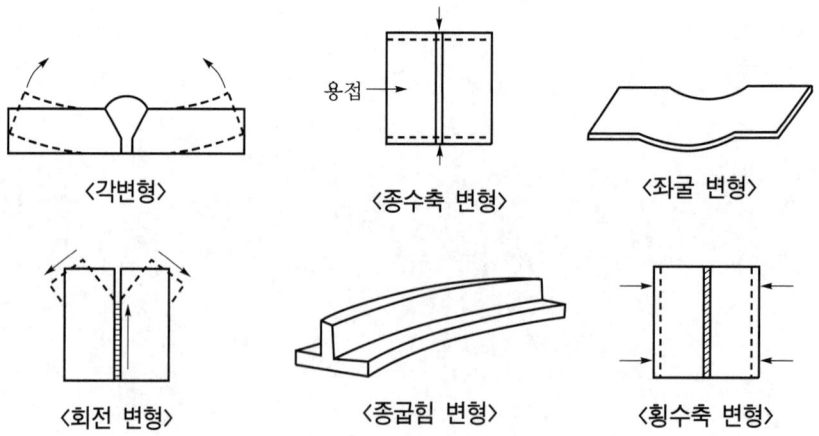

〈각변형〉　　〈종수축 변형〉　　〈좌굴 변형〉

〈회전 변형〉　　〈종굽힘 변형〉　　〈횡수축 변형〉

60 용접 작업전 준비 사항과 안전 대책

I. 개요

용접은 구조체의 응력을 접합·연결하는 중요한 작업으로 용접 시공에 앞서 사전 준비 및 용접 시공시 고소 작업으로 인한 재해 예방 대책이 필요하다.

II. 용접 작업전 준비사항

설계 및 시방서 검토	재료의 규격 준수 및 용접 순서, 용접 방법 등을 숙지
용접 숙련 정도 시험	용접 시공 숙련 정도를 체크하여 숙련정도에 맞는 현장 배치 계획 및 용접 교육 실시
개선부 관리	개선부의 청소 상태 사전 점검 및 개선부 각도, 폭, 간격 등의 개선 정밀도 확보
용접 재료 관리	용접봉의 건조 상태 및 보관함 속의 온도를 적정하게 관리
예열 관리	종류에 따른 예열 계획 및 예열 방법, 예열시 온도 등의 검토
천후 관리	강우, 강설, 강풍, 습도가 90% 초과시 및 기온이 0℃ 이하일 경우 작업 중단

III. 안전 대책

전격 예방	전기 용접기에 전격 방지기 부착으로 감전 사고 예방
차 광	용접용 색 글라스 사용 및 야간 작업시 옆으로의 빛에 주의
화상 예방	피부의 노출을 막고 가죽 장갑, 가죽 에이프런, 가죽 구두 등을 착용
추 락	발판을 안전하게 설치하고 낙하물 설치 및 개인 추락 방지용 안전 장구 착용
화재 예방	용접용 전선의 합선 및 용접 부근에 가연성 물질, 인화성 물질을 두지 말 것
감 전	누전 차단기 및 전격 방지기 부착 및 신체에 습윤, 습기 등을 제거후 작업 실시
환 기	좁은 공간에서 작업시 발생 Gas에 의한 질식, 중독 등의 방지를 위해 환기 시설 설치

61 강구조의 압축 부재와 휨부재의 연결 방법

[97전(20)]

Ⅰ. 개요

① 강구조의 압축 부재와 휨부재의 연결 방법에서 강관과 강관을 축방향으로 연결할 경우에 이음부에서 충분한 강성을 가지며 응력 전달이 확실한 고장력 볼트 또는 용접에 의한 직접 연결을 원칙으로 한다.

② 연결 방법으로는 직접 연결, 플랜지 연결, 연결판 연결, 가지 연결 등의 방법을 용도에 맞게 선정하여 강관을 연결한다.

Ⅱ. 연결 방법의 구비조건

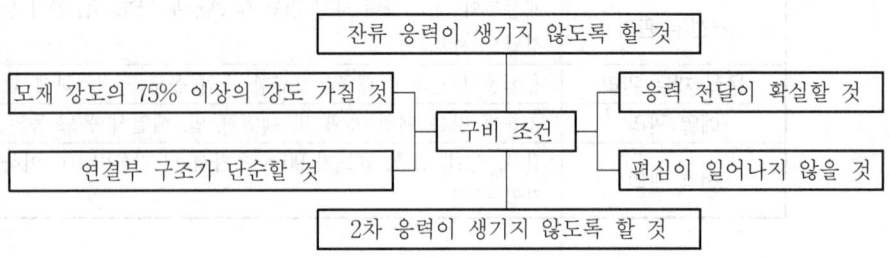

```
                    잔류 응력이 생기지 않도록 할 것

모재 강도의 75% 이상의 강도 가질 것                      응력 전달이 확실할 것
                                    구비 조건
    연결부 구조가 단순할 것                              편심이 일어나지 않을 것

                    2차 응력이 생기지 않도록 할 것
```

Ⅲ. 연결 방법의 종류

① 고장력 볼트 연결 : 강관의 주면에 연결판을 사용하여 원주 방향으로 일정하게 볼트를 배치하여 강결하는 방법으로 연결판의 분할은 4개소 이내로 한다.

② 용접 연결 : 강관의 축방향으로 직접 아크 용접하여 응력 전달을 확실하게 하는 공법이다.

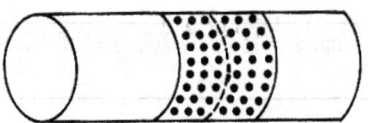

〈고장력 볼트에 의한 연결〉

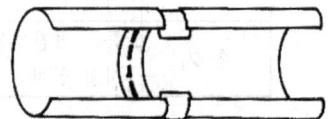

〈용접에 의한 연결〉

〈리브가 붙은 플랜지〉   〈겹 플랜지〉

③ 플랜지 연결 : 현장 연결에 용이한 공법으로 강관 선단부에 플랜지를 볼트로 붙여서 강관과 강관을 연결하는 방법으로 리브가 붙은 플랜지, 겹 플랜지 등이 있다.

④ 연결판 연결 : 강관의 연결 방법으로 주강관에서 지관을 설치할 때 연결부에 관통 연결판 또는 리브를 붙여서 주강관을 보강하는 공법이다.

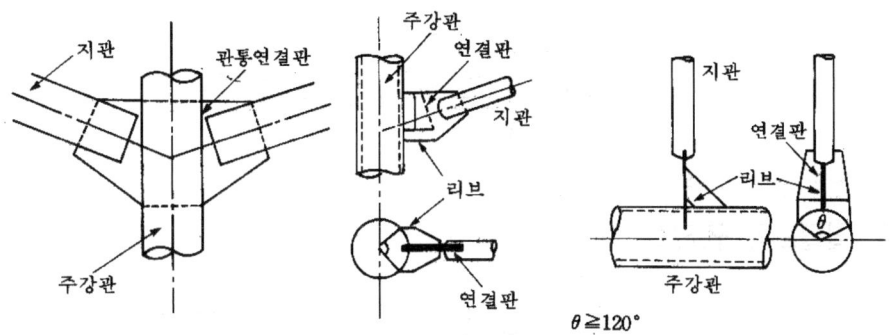

⑤ 가지 연결 : 강관 연결에서 주관과 지관을 연결할 때 두 개의 강관이 각도를 가지고 교차하는 연결로서 다른 보강판 또는 리브의 사용을 하지 않고 두 강관을 직접 연결하는 방법이다.

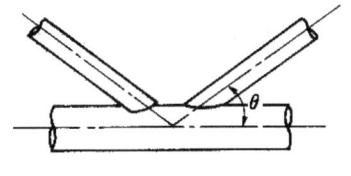
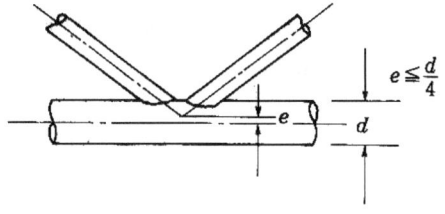

〈편심이 없는 가지 연결〉   〈편심이 있는 가지 연결〉

62 Stiffener(보강재)

Ⅰ. 정의

① 강재보의 Web 부분의 전단보강과 좌굴을 방지하기 위해서 설치하는 보강철판을 Stiffener라 하며, 종류는 수직 Stiffener와 수평 Stiffener가 있다.

② 강재보에서 Web의 춤을 높게 하면 보의 전단응력을 크게 할 수 있으나, 반면에 Web에 휨응력 또는 지압응력에 의해 좌굴이 발생하므로, 이를 방지하기 위해 Stiffener를 설치한다.

Ⅱ. 철골보에 작용하는 응력도

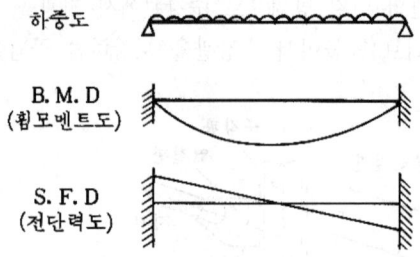

Ⅲ. 철골보의 구조도

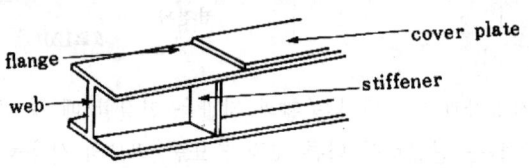

① Flange : 강재보에 작용하는 응력 중 휨모멘트(B.M)를 부담
② Cover Plate : Flange를 보강
③ Web : 강재보에 작용하는 응력 중 전단력(S.F)을 부담
④ Stiffener : Web를 보강

Ⅳ. Stiffener의 종류별 특징

1) 수평 Stiffener

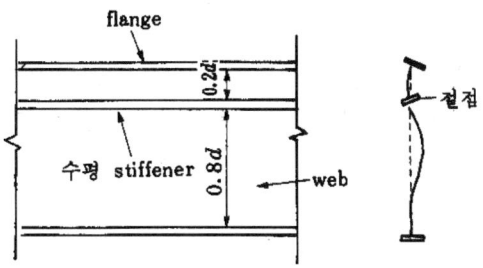

① 강재보의 Flange와 평행하게 설치하여 좌굴을 방지
② Stiffener의 설치 위치는 보춤(d)의 1/5(0.2d) 거리가 보강 효과가 가장 높음
③ Stiffener의 단면적은 Web 단면적의 1/20 이상

2) 수직 Stiffener

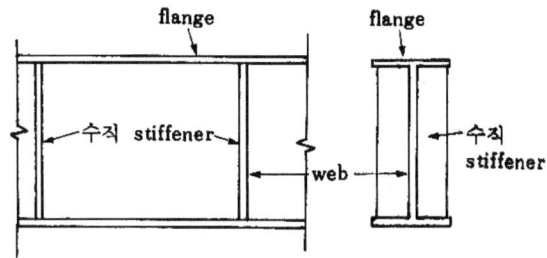

① 강재보의 Flange에 수직방향으로 Stiffener를 사용하여 전단 좌굴 강도를 크게 하여 좌굴 및 지압 파괴를 방지하는 Stiffener
② 수직 Stiffener의 분류
㉮ 하중점 Stiffener : 집중 하중이 작용하는 곳에 사용하는 Stiffener
㉯ 중간 Stiffener : 보의 중간에 사용하는 Stiffener

Ⅴ. 시공시 유의사항

① 보의 춤이 Web판 두께의 60배 이상일 때 Stiffener을 사용하며, 간격은 보 춤의 1.5배 이하로 함
② Stiffener의 재료는 앵글을 많이 사용하며, 사용시 Web판의 양면에 대칭적으로 설치
③ 하중점 Stiffener은 좌굴의 우려가 있으므로 큰 Stiffener을 사용
④ 수직·수평 Stiffener 2개를 사용할 경우는 동일 단면을 사용

63 가새(Bracing)

Ⅰ. 정의

① 강구조물에서 대각선 방향으로 설치하는 부재를 가새(Bracing)라 한다.

② 가새는 보나 기둥의 휨강성에 의한 수평력을 가새의 축강성으로 지지하기 때문에 구조 성능이 뛰어나다.

Ⅱ. 가새의 응력

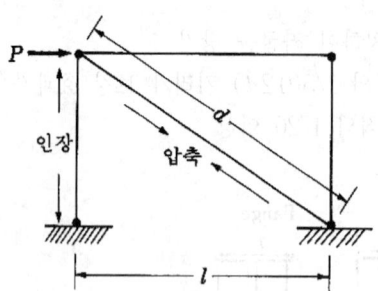

$$x = P \cdot \frac{d}{l}$$

x : 가새에 발생하는 응력(tonf)

P : 강구조물에 가해지는 수평력(tonf)

l : 기둥 간격(m)

d : 가새 길이(m)

Ⅲ. 가새의 역할

① 수직·수평재의 변형 방지

② 좌굴 방지

③ 강구조물의 안전성 확보

Ⅳ. 가새의 종류

1) 용도별 분류

① 수평 가새 : 지붕면(Truss), 바닥면에 사용

② 수직 가새 : 지붕 Truss의 수직부, 벽면에 사용

2) 형태별 분류

① 단일 대각 가새

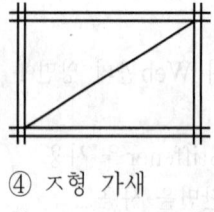

② 2중 대각 가새

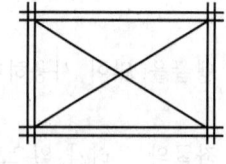

③ K형 가새

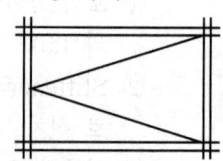

④ ス형 가새

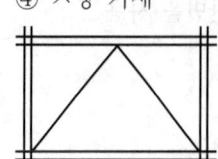

⑤ 마름모 가새

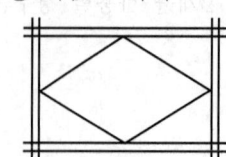

⑥ 귀잡이 가새

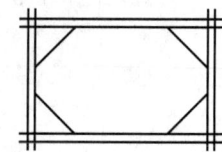

64 좌굴(Buckling) 현상

Ⅰ. 정의

① 압축재에 압축력을 가하면 재료의 불균일성에 의한 하중의 집중으로 압축력이 허용 강도에 도달하기 전에 휨모멘트에 의해 미리 휘어져 파괴되는 현상을 말한다.

② 좌굴은 보통 단면적에 비해 부재 길이가 긴 경우에 발생하기 쉽다.

Ⅱ. 좌굴의 종류

1) 압축 좌굴(Compressive Buckling)

① 기둥의 압축력 작용 위치 또는 기둥재의 결함 등에 의하여 발생하는 좌굴 현상

② 기둥 길이가 길수록 하중을 많이 못받아 압축 좌굴이 발생하기 쉽다.

③ 좌굴 길이

㉮ 양단 Pin 지지일 때의 좌굴을 기준

㉯ 다른 상태일 때는 좌굴 상황을 고려하여 재료의 길이를 수정

지지 상태	양단 Pin	양단 고정	일단 고정 타단 Pin	일단 고정 타단 자유
도해				
좌굴길이 (l_k)	l	$0.5l$	$0.7l$	$2l$

2) 국부 좌굴(Local Buckling)

① 판재(Plate) 및 형강과 같은 부재에서 두께에 비하여 폭이 넓은 경우 부재 전체가 좌굴하기 전에 부재의 구성재 일부가 먼저 좌굴을 일으키는 현상

② 폭, 두께의 비(比)가 일정 한도이내에 있도록 부재를 제조하여 국부 좌굴 방지

③ 평판보의 경우 폭, 두께의 비가 일정 한도를 넘을 경우 Stiffener 등으로 보강

3) 횡좌굴(Lateral Buckling)

① 강재보에 휨 모멘트 작용시 처음에는 휨변형을 하게 되지만 모멘트가 한계값에 도달하면 압축측 Flange가 압축재와 같이 횡방향으로 좌굴하는 현상

② 가새(Bracing), Slab 등으로 횡방향의 변형을 구속하여 횡좌굴 방지

65 Mill Sheet

I. 정의

① Mill Sheet란 철강 제품의 품질을 보증하기 위해 재료 성분 및 제원을 기록하여 Maker가 규격품에 대하여 발행하는 증명서이다.

② 제조 업체의 품질 보증서로 성분 및 특성을 나타내는 시험 성적서는 공인된 시험 기관의 것이어야 하며, Mill Sheet는 차후 품질관리 및 정도관리의 중요한 자료가 될 수 있다.

II. 용도

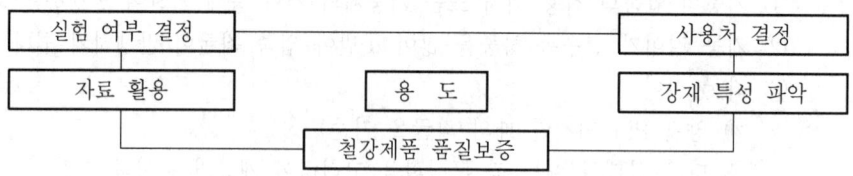

III. 기록 내용

1) 제품의 역학적 시험 내용
   ① 압축 강도 ② 인장 강도
   ③ 휨(Bending) 강도 ④ 전단 강도 등

2) 화학 성분 시험 내용
   ① Fe(철) ② S(황)
   ③ Si(규소) ④ Pb(납)
   ⑤ C(탄소) 등의 구성비

3) 규격 표시
   ① 길이 ② 두께
   ③ 지름 ④ 단위 중량
   ⑤ 크기 및 형상 ⑥ 제품 번호 등

4) 시험 규준의 명시
   ① 시방서(Specification)
   ② KS(한국산업규격 ; Korea Standards)
   ③ DIN(독일산업규격 ; Deutsche Industrie Norm)
   ④ AS(미국산업규격 ; America Standards)
   ⑤ BS(영국산업규격 ; British Standards)
   ⑥ JIS(일본산업규격 ; Japanese Industrial Standards) 등

66 강재의 저온 균열, 고온 균열

[06전(10)]

Ⅰ. 개요

① 강재에 발생하는 균열에는 용접 금속(Bead) 균열, 열영향부 균열 및 모재의 균열이 있다.

② 강재의 균열 온도별로 분류하면 저온 균열, 고온 균열 및 재열 균열이 있다.

Ⅱ. 강재 균열 모식도

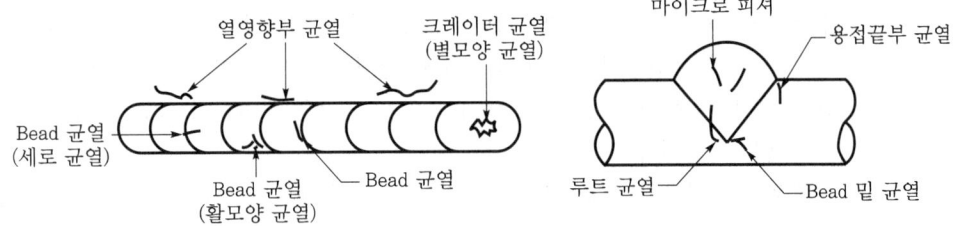

Ⅲ. 저온 균열(Cold Cracking)

1) 정의

① 강재의 저온 균열은 용접 작업후 용접 부위가 실온 가까이 냉각된 뒤에 시간이 경과함에 따라 발생하는 균열로 지연 균열이라고도 한다.

② 저강도 강재의 경우 주로 열영향부에서 균열이 발생하며, 고강도 강재의 경우 주로 용접 금속에서 균열이 발생한다.

2) 저온 균열의 분류

① 지연 균열(Delayed Cracking)형 저온 균열

② 담금질 균열(Quenching Cracking)형 저온 균열

③ Lamellar Tearing

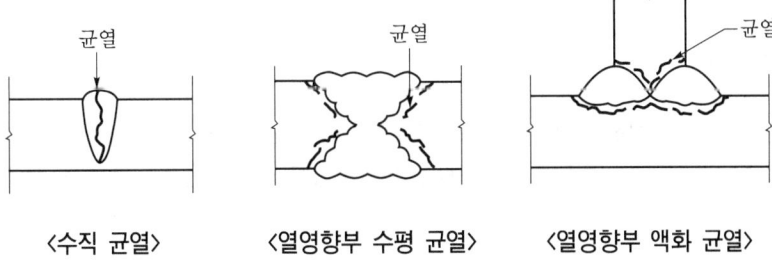

| 〈수직 균열〉 | 〈열영향부 수평 균열〉 | 〈열영향부 액화 균열〉 |

3) 저온 균열의 발생 3대 요소

① 용접부의 강도(경화도)

② 확산성 수소의 농도

③ 구속 응력의 크기

4) 균열 방지대책
   ① 저수소계 용접봉, 극저수소계 용접봉 사용
   ② 용접 자재의 건조
   ③ 국부 응력 감소
   ④ 균열 감수성이 낮은 재료 사용

Ⅳ. 고온 균열(Hot Cracking)

1) 정의
   ① 용접 금속의 응고 도중이나 냉각중에 비교적 고온에서 발생하는 균열로 용접 금속 또는 열영향부에서 발생되며, 그 원리상 모재에서는 발생되지 않는다.
   ② 고온 균열의 표면상태는 표면에 노출된 균열의 경우 대기중의 산소에 의해 산화에 의해 채색되나 표면에 노출되지 않는 균열은 산화되지 않는 금속 본래의 은백색을 나타낸다.
   ③ 균열의 끝부분은 대부분 날카롭지 않고 둥근 형태를 나타내어 다른 균열과 구분이 용이하다.

2) 고온 균열의 형태

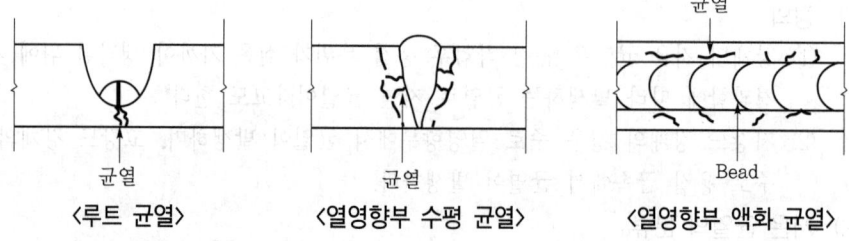

〈루트 균열〉　　　　〈열영향부 수평 균열〉　　　　〈열영향부 액화 균열〉

3) 고온 균열의 분류

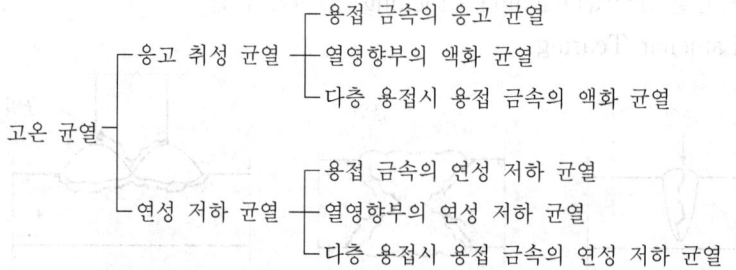

V. 재열 균열

1) 정의

　① 재열 균열이란 잔류 응력이 존재하는 용접부가 용접후 열처리 또는 후행 Bead
　　의 용접에 의해 재가열될 때 발생하는 균열을 말한다.

　② 균열 발생 장소는 열영향부 균열 및 Under Bead Cracking으로 구분한다.

2) 특징

　① 용접부 열처리 중 또는 고온에서 발생

　② 구속도가 크고 잔류 응력이 높은 용접부에서 발생

　③ 불순물 원소량이 많을수록 발생 가능성 큼

67 무도장 내후성 강재

[05중(10)]

Ⅰ. 정의

① 무도장 내후성 강재는 일반 강에 구리, 크롬, 니켈, 인 등 내식성이 우수한 원소를 소량 첨가한 저합금강으로 일반 강에 비해서는 4~8배 높은 내식성을 가지고 있다.

② 내후성 강이 대기에 노출되면 초기에는 일반 강과 유사한 녹이 발생하지만 시간이 경과함에 따라 그 녹의 일부가 서서히 모재에 빈틈없이 밀착한 안정녹층(보호 산화 피막)을 형성하고 이 녹층이 외부 환경에 대한 보호막이 되어 더 이상의 부식 진행을 억제하게 된다.

Ⅱ. 보호 산화 피막 형성 Mechanism

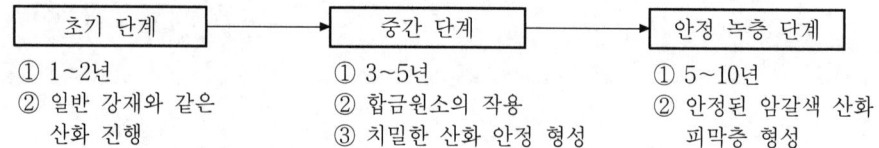

초기 단계	중간 단계	안정 녹층 단계
① 1~2년	① 3~5년	① 5~10년
② 일반 강재와 같은 산화 진행	② 합금원소의 작용 ③ 치밀한 산화 안정 형성	② 안정된 암갈색 산화 피막층 형성

Ⅲ. 종류

① 도장형 내후성 강재
② 무도장형 내후성 강재
③ 고내후성 압연 강재

Ⅳ. 특징

① 내후성이 높아 무도장으로 사용
② 재도장이 필요 없음
③ 유지관리 비용 절감
④ 환경관리에 유리
⑤ 내구성 증대
⑥ 강재가 고가
⑦ 초기 산화 단계시 녹발생으로 외관 저해

Ⅴ. 적용성

1) 조기에 균등한 외관이 필요한 지역
   비교적 경제적이고 외관도 우수함

2) 초기 외관이 중요하지 않는 지역
   가장 경제적이지만 흑피박리에 시간이 필요

3) 외관이 중요한 지역(도심, 전원)
   외관은 도장한 것과 동일하고, 도장용 내후성 강에 비해 경제적임

68 TMC(Thermo-Mechanical Control)강

[10전(10)]

Ⅰ. 정의

① TMC강은 가공열처리 또는 열가공 제어법이라고 부르며, 강재의 압연시 온도를 제어하는 제어압연을 기본으로 한다.

② TMC강은 제어압연으로 저탄소당량일지라도 높은 인장강도와 항복강도를 확보하며, 예전에는 TMCP(Thermo Mechanical Control Process)강재라고도 하였으나 KS규격에 의해 TMC강재로 규정하였다.

Ⅱ. TMC강재 적용

① 장대교량

② 후판교량(판두께 40cm 이상)

Ⅲ. 탄소당량에 따른 강재의 성질 변화

① 탄소당량이 0.85%일 때 강재의 강도가 최대

② 신장률은 탄소량 증가에 따라 감소

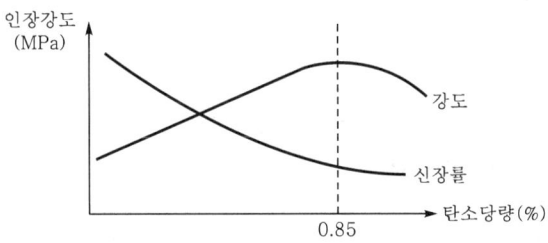

〈 탄소당량에 따른 강재의 성질변화 〉

Ⅳ. TMC강재의 특성

① 용접부위 열 영향 감소

② 소성능력이 우수하여 내진설계에 유리

③ 탄소당량이 낮아 용접성 우수

④ 철근콘크리트조에 비해 구조물의 수명 증대

⑤ 두께가 40mm를 초과해도 기계적 성질이나 용접성이 저하되지 않음

⑥ 고강도화와 고내구성화를 동시에 추구 가능

⑦ 일반강재에 비해 두께를 10% 감소 가능

⑧ 구조물 철거시 강재의 재활용 가능

69 강(剛) 구조물의 수명과 내용년수(內用年數)

[00후(10)]

Ⅰ. 개요

① 모든 강구조물은 그 사용 목적이나 주위의 환경 조건에 따라 수명 및 내용년수가 결정되는 것으로 구조물의 구조에도 크게 관련성을 가지고 있다.

② 강구조물의 수명과 내용년수는 구조물의 사용 재료, 피복상태, 작용 하중, 입지 조건, 유지관리 체계 등에 따라 달리 산정되어진다.

Ⅱ. 강구조물의 부식 및 내용년수

구 분	평균 년 부식률	평균 내용년수	부식을 고려한 두께 보강
일반 육상 토중	0.025 mm	80년	2.0 mm
염분 함유 토중	0.03 mm	80년	3.0 mm
바다 밑 토중 물속	0.03 mm 0.025 mm	80년	3.0 mm
수면 위 및 해저 지표면 사이	0.1 mm	80년	8.0 mm

Ⅲ. 강구조물의 수명

1) 의의

강구조물의 수명이란 구조물의 실제 성능이 요구되는 성능, 즉 필요 성능에 달했을 때를 뜻하는 것으로서 구조물의 사용성이 상실되기까지의 기간을 말한다.

2) 수명에 영향을 미치는 인자

① 주변의 환경조건　　　　② 사용 재료 및 목적

③ 피복 여부 및 피복 상태　　④ 유지관리

Ⅳ. 강구조물의 내용년수

1) 의의

내용년수란 구조물의 전체 또는 부분이 사용에 견딜 수 없게 될 때까지의 연수이며 정기적으로 유지보수를 행할 경우 설치후 모든 본질적 특성이 최저 허용치가 되거나 또는 이것을 넘는 기간을 말한다.

2) 내용년수 추가 방안

① 콘크리트, Mortar 피복

② 방청 및 전착 도장

③ 도금 및 금속 피막

④ 부재의 두께 증가

⑤ 전기 방식

70 | Camber(솟음)

I. 정의

① 토목 구조물에서 교량, 도로, 터널 등 콘크리트 구조물에서 시공 하중에 의한 처짐을 고려하여 산정된 처짐량 만큼 미리 상향으로 솟음을 두는 것을 Camber(솟음)라 한다.

② Camber 설치는 구조물의 자중을 고려하여 솟음량을 주게 되는데 특히 외관상 안전을 고려하여 처짐량보다 많게 두는 경우가 보통이다.

II. 적용

① 터널 지보공
② 콘크리트 보의 중앙부
③ 연속보 교량 상부공
④ FCM 공법

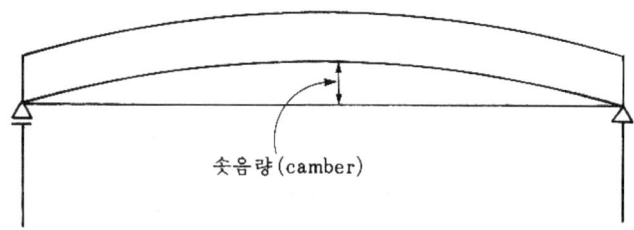

솟음량(camber)

III. 적용시 고려사항

① 지형 지질
② 지보공의 형식, 구조
③ 사하중
④ 작업 하중
⑤ 처짐량

IV. 처짐에 영향을 주는 요인

① Con'c 탄성 변형
② Con'c Creep 변형
③ 건조 수축
④ Prestress 손실
⑤ 작업 하중, 사하중
⑥ 강재의 늘어짐

V. 처짐량 산정

1) 탄성 처짐

콘크리트 구조물에 하중이 작용하는 즉시 부재는 탄성 거동을 한다고 보며 이 때 발생되는 처짐으로서 즉시 처짐이라고도 한다.

$$\delta = \frac{5\,Wl^4}{384EI}$$

δ : 처짐량
l : 지간
W : 등분포 하중
E : 콘크리트 탄성계수
I : 단면 2차 모멘트

2) 장기 처짐

① 주로 콘크리트의 Creep와 건조 수축으로 인하여 시간의 경과와 더불어 진행되는 처짐으로 장기 처짐이라 하며 여러 가지 요인에 의하여 변화되는 처짐이다.

② 시방서에서는 실험에 근거한 다음 계수 λ를 지속 하중에 의한 탄성 침하에 곱하여 장기 처짐을 추정하도록 규정하고 있다.

$$\lambda = \frac{x}{1 + 50p'}$$

$p' : \dfrac{As'}{bd}$ 지간 중앙의 압축 철근비

x : 지속 하중의 재하 기간에 따르는 계수

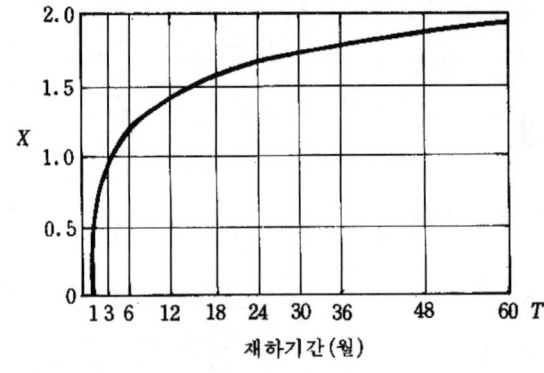

71 교량의 교면 방수

[09전(10)]

Ⅰ. 정의

① 교량의 교면 방수는 구조체인 교면에 물과 제설용 염화물 등의 침투를 막아 교량 전체의 내구성을 높이기 위해 실시한다.

② 교면의 바로 위에 접착제를 도포한 후 교면 방수를 실시하며, 방수 공법으로는 침투성 방수, 도막 방수, Sheet 방수 및 포장 방수층이 있다.

Ⅱ. 교면 방수 공법 분류

```
        ┌ 침투성 방수
        ├ 도막 방수
분류 ┤
        ├ Sheet 방수
        └ 포장 방수
```

Ⅲ. 분류별 특징

1) 침투성 방수

① 의의

교면의 표면에 방수제를 침투시키는 공법으로 넓은 범위의 시공시 유리하고, 사용 범위가 다양하다.

② 특징

장 점	단 점
• 시공성이 좋음 • 공기가 빠름 • 풍화·오염으로부터 보호 • 사용 범위가 넓음 • 백화 방지	• 장시간 경과 후 방수 효과에 우려 • 실적이 적어 신뢰성이 떨어짐 • 성능 평가가 어려움

2) 도막 방수

① 의의

도막 방수는 액체로 된 방수 도료를 한 번 또는 여러 번 칠하여 상당한 두께의 방수막을 형성하는 방수 공법이다.

② 특징

장 점	단 점
• 내후·내약품성 우수 • 시공 간단, 보수 용이 • 노출 공법 가능, 경량	• 균일 두께 시공 곤란 • 바탕 균열에 의한 파단 우려 • 방수 신뢰성 적음

3) Sheet 방수
  ① 의의
   Sheet 방수는 합성고무 또는 합성수지를 주성분으로 하는 두께 0.8~2.0 mm 정도의 합성고분자 루핑을 접착제로 바탕에 붙여서 방수층을 형성하는 공법이다.
  ② 특징

장 점	단 점
• 시공이 용이하며, 시공 속도가 빠름 • 시공비 저렴 • 방수 성능의 신뢰도가 비교적 우수 • 모서리부 시공성 우수 • 보호층 필요	• 재료비가 고가 • 바탕 미건조시 Pin Hole 등 발생 • 이음부 하자 발생 우려

4) 포장 방수
  ① 의의
   경질 아스팔트 골재와 방수제를 혼합하여 구성된 아스팔트 혼합물을 교면 상부에 도포하는 공법이다.
  ② 특징

장 점	단 점
• 재료의 접착성이 우수 • 균열에 대한 대처 성능 양호 • 방수층의 부풀음 현상 방지	• 시공이 복잡 • 공기가 다소 소요됨 • 하자 발생시 보수 곤란

72 연속 곡선교 교좌장치의 배치 및 설치 방법

[97전(20)]

Ⅰ. 정의

① 교량의 받침은 상부 구조에서 전달되는 상판의 무게와 교통 하중을 확실하게 하부 구조로 전달하는 장치로써 교좌(Shoe) 또는 교량 받침이라고도 한다.

② 온도 변화와 탄성 변화에 의한 상부 구조의 신축과 특히 처짐에 의한 회전 등 이 자유롭게 작동되어야 한다.

Ⅱ. 교좌의 종류

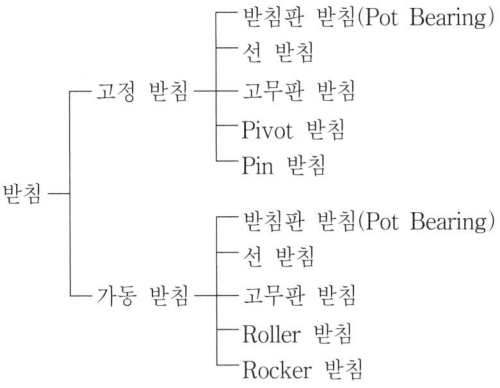

Ⅲ. 교좌의 배치

1) **상부 구조의 형식**

   교좌의 배치는 상부 구조의 형식과 지간장 등을 충분히 고려한 상태에서 결정한다.

2) **곡선교 및 사교**

   원심 하중이 많이 작용하는 곡선교 및 사교에서는 지점 반력의 작용 기구, 신축과 회전 방향 등을 검토하여 배치한다.

3) **장대 교량**

   Slab 또는 Box형교 등의 횡방향의 강성이 큰 교량에서는 받침의 수를 가능한 적게 한다.

4) **지점 반력**

   장대 교량에서의 교각 배치는 교량의 상부 구조에 따른 지점 반력이 확실히 전달 될 수 있게 배치한다.

5) **내구성**

   해상, 하상 등 습한 곳에서의 교좌장치는 부식에 의한 작동 불량 상태가 되지 않 게 입지조건을 고려하여 결정해야 한다.

6) **신축 활동**

   상부 구조의 신축 활동으로 수평 이동이 발생될 때 이에 대응할 수 있게 한다.

7) 회전 활동

장대 교량에서의 처짐 및 진동 등에 의한 지점부에서의 회전을 흡수할 수 있도록 배치한다.

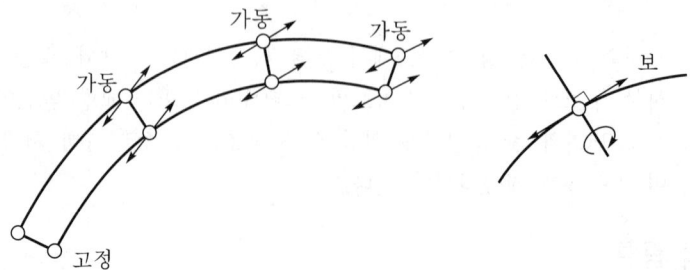

Ⅳ. 교좌의 설치

1) 받침의 고정

받침의 기능을 충분히 발휘할 수 있도록 소정의 위치에 정확히 시공하여야 한다.

2) 방식, 방청

도장 작업을 할 때에는 기온, 습도 및 도장 개소의 선정에 유의하여야 한다.

3) 배수

받침이 놓이는 부분에는 물이 고이지 않도록 배수가 양호한 구조로 해야 한다.

4) 이동 제한 장치

가동 받침부에는 지진과 같이 예측할 수 없는 사태가 발생하였을 때 보의 비정상적 이동을 방지하기 위한 이동 제한 장치를 설치해야 한다.

5) 앵커 볼트의 고정

하부 구조를 받침에 고정하고 앵커 볼트를 매입시킬 때에는 무수축성 모르타르를 사용하고 양생 과정에서 진동·충격 등이 전달되지 않도록 특히 유의한다.

6) 좌대 콘크리트

고무 받침의 경우 압축 강도 24 MPa 이상으로 하고 거푸집을 사용하여 특별히 세심하게 시공한다.

7) 받침의 규격

받침판의 두께는 원칙적으로 22 mm 이상으로 하고 주요부의 두께는 주강재 받침에 있어서는 25 mm 이상이며 주철재 받침에서는 35 mm 이상으로 한다.

8) 앵커 볼트의 규격

앵커 볼트는 받침에 작용하는 교량의 세로 방향 및 가로 방향의 전하중에 저항할 수 있는 단면적을 가져야 하며 최소 지름 25 mm로 하고 지름의 10배 이상의 길이를 하부 구조에 매입시켜 고정하여야 한다.

9) 받침 설치시 유의 사항

① 측량 오차

② 사하중 처짐에 의한 지간의 변화

③ 가조립시와 가설시의 온도차에 의한 지간의 변화

73 교좌의 가동 받침과 고정 받침

[02후(10)]

Ⅰ. 정의

① 교량의 받침은 상부 구조와 하부 구조 사이에 설치되어 상부 구조에서 전달되는 하중을 확실하게 하부 구조에 전달하는 장치이다.

② 온도 변화와 탄성 변화에 의한 상부 구조의 신축, 특히 처짐에 의한 회전 등이 자유롭게 작동되어야 한다.

Ⅱ. 선정시 고려사항

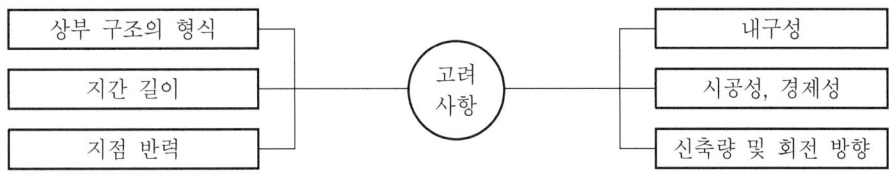

Ⅲ. 가동 받침

1) 정의

교량의 받침에서 상부 구조가 충격, 온도 변화 등에 의해 이동될 때 이를 저항없이 받아들이는 구조로서 상부 구조 형식에 따라 선정 사용된다.

2) 특징

① 이동 제한 장치 설치　　　　② 교량 규모에 따른 이동량 산정
③ 2방향 또는 4방향 이동 형식　④ 이동 저항력이 클 경우 교좌 파손 우려

3) 종류

종 류	기 능	도 해
선 받침	별도의 다른 장치 없이 상부와 하부가 선 접촉 상태로 되어 이동하는 받침	
받침판 받침	접촉면의 한면은 평면이고 한면은 구면 또는 원주면 형태의 받침판 형식의 받침	
고무판 받침	소규모 교량에서 하부 구조에 충격을 줄이고 이동을 할 수 있도록 한 받침	
Roller 받침	상부와 하부 사이에 Roller를 두어 이동 활동을 보다 원활히 할 수 있게 한 받침	

종 류	기 능	도 해
Rocker 받침	장경간에서 중량 하중을 받을 때 사용하는 받침으로 회전 활동은 Rocker의 Pin이 담당하고, 곡면상의 회전으로 신축 활동을 하게 하는 받침	

IV. 고정 받침

1) 정의

상부 하중을 하부로 전달하며 상부 구조의 변형, 이동을 억제하는 형식으로 교각과 상부 구조 사이에 설치하는 받침이다.

2) 특징

① 이동이 제한되어 있다.　　　　② 회전은 가능한 구조이다.

③ 교량의 구조에 따라 고정단에 설치된다.　④ 충격 흡수용 장치가 필요하다.

3) 종류

종 류	기 능	도 해
선 받침	원주면과 평면의 조합에 의한 것으로 회전은 구름에 의하며, 수평 하중은 미끄럼에 의하는 받침	
받침판 받침	상부와 하부가 받침판 형식으로 구성되어 상부 하중을 하부로 전달하는 구조	
고무판 받침	상부에 작용하는 하중을 무리없이 하부로 전달하기 위하여 충격 흡수용 고무판을 이용한 받침	
피보트 받침	작용 하중에 의하여 처짐이 발생시 회전을 자유롭게 하기 위하여 사용하는 받침	
핀 받침	상부와 하부 사이에 핀을 사용하여 회전을 자유롭게 하고, 상부와 하부의 이동을 억제시키는 받침	

V. 가동 받침과 고정 받침의 기능 비교

기 능	가동 받침	고정 받침
지압	가능	가능
회전	가능	가능
이동	가능	불가능

74 포트 받침(Pot Bearing)과 탄성고무 받침의 특성 비교

[98전(20)]

Ⅰ. 정의

① 교량의 받침은 상부 구조에서 전달되는 하중을 확실하게 하부 구조에 전달하는 장치이다.

② 온도 변화와 탄성 변화에 의한 상부 구조의 신축, 특히 처짐에 의한 회전 등이 자유롭게 작동되어야 한다.

Ⅱ. 받침의 종류

1) 고정 받침

   Pot Bearing(받침판 받침), 선 받침, 고무판 받침, Pivot 받침, Pin 받침

2) 가동 받침

   Pot Bearing(받침판 받침), 선 받침, 고무판 받침, Roller 받침, Rocker 받침

Ⅲ. Pot Bearing

1) 정의

   접촉면 한쪽은 평면이고 다른 쪽은 구면 또는 원주면으로 된 금속 제품의 받침으로 탄성 변형과 미끄럼에 대하여 작용하는 받침이다.

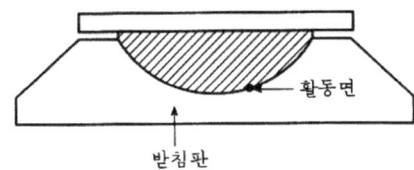 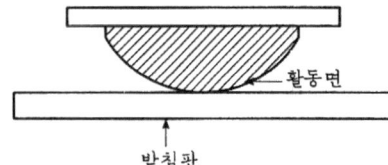

<Pot Bearing>

2) 특성

   ① 마찰계수가 작다.

   ② 받침 높이를 작게 할 수 있다.

   ③ 전도에 대한 안정성이 뛰어나다.

   ④ 가동 또는 고정 받침으로 이용된다.

   ⑤ 접촉면에 흑연, 불소 수지판을 사용하여 마찰 계수를 작게 한다.

Ⅳ. 탄성고무 받침

1) 정의

   고무의 탄성을 이용하는 것으로 강판과 고무판을 다층 구조로 만들어 회전 및 이동량을 흡수하는 받침이다.

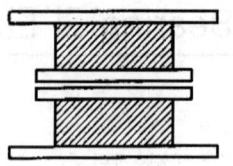

\<탄성고무 받침\>

2) 특성
　① 상부 전달 충격 하중을 흡수한다.
　② 적정 범위의 회전을 허용하며 이동이 자유롭다.
　③ 내구성이 좋다.

V. 특성 비교

구 분	Pot Bearing	탄성고무 받침
마찰계수	작다	크다
회전단	자유 회전으로 사용	국한 회전
고정단	사용 가능	이동량 흡수
내구성	부식 우려	파손 우려
경제성	고가	저렴
시공성	우수	우수

75 교량 받침의 손상 원인

[12중(10)]

Ⅰ. 정의

① 교량의 받침은 상부 구조와 하부구조 사이에 설치되며, 상부 구조에서 발생되는 하중을 하부구조로 전달하는 장치이다.

② 교량 받침의 종류에는 고정 받침과 가동 받침이 있으며, 각각에 따라 손상 원인이 다르므로 원인별 대책을 수립하여야 한다.

Ⅱ. 교량 받침의 종류

1) 고정 받침
상부구조의 변형 및 이동을 억제하는 형식

2) 가동 받침
상부구조가 충격 및 온도변화에 따른 이동을 흡수하는 형식

Ⅲ. 교량 받침의 손상원인

1) 고정 받침
① Anchor Bolt 손실
② 고정핀 손상
③ 구조물과 받침 접합부의 균열 및 파손
④ 회전 장치의 마모

2) 가동 받침
① 교량 상부구조의 신축량 잘못 선정
② Roller 장치의 손상
③ 교좌 장치의 마모 및 파손
④ 교좌의 과소 설계

Ⅳ. 방지 대책

① 교좌의 적정 배치
② 받침 설치 부분의 배수 철저
③ 교량 받침의 방식 및 방청 철저

76 하천의 교량 경간장

[10중(10)]

Ⅰ. 정의

① 교대 또는 교각과 이웃하는 교각의 사이를 경간이라 하며, 교대 또는 교각의 중심선과 이웃하는 교각의 중심선 사이를 경간장이라 한다.

② 하천의 교량 경간장은 하천의 상황, 지형의 상황 등에 의해 결정되며, 최대 70m까지 가능하다.

Ⅱ. 경간장의 기준

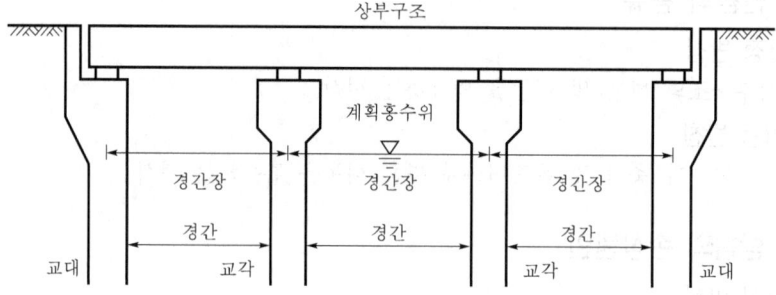

① 계획홍수량이 $500 \, \mathrm{m^3/sec}$ 미만이고, 하천폭이 $30 \, \mathrm{m}$ 미만인 하천 : $12.5 \, \mathrm{m}$ 이상

② 계획홍수량이 $500 \, \mathrm{m^3/sec}$ 미만이고, 하천폭이 $30 \, \mathrm{m}$ 이상인 하천 : $15 \, \mathrm{m}$ 이상

③ 계획홍수량이 $500 {\sim} 2{,}000 \, \mathrm{m^3/sec}$인 하천 : $20 \, \mathrm{m}$ 이상

④ 주운(舟運)을 고려할 경우에는 주운에 필요한 최소 경간장 이상

Ⅲ. 경간장 결정시 고려사항

① 교량 구조

② 통수 단면

③ 계획홍수량을 산정하여 통수량을 확보할 수 있는 경간장

④ 선박 통행시 주운을 고려

⑤ 치수 능력 검토

77 교량의 안전 점검

I. 정의

교량의 안전 점검이란 도로 유지관리 업무의 일환으로 관리 구조물의 기능 및 성능 저하 등을 신속하고 정확하게 조사, 측정, 평가하여 그에 대한 적절한 조치를 취함으로써 사고를 예방함과 동시에 과학적이고 체계적으로 교량을 유지, 관리하는 것을 말한다.

II. 안전 점검 종류별 필요 장비

구 분	필요 장비
일상 점검	일상적 휴대 장비 및 간단한 접근 장비
정기 점검	일상적 휴대 장비, 접근 장비, 간단한 비파괴 점검 장비
긴급 점검	일상적 휴대 장비, 접근 장비, 간단한 비파괴 점검 장비
정밀 안전 진단	일상적 휴대 장비, 접근 장비, 간단한 비파괴 점검 장비, 정밀 계측 장비

III. 안전 점검의 필요성

① 이용 차량들의 대형화, 중량화에 따른 피로 하중에 의한 구조물 파손
② 자연 조건(온도 변화)에 따른 구조물 수축·팽창 반복에 의한 부위별 기능 저하
③ 풍수해 및 동해로 인한 결함 발생
④ 동절기 제설 작업시 사용되는 자재(염화칼슘, 모래 등)에 의한 부식 발생
⑤ 기존 구조물 보완 대책에 의한 추가 시설 판단

IV. 안전 점검 대상

1) 일상 점검
   도로상 모든 교량
2) 정기 점검
   도로상 교량중 시설물의 안전관리에 관한 특별법에서 정한 1, 2종 교량과 그 외 교량중 관리 주체가 필요하다고 판단되는 교량
3) 긴급 점검
   태풍, 집중 호우, 폭설 등의 재해가 발생한 경우, 긴급한 손상이 발견된 때는 관리 주체가 필요하다고 판단되는 교량
4) 정밀 안전 진단
   도로상 교량중 시설물의 안전관리에 관한 특별법에서 정한 1종 교량중 완공후 10년 이상 경과된 교량과 관리 주체가 선정한 교량

V. 안전 점검 장비

점검 내용 \ 점검 장비			점검 장비
휴대 장비			망원경, 확대경, 손전등, 카메라, 필기도구(흑판, 분필, 매직펜), 줄자, 균열등, 교통 통제 기구 등
접근 장비			사다리
			점검차, 굴절차, 상판 노후도 측정 장비
			점검 보트
			수중 카메라
비파괴 장비	콘크리트 손상 탐사 장비	콘크리트 강도 측정	슈미트 해머, 초음파 탐사기, 탄성파 탐사기
		콘크리트 균열 및 결함 탐사	초음파 탐사기, 탄성파 탐사기, 음파 탐사기(AE법), 레이저 탐사기, 적외선 카메라
		철근 탐사	페코미터, 방사선 투과기
		철근 부식 탐지	레이더 탐사기, 부식 측정기
		콘크리트 열화도 탐사	탄산화 시험, 알칼리 골재 반응 시험
		염해 탐사	재료 시편에 대한 염해 시험
	강재 손상 탐사 장비	표면 균열 탐지	자기 입자 탐사기, 초음파 탐사기, 염료 침투법, 와동 전류법
		내부 결함 탐지	초음파 탐사기, AE 장비, 방사선 투과기
		용접부 결함	방사선 투과기, 초음파 탐사기
		피로 균열 탐사	자기 입자 탐사기, 염료 침투법, 초음파 탐사기
		응력 부식 탐사	자기 입자 탐사기, 염료 침투법
		두께 검사	초음파 탐사기, 방사선 탐지기

78 풍동시험

[10후(10)]

Ⅰ. 정의

① 풍동시험의 목적은 구조물공사가 시작되기 전, 구조물의 준공 후에 예상되는 문제점을 파악하여 설계·시공상의 문제점들을 수정 보완하는 데 있다.

② 구조물 준공 후에 나타날지도 모를 문제점을 미리 파악하고 설계에 반영할 목적으로 실시하며, 건물 주변의 기류를 파악하여 풍해의 예측 및 그에 따른 대책을 수립하는 시험을 풍동시험이라 한다.

③ 풍동시험은 교량공사에서 주로 실시하며, 특히 사장교에서 많이 시험한다.

Ⅱ. 시험방법

구조물 주변의 지형 및 구조물 배치를 축척 모형으로 만들어 원형 turn table의 풍동 속에 설치한 후 과거의 10~50년 또는 100년 간의 최대풍속을 가하여 풍압 및 영향시험을 실시

Ⅲ. 목적

① 준공 후 예상 문제점의 파악

② 무하자 설계 추진

③ 시공의 불확실성 제거

④ 구조물의 성능 확보

⑤ 교육 및 홍보 효과

Ⅳ. 측정(시험방법)

① 구조물 풍압시험

② 구조하중시험

③ 고주파 응력시험

④ 통과 차량 및 보행자의 풍압영향시험

79 측방 유동

[07중(10), 08후(10), 10중(10)]

Ⅰ. 개요

① 교대는 재료 특성이 다른 교량과 토공의 경계 위치에 설치되어 각기 다른 지지 구조를 가지게 되므로 많은 문제점이 발생된다.

② 교대의 수평이동, 단차, 경사 등의 문제점은 하부 연약층의 측방 유동 현상에 기인하는 것으로 알려져 있다.

Ⅱ. 교대 측방 유동 판정기준

판정기준	제안자
측방 유동 지수	일본도로공단
측방 이동 판정 지수	일본건설성
측방 이동 수정 판정 지수	한국도로공사
원호 활동 안전율	Terzaghi

Ⅲ. 측방 유동의 원인

① 뒤채움 편재 하중
② 교대배면 성토 과대
③ 기초처리 불량
④ 지반의 이상 변형
⑤ 부등 침하
⑥ 지진에 의한 영향
⑦ 상부 편심 하중 작용
⑧ 측방향 하중
⑨ 하천수의 흐름
⑩ 세굴 및 침식

Ⅳ. 방지 대책(측방 이동 억제 공법)

① 연속 Culvert 공법
② 파이프 매설 공법
③ 박스 매설 공법
④ EPS 공법
⑤ 슬래그 뒤채움 공법
⑥ 성토 지지 말뚝 공법
⑦ 소형 교대 공법
⑧ AC(Approach Cushion) 공법
⑨ 압성토 공법
⑩ 프리로딩(Preloading) 공법
⑪ 샌드 콤팩션(Sand Compaction)
⑫ 생석회 방식
⑬ 주입 공법
⑭ 치환 공법
⑮ 버팀 슬래브
⑯ 기초 세굴 방지

80 교량의 내진 분리 시스템

Ⅰ. 정의

① 지진에 의한 교량의 피해는 주로 상부 구조와 하부 구조가 분리 이탈되어 제 기능을 상실하거나 손상, 단차, 붕괴 등으로 나타난다.

② 내진 분리 시스템이란 교량의 상부 구조와 하부 구조 사이에 수평 방향으로 유연한 특성과 에너지 감쇠 특성을 동시에 갖는 베어링을 설치하여 지진에 의한 에너지를 흡수하여 교량을 보호하는 시스템으로 일종의 교좌장치 시스템이다.

Ⅱ. 내진 분리 베어링의 요구되는 기본 성질

① 지진시 상부 구조에서 하부 구조로 전달되는 하중이 적어야 한다.

② 상하부 구조 사이의 상대 변위가 허용 범위 이내로 제한되어야 한다.

③ 제동 하중 또는 풍하중 등의 상시 하중에 저항할 초기 강성이 있어야 한다.

④ 충분한 내구성이 있어야 한다.

⑤ 시공성, 경제성이 있어야 한다.

Ⅲ. 특징

① 교량의 내진 안전성 확보

② 상부 구조의 수평 하중 전달 감소

③ 하부 구조 손상 감소

④ 기존 교좌장치의 교환 작업으로 시공 가능

⑤ 상부 하중에 의한 충격력 완화

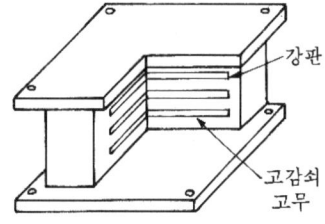

high damping rubber bearing

Ⅳ. 내진 분리 베어링

1) 정의

고무판 사이에 강판을 설치하여 고무의 전단 변형으로 휨방향의 유연성과 강판으로 연직 강성의 효과를 얻을 수 있게 강판과 고무를 샌드위치 형식으로 만든 받침이다.

2) 효과

① 고무에 의한 에너지 감쇠 능력 증가

② 중앙부 원통형 납에 의한 초기 강성 확보

③ 강판으로 연직 강성 확보

3) 종류

① 마찰 특성을 이용한 활동 베어링

② 연강(Mild Steel)의 탄·소성 특성을 이용한 탄·소성 베어링

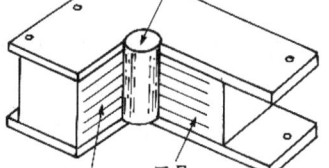

lead-rubber bearing

< 고무 베어링 >

81 지진파(지반 진동파)

[04전(10)]

Ⅰ. 정의

① 지진이 발생하면 지진파가 발생하며, 이 지진파는 지구 내부에서 여러 요인에 의해 생성되는 응력을 받아 생성되어 탄성파라고 한다.

② 지진파(탄성파)는 크게 중심파와 표면파로 분류된다.

Ⅱ. 지진파의 종류

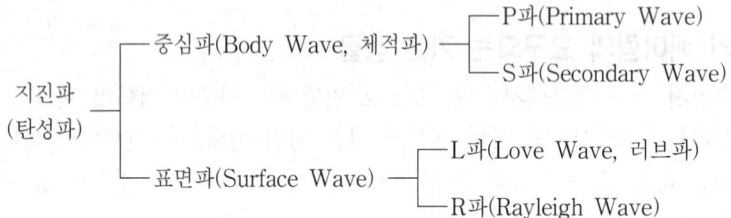

Ⅲ. 종류별 특징

1) P파(Primary Wave)

① 전파 속도는 5~8 km/s 정도로 가장 빠르다.

② 매질(媒質, Medium)의 입자가 파의 진행방향과 같은 방향으로 전파되는 종파이다.

③ 매질이 압축과 팽창을 반복하여 밀도에 변화를 준다.

④ 지구 내부 구조를 조사하는데 주로 이용된다.

2) S파(Secondary Wave)

① S파는 P파보다 속도가 느려 P파 다음으로 도착한다.

② 속도는 약 4 km/s 내외로, 이는 매질의 입자의 진동방향이 진행방향과 직교하는 횡파로써, 부피변화 없이 전단 변형을 일으키게 된다.

③ S파는 고체만 통과할 수 있다.

④ 수평 운동하는 P파와 달리 위아래로 운동하기 때문에 상하동 지진계에 기록된다.

3) L파(Love Wave, 러브파)

① L파는 진행방향에 수평으로 표면을 따라 진동하기 때문에 파괴력이 크다.

② 진폭이 크며 속도는 3 km/s 내외 정도로 느리다.

③ 매질의 밀도 변화를 수반하지 않는 지진파이다.

4) R파(Rayleigh Wave)

① R파는 지진파 중 가장 강력한 파괴력을 가진다.

② 전파 속도는 L파와 비슷하며, 진행방향에 대하여 역회전 원운동을 하기 때문에 매질의 밀도 변화를 수반한다.

③ 고층 건물에 치명적 손상을 가하여 큰 피해를 주게 된다.

Ⅳ. P파, S파, L파의 비교

종 류	P파	S파	L파
속도	약 5~8 km/s	약 4 km/s	약 3 km/s
도착순	첫째	둘째	셋째
진폭	작다	중간	크다
피해	작다	중간	크다
파동	종파	횡파	혼합
통과물질	고체, 액체, 기체	고체만 통과	지표면으로 전달

82 교량의 내진과 면진 설계

[08후(10)]

I. 정의

교량에 미치는 지진의 영향을 최소화하여 교량 구조물의 안정성을 확보하는 방법에는 내진 설계와 면진 설계 및 제진 설계가 있다.

II. 내진 설계

1) 개념
① 지진에 대항하여 강성이 높은 부재를 구조물 내에 배치
② 구조물 내에 강성이 우수한 부재(내진벽 등)를 설치하여 지진에 견딜 수 있게 하는 구조 설계
③ 구조물을 튼튼하게 설계하여 무조건적으로 지진에 저항하고자 하는 구조를 의미함

2) 내진 설계 요소

요 소	내 용
라멘	수평력에 대한 저항을 기둥과 보의 접합 강성으로 저항
내력벽	라멘과의 연성 효과로 구조물의 휨방향 변형을 제어함
구조체 Tube System	① 내력벽의 휨변형을 감소시키기 위해 외벽을 구체 구조로 함 ② 라멘 구조에 비해 휨변위를 1/5 이하로 감소
D.I.B (Dynamic Intelligent Building)	구조물이 지진에 흔들려도 컴퓨터를 이용하여 흔들리는 반대 방향으로 구조물을 움직여서 지진에 대한 진동을 소멸시키는 장치가 설치된 구조

III. 면진 설계

1) 개념
① 지진에 대항하지 않고 피하고자 하는 수동적 개념
② 지반과 구조물 사이에 고무와 같은 절연체를 설치하여 지반의 진동 에너지를 구조물에 크게 전파되지 않게 하는 구조 설계
③ 지진에 의해 발생된 진동이 구조물에 전달되지 않도록 원천적으로 봉쇄하는 방법을 사용한 구조물

2) 주요 기능
① 지진 하중을 감소시키기 위해 주기를 길게 할 것
② 응답 변위와 하중을 줄이기 위해 에너지 소산 효과가 탁월할 것
③ 사용 하중하에서도 저항성이 있을 것
④ 온도에 의한 변위를 조절할 수 있을 것

⑤ 자체적으로 복원성을 보유할 것

⑥ 경제성이 있도록 유지비가 적게 들어야 할 것

⑦ 지진 발생 후 손상을 입었을 경우에 수리 및 대체가 용이할 것

⑧ 지진 하중에 의해서 과도한 변위가 발생하지 않아야 할 것

Ⅳ. 제진 설계

1) 개념

① 효율적으로 지진에 대항하여 지진의 피해를 극복하고자 하는 개념

② 구조물 내·외부에 필요한 장치를 부착하여 다가오는 지진파에 반대파를 작동하여 지진파를 감소, 상쇄 및 변형시켜 지진파를 소멸시키는 구조 설계

③ 내진이나 면진은 적용 사례가 많으나 제진 구조는 적용 사례가 적고 지속적인 연구가 필요함

2) 제진 장치

① 수동형

진동시 구조물에 입력되는 에너지를 내부에 설치된 질량의 운동 에너지로 변화시켜 구조물이 받는 진동 에너지를 감소시킨다.

② 능동형

센서에 의해 지진파 또는 구조물의 진동을 감지하여 외부 에너지를 사용한 구동기를 이용하여 적극적으로 진동을 제어한다.

③ 준능동형

보와 역V형의 가새 사이에 실린더록 장치를 설치하여, 이것을 고정하거나 풀어주면서 구조물의 강성 및 고유 주기를 변화시킴으로써 진동을 제어한다.

83 지진이 구조물에 미치는 영향과 대책

Ⅰ. 개요

① 그동안 지진의 영향을 과소평가 하여 구조물의 구조 설계시 고려하지 않았으나, 전문가의 분석 결과 구조물에 유해한 영향을 줄 수 있는 지진의 발생 가능성이 밝혀져 정부에서도 1987년 2월부터 모든 고층 구조물의 설계에는 내진 설계를 의무적으로 채택하도록 한다.

② 지진의 강도 표시는 1~10까지로 나타내며 3 이상이면 구조물에 영향을 미친다.

Ⅱ. 내진 설계의 개념

① 수평 하중(지진, 풍하중)을 구조 계산시 적용한다.

② 강도 지향성 : 구조물이 높은 강도를 가짐으로써 지진에 저항한다.

③ 연성 지향성 : 지진 에너지를 흡수하는 구조이다.

④ TMD(Tuning Mass Damper) : 지반에 센서를 부착하여 지진을 미리 예측하여 구조물을 지진의 진동 주기와 반대로 인위적으로 진동시켜 서로 상쇄시키는 방법이다.

Ⅲ. 구조물에 미치는 영향

1) 지반

① 부동 침하 발생

② 지반의 액상화 현상

③ 지반 운동의 증폭 효과

④ 연약 지반에서는 고층 구조물이 암반에서는 저층 구조물이 더 큰 피해 초래

2) 구조물

① 기둥의 취성 파괴가 발생

② 구조물의 비대칭으로 비틀림 파괴

③ 강구조 구조물의 좌굴

④ 비내력벽·설비·전기 배관의 파괴

⑤ 마감재(돌·타일 등)의 탈락

Ⅳ. 대책

1) 설계시

① 기초 설계

㉮ Tie Beam으로 일체화 한다.

㉯ 평면 전체를 지하실로 한다.

㉰ 경질 지반까지 지지시킨다.

② 구조체 설계

㉮ Frame Shear Wall 구조 설계를 적용한다.

㉯ 구조물 평면을 대칭시킨다.

㉰ 구조물 높이와 폭의 비가 3~4 이하가 되도록 설계한다.

㉱ 강도와 강성이 균일하게 연속적으로 분포한다.

㉲ 기둥보다는 Beam이 먼저 소성 변형이 일어나도록 설계한다.

2) 재료의 선택

① 에너지 소산(Dispersion) 능력이 우수한 연성이 좋은 재료를 선택한다.

② 지진은 질량에 비례하므로 가볍고 강한 재료를 선택한다.

③ 부재간의 연속성·단일성·연결성이 좋아야 한다.

3) 시공시 주의사항

① 설계기준강도 이상의 콘크리트를 사용한다.

② 기둥과 보의 접합부를 밀실하게 시공한다.

③ 철근의 배근 간격·위치·정착 길이·후프 등을 정밀 시공한다.

④ Expansion Joint를 설치한다.

Ⅴ. 구조 거동 해석

① 등가정적 해석법 : 지진에 대한 구조물의 거동을 해석하는 가장 간단하고 많이 쓰이는 약산 방법

② 동적 해석법 : 등가정적 해석법보다 정확한 결과를 얻을 수 있는 해석 방법

84 교량 관련용어

1) 병용교(Combined Bridge)
   교량을 분류할 때의 명칭으로, 철도와 도로, 수로와 도로 등이 동시에 통과하는 다리
2) 점 받침(Point Support)
   ① 고정 받침의 일종으로 상하부 받침체가 각각 다른 곡률 반경을 가진 구면으로 되어 있다.
   ② 수평 이동에 대해서는 전체의 방향에 대항하여 저항하지만 각 변화에 대해서는 전방향 자유이다.
3) 직주형 교각(Longcolumn Form Pier)
   2개 내지 수 개의 기둥에 의해 하중을 떠 받치는 교각
4) 캡 케이블(Cap Cable)

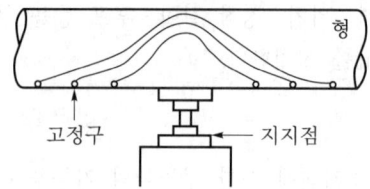

   Prestressed Concrete 연속 거더에 있어서 지지점 위의 마이너스 휨 Moment를 상대하도록 배치된 Cap 모양의 PC Cable

아들·딸들을 위하여

꾸지람 속에서 자란 아이
비난하는 것 배우며
미움 받으며 자란 아이
싸움질만 하게 되고
놀림 당하며 자란 아이
수줍음만 타게 된다.
관용 속에서 자란 아이
참을성을 알게 되며
격려 받으며 자란 아이
자신감을 갖게 되고
칭찬 들으며 자란 아이
감사할 줄 알게 된다.
공정한 대접 속에 자란 아이
올바름을 배우게 되며
안정속에 자란 아이
믿음을 갖게 되고
두둔을 받으며 자란 아이
자신의 긍지를 느끼며
인정과 우정 속에서 지란 아이
온 세상 사랑이 충만함을 알게 된다.
마땅히 행할 길을 아이에게 가르치라 그리하면 늙어도 그것을 떠나
지 아니하리라. - 잠언 22:6 -

제6장 터 널

터널 과년도 문제

1. 암반 반응곡선 [01중(10)]
2. 터널 지반의 현지응력(Field Stress) [06중(10)]
3. 인공지반(터널 갱구부) [13전(10)]
4. 터널 굴착중 연약지반 보조공법 중 강관 다단 그라우팅 [08전(10)]
5. 터널 굴진시의 사이클(Cycle) 작업의 종류 [94후(10)]
6. Bench Cut 발파 [00전(10)]
7. Bench Cut 공법 [10후(10)]
8. Spring Line [04중(10)]
9. 지발 뇌관 [96중(20)]
10. 도폭선 [99중(20)]
11. 암석 발파시의 자유면 [95중(20)]
12. 심빼기(心拔孔) 폭파 [97후(20)]
13. 심빼기 발파 [02후(10)]
14. 암석 굴착시 팽창성 파쇄공법 [01후(10)]
15. 미진동 발파 공법 [03후(10)]
16. 2차 폭파(小割(소할) 폭파) [04중(10)]
17. 암 굴착시 시험 발파 [06후(10)]
18. 발파에서 지반 진동의 크기를 지배하는 요소 [07후(10)]
19. 터널 발파시 진동저감대책[12중(10)]
20. 지불선(Pay Line) [05전(10)]
21. 지불선(Pay Line) [12전(10)]
22. 지불선(Pay Line)과 여굴관계 [98후(20)]
23. 터널의 여굴 [00전(10)]
24. 터널의 여굴 발생원인 및 방지대책 [11중(10)]
25. 조절 발파(제어 발파) [05전(10)]
26. Line Drilling Method [04후(10)]
27. 프리스플리팅(Pre-Splitting) 공법 [98후(20)]
28. 프리스플리팅(Pre-Splitting) [07전(10)]
29. 쿠션 블라스팅(Cushion Blasting) [01전(10)]
30. Smooth Blasting [99후(20)]
31. Smooth Blasting [00중(10)]
32. Smooth Blasting [05후(10)]
33. Smooth Blasting [09중(10)]
34. 가축지보공(可縮支保工) [01중(10)]
35. Tunnel에서의 삼각지보(Lattice Girder) [97중전(20)]
36. Swellex Rock Bolting [99후(20)]
37. 숏크리트(Shotcrete)의 특성 [02중(10)]
38. 숏크리트(Shotcrete)의 리바운드(Rebound) [94후(10)]
39. 숏크리트의 리바운드 최소화 방안 [16전(10)]
40. 건식 및 습식 숏크리트의 특성 [00전(10)]
41. 숏크리트(Shotcrete)의 응력측정 [01후(10)]
42. 터널에서의 콘크리트 라이닝의 기능 [07후(10)]
43. 터널의 인버트 정의 및 역할 [11중(10)]
44. 터널 라이닝(Lining)과 인버트(Invert) [15중(10)]
45. NATM 계측 [97중후(20)]
46. NATM 터널공사에서의 계측 종류와 설치 장소 [95전(20)]
47. 개착 터널의 계측 빈도 [11전(10)]
48. Face Mapping [03전(10)]
49. 터널 굴착면의 Face Mapping [07후(10)]
50. 터널의 Face Mapping [11전(10)]
51. 터널의 Face Mapping [15후(10)]
52. 막장 지지코어 공법 [12중(10)]
53. 터널 공사의 지하수 대책 공법 [98전(20)]
54. 도막방수 [04전(10)]
55. Slurry Shield TBM 공법 [07중(10)]
56. Segment 이음방식 [10중(10)]
57. Front Jacking 공법 [09중(10)]
58. 침매 공법 [03전(10)]
59. 침매 공법 [13후(10)]
60. 침매 터널 [07중(10)]
61. 피암 터널 [09후(10)]
62. 피암 터널 [14중(10)]
63. RBM(Raised Boring Machine [09후(100)]
64. 수직갱에서의 RC(Raise Climber)공법 [12후(10)]
65. TSP(Tunnel Seismic Profilling)탐사 [09후(10)]
66. 규암(Quartzite)의 시공상 특징 [95전(20)]
67. 산성암반배수(Acid Rock Drainage) [13전(10)]
68. 불연속면 [00후(10)]
69. 불연속면(Discontinulity) [09전(10)]
70. 암반의 불연속면 [14전(10)]
71. 단층대(Fault Zone) [99전(20)]
72. 암반의 파쇄대(Fracture Zone) [94후(10)]
73. 암반의 취성파괴(Brittle Failure) [06중(10)]
74. 암반에서의 현장투수시험 [06후(10)]
75. 할렬시험법 [03중(10)]
76. R.Q.D(Rock Quality Designation) [95전(20)]
77. R.Q.D와 판정 [99중(20)]
78. R.Q.D [03후(10)]
79. TCR과 RQD [15중(10)]
80. 암반의 균열계수 [95중(20)]
81. RMR(Rock Mass Rating) [04전(10)]
82. RMR(Rock Mass Rating) [07중(10)]
83. 암반의 SMR 분류법 [06후(10)]
84. 암반의 Q-System분류 [12후(10)]

1 NATM(New Austrian Tunnelling Method)

Ⅰ. 정의

① NATM 공법은 원지반의 본래 강도를 유지시켜서 지반 자체를 주 지보재로 이용하는 원리로서, 지반 변화에 대한 적응성이 좋고 적용 단면의 범위가 넓어 일반적인 조건하에서는 경제성이 우수한 공법이다.

② 시공중 발생하는 실제 지반의 거동을 측정, 당초의 설계와 비교하여 안전하고 경제적인 시공이 되도록 하기 위한 계측을 시행한다.

Ⅱ. 시공 순서 Flow Chart

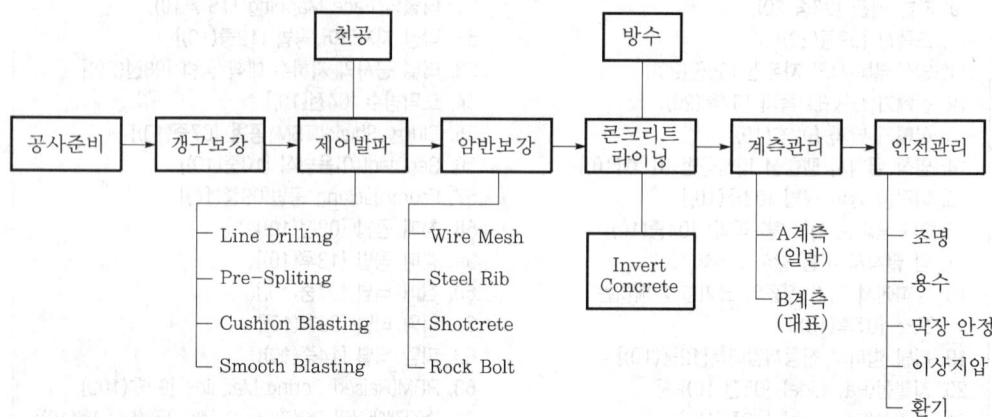

Ⅲ. NATM 터널의 특징

① 지반 자체가 터널의 주 지보재

② Shotcrete, Rock Bolt 등은 보조 수단

③ 연약지반에서 극경암까지 적용이 가능

④ 재래식에 비해 지반 변형이 현저히 적음

⑤ 계측을 통한 시공의 안정성 보장

⑥ 경제적인 터널 구축

Ⅳ. 발파

1) 천공

2) 심빼기 발파

3) 제어 발파

① Line Drilling ② Pre-spliting

③ Cushion Blasting ④ Smooth Blasting

Ⅴ. 암반 보강
① Wire Mesh ② Steel Rib
③ Shotcrete ④ Rock Bolt

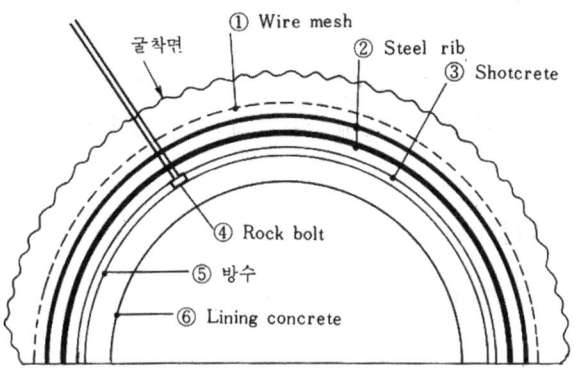

Ⅵ. Lining Con′c
① 방수
② 이동식 거푸집 사용
③ 콘크리트 타설
④ Invert Con′c 타설

Ⅶ. 계측 관리
1) A계측(일반 계측)
① 천단 침하 측정 ② 지표 침하 측정
③ 내공 변위 측정 ④ 갱내 관찰 조사
⑤ Rock Bolt 인발시험
2) B계측(대표 계측)
① Rock Bolt 축력 측정 ② Shotcrete 응력 측정
③ 지중 변위 측성(갱내 설치) ④ 지중 수평 변위 측정
⑤ 지중 침하 측정(지상 설치) ⑥ 지하수위 측정
⑦ 간극 수압 측정

Ⅷ. 안전 관리
① 조명 ② 용수
③ 막장 안정 ④ 이상지압
⑤ 환기

2 암반 반응곡선

Ⅰ. 정의

① 암반 반응곡선이란 터널이 굴착되면 암반은 터널 내부쪽으로 변형이 생기는데 벽면의 변위가 증가함에 따라 터널반경 방향의 응력은 점점 감소된다.

② 이처럼 변위와 응력의 관계가 어느 한계를 넘어서면 지반이 이완되기 시작하는데, 이 때 암반과 지보재 사이의 상호관계를 나타낸 곡선을 암반 반응곡선이라 한다.

Ⅱ. 암반 반응곡선

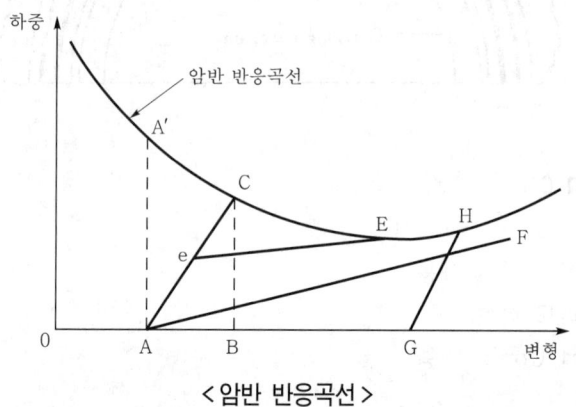

< 암반 반응곡선 >

AA′ : 강성 지보공
AC : 지보재가 적절히 설계되고 설치되어 평형상태 유지(가축지보공)
AeE : 공동이 안정상태 도달 전 지보재의 항복상태
GH : 지보재가 너무 늦게 설치된 상태
AF : 가축성이 너무 큰 지보재를 사용한 경우

1) 굴착 공동의 변형발생

① 터널이 굴착되면 암반은 터널 내부쪽으로 변형을 일으킨다.

② 암반 반응곡선은 더 이상의 변형을 방지하기 위해 터널의 천장부나 벽면에 작용시켜야 할 지보하중을 나타낸다.

③ 선분 OA는 지보재 설치 전의 변형량

2) 변형과 지보하중과의 관계

① 변형이 선분 OA만큼 발생되었을 때 지보재가 완전 비압축성이면 지보하중은 선분 AA′로 나타난다.

② 지보재가 터널 벽면의 변형과 함께 변형되어 C점에서 평형상태에 도달될 때 벽면의 반경 방향의 변위는 선분 OB로 나타나며 지보재의 변형은 선분 AB이고, 지보 하중은 선분 BC로 나타난다.

3) 지보재 설치 시기
① C점에서의 평형상태는 지보재가 적절하게 설치되고 적절한 시기에 설치되었을 때 도달한다.
② AeE는 공동이 안정상태에 도달하기 전에 지보재가 항복하는 것을 나타낸다.
③ 선분 AF는 너무 가축성이 큰 지보재를 사용할 경우를 나타낸다.
④ 선분 GH는 지보재가 너무 늦게 설치되어 지보재의 효력 상실을 나타낸다.

Ⅲ. 암반 반응곡선 응용

① 지보재 설치 시기는 가급적 빠른 시기에 설치하여 초기 암반 변형이 터널 주위에 아치형 변형과 전단응력을 형성시켜 암반 자체가 지보능력을 갖도록 함과 동시에 지보재에도 지보하중을 발생시키는 것이 중요하다.
② 암반의 상태가 나쁠수록 지보재의 설치를 더 일찍하는 것이 좋다.
③ 지보재는 능동적 지보(가축지보)가 수동적 지보(강성지보)보다 더욱 효과적이며 막장의 매 굴진시마다 가급적 신속하게 설치해야 한다.
④ 능동적 지보는 암반 자체 지보 능력을 이용하기 때문에 보다 적은 지보재가 소요되며 반면에 수동적 지보는 이완된 암반의 전체를 지지해야 한다.

Ⅳ. NATM 터널 공법의 특징(원리)

① 지반 자체가 터널의 주지보재이다.
② 숏크리트, 록볼트, 강지보공은 지반이 주지보재가 되도록 보조하는 수단이다.
③ 연약지반에서 극경암까지 적용 가능하다.
④ 시공중에 계측을 실시하여 설계와 시공에 반영한다.
⑤ 계측을 통하여 불안 요소를 사전에 감지하여 시공의 안전성을 보장한다.
⑥ 경제적인 터널을 구축할 수 있다.

3 터널 지반의 현지응력(Field Stress)

[06중(10)]

Ⅰ. 정의

① 터널 지반에 작용하는 현지응력에는 1차 응력과 2차 응력이 있다.

② 1차 응력은 터널을 굴착하기 전에 자연상태에서 지반이 평행을 이루고 있는 응력으로 초기응력이라고도 한다.

③ 2차 응력은 지반을 굴착함에 따라 주변 지반의 응력상태가 변화하여 새로운 평행상태를 이루려고 하는 것으로 유도응력이라고도 한다.

Ⅱ. 터널 지반의 현지응력 변화

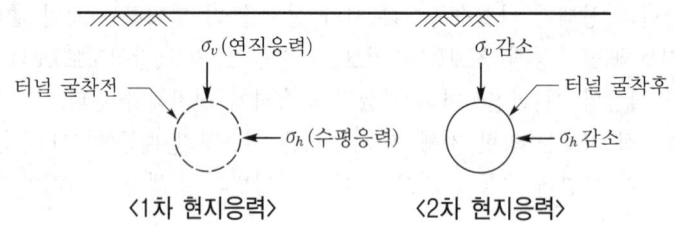

σ_v(연직응력)　　　　σ_v 감소

터널 굴착전　　　　　　　　　　　터널 굴착후

σ_h (수평응력)　　　　σ_h 감소

〈1차 현지응력〉　　　　　〈2차 현지응력〉

Ⅲ. 현지응력의 분류

1) 1차 응력

① 초기 지압에 의한 응력

② 자연상태에서 지반이 평행을 이루고 있는 초기응력

③ 연직응력과 수평응력이 평행을 이루고 있는 상태

④ 연직응력(σ_v)

㉮ 상부의 토사나 암반이 누르고 있는 중량

㉯ 지중에 있는 임의의 물질이 받는 연직응력은 그 상부에서 작용하는 지반의 무게와 그 물질의 수평 면적에 따라 차이가 남

⑤ 수평응력(σ_h)

㉮ 연직응력에 초기 지압비를 곱한 값

㉯ 수평응력=$K \times$연직응력

2) 2차 응력

① 유도 지압에 의한 유도응력

② 지반 굴착후 주변지반이 새로운 평행상태를 이루려고 하는 응력

③ 연직응력과 수평응력 비인 지압비(K)로 표현

Ⅳ. 지압비(K)

① $K = \dfrac{\text{수평응력}}{\text{연직응력}}$

② 현지응력의 변화

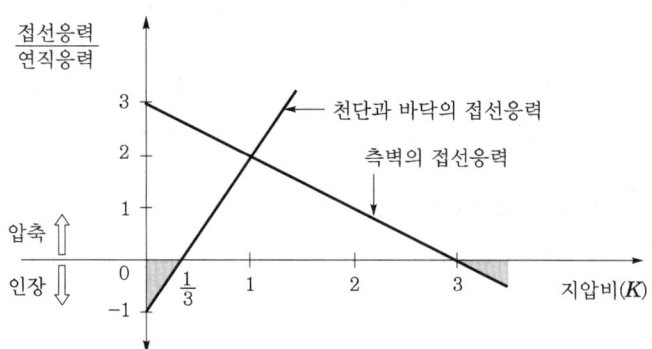

$\dfrac{1}{3} < K < 3$ 범위에서 천단, 바닥 및 측벽에서 동일한 압축응력 발생

4 인공 지반(터널의 갱구부)

[13전(10)]

Ⅰ. 정의

① 인공 지반이란 일반적으로 콘크리트 구조물 위에 흙을 적재하여 식목 등에 의해 친환경적인 요소를 조성하는 것이다.

② 터널 갱구부의 인공 지반은 갱구부 상부 사면의 절취를 최소화하기 위하여 인공 지반을 조성하여 갱구부를 굴착하는 방법이다.

Ⅱ. 인공지반 조성에 의한 터널 시공

1) 갱구부 주변 지반의 암노출

① 갱구부가 조성될 원자반에서 흙을 제거하여 암노출시킴

② 노출된 암의 청소 : 콘크리트와의 부착성 확보

2) 인공 지반 조성

① 노출된 암 위에 빈 배합 콘크리트(7일 강도 5 MPa 이상) 타설

② 1회 타설 두께는 300 mm 이하

③ 갱구부의 높이와 폭이 형설될 수 있도록 콘크리트를 타설하여 인공 지반 조성

3) 터널 갱구부 형성

인공 지반 하부에 갱구부를 형성

4) 터널 굴착

터널 갱구부로부터 시작하여 터널 굴착

Ⅲ. 인공지반의 역할

① 낙석 시 완충 역할

② 식재 가능(친환경 지반 형성)

③ 갱구부 상부 구조 보호

Ⅳ. 인공 지반과 절취 사면의 비교

구분	인공 지반	절취 사면
사면 절취	• 없음	• 사면 절취를 위한 발파 작업 필요 • 민원 발생 여지
공사안전성	• 유리	• 불리(장비 전도)
경제성	• 콘크리트 타설 및 인공 지반 조성 비용 발생 • 비용 예측 가능	• 사면 절취 및 사면 보강 비용 발생 • 예측 비용의 추가 비용 발생
환경성	• 친환경	• 환경 훼손

5　갱문의 변형 원인 및 대책

I. 개요
① 터널의 갱문은 터널 본체와 작업 환경이 다르기 때문에 설치 장소 및 지반 조건 등의 원인에 의해 갱구 부근에서 쉽게 변형을 일으키게 된다.
② 이와 같이 갱구 부근에서의 변형 요인으로 콘크리트 신축 활동, 갱구 사면, 지내력 부족 등이 있으며, 이로 인해 갱문이 전도, 침하, 균열 등을 발생시킨다.

II. 갱문 변형
① 부등 침하에 의한 변형
② 편압에 의한 변형
③ 전도(갱문이 앞으로 기움)

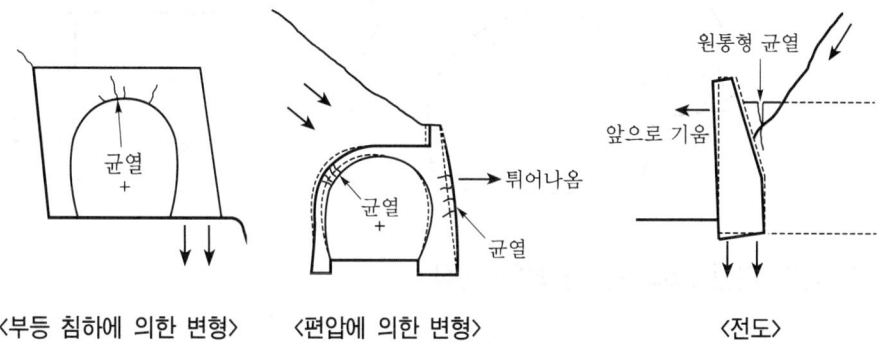

〈부등 침하에 의한 변형〉　〈편압에 의한 변형〉　〈전도〉

III. 변형 원인
① 토류벽 변위
② 지내력 부족
③ Con'c 신축 활동 반복
④ Con'c 알칼리 골재 반응
⑤ 사면 활동
⑥ 지진

IV. 대책
① 갱문 사면 보강
② Rock Anchor, Soil Nailing
③ 갱문 기초부 확대
④ 갱구를 Bell Mouth 형태화
⑤ 기초 개량 및 보강
⑥ 강지보공 보강
⑦ Invert Strut 설치
⑧ 사면 억지공

6 강관 다단 그라우팅

[08전(10)]

I. 정의

① 터널막장 상단부에 강관을 적절한 간격으로 배치하고 관주변을 다단 그리우팅 하여 강관과 지반을 일체화시키고, 관주변의 균열을 충진하여 지반강도를 증대 시키는 공법이다.

② 막장 천장부에 Beam Arch를 형성하고 상부의 토압과 이완하중을 분산토록 함으로써 터널의 안정성을 확보하는 공법이다.

II. 강관 다단 그라우팅의 개념도

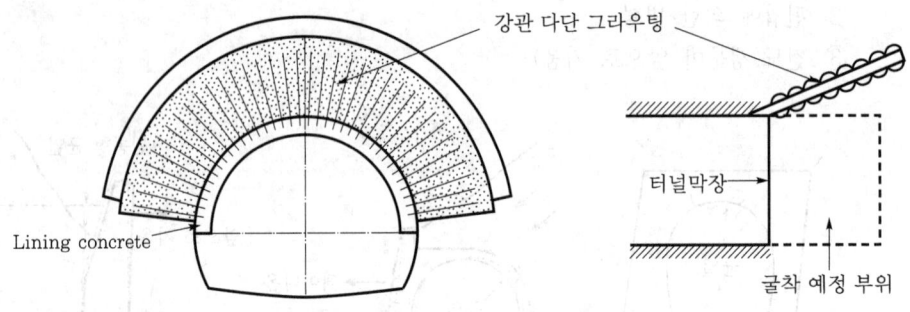

강관 다단 그라우팅

Lining concrete

터널막장

굴착 예정 부위

III. 강관 다단 그라우팅 공법의 특징

① 연암 파쇄대 및 풍화암, 단층대 등 절리가 발달한 암반을 고결하여 지반을 보강

② 주입재 재질을 변경(Micro Cement)하면 미세절리까지 충진시켜 지반을 보강

③ 지반의 조건에 따라 수직으로 강관을 삽입하여 지반을 보강

IV. 공법의 적용 범위

① 터널 굴착시 안정화(누수가 많은 터널 및 지반이 불량한 구간의 터널)

② 기존 지하구조물(지하철, 공동구, 도로터널) 방호

③ Open Cut의 수직강관으로 지반 보강

④ 풍화대 및 단층 파쇄대 구간의 보강 및 차수

7 터널 굴진시 사이클(Cycle) 작업의 종류

[94후(10)]

Ⅰ. 개요

① 터널 굴진 작업에서 굴착 공법에 따라 반복되는 작업을 전문화하여 작업 향상을 위해 일련의 사이클 작업을 선정하여 공사를 진행하게 된다.

② 이와 같이 반복되는 작업 과정을 사이클 작업이라 하며, 이는 전체 공정에 크게 영향을 미치는 요인이 되기도 한다.

Ⅱ. 사이클 작업의 특징

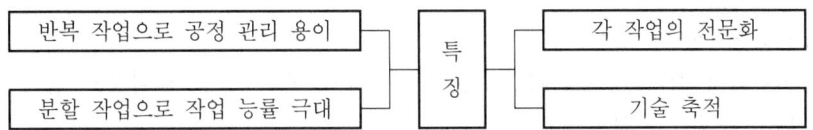

```
반복 작업으로 공정 관리 용이 ─┐        ┌─ 각 작업의 전문화
                              ├─ 특징 ─┤
분할 작업으로 작업 능률 극대 ─┘        └─ 기술 축적
```

Ⅲ. 사이클 작업의 종류

1) **안전 위생**

   작업에 앞서 갱내 안전과 위생을 위하여 조명, 환기, 배수, 통로, 안전 점검 등에 대한 계획을 수립한다.

2) **측량**

   갱의 굴진 방향, 중심선, 수준을 기본 터널에 도입하기 위한 측량으로 작업갱의 길이, 방향, 경사 등을 측량한다.

3) **천공 작업**

   미리 정해진 천공 배치에 따라 위치, 방향, 깊이를 정확하게 천공한다.

4) **장약**

   정해진 발파 계획에 따라 안전하게 행하여야 한다.

5) **발파**

   지휘자의 지휘 아래 발파 작업은 일련의 작업이 되도록 한다.

6) **갱내 환기 작업**

   발파시 발생되는 가스, 분진 등을 터널 외부로 배출시킨다.

7) **강재 지보공 설치**

   지반 붕락 방지, 터널 형상 유지 등의 목적으로 H-형강, U-형강, 삼각 Latice 형식의 지보재 설치

8) **Shotcrete**

   지반 이완 방지, 터널 내부 아치 형성으로 굴착면을 보호하기 위하여 Shotcrete (뿜어붙이기 콘크리트)를 굴착면에 타설한다.

9) Rock Bolt 타입

이완된 암반 고정, 터널 벽면의 안전을 위하여 인장 특성이 높은 강봉으로 견고한 암반과 고정시킨다.

10) 버력 처리

발파후 보조 지보공 등으로 막장이 안정되면 굴착된 버력을 갱외로 반출한다.

11) 방수처리

Shotcrete면으로 지하수가 용출될 때 2차 복공 Con′c 시공전에 방수 처리한다.

12) 거푸집 설치

2차 복공 콘크리트(Lining Con′c) 타설을 위한 이동식 거푸집으로 일반적으로 Travelling Form을 사용한다.

13) Lining Con′c 타설

거푸집에 설치된 콘크리트 주입구를 통하여 콘크리트를 타설하고 점검구를 통한 타설 정도를 확인한다.

14) 뒤채움

터널 단면의 천단부에는 콘크리트 침하, 지하수 이동, 지반토 유출 등으로 간극 발생이 있으므로 콘크리트 양생이 완료된 후 천단부에 시멘트, 모래 등으로 뒤채움한다.

15) 계측 관리

터널 굴진 작업에서 매 막장 굴착 작업마다 계측관리를 실시하고 그 때 얻어지는 계측 자료를 충분히 활용하면서 굴진 작업을 행한다.

8 NATM에서 굴착 공법의 종류

Ⅰ. 개요

① NATM 공법에서 지반 굴착은 터널 단면, 지반 조건, 시공성, 경제성 등을 고려하여 굴착 공법을 결정하게 되는데, 시공중 굴착 단면의 안전성을 가장 중요시 하여 공법을 선정한다.

② 굴착 공법은 지반 조건에 따라 전단면 굴착 공법, 상부 반단면 굴착 공법, 측벽 단면 굴착 공법으로 크게 나누어진다.

Ⅱ. 공법 선정시 고려사항

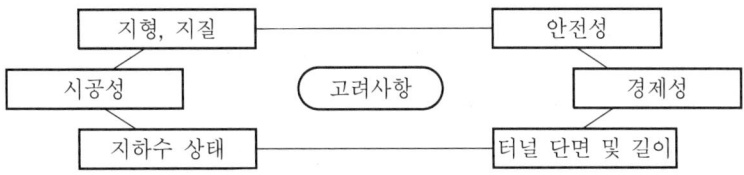

Ⅲ. 공법별 특징

굴착 공법	단 면	적 용	특 징
전단면 굴착 공법		① 지반이 양호한 것 ② 소단면 터널	① 대형의 시공 기계 사용 ② 시공법 변경 곤란 ③ 숏크리트, 록볼트, 강지보공 필요 ④ 단면이 클 때 천단 붕괴 주의
상부 반단면 굴착 공법 Long Bench Cut		① 전단면 시공이 곤란할 때 ② 지질이 비교적 좋은 지반 ③ 시공중 Invert 폐합이 불필요할 경우 ④ Bench 길이 50 m 이상	① 상, 하반 병행 작업 ② 지질 변화에 따른 응급 처치 가능 ③ 장비 운용과 작업 사이클 조정 용이 ④ 지질에 따라 Bench 길이 조절 가능
Short Bench Cut		① 지반 조건이 나쁜 경우 ② 중단면 이상의 터널 굴착 ③ 토사 지반부터 팽창성 지반까지 적용	① 지반 상황 대처 용이 ② 일반적인 장비 운용이 용이 ③ 상하반 분할 굴착으로 작업 사이클 조정이 곤란

굴착 공법	단 면	적 용	특 징
다단 Bench Cut		① 비교적 단면이 큰 터널에 적용 ② Short Bench로 자립이 곤란할 때	① 막장 안정성에 유리 ② Bench가 많아 작업 공간 협소 ③ Short Bench에 비해 변형 침하가 크다.
미니 Bench Cut		① 도시 터널에서 침하우려 지역 ② 팽창성 지반에서 빨리 지보해야 할 경우	① 상반 굴착시 가 Invert 시공 ② 침하량 최소화에 유리 ③ 상하반 병행 작업 곤란
가 Invert 공법		① Short Bench Cut에서 침하가 클 경우 ② 도시 터널에서 침하 억제시	① 상반 굴착시 가 Invert 시공 ② 전체 시공 속도 저하
측벽 도갱 굴착 공법 (Side Pilot)		① 지반 조건이 불량한 중단면 터널의 굴착 ② 지상에 구조물이 존재할 경우 침하 억제 필요시	① 대단면에서 침하량을 최소로 할 수 있다. ② 타공법에 비해 공사비 고가 ③ 팽창성이 큰 지반 적용 곤란
중벽 분할 공법		① 비교적 대단면의 지반에서 변위를 억제할 경우 ② 상하반부 지반이 상이한 경우	① 침하량을 어느 정도 억제 가능 ② 막장 작업의 좌우 병행으로 능률 향상

9 Bench Cut

[00전(10), 10후(10)]

Ⅰ. 정의

① 암반을 굴착할 때, 평탄한 여러 단의 Bench(계단)를 조성하여 작업 능률을 향상시키고, 채굴이 진행됨에 따라 계단 형상으로 파내려가는 공법이다.

② 이 공법은 평지 작업을 유지하여 특히 자유면 확보가 연속적으로 이루어지므로 작업 효율이 좋고 천공 작업, 장약 등의 시공성이 탁월한 공법이다.

Ⅱ. 특징

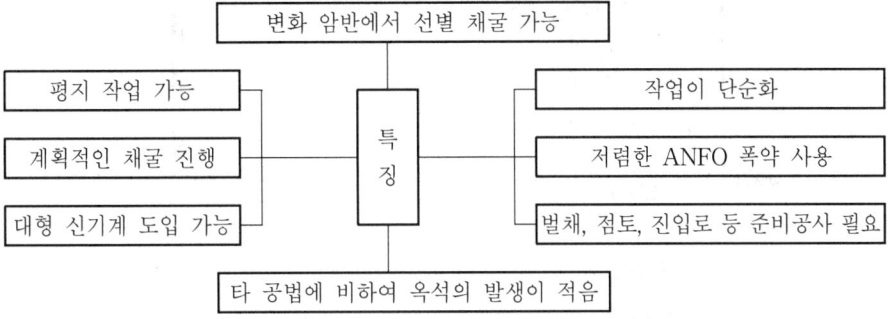

Ⅲ. Bench의 높이와 폭

1) 벤치의 폭

   일반적으로 높이의 2배 정도로 하고 사용되는 쇼벨이나 덤프 트럭의 크기에 따라 결정된다.

2) 벤치의 높이

   Crawler Drill 사용시 10 m 전후로 하며 한국 광산보안법에는 15 m 이하로 되어 있다.

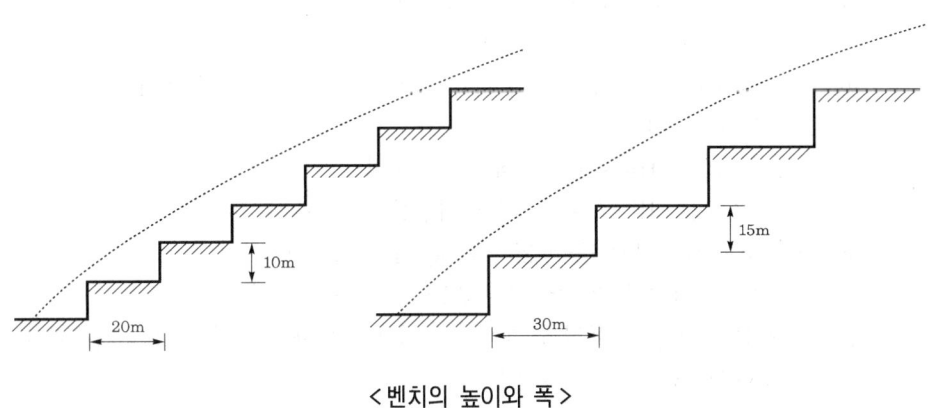

< 벤치의 높이와 폭 >

3) 트럭 용량과 Bench 폭의 관계

덤프 트럭 적재량(tonf)	Bench의 폭(m)
4	10.5
6.5	14.0
10	17.0
15	29.0

Ⅳ. Bench Cut 시공관리

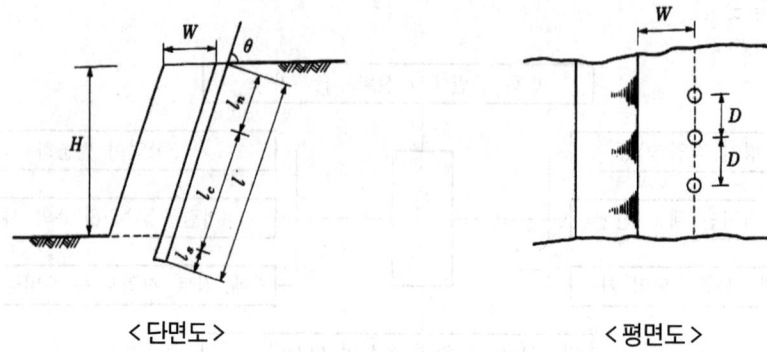

< 단면도 >   < 평면도 >

① 최소 저항선(W)은 장약 반지름(a)의 배수로 정하는 방법을 사용한다.

암석 종류	W
연암의 경우	$(100{\sim}120)\,a$
중경암의 경우	$(90{\sim}110)\,a$
경암의 경우	$(80{\sim}110)\,a$

② 천공 간격(D)은 $0.8{\sim}1.5W$로서 일반적으로 $D{=}1.0W$를 많이 사용한다.

③ 천공 각도(θ)는 $60{\sim}70°$로 하여 발파 효과의 증진과 뿌리 절단 효과를 좋게 한다.

④ 천공경은 약포경보다 $20{\sim}25\%$ 크게 하여 사용한다.

⑤ 보조 천공 길이(l_s)=$0.3{\sim}0.35W$로 한다.

⑥ 메지는 암분, 혼합흙, 모래 등이 쓰여지며 길이는 천공경 $60\,\mathrm{m/m}$ 이상일 때 $2\,\mathrm{m}$ 이상이 좋다.

⑦ 장약량 계산은 Hauser's 공식을 사용하며

　　$L{=}C\cdot D\cdot W\cdot H$ 에서 최소 저항선은 $3{\sim}5\,\mathrm{m}$로 한다.

⑧ 폭약 소비량의 평균치는 $0.25{\sim}0.3\,\mathrm{kg/m^3}$ 정도된다.

⑨ 발파계수는 암석의 경도에 따라 $0.1{\sim}0.4$ 정도로 적용한다.

⑩ 화약류는 사용장소, 목적에 따라서 선택하고 뇌관은 전기 뇌관을 사용한다.

　　㉮ ANFO : 연암과 건조한 곳

　　㉯ TNT, 입상 TNT : 경암, 물이 있는 곳

10 Spring Line

[04중(10)]

Ⅰ. 정의

① 터널 내부 내공단면 작도시 원의 수평 중심이 위치하는 선으로 상하부 분할 굴
착시 분할선이 되기도 한다.

② 상부 아치가 시작되는 선으로 터널 내부에서 가장 폭이 넓은 구역이다.

Ⅱ. 시공도

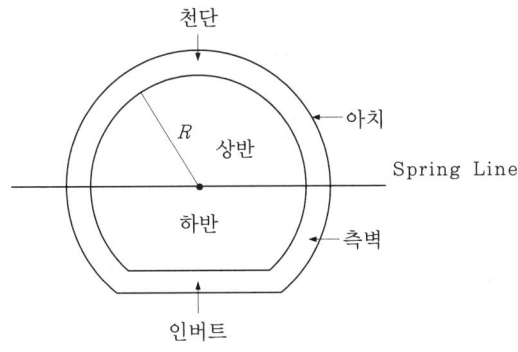

Ⅲ. 내공 단면의 형상의 종류

단 면		장 점	단 점
원형	R_1	① 구조적으로 가장 안정 ② 양수압에 안정	① 굴착 시공 방법에 따라 난이 ② 굴착 면적이 큼으로 비경제적
난형	R_1 R_2	① 구조적으로 안정 ② 양수압에 안정 ③ 원형보다 굴착량이 적어 경제적	마제형보다 굴착량이 많음
마제형	R_2 R_1 R_3	① 굴착 시공상 양호 ② 여굴량이 적어 경제적	① 구조적으로 불안정 ② 양수압에 불안정

터널 단면은 필요한 내공의 단면이나 시공법 및 라이닝 두께 등을 고려하여 형상
이나 크기가 결정

Ⅳ. 건축한계

터널이 내공 단면을 결정할 때 터널의 목적 및 기능에 따라 필요 공간을 확보하는 한계선

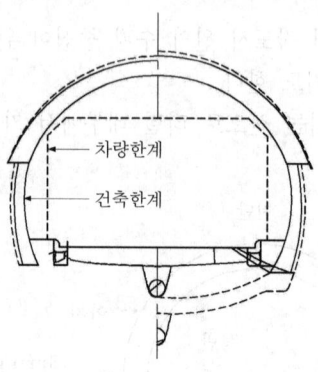

Ⅴ. 차량한계

건축한계 내측으로 차량 운행시 횡방향 이동 및 터널 곡선부 차량의 흔들림 등에 대한 안전운행이 될 수 있도록 터널 내공 결정시 적정공간을 두고 설정되는 한계선

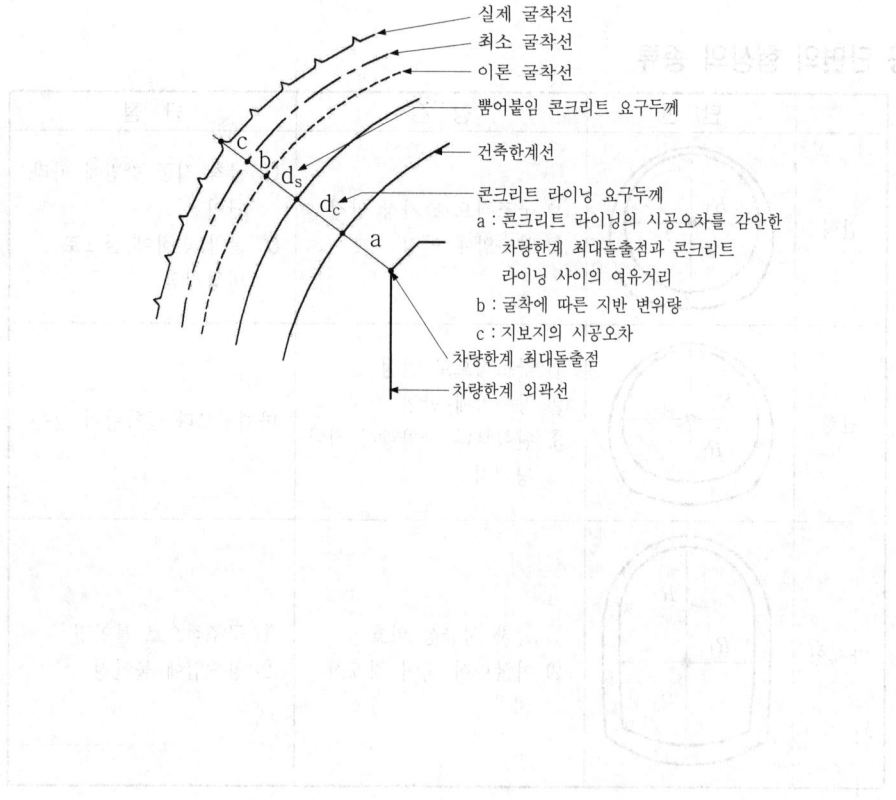

11 Jumbo Drill

I. 정의

① Jumbo Drill은 대차, Boom, 다수의 착암기로 구성되어 있으며, 많은 착암기의 장착으로 동시에 많은 구멍을 뚫는 기계로 공기압 또는 유압에 의해서 작동하며, Boom의 이동 및 천공 위치 선정 등은 모두가 기계의 힘에 의해 작동하는 기계이다.

② 다수의 Boom 끝에 각각 별도로 조절이 가능한 착암기를 제어판 조작으로 쉽게 조작하여 천공 작업을 하는 것으로, 시공성 및 경제성이 우수하며 시공 속도가 빠른 특징이 있다.

II. 특징

① 기계화 시공으로 공정관리 용이

② 열악한 환경속에서 작업 가능

③ 시공 능률 향상

④ 작업 기피 공종으로 생력화

⑤ 연속 작업

⑥ 지반 변동에 대한 적응성이 낮다.

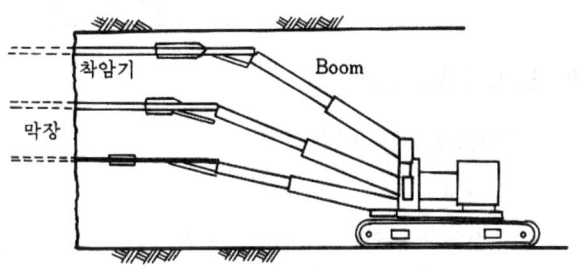

<점보 드릴>

III. 종류

① 드리프트 점보(Drift Jumbo)
② 레그 드릴 점보(Leg Drill Jumbo)
③ 래더 점보(Ladder Jumbo)
④ 샤프트 점보(Shaft Jumbo)

IV. 선정시 고려사항

① 암질과 형상
② 착암기 성능
③ 천공 길이, 지름
④ 작동시 공기 압력
⑤ Boom 위치 선정 시간
⑥ 시공성, 경제성, 안전성

V. 점보 드릴 성능 표시

① Boom 수
② Boom 배열 단수
③ 천공 가능 길이
④ 자체 중량
⑤ 소요 동력

12 발파 공법

I. 정의

① 발파란 암석을 굴착할 때 암반에 착암기로 구멍을 뚫고 그 속에 폭약을 장약하여 폭발시킬 때 발생되는 충격으로 암석을 파쇄하는 것을 말한다.

② 발파 작업은 폭약에 의한 굴착 공법으로 큰 소음과 진동, 비석 등의 위험을 동반하므로 공사 현장의 안전 조치가 필수 요건이다.

II. 발파 작업시 고려사항

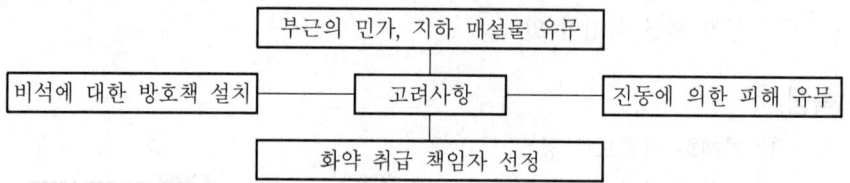

III. 발파 공법 종류

1. 도화선(導火線) 발파

1) 정의

장약한 폭약을 기폭하는 방법으로 도화선이 붙은 공업 뇌관을 약포에 삽입하고 도화선에 직접 불을 붙혀서 발파시키는 공법이다.

2) 특징

① 누설 전류의 불안이 있는 채굴장에서 이용 가능하다.

② 벼락이 많은 지방에서 이용 가능하다.

③ 발파용 기재가 극히 단순하다.

④ 발파 작업이 비교적 용이하다.

⑤ 대형 채굴장의 경우 발파 계획이 곤란하다.(기폭 순서의 불규칙)

⑥ 점화 작업에 위험이 수반된다.

⑦ 도화선의 절선에 의한 불발이 발생한다.

2. 전기(電氣) 발파

1) 정의

뇌관의 점화를 전기를 이용한 전기 뇌관을 사용하여 폭약을 발파시키는 공법이다.

2) 특징

① 제어 발파가 가능하다.

② 내수성이 좋다.

③ 단계적인 발파가 가능하다.

④ 전류가 흐르는 곳에 위험이 내포되어 있다.

⑤ 조작에 숙련도가 요구된다.

3) 전기 뇌관의 종류

① MS(Millisecond) 전기 뇌관

② DS(Decisecond) 전기 뇌관

3. 도폭선(導爆線) 발파

1) 정의

전기적 발파가 실용적이지 못할 때 사용하는 방법으로 뇌관으로 도폭선을 기폭하여 도폭선의 폭발력에 의해 장약된 폭약을 발파시키는 공법이다.

2) 특징

① 전기적 사고 예방

② 내수성 우수

③ 전달되는 폭력이 확실

④ 정확한 단발 발파

13 지발 뇌관

[96중(20)]

Ⅰ. 정의

① 전기 뇌관의 일종으로 점화장치와 기폭약 사이에 연시약을 삽입하여 기폭약의 폭발, 즉 뇌관의 폭발을 늦어지게 하는 것을 말한다.

② 폭음과 진동을 경감시키고 폭발 과정을 조절할 수 있는 공법으로 MS 뇌관과 DS 뇌관이 있다.

Ⅱ. 뇌관의 분류

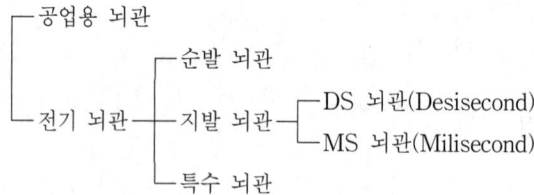

Ⅲ. 지발 뇌관의 종류

1) DS 뇌관

기폭약과 전기 점화장치 사이에 삽입된 연시약에 의해 시간적인 늦음이 0.1초 이상이며 단간격이 0.25초인 것을 말한다.

2) MS 뇌관

기폭약과 전기 점화장치 사이에 삽입된 연시약에 의해 시간적인 늦음이 0.01초 이상이며 단간격이 0.025초인 것을 말한다.

Ⅳ. 지발 뇌관의 효과

① 진동이 경미해서 암반이 이완되지 않는다.

② 소음이 적다.

③ 인접 발파공의 영향이 적다.

④ 불발공이 없다.

⑤ 잔류약이 없고 암석이 적게 파쇄된다.

⑥ 파쇄체의 쌓임이 좋다.

⑦ 암분이 적어 위생상 좋다.

Ⅴ. 지발 뇌관의 결선 방법

1) 직렬 결선

① 결선작업이 쉽다.

② 저항 측정이 용이하다.

③ 불량 개소가 있을 때는 전부가 불발된다.

④ 가장 이용이 많은 방법이다.

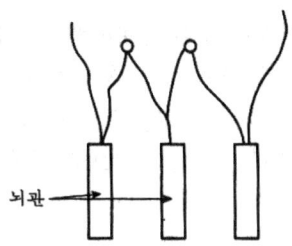

2) 병렬 결선

① 결선 작업에 기술을 요한다.

② 저항 측정이 번거롭다.

③ 불량 개소 발견이 어렵다.

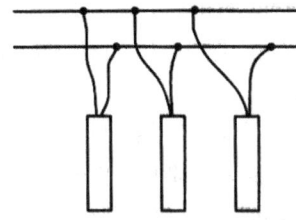

Ⅵ. 저항 측정

결선이 끝나면 발파 회로가 완성되는데 이때 회로에 소정의 저항이 있는지의 여부를 조통 시험기를 이용하여 저항값을 측정하는 것을 말한다.

Ⅶ. 지발 뇌관의 불발 원인

① 발파기의 출력이 부족하여 전기 뇌관의 점화 에너지에 미치지 못한다.

② 발파 모선의 결함 및 외부로부터의 손상으로 절연 피복에 균열이 발생한다.

③ 발파 회로에 절연 피복이 손상되어 심선의 노출 부분에서 전류가 누설된다.

④ 발파 회로에 한 곳이라도 단선이 있으면 불발의 원인이 된다.

Ⅷ. 지발 뇌관 사용시 주의사항

① 번개, 벼락에 의한 발화

② 정전기에 의한 발화

③ 전파에 의한 발화

④ 고압 전류에 의한 발화

⑤ 기타 요인에 의한 발화

14 도폭선

[99중(20)]

Ⅰ. 정의

① 도폭선은 폭약을 심약으로 하여 섬유·플라스틱 또는 금속관으로 피복한 화공품으로, 한쪽 끝에서 기폭함으로써 다른 끝까지 폭굉(爆轟)을 전달할 수 있다.

② 트리니트로톨루엔(TNT)은 납으로 된 관속에, 피크르산은 주석관속에 채우고, 헥소겐은 심지실로 싸서 도화선 모양으로 피복한 것이다.

Ⅱ. 발파 공법의 종류

① 도폭선에 의한 발파

② 도화선에 의한 발파

③ 전기 뇌관에 의한 발파

Ⅲ. 특징

① 다량의 폭약을 사용하여 장공발파(長孔發破)를 할 경우 동시 폭발 가능

② 도폭선의 한쪽 끝에 뇌관을 달고 점폭(點爆)하면 폭발이 4,000~6,000 m/s의 속도로 진행

③ 대발파의 경우 다량의 폭약 각 부에 단시간내 확실하게 폭발을 전달

④ 특수 용도로 금속가공용 등에 폭발속도가 매우 느린 것, 폭압(暴壓)이 낮은 것, 선이 매우 가는 것 등이 개발됨

Ⅳ. 도폭선의 종류

1) 제1종 도폭선

피크르산을 주석관 안에 용전(溶塡)하고, 그것을 표준약경(標準藥經)이 될 때까지 확대한 것

2) 제2종 도폭선

① 펜트리트(PETN)를 심약으로 하고 그 위에 종이테이프·마사(麻絲)·면사 등으로 피복한 뒤에 다시 아스팔트나 플라스틱으로 피복한 것이다.

② 바깥지름 5.5 mm이고, 심약량은 1 m당 약 10 g으로 일반용·심해용·폭속 측정용 등이 있다.

③ 평균 폭속은 3,000~6,000 m/s이다.

Ⅴ. 도폭선에 뇌관 결착

1) 1방향 장약

뇌관과 도폭선을 결착할 때는 전폭방향과 일치시킨다.

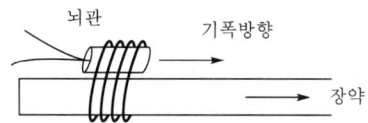

2) 2방향 장약

뇌관을 기폭 방향으로 결착하고 도폭선을 2방향으로 분기한다.

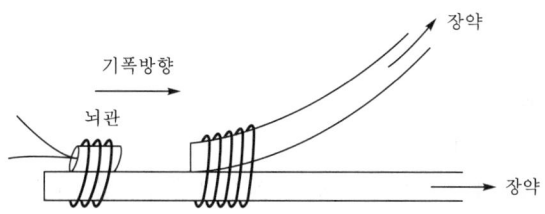

Ⅵ. 도폭선 상호간의 결착

1) 지선 결착

본 도폭선에 덧붙여서 결착하는 방법으로 덧붙이는 길이가 10~20 cm 되게 한다.

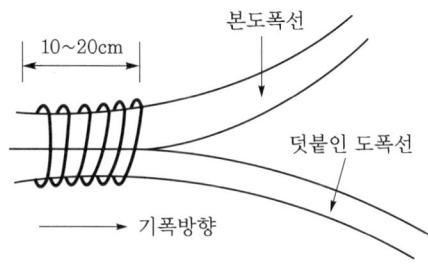

2) 묶음 결착

본 도폭선과 덧붙이는 도폭선을 서로 묶는 형식으로 결착하는 것이다.

3) 고리형 결착

본 도폭선에 덧붙이는 도폭선을 거는 형식이다.

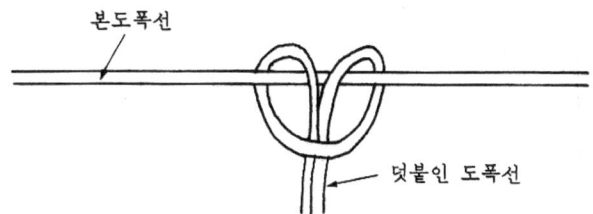

Ⅶ. 불발 원인

    ① 표면 피복 훼손으로 내수성 저하
    ② 도폭선을 세게 당길 때 심약의 절단
    ③ 단발 발파시 비석에 의한 도폭선의 손상
    ④ 도폭선이 급각도로 구부러졌을 때
    ⑤ 장시간 화약과 배선의 노출로 유분 침투

Ⅷ. 불발 대책

    ① 취급에 유의
    ② 구겨진 배선은 바르게 펴서 사용
    ③ 수일간 작업시 도폭선과 AN-FO의 직접 접촉을 피함
    ④ 올바른 결착법 사용
    ⑤ 수중에서 사용시 방수처리 철저

15 암석 발파시의 자유면

[95중(20)]

Ⅰ. 정의

① 자유면(Free Face)이란 발파로 암반을 굴착할 때 외부와 접하는 면으로 발파에 의해서 파쇄되는 암석이 떨어져나오는 면을 말한다.

② 폭약에 의한 발파에서 자유면 확보에 따라 발파 능력이 크게 좌우되는 것으로 자유면이 클수록 발파가 용이하게 된다.

Ⅱ. 도해 설명

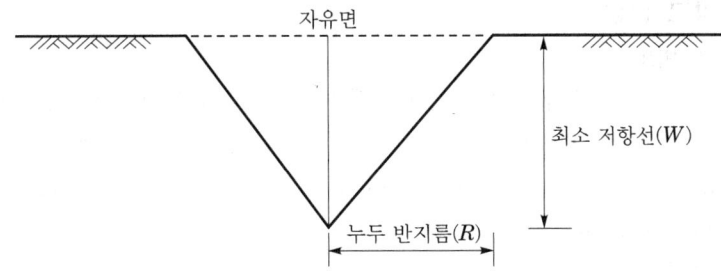

Ⅲ. 자유면의 영향

1) 임계 심도

발파에 의해 자유면에 균열이 생길 때 폭약에서 자유면까지의 깊이이다.

2) 최소 저항선(W)

폭약의 중심으로부터 자유면까지의 최단거리를 말한다.

3) 누두 반지름

자유면의 암반에 폭약을 장진하여 폭파할 때 생기는 원추형의 파쇄공을 말하며 누두공의 반지름을 누두 반지름이라 한다.

4) 누두 지수

발파 난년에서 최소 저항선에 대한 누두 반지름의 비를 누두 지수라 한다.

$$누두\ 지수(n) = \frac{누두\ 반지름(R)}{최소\ 저항선(W)}$$

5) 표준 장약

누두 지수 $n=1$일 때 이론적으로 폭약 사용이 가장 유효하게 사용되었음을 나타내며 이를 표준 장약이라 한다.

$n=1$: 표준 장약

$n>1$: 과장약

$n<1$: 약장약

Ⅳ. 자유면 확보 이유

① 발파시 폭약의 작용 능력 확대

② 적은 폭약으로 많은 암석 굴착

③ 능률 향상 및 기술 축적 등의 효과가 있다.

④ 모암에 악영향을 적게 미친다.

⑤ 여굴 방지 효과가 크다.

Ⅴ. 자유면 확보 방법

1) 심빼기 발파

① 원활한 발파를 위해서 굴착면에 자유면을 확보하기 위하여 암반 굴착면에 V형 또는 평행의 방법으로 천공후 발파하여 자유면을 얻는 공법이다.

② 공법의 종류에는 V-Cut, Diamond Cut, Pyramid Cut, Burn Cut, Coromant Cut 등이 있다.

2) Bench Cut

① 굴착할 암반을 여러 단의 Bench 형상으로 조성하여 넓은 자유면을 확보하는 공법으로 작업이 연속적으로 이루어지며, 작업 효율이 큰 공법이다.

② Bench Cut 공법은 굴착량이 많은 채석 현장 및 대단면의 터널 굴착에서 막장의 안정과 자유면 확보를 위해 많이 이용된다.

16 심빼기(心拔孔 ; Center Cut) 폭파

[97후(20), 02후(10)]

Ⅰ. 정의

심빼기 폭파란 자유면이 적으면 발파 효과가 좋지 않은 터널 막장 굴착에서 자유면을 형성하면서 순차적으로 넓혀갈 수 있는 공법으로, 각도가 있는 앵글 심발법과 각도가 없는 평행 심발법이 있다.

Ⅱ. 종류별 특징

1) V-Cut

굴착면에서 소정의 각도를 주어 천공 발파하는 공법으로 V-Cut과 더블 V-Cut이 있다.

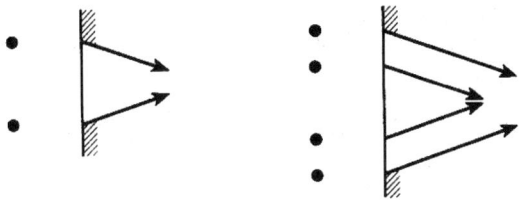

2) Diamond Cut

굴착면에서 정점을 향하여 경사를 두고 천공하여 폭파하는 공법이다.

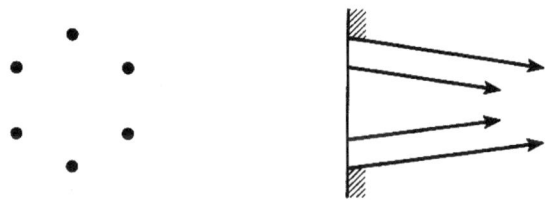

3) 피라미드 컷(Pyramid Cut)

이 공법은 3~4대의 천공기로 한 점에서 만나도록 천공되며, 주로 수직항의 굴착에 사용된다.

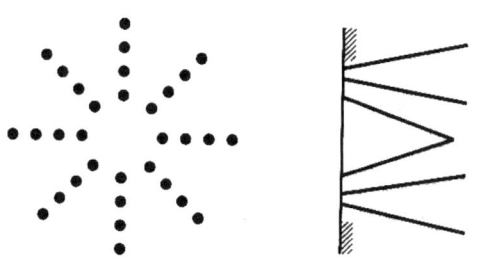

4) 번컷(Burn Cut)

각도가 없는 평행 심발공으로 장약공의 주위에 빈공을 설치 또는 빈공과 장약공을 일직선으로 엇갈리게 배열하는 공법이다.

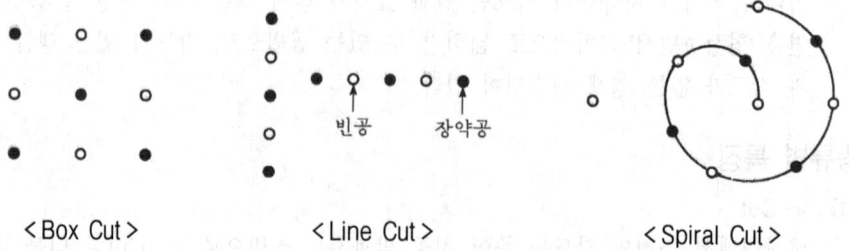

< Box Cut >   < Line Cut >   < Spiral Cut >

5) 코로멘트 컷(Coromant Cut)

2~3공의 대구경으로 형성된 파이로트 홈의 주변에 장약공을 이론적으로 설계된 형판으로 천공 발파하는 공법이다.

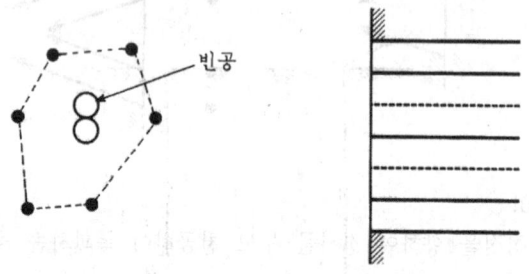

6) 집중식 No Cut

굴착면에서 평행 천공하여 번컷과는 달리 인장파괴의 원리를 이용하여 천공 간격을 10~15 cm로 접근 설치하여 심발하는 공법이다.

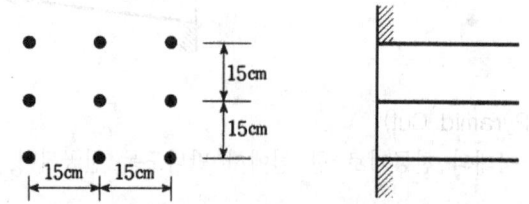

Ⅲ. 특성

① 계획 단면 근접 모암 피해 감소

② 자유면 확보

③ 여굴 방지 효과

17 Stemming 공법(전색 ; 塡塞)

Ⅰ. 정의

① 발파할 때 암석에 천공한 후 폭약을 장전하고 자유면에 가까운쪽으로 장약이 되지 않는 빈자리에 모래, 점토 등을 이용하여 폭약 Energy가 폭파공 밖으로 새어나가지 못하게 폐쇄시켜 폭발 효과를 증진시키는 역할을 하는 것이다.

② 전색(塡塞)이라고 하며 발파에서 폭약만큼 중요한 것으로 장약량에 맞게 재료 및 폐쇄방법을 정하여 사용하는 것으로 Tamping이라고도 한다.

Ⅱ. Stemming 방법

① 발파공 입구 폐쇄방법

② 폭약과 Stemming을 반복해서 채우는 방법

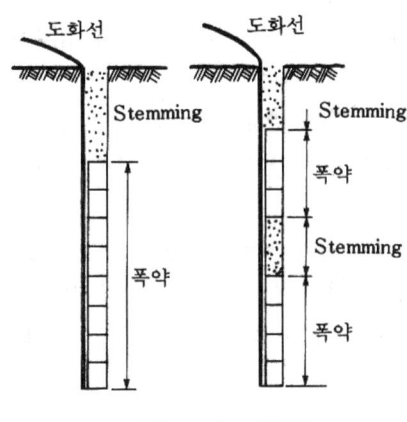

< Stemming 방법 >

Ⅲ. Stemming 사용 재료

① 모래, 암석분

② 점토

③ 시멘트

④ 볏짚, 종이

⑤ 물

Ⅳ. 전색(塡塞)계수

① 발파법에 직접 관계되는 중요한 수치로서 폭약의 장전 밀도를 높이고 파괴 Energy를 파괴할 주변 암석에 주는 역할을 한다.

② 일반적으로 전색계수(d)가 완전히 전색된 경우를 $d=1$로 하고 그 외의 경우는

다음 표로 나타낸다.

전색의 상태		전색계수(d)
아주 깊지 않은 장약공	완전 전색	$d=1$
	불완전 전색	$1.0<d<1.25$
	전색하지 않음	$d=1.25$
장약만이 장약실에 있음	장약실을 성토함	$d=1.5$
	성토하지 않음	$d=2.0$
외부 장약	일반적인 경우	$2.0<d<4.5$
	특별한 경우	$d=9$

V. 시공관리

① 암석에 소정의 깊이로 천공하여 계산된 폭약을 장약한 다음 천공의 입구부에 Stemming 재료를 이용하여 입구를 폐쇄시킨다.

② 만약 폭약이 연속적으로 장약되지 않을 때에는 계획된 간격으로 폭약과 Stemming을 번갈아 가면서 폭파공을 채운다.

③ 최근 장약 근처에서는 폭발 초기에 충격파가 완전히 전파될 수 있게 전색물이 튀어나오지 않을 정도로 한다.

④ 초유 폭약과 같이 폭속이 느린 것일수록 전색을 세게 하는 것이 좋다.

⑤ 폭속이 매우 빠른 폭약은 공기마저도 강체로서 작용하므로 너무 세게 하지 않아도 된다.

⑥ 현장에서 발파공 입구까지 폭약을 장전하고 전색을 하지 않고 발파를 하는 경우가 있는데 이는 발파가 잘 안 될 것을 우려하여 과장약하는 경우에 폭약의 낭비와 보안상 매우 위험한 방법이 되므로 절대 해서는 안 된다.

18 무진동 파쇄 공법

Ⅰ. 정의

① 무진동 파쇄 공법이란 특수 규산염을 주성분으로 하여 물과의 반응에 의해 발생하는 팽창압으로 암석, 구조물 콘크리트 등의 취성 물체를 파쇄하는 공법이다.

② 이 공법은 암석 굴착 또는 구조물 해체 공사에서 소음, 진동, 분진 등의 건설공해 발생이 거의 없으며 도심지 시공에서 많이 이용된다.

Ⅱ. 파쇄 Mechanism

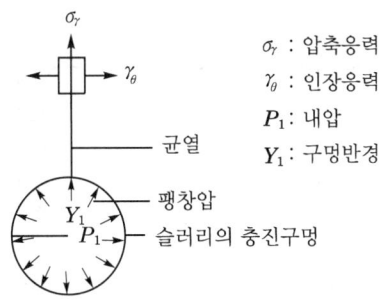

σ_r : 압축응력

γ_θ : 인장응력

P_1 : 내압

Y_1 : 구멍반경

균열

팽창압

슬러리의 충진구멍

Ⅲ. 특징

① 무공해성으로 법적 규제가 없다.

② 취급 책임자가 필요없다.

③ 인허가가 불필요하고 보관, 취급도 간편하다.

④ 소음이 적고 진동, 비석, 분진, 가스 발생이 전무하다.

⑤ 타작업과 병용 작업이 가능하다.

⑥ 인가 밀집지역 등 중기, 화약 사용이 불가능한 경우 적절하다.

Ⅳ. 용도

① 송전선 등 철탑 기초 파쇄 ② 교량, 옹벽 등 토목구조물 파쇄

③ 터널 암빈 굴착 ④ 원자력 관련 구조물 파쇄

⑤ 전석 및 암반 절취

Ⅴ. 팽창 파쇄제의 종류

① Calmmite ② Blister

③ S-mite(Super-mite) ④ 스플리터

Ⅵ. 시공 순서

1) 천공 작업

공간격은 현장 시험 시공을 통하여 파쇄 효과와 경제성을 고려하여 결정

2) 혼합
① 비폭성 파쇄제에 25~30%의 물(예 1포 10 kg에 대하여 2.5~3.0 l 의 물)을 혼합 용기에 넣어 여기에 비폭성 파쇄제를 서서히 투입하여 Hand Mix 등의 교반기로 혼합
② 혼합후 비폭성 파쇄제 슬러리의 충진 작업은 즉시 실시

3) 충진
충진된 구멍에 비폭성 파쇄제 슬러리를 충진하며 천공방법(수직, 수평, 상향공)에 의해 Vinyl Tube나 모르타르 펌프로 충진 작업

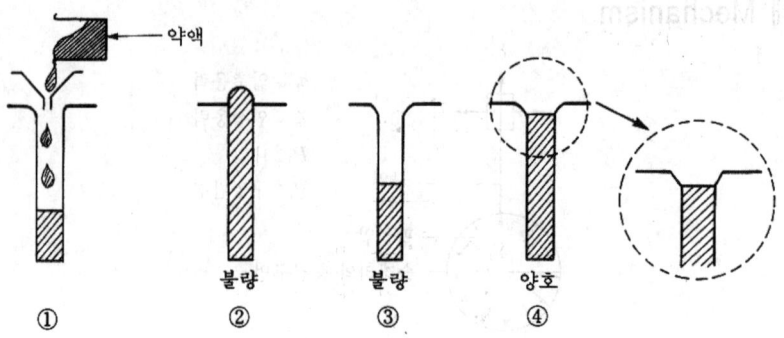

4) 양생
효율적인 양생을 위하여 양생포(방폭 시트, 부직포 등)을 사용하여 충진 약액 보호

5) 안전관리
① 비폭성 파쇄제는 무기질로 독성은 거의 없지만 강알칼리성으로 취급자는 눈에 들어가지 않도록 주의
② 충진중 내용물 분출 현상 발생(철포 현상)

Ⅶ. 시공시 주의점
① 보호 용구 착용
② 대량 혼합 및 온수 사용 제한
③ 혼합후 충진은 5분 이내
④ 충진후 10시간 이내 개방 주의
⑤ 양생중 출입금지
⑥ 밀폐 공간에서 방진 마스크 사용
⑦ 눈에 들어가면 즉시 세척하고 병원으로 이송
⑧ 사용량 초과 사용 제한

19 Calmmite

Ⅰ. 정의

① Calmmite란 암반을 천공하여 구멍속에 화약을 대신하여 팽창하는 팽창 약액을 넣어 암반을 파쇄하는 것으로 황산 안티몬계 팽창 약액이다.

② 폭약에 의해 발생되는 진동, 소음의 발생을 억제하고 도심지 암반 굴착에 수반되는 문제점 등이 해결되는 신공법의 암석 파쇄제이다.

Ⅱ. 파쇄 Mechanism

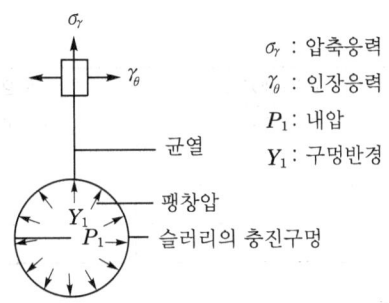

σ_r : 압축응력
γ_θ : 인장응력
P_1 : 내압
Y_1 : 구멍반경

균열
팽창압
슬러리의 충진구명

Ⅲ. 팽창 파쇄제의 종류

① Calmmite
  ㉮ Capsule형
  ㉯ Bulk형
② Blister(발포고 ; 發疱膏)
③ S-mite
④ 스플리터

Ⅳ. 특징

① 무공해성으로 법적 규제가 없다.
② 취급 책임자가 필요없다.
③ 인허가가 불필요하고 보관, 취급도 간편하다.
④ 소음이 적고 진동, 비석, 분진, 가스 발생이 전무하다.
⑤ 타작업과 병용작업이 가능하다.
⑥ 인가 밀집 지역 등 중기, 화약 사용이 불가능한 경우 적절하다.

Ⅴ. 시공 순서

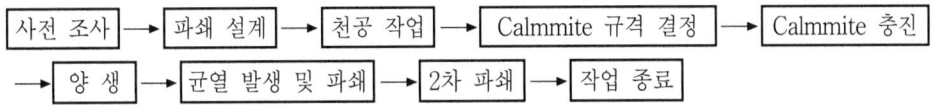

사전 조사 → 파쇄 설계 → 천공 작업 → Calmmite 규격 결정 → Calmmite 충진 → 양 생 → 균열 발생 및 파쇄 → 2차 파쇄 → 작업 종료

Ⅵ. Calmmite의 작용

① 시공에 앞서 Capsule을 물에 적시는데 물비를 이론 수량이 되도록 조절하며 Bulk Type보다는 Calmmite가 동일 장약량으로 팽창력이 10~15% 높다.

② 팽창압은 공경에 비례하여 증가하지만 공경을 크게 하면 작업은 효율적이지만 $\phi 50\,mm$ 이상에서는 분출현상이 생기기 쉬우므로 피하는 것이 좋다.

③ Calmmite와 모든 팽창 파쇄제는 작용하는 팽창압이 온도 상승에 따라 증가한다.

④ Calmmite를 충진하고 보통 10시간이 경과되면 균열이 발생되고 그 후 시간경과에 따라 균열폭이 확대된다.

Ⅶ. Calmmite 적용

종 류		피파쇄체의 온도	담그는 물의 온도	혼합시 수량
Capsule	하절기용	15~35℃	25℃ 이하	–
	동절기용	0~20℃	15℃ 이하	–
Bulk	하절기용	15~35℃	–	30~35%
	동절기용	0~20℃	–	30~35%

Ⅷ. Calmmite 단위 사용량

종 류		단위 사용량(kg/m³)
전석	경암	2~3
	중경암	3~5
	연암	5~8
콘크리트	무근	5~8
	철근	10~20
벤치	경암	5~8
	중경암	8~10
	연암	10~15

20 미진동 발파 공법

[03후(10)]

Ⅰ. 정의

① 도심지 주요 구조물 부근에서 발파작업을 할 경우, 주요 구조물에 미치는 발파 진동을 최소한으로 억제하여 피해를 주지 않기 위해 개발된 공법이다.

② 미진동 발파 공법은 천공후 미진동 파쇄장치를 장약하면 고온에 의한 가스 팽창으로 암반이나 콘크리트에 균열을 발생시키는 공법이다.

Ⅱ. 공법의 원리

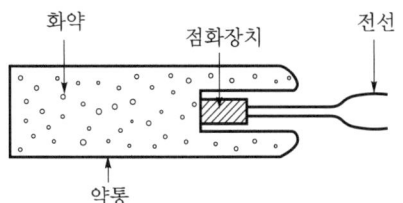

전기를 통해 약통의 화약을 점화시키면 고열이 발생하고, 고열로 인한 가스의 생성 및 팽창으로 피파쇄재에 균열을 발생시켜 파쇄하는 원리이다.

Ⅲ. 시공 방법

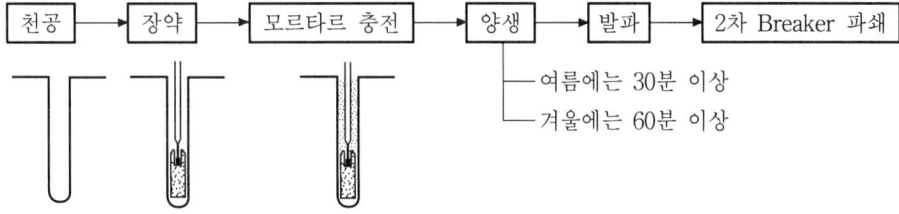

1) 천공

천공경은 약통의 크기에 맞추어 천공

2) 장약

전선과 점화장치 등 확인

3) 모르타르 충전

① 시멘트 : 모래 : 급결제를 1 : 1 : 1 비율로 배합

② 가스가 새지 않도록 밀실 충전

4) 양생

기온에 따른 양생시간 준수

5) 발파

6) 2차 Breaker 파쇄

암반이나 콘크리트에 균열만 발생시키므로 2차 Breaker 작업이 필수

Ⅳ. 특징

① 일반 화약 발파기를 이용하여 시공 실적 풍부함
② 점화구 점화장치 간단함
③ 비석의 위험이 낮음
④ 파쇄효율 우수 및 공기절감
⑤ 1일 150개 이상 사용시에는 사용 및 양수 허가 필요함

21 ABS(Aqua Blasting System ; 수압 발파법)

Ⅰ. 정의

① ABS 공법이란 암반을 천공하여 폭약을 장약하고, 남은 공간에 비압축성 물을 채워 넣어 폭약이 폭발될 때 발생되는 충격파가 천공 벽면에 전체 길이에 균등하게 에너지가 전달되어 암반을 파쇄하는 공법이다.

② 타 공법에 비해 모암에 국부적인 손상을 적게 하고 진동이 적으며, 충격파의 작용범위가 재래 공법에 비하여 넓게 작용한다.

Ⅱ. 시공 상세도

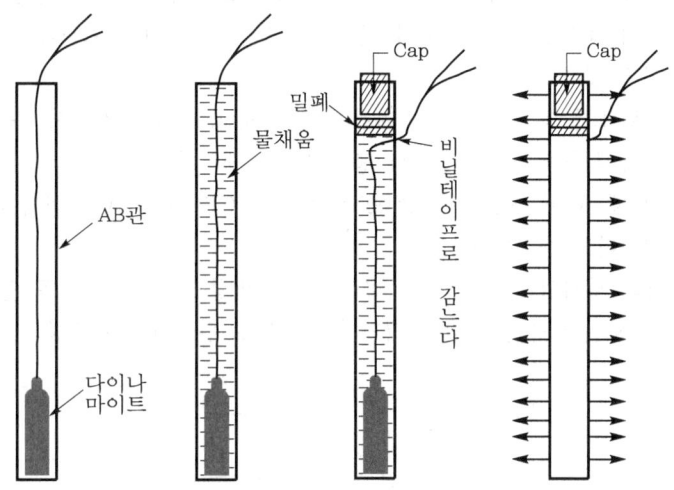

Ⅲ. 시공 방법

1) 장약
$\phi 30 \sim 35$ mm의 Plastic Pipe($l = 500 \sim 2,000$ mm)에 다이나마이트 장약

2) 파이프 설치
Pipe 길이는 발파 길이의 약 1/2 정도로 하고 나머지 부분을 모래 또는 점토로 채움

3) 물 충진
장약된 파이프와 천공경 사이에 물 충진

4) Cap 시공
구멍속에 물을 가득히 충진시키고 기밀한 Cap으로 구멍 입구를 밀폐

5) 뇌관 연결
Cap의 작은 구멍 사이로 뇌관 전선 연결

6) 발파
뇌관이 점화되어 발파되면 수압 에너지는 공벽에 직각 방향으로 균등 작용

Ⅳ. ABS 공법과 재래 공법의 비교

항 목 \ 공 법	재래 공법	ABS 공법
충격 파형	구면파	원관파
충격파의 진행방향	45°	90°
진동(z방향)	대(3.5)	소(1.0)
충격파의 작용 범위	협소하다	넓다

Ⅴ. ABS 공법의 원리

① 인접 2공이 순발 발파를 할 경우 각 공에서 발진한 원관파두가 공축에 직각으로 본바닥 내부로 진행한다.

② 이렇게 발생된 압축파가 순발이라 하여도 다소의 Time Lag에 의해서 중간점에서 충돌한다고는 볼 수 없고, 인접공의 공벽(자유면)에서 발사파가 당연히 있을 것이다.

③ 그림에서 A, B공에서 발진한 충격파 a, b는 A, B선에서 충돌하고 다시 반사파가 복합적으로 대향파와 충돌한다고 생각한다.

④ 이 때 A, B선에 직각 방향으로 인장파 C가 생겨 A, B선에 따라 파단면이 형성된다고 생각한다.

⑤ 재래 발파의 충격 파두는 공축에 45° 방향으로 진행하므로 인접 2점간에 있어서 완전히 충돌 간섭이 생기지 않으므로 완전한 파단현상은 기대할 수 없다.

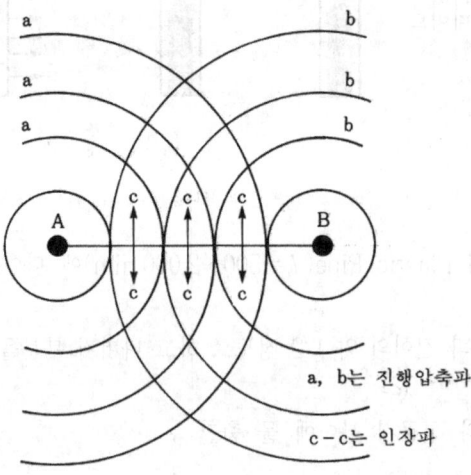

a, b는 진행압축파

c - c는 인장파

22 Decoupling 계수

Ⅰ. 정의

① 천공경보다 지름이 작은 약포의 폭약을 장약하여 폭약의 충격 효과를 감소시키고 파괴범위를 제어하기 위하여 약포와 천공경 사이에 공간을 두게 되는데, 폭약을 장약할 때 폭약 지름에 대한 천공 지름의 비를 Decoupling 계수라 한다.

② Decoupling Effect는 폭발력을 조절하여 발파 예정선을 따라 여굴 발생이 없게 균열을 발생시키고 기존 암반의 이완을 최대한 방지할 목적으로 사용된다.

$$\text{Decoupling 계수}(D_c) = \frac{R_c(\text{천공 지름})}{R_b(\text{폭약 지름})}$$

Ⅱ. 공벽면의 압력과 Decoupling 계수와의 관계

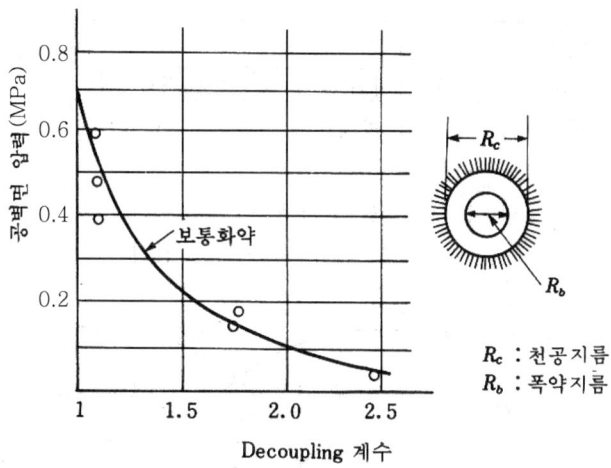

공벽면 압력이 커지는 경우는 다음과 같다.
① 천공경이 적을 때
② 약량이 많을 때
③ 화약 지름이 클 때

Ⅲ. Decoupling 효과

① 천공경과 약경을 조절하여 약포와 공벽 사이의 공간이 순간적인 압축 변형에 의한 Cushion으로 작용하여 Energy를 제어하게 되는데, 이를 Decoupling 효과라 한다.

② D_c가 커질수록 폭속이 저하되며 전체적인 대상(帶狀)의 응력분포를 나타낸다.

Ⅳ. 적용성

① Smooth Blasting 공법에서 장약법은 정밀 폭약을 사용하며 Decoupling 계수는 1.5~2.0 정도로 하여 장약한다.

② 즉, 천공 지름이 폭약 지름의 1.5~2.0배가 되게 한다.

③ 현장에서는 25 mm경의 폭약과 천공경 50 mm로 하여 장약 길이를 길게 하기 위하여 폭약과 폭약 사이에 간격재를 넣어서 사용하기도 한다.

Ⅴ. Decoupling 계수 산정 방법

1) 지름비 Decoupling 방식

천공 지름 R_c 와 폭약 지름 R_b 와의 관계식으로 정하는 방식이다.

$$D_c (\text{Decoupling 계수}) = \frac{R_c(\text{천공 지름})}{R_b(\text{폭약 지름})} \fallingdotseq 2\sim3$$

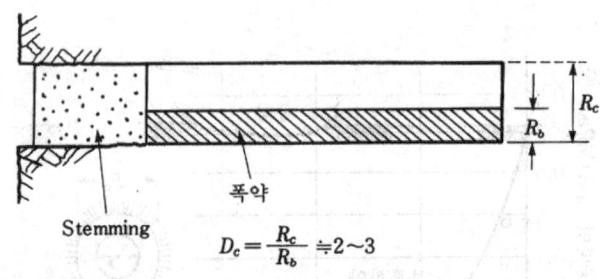

2) 체적비 Decoupling

천공내 체적 V_c 와 장약량의 체적 V_b 의 관계식으로 정하는 방식이다.

$$D_c (\text{Decoupling 계수}) = \frac{V_c(\text{천공내 체적})}{V_b(\text{장약량의 체적})} \fallingdotseq 4\sim6$$

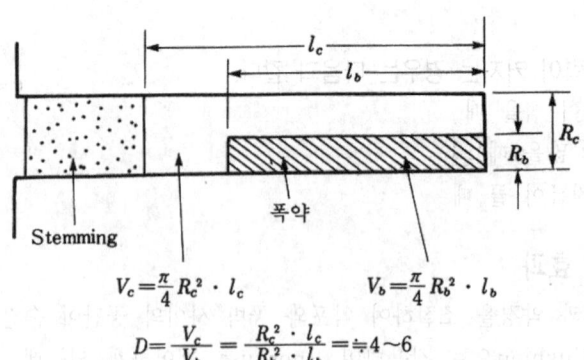

23 2차 발파(Secondary Blasting ; 소할 발파)

[04중(10)]

Ⅰ. 정의

① 1차 발파 작업에서 발생되는 바위덩어리의 운반 적재가 곤란할 경우 이것을 조각낼 필요가 있을 때, 이 바위덩어리를 다시 발파하는 것을 2차 폭파라고 하며 소할 발파 또는 조각 발파라 한다.

② 2차 발파는 암반 절취작업에서 시공성의 향상을 위하여 행하는 공법으로 비석으로 인한 사고 발생을 방지할 수 있는 조치 등의 안전관리가 무엇보다 중요하다.

Ⅱ. 공법의 종류

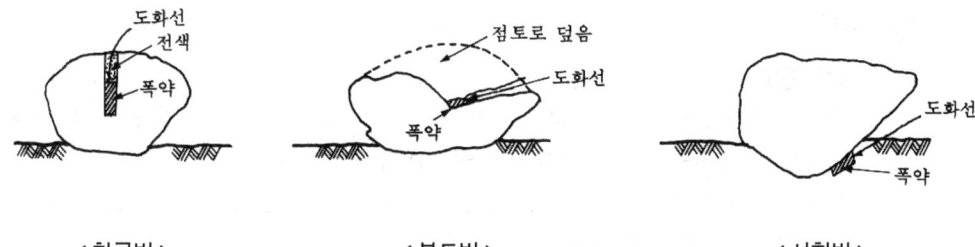

<천공법> <복토법> <사혈법>

1) 천공법(Block Boring)

일반적으로 가장 많이 사용하는 방법으로 바위덩어리 중심부를 향해 수직으로 천공하여 장약한 후 흙으로 틈을 메워서(전색) 발파하는 방법

2) 복토법(Mud Caping)

바위덩어리에 천공을 하지 않고 암석덩어리의 가장 약한 부위(지름이 작은 부위)에 폭약을 장진하고 그 위에 진흙으로 덮어놓고 발파하는 방법이다.

3) 사혈법(Snake Boring)

바위덩어리가 흙에 묻혀 있는 경우 천공작업이 여의치 않을 때 이용하는 방법으로 바위덩어리 아래측에 폭약을 장약한 후 발파하는 공법이다.

Ⅲ. 2차 폭파의 필요성

① 버럭처리 용이 ② 안전성 확보
③ 작업성 확보 ④ 운반작업 용이

Ⅳ. 시공시 유의점

① 비산 방지망 설치 ② 장약량 결정
③ 천공 각도 ④ 전색 작업
⑤ 진동 충격 발생 ⑥ 책임자 선정

24 | 수중 발파(水中發破)

Ⅰ. 정의

① 수중 발파란 발파 작업의 대상물이 수중에 위치하여 천공 작업 및 화약의 장전, 발파 등이 수중에서 이루어지는 일련의 작업이다.

② 사용할 폭약과 화공품의 내수성 또는 방수를 어떻게 하느냐에 따른 난점이 있을 뿐, 그 외는 육상 폭파와 근본적으로 다른 점은 없다.

Ⅱ. 시공 순서 Flow Chart

작업장 준비 → 천 공 → 장 약 → 발 파

Ⅲ. 시공 순서

1) 작업장 준비

① 수심이 낮고 수위변동이 없으면 비계를 조립하고, 수심이 깊거나 수위변동이 있으면 Drum통으로 Float를 만들어 작업장으로 쓴다.

② Float의 4모퉁이에 수동 Winch를 설치하고, 수중에는 Anchor를 설치하여 수위 변동에 대하여 Winch로 조절한다.

2) 천공 작업

① 천공은 굴착지점의 측량결과로 작성한 등고선으로 천공장을 수상에 설치한 수위계와 Rod의 수치에 의거 소정의 깊이까지 천공한다.

② 잠수부가 소정위치에 $\phi\,3\sim4''$ 철관으로 Casing Pipe를 만들어 진동을 방지하고 계획된 천공 위치를 확보하여 천공후 토사에 의한 구멍 매몰을 방지하는 목적에 사용된다.

3) 장약

① 장약량 계산은 수중 발파를 확실히 하고, 소할이 없도록 하기 위해서 발파계수 (C)를 2배로 하여 과장약한다.

② 장약은 쪼갠 대나무에 Dynamite를 Vinyl Tape로 감아 연결하고 잠수부가 이것을 장약한다.

4) 발파

① 수중 발파에서는 일반적으로 장약후에 전색은 하지 않고 수압으로 대응하는 것이 보통이다.

② 점화의 방법은 각 장약 개소에 전기 뇌관과 도화선을 장착한 기폭약 2개를 사용한다.

25 Test Blasting(시험 발파)

[06후(10)]

Ⅰ. 정의

① 암석을 굴착하는 발파 작업에서 암반 굴착 작업을 보다 합리적으로 하기 위하여 버력의 비산 상태, 약량의 적합성, 버력의 크기, 안전성 등을 판단하기 위한 발파로서 본작업 전에 실시하는 것을 시험 발파라 한다.

② 시험 발파의 주된 목적은 암석과 폭약과의 상관관계인 발파계수를 구하고, 발파시 모암에 미치는 영향 분석에 있다.

Ⅱ. 시험 발파의 필요성

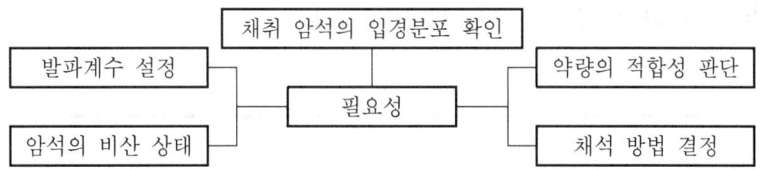

Ⅲ. 발파계수

① 시험 발파를 통하여 사용약량, 폭약의 종류를 변화시키면서 시험을 통하여 얻을 수 있는 계수

② 발파계수는 암석과 폭약의 종류에 의해 결정

③ 발파계수의 결정 방법 : 2면의 자유면을 갖는 암석에서 각각 저항선을 달리하는 시험 발파를 통하여 발파 계수 결정

$$C(\text{발파계수}) = \frac{L_1(\text{적정 장약량})}{f(n)(\text{약량 수정계수}) \times W^3(\text{최소 저항선})}$$

$$f(n) = \left(\sqrt{1 + \frac{1}{W}} - 0.41 \right)^3 \cdots\cdots \text{Dambrun 식}$$

④ 발파계수에 영향을 주는 요소로서 암반의 주향, 절리, 폭약의 성능 등에 가장 크게 영향을 미친다.

⑤ 특히 대규모 암석 굴착에서는 누두공 시험(Crater Test)으로 가장 효율이 좋은 장약량, 최소 저항선을 확인해야 한다.

⑥ 발파계수(C)의 값이 결정되면 저항선을 산출하고 폭약의 비중을 알면 장약량을 계산할 수 있다.

26 발파에서 지반 진동의 크기를 지배하는 요소

[07후(10)]

Ⅰ. 개요

① 발파로 인하여 발생하는 지반 진동의 크기는 여러 가지 인자에 의하여 결정된다.

② 이들 인자중 인위적으로 조정이 가능한 화약의 종류, 발파방법이 있으나 암반의 종류와 상태, 주변 구조물 사이의 이격거리는 인위적으로 결정이 불가능하며, 이들은 조작 불가능한 독립변수로 보아야 한다.

③ 발파진동의 크기를 지배하는 요소는 첫째, 암반의 물리적 특성이고 둘째, 화약류(폭약, 뇌관)의 선정이며 셋째, 발파방법의 변화라고 할 수 있다.

Ⅱ. 암석 발파시 파괴 양상

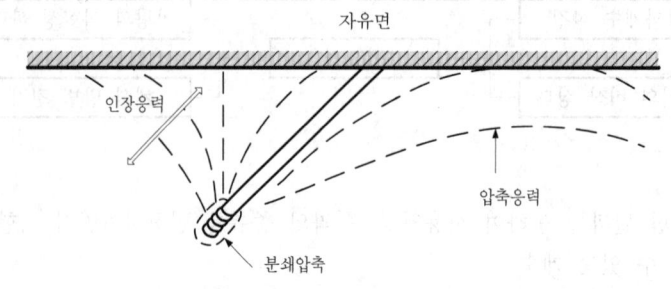

〈암석 발파시 파괴 양상〉

Ⅲ. 지반 진동의 크기를 지배하는 요소

1) 암석의 물리적 특성

① 압축강도, 인장강도 및 암반의 상태 등이 지반의 진동 크기에 영향을 준다.

② 암반의 물리적 특성을 파악하기 위하여 사전조사와 시험을 통하여야 하며, 시험발파시 진동 저감을 도모할 수 있는 발파 패턴을 구축해야 한다.

2) 화약류(폭약, 뇌관)의 선정

① 화약의 종류, 비중, 폭속, 가스량 등에 따라서 발파진동의 크기에 지대한 영향을 준다.

② 뇌관의 종류(전기, 비전기), 지연시차 등으로 인하여 발파에 의한 진동의 크기를 다르게 할 수 있다.

3) 발파방법의 변화

① 발파방법의 변화에 따라 진동파의 변화가 발생한다.

② 주변지반의 진동은 진동파의 종류(P파, S파, L파 등)에 따라 다르게 나타난다.

27 터널 발파시의 진동 저감 대책

I. 정의

① 터널 발파 시 발생하는 지반의 진동은 여러 가지 인자에 의해 그 크기가 결정되므로 진동을 발생시키는 인자들의 파악이 우선되어야 한다.

② 이들 인자 중에서 인위적으로 조정이 가능한 인자들을 조절함으로써 진동을 최소화시켜 주변 지반과 주민의 피해를 최소화하여야 한다.

II. 진동의 크기를 지배하는 인자

① 암석의 물리적 특성 : 인위적 조정 불가능

② 화약류의 선정 : 인위적 조정 가능

③ 발파공법의 선정 : 인위적 조정 불가능

III. 진동 저감 대책

1) 시험 발파(Test Blasting) 시행

① 적정 발파계수 선정

② 약량의 적합성 판단

③ 진동의 크기 측정

2) 발파 공법 선정

발파 공법	수압 발파법 (Agua Blasting System)	미진동 발파법	무진동 발파법
공법 개요	• 암반을 천공하고 폭약을 장약한 후 남은 공간에 비압축성 물을 채워 폭파 시의 충격파가 전체 길이에 균등하게 전달되게 하는 공법	• 고온에 의한 가스의 팽창으로 암반이나 콘크리트에 균열을 발생시키는 공법	• 특수 규산염을 주성분으로 하여 물과의 반응에 의한 팽창으로 암반이나 콘크리트를 파쇄하는 공법
특징	• 일반파쇄 공법에 비해 진동이 1/3 수준으로 경감됨 • 충격파의 진행방향이 일반파쇄공법의 2배 • 모암의 국부손상이 적음 • 2차 파쇄 필요	• 일반화약사용으로 시공 용이 • 점화구의 점화장치가 간단 • 비서의 위험이 낮음 • 파쇄 효과 우수 • 공기 단축	• 무공해성으로 법적규제가 없음 • 보관 및 취급 간편 • 소음 및 진동이 적음 • 타 작업과의 병용 작업 가능 • 파쇄에너지는 작음

28 지불선(Pay Line ; 수량 계산선)

[05전(10), 12전(10)]

Ⅰ. 정의

① 터널 공사의 실제 굴착량은 Lining의 설계 두께를 확보하기 위하여 동바리공이나 널판 사용으로 시공상 부득이하게 설계 두께선 외에 필요 공간이 생기게 된다.

② 이렇게 필요 이상으로 발생되는 공간에 대해 공사 도급 계약시 필요에 따라 굴착 및 라이닝의 수량을 확정하기 위하여 정해지는 수량 계산선을 말한다.

Ⅱ. Pay Line의 예시도

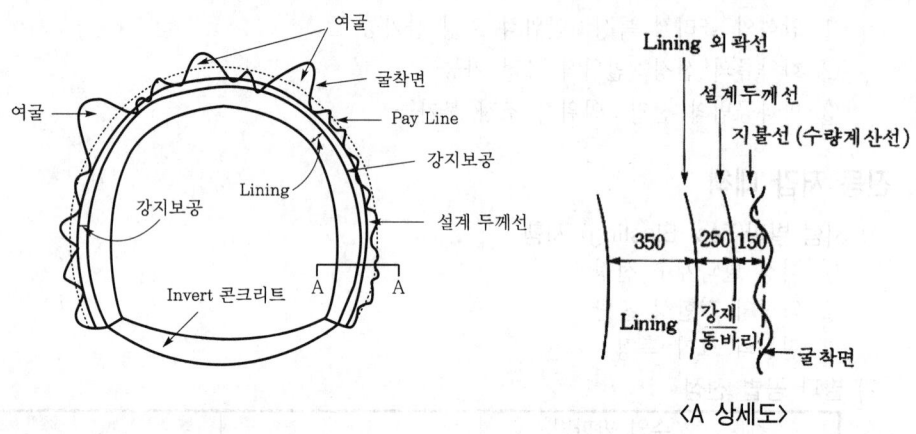

〈A 상세도〉

Ⅲ. Pay Line의 필요성

① 시공중 불필요한 굴착 방지

② Lining 물량 확정

③ 도급자와 시공자간의 지불 한계 결정

④ Claim 발생 방지

⑤ 물량 산출 근거

⑥ 여굴 발생 방지

Ⅳ. Pay Line 명시 목적

물량 산출시 설계 두께 수량과 여분의 수량을 산출할 때 공사의 설정에 맞는 타당한 공사비 산출을 하기 위함이다.

Ⅴ. Pay Line 결정

① 실제 시공 수량에 가깝게 결정

② 많은 시공 사례 참조

③ 현장 조사 자료를 최대한 활용

29 지불선(Pay Line)과 여굴의 관계

[98후(20)]

I. 지불선

1) 정의

　① 터널 공사에서 단면을 굴착할 때 Lining의 설계 두께를 확보하기 위하여 시공상 부득이하게 설계 두께선 이상의 공간이 필요하게 된다.

　② 이렇게 필요 이상으로 발생되는 공간에 대해 공사 도급 계약에서 필요에 따라 굴착 및 라이닝의 수량을 확정하기 위하여 정해지는 수량 계산선을 말한다.

2) 지불선의 예시도

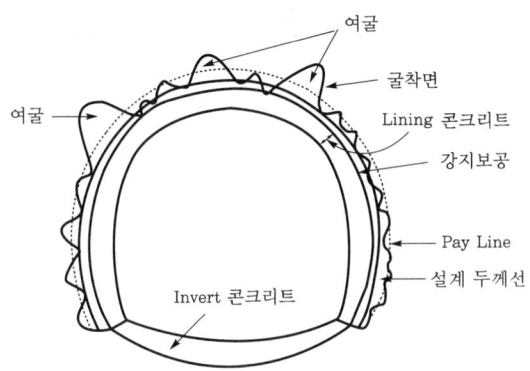

3) 지불선의 필요성

　① 시공중 불필요한 굴착 방지

　② Lining 물량 확정

　③ 도급자와 시공자간의 지불 한계 결정

　④ Claim 발생 방지

　⑤ 물량 산출 근거

　⑥ 여굴 발생 방지

II. 여굴

1) 정의

터널 단면을 굴착할 때 여러 가지 원인에 의해서 필요 이상으로 단면이 굴착되는 것을 여굴이라고 한다.

2) 여굴 발생 원인

　① 불량 지질

　② 암반의 균열, 절리

　③ 천공 각도 부적정

　④ 폭약 사용량 과다

⑤ 부적절한 발파 공법
⑥ 이질 지층 발달

Ⅲ. 지불선과 여굴의 관계

	지불선(Pay Line)	여 굴
공사 대금	지급	지급 없음
소요 공기	고려하였음	공기 지연 원인
시공의 안전성	안전성 확보	안전사고 발생 요인
경제성	무관	경제성 상실
지반 변형	거의 없음	발생이 많음
시공성	계획 시공	돌발 시공
대책 방안	Lining	더 채우기

30 터널의 여굴

[00전(10), 11종(10)]

Ⅰ. 정의

① 터널 단면을 굴착할 때 여러 요인에 의해 필요 이상으로 단면이 굴착되는 것을 터널의 여굴(餘窟)이라고 한다.

② 여굴의 발생량이 많아지면 공사비 증가 및 공기 지연의 요인이 되므로 철저한 지반조사와 정밀시공으로 여굴 발생을 최소화하여야 한다.

Ⅱ. 여굴의 도해

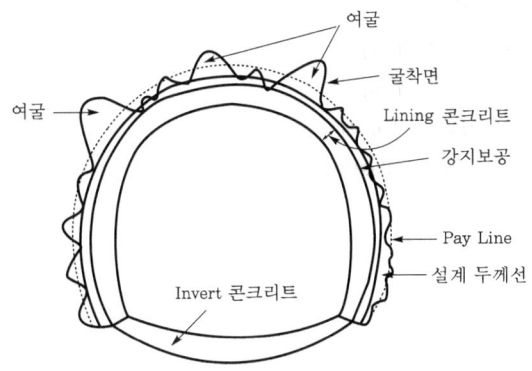

Ⅲ. 여굴 발생 원인

① 불량 지질

② 암반의 균열, 절리

③ 천공 각도 부적정

④ 폭약 사용량 과다

⑤ 부적절한 발파 공법

⑥ 이질 지층 발달

Ⅳ. 여굴 저감 대책

① 철저한 지반조사

② 적당량의 폭약 사용

③ 정밀시공

④ Pay Line의 최소화

31 조절 발파(제어 발파)

[05전(10)]

Ⅰ. 정의

① 조절(제어) 발파 공법이란 공내의 화약폭발에 의해 발생된 공벽의 압력을 완화시켜 폭파에너지의 작용방향을 조절(제어)하며, 지반 손상을 억제하고 평활한 굴착면을 얻기 위한 발파 공법이다.

② 터널의 안정성과 인근 구조물을 방호할 수 있는 조절 발파(Controlled Blasting)가 많이 선호되고 있다.

Ⅱ. 조절(제어) 발파의 종류

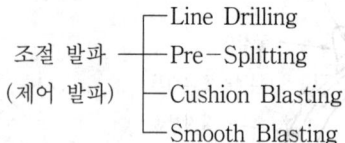

조절 발파
(제어 발파)
- Line Drilling
- Pre-Splitting
- Cushion Blasting
- Smooth Blasting

Ⅲ. 종류별 특징

1. Line Drilling

1) 정의

① Line Drilling 공법이란 Controlled Blasting의 기본이 되는 공법으로 굴착 계획선에 적은 공경으로 조밀하게 천공하여 무장약하고 인접공의 발파로 굴착 계획선을 따라 굴착면을 깨끗하게 마무리하는 공법이다.

② Line Drilling 공법의 굴착면 형성은 터널 굴착뿐만 아니라 대규모 암반 절취 공법에도 적용되는 공법이다.

2) 특징

① 깨끗한 굴착면 형성
② 조밀한 천공으로 천공 비용 증대
③ 천공 시간이 많이 소요
④ 아주 적은 오차에도 나쁜 결과 초래
⑤ 고도의 천공기술 요구

2. Pre-Splitting

1) 정의

① Pre-Splitting 공법이란 굴착 계획선을 좁은 간격으로 천공하여 적은 장약량으로 선발파하여 굴착면을 형성한 다음 굴착 선상에 균열을 일으키게 하는 공법이다.

② 파단면을 주발파시의 자유면으로 작용시켜 굴착 계획선에서 모암을 손상시키지

않도록 하여 절취면을 형성하는 것이다.

2) 특징
① 모든 암반에 적용 가능
② Line Drilling 공법보다 천공수가 적어 경제적
③ 파단선 발파와 본발파로 2회 발파
④ 파단선 선행 발파후 암반상태 확인 안 됨
⑤ 비석의 위험이 크므로 덮개가 필요

3. Cushion Blasting

1) 정의

Cushion Blasting 공법이란 굴착면에서 폭발력이 분산 작용하게 되어 모암에 국부적인 손상을 방지하는 공법으로 터널 굴착에 많이 이용하는 공법이다.

2) 특징
① 암반상태가 불균질할 때 적용
② 천공경비 절감
③ 외측 암반 피해 저감
④ 90° 코너부분 적용 곤란
⑤ 2회 발파

4. Smooth Blasting

1) 정의

① Smooth Blasting 공법이란 터널에서 굴착 발파할 때 기존 암반(Remain Rock)에 손상을 최소화하기 위하여 화약경과 공경 사이에 공간을 두어 폭파에너지의 작용방향을 제어함으로써 지반 손상을 억제하고 평활한 굴착면을 얻을 수 있는 공법이다.

② Smooth Blasting 공법은 굴착면 요철 감소와 부석이 적고 암반의 자체 강도를 최대한 유지시킬 수 있는 장점을 가지고 있다.

2) 특징
① 지반의 손성 적음
② 여굴 적음
③ 평활한 굴착면으로 처리
④ 부석이 적음
⑤ 부석처리 비용 절감

32 Line Drilling

Ⅰ. 정의

① 제1열은 굴착 계획선으로 무장약공, 제2열은 50% 장약공, 제3열은 자유면쪽으로 100% 장약공을 설치한다.

② Controlled Blasting의 기본이 되는 공법으로 굴착 계획선에 적은 공경으로 조밀하게 천공하여 무장약하고, 인접공의 발파로 굴착 계획선을 따라 굴착면을 깨끗하게 마무리하는 공법이다.

③ Line Drilling 공법의 굴착면 형성은 터널 굴착뿐만 아니라, 대규모 암반 절취 공법에도 적용되는 공법이다.

Ⅱ. 특징

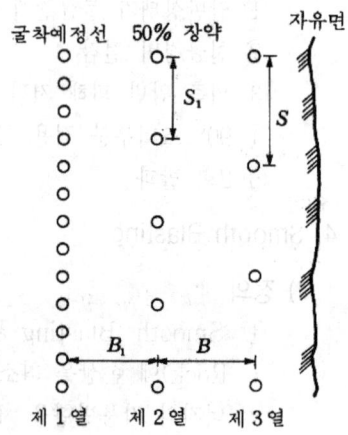

① 깨끗한 굴착면 형성
② 조밀한 천공으로 천공 비용 증대
③ 천공 시간이 많이 소요
④ 아주 적은 오차에도 나쁜 결과 초래
⑤ 고도의 천공 기술 요구

Ⅲ. 천공 패턴

① 천공경은 50~75 mm
② 공간격은 공경의 2~4배 유지
③ 무장약공 상태 유지
④ 인접공은 보통 $S_1=0.5{\sim}0.75S$, $B_1=0.5{\sim}0.75B$ 유지

Ⅳ. 작업 방법

① 굴착 계획선에 공경 50~75 mm로 조밀하게 천공
② 인접공 천공을 S_1, B_1에 맞추어 천공
③ Line Drilling 공의 인접공에 정상 장약공의 50%정도 분산 장약
④ 자유면에 접한 공에 100% 장약
⑤ 장약은 Decoupling 장약법 이용
⑥ 지발 뇌관 MSD, DSD 사용

Ⅴ. 발파 진동 경감 방법

① 폭약에 의한 방법 : 저폭속 폭약, 저비중 폭약
② 다단 발파에 의한 방법 : DSD에 의한 시차 발파, MSD에 의한 시차 발파, 비전기식 뇌관(NONEL)에 의한 무한 단수 발파

③ 심빼기에 의한 방법 : Double 심발, 심발의 위치 조정

④ 폭파방식에 의한 방법 : Decoupling 효과, 분할 발파 실시, 1회 발파 진행장의 제한

⑤ 약량 제한에 의한 방법

Ⅵ. 국내 생산 폭약의 폭속 비교

고성능 폭약 Ⅰ호	5,500~6,000 m/sec
고성능 폭약 Ⅱ호	5,200~5,500 m/sec
다이나마이트	5,000~5,500 m/sec
함수 폭약	3,900 m/sec
정밀 폭약 FINEX Ⅰ호	4,000 m/sec
정밀 폭약 FINEX Ⅱ호	3,500 m/sec
Emulite	5,000~5,500 m/sec
ANFO	2,800~3,000 m/sec

Ⅶ. 발파에 의한 진동 허용 규제치

구 분	문화재	일반 가옥	연립주택	APT, 상가, 공장
건물 진동에서의 허용 진동치 (cm/sec)	0.3	1.0	2.0	3.0

33 Pre-Splitting

[98후(20), 07전(10)]

I. 정의

① 제1열은 50% 장약공, 제2열과 제3열은 100% 장약공으로 설치한다.
② 굴착 계획선을 좁은 간격으로 천공하여 적은 장약량으로 선발파하여 굴착면을 형성한 다음 굴착 선상에 균열을 일으키게 하는 공법이다.
③ 파단면을 주발파시의 자유면으로 작용시켜 굴착 계획선에서 모암을 손상시키지 않도록 하여 절취면을 형성하는 것이다.

II. 특징

① 모든 암반에 적용 가능
② Line Drilling 공법보다 천공수가 적어 경제적
③ 파단선 발파와 본발파로 2회 발파
④ 파단선 선행 발파후 암반상태 확인 안 됨
⑤ 비석의 위험이 크므로 덮개가 필요

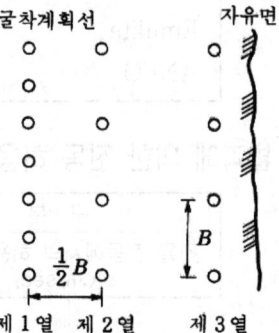

III. 천공 패턴

① 천공경은 50~160 mm
② Pre-Split면과 인접공과의 간격은 주발 파공 간격의 1/2이 되게 한다.

IV. 작업 방법

① 굴착 예정선상에 Pre-Splitting공을 주발파공 간격보다 좁게 천공
② 굴착 계획선에 인접공의 장약량보다 적은 50% 이하로 장약
③ 굴착 계획선에 MS 뇌관을 사용한 선행 발파로 굴착면 형성
④ 인접공 발파

V. 공경과 장약량

암반 천공 작업에서 천공 지름은 50~90 mm로 하며, 6~10 m의 깊이로 천공한다.

천공경(mm)	공간격(mm)	장약량(gf/m)
38~44	350~450	120~360
59~65	450~600	120~360
75~90	450~900	190~700
100	600~1,200	360~1,100

VI. 발파 진동 경감 방법

① 폭약에 의한 방법 : 저폭속 폭약, 저비중 폭약
② 다단 발파에 의한 방법 : DSD에 의한 시차 발파, MSD에 의한 시차 발파, 비전기식 뇌관(NONEL)에 의한 무한 단수 발파
③ 심빼기에 의한 방법 : Double 심발, 심발의 위치 조정
④ 폭파 방식에 의한 방법 : Decoupling효과, 분할 발파 실시, 1회 발파 진행장의 제한
⑤ 약량 제한에 의한 방법

VII. 국내 생산 폭약의 폭속 비교

고성능 폭약 I호	5,500~6,000 m/sec
고성능 폭약 II호	5,200~5,500 m/sec
다이나마이트	5,000~5,500 m/sec
함수 폭약	3,900 m/sec
정밀 폭약 FINEX I호	4,000 m/sec
정밀 폭약 FINEX II호	3,500 m/sec
Emulite	5,000~5,500 m/sec
ANFO	2,800~3,000 m/sec

VIII. 발파에 의한 진동 허용 규제치

구 분	문화재	일반 가옥	연립주택	APT, 상가, 공장
건물 진동에서의 허용 진동치 (cm/sec)	0.3	1.0	2.0	3.0

34 Cushion Blasting

[01전(10)]

Ⅰ. 정의

① 굴착 계획선에 따라 일렬로 천공하여 분산 장약하고, 제2열과 제3열은 100% 장약공으로 설치하여 주굴착이 완료된 후 Cushion Blasting공을 발파하여 굴착면을 보호하는 공법이다.

② 굴착면에서 폭발력이 분산 작용하게 되어 모암에 국부적인 손상을 방지하는 공법으로 터널 굴착에 많이 이용하는 공법이다.

Ⅱ. 특징

① 암반 상태가 불균질할 때 적용
② 천공 경비 절감
③ 외측 암반 피해 저감
④ 90° 코너 부분 적용 곤란
⑤ 2회 발파

Ⅲ. 천공 패턴

① 천공경은 50~160 mm
② 공간격은 최소 저항선의 80% 이내로 90~210 mm 정도
③ 인접공은 Cushion Blasting공보다 간격을 크게 배치

Ⅳ. 작업 방법

① 굴착 계획선에 공경 50~160 mm로 90~210 mm 간격으로 천공
② 인접공 발파후 버럭 제거
③ Cushion Blasting공에 분산 장약
④ 장약법은 Decoupling 장약법 이용
⑤ 굴착 예정선 MS 뇌관 사용으로 발파

Ⅴ. 천공경과 약경과의 관계

공경(mm)	공간격(m)	최소 저항선(m)	장약량(gf/m)
50~60	0.9	1.2	120~360
75~90	1.2	1.5	190~740
100~110	1.5	1.8	370~1,200
125~140	1.8	2.1	1,100~1,500
150~160	2.1	2.7	1,500~2,200

Ⅵ. 발파 진동 경감 방법

① 폭약에 의한 방법 : 저폭속 폭약, 저비중 폭약
② 다단 발파에 의한 방법 : DSD에 의한 시차 발파, MSD에 의한 시차 발파, 비전기식 뇌관(NONEL)에 의한 무한 단수 발파
③ 심빼기에 의한 방법 : Double 심발, 심발의 위치 조정
④ 폭파 방식에 의한 방법 : Decoupling 효과, 분할 발파 실시, 1회 발파 진행장의 제한
⑤ 약량 제한에 의한 방법

Ⅶ. 국내 생산 폭약의 폭속 비교

고성능 폭약 Ⅰ호	5,500~6,000 m/sec
고성능 폭약 Ⅱ호	5,200~5,500 m/sec
다이나마이트	5,000~5,500 m/sec
함수 폭약	3,900 m/sec
정밀 폭약 FINEX Ⅰ호	4,000 m/sec
정밀 폭약 FINEX Ⅱ호	3,500 m/sec
Emulite	5,000~5,500 m/sec
ANFO	2,800~3,000 m/sec

35 Smooth Blasting

[99후(20), 00중(10), 05후(10), 09중(10)]

Ⅰ. 정의

① 제1열은 정밀 화학, 제2열과 제3열은 100% 장약공으로 설치한다.

② 터널에서 굴착 발파할 때 기존 암반(Remain Rock)에 손상을 최소화하기 위하여 화약경과 공경 사이에 공간을 두어 폭파에너지의 작용방향을 제어함으로써 지반 손상을 억제하고 평활한 굴착면을 얻을 수 있는 공법이다.

③ Smooth Blasting 공법은 굴착면 요철 감소와 부석이 적고 암반의 자체 강도를 최대한 유지시킬 수 있는 장점을 가지고 있다.

Ⅱ. 특징

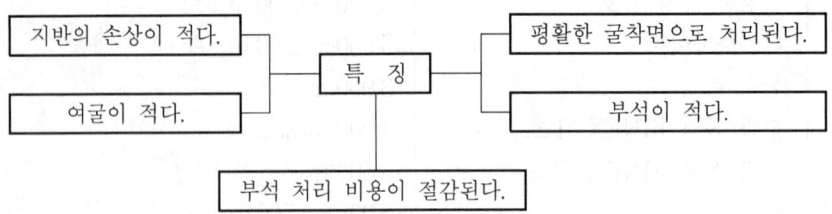

Ⅲ. SB(Smooth Blasting)의 기본 요소

1) SB용 폭약

① SB 폭약으로는 천공경의 1/2~1/3 정도의 약경이 필요한 Decoupling계수(1.5~2.0)를 확보하면서 폭파에너지가 적정하고 전폭성이 양호한 것이어야 한다.

② SB용 폭약의 종류와 성능

생산국	명 칭	상 태	가비중	폭 속	비 고
한국	정밀 폭약 Ⅰ호(FINEX-Ⅰ)	반교질	1.2~1.3	4,000	$\phi 17 \times 460 \times 110\,g$
한국	정밀 폭약 Ⅱ호(FINEX-Ⅱ)	분상	1.0~1.0	3,500	$\phi 22 \times 340 \times 125\,g$

2) 뇌관

연시초(延時秒) 편차가 적고 정확한 MS 지발 뇌관을 사용한다.

3) 간격

① Smooth Blasting에 있어서는 SB공의 간격(E)과 최소 저항선(V)과의 비 E/V의 값이 중요한 Factor가 된다.

② 지금까지의 폭파시험 실적 등을 참고로 하여 볼 때 통상 공간격은 0.4~0.7 m이고 $E/V=0.8$ 정도가 표준이 되고 있다.

4) 장약량

① 일반적으로 0.15~0.3 kg/m를 사용한다.

② Smooth Blasting의 장약의 기본은 Decoupling 장약으로 천공경과 약경으로 표시하는 Decoupling 방식과 천공 체적과 장약량 체적으로 표시하는 체적 Decoupling 방식이 있다.

IV. Smooth Blasting 장약 방법

장약 방법	개 요	모식도
깃이 달린 Sleeve를 사용하는 방법	천공 구멍속에 그림처럼 깃이 달린 Sleeve를 끼워 Space를 유지시킨다.	
Spacer를 사용하는 방법	약포를 분산시키기 위하여 약포 사이에 Spacer를 끼우는 방법으로 Space 재료로서 대나무, 나무, PVC Pipe, 종이 등을 사용한다.	
Tamping용 나무마개를 사용하는 방법	나무마개에 실을 매달아 소정의 깊이까지 끼워넣고 실을 당기면서 마개의 이동을 방지하며 Tamping 하는 방법으로 체적 Decoupling 방식의 일종이다.	
Tube 장약을 하는 방법	폭약을 Tube내에 봉입하여 소정의 길이로 잘라서 Tube 그대로 제약하는 방법	

36 터널 강(鋼) Arch 동바리공

Ⅰ. 정의

① 터널 공사에서 동바리공은 터널 굴착으로부터 라이닝을 완료할 때까지 원지반
을 유지하며 터널을 굴착함에 따라 발생하는 새로운 응력에 충분히 대항하며
작업의 안전을 확보하기 위하여 설치하는 것이다.

② 강(鋼 : Steel) Arch 동바리공에는 H-형강, I-형강, 강관 등을 주재료로 하
여 침하, 변형, 비틀림 등의 변형에 저항할 수 있는 강도가 확보되는 것을 사
용하여야 한다.

Ⅱ. 형상

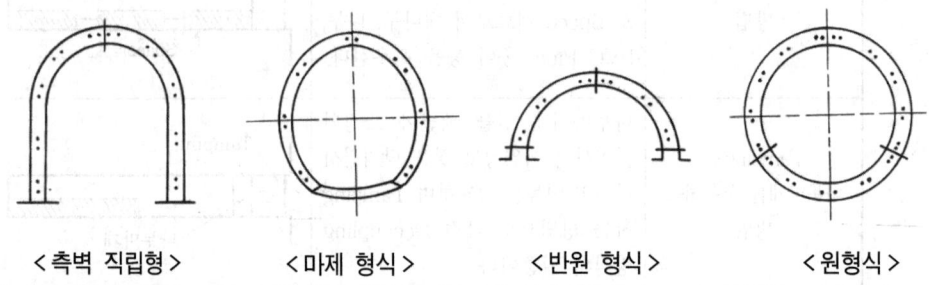

| < 측벽 직립형 > | < 마제 형식 > | < 반원 형식 > | < 원형식 > |

Ⅲ. Arch 동바리공의 요구조건

① 작용하는 토압에 견디는 구조

② 침하, 변형이 생기지 않을 것

③ 터널 축방향으로 전도되지 않을 것

④ 연결부에서의 비틀림이 발생되지 않을 것

Ⅳ. 형상 결정시 고려사항

① 터널 시공법과의 관련성

② 지질에 따른 하중의 크기

③ 하중의 성질

④ 제작 설치 등의 시공성

⑤ 경제성 및 안전성

Ⅴ. 단면과 설치 간격

일반적으로 사용되는 강 Arch 동바리 재료로는 H-형강, 강관, 레일, 삼각 Latice
등이 있으며, H-형강 단면을 가장 많이 사용한다.

토압의 크기 종류 내공 단면의 폭	암질이 양호하나 탈락 가능성이 있는 경우		토압이 약간 있다고 추정될 경우		토압이 있다고 추정될 경우		토압이 크다고 추정될 경우	
	형상 치수	간격 (m)	형상 치수	간격 (m)	형상 치수	간격 (m)	형상 치수	간격 (m)
3 m	H−100×100	1.5	H−125×125	1.5	H−125×125	1.2	H−125×125	1.0
5 m	H−100×100	1.5	H−125×125	1.5	H−125×125	1.2	H−150×150	1.0
10 m	H−150×150	1.5	H−175×175	1.2	H−200×200	1.0	H−250×250	1.0

Ⅵ. 이음 방법

강 Arch 동바리 공의 부재 상호간의 이음은 이음매판, 볼트에 의해 구조상의 작용에 적합하고 견고하게 연결되는 구조가 되도록 한다.

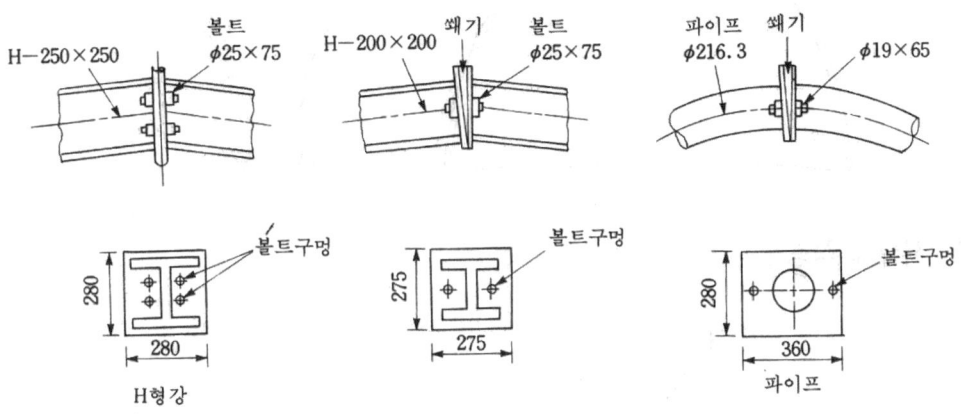

< Arch Crown부의 이음 예 >

37 | 가축지보공(可縮支保工)

[01중(10)]

Ⅰ. 정의

① 가축지보공(Sliding Staging)이란 터널을 굴착할 때 팽창성 토압 등에 의해 내부 공간으로 변형이 발생되는데, 이에 대응하여 외력의 증가에 따른 변형이 가능하도록 설계된 지보공을 말한다.

② NATM에서 사용되는 지보재로 강성지보 보다는 Sliding 장치가 부착된 V형 강아치형 지보가 사용되어진다.

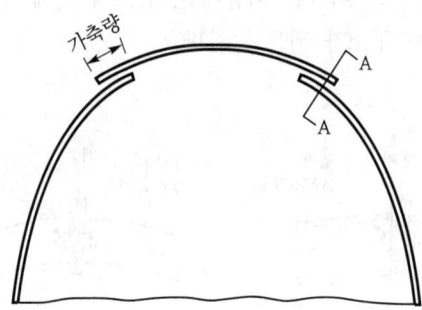
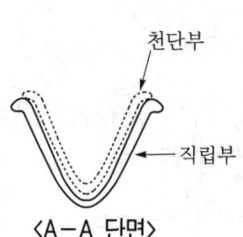

〈A-A 단면〉

Ⅱ. 지보재 적용

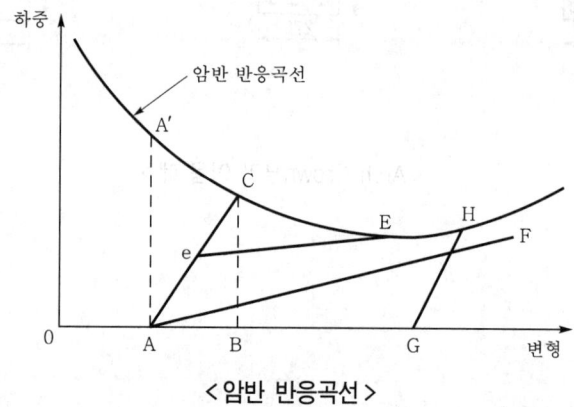

〈 암반 반응곡선 〉

① 선분 AA′는 강성 지보재 사용
② 선분 AC는 적절한 지보 설계로 지반과 지보가 평형상태 유지(가축지보공 적용)
③ 선분 AeE는 굴착 공동이 안정상태 도달전 지보재의 항복상태
④ 선분 GH는 지보재가 너무 늦게 설치된 상태
⑤ 선분 AF는 가축성이 너무 큰 지보재 사용으로 굴착 공동이 안정되지 않은 상태

Ⅲ. 가축지보공 사용 효과

① 굴착공동의 안정상태 유지
② 적정의 지보재 사용
③ 어느 정도의 변형 허용으로 지보재의 경제성 확보
④ 굴착 공동의 변형과 지보재 상태 확인

38 Tunnel에서의 삼각지보(Lattice Girder)

[97중전(20)]

Ⅰ. 정의

① 터널 단면 굴착시 굴착 단면의 변위를 방지하고 숏크리트가 경화될 때까지의 임시 보강재로서 강지보공을 사용하게 된다.

② 무지보 지반의 직접 보강 및 숏크리트 라이닝 하중을 분산하는 작용을 하며, 경화후에는 숏크리트와 연합하여 지지 효과를 증대시킨다.

Ⅱ. 강지보공의 종류

1) H형강 지보
2) 강관지보
3) 삼각지보(Lattice Girder)

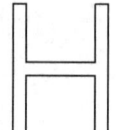 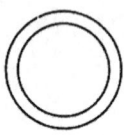 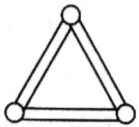

Ⅲ. 삼각지보재의 주요 기능

① 터널 굴착 작업장의 초기 안정을 위한 지보
② 다음 단계 굴착이나 숏크리트 시공시의 주형 역할
③ 숏크리트 라이닝의 보강
④ Forepoling, Pipe Roof 시공시의 지지대 역할
⑤ 숏크리트 라이닝의 하중 분산
⑥ 터널 내공 확인 및 발파 천공의 Guide 역할

Ⅳ. 삼각지보재의 주요 장점

① 기존의 H형 지보재보다 비교적 가벼워 취급이 용이하다.
② Forepoling 설치 각도를 최대한 줄일 수 있어 시공성이 좋다.
③ 연결 작업이 쉽다.
④ 여러 가지 형상의 단면으로 제작이 가능하다.
⑤ Shotcrete 시공에서 Rebound 감소 효과가 크다.

Ⅴ. 삼각지보재의 단면 형상

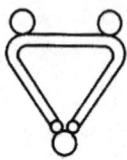 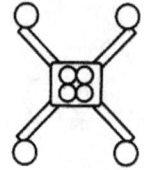 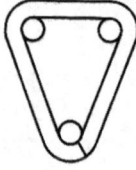  

VI. 삼각지보재의 재료관리

① 설계 규정에 적합한지의 여부를 Mill Sheet 등에서 확인
② 휨가공, 절단, 구멍내기, 용접 등의 가공상태 검사 및 형상, 크기 확인
③ 유해한 녹, 이물질 부착, 용접부 Slag, 이상변형 등의 상태 확인후 현장 반입
④ 용수, 유해물, 토사 등에 오염되지 않도록 받침나무 Sheet 등으로 보호 조치

VII. 강지보공의 품질관리 표준

종 별	관리 항목	관리 내용 및 시험	시험 빈도
일상관리	형상 및 치수	소정의 형상 및 치수대로의 가공 확인	물품 반입시
	변형	변형 여부 확인	시공전
	시공 정밀도	소정의 위치, 수직도, 높이 등 확인	시공 직후
	밀착	원지반 또는 숏크리트면에 밀착 여부 확인	시공 직후
	이음 및 연결 상태	이음 볼트 및 연결재 등의 시공 상황 확인	시공 직후

VIII. 삼각지보재의 설치 형상

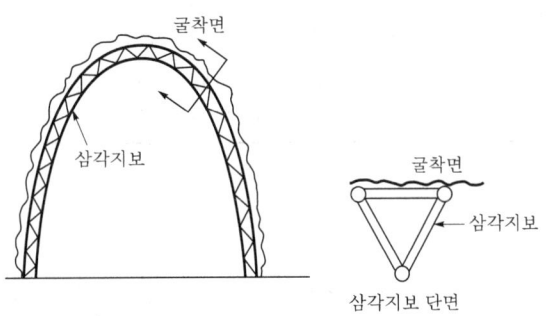

<삼각지보 설치>

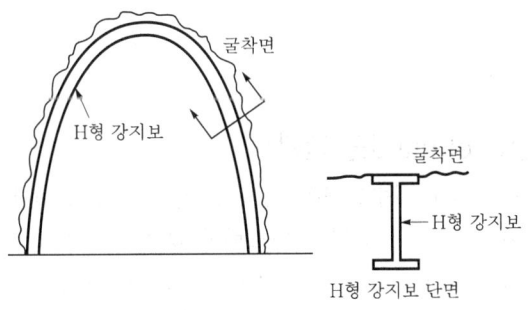

<H형 강지보 설치>

39 Shotcrete(뿜어붙이기 콘크리트)

Ⅰ. 정의

① Mortar 또는 Concrete를 압축 공기에 의해 수송하여 Nozzle에서 뿜어 시공면에 붙여서 만든 Con′c 공법이다.

② 배합 설계시 시공 연도를 좋게 하고, Rebound양을 적게 하는 것이 무엇보다 중요하다.

Ⅱ. 용도

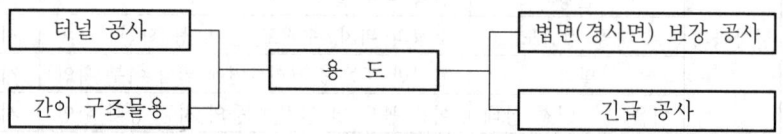

| 터널 공사 | | | 법면(경사면) 보강 공사 |
| 간이 구조물용 | 용 도 | | 긴급 공사 |

Ⅲ. 종류

습식 공법	① 전 재료를 물과 함께 믹서에서 비빈 후 노즐로 뿜어붙이는 공법 ② 품질 변동이 적으며, 품질관리가 용이
건식 공법	① Dry Mix된 재료를 노즐에서 물과 혼합하여 뿜어붙이는 공법 ② 노즐맨의 숙련도, 능력에 의해 품질이 좌우됨

Ⅳ. 특징

1) 장점

① 기계의 취급 및 이동이 용이함　　② 일반적으로 시공성이 좋음

③ 가설 공사비가 감소(거푸집 불필요)함

④ 작업 조건이 나빠도(급경사 등) 시공 가능

2) 단점

① 건조 수축, 간극 등이 큼　　② 표면이 거칠고 분진이 많음

③ Con′c의 수밀성이 낮고, 숙련된 기능공이 필요함

Ⅴ. 시공시 유의사항(Rebound량 적게)

① 굵은 골재의 최대 치수는 10~16 mm 정도가 Rebound양 적어짐

② 잔골재율이 적을수록, 단위 시멘트량이 많을수록 Rebound양 적어짐

③ 시공면과 Cement Gun은 거리 1m, 각도 90° 유지

④ 기온이 10℃ 이상인 평온한 날씨를 택할 것

⑤ 25 mm 이상을 시공할 때는 20 mm 이하로 나누어 시공해야 하며, 먼저 시공한 층이 굳기 전에 다음 층을 시공해야 함

40 숏크리트(Shotcrete)의 특성

[02중(10)]

I. 정의

① Shotcrete란 압축 공기를 이용하여 모르타르나 콘크리트를 급결재와 혼합하여 시공면에 뿜어붙이는 것을 말한다.

② Shotcrete는 소요의 강도, 내구성, 수밀성과 강재를 보호하는 성질을 가지고 품질의 변동이 적은 것이어야 한다.

II. 공법의 종류

습식 공법	① 전 재료를 물과 함께 믹서에서 비빈 후 노즐로 뿜어붙이는 공법 ② 품질 변동이 적으며, 품질관리가 용이
건식 공법	① Dry Mix된 재료를 노즐에서 물과 혼합하여 뿜어붙이는 공법 ② 노즐맨의 숙련도, 능력에 의해 품질이 좌우됨

III. 특성

1) 조기 강도 발현

급결재의 첨가에 의한 조기 강도의 발현이 용이하다.

2) 거푸집 불필요

급속 시공이 가능하므로 거푸집이 불필요하다.

3) 이동성

소규모의 운반 가능한 기계 설비로 시공이 가능하다.

4) 작업성

협소한 장소, 급경사면의 나쁜 작업 환경에서 시공이 가능하다.

5) 재료 손실

반발량 등의 재료 손실이 많다.

6) 거친 마무리면

표면이 평활한 마무리면으로 될 수가 없다.

7) 품질 변동

시공 조건, 노즐맨의 숙련도에 따라 품질 변동이 크다.

8) 수밀성 결여

내부 공동발생으로 수밀성이 낮고, 건조 수축 균열이 발생하기 쉽다.

Ⅳ. 반발률 측정

현장에서 뿜어붙임(0.2 m³ 정도)을 행하여 시트 위에 떨어진 콘크리트(반발재)를 계량함으로써 다음 식으로 산출한다.

$$반발률(\%) = \frac{반발재의\ 전중량}{뿜어붙임용\ 재료의\ 전중량} \times 100$$

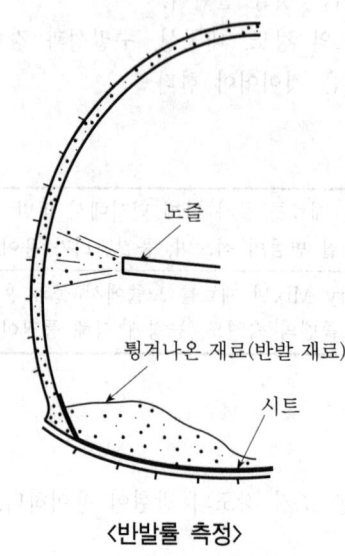

노즐

튕겨나온 재료(반발 재료)

시트

〈반발률 측정〉

41 숏크리트(Shotcrete)의 리바운드(Rebound)

Ⅰ. 개요

① Shotcrete 타설 작업시 발생되는 리바운드양은 많은 재료의 손실과 콘크리트 품질의 저하를 가져오게 되며 작업 능률이 현저히 떨어지게 된다.

② 시공시 타설면과의 밀착 여부, 공기압, 노즐과 타설면의 거리 및 각도 등에 주의하여 반발량을 최소화해야 한다.

Ⅱ. 리바운드(Rebound)의 정의

① Shotcrete 공법으로 Tunnel 1차 복공의 뿜어붙이기 작업시 발생되는 반발재

② 보통 설계에서 60%까지 예산에 반영

③ 현장에서 뿜어붙임(0.2 m³)을 행한 후 시트 위에 떨어진 반발재를 계량하여 반발률을 체크한다.

$$반발률(\%) = \frac{반발재의\ 전중량}{뿜어붙임용\ 재료의\ 전중량} \times 100$$

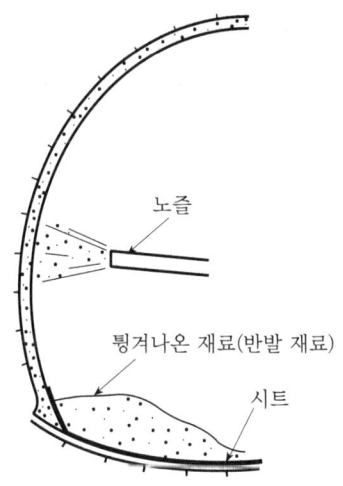

노즐

튕겨나온 재료(반발 재료)

시트

< 리바운드율 측정 >

Ⅲ. 리바운드 발생 원인

① 배합에서 W/B비 과다

② 굵은 골재 최대치수 부적정

③ 뿜어붙이기면의 용수

④ 분사 각도 부적정

⑤ 노즐과 타설면까지의 거리 부적정

⑥ 작업자의 숙련도 미숙
⑦ 노즐의 분사 압력
⑧ Wire Mesh 부착 상태 불량
⑨ 뿜어붙이기면 청소 상태 불량

Ⅳ. 리바운드 저감 대책

1) 재료
① 시멘트는 보통 포틀랜드 시멘트 사용
② 골재는 깨끗하고 내구성이 좋은 것 사용
③ 혼화재료는 급결재, 감수제, AE 감수제 사용
④ Wire Mesh는 용접 Mesh, 마름모 Mesh 사용

2) 배합
① 굵은 골재 최대치수는 10~16 mm가 적당
② 잔골재율 55~75% 범위
③ 단위수량 40~60%가 적당
④ 혼화재료의 사용량은 실적 또는 시험에 의해 결정

3) 시공
① 노즐과 타설면의 거리는 1 m 유지
② 믹서기와 노즐 사이의 거리는 최대 30 m 유지
③ 압송 압력은 0.25 MPa
④ Wire Mesh를 타설면에 밀착, 고정시킨 후 타설
⑤ 타설 각도는 90° 준수

42 건식 및 습식 숏크리트의 특성

[00전(10), 10중(10)]

I. 정의

숏크리트란 콘크리트 타설면에 거푸집을 사용하지 않고 고압으로 압송되는 마른 상태 및 젖은 상태의 콘크리트를 뿜어붙이는 것을 말하며, 건식·습식으로 분류한다.

II. 공법의 종류

습식 공법	① 전 재료를 물과 함께 믹서에서 비빈 후 노즐로 뿜어붙이는 공법 ② 품질 변동이 적으며, 품질관리가 용이
건식 공법	① Dry Mix된 재료를 노즐에서 물과 혼합하여 뿜어붙이는 공법 ② 노즐맨의 숙련도, 능력에 의해 품질이 좌우됨

III. 건식 숏크리트의 특성

1) 장점
   - ① 장거리 운반 용이
   - ② 간단한 설비
   - ③ 조기강도 발현
   - ④ 빠른 시공 속도

2) 단점
   - ① 품질관리 곤란
   - ② 리바운드양 과다
   - ③ 압송 호스 막힘현상
   - ④ 수밀성 저하

IV. 습식 숏크리트의 특성

1) 장점
   - ① 품질 균일
   - ② 시공 용이
   - ③ 밀도 증진
   - ④ 수밀성 향상

2) 단점
   - ① 연속 시공 요구
   - ② 시공면 용수처리
   - ③ 숙련공 요구
   - ④ 압송관 폐색

43 숏크리트(Shotcrete)의 응력 측정

Ⅰ. 정의

① 숏크리트란 터널공사에서 굴착면을 보강할 목적으로 굴착면에 콘크리트를 뿜어 붙이는 방법으로 시공하는 것이다.

② 숏크리트를 시공한 후 하중 작용에 의해 발생되는 응력의 상태를 파악하기 위하여 계측을 통하여 응력을 측정한다.

Ⅱ. 숏크리트의 응력 측정

1) 반경방향 응력 측정

① 원지반과 숏크리트 경계면에 센서를 설치하여 숏크리트에 미치는 배면 토압계측

② 센서에는 압력 셀과 진동현식 스트레인 게이지가 있음

③ 숏크리트 타설 전 한 단면에 각 방향으로 1조씩 매설하여 모두 5조를 연결 조립한 다음 숏크리트 타설

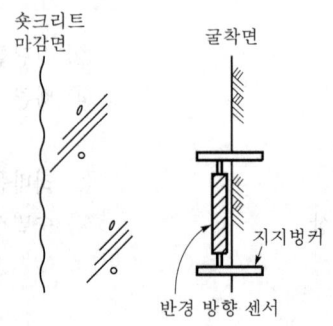

④ 이때 전달되는 압력은 다이얼 게이지로 계측하여 응력을 산정한다.

2) 축방향 응력 측정

① 숏크리트 두께 방향으로 센서를 매설하여 숏크리트의 파괴를 감시하는 계측

② 숏크리트의 들뜸, 박락 등의 변형 측정

③ 굴착면과 숏크리트의 결속상태 측정

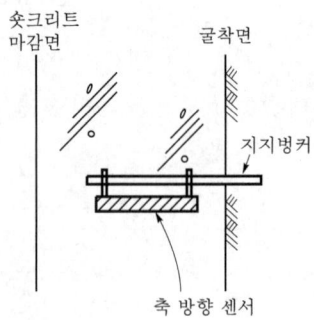

3) 계측 간격 및 빈도

계측간격(m)	배 치	빈 도
200~300	접선, 반경방향의 3~5개소	1회/일~1회/주

Ⅲ. 분석 내용

① 내공변위, 지중변위, Rock Bolt 축력 측정치와 분석

② 타설된 숏크리트 강성과 측정응력 상관성 숙지

③ 막장진행과 내공변위에 따른 숏크리트 응력변화 관계

44 강섬유 보강 뿜어붙이기 콘크리트(SFRC ; Steel Fiber Reinforced Concrete)

Ⅰ. 정의

① 뿜어붙이기 콘크리트에서 콘크리트의 전단 강도 및 인장 강도 증대 효과를 얻기 위하여 모르타르에 강섬유를 혼입하여 뿜어붙이는 콘크리트를 말한다.

② 터널 굴착면에 시공되는 1차 동바리의 뿜어붙이기 콘크리트로서 강섬유를 사용하는 것은 주로 인성 증대가 가장 큰 목적이다.

Ⅱ. 뿜어붙이기 콘크리트의 강도 비교

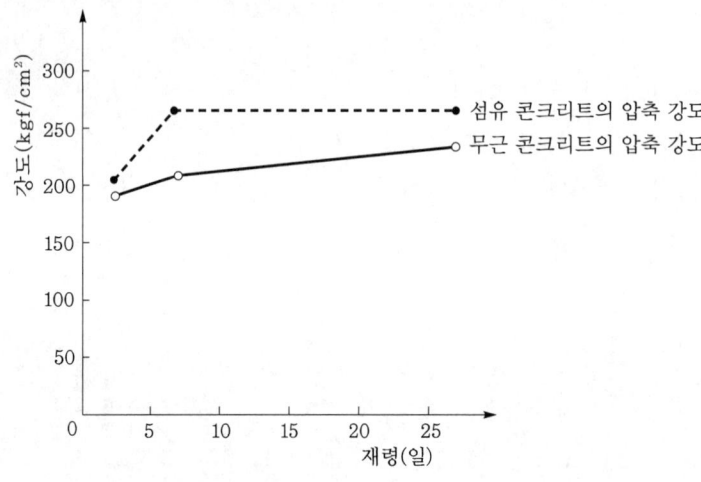

< 뿜어붙이기 콘크리트의 강도 시험 >

Ⅲ. 특징

① 균열 발생에 대한 저항성이 크다.

② 균열 확대에 대한 저항성이 크다.

③ 인장 강도, 휨강도, 전단 강도가 높아진다.

④ 동결 융해에 대한 저항이 높다.

⑤ 내마모성, 내충격성이 높다.

Ⅳ. 혼입시 유의사항

① 강섬유의 길이(l) 및 아스펙트비(l/d, d : 강섬유의 환산 지름)에 따라 한계 혼입률을 넘으면 Fiber Ball이 생기거나 섬유가 휘거나 부러진다.

② 인성은 강섬유의 표면 형상에 따라 크게 좌우된다.

③ 강섬유는 용적 백분율의 약 1% 이상 혼입되지 않으면 그 효과가 없다.

④ SFRC의 가격이 매우 고가이므로 사용 목적, 효과, 경제성을 충분히 검토하여 사용한다.

⑤ 재래 터널의 보수 등에서 내공 단면에 제약이 있을 때 많이 사용된다.

V. 한계 혼입률과 섬유 길이의 관계

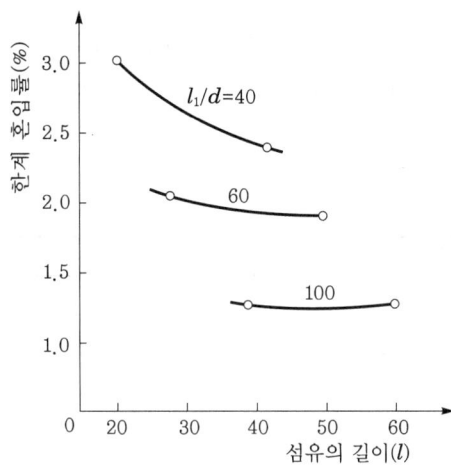

45 Rock Bolt

I. 정의

① Rock Bolt는 터널 굴착면의 암반이 불안정할 때 암반을 착암기로 천공하고 그 속에 록볼트(철근 $\phi 25\sim40$)를 삽입한 다음 잘 조여서 정착시킴으로써 부석 또는 느슨해진 암석을 본바닥에 고정시키는 공법이다.

② Bolt를 암반에 고정시키는 방법으로 선단 정착식, 전면 접착식, 병용형 등이 있으며, 접착제로서 시멘트 Mortar 또는 Resin을 사용한다.

II. 기능

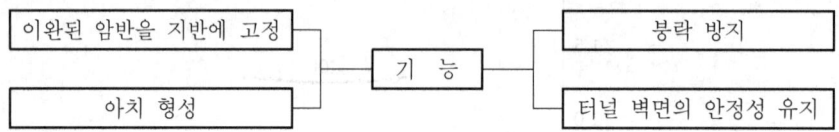

III. 정착 방법

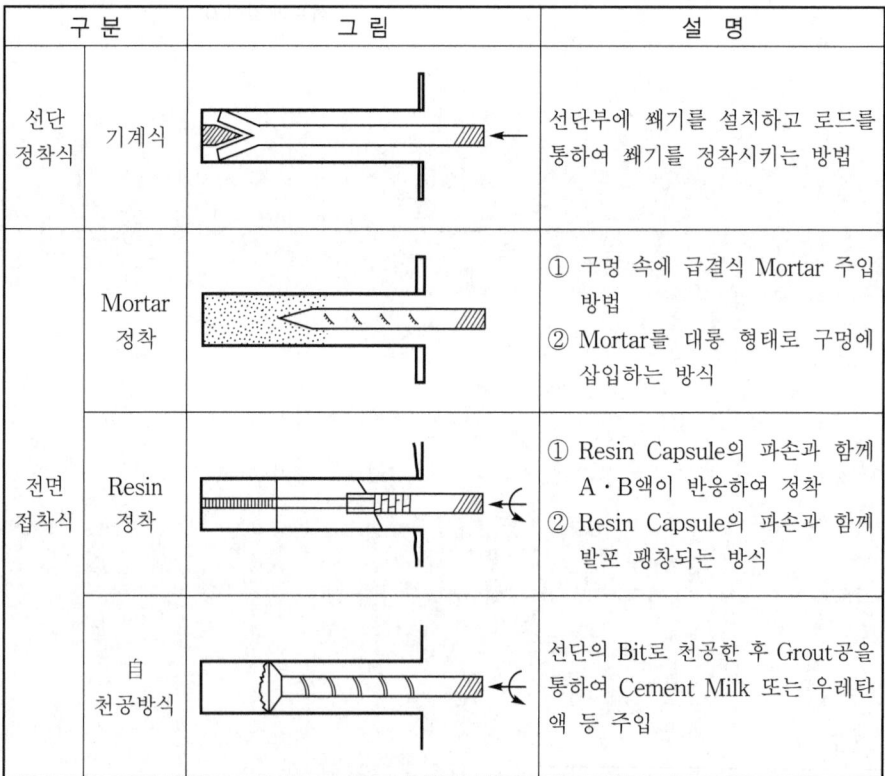

구 분		그 림	설 명
선단 정착식	기계식		선단부에 쐐기를 설치하고 로드를 통하여 쐐기를 정착시키는 방법
전면 접착식	Mortar 정착		① 구멍 속에 급결식 Mortar 주입 방법 ② Mortar를 대롱 형태로 구멍에 삽입하는 방식
	Resin 정착		① Resin Capsule의 파손과 함께 A·B액이 반응하여 정착 ② Resin Capsule의 파손과 함께 발포 팽창되는 방식
	自 천공방식		선단의 Bit로 천공한 후 Grout공을 통하여 Cement Milk 또는 우레탄액 등 주입

구 분		그 림	설 명
전면 접착식	마찰형 (Swellex)		록볼트 표면과 지반의 마찰력을 활용하는 것으로 전면 접착형의 일종이다. 철판을 천공 홀에 삽입하여 고압수에 의해 철판을 팽창시킴으로써 원지반에 밀착시킨다.
선단 및 전면 접착식	병용형		선단 정착형 록볼트의 부식 방지 및 지보 효과 확대를 목적

Ⅳ. 선정 조건

① 원지반의 강도 ② 절리 균열 상태 ③ 용수상태
④ Rock Bolt의 길이 ⑤ 타설 방향 ⑥ Prestress 도입 여부
⑦ 정착 방법 ⑧ 시공성, 경제성

Ⅴ. Rock Bolt 사용 재료

① 볼트 : Rock Bolt는 인장재로 사용되기 때문에 인장 특성이 좋은 재질로서 일반적으로 SD 30, SD 35 또는 동등 이상의 것으로 20~40 mm 사용
② 정착재 : 시멘트 모르타르, 시멘트 밀크, 수지

Ⅵ. 배치 간격

① Rock Bolt 길이 > 2×배치 간격
② Rock Bolt 길이 > 3×절리 평균 간격
③ Rock Bolt 길이 > (1/3~1/5)×터널 굴착폭

Ⅶ. 시공 순서

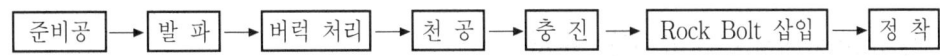

준비공 → 발 파 → 버력 처리 → 천 공 → 충 진 → Rock Bolt 삽입 → 정 착

Ⅷ. 시공 관리

① Rock Bolt 길이는 지반 조건에 따라 3~6 m 길이를 선택적으로 사용한다.
② 설치 시기는 굴착면으로부터 2~3 막장을 넘지 않게 한다.
③ 막장마다 엇갈리게 배치한다.
④ 굴착면에 직각으로 설치
⑤ 막장별로 사용된 개수, 길이, 천공 지름, 시멘트 주입량 및 주입압 등의 관리기록 작성
⑥ Bolt의 청결 상태 확인
⑦ 정착재의 사용 전 품질 확인

46 Swellex Rock Bolting

[99후(20)]

Ⅰ. 정의

① Swellex Rock Bolt란 느슨해진 암반을 고정시키기 위하여 사용하는 록볼트로서 천공 구멍 속에 삽입한 철판을 고압수로 팽창시켜 록볼트 표면과 지반의 마찰력을 활용하는 전면 접착형의 일종이다.

② Rock Bolt는 선단 정착식과 전면 접착식 및 병용방식 등에 의해 암반에 정착시킨다.

Ⅱ. Rock Bolt 분류

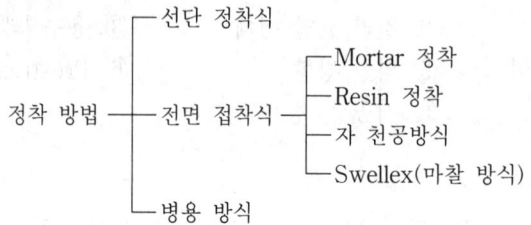

```
            ┌─ 선단 정착식
            │                ┌─ Mortar 정착
            │                ├─ Resin 정착
정착 방법 ──┼─ 전면 접착식 ──┤
            │                ├─ 자 천공방식
            │                └─ Swellex(마찰 방식)
            └─ 병용 방식
```

Ⅲ. Swellex Rock Bolt 도해

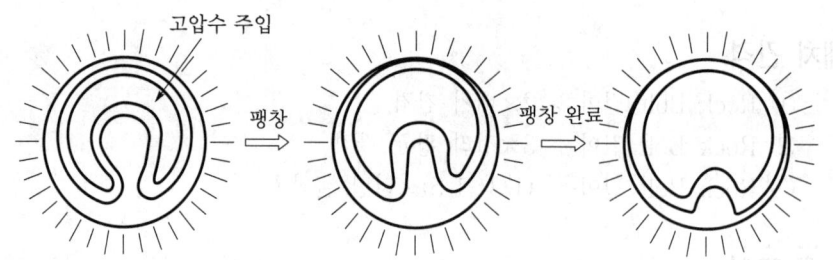

고압수 주입   팽창 ⇒   팽창 완료 ⇒

Ⅳ. Swellex Rock Bolt 시공 순서

① 규정의 직경 비트로 암반 천공한다.
② Bearing Plate를 Swellex 볼트에 넣어둔다.
③ Swellex Rock Bolt를 천공 구멍에 삽입한다.
④ 전용 Arm으로 고압수를 주입한다.
⑤ 요구되는 압력으로 주입되면 작업을 종료한다.
⑥ 팽창 단계에서 길이방향 수축으로 암반 압착한다.

Ⅴ. 용도

① 터널 굴착면 보강   ② 산사태 방지
③ 암반사면 보강   ④ 반력 앵커

Ⅵ. Swellex Rock Bolt의 특징

① 전체면 정착으로 정착성 우수

② 타설 후 곧바로 사용 효과 발휘

③ 작업이 간단 신속하며 숙련공이 불필요

④ 용수 및 균열 심한 암반에도 적용 가능

⑤ 고압수 이용으로 접착제 필요 없음

Ⅶ. Swellex Rock Bolt 구조

① 두께 2 mm, 지름 41 mm의 강관을 기계적으로 성형하여 지름 26 mm관을 만든다.

② 노출 부위에는 종모양으로 넓히고, 2 mm 지름의 주입구 설치

구 분	표준 Swellex	Super Swellex
두께	2 mm	3 mm
팽창 전 지름	26 mm	37 mm
팽창 후 지름	41 mm	54 mm
천공경	32~38 mm	43~50 mm
평균 인장강도	12 ton	24 ton

47 막장지지코어공법

[12중(10)]

Ⅰ. 정의

① 터널 굴착시 막장의 지반이 약할 경우 막장의 붕괴를 방지하기 위하여 지지코어(Core)를 설치하는 공법이다.

② 지지코어의 길이는 2~3 m 정도 시공하며 막장면에 shotcrete를 타설하여 막장의 안정을 도모하며, 굴착 또는 지보 작업시 발판으로 이용하기도 한다.

Ⅱ. 시공도

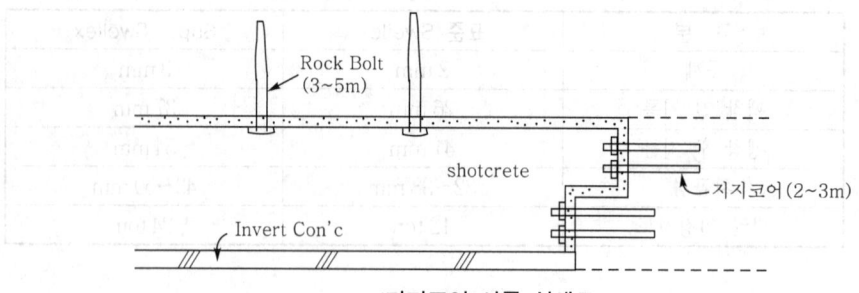

Rock Bolt (3~5m)

shotcrete

지지코어 (2~3m)

Invert Con'c

〈지지코어 시공 상세도〉

Ⅲ. 적용 지반

① 연약 지반

② 부스러짐이 많은 연암반

③ 기타 붕괴가 우려되는 지반

Ⅳ. 특징

① 막장의 안정성 우수

② 연약한 지반에서의 대단면 터널의 굴착 가능

③ 지반 변화에 따른 지반의 안정성 보장

④ 작업 공정(Cycle)의 추가

⑤ 전체 공기가 늘어나고 공사비가 추가됨

Ⅴ. 시공시 유의사항

① 지지코어 작업시 막장 붕괴를 예방하기 위해 지반 조사를 통해 Shotcrete 일정 조정

② 지지코어 작업시 사용되는 Cement Paste 배합에 유의

③ 대단면 굴착시 구조 설계에 의해 지지코어의 간격 유추

48 기존 터널 근접 시공시 문제점 및 대책

I. 개요

① 기존 터널 주변에서 근접하여 토목 구조물을 시공하게 되면 기존 터널의 주변 응력 밸런스가 급격하게 변화되어 기존 터널을 위협하는 악영향을 주게 된다.

② 근접 시공에 의한 기존 터널에 발생되는 영향으로는 터널의 이동, 침하, 균열, 라이닝 박락 등의 현상으로 기존 터널의 제기능을 상실하거나 안전을 위협하게 된다.

II. 근접 시공 분류

번 호	근접 시공	특 징	그 림
1	터널의 병설	기존 터널에 병행하여 터널 건설	(1)
2	터널의 교차	기존 터널의 상부 또는 하부에 다른 터널이 횡단	(2)
3	터널 상부의 굴착	터널 상부에 택지 개발 등으로 개착	(3)
4	터널 상부의 성토	터널 상부에 택지 개발 등으로 성토	(4)
5	터널 상부의 구조물 기초	터널 상부에 고층 건물이나 교량이 건설되어 기초부가 터널 상부나 측면 부근에 시공	(5)
6	터널 측부의 굴착	터널 측부의 지반을 굴착(도로, 택지)	(6)
7	지반 진동	터널 주변의 근접 공사로 인한 발파진동 등	(7)
8	지하수위	터널 주변의 댐 신설 등으로 지하수위가 상승	(8)

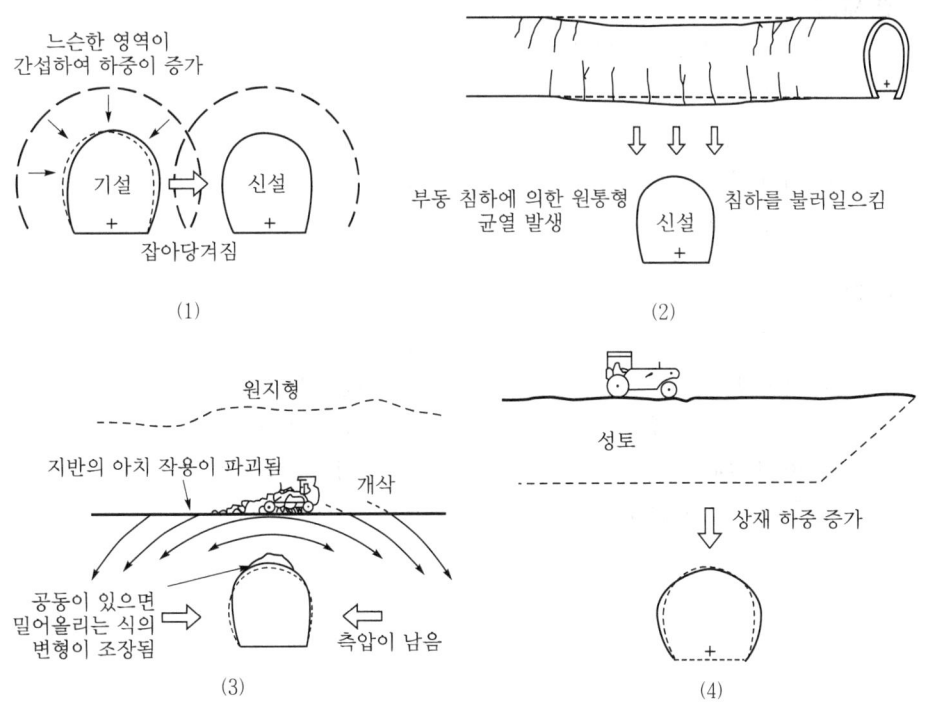

느슨한 영역이 간섭하여 하중이 증가

기설 + ⇨ 신설 +

잡아당겨짐

(1)

부동 침하에 의한 원통형 균열 발생 신설 + 침하를 불러일으킴

(2)

원지형

지반의 아치 작용이 파괴됨 개삭

공동이 있으면 밀어올리는 식의 변형이 조장됨 ⇨ ⇦ 측압이 남음

(3)

성토

상재 하중 증가

(4)

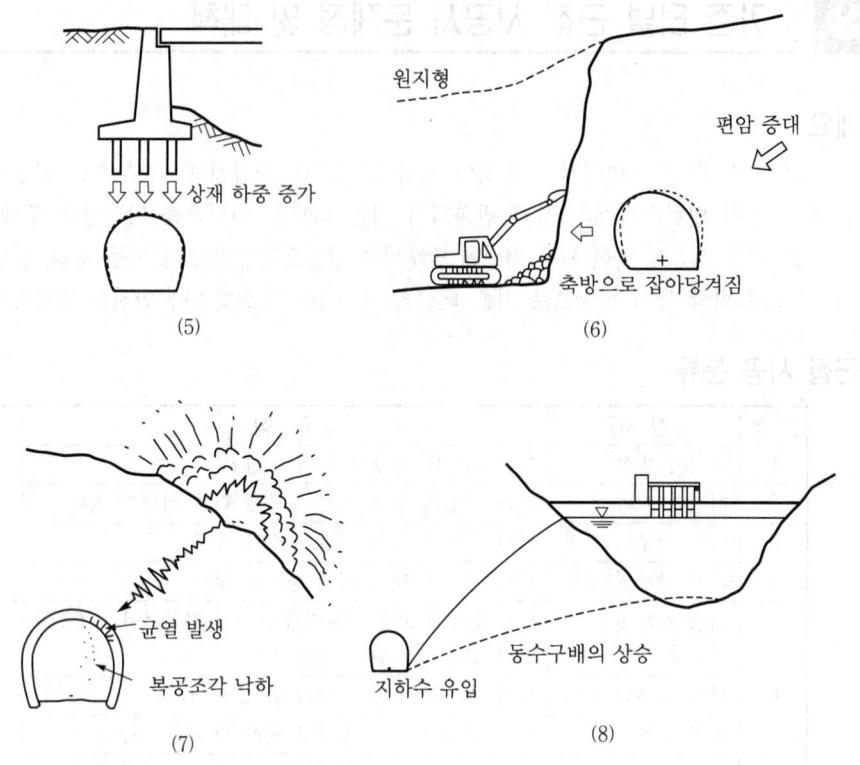

(5)

원지형

편암 증대

상재 하중 증가

축방으로 잡아당겨짐

(6)

균열 발생

복공조각 낙하

(7)

지하수 유입

동수구배의 상승

(8)

Ⅲ. 문제점

① 주변 지반이 느슨해짐 ② 아치 효과 저하
③ 기존 터널 침하 ④ 터널 부상
⑤ 복공 작용 하중 증가 ⑥ 복공에 편압 작용
⑦ 터널 변형 ⑧ 복공 균열 발생
⑨ 복공 파손

Ⅳ. 대책

① 굴착 공법 변경 ② 발파 진동 경감
③ 지반 보강 ④ 지중 연속벽
⑤ 약액 주입 공법 ⑥ 배면 뒤채움
⑦ Rock Bolt ⑧ 강섬유 숏크리트
⑨ 강판+Rock Bolt

49 터널 붕괴 원인 및 대책

Ⅰ. 개요

터널 붕괴는 부적절한 지보의 형식이나 지보재 설치 및 타설 시간의 지연 등 설계 및 시공 불량에 기인하는 원인 외에도 갑작스런 지하수 유입, 불균질 지반, 이방성 의 지반 특성에 기인하여 발생된다.

Ⅱ. 터널 붕괴시 나타나는 현상

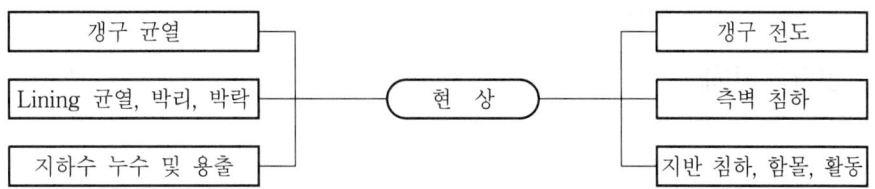

Ⅲ. 터널 붕괴 원인

① 소성압　　　　　　　　　② 수압
③ 지지력 부족　　　　　　　④ 근접 시공
⑤ 팽창성 지반　　　　　　　⑥ 과대한 측압 발생
⑦ 굴착 방법　　　　　　　　⑧ 부적절한 지보재
⑨ 배수 불량　　　　　　　　⑩ 배면 간극
⑪ 계측 활용의 부적절　　　　⑫ Shotcrete 강도 불량

Ⅳ. 대책 공법

① 보강 철망　　　　　　　　② 배면 간극 채움
③ Shotcrete　　　　　　　　④ 거푸집 보강
⑤ Invert Con'c 설치　　　　⑥ 지반 약액 주입
⑦ 배수공　　　　　　　　　⑧ 사면 안정공
⑨ Rock Bolt 보강　　　　　⑩ 라이닝 철근 보강
⑪ 갱문 지반 보강　　　　　　⑫ Soil Nailing
⑬ 지중벽 설치

50 편압(偏壓)

Ⅰ. 정의

① 터널에 작용하는 하중은 토압, 수압, 상재하중, 지진 등의 하중이 작용하는데 터널 시공시 터널의 동바리공, 라이닝에 대하여 대칭 또는 균등하게 작용하는 것은 아니다.

② 지층이 터널 단면에 대해서 경사진 경우, 지질이 균일하지 않은 경우 등에는 토압이 터널에 대하여 좌우 대칭이 아니고 한쪽으로 치우쳐 작용하는 것을 편압이라 한다.

Ⅱ. 편압의 피해

① 터널의 변형
② 터널 균열
③ 공사중 붕괴사고
④ 갱구 변형
⑤ 갱문전도

Ⅲ. 편압 작용 원인

① 경사진 지층
② 불균일한 지질
③ 팽창성 지질
④ 터널 측면 굴착
⑤ 터널 병설

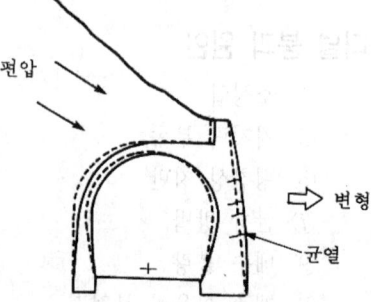

< 편압에 의한 변형 >

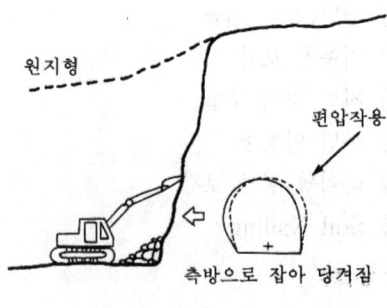

< 터널 측부의 굴착 >

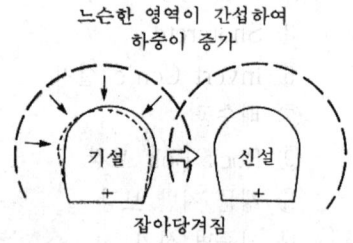

< 터널 병설 >

Ⅳ. 대책

1) 압성토

터널 단면에서 편압이 작용하는 반대편에 토사를 성토하여 편압에 저항하기 위한
공법이다.

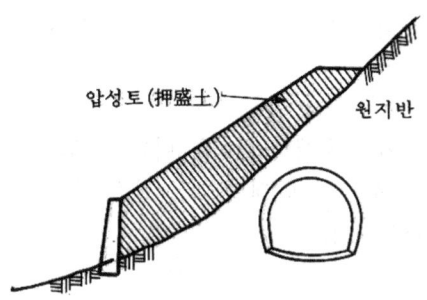

2) 보호절취

편압이 예상되는 단면에서 터널 상부의 토사를 절취하여 편토압 작용을 방지하는
공법이다.

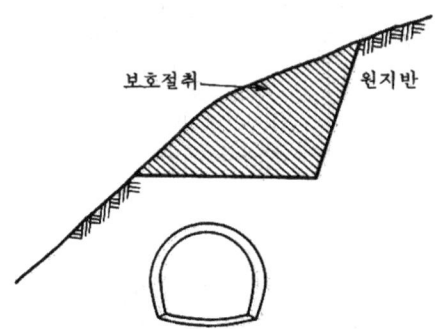

3) 보강 콘크리트

터널의 한측면이 외부에 노출되는 터널 노선이 형성될 때 보강 콘크리트를 타설하
고 성토하여 편압에 저항하기 위한 것이다.

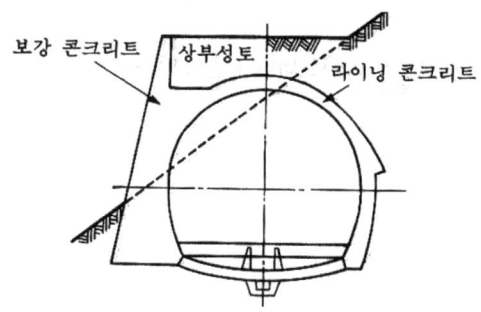

51 │ 건축한계와 차량한계

Ⅰ. 건축한계

터널, 지하철 및 도로 터널의 내공 단면을 결정할 때 터널의 목적 및 기능에 따라 필요 공간을 확보해야 하는데 이를 건축한계라 한다.

Ⅱ. 차량한계

건축한계 내측으로 차량 운행시 횡방향 이동 및 터널 곡선부, 차량의 흔들림 등에 대한 안전운행이 될 수 있도록 터널 내공 단면 결정시 적정 공간을 두고 설정되는 한계선을 차량한계라 한다.

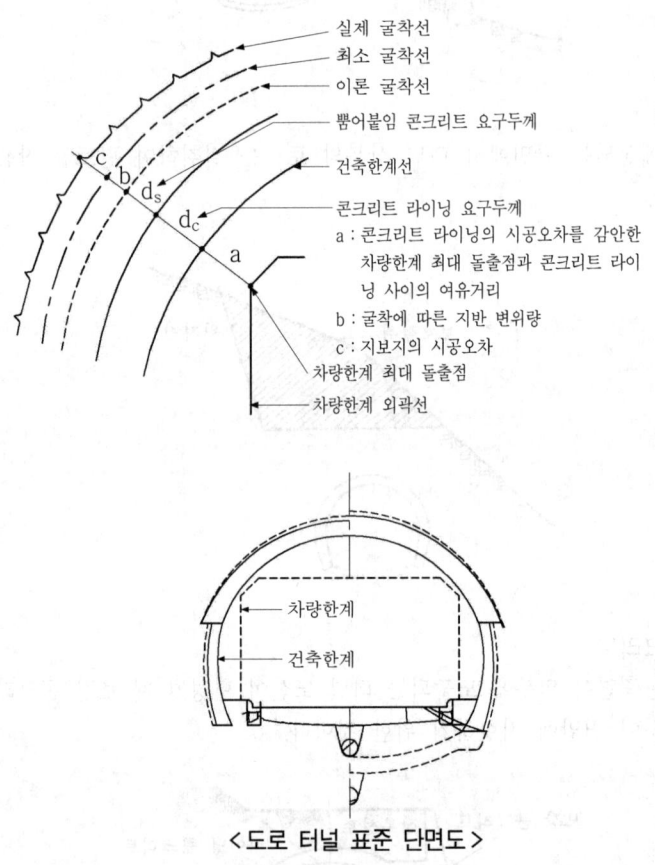

< 도로 터널 표준 단면도 >

52 Lining Concrete(2차 복공 Concrete)

[15중(10)]

Ⅰ. 정의

① 복공(Lining)이란 터널 굴착면 벽의 붕괴를 방지하고, 굴착면을 안전하게 지지하기 위해 타설하는 콘크리트 구조물을 말한다.

② 일반적으로 현장에서 타설하는 무근 콘크리트를 사용하나, 토사지반, 갱구부, 토피가 작은 곳, 편압 작용, 수압을 받는 구조일 때에는 철근과 강섬유로 보강하여 시공한다.

Ⅱ. 기능

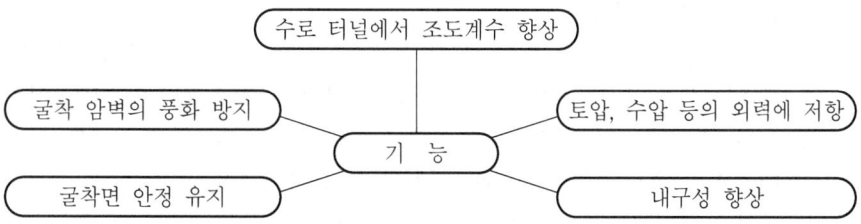

Ⅲ. 복공의 형상 결정

① 작용 하중을 유효하게 지지하는 관점에서 지반이 양호한 경우 아치와 측벽 시공한다.

② 지반 조건이 나쁠 때에는 인버트 설치한다.

③ 토압이 크거나 수압이 작용할 때에는 원형에 가깝게 한다.

④ 형상으로 측벽 직립형, 마제형, 인버트 설치형, 원형 등이 있다.

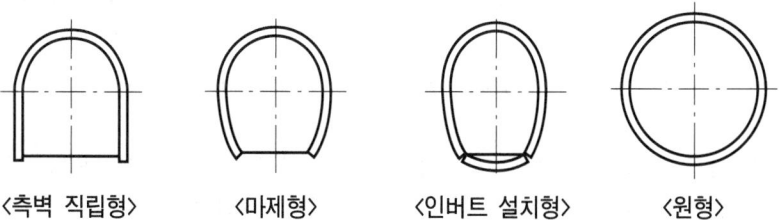

〈측벽 직립형〉　　〈마제형〉　　〈인버트 설치형〉　　〈원형〉

Ⅳ. 복공의 두께

① 장기적 안정을 목적으로 할 때 시공상 필요한 최소 두께로 300~400 mm로 한다.

② 터널이 변형 억제 등을 위해 역학적으로 필요한 복공의 두께로 결정할 경우에는 지반조건 및 시공시기를 포함 검토해야 한다.

③ Terzaghi 공식

$$t = 0.19 C \gamma^{1/2}$$

C : 탄성파 속도에 의해 결정되는 암석에 의한 계수

γ : 터널 내부 Arch 반지름

④ 콘크리트 복공 설계 두께

내공 단면 폭(m)	복공 설계 두께(mm)
2	200
5	200~250
10	300~400

V. 복공 콘크리트의 배합

① 도로, 철도, 압력을 받지 않는 수로 터널에서는 무근 콘크리트로 설계기준강도 16~21 MPa 사용

② 불량 지질, 토피가 얇은 곳, 상재 하중 작용, 압력 수로 터널 등 큰 하중이 작용하는 곳은 철근을 배치하고 콘크리트 설계기준강도 21~24 MPa 사용

③ 사용 시멘트는 보통 포틀랜드 시멘트, 중용열 시멘트, 고로 시멘트

④ Fly Ash, AE제, 감수제, 유동화제 등의 혼화제 사용

⑤ 타설시 콘크리트 Slump는 120~180 mm 정도

VI. 시공 방법

1) 전권식

① 전단면을 일시에 시공하는 방법으로 단면이 적은 수로 터널, 특히 원형 단면인 경우 많이 사용하는 공법이다.

② 지질이 비교적 양호한 전단면 굴착 공법에 이용된다.

2) 역권식

① 상부에서 복공 콘크리트를 시공하여 하부로 향하여 순차적으로 시공하는 방법으로 상부 Arch부 시공후 측벽부를 시공하여 완성시키는 공법이다.

② 상부 반단면 공법, 버섯형 단면 선진 공법 등에서 이용된다.

3) 순권식

① 복공 콘크리트가 터널 하부에서 상부로 타설되어 가는 형식으로 측벽 콘크리트를 시공해 아치 굴착후 아치 콘크리트를 타설하는 방법이다.

② 지질이 나빠서 지반 지지력이 부족한 경우에 이용된다.

③ 기초부분의 밑다짐이 필요한 측벽 선진 도갱 등에 이용된다.

4) 가권식

터널 굴착후 시간 경과에 따라 터널 심부에서 느슨한 영역이 생기게 되는데 이를 방지할 목적으로 본복공전에 1차로 복공을 시공하여 터널 하중을 등분포화 시켜서 느슨한 영역을 제어하는 복공 공법으로 1차 복공을 뜻한다.

53 터널에서의 콘크리트 라이닝의 기능

[07후(10)]

Ⅰ. 개요

① 콘크리트 라이닝은 터널 주변의 지반상태, 환경조건 및 1차 지보의 지보 능력을 고려하여 사용목적에 적합하고 장기간 사용에 충분한 안전성과 내구성을 가지도록 설계하여야 한다.

② 콘크리트 라이닝은 사용 목적에 따라 구조체로서의 역학적 기능, 비배수 터널에서의 내압 기능, 영구 구조물로서의 내구성 향상 기능을 갖는다.

Ⅱ. 라이닝 콘크리트의 형상

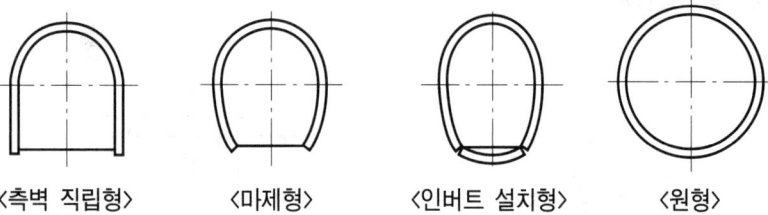

〈측벽 직립형〉　　　〈마제형〉　　　〈인버트 설치형〉　　　〈원형〉

Ⅲ. 콘크리트 라이닝의 기능

1) 구조체의 기능

① 뿜어붙임 콘크리트 등으로 형성된 지보재가 영구 구조물로서 충분한 안전율이 없다고 판단되는 경우

② Rock Bolt에 큰 축력이 작용하여 응력 저항부의 크리프나 볼트의 부식으로 인하여 지반응력이 콘크리트에 전달할 경우

2) 터널 내부 시설물의 보호 및 보존 기능

터널 내부의 조명 시설의 설치시 조명시설을 설치하고 보존, 보호하는 기능을 가져야 한다.

3) 점검 및 보수관리 기능

터널의 변형이나 이상 지압 발생시 계측의 정밀성과 신속성을 가지는 역할을 한다.

4) 구조물의 기능 유지

내구연한 동안 구조물로서의 기능을 유지하고 안전성을 향상시키는 기능을 말한다.

5) 굴착면 안정 유지

① 지반의 종류에 따라 라이닝의 형상이 결정된다.

② 각 형상의 라이닝은 굴착면의 안전유지가 목적이다.

6) 기타

① 굴착 암벽의 풍화방지　　　② 수로터널에서 조도계수 향상

③ 토압, 수압 등의 외력에 저항　　　④ 내구성 향상

54 라이닝 배면 뒤채움

Ⅰ. 정의

① 터널 시공에서 지질이 나쁜 경우, 토피가 얇은 경우, 수압이 걸리는 경우 등에는 라이닝 뒷면과 원지반과의 사이에 아무리 주의 깊게 시공하더라도 간극이 생기게 된다.

② 따라서 터널 시공에서 모르타르나 기타 재료의 주입으로 원지반과 라이닝 배면 사이의 간극에 원지반 이완 방지 및 장기간에 걸쳐 진행되는 하중 증가현상을 막기 위하여 시공하는 것을 뒤채움이라 한다.

Ⅱ. 주입관 설치 방법

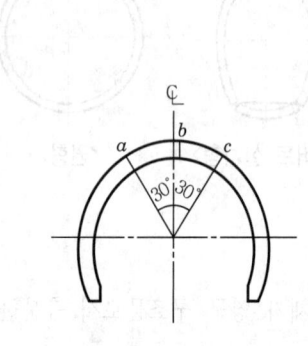
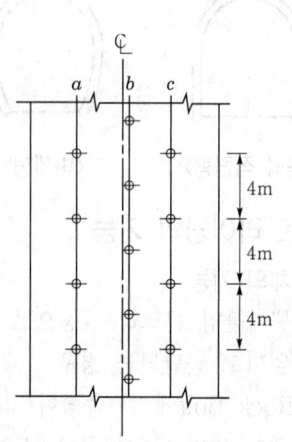

〈주입관 배치 예〉

① 라이닝 시공후 천공

② 라이닝 Con'c 타설시 미리 매입

Ⅲ. 주입 재료

① 건조한 모래   ② 콩자갈

③ 모르타르   ④ 시멘트 Paste

⑤ Fly Ash, 도자기흙, 산성 백토

Ⅳ. 주입 모르타르의 배합 예

유하시간 (S)	공기량 (%)	시멘트 (kgf)	물 (kgf)	잔골재 (kgf)	기포제 (kgf)	물결합재 (%)	설계기준강도 (MPa)
25±5	40+5	150	195	900	3.45	130	1

Ⅴ. 뒤채움의 목적

① 원지반 이완 방지

② 장기간에 걸친 하중 증가 방지

③ 주동 토압 균등 분포

④ 편압 방지

Ⅵ. 시공시 유의사항

① 주입관은 라이닝 콘크리트 시공시 이동하지 않도록 견고하게 부착

② 주입관내 콘크리트가 유입되지 않도록 마개 사용

③ 주입구에는 주입시 역류 방지 장치

④ 주입이 연속 작업이 될 수 있게 충분한 수의 예비품 준비

⑤ 주입 완료 확인 방법은 주입 압력, 주입량 측정 또는 보링 실시

⑥ 작업이 완료된 구멍은 된비빔 모르타르로 주의깊게 충진시켜 누수되지 않게 사용

55 인버트 콘크리트(Invert Concrete)

[11중(10), 15중(10)]

I. 정의

① Invert Con'c는 복공 콘크리트와 일체로 되어 링을 형성하는 구조체로서, 강도를 증가시켜 지압에 대항하고 내공 변위를 억제하기 위한 조기 폐합을 목적으로 갱도 바닥에 타설하는 콘크리트로서 일종의 복공이다.

② Invert Con'c 시공은 터널 굴착 작업에서 암질이 불량하거나 토압이 큰 지반, 갱구부 등에 설치하여 외부 하중에 저항하는 구조물이다.

II. Invert Con'c 필요성(역할)

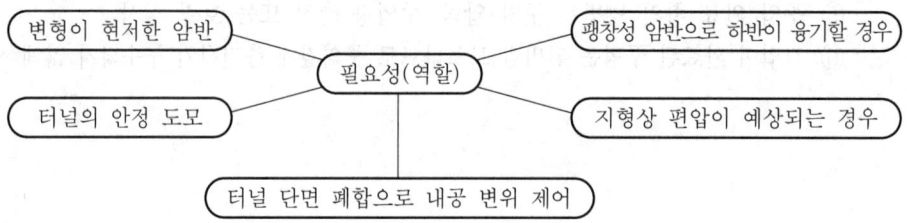

```
변형이 현저한 암반 ─┐        ┌─ 팽창성 암반으로 하반이 융기할 경우
                   필요성(역할)
터널의 안정 도모 ──┘        └─ 지형상 편압이 예상되는 경우
                    │
       터널 단면 폐합으로 내공 변위 제어
```

III. 시공 방법

1) 복공 시공후 Invert Con'c 시공
   암반의 상태가 양호한 상태일 때

2) 복공 시공전 Invert Con'c 타설
   암반의 상태가 불량하여 하반 및 측벽의 안정이 필요할 때

IV. Invert의 형태 및 두께

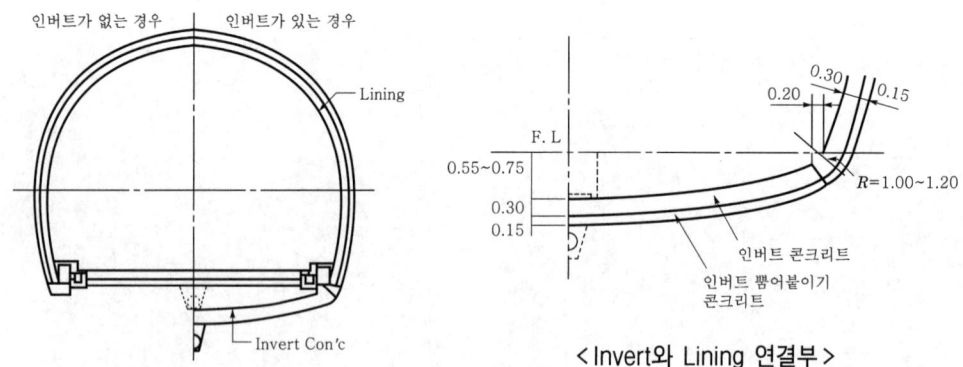

< Invert와 Lining 연결부 >

① 인버트의 형태, 두께는 일반적으로 경험적 방법에 의해 결정하지만 그 곡률은 아치, 측벽, 인버트를 통하여 축력이 매끄럽게 전달되도록 원형에 가까운 구조로 한다.

② 인버트의 두께는 기본적으로 전체 주위를 같은 두께의 단면으로 하는 것이 바람직하다.

V. 유의해야 할 사항

① 불량한 지질　　　　　　　② 지반 융기
③ 측벽 압출　　　　　　　　④ 분니(噴泥) 대책
⑤ 조기 폐합　　　　　　　　⑥ 특수 원지반
⑦ 뿜어붙이기 콘크리트　　　⑧ 인버트 형상 결정
⑨ 지반처리　　　　　　　　⑩ 용수대책

VI. Invert Con′c 타설시 주의 사항

① 굴착면의 청소
② 타설면 용수 처리
③ 급한 경사시 거푸집 사용
④ 충분한 다짐
⑤ 측벽 Con′c와의 이음
⑥ 긴 구간 연속 시공시 줄눈 시공
⑦ 굴착면 조약돌 깔기

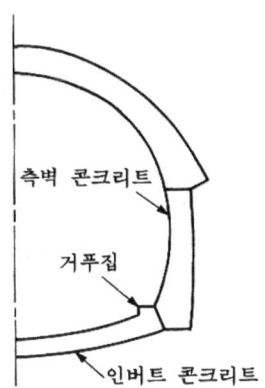

< 측벽 콘크리트와 인버트 콘크리트의 이음 부근 시공 예 >

56 NATM 계측

[97중후(20)]

I. 개요

① NATM 터널에 있어서 계측은 시공중 발생하는 실제 지반의 거동 측정으로 당초의 설계와 비교하여 안전하고 경제적인 시공으로 유도하는데 그 목적이 있다.

② 시공에 앞서 사전조사 결과를 기초로 하여 계측의 목적에 맞는 적절한 계측항목, 기기, 방법 등을 선정하여 효과적인 계측이 되도록 해야 한다.

II. 계측의 목적

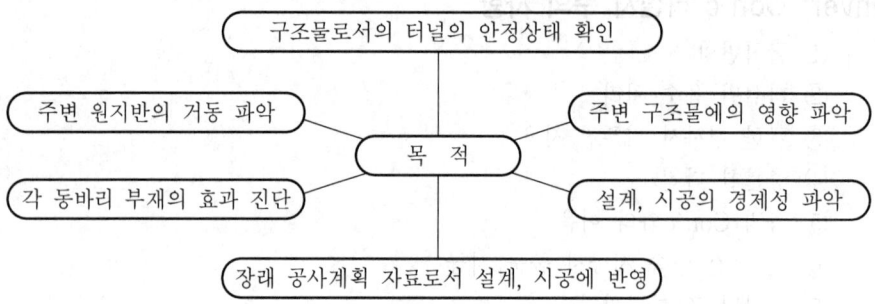

III. 계측 항목

1) A계측(일반)
   ① 천단 침하 측정
   ② 지표면 침하 측정
   ③ 내공 변위 측정
   ④ 갱내 관찰 조사
   ⑤ Rock Bolt 인발시험

2) B계측(대표)
   ① Rock Bolt 축력 측정
   ② Shotcrete 응력 측정
   ③ 지중 수평 변위 측정
   ④ 지중 변위 측정
   ⑤ 지중 침하 측정
   ⑥ 지하수위 측정
   ⑦ 간극 수압 측정

IV. 설치 장소

1) 위치 선정
   ① 갱구 부근
   ② 지반의 변화지점
   ③ 토피가 얕은 곳
   ④ 연약지반

2) 계측 단면도

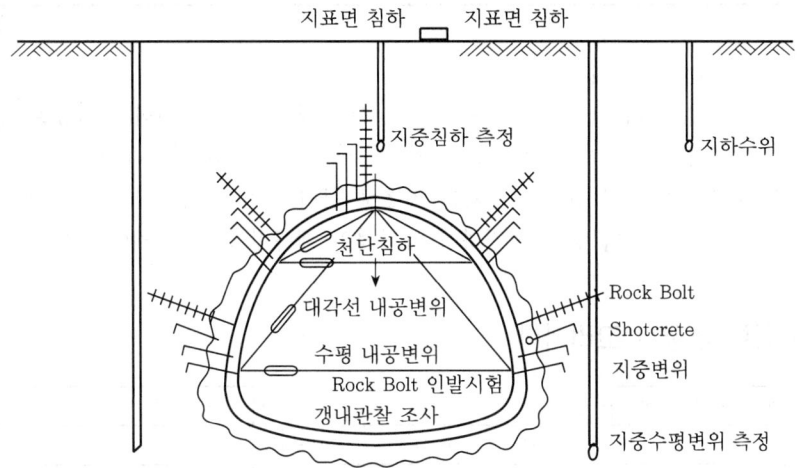

3) 측정 구간

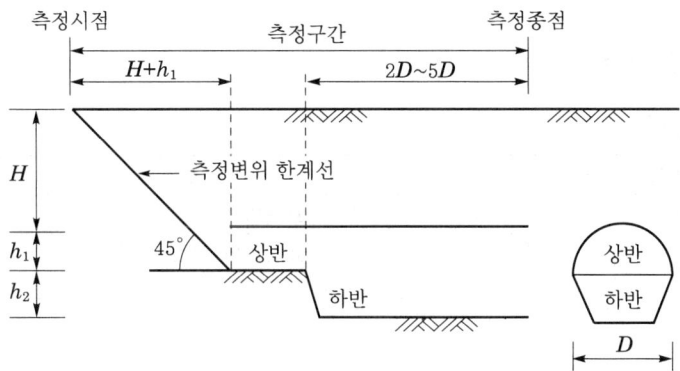

V. 계측 자료의 활용

① 시공중 안전확보 ② 설계의 타당성 검토
③ 설계 변경 자료로 활용 ④ 주변 구조물에 대한 영창 분석

VI. 문제점

① 신뢰도 및 오차 ② 기술 축적의 빈곤
③ System의 수입 의존

VII. 대책

① 신뢰성 있는 계측기법 개발
② 시험 요원의 교육 및 Feed Back에 의한 기술축적
③ 현장 여건에 맞는 System의 개발

57 │ NATM 터널 공사 관리의 계측 종류와 설치 장소

[95전(20)]

Ⅰ. 개요

① NATM 터널에 있어서 계측은 시공중 발생하는 실제 지반의 거동을 측정, 당초 설계와 비교하여 안전하고 경제적인 시공을 위하여 실시하는 정보화 시공이다.

② 시공에 앞서 사전조사 결과를 기초로 하여 계측의 목적에 맞는 적절한 계측항목, 기기, 방법 등을 선정하여 효과적인 계측이 되도록 해야 한다.

Ⅱ. 계측 종류 선정시 고려사항

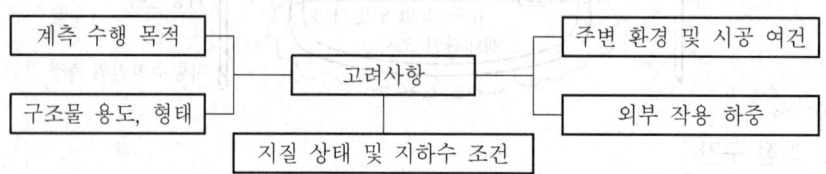

Ⅲ. 계측 종류(항목)

1. A계측(일반)

계측 종류	조사 항목
천단 침하 측정	터널 천장부 지반 및 지보재의 안정성 판단
지표면 침하 측정	① 터널 굴착에 따른 지표침하의 영향 파악 ② 주변 구조물의 안전도 분석, 침하 방지 대책 수립 및 효과 파악
내공 변위 측정	① 변위량, 변위속도, 변위 수렴 상태를 파악하여 주변 지반의 안정성 확인 ② 1차 지보에 대한 설계 및 시공의 타당성 평가 ③ 2차 복공의 실시 시기 등을 판단
갱내 관찰 조사	① 막장의 자립성, 암질, 단층 파쇄대, 구조 변질대의 성상 파악 ② 지보공의 변형 파악 ③ 설계시 지반 구분의 평가
R/B 인발시험	Rock Bolt의 인발 내력, 정착 상태 판단

2. B계측(대표)

계측 종류	조사 항목
Rock Bolt 축력 측정	① Rock Bolt에 작용되는 축력을 심도별로 측정 ② Rock Bolt의 지보 효과, 유효 설계 길이 판단
Shotcrete 응력 측정	Shotcrete의 배면 토압 및 축 방향 응력 측정
지중 수평 변위 측정	수평 방향의 지반 이완 영역 및 절리 경사 방향 등을 판단

계측 종류	조사 항목
지중 변위 측정 (터널 내부 설치)	① 터널 주변의 이완 영역의 범위, 지반 안정도 판단 ② Rock Bolt 길이의 타당성 등을 판단
지중 침하 측정 (지상 설치)	① 심도별 지중 수직 변위량을 측정, 터널 이완 영역의 범위 등을 판단 ② 지중 매설물 안전성 파악
지하수위 측정	굴착에 따른 지하 수위 변동 파악(차수 Grouting 효과 등)
간극 수압 측정	지중에 작용하는 수압 측정(차수 Grouting 주입 압력 판단)

Ⅳ. 설치 장소

1) 위치 선정
   ① 갱구 부근   ② 지반의 변화 지점
   ③ 토피가 얕은 곳   ④ 연약 지반

2) 계측 단면도

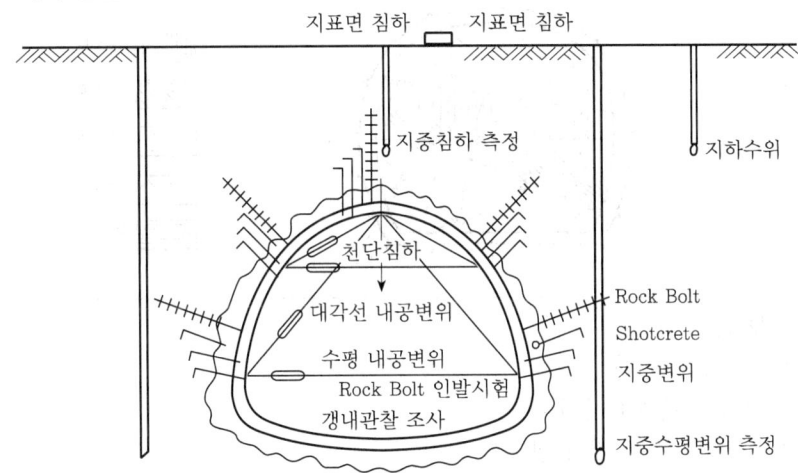

3) 측정 구간

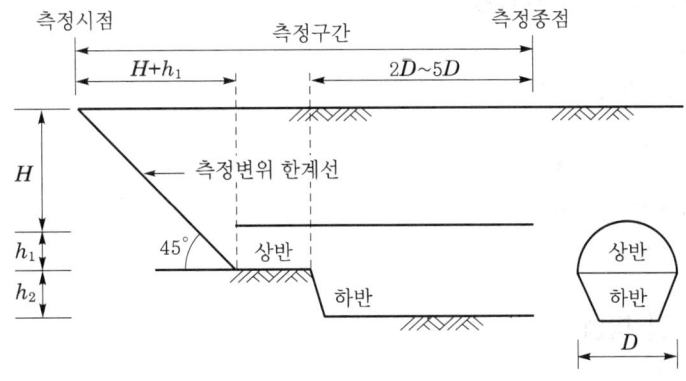

58 Face Mapping

I. 정의

① 터널 시공에서 Face Mapping(갱내 관찰)은 단계별 공종의 시공에서 안정성과 경제성을 확보하기 위하여 실시하는 매우 중요한 관리이다.

② 시공중에 발생하는 실제 지반의 거동을 매 막장마다 굴착면의 상태를 관찰하여 실제 눈으로 확인한 사항을 암반 평점 분류법(RMR)의 판정기준으로 표기하여 굴착면의 상태 및 다음 공정의 공법 선정 등에 아주 중요한 자료로 이용된다.

II. Face Mapping의 작성 예

1) Face Mapping

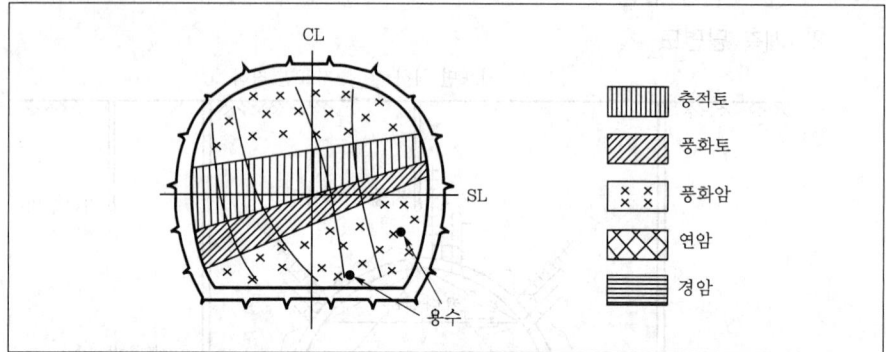

2) 특기사항

① 중앙부 단층대 발달

② 우측 하단 2곳 용수

③ 수직 및 수평 절리 발달

④ 암질은 연암 섞인 풍화암으로 굴착은 용이하나 쉽게 부서져 내림

III. Face Mapping의 필요성

① 지반 조사의 불확실성 보완

② 시공 안정성 확보

③ 지보재 선정

④ 지반변화 예측

⑤ 경제적인 시공

⑥ 계측분석

IV. 조사항목 및 방법

1) 지질조사

암반종류, 단층, 파쇄대, 지하수위 등의 관계를 파악

2) 암반상태

　① 풍화상태

　② 부석

　③ 암석강도(압축강도, 지질)

3) 불연속면 조사

　① 불연속면의 종류, 충진물, 암괴 크기

　② 주향, 경사, 연속성, 투수성

　③ 간격, 틈새 크기, 면거칠기, 면강도

4) 조사 대상

　① 측벽, 바닥, 천장부분 등 조사

　② 상호 연관되게 작성하고 판단

5) 조사방법

　① 토질전문 기술자에 의한 조사 분석

　② 매 막장면에서 조사

　③ 지질변화가 없는 경우는 1일에 1~2막장에 대해서 조사

V. Face Mapping 활용

1) 막장 안전성 평가

　① 보조 공법의 선정

　② 굴착면의 예상 변위에 대한 보강 공법 선정

2) 굴착 공법

　① 암질과 지질상태에 따라 굴착방법 결정

　② 보강 Pattern 변경

　③ 지하수 처리 공법 선정

　④ 보조 공법 추가 또는 변경

3) 계측위치 선정

　계측 해석시 보조자료 활용 및 상호 보안

4) Rock Bolt 효율적인 위치 선정

59 개착 터널의 계측빈도

[11전(10)]

Ⅰ. 개요

① 계측관리란 Strut, 토압, 인근 구조물 및 지반의 변형, 균열 등에 대비하고, 흙막이 벽체의 변형 등을 미리 발견·조치하기 위하여 계측기기를 관리하는 것이다.

② 개착 터널에서의 계측은 공사 진도에 따라 순차적으로 계측기기를 설치하며, 각 계측기기에 따른 계측빈도를 준수하여야 한다.

Ⅱ. 필요성

① 설계시 예측치와 시공시 측정치와 불일치

② 안정상태 확인

③ 향후의 변형을 정확히 예측

④ 새로운 공법에 대한 평가

Ⅲ. 계측빈도

측정 항목	영점 조정	첫 계측	계측빈도			
			굴착개시 까지	굴토층 구체시공 중	뒷채움 중	뒷채움 후
토압 측정	H-Pile 타입 직전	타입 직후 및 24시간 후	2일 간격	1일 간격	2일 간격	
수압 측정	H-Pile 타입 직전	타입 직후 및 24시간 후	2일 간격		2일 간격	
지보공 축력 측정	지보공 타입 직전			3회/일	3회/일	
H-Pile 변위 측정	H-Pile 타입 전	타입 24시간 후	2일 간격	1일 간격	2일 간격	
지중 수위 측정				1일 간격	1일 간격	
구조물 응력 측정						2일 간격

Ⅳ. 계측관리 시 주의사항

① 구조물 및 지반의 안전성을 종합적으로 평가할 수 있는 계측항목을 선정하며, 각 계측결과가 서로 관련성을 갖도록 한다.

② 계측은 신속히 행하고, 그 결과와 평가를 설계 시공에 Feed Back한다.

③ 계측기기 등이 시공상 장해요소가 되지 않도록 주의하고, 안전한 계측작업이 가능하도록 한다.

④ 계측기기류는 정밀도, 내구성 및 방재성의 필요조건을 만족하도록 선정한다.

⑤ 계측기기에 의한 계측만이 아니라 현장기술자의 육안관찰에서 얻는 자료도 가산하여 종합적으로 평가한다.

60 터널 공사의 지하수 대책 공법

[98전(20)]

Ⅰ. 개요

① 터널 시공에 지하수의 유량이 많을 경우 공사 환경이 불량해지고 시공성이 저하되며 지반약화, 천단붕괴, 기계침하 등 안정성에 크게 영향을 미친다.

② 배수 공법, 차수 공법, 지수 공법을 병행하여 지하수 유입을 막아서 터널 내의 작업성 및 안정성을 도모해야 한다.

Ⅱ. 지하수에 의한 피해

① 지반 연약화   ② 침투수에 의한 붕락   ③ 터널의 안정성 저하

④ 시공성 저하   ⑤ 환경 불량

Ⅲ. 지하수 대책

1) 물빼기 갱(수발갱)

① 터널 굴진시 고압의 용수가 분출될 때 본갱의 우회하는 우회갱을 굴진한다.

② 단층 파쇄대 중의 국부적인 저류 수역을 통과하고자 할 때 굴진한다.

2) 물빼기공(수발공)

① 갱 내에서 깊은 곳에 위치한 대수층에 물빼기공을 천공하여 지하수위를 낮춘다.

② 지름 50~200 mm 되는 물빼기공을 막장에 시공하여 지하수를 자연 배수한다.

3) Deep Well

① 터널 굴진에 앞서 지하수위가 높은 위치에 깊은 우물을 설치하여 갱내 수위를 저하시킨다.

② 필요에 따라 갱내에 설치하기도 한다.

4) Well Point

① 선단부에 웰 포인트가 부착된 Riser Pipe를 지중에 설치하여 진공 펌프로 지하수를 배수하는 것이다.

② 이 공법은 진공에 의해 배수하므로 넓은 범위의 토질에 적용되나 양정할 수 있는 깊이는 6 m 정도로 제한적이다.

5) 약액 주입 공법

터널 굴진시 용수가 많게 되면 아스팔트, Bentonite, Cement, 고분자계 등을 지반에 주입하여 용수를 차단한다.

6) 압기 공법

이 공법은 굴착 갱내를 폐쇄시켜 고압 공기를 갱내로 보내어 용수를 차단시키는 공법이다.

7) 동결 공법

① 지반에 인위적으로 동결관을 삽입하여 지반을 동결시켜 버리는 공법이다.

② 동결 공법에 저온 액화가스 및 냉동 블라인 또는 액체 질소가스를 사용한다.

61 굴착면 용수처리

I. 개요

① 뿜어붙이기(Shotcrete) 작업에 있어 굴착면에 뜬돌 및 용수가 있을 때에는 이를 적절한 방법으로 처리하여 뿜어붙이기 콘크리트가 확실한 부착을 할 수 있게 해야 한다.

② 뜬돌은 제거하고 특히 용수가 있으면 뿜어붙이기 콘크리트의 부착성이 저하되고 용수가 콘크리트 배면에서 수압으로 작용되어 콘크리트에 악영향을 미치게 되므로 굴착면의 용수는 배수처리 하는 것이 무엇보다 중요하다.

II. 굴착면 용수처리 방법

1) 배합 변경
시멘트량 및 급결재를 증가하는 등 배합을 변경하여 뿜어붙이기 콘크리트를 급결시키는 방법

2) 건식 재료뿜기
최초에 드라이믹스 콘크리트를 뿜어붙여서 용수와 융합된 다음, 서서히 물을 가하여 뿜어붙이는 방법

3) 배수 파이프 설치
한정된 개소의 용수를 배수 파이프로 배수처리 하는 방법

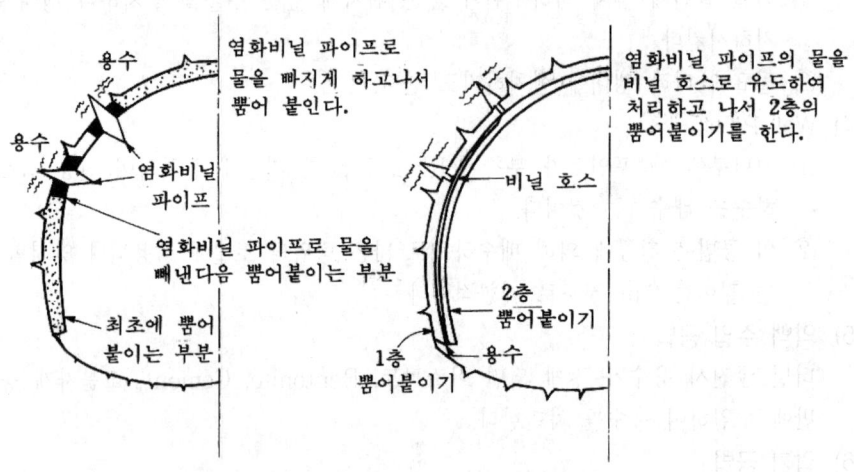

< 배수 파이프에 의한 방법 >

4) 배수 호스 설치
용수 범위가 광범위한 경우 철망에 필터재 또는 시트를 붙이고 호스로 물을 뽑아내는 방법

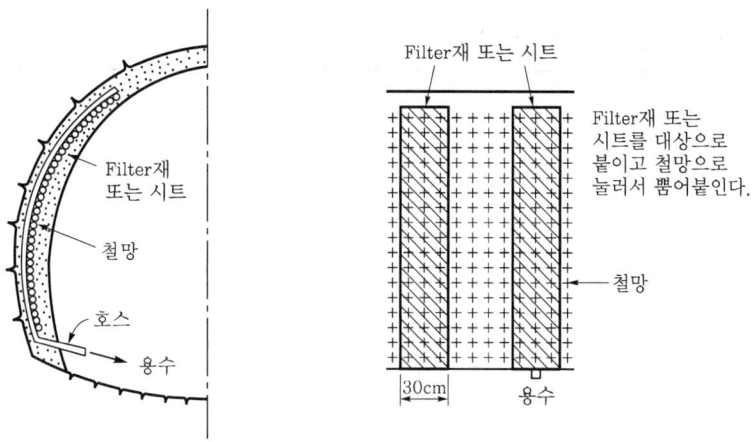

〈 철망에 의한 방법 〉

5) 배수찬넬 설치

　　암반 절리에서 용수가 있을 경우 배수찬넬로 처리하는 방법

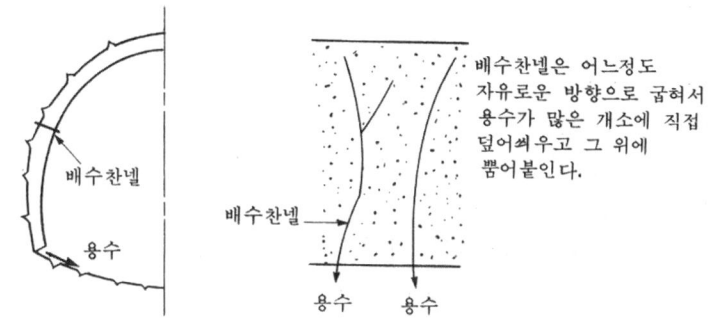

〈 배수찬넬(Drain Channel)에 의한 방법 〉

6) 수발공

　　용수가 상당할 경우 수발공(물빼기 구멍)을 설치하여 뿜어붙이는 방법

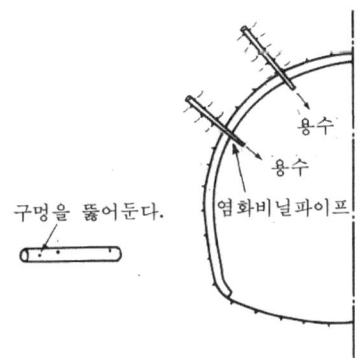

〈 물빼기 구멍에 의한 방법 〉

62 │ Membrane 방수

Ⅰ. 정의

① 콘크리트 구조물의 외벽에 얇은 피막상의 방수층으로 전면을 덮는 방수를 말한다.

② 아스팔트 방수, 시트 방수, 도막 방수 등이 이에 해당된다.

Ⅱ. 분류

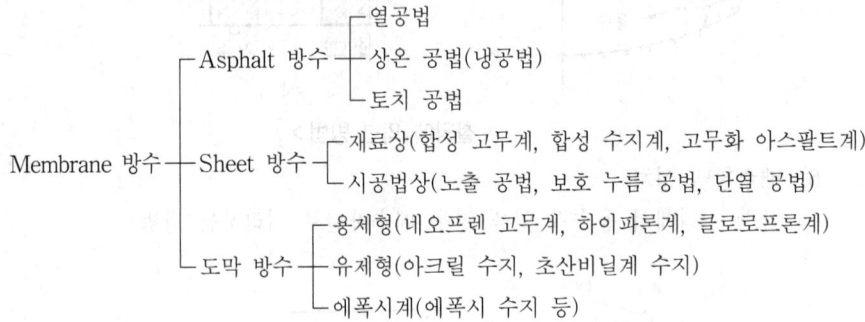

```
                          ┌─ 열공법
           ┌─ Asphalt 방수 ─┼─ 상온 공법(냉공법)
           │               └─ 토치 공법
           │               ┌─ 재료상(합성 고무계, 합성 수지계, 고무화 아스팔트계)
Membrane 방수 ─┼─ Sheet 방수 ─┤
           │               └─ 시공법상(노출 공법, 보호 누름 공법, 단열 공법)
           │               ┌─ 용제형(네오프렌 고무계, 하이파론계, 클로로프론계)
           └─ 도막 방수 ─────┼─ 유제형(아크릴 수지, 초산비닐계 수지)
                           └─ 에폭시계(에폭시 수지 등)
```

Ⅲ. 고려사항

① 충분한 투수 저항 혹은 투습 저항 고려

② Membrane 시공의 연속성 고려

③ 방수 바탕재와 충격에 대한 내기계적 손상 고려

④ 노출 방수층의 내화학적 열화성 고려

Ⅳ. Membrane 방수 공법 비교

내 용	아스팔트 방수	시트 방수	도막 방수
외기에 대한 영향	비교적 적다	적다	민감하다
방수층의 신축성	크다	매우 크다	비교적 크다
시공 용이도	번잡하다	용이하다	매우 용이하다
공사 기간	길다	짧다	짧다
경제성	비싸다	아주 비싸다	조금 비싸다
성능 신뢰성	보통이다	비교적 좋다	보통이다
재료 취급	복잡하다	간단하다	보통이다
결함부 발견	어렵다	보통이다	용이하다
방수층 끝마무리	불확실하다	접착제 후 Sealing	간단하다

63 | Asphalt 방수

I. 정의

① 아스팔트 방수는 경제성이 높고 비교적 신뢰성이 높아 오래 전부터 많이 시공
되어 왔으나 앞으로도 많이 사용될 것이다.

② 시공시에 발생되는 위해가스 및 악취 등의 문제점을 보완하고, 숙련공의 확보
가 필요하며 새로운 자재 및 공법의 개발이 요구된다.

II. 특징

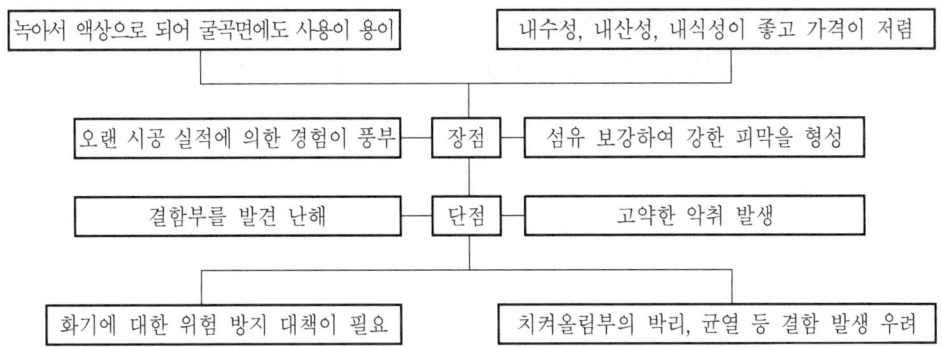

III. 재료

1) Asphalt Primer

배합비에 의해 제조하며 조성(組成)의 변화가 생긴 것을 사용하지 않는다.

2) Asphalt

방수 공사용 아스팔트는 원유를 증류한 것을 쓴다.

3) Asphalt Felt, Asphalt Roofing

내구성이 있고, 규정치 이상의 제품을 쓴다.

4) 재료의 보관

습기가 차지 않고 통풍이 잘 되며, 기후의 영향을 받지 않는 곳에 보관한다.

IV. 시공

1) 바탕처리

① 방수층의 바탕을 청소, 정리하고 돌출물은 제거하며 결손 부분은 보수한다.

② 아스팔트에 기포가 발생하거나 냉각후 벗겨지지 않게 한다.

2) 아스팔트 프라이머 바름

① 바탕이 충분히 건조된 후 청소하고 아스팔트 프라이머를 바른다.

② 바탕면에 충분히 살포하고 양생시 손상이 없게 한다.

3) 아스팔트 바름

① 아스팔트가 바탕층 조인트, 틈 등에 침투되지 않게 한다.

② Joint나 굳은 아스팔트에 칠을 할 경우 조인트에서 50 mm 이상 이격시킨다.

4) 아스팔트 루핑 붙여대기

① 아스팔트 루핑은 사용하기 전 안팎에 묻은 먼지, 흙 등을 청소한다.

② 루핑의 이음새는 엇갈리게 하고, 90 mm 이상 겹쳐 붙인다.

V. 시공시 주의사항

① 재료는 규격에 합격한 것을 사용한다.

② 시공은 세밀히 하여 누수되지 않게 한다.

③ 화기 등 안전에 주의한다.

④ 치켜올림부, 관통 Pipe, Drain 주위의 시공에 주의한다.

64 Sheet 방수 공법(고분자 루핑 방수 공법)

Ⅰ. 정의
① Sheet 방수는 합성 고무 또는 합성 수지를 주성분으로 하는 두께 0.8~2.0 mm 정도의 합성 고분자 루핑을 접착재로 바탕에 붙여서 방수층을 형성하는 공법이다.
② 접합부 처리 및 복잡한 부위의 마감이 어렵고, 값이 비싼 단점이 있으나, 시공이 간단하고, 바탕 균열에 대한 신장력이 크며, 내구성·내후성이 좋다.

Ⅱ. 공법 분류

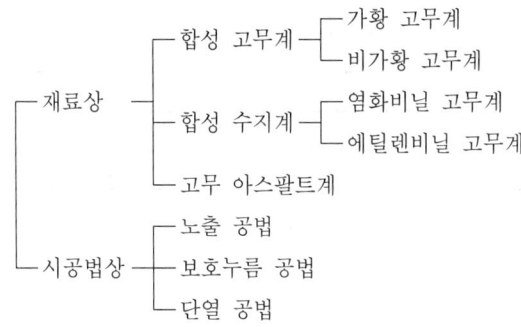

Ⅲ. 방수재의 요구 성능
① 경도
② 인장 강도
③ 신장률
④ 인열 강도
⑤ 내열 온도
⑥ 흡수 저항
⑦ 공기 가열 노화 저항

Ⅳ. 시공 순서 Flow Chart

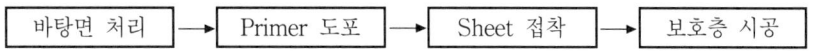

바탕면 처리 → Primer 도포 → Sheet 접착 → 보호층 시공

Ⅴ. 시공시 유의사항
① Sheet는 기포·주름·간극이 없도록 롤러로 충분히 밀착시키고, 접합부에 주의
② 시공 과정에서 시트에 신장 제거
③ 작업중 유기용제에 의한 중독과 화재에 주의
④ 모서리부 보강 및 치켜올림부 단부처리 주의
⑤ 보호 도장은 제조회사의 시방에 따라 균일하게 도포
⑥ Drain과 배관 주의는 Wire Brush나 용제로 기름·녹 제거후 보강

65 개량형 Asphalt Sheet 방수 공법

Ⅰ. 정의

① 개량형 아스팔트 시트 방수는 Sheet 뒷면에 Asphalt를 도포하여 현장에서 Torch로 구어 용융시킨 뒤 Primer 바탕 위에 밀착시키는 Membrane 방수의 일종이다.

② 시공성이 우수하고, 공기가 단축되며, 접착성이 우수할 뿐 아니라 하자발생이 적은 공법이다.

Ⅱ. 특징

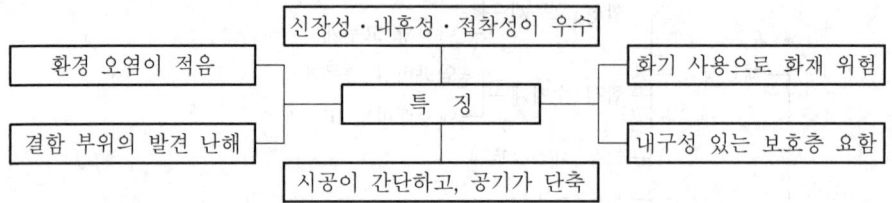

Ⅲ. 재료별 요구 성능

① Primer : 8시간 이내 건조되는 제품

② 개량 아스팔트 시트 : Sheet 뒷면에 아스팔트가 부착되어 바닥 밀착에 적합한 것

③ 보강깔기용 시트 : 비노출 복층 방수용에 적합하고, 보강깔기에 적합한 것

④ 점착층 부착 시트 : 뒷면에 점착층이 붙은 것으로 Torch 불꽃에 손상받지 않는 것

⑤ 실링재 : 폴리머 개량 아스팔트 사용, 종류로서는 정형 실링재와 부정형 실링제가 있을 것

⑥ 단열재 : 압축 강도 $15\,N/cm^2(1.5\,kgf/cm^2)$ 이상으로 치수 안정성이 뛰어난 것

⑦ 단열재용 접착제 : 개량 아스팔트 시트 및 단열재를 침해하지 않는 품질의 것

Ⅳ. 시공 순서 Flow Chart

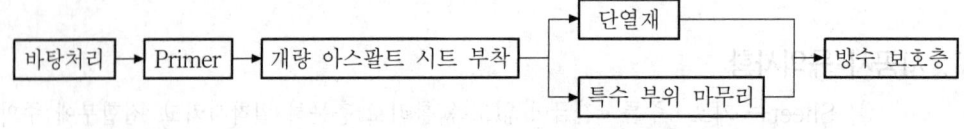

Ⅴ. 시공시 유의사항

① 무리하게 신장시키지 말 것

② 점착층에 기포 등이 남지 않도록 밀착시키고, 시트의 손상을 방지할 것

③ Torch의 가열은 균일한 온도로 용융하고, 화기에 주의할 것

④ 모서리부 보강, 치켜올림부 단부처리에 주의할 것

66 도막(塗膜) 방수 공법

[04전(10)]

Ⅰ. 정의

① 도막 방수는 액체로 된 방수 도료를 한 번 또는 여러 번 칠하여 상당한 두께의 방수막을 형성하는 방수 공법이다.

② 시공은 간편하나 균일 두께의 시공이 곤란하며, 방수의 신뢰성이 떨어지므로 간단한 방수 성능이 필요한 부위에 사용된다.

Ⅱ. 공법 분류

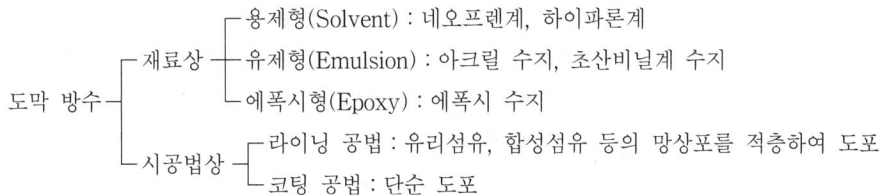

도막 방수
- 재료상
  - 용제형(Solvent) : 네오프렌계, 하이파론계
  - 유제형(Emulsion) : 아크릴 수지, 초산비닐계 수지
  - 에폭시형(Epoxy) : 에폭시 수지
- 시공법상
  - 라이닝 공법 : 유리섬유, 합성섬유 등의 망상포를 적층하여 도포
  - 코팅 공법 : 단순 도포

Ⅲ. 특징

① 내후·내약품성 우수　② 시공 간단, 보수 용이
③ 노출 공법이 가능, 경량　④ 균일 두께 시공 곤란
⑤ 바탕 균열에 의한 파단 우려　⑥ 방수 신뢰성이 적음

Ⅳ. 시공 순서 Flow Chart

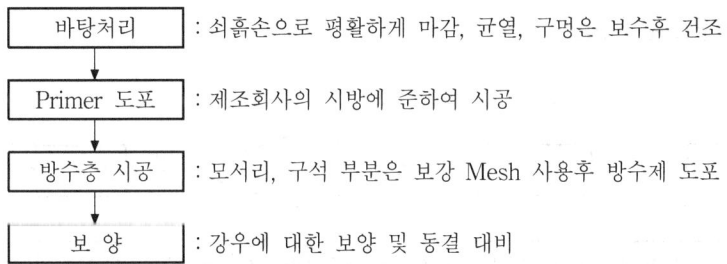

바탕처리	: 쇠흙손으로 평활하게 마감, 균열, 구멍은 보수후 건조
Primer 도포	: 제조회사의 시방에 준하여 시공
방수층 시공	: 모서리, 구석 부분은 보강 Mesh 사용후 방수제 도포
보 양	: 강우에 대한 보양 및 동결 대비

Ⅴ. 시공시 유의사항

① 규정된 온도범위내에서 실시, 바탕 처리에 주의

② 용제형의 경우 화기 및 환기에 주의, 유제형의 경우 Pinhole에 주의

③ 모서리는 둥글게 둔각 처리할 것

④ 이어바름 겹친 폭은 100 mm 이상, 이음부에는 완충 테이프 등으로 마무리

67 침투성 방수

Ⅰ. 정의

① 노출된 부위나 실내·외 콘크리트, 조적조, 석재 및 미장 표면에 방수제를 침투시켜 방수 효과를 기대하는 공법을 말한다.

② 시공성이 좋고, 공기가 빠르며, 사용 범위가 넓어 최근에 많이 개발되고 있으나, 실적이 적어 신뢰성이 떨어지는 편이다.

Ⅱ. 분류

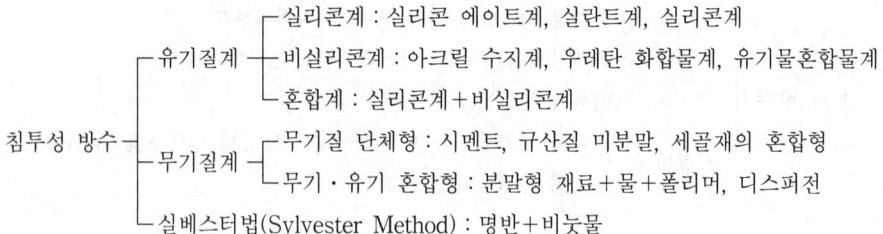

```
                        ┌ 실리콘계 : 실리콘 에이트계, 실란트계, 실리콘계
             ┌ 유기질계 ─┼ 비실리콘계 : 아크릴 수지계, 우레탄 화합물계, 유기물혼합물계
             │          └ 혼합계 : 실리콘계 + 비실리콘계
  침투성 방수 ─┼ 무기질계 ─┬ 무기질 단체형 : 시멘트, 규산질 미분말, 세골재의 혼합형
             │          └ 무기·유기 혼합형 : 분말형 재료 + 물 + 폴리머, 디스퍼전
             └ 실베스터법(Sylvester Method) : 명반 + 비눗물
```

Ⅲ. 특징

① 시공성이 좋다.

② 공기가 빠르다.

③ 장시간 경과후 방수 효과에 우려가 있다.

④ 실적이 적어 신뢰성이 떨어진다.

Ⅳ. 시공 순서 Flow Chart

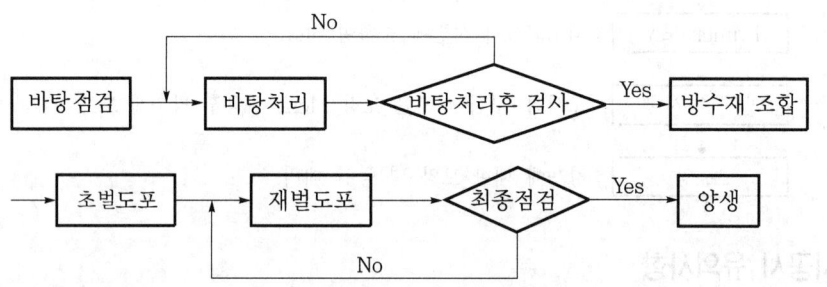

Ⅴ. 시공시 유의사항

① 바탕 들뜸 제거, 완전히 건조시킨다.

② 도포 완료후 48시간 이상의 적절한 양생을 한다.

③ 방수재의 조합은 제조회사의 시방에 따른다.

④ 보호 마감이 필요한 경우 특기 시방에 따른다.

68 실베스터(Sylvester) 방수 공법

Ⅰ. 정의
① 모르타르 또는 콘크리트에 명반과 비눗물의 뜨거운 용액을 일정한 간격을 두고 여러 번 바름하여 방수층을 구성하는 공법으로 침투성 방수의 일종이다.
② 공기가 빠르며, 시공성이 좋다.

Ⅱ. 침투성 방수의 분류

```
            ┌─ 유기질계 : 실리콘계, 비실리콘계, 혼합계
침투성 방수 ─┼─ 무기질계 : 무기질 단체형, 무기·유기 혼합형
            └─ 실베스터법(Sylvester Method)
```

Ⅲ. 특징
① 구조체의 표면 손상이 발생하지 않는다.
② 재료 구입이 용이하다.
③ 구조체의 흡수방지 효과로 동해·백화·풍화를 방지할 수 있다.
④ 구체 결함에 따라 방수 성능이 파괴된다.
⑤ 장시간 경과후에는 방수 효과가 떨어진다.

Ⅳ. 시공 순서
① 바탕면의 이물질, 들뜸, Laitance 등을 제거한다.
② 명반 5% 용액+비누 7% 용액을 혼합한다.
③ 뜨거운 용액을 시간 간격을 두고 여러 번 바른다.
④ 침투 상태를 확인하고 시험한다.
⑤ 48시간 이상 초기 양생한다.

Ⅴ. 시공시 유의사항
① 바탕 점검을 철저히 한다.
② 명반과 비누의 배합을 정밀히 한다.
③ 매회 도포 부분을 확인한다.
④ 구체 균열이 발생되지 않도록 보강한다.

69 벤토나이트 방수(Bentonite Waterproofing)

Ⅰ. 정의

① 벤토나이트란 응회암, 석영암 등의 유기질 부분이 분해하여 생성된 미세 점토질 광물로, 화산 폭발시 분출되는 화산재가 해저에서 염수와 작용하여 생성된다.

② 벤토나이트가 물을 많이 흡수하면 팽창하고, 건조하면 극도로 수축하는 성질을 이용한 방수 공법이다.

Ⅱ. 재료별 분류

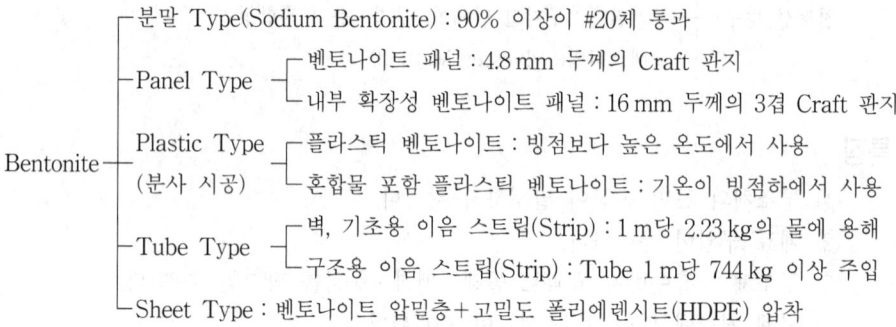

```
          ┌─ 분말 Type(Sodium Bentonite) : 90% 이상이 #20체 통과
          │               ┌─ 벤토나이트 패널 : 4.8 mm 두께의 Craft 판지
          ├─ Panel Type ─┤
          │               └─ 내부 확장성 벤토나이트 패널 : 16 mm 두께의 3겹 Craft 판지
          │  Plastic Type ─┬─ 플라스틱 벤토나이트 : 빙점보다 높은 온도에서 사용
Bentonite─┤  (분사 시공)    └─ 혼합물 포함 플라스틱 벤토나이트 : 기온이 빙점하에서 사용
          │               ┌─ 벽, 기초용 이음 스트립(Strip) : 1 m당 2.23 kg의 물에 용해
          ├─ Tube Type ──┤
          │               └─ 구조용 이음 스트립(Strip) : Tube 1 m당 744 kg 이상 주입
          └─ Sheet Type : 벤토나이트 압밀층+고밀도 폴리에렌시트(HDPE) 압착
```

Ⅲ. 특징

① 시공의 간편성과 신속성
② 자동 보수 기능(Self-sealing)
③ 까다로운 구조물에도 시공 가능(뿜칠)
④ 외부 방수의 가장 이상적 방법

Ⅳ. 시공 순서 Flow Chart

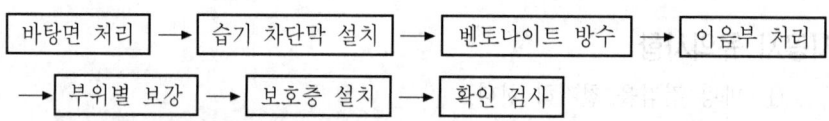

바탕면 처리 → 습기 차단막 설치 → 벤토나이트 방수 → 이음부 처리
→ 부위별 보강 → 보호층 설치 → 확인 검사

Ⅴ. 시공시 유의사항

① 비가 오거나 습기가 심한 곳에서는 시공주의
② 빠른 속도의 지하수가 있는 부위에는 벤토나이트층이 씻겨 나갈 수 있음
③ 되메우기시 별도의 보호층을 시공
④ 구조물 관통 부위 정밀 시공

70 지수판(Water Stop)

Ⅰ. 정의

① 지수판은 콘크리트의 이음부에서 수밀을 위하여 콘크리트속에 묻어서 누수 방지나 지수 효과를 얻는 판모양의 재료이다.

② 지수판은 내구성과 변형 성능이 있어야 하고, 콘크리트와의 부착력이 좋은 형상의 것이어야 한다.

Ⅱ. 요구 성능

① 인장강도 및 인열강도가 크고, 유연성이 풍부할 것

② 흡수 및 투수에 대한 저항성이 클 것

③ 내알칼리성·내수성 및 내약품성이 양호할 것

④ 노화되지 않고, 내구성이 좋을 것

⑤ 시공시 용접 등의 가공이 용이할 것

Ⅲ. 종류

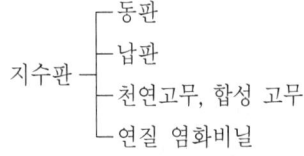

지수판 ┬ 동판
      ├ 납판
      ├ 천연고무, 합성 고무
      └ 연질 염화비닐

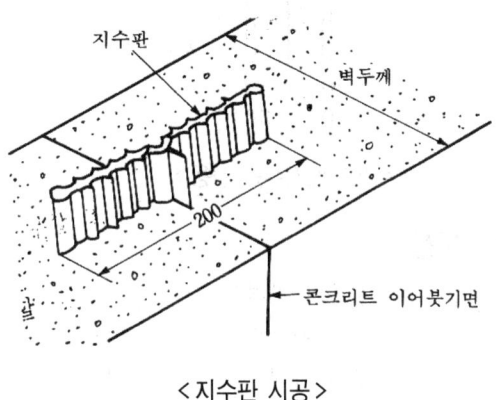

< 지수판 시공 >

Ⅳ. 시공시 유의사항

① 재료 선정시 콘크리트에 대한 밀착성이 좋은 것을 선정한다.

② 철근이 있는 곳은 피하고, 구조체 중앙부에 설치한다.

③ 미리 콘크리트 타설 높이를 설정한 후 수평에 맞춰서 설치한다.

④ 콘크리트 타설시 구부러지지 않게 보조 철물로 고정한다.

⑤ 타설 직후, 양생전에 충격을 주면 지수 성능이 저하된다.

Ⅴ. 지수판 품질 규정

시험 항목	단 위	규정값
인장강도	MPa	12 이상
신장률	%	250 이상
노화성(중량 변화율)	%	±10 이내
유연성	℃	−30 이하

71 수팽창 지수재

I. 정의

① 수팽창 지수재는 물과 접촉할 경우 급속히 부풀어오르는 특수 고무 및 벤토나이트 제품을 사용하여 콘크리트의 콜드 조인트 및 누수를 방지하는데 사용되는 재료이다.

② 종래의 지수판 사용시 지수판과 콘크리트 접합면의 미세한 간격으로 누수가 되는 것을 보완하기 위하여 개발된 제품으로 시공성이 좋다.

II. 원리 도해

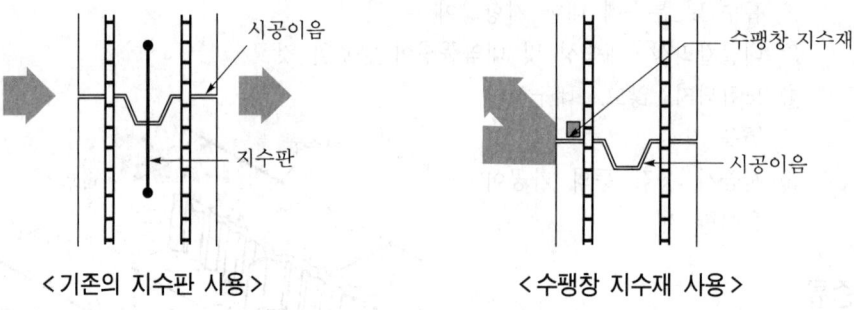

< 기존의 지수판 사용 >   < 수팽창 지수재 사용 >

III. 특성

① 시공이 간편하다.

② 부피 팽창으로 불투수 미로를 형성한다.(400%)

③ 부재 자체의 복원력이 있어 구조물 변위에도 안전하다.

④ 철근 외부에 시공시 철근의 부식 방지가 가능하다.

IV. 적용 위치

① 각종 지하 구조물의 시공 조인트

② 지하 부분의 조립식 및 패널 구조물

③ 콘크리트 양생전에 기존의 지수판 설치가 어려운 부분

④ 구조체 관통 부분의 슬리브 처리

V. 시공 방법

① 예상 설치 부위는 콘크리트 타설시 흙손으로 매끈하게 다듬는다.

② 수팽창 지수재를 설치하며 이음부는 맞대어 시공한다.

③ 시공후 피복 확보는 최소 50 mm 이상이며, 철근 외측에 시공하면 부식이 방지된다.

④ 끊어짐이 없도록 완전히 연결하여 시공한다.

72 TBM(Tunnel Boring Machine)

Ⅰ. 정의

① TBM 공법은 재래식 천공 및 발파를 반복하는 굴착 공법과는 달리 자동화된 터널 굴착 장비로 터널 전단면을 동시에 굴착하는 기계를 사용하여 일시에 전단면을 굴진해 가는 공법이다.

② 굴착 단면이 원형으로 암반 자체를 지보재로 활용하므로 Shotcrete, Rock Bolt 등의 보조 지보재 사용을 대폭 줄일 수 있고 여굴 발생이 거의 없는 최신 공법이다.

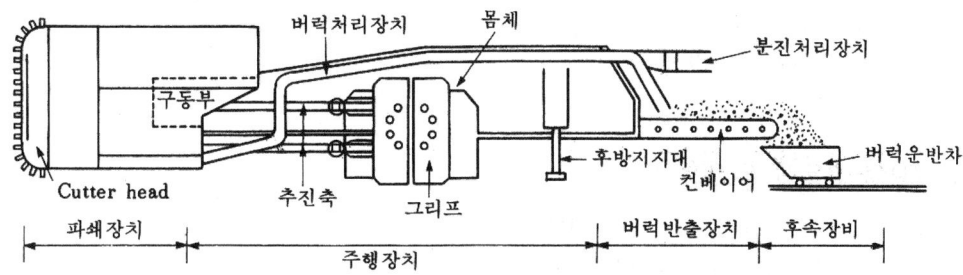

Ⅱ. 특징

1) 장점
   ① 작업 속도가 빠르다.
   ② 저소음, 저진동이다.
   ③ 지반 이완을 최소화할 수 있다.
   ④ 지보공이 절약된다.
   ⑤ 여굴이 적다.
   ⑥ 원형 단면으로 구조적으로 안정하다.

2) 단점
   ① 초기 투자비가 크다.
   ② 지반 변화에 대한 적용 범위가 한정된다.
   ③ 굴착 단면의 형상에 제한을 받는다.
   ④ 기계 조작에 전문 인력이 필요하다.

Ⅲ. 암석 파쇄 방법

① 압쇄식(Rotary Type)
② 절삭식(Shield Type)

Ⅳ. 시공 순서

준비공 → 작업구 굴착 → TBM 조립 → TBM 굴착

→ 버력 반출 → 암반 보강 → 방 수 → Lining → 부대 시설 → 계 측 → 안전관리

Ⅴ. 시공시 고려사항

① 암석 시료시험의 성과 분석
② Cutter Head 결정
③ 사행
④ 기계의 회전
⑤ 기계 침하
⑥ 추진 반력 부족
⑦ 극경암처리 방안
⑧ 분진 발생

Ⅵ. TBM 적용상 문제점

① 단층 파쇄대 또는 연약지반 굴진 곤란
② 지질 변화에 따른 대처 미흡
③ 굴착 단면 변경 제한
④ 전체 작업이 TBM 기계에 좌우됨
⑤ Bit와 Cutter 형식의 공용성 없음
⑥ 대용량의 전력설비 요구
⑦ 중량물 운반을 위한 도로 확보

Ⅶ. 연구 개발 방향

① 시공 방법 개선 방안
② 굴진 능력 향상
③ 경제성 증대 방안
④ 시공 자료 축적
⑤ 고강도 Cutter 개발
⑥ 버력처리 시스템
⑦ 지질 변화에 대한 대처 방안

73 | TBE(Tunnel Boring Enlarging Machine)

Ⅰ. 정의

① TBE(Tunnel Boring Enlarging Machine) 공법이란 최신의 굴착 장비인 TBM(Tunnel Boring Machine)으로 대단면의 터널을 굴진할 때 소단면의 Pilot갱을 선진 도갱하여 굴착한 후 확대 굴착기(TBE)로 필요 단면을 굴착해 나가는 공법이다.

② 대단면의 터널을 일시에 굴착할 경우 장비의 효율 저하 및 시공성, 경제성이 저하되므로 단면 지름이 8 m 이상일 경우에 TBE로 굴착하는 것이 유리하다.

Ⅱ. TBE 작업도

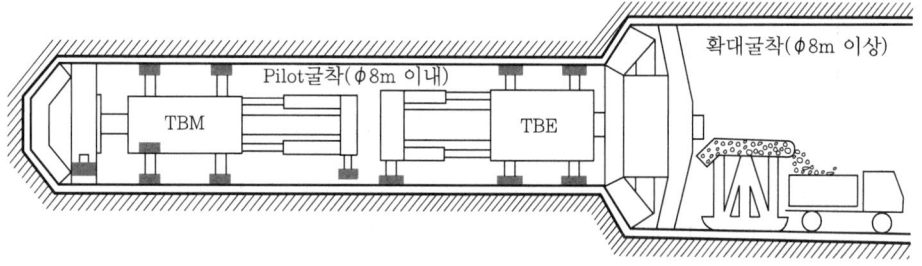

Ⅲ. TBE의 특징

① Pilot 갱에 의한 지질, 지층상태 파악
② 불량 지질에 대한 대비책 준비 용이
③ 경제성 향상
④ 시공 속도 증대
⑤ 후속 설비의 감소화

Ⅳ. 확대 굴착 방법

① TBM과 TBE를 연결하여 굴착하는 방법
② 소단면 TBM으로 전구간 Pilot 갱으로 우선 굴착후 TBE로 확대 굴착하는 방법

Ⅴ. 국내 공사 적용

남산 1호 쌍굴 건설공사에서 터널 굴착 단면이 11.3 m의 대단면 굴착공사로 ϕ 4.5 m Pilot 터널 굴착후 ϕ11.3 m 확대 굴착하였다.

74 │ TBM-NATM 병용 공법

Ⅰ. 정의

① 기계와 발파를 병용하는 기술로 굴진 속도가 빠르고 굴착 진동이 적은 TBM 의 장점과 터널의 형상 및 크기를 자유롭게 변화시킬 수 있는 발파 굴착 공법 의 장점을 동시에 활용할 수 있는 공법이다.

② 이 공법은 사전에 구조적으로 안전한 원형 TBM 터널을 Pilot 터널(선진갱, 도갱)로 굴진하여 지반상태, 지하수 조건 등을 확인하고 이 굴착면을 자유면으 로 하여 NATM 공법으로 대단면의 터널을 굴착하는 공법이다.

Ⅱ. 특징

장 점	① 형상, 크기에 제약이 없음 ② Pilot 터널을 통하여 연속적인 조사로 합리적 시공 ③ 현장 암반 상태의 정확한 규명으로 설계 자료의 변경, 보완이 용이 ④ Pilot 터널을 통한 정확한 터널 거동 예측 ⑤ Pilot 터널의 배수로 역할로 차수 문제가 거의 없음 ⑥ Pilot 터널을 관통할 경우 환기통의 역할로 작업 여건이 개선 ⑦ Pilot 터널을 통한 지반 보강이 용이 ⑧ Pilot 터널의 심빼기 효과로 진동 경감 ⑨ Pilot 터널의 Cut-Hole 역할로 천공수와 장약량 절감
단 점	① TBM으로 Pilot 굴진이 가능한 지반 조건이 요구됨 ② 기계 굴착과 발파 굴착이 병용되어 공정이 복잡 ③ 부대설비가 많음 ④ 체계적인 시공 순서의 수립이 필요 ⑤ 버력 크기가 각기 다르므로 이중의 버력처리가 요구됨 ⑥ 연약 지반에서의 적용 곤란

Ⅲ. 적용 방법

1) Pilot 터널 단면 크기

Pilot 터널의 단면 크기는 현장 경험을 토대로 보면 본 터널의 1/10 정도가 적당하다.

2) Pilot 터널 위치

지반이 연약할 경우 가급적 Pilot 터널을 본 터널 하반부에 위치하게 시공한다.

3) 국내 적용 사례

90년도 이후 서울 지하철 및 도시 고속도로 현장과 부산 해운대 우회도로 등에 적 용되었다.

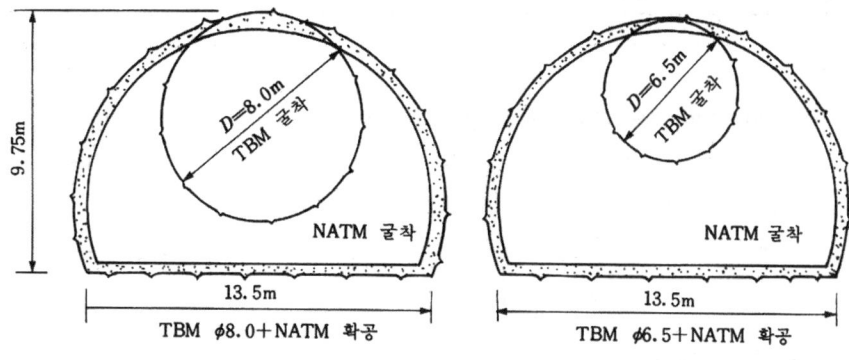

< 국내 현장에서의 TBM-NATM 병용 공법 적용 예 >

Ⅳ. TBM-NATM 병용 공법에서 발파기법

Pilot 터널 굴착후 본 터널을 굴착하기 위하여 수행하는 발파기법은 천공방향에 따라 종방향 천공 방법과 이방향 천공 방법으로 나누어진다.

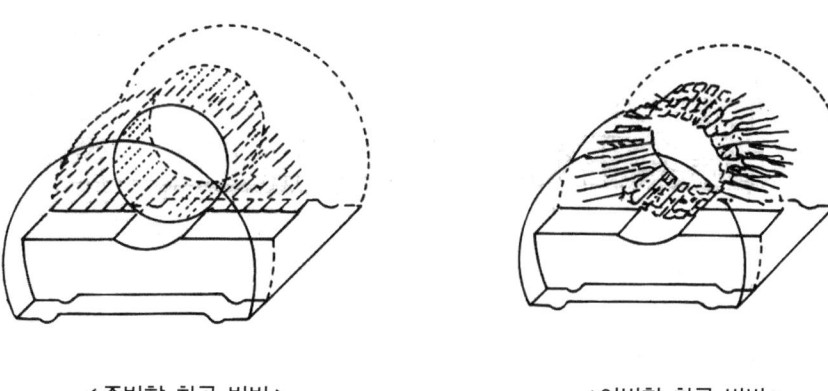

< 종방향 천공 방법 >   < 이방향 천공 방법 >

75 　 Shield 공법

[07중(10)]

Ⅰ. 정의

① Shield라고 불리는 강제 원통 굴착기를 지중에 밀어넣고 그 내부에서 토사의 붕괴, 유동을 방지하면서 안전하게 굴착작업 및 복공작업을 하여 터널을 구축하는 공법이다.

② 개착 공법을 대신할 수 있는 도시 터널의 시공 수단으로서 지하철, 상하수도, 전기 통신 시설 등에 널리 이용되고 있다.

Ⅱ. Shield 공사 개요도

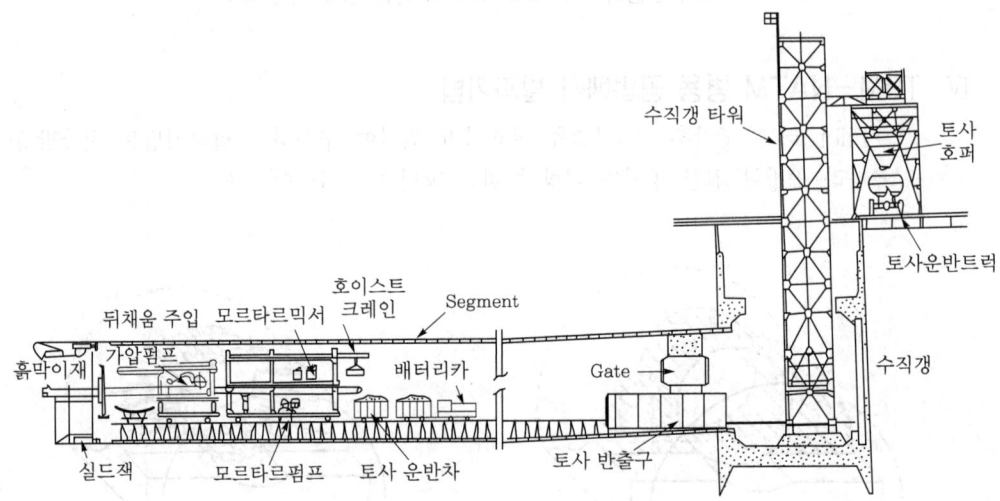

Ⅲ. 특징

① 안전하고 확실한 공법이다.

② 시공관리 및 품질관리가 용이하다.

③ 지하 매설물의 이동과 방호가 불필요하다.

④ 광범위한 지반에 적용된다.

⑤ 토피가 얕은 터널의 시공이 곤란하다.

⑥ 시공에 수반되는 침하가 발생된다.

⑦ 급 곡선부의 시공이 어렵다.

Ⅳ. Shield 종류

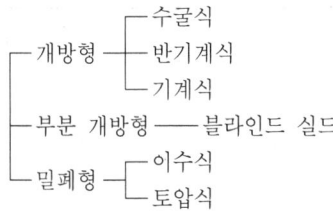

```
        ┌ 수굴식
┌ 개방형 ┼ 반기계식
│        └ 기계식
┼ 부분 개방형 ── 블라인드 실드
│        ┌ 이수식
└ 밀폐형 ┴ 토압식
```

Ⅴ. 시공 순서

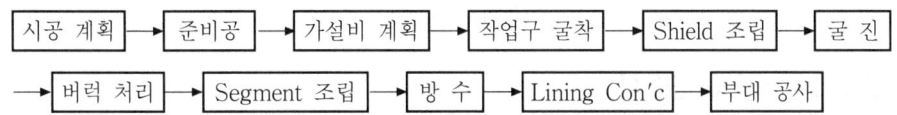

시공 계획 → 준비공 → 가설비 계획 → 작업구 굴착 → Shield 조립 → 굴진

→ 버력 처리 → Segment 조립 → 방수 → Lining Con'c → 부대 공사

Ⅵ. Shield 굴진 방법

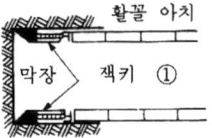

① Shield 추진 준비

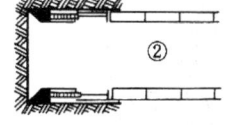

② 유압 Jack 작동으로 Shield 추진

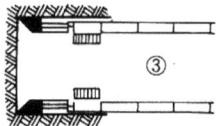

③ Jack 수축 후 Segment 조립

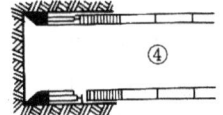

④ Shield 추진 준비

Ⅶ. Segment 종류

① RC Segment

② Steel Segment

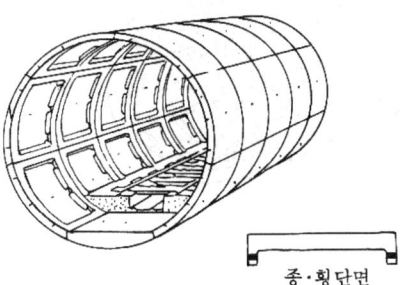

종·횡단면

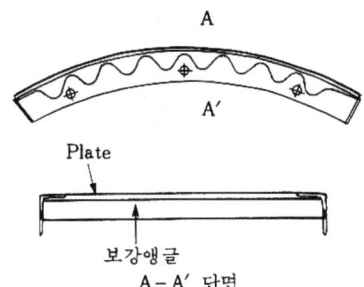

A-A' 단면

76 Segment의 이음방식(쉴드 공법)

[10중(10)]

Ⅰ. 정의

① Shield 공법은 Shield라는 강제 원통 굴착기를 지중에 밀어넣고 그 내부에서 토사의 붕괴, 유동을 방지하면서 안전하게 굴착작업 및 복공작업을 하여 터널을 구축하는 공법이다.

② Segment는 Shield 공법시 굴착지반의 토사붕괴 및 유동을 방지하기 위해서 설치하는 콘크리트 또는 강재로 제작된 원형의 조립물이다.

Ⅱ. Segment의 이음방식

1) Segment의 종류 및 구성

① Con'c Segment　② 강재 Segment　③ 주철 Segment

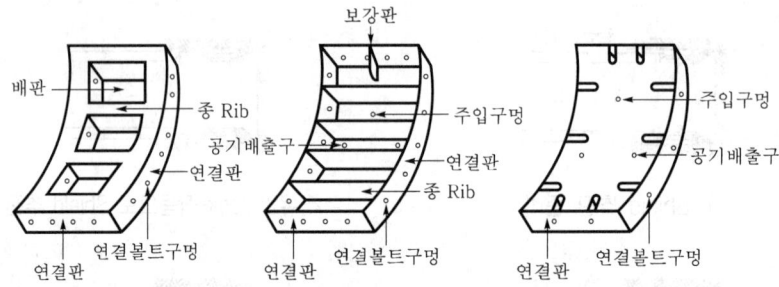

2) Segment 이음방법

① Segment의 이음은 이음방향에 따라 Ring 이음과 Bolt 이음으로 구분한다.

② Ring 이음과 Bolt 이음 모두 이음구멍을 통하여 Bolt, Ring 등으로 이음한다.

③ Ring 이음 : Segment를 Ring(원) 방향으로 이음하는 것

④ Bolt 이음 : Segment를 터널방향으로 이음하는 것

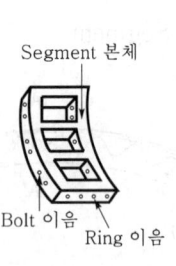
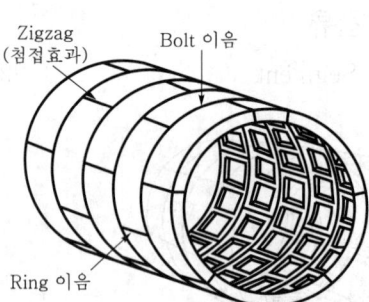

77 Pipe Roof 공법

Ⅰ. 정의

① 터널 및 지하 구조물을 만들 때의 보조 공법이며 터널 굴착에 앞서 굴착 단면 외주를 따라 200~400 mm의 강관 파이프를 Roof 형태로 삽입하여 상부 구조 물 보호 및 굴착 단면을 보호하는 공법이다.

② 터널 굴착과 함께 설치된 Pipe Roof를 지보공으로 직접 받쳐 본바닥의 변형을 억제시키고 터널 굴착에 안정성을 도모하는 공법이다.

Ⅱ. 용도

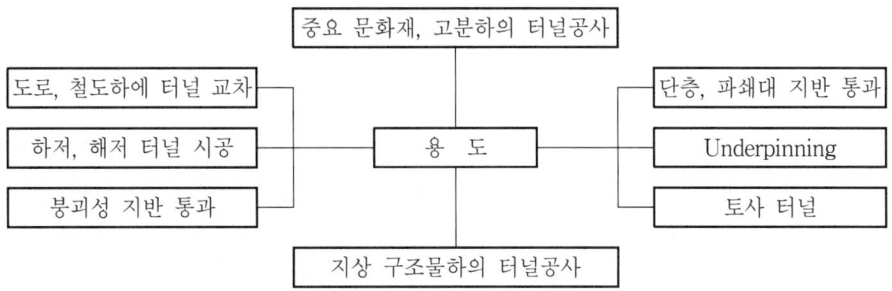

Ⅲ. 특징

① 지표면 침하 억제

② 임의의 단면 형상에 적응

③ 연약지반에서 암반까지 모든 지반에 적용

④ 수평 또는 수직, 경사 시공 가능

⑤ 사용 강관은 84~1,200 mm까지 사용 가능

Ⅳ. 배치 방법

① 부채꼴 배치

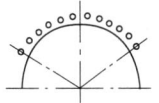

② 반원형 배치

③ 문형 배치

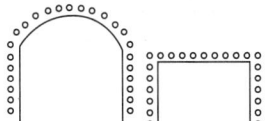

④ 일자형 배치

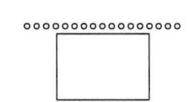

V. 강관 배치 간격

① 토피 15 m 이내, 연약한 점성토 및 사질토 지반에서 80~130 mm
② 토피 25 m 이내, 일반 점성토 및 사질토 지반에서 150~250 mm
③ 토피 25 m 이상, 고결 점성토 및 사질토 지반에서 250~400 mm
④ 일반적인 경우 보통 관경의 1.0~2.5배 정도로 한다.

VI. 시공 방법

1) Boring식

① 로터리식 Boring Machine으로 지반 천공
② 관경 ϕ 80~300 mm 강관을 지반에 삽입
③ 극히 연약한 지반을 제외하고 시공 가능
④ 최대 70 m까지 시공 가능

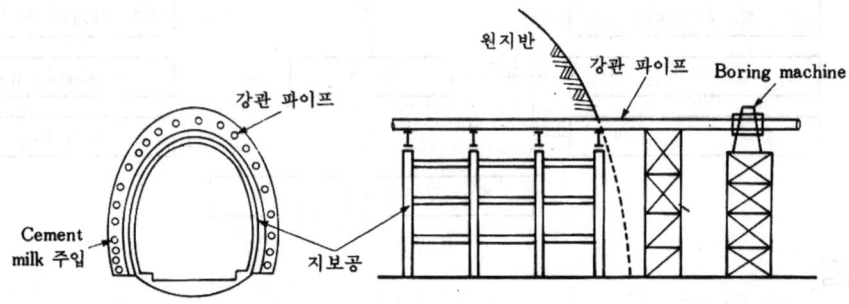

2) Auger식

① 강관 내부에서 Auger로 토사 굴착
② 강관 압입기로 강관을 전방으로 압입
③ 관경 ϕ 200~1,200 mm까지 시공 가능
④ 최대 50 m까지 압입 가능하며 강성이 큼

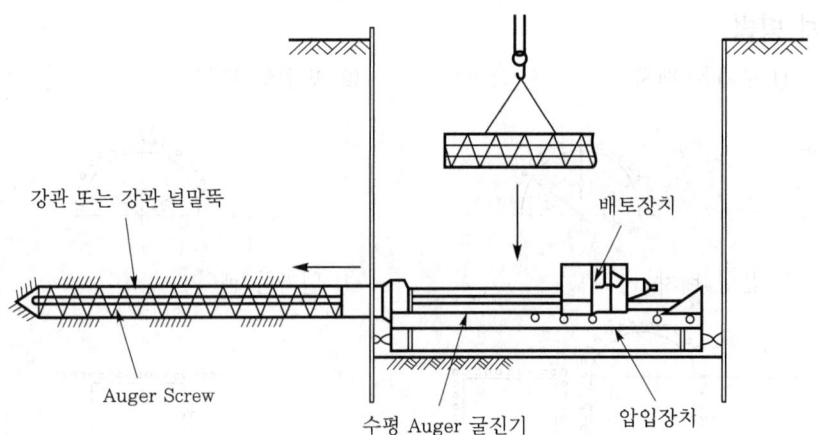

78 프런트 잭킹(Front Jacking) 공법

[09중(10)]

I. 정의

① 프런트 잭킹(Front Jacking) 공법은 운행중인 철도나 도로의 하부 또는 하천, 이설 불가능한 구조물 아래의 지하도, 공동구, 수로 등을 구축하는 경우 철도, 도로 교통, 하천 등에 영향을 주지 않고 통상의 운행을 확보하면서 입체 교차 공사를 시공하는 공법이다.

② 콘크리트 함체를 제작한 후 유압식 잭을 사용해서 함체를 선로 하부의 소정 위치에 밀어넣는 특수한 공법으로 함체의 견인 방법에 따라 상호 견인, 분할 견인, 편측 견인 등이 프런트 잭킹 공법의 대표적인 방법이라 할 수 있다.

II. 프런트 잭킹(Front Jacking) 공법의 시공도

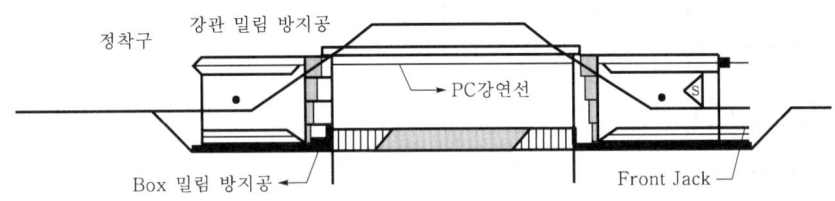

정착구　　강관 밀림 방지공　　　　　PC강연선　　　　　　　　　　Front Jack
Box 밀림 방지공

〈 상호 견인 공법 〉

III. 프런트 잭킹(Front Jacking) 공법의 특징

장 점	단 점
① 열차 운행에 지장을 주지 않음	① 공사비 고가
② 준공후 유지 보수 비용이 저렴	② 선로 외부에서 Box 제작하므로 작업 공간이 많이 소요
③ 별도의 장소에서 구조물을 시공하므로 시공성이 뛰어나며 빙수 처리 용이	③ Box 견인으로 인한 빌진기기 및 견인 설비 필요
④ 시공의 안정성	
⑤ 품질 관리 용이	

Ⅳ. 시공 순서

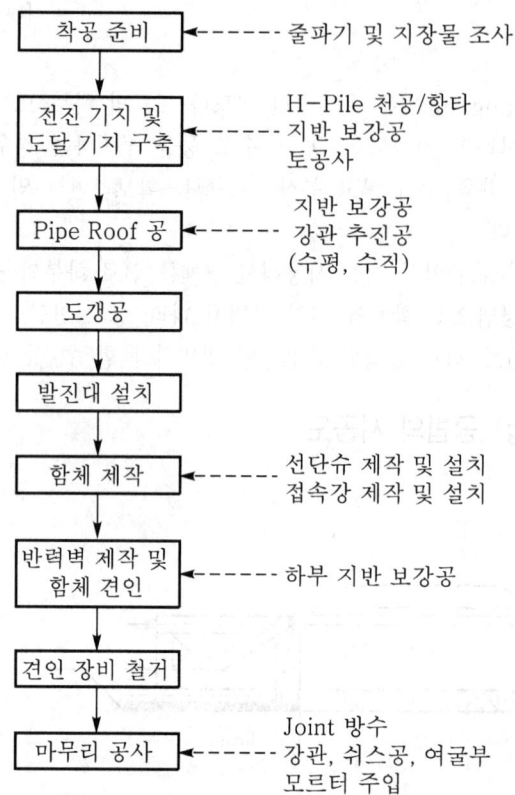

착공 준비 ◄------ 줄파기 및 지장물 조사

전진 기지 및
도달 기지 구축 ◄------ H-Pile 천공/항타
지반 보강공
토공사

Pipe Roof 공 ◄------ 지반 보강공
강관 추진공
(수평, 수직)

도갱공

발진대 설치

함체 제작 ◄------ 선단슈 제작 및 설치
접속강 제작 및 설치

반력벽 제작 및
함체 견인 ◄------ 하부 지반 보강공

견인 장비 철거

마무리 공사 ◄------ Joint 방수
강관, 쉬스공, 여굴부
모르터 주입

79 Messer 공법

Ⅰ. 정의

① Messer 공법이란 터널 및 지하 구조물을 만들 때의 보조 공법으로, 터널 굴착 시 굴착면의 자립이 어려울 경우 터널 형태에 따라 강지보재 위에 Messer라는 강널판(Messer Plate)을 유압 잭으로 압입하여 굴착면을 보강하는 공법이다.

② 사용되는 강널판은 폭 260~400 mm, 길이 2.7~5.0 m로 강널판이 진행됨에 따라 그 뒤쪽에서 흙막이 판을 굴착면에 받쳐서 진행하는 공법이다.

Ⅱ. Messer의 구조 및 부속 자재

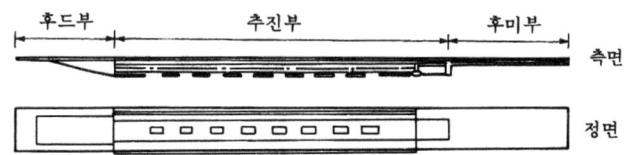

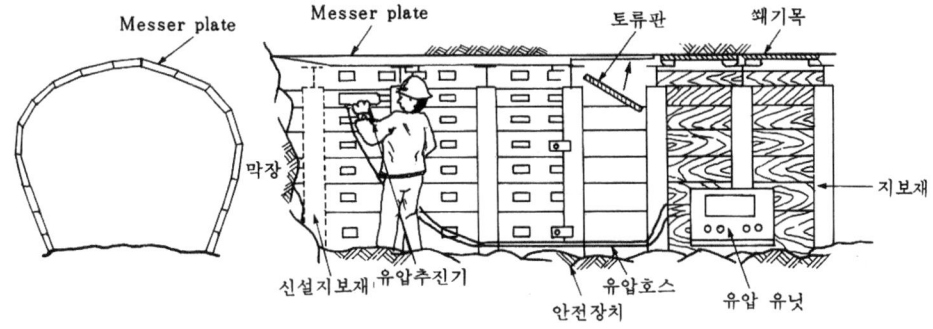

Ⅲ. 특징

① 굴진설비 간단
② 여굴 및 지반 침하 적음
③ 사용 자재의 재사용 가능
④ 곡선 터널 시공 곤란
⑤ 견고한 지반 적용 곤란
⑥ 선단부 처짐 발생

Ⅳ. 적용 범위

1) 토질

① N치가 60 이하인 점토, 실트 또는 사질토 등의 토사 지반

② 산악 터널 갱구와 붕괴성이 있는 풍화암 등의 추진

2) 선형

아치 단면 또는 평면 곡선 구간에서의 적용 가능

Ⅴ. Messer 공법의 시공 순서

① 발진기지 설치

② Messer 추진

③ 굴착

④ 지보재 설치

⑤ 구조물 축조

⑥ 마감 작업

80 침매 터널

Ⅰ. 정의

① 침매 터널이란 해저 또는 지하수면하에 터널을 굴착하는 공법으로 지상에서 터널 요소 구조체를 제작하고 소정위치에 침하시켜 터널을 구축하는 터널 공법이다.

② 침매 터널은 침매 본체의 형상과 재질에 따라 원형과 직사각형 콘크리트 방식으로 대별된다.

Ⅱ. 시공도

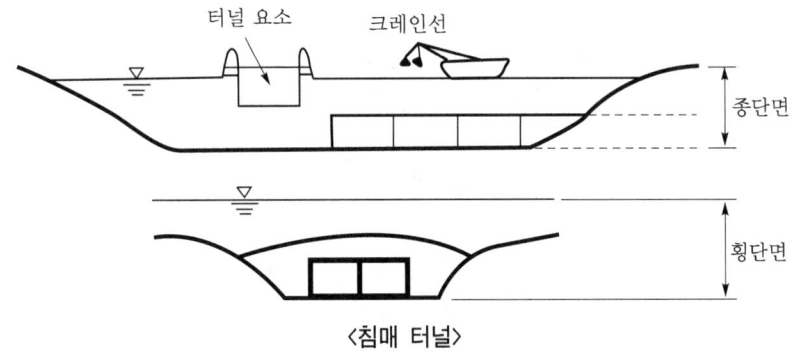

〈침매 터널〉

Ⅲ. 특징

① 단면 형상이 자유롭고 큰 단면이 가능하다.

② 수심이 얕은 곳에 침설하면 터널 연장이 짧게 된다.

③ 다소 깊은 곳의 시공도 가능하다.

④ 연약지반 위에서도 시공할 수 있다.

⑤ 육상에서 제작되므로 품질이 균일하고 공기가 단축된다.

⑥ 기상, 해류 등 해상 조건이 영향을 많이 받는다.

⑦ 수저에 암초가 있을 경우는 트렌치가 곤란하다.

Ⅳ. 시공법

1) 구체의 제작

조선소의 선태(船台) 또는 드라이 독크에서 구체를 제작하여 진수한다.

2) 예인·침설

① 침설작업선 또는 해상 크레인으로 현장까지 예인한 다음 구체 상판 위에 측량 타워를 설치하여 서서히 기초면까지 침설한다.

② 구체 앞뒤에는 가설벽을 설치해 두고 있다.

3) 트렌치 준설

일반적으로 트렌치의 준설은 심도가 깊고 평탄성 유지에 높은 정밀도를 요하므로 대형 펌프를 준설선으로 계획표고보다 약 1m 정도 남겨두고 준설하였다가 침설 직전에 소형 준설선으로 마무리 하는 경우가 많다.

4) 기초공, 기초 보강공

① 독립 지지방식 : 지지대, 기초말뚝, 기초보 등을 설치하는 방식

② 연속 지지방식 : 사력 또는 쇄석을 부설한 기초 위에 구체를 침설하고 구체 저면과 기초 표면과의 공격을 모래뿜기 또는 모르타르 주입 등으로 충전하는 방식

5) 가접합

① 구체를 침설한 직후에 구체를 임시로 접합하는 것

② 가접합 방법

㉮ 수중 콘크리트에 의한 방법(Tremie 공법)

㉯ 고무 가스킷에 의한 방법(배수 Joint 공법)

6) 본접합

① 되메우기를 완료하고 자연침하가 안정된 후 본접합을 시공

② 본접합 방식

㉮ 강접합 방식 : 이음부 내벽에 철근 콘크리트를 타설하는 방법

㉯ 유접합 방식 : 특수 고안된 고무판에 의한 방법

81 피암(避岩) 터널

Ⅰ. 정의

① 피암 터널은 현장여건상 위해요소를 제거하기 어려울 때 콘크리트, 강재 등으로 터널형태의 보호시설을 설치하는 것이다.

② 비탈면이 급경사여서 도로, 택지, 철도 등의 이격부에 여유가 없거나 혹은 낙석의 규모가 커서 낙석방지울타리, 낙석방지옹벽 등으로는 안전을 기대하기 어려운 경우에 설치한다.

Ⅱ. 피암 터널의 형식

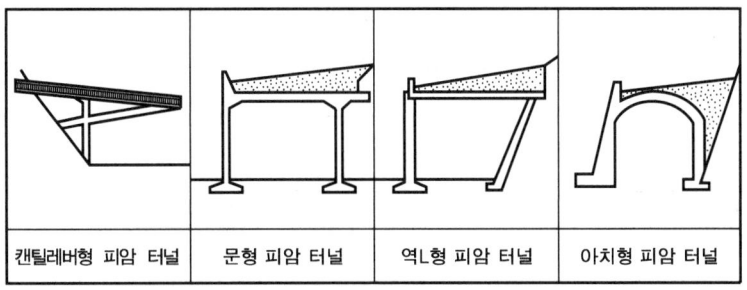

| 캔틸레버형 피암 터널 | 문형 피암 터널 | 역L형 피암 터널 | 아치형 피암 터널 |

Ⅲ. 피암 터널의 설치 장소

1) 이격부 여유가 없는 곳

피암 터널은 철근 콘크리트 혹은 강재에 의해 낙석이 도로면에 직접 낙하하는 것을 막는 공법으로, 비탈면이 급경사여서 도로, 택지, 철도 등의 이격부에 여유가 없는 곳

2) 낙석부의 규모가 큰 곳

낙석의 규모가 커서 낙석방지울타리, 낙석방지옹벽 등으로는 안전을 기대하기 어려운 경우

Ⅳ. 기대효과

① 낙석 방호 효과

② 깎기부 구간의 보강 효과

③ 하자요인 사전 예방 효과

82 무인 굴착 시스템

I. 정의

① 공기 잠함공사에서 작업인이 고기압하에서의 작업으로 잠함병으로 안전에 문제가 있으므로 최근 무인 굴착 시스템의 개발이 활기를 띄고 있다.

② 작업실 외부에서 감시 카메라 및 모니터를 통하여 작업실 내부를 관찰하며 리모트 컨트롤러를 이용하여 작업실 내의 굴착장비를 원격 조작하면서 굴착, 배토 작업을 하는 장치를 말한다.

II. 계통도

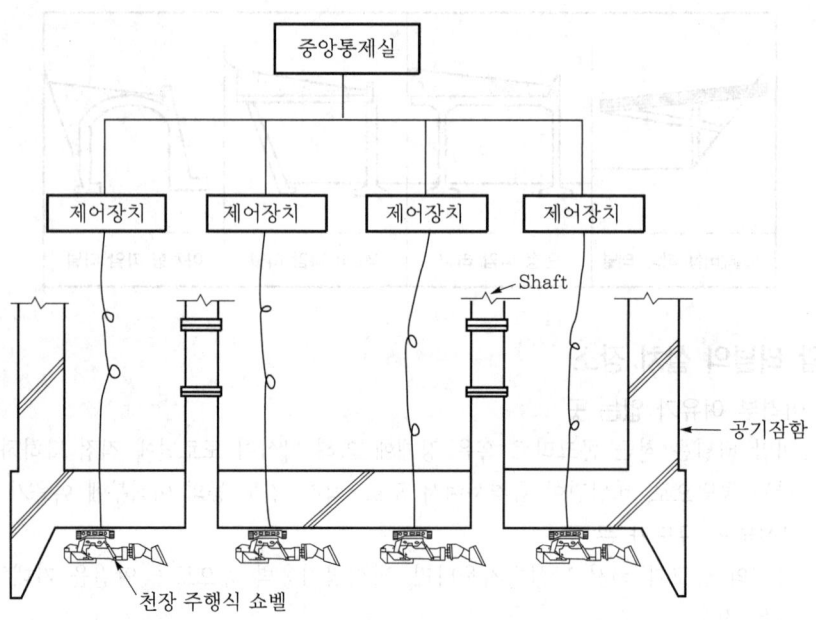

< 천장 주행식 쇼벨 >

III. 효과

① 고기압에서 작업 가능

② 열악한 환경에서 작업 가능

③ 작업 능률 향상

Ⅳ. 주요 설비

1) 굴착 장비
   ① 천장 주행식 쇼벨
   - 버킷 용량 : $0.15\,\mathrm{m}^3$
   - 주행 속도 : $25\sim30\,\mathrm{m/min}$
   - 중량 : $2,900\,\mathrm{kgf/대}$
   ② 쇼벨용 유압 브레이커
   - 전장 : $1,261\,\mathrm{mm}$
   - 중량 : $156\,\mathrm{kgf}$
   - 타격수 : $450\sim825\,\mathrm{bpm}$
   ③ 소형 백호
   ④ 배토용 버킷
2) 원격 조작 장치
   ① 감시 카메라
   ② 모니터
   ③ 리모트 컨트롤러

Ⅴ. 무인 굴착 시스템 적용시의 효과

1) 안전성
   고기압하에서의 작업시 잠함병 발행 및 유해가스 중독을 원천적으로 예방
2) 작업 효율
   기계화를 통해 기상 및 현장 조건 등의 영향을 받지 않고, 작업이 가능하게 되어 작업 효율을 향상시킴
3) 경제성
   작업 속도 향상, 공기 단축을 이룩할 수 있음
4) 깊은 심도 작업 가능
   깊은 심도, 고기압하의 작업을 무인화 함으로써 잠함병 발생의 사전 예방

Ⅵ. 천장 주행식 굴착기

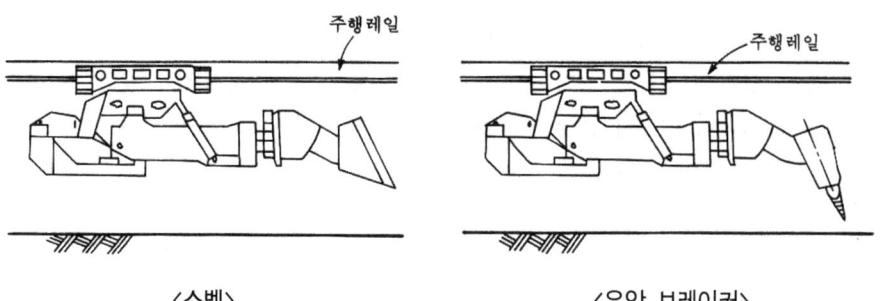

〈쇼벨〉   〈유압 브레이커〉

83 RBM(Raised Boring Machine)

[09후(10)]

Ⅰ. 정의

① RBM 공법은 1949년 독일의 Herr Bade가 개발한 공법으로 상부 및 하부에 작업공간을 확보할 수 있는 경우에 사용되는 상향식 굴착 방법이다.

② RBM 공법은 소구경(D 311 mm)의 Tri-con Bit로 상부에서 하부로 굴착하면서 드릴파이프를 교체 연결하여 소구경 유도공을 관통시킨 후 상부로 리머헤드(Reamer Head)를 끌어 올리면서 회전, 압쇄에 의해 수직갱을 대구경(D 2.4~3.05 m)으로 확공하여 나가는 방법이다.

Ⅱ. RBM 공법의 굴착순서

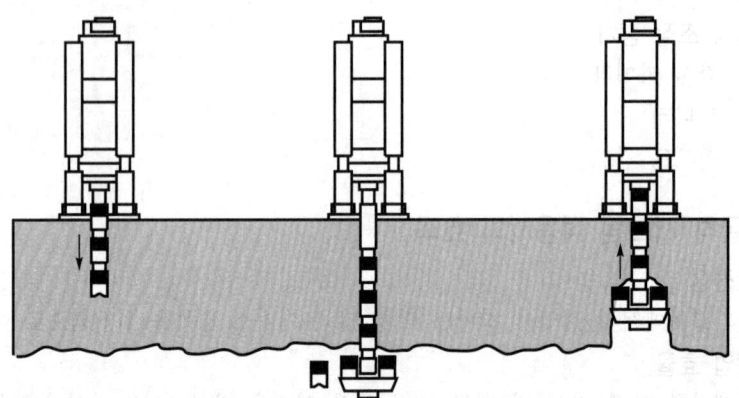

〈 Tri-con Bit로 굴착 〉　〈 Reamer Head 장착 〉〈 상부로 굴착(회전, 압쇄) 〉

Ⅲ. 특징

① 용출수가 발생하는 조건에서도 작업이 가능하다.
② 환기 및 발파 등의 영향을 받지 않는다.
③ 정밀시공이 가능하다.(특수장비 사용시)
④ 진동 및 소음이 거의 없다.
⑤ 준비 공사에 시간이 많이 소요된다.
⑥ 극경암 지역에서는 커터의 비용이 높다.
⑦ 연암이나 풍화암 지역은 측벽의 붕락으로 굴착에 어려움이 있을 수 있다.
⑧ 유도공이 편향되어 천공될 경우 수직오차를 줄이기 어렵다.
⑨ 고도의 기술축적이 필요하다.

84 수직갱에서의 RC(Raise Climber) 공법

[12후(10)]

Ⅰ. 정의

① 수직갱 건설은 화약을 이용한 Drill and Blast 공법이 널리 사용되고 있으며, 하부에 작업 공간이 확보된 경우에는 RBM(Raise Boring Machine) 장비를 이용한 하부에서 상부로의 굴착공법과 인력천공과 발파 및 기계화 버력처리 방식인 RC(Raise Climber) 공법이 주로 사용된다.

② RC(Raise Climber) 공법은 버력처리 및 작업공간이 확보된 수직구 하부에서 벽면에 앵커로 가이드 레일을 설치하고 이것을 따라 움직이는 작업대(Raise Climber)를 이용하여 천공 및 발파를 통해 수직갱을 건설하는 공법이다.

Ⅱ. 시공순서

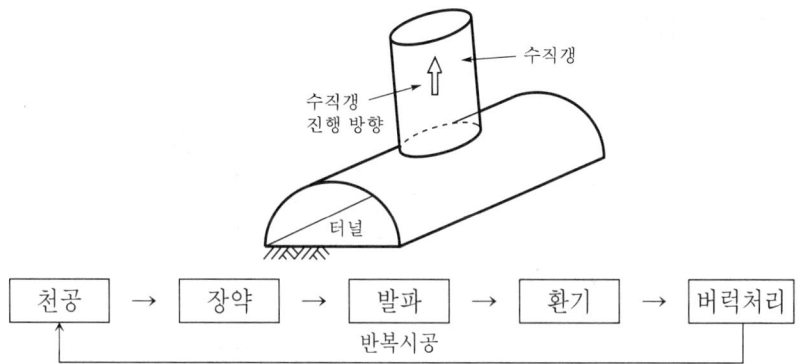

Ⅲ. 특징

① 하부에서 상향으로 작업하므로 상부의 작업 공간 불필요
② 3~30 m^2의 다양한 면적의 수직갱 건설 기능
③ 사용 설비가 적어 공사비 저렴
④ 지반을 파악하면서 굴착하므로 지반 변화에 대응 가능
⑤ 지하 용출수가 발생하는 곳에는 적용 곤란
⑥ 소음 및 진동이 발생

Ⅳ. 시공시 유의 사항

① 400 m까지가 시공 한계이며, 200 m 내외의 수직갱 건설에 적합
② 지보재를 설치하지 않고 가이드 레일을 벽에 부착하므로 연약지반이나 단층대에서는 적용 곤란
③ 버력 정리 시 낙하의 위험에 유의
④ 환기 설비가 필요하며 급·배수 설비도 준비해야 함

85 | TSP(Tunnel Seismic Profilling) 탐사

[09후(10)]

Ⅰ. 정의

① 터널 막장의 전방 탄성파(TSP)탐사는 시공 중인 터널 안에서 발파를 하여 인공적으로 진동을 발생시키고, 같은 터널 안에 배치한 수진기로 반사파를 기록하는 방법으로, 막장으로부터 100~200 m 앞의 지반 상황을 조사하는 목적으로 실시한다.

② 터널 막장의 전방 탄성파(TSP)탐사는 시공 중인 터널에 있어 미굴착 구간인 막다른 전방이나 기굴착 구간의 지반 상황을 탄성파를 이용하여 탐사하고, 또한 사전조사 및 굴착 중의 지질 상황이나 각종 계측 자료 등을 종합 평가하여 막장 전방의 지반 상황을 파악하는 것이다.

Ⅱ. TSP 탐사 개념도

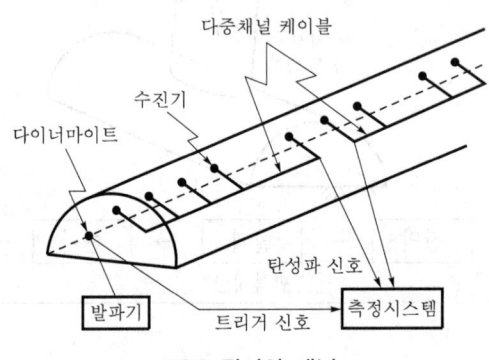

〈 TSP 탐사의 개념 〉

Ⅲ. TSP 탐사 목적

① 단층 파쇄대 등 지질 급변부의 존재 여부 확인
② 사전 조사로 확인된 단층 파쇄대 등의 터널 갱내에서의 위치 확인
③ 단층 파쇄대 등의 규모(갱내에서의 분포 거리) 파악
④ 터널과의 교차 각도, 방향의 추정
⑤ 단층 파쇄대 등의 특성 파악

Ⅳ. 측정방법

1) TSP의 발파방법

다수진점(소발파점) 및 소수진점(대발파점) 방법이 있다.

2) 측정 방법 선택시의 고려사항

① 측정 작업의 안전성　　　② 경제성과 효율성
③ 그 밖의 조건

86 규암(珪岩 ; Quartzite)의 시공상 특징

[95전(20)]

Ⅰ. 정의

석영의 결정체로 이루어진 암질로서 석질이 매우 강한 변성암류에 속한다.

< 규암 >

Ⅱ. 변성암의 분류

1) 광역 변성암

암석 성분상 풍화되면 Clayer Silt로 되며 풍화암, 풍화토는 대기노출 및 침수될 때 공학적인 성질이 급격히 변화되는 것이다.

2) 접촉 변성암(규암)

풍화가 안되며 암석 자체는 무척 강하여 시추가 어렵다.

3) 동력 변성암

재결정 정도에 따라 공학적인 특성이 매우 다양하다.

Ⅲ. 규암의 시공상 특징

1) 시추 천공이 어렵나.

석영으로 구성된 매우 강한 암반으로 드릴 비트의 심한 마모를 가져오게 되므로 TBM의 사용을 고려해야 한다.

2) 낙반 위험

규칙적인 절리가 많이 발달하여 파쇄가 심해 암반의 사면 형성이나 터널 굴착시 낙반 위험이 많다.

3) 결정 입자

결정 입자가 매우 세립으로 보통 육안 관찰이 가능하다.

4) **강도**

강도가 높고 탄성계수가 매우 높다.

5) **절리**

지질적으로 변형을 많이 받는 암석이므로 절리의 발달이 많고 규칙적으로 발달한다.

6) **비산**

강도가 크고 탄성계수가 크므로 발파시 비산이 많다.

7) **결정 형태**

매우 치밀하고 편리(片理)가 없다.

8) 석영(SiO_2)이 주성분이다.

9) 암질이 단단하고 풍화가 잘 안 된다.

10) 응력－변형 관계가 탄성의 성격을 가진다.

11) 변형 정도는 석영질 사암이 고온·고압에서 형성된 암질이다.

87 산성 암반 배수(Acid Rock Drainage)

[13전(10)]

Ⅰ. 정의

① 산성 암반 배수란 암석에 함유된 황화물질(보통 황철석)의 산화에 의해 발생되는 광물이 용해되어 있는 pH가 낮은 광산수를 말한다.

② 산성 암반 배수(pH 낮은 광산수)는 중금속을 용출시켜 지속적으로 배출하므로 구조물의 안정성과 수명 그리고 주변 환경에 악영향을 미치고 있다.

Ⅱ. 암석 유형별 산성 암반 배수 발생 가능성

1) 산성 암반 배수 발생이 낮은 암석
   ① 편마암
   ② 화강암

2) 산성 암반 배수 발생이 높은 암석
   ① 열수변질을 받은 화산암
   ② 응회암
   ③ 탄질 셰일
   ④ 금속 광산의 폐석

Ⅲ. 산성 암반 배수에 의한 피해

1) 절취 사면
   ① Shotcrete의 열화
   ② 사면 배면의 공동 발생
   ③ 식생공에서 식생 씨앗의 발아 및 성장 억제
   ④ 사면의 국부적 불안정

2) 터널
   ① Rock Bolt의 부식
   ② Shotcrete의 열화
   ③ 터널 배면의 공동 발생

3) 환경
   ① 지하수 및 하천수의 오염
   ② 자연 경관 훼손

88 불연속면

Ⅰ. 정의

① 불연속면(Discontinuity)이란 암반이 장력, 전단력에 의하여 파괴되어 형성되는 것으로 인장 강도가 없거나 미약한 기계적인 파쇄면으로 보통 작은 규모로는 절리라 하고 큰 규모로는 단층으로 대별하여 사용되어진다.

② 불연속면(절리, 단층)은 암석 종류마다 발달 특성이 다르고 같은 지역에서도 절리의 발달이 급격히 변한 상태로 나타나기도 한다.

Ⅱ. 불연속면 조사 방법

```
조사 방법 ┬ 체계적인 조사 방법 ┬ 선 조사 방법
         │                  └ 면적 조사 방법
         └ 주관적인 조사 방법
```

Ⅲ. 불연속면의 특징

1. 절리

1) 절리의 특징

암반내에 규칙적으로 깨져 있는 연속되지 않은 면을 따라 현저하게 움직인 증거가 없는 것으로 수 cm에서 수십 m의 연장을 보인다.

2) 절리의 종류

① 절단 절리

② 인장 절리

③ 판상 절리

3) 절리의 영향

① 사면 안정대책

② 터널공사에서 굴착 방법

③ 굴착 난이도 결정

④ 암반 상태 판단

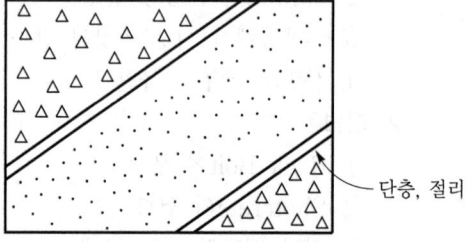

단층, 절리

2. 단층

1) 단층의 특징

일반적으로 절리에 비해서 연장성이 수 m에서 수천 km까지 발달된 연속되지 않은 면으로 불연속면을 따라 현저하게 움직인 증거가 있는 면으로 점토를 충진하는 경우가 많고 파쇄가 많이 된 암석이 존재하는 불연속면이다.

2) 단층의 종류
① 정단층
② 역단층
③ 사단층
④ 회전단층

3) 단층의 영향
① 절취사면, 지하 굴착시 활동 파괴
② 지하수의 유도로 과도한 수압 발생
③ 터널공사시 피압수에 의해 피해 속출
④ 댐체의 불안정

3. 절리와 단층의 비교

구 분	절 리	단 층
생성 요인	암석의 응력 변화	지각 변동
특성	풍화	파쇄대, 단층 점토
연장성	작다	크다
피해	작다	크다

Ⅳ. 불연속면 파괴 형태

구 분	파괴 형태
쐐기 파괴	절리면이 교차되는 곳의 파괴
평면 파괴	절리면이 한쪽 방향으로 발달하여 파괴
전도 파괴	절리면의 경사방향이 절개면의 경사방향과 반대인 경우의 파괴

89 단층대(Fault Zone)

[99전(20)]

Ⅰ. 정의

① 지각 변동에 따라 내부 응력에 의하여 암반중에 파괴면이 형성되어 생기는 상대적 변위, 균열을 단층이라 하며 다수의 단층을 단층대(Fault Zone)라 한다.

② 단층면을 따라 암석이 파쇄되어 지하수 등으로 풍화된 띠를 형성한 것을 파쇄대(Fracture Zone)라 한다.

Ⅱ. 단층의 종류

① 정단층   ② 역단층   ③ 수평 단층

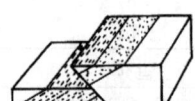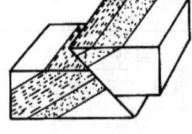

④ 사단층   ⑤ 회전 단층

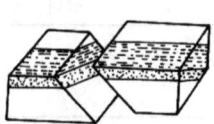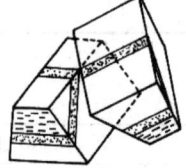

Ⅲ. 단층대의 특성

1) **지중 응력 크게 작용**

터널공사시 단층대를 만나게 되면 지중 응력이 크게 작용되므로 굴착면의 안정에 특히 유의해야 한다.

2) **지반 강도 연약**

단층이 집중적으로 발달된 단층대에서는 파쇄대의 규모가 크고 단층 점토 등의 존재로 지반 강도가 연약하다.

3) **지하수 집중 용출**

단층과 단층 사이의 부위에 지하수가 모이게 되어 단층대에서 집중적으로 용출된다.

4) **변위량이 크다**

단층대에서는 암반의 불연속적인 균열로서 대부분의 경우 0.5 mm 이상의 변위량을 나타낸다.

5) **파쇄대 존재**

단층대에는 암석이 파쇄되었거나 분쇄되어 있는 경우가 보통이다.

Ⅳ. 단층 형성 시기

① 지각의 습곡 운동으로 지층이 수평 방향의 압축력을 받을 때

② 지반암의 융기 및 침강으로 인장력을 받을 때

90 암반의 파쇄대(Fracture Zone)

Ⅰ. 정의

단층면을 따라 폭이 수 cm에서 수십 m의 범위로 암석이 인접 모암과는 달리 파쇄·압쇄되어 풍화된 띠의 상태를 말한다.

Ⅱ. 특징

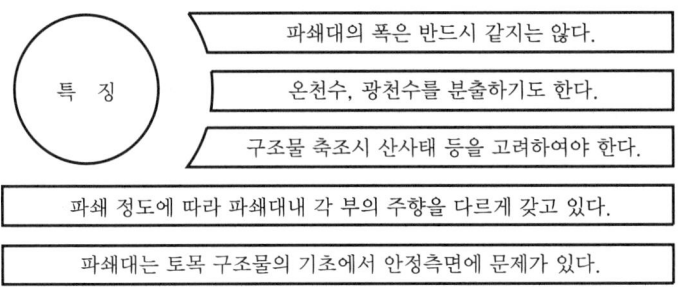

특 징
- 파쇄대의 폭은 반드시 같지는 않다.
- 온천수, 광천수를 분출하기도 한다.
- 구조물 축조시 산사태 등을 고려하여야 한다.
- 파쇄 정도에 따라 파쇄대내 각 부의 주향을 다르게 갖고 있다.
- 파쇄대는 토목 구조물의 기초에서 안정측면에 문제가 있다.

Ⅲ. 보강 공법

1) Grouting

파쇄대에 시멘트, 약액 등을 고압으로 주입하여 모암과 일체시키는 작업이다.

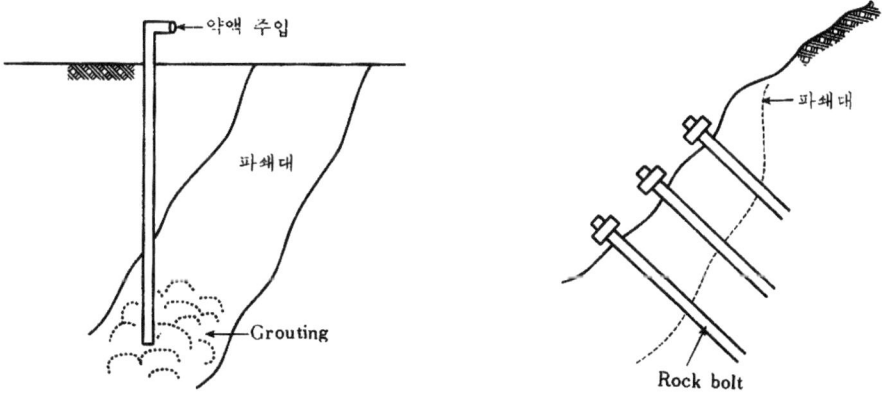

2) Rock Bolt

암반의 이완을 방지하고 일체시키기 위해서 파쇄대가 통과하도록 천공하여 강봉을 넣는 방법

3) Earth Anchor

암반을 천공하여 인장체를 삽입한 후 긴장하는 공법

4) Con′c 치환

부실한 파쇄대를 걷어내고 Con′c로 치환하는 공법

5) 암반 PS공

암반에 PS 강선, 강봉을 이용하여 PS를 도입하는 방법

6) Dowelling공

단층의 전단 저항력을 높이고 암반 내 응력분포의 개선 효과

91 암반의 취성파괴(Brittle Failure)

[06중(10)]

Ⅰ. 정의

① 암반이 변형을 일으켜 파괴될 때는 탄성변형과 소성변형의 단계를 거치며, 응력의 계속적인 증가에 따라 파괴가 일어난다.

② 암반의 취성파괴는 암반의 파쇄가 진행되는 과정에서 소성의 성질이 배제된 파괴를 취성파괴라 한다.

Ⅱ. 취성과 연성의 응력-변형률

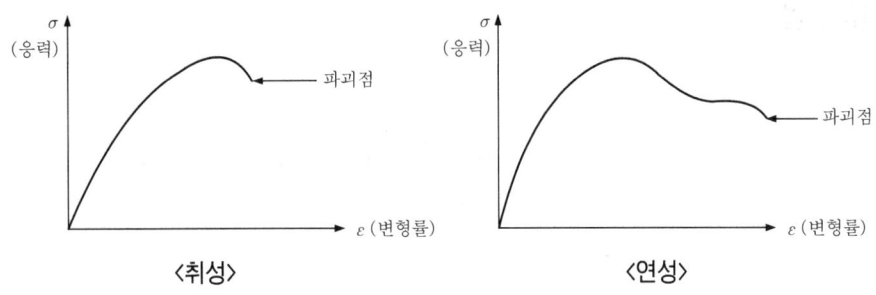

<취성>   <연성>

Ⅲ. 취성파괴와 연성파괴

1) 취성파괴

사전징후 없이 갑작스럽게 일어나는 파괴

2) 연성파괴

파괴전 파괴의 징후가 나타나고 상당시간이 경과후 일어나는 파괴

3) 취성과 연성의 비교

연성(延性)	취성(脆性)
① 늘어나는 성질	① 부서지거나 깨지는 성질
② 철근이 대표적	② 암반이 대표적
③ 항복점이 지난후에 가공 경화가 발생 후 장시간 경과후 파쇄	③ 가공 경화(硬化) 없이 항복점이 지나면 급격히 파쇄
④ 파쇄전 사전 징후 발생	④ 파쇄전 사전 징후가 없음
⑤ 점토가 많은 연암에서 발생	⑤ 점토가 적은 경암에서 발생

Ⅳ. 암반시험의 종류

① 일축 압축시험　　　　　　② 일축 인장시험

③ 삼축 압축시험　　　　　　④ 비중

⑤ 초음파 속도시험

92 | 암반에서의 현장투수시험

[06후(10)]

Ⅰ. 정의

① 암반에서의 현장투수시험은 암반층의 투수계수 및 Lugeon 값을 구하여 지반의 투수성을 평가하고 표시하기 위해 실시한다.

② 댐 기초지반 Grouting을 실시하기 전에 지반의 투수정도를 알기 위해 기초부위 전반에 걸쳐 Lugeon Test를 실시하여 Lugeon값을 나타내는 Lugeon Map을 작성하여 기초 암반의 투수정도를 나타낸다.

Ⅱ. 시험방법

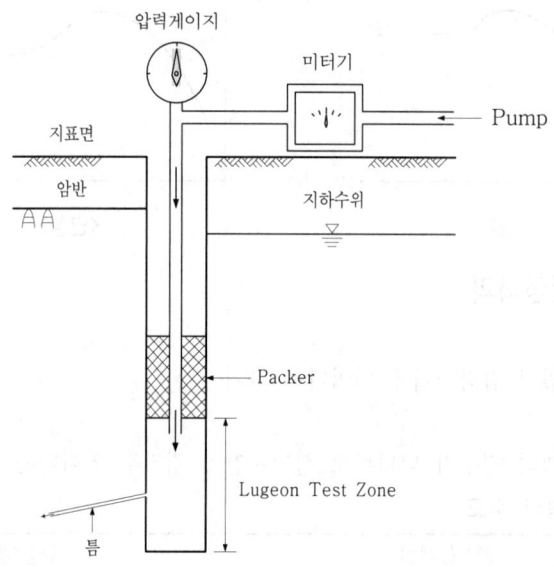

① 지반의 상태 및 암반의 균열면을 고려하여 0.1~1 MPa까지 단계별로 나누어 압력을 가한다.

② 일반적으로 압력은 0.2, 0.4, 0.6, 0.8, 1(MPa)까지 가압후, 다시 역순으로 0.8, 0.6, 0.4, 0.2(MPa)로 감압하여 시험을 한다.

③ 투수시험의 결과로 주입수량-압력곡선 그래프를 작성하여 Lugeon 값을 산정한다.

Ⅲ. 투수계수 산출

주입 압력을 수두로 환산하여 투수계수를 산출

$$K = \frac{2.3Q}{2\pi LH} \cdot \log \frac{L}{r} \quad (L \geq 10r)$$

K : 투수계수(cm/sec)

Q : 주입수량(cm^3/sec)

r : 시험공 반경(cm)

L : 시험구간(cm)

H : 총 수두(cm) − 유효주입압력을 수두로 환산

Ⅳ. Lugeon 값 산출

Lugeon값이란 주입 압력 1MPa에서 주입 길이 1m당 주입량을 l단위로 나타낸 것

$$L_u = \frac{Q}{P\,L}$$

L_u : Lugeon값($1l$/m · min · MPa)

Q : 주입량(l/min)

P : 주입압(MPa)

L : 시험구간의 길이(m)

Ⅴ. 시험시 유의사항

① 천공후 공벽에 세척 실시

② Packer를 통한 누수 발생에 유의

③ 주입관 연결부의 누수 여부 확인

④ 주입관에 따른 손실수두의 차이에 유의

⑤ 틈속의 지하수 존재여부 조사 철저

93 할렬시험법

[03중(10)]

Ⅰ. 정의

할렬시험법은 암반 또는 콘크리트의 인장강도를 시험하는 방법 중의 하나로 상하 지지판의 사이에 습윤상태의 콘크리트 공시체를 넣은 후 하중을 가하여 파괴시의 하중을 측정하여 간단하게 인장강도를 계산하는 시험방법이다.

Ⅱ. 시험방법

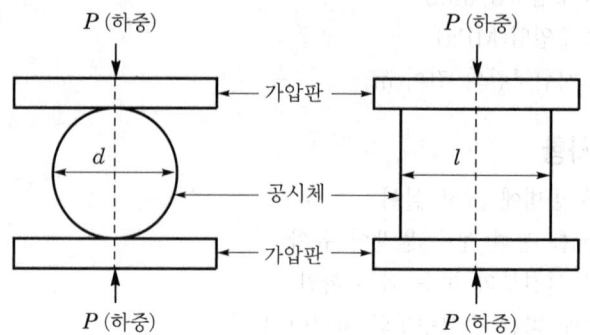

1) 표시

공시체의 양 끝에 지름선을 그리되 양측의 선은 공시체의 같은 축면상에 있어야 한다.

2) 측정

① 공시체의 양단과 중앙부의 3개소에서 공시체의 직경을 측정하여 평균값을 취한다.

② 공시체의 길이는 양 끝의 표시선을 포함하는 2개소 이상을 측정하여 평균값을 한다.

③ 직경은 0.2 mm, 길이는 2 mm의 정밀도로 측정한다.

3) 공시체의 위치 맞추기

① 하부 지지판의 중심선에 합판 한 장을 맞춘다.

② 합판 위에 공시체를 올려놓고 공시체 양 끝의 표시선이 연직이 되도록 중심선을 맞춘다.

③ 나머지 한 장의 합판을 공시체와 같은 방향으로 표시선에 따라 중심선을 맞춘다.

4) 재하 속도

① 공시체가 파괴할 때까지 계속적으로 하중을 가한다.

② 인장강도가 $7 \sim 14 \, kgf/cm^2$의 일정한 비율로 증가하도록 한다.

③ 파괴할 때 시험기가 표시하는 최대하중을 기록하고 파괴형태와 겉모양을 기록한다.

5) 인장강도 계산

$$T = \frac{P}{5\pi ld}$$

  T : 인장강도(MPa)

  P : 시험기에 나타난 최대하중(kgf)

  l : 공시체의 길이(cm)

  d : 공시체의 직경(cm)

6) 시험시 기록사항

  ① 공시체의 번호

  ② 공시체의 직경과 길이(cm)

  ③ 최대하중

  ④ 0.1 kgf/cm^{2}까지 계산한 인장강도

  ⑤ 시험중에 파괴된 굵은골재 단면의 전체단면에 대한 추정 비율

  ⑥ 공시체의 재령

  ⑦ 양생방법 및 양생온도

  ⑧ 공시체의 결함 유무

  ⑨ 파괴상황, 하중의 편심유무 및 기타

Ⅲ. 시험시 주의사항

  ① 시험용 합판은 두께 3 mm, 폭 25 mm, 길이는 공시체보다 긴 것으로 한번 사용한 것은 재사용하지 않는다.

  ② 공시체의 직경은 양단부와 중앙에서 측정하여 평균값을 취하며, 직경은 0.2 mm, 길이 2 mm의 정밀도로 측정한다.

  ③ 하부 지지판의 중심축과 하부 가압판의 중심축 및 공시체의 직경 표시선이 일직선상에 놓이도록 주의한다.

  ④ 하중을 가할 때는 매 분 7~14 kgf/cm^{2}의 일정한 비율로 가하며, 충격이 가해져서는 안 된다.

  ⑤ 공시체는 양생후에도 항상 습윤상태를 유지해야 한다.

94 점하중시험(Point Load Test)

Ⅰ. 정의

① 점하중시험은 암석을 정형(正形)하지 않고 채취한 원상태로 점하중을 가해 갈라질 때의 하중을 구하는 시험법이다.

② 현장에서 즉시 인장강도를 알고자 할 때, 적합한 암석강도의 간이시험으로 암석의 일축압축강도를 추정할 수 있다.

Ⅱ. 시험방법

① 시료 채취후 점하중 재하

암시편 직경(D)=50 mm가 표준

② 점하중 강도(P) 측정

③ 점하중 강도 지수(I_S) 산정

$$I_S = \frac{P}{D^2}(\text{MPa})$$

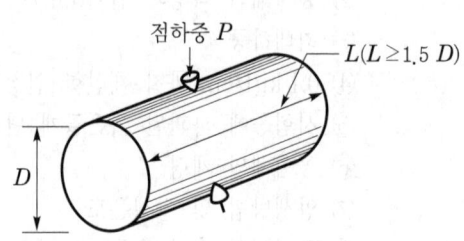

Ⅲ. 특징

① 점하중강도는 직경 크기에 영향 받음

② 불규칙한 시료도 시험 가능

③ 현장에서 손쉽게 실시 가능

④ 암석의 일축압축강도 추정 가능

Ⅳ. 결과 활용

① 암석의 일축압축강도(σ_c) 추정

$$\sigma_c = 24\,I_S(\text{MPa})$$

② 암반 분류에 이용

③ 암석의 개략적인 분류

95 RQD(Rock Quality Designation)

Ⅰ. 정의

① RQD란 절리의 다소(多少)를 나타내는 지표로서, RQD가 크면 암반의 상태가 양호하게 안정된 상태이고 적으면 균열, 절리가 심한 불량한 암반이 된다.
② 독자적인 암반 분류 기준으로 이용되는 지표로서 자연 상태의 암반을 Boring 으로 Core를 채취하여 암반의 균열, 절리 상태를 계산식으로 산정하여 암반의 상태를 판단하는 것이다.

Ⅱ. RQD의 판정 방법

① 원지반의 암반에 천공 장비를 이용하여 Core를 채취한다.
② 10 cm 이상의 Core 길이를 합산하여 전체 천공 길이로 나눈 값에 100을 곱하여 구한다.

$$RQD(\%) = \frac{10\,cm \text{ 이상 Core 길이의 합}}{\text{시추공의 길이}} \times 100$$

Ⅲ. 판정 기준

RQD	암질 상태
0~25	Very Poor
25~50	Poor
50~75	Fair
75~90	Good
90 이상	Very Good

Ⅳ. 특징

① 직접 육안으로 판정이 가능하다.
② 세계적으로 널리 보편화되어 있어 신뢰성이 있다.
③ 측정 방법이 쉽다.
④ 터널 공사에서 필수적으로 적용되는 지수이다.

Ⅴ. 용도

① 절취사면 구배 결정
② 암반의 분류
③ 터널 굴진시 동바리 형식 결정
④ 터널 공사에서 Rock Bolt, Shotcrete 방법 결정

Ⅵ. 터널 공사에서의 적용 방법

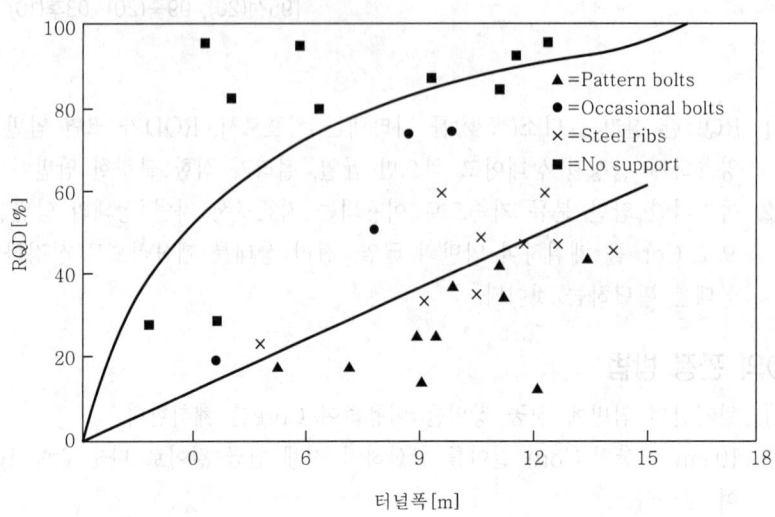

Ⅶ. 절취사면에서 적용 방법

한국도로공사에서는 암석의 절리 유무에 상관없이 일률적으로 1 : 0.5로 결정하였으나 현재는 다음 표와 같이 RQD의 값에 따라 암반 절취면의 구배를 결정하고 있다.

구 분	흙깎이 높이	암반 파쇄 상태		구 배	암반의 전단강도 정수		소단 설치
		코어 회수율	RQD(%)				
토사	0~5 m	−	−	1 : 1.2	ϕ	$C(\text{tonf/m}^2)$	H=5 m마다 소단 1 m 설치
	5 m 이상	−	−	1 : 1.5			
리핑암 파쇄가 극심한 풍화암, 연암		20 이하	10 이하	1 : 1	30°	10	
발파암 파쇄없는 풍화암 연·경암		20~30	10~25	1 : 0.8	33°	13	H=10 m마다 소단 1~2 m 설치
		40~50	25~35	1 : 0.7	35°	15	H=20 m마다 소단 3 m 설치
		70 이상	40~50	1 : 0.5	40°	20	

96 | Core 회수율(TCR ; Total Core Recovery)

[15중(10)]

Ⅰ. 정의

① Core 회수율이란 현장에서 지반의 물성 및 역학적 특성을 파악하기 위하여 Core 채취기로 시료를 채취할 때 파쇄되지 않은 상태로 회수되는 정도를 뜻한다.

② 암반의 구성에 따라 시추한 암석의 길이에 대한 회수된 Core 길이의 비를 백분율로 나타낼 때 이를 Core 회수율이라 하며, Core 채취율이라고도 한다.

Ⅱ. 관계식

$$Core\ 회수율(TCR) = \frac{회수된\ Core\ 길이}{시추한\ 암석의\ 길이} \times 100$$

Ⅲ. 적용성

① 암석의 강도 추정

② RQD(암질지수) 판정

③ 절리와 층리의 간격 파악

④ 절리 상태 파악

⑤ 함유물의 유무

Ⅳ. 판정

1) Core 채취율이 작을 때

① 균열, 절리가 많다.　　② 풍화가 심하다.

③ 단층, 파쇄대 지역이다.　　④ 전체적인 암질이 나쁘다.

2) Core 채취율이 클 때

① 암질이 단단하다.　　② 균열, 절리가 적다.

③ 암질 상태가 좋다.

Ⅴ. 비트의 종류

1) 재질 분류

① 텅스텐 비트

② 다이어 비트

2) 형태 분류

① 코어 비트

② 트리콘 비트

3) 목적 분류

① 코어형 비트

② 논 코어형 비트

VI. 코어 바렐 규격

비트의 종류 (Size)	코어 지름(비트의 내경) (mm)	시추공 지름 (mm)
EWX & EWA	21.5	37.7
AWX & AWM	30.0	48.0
BWX & BWM	42.0	59.9
NWX & NWM	54.7	75.7
2.3/4″×3.78″	68.3	98.4
4″×5.1/2″	100.8	139.6
6″×7.3/4″	151.6	196.8

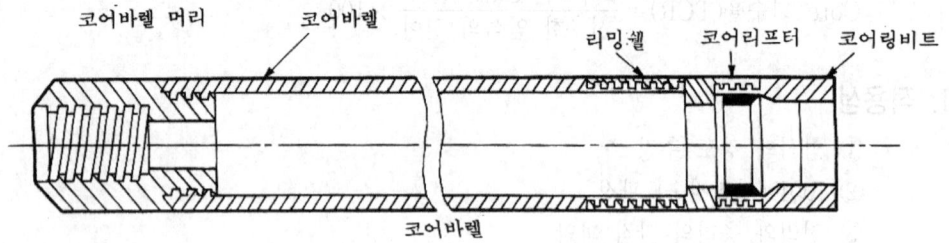

VII. 코어 회수율과 RQD와의 관계

한국도로공사에서 암반 사면을 절취하여 구배를 결정할 때 코어 회수율과 RQD를 기준으로 다음 표에 의해 구배 결정을 한다.

구 분	흙깎이 높이	암반 파쇄 상태		구 배	암반의 전단 강도 정수		소단 설치
		코어 회수율	RQD(%)				
토사	0.5 m	−	−	1 : 1.2	ϕ	$C(\text{tonf/m}^2)$	H=5 m마다 소단 1 m 설치
	5 m 이상	−	−	1 : 1.5			
리핑암 파쇄가 극심한 풍화암, 연암		20 이하	10 이하	1 : 1	30°	10	
발파암 파쇄없는 풍화암 연·경암		20~30	10~25	1 : 0.8	33°	13	H=10 m마다 소단 1~2 m 설치
		40~50	25~35	1 : 0.7	35°	15	H=20 m마다 소단 3 m 설치
		70 이상	40~50	1 : 0.5	40°	20	

97 암반 분류 방법

Ⅰ. 정의

① 암반 분류는 원지반의 암반에 대하여 불연속면, 단층, 파쇄대, 풍화 정도 등을 조사하여 공학적인 목적에 적합하게 활용할 수 있는 자료로 사용하기 위함이다.

② 암반을 분류하는 방법으로는 절리, 균열, 풍화 등에 의한 방법과 RQD, RMR, Muller에 의한 방법이 있다.

Ⅱ. 암반 분류 방법

1) 절리 간격에 의한 방법

암반의 절리 간격을 측정하여 파쇄된 암반, 좁은 암반, 넓은 암반 등으로 분류하는 방법이다.

(단위 : mm)

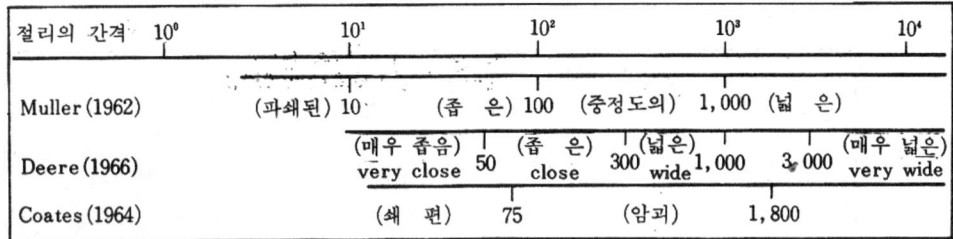

2) 균열계수에 의한 방법

신선한 암반의 시편에서 구한 동적 탄성계수와 현장 암반에 대한 동적 탄성계수에서 구하는 균열계수(C_r)로 암반을 분류하는 방법이다.

등 급	암질 상태	균열계수 (C_r)	경험적 양부 판별
A	매우 좋음	<0.25	절리, 균열이 거의 없고, 풍화, 변질 없음
B	좋음	0.25~0.50	절리, 균열이 조금 있고, 균열 표면만 풍화
C	중정도	0.50~0.65	절리, 균열이 상당히 있고, 절리 충전물 약간, 균열부 풍화
D	약간 나쁨	0.65~0.80	절리, 균열이 뚜렷하고, 포화 점토 충전물로 가득참, 암질은 상당 부분 변질
E	나쁨	>0.80	절리, 균열이 현저하고, 풍화, 변질이 심함

3) 풍화도에 의한 방법

암석의 풍화 및 변질의 정도를 나타내는 풍화도 k로 암반을 분류하는 방법이다.

풍화 및 변질의 정도	풍화도(k)
신선한	0
약간 풍화된	0~0.2
중정도로 풍화된	0.2~0.4
상당히 풍화된	0.4~0.6
현저히 풍화된	0.6~1.0

4) RQD에 의한 방법

암반조사에서 채취한 코어에서 보링공의 길이에 대한 10 cm 이상 되는 코어 길이 합계의 비로서 암반을 분류하는 방법이다.

암질 상태	RQD(%)
매우 나쁜 (Very Poor)	0~25
나쁜 (Poor)	25~50
대체로 좋은 (Fair)	50~75
좋은 (Good)	75~90
매우 좋은 (Excellent)	90~100

5) RMR에 의한 분류

암석의 강도, 암질, 절리 상태, 지하수 상태 등을 개별적으로 점수를 내어 합산한 암반의 평점으로 분류하는 방법이다.

6) Muller에 의한 분류

Muller의 경험적 관찰에 따라 4단계로 구분한 암질과 절리의 간격을 이용하여 암반을 분류하는 방법이다.

절리의 간격 / 암질	a 넓은	b 중위의	c 넓은	d 파쇄된
Ⅰ 신선한				
Ⅱ 다소 풍화된				
Ⅲ 풍화, 강도 저하된				
Ⅳ 강도가 심히 저하된				

7) 리핑 가능성에 의한 분류

현장에서 암반 굴착을 불도저에 부착된 리퍼 작업에 의해 굴착이 가능한 리핑 가능성(Ripperbility)을 기준으로 연암, 경암으로 분류하는 방법이다.

98 암반의 균열계수

[95중(20)]

Ⅰ. 정의

① 암반 균열계수란 암반의 절리, 균열, 풍화 등을 이용하여 암질상태의 양부를 판단하는 데 사용하는 계수이다.

② 암반 분류법의 일종으로 이 계수에 의하여 시공중에 발생할 수 있는 낙반, 사면활동, 쐐기 활동, 터널의 지보공 설치 등에 주요한 자료가 된다.

Ⅱ. 암반 분류 방법

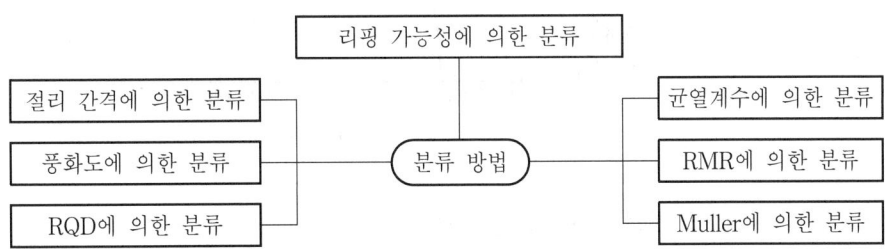

Ⅲ. 균열계수

1) 실제 문제에 활용하기에는 암반의 정적인 수치가 필요하지만 설계나 시공 단계에서는 시간 관계상 동적인 방법으로 구하는 수치를 이용한다.

2) Omdera(1963)에 의한 균열계수 구하는 식

$$C_r = 1 - \frac{E_d(F)}{E_d(L)} \ \text{또는} \ 1 - \frac{V_p(F)}{V_p(L)}$$

$E_d(L)$: 신선한 암석의 시편에서 구해진 동적 탄성계수
$V_p(L)$: 신선한 암석의 시편에서 구해진 초음파 속도
$E_d(F)$: 현장의 암반에 대한 동적 탄성계수
$V_p(F)$: 현장외 암반에 대한 탄성파 속도

3) 균열계수에 의한 암반 판정

등 급	암질 상태	균열계수(C_r)	경험적 양부 판별
A	매우 좋음	<0.25	절리, 균열이 거의 없고, 풍화, 변질 없음
B	좋음	0.25~0.50	절리, 균열이 조금 있고, 균열 표면만 풍화
C	중정도	0.50~0.65	절리, 균열이 상당히 있고, 절리 충전물 약간, 균열부 풍화
D	약간 나쁨	0.65~0.80	절리, 균열이 뚜렷하고, 포화 점토 충전물로 가득 참, 암질은 상당 부분 변질
E	나쁨	>0.80	절리, 균열이 현저하고, 풍화, 변질이 심함

경험적 양부 판별은 종래의 건설기술자들이 경험적으로 암반의 양부를 판별하는 방법을 표기한 것이다.

4) 균열계수와 일축압축강도와의 관계

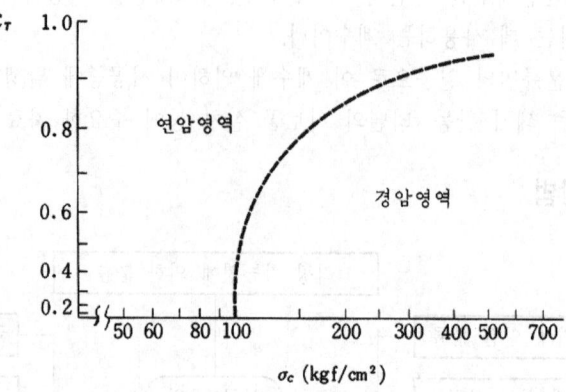

5) 균열계수와 초음파 속도와의 관계

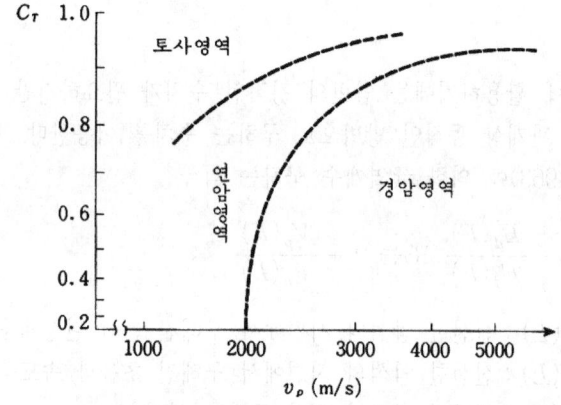

99 RMR(Rock Mass Rating)

[04전(10), 07중(10)]

Ⅰ. 정의

① RMR 분류방법은 복잡한 양상을 가진 암반의 암석강도, 암질지수, 절리간격, 절리상태, 지하수 등 5가지 요소에 대한 각각의 평점을 합산하여 총점으로 분류하는 방법으로 암반평점분류법이라 한다.

② 점수에 따라 5단계로 분류하는 암반 분류법은 남아공화국의 Bieniawski에 의해 제안된 분류방법이다.

Ⅱ. 분류 기준

① 암석강도 ② 암질지수(RQD) ③ 절리간격 ④ 절리상태 ⑤ 지하수

Ⅲ. 분류 기준 및 점수

분류 기준			값의 범위						
1	암석 강도	點하중 강도지수	>8 MPa	4~8 MPa	2~4 MPa	1~2 MPa	이 범위는 아래 참조		
		일축 압축강도	>200 MPa	100~200 MPa	50~100 MPa	25~50 MPa	10~25 MPa	3~10 MPa	1~3 MPa
	점수		15	12	7	4	2	1	0
2	1RQD		90~100%	75~90%	50~75%	25~50%	< 25%		
	점수		20	17	13	8	3		
3	절리 간격		>3 m	1~3 m	0.3~1 m	50~300 mm	< 50 mm		
	점수		30	25	20	10	5		
4	절리 상태		매우 거칠다 불연속 이격 없음 모암 견고	다소 거칠다 이격<1 mm 모암 견고	다소 거칠다 이격<1 mm 모암 연약	매끄럽다 홈<5 mm 두께 절리 1~5 mm 연속된 절리	연약홈>5 mm 두께 절리>5 mm 연속된 절리		
	점수		25	20	12	6	0		
5	지하수	터널길이 10 m당 유입량	없음		<25 l/분	20~125 l/분	>125 l/분		
		절리 수압비	0		0.0~0.2	0.2~0.5	>0.5		
		최대 주응력비							
		일반적 조건	완전 건조		습윤	적당 용출	심한 용출		
	점수		10		7	4	0		

Ⅳ. 총점에 의한 암반 구분

점 수	100~81	80~61	60~41	40~21	< 20
등 급	Ⅰ	Ⅱ	Ⅲ	Ⅳ	Ⅴ
구 분	매우 우수	우수	양호	불량	매우 불량

100 │ 암반의 SMR 분류법

[06후(10)]

I. 정의

① SMR(Slope Mass Rating) 분류법은 세계적으로 널리 통용되고 있는 암반평가법인 RMR(Rock Mass Rating)에 사면과 절리의 방향성 그리고 경사각의 관계를 고려한 F1, F2, F3 요소를 곱하고 굴착방법에 의한 요소를 더한 암반분류법이다.

② RMR 암반분류법은 터널지보 패턴을 평가하는 방법으로 주로 사용되어지지만, SMR 분류법은 비탈면의 안정평가 및 보강대책에 사용되어지고 있다.

II. SMR 산정방법

$$SMR = RMR + (F1 \times F2 \times F3) + F4$$

F1 : 암반사면과 불연속면의 경사 방향차
F2 : 불연속면의 경사각에 대한 보정치
F3 : 암반사면과 불연속면의 경사각차
F4 : 발파 등의 굴착방법에 따른 보정치

III. SMR 암반분류 등급표

등 급	SMR	판 정	안정성	예상파괴
I	81~100	매우 양호	매우 안정	없음
II	61~80	양호	안정	약간의 블록
III	41~60	보통	부분적 안정	일부 불연속면 다수의 쐐기형 파괴
IV	21~40	불량	불안정	평면파괴 큰 쐐기형 파괴
V	0~20	매우 불량	매우 불안정	대규모 평면파괴 토사형의 파괴

101 암반의 Q-System 분류

[12후(10)]

I. 정의

① 암반의 Q-System 분류 방법은 북유럽 스칸디나비아 반도의 약 200개의 터널에 대한 연구 분석 결과를 토대로 1974년 제안된 방법으로 Rock Kass Quality System이라고도 한다.

② RQD, 불연속군(Joint Set)의 수, 불연속면의 거칠기와 변질정도, 지하수에 의한 감소계수, 응력감소계수 등 6가지의 매개 변수를 반영하여 암반을 분류하는 방법이다.

II. 평가 방법

$$Q = \frac{RQD}{J_n} \times \frac{J_r}{J_a} \times \frac{J_w}{SRF}$$

여기서, RQD : 전체 시추 Core 중 100 mm 이상 Core의 백분율

　　　　J_n : 불연속군(절리군)의 수

　　　　J_r : 불연속군(절리군)의 거칠기

　　　　J_a : 불연속군(절리군)의 변질정도

　　　　J_w : 지하수에 의한 감소 계수

　　　　SRF : 응력 감소 계수(Stress Reduction Factor)

① $\dfrac{RQD}{J_n}$: 암반의 크기

② $\dfrac{J_r}{J_a}$: 암반의 전단 강도

③ $\dfrac{J_w}{SRF}$: 작용 응력

III. 특징

1) 장점

　① 정량적인 분류체계로 터널의 지보설계 가능

　② 막장의 변수를 정확하게 파악하여 시공시 지보 패턴 변경 용이

　③ 암반의 전단강도에 중점을 두고 지반 응력도 고려

　④ 대단면의 터널 굴착 시 유리

　⑤ 유동성이 있거나 팽창성 암반에도 적용 가능

2) 단점

　① 절리의 방향성 미고려

　② Q값 산정을 위한 6가지 매개 변수 산정에 대한 신뢰성 부족

　③ 평가자에 따라 Q값(분석값)의 오차가 발생

102 터널 관련용어

1) 갱문(Portal)

① 터널의 갱구부(Entrance of Tunnel)에 흙막이, 사면보호, 낙석방지, 설붕방지 등을 위해 설치하는 구조물이다.

② 일반적으로 터널의 갱구는 지질이 나쁘고, 절취면이 있는 오목지가 되는 경우가 많으므로 갱구를 방호하는 것이 필요하다.

③ 갱문의 형식으로는 면벽형과 돌출형이 있다.

2) 버럭(Muck)

① 터널시공에서 굴착에 의해 생긴 암괴나 토사를 말하며, 버럭을 운반차에 싣고 갱밖으로 반출해 버리는 작업을 버럭처리라 한다.

② 버럭처리에 걸리는 시간은 터널의 굴진 속도에 영향을 크게 미치므로 처리방식의 선정이 중요하며, 버럭의 운반에는 레일방식와 타이어방식이 있다.

3) 수직갱(Shaft)

① 사갱(Inclined Shaft)이나 횡갱에 대하여 수직인 갱도를 말한다.

② 터널의 시공에 있어서 시공연장을 분할하여 공기의 단축이나 버럭반출, 재료반입을 위한 가까운길 등 작업상 임시로 설치하는 경우와 통로환기, 배수 등을 위한 항구적인 설비로 사용하는 경우가 있다.

4) 터널 내공 단면

① 터널 라이닝의 내측과 포장면 또는 시공기면 공간을 말한다.

② 이것은 건축한계 외에 유지점검용 통로, 조명, 방재설비, 배수설비 등의 터널부속설비(Tunnel Facilities)나 환기를 위한 Duct 등을 위한 여유 등 필요한 단면적을 내포한다.

③ 토압 등의 하중을 고려하여 가장 경제적인 단면형상과 치수를 정한다.

5) 터널측량(Tunnel Surveying)

① 터널측량은 터널을 정해진 위치에 정확하게 구축하기 위한 측량으로 크게 나누어 갱외측량(Surface Surveying)과 갱내측량(Tunnel Surveying)이 있다.

② 갱외측량은 터널 굴착의 기준이 되는 위치와 방향과 높이를 가진 기준점을 설계에 기초하여 갱구 부근에 설치하는 것으로서 삼각측량, 트래버스측량 및 수준측량에 의해서 행해진다.

③ 갱내측량은 갱외 기준점으로부터 갱내 기준점을 설치하고, 그것을 토대로 굴착, 지보공, 형틀의 설치조사를 하는 측량을 말한다.

생명 불감증(不感症)

세상에는 얼마나 많은 소중한 것들이 우리의 미지(未知)와 무지(無知)와 무시행(無試行) 속에 사장되어 있는지 모른다. 반면 얼마나 위험한 것들이 우리가 모르는 영역에 복병(伏兵)하고 있는지 모르고 있다.

인류는 지구가 도는데도 몇 천년 동안 천동설을 믿어 왔고, 원자속에서 그렇게 엄청난 원자탄 에너지를 뽑아낼 줄을 상상도 못했다.

어쩌면 모르는 세계가 99퍼센트도 더 될 것이다. 물 한 방울 속에 50억도 더되는 미생물들이 가진 지식과 경험만큼이나 인간 전체의 지식과 경험의 총량은 너무도 미미한 것임을 알아야 하겠다. 마이크로와 미크론의 미지의 세계의 신비 앞에 숙연해 지고 특히 영계(靈界)와 하나님의 신비 앞에 겸손히 기도하는 자세로 신앙에 귀를 기울이는 겸허와 지혜를 배워야 하겠다. 주님은 너희가 온천하를 얻고도 네 생안에 있는 영원한 생명의 가치에 대한 무지 이것이 무지 중의 무지이며 생명 불감증이다.

제7장 ▶ 댐

댐 과년도 문제

1. 록필댐(Rock Fill Dam)의 심벽 재료의 성토시험 [98전(20)]

2. Cell 공법에 의한 가물막이 [09전(10)]

3. 콘크리트 표면차수벽 댐 [95전(20)]

4. 표면 차수벽형 석괴댐에 대하여 기술하시오. [98중전(20)]

5. 콘크리트 표면 차수벽 댐(CFRD) [08중(10)]

6. 석괴댐의 프린스(Plinth) [07후(10)]

7. 댐의 프린스(Plinth) [13후(10)]

8. 석괴댐의 유수 전환방법 [98전(20)]

9. 비상여수로(Emergency Spillway) [07전(10)]

10. 비상여수로(Emergency Spillway) [15전(10)]

11. Dam의 감쇄공 종류 및 특성 [06후(10)]

12. 유수지(遊水池)와 조절지(調節地) [06전(10)]

13. 유수지와 조절지의 기능 [16전(10)]

14. 검사랑(檢査廊, Check Hole, Inpection Gallery) [13전(10)]

15. 댐 기초의 그라우팅 공법 [96전 20점]

16. Consolidation Grouting [99후(20)]

17. Consolidation Grouting [03후(10)]

18. Consolidation Grouting [05중(10)]

19. 커튼 그라우팅의 목적에 대하여 기술하시오. [98중전(20)]

20. 커튼 월 그라우팅(Curtain-Wall Grouting) [01전(10)]

21. 커튼 그라우팅(Curtain Grouting) [01후(10)]

22. 커튼 그라우팅(Curtain Grouting) [05전(10)]

23. 블랭컷 그라우팅(Blanket Grouting) [11후(10)]

24. Lugeon치 [99후(20)]

25. Lugeon치 [02후(10)]

26. Lugeon치 [04중(10)]

27. 흙댐의 파이핑 현상과 원인 [96후(20)]

28. 필댐의 수압할렬(Hydraulic Fracturing) [07후(10)]

29. 필댐의 수압파쇄 현상 [10후(10)]

30. 흙댐의 유선망과 침윤선 [06전(10)]

31. 댐 시공시 양압력(陽壓力) [00후(10)]

32. 양압력 [03후(10)]

33. 확장레이어 공법(ELCM : Extended Layer Construction Method) [12후(10)]

1 록필댐(Rock Fill Dam) 토공 재료

Ⅰ. 정의

① Fill Dam이란 흙, 모래, 자갈, 암석 등의 천연재료를 정해진 위치에 포설, 다짐하여 수밀하게 구축하는 구조물이다.

② Fill Dam의 축조 재료로는 차수 재료, 반투수성 재료, 투수성 재료로 구성되어지며 사용전 면밀한 시험을 통하여 사용 가능성을 검토해야 한다.

Ⅱ. 축조 재료 분류

차수 재료(토질 재료)	균일형 댐의 제체 혹은 Zone형 댐의 차수 Zone에 사용
반투수성 재료(사질 재료)	Filter, Drain 및 Transition Zone에 사용

Ⅲ. 차수 재료

① 투수계수 $K=1\times10^{-5}$ cm/sec 이하

② 다짐후 소요의 차수성을 가질 것($K=1\times10^{-5}$ cm/sec 이하)

③ 밀도 및 전단 강도가 클 것

④ 변형 발생이 적을 것

⑤ 포설, 다짐이 용이할 것

⑥ 물에 의해 연약화되지 않을 것

⑦ Piping에 대한 저항성이 클 것

Ⅳ. 반투수성 재료

① 투수계수 $K=1\times10^{-3}$ cm/sec   ② 다짐후 소요의 투수성을 가질 것

③ 소요의 전단 강도를 가질 것   ④ 시공이 용이할 것

⑤ 보호되는 재료의 유출 방지를 위한 소요의 입도 분포를 가질 것

⑥ Filter 재료의 선정기준

$$\frac{F_{15}}{B_{15}}>5$$

$$\frac{F_{15}}{B_{85}}<5$$

F_{15} : Filter 재료의 15% 통과입경

B_{15} : 보호되는 재료의 15% 통과입경

B_{85} : 보호되는 재료의 85% 통과입경

Ⅴ. 투수성 재료

① 내구성이 클 것   ② 전단 강도가 클 것

③ 배수가 양호할 것   ④ 입자가 견고하고 균열이 적을 것

⑤ 입도 분포가 비교적 양호할 것   ⑥ 마찰저항 및 전단력이 클 것

⑦ 입도 분포는 0.2 mm 이하가 10% 이하로서 최대 치수는 200~300 mm 정도

⑧ 균등계수 15 이상

2 | 댐에서 Filter 재료

Ⅰ. 정의

① Filter 재료는 Fill Dam 시공에서 중앙부의 차수층과 외측의 투수층 사이에 설치되어 침투수는 안전하게 통과시키고 차수층의 세립분 유출을 막는 역할을 하는 재료를 말한다.

② 필터 재료는 점착력이 없어야 하고, 0.074 mm 이하의 세립토 함유량이 적은 재료를 사용하며 진동롤러 또는 불도저로 다짐하여 축조한다.

Ⅱ. 구조도

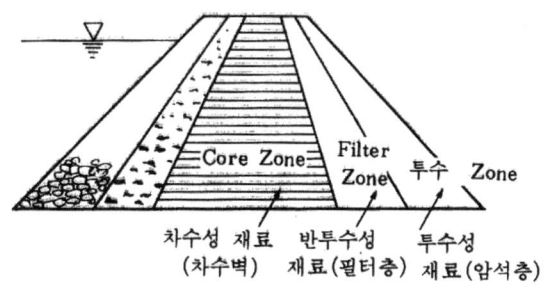

Ⅲ. 필터 재료의 중요성

① 입도가 크게 다른 두 재료(흙과 암)를 인접시킬 때 이것에 물이 흐르게 되면 세립토가 굵은 입자 사이로 유출되어 파이핑 현상을 일으킨다.

② 이럴 때 두 재료 경계에 입도조건을 만족시킬 재료를 두면 지반토는 남고 물만 투과되어 파이핑 작용을 방지할 수 있다.

③ 이와 같은 역할을 하는 재료를 Filter 재료라 한다.

Ⅳ. Filter의 구비 조건

1) 필터 재료는 차수성 재료보다 투수성이 다소 커야 한다.

2) 필터 재료는 점착력이 없고 #200체(0.074 mm)를 통과하는 세립자가 5% 이하 포함되어야 한다.

3) 일반적으로 다음 조건을 만족시켜야 한다.

① $\dfrac{F_{15}(\text{필터 재료의 15\% 통과입경})}{B_{15}(\text{필터로 보호되는 재료의 15\% 통과입경})} > 5$ (파이핑 방지 목적)

② $\dfrac{F_{15}(\text{필터 재료의 15\% 통과입경})}{B_{85}(\text{필터로 보호되는 재료의 85\% 통과입경})} < 5$ (필터의 투수성 확보)

4) 필터 재료의 입도곡선은 보호되는 재료의 입도곡선과 거의 평행인 것이 좋다.

5) 필터 재료의 투수성은 보호되는 재료의 투수성보다 10~100배 큰 것이 좋다.

V. Filter 재료의 종류
① 자연 모래
② 쇄석을 씻기 또는 체가름 하는 방법
③ 자연 재료와 인공재료 혼합 방법
④ Geotextile을 이용하는 방법

VI. Filter 두께
필터의 두께는 이론적으로는 얇은 것이 좋지만 시공조건과 지진에 대한 안전성을
고려하여 최소 두께는 2.0~4.0 m 정도로 한다.

VII. Filter의 다짐 장비
① 진동 Roller
② Bulldozer
③ Tire Roller

3 | 록필댐(Rock Fill Dam) 심벽 재료의 성토시험

[98전(20)]

I. 정의

① 록필댐이란 천연재료를 사용하여 내부에 차수벽과 필터층을 사용하고 댐체는 암석을 이용하여 축조된 댐을 말한다.

② 록필댐의 안정조건은 제체활동, 댐체 월류방지, 비탈면 안정, 기존지반 안정 등 이다.

③ 록필댐은 점토질의 심벽과 모래질의 필터와 댐체로 암석을 사용하여 축조되는 댐이다.

II. 록필댐의 구조도

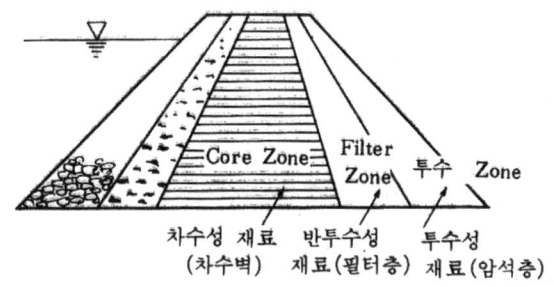

III. 심벽 재료의 종류

① 점토

② 시멘트 콘크리트

③ 역청 콘크리트

IV. 성토시험

1) 입도시험

체분석 시험이나 침강분석에 의해 흙의 입경상태를 파악할 수 있는 입경 가적곡선 을 그린다.

2) 흙의 안정도

흙이 함수량의 감소에 의해 변화하는 성질을 흙의 입경도라고 하고 각각의 변화상 태를 Atterberg라 한다.

3) 다짐시험

① 시험실에서 래머로 흙을 Mold에 다졌을 때 흙의 함수량과 밀도와의 관계를 알기 위하여 실시한다.

② 최적의 함수비에서 최대 건조밀도가 나타난다.

4) 함수비 측정

① 사용재료의 흙속에 포함되어 있는 물의 양을 측정하기 위하여 실시하며 흙입자 중량에 대한 물 중량의 백분율로 나타낸다.

$$\omega = \frac{W_w}{W_s} \times 100$$

② 90~100%의 범위내에서 하되 흙쌓기에 대해 다짐도를 구한다. 노건조 상태에서 흙의 함수비는 0이다.

5) 다짐도 측정

사용되는 재료를 실험실에서 시험 다짐하여 구한 건조밀도와 현장에서 구한 건조밀도와의 관계를 구한다.

$$\text{다짐도}(C) = \frac{\gamma_d(\text{현장의 건조밀도})}{\gamma_{d\max}(\text{실내 다짐시험으로 얻어진 최대 건조밀도})} \times 100$$

6) 최적 함수비

흙의 함수비를 변화시키면서 다짐시험을 실시하여 최대 건조밀도가 나타날 때의 함수비를 말하며 OMC라고도 한다.

7) 일축 압축강도시험

측압이 없이 무구속 상태에서 점성을 가진 흙의 공학적인 성질을 파악하고 압축강도의 개별적이고 정량적인 수치를 구하는 것이다.

8) 허용 함수비

표준 다짐시험에서 최적 함수비의 5% 범위내로 하며 댐체에 필요한 기능 및 소요 다짐도를 얻을 수 있는 함수비를 참고로 하여 정한다.

9) 전단시험

흙 내부의 연약 정도를 확인하고 공학적인 성질을 판단하기 위하여 실시하며, 판단정도는 점착력과 마찰각에 의해 결정된다.

$$S = c + \overline{\sigma} \tan \phi$$

10) 투수시험

사용재료의 투수정도를 알 수 있는 투수계수를 결정하기 위하여 실시되며, 점성토에는 변수위 투수시험, 사질점토에는 정수위 투수시험이 있다.

11) 상대밀도

사용재료의 느슨한 상태와 조밀한 상태의 간극의 크기를 비교하기 위해 사용된다.

$$D_r = \frac{e_{\max} - e}{e_{\max} - e_{\min}} \times 100 = \frac{\gamma_d - \gamma_{d\min}}{\gamma_{d\max} - \gamma_{d\min}} \times \frac{\gamma_{d\max}}{\gamma_d} \times 100$$

4 Cell 공법에 의한 가물막이

[09전(10)]

Ⅰ. 정의

① Cell 공법의 가물막이는 직선형 널말뚝을 원 또는 기타형으로 폐합시키는 방식이며, 그 속에 돌이나 흙으로 속채움을 하여 안정성을 도모하는 공법이다.

② 강널말뚝의 타입이 되지 않는 암반 지반상에 설치하는 공법이며, 종류에는 강널말뚝식과 강판식이 있다.

Ⅱ. Cell 공법의 형상

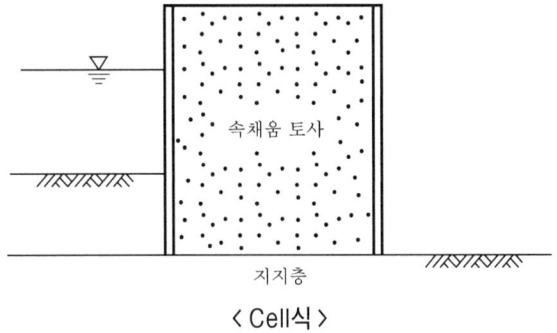

〈 Cell식 〉

Ⅲ. 가물막이의 종류

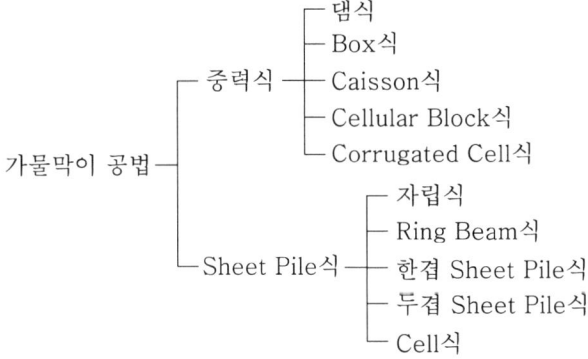

Ⅳ. Cell 공법의 특징

① 수심 10 m 정도가 적합하다.

② 강널말뚝의 타입이 되지 않는 암반상에 적용한다.

③ 안전성이 우수하다.

④ 수밀성이 우수한 공법이다.

V. 시공시 유의사항

① Sheet Pile은 직선으로 타입하여 벽체가 수직을 유지하도록 해야 한다.

② 벽체와 지반이 밀착되도록 시공하여야 한다.

③ Boiling, Heaving에 대한 안정성을 높이기 위해 Sheet Pile은 가능한 깊이 타입한다.

④ 수밀성을 높이기 위해 타입 널말뚝은 완전히 폐합이 되도록 한다.

⑤ 속채움 재료는 실트분이 적은 양질의 모래나 자갈을 사용한다.

5 표면 차수벽형 석괴댐

[95전(20), 98중전(20), 08중(10)]

Ⅰ. 정의

① 댐은 크게 콘크리트 댐과 Fill 댐으로 나누어지며, Fill 댐에서 Rock Fill 댐으로 차수벽을 표면, 내부, 중앙에 설치하는 차수벽형 석괴댐이 있다.

② 표면 차수벽형 석괴댐이란 댐의 표면을 콘크리트 차수벽 또는 강재, 목재, 아스팔트 등을 이용하여 설치하는 암석댐을 말하였으나 요즘은 대부분 사라지고, 표면 차수벽 석괴댐이라 하면 콘크리트 표면 차수벽댐이 대표하고 있다.

③ 시공속도가 빠르고 공사비가 저렴한 이점은 있으나 다른 형식의 댐에 비해 댐체의 누수량이 많다는 단점이 있다.

Ⅱ. 구조 도해

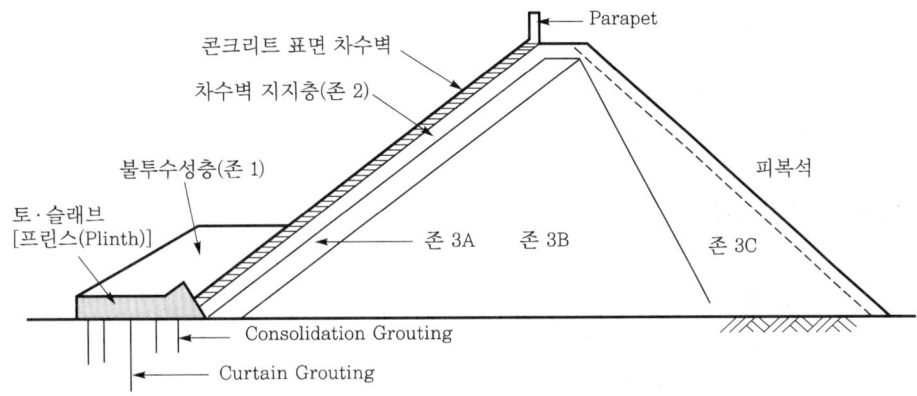

Ⅲ. 특징

① 코어 필터(Core Filter)층이 없다.
② 공기가 짧고 공사비가 저렴하다.
③ 시공중 수문, 기상의 영향이 적다.
④ 타 형식의 댐에 비해 누수량이 많다.
⑤ 공정이 대체로 복잡하다.

Ⅳ. 설계 사항

① 댐 마루폭은 댐고와 관계없이 6~10 m 내외
② 토·슬래브 두께는 0.3~0.4 m 기준
③ 댐의 경사는 1 : 1.3~1 : 1.6
④ 단면 구성은 불투수층, 차수벽 지지층, 암석층으로 구성

Ⅴ. 시공관리 항목

① 기초처리
② 토·슬래브(Plinth)
③ 암석층 시공(존 3)
④ 차수벽 지지층(존 2)
⑤ 콘크리트 차수벽
⑥ 파라페트(Parapet)
⑦ 댐마루 여성토
⑧ 연직 조인트(Vertical Joint)
⑨ 페리미터 조인트(Perimeter Joint)

Ⅵ. 계측관리

① 페리미터 조인트 개폐도 측정
② 페리미터 조인트 전단력 측정
③ 콘크리트 차수벽 침하량 측정
④ 콘크리트 차수벽 변형 측정
⑤ 내부 수직 침하량

Ⅶ. 시공시 유의사항

① 댐마루 침하
② 차수벽의 누수
③ 차수벽 콘크리트 시공설비
④ 차수벽 콘크리트 양생
⑤ 차수벽 지지층 시공

6 석괴댐의 프린스(Plinth)

[07후(10), 13후(10)]

Ⅰ. 정의

① 프린스는 콘크리트 차수벽과 댐 기초를 수밀상태로 연결하기 위한 구조물로서 토 슬래브라고 한다.

② 댐의 프린스란 과거에는 표면차수벽 기초부분을 암반까지 굴착한 후 콘크리트를 타설하는 방식 즉 콘크리트 차수벽 공법에 의해 침투수 방지를 도모했으나, 기초 암반을 굴착하는 과정에서 기초 부위에 대한 충격, 파손 등으로 오히려 기반암을 악화시키는 결과를 초래한다는 점에 착안하여 현재는 이 공법을 지양하고 프린스 공법으로 개선한 것이다.

Ⅱ. 석괴댐의 프린스 구조도

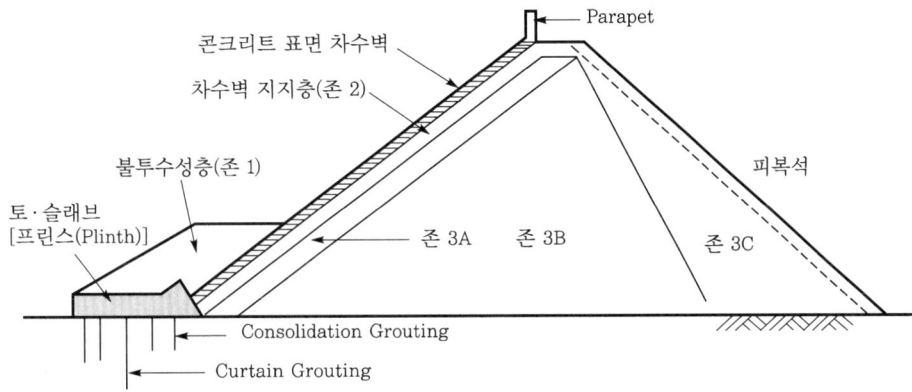

Ⅲ. 프린스의 역할

① 콘크리트 차수벽과 댐기초 사이의 침투수 차단 역할을 한다.

② 견고한 암반층에 고정한다.

③ 폭원은 경암에서 수심의 1/20~1/25로 기준하고, 균열이 심한 지층일 경우 수심의 1/6 정도 연장한다.

④ 두께는 600 mm 내외로 하고, 철근 콘크리트구조로 한다.

⑤ 양압력에 저항할 수 있도록 한다.

Ⅳ. 시공시 유의사항

① 프린스는 암반과 밀착되어 수밀을 유지하여야 한다.

② 프린스 접촉면에 침투수 발생이 우려되는 지점에는 침투수 발생방지를 위해 콘크리트 채우기 처리를 한다.

③ 기초 암반에 균열과 절리가 많은 지층에 대하여 심도가 비교적 큰 저압의 압밀 그라우팅을 실시하여 지층을 개량한다.

7 석괴댐의 유수 전환방법

[98전(20)]

Ⅰ. 정의

① 석괴댐이란 자연 재료인 암을 주체로 하여 표면 또는 내부에 차수벽을 설치하고 그 내외측을 암석으로 구축하는 댐을 말한다.

② 댐 건설 공사에 있어서 유수전환 방식은 댐 본체 공사의 전체 공정을 크게 좌우하는 중요한 부분이며, 유수전환 공사는 일반적으로 가설비 공사이므로 최저의 공사비로 최대의 효과를 얻을 수 있도록 해야 한다.

Ⅱ. 유수 전환시 고려사항

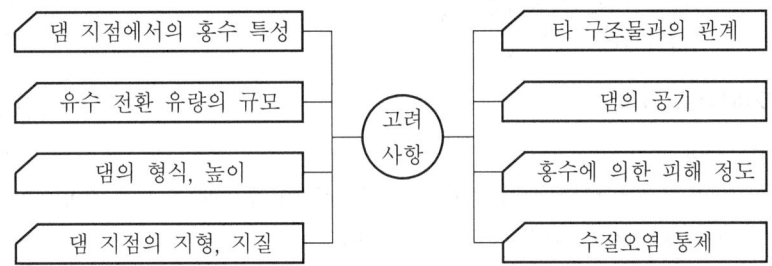

Ⅲ. 유수 전환 방식

1. 전체절 방식

1) 정의

하천의 유수를 가배수 터널(Diversion Tunnel)로 전환시키고 댐 지점 상류의 하천을 전면적으로 물막이하여 작업 구간을 확보하고 기초 굴착과 제체 축조공사를 실시하는 방식

2) 특징

① 전면적인 기초 굴착이 가능

② 가배수 터널의 활용

③ 가물막이 마루를 공사용 도로로 사용

④ 공사비 및 공기가 많이 소요

3) 적용

① 하폭이 좁은 곳

② 하천의 만곡이 발달된 곳

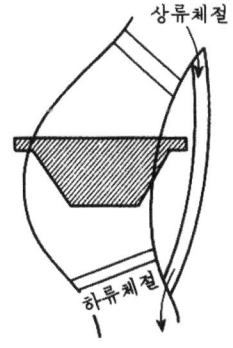

< 전체절 방식 >

2. 부분 체절 방식

1) 정의

하폭의 반 정도를 먼저 체절하여 나머지 하폭으로 유수를 유하시키고, 체절한 부분에 댐을 축조한다. 이 제체내에 가배수로를 만들어 유수를 도수하고 나머지 하폭을 체절하여 그 부분의 제체시공을 완료하는 방식이다.

2) 특징

① 공기가 짧고 공사비도 저렴
② 전면적 기초 공사가 불가능
③ 댐 본체의 공정에 제약

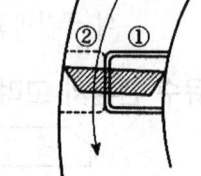

3) 적용

① 하폭이 넓고 퇴적층이 크지 않은 곳
② 처리유량이 큰 곳

3. 가배수로 방식

< 부분 체절 방식 >

1) 정의

한쪽의 하안에 붙여서 수로를 설치하여 이 수로에 유수를 유도하여 부분 체절식과 같은 방법으로 댐을 시공하는 방식

2) 특징

① 공기가 짧고 공사비 저렴
② 전면적 기초 공사 불가능
③ 댐 본체의 Con'c 타설 또는 성토 공정에 제약

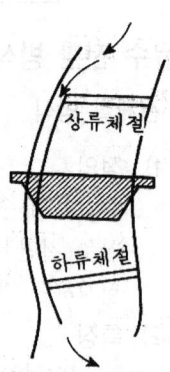

3) 적용

① 하폭이 비교적 넓은 곳
② 하천 유량이 크지 않은 곳

< 가배수로 방식 >

8 비상 여수로(Emergency Spillway)

[07전(10), 15전(10)]

Ⅰ. 정의

① 여수로란 할당된 저수 공간에 수용할 수 있는 용량을 초과하는 홍수량을 안전하고 효율적으로 방류하는 월류수로(波流水路)이다.

② 비상 여수로는 비상 사태시 본 여수로와는 별도로 혹은 동시에 작동하여 댐의 월류를 방지하여 댐의 안전을 확보하는 여수로이다.

③ 필댐에 있어서 절대안전을 위하여 여수로를 될 수 있는 대로 큰 용량을 갖게 하는 것이 필요하나, 월류 능력 증대에 대해서는 공사비, 하류수로의 용량 등으로 크게 제약을 받으므로, 가능하면 비상 여수로를 설치하여 댐의 안전성을 증대시키도록 한다.

Ⅱ. 여수로(비상 여수로) 도해

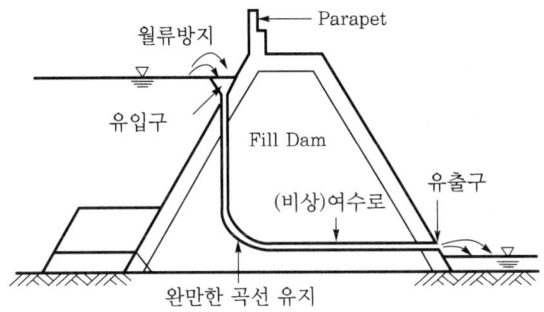

Ⅲ. 비상 여수로 활용 시기

① 방류관의 폐쇄

② 여수로 수문의 고장

③ 여수로 구조물의 파손

④ 홍수 조절용량 초과시

⑤ 설계 홍수량보다 큰 홍수가 발생하는 경우

Ⅳ. 비상 여수로 높이

① 조절부 마루는 최대 저수지 수위에 같거나 보다 높게 위치

② 비상 여수로 조절부 높이는 비상 여수로 수문곡선의 저수지 추적에 의해 결정

③ 댐의 여유고는 비상 여수로 수문곡선의 저수지 추적에 의해 결정

9 | Dam의 감쇄공 종류 및 특성

[06후(10)]

Ⅰ. 정의

① Dam의 감쇄공이란 고유속을 정상화하여 고유속의 흐름이 가지는 높은 에너지를 감쇄시키는 시설물이다.

② 여수로의 급경사로 하류단에는 고유속의 방류수가 갖는 높은 에너지에 의해 Dam 본체와 연결된 구조물이나 하류 하천과 하천의 모든 구조물의 파괴 또는 침식을 방지하기 위해 설치한다.

Ⅱ. 감쇄공의 종류

```
┌ 플립 버킷형(Flip Bucket)
├ 정수지형(Stilling Basin)
└ 잠수 버킷형(Submerged Bucket)
```

Ⅲ. Dam 감쇄공 종류 및 특징

1) 플립 버킷형(Flip Bucket)
   ① 끝부분에 Plunge Pool 형성
   ② 하류부의 수심이 낮을 경우 적용
   ③ 경제적인 형식
   ④ 감쇄 효과가 적음
   ⑤ 하류부의 유황이 큼
   ⑥ 낙하지점의 암질 양호해야 함

2) 정수지형(Stilling Basin)
   ① 도수 작용을 이용
   ② 수치적으로 안전
   ③ 보조 Dam 설치 필요
   ④ 하류수심이 도수후의 수심과 일치해야 함
   ⑤ 정수지의 소요 길이 요구

3) 잠수 버킷형(Submerged Bucket)
   ① 수중에 관입
   ② 모형실험에 의해 설계
   ③ 하류 수심이 도수후의 수심보다 깊을 경우 적용

10 유수지(遊水池)와 조절지(調節池)

I. 유수지(遊水池)

1) 정의

① 유수지는 하천의 수량 증가분을 원천적으로 저감하고, 저수용량을 확보하기 위하여 도입한 시설을 말한다.

② 유수지의 주된 기능은 하천의 수위를 점검하여 제외지의 침수를 방지하며, 하천 하류의 최대유량을 저감시키기 위한 것이다.

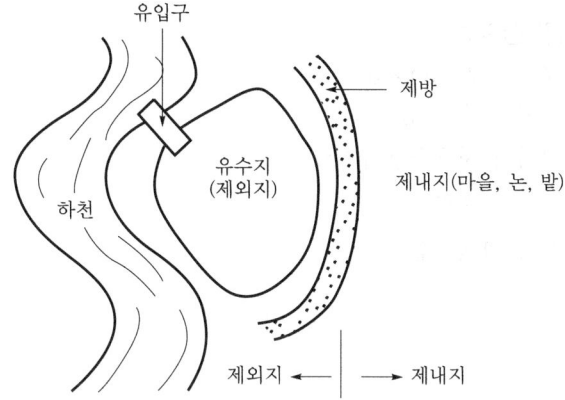

2) 유수지의 배수 방법

① 자연배수

② 강제배수

③ 조합배수(자연배수와 강제배수의 조합)

3) 유수지 검토사항

① 하천의 전반적인 상황

② 유수지의 지형조건

③ 용지취득의 용이성

④ 유량조절 조건

⑤ 공사비용

II. 조절지(調節池)

1) 정의

① 조절지는 수력 발전소의 하루 부하 변동에 대응하기 위해 수량 조절을 목적으로 만드는 저수지를 말한다.

② 심야 또는 주간 저부하시 잉여수를 비축해 두었다가 저녁의 고부하시에 이용하기 위한 것이다.

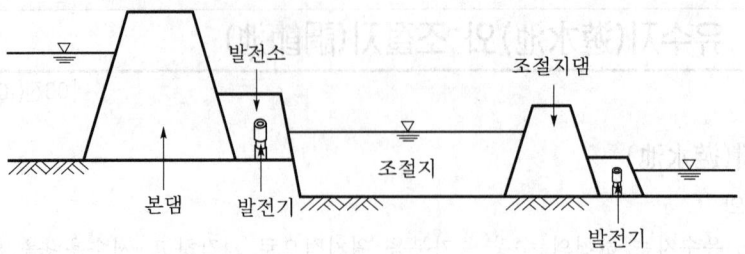

2) 조절지의 목적

    ① 잉여수의 활용

    ② 발전용량 조절

    ③ 수량 조절

3) 조절지의 용량 산출법

$$V = (Q_r - Q_o) \times T \times 60 \times 60$$

    V : 조절지의 용량(m^3)

    Q_r : 고부하시 사용수량(m^3/s)

    Q_o : 상시 사용수량(m^3/s)

    T : 고부하 계속시간

11 검사랑(檢査廊 ; Check Hole, Inspection Gallery)

[13전(10)]

Ⅰ. 정의

① 모든 형식의 댐 제체 내부에 만들어 지는 통로를 말하며, 일반적으로 높이 70 m 이상 정도의 큰 댐에 설치된다.

② 댐 내부 통로인 검사랑을 통하여 댐을 점검하며, 콘크리트 터널 구조물 형식으로 만들어진다.

Ⅱ. 검사랑의 형식

1) 구조

철근콘크리트 터널식

2) 크기

① 폭 : 1.2~2 m

② 높이 : 1.8~2.5 m

Ⅲ. 목적

① 댐의 안정성 유지

② 배수

③ 기초 처리

Ⅳ. 댐의 계측

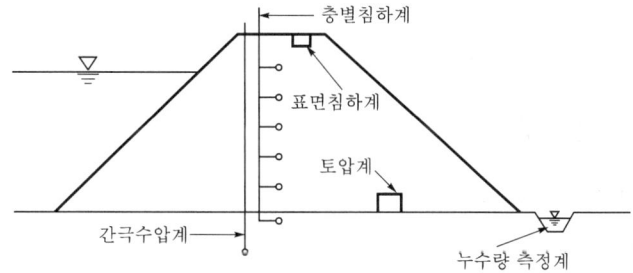

① 시공 중 안전한 시공

② 완공 후 댐체 거동 파악

12 댐 기초 그라우팅 공법

[96전(20)]

Ⅰ. 정의

① 댐 공사에서 댐 기초 지반의 차수 및 변형을 방지할 목적으로 암반층에 천공하여 시멘트 풀 또는 약액을 주입하여 지반을 견고하게 하는 공법을 말한다.

② 지반상태를 조사하여 적절한 주입 방법을 이용, 고압으로 주입하여 기초암반 속의 간극, 균열 등을 완전 밀폐시켜 지반의 안전성을 높이고 누수 및 Piping 을 방지할 목적으로 시공하는 것이다.

Ⅱ. 시공 상세도

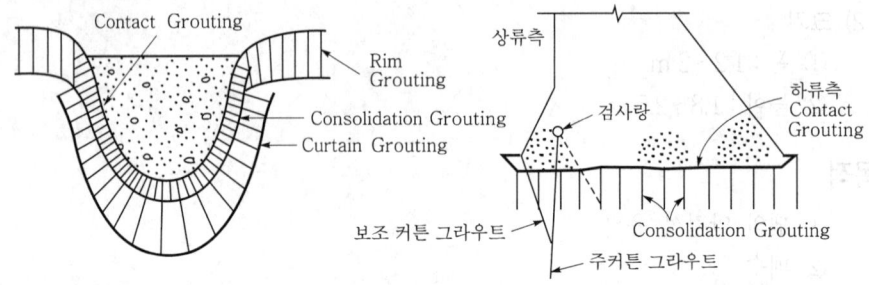

Ⅲ. 목적

① 지반 개량
② 차수성 증진
③ 불균질 지반의 균질화

Ⅳ. 댐 Grouting의 종류

1. Consolidation Grouting

1) 시공 위치
   기초면에 전면적 시공
2) 주입공 배치
   ① 2.5~5 m 간격
   ② 격자형
3) 주입도 심도
   보통 5 m(10 m 이하)
4) 주입 압력
   ① 1st stage : 0.3~0.6 MPa(저농도)
   ② 2nd stage : 0.6~1.2 MPa(고농도)

5) 개량 목표
① 중력식 Dam : 5~10 Lu
② Arch Dam : 2~5 Lu

2. Curtain Grouting

1) 시공 위치
Dam 축방향으로 상류측에 시공

2) 주입공 배치
① 0.5~3 m 간격
② 병풍 모양(1열 또는 2열)

3) 주입공 심도

① $d = \dfrac{1}{3}H_1 + C$

② $d = a \cdot H_2$

H_1 : 댐의 수두, $\quad$ H_2 : 댐의 높이
C : 암반정수(8~25), $\quad a$: 정수(0.5~1)

4) 주입 압력
각 Stage별 0.5~1.5 MPa

5) 개량 목표
① Concrete Dam : 1~2 Lu
② Fill Dam : 2~5 Lu

3. Contact Grouting

① 댐 콘크리트와 기초 암반 사이에 생기는 틈을 채우기 위한 Grouting
② 콘크리트 및 암반이 안정상태에 도달한 후에 실시한다.

4. Rim Grouting

댐 주위 암반의 차수를 목적으로 시행하는 Grouting

Ⅴ. Grouting 시공법

1) 1단식 Grouting
① 전장에 대하여 일시에 주입하는 공법
② 얕은 주입공에 적용

2) Stage Grouting
① 주입구간을 5~10 m로 나누어 천공과 주입을 반복하는 공법
② 폐쇄, 절리가 많아 낮은 질의 암반에 적용

3) Packer Grouting
① 계획 심도까지 천공후 Packer를 이용하여 밑에서부터 주입하는 공법
② 절리가 많지 않은 암반에 적용

13 Consolidation Grouting

[99후(10), 03후(10), 05후(10)]

Ⅰ. 정의

① Consolidation Grouting이란 댐 기초 지반의 변형을 방지할 목적으로 암반층을 천공하여 Cement Paste 또는 약액을 주입하여 지반을 견고하게 하는 공법을 말한다.

② 시공 위치는 댐체의 기초면에 전반적으로 시행하며, 주입공의 간격은 2.5~5 m 간격으로 한다.

Ⅱ. 시공도

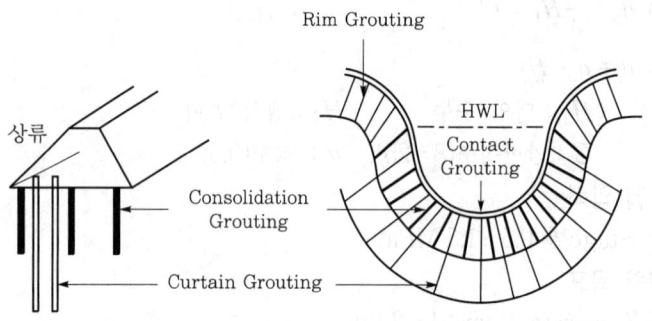

기초면에 2~5 m 간격으로 Consolidation Grouting 실시

Ⅲ. 시공 방법

1) 시공 위치

기초면에 전면적 시공

2) 주입공 배치

① 2.5~5 m 간격

② 격자형

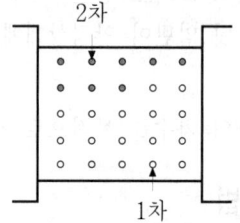

3) 주입 심도

보통 5 m(10 m 이하)

4) 주입 압력

① 1st Stage : 0.3~0.6 MPa(저농도)

② 2nd Stage : 0.6~1.2 MPa(고농도)

5) 개량 목표
  ① 중력식 Dam : 5~10 Lu
  ② Arch Dam : 2~5 Lu

Ⅳ. Consolidation Grouting과 Curtain Grouting의 비교

구 분	Consolidation Grouting	Curtain Grouting
방 법	기초면 전면적 실시	축방향 상류측
주입공 배치	격자형	병풍형
천공 간격	2.5~5 m	0.5~3 m
주입 심도	보통 5 m(10 m 이내)	$d = a \cdot H_2$
주입압	1단계 0.3~0.6 MPa 2단계 0.6~1.2 MPa	0.5~1.5 MPa

4) 지반 개량

깊은 곳에 위치하는 불량 지반에 대한 지반 개량 효과 및 특수성 저하 효과가 크게 나타난다.

5) 지반 안정

균열 절리 사이에 주입재가 침투하게 되어 댐체 하부 지반을 안정시키는 역할을 한다.

6) 연약층 처리

댐체 하부에 부분적인 연약층이 존재할 때 집중적인 주입재의 효과로 연약층 처리가 가능하다.

7) 암반 균열부 처리

암반에 균열이 발달될 경우 주입압 주입 공법 등을 이용하여 균열부 처리가 가능하다.

V. 시공관리

1) 방법

댐 축방향으로 상류측에 시공한다.

2) 주입공 배치

0.5~3 m 간격의 병풍모양으로 배치한다.

3) 주입공 심도

① $d = \dfrac{1}{3} H_1 + C$

② $d = a \cdot H_2$

H_1 : 댐의 수위, H_2 : 댐의 높이

C : 암반 정수(8~25), a : 정수(0.5~1)

4) 주입 방법

각 스테이지마다 0.5~1.5 MPa

5) 개량 목표

① 콘크리트 Dam : 1~2 Lugeon

② Fill Dam : 2~5 Lugeon

15 블랭킷 그라우팅(Blanket Grouting)

[11후(10)]

Ⅰ. 정의

① Curtain Grouting에 앞서 시공되며, Curtain Grouting의 양측에 비교적 얕은 Grouting을 실시하여 기초의 표층으로 흐르는 침투수를 억제하기 위해 시공된다.

② 표층 가까이의 지반을 불투수층으로 만들어 Curtain Grouting의 주입시 누수방지 및 주입압을 높이기 위한 보강 목적으로 시공한다.

Ⅱ. Blanket Grouting의 간격 및 심도

1) 간격

1.5 ~ 3 m

2) 심도

Curtain Grouting 심도의 50% 내외

Ⅲ. 시공 구간

① 암반의 수평층에 따라 물이 침투하는 곳

② 터파기공사로 인하여 암반이 파쇄된 곳

③ 암반의 풍화로 인하여 수밀성이 저하된 곳

④ Consolidation Grouting과 Curtain Grouting 사이에 시공

Ⅳ. Lugeon값

1) 시험공을 통하여 주입수압 1 MPa으로, 시험길이 1 m에 대하여 매분 주입량이 1 l/min일 때를 1 Lugeon으로 나타낸다.

2) 주입수압을 1 MPa까지 가압할 수 없을 때는 다음 식으로 나타낸다.

$$L_u = \frac{Q}{PL}$$

L_u : Lugeon값($1 l/m \cdot min \cdot MPa$)

Q : 주입량(l/min)

P : 주입압(MPa)

L : 시험구간의 길이(m)

3) Lugeon값을 투수계수로 나타내면 다음과 같다.

$1 L_u ≒ 1 \times 10^{-5} cm/sec$

16 Lugeon값

[99후(20), 02후(10), 04중(10)]

Ⅰ. 정의

① Lugeon값이란 기초 지반의 투수 정도를 알기 위하여 지반을 천공하여 규정의 압력으로 일정한 양의 물을 투과시킬 때 얻어지는 수치를 말한다.

② 댐 기초 지반 Grouting을 실시하기 전에 지반의 투수 정도를 알기 위하여 기초부위 전반에 걸쳐 Lugeon Test를 실시하여 Lugeon값을 나타내는 Lugeon Map을 작성하여 기초 암반의 투수 정도를 나타낸다.

Ⅱ. 댐 기초처리 절차

```
기초 지질 조사 → 기초 굴착 → 기초 암반 조사, Lugeon Test
→ 기초처리 방안 결정 → 기초처리 결과 확인, Lugeon Test
```

Ⅲ. Lugeon값

1) 시험공을 통하여 주입수압 1 MPa으로, 시험길이 1 m에 대하여 매분 주입량이 1 l/min일 때를 1 Lugeon으로 나타낸다.

2) 주입수압을 1 MPa까지 가압할 수 없을 때는 다음 식으로 나타낸다.

$$L_u = \frac{Q}{PL}$$

L_u : Lugeon값($1 \, l/\text{m} \cdot \text{min} \cdot \text{MPa}$)
Q : 주입량(l/min)
P : 주입압(MPa)
L : 시험구간의 길이(m)

3) Lugeon값을 투수계수로 나타내면 다음과 같다.

$$1 \, L_u \fallingdotseq 1 \times 10^{-5} \text{cm/sec}$$

Ⅳ. Lugeon값의 활용

① 범위, 순서 등의 구역 설정
② 지반개량 목표
③ 처리 대상지역 특성 파악
④ 적용 압력, 주입 방법 등 결정
⑤ Grout 재료 결정
⑥ 시공관리 방법
⑦ 결과의 점검

V. Lugeon 분포도

① 댐 기초 지반을 Block으로 나누어 수압시험(Lugeon Test) 실시
② 수압시험 결과치로 Lugeon값의 분포를 나타낸 단면도(투수량 분포도 : Lugeon Map) 작성
③ 주입전 Lugeon 분포도 작성
④ 기초처리(Grouting 작업)
⑤ 주입후 Lugeon Map 작성(결과의 점검)

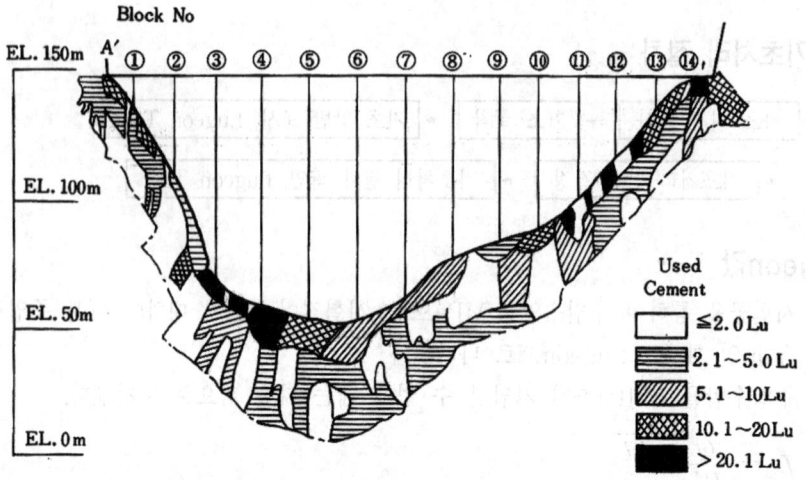

< 주입전 Lugeon값 분포도(투수량 분포도) >

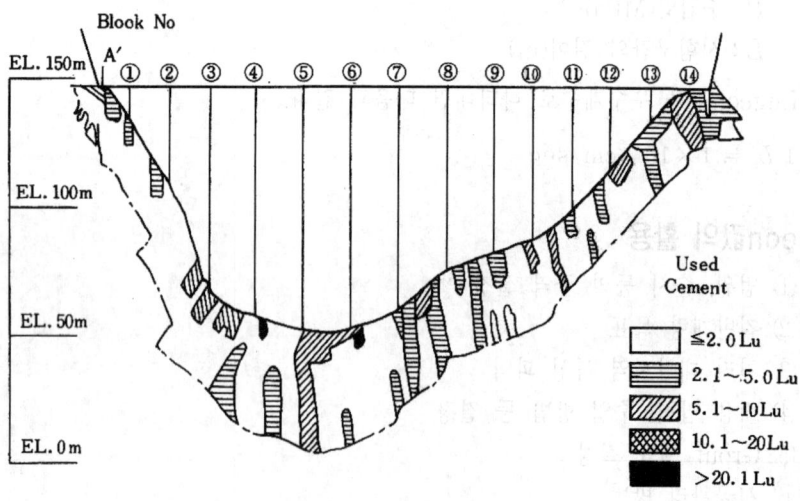

< 기초처리 후 수압시험 결과 >

17 댐 균열

Ⅰ. 개요

① 댐 구조물은 흙, 돌 및 콘크리트로 구성되는 수리 구조물로써 댐 제체가 사용
재료의 압축성 또는 외력에 의하여 시공중은 물론 시공후 저수 또는 수위변동
등으로 변형이 발생된다.

② 따라서, 이러한 변형이 어느 한계를 넘으면 댐 제체에 균열이 발생되는데, 기
초의 부등침하, 재료의 전단 강도 손실, 사면활동 등이 주원인이 된다.

Ⅱ. 발생 원인

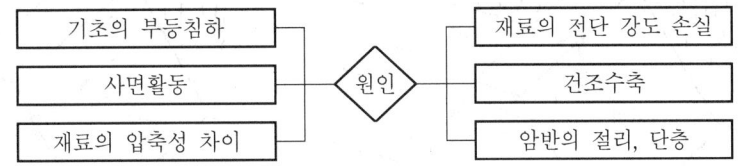

Ⅲ. 균열 발생 형상

1) 기초 부등침하로 발생된 균열

< 댐 축방향 균열 >   < 가로 방향 균열 >

2) 재료의 압축성 차이로 인한 균열

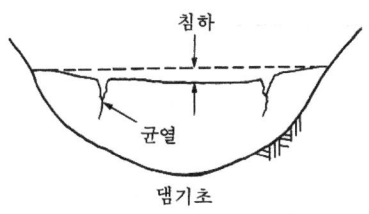
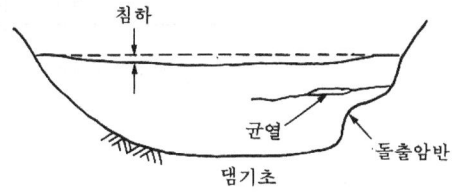

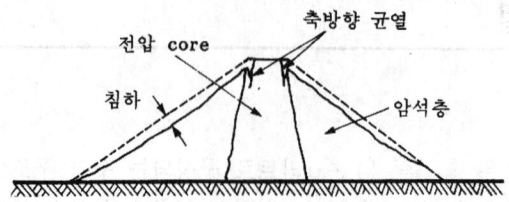

3) 건조 수축과 활동으로 인한 균열

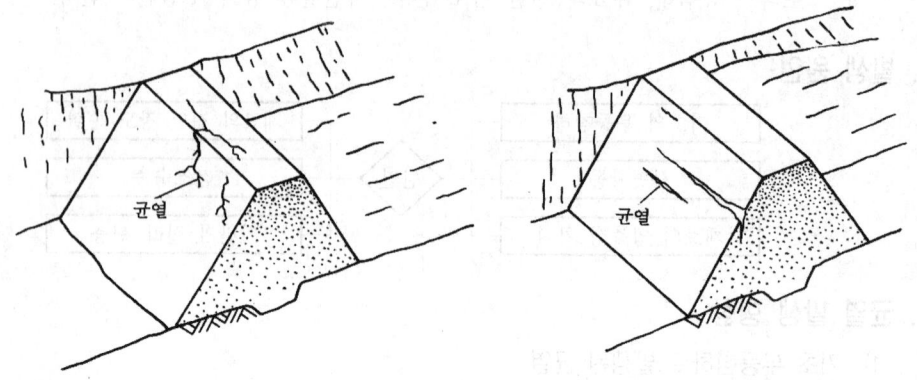

4) 제체 내부에서 발생되는 균열

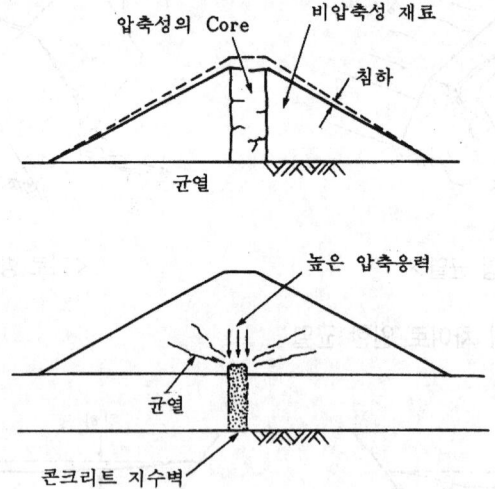

18 흙댐의 파이핑 현상과 원인

[96후(20)]

Ⅰ. 정의

① 침투수가 하류사면 위로 유출되어 점차적으로 세굴이 진행되는 형태를 Piping 현상이라고 한다.

② 흙댐의 부분파괴 혹은 전면파괴의 원인이 되므로 재료의 선정 및 시공시 이에 대한 충분한 검토가 있어야 한다.

Ⅱ. 파이핑 현상

① Piping이란 동수경사가 한계 동수경사를 초과하게 된다.

② 침투수압에 의해 수중의 토립자가 부상하고 분출하는 Quick Sand가 발생된다.

③ Quick Sand 발생에 이어 지반토가 분출하며 파괴하는 것을 Boiling이라 한다.

④ 이로 인하여 모래층내의 토립자가 유실되어 관상의 침투유로가 형성되는 것을 파이핑(Piping)이라 한다.

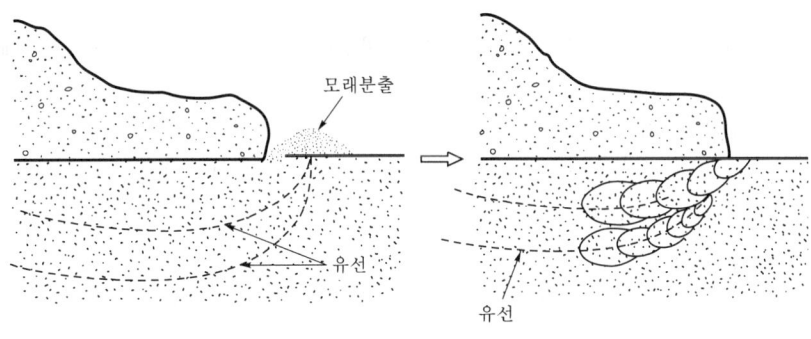

< Boiling 발생 >   < Piping 현상 >

Ⅲ. 파이핑 원인

1) 토질 조건
   ① 소성지수(PI)가 낮은 재료
   ② 입도 분포가 불량한 재료

2) 다짐 불량
   ① 암거, 여수로 등 콘크리트 구조물 주변의 다짐 불량
   ② 기초 암반과의 접착부분 다짐 불량

3) 수용성 물질
   ① 기초 지반내 백악층 존재(백색의 실트질의 흙)
   ② 축제용 흙 중에 함유되어 있는 가용성 염분

4) 균열
　① 흙쌓기 부등침하에 의한 균열
　② 흙쌓기의 건조나 동물이 만든 구멍에 의한 균열
　③ 암거 자신의 균열 또는 파괴에 의해 쌓은 균열

5) Core Zone의 시공 불량
　① 부적절한 재료 사용
　② 다짐 불량에 의한 균열

Ⅳ. 방지 대책

1) 시공관리 철저
　코어용 재료의 선택에 특히 유의하고 함수비, 밀도, 균질성의 엄중한 시공관리를
　해야 한다.

2) Blanket 설치
　흙댐의 표면에 물의 침투를 억제시킬 수 있는 불투수성 Blanket을 설치한다.

3) 필터 시공
　규정에 맞는 필터재료 선정으로 코어 재료의 유실을 방지한다.

4) 균열 발생 방지
　제체 내부 균열, 댐 축방향 균열, 직각 방향 균열 등의 댐체의 균열 방지에 최선을
　다한다.

5) 기초 지반 처리
　기초 지반이 압축성 재료로 형성되어 있을 때 기초 지반 처리 공법을 적용하여 부
　등침하를 방지한다.

6) 차수벽 설치
　Sheet Pile을 기초 지반 불투수층까지 타입 시공하여 침투수를 사전 차단한다.

19 필댐의 수압할열(Hydraulic Fracturing)

[07후(10), 10후(10)]

Ⅰ. 정의

① 수압할열이란 Dam이 담수될 때 수압으로 인하여 제체가 찢어지는 현상으로 Dam에 균열 발생 및 붕괴의 원인이 된다.

② 해당부분의 수압이 최소 주응력과 인장강도의 합보다 클 경우 발생하며, 수압 파쇄라고도 한다.

Ⅱ. 수압할열 모식도

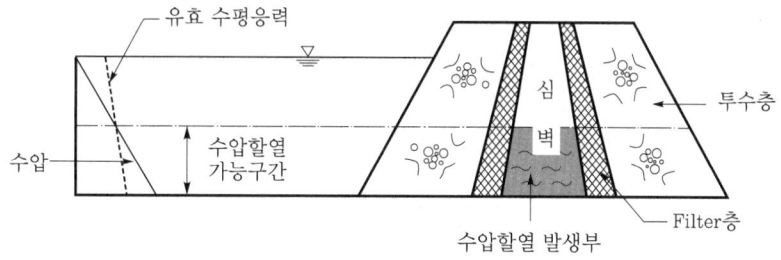

Ⅲ. Dam 붕괴의 주요원인

① 월류(Overtoppling)

② 침투(Seepage)

③ 회전활동(Rotation Slip)

④ 누수로 인한 Piping

⑤ Hydraulic Fracturing

Ⅳ. 수압할열 발생원인

1. 부등침하

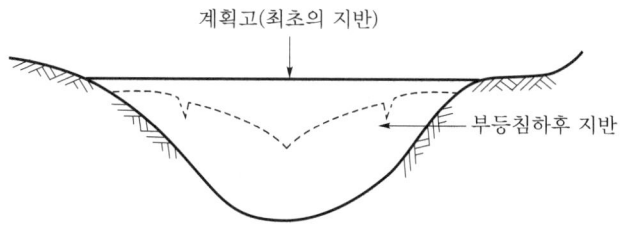

1) 개념

부등침하 발생	→	연직면을 따라 균열발생	→	수평방향으로 인장력 발생

① 중앙부분에서 높고 양안으로 갈수록 낮아지는 Dam의 모양상 제체를 이루는 재료가 압축성이 크면 부등침하가 일어나지 않을 수 없다.

② 특히 Dam 바닥에 충적층으로 이루어졌을 때 이 충적층이 침하한다면 Dam 정상에서는 큰 부등침하가 발생한다.

2) 수압할열의 발생순서

① Dam 정상부의 균열

② 균열아래 연직면을 따라 수평방향의 응력이 정지토압에 비해 현저히 감소하거나 인장력이 발생

③ 수평응력 감소 → 균열 → 담수시 물 침투

④ 수위상승으로 수압이 수평응력보다 크면 균열 확장

⑤ 균열 속 유속증대 → 침식 → 붕괴

2. 응력 전이

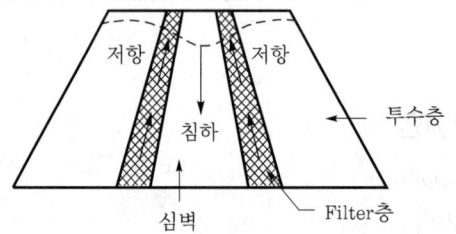

1) 개념

① 심벽과 필터층의 강성 차이로 심벽의 흙이 양쪽의 필터층에 의해 지지된 Arch와 같은 작용의 응력전이 발생

② Arching 작용으로 심벽의 연직응력이 현저히 감소하면 수평응력도 현저히 감소되어 수압보다 적어져서 균열이 발생됨

2) 수압할열의 발생순서

① 심벽의 Arching 현상에 의한 응력전이 발생

② 담수시 수위의 상승으로 인한 수압증가
　　→ 심벽의 수평응력을 초과하면 균열 발생

③ 수압이 더 증가하면 균열 확대

④ 침식 발생

V. 방지대책

① 심벽의 폭을 가능한 한 넓게하여 응력전이를 줄인다.

② 경사형 심벽이 수직형 심벽보다 유리하다.

③ 수압할열이 생겼다 하더라도 필터를 효과적으로 설계하여 침식을 방지한다.

④ Dam 본체와 안벽 또는 Dam 본체와 기초의 접촉부분이 규칙적인 형상이 되도록 하고, 경사가 완만하게 한다.

⑤ 재료의 불연속적 결합이 존재하지 않도록 한다.

⑥ 신구 다짐층이 잘 접합되도록 하고 성토재료에 공간이 없게 시공시 주의한다.

⑦ 심벽 재료는 Proctor 다짐의 습윤측에서 다지는 것이 바람직하다.

20 흙댐의 유선망과 침윤선

[06전(10)]

Ⅰ. 유선망

1) 정의

흙댐의 수위차에 의해서 물이 흐를 때 그 자취를 유선이라 하는데 각 유선에 따라 손실수두가 동일한 위치를 연결한 등수두선에 의해 이루어진 곡선군을 말한다.

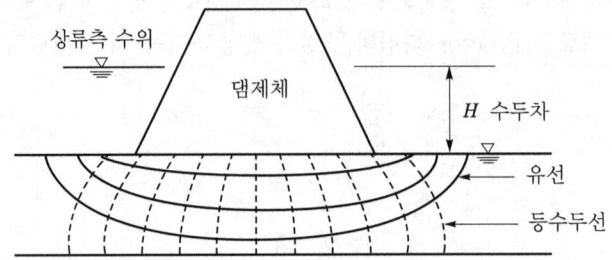

2) 특징

① 인접한 2개의 유선 사이의 유로 침투 유량은 동일

② 인접한 2개의 등수두선 사이의 수두손실은 서로 동일

③ 유선과 등수두선은 직교임

④ 침투속도 및 동수구배는 유선망 폭의 반비례

3) 목적

① 침투 유량산정

② 임의 지점에서 간극수압 추정

Ⅱ. 침윤선

1) 정의

침윤선이란 흙 댐을 통해 물이 통과할 때 그 경로가 쉽게 정해지지 않는데 만일 이 유선이 만족스럽게 정해질 때 침투수의 표면유선을 침윤선이라 하며 포물선으로 표시된다.

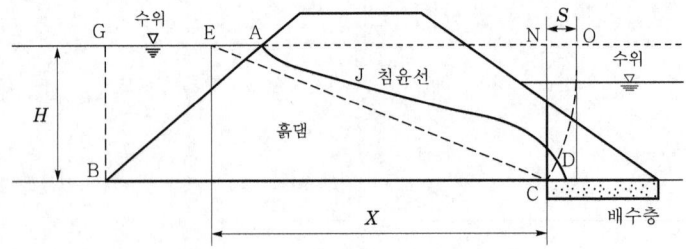

2) 침윤선의 용도
　① 제내지 배수층 설치위치
　② 제방폭 결정
　③ 제방 거동 파악
3) 침윤선의 저하 대책
　① 하류층 Filter층
　② 표면 차수형
　③ 연직 배수형
　④ 중심 Core형

21 | 댐의 양압력(Uplift Force)

[00후(10), 03후(10)]

Ⅰ. 정의

① 양압력이란 댐 콘크리트와 기초 암반의 접촉면, 시공 이음 및 균열 등에서 일어나는 내부 수압으로 임의의 수평 단면에 대한 수직 방향으로 작용하는 수압이다.

② 댐을 설계할 때는 내부 수압 장치를 설치하고 장래의 필요에 따라서 내부 수압(양압력)을 감소시키기 위한 처리를 하도록 해야 한다.

Ⅱ. 댐체에 작용하는 하중

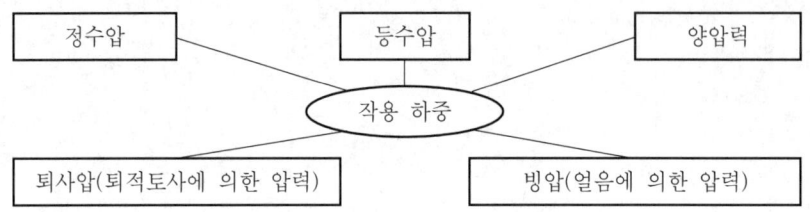

Ⅲ. 양압력 산출식

$$W_u = W_w \, CA \left[H_2 + \frac{1}{2} \tau \, (H_1 - H_2) \right]$$

W_u : 전양압력(tonf)

W_w : 물의 단위 중량(tf/m^3)

A : 저부면적(m^2)

C : 정수압이 작용하는 면적비율

τ : 차수 그라우트와 배수공의 작용에 의한 순수두($H_1 - H_2$)에 대한 비율

H_1 : 저수위

H_2 : 댐 외측 수위

Ⅳ. 양압력 산정

1) 배수공이 없는 경우의 양압력 분포

① 상·하류면에서 각각 상·하류측의 수압을 적용하여 댐저부 전단면에 직선변화한다.

② 상류단에서의 양압력은 최소한 하류측 수압에 상·하류측 수압차의 1/5 이상 더한 값으로 한다.

2) 배수공이 있는 경우의 양압력 분포

　　① 상·하류면에서 각각 상·하류측의 수압을 적용한다.

　　② 배수공의 위치에서 상·하류측 수압차의 1/5 이상 값을 하류측 수압에 더한
　　　값으로 한다.

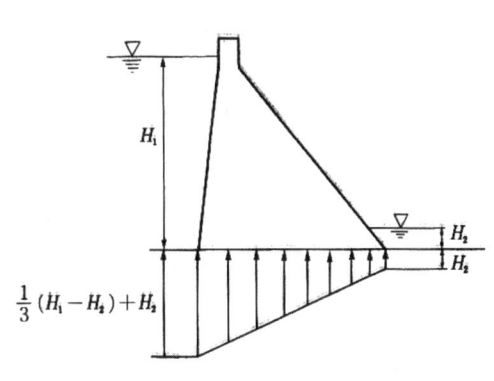

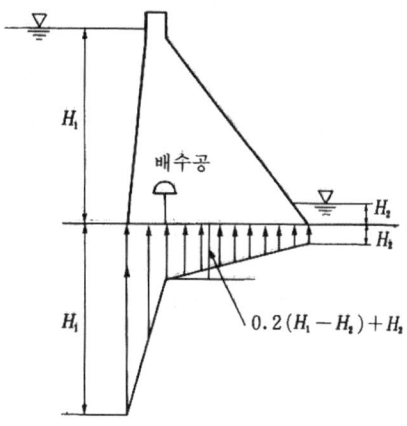

<배수공이 없는 댐의 양압력 분포>　　　　　<배수공이 있는 댐의 양압력 분포>

Ⅴ. 양압력 저감 방법

　　① 배수공 설치

　　② Cut Off 설치

　　③ Curtain Grouting

　　④ 상류 기초면의 Blanket 설치

22 | RCCD(Roller Compacted Concrete Dam)

Ⅰ. 정의

① RCCD란 콘크리트 댐의 경제적이고 합리적 시공을 위한 새로운 공법으로서 댐 본체의 내부 콘크리트에 Slump치가 0인 극도의 빈배합 콘크리트를 사용하고 이 콘크리트를 진동 Roller로 다지는 신공법이다.

② 공기가 단축되며, 댐 건설비의 절감과 기계화 시공으로 시공성이 좋은 공법이다.

Ⅱ. 특징

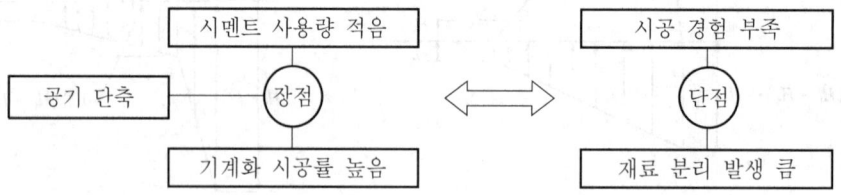

Ⅲ. 특성

① 극도로 된 반죽 Concrete
② 적은 단위 시멘트량 사용
③ 타설에 있어서 거푸집에 의한 수축 이음 없음
④ 콘크리트 치기는 전면 Layer 방식
⑤ 콘크리트 운반은 Dump Truck 이용
⑥ 자주식 진동 Roller에 의한 다짐
⑦ 1 Lift의 높이는 700 mm 표준
⑧ 댐 본체의 세로 이음 없음
⑨ 댐 본체의 가로 이음은 진동 압입식 이음 절단기로 설치
⑩ Pipe Cooling 등에 의한 온도제어를 하지 않음

Ⅳ. 시공 순서

① 콘크리트 생산은 특수 Batch Plant 사용
② 콘크리트 반입은 고정 Cable Crane을 이용하여 댐 본체까지 운반
③ 댐 본체에서 소운반은 Dump Truck 사용
④ Bulldozer에 의한 재료 포설
⑤ 진동 Roller에 의한 다짐 실시
⑥ 이음 설치는 진동 압입식 이음 절단기로 가로 이음만 설치
⑦ 포설, 다짐한 콘크리트 양생은 Sprinkler에 의한 살수 양생

Ⅴ. 시공시 유의사항

① 재료 예냉
② 재료 분리 발생 방지
③ 재료 포설
④ 수평 이음 시공
⑤ 댐 외부 콘크리트 타설

Ⅵ. 문제점

① 부설과 운반시의 재료 분리 대책이 미흡하다.
② 진동 Roller의 주행성과 다짐 효과에 대한 연구가 부족하다.
③ 제체 높이가 제한된다.
④ 시공 경험 부족으로 인해 공사 자료가 부족하다.

Ⅶ. 대책

① 빈배합 콘크리트의 Consistency에 영향을 미치는 골재 표면수량 관리방법 개선
② 전압 효과에 대한 연구로 효율적 다짐기계 개발
③ 콘크리트의 강도를 증대시켜 대규모 댐에 RCCD 공법을 적용할 수 있는 방안 연구
④ 시공기계, 품질관리 등에 대한 연구개발비 투자

23 확장 레이어 공법(ELCM ; Extended Layer Construction Method)

[12후(10)]

Ⅰ. 정의

① 확장 레이어 공법은 중력식 콘크리트 댐을 축조하는 공법의 일종으로 Slump 치가 30 mm 내외의 콘크리트를 사용하여 세로 이음을 설치하지 않고 가로 이음만 설치하여 빈배합 콘크리트를 한번에 타설하는 공법이다.

② 확장레이어 공법은 Block 공법에 비해 타설구획이 넓으므로 콘크리트의 온도 관리 및 현장 여건에 따른 시공관리가 필요하다.

Ⅱ. 특징

① 진동 롤러로 다짐하는 Slump치가 30 mm 내외인 된비빔 콘크리트 사용

② 빈배합 콘크리트로 단위 시멘트량($100 \sim 120\,kg/m^3$)이 적음

③ Block의 높이는 70 cm에서 최대 1.5 m임

④ 콘크리트 타설 후 주행시간이 RCCD공법에 비해 2~3배 정도 소요됨

⑤ Core 채취를 하지 않으므로 품질 확인 곤란

Ⅲ. 이음

① 세로 이음은 미설치

② 가로 이음은 온도 균열을 방지할 목적으로 설치

③ 가로 이음의 지수판에 의해 지수 처리함

Ⅳ. 시공 시 유의 사항

① 콘크리트의 배합, 타설속도, 시공 기간 및 온도 변화 등을 고려하여 온도 균열에 대비

② 가로 수축 이음은 콘크리트 타설 직후나 다짐 직후 전달함

③ Block의 높이에 따른 타설속도 제한이 필요

④ Pipe Cooling은 서중에만 사용함

⑤ 양생은 습윤 양생을 표준으로 하여 스프링클러에 의한 살수 양생 실시

Ⅴ. RCCD 공법과의 비교

구분	RCCD 공법	ELCM 공법 (Extended Layer Costruction Method)
시공속도	• 대규모 댐의 고속 시공에 적용	• RCCD 공법에 비해 시공속도가 느림
Slump치	• 0 mm	• 30 mm 내외(최대 40 mm)
타설방법	• Dump Truck으로 운송하며 현장에서는 Dozer로 이동	• Cable Crane에 의한 Bucket 타설
Block의 두께	• 500~700 mm(최대 1 m)	• 700~800 mm(최대 1.5 m)
다짐	• 진동 Roller	• 진동 Roller, 내부 진동기
품질관리 주안점	• 재료 분리 관리	• 온도 균열 관리

14 커튼 그라우팅(Curtain Grouting)

[98중전(20), 01전(10), 01후(10), 05전(10)]

Ⅰ. 정의

① 댐의 기초 지반으로 요구되는 조건은 차수성·비변형성 및 안전성으로서 이러한 목적으로 기초 지반의 개량 공사가 이루어지는 것을 기초처리라 한다.

② 커튼 그라우팅이란 기초 암반처리 중에서 깊은 층의 차수목적으로 댐터의 상류측에 병풍형으로 시공되는 그라우팅을 말한다.

Ⅱ. 커튼 그라우팅의 시공 도해

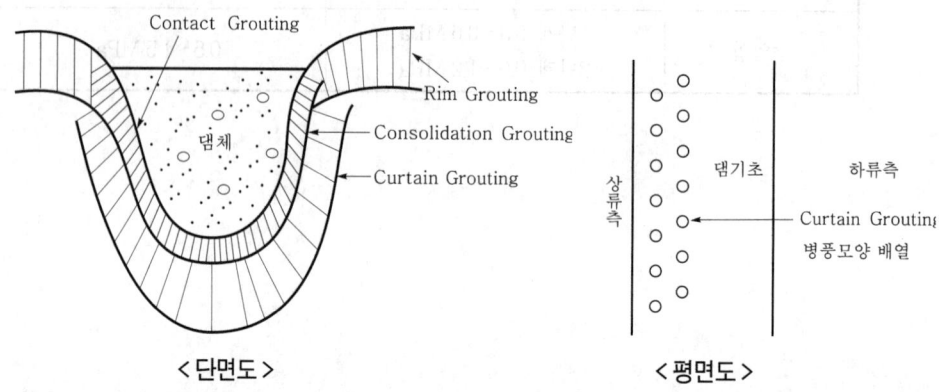

< 단면도 >   < 평면도 >

Ⅲ. 댐 기초 그라우팅의 종류

① Consolidation Grouting

② Curtain Grouting

③ Contact Grouting

④ Rim Grouting

Ⅳ. 커튼 그라우팅의 목적

1) 차수막 형성

   기초 지반이란 깊은 암반내의 균열, 절리, 파쇄대 등에 주입하여 기초 하부에서의 지하수 및 하천수의 침투를 막는다.

2) 지반 균질화

   높은 주입압을 이용한 주입재의 효과에 의해 하부 지반을 균질화시킨다.

3) 기초 암반 보강

   암반의 균열, 절리에 주입재가 침투하게 되어 침투 효과는 물론 암반 보강 효과를 얻을 수 있다.

24 댐 계측관리

Ⅰ. 정의

① 댐은 단계적으로 축조를 거듭하면서 위에 있는 제체의 무게로 인하여 변형이 발생되며, 시공후 물을 저장하게 되면 물의 압력을 받아 추가적으로 변형한다.

② 이러한 변형은 댐의 저수지 수위 변화, 댐 구성 재료의 성질에 의존하여 댐 완공후에도 상당한 변형이 지속되므로 변형에 의한 댐체의 거동을 파악하기 위하여 계측관리를 실시한다.

Ⅱ. 계측관리의 목적

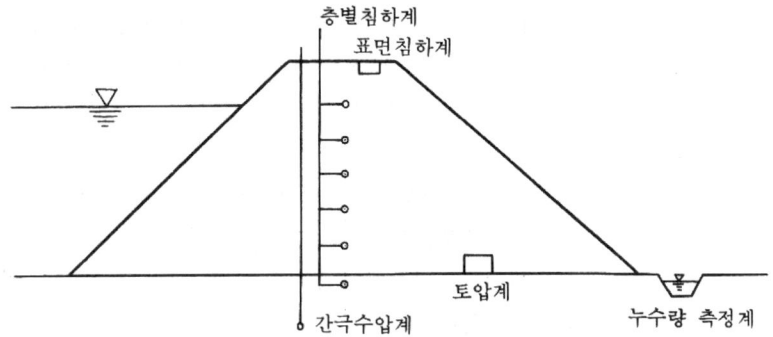

① 시공중 안전한 시공
② 완공후 댐체 거동 파악
③ 계측 자료의 설계, 시공에 반영
④ 경제적인 시공
⑤ 계측 자료의 Feed Back

Ⅲ. 계측 기기의 종류

1) 간극 수압계
   ① 댐의 축방향을 따라 여러개의 단면에 깊이별로 설치
   ② 제체내 간극수압 측정으로 침수상태나 배수상태 자료 확보
   ③ 간극수압의 정확한 측정을 위해 측정기기 주위에 투수성이 좋은 입상토를 두고 상부에는 벤토나이트로 철저한 Sealing을 한다.

2) 표면 침하계
   ① 연직 및 수평 변위를 측정할 수 있도록 댐마루, 상류면, 하류면에 영구적인 침하표지판을 설치
   ② 측량기점은 댐의 변화와 무관한 위치를 선택

③ 표지판은 동상의 영향을 받지 않게 동결 깊이 이하에 설치

④ 설치 간격

댐축 길이	설치 간격
150 m까지	15 m씩
300 m까지	30 m씩
그 이상	60~120 m씩

3) 층별 침하계

① 제체 내부 또는 기초 지반의 연직 방향의 침하를 측정하기 위해 설치

② 제체 내부에 연직으로 매설한 케이싱 내부에 깊이별로 Sensor 설치

③ 그 위치에서 Sensor의 이동량 측정으로 댐의 임의 위치에서의 침하량 결정

④ 케이싱을 수평으로 삽입하여 침하량을 측정하는 방법도 있음

4) 토압계

① 토압 측정은 댐체 내부의 수압할렬의 가능성을 판단하는데 대단히 중요하다.

② 토압계 설치는 토압판의 유연성과 흙의 유연성이 동일하지 않으면 실제보다 과대 또한 과소한 값을 보이므로 특히 유의하여야 한다.

5) 누수량 측정

① 제체를 통해 침투되는 누수량을 하류 바닥면에 고랑 또는 파이프 드레인으로 모아서 웨어 또는 기타 방법으로 누수량 측정

② 누수량은 수위 변화에 따라 달라지며 강우로 인한 제체로 침투한 양까지 포함되므로 강우기록과 대비하여 실제 누수량 추정

25 댐 관련용어

1) 댐 사이트(Dam Site)

① 댐의 제체와 그 부근에 있는 각종 시설이 위치한 부지를 말하며 댐의 제체 부지를 댐부지(=둑부지), 댐에 의해 저수되는 저수지의 부지를 저수지 부지(=못부지)라 부르는 경우가 있다.

② 댐 사이트는 저수지 부지 및 유역의 지형, 지질, 그 외의 다른 조건을 고려해 결정되는 것으로서 선정에 있어서는 제체의 축제 양에 비해 저수량이 크고 이른바 저수 효율이 높은 지형을 고르는 쪽이 바람직하다.

③ 댐 사이트의 제조건에 따라 댐의 형식이 선정된다.

2) 댐의 부대 구조물(Dam Facilities)

① 댐의 곁달아서 덧붙이는 각종 구조물을 말한다.

② 여수로(Spillway) 취수설비(Intake Works), 검사통로(Inspection Gallery) 등이 있다.

3) 댐의 침투류 해석(Seepage Analysis of Dam)

① 댐의 제체와 기초의 침투류의 상태나 침투파괴(Seepage Failure)에 대한 안정성을 검토하기 위해 행하는 해석을 말한다.

② 침투파괴는 침투수에 의해 제체나 기초가 Piping을 일으켜서 파괴되는 현상을 말한다.

③ 해석은 일반적으로 유선망(Flownet)에서 침투유속과 동수경사를 구해 이 값과 각각의 한계치를 대비하는 것 등으로 안전성을 판단한다.

제8장 ▶ 항 만

항만 과년도 문제

1. 혼성방파제의 구성 요소 [00중(10)]

2. 피복석(Amor Stone) [06전(10)]

3. 소파공(消波工) [00후(10)]

4. 소파공 [05후(10)]

5. Caisson 안벽 [13전(10)]

6. Caisson 진수방법 [97중전(20)]

7. 항만공사용 Suction Pile [08후(10)]

8. 방파제의 피해원인 [08전(10)]

9. 부잔교 [09전(10)]

10. Dolphin [03전(10)]

11. 돌핀(Dolphin) [14후(10)]

12. 비말대와 강재부식 속도 [04중(10)]

13. 대안거리(Fetch) [03중(10)]

14. 자주 승강식 바지(Self Elevated Plat Barge) [96전(20)]

15. 해안 구조물에 작용하는 잔류수압 [01중(10)]

16. 잔류수압 [05후(10)]

17. 약 최고 고조위(AHHWL) [10중(10)]

18. 유보율(항만공사시) [09후(10)]

19. 항민공사시 유보율 [15종(10)]

1 　돌제(突堤), 도제(島堤)

Ⅰ. 정의

① 파랑과 표사로부터 항내 선박과 시설물의 보호 목적으로 설치되는 항만 외곽 시설로서 방파제가 설치되는 바, 배치 형태로 돌제 형식과 도제 형식이 있다.

② 방파제의 배치는 항구의 위치, 방향, 진입파의 방향, 항내 반사파의 영향 등을 고려한 모형 실험을 통하여 방파제 설치에 의한 영향을 충분히 파악한 후 결정한다.

Ⅱ. 방파제 평면 배치의 형태

1) 돌제

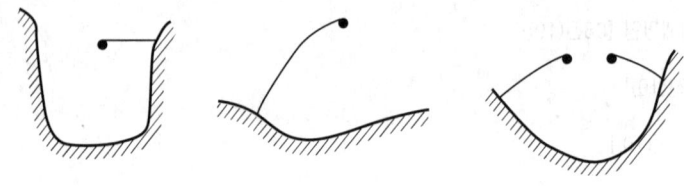

2) 도제

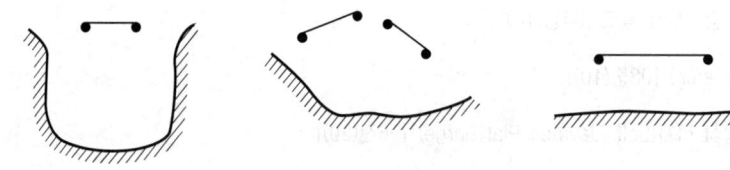

3) 혼합식

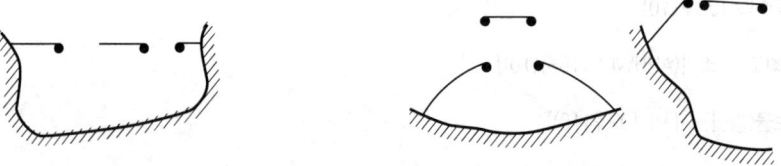

Ⅲ. 돌제(突堤)

1) 정의
육지에 연하여 설치되는 형식의 방파제로서 1본 돌제와 2본 돌제가 있다.

2) 적용
① 강풍 및 파랑이 한쪽 방향으로 편중될 때
② 전면이 열린 바다에서 다른 쪽이 폐쇄될 때
③ 수심이 상당히 크고 항만의 형태가 없는 곳
④ 심해까지 얕은 바다에서 3방향이 열려 있는 해안

Ⅳ. 도제(島堤)

1) 정의

    육지에서 떨어지게 배치하여 표사 및 조수 등이 역습되지 않게 설치하는 형식이다.

2) 적용

    ① 육지로부터 급격히 깊어지게 되는 곳

    ② 조류에 역습되지 않게 하기 위해서 절구(切口) 앞에 설치

    ③ 천연항을 개조하여 부 방파제가 필요할 때

Ⅴ. 혼합식

1) 정의

    항구의 입지 조건을 고려하여 도제와 돌제를 조합한 배치 형식이다.

2) 적용

    ① 돌제의 전단으로부터 회절 파랑을 막을 필요가 있을 때

    ② 항구로부터 파랑을 방지하기 위해서

    ③ 길고 넓은 박지를 요할 때

    ④ 항만의 형태가 충분치 않은 곳에 대형 정박지를 설치할 때

    ⑤ 여러 개의 항구가 필요한 곳

2 혼성방파제의 구성 요소

[00중(10)]

Ⅰ. 개요

① Caisson식 혼성방파제는 수심이 깊은 장소나 작업 여건상 Caisson식이 유리할 경우 채택된다.

② 기초 지반의 지질 조건에 따라서 지반 처리를 하고, 사석 기초 위에 직립부를 Caisson으로 시공하는 방식으로서 경사제와 직립제의 장점을 딴 형식이다.

Ⅱ. 혼성방파제의 구성 요소

1) 기초공
   ① 기초 터파기   ② 기초 지반 개량
   ③ 기초 사석 투하   ④ 사석 고르기

2) 하부 경사제
   ① 세굴 방지공   ② 경사제 사석 설치
   ③ 비탈면 덮기공   ④ 경사제 상부 고르기

3) 본체공
   ① 혼성방파제의 본체공으로는 육상에서 제작한 콘크리트 구조물을 현장 거치하는 공법을 채용한다.
   ② 본체공의 분류
   　㉮ 콘크리트 Box Caisson   ㉯ 콘크리트 Block
   　㉰ 콘크리트 Cell Block   ㉱ 콘크리트 단괴
   ③ 본체공 시공 즉시 근고 블록(밑다짐 블록) 시공

4) 상부공
   ① 월류파 방지 목적의 방파벽 설치
   ② 속채움 시공후 하부 상부공 시공
   ③ 하층과 상층 상부공 일체화 위한 전단 Key 설치
   ④ 10~20 m마다 신축 이음 설치

3 부잔교

Ⅰ. 정의

① 선박을 계류하는 계선 시설의 하나로 철근 콘크리트 또는 강판을 사용한 큰 부양 상자를 1개 또는 여러 개 늘어 놓고 여객의 승·하선과 화물 하역을 위해 만든 잔교이다.

② 부양 상자 배열 방식으로는 돌출식과 병행식의 2종류가 있고, 각 부양 상자는 이동하지 않도록 닻으로 고정하며, 일반적으로 떨어진 섬이나 내해의 섬들을 연결하는 연락선의 접안에 쓰이는 일이 많다.

③ 공사비가 싸고, 이설(移設)이 용이하며 수심이 깊은 곳, 간만의 차가 큰 곳에서는 유리하나 하역 능력이 작고 태풍이나 저기압으로 인한 파도의 재해를 받기 쉽다.

Ⅱ. 부잔교의 형상

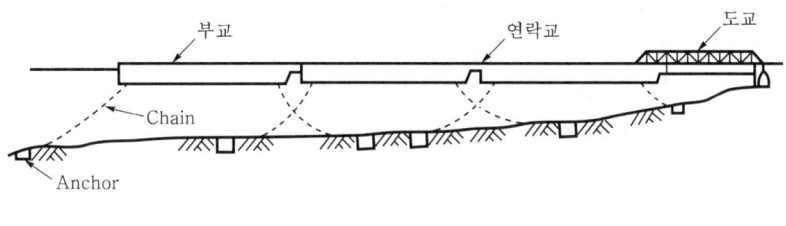

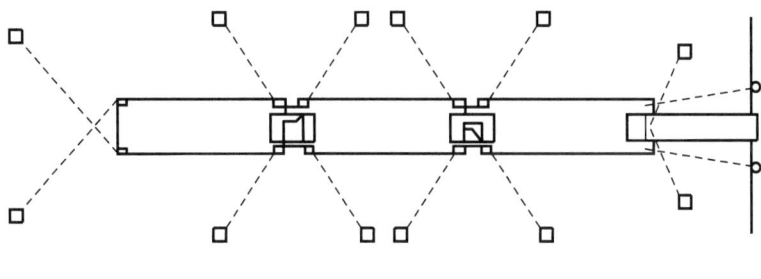

〈 부잔교식 〉

Ⅲ. 안벽의 종류

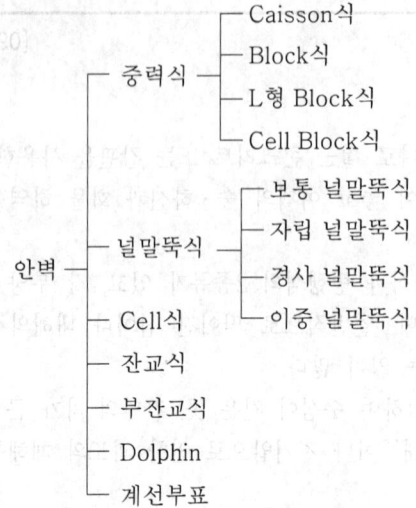

Ⅳ. 부잔교의 특징

① 공사비가 저렴하고 이동이 용이하다.

② 수심이 깊은 곳에 설치한다.

③ 하역 능력이 적다.

④ 태풍이나 저기압으로 인한 파도의 재해가 크다.

4   Cellular Block(중공 블록)

Ⅰ. 정의

① Cellular Block이란 케이슨과 비슷한 철근 콘크리트 구조물로서 중앙부가 비어 있는 중공 블록으로 저판이 있는 케이슨형과 I형 등이 있다.

② Cellular Block은 중공부에 싼 재료로 속채움할 수 있으며 중량이 가볍고 대형 치수 제작이 가능하며 현장 시공에서 블록과 블록의 연결에 특히 유의해야 한다.

Ⅱ. Cellular Block의 단면 형태

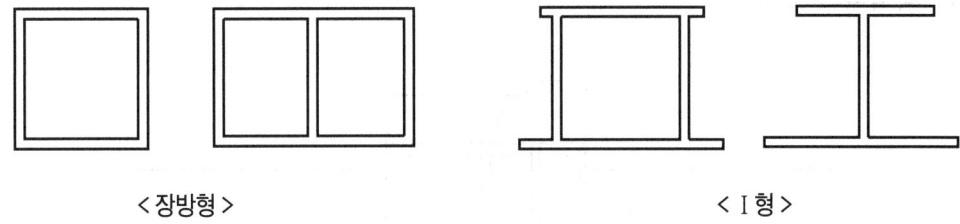

<장방형>   < I형 >

Ⅲ. 특징

① 중공부에 값싼 재료의 이용이 가능하다.

② 중량이 가볍다.

③ 시공 설비가 비교적 간단하다.

④ 대형 치수의 제작이 가능하다.

⑤ Block과 Block 연결부의 섬세한 시공이 요구된다.

⑥ 시공중 Block간 활동의 우려가 있다.

⑦ 속채움 재료는 양질의 것을 사용해야 한다.

Ⅳ. 시공 순서 Flow Chart

제작장 확보 → 제작 기계 설비 → Block 제작 → 양 생 → 현장 운반

→ 설 치 → 속채움 → 상부공

Ⅴ. 용도

① 방파제

② 안벽

③ 가물막이

④ 물양장의 본체공

5 　피복석(Armor Stone)

[06전(10)]

I. 정의

① 항만의 해안가 방조제나 방파제 등의 사면을 보호하기 위해 쌓아주는 돌 또는 기성 콘크리트 제품을 통틀어 피복석이라고 한다.

② 전석 중에서도 크기가 아주 큰 돌이 피복석으로 사용되며, 공사현장에 따라 크기에 관계없이 비탈면에 시공해 주는 돌 또는 기성 콘크리트 제품을 피복석이라고도 한다.

II. 피복석의 도해

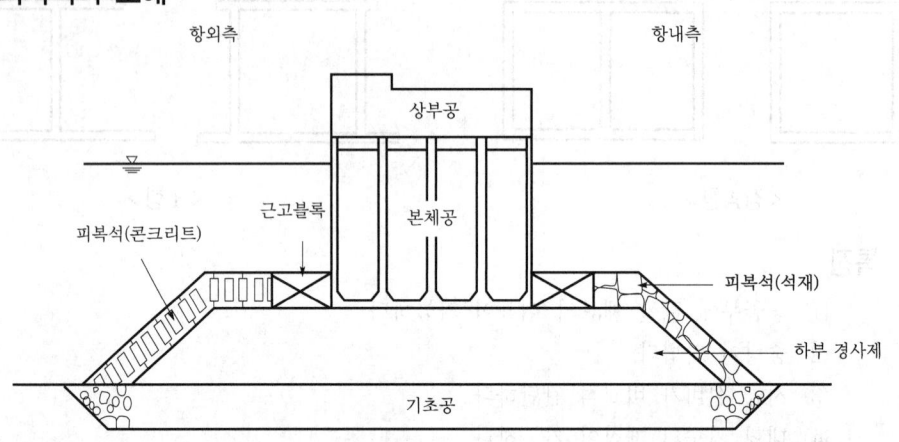

III. 피복석의 재료

1) 석재
   ① 사석보다 규격이 큰 돌
   ② 비중 2.5 이상, 압축강도 5 MPa 이상
   ③ 석재의 각 면이 각을 이룰 것
   ④ 내풍화성, 흡수 및 팽창에 대한 안정성 유지

2) 콘크리트
   ① 이형 Block을 주로 사용
   ② 규격은 현장 여건에 따라 달리 적용
   ③ 종류에는 6각 Block, 중공삼각 Block, 중공 Block 등

Ⅳ. 피복석의 시공시 유의사항

① 기준틀은 40 m 간격으로 설치할 것

② 상단 피복석보다 하단 피복석을 큰 돌로 시공할 것

③ 인접 피복석과 물리는 면적은 많도록 하며, 피복석은 세워 쌓을 것

④ 피복석의 길이 부분은 사면에 직각되게 시공할 것

⑤ 피복석의 곡면 부분은 가장 큰 돌을 선별하여 시공할 것

⑥ 피복석 사이의 간극은 간극보다 큰 돌을 뒷부분에 채울 것

⑦ 피복석 장단 비율이 시방규격(3 : 1)에 적합하도록 종축으로 시공할 것

6 소파 블록(消波 Block)

[00후(10), 05후(10)]

Ⅰ. 정의

① 소파 블록이란 방파제 외측에 설치하여 부딪치는 파도를 분쇄하고 와류(渦流) 형성으로 상호 충돌시켜 파에너지를 소멸시키는 콘크리트 구조물이다.

② 심한 파도의 충격파를 감소시킬 목적으로 프랑스에서 최초로 개발된 블록으로 이형 소파 블록과 직립 소파 블록의 두 종류가 있다.

Ⅱ. 소파 블록의 특성

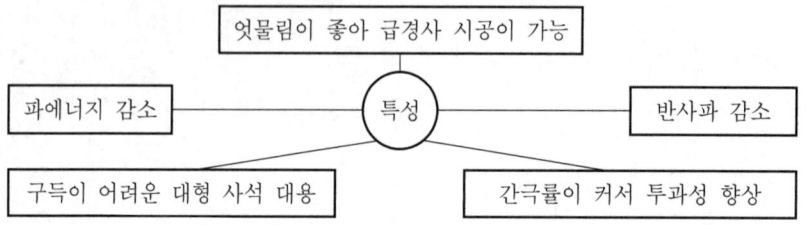

Ⅲ. 소파 블록의 종류

1) 이형 소파 블록

① 용도

㉮ 방파제 외부 피복

㉯ 호안 보호

㉰ 기타 공사용 항만시설

② 종류

㉮ Tetrapod ㉯ Tribar

㉰ Dolos ㉱ 중공 삼각 블록

㉲ 삼주 블록 ㉳ 육각 블록

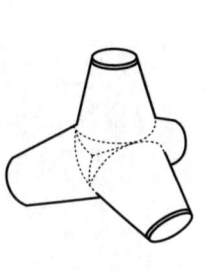

< Tetrapod >

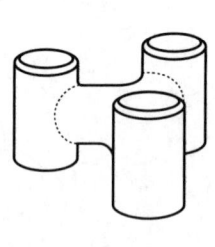

< Tribar >

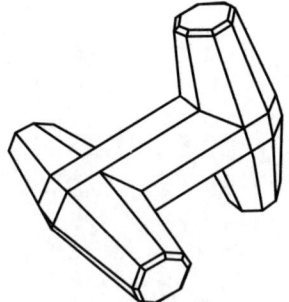

< Dolos >

<중공 삼각 블록>

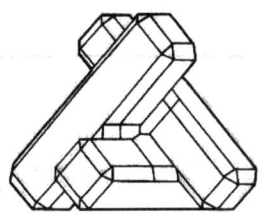

<삼주 블록>

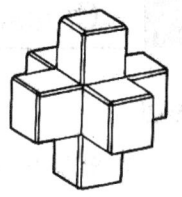

< 육각 블록 >

2) 직립 소파 Block
 ① 용도
  ㉮ 안벽보호공
  ㉯ 물양장
  ㉰ 방파제
 ② 종류
  ㉮ 워록
  ㉯ Y형 블록
  ㉰ Egloo
  ㉱ 박스형 블록

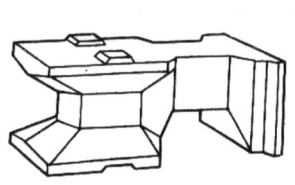

< 워록 >

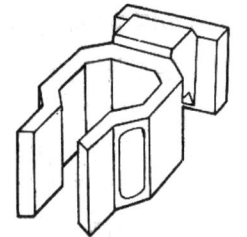

< Y형 블록 >

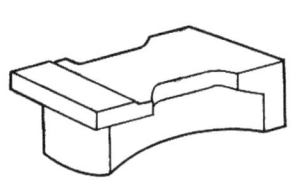

< Egloo >

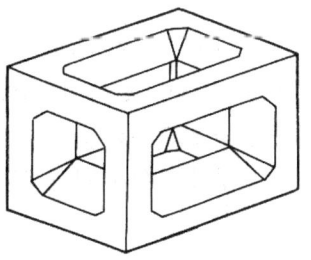

< 박스형 블록 >

7 | Caisson 안벽

[13전(10)]

Ⅰ. 정의

① 안벽(계선안)은 계류시설의 일종으로 선박을 접안시켜 하역 작업을 할 수 있는 접안시설이다.

② Caisson 안벽은 콘크리트로 제작된 Caisson을 해안(하안)으로 진수하여 안벽을 설치하는 것으로 외력에 대하여 자중과 마찰력에 의해 저항하는 중력식 안벽의 일종이다.

Ⅱ. 중력식 안벽

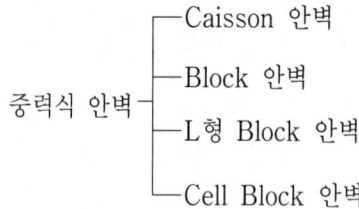

중력식 안벽 ─┬─ Caisson 안벽
           ├─ Block 안벽
           ├─ L형 Block 안벽
           └─ Cell Block 안벽

Ⅲ. 특징

① 육상에서 제작된 Caisson을 소정위치에 설치하는 방법
② 강한 토압에 저항
③ 육상 제작으로 품질 우수
④ 속채움재 비용 저렴
⑤ 시설비 과다
⑥ 충분한 수심 필요

Ⅳ. 시공 시 유의사항

① Caisson 설치 시 표준 오차 준수
　• 표준 오차 : 저면은 0.3 m, 사면은 내측 0.3 m, 외측 0.2 m
② 기초사석의 평탄성 유지
③ 양질의 뒤채움재 사용
　• 흡출 방지를 위해 방사판 설치

8   Caisson 진수방법

[97중전(20)]

I. 개요

① 콘크리트 타설이 끝나고 소정 기간 양생된 Caisson은 탈형하여 진수하며, 진수방식은 Caisson Yard의 양식에 따라 다르다.

② 진수 공법의 선정시에는 Caisson의 크기, 수량, 공기, 설치위치의 조건 등을 고려하여야 한다.

II. 진수방법 선정시 고려사항

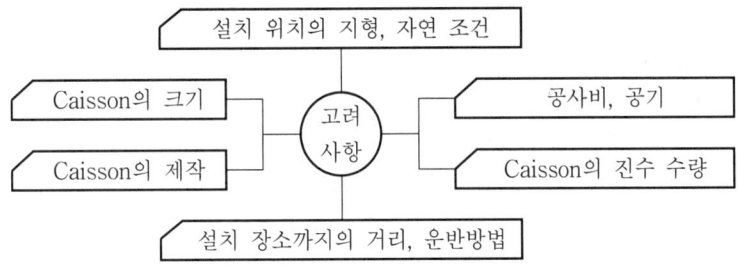

III. 진수방법의 종류

1) 기중기선에 의한 진수

① 호안이 근접한 곳에서 Caisson을 제작한 후 기중기선으로 들어올려 바다에 띄우는 방법이다.

② 기중기선이 접안할 수 있는 호안이나 물양장이 필요하다.

③ 기중기선의 인양능력에 의해 Caisson의 크기가 제약을 받는다.

2) 경사로에 의한 진수

① 육상으로부터 해면으로 경사로를 설치하고, Caisson을 경사로상에 활강시켜 바다에 띄우는 방법이다.

② 경사로의 건설비가 싸다.

③ 동시 제작 개수가 적다.

④ 수중부에도 상당한 거리의 경사로가 필요하다.

3) 가체절 방식에 의한 진수

① 수심이 얕은 항만이나 해안을 가물막이 하여 Caisson을 제작한 후 가물막이를 절개하여 Caisson을 부상시키는 방법이다.

② 설비가 간단하고 제작 용량이 적다.

③ 정온하고 조위차가 큰 장소에 채용이 가능하다.

④ 주수시 수량 조절이 되지 않아 사고의 위험이 있다.

4) 사상 진수
　① 준설 계획이 있는 모래 지반상에서 Caisson을 제작한 후 모래바닥을 해면에서
　　부터 준설하여 일정 수심이 되면 Caisson을 부상시키는 방법이다.
　② 위치 선정시 준설계획을 겸한 조건이어야 한다.
　③ 침수되기 쉬워 준설장비의 대피시설이 필요하다.

5) 건선거에 의한 진수
　① Dry Dock 내에서 Caisson을 제작한 후 물을 넣어 Caisson이 부상하면 Gate
　　를 열어 밖으로 끌어내는 방법이다.
　② 한 번에 여러 개 또는 거대한 Caisson의 제작이 가능하다.
　③ 긴 공기와 많은 공사비가 소요된다.
　④ 대규모 공사 또는 장기간의 공사에 적합하다.

6) 부선거에 의한 진수
　① 부선거 위에서 Caisson을 제작한 후 부선거를 진수 지점으로 예인하여 침강시
　　킴으로써 Caisson을 부상시키는 방법이다.
　② 진수 수심이 깊은 곳까지 예인하여야 한다.
　③ 넓은 접안시설을 갖춘 작업장이 필요하다.
　④ 다량 제작시 공기와 공사비가 많이 소요된다.

7) Syncrolift에 의한 진수
　① Syncrolift의 후면 Rail의 대차 위에서 Caisson을 제작한 다음, Platform에
　　실어 수면에 하강시켜 Caisson을 진수시키는 방법이다.
　② 시설 규모에 따라 대량 제작이 가능하다.
　③ 임시 제작 설비로는 공기가 길고 공사비가 많이 소요된다.

9 항만 공사용 Suction Pile

[08후(10)]

Ⅰ. 정의

① Suction pile은 파일 내부의 물이나 공기와 같은 유체를 외부로 배출시킬 때 발생하는 파일 내부와 외부의 압력차를 이용하여 설치하는 Pile을 말한다.

② Suction Pile은 길이에 비하여 상대적으로 직경이 큰 구조이며, 보통 길이와 직경비가 모래 지반에서는 2 : 1을, 점토 지반에서는 10 : 1을 넘지 않는다.

③ Suction Pile의 형상은 Suction압을 가하기 용이하도록 상단부는 밀폐되고 하단부가 열린 컵을 엎어놓은 모양을 하고 있다. 현재까지 시공된 Suction Pile 중 가장 큰 것은 직경이 32 m, 길이가 37 m에 이르며, 수심 300 m 해저면에 시공되어 석유 시추 Platform의 기초로 사용되었다.

Ⅱ. Suction Pile의 형상

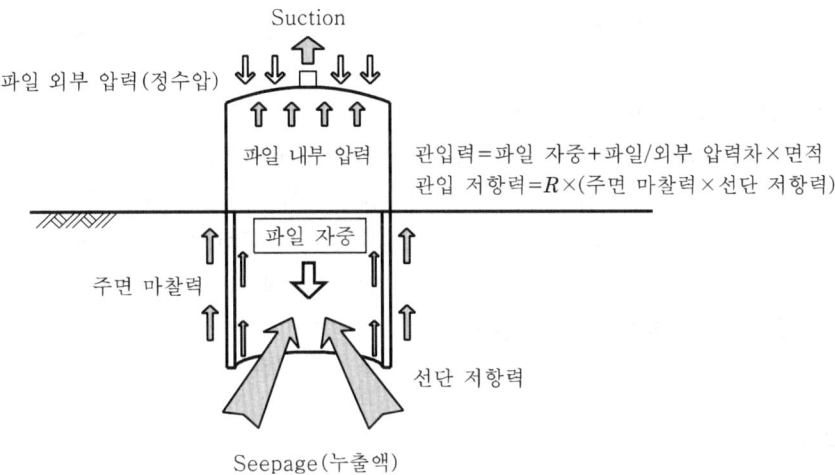

관입력 = 파일 자중 + 파일/외부 압력차 × 면적
관입 저항력 = R × (주면 마찰력 × 선단 저항력)

Ⅲ. Suction Pile의 시공 순서

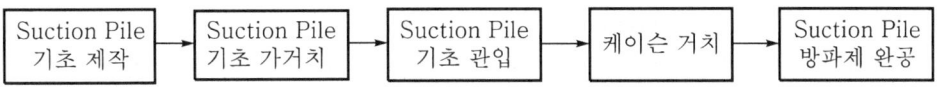

Suction Pile 기초 제작 → Suction Pile 기초 가거치 → Suction Pile 기초 관입 → 케이슨 거치 → Suction Pile 방파제 완공

Ⅳ. 특징

1) 대수심에서 적용성이 높음

① Suction Pile 기초는 Suction압의 발생이 가능한 수역에서 사용되나 특히, 대수심에서 적용성이 높다.

② Suction Pile 기초의 경우는 간편한 배수 장치에 의하여 설치가 가능하고, 수심이 클수록 정수압이 커져서 더욱 큰 Suction압을 발생시킬 수 있으며, 배수를 수심에 관계없이 기초 주변에서 시행할 수 있다.

2) 설치 간편

① Suction Pile 기초 구조물은 1~2일의 단기간에 설치 시공이 가능하다.

② 대규모 기초를 해저 지반 중에 설치할 수 있는 등 시공성이 우수하다.

3) 근입에 의한 안정성 증대

① 기초와 상부 구조물의 일체화를 도모함으로써 지반 내에 근입된 측벽의 수동 저항을 활동에 대한 저항력으로 볼 수 있으므로 활동에 대한 저항이 증대한다.

② 근입 효과에 의하여 전도, 인발 등에 대한 저항력이나 지지력이 증대한다.

③ Suction Pile 기초 구조물은 설치 후 기초 내부가 밀폐 상태가 되므로 인발에 의하여 기초 내부에 Suction압이 발생하여 인발력에 대한 저항력이 커진다.

4) 지반 개량 불필요

① Suction Pile 기초를 사용하여 소정의 지지력을 얻을 수 있는 심도까지 근입함으로써 지반 개량이 불필요하다.

② 표층에 연약 지반이 있고 하층에 사질토인 토층 구조의 경우에는 특히 유리한 기초 구조물이라 할 수 있다.

5) 선행 재하 및 재하 시험 가능

① Suction Pile 기초 구조물을 소정의 심도에 설치하고 충진재의 타설 전 또는 타설 후에 Suction압을 선행 재하하여 재하 시험을 실시할 수 있다.

② Suction압은 설치 수심 등에 따라서 한계가 있어 설계 하중까지 재하중을 작용할 수 없는 경우도 있겠지만 현장의 상황에 따라서는 효과적이다.

6) 구조물의 발출(拔出) 검토 필요

근입이 얕은 경우에는 구조물 전체의 발출에 대한 검토가 필요하다.

V. 용도

① 파고가 큰 곳

② 설계 심도가 큰 곳

③ 현지에서 급속 시공이 요구되는 경우

④ 설치 장치가 간단하여 대수심 시공의 경우

⑤ 표층이 연약 지반이고, 비교적 얕은 심도에 지지 지반이 있는 경우

10 방파제의 피해요인

[08전(10)]

Ⅰ. 개요

① 항만 구조물 중에서 파랑에 의한 피해는 방파제에서 대부분 발생한다.

② 경사식 방파제의 피해는 주로 법선 기초부터의 세굴에 의한 파괴와 파력(파도의 힘)의 직접작용에 의한 사면상에서 파괴와 구조물의 상호작용으로 인한 파괴로 크게 나눌 수 있다.

Ⅱ. 사석식 경사방파제

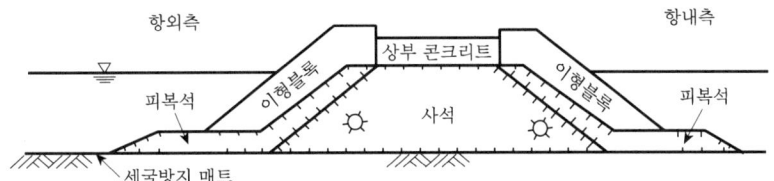

Ⅲ. 방파제의 피해원인

1) 피복석, 소파공의 중량 부족

① 설계파의 과소평가에 의한 피복석의 중량이 부족하여 피복석의 이동 및 이탈로 인한 피해가 발생한다.

② 소파공이나 피복석의 중량 부족은 과거 파랑 관측자료 부족으로 당시 파랑 추산자료의 부적절, 부정확한 모형결과 적용, 파력과 파괴구조 인자의 과소평가로 인해 발생한다.

2) 파력에 의한 피복석의 이동 및 이탈

사면상의 파쇄에 의한 파괴는 강한 유속과 함께 피복석의 파괴 및 이동에 영향을 미친다.

3) 이형블록(근고블록)의 유실

① 입사파향에 따른 사면상의 진행히는 파랑이 수심의 변화와 굴질 및 회절에 의해 에너지가 집중된다.

② 이에 따른 강한 흐름을 동반하여 항외측 사면의 기초가 되는 근고공이 유실 또는 세굴됨에 따라 사면이 활동 또는 파괴로 나타난다.

4) 방파제 전면 기초부의 국부 세굴

세굴에 의한 구조물의 안정성은 다른 파괴 구조에 비해 장기적이고, 파랑의 주기가 클 때 상대적으로 세굴이 신속히 진행되게 된다.

5) 기초부의 파괴

① 기초부의 세굴은 구조물의 상호작용으로 발생이 유도된다.

② 사면상에서 진행되는 흐름이 제체 배후의 유속을 증가시키고, 세굴에 의한 기초부의 파괴를 발달시키게 된다.

6) 월파로 인해 발생에 따른 제체의 침하

① 고파랑에 의해 발생되는 월파와 더불어 사면에 작용하는 직접적인 파력에 의해 상호 복합적인 피해가 발생한다.

② 방파제 마루부가 파괴됨에 따라 항내측 사면의 사석이 유실되거나 월파로 인하여 항내측 사면이 파괴된다.

11 Dolphin

[03전(10), 14후(10)]

Ⅰ. 정의

Dolphin이란 해안에서 떨어진 해중(海中)에 말뚝 또는 주상(柱狀) 구조물을 만들어서 선박을 바다에 계류시키는 시설로서 보통 말뚝식, Sheet Pile Cell식, Caisson식 등이 있다.

Ⅱ. 종류

① 보통 말뚝식
② Sheet Pile Cell식
③ Caisson식

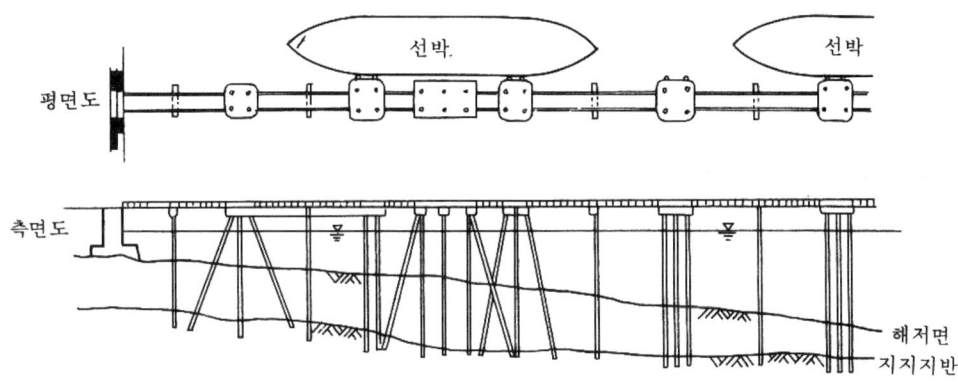

< 보통 말뚝식 Dolphin >

Ⅲ. 종류별 특징

1) 보통 말뚝식
① 비교적 경량 구조
② 연약 지반의 시공 가능
③ 세굴에 대해 안전
④ 수심 깊은 곳 적합
⑤ 말뚝의 부식이 쉽다.

2) Sheet Pile Cell식
① 연약 지반에 적합
② 시공이 간단
③ 공기 및 공사비가 저렴

④ 수심이 깊은 곳은 비경제적

⑤ 속채움 완료시까지 불안정

3) Caisson식

① 확실한 시공

② 해상 작업의 단순화

③ 구조적으로 안전

④ 선박의 충격력에 강함

⑤ 넓은 육상 작업장 요구

⑥ 기초지반 개량으로 공사비 고가

Ⅳ. 돌핀의 배치시 고려사항

① 대상 선박의 제원

② 수심, 조류

③ 풍향, 파향

④ 선박의 정박 및 항로

⑤ 하역 기계의 작동 범위

Ⅴ. 돌핀에 작용하는 하중

① 선박의 충격력

② 선박의 견인력

③ 사하중 과재 하중에 의한 연직력

④ 하역 기계의 작업 하중

⑤ 풍하중

12 비말대와 강재부식속도

[04중(10)]

I. 비말대

1) 정의
   ① 바닷가나 호숫가에서 파도가 칠 때 튀어오르는 물방울이 미치는 범위를 말한다.
   ② 일반적으로 만조(HWL) 위 약 5 m 정도의 높이까지를 비말대로 보며, 강재의 부식속도가 빠르므로 시공상 대책이 필요하다.

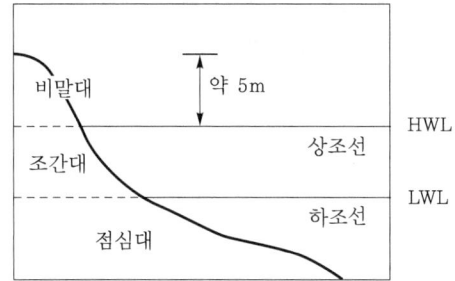

2) 특성
   ① 철구조물 등은 비말대 부위에서 극심한 부식 손상이 발생한다.
   ② 손상부에 대하여 용접, 표면처리, 코팅 등을 실시하여 잔류수명을 반영구적으로 유지할 수 있다.

II. 강재부식속도

1) 정의
   일반적으로 강재는 부식이 발생하며, 구성 성분과 흙, 해수, 대기환경 등의 환경조건에 따라 부식속도에 차이가 있다.

2) 부식 특성

해수에 의한 부식	해수에 포함된 Cl^- 이온은 부식에 영향이 크다.
대기노출에 의한 부식	대기중에 포함된 습기, 먼지, 기체 상태의 불순물에 의하여 부식 발생
지반내 부식	토양의 부식은 토양이 전기저항에 의해 발생

3) 부식 속도

부식 환경		부식 속도(mm/년)
해측	HWL 이상	0.3
	HWL~LWL	0.1~0.3
	LWL~해저부까지	0.03
육상 대기중		0.1

13 대안거리(Fetch)

[03중(10)]

Ⅰ. 정의

① 항만과 댐에서 풍상(風上) 방향에 있는 대안(對岸)의 육지까지의 거리를 대안 거리라 한다.

② 파랑이 최대로 발생하는 방조제의 지점으로부터 바다쪽에 위치한 육지 또는 도 서까지의 최단거리를 말한다.

③ 파도는 바람에 의해 일어나며 항만 내의 파도의 높이를 추정하는데 이용된다.

④ 대안거리는 5만분의 1 지형도상에서 측정한다.

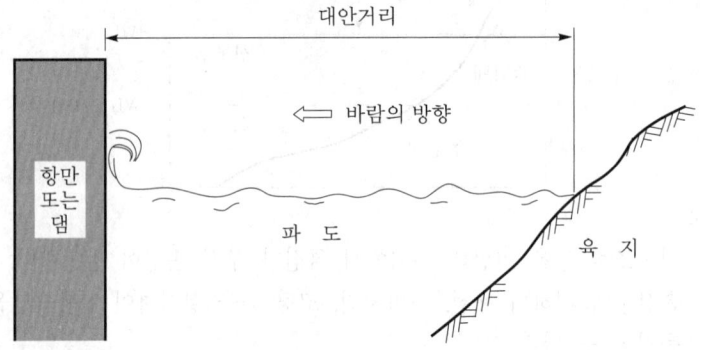

Ⅱ. 대안거리의 산출

1) 지형도에서 산출

대안거리는 5만분의 1 지형도상에서 측정한다.

2) 파랑 발생 방조제에서 산출

파랑이 최대로 발생하는 방조제의 지점으로부터 바다쪽에 위치한 육지 또는 도서 까지의 최단거리를 말한다.

Ⅲ. 대안거리의 활용

1) 설계파의 추정

10년 이상의 풍속자료를 정리하여 30년, 50년 빈도 등의 확률재기 풍속을 산출하 고 대안거리를 조사하여 SMB법 등으로 파랑을 추산한다.

2) 방조제 관리관청의 추정

방조제 관리규정은 포용조수량과 대안거리가 4 km 이상은 국가에서 관리하는 기 준이 되고 4 km 미만의 방조제는 지방자치단체가 관리하는 기준이 된다.

3) 항만내의 파도 높이 추정

파도는 바람에 의해 일어나며 대안거리는 파고의 높이를 추정하는데 이용된다.

Ⅳ. 대안거리의 적용

항만이나 댐의 여유고를 결정할 때 파랑고(h_w)와 파장(L)과 같은 인자가 사용되는데, 이러한 인자를 결정할 때 사용한다.

$h_w = 0.00086\,V^{1.1}\,F^{0.45}$

$L = 0.011\,V^{0.84}\,F^{0.58}$

$\quad h_w$: 파랑고(m)

$\quad L$: 파장(m)

$\quad V$: 10분간 평균거리(m)

$\quad F$: 대안거리(m)

14 자주 승강식 바지(Self Elevated Plat Barge)

[96전(20)]

Ⅰ. 정의

① 대형 바지선의 모서리에 수심에 따라 조절이 가능하도록 제작된 4개의 지주를 가진 작업선으로 파랑의 영향을 받지 않고 작업할 수 있는 함선을 말한다.

② 수면상 소정의 높이까지 함선을 들어올려서 파랑과 조류에 영향없이 육지와 같은 상태의 작업이 가능한 정비로서 정밀 해상작업에 많이 이용된다.

Ⅱ. 용도

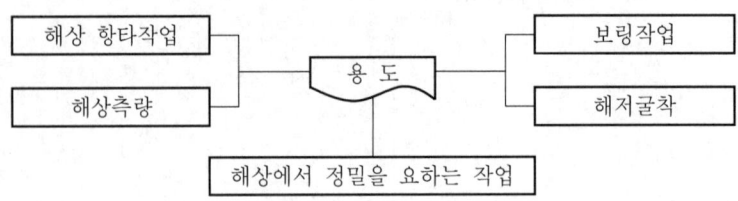

Ⅲ. 자주 승강식 바지의 도해

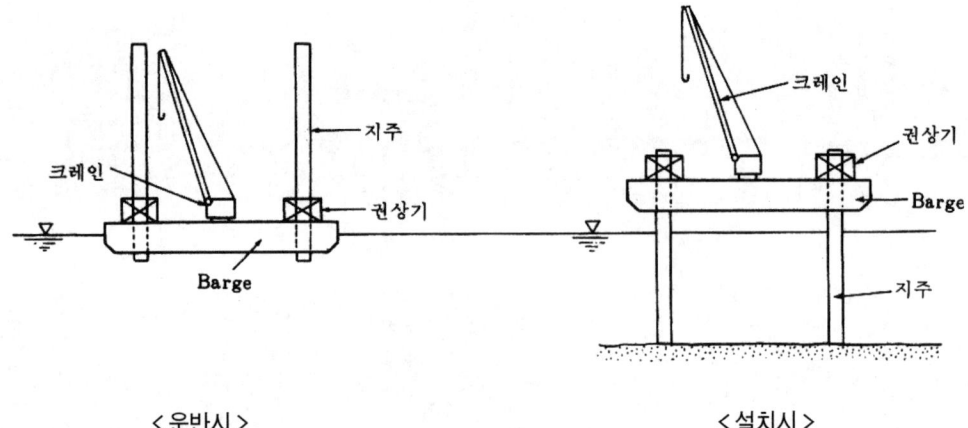

< 운반시 >   < 설치시 >

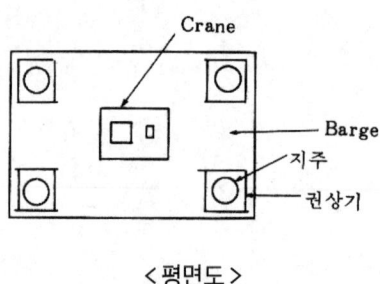

< 평면도 >

IV. 특징

1) 조류 영향
해상작업에 있어서 측량, 항타 작업시 파랑과 조류의 영향을 받지 않는다.

2) 육상작업과 동일 조건
바지선에 부착된 스패드(지주)를 수저 지반에 고정함으로써 육지와 같은 조건이 된다.

3) 정밀성 향상
조류와 파랑의 영향이 적어 시공의 정밀성을 얻을 수 있다.

4) 시공속도 향상
기후 조건에 따른 영향이 적어 시공속도가 빠르다.

5) 작업 조건
해상 조건이 열악한 곳에서도 시공이 용이하다.

6) 안전성 확보
부선에서 작업시에는 고정선이 되므로 안전성이 확보된다.

7) 하부 지반 조건과 무관
각각의 스패드(지주)가 단독으로 작동하므로 고저차가 심한 곳에서의 작업도 가능하다.

15 해안 구조물에 작용하는 잔류수압

[01중(10), 05후(10)]

Ⅰ. 정의

① 잔류수압이란 안벽이 수밀한 구조인 경우나 매립토가 투수성이 적은 경우에는 전면 수위의 변화에 대해서 구조물 배면의 수위변화가 지연되어 수위차가 일어난다.

② 이 때 안벽의 전면에 작용하는 수압과 배면에 작용하는 수압의 차에 상당하는 수압이 안벽에 작용하고 있는데 이를 잔류수압이라 한다.

Ⅱ. 잔류수압 산정

$$P_w = \gamma_w h_w$$

P_w : 잔류수압(tf/m^2)

γ_w : 물의 단위 체적중량(tf/m^3)

h_w : 전면수위와 배면수위와의 차

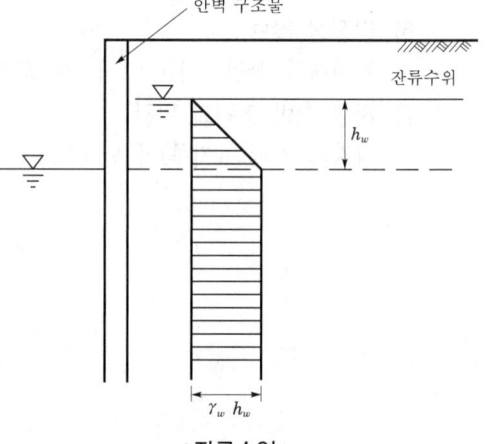

< 잔류수압 >

Ⅲ. 잔류수압 영향 요소

① 안벽의 수밀성
② 매립토의 투수성
③ 구조물 배면 토질
④ 조위차(潮位差)

Ⅳ. 잔류수압을 받는 구조물

① 안벽 구조물
② Box Caisson 등 항만 구조물

Ⅴ. 대책

① 투수성이 양호한 뒤채움재 사용
② 토립자의 유출방지를 위한 Filter Mat 시공
③ 파고의 전달을 저감시키기 위한 소파공 설치

16 약최고고조위(AHHWL)

Ⅰ. 정의

① 약최고고조위(略最高高潮位, AHHWL ; Approximate Highest High Water Level)는 4대 주요 분조의 최고수위 상승치가 동시에 발생했을 때의 고조위이다.

② 약최고고조위(AHHWL)는 항만시설의 구조설정 및 안전 검토에 사용되는 조위로서 해양과 내륙의 경계인 해안선으로 채택된다.

Ⅱ. 4대 주요 분조(分潮)

명 칭	기 호
주태음반일주조(主太陰半日周潮)	M_2
주태양반일주조(主太陽半日周潮)	S_2
태음일주조(太陰日周潮)	O_1
일월합성일주조(日月合成日周潮)	K_1

1) 주태음반일주조(主太陰半日周潮)

달이 천구상의 일주(日周)운동에 의해 발생하는 조석의 분조로서 주기는 12시간 25분이다.

2) 주태양반일주조(主太陽半日周潮)

태양이 천구상의 일주(日周)운동에 의해 발생하는 조석의 분조로서 주기는 12시간이다.

3) 태음일주조(太陰日周潮)

달이 적도상을 운행하지 않기 때문에 생기는 분조로서 주기는 25.82시간이다.

4) 일월합성일주조(日月合成日周潮)

달과 태양이 적도상을 운행하지 않기 때문에 생기는 분조로서 주기는 23.93시간이다.

Ⅲ. 약최저저조위(略最低低潮位, ALLWL ; Approximate Lowest Low Water Level)

① 4대 주요 분조의 최저 수위 하강치가 동시에 발생했을 때의 저조위

② 우리나라 해도 및 항만공사의 기준이 되는 조위

③ 기본수준면(Datum Level)으로 채택

Ⅳ. 수심측정 목적

① 매립시 매립토량 산출

② 해저 지반 굴착

③ 해저 기초 설치

④ 해저면 지반상태 파악

⑤ 해저 생태계 파악

17 유보율(항만공사시)

[09후(10), 15중(10)]

Ⅰ. 정의

① 펌프준설선으로 준설토사를 굴착하여 배사관을 통해 매립지로 운반 및 공급하는 과정에서 토사가 부유되어 매립지 외부로 일부가 유출되는데 이를 유실이라고 한다.

② 유실되고 남은 준설토는 계획된 공급지역에 쌓이는데, 이를 유보량이라 하며, 전체 준설토량에 대한 유보량의 백분율을 유보율이라 한다.

Ⅱ. 유보율 산정식

$$유보율 = \frac{유보량(준설토량 - 유실토량)}{준설토량} \times 100(\%)$$

Ⅲ. 준설매립 공사시 토질에 따른 유보율

토 질	점 토	모 래	자 갈
유보율	70%	83%	95%

Ⅳ. 유보율 향상 방안

① 침전시간을 오래하고 방치기간을 길게 한다.

② 매립 면적은 가급적 적게 하여 유실량을 줄이기 위해 블록을 여러 개로 분할한다.

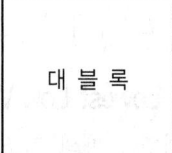 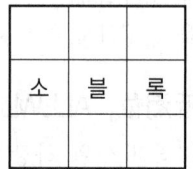

③ 시공사례 분석을 통해 유보율을 향상시킨다.

④ 해양지역의 준설토를 대상으로 주상시험을 실시한다.

Ⅴ. 준설공사에서 여굴과 여쇄

1) 여쇄는 여굴 외에 더 파는것

2) 여굴

   ① 점토, 사질토 : 0.3~0.8 m

   ② 자갈, 암 : 1.2~0.5 m

   ③ 보통 : 0.5 m

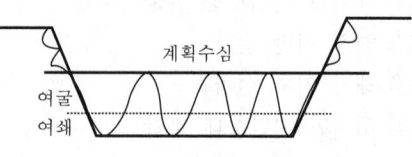

18 항만 관련용어

1) 평균 수면(Mean Water Surface Level)
   ① 어떤기간(실용상은 1년) 동안의 조위를 평균한 것
   ② 평균 수면(M.W.S.L)은 항상 일정한 것이 아니라 장소 또는 시기에 따라 변화한다.

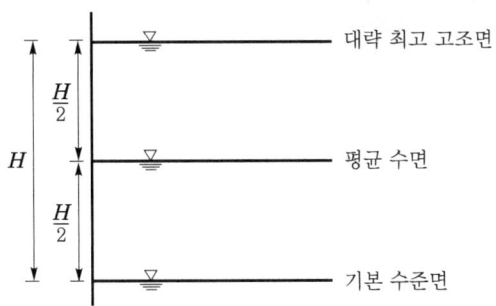

2) 매립(Reclamation)
   ① 토사를 투기하여 사용가능한 토지를 조성하는 것을 뜻하나, 일반적으로는 수면에 토사를 투기하여 새로운 육지를 만드는 것을 말한다.
   ② 매립을 하는 방법으로서는 육상의 경우에는 모터 스크레이퍼나 벨트 컨베이어가 이용되고 수상인 경우에는 흙운반선이나 펌프 준설선을 이용한다.
   ③ 매립지에는 육지와 이어진 것과 섬처럼 떨어진 것이 있으며 매립지를 둘러싼 호안을 매립 호안(Reclamation Revetment)이라 한다.

3) 준설(Dredging)
   ① 수로나 항로를 확보하기 위하여 해저나 하저의 토사를 제거하는 것을 말하며, 준설을 하는 작업선을 준설선(Dredger)이라 한다.
   ② 준설한 토사는 매립지나 앞바다에 투기되는 경우가 많으며, 토사의 운반에는 흙 운반선이나 배사관이 이용되고 있다.

4) 케이슨 야드(Caisson Yard)
   ① 방파제나 안벽에 이용하는 케이슨을 제작하여 임시로 두는 장소이다.
   ② 재료 저류설비, 제조설비, 진수설비, 동력설비 등 케이슨 제작에 필요한 제설비를 갖추고 있다.

제9장 ▶ 하 천

하천 과년도 문제

1. 하천공사에서 지층별 수리특성 파악을 위한 조사 내용 [12후(10)]

2. 하천 생태(환경) 호안 [08후(10)]

3. 제방법선(Normal Line Bank) [03중(10)]

4. 하천의 고정보 및 가동보 [09중(10)]

5. Cavitation(공동현상) [00후(10)]

6. Siphon [09전(10)]

7. 제방의 침윤선 [00전(10)]

8. 하천의 역행침식(두부침식) [12중(10)]

9. 가능최대홍수량(PMF ; Probable Maximum Flood) [06중(10)]

10. 계획홍수량에 따른 여유고 [10중(10)]

11. 설계강우강도 [03중(10)]

12. 설계강우강도 [11전(10)]

13. 유출계수 [04후(10)]

14. 부영영화(Eutrophication) [08중(10)]

15. 용존공기부상(DAF ; Dissolved Air Flotation) [11후(10)]

1 하천공사에서 지층별 수리특성 파악을 위한 조사 내용

[12후(10)]

I. 정의

하천공사에서 지층별 수리특성의 파악은 하천의 토질을 파악하여 유량을 분석하므로 홍수나 가뭄에 대비하며, 또한 교량 건설 시 기초자료로 사용하기 위해 조사한다.

II. 조사 내용(조사 방법)

사전 조사 → 예비 조사 → 본 조사(상세 조사)

1) 사전 조사
   ① 공사 입찰 안내서
   ② 설계 도서
   ③ 인공 위성 영상 판독
   ④ 지표 지질 조사
   ⑤ 광업권 조사

2) 예비 조사
   ① 수심 측량
   ② 각종 탐사 및 예비 시추 조사

3) 본조사
   ① 지층별 시추조사
   ② 시추조사물을 현장시험 또는 실내시험
   ③ 본조사 결과 분석에 의한 보완 조사

III. 현장조사 및 실내 시험

① 시추조사 : TS-200, TS-300
② 표준 관입 시험
③ 공내 재하 시험
④ 공내 전단 시험
⑤ 하향식 탄성파 탐사
⑥ 하천의 유속 측정

2 하천생태(환경) 호안

[08후(10)]

I. 정의

① 자연형 하천 및 생태 수로를 조성하기 위한 생태계 보전 호안(어류, 양서류, 곤충 보전 호안), 경관 보전 호안(녹화 호안, 조경 호안), 늪지와 습지 및 철새 도래지 등의 기반 안정화와 생태 복구 공사에 적용한다.

② 하천의 생태 호안의 종류에는 여러 가지 신기술이 도입되어 사용되고 있으나, 일반적으로 많이 사용하는 공법은 Gabion 매트리스 공법, 식생 호안 매트 공법, 호안 블록 공법 등으로 구분할 수 있다.

II. 호안의 구조

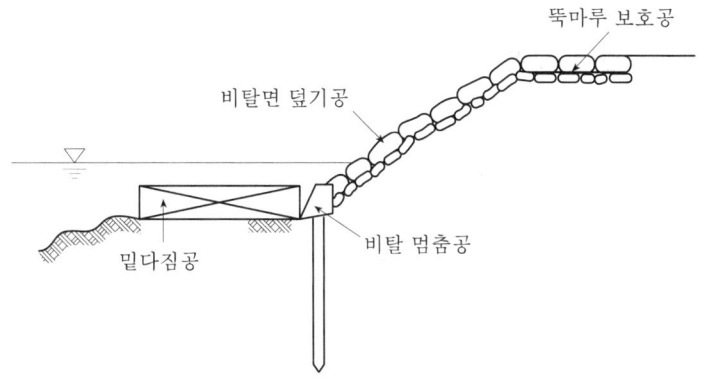

뚝마루 보호공
비탈면 덮기공
비탈 멈춤공
밑다짐공

III. 생태(환경) 호안의 재료

1) 나무 말뚝

나무 말뚝은 $\phi\,100{\sim}200$의 원목을 사용한다.

2) 섶단

① 버드나뭇가지, 갯버들류 등 삽목이 가능하고 맹아력(萌芽力)이 있는 수종의 가지와 천연 야자 섬유에 갈대를 식재하여 사용한다.

② 섶단에 쓰이는 나뭇가지는 생사시를 사용하여야 한다.

③ 갈대 천연 야자 섬유롤은 갈대를 견고하게 부착시키거나, 천연 야자 섬유롤 사이나 주변에 갈대를 식재할 수 있는 것이어야 한다.

3) 결속 재료

지지 항목과 섶단을 결박하기 위한 마닐라 로프($\phi\,12\,\mathrm{mm}$) 또는 천연 야자 섬유 및 결속선을 사용한다.

4) 돌망태

① 철망이나 단단히 결속된 일반 제품을 사용한다.

② 자연석은 산석 또는 강석을 사용한다.

5) 갯버들

잎이 피기 전에는 삽순을 그대로 쓸 수 있으나, 잎이 핀 후에는 미리 삽목한 묘목을 사용한다.

6) 갈대

갈대 이외에 달뿌리풀을 포함하고 종자를 채취하여 재배한 것 또는 자연산을 채취한 것으로서 뗏장(Sod), 분주 등의 형태로 사용한다.

7) 갈대 뗏장

① 가로 300 mm×세로 300 mm인 것과 1 m²인 것을 기준으로 한다.

② 갈대단용 뗏장을 사용하거나 뗏장의 조기 녹화와 숙성을 위하여 지피류와 혼파하여 재배한 혼용 뗏장을 사용한다.

8) 수생 식물

생장이 양호한 상태의 성묘를 사용한다.

Ⅳ. 생태(환경) 호안의 시공

1) 식생 호안

식생의 피복에 의한 토양의 지지력 향상으로 호안의 기능을 수행해야 하므로 식생이 충분히 자랄 수 있도록 여름철 홍수가 끝난 직후에 시공한다.

2) 기단부 처리 공사

① 나무 말뚝 박기

② 섶단 2단 누이기

③ 자연석 받침

④ 돌망태 놓기

⑤ 야자 섬유 두루마리

3) 비탈 바닥 공사

① 윗가지 덮기

② 녹색 마대

③ 갈대 다발 묶음

④ 황마망(Jute-Net), 황마-철망

⑤ 갈대 뗏장 심기

4) 식생재 피복 공사

① 갯버들 그루터기 심기

② 갯버들 꺾꽂이

3 제방 호안(護岸)

Ⅰ. 정의

① 호안이란 제방 또는 하안을 유수에 의한 파괴와 침식으로부터 보호하기 위해 유수와 접하는 비탈에 설치하는 제방보호 구조물을 말한다.

② 호안의 구조는 비탈면 보호를 위한 비탈덮기공과 이를 받쳐주는 비탈면 멈춤공 및 호안공의 기초에 해당되는 밑다짐공으로 나누어진다.

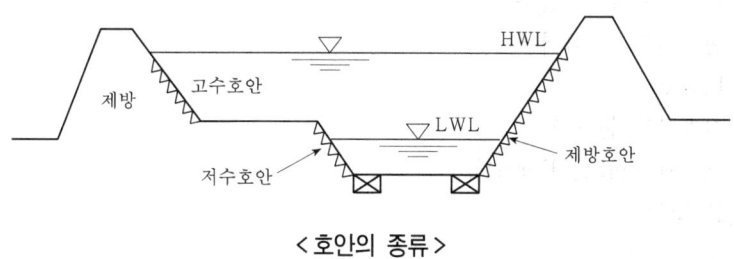

< 호안의 종류 >

Ⅱ. 호안

1. 호안의 종류

1) 고수 호안

홍수시 앞 비탈을 보호하기 위해 설치

2) 저수 호안

저수로에서 난류방지, 고수부지 세굴방지를 위해 설치

3) 제방 호안

제방을 직접 보호하기 위해 수충부, 급류하천, 고수부지가 없는 곳에 설치

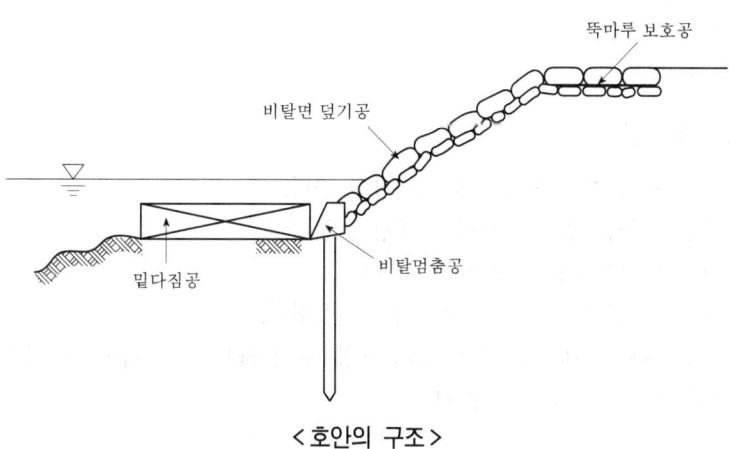

< 호안의 구조 >

2. 호안의 구조

1) 비탈덮기공
① 떼붙임공
② 돌망태공
③ 돌붙임공, 돌쌓기공
④ 돌채움 비탈 방틀
⑤ 사석공
⑥ 콘크리트 붙임공, 블록공
⑦ 어소 콘크리트 블록공
⑧ 콘크리트 셀 블록공
⑨ Pile공
⑩ 아스팔트 붙임공
⑪ 섬유대(Fabric Form)공

2) 비탈멈춤공
① 말뚝 기초
② 강널 말뚝
③ 콘크리트 기초
④ 바자공
⑤ 방틀공
⑥ 가드레일형 블록 멈춤공

3) 밑다짐공
① 섶침상
② 목공침상
③ 콘크리트 블록공
④ 사석공
⑤ 돌망태공
⑥ 널말뚝공

3. 시공시 유의사항

① 상시 수위 이하는 조도계수를 작게 한다.
② 호안 시공은 밑다짐 시공에 중점을 둔다.
③ 가능한 경제적인 공법을 선정한다.
④ 돌붙임 호안은 뒷길이가 큰 것을 사용한다.
⑤ 호안 재료는 내구성, 미관, 하천환경, 유지관리를 고려하여 선정한다.
⑥ 비탈머리 보호공을 시공한다.

4 제방 법선(Normal Line Bank)

[03중(10)]

I. 정의

① 제방 법선이란 제방 제외측의 비탈어깨 또는 뚝마루의 중심선을 말하며, 제방의 위치를 결정하는 기준이 된다.

② 제방 법선의 방향은 최대한 유수방향과 평행하게 설치하지만, 급각도의 만곡을 피하고 심한곡선의 경우는 홍수시 유수방향에 따라서 곡률반경이 큰 곡선으로 한다.

II. 도해

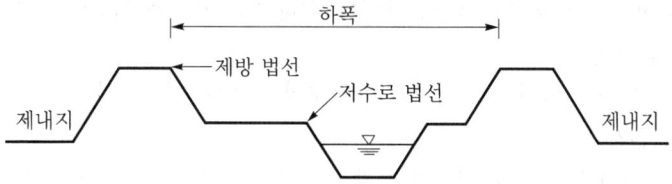

III. 제방 법선의 용도

① 하폭의 결정
② 유수의 방향 결정
③ 홍수시 유수의 범람 방지
④ 제방의 공사비 산정
⑤ 제내지 토지 사용

IV. 제방 법선 선정시 유의사항

1) 법선의 간격

① 법선의 간격은 계획수량을 유지하기 위해 계산상의 하적(河積)보다 증가시켜 고수부, 수세 등을 설치할 수 있는 여유를 두어야 한다.

② 제방 법선은 홍수량, 수심, 하상비탈, 조도 지역의 특성을 고려하여 법선의 간격을 결정해야 한다.

2) 법선의 방향

① 법선의 방향은 가급적 유수의 방향과 평행되게 설치해야 한다.

② 법선의 방향은 급각도의 만곡을 피하고 저수로가 심한 곡선의 경우에도 홍수는 직류하는 경향이 있으므로 홍수시의 유수방향에 따라 곡률반경이 큰 곡선이 되게 해야 한다.

3) 완류하천
① 완류하천에서는 자연적인 만곡이 되게 한다.
② 완류하천에서는 무리하게 직선으로 개수하면 평형을 파괴할 수 있으므로 유의해야 한다.

4) 하폭의 확대
① 급만곡된 곳에서는 다소 하폭을 확대하여 유세의 완화를 도모한다.
② 적당한 위치에 구제(舊堤)가 있는 경우에는 다소 법선의 위치와 방향을 수정하여 구제를 이용하여 확축(擴築)하는 것이 경제적이다.

5) 양안 법선
양안의 법선은 될 수 있는 한 평형되게 하여 하폭의 급격한 변화를 피한다.

6) 급류하천
급류하천에서는 호안의 침식, 세굴이 심하므로 되도록 직선이 되게 해야 한다.

7) 불투수성 지반
제방 법선은 연약지반을 피하고 불투수성 지반에 설치해야 한다.

8) 지천과 간천
지천과 간천은 되도록 예각이 되게 합류시키고 또 홍수의 유하를 원활히 하기 위해 합류점 아래 적당한 곳에 낮은 도수제(도류제)를 설치하는 것이 좋다.

9) 저수로와의 관계
법선은 되도록 저수로에서 같은 거리에 있도록 선정하여 제방 비탈 끝에 충분한 고수부를 갖도록 한다.

10) 자연경관 고려
제방 법선을 선정시는 주변의 자연경관이나 환경을 고려하여 결정한다.

5 하천 수제(水制)

Ⅰ. 정의

① 수제란 하천수의 흐름을 조절하여 유로의 폭과 수심을 유지하고 제방과 하상을 보호하며, 하천수를 제어하기 위해 물의 흐름에 직각 또는 평행으로 설치하는 하천 구조물을 말한다.

② 하천에서 수제 설치는 하천수의 흐름을 제어, 제방 세굴방지, 생태계 보전 등의 목적으로 설치되며 투과 수제와 불투과 수제로 나누어진다.

Ⅱ. 수제

1. 수제의 목적

① 제방 세굴방지 ② 유로의 고정과 저수로의 고정

③ 수위 상승 ④ 본류와 지류의 흐름 유도

⑤ 생태계 보전 ⑥ 하천 경관 개선

⑦ 모래 이동 조정

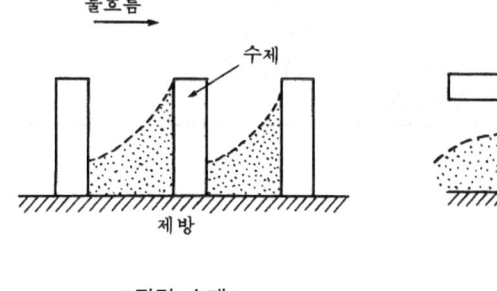

< 직각 수제 >

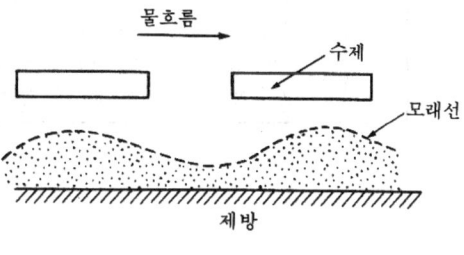

< 평행 수제 >

2. 수제의 종류

1) 구조에 의한 분류

① 투과 수제 : 수제를 통하여 흐름을 허용하는 구조로 유속이 감소되며 제방 세굴 방지 및 부유사의 퇴적 유발

② 불투과 수제 : 수제를 통하여 흐름을 허용하지 않는 구조로 흐름의 방향 변경에 효과적이다.

2) 방향에 의한 분류

① 흐름에 직각인 횡수제

② 흐름 방향과 평행한 평행 수제

3) 재료 및 형태에 의한 분류
  ① 말뚝 수제
  ② 침상 수제
  ③ 뼈대 수제
  ④ 콘크리트 블록 수제
  ⑤ 날개 수제
  ⑥ 타이어 수제, 철제 수제

Ⅲ. 호안과 수제 비교

호안이 유수의 침식 작용으로부터 제방을 보호한다는 면에서 수제와 동일한 목적을 지니고 있으나 그 역할면에서 다음과 같은 장·단점이 있다.

구분	호 안	수 제
장점	① 직접 하안을 피복하여 설치하므로 침식을 확실하게 방지할 수 있다. ② 제방의 직접적인 보호 및 하천 환경 개선 효과가 크다.	① 물의 흐름을 적극적으로 제어하여 유로 고정 및 제방 보호가 가능하다. ② 토사의 퇴적과 유속 감소의 효과를 얻을 수 있다. ③ 하천에 다양한 환경을 제공하여 생태계 및 경관보전에 효과가 크다.
단점	① 유속 감소의 효과가 적다. 경우에 따라서는 유속을 증대시킨다. ② 호안 상하류부에서 하안을 침식시키고 호안 밑부분에서 세굴을 일으킨다.	① 하안을 간접적으로 보호한다. ② 하류부에서 수충부가 이동될 수 있다. ③ 수제의 선단 부분이 세굴되기 쉽다.

6 하천의 고정보 및 가동보

Ⅰ. 정의

① 하천의 보는 각종 용수(用水)의 추수(秋水)를 위하여 수위를 높이고, 조수(潮水)의 역류를 방지하기 위하여 하천을 횡단하여 설치하는 시설물로서 제방의 기능을 갖지 않는 것을 말한다.

② 일반적으로 하천의 보는 하천의 수위를 조절하는 경우는 많지만 유량을 조절하는 경우는 적다고 할 수 있다.

③ 하천의 보를 구조와 기능에 따라 분류하면 가동보와 고정보로 구분한다.

Ⅱ. 고정보

1) 정의

① 고정보는 문짝이 설치되지 않고 보 본체와 부대 시설로 이루어지는 보로 소하천에 많이 설치된다.

② 고정보와 낙차공은 형태가 비슷하여 쉽게 구별할 수 없으나, 낙차공은 하상 안전을 위해 설치되므로 고정보보다 낮게 설치되는 것이 일반적이다.

2) 고정보의 형상

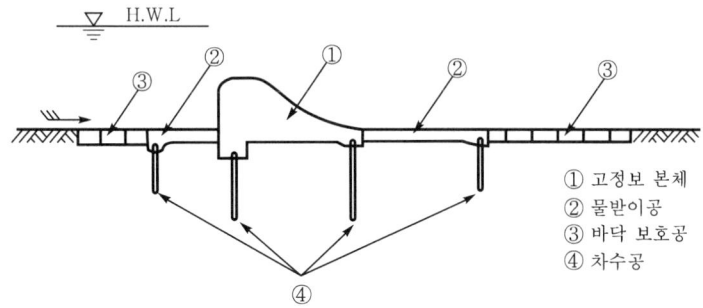

① 고정보 본체
② 물받이공
③ 바닥 보호공
④ 차수공

< 고정보의 구조 >

Ⅲ. 가동보

1) 정의

① 문짝으로 수위의 조절이 가능한 보로 크게 배사구와 배수구로 이루어진다.

② 가동보와 수문의 구분은 제방의 기능을 갖고 있는가에 따라 결정된다. 제방의 기능을 가지는 것은 수문이며, 그렇지 않은 것은 가동보이다.

2) 가동보의 형상

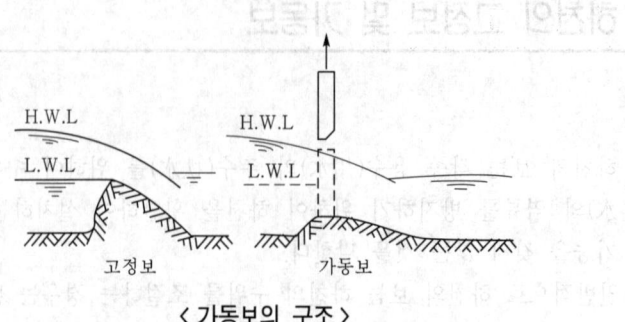

〈 가동보의 구조 〉

7 수문(通門, 通管)

Ⅰ. 정의

① 수문이라 함은 내수배제, 용수의 취수, 염해방지를 위하여 하천, 해안, 호안 제방의 일부에 설치된 구조물로서 통수 단면이 크고 제방을 분단하여 상부가 개방된 것을 말한다.

② 일반적으로 통수 단면이 큰 것을 수문이라 하며, 통수만을 목적으로 제방을 횡단하는 암거에 Gate를 설치한 통수 단면이 작은 것으로 구형 단면은 통문이라 하고 원형 단면의 것을 통관이라 한다.

Ⅱ. 구분 방법

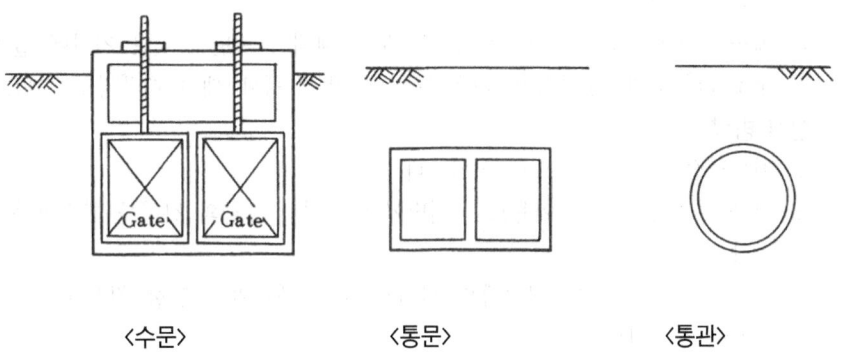

<수문>　　　　　　<통문>　　　　　　<통관>

1) 수문(水門)
   ① 통수 단면이 큰 것으로 내경 3 m 이상되는 것
   ② 제방을 가로질러 설치되어 상부가 개방된 구조물
   ③ 일반적으로 규모가 큰 것을 수문이라 칭함

2) 통문(通門)
   ① 구형의 단면 형성
   ② 철근 콘크리트 구조물
   ③ 단면 크기가 1 m 이상되는 대형

3) 통관(通管)
   ① 원형의 단면 형성
   ② 흄관, 콘크리트 라이닝, 강관 등의 구조
   ③ 단면 크기는 1 m 이내

Ⅲ. 사용 목적에 의한 분류

① 배수 통문
② 용수 통문
③ 역수 통문
④ 방조 수문
⑤ 조절 수문
⑥ 육갑문

Ⅳ. 위치 및 방향 선정

1) 설치 위치

① 수문의 설치 위치는 하상이 안정되고 하폭이 변하지 않으며 유수에 의한 세굴, 퇴적 등이 적은 안정된 지점이 좋다.
② 위치 선정시에는 물충격부, 연약지반, 고수부지가 넓은 곳, 하폭이 급변하는 곳 등은 피해야 한다.
③ 배수용 통관, 통문이 배수지역 하류부의 제내지 지반이 낮은 지반에 설치될 때 구조물의 침하, 균열발생, 기초하부 간극발생 등에 대한 대책강구가 필요하다.

2) 설치 방향

① 제방법선에 직각방향으로 설치한다.
② 경사 설치를 피하는 이유로는 제방에 이질성 구조물의 길이를 최소화하기 위함이다.
③ 만곡부 등에 의하여 직각방향 설치시 자연 배수가 곤란한 경우에는 하류부로 옮겨서 설치한다.

Ⅴ. 시공 계획

① 가설공사 계획
② 가물막이 계획
③ 굴착공사 계획
④ 배수 계획

8 Cavitation(공동현상)

[00후(10)]

I. 정의

① 유수 중에 국부적으로 유속이 큰 부분이 있으면 그 부분의 압력이 저하되어 부압(−)이 발생하고, 물속에 있던 공기가 분리되어 물속에 공기 덩어리를 구성하게 되는 현상을 말한다.

② 유체가 벽면을 따라 흐를 때, 벽면에 요철 또는 만곡부가 있으면 흐름이 직선적이지 않아 저압 상태가 되고, 압력에 비례하여 용입된 공기가 분리되어 기포로 나타나는 것이다.

II. 특징

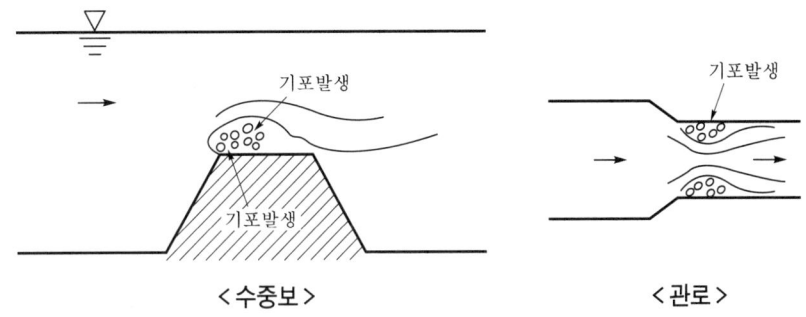

<수중보> <관로>

① 공동속의 압력은 절대압이 되지 않는다.
② 공동현상은 고체의 곡면부에서 발생한다.
③ 공동의 발생과 소멸은 연속적으로 생긴다.
④ 공동현상이 생기면 물체의 저항력이 커진다.

III. Cavitation의 피해

1) 침식

발생된 기포가 파괴되어 다시 수중으로 소멸될 때 심한 충격이 발생되는데 이 때 큰 힘의 충격에 의해 구조물 침식

2) 소음, 진동

공동현상에 의한 기포가 갑자기 파괴될 때 큰 소음과 진동 발생

3) 기계성능 저하

펌프에서의 Cavitation 발생은 펌프의 성능을 저하시키고 효율도 나빠짐

4) 구조물 손상

Cavitation 발생에 따른 수리 구조물의 손상 발생

Ⅳ. Cavitation 방지법

① 일정 단면 유지
② 단면내 장애물 제거
③ 손실수두를 적게
④ 펌프 흡입 양정고를 낮게
⑤ 흡입관의 관경을 크게 하고, 기타 부속품의 수를 적게

9 | Siphon

[09전(10)]

Ⅰ. 정의

① Siphon이란 높은 곳에 있는 액체에 용기를 기울이지 않고 낮은 곳으로 옮기는 연통관(連通管)을 말한다. 공기나 물체에 닿는 것을 기피하는 약액(藥液) 등을 옮기는 데 편리하며, 약액 등의 위에 뜬 맑은 액체만을 구분하여 옮길 수도 있다.

② Siphon의 원리는 높은 쪽의 액면(液面)에 작용하는 대기압(大氣壓)으로 인해 액체가 관안으로 밀어 올려지는 것을 이용한 것으로 낮은 쪽의 액면에도 대기압이 작용하고 있으나, 액체를 밀어올리는 힘은 액면 높이차 $h_2 - h_1$과 같은 높이를 가지는 액주(液柱)의 압력만큼 약하여 상부의 액체가 관을 통하여 하부로 흐르는 원리이다.

Ⅱ. Siphon의 이론

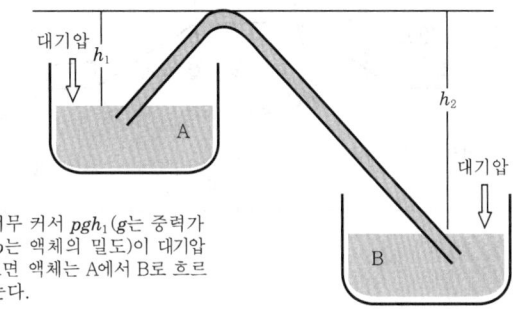

h_1이 너무 커서 pgh_1(g는 중력가속도, p는 액체의 밀도)이 대기압보다 크면 액체는 A에서 B로 흐르지 않는다.

Ⅲ. Siphon의 활용도

1) 관수로

2) 소수로 발전기

① 농업용 보 등에 사용하는 Siphon 원리를 이용한 소수력 발전 장치이다.

② 진공 펌프를 이용한 Siphon 현상으로 보의 상부에서 하부로 물을 방류시켜 이때 발생한 물의 위치 에너지를 전기 에너지로 전환시킨다.

3) 앙금 분리

와인통을 높은 곳에 올려놓고 호스나 튜브 등을 이용하여 가라앉은 와인의 앙금을 제외하고 와인의 윗부분만 병에 담을 수 있다.

4) 좌변기

한꺼번에 물을 많이 부으면, 물이 내부의 관을 따라 넘어가면서 뒤에 있는 많은 양의 물들이 한꺼번에 딸려 들어가게 되나 만약 계속해서 물이 공급되지 않으면 좌변기 안에는 아주 적은 양의 물만 남게 된다.

5) 관 Siphon

배수관로에 Siphon의 원리를 이용하여 배관의 설계시 활용한다.

10 하천 제방의 누수원인 및 방지대책

I. 개요

① 제방의 누수는 제외 수위가 상승하여 제체 또는 지반을 통해 제내측으로 침투수가 유입되는 현상을 말하고, 제체를 침투해 오는 제체 누수와 지반을 침투해 오는 지반 누수가 있다.

② 제체 누수는 제체의 침윤선이 결정적인 요인이 되므로, 침윤선이 제방 부지 밖에 위치하도록 하여야 하며, 지반 누수가 있을 경우에는 적절한 대책 공법을 강구해야 한다.

II. 제방의 구조 도해

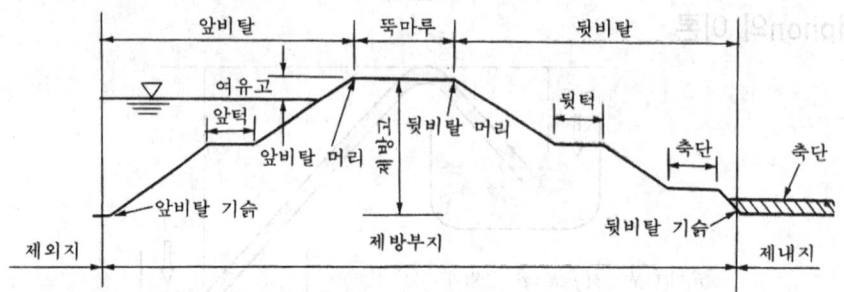

III. 누수 원인

① 제방 단면 과소
② 재료의 부적정
③ 차수벽 미시공
④ 제체의 다짐불량
⑤ 제체의 구멍
⑥ 구조물 접합부 시공불량
⑦ 투수성이 큰 지반
⑧ 표토의 세굴
⑨ 불투수층의 두께부족
⑩ 투수층의 노출
⑪ 지반침하

IV. 방지 대책

① 제방 단면 확대
② 제체재료 선정유의
③ 비탈면 피복
④ 차수벽 설치
⑤ 다짐시공 철저
⑥ 약액주입
⑦ 압성토 공법
⑧ Blanket 공법
⑨ 배수로 설치
⑩ 지수벽 설치
⑪ 비탈끝 보강 공법
⑫ 집수정 설치
⑬ 수제 설치

11 제방의 침윤선

[00전(10)]

Ⅰ. 정의

① 침윤선(Seepage Line)이란 하천제방이나 흙댐 등에 물이 통과하는 여러 유선 중 최상부의 유선을 말한다.

② 흙 댐을 통해 물이 통과할 때 그 경로가 쉽게 정해지지 않는데, 만일 이 유선이 만족스럽게 아래 그림과 같이 정해질 때, 침투수의 표면 유선을 침윤선이라 하며 포물선으로 표시된다.

Ⅱ. 침윤선 결정 방법

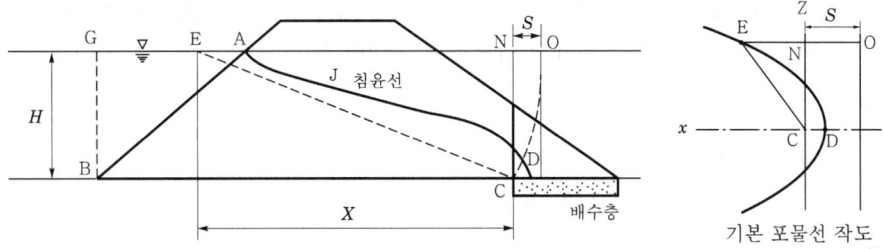

Casagrande와 Kozeny에 의해서 제안된 방법으로 결정한다.

① AE＝0.3AG가 되게 E점을 정한다.

② G점은 B점에서 연직 방향으로 그어서 수면과 만나는 점이다.

③ C점이 초점이고 D점과 E점을 통하는 포물선을 그린다.

④ A점에서 등수두선 AB와 직각으로 교차하여 기본 포물선과 만나도록 AJ와 같이 원활하게 선을 그으면 AJD가 침윤선이 된다.

⑤ D점 결정

$(X+S)^2 = X^2 + H^2$에서

$S = \sqrt{X^2 + H^2} - X$

포물선의 특성으로부터 $CD = \dfrac{1}{2}S$에서 D점이 결정되어진다.

Ⅲ. 침윤선의 용도

① 제내지 배수층 설치 위치

② 제방폭 결정

③ 제방의 거동 파악

④ 제방의 역학적 안정성 검토

12 | 하천의 역행 침식(두부 침식)

[12중(10)]

I. 정의

① 하천의 역행침식이란 하천의 바닥과 기슭 등의 침식이 빠른 속도로 진행되면서 제방둑이 산사태와 같이 무너져 내리는 현상으로 하류 쪽에서 상류 쪽으로 거슬러 올라가며 확산되는 현상을 말한다.

② 준설 등의 이유로 하천 본류의 수위가 낮아지면 본류로 흘러오는 지천과의 수위차가 커지면서 물살이 빨라짐으로 인해 하천 바닥이 먼저 파이게 되며, 이로 인해 기반이 약해진 기슭과 제방 등이 붕괴되는 현상이다.

③ 기슭과 제방 등이 붕괴되기 시작하면 하천에서 또 다른 수위차가 발생하면서 연쇄적인 효과로 연속적으로 붕괴를 유발하게 된다.

④ 이러한 침식현상은 하천의 상류 쪽으로 퍼져나가므로 하천의 역행침식이라 하며, 두부 침식 또는 후퇴 침식으로도 불리운다.

II. 원인

① 하천 바닥의 무분별한 준설

② 하천 본류와 저류 사이의 수위차 발생

III. 문제점

① 기슭과 제방 붕괴에 따른 막대한 보수비용 발생

② 멸종 위기종의 폐사로 환경피해

③ 문화재 및 각종 교량 붕괴

④ 홍수피해 발생

⑤ 단수 발생

IV. 방지 대책

① 하천 바닥의 세굴 방지

② 지천과 본류의 상관관계의 사전조사

③ 과도한 준설 금지

④ 보 수문의 개방으로 하천 스스로 안정을 찾도록 유도

13 가능 최대홍수량(PMF ; Probable Maximum Flood)

[06중(10)]

Ⅰ. 정의

① 가능 최대홍수량이란 어떤 지역에서 생성될 수 있는 가장 극심한 기상조건하에서 가능한 홍수량을 말하며, 기상학적으로 가능한 최대강수량으로 인한 홍수량을 의미한다.

② 설계홍수량을 가능 최대홍수량으로 택하면 그만큼 홍수에 대한 경제적인 손실을 줄일 수 있지만, 반면에 수공구조물에 드는 비용이 과다하게 소요되므로 구조물의 중요성이 대단히 큰 경우에 설계홍수량으로 가능 최대홍수량이 채택되고 있다.

Ⅱ. 가능 최대홍수량의 산정과정

1) 가능 최대강수량(PMP ; Probable Maximum Precipitation) 추정

```
┌ 초기방법 ┬ 경험에 의한 방법
│          └ 통계학적 방법 : 10,000년 빈도 기준
└ 현재방법 – 수문 기상학적 방법 : 관측 강우량 사용
```

2) 관측 강우량

① 수분 최대화 : 임의의 호우지역의 최대 수분을 산정

② 호우 전이 : 한 지역의 호우를 기상학적, 지형학적으로 동질성을 가정하여 다른 지역으로 재배치하는 것

③ 포락 : 어느 자료군에서 최대값을 찾기 위한 과정

3) 가능 최대홍수량 산정

추정된 가능 최대강수량(PMP)에서 강우의 공간분포와 시간분포를 추정 해석하여 가능 최대홍수량(PMF) 산정

Ⅲ. 가능 최대홍수량의 활용

① 하천 유역별로 댐 건설 수량을 결정

② 댐 건설시 댐의 규모 결정

③ 댐의 표고 및 여수로 높이 결정

④ 각 지역의 하천 유역 제방높이 결정

⑤ 홍수 피해 발생시 주민대피시설의 장소 및 규모 결정

14 계획홍수량에 따른 여유고

[10중(10)]

Ⅰ. 정의

여유고는 계획홍수량을 안전하게 소통시키기 위해서 하천에서 발생할 수 있는 여러 가지 불확실한 요소들에 대한 안전값으로 주어지는 여분의 제방높이를 말한다.

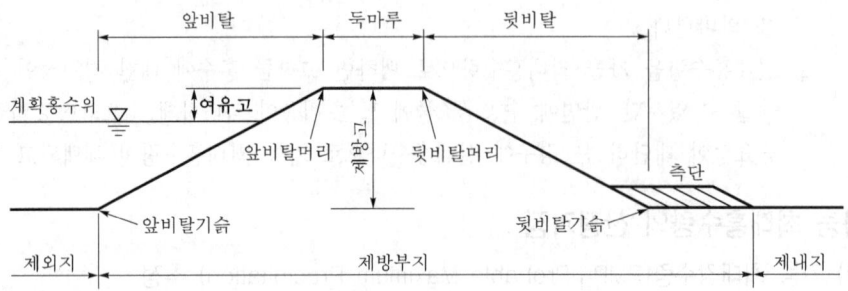

< 제방단면의 구조와 명칭 >

Ⅱ. 여유고 필요성

① 제방둑마루의 표고를 결정
② 홍수에 의한 위험으로부터 제내지를 보호
③ 불확실성에 대비하여 안전성을 확보

Ⅲ. 계획홍수량에 따른 여유고 기준

계획홍수량(m^3/sec)	여유고(m)
200 미만	0.6 이상
200 이상~500 미만	0.8 이상
500 이상~2,000 미만	1.0 이상
2,000 이상~5,000 미만	1.2 이상
5,000 이상~10,000 미만	1.5 이상
10,000 이상	2.0 이상

Ⅳ. 여유고 산정시 고려사항

1) 안전율
   ① 제방의 유지
   ② 수문량의 불확실성
   ③ 하천소통능력의 불확실성

2) 하천 지반의 변화
   ① 하천 내의 토사 퇴적
   ② 지반 침하

15 설계강우강도

Ⅰ. 정의

① 설계강우강도는 어느 지점에서의 강우(비)의 양을 나타낸 것으로, 시간당 내린 강우의 양으로 환산하여 표시한다.

② 설계강우강도는 강우의 지속시간과 강우빈도로 결정되며, 단위는 mm/hr로 표시한다.

③ 설계강우강도는 도로의 배수 구조물 설계시 합리적인 설계기준을 수립하는데 이용된다.

Ⅱ. 강우의 지속시간

1) 의의

① 집수지역의 최상지점에서 유출량을 고려하는 지점에 우수가 도달하기까지의 시간을 말한다.

② 지속시간이 긴 경우 강우빈도는 낮으며 짧을 경우는 높아진다.

2) Talbot식

$$I = \frac{a}{b+t}$$

t : 강우 지속시간(min)

a, b : 지역의 특성에 따른 상수

3) 일반적인 강우 지속시간

구 분	강우 지속시간(분)
인구밀도가 큰 지역	3
인구밀도가 작은 지역	10
간선 오수관거	5
지선 오수관거	7~10
평균	7

Ⅲ. 강우빈도

1) 의의

① n년의 1번의 확률로 발생하는 강우를 n년 확률강우량이라 한다.

② 확률강우량은 배수시설의 종류, 목적에 따라 몇 년 확률강우를 적용할지를 결정한다.

2) 강우빈도의 적용

구 분	확률년
장대교($L \geqq 100\,\mathrm{m}$)	100년
소교량($L < 100\,\mathrm{m}$)	50년
도로 횡단암거 및 배수관	25년
암거 및 배수거	10년
도로 인접지 배수시설	10년
측구	5년
노면 및 비탈면 배수시설	3년

Ⅳ. 설계강우강도(I)의 결정

① 설계지역의 강우빈도에 따른 확률강우량을 구한다. (I')

② 강우의 계속시간에 따른 보정계수를 구한다. (k)

$$I = I' \times k$$

16 유출계수

[04후(10)]

Ⅰ. 개요

① 도로의 배수설계에 있어서 표면배수는 강우 또는 강설에 의해 생긴 지표면을 흐르는 물을 배수하는 것을 말한다.

② 표면배수 용량은 집수구역(배수구역)의 결정 → 집수면적의 산정 → 집수구역의 평균유출계수 등 영향인자의 크기에 의해 결정된다.

③ 유출계수의 크기는 배수유역의 특성에 의해 결정된다.

Ⅱ. 유출계수

1) 정의

① 어떤 일정면적, 일정기간에 내린 총강우량에 대한 총유출량 비율을 말한다.

② 유출계수＝총유출량 / 총강우량

③ 유출계수는 배수구역내 지표면상태, 경사, 토질, 강우지속시간 등에 의해 결정된다.

2) 유출계수의 결정

① 합리식(Rational Method)에 의한 유출량 결정

㉮ 합리식의 적용 : 유역면적이 $4\,\text{km}^2$ 이내일 때－소하천

㉯ 산정식

$$Q_d = 0.278\,C \cdot I \cdot A$$

Q_d : 유출량(설계유량)(m^3/s)

C: 유출계수

I : 강우지속시간 t인 설계강우강도(mm/h)

A : 유역면적(km^2)

② 합리식에서의 유출계수(C)의 값

지 역	유출계수(C)	지 역	유출계수(C)
포장면 및 비탈면	0.9	도시지역	0.7
가파른 산지	0.8	잡지	0.6
가파른 계속 경작지	0.8	경작하는 평계곡	0.6
논	0.8	경작하는 평작지	0.5
완만한 산지	0.7	수림	0.3
완만한 경작지	0.7	밀림수림과 덤불 숲	0.2

17 베르누이 정리(Bernoulli's Theorem)

Ⅰ. 정의

① 베르누이 정리는 점성이 없는 비압축성 유체가 중력만의 작용으로 그 흐름이 정류인 때에 하나의 유관에 연하여 전수두가 변함이 없이 일정하다는 원리로서 다음 관계가 설입한다.

$$H = \frac{P}{\gamma_w} + \frac{V^2}{2g} + Z = \text{Constant}$$

② 이것은 유관에 연한 에너지보존의 법칙을 나타내는 것으로 베르누이 정리라 한다. 즉, 관의 단면이 큰 곳은 유속이 작아지고 관의 단면이 작은 곳에서는 유속이 커짐으로써, 관 단면의 크기에 상관없이 흐르는 유량은 같다.

Ⅱ. 관계식

$$z_1 + \frac{P_1}{\gamma_w} + \frac{V_1^2}{2g} = z_2 + \frac{P_2}{\gamma_w} + \frac{V_2^2}{2g} = H(\text{일정})$$

z : 위치수두 $\qquad \dfrac{P}{\gamma_w}$: 압력수두

$\dfrac{V^2}{2g}$: 속도수두 $\qquad H$: 전수두

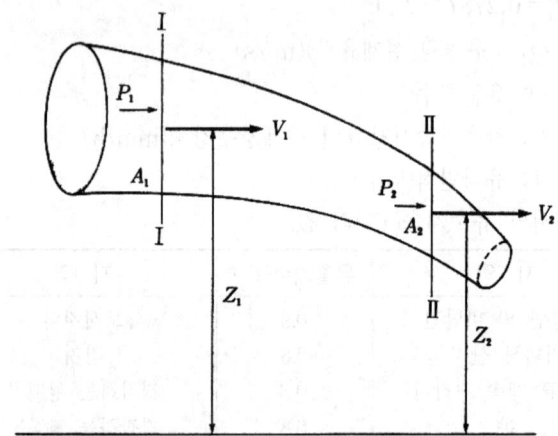

1) 기준면으로부터 높이 z 인 곳을 속도 V 로 운동할 때 물체가 가지는 전에너지값은 항상 일정하다.

$$E(\text{전에너지}) = mgz(\text{위치에너지}) + \text{압력 에너지} + \frac{1}{2}mv^2(\text{운동 에너지})$$

2) 질량

① Ⅰ단면에서의 질량

$$m_1 = \rho A_1 V_1 dt$$

② Ⅱ단면에서의 질량

$$m_2 = \rho A_2 V_2 dt$$

3) 위치에너지(mgz)

① Ⅰ단면에서의 위치에너지

$$m_1 g z_1 = \rho A_1 V_1 dt g z_1$$

② Ⅱ단면에서의 위치에너지

$$m_2 g z_2 = \rho A_2 V_2 dt g z_2$$

4) 압력 에너지(압력×거리)

① Ⅰ단면에서의 압력에너지

$$P_1 A_1 V_1 dt$$

② Ⅱ단면에서의 압력에너지

$$P_2 A_2 V_2 dt$$

5) 운동 에너지$\left(\dfrac{1}{2} m V^2\right)$

① Ⅰ단면에서의 운동에너지

$$\frac{1}{2} m_1 V^2 = \frac{1}{2} \rho A_1 V_1 dt V_1^2$$

② Ⅱ단면에서의 운동에너지

$$\frac{1}{2} m_2 V^2 = \frac{1}{2} \rho A_1 V_1 dt V_2^2$$

6) 에너지 보존법칙 적용

Ⅰ단면 전에너지＝Ⅱ단면 전에너지

$$\rho A_1 V_1 dt\, g\, z_1 + P_1 A_1 V_1 dt + \frac{1}{2} \rho A_1 V_1 dt\, V_1^2$$

$$= \rho A_2 V_2 dt\, g\, z_2 + P_2 A_2 V_2 dt + \frac{1}{2} \rho A_2 V_2 dt\, V_2^2$$

여기서 $Q = A_1 V_1 = A_2 V_2$, $\gamma_w = \rho g$이므로 양변을 $\gamma_w Q dt$로 나누게 되면

$$H = z_1 + \frac{P_1}{\gamma_w} + \frac{V_1^2}{2g} = z_2 + \frac{P_2}{\gamma_w} + \frac{V_2^2}{2g} \;\to\; 베르누이식(일정)$$

z : 위치수두, $\dfrac{P}{\gamma_w}$: 압력수두, $\dfrac{V^2}{2g}$: 속도수두, H : 전수두

18 매닝(Manning) 공식

Ⅰ. 정의

① 어떤 압력하에서 유수가 단면 형상에 관계없이 어떤 자유면을 갖지 않고 단면에 충만하여 유수가 흐르는 수로를 관수로(管水路)라고 한다.

② Manning 공식은 관수로에서 유수의 평균유속을 구하는 공식으로 평균유속은 조도계수에 반비례하고 경심과 동수경사에 비례한다.

Ⅱ. Manning 공식

$$V = \frac{1}{n} R^{\frac{2}{3}} I^{\frac{1}{2}} \,(\text{m/sec})$$

V : 평균유속(m/sec)

n : 조도계수(상수)

R : 경심(관의 단면적을 관속의 물이 접하는 길이로 나눈 값)(m)

I : 동수경사

Ⅲ. Manning 공식과 Chezy 공식과의 관계

1) Manning 공식 $V = \frac{1}{n} R^{\frac{2}{3}} I^{\frac{1}{2}}$ 을 달리 나타내면

$$V = \frac{1}{n} R^{\frac{1}{6}} R^{\frac{1}{2}} I^{\frac{1}{2}}$$

$$= \frac{1}{n} R^{\frac{1}{6}} \sqrt{RI} \;\text{로 나타낼 수 있다.}$$

2) Chezy 공식 $V = C \sqrt{RI}$ 공식과 비교할 때

$$V = \frac{1}{n} R^{\frac{1}{6}} \sqrt{RI} = C \sqrt{RI}$$

$$\therefore \; C = \frac{1}{n} R^{\frac{1}{6}}$$

Ⅳ. 관수로에서 수두손실의 원인

① 관마찰에 의한 손실

② 유입구 손실

③ 유출구 손실

④ 단면 변화 손실

⑤ 방향 변화 손실

⑥ 관로속 장애물 손실

19 부영양화(Eutrophication)

[08중(10)]

I. 정의

① 부영양화란 호수, 연안 해역, 하천 등의 정체된 수역에 생활 하수나 공장 폐수 또는 비료나 유기 물질 등에 의해서 물속에 영양염류(암모니아, 질산염, 유기질 소 화합물, 무기인산염, 유기인산염, 규산염 등), 특히 인산염이 많을 경우 식물 성 플랑크톤이 과잉 증식하는 것을 말한다. 이로 인해 물속에 있는 산소가 감 소되면 수질이 나빠지며, 결국에는 산소 결핍으로 어패류가 죽는다.

② 부영양화는 처음에는 그 지역에서 생산력(Productivity)을 증가시키지만, 나중 에는 생물 순화 체계를 악화시킨다는 데 문제가 있다.

II. 원인

① 가정의 생활 하수
② 가축의 배설물
③ 각종 공장 폐수
④ 고도 하수 처리 미설치
⑤ 호기성 세균의 증식

III. 방지 대책

① 수역 내 오폐수 및 영양염류의 유입 방지
② 황산구리나 염소제 등을 살포하여 조류의 증식을 억제
③ 포기(Aeration)하여 저류수의 수질 개선
④ 저니(底泥, 바닥의 진흙)의 흡인(吸引)이나 준설 등에 의하여 영양염류 제거
⑤ 저니를 고화하여 영양염류의 용출 억제
⑥ 갈대나 부들 등 영양염류를 잘 흡수하는 식물대 형성
⑦ 하수 고도 처리 설치
⑧ 저수지 유입부 및 주요 하천수 중의 인 제거 및 토지 이용 규제
⑨ 오염 방지와 개선을 위해 예산 투자
⑩ 하수 처리장 등 오염 방지 시설을 확충 및 국민 계몽 운동

20 용존공기부상(DAF ; Dissolved Air Flotation)

[11후(10)]

Ⅰ. 정의

① 용존공기부상이란 폐수나 하수 또는 원수속에 존재하는 물보다 가벼운 현탄성 부유물질을 제거하는 공법을 말한다.

② 폐수나 하수 또는 원수속에 다량의 공기 거품을 발생시켜 이들이 부상할 때 거품 표면에 부착된 오염물질을 제거하는 공법이다.

Ⅱ. 특징

1) 장점

① 설비가 간단하고 자동 운전이 가능하다.

② 오염물질 제거 효과가 타공법에 비해 우수하다.

③ 침강법에 비해 부지의 소요면적이 적다.

④ 처리된 수질의 향상 효과가 높다.

2) 단점

① 중력 침전방식에 비해 전력비가 많이 소요된다.

② 유지관리비가 많이 소요된다.

Ⅲ. 부상법의 분류

```
┌ 분산공기부상법 : 수중에 미세한 기포를 주입하는 방식
└ 용존공기부상법 ┬ 진공부상법 : 대기압 상태에서 포화된 공기를 진공압으로 과포화된
                │             기포를 발생시키는 방법
                └ 가압부상법 : 수기압으로 가압하여 공기를 수중에포화시켜 대기에 노
                             출하므로 기포를 발생시키는 방법
                   ┬ 전원수 가압법 : 처리수의 전부를 가압하여 부상조에 유입하는
                   │               방식
                   ├ 원수분류 가압법 : 처리수 중의 일부만 가압하여 부상조에서 나
                   │                머지와 혼합하여 처리하는 방식
                   └ 순환수 가압법 : 부상조를 거친 처리수 일부를 가압하여 유입수와
                                   혼합한 후 부상조에서 부상법으로 처리하는 방식
```

Ⅳ. 적용시 유의사항

① 처리수의 성질에 따라 처리효율이 차이난다.

② 경상비와 유지관리비용을 검토한 후 적용한다.

③ 유지관리 기술의 습득을 통한 안정적인 운영방안이 중요하다.

21 하천 관련용어

1) 저수로(Low Water Channel)

하천 부지에서 저수시에 물이 흐르고 있는 부분을 말한다.

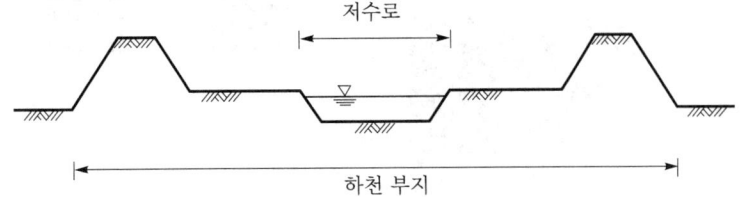

2) 저수량(Low Water Discharge)

하천에서 1년 365일을 통해 275일간은 그 이하로 되지 않는 수위

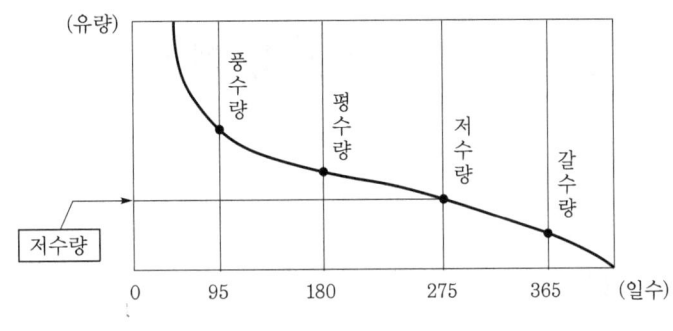

〈유황(流況) 곡선〉

3) 퇴사(Sedimentation)

① 하천 댐의 뒷부분, 하천 굴곡부의 돌주, 해빈의 후빈(Back-Shore), 연안주, 조류가 심한 해저에 생긴 가늘고 긴 모래산처럼 사력이 집적된 퇴적물을 말한다.

② 사방댐에 있어서는 축조에 따라 댐 상류측에 토사가 퇴적하는 현상을 말한다.

제10장 ▶ 총 론

제1절 계약제도

계약제도 과년도 문제

1. 공동계약(Joint Venture Contract) [98후(20)]

2. 주계약자 공동도급방식 [16전(10)]

3. 물량 내역 수정 입찰제 [13중(10)]

4. 순수형 CM(CM for fee)계약 방식 [08중(10)]

5. 용역형 건설사업관리(CM for fee) [10전(10)]

6. 패스트 트랙방식(Fast Track Method) [03중(10)]

7. Fast Track Construction [04중(10)]

8. BOT(Built - Operate - Transfer) [08중(10)]

9. BTL과 BTO [07중(10)]

10. 건설 CITIS(Contrator Integrated Technical Information Service) [05중(10)]

11. 건설공사의 국제입찰방법의 종류와 특징 [98전(20)]

12. 최고가치 낙찰제 [07후(10)]

13. 종합 심사 낙찰제(종심제) [15전(10)]

14. 수급인의 하자 담보 책임 [08후(10)]

15. 실적공사비 [10중(10)]

16. 공사계약금액 조정을 위한 물가 변동률 [08중(10)]

17. 총 공사비 구성요소 [09중(10)]

18. 공사원가 계산시 경비의 세비목(細費目) [06전(10)]

1 직영제도(Direct Management Works)

I. 정의

① 직영제도란 발주자가 직접 계획을 세우고, 재료 구입, 노무자 고용, 시공 기계 및 가설재를 마련하여 일체의 공사를 자기 책임으로 시행하는 것을 말한다.

② 공사의 내용이 단순하며, 시공과정도 용이하고, 저렴한 노동력과 재료의 보유 및 구입이 편리하며, 시급한 준공을 필요로 하지 아니할 때 많이 채용된다.

II. 장점

① 발주, 계약 등 수속 간편
② 영리 배제한 확실한 시공 기대
③ 설계 변경없이 임기응변 처리 가능
④ 원가 절감 기대
⑤ 실업자 구제 사업으로 이용

III. 단점

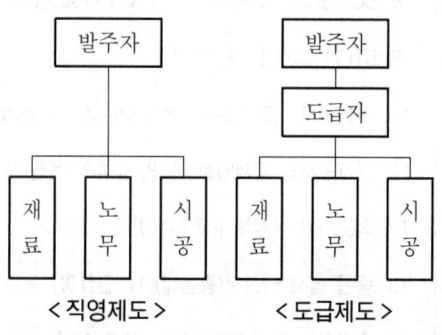

< 직영제도 >　　　< 도급제도 >

① 공기 연장 우려
② 공사비 증대
③ 가설재 낭비
④ 시공관리 능력 부족
⑤ 가설재의 과다 투입
⑥ 시공 기계 비경제성
⑦ 기술자 등의 현장원 고용 능력 부족
⑧ 현장 운영 혼란으로 공사의 질 저하

IV. 직영 방식 적용 공사

① 군공사와 같은 기밀을 요하는 공사
② 시공이 어려운 공사
③ 설계 변경이 많은 공사
④ 견적이 어려운 공사
⑤ 문화재와 같은 고도의 기술을 요하는 공사
⑥ 재해 응급 복구 공사
⑦ 대자본이 소요되는 공사
⑧ 임기응변이 필요한 공사
⑨ 특수한 기술을 요하는 공사
⑩ 실험 연구 과정이 필요한 공사
⑪ 특별 전문직 도급자 부족시 채택

2 일식 도급(General Contract)

Ⅰ. 정의

하나의 공사 전부를 도급자에게 맡겨 노무·재료·기계·현장 시공 업무 등 일체를 일괄하여 시행하게 하는 도급 방식으로, 계약 및 감독이 간단하고 전체 공사의 진척이 원활하여 설계자 입장에서 하도급자 선택이 용이하다.

Ⅱ. 계약제도의 분류

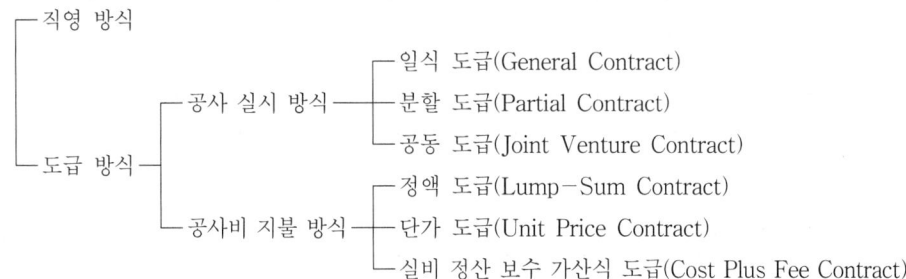

Ⅲ. 장점

① 계약과 감독 수월 ② 전체공사의 원활한 진척

③ 확정적인 공사비 ④ 하도급자 선택 용이

⑤ 책임 한계 명료 ⑥ 가설재의 중복이 없어 공사비 절감

Ⅳ. 단점

① 발주자의 의향이 충분히 반영되지 않는다.

② 도급업자의 이윤이 가산되어 공사비가 증대한다.

③ 말단 노무자의 지불금이 적어져 조잡한 공사가 우려된다.

Ⅴ. 책임과 권한

1) 발주자

① 공사비 지불 책임 및 시공 지도·감독

② 완성품 인수 권한

2) 시공자

① 공사 시공관리 책임

② 기성고 청구 권한

③ 하도급자 선정권

④ 설계 범위내 재료·공법 선정 권한

3 · 분할 도급(Partial Contract)

Ⅰ. 정의

공사에서 여러 유형으로 세분하여 각기 따로 전문 도급업자를 선정하여 도급 계약을 맺는 도급 방식으로 전문 공종별·직종별 공종별·공정별·공구별 분할 도급 등으로 분류한다.

Ⅱ. 종류

전문 공종별 분할 도급	시설 공사중 설비 공사(전기·난방 등)를 주체 공사에서 분리하여 전문 공사업자와 직접 계약하는 방식이다.
직종별·공종별 분할 도급	전문직별 또는 각 공종별로 도급을 주는 방식으로 직영제도에 가깝고 총괄 도급자의 하도급에 많이 적용되며 노무만을 도급 줄 때도 있다.
공정별 분할 도급	정지·구체·마무리 등의 공사를 공정별로 나누어 도급주는 방식이다.
공구별 분할 도급	대규모 공사에서 지역별로 공사를 구분하여 발주하는 방식이다.

Ⅲ. 장점

① 양질의 시공 기대
② 발주자와 시공자와의 의사 소통 원활
③ 전문업자에 대한 기회 부여
④ 원칙적으로 저액 시공 가능

Ⅳ. 단점

① 현장 사무 복잡
② 경비 증대
③ 감독 업무 증대로 공사비 상승 우려
④ 상호 협의가 번잡

Ⅴ. 책임과 권한

1) 발주자
   ① 공사비 지불 책임　　　　　② 완성품 인수 권한
2) 시공자
   ① 완성후 인도 책임　　　　　② 기성고 청구 권한

4 공동 도급(Joint Venture Contract)

[98후(20)]

Ⅰ. 정의

1개의 회사가 단독으로 도급을 맡기에는 공사 규모가 큰 경우 2개 이상의 건설회사가 임의로 결합·조직·공동 출자하여 연대 책임하에 공사를 도급하여 공사 완성후 해산하는 방식이다.

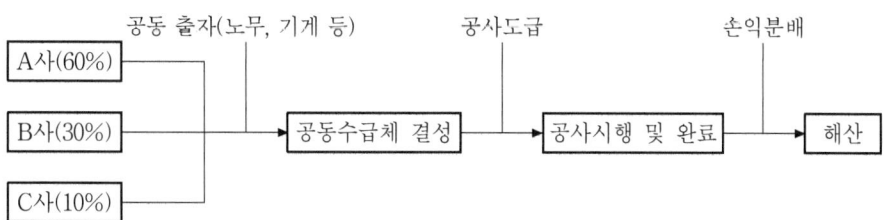

Ⅱ. 공동 도급의 특수성

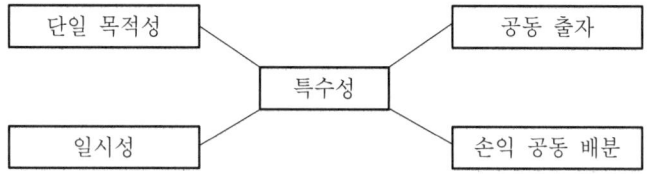

Ⅲ. 특징

1) 장점
① 융자력 증대　　② 기술의 확충
③ 위험 분산　　④ 시공의 확실성
⑤ 신용의 증대

2) 단점
① 경비 증대　　② 조직 상호간의 불일치
③ 업무 흐름의 혼란　　④ 하자부분의 책임 한계 불분명

Ⅳ. 운영 방식

① 공동 이행 방식 : 공동 도급에 참여하는 시공자들이 일정 비율로 노무·기계·자금 등을 제공하여 새로운 건설 조직을 구성하여 공동으로 시공하는 방식
② 분담 이행 방식 : 시공자들이 목적물을 분할(공구별 등) 시공하여 완성해 가는 시공 방식으로 연속 반복되는 단일 공사에 주로 적용
③ 주계약자형 공동 도급 : 공동 도급시 발주자와의 원활한 의사 소통을 위해 공사 비율이 가장 큰 업체를 발주자가 주계약자로 선정할 수 있다.

V. 정책 방안

① 공동 도급제도의 활성화
② 사무 업무의 표준화
③ 공동 지분율의 조정
④ 기술 개발 및 기술 교류 촉진 활성화
⑤ 공동 개발 투자 확대

5 공동 이행 방식과 분담 이행 방식

Ⅰ. 정의

공동 도급의 운영 방식에는 공동 도급에 참여하는 시공자들이 노무·자본 등을 공동으로 출자하여 새로운 조직하에서 공동으로 공사를 진행하는 공동 이행 방식과 시공자들이 목적물을 분할(공구별 등) 시공하여 완성해가는 분담 이행 방식이 있다.

Ⅱ. 공동 이행 방식

1) 정의

공동 도급에 참여하는 시공자들이 일정 비율로 노무·기계·자금 등을 제공하여 새로운 건설 조직을 구성하여 공동으로 시공하는 방식

2) 특징

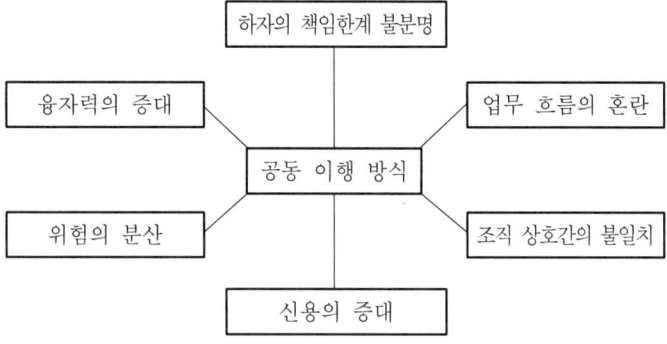

Ⅲ. 분담 이행 방식

1) 정의

시공자들이 목적물을 분할(공구별 등) 시공하여 완성해가는 시공 방식으로 연속 반복되는 단일 공사에 주로 적용

2) 특징

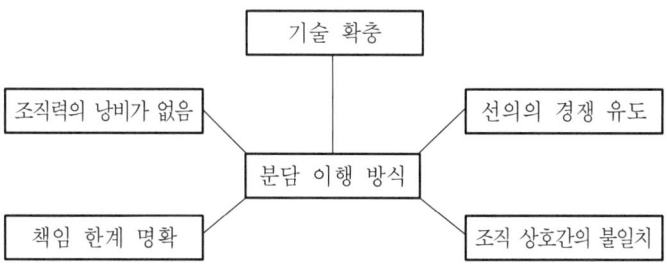

제1절 계약제도 · 1441

Ⅳ. 개발 방향

① 건설업의 EC화
② 구성원 각 사의 도급 한도액 범위내에서 지분을 확정
③ ISO 9000 인증 획득
④ 공동 도급을 활성화
⑤ 고급 기술 인력 육성
⑥ PQ 제도의 활성화

6 주계약자형 공동 도급

[16전(10)]

Ⅰ. 정의

① 공동 도급은 여러 건설업체가 공동으로 시공하므로, 발주자와의 의사소통이 원활하지 않아 혼란이 야기될 수 있으므로, 발주자는 공동 도급 사업자 중 공사 비율이 가장 큰 업체를 주계약자로 선정할 수 있다.

② 주계약자는 자신의 분담 공사 이외에, 전체 공사의 계획·관리·조정 업무를 담당하며, 공사 전체의 계약 이행 책임에 대해서도 연대 책임을 진다.

③ 주계약자는 종합건설업체 간 공사의 실적 산정시, 자신의 분담 공사는 물론이고, 다른 구성원의 실적시공금액의 50%를 실적 산정(전문건설업체와 공동 도급시 100%)에 추가로 인정받는다.

Ⅱ. 개념도(종합건설업체 간 공동 도급시)

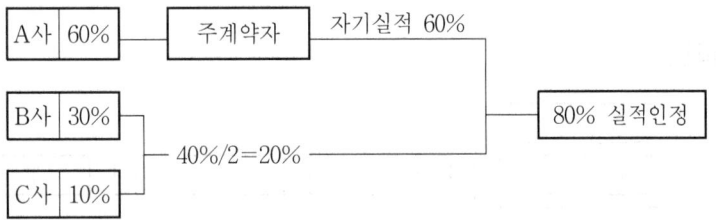

Ⅲ. 주계약자형 관리 방식의 특징

① 공사 전체의 계약 이행 책임에 연대 책임을 진다.

② 주계약자는 전체 공사의 계획·관리·조정의 업무를 담당한다.

③ 실적 산정시, 주계약자는 자신의 분담 공사 이외에 다른 구성원의 실적 금액 중 50%를 추가하여 실적으로 인정받는다.

④ 공사 수행의 효율성을 증진시킨다.

⑤ 건설업계의 균형적인 발전을 도모한다.

⑥ 업체간의 상호 협력에 기여한다.

⑦ 대형 건설업체에 유리하게 작용될 수 있다.

⑧ 업체간의 시공 능력의 차이가 심할 경우 주계약자가 곤란해질 수 있다.

⑨ 하자부분에 대한 명확한 책임 한계가 필요하다.

⑩ 주계약자의 책임과 권한을 명문화해야 한다.

Ⅳ. 실적 산정의 예(종합건설업체 간 공동 도급시)

① 총공사금액 : 200억

  ㉠ A업체(주계약자) 실적시공금액 : 100억

  ㉡ B업체 실적시공금액 : 60억

  ㉢ C업체 실적시공금액 : 40억

② 주계약자(A업체)의 실적 산정 : 자신의 분담공사+{타 구성원의 실적금액×50%}
=100억+{(60억+40억)×50%}=150억

구 분	Joint Venture	Consortium
⑥ 소유권 이전	특별한 경우 이외에는 불가	사전 서면 동의에 의해 가능
⑦ 참여 공사의 유형	소형 및 대형 Project	Full Turnkey
⑧ PQ 제출	JV 명의	각 회사별로 제출
⑨ 선수금	지분율에 따라 분배	계약 금액에 따라 분배
⑩ Claim	투자 비율에 따라 공동 부담	각 당사자가 책임
⑪ 공사 책임	출자 비율에 따라 공동 책임	계약 당사가 책임

8 Paper Joint

Ⅰ. 정의

① 공동 도급 방식(Joint Venture Contract)이란 공사를 수주할 때 2개 이상의 건설회사가 임시로 결합·조직·공동 출자하여 연대 책임하에 목적물을 완성후 해산하는 도급 방식이다.

② Pater Joint란 공사를 공동 도급으로 수주한 후 실질적으로는 한 회사가 공사 전체를 진행시키며, 나머지 회사는 서류상으로만 공사에 참여하는 것을 말한다.

Ⅱ. 개념도

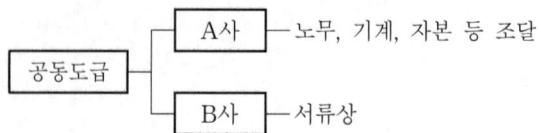

Ⅲ. 발생 배경

1) **지역 업체와 공동 도급 의무화**
   공사의 종류, 규모와 관계없이 의무적으로 지역 업체와 공동 도급

2) **시공 능력 차이**
   시공 능력 차이에 따른 효율적인 공사관리가 어렵다.

3) **도급 한도액의 합산 적용**
   도급 한도액 및 실적이 부족한 업체와 공동 도급시 합산하여 적용

Ⅳ. 문제점

① 대형 공사 수주시 시공 능력의 격차가 커서 공동 시공에 지장을 초래
② Joint Venture를 악용한 일종의 담합 형태
③ 도급자에게 불이익을 초래   ④ 부실 시공 우려
⑤ 기술 이전이 불가능   ⑥ 재해 발생시 책임 소재 불분명

Ⅴ. 대책

① 도급 한도액 및 실적이 비슷한 업체간 공동 도급 유도
② 적격 낙찰제도(종합 낙찰제도) 시공업체 선정
③ 외국업체와의 공동 도급 투자 확대로 신기술 도입
④ 공동 지분율 조정으로 분쟁 해소
⑤ PQ(입찰 참가 자격 사전 심사제도)의 활성화로 부적격 업체 배제
⑥ 공사 착수전 시공 범위와 책임 소재 명문화
⑦ 시공 기술 능력 보유 여부를 평가 척도로 활용

9 정액 도급(Lump-Sum Contract)

Ⅰ. 정의

① 정액 도급이란 공사비 총액을 일정한 금액으로 정하여 계약을 체결하는 도급 방식이다.

② 정액 도급은 공사관리 업무가 간단하고 도급업자는 자금 공사 계획 등의 수립이 명확하여 공사 원가를 절감하기에 유리한 도급 방식이다.

Ⅱ. 계약제도의 분류

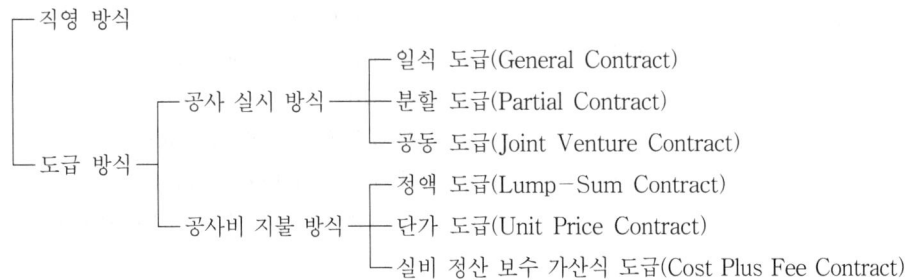

```
          ┌ 직영 방식
          │                          ┌ 일식 도급(General Contract)
          │          ┌ 공사 실시 방식 ─┤ 분할 도급(Partial Contract)
          │          │                └ 공동 도급(Joint Venture Contract)
          └ 도급 방식 ─┤                ┌ 정액 도급(Lump-Sum Contract)
                     │                │ 단가 도급(Unit Price Contract)
                     └ 공사비 지불 방식 ─┤
                                      └ 실비 정산 보수 가산식 도급(Cost Plus Fee Contract)
```

Ⅲ. 장점

① 공사관리 업무 간단
② 자금에 대한 공사 계획 수립 명확
③ 공사비 절감
④ 자금 조달이 용이
⑤ 시공관리 간단

Ⅳ. 단점

① 공사 변경 사항에 대한 도급액의 증감 곤란
② 이윤 관계로 공사가 조잡해질 우려
③ 입찰전에 상당한 시일을 요한다.
④ 장기 공사 및 설계 변경이 많은 공사에 부적합
⑤ 전례가 없는 신규 공사에 부적합

10 단가 도급(Unit Price Contract)

Ⅰ. 정의

공사 금액을 구성하는 단위 부분에 대한 단가만 확정하고 공사가 완료되면 실시 수량의 확정에 따라 정산하는 방식으로 재료 단가·노력 단가 또는 재료 및 노력을 합산한 면적의 체적 단가만으로 공사를 도급하는 것을 말한다.

Ⅱ. 계약제도의 분류

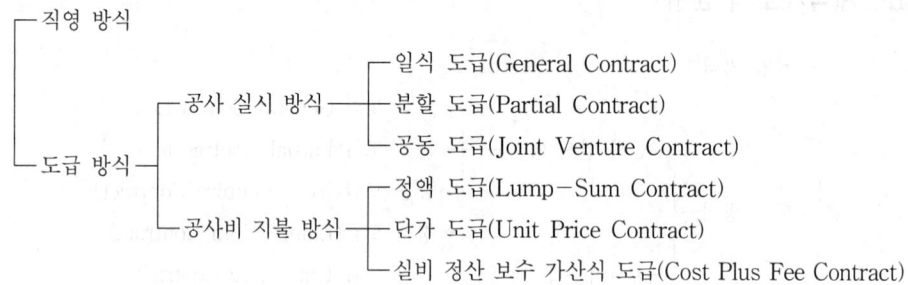

Ⅲ. 적용 대상

① 계약시 공사 수량의 확정이 곤란한 경우
② 전문 하도급자에게 도급시키는 경우
③ 공사 내용이 복잡한 경우

Ⅳ. 장점

① 공사의 신속한 착공
② 설계 변경 용이
③ 긴급 공사시 계약 간단
④ 수량 불명시 계약 용이
⑤ 설계 변경에 의한 수량 증감 용이

Ⅴ. 단점

① 자재·노무비 절감 의욕 결여
② 단순한 작업, 단일 공사에 채택
③ 공사비 예측 곤란
④ 공사 수량 불명확시 도급자가 고가로 견적하여 공사비 상승

11 실비 정산 보수 가산식 도급(Cost Plus Fee Contract)

I. 정의

공사의 실비를 발주자와 도급업자가 확인하여 정산하고, 발주자는 미리 정한 보수율에 따라 도급자에게 보수를 지불하는 방식으로 신용이 계약의 기초가 되는 사회정책적 여건이 성숙된 곳에서는 이상적인 도급 방식이다.

II. 특징

장 점	단 점
① 공사비의 과도한 상승이 없다.	① 공사 기일 지연 가능
② 우량의 공사 기대	② 공사비 절감 노력의 결여
③ 도급업자는 불의의 손해를 입을 염려 없다.	③ 신용이 없으면 공사비 상승
④ 도급자 비율 보수 보장	④ 계약상 분쟁의 여지
⑤ 시공자는 안심하고 공사를 진행	

III. 종류

1) **실비 비율 보수 가산식 도급**
   공사의 진척에 따라 정해진 실비와 이 실비에 미리 계약된 비율을 곱한 금액을 시공자에게 보수로 지불하는 방식

2) **실비 한정 비율 보수 가산식 도급**
   실비에 제한을 두고 시공자에게 제한된 금액내에서 공사를 완성시키도록 책임을 지우는 방식

3) **실비 준동률 보수 가산식 도급**
   미리 여러 단계로 실비를 분할하여 공사비가 각 단계의 금액보다 증가될 때는 비율보수를 체감하는 방식

4) **실비 정액 보수 가산식 도급**
   실비의 여하를 막론하고 미리 계약된 일정액의 보수만을 지불하는 방식

IV. 채용하는 경우

① 발주자가 양질의 공사를 기대할 경우
② 설계도·시방서 불명확시
③ 공사비 산출이 어려운 경우

12 Turn Key 방식

Ⅰ. 정의

'발주자는 열쇠만 돌리면 쓸 수 있다'는 뜻에서 나온 말로 시공자는 사업 발굴·기획·타당성 조사·설계·시공·시운전·조업·유지관리까지 발주자가 필요로 하는 모든 것을 조달하여 발주자에게 인도하는 도급 계약 방식이다.

Ⅱ. 개념도

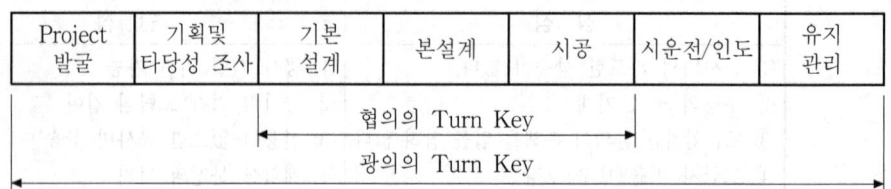

Project 발굴	기획및 타당성 조사	기본 설계	본설계	시공	시운전/인도	유지 관리

협의의 Turn Key

광의의 Turn Key

Ⅲ. 계약 방식의 종류

① 설계 도서없이 성능만을 제시하고 설계 도서 요구

② 기본 설계 도서에 따라 구체적인 설계 도서 요구

③ 상세 설계 도서에 따라 특정한 부분의 대안 요구

Ⅳ. 특징

장 점	단 점
① 설계·시공의 Communication 우수	① 우수한 설계 의도 반영이 어려움
② 책임 시공으로 공기 단축	② 발주자 의도 반영이 어려움
③ 공사비 절감	③ 총공사비 산정 사전 파악 곤란
④ 창의성 있는 설계 유도	④ 최저 낙찰자로 품질 저하 우려
⑤ 구조물에 대한 문제 발생시 책임이 명확 (설계자와 시공자 동일)	⑤ 대규모 회사에 유리, 중소 건설업체 육성 저해

Ⅴ. 개선 방향

① 신기술 적용에 대한 배점 기준 마련

② 분야별 유형 세분화

③ 객관적인 심사 기준 마련

④ 사업별 배점 기준 마련

⑤ 충분한 검토 기간 및 전문 평가단에 의한 심사

13 순수형 CM(CM for fee) 계약 방식

[08중(10), 10전(10)]

Ⅰ. 정의

① 순수형 CM(CM for fee)이란 CM이 발주자의 대리인 역할로서 시공에 대한 책임은 없으며, 기획에서부터 설계 및 시공에 이르는 총괄적 관리 업무를 수행하는 것으로 용역형 CM이라고도 한다.

② CM은 설계와 시공자의 선정 과정에도 발주자에게 조언을 할 수 있으며, 고속 궤도 방식에 의한 공기 단축도 CM의 역할이나.

Ⅱ. CM의 개념

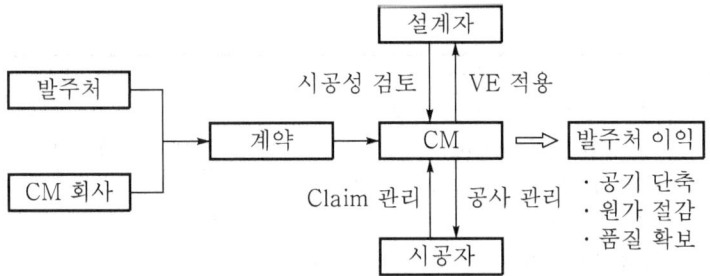

Ⅲ. CM 기본 형태

1) CM for fee(순수형 CM, 대리인형 CM)

① CM은 발주자의 대리인으로 역할 수행

② 설계 및 시공에 대한 전문적인 관리 업무로 약정된 보수만 수령

③ 시공자는 원도급자 입장이 됨

④ CM은 사업 성패에 관한 책임은 없음

⑤ 초창기의 CM 형태

2) CM at risk(시공자형 CM)

① CM이 원도급자 입장으로 하도급업체와 직접 계약 체결

② CM이 설계, 시공의 전반적인 사항을 관리하며, 비용 추가의 억제로 자신의 이익 추구

③ 사업 성패에 대한 책임을 짐

④ CM의 발달된 형태로 선진국에서 주종을 이루는 형태

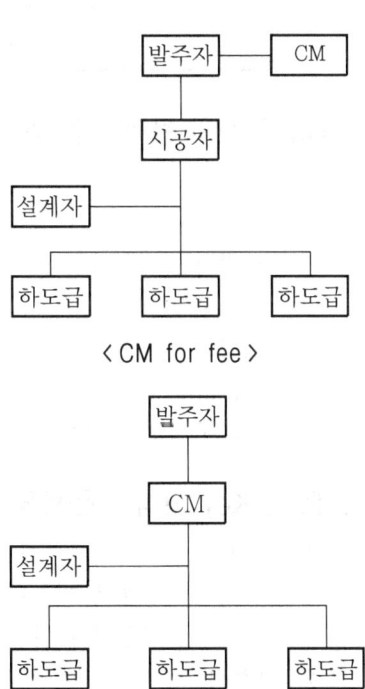

⟨ CM for fee ⟩

⟨ CM at risk ⟩

14 CM 방식과 Turn Key 방식의 차이점

Ⅰ. 정의

① CM이란 건설업의 전과정인 사업에 관한 기획·타당성 조사·설계·계약·시공 관리·유지관리 등에 관한 업무의 전부 또는 일부를 수행하는 건설사업 관리제 도이다.

② Turn Key 방식이란 시공자가 대상 계획의 기업 금융·토지 조달·설계·시 공·기계 기구 설치·시운전·조업 지도까지 발주자가 요구하는 모두를 조달하 여 발주자에게 인도하는 도급방식이다.

Ⅱ. 차이점

구 분	CM 방식	Turn key 방식
채용 방식	① 발주자의 위임으로 결정 ② 통합 관리 System	① 사업체 일체를 일괄하여 도급 ② 도급 계약 방식의 일종
업무 내용	발주자·설계자·시공자간에 분쟁 조정 및 기술 지도	발주자의 대상 계획의 전권을 위임 받아 공사 진행
발주자의 입장	발주자의 의견을 시공자·설계자에게 C.Mr이 기술 지도	시공자의 기술력에만 의존
목적	궁극적으로 발주자의 이익 증대	기업의 이윤 추구

Ⅲ. CM 방식의 문제점 및 개선점

1) 문제점
   ① 발주자의 이해가 필요
   ② 강력한 하청업체가 필요
   ③ 발주자·설계자·시공자간의 이해 상충

2) 개선점
   ① Engineering Service의 극대화   ② 설계·시공자간의 Communication
   ③ CM 요원의 육성   ④ 고부가가치 산업으로 발전 유도

Ⅳ. Turn Key 방식의 문제점 및 개선점

1) 문제점
   ① 발주자의 설계 미참여   ② 대형 건설업체에 유리
   ③ 하도급 계열화가 미흡

2) 개선점
   ① CM 방식으로 발주자 의견 수렴   ② EC화의 정착
   ③ 부대 입찰제도의 적용 검토   ④ 기술 평가는 금액이 아닌 설계 위주

15 패스트 트랙 방식(Fast Track Method)

[03중(10), 04중(10)]

Ⅰ. 정의

① 공기 단축을 목적으로 구조물의 설계도서가 완성되지 않은 상태에서 기본 설계에 의하여 부분적인 공사를 진행시켜 나가면서 다음 단계의 설계도서를 작성하고, 작성 완료된 설계도서에 의해 공사를 계속 진행시켜 나가는 시공 방식이다.

② 본설계 도면을 작성하는데 필요한 시간의 일부를 절약할 수 있으므로, 공기를 단축할 수 있고 공사비 절감이 가능하다.

Ⅱ. 공사 진행 순서 Flow Chart

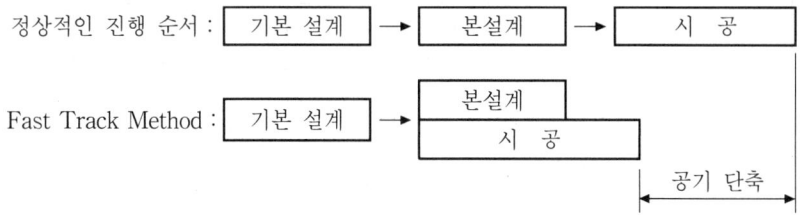

Ⅲ. 도입 배경

1) 공기 단축

기본 설계에 의한 공사진행 및 설계진행 단계별로 공사를 분할 발주할 수 있어 공기를 단축할 수 있다.

2) 원가 절감

Fast Track Method에 의한 공기 단축 및 공사관리가 용이하여 공사비를 절감할 수 있다.

Ⅳ. 특징

장 점	단 점
① 설계 작성에 필요한 시간절약 ② 공기 단축 및 공사비 절감 ③ 신공법 및 신기술 시공시 적용 가능 ④ 작업의 조직적인 진행으로 공사관리 용이	① 발주자, 설계자, 시공자의 협조 필요 ② 계약 조건에 따른 문제발생 우려 ③ 시공자가 기술능력 확보 ④ 설계도서 작성이 지연될 경우 전체 작업에 지장을 초래

16 성능 발주 방식(Performance Appointed Order)

Ⅰ. 정의

① 공사 발주시 설계 도서를 쓰지 않고 구조물의 성능을 표시하여 그 성능만을 실현하는 것을 계약 내용으로 하는 방식이다.

② 시공자의 창조적인 활동을 가능하게 하고 신기술·신공법을 최대한 활용할 수 있다는 점에서 바람직한 방식이다.

Ⅱ. 종류

종 류	종류별 특징
전체 발주 방식	설계·시공에 대하여 시공자의 제안을 대폭 수용하는 방식
부분 발주 방식	전체적인 공간 구성은 설계 도서에 명시하고 어떤 일부분의 부위나 설비 성능만을 표시하여 발주하는 방식
대안 발주 방식	종래의 설계 도서대로 발주하되 시공자의 능력을 살린 대안을 제시하여 계약하는 발주 방식
형식 발주 방식	Open 부품과 카탈로그(Catalog)를 완비한 부품에 대하여 그 형식만을 나타낸 것으로 발주하는 방식

Ⅲ. 도입 배경

① 건설 기술의 진보와 이에 관련된 재료와 공법의 다양화

② 제조업자와 시공업자의 창조적 활동 기대

Ⅳ. 특징

장 점	단 점
① 시공자의 창조적 활동 가능 ② 시공자가 재료나 시공법 선택 ③ 설계자와 시공자의 관계 개선 ④ 시공자의 기술 향상 가능	① 구조물의 성능을 정확히 표현하기가 어려움 ② 발주자가 성능을 확인하기 곤란함 ③ 시공자의 우수한 기술 축적과 경험이 있어야함

17 단품(單品) Sliding 제도

I. 정의

① 최근 철근, H형강 등 원자재 가격 급등으로 하도급업체 등 중소기업의 경영에 큰 부담으로 작용하는 단품에 대해서 가격 변동률만큼 계약 금액을 조정하기로 했다.

② 단품 슬라이딩 제도란 46개 건설 자재 중 특정 자재 가격이 3개월 동안 15% 이상 변동할 경우 해당 자재에 한해 개별적으로 물가 변동 조정을 할 수 있는 제도이다.

II. 적용 대상 공사

① 2006년 12월 29일 이후 계약 체결된 공사

② BTL 사업은 단품 슬라이딩 제도가 현재 적용되지 않음

III. 가격 급등 자재 인상률(대한건설협회 자료 참조)

(단위 : 천원/ton)

가격 급등 자재	08년 1월	08년 3월	가격 변동률(%)
철근(HD 10)	631	741	110(17.4)
H형강	720	850	130(18.1)

IV. 계약 금액 조정

1) 물가 변동(escalation)
입찰일 후 90일이 경과한 다음 각종 품목 및 비목의 가격 상승으로 품목 조정률의 3% 이상이 증감되거나 지수 조정률의 3% 이상이 증감된 때 계약 금액 조정

2) 설계 변경
설계 변경으로 인하여 공사량의 증감이 발생한 때에는 계약 금액을 조정할 수 있음

3) 계약 내용의 변경
① 물가 변동·설계 변경 이외의 계약 내용의 변경으로 인하여 계약 금액을 조정할 수 있음

② 증감분에 대한 일반 관리 비율 및 이윤율은 산출 내역상의 것으로 함

③ 일반 관리비 및 이윤율은 기획재정부 장관이 정하는 율을 넘어서는 안 됨

18 SOC (사회간접자본)

Ⅰ. 정의

① 사회간접자본이란 사회간접시설인 도로 · 철도 · 항만 · 공항 등을 건설할 때 소요되는 자본을 말한다.

② 최근 사회간접시설의 확충이 점차 증대하고, 대규모 Project의 설계 · 시공을 일괄로 하는 Turn-key 방식의 도급이 확대됨에 따라, 민간자본을 유치해 사회간접시설을 건설하는 방식의 추진이 정부와 기업의 협조로 점차 증가되고 있다.

Ⅱ. SOC (Social Overhead Capital)의 변천사

시 기	연 도	특 징
태동기	1993년 이전	① 개별법에 의한 시행 : 남산 1호 터널, 원효대교 등 ② 1991년 민자유치 특례법 제정 ③ 특혜 시비로 좌초
도입기	1994~1998년	① 사회간접자본 시설에 대한 민자유치촉진법령 추진 ② 사업 타당성 미실시와 대규모성 및 혼란으로 성과 미비
성장 전단계	1999~2002년	① 1998년 법 개정(사회간접시설에 대한 민간투자법) ② 제안사업 활성화 ③ 외국인 및 재무적 투자자 참여
성장기	2003년 이후	① 재무적 투자자의 사업 참여에서 사업주도 시작 ② 경쟁 체제 수용과 경쟁을 감안한 사업계획

Ⅲ. SOC 분류별 특징

1) BOO(Build-Operate-Own)

① 사회간접시설을 민간 부분이 주도하여 Project를 설계 · 시공한 후 그 시설의 운영과 함께 소유권도 민간에 이전하는 방식이다.

② 설계 · 시공 → 소유권 획득 → 운영

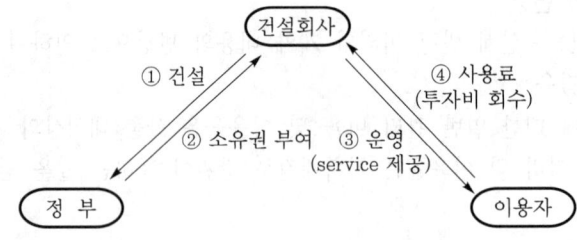

2) BOT(Build－Operate－Transfer)

① 사회간접시설을 민간 부분이 주도하여 Project를 설계·시공한 후 일정기간 동안 시설물을 운영하여 투자금을 회수한 다음 그 시설물과 운영권을 무상으로 정부나 사회단체에 이전해 주는 방식이다.

② 설계·시공 → 운영 → 소유권 이전

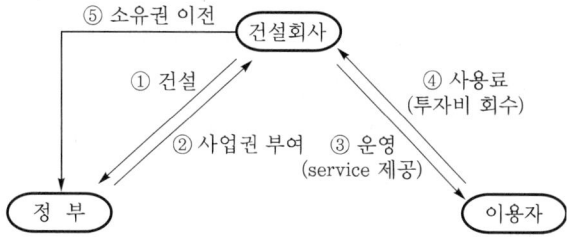

3) BTO(Build－Transfer－Operate)

① 사회간접시설을 민간 부분이 주도하여 Project를 설계·시공한 후 시설물의 소유권을 공공 부분에 먼저 이전하고 약정기간 동안 그 시설물을 운영하여 투자금액을 회수해가는 방식이다.

② 설계·시공 → 소유권 이전 → 운영

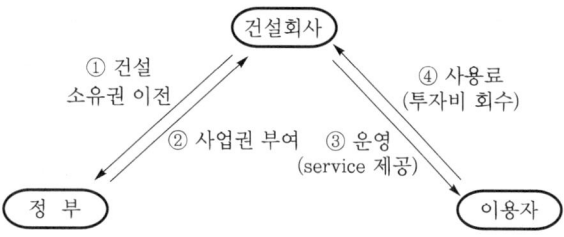

4) BTL(Build－Transfer－Lease)

① 민간 부분이 공공시설을 건설(Build)한 후 정부에 소유권을 이전(Transfer, 기부체납) 함과 동시에 정부에 시설을 임대(Lease)한 임대료를 징수하여 시설투자비를 회수해가는 방식이다.

② 설계·시공 → 소유권 이전 → 임대료 징수

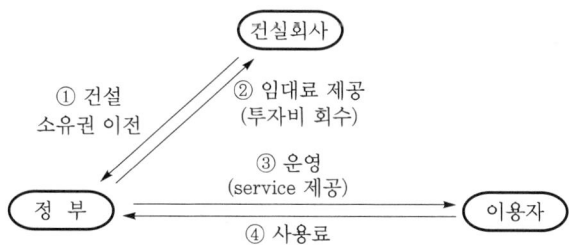

19 BOT(Build-Operate-Transfer)

[08중(10)]

Ⅰ. 개요

① BOT(Build-Operate-Transfer)란 도로, 항만, 교량 등의 인프라를 건설한 시공사가 일정 기간 이를 운영해 투자비를 회수한 뒤 발주처에 넘겨주는 수주 방식으로, 건설(Build)하여 소유권을 취득한 후 국가에 귀속시키는 즉, 기부 체납하는 방식(Transfer)을 말한다.

② BOT는 투자 개발형 사업의 전형으로 시공사가 소유권이 없다는 점에서 BOO (Build-Own-Operate)의 방식과 다르다.

Ⅱ. BOT의 운영 체계

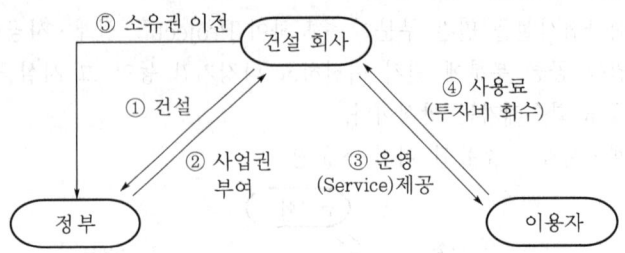

Ⅲ. 특징

① 민간이 주도하여 준공 후 일정 기간 시설물을 운영한다.

② 민간업체는 일정 기간 운영하여 투자금을 회수한 다음, 시설물과 운영권을 정부나 지방자치단체 등의 공공 기관에 기부 체납하는 형식이다.

③ 도로, 철도, 항만, 터널, 공항, 댐 등이 기본 사회 간접 시설에 적용된다.

④ 시설물의 수요 상황을 사전에 정확하게 파악하여 플랜트의 규모나 건설 스케줄을 계획해야 할 필요가 있다는 문제점도 지적되고 있다.

Ⅳ. BOT와 BTL의 비교

추진 방향	BOT	BTL
대상 시설 성격	최종 수요자에게 사용료 부과로 투자비 회수가 가능한 시설	최종 수요자에게 사용료 부과로 투자비 회수가 어려운 시설
투자비 회수 방식	최종 사용자의 사용료	정부의 시설 임대료
사업 리스크	민간이 수요 위험 부담	민간 수요 위험 배제

20 BTL과 BTO

[07중(10)]

I. 정의

① SOC(사회간접자본)란 사회간접시설인 도서관, 대학 학생회관 및 기숙사, 도로, 터널, 공항, 철도, 복지시설 등을 건설할 때 소요되는 자본이다.

② BTL이란 민간 부분이 공공시설을 건설한 후 정부에 소유권을 이전함과 동시에 정부에 시설을 임대한 임대료를 징수하여 시설투자비를 회수해가는 방식이다.

③ BTO란 사회간접시설을 민간 부분이 주도하여 Project를 설계·시공한 후 시설물의 소유권을 공공 부분에 먼저 이전하고 약정기간 동안 그 시설물을 운영하여 투자금액을 회수해가는 방식이다.

II. BTL(Build-Transfer-Lease)

1) 정의

① 민간 부분이 공공시설을 건설(Build)한 후 정부에 소유권을 이전(Transfer, 기부체납)함과 동시에 정부에 시설을 임대(Lease)한 임대료를 징수하여 시설투자비를 회수해가는 방식이다.

② 설계·시공 → 소유권 이전 → 임대료 징수

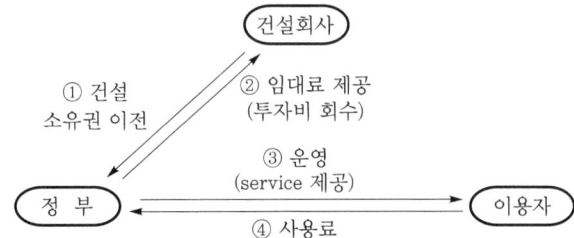

2) 특징

① 건설회사(민간사업자)의 투자자금 회수에 대한 Risk 제거

② 정부의 제정지원 부담 감소로 최근에 SOC사업으로 BTL이 많이 적용됨

③ 민간사업자의 활발한 참여와 경쟁 유발

④ 정부는 이용자들로부터 시설 사용료를 징수하여 건설회사에 임대료를 지급해야 하고 사용료 수입이 부족할 경우 정부제정에서 보조금을 지급해야 함

III. BTO(Build-Transfer-Operate)

1) 정의

① 사회간접시설을 민간 부분이 주도하여 Project를 설계·시공한 후 시설물의 소유권을 공공 부분에 먼저 이전하고 약정기간 동안 그 시설물을 운영하여 투자금액을 회수해가는 방식이다.

② 설계 · 시공 → 소유권 이전 → 운영

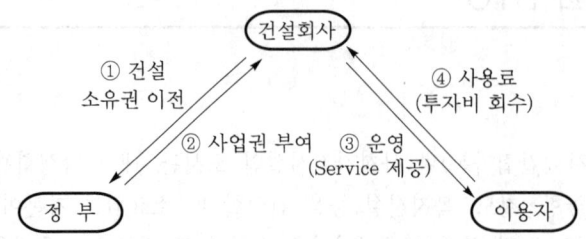

2) 특징

① 준공과 동시에 국가 또는 지방자치단체 등 공공단체에 소유권이 귀속된다.

② 도로, 철도, 항만, 터널, 공항, 댐 등의 기본 사회간접시설에 적용된다.

Ⅳ. BTL과 BTO의 비교

추진방식	BTL	BTO
대상시설 성격	최종 수요자에게 사용료 부과로 투자비 회수가 어려운 시설	최종 수요자에게 사용료 부과로 투자비 회수가 가능한 시설
투자비 회수 방식	정부의 시설 임대료	최종 사용자의 사용료
사업 리스크	민간의 수요 위험 배제	민간이 수요 위험 부담

21 Partnering 계약 방식

Ⅰ. 개요

① 파트너링 계약 방식은 발주자가 직접 설계와 시공에 참여하여 발주자·설계자·시공자 및 프로젝트 관련자들이 하나의 팀으로 조직하여 공사를 완성하는 방식이다.

② 파트너링 관계는 서로의 신뢰, 공동의 목표에 대한 헌신 및 상대 주체의 기대와 가치에 대한 이해를 바탕으로 추진된다.

Ⅱ. 개념도

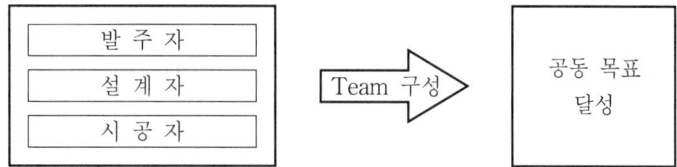

Ⅲ. 파트너링 방식의 분류

1) 장기 파트너링 협정

① 서로 신뢰 관계를 바탕으로 장기간에 걸쳐 상호 협력 관계를 유지한다.

② 주초 장기의 Project 진행에 적용한다.

③ 하나의 Project가 끝난후 다음 Project로 이어질 수 있다.

2) 단기 파트너링 협정

① 단일 Project를 수행하기 위해 일시적으로 형성된다.

② 1개의 Project를 공동 목표로 달성한다.

Ⅳ. 기대 효과

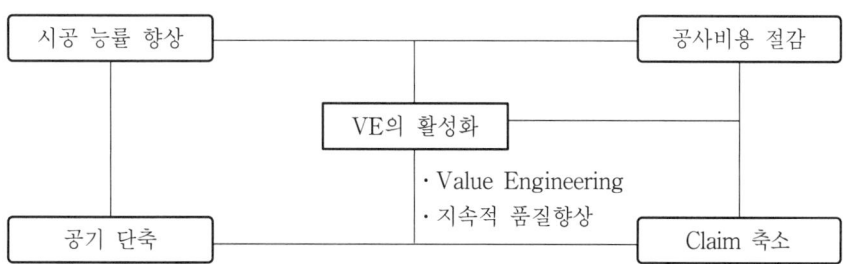

Ⅴ. Partnering의 목적(장점)

1) 원활한 Project의 달성

① 상호 신뢰를 바탕으로 공동 목포를 가지고 Project를 수행한다.

② 상호 동맹 관계로 원활한 Project의 수행이 가능하다.

2) 상호 이윤 증대
  ① 발주자, 설계자, 시공자의 상호 이윤의 추구를 목표로 한다.
  ② 특히 시공자의 이윤이 보장된다.

3) 분쟁 발생 방지(Claim 방지)
  ① 상호 협력 체계로 이루어져 분쟁이 최소화된다.
  ② 분쟁 사항을 사전에 협의하여 해결한다.
  ③ 어느 한쪽의 이익이 아닌 공동의 이윤을 추구함으로써 분쟁이 해결된다.

4) 품질 향상
  ① 파트너링과 권한 위임을 통해 계속적인 품질 향상이 이루어진다.
  ② 표준화된 품질관리 프로그램을 정착시킬 수 있는 효과적인 제도이다.

5) 공사비 절감
  ① VE 활동에 의한 공사비 절감 효과가 크다.
  ② Partnering 방식은 자연스러운 VE 활성화 기회가 제공된다.

6) 공기 단축
  ① 상호간의 이익을 위해서 협력하여 공기가 단축된다.
  ② 분쟁으로 인한 공기 증대의 요소가 감소된다.

22 입찰 방식(Bidding System)

Ⅰ. 개요

입찰 방식의 종류에는 입찰자에게 공사 가격을 써내게 하고 경쟁에 의해 계약을 체결하는 경쟁 입찰 방식과 특정 업체를 발주자가 직접 지명하는 특명 입찰 방식이 있다.

Ⅱ. 분류

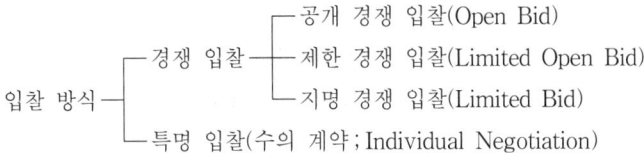

```
                          ┌─ 공개 경쟁 입찰(Open Bid)
              ┌─ 경쟁 입찰 ─┼─ 제한 경쟁 입찰(Limited Open Bid)
입찰 방식 ─────┤            └─ 지명 경쟁 입찰(Limited Bid)
              └─ 특명 입찰(수의 계약 ; Individual Negotiation)
```

Ⅲ. 종류별 특성

① 공개 경쟁 입찰(Open Bid) : 입찰 참가자를 공모(신문지상·공고·게시 등)하여 유자격자는 모두 참가할 수 있는 기회를 주는 입찰 방식

② 제한 경쟁 입찰(Limited Open Bid) : 입찰 참가자에게 업체 자격에 대한 제한을 가하여 양질의 공사를 기대하며, 그 제한에 해당되는 업체라면 누구든지 입찰에 참가할 수 있도록 한 방식

③ 지명 경쟁 입찰(Limited Bid) : 공개 경쟁 입찰과 특명 입찰의 중간 방식이고, 그 공사에 가장 적격하다고 인정되는 3~7개 정도의 시공회사를 선정하여 입찰시키는 방식

④ 특명 입찰(Individual Negotiation) : 발주자가 시공회사의 신용·자산·공사 경력·보유 기재·자재·기술 등을 고려하여 그 공사에 가장 적합한 1개의 회사를 지명하여 입찰시키는 방식

Ⅳ. 개선 대책

① 내역 입찰제도 확대
② 기술 개발 능력 향상 방안 제도화
③ 정부 노임 단가 현실화
④ 적격 낙찰제도 적용

7 공동 도급과 콘소시움(Consortium)

Ⅰ. 정의

① 공동 도급이란 1개의 회사가 단독으로 도급을 맡기에는 공사 규모가 큰 경우 2개 이상의 건설회사가 임시로 결합·조직·공동 출자하여 연대 책임하에 공사를 수급하여 공사 완성후 해산하는 방식이다.

② 콘소시움(Consortium)이란 독립된 회사의 연합으로 법인을 설립하지 않으며, 공사의 책임과 공사 Claim 등을 각각 독립된 회사의 계약 당사자가 책임지는 방식이다.

③ 공동 도급과 콘소시움의 차이는 공동 도급은 자본의 출자를 통한 정식 법인이나, 콘소시움은 법인을 설립하지 않은 협력 형태로서 각기 독립된 회사가 하나의 연합체를 형성하여 각자의 공사 범위에 따라 공사를 수행하는 방식이다.

Ⅱ. 개념도

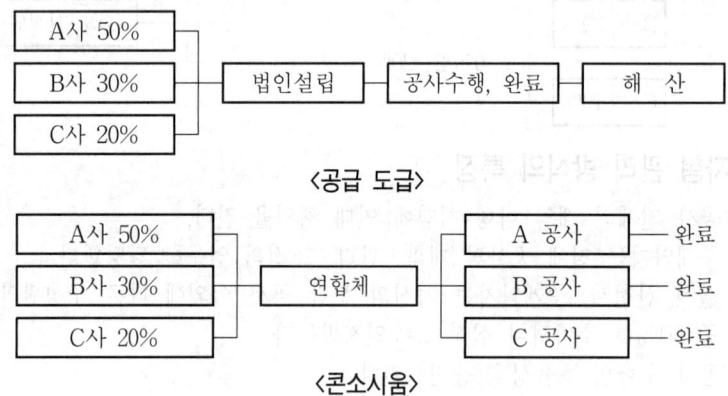

〈공급 도급〉

〈콘소시움〉

Ⅲ. 공동 도급(JV)과 콘소시움(Consortium)의 비교

구 분	Joint Venture	Consortium
① 개념	공동 자본을 출자하여 법인을 설립하고 기술 및 자본 제휴를 통하여 공사를 수행	법인을 설립하지 않는 협력 형태이며, 각기 독립된 회사가 하나의 연합체를 형성하여 공사를 수행
② 자본금	투자 비율에 따라 각 참여사가 공동 출자	공동 비용을 제외한 제비용은 각 참여사가 책임
③ 회사 성격	유한 주식회사의 형태	독립된 회사의 연합
④ 운영	만장 일치제 원칙(경우에 따라 지분 비례에 따른 권력 행사)	만장 일치제 원칙(의견이 일치되지 않을 경우 중재에 회부)
⑤ 배당금	출자 비율에 따라 이익 분배	각 회사의 노력에 의해 달라진다.

23 공개 경쟁 입찰(Open Bid)

Ⅰ. 정의

입찰 참가자를 공모(신문지상·공고·게시 등)하여 유자격자는 모두 참가할 수 있는 기회를 주는 입찰 방식이다.

Ⅱ. 입찰 방식의 분류

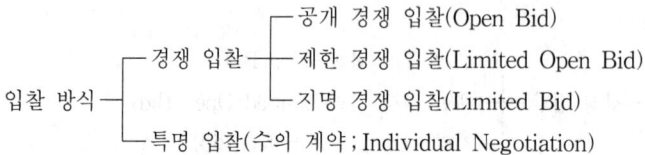

```
                     ┌─ 공개 경쟁 입찰(Open Bid)
        ┌─ 경쟁 입찰 ─┼─ 제한 경쟁 입찰(Limited Open Bid)
입찰 방식 ┤            └─ 지명 경쟁 입찰(Limited Bid)
        └─ 특명 입찰(수의 계약 ; Individual Negotiation)
```

Ⅲ. 특징

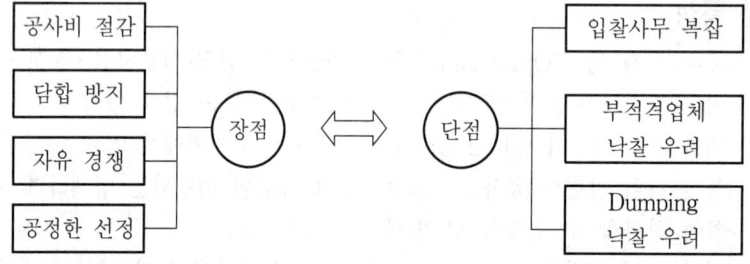

장점		단점
공사비 절감		입찰사무 복잡
담합 방지	⟺	부적격업체 낙찰 우려
자유 경쟁		Dumping 낙찰 우려
공정한 선정		

Ⅳ. 문제점

① 응찰자 과다로 입찰 수속 번잡
② 입찰시 행정력 낭비
③ Dumping 입찰 우려

Ⅴ. 개선 대책

① 입찰 절차 간소화
② Dumping 방지를 위해 제한적 최저가 낙찰제 도입
③ 적격 낙찰제도로의 확대
④ PQ 제도(입찰 참가 자격 사전 심사제도)의 확대 적용
⑤ 내역 입찰제도로 현실성 있는 입찰 유도

24 제한 경쟁 입찰(Limited Open Bid)

Ⅰ. 정의

① 입찰에 참가할 수 있는 업체 자격에 대한 제한을 가하여 양질의 공사를 기대하며, 그 제한에 해당되는 업체는 누구든지 입찰에 참가할 수 있도록 하는 방식이다.

② 대형 업체의 공사 수준 편중을 방지하여 중소업체 및 지방업체를 보호하기 위한 제도로서, 건설업의 전반적인 기술력 향상에 기여하는 입찰방식이다.

Ⅱ. 제한 경쟁 입찰의 분류

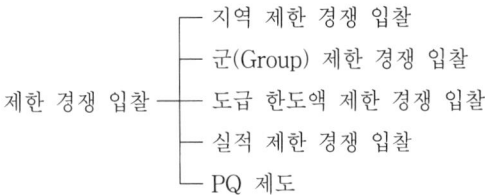

제한 경쟁 입찰 ┬ 지역 제한 경쟁 입찰
├ 군(Group) 제한 경쟁 입찰
├ 도급 한도액 제한 경쟁 입찰
├ 실적 제한 경쟁 입찰
└ PQ 제도

Ⅲ. 제한 경쟁 입찰 분류별 특징

1) 지역 제한 경쟁 입찰

① 시공되는 해당 지역 업체만이 입찰에 참가할 수 있는 방식

② 공사금액이 소규모인 경우 채택

③ 지방업체의 보호 정책

2) 군(Group) 제한 경쟁 입찰

① 건설업체의 시공 능력별로 편성되어 있는 군(1군, 2군, ……)을 대상으로 제한

② 공사 규모나 금액에 따라 입찰에 참가할 수 있는 업체를 군(群)으로 제한

③ 중소 건설업체의 보호정책

3) 도급 한도액 제한 경쟁 입찰

① 발수처에서 도급 예상금액의 일정한 배수를 정하여 도급 한도액이 그 이상을 초과하는 업체에 입찰을 참가할 수 있도록 제한

② 계약의 목적상 필요한 경우에 실시

③ 우수업체의 시공으로 양질의 공사 기대

4) 실적 제한 경쟁 입찰

① 시공에 필요한 기술 보유업체나 시공경험이 있는 업체만을 대상

② 시공 실적이 적은 특수한 구조물 공사시에 채택

③ 참가업체의 기술이나 경험에 의한 부실시공 방지가 목적

5) PQ 제도

① 입찰전에 입찰 참가자격을 부여하기 위한 사전심사제도

② 공사금액 200억 이상 18개 공종에 적용

Ⅳ. 특징

1) 장점

① 중소건설업체 및 지방건설업체 보호

② 공사수주의 편중방지

③ 담합 우려 감소

④ 양질의 공사 기대

⑤ 기술력이 우수한 업체가 선정될 가능성이 높음

2) 단점

① 균등기회 제공 무시로 인한 경쟁원리 위배

② 품질확보를 위해서는 업체의 양심에 기대

③ 기술력이 아닌 도급 한도액, 실적, 지역, 규모(Group) 등에 의한 제한

④ 입찰 참가자의 제한문제

Ⅴ. 개발 방향

① 기술개발 의욕 고취

② 건설업의 근대화 유도

③ 종합 건설업체의 육성

④ 국제 경쟁력 강화

⑤ 유능한 기술인력 양성

⑥ 신기술 및 신공법 도입시 자격제한 완화

25 지명 경쟁 입찰(Limited Bid)

I. 정의

① 공개 경쟁 입찰과 특명 입찰의 중간 방식이고 그 공사에 가장 적격하다고 인정되는 3~7개 정도의 시공회사를 선정하여 입찰시키는 방식이다.

② 부적격업체의 선정을 미연에 방지할 수 있고, 해당 공사에 적합한 업체의 선정으로 공사의 질을 높일 수 있다.

II. 입찰 방식의 분류

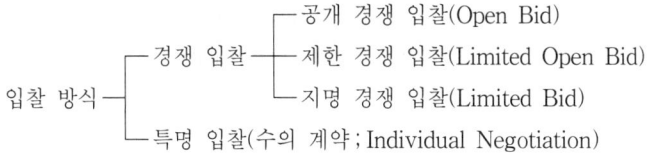

III. 적용 대상

① 예정가 1억 이하 공사

② 계약 목적상 특수한 설비·기술·자재나 실적이 있는 자가 유리한 경우로 입찰자가 3~7인 이내인 경우

③ 발주자가 번잡한 입찰 수속을 피하고자 하는 경우

④ 양질의 시공이 필요한 경우

IV. 장점

① 공사 특성에 맞는 적격 업체의 선정 가능

② 시공의 질 향상 도모

③ 부적격 업체 사전 배제

④ 발주자의 신뢰도 확보

⑤ 입찰 사무 간소화

⑥ 원활한 공사 진행 가능

V. 단점

① 소수 업체 입찰로 담합 우려

② 입찰 참가자 선정 문제

③ 균등한 기회 부여 박탈

④ 적정 시공회사 선정의 어려움

26 특명 입찰(Individual Negotiation)

Ⅰ. 정의

발주자가 시공회사의 신용·자산·공사 실적·보유 기계·자재 및 기술 등을 고려하여 그 공사에 가장 적합한 1개의 회사를 지명하여 입찰시키는 방식이다.

Ⅱ. 입찰 방식의 분류

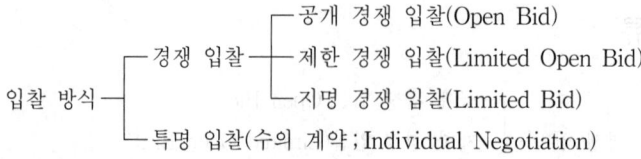

```
                          ┌─ 공개 경쟁 입찰(Open Bid)
              ┌─ 경쟁 입찰 ─┼─ 제한 경쟁 입찰(Limited Open Bid)
입찰 방식 ─────┤            └─ 지명 경쟁 입찰(Limited Bid)
              └─ 특명 입찰(수의 계약 ; Individual Negotiation)
```

Ⅲ. 적용 대상

```
┌──────────────────┐                      ┌──────────────────┐
│ 비밀을 요하는 공사 │──┐              ┌──│ 실비정산 가산식 공사 │
└──────────────────┘  │  ┌────────┐  │  └──────────────────┘
┌──────────────────┐  │  │        │  │  ┌──────────────────┐
│  특수 공법의 공사  │──┼──│ 적용대상 │──┼──│     추가 공사     │
└──────────────────┘  │  │        │  │  └──────────────────┘
┌──────────────────────┐│  └────────┘  │  ┌──────────────────┐
│ 업체 선정 여지가 없는 공사 │┘              └──│     긴급 공사     │
└──────────────────────┘                  └──────────────────┘
```

Ⅳ. 장점

① 양질의 시공 기대
② 업체 선정 및 사무 간단
③ 공사 보안 유지에 유리
④ 입찰 수속 간단
⑤ 긴급 공사시 선작업이 가능

Ⅴ. 단점

① 공사 금액 결정이 불명확
② 부적격 업체 선정 우려
③ 부실 공사 유발 가능
④ 공사비 증대
⑤ 상호 신뢰 상실시 분쟁 소지 발생

27 비교 견적 입찰

Ⅰ. 정의

발주자가 그 공사 규모와 특성에 가장 적합하다고 판정되는 2~3개 업체의 견적을 받아서 시공자를 지명하고 도급 계약을 체결하는 방식으로, 일종의 특명 입찰에 해당된다.

Ⅱ. 입찰 방식의 분류

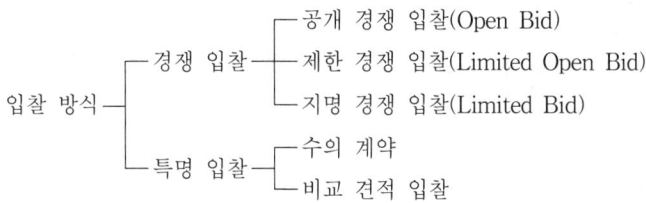

Ⅲ. 적용 대상 공사

① 도급업자 선정 여지가 없는 공사
② 추가 공사
③ 특수한 공법 시공시

Ⅳ. 특징

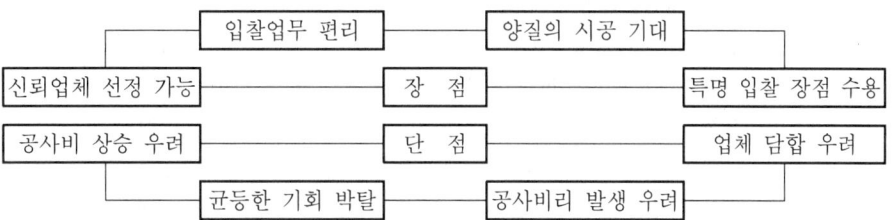

Ⅴ. 개선 대책

① 현실성 있는 계약이 될 수 있도록 내역 입찰제도의 도입
② 합성 단가를 적용한 부위별 견적 도입
③ 원도급자의 Dumping 방지를 위한 부대 입찰제도의 도입
④ 건설 업체의 EC화(사업 발굴에서 유지 관리까지) 능력 배양

28 입찰 순서

Ⅰ. 개요

① 발주자가 해당 공사의 수행을 위한 시공자를 선정함에 있어서는 공사 입찰 순서에 의하여 적격 업체를 선정할 수 있다.

② 입찰 순서는 가능한 합리적으로 수행하여야 하며, 공개 경쟁 입찰을 통한 담합·덤핑 등을 사전에 배제하여야 한다.

Ⅱ. 순서 Flow Chart

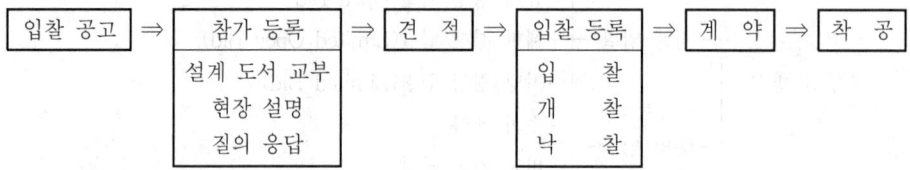

Ⅲ. 입찰 순서

① 입찰 공고 : 관보·신문·게시판 등에 공고

공사명·설계 도서 열람 장소·입찰 보증금·입찰 자격·입찰방법 등 명시

② 참가 등록 : 현장 설명 참가에 필요한 등록 서류 제출

③ 설계 도서 교부 : 현장 설명시 또는 사전에 교부

④ 현장 설명 : 도면·시방서에 표기하기 곤란한 사항을 설명

인접 대지·도로·지상과 지하 매설물·부지의 고저·지질 등 명시

⑤ 질의 응답 : 설계 도서 및 현장 설명시 의문 사항 질의 응답

즉시 응답하지 못하는 사항은 빠른 시일내에 서면 통보

⑥ 견적 : 설계 도서와 현장 설명에 의해 적산 및 견적서 작성

설계 도서를 받고 입찰할 때까지의 기간을 견적 기간으로 한다.

⑦ 입찰 등록 : 입찰 보증금 및 입찰에 필요한 제반 서류 제출

입찰 가격의 5%를 현금·유가 증권·보험 등으로 대체

⑧ 입찰 : 입찰 금액 또는 내역 명세서를 첨부한 입찰서 제출

입찰 공고시에 지정된 시간과 장소에서 시행

⑨ 개찰 : 관계자 입회하에 개찰 → 재입찰(예정 가격 초과시) → 수의 계약

⑩ 낙찰 : 정해진 낙찰제도(부찰제·최저가 낙찰제 등)에 의해 낙찰자 결정

⑪ 계약 : 계약보증금·계약보증서·보험계약서 및 쌍방 서명 날인 등에 의해 계약

⑫ 착공 : 관계 기관에 착공 관련 서류 제출후 공사 착공

29 총액 입찰제도

I. 정의

입찰자가 지시된 설계 도서에 따라 수량·단가 등 모든 내역을 입찰자 책임하에 계산하고 입찰서를 총액으로 작성하는 입찰제도이다.

II. 특징

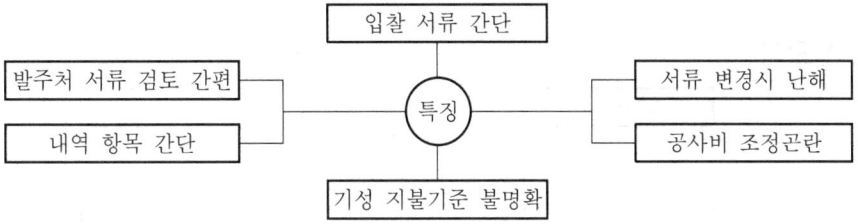

III. 총액 입찰과 내역 입찰 비교

구 분	총액 입찰	내역 입찰
대규모, 복잡한 공사	수량 산출에 과다 시간 소요	내역 산출에 대한 오차 적음
공사비 조정	복잡	용이
기성고 지불	불명확	명확
원가 절감	시공자 기술에 따라 복잡	시공자 기술에 따라 용이
수량 착오	설계 변경 곤란	설계 변경 용이
품질 향상	곤란	용이

IV. 개선 방향

① 내역 입찰제도의 확대 적용
② 품종별 단가 체계의 확립과 견적 업무 전산화 연구 개발
③ 충분한 견적 기간으로 설계 도서이 세밀한 검토 및 건적의 정확성 확보
④ 전문 적산 기술자의 육성으로 경쟁력 향상
⑤ 관련 작업의 Data 구축 및 전산화로 차후 작업에 활용

30 내역 입찰제도

Ⅰ. 정의

① 내역 입찰제도란 입찰자로 하여금 입찰시 단가가 기입된 물량 내역서를 입찰서에 첨부하여 제출하도록 하는 입찰제도이다.

② 공사 금액 58.3억원 이상의 토목 공사에 적용되며, 종전의 총액 입찰 문제점 해결 및 기술 개발과 입찰 질서의 확립을 위해 필요한 제도이다.

Ⅱ. 필요성

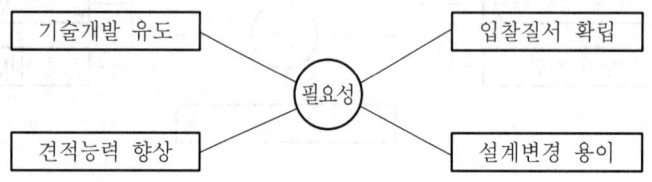

Ⅲ. 특징

1) 장점

① 수량 착오에 대한 설계 변경이 용이하다.

② 물가 변동으로 인한 공사비 조정이 용이하다.

③ 기성고의 지불 기준이 명확하다.

④ 내역서에 대한 신뢰감 및 성실한 계약 이행을 기대할 수 있다.

⑤ 건설 기술의 향상과 견적 업무 능력이 향상된다.

2) 단점

① 내역 항목이 많다.

② 견적 기간이 길다.

③ 발주자의 제시 내용과 시방서의 내용이 달라 작업의 연속성에 어려움이 있다.

Ⅳ. 총액 입찰과 내역 입찰 비교

구 분	총액 입찰	내역 입찰
대규모, 복잡한 공사	수량 산출에 과다 시간 소요	내역 산출에 대한 오차 적음
공사비 조정	복잡	용이
기성고 지불	불명확	명확
원가 절감	시공자 기술에 따라 복잡	시공자 기술에 따라 용이
수량 착오	설계 변경 곤란	설계 변경 용이
품질 향상	곤란	용이

31 물량내역 수정 입찰제

[13중(10)]

Ⅰ. 개요

① 발주기관이 교부한 물량내역서를 참고해 설계도, 시방서 등을 입찰자가 직접 검토하고 산출내역서를 작성하여 제출하는 입찰 방식이다.

② 300억원 이상 공사에 의무 적용하도록 되어 있다.

Ⅱ. 특징

① 물량내역서의 항목에 대한 누락, 오류 등으로 인한 계약내용변경시에도 계약금액을 변경 금지

② 입찰자는 물량검토에 대한 적산비용 발생

③ 물량내역 검토기간이 추가되어 입찰기간 증가

④ 물량수정에 따른 낙찰률 저하 우려

⑤ 물량내역 검토에 대한 기술능력 요구

⑥ 물량의 미수정 부분에 대한 설계변경시 논란 우려

⑦ 입찰자들마다 상이한 내역체계 구성 등으로 평가 난해

⑧ 물량산출의 적정성 심사 기준이 모호

Ⅲ. 물량내역 수정 입찰 방식으로 공고된 공사

① 건축공사 : 김포한강 상록아파트 건설공사, 울산지방법원청사 신축공사, 가락시장 시설현대화사업 1단계 신축 건축공사 등

② 토목공사 : 북항대교~동명오거리간 고가 및 지하차도 건설공사 2공구, 화성동탄 택지개발사업 터널공사 등

Ⅳ. 물량내역 수정 입찰 제도와 타 입찰제도의 비교

구 분	물량내역 수정 입찰제도	순수 내역 입찰제도	내역 입찰제도
발주지	설계도, 시방서, 물량내역서 제시	설계도, 시방서 제시	설계도, 시방서, 물량내역서 제시
입찰자	제시된 공종에 대한 물량 내역서를 수정	물량과 내역서를 작성	물량내역서에 물량 단가를 기입

32 　상시 입찰제도

Ⅰ. 정의

① 상시 입찰제도란 입찰시 입찰 일시에 대한 시간적 제약을 받지 않고, 조달청에 설치된 입찰함(入札函)에 입찰 개시 3일전부터 상시로 입찰함에 투입할 수 있는 제도이다.

② 총액 입찰시에만 적용되며 입찰 금액이 소액이고 현장 설명·질의 응답 등이 생략되나, 조달청의 홍보가 부족할 때는 적격한 낙찰자가 나오지 않는 수도 있다.

Ⅱ. 입찰 순서 Flow Chart

① 입찰 공고 → 견 적 → 상시 입찰 → 낙 찰 → 계 약
　　　　　　　　　　(입찰 3일전부터)

② 현장 설명·질의 응답 등이 생략된다.

Ⅲ. 적용 대상 공사

① 1억 미만의 토목 공사　　　　② 30억 미만의 건축 공사

Ⅳ. 특징

① 입찰 일시에 대한 시간적 제약을 받지 않는다.

② 입찰 등록 절차가 간소하다.

③ 공개 입찰로서 경쟁 원리에 부합된다.

④ 적용 대상 공사의 금액이 작을 때에 적용한다.

⑤ 관리비 부담이 적은 중소 업체에 유리하다.

⑥ 홍보 부족시 입찰자가 나서지 않을 수 있다.

⑦ 기성고 지불 기준을 명확하게 알 수 없다.

⑧ 담합의 가능성이 없다.

Ⅴ. 문제점

① 시공 능력이 아닌 가격 위주의 낙찰 가능성이 있다.

② 기술 능력의 확인이 어렵다.

③ 입찰 참가 업체 파악이 곤란하다.

Ⅵ. 개선 방향

① 내역 입찰제를 실시한다.

② 입찰 심의 기준을 마련하여 기술 능력을 사전에 파악한다.

③ 입찰 내역서에 입각하여 가격 위주가 아닌 실제 시공 능력을 판별한다.

④ 모든 참가 업체 사항을 각 참여 업체에 통보한다.

33 우편 입찰제도

Ⅰ. 정의

① 우편 입찰제도란 특수 우편·등기 우편 등을 이용하여 작성된 입찰서를 조달청의 입찰 담당자에게 입찰 집행 일시전에 도착시키는 방법으로 주로 소액의 입찰 금액시 적용하는 제도이다.

② 우편 입찰제도는 담합의 가능성이 없으며, 입찰자가 직접 현장 설명 참가 등의 부담이 없으므로 참가 업체의 경비를 줄일 수 있고 입찰 기간내 자유로운 입찰을 보장한다.

Ⅱ. 입찰 순서 Flow Chart

① 입찰 공고 → 견 적 → 우편 입찰 → 낙 찰 → 계 약

② 현장 설명·질의 응답 등이 생략된다.

Ⅲ. 적용 대상 공사

① 1억 미만의 토목 공사

② 30억 미만의 건축 공사

Ⅳ. 특징

① 입찰자의 경비 부담을 줄인다.

② 자유로운 입찰을 보장한다.

③ 담합의 가능성이 없다.

④ 공개 경쟁 입찰로 경쟁 원리에 부합된다.

⑤ 덤핑 입찰의 가능성이 있다.

⑥ 홍보 부족시 입찰자가 나서지 않을 수 있다.

⑦ 현장 설명 및 질의 응답이 없으므로 기성고의 지불 기준이 명확하지 않다.

Ⅴ. 문제점

① 시공 능력이 아닌 가격 위주의 낙찰 가능성이 있다.

② 기술 능력의 확인이 어렵다.

③ 입찰 참가업체 파악이 곤란하다.

Ⅵ. 개선 방향

① 내역 입찰제를 실시한다.

② 입찰 심의 기준을 마련하여 기술 능력을 사전에 파악한다.

③ 입찰 내역서에 입각하여 가격 위주가 아닌 실제 시공 능력을 판별한다.

④ 모든 참가 업체 사항을 각 참여 업체에 통보한다.

34 건설 CITIS

[05중(10)]

Ⅰ. 정의

① 건설 CITIS(Contractor Integrated Technical Information System : 계약자 통합정보서비스)란 건설사업 시행자가 발주자에게 건설사업관리에 필요한 설계도서 서류 등의 납품자료를 종이 문서 대신 인터넷을 이용하여 서로 전산자료로 처리하는 System이다.

② 즉 사업시행자인 '을'이 발주기관인 '갑'에게 일일이 방문하여 종이문서로 보고하던 현행체제를 인터넷을 통하여 디지털 자료로 납품하고 승인받는 체계이다.

Ⅱ. 건설 CITIS 운영체계

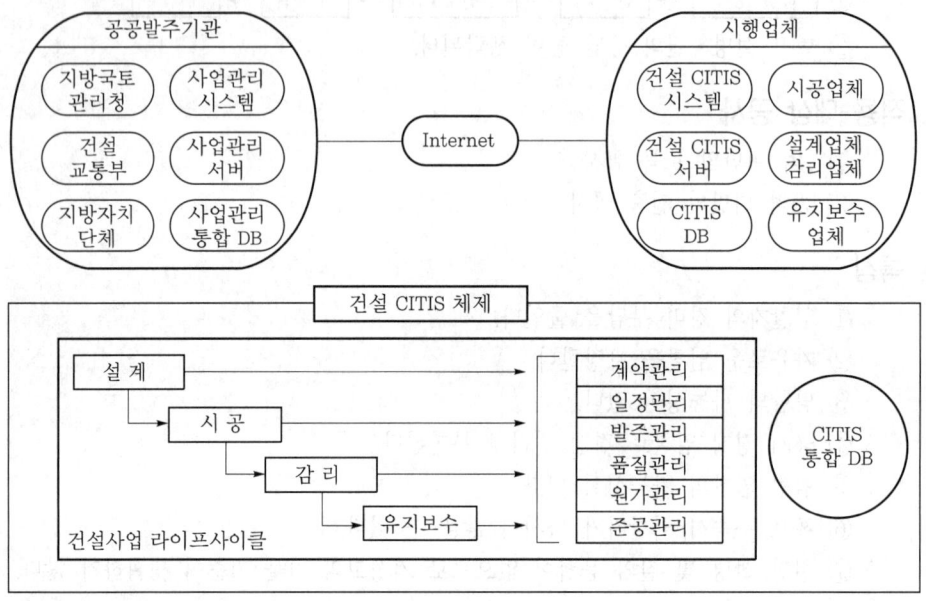

Ⅲ. 기대효과

① 종이문서 80% 절감 및 자료작성 및 전달 소요시간 60% 단축

② 사업기간 단축 20%, 예산절감 15%

③ 사업추진 과정에서의 투명성 보장

④ 건설안전 및 품질 향상

⑤ 전자 입찰제도의 원활한 추진 가능

35 건설공사의 국제 입찰방법의 종류와 특징

[98전(20)]

Ⅰ. 개요

국제 입찰이라 함은 내국인 또는 외국인을 대상으로 하여 물품, 공사 및 용역을 조달하기 위하여 행하는 입찰을 말하며, 수의 계약을 포함한다.

Ⅱ. 종류와 특징

1. 공개 경쟁 입찰

1) 정의

입찰 참가자를 공모(신문지상·공고·게시 등)하여 유자격자는 모두 참가할 수 있는 기회를 주는 입찰방식이다.

2) 특징

① 공사비 절감

② 담합 가능성이 낮다.

③ 자유경쟁 의도에 부합

④ 입찰 사무 복잡

⑤ 부적격업체 낙찰시 부실공사 유발

2. 제한 경쟁 입찰

1) 정의

입찰 참가자에게 업체 자격에 대한 제한을 가하여 양질의 공사를 기대하며, 그 제한에 해당되는 업체는 누구든지 입찰에 참가할 수 있도록 한 방식이다.

2) 특징

① 공사 수주의 편중 방지

② 담합 우려 감소

③ 양질의 공사 기대

④ 균등 기회 부여 무시, 경쟁 원리 위배

⑤ 품질 확보를 위해서는 업체의 양심에 기대

3. 지명 경쟁 입찰

1) 정의

공개 경쟁 입찰과 특명 입찰의 중간 방식으로, 그 공사에 가장 적격하다고 인정되는 3~7개 정도의 시공 회사를 선정하여 입찰시키는 방식이다.

2) 특징

① 공사 특성에 맞는 적격 업체의 선정 가능

② 시공의 질 향상 도모

③ 부적격 업체의 사전 배제
④ 소수 업체 입찰로 담합 우려
⑤ 입찰 참가자 선정 문제

4. 특명 입찰(수의 계약)

1) 정의

발주자가 시공 회사의 신용·자산·공사 실적·보유 기계·자재 및 기술 등을 고려하여 그 공사에 가장 적합한 1개의 회사를 지명하여 입찰시키는 방식이다.

2) 특징

① 양질의 시공 기대
② 업체 선정 및 사무 간단
③ 공사 보안 유지에 유리
④ 공사 금액 결정의 불명확
⑤ 부적격 업체 선정 우려

5. PQ(입찰 참가 자격 사전 심사제도)

1) 정의

PQ 제도란 공공 공사 입찰에 있어서 입찰전에 입찰 참가 자격을 부여하기 위한 사전 심사제도로서 발주자가 각 건설업자의 시공 능력을 정확히 파악하여 그 능력에 상응하는 수주 기회를 부여하는 것을 말한다.

2) 특징

① 입찰 참가 자격 결정
② 시공 능력 판단
③ 수주 기회 부여
④ 공사 금액 제한
⑤ 중소 업체 분리

6. Turn Key

1) 정의

'발주자는 열쇠만 돌리면 쓸 수 있다'는 뜻에서 나온 용어로서 모든 요소를 포함한 도급방식이다.

2) 특징

① 설계·시공의 Communication 우수
② 책임 시공으로 공기 단축
③ 공사비 절감
④ 우수한 설계 의도 반영의 어려움
⑤ 발주자 의도 반영의 어려움

36 국내 입찰과 국제 입찰의 비교

I. 개요

① 입찰에는 발주자가 공사 가격을 써내게 하여 경쟁에 의해 계약자를 선정하는 경쟁 입찰과 특정 업체를 발주자가 지정하는 특명 입찰(수의 계약)이 있다.

② 국내 입찰은 국제 입찰에 비해 입찰 공고 기간이 짧고, 관보와 일간 신문을 통해 입찰 공고를 하는 반면, 국제 입찰은 입찰 공고 기간이 길며 관보를 통해서만 입찰 공고를 한다.

③ 국내 입찰시에는 최저가 낙찰제, 부찰제 등의 불합리한 낙찰자 선정 방법이 있으나, 국제 입찰의 낙찰제에는 적격 심사 낙찰제, 종합 낙찰제, 협상 등의 합리적인 방법을 채택하고 있다.

II. 입찰 공고 비교

1) 입찰 공고 방법

① 국내 입찰

㉮ 관보 또는 일간 신문

㉯ 게시판에 게시하여 공고

② 국제 입찰 : 관보 공고

2) 입찰 공고 시기

① 국내 입찰

㉮ 입찰서 제출 마감일 전일부터 가산하여 10일 이전 공고

㉯ 긴급을 요하는 경우 및 재공고 입찰은 입찰일 5일전 공고

㉰ PQ 대상 공사는 현장 설명일 전일부터 30일 이전 공고

② 국제 입찰

㉮ 입찰서 제출 마감일 전일부터 40일 이전 공고

㉯ 긴급 공사 및 재공고 입찰은 입찰일 10일전 공고

㉰ PQ 대상 공사는 현장 설명일 전일부터 30일 이전 공고

3) 입찰 공고 내용

① 국내 입찰

㉮ 입찰에 붙이는 사항

㉯ 입찰 또는 개찰의 장소와 일시

㉰ 입찰 참가자 자격에 관한 사항

㉱ 입찰 보증금과 국고 귀속에 관한 사항

㉲ 입찰 무효에 관한 사항 등 16개 사항

② 국제 입찰
  ㉮ 국내 입찰 공고의 16개 사항
  ㉯ 추가로 협정의 적용 대상 여부 등 5개 사항

Ⅲ. 국내 입찰과 국제 입찰의 비교

구 분		국내 입찰	국제 입찰
① 계약 방법		① 경쟁 입찰(공개·제한·지명 경쟁) ② 특명 입찰(수의 계약)	① 일반(제한 포함) 경쟁 입찰 ② 지명 경쟁 입찰 ③ 수의 계약
② 입찰 공고	일반 공사	입찰서 제출 마감 전일부터 10일전 (공사 : 현장설명 및 전일부터 7일전)	입찰서 제출 마감 전일부터 40일전 (공사 : 현장 설명일 전일부터 7일전)
	PQ 대상 공사	현장 설명일 전일부터 30일 이전에 공고	현장 설명일 전일부터 30일전 공고
③ 입찰 보증금		입찰 금액의 5% 이상	입찰 금액의 5% 이상
④ 낙찰자 선정		① 최저가 낙찰제 ② 부찰제(제한적 평균가 낙찰제) ③ 제한적 최저가 낙찰제(Lower Limit) ④ 저가 심의제 ⑤ 적격(종합) 낙찰제 ⑥ 협상에 의한 계약 등	① 적격 심사 낙찰제 ② 종합 낙찰제 ③ 협상에 의한 계약 등
⑤ 계약 이행		계약 보증금(계약 금액의 10% 이상)	계약 보증금(계약 금액의 10% 이상)
⑥ 이행 완료 및 대가 지급		하자 보수 보증금(계약 금액의 2~5%)	준공 대가 지급

37 낙찰자 선정 방법

I. 개요

낙찰자 선정은 입찰 순서에 따라 미리 정해진 선정 방법에 의하여 충분히 공사를 추진할 수 있다고 판단되는 업체를 발주자가 선택하는 것을 말한다.

II. 선정 방법

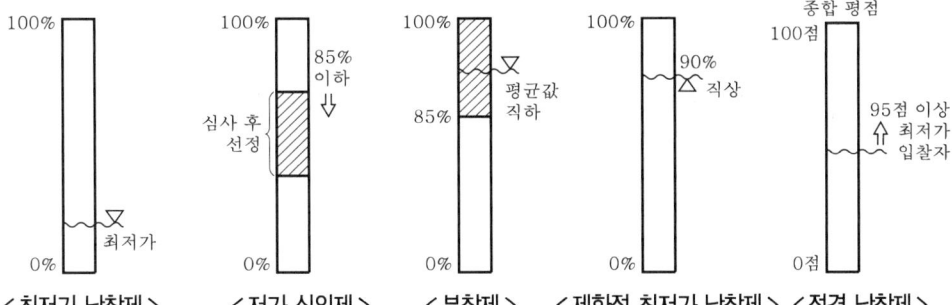

< 최저가 낙찰제 >   < 저가 심의제 >   < 부찰제 >   < 제한적 최저가 낙찰제 >   < 적격 낙찰제 >

1) **최저가 낙찰제**

   예정 가격 범위내에서 최저 가격으로 입찰한 자 선정

2) **저가 심의제**

   ① 예정 가격 85% 이하 업체 중 공사 수행 능력을 심의하여 선정

   ② 공사비 내역·공사 계획·경영 실적·기술 경험 등 전반에 대한 심의

3) **부찰제(제한적 평균가 낙찰제)**

   예정 가격과 예정 가격의 85% 이상 금액의 입찰자 사이에서 평균 금액을 산출하여 평균 금액 직하에 가장 근접한 입찰자 선정

4) **제한적 최저가 낙찰제(lower limit)**

   부실 공사를 방지할 목적으로 예정 가격 대비 90% 이상 입찰자 중 가장 낮은 금액으로 입찰한 자를 선정

5) **적격 낙찰제(종합 낙찰제도)**

   입찰 가격 외에 공사 수행 능력을 종합 심사하여 적격 입찰자에게 낙찰시키는 바, 공사 수행 능력과 입찰 가격을 종합하여 95점 이상 중 최저가 입찰자에게 낙찰시키는 제도로서 적격 심사제도라고도 한다.

III. 개선 방향

① 종합건설업 면허제도 도입으로 사업 발굴에서 유지관리까지의 효율적 공비 절감

② 예정 가격의 합리화로 누락 항목 방지

③ 부대 입찰제도 활성화로 하도급 계열화, 우량 전문 건설 업체 육성

④ PQ 제도 보완 및 확대 적용으로 부실 공사 예방, 적격 업체 선정

⑤ 내역 입찰제도 정착으로 대외 경쟁력 확보, Dumping 방지

38 최저가 낙찰제

Ⅰ. 정의
① 예정 가격 범위내에서 최저 가격으로 입찰한 자를 선정하는 제도이다.
② Dumping 방지를 위한 적절한 대책 마련이 필요하다.

Ⅱ. 낙찰제도의 분류
① 최저가 낙찰제
② 저가 심의제
③ 부찰제(제한적 평균가 낙찰제)
④ 제한적 최저가 낙찰제(Lower Limit)
⑤ 적격 낙찰제도(적격 심사제도)

Ⅲ. 특징
1) 장점
① 업체의 기술 개발 능력 배양
② 경쟁 원리 실천
③ 신기술 및 신공법의 적용 확대
④ 공사비 절감
2) 단점
① 적격 업체 선정 곤란
② Dumping 우려
③ 부실 시공 우려

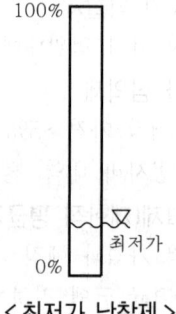

< 최저가 낙찰제 >

Ⅳ. 문제점
① 물가 변동에 따른 공사 금액 보전 문제
② Dumping 낙찰에 따른 부실 공사 방지를 위한 대책 미흡
③ 최저가 낙찰로 공사비 절감 부담을 하도급 업체에 전가하는 문제

Ⅴ. 대책
① PQ 제도(입찰 참가 자격 사전 심사제도)의 확대 적용
② 전문 경영 자원의 확충으로 효율적인 경영 필요
③ 부적격 업체 제재
④ EC화(종합 건설업제도)로 사업 발굴에서 유지관리 전과정에서의 효율적인 공사비 절감 노력

40 | 부찰제(제한적 평균가 낙찰제)

Ⅰ. 정의

예정 가격과 예정 가격의 85% 이상 금액의 입찰자 사이에서 평균 금액을 산출하여 이 평균 금액 밑으로 가장 접근된 입찰자를 낙찰자로 선정하는 방식이다.

Ⅱ. 낙찰제도 분류

① 최저가 낙찰제
② 저가 심의제
③ 부찰제(제한적 평균가 낙찰제)
④ 제한적 최저가 낙찰제(Lower Limit)
⑤ 적격 낙찰제도(적격 심사제도)

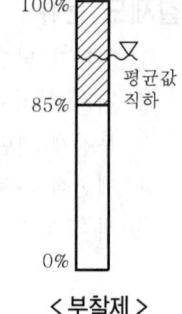

< 부찰제 >

Ⅲ. 특징

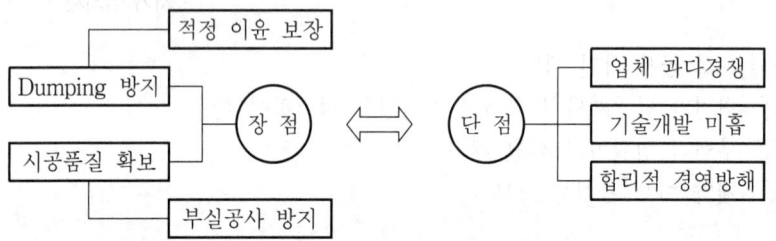

Ⅳ. 문제점

① 예정 가격 탐지를 위한 부조리 발생
② 경영 쇄신 의지 미흡
③ 기술 개발 투자 미흡

Ⅴ. 개선 대책

① 건설업 개방에 대비 업체간 협력 강화(Joint Venture Contract 등)
② 경영자 인식 전환으로 전문 건설 업체 육성
③ 하도급 계열화 촉진

41 제한적 최저가 낙찰제(Lower Limit)

Ⅰ. 정의

부실 공사를 방지할 목적으로 예정 가격 대비 90% 이상 입찰자 중 가장 낮은 금액으로 입찰한 자를 적격자로 결정하는 방식이다.

Ⅱ. 낙찰제도 분류

① 최저가 낙찰제
② 저가 심의제
③ 부찰제(제한적 평균가 낙찰제)
④ 제한적 최저가 낙찰제(Lower Limit)
⑤ 적격 낙찰제도(적격 심사제도)

< 제한적 최저가 낙찰제 >

Ⅲ. 특징

1) 장점
① 부실 공사 방지
② Dumping 낙찰 방지
③ 적정 이윤 보장
④ 시공 품질 향상

2) 단점
① 시장 경쟁 원리에 위배
② 기술 개발 저해 및 능동적인 공사 수행
③ 예정 가격 탐지를 위한 부조리 발생

Ⅳ. 개선 방안

① 전문 경영 자원의 확충으로 효율적인 경영 필요
② 부적격 업체 제재
③ EC화(종합 건설업 제도)로 사업 발굴에서 유지관리 전과정에서의 효율적인 공사비 절감 노력 필요
④ 부대 입찰제도 활성화로 하도급 계열화, 우량 전문 건설 업체 육성
⑤ 복수 예정 가격 제도의 정착

42 적격 낙찰제도(적격 심사제도)

I. 정의

적격 낙찰제도란 입찰 가격 외에 공사 수행 능력을 종합 심사하여 적격 입찰자에게 낙찰시키는 바, 공사 수행 능력과 입찰 가격을 종합하여 95점 이상 중 최저가 입찰자에게 낙찰시키는 제도로서 적격 심사제도라고도 한다.

II. 낙찰제도 분류

① 최저가 낙찰제
② 저가 심의제
③ 부찰제(제한적 평균가 낙찰제)
④ 제한적 최저가 낙찰제(Lower Limit)
⑤ 적격 낙찰제도(적격 심사제도)

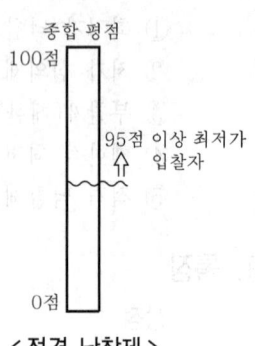

< 적격 낙찰제 >

III. 도입 배경

① 부실 공사 및 과다 경쟁 방지
② 건설 업체의 전문화 유도
③ Dumping 입찰 방지 및 대외 경쟁력 확보

IV. 심사 기준

① 공사 수행 능력
② 입찰 가격
③ 인력·자재·하도급 조달 능력

V. 특징

① 견적 내역, 시공 능력의 종합적인 평가로 양질의 시공 가능
② 건설 업체의 시공 능력 향상
③ 건전한 수주 질서와 성실 시공을 통한 우량 건설 업체 육성
④ 객관적인 평가 기준 미흡시 적격 업체의 선정 곤란

VI. 개선 방안

① 적정 시공성 확보를 위한 적격 심사 기준 마련
② 고도화된 적격 심사제 운용 및 예정 가격 책정의 현실화
③ 경쟁력 확보를 위한 심사제 운용
④ 기술 개발 및 경쟁력 제고를 위한 제도적 보완
⑤ 하도급 계열화 촉진 방안 및 중소 업체 보호 대책 마련

43 최고가치 낙찰제

[07후(10)]

I. 정의

① 최고가치 낙찰제는 LCC(Life Cycle Cost)의 최소화로 투자의 효율성을 얻기 위해 입찰가격과 기술능력을 종합적으로 평가하여 발주처에 최고가치를 줄 수 있는 업체를 낙찰자로 선정하는 제도이다.

② 시공비의 최소화가 아니라 LCC의 최소화가 중요하므로 최저가 낙찰제를 통한 예산 절감의 실패에서 출발한 개념이다.

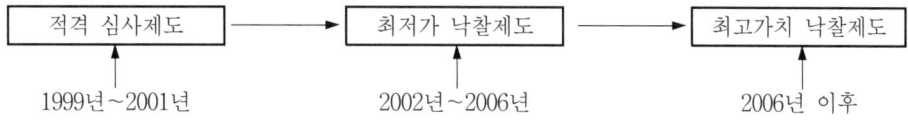

| 적격 심사제도 | → | 최저가 낙찰제도 | → | 최고가치 낙찰제도 |

1999년~2001년　　　　2002년~2006년　　　　2006년 이후

II. 최고가치의 개념도

시공 당시의 생산비(시공비)를 고려함은 물론 준공후 유지관리비까지 고려한 일련의 과정을 구조물의 LCC 개념으로 평가하여 발주자의 이익을 극대화시키는 것이 최고가치의 개념이다.

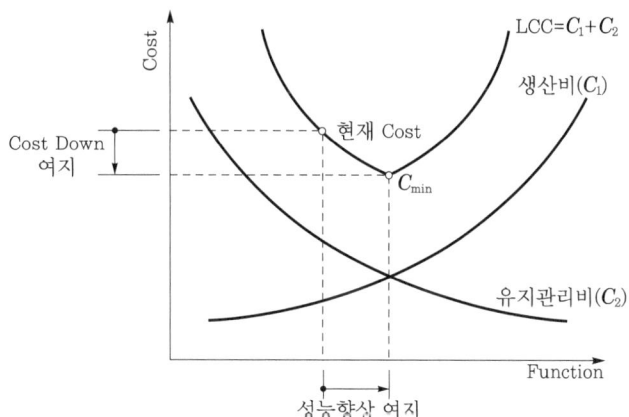

III. 도입의 필요성

① 낙찰제의 국제표준화 필요
② 건설업체의 Dumping방지 및 수익성 향상
③ 건설업체의 기술발전 및 품질향상 제고
④ 발주처의 장기적인 비용 절감
⑤ 발주처의 낙찰방법 선택폭 확대

Ⅳ. 도입전 선결사항

① 실질적인 입찰가격의 적정성 심사

② 비가격 요소의 심사를 위한 발주처 전문성 강화

③ 비가격 요소 심사에 대한 공정성 및 투명성 확보

④ 입찰 참가업체의 기술력 및 견적능력 겸비

⑤ 총생애비용(LCC)을 산출하고 평가할 수 있는 Data Base 구축

44 종합 심사 낙찰제(종심제)

[15전(10)]

Ⅰ. 정의

공사의 품질제고에 필요한 항목의 평가를 통해 최적의 낙찰자를 선정하는 방식으로 공사수행능력, 입찰가격, 사회적 책임점수가 가장 높은 자를 낙찰자로 선정

Ⅱ. 심사기준

① 추정가격 300억 이상
② 고난이도 검사
③ 문화재 수리공사

Ⅲ. 선정기준

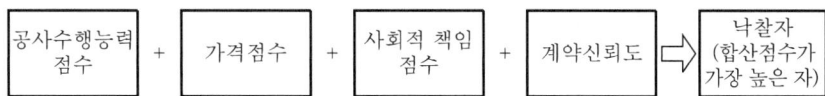

공사수행능력 점수 + 가격점수 + 사회적 책임 점수 + 계약신뢰도 ⇨ 낙찰자 (합산점수가 가장 높은 자)

Ⅳ. 심사항목 및 배점기준(고난이도 공사기준)

심사 분야	심사 항목		가중치	비 고
공사수행능력 (40~50점)	전문성	시공실적(시공인력)	20~30%	
		매출액 비중	0~20%	
		배치 기술자	20~30%	
	역량	공공공사 시공평가 점수	30~50%	
		규모별 시공역량	0~20%	
		공동수급체 구성	1~5%	
	소계		100%	
입찰금액 (50~60점)		금액	100%	
	가격 산출의 적정성	하도급계획	감점	
		물량		
		시공계획		
사회적 책임 (가점 1점)		건설인력 고용	20~40%	※ 공사수행능력에 가산
		건설안전	20~40%	
		공정거래	20~40%	
		지역경제 기여도	30~40%	
		소계	100%	
계약신뢰도 (감점)		배치기술자 투입계획 위반	감점	
		하도급관리계획 위반	감점	
		하도급금액 변경 초과비율 위반	감점	
		시공계획 위반	감점	

일반일 때 입찰금액의 물량 및 시공계획이 단가로 바뀜

V. 동점시 처리 방법
① 공사수행능력점수와 사회적책임 점수의 합이 높은 자
② 입찰금액이 낮은자

VI. 기대효과
① 공사품질 향상
② 건설산업의 경쟁력 제고
③ 기술과 가격의 균형 입찰
④ 하도급 개선, 산업안전 제고
⑤ 최적의 사업자 선정 및 공익성 제고
⑥ 공사비 절감

45 도급 계약서에 명시해야 할 사항(내용)

Ⅰ. 개요

① 입찰 결과 낙찰자가 확정되면 발주처와 도급자간에 상호 계약이 체결되고 법률 적으로도 쌍방의 관계가 성립된다.

② 설계 변경 및 물가 변동에 따른 Escalation 등의 범위와 세부 사항을 명확히 명시하여 계약후 문제가 되지 않도록 해야 한다.

Ⅱ. 도급계약 서류

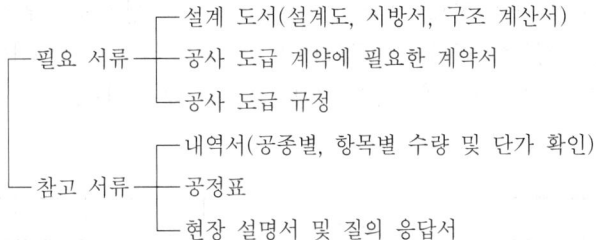

- 필요 서류 ┬ 설계 도서(설계도, 시방서, 구조 계산서)
  ├ 공사 도급 계약에 필요한 계약서
  └ 공사 도급 규정
- 참고 서류 ┬ 내역서(공종별, 항목별 수량 및 단가 확인)
  ├ 공정표
  └ 현장 설명서 및 질의 응답서

Ⅲ. 도급 계약서에 명시해야 할 내용

① 공사 개요(도면 및 시방서 등에 표기)

② 공사 기간(착공 일자 및 준공 일자 명시)

③ 계약 금액

④ 계약 보증금(계약 이행 보증서 및 보험 계약서 제출)

⑤ 공사 금액 지불 방법 및 시기

⑥ 하자 보증 사항(하자 보증 방법·기간·보증금 등)

⑦ 공사 시공으로 인한 제3자가 입은 손해 부담에 대한 사항

⑧ 설계 변경·공사 지연(지체 상금)에 대한 사항

⑨ 연동제(Escalation)에 관한 사항(물가 변동·공사 내용 변동 등)

⑩ 천재 지변 및 기타 불가항력에 대한 사항

⑪ 정산에 관한 사항(물가 변동·설계 변동·계약 내용 변동 등)

⑫ 지급 자재 및 건설 기계 대여에 관한 내용

⑬ 계약에 대한 분쟁 발생시 해결 방법

⑭ 안전관리(가설 울타리·낙하물 방지망 등의 안전 시설 및 교육 사항)

⑮ 설계 도서상의 작업 범위 및 기타 공사에 대한 작업 범위

⑯ 준공 검사 시기 및 구조물 인도 시기

46 부대 입찰제도

Ⅰ. 정의

① 부대 입찰제도란 발주처에서 입찰 참가자에게 하도급할 공종별로 일정 비율의 하도급 금액비율을 미리 정하여 입찰 참가자에게 통보하고, 그 비율 이상으로 계약될 하도급 계약서를 입찰시 입찰 서류에 첨부해서 입찰하는 제도이다.

② 계약 체결후, 공사진행중 건설업체에 대한 기성금이 지불될 때, 기성 신청 서류에 하도급업체에 지급해야 할 일정 비율 이상의 기성금 지불 내역서를 함께 제출해야 한다.

③ 발주처에서는 건설업체와 하도급업체 간의 이중 계약을 방지하기 위해, 건설업체가 지급 받은 기성금에 대해 하도급업체에 지불되는 금액이 계약서에 약정된 비율의 금액인지 확인한 후, 계속적인 기성금을 지불해야 한다.

Ⅱ. 필요성

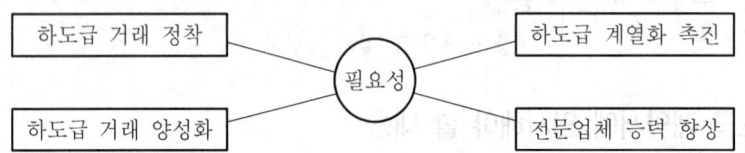

Ⅲ. 문제점

① 의무 규정이 아닌 형식적인 제도(임의 규정)
② 견적 기간 부족으로 견적 부실 및 착오·누락 항목 발생
③ 전문 건설 업체의 견적 능력 미흡
④ 하도급 업체의 권한 및 책임이 불분명
⑤ 원도급자와 하도급자간의 자율적인 하도급 계열화 저해
⑥ 이중 계약 및 입찰시 설계 도서상 견적과 시공상 견적의 차이 발생

Ⅳ. 개선 방안

① 부대 입찰제도의 의무규정 제도화로 활성화 유도
② 충분한 견적 기간 및 정확성 확보
③ 전문 건설업체의 견적 능력 및 시공 기술 향상 방안 마련
④ 원도급자와의 협력 및 분업화에 의한 관계 개선 도모
⑤ 원도급자와 하도급자간의 계열화 촉진
⑥ 건설업의 위험 분담 및 인력·장비·기술 등의 교류 증진
⑦ 최저 낙찰제에 따른 이중 계약 방지
⑧ PQ 대상 공사(200억 이상 공사)의 부대 입찰제도 의무화
⑨ 평가 심의제 및 심의 위원회 발족

47 대안 입찰제도

Ⅰ. 정의

입찰시 도급자가 제시한 기본 설계를 바탕으로 동등 이상의 기능 및 효과를 가진 공법으로 공사비 절감, 공기 단축 등을 내용으로 하는 대안을 제시하는 제도이다.

Ⅱ. 입찰 순서 Flow Chart

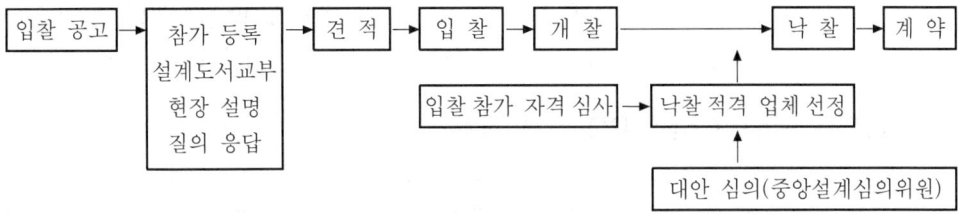

Ⅲ. 입찰 방식

① 입찰방법 및 공고는 제한 경쟁 입찰 방식으로 매 회계년도마다 실시
② 입찰시 대안 설계 설명서·설계 도서·내역서 등을 제출
③ 낙찰자 결정 방법은 최초 원인 결정시 최저가 금액보다 낮은 금액 낙찰
④ 제출된 대안 내용은 중앙 설계 심의 위원회에서 결정

Ⅳ. 적용상 문제점

① 발주측의 전문 인력 부재로 대안 내용 및 공사 제반 사항 전달 미흡
② 대안 설계시 제한 조건으로 인해 기술적 창의성 저해
③ 입찰 공고부터 계약까지의 입찰 기간 장기화
④ 총액 낙찰제도 등 기술 능력보다는 금액 위주의 입찰에 습성화
⑤ 선정되지 못할 경우 설계비 낭비

Ⅴ. 개선 대책

① 기술 개발 투자 확대로 고급 전문 인력 육성
② 종합 건설업 체재로 설계·시공·견적 능력 배양
③ 심의 기술 정착과 전문 인력 육성으로 심의 기준 및 시방서 보완
④ 중앙설계심의위원회 기능 강화 및 심의 위원 자질 향상
⑤ 기술연구소와 기술 개발 전담 부서 운영
⑥ 신기술 개발을 위한 Tool(SE, VE, TQC, IE, OR 등) 활용
⑦ 건설업의 EC화에 의한 지식의 집약화·고부가가치화

48 | PQ제도(입찰참가자격 사전심사제도)

Ⅰ. 정의

① PQ(Pre-Qualification)제도란 공공(公共) 공사 입찰에 있어서 입찰전에 입찰 참가자격을 부여하기 위한 자격 사전심사제도로서 발주자가 각 건설업자의 시공 능력을 정확히 파악하여 그 능력에 상응하는 수주 기회를 부여하는 제도를 말한다.

② 적용 대상 공사는 11개 공종으로서 공사 금액이 200억원 이상의 공사에 적용하며, 종합 평점이 60점 이상인 자를 입찰 참가 적격자로 산정한다.

Ⅱ. PQ제도 Flow Chart(PQ 심사 절차)

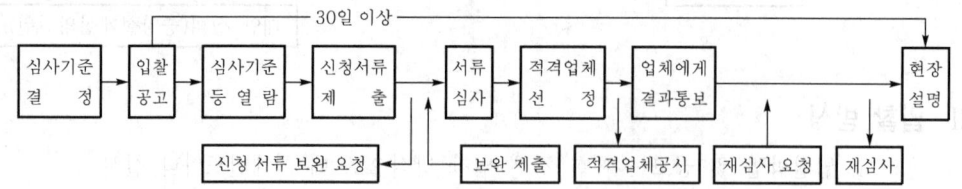

Ⅲ. 필요성

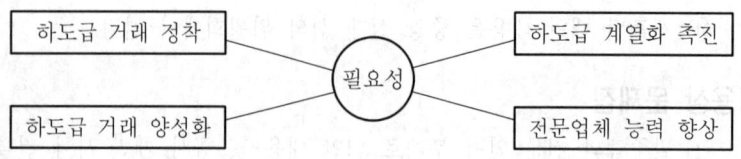

Ⅳ. 주요 심사 내용

① 시공 경험 ② 기술 능력
③ 시공평가 결과 ④ 신인도

Ⅴ. 적용 대상 공사

① 300억 이상
② 200억 이상 11개 공종
③ 기술제안입찰에 의한 계약공사

49 기술개발 보상제도

Ⅰ. 정의

발주자와 시공자가 설계 도서에 의하여 계약한 후 공사 진행중에 시공자가 기술을 개발하여 공비 절감 및 공기 단축의 효과를 가져왔을 경우, 계약 금액을 감하지 않고 공사비 절감액 일부를 시공자에게 보상하는 제도이다.

Ⅱ. 개념도

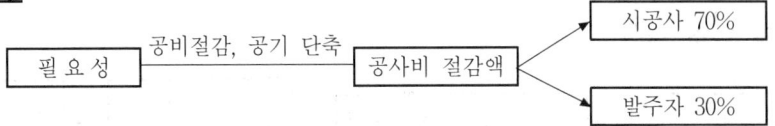

Ⅲ. 필요성

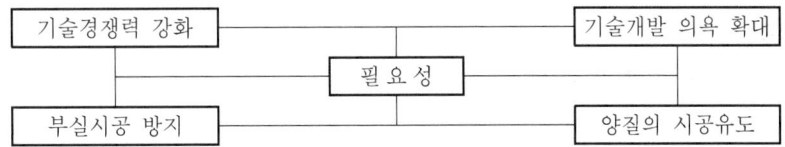

Ⅳ. 특징

1) 장점
① 가설 공사의 표준화·경량화　② 하도급 계열화 촉진
③ 과감한 신기술 적용　　　　　④ 품질 향상 및 비용 절감
⑤ 자재의 건식화 공법 가능　　　⑥ 전문 기술자 배양 및 육성

2) 단점
① 사용 실적 저조　　　　　　　② 신청 서류 과다
③ 실질적인 정부 지원 미비

Ⅴ. 문제점
① 활용 기피 현상　　　　　　　② 심외 절차 복잡
③ 심의 기준 불분명

Ⅵ. 개선 대책
① 사용의 활성화　　　　　　　② 심의 절차의 간소화
③ 심의 기준의 확립　　　　　　④ 세제상 혜택 부여
⑤ 적극적인 홍보로 분위기 조성　⑥ 자금 지원 확대
⑦ 건설 공사의 건식화로 생력화 및 품질 향상 기대
⑧ 공정한 전문 공인 심사 기관의 선정
⑨ 정부 차원의 실질적인 기술 개발 정착 시행

50 신기술 지정제도

I. 정의

건설업체가 많은 개발비를 투자하여 신기술이나 신공법을 개발하였을 때 그 새로운 기술이나 공법을 보호하여 주는 제도로서, 신기술 지정 보호제도의 활성화는 건설업체들의 신기술 개발 투자의 증대와 건설업체의 시공 능력을 배양시키는 요인이 된다.

II. 신기술 신청 절차

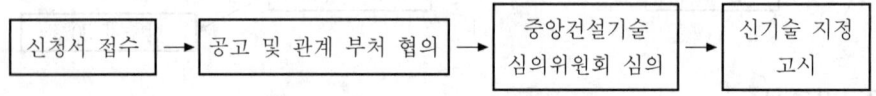

신청서 접수 → 공고 및 관계 부처 협의 → 중앙건설기술 심의위원회 심의 → 신기술 지정 고시

III. 필요성

① 신기술 개발 투자 의욕 확대
② 기술 경쟁력 확대
③ 건설 시장 개방화에 대응

IV. 보호 내용

① 공공 발주 공사 우선 적용(수의 계약 가능)
② 신기술 사용료는 쌍방 합의, 최초 5년, 연장 7년(총 12년까지 가능)
③ 신기술 사용으로 공사비 절감시 공사비 절감액을 시공자에게 보상

V. 문제점

① 사용 실적 저조   ② 기술 사용료 과소
③ 보호 기간이 너무 짧다.   ④ 정부 지원 대책 미흡
⑤ 건설업체 기술 개발 투자 외면   ⑥ 신청 서류 복잡

VI. 개선 대책

① 신기술 사용 활성화   ② 기술 사용료 상향 조정
③ 신기술 보호 기간 연장   ④ 실질적 지원책 강구
⑤ 건설업체 기술 개발 투자 유도 ⑥ 신청 서류 간소화
⑦ 신기술 평가 방법 정립   ⑧ 사후 관리제 도입
⑨ 보상 제도의 활성화   ⑩ 건설업체의 능력 배양

51 하도급 계열화

Ⅰ. 정의

하도급 계열화란 원도급자가 하도급자의 능력·실적 등을 고려하여 우수한 업체를 미리 등록시켜 하도급 등록제에 의해 하도급자를 관리하는 것으로서, 하도급 계열화의 활성화와 조기 정착을 위해서는 정부 차원의 실질적인 지원책이 요구된다.

Ⅱ. 필요성

① 부실 시공 방지
② 공정한 거래로 분쟁 배제
③ 원·하도급자간의 불신 제거
④ 시공 기술의 전문화 유도

```
          원 도 급 자
              │
          하도급 등록
    ┌──┬──┬──┼──┬──┬──┬──┐
   토  철  조  미  창  도  방  철
   공  콘  적  장  호  장  수  물
```

< 하도급 계열화 >

Ⅲ. 문제점

① 전문 건설업체의 부족
② 신뢰성 결여
③ 정부의 정책적 지원 미약
④ 건설업체의 인식 부족
⑤ 전문 건설업체의 시공 능력 부족
⑥ 전문 건설업체의 경영 능력 부족
⑦ 공사 수주 능력 부족으로 연고권에 의한 경영 방식

Ⅳ. 개선 대책

① 전문 건설업체의 전문성 확보
② 전문 건설업체의 경영 혁신
③ 건설업체의 인식 전환
④ 정부의 실질적인 지원 강구
⑤ 신뢰성 확보
⑥ 전문 건설업체 수의 적정 유지
⑦ 하도급 계열화·활성화 방안 모색
⑧ 업계의 자발적인 시정 노력
⑨ 기술 개발 투자 확대
⑩ 견적 능력 배양 및 기능 인력 육성
⑪ 전문 기술의 개발로 원가 절감
⑫ 전문 업종의 발굴 및 투자
⑬ 우수업체 혜택 부여
⑭ 상호 신뢰를 바탕으로 하는 분위기 조성
⑮ 기술 이전 등 연대 의식 고취
⑯ 공정 거래 저촉업체 제재 강화
⑰ 부대 입찰제도의 의무적 시행
⑱ 내역 입찰제의 확대 실시

52 담합(談合 ; Conference)

Ⅰ. 정의

담합이란 어떤 공사를 입찰하기전에 입찰 참가 업자들끼리 모여 낙찰자 및 낙찰 금액을 미리 협정하고 입찰에 참가하는 것을 말하며, 국가 또는 공공 단체가 시행 하는 입찰에는 형법상 부정 담합죄가 있어 공공 공사 입찰에서 공정한 가격을 방 해하거나 부정의 목적으로 담합하는 것을 규제하고 있다.

Ⅱ. 담합의 피해

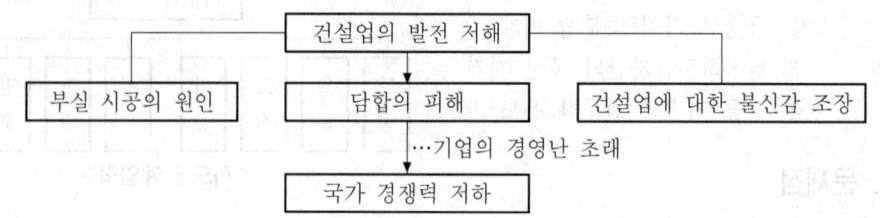

Ⅲ. 문제점

① 국제 경쟁력 저하 요인
② 건전한 입찰가 형성을 저해
③ 부당한 이익 추구
④ 상호 신뢰에 위배
⑤ 자유 경쟁에 의한 경쟁력 배제

Ⅳ. 개선 방향

① 입찰 및 계약 사무의 합리화
② 부실 시공업체 제재 강화
③ 건설업계의 인식 전환
④ 종합 건설업화로 건실한 업체 선정
⑤ EC화 하여 기술력 확보
⑥ 신기술 개발 및 기술력 축적
⑦ 하도급의 계열화로 전문 시공업체 육성
⑧ ISO 9000 시리즈 인증을 통한 국제 경쟁력 확보
⑨ 경영자의 인식 전환

53 덤핑(Dumping)

Ⅰ. 정의

① Dumping이란 공사 원가 이하로 도급을 맡는 것으로서 품질 저하・부실 시공 등의 원인이 된다.

② 건설 공사에서는 Dumping의 한계가 명확하지 않으나 보통 예정가의 85% 이하를 Dumping 입찰로 보고 있다.

Ⅱ. Dumping의 피해

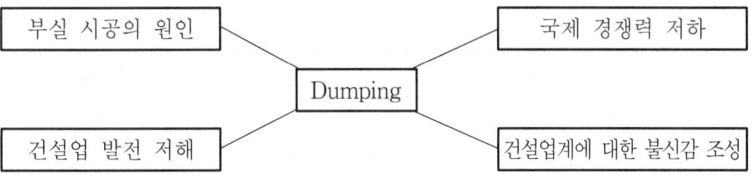

Ⅲ. 문제점

① 구조물의 품질 저하
② 기술 경쟁력 약화
③ 불공정 경쟁 방법으로 업계의 자금난 가중
④ 총액 입찰로 내역 파악이 안 됨
⑤ 부적당 업체의 제재 조항 미흡

Ⅳ. 개선 방안

① 부대 입찰제도의 활성화
② 경영자 인식 전환
③ 대안 입찰제도에 의한 기술력 증대
④ 내역 입찰제도의 확대 시행
⑤ 부실 시공 업체 제재 강화
⑥ 기술 능력 위주의 낙찰제도 실시
⑦ 저가 심의 제의 기준 마련
⑧ 적격 낙찰제도(적격 심사제도)의 활성화
⑨ 신기술 제안 제도의 활성화
⑩ PQ 제도 확대 시행
⑪ 하도급 계열화로 전문 시공 업체 육성
⑫ 기술 능력 배양 및 체질 개선 유도

54 | TES(Two Envelope System ; 선기술 후가격 협상제도)

Ⅰ. 정의

① TES제도란 공사발주시 기술능력 우위업체를 선정하기 위한 방법으로, 기술 제 안서와 가격 제안서를 분리하여 제출받아 평가하는 낙찰자 선정제도이다.

② 입찰 참가자격 사전 심사제도에 의해 자격이 합당한 업체 중에서 기술능력이 우수한 3개 업체를 선정하여, 기술능력 점수가 우수한 업체 순으로 예정 가격 내에서 입찰가를 협상하여 계약하는 제도이다.

Ⅱ. 특징

장 점	단 점
① 부실 시공 방지	① 심사 기준의 미정립
② 입찰 참가 자격을 사전 심사함으로써 부적격 업체 배제	② 참가 등록 서류의 복잡
③ 신기술 개발 촉진	③ 실적 위주의 참가 제한으로 중소 업체에 불리
④ 시공 능력 위주로 낙찰	

Ⅲ. 필요성

① 가격 위주에서 기술능력 위주의 입찰방식으로 전환
② 우수한 기술능력 업체의 시공으로 부실시공 방지
③ 건설업체의 기술능력 향상 유도
④ 건설업체의 기술개발 투자확대 유도
⑤ 기술능력이 우수한 업체 및 적격업체 선정

Ⅳ. 문제점

① 전문 공인 심사 기관의 부족
② 입찰 서류의 과다 및 복잡
③ 시공능력 및 기술제안 평가기준의 미흡

Ⅴ. 개선 방안

① 공정한 전문심사기관의 선정
② 참가 등록 서류의 간소화
③ 기술능력·시공능력 우선의 평가
④ 시공 기술의 연구 활동 강화 및 투자 확대
⑤ 과감한 신기술 도입으로 Cost Down

VI. 실례

1) PQ 제도에 의한 기술능력 우수업체 3곳 선정

구 분	A업체	B업체	C업체	비 고
기술능력 순위	1순위	2순위	3순위	
기술능력 점수	90점	85점	80점	기술능력 점수 100점 만점
입찰 가격	240억	210억	180억	예정 가격 200억

2) 낙찰자 선정

① A업체와 예정 가격 이내로 협상하여 A업체가 응할 경우 A업체와 계약 체결

② A업체와 예정 가격 이내로 협상이 안 될 경우 B업체와 예정 가격 이내로 협상

③ B업체가 예정 가격 이내에서 협상에 응할 경우 B업체와 계약 체결

④ B업체와 예정 가격 이내로 협상이 안 될 경우 예정 가격 이내인 C업체와 계약 체결

39 저가 심의제

Ⅰ. 정의

예정 가격 85% 이하 업체 중 공사비 내역, 공사 계획, 경영 실적, 기술 경험 등 전반에 대한 공사 수행 능력을 심의하여 업체를 선정한다.

Ⅱ. 낙찰제도 분류

① 최저가 낙찰제
② 저가 심의제
③ 부찰제(제한적 평균가 낙찰제)
④ 제한적 최저가 낙찰제(Lower Limit)
⑤ 적격 낙찰제도(적격 심사제도)

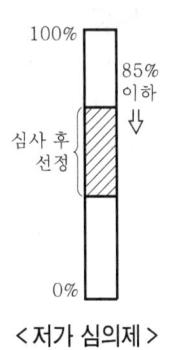

< 저가 심의제 >

Ⅲ. 장점

① 부실 공사 사전 예방
② 최저가 낙찰제와 부찰제의 장점만을 선택하여 활용
③ 부적격 입찰자의 사전 배제
④ 계약 이행 확실성 도모

Ⅳ. 단점

① 심사 기관의 비전문성으로 심사의 어려움
② 심사 기간이 길어 행정력 낭비
③ 심사 기준 미비

Ⅴ. 문제점

① 예정 가격 탐지를 위한 부조리 발생
② 심사 기준에 대한 불신 풍조 야기
③ 사회적 인식 및 불신 풍조 불식 부족

Ⅵ. 개선 방안

① 적정 시공성 확보를 위한 심사 기준 마련
② 복수 예정 가격 제도의 정착
③ 심의 위원 자질 향상
④ 건설 업체의 전문화 유도
⑤ 경영자의 인식 전환으로 경영 내실화

56 하자 보증(Guarantee Against Defaults)

[08후(10)]

I. 정의

하자 보증(Guarantee Against Defaults)이란 건설 공사의 계약에서 하자에 의해서 생긴 손해에 대한 시공자측의 보증을 말하며, 하자 담보 책임이라고도 한다.

II. 하자 보증금(하자 담보 책임금)

① 철도·댐·터널·강교 설치·발전 설비·교량 등 주요 구조물 및 조경 공사 5%
② 공항·항만·삭도 설치·방파제·사방·간척 등은 4%
③ 관개수로·도로·매립·상하수도·하천·일반 건설 등은 3%
④ 위의 사항 이외의 공사 2%

III. 하자 담보(하자 보증) 책임이 없는 경우

① 발주자가 제공한 자재(재료)의 품질이나 규격 등의 기준 미달로 인한 경우
② 발주자의 지시에 따라 시공한 경우
③ 내구연한 또는 설계상의 구조 내력을 초과하여 사용한 경우

IV. 하자 보증 기간(하자 담보 책임 기간)

하자 내용(공사)	하자 보증기간
철도·댐·터널·강교 설치·발전 설비·교량·상하수도 구조물	7년
공항·항만·삭도 설치·방파제·사방·간척	7년
관개수로·매립·상하수도 관로·하천·공동주택·교정시설	3년
도로·일반 구조물·부지 정지·조경 시설물 설치	2년

V. 문제점

① 보증제도의 미정착
② 하자 발생시 보수까지의 절차가 복잡
③ 기업체의 하자에 대한 잘못된 편견으로 형식적인 보수
④ 건설업자의 책임 회피 및 인식 결여

VI. 개선점

① 공제 조합 운영의 효율 극대화
② 하자 발생시 신속한 보수 실시
③ 하자 보증에 대한 인식 재고
④ 하자 보증금 사용 내역의 공개
⑤ 기술 개발 및 신기술 축적

57 건설 보증제도

Ⅰ. 정의

① 건설 보증제도란 시공자와 공사 발주자간의 공사 실행 및 완공의 준수를 보증 회사가 보증하는 제도를 말한다.

② 시공자의 특별 사유로 인해 공사 진행이 불가능할 때를 대비하기 위한 제도이므로 해당 공사의 수행이 가능한 보증회사의 보증이 필요하다.

Ⅱ. 특징

장 점	단 점
① 공사 불이행시는 보증 회사가 사후 책임	① 건설업 시장 개방에 따른 경쟁력 제고
② 공사 발주자는 안심하고 공사 추진	② 건설공제조합 등에 일정 금액 출자 의무화
③ 시공자의 신용도 측정 가능	

Ⅲ. 문제점

① 시장 개방에 대비
② 면허 취득을 위해 의무 출자
③ 출자금 사용의 문제
④ 출자금 대출의 문제

Ⅳ. 개선 방안

① 출자금의 점진적 축소
② 건설 보험제도 의무화
③ 출자금 대출의 축소
④ 출자금 사용의 합리화
⑤ 보험제도 정착화를 위한 정책 배려
⑥ 정부 차원의 출자 금액 하향 조정
⑦ 환경 변화와 시장 개방에 대처
⑧ 공사 완성 보증제도 도입 필요

58 표준 공기제도

Ⅰ. 정의

발주자측에서 설계 및 시공에 필요한 공사 기간을 표준화하여 정해 놓고 시공자에게 공사를 진행하게 하는 제도로서, 무리한 공기 단축으로 발생될 수 있는 부실 시공·품질 저하 등을 사전에 예방하기 위한 방안이다.

Ⅱ. 필요성

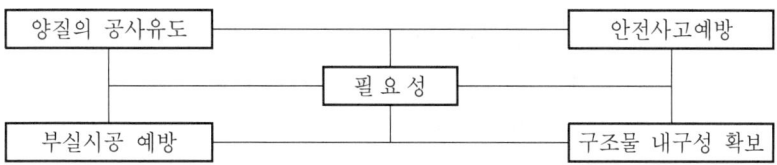

Ⅲ. 공기에 영향을 주는 요인

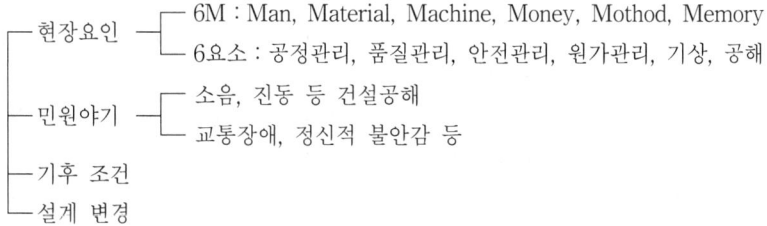

Ⅵ. 향후 전망

① 준비 기간의 확보로 사전에 불완전한 부분을 발견·수정이 가능
② 구조물의 적정한 양생 기간을 확보하여 내구성 증대
③ 기술자는 무리한 공기 단축에 대한 강박 관념에서 벗어나 품질관리에 전념
④ 안전 사고를 줄일 수 있을 것으로 기대

59 | 개산 계약(Rough Estimate Contract)

I. 정의

① 개산 계약이란 상세한 계약의 내용이 결정되지 않은 상태에서 계약을 체결하고 공사가 종결되고 난후에 정산하는 것을 말한다.

② 공공 건물 공사시 중앙관서장 또는 그 위임을 받은 공무원이 계약을 체결한다.

II. 계약 분류

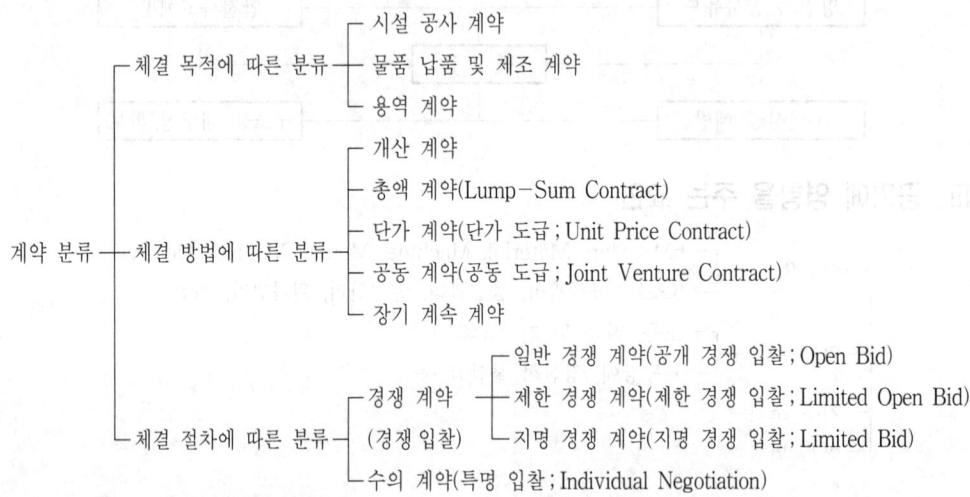

III. 적용 대상 공사

① 개발 신제품의 제조 계약

② 연구 용역 계약

③ 시험 및 조사 계약

④ 정부 투자 기관 및 출연 기관과의 법령에 의한 위탁·대행 계약

IV. 개산 계약시 유의사항

① 예정 가격을 결정할 수 없을 때 계약

② 개산 계약 체결전에 미리 개산 가격을 결정

③ 개산 계약의 체결시 감사원에 통지

④ 계약 이행의 완료후 정산하여 소속 중앙관서장의 승인을 받아야 함

60 장기 계속 계약

Ⅰ. 정의

① 장기 계속 계약이란 수년간 연속적으로 공사를 할 필요가 있거나, 공사기간이 길어 수년에 걸친 공사계약에 있어서의 계약 체결 방법이다.

② 공사를 계속 진행하면서 계약이 체결되므로 시공이 빠르고 용이하며, 장비나 자재의 활용도가 높아진다.

Ⅱ. 계약 분류

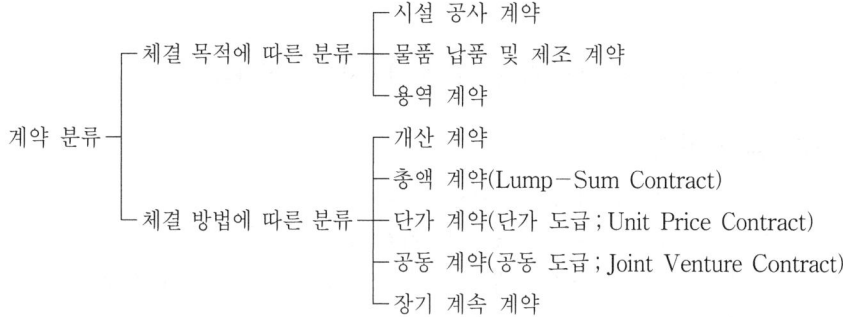

Ⅲ. 적용 대상 공사

① 운송 · 보관 · 시험 · 조사 · 연구 · 측량 · 시설관리 등의 용역 계약 또는 임차 계약
② 전기 · 가스 · 수도 등의 공급 계약
③ 장비의 유지 보수 계약

Ⅳ. 특징

1) 장점

① 계약 절차의 감소로 공기 단축
② 물가 변동에 따른 변동요소 반영 용이
③ 동일업체의 계속 공사진행으로 시공 용이
④ 자재 · 장비의 낭비 요소 배제
⑤ 선시공 부분의 하자에 대한 즉각적인 조치 가능

2) 단점

① 공사금액이 상승될 우려
② 시공자의 무사 안일주의 발생
③ 공사비리의 발생 우려 증가

61 예정 가격(Budget Price)

Ⅰ. 정의
① 건설기술자가 설계도서를 통한 적산에 의해 설계가격을 정한다.
② 계약 담당 공무원이 거래 실례 가격(조달청·전문조사기관 등에서 통보)에 따라 설계 가격에 일정 비율을 감하여 예정 가격을 결정한다.

Ⅱ. 원가 계산서의 작성
① 계약 담당 공무원이 따로 예정 가격 조서를 작성한 경우 작성할 필요가 없다.
② 계약 담당 공무원이 스스로 원가 계산하기 곤란한 경우 원가 계산 용역 기관에 의뢰한다.
③ 재정경제부장관이 정하는 원가 계산서를 작성한다.

Ⅲ. 거래 실례 가격
① 조달청장이 조사하여 통보한 가격
② 재정경제부장관이 정하는 전문가격 조사기관이 조사하여 통보한 가격
③ 계약 담당 공무원이 2명 이상의 사업자에 대해 물품의 거래 실례를 직접 조사 확인한 가격

Ⅳ. 예정 가격의 구성
① 재료비 : 계약 목적물의 제조·시공·용역 등에 소요되는 재료량에 단위당 가격을 곱한 금액
② 노무비 : 계약 목적물의 제조·시공·용역 등에 소요되는 공종별 노무량에 노임 단가를 곱한 금액
③ 경비 : 계약 목적물의 재료·시공·용역 등에 소요되는 비목별 경비의 합계액
④ 일반 관리비 : 재료비·노무비·경비의 합계액에 일반 관리 비율을 곱한 금액
⑤ 수입 물품 : 수입 물품의 외화 표시 원가·통관료·보세 창고료·하역료·국내 운반비·일반 관리비·이윤 등의 비목
⑥ 재료비·노무비·경비의 비목은 재무부장관이 따로 정한다.
⑦ 총생산량의 50/100 이상을 국가 기관에서 사용한 거래 실례 가격이 있는 경우도 예정 가격을 결정한다.

62 실적공사비

Ⅰ. 정의

① 실적공사비는 신규공사의 예정가격 산정을 위하여, 이미 시공된 유사한 공사의 시공 단계에서 Feed Back된 자재·노임 등의 각종 공사비에 관한 정보를 기초자료로 활용하는 적산방식이다.

② 기 수행공사의 Data Base된 단가를 근거로 입찰자가 현장 여건에 적절한 입찰금액을 산정하고, 발주자는 이를 토대로 분석하므로 요구되는 품질과 성능을 확보할 수 있다.

Ⅱ. 기본 개념도

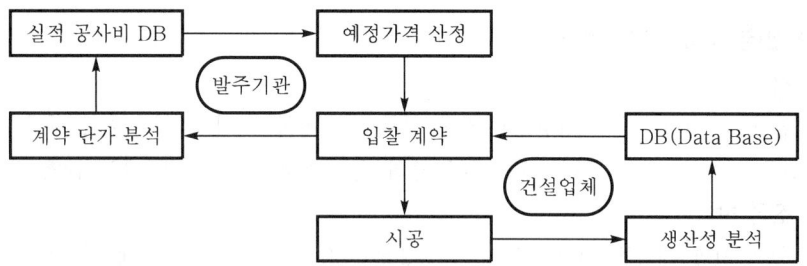

Ⅲ. 도입배경

① 정부 노임 단가의 비현실
② 적산 능력 개발 미흡
③ 표준 품셈의 경직
④ 작업 조건 미반영
⑤ 기술 발전의 추종성 미흡
⑥ 수량 산출 기준 미비

Ⅳ. 기대 효과

① 실제 공사에 적용되는 자재 및 노임 현실화
② 특수 조건하에서의 공사 및 특수지역에서의 공사 특성 반영
③ 신기술·신공법 적용으로 시공기술 발달
④ 적산업무의 간소화
⑤ 원·하도급간 거래 가격의 투명성 확보
⑥ 시공 실태 및 현장 여건 반영
⑦ 기술 개발에 의한 대외 경쟁력 강화

63 계약 금액 조정

I. 개요

중앙관서장이나 그 위임을 받은 공무원은 공사·제조·용역 등 공공 건설 공사의 계약을 체결한 후 물가 변동·설계 변경 기타 계약 내용의 변경으로 인하여 계약 금액을 조정할 수 있다.

II. 계약 금액 조정의 요인

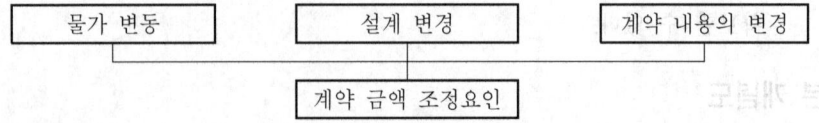

III. 물가 변동(Escalation)

1) 정의

입찰일후 90일이 경과한 후 각종 품목 및 비목의 가격 상승으로 품목 조정률의 3% 이상이 증감되거나 지수 조정률의 3% 이상 증감된 때 계약 금액 조정

2) 조정 방법

① 동일한 계약에 대하여는 품목 조정률과 지수 조정률을 동시에 적용하지 못함
② 조정 기준일(조정 사유 발생일)로부터 90일 이내는 재조정이 불가능함
③ 예정 가격이 100억원 이상인 공사는 특별 사유가 없는 한 지수 조정률로 금액 조정
④ 원칙적으로 계약 금액 조정 신청서 접수후 30일 이내에 조정

IV. 설계 변경

1) 정의

설계 변경으로 인하여 공사량의 증감이 발생한 때에는 계약 금액을 조정할 수 있음

2) 조정 방법

① 낙찰가가 86% 미만인 공사에서는 증액 조정시 조정 금액이 계약 금액의 10% 이상인 경우 소속 중앙관서장의 승인을 얻어야 한다.
② 계약 이행자가 신기술·신공법의 적용으로 공비 절감·공기 단축 등을 한 경우는 감액하지 않는다.
③ 신기술·신공법의 등위와 한계에 이의가 있을 때는 설계자문위원회의 심의를 받아야 한다.
④ 원칙적으로 설계 변경으로 인한 계약 금액 조정 신청서 접수일부터 30일 이내에 조정한다.

V. 기타 계약 내용의 변경

① 물가 변동·설계 변경 이외의 계약 내용의 변경으로 인하여 계약 금액을 조정할 수 있다.

② 증감분에 대한 일반 관리 비율 및 이윤율은 산출 내역상의 것으로 한다.

③ 일반 관리비 및 이윤율은 재무부장관이 정하는 요율을 넘어서는 안 된다.

64 | 물가 변동(Escalation)

[08중(10)]

I. 정의

① 입찰일후 계약 금액을 구성하는 각종 품목 또는 비목의 가격이 상승 또는 하락된 경우, 그에 따라 계약 금액을 조정하여 계약 당사자 일방의 불공평한 부담을 경감시켜줌으로써, 원활한 계약 이행을 도모하고자 하는 계약 금액 조정제도이다.

② 물가 변동으로 인한 계약 금액의 조정은 계약 조건에 의해 처리하며, 품목 조정률과 지수 조정률 중 계약서에 명시된 한 가지 방법을 택일하여 적용한다.

II. 계약 금액 조정 요건

물가 변동으로 인한 계약 금액 조정은 절대 요건의 충족에 따라 선택 요건인 조정 청구가 있을 때 성립한다.

1) 기간 요건

① 입찰일후 90일 이상 경과하여야 한다.
② 입찰일을 기준으로 한다.
③ 2차 이후의 물가 변동은 전 조정기준일로부터 90일 이상을 경과하여야 한다.

2) 등락 요건 : 품목 조정률 또는 지수 조정률이 3% 이상 증감시 적용한다.

3) 청구 요건 : 절대 요건이 충족되면 계약 상대자의 청구에 의해 조정하도록 한다.

III. 물가 변동(Escalation) 조정

1) 품목 조정률

① 조정기준일(조정사유 발생일) 전의 이행 완료할 계약 금액을 제외한 계약 금액에서 차지하는 비율로서 재정경제부장관이 정하는 바에 의거 산출

② 품목 조정률의 3% 이상 증감

2) 지수 조정률

① 지수 조정률 산출방법

㉮ 한국은행에서 조사 공표한 생산자 물가 기본 분류지수 및 수입 물가지수

㉯ 국가 · 지방자치단체 · 정부투자기관이 허가 · 인가하는 노임 · 가격 또는 요금의 평균지수

㉰ 위의 내용과 유사한 지수로 기재부(기획재정부)장관이 정하는 지수

② 지수 조정률의 3% 이상 증감

Ⅳ. 품목 조정률 및 지수 조정률의 비교

구 분	품목 조정률에 의한 방법	지수 조정률에 의한 방법
개요	계약 금액의 산출내역을 구성하는 품목 또는 비목의 가격 변동으로 당초 계약 금액에 비하여 3% 이상 증감시 동 계약 금액 조정	계약 금액의 산출내역을 구성하는 비목 군의 지수 변동으로 당초 계약 금액에 비하여 3% 이상 증감시 조정
조정률 산출방법	계약 금액을 구성하는 모든 품목 또는 비목의 등락을 개별적으로 계산하여 등락률을 산정	① 계약 금액을 구성하는 비목을 유형별로 정리한 "비목군"을 분류 ② 비목군에 계약 금액에 대한 가중치 부여(계수) ③ 비목군별로 생산자 물가 기본 분류지수 등을 대비하여 산출
적용대상	거래 실례 가격 또는 원가계산에 의한 예정 가격을 기준으로 체결한 계약	원가계산에 의한 예정 가격을 기준으로 체결한 계약
장점	계약 금액을 구성하는 각 품목 또는 비목별로 등락률을 산출하므로 당해 비목에 대한 조정 사유를 실제대로 반영 가능	한국은행에서 발표하는 생산자 물가 기본 분류지수, 수입 물류지수 등을 이용하므로 조정률 산출이 용이하다.
단점	① 매 조정시마다 수많은 품목 또는 비목의 등락률을 산출해야 하므로 계산이 복잡하다. ② 따라서 많은 시간과 노력이 필요(행정력 낭비)	개념인 지수를 이용하므로 당해 비목에 대한 조정 사유가 실제대로 반영되지 않는 경우가 있다.
용도	계약 금액의 구성비목이 적고 조정횟수가 많지 않을 경우에 적합하다. (단기, 소규모, 단순 공종 공사 등)	계약 금액의 구성비목이 많고 조정횟수가 많을 경우에 적합하다.(장기, 대규모, 복합 공종 공사)

Ⅴ. 물가 변동(Escalation) 조정시 유의할 점

① 원칙적으로 계약 금액 조정 신청서 접수후 30일 이내에 조정
② 계약 금액 조정후 조정 기준일로부터 90일 이내에는 이(계약 금액 조정)를 다시 하지 못함
③ 동일한 계약에 대하여는 품목 조정률과 지수 조정률을 동시에 적용할 수 없다.
④ 조정 기준일전에 이행 완료할 부분은 물가 변동 적용 대가(적용 기준일 이후에 이행할 부분의 대가)에서 제외한다.
⑤ 천재지변 등의 불가항력의 사유로 지연된 때는 물가 변동 적용 대가의 적용을 받는다.
⑥ 예정 가격이 100억원 이상의 공사는 특별 사유가 없는 한 지수 조정률로 한다.
⑦ 선금을 지급받은 경우 공제금액 산출식
  ㉮ 공제 금액=물가 변동 적용 대가×(품목 조정률 또는 지수 조정률)×선금급률
  ㉯ 장기 계속 계약에서 물가 변동 적용 대가는 당해 연도 계약 체결분 기준

65 설계 변경

Ⅰ. 정의

① 설계 변경이란 시공중 예기치 못했던 사태의 발생이나, 공사물량의 증감·계획의 변경 등으로 당초 설계한 내용을 변경하는 것을 말한다.

② 설계 변경은 동차 계약의 목적 및 본질을 교체할 만큼의 변경이어서는 안 되며, 설계 변경으로 공사량의 증감이 발생한 경우에는 계약 금액을 조정하게 된다.

Ⅱ. 설계 변경의 발생원인

1) 사업계획의 변경
   ① 규모·물량의 증감으로 시공 물량의 변동
   ② 사용 재료의 변경
   ③ 목적물 구조의 변경

2) 설계도서 내용의 결함
   ① 설계도면 자체 오류
   ② 설계도면, 시방서, 현장설명서 및 내역서 간의 모순

3) 설계도서와 현장의 상이함
   ① 설계도서상의 지질·용수 등이 현장과 다를 때
   ② 토공사시 암반돌출, 연약지반, 지하수위, 지하매설물 등의 상황 발생

4) 기술개발비 보상시
   ① 기존 설계내용과 동등 이상의 기능이나 효과를 가진 신기술 사용으로 공사비 절감이나 공기 단축의 효과가 인정되는 경우
   ② 설계 변경을 실시하되 절감되는 금액은 감액하지 않음

Ⅲ. 설계 변경 절차

계약자의 요청 → 승인 및 심의 → 설계 변경 시기 → 설계 변경 업무

1) 계약자의 요청
   ① 발주기관에서 사업내용 변경에 따른 설계 변경시 계약자에게 서면으로 통보후 시행
   ② 계약자의 요청은 공사감독관(책임감리자)을 경유하여 서면으로 통지

2) 승인 및 심의
   ① 승인 : 예정 가격이 86% 미만으로 낙찰된 공사계약으로 증액 조정될 금액이 당초 계약 금액의 10% 이상인 경우에는 소속 중앙관서장의 승인을 얻어야 한다.
   ② 심의 : 신기술 공법의 범위와 한계에 관하여 이의가 있을 때는 설계자문위원회에 심의를 받는다.

3) 설계변경 시기

    ① 설계도면의 변경을 요하는 경우에는 설계변경 도면이 확정된 때

    ② 설계도면의 변경을 요하지 않는 경우에는 계약 당사자 간에 설계 변경을 문서에 의하여 합의한 때

4) 설계 변경 업무

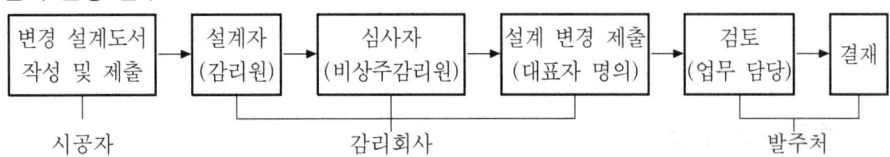

Ⅳ. 계약 금액의 조정

1) 공사물량이 증감되는 경우

    ① 증감된 공사물량의 단가는 산출 내역서상의 단가(계약 단가)를 적용

    ② 설계 변경전에 물가 변동으로 인한 계약 금액을 조정한 경우에는 조정된 계약 단가를 적용

    ③ 계약 단가가 예정 가격 단가보다 높은 경우 예정 가격 단가를 적용

    ④ 발주기관에서 설계 변경을 요구한 경우에는 일정 범위내에서 계약 당사자간의 협의에 의해 결정

2) 신규 비목의 경우

    ① 신규 비목이란 산출 내역서상의 단가가 없는 비목을 말한다.

    ② 신규 비목의 단가는 설계 변경 당시를 기준으로 산정한 단가에 낙찰률을 곱한 금액으로 한다.

    ③ 낙찰률이란 전체 계약 낙찰률로 예정 가격에 대한 낙찰 금액의 비율이다.

    ④ 발주기관에서 설계 변경을 요구한 경우에는 일정 범위내에서 계약 당사자 간의 협의에 의해 결정한다.

66 │ 총공사비의 구성

[09중(10)]

Ⅰ. 정의

① 공사 원가를 계산함에 있어 총공사비 비목의 구성은 매우 중요하다.

② 총공사비는 순공사비·일반 관리비·이윤·부가가치세 등으로 구성되고, 예산 집행 후 결과가 차기 공사의 참고 자료로 이용된다.

Ⅱ. 총공사비 구성

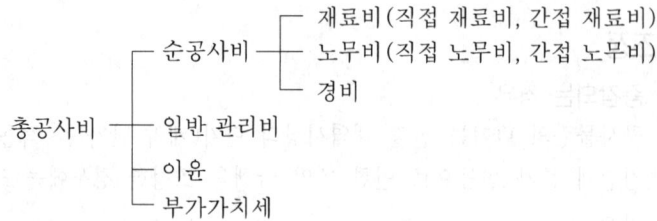

```
                        ┌─ 재료비(직접 재료비, 간접 재료비)
              ┌─ 순공사비 ─┼─ 노무비(직접 노무비, 간접 노무비)
              │          └─ 경비
총공사비 ─────┼─ 일반 관리비
              ├─ 이윤
              └─ 부가가치세
```

Ⅲ. 총공사비 내역

비 목		내 역
재료비	직접 재료비	• 공사 목적물의 기본적 구성 형태를 이루는 물품의 가치 • 매각액 또는 이용 가치를 추산하여 재료비에서 공제
	간접 재료비	• 공사에 보조적으로 소비되는 물품의 가치 • 재료 구입시 소요되는 운임, 보험료, 보관비 등
노무비	직접 노무비	• 작업(노무)만을 제공하는 하도급에 지불되는 금액 • 노무량×단위당 가격(직접 노무비, 간접 노무비)
	간접 노무비	• 현장 관리 인원의 노무비 • 감독비, 감리비, 현장 직원 임금 등
경비		• 공사 현장에서 발생하는 순공사비 이외의 현장 관리 비용 • 전력비, 운반비, 기계 경비, 가설비, 특허권 사용료, 기술료, 시험 검사비, 안전 관리비 등 • 외주 가공비 : 외주업체에 발주된 재료에서 가공비만 경비로 산정 • 감가상각비 : 건축물 기계 설비 등의 고정 자본의 감소분을 경비로 산정
일반 관리비		• 기업의 유지를 위한 관리 활동 부분에서 발생하는 제비용 • 임원 급료, 직원 급료, 제수당, 퇴직금, 충당금, 복리 후생비 • 여비, 교통 통신비, 경상 시험 연구 개발비 • 본사 수도 광열비, 감가상각비, 운반비, 차량비 • 지급 임차료, 보험료, 세금 공과금
이윤		• 영업 이윤을 지칭 • 공사 규모, 공기, 공사의 난이에 따라 변동 • 일반적으로 총 공사비의 10% 정도
부가 가치세		• 물건을 사다가 파는 과정에서 부가된 가치(이윤)에 대하여 부과되는 세금 • 국세, 보통세, 간접세 • 6개월을 과세 기간으로 하여 신고 납부

67 공사원가 계산시 경비의 세비목(細費目)

[06전(10)]

Ⅰ. 정의

① 경비는 공사의 시공을 위하여 소요되는 순공사비중 재료비, 노무비를 제외한 공사비를 말하며, 기업의 유지를 위한 관리활동 부문에서 발생하는 일반관리비와 구분된다.

② 경비는 당해 계약 목적물 시공시간의 소요(소비)량을 측정하거나, 원가계산 자료나 계약서, 영수증 등을 근거로 산정하여야 한다.

Ⅱ. 공사원가 체계

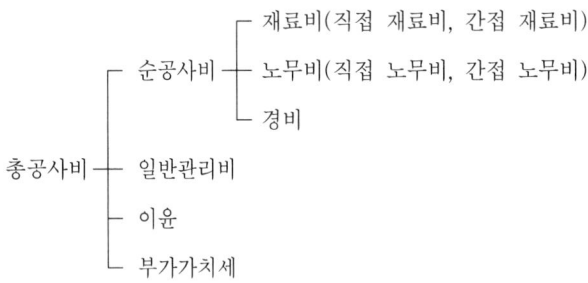

```
                        ┌ 재료비(직접 재료비, 간접 재료비)
              ┌ 순공사비 ┼ 노무비(직접 노무비, 간접 노무비)
              │         └ 경비
   총공사비 ┼ 일반관리비
              ├ 이윤
              └ 부가가치세
```

Ⅲ. 경비의 세비목(細費目)

① 전력비, 수도 광열비 : 계약 목적물을 시공하는데 직접 소요되는 비용

② 운반비 : 재료비에 포함되지 않는 운송비, 하역비, 상하차비

③ 기계 경비 : 정부 표준품셈상의 건설기계 경비 산정 기준에 의한 비용

④ 특허권 사용료 : 타인 소유의 특허권을 사용한 경우의 비용

⑤ 기술료 : 당해 계약 목적물을 시공하는데 필요한 Know-How 비용

⑥ 연구 개발비 : 당해 계약 목적물을 시공하는데 직접 필요한 기술 개발비

⑦ 품질관리비 : 계약 목적물을 시공하는데 직접 소요되는 비용

⑧ 가설비 : 시공을 위하여 필요한 가설물 설치에 소요되는 비용

⑨ 보험료 : 작업현장에서 법령 및 계약 조건에 의하여 요구되는 비용

⑩ 복리 후생비 : 시공의 작업조건 유지에 관련되는 제비용

⑪ 보관비 : 시공에 소요되는 재료, 기자재의 창고 사용료

⑫ 산업안전 보건관리비 : 산업재해의 예방 및 사업장의 안전확보를 위해 필요한 비용

⑬ 소모품비 : 작업현장에 발생되는 소모용품 비용

⑭ 세금 공과금 : 시공현장에서 당해 공사에 부담하여 납부하는 공과금

⑮ 폐기물 처리비 : 공해 유발물질을 법령에 의거 처리하는 비용

⑯ 도서 인쇄비 : 계약 목적물의 시공을 위한 각종 도서구입 및 인쇄제작비

⑰ 수수료 : 법률로서 규정되어 있거나 의무가 주어진 수수료

⑱ 환경보조비 : 계약 목적물의 시공을 위한 제반 환경오염 방지시설 비용

⑲ 보상비 : 당해 공사로 인해 발생되는 보상, 보수 비용

⑳ 안전관리비 : 작업현장에서 재해예방을 위하여 법령에 요구되는 비용

㉑ 근로자 퇴직 공제부금 : 관계 법령에 의하여 건설근로자 퇴직 공제에 가입하는 데 소요되는 비용

㉒ 보관비 : 시공에 소요되는 재료, 기자재의 창고 사용료

㉓ 지급 임차료 : 시공을 위하여 사용되는 토지, 건물, 기계기구의 사용료

㉔ 여비, 교통비, 통신비 : 시공현장에서 직접 소요되는 여비, 교통비, 통신비

68 계약제도 관련용어

1) 계약서(Contract Document)
  ① 도급 계약서, 도급 계약 약관, 설계도, 시방서, 현장 설명서 및 공사 내역서 등을 말한다.
  ② 좁은 의미로는 도급 계약서를 말한다.
2) 수의 계약(Negotiated Contract)
  경쟁 입찰에 의하지 않고, 발주자가 정하는 건설업자와 체결하는 계약

제10장 총론

제2절 공사관리

공사관리 과년도 문제

1. 공동관리의 4대 요소 [98중전(20)]

2. 현장안전관리를 위한 현장소장의 직무 [13중(10)]

3. 건설기술관리법에 의한 감리원의 기본 임무 [05후(10)]

4. 비상주 감리원 [09후(10)]

5. 프로젝트 퍼포먼스 스테터스(Project Performance Status) [05전(10)]

6. 건설공사의 위험도관리(Risk-Management) [04전(10)]

7. 리스크(Risk)관리 3단계 [04후(10)]

8. 위험도분석(Risk Analysis) [07전(10)]

9. 클레임(Claim) [97중후(20)]

10. 건설공사의 클레임(Claim) 유형 및 해결 방법 [08전(10)]

11. 대체적 분쟁 해결제도(ADR ; Alternative Dispute Resdution) [14전(10)]

12. 품질통제(Q/C ; Quality Control)와 품질보증(Q/A ; Quality Assurance)의 차이 [98중전(20)]

13. 통계적 품질관리에서 관리 사이클의 4단계 [96중(20)]

14. $\overline{X}-R$ 품질관리 기법에서 이상이 있는 경우 [96후(20)]

15. 비용 편익비(B/C Ratio) [06전(10)]

16. 내부 수익률(IRR, Internal Rate of Return) [06후(10)]

17. V.E(Value Engineering) [00중(10)]

18. 가치공학(Value Engineering) [02중(10)]

19. VE(Value Engineering)의 정의 [08전(10)]

20. 가치공학에서 기능계통도(FAST ; Function Analysis System Technique Diagram) [06중(10)]

21. 건설사업 관리 중 Life Cycle Cost 개념 [01중(10)]

22. LCC(Life Cycle Cost) 활용과 구성 항목 [08전(10)]

23. LCC(Life Cycle Cost) 분석법 [15중(10)]

24. 교량의 LCC(수명주기비용) 구성요소 [04후(10)]

25. 공사원가관리를 위해서 공사비 내역체계의 통일이 필요한 이유 [98중전(20)]

26. 안전공학검토(Safety Engineering Study)의 필요성 [98중전(20)]

27. 안전관리계획 수립대상 공사의 종류 [13전(10)]

28. 건설분야 LCA(Life Cycle Assessment) [08후(10)]

29. 시공상세도 필요성 [12전(10)]

1 │ 시공 계획을 위한 사전 조사

Ⅰ. 정의

시공 계획을 위한 사전 조사에서는 계약 조건과 설계 도서를 검토하여야 하며 현장 조사를 통한 부지 주위 상황, 지반 조사, 기상, 관계 법규 등을 파악하여 합리적인 시공 계획을 세워야 한다.

Ⅱ. 사전 조사의 필요성

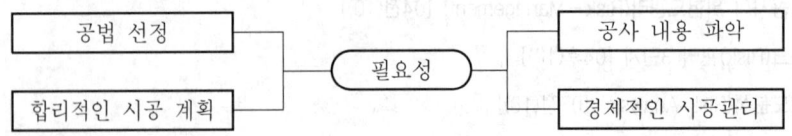

Ⅲ. 사전 조사사항

1) 계약 조건 검토
   ① 계약 조건 파악 : 계약서 검토, 공사 기간, 설계 변경, 물가 변동 등
   ② 설계 도서 파악 : 설계도, 시방서, 구조 계산서, 현장 설명서, 질의 응답서 등

2) 현장 조사
   ① 부지 주위 상황 : 대지경계 확인, 인접건물, 인접도로 및 교통 상황, 주민 실태 등
   ② 부지 내, 지상 및 지하 : 대지의 고저, 장애물, 상·하수도, 전기, 전화, 가스관 등
   ③ 지반 조사 : 구조의 기초 및 토공사의 설계·시공에 필요한 Data를 구한다.
   ④ 건설 공해 : 소음, 진동, 분진, 악취, 교통 장애 등에 대한 민원 문제 조사 및 대책
   ⑤ 기상 : 기상 통계 자료를 참고하여 강수기, 한랭기 등에 해당하는 공정 파악
   ⑥ 관계 법규 : 보건, 환경, 소음 등에 관한 제반 법규 관련 유무 및 인허가 관련 법규

3) 공법 조사
   ① 시공성 : 시공 조건에 따라 계획이 변경되므로 기술적인 문제를 충분히 검토
   ② 경제성 : 공법 선정시 최소의 비용으로 최적의 시공법 선택
   ③ 안전성 : 표준 안전관리비의 효율적인 사용과 안전 위주의 시공 계획 수립
   ④ 무공해성 : 공사비가 다소 증가되더라도 공해없는 공법 검토

4) 시공 조건 조사
   ① 공기 파악 : 정밀도 높은 시공을 위해 공기를 파악하여 경제성 있는 공정표 작성
   ② 노무 조사 : 인력 배당에 의한 적정 인원 계산 및 과학적이고 합리적인 노무관리
   ③ 자재 수급 : 적기에 구입하여 적기에 공급
   ④ 적정 장비 : 최적 장비를 선택하여 장비의 효율 극대화

5) 공사 내용 조사
   가설 공사, 토공사, 기초 공사, 골조 공사, 부대 공사에 대한 공사 내용의 면밀한 조사

3 공사관리의 4대 요소

[98중전(20)]

I. 정의

① 건설 공사의 대형화, 다양화, 복잡화로 주어진 공기와 비용으로 요구되는 품질의 구조물을 형성하기 위해서는 계획적인 공사관리가 필요하다.

② 따라서 건설업에서 공사관리는 공정관리, 품질관리, 원가관리, 안전관리의 4대 요소로써 치밀한 계획을 수립하는 것이 주요한 사항이다.

II. 상호 관계

1) 4대 요소

공사관리	목 적
공정관리	신속하게
품질관리	양호하게
원가관리	저렴하게
안전관리	안전시공

2) 공정, 품질, 원가의 상호 관계

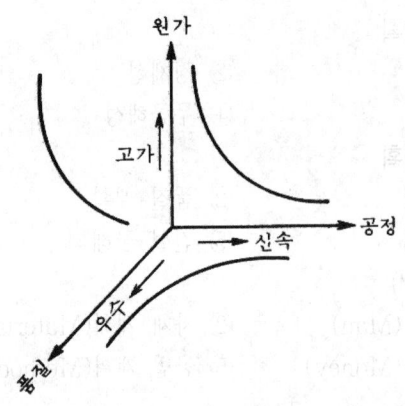

III. 공사관리 4대 요소

1) 공정관리

① 공기 단축 : 주체 공사에서 공기를 단축하고 시공 순서에 맞게 타 공정과 중복되도록 공정관리도를 작성한다.

② 공정 마찰 방지 : 과도한 중복 공정, 시공 순서에 위배되는 공정관리로 공종간의 작업이 서로 방해되지 않도록 작성해야 한다.

③ 적정 인원 및 자재 투입 : 각 공정별로 소요되는 자재와 투입 인원을 산정하여 투입 시기 및 소요 물량에 대한 계획을 수립한다.

④ 품질 확보 : 예정 공정표에 따른 공사 진행에 차질이 생기지 않도록 품질관리 시스템 도입으로 품질이 양호한 시공이 되도록 한다.

2) 품질관리

① 하자 예방 : 공사에 소요되는 자재 및 시공에서의 품질이 저하되는 일이 없도록 품질관리를 철저히 하여 공사 완료후 하자 발생을 사전에 예방한다.

② 적정 제품 생산 : 구조물의 설치 목적에 적정한 제품 생산이 될 수 있도록 품질 향상을 기한다.

③ 품질 향상 : 동일 재료와 공법으로 시공되는 생산물의 품질을 보다 우수하게 할 수 있는 품질관리 방안을 채택하여 품질을 향상시킨다.

3) 원가 절감

① 경제성 : 공사 상호간에는 연관성이 많아 공법 선정시 최소의 비용이 될 수 있도록 품질 향상을 기한다.

② 신공법 채택 : 신기술 개발에 따른 신공법 채택으로 노무 절감, 자재 절감이 가능해져 원가 절감이 된다.

③ 새로운 기법 도입 : VE, LCC, IE 도입 및 ISO 9000 획득

4) 안전관리

① 안전 사고 예방 : 건설 공사 전반에 잠재되어 있는 안전 사고 요인을 제거하고 정기적인 안전 교육 실시와 안전관리자 배치 등으로 작업장내의 안전 사고를 근원적으로 예방한다.

② 안전관리비 적정 사용 : 공사비 내역에 포함된 안전관리비의 적정 사용으로 안전 설비 및 안전 보호구, 안전 진단 등을 실시하여 근로자의 안전 의식을 향상시킨다.

③ 안전 설비 보강 : 재해 발생의 우려가 있는 작업장 내 시설물에 대해서는 안전 설비를 보강하여 작업자가 안전하게 작업할 수 있도록 조치한다.

4 시공성(Constructability)

Ⅰ. 정의

① 프로젝트 생산 통합화의 한 방법인 Constructability는 Business Roundtable에 의해서 제안되었으며, Construction Industry Institute(CII)에서는 1986년에 이 접근 방법을 연구하기 위해 실무팀을 구성하였다.

② Constructability는 프로젝트의 전체적인 목표를 달성하기 위하여 계획·설계·구매·현장 운용에 시공 지식과 경험을 최적으로 활용하는 것으로 정의된다.

③ 시공성을 건설 프로젝트에 활용함으로써, 공기 단축·품질 향상·원가 절감·안전성 확보 등을 효과적으로 얻을 수 있으며, 시공성 분석 Program이라고도 한다.

Ⅱ. 개념도

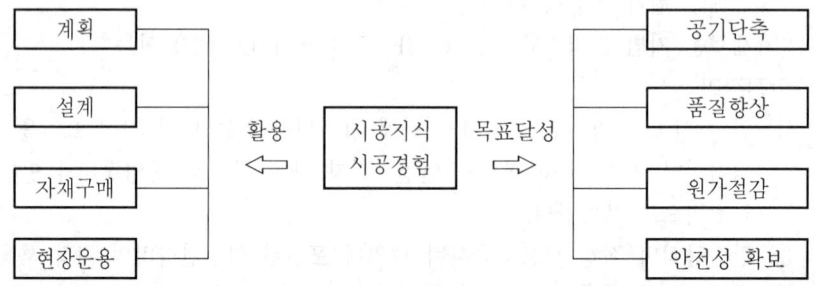

Ⅲ. 목표

① 발주자·설계자·시공자 대표들 사이의 조화로 고객의 만족을 향상시킨다.

② 시공 생산성을 극대화하는 품질의 계획·설계에 있어 시공의 경험·지식을 제공한다.

③ 비용과 공기 절감을 위한 계속적인 향상을 추구한다.

④ 최저의 LCC(Life Cycle Cost)로 건설 생산을 최적화한다.

Ⅳ. 시공성 확보 방안

1) 설계 도서 파악
   ① 설계 도면과 시방서 내용의 검토
   ② 구조 계산서 및 구조 설계의 적정성·안정성 확인

2) 현장 조사
   ① 공사 현장 내의 부지 조건·가설 건물 용지 및 작업 여건 파악
   ② 공사 현장 주위의 대지·인접 건물에 대한 조사
   ③ 지하 매설물·지하수 파악

3) 품질 계획

　① 품질관리 시행

　　Plan → Do → Check → Action

　② 시험 및 검사의 조직적인 계획

4) 공정관리

　① 지정된 공사 기간내에 가능한 시공 계획 설정

　② 각 세부 공사에 대한 시간과 순서·자재·노무 및 기계 설비 등을 적정하고 경제성이 있는 공정표로 작성

5) 원가 계획

　① 실행 예산의 손익 분기점 분석

　② 일일 공사비의 산정

　③ VE·LCC 개념의 도입

V. Constructability와 VE의 비교

구 분	Constructability	VE(Value Engineering)
목표	비용·공기·안전·품질의 측면에서 건설 과정의 최적화	LCC의 전체적인 절감
수행	시공 지식과 경험이 프로젝트 계획과 설계 단계에서 반영되면서 종합적으로 프로젝트 관리가 이루어지는 것	설계 기능을 유지하면서 LCC 대안을 검토
시기	개념 계획에서부터 시공 단계, 사용 단계까지 계속	통상 설계 단계에서 시행

VI. Constructability와 품질 향상의 비교

구 분	Constructability	품질 향상
목표 대상	설계 및 시공	고객
원칙	① 문제의 예방 ② 시공 과정의 최적화	바르게 시행할 것
성장	프로그램 과정의 측정·시정을 통한 문서상 교훈 습득	측정·시정을 통한 계속적인 향상

| 5 | 현장 대리인(공사 관리자, 공사 책임 기술자, 감리자)의 역할과 책임 |

I. 개요

① 현장 대리인(Field Representative)이란 공사의 시공에 있어서 공사 현장에 관한 일체의 사항을 처리하는 권한을 갖는 자를 말한다.
② 현장 대리인은 당해 공사의 규모와 성격을 충분히 파악하여 공사 현장의 전반적인 관리 책임을 다하도록 해야 한다.

II. 현장 대리인의 역할

구 분	역 할
시공 계획	·계약 공기내에 우수한 시공을 최소의 비용으로 완성 가능한 계획 수립
공사관리	·시공 계획의 공정에 따른 공사관리 수행
설계도서 검토	·설계도, 시방서, 구조 계산서 등
계약조건 파악	·계약서 검토, 공사 기간, 설계 변경, 물가 변동 등
지반 조사	·토질의 공학적 특성과 시료 채취
건설 공해	·소음, 진동, 분진, 악취, 교통 장애 등에 대한 민원 문제 해결
관계 법규	·제반 법규 관련 유무 확인 및 처리
공법 선정	·시공 조건에 따라 최적의 공법 선택
공정관리	·경제성 있는 공정표 작성 및 면밀한 관리
품질관리	·품질관리의 시행으로 하자 발생 방지
원가관리	·VE, LCC 기법 도입
안전관리	·표준 안전관리비의 효율적인 사용과 안전 위주의 시공
노무관리	·인력 배당에 의한 적정 인원 계산 및 과학적이고 합리적인 노무관리
자재관리	·적기에 구입하여 적기에 공급
장비관리	·최적 장비를 선택하여 장비의 효율을 극대화

III. 현장 대리인의 책임

① 계약서 이행 : 도급 계약서 내용대로 정확한 이행
② 설계 도서에 의한 시공 : 시공 도면, 시방서를 검토하여 시공 도면대로 실시되는지의 여부 확인
③ 민원 발생 예방 및 제거
　　무소음·무진동 공법 채택 및 민원 예상 부분 사전 예방
④ 부실 시공 방지 : 시험 및 검사의 조직적인 관리로 부실 시공 방지

Ⅳ. 현장안전관리를 위한 현장대리인(현장소장)의 직무

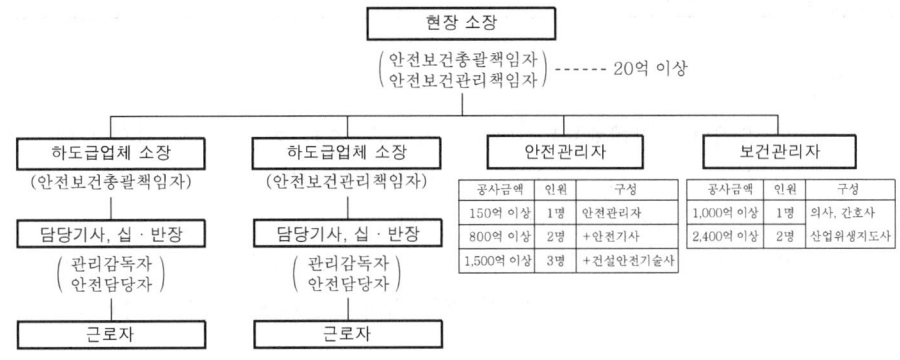

〈토목현장의 안전관리조직 및 안전관계자〉

1. 안전보건총괄책임자로서의 직무

1) 작업의 중지 및 작업의 재개
산업재해 발생의 급박한 위험이 있을 때 또는 중대재해가 발생하였을 때

2) 안전·보건 조치
① 안전·보건에 관한 사업주 간 협의체의 구성 및 운영
② 작업장의 순회점검 등 안전보건관리
③ 근로자의 안전·보건교육에 대한 지도와 지원
④ 발파작업시 화재 및 붕괴사고에 대한 경보 System의 운영
⑤ 작업 환경 측정

3) 산업안전보건관리비의 집행감독 및 업체간 협의·조정

4) 안전인증대상 및 자율안전확인대상 기계·기구 등의 사용 여부 확인

5) 건설물, 기계·기구, 설비, 원재료, 가스, 증기, 분진 등 사업장의 유해·위험요인에 대한 위험성 평가에 관한 사항

2. 안전보건관리책임자로서의 직무

1) 총괄·관리 업무
① 산업재해 예방계획의 수립
② 안전보건관리규정의 작성 및 그 변경
③ 근로자의 안전·보건교육
④ 작업환경의 측정 등 작업환경의 점검 및 개선
⑤ 근로자의 건강진단 등 건강관리
⑥ 산업재해의 원인조사 및 재해방지대책의 수립
⑦ 산업재해에 관한 통계의 기록·유지
⑧ 안전·보건에 관련되는 안전장치·보호구 구입시 적격품 여부 확인

2) 지휘·감독 업무
안전보건관리책임자는 안전관리자 및 보건관리자를 지휘·감독하여야 함

3) 안전관리자 또는 보건관리자의 건의에 대한 조치의무

6 감리제도

I. 정의

① 우리나라 감리제도는 1963년 건축사법으로 건축공사에 처음 도입되어 설계 중심의 자문 감리 성격으로 운영되어 오다 1987년 공공 토목공사 등에 대한 건설공사 시공 감리규정이 제정되었다.

② 근본적인 건설공사제도 개선 및 부실대책의 일환으로 건설기술관리법을 1993. 6. 11 개정 공포, 시공 감리를 책임 감리로 전환하여 전면 실시되고 있다.

II. 감리제도 발전 배경

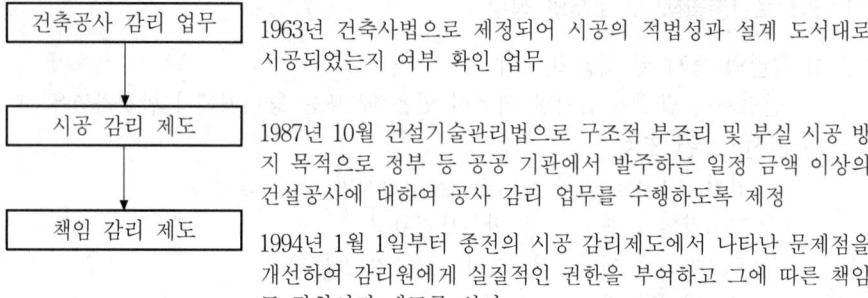

건축공사 감리 업무	1963년 건축사법으로 제정되어 시공의 적법성과 설계 도서대로 시공되었는지 여부 확인 업무
시공 감리 제도	1987년 10월 건설기술관리법으로 구조적 부조리 및 부실 시공 방지 목적으로 정부 등 공공 기관에서 발주하는 일정 금액 이상의 건설공사에 대하여 공사 감리 업무를 수행하도록 제정
책임 감리 제도	1994년 1월 1일부터 종전의 시공 감리제도에서 나타난 문제점을 개선하여 감리원에게 실질적인 권한을 부여하고 그에 따른 책임도 강화시킨 제도를 실시

III. 감리 체계 비교

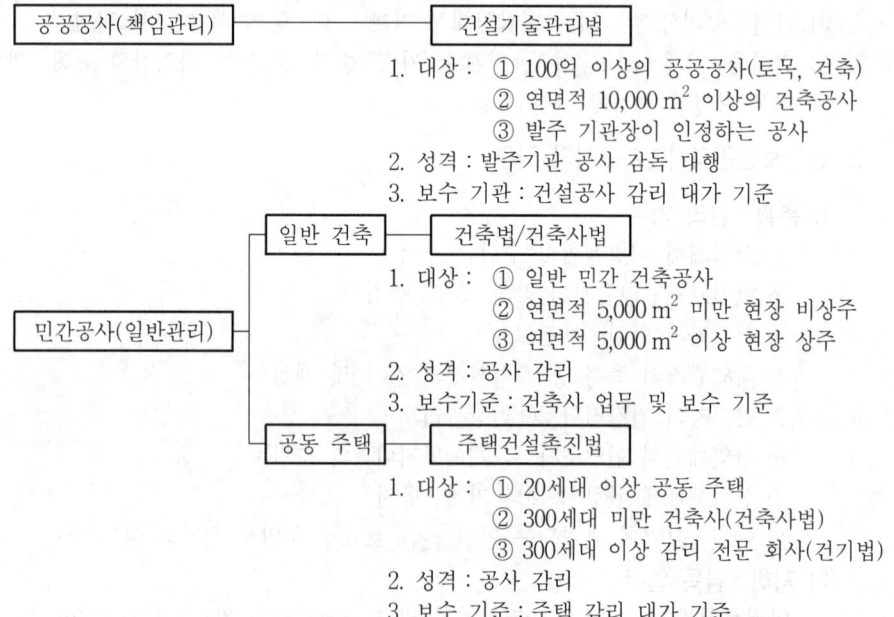

공공공사(책임관리) ── 건설기술관리법

1. 대상 : ① 100억 이상의 공공공사(토목, 건축)
　　　　　 ② 연면적 10,000 m² 이상의 건축공사
　　　　　 ③ 발주 기관장이 인정하는 공사
2. 성격 : 발주기관 공사 감독 대행
3. 보수 기관 : 건설공사 감리 대가 기준

민간공사(일반관리)

일반 건축 ── 건축법/건축사법

1. 대상 : ① 일반 민간 건축공사
　　　　　 ② 연면적 5,000 m² 미만 현장 비상주
　　　　　 ③ 연면적 5,000 m² 이상 현장 상주
2. 성격 : 공사 감리
3. 보수기준 : 건축사 업무 및 보수 기준

공동 주택 ── 주택건설촉진법

1. 대상 : ① 20세대 이상 공동 주택
　　　　　 ② 300세대 미만 건축사(건축사법)
　　　　　 ③ 300세대 이상 감리 전문 회사(건기법)
2. 성격 : 공사 감리
3. 보수 기준 : 주택 감리 대가 기준

7 건설기술관리법에 의한 감리원의 기본 임무

[05후(10)]

Ⅰ. 정의

① 감리원은 전문지식과 기술 및 경험을 활용하여 설계도서와 관계 법규대로의 시공여부를 점검 확인하여 공사관리 및 기술지도를 하는 기술자를 말한다.

② 건설기술관리법 규정에 따라 감리원은 당해 공사가 설계도서 및 기타 관계 서류의 내용대로 시공되는지의 여부를 확인하고 품질관리, 시공관리, 공정관리, 안전 및 환경관리 등에 대한 기술지도를 하며, 발주청의 위탁에 의하여 건설기술관리법령에 따라 발주청의 감독 권한을 대행하게 된다.

Ⅱ. 감리원의 기본 임무

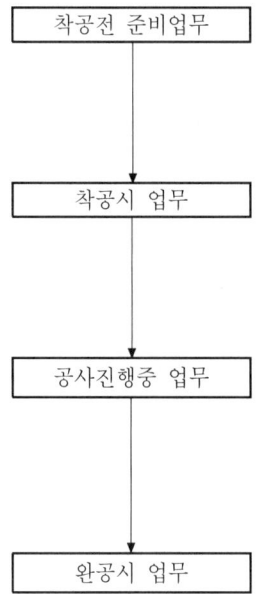

착공전 준비업무	· 현장설명서 및 질의응답 파악
	· 계약서 확인
	· 설계도서 검토
	· 현장조사

착공시 업무	· 공정표 검토
	· 가설공사 계획
	· 시공계획 검토
	· 건설공해 대책

공사진행중 업무	· 세부 공정표와 현장 진행의 일치 여부 확인
	· 사용 자재의 승인
	· 시공검측
	· 안전관리
	· 공정간의 작업조정
	· 주요 서류 작성

완공시 업무	· 예비준공 검사 실시
	· 발주처 준공 검사시 보조 역할 수행
	· 주요 서류 작성
	· 시설물을 발주처에 인수

8 비상주 감리원

[09후(10)]

Ⅰ. 정의

① 비상주 감리원은 상주 감리원이 수행하지 못하는 현장조사 분석 또는 주요구조물의 기술적인 검토와 기성검사 및 준공검사들을 행하며, 감리원의 행정지원과 설계도서의 검토와 중요 설계변경에 대하여 기술적인 검토를 행하는 자를 말한다.

② 비상주 감리원은 현장에 상주하지 않으면서 현장에서 근무하는 상주 감리원의 감리업무 추진에 필요한 지원 업무를 수행하며, 월 1회 이상 현장 시공상태를 종합적으로 점검·확인·평가하고 기술지도를 행한다.

Ⅱ. 비상주 감리원의 업무

① 상주 감리원이 수행하지 못하는 현장조사 분석 또는 주요구조물의 기술적 검토

② 기성검사 및 준공검사

③ 행정지원 업무

④ 설계도서의 검토

⑤ 중요한 설계변경에 대한 기술검토 및 계약금액 조정의 심사

⑥ 현장 시공상태의 평가 및 기술지도

Ⅲ. 비상주 감리원 배치

① 감리업자 등은 공사현장에 상주하는 상주 감리원과 상주 감리원을 지원하는 비상주 감리원을 각각 배치하여야 한다.

② 비상주 감리원은 고급 감리원 이상으로 당해 공사 전체 기간 동안 배치하여야 한다.

③ 비상주 감리원의 미배치 기준

　㉠ 자체감리를 수행하는 경우

　㉡ 정액적산가산방식에 따라 감리원 1인 이상을 총 공사기간 동안 상주배치하는 경우

④ 비상주 감리원은 9개 이하의 현장에 중복하여 배치 가능

⑤ 상주 감리원을 겸할 수 없음

9 CM(Construction Management)제도

Ⅰ. 개요

① CM이란 건설업의 전과정인 사업에 관한 기획·타당성 조사·설계·계약·시공관리·유지관리 등에 관한 업무의 전부 또는 일부를 발주처와의 계약을 통하여 수행할 수 있는 건설사업 관리제도이다.

② CM은 구조물의 개념적 구상에서 완성에 이르기까지 전과정을 통해 품질뿐만 아니라, 일정 비용 등을 유기적으로 결합하여 관리하는 관리 기술이다.

Ⅱ. CM의 분류

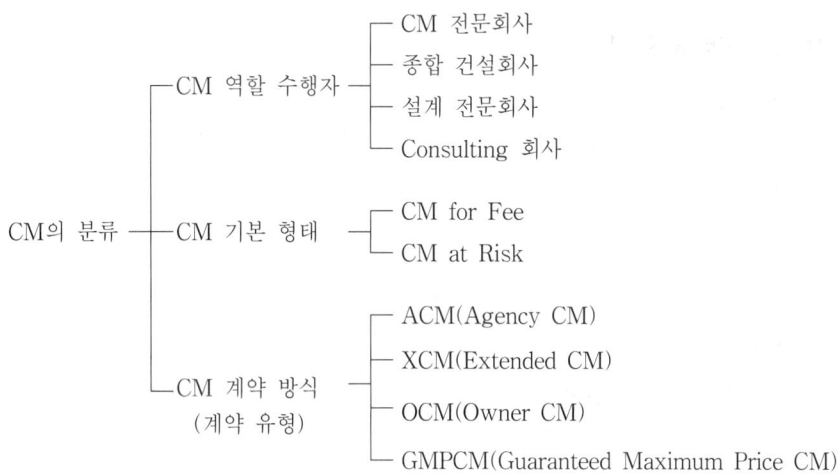

Ⅲ. CM 기본 형태

1) CM For Fee(대리인형 CM, 순수형 CM)

① 발주자와 시공자는 직접 계약을 체결하며 CM은 발주자의 대리인 역할을 수행

② CM은 공사 전반에 관해 전문가적인 관리업무의 수행으로 약정된 보수만을 발주자에게 수령

2) CM at Risk(시공자형 CM)

① CM이 발주자와 직접 계약을 체결하며, 하도급 업체와의 계약은 CM이 원도급자 입장에서 체결

② 공사의 품질·공정·원가 등을 직접 관리하여 CM 자신의 이익을 추구

Ⅳ. CM 계약방식(계약 유형)

1) ACM(Agency CM)

① 설계 단계에서부터 설계·시공에 이르러 시공물의 품질·원가·일정 등을 관리

② 발주자에게 고용되어 활용하는 용역 형태

2) XCM(Extended CM)

    ① 건설업의 전과정인 기획 단계에서부터 설계·계약·시공·유지관리 등에 걸쳐 사업을 관리하는 방식

    ② PM(Project Management)과 유사한 방식

3) OCM(Owner CM)

    ① 발주자 자체가 CM·업무를 수행하는 방식

    ② 발주자가 전문적 수준의 자체 조직을 보유해야 함

4) GMP CM(Guaranteed Maximum Price CM)

    ① CM의 고유 업무 뿐만 아니라 하도급 업체와 직접 계약을 체결하여 공사에 소요되는 금액도 책임을 지는 방식

    ② 공사 금액 초과시 발주자와 함께 CM도 일정 비율의 책임을 짐

V. CM의 단계별 업무

1) 계획 단계

    ① 사업의 발굴 및 구상   ② 사업의 시행 계획 수립

    ③ 타당성 조사

2) 설계 단계

    ① 구조물의 기획 입안   ② 발주자 의향 반영

    ③ 설계도서에 관한 전반적인 검토   ④ 계약 방침 및 시방 작성

3) 발주 단계

    ① 입찰 및 계약절차 지침 마련   ② 전문 공종별 업체 선정 및 계약체결

    ③ 공정계획 및 자금계획 수립

4) 시공 단계

    ① 공정·원가·품질 및 안전관리   ② 자금 및 기성관리

    ③ 설계 변경 및 Claim 관리

5) 완공후 단계

    ① 유지관리 지침서 작성   ② 사용계획 및 최종 인허가

    ③ 하자보수계획 수립

VI. CM의 정착 방안

    ① 기획·설계·계약·시공·유지관리를 총괄할 수 있는 전문가 육성

    ② CMr의 업무수행 능력을 향상시키기 위한 교육기관 운영

    ③ CMr의 권한과 책임에 대해 성문화 하여 제도화

    ④ 합리적인 공사 진행 방식의 추구

    ⑤ 건설사업의 고부가가치 사업으로의 전환

10 PM(Project Management)

[05전(10)]

Ⅰ. 정의

Project의 기획 단계에서 시설물 인도에 이르는 모든 활동의 계획, 통제 및 관리에 필요한 제반 사항을 종합적으로 관리하는 기술을 말하며, 최소의 자원(5M)을 들여 최대의 효과를 얻는 것을 목표로 한다.

Ⅱ. PM의 개념

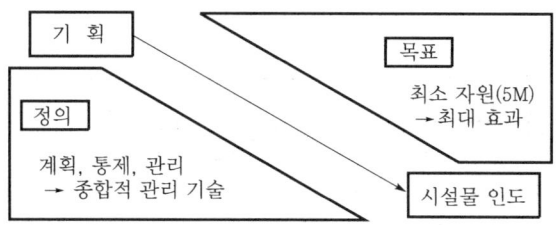

Ⅲ. PM의 관리 분류

① 업무영역 관리(Scope Management) ② 공정관리(Time Management)
③ 품질관리(Quality Management) ④ 원가관리(Cost Management)
⑤ 인사관리(Human Resources Management)
⑥ 계약 및 구매관리(Contract/Procurement Management)
⑦ 정보관리(Communications Management)
⑧ 위험도관리(Risk Management)

Ⅳ. PM의 단계별 요소

단 계	내 용
제안 단계 (Proposal)	① Project를 수행하기 전, 주로 Project를 수주하는 활동으로 Project의 내용과 성격을 결정하는 가장 기초적인 사업 단계 ② 자체 사업인 경우에는 사업 계획 및 도면의 작성과 사업 기획 기간으로 활용
착수 초기 단계 (Preimplementation)	① 실제로 Project에 투입하여야 할 계획을 사전에 면밀히 검토하여 계획 ② 계획을 Project 종료시까지 일관되게 적용 및 조정
실행 단계 (Excution)	① 착수 초기 단계에서 계획된 내용들을 실행 계획으로 옮겨 Project 운영 ② Project의 실행 계획 및 관리
인계 단계 (Turn Over)	① Project의 종료와 더불어 운영자에게 인수할 수 있는 방안 설정 ② 인계전 전과정을 재확인하여 모든 시설물과 서류 일체를 인계
보증 단계 (Warranty)	① 보증기간 계획 및 건물 운영에 필요한 체계적인 관리로 각종 업무 수행 ② Project의 성공 여부와 직결된 여러 가지 사실을 확인할 수 있는 중요한 기간

11 PM(Project Management)의 기능

I. 정의

① 프로젝트의 수행 기간중 한정된 제자원을 효율적으로 활용하고, 야기되는 많은 문제들을 해결하면서 주어진 시간내에 구조물을 완성하기 위해 PM 체계가 필요하다.

② PM 체계는 크게 역무, 품질, 일정, 원가, 인사, 계약 및 구매, 정보, 위험 등 8가지 관리 기능으로 나눈다.

II. PM의 개념

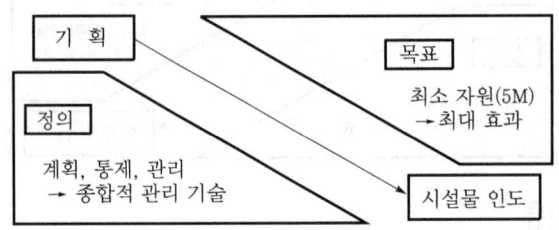

III. Project의 특성

① 확실한 착수 및 종료 시점이 존재한다.

② 프로젝트란 달성하고자 하는 목적이 추상적이지 않고 명확하다.

③ 과정이 반복적인 경우가 드물다는 특성이 있다.

④ 하나의 간단한 프로젝트를 기획하고 수행하는 데도 많은 기능이 통합되어야 한다.

⑤ 필요한 자원의 획득과 활용에 제약이 있다.

IV. PM의 기능

1) 업무관리(Scope Management)

사업 기획, 업무 범위의 설정, 진행 계획 등을 통하여 프로젝트의 범위와 목표를 관리

2) 품질관리(Quality Management)

프로젝트의 생산물 및 생산 과정의 요구사항을 만족시키기 위한 기준의 설정과 관리

3) 일정관리(Time Management)

① 프로젝트 전체 과정(Life Cycle)에 대한 일정의 효율적 분배 및 관리

② 일정 계획, 일정 산정, 일정관리의 방법을 이용

4) 원가관리(Cost Management)

① 프로젝트 수행의 원가적인 측면을 관리

② 사업성 평가, 견적, 예산 편성, 예산 통제, 비용 분석, 원가 예측 및 원가 보고의 기능

5) 인사관리(Human Resources Management)

행동 과학과 행정 이론에 근거하여 구성 직원들의 활동을 조직하고 조정하는 기능

6) 계약 및 구매 관리(Contract/Procurement Management)

① 프로젝트 수행을 위한 자원(인적 자원, 장비, 자재 등)을 확보하고 관리하는 기능
② 계약 전략, 공급처 파악, 선정 및 입찰관리가 중요사항

7) 정보관리(Communications Management)

서로 다른 내외부의 조직·공종·기능들 사이의 효율적인 정보 전달체계의 적절한 조직과 관리

8) 위험관리(Risk Management)

프로젝트의 목적 달성에 최대한 부합할 수 있도록 위험 요소를 예측·분석하고 대응책을 수립하는 기능

12 건설공사의 위험도관리(Risk Management)

[04전(10), 04후(10), 07전(10)]

I. 정의

① 위험도란 건설사업의 시행 중에 발생할 수 있는 손해 또는 손실의 가능성 즉, 재정적 손실과 인명피해와 같은 불이익을 의미한다.

② 건설 Project 시공시 발생하는 불확실성을 체계적으로 규명하고 분석하는 일련의 과정을 건설 Risk 관리라고 한다.

Ⅱ. Risk 관리 3단계 절차

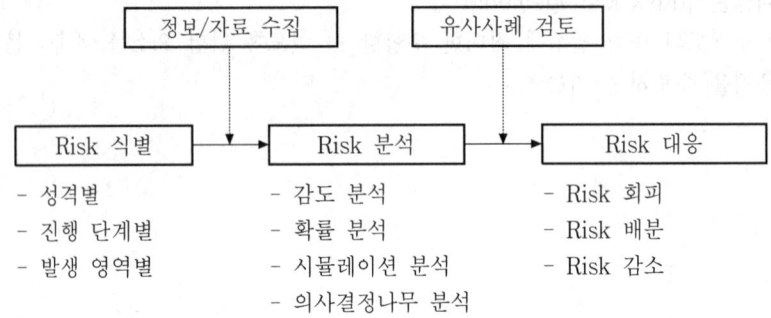

Ⅲ. Risk 관리 3단계

1. Risk 식별

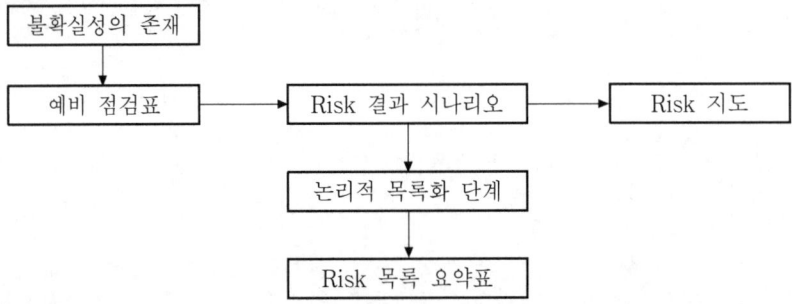

2. Risk 분석

1) 감도분석(Sensitivity Analysis)

감도분석은 특정 Risk 인자가 Risk 발생결과에 미치는 영향도를 파악하는 것으로 사용이 간편하다.

2) 확률분석(Probability Analysis)

확률분석은 Risk에 영향을 주는 모든 변수의 변화를 다양한 확률분포로 표현할 수 있다.

3) 시뮬레이션 분석(Simulation Analysis)

시뮬레이션은 각 Risk 변수에 대한 무작위 값을 취하여 수많은 횟수의 반복적 분석을 실시하는 방법이다.

4) 의사결정나무 분석(Decision Tree Analysis)

의사결정나무 분석은 예측과 분류를 위해 나무구조로 규칙을 표현하는 방법이다.

3. Risk 대응

1) Risk 회피

Project 자체를 포기함으로써 Risk를 피하는 것

2) Risk 배분

① Risk를 발주자, 설계자, 시공자에게 할당하거나 분담한다.

② 배분시 국제표준 약관 및 보험 등을 고려하여 공평한 규율을 구한다.

③ 시공자에게 Risk를 부담시키면 견적에 임시비로 추가하거나, 경우에 따라서는 그 위험에 의해 도산되거나 공사 중단의 가능성이 있다.

3) Risk 감소

① 보증

㉮ 프로젝트가 완성되기전 시공자의 도산이나 계약상 의무 위반 등으로 발주자의 손해를 막기 위해 필요하다.

㉯ 보증의 종류 : 입찰보증, 계약 이행보증, 하자보증, 보증보험 증권 등

② 보험 : Risk를 관리하기 위해 가장 많이 사용되는 중대한 대응 전략이다.

13 부실 벌점제

Ⅰ. 정의

① 건설 공사의 부실 시공 방지를 위한 제도로서 건설 업체, 주택 건설 업체, 감리 업체, 설계 용역 업체, 건설 기술자 및 감리원에 대하여 부실 시공을 하였을 때 부실 벌점을 부여하는 제도를 말한다.

② 부실 벌점은 3년간 누계 부실 벌점을 집계하여 각종 공사의 PQ 심사 및 시공 능력 평가시 평가 자료의 기준으로 활용되어 불이익과 연계된다.

Ⅱ. 위반 등급에 따른 위반 내용

등 급	내 용
1급 (부실벌점 5~6점 부과)	① 주요 구조물 재시공 발생 ② 설계 도면 및 시방과 상이하여 재시공 발생 ③ 품질과 규격이 다른 자재 사용 ④ 주요 구조물에 폭 0.4 mm 이상, 길이 2 m 이상 균열 발생 ⑤ Con'c 타설시 물 첨가 ⑥ Con'c 피복 두께 부족으로 철근 노출
2급 (부실벌점 3~4점 부과)	① 일반 구조물 재시공 발생 ② 설계 도면 및 시방과 상이하여 보완 발생 ③ 골재 재료 분리, 지하실 누수 발생 ④ 주요 구조물에 폭 0.4 mm 이상, 길이 2 m 이하 균열 발생
3급 (부실벌점 1~2점 부과)	① 구조물 보완 시공 ② 구조물 선 및 면 불량 ③ 노면 배수 불량 ④ 다짐, 양생 불철저

Ⅲ. 적용 대상 공사

1) 토목 공사
  총공사비가 50억원 이상인 공사(관급 자재비 포함)
2) 건축 공사
  ① 총공사비 50억원 이상인 공사(관급 자재비 포함)
  ② 바닥 면적 합계가 10,000 m² 이상인 공사
3) 건설교통부장관, 발주청, 행정기관의 장이 필요하다고 인정한 공사

Ⅳ. 부실 벌점제의 운영

① 현장 점검 및 각종 감사결과 지적된 내용에 대하여 벌점 부여
② 관련 업체 PQ 심사 및 시공 능력 평가시 감점으로 불이익 초래
③ 개인 부실 벌점 기록을 유지하여 공공 공사시 감점으로 불이익 발생
④ 부실 시공으로 지적된 경우에는 공사 현장의 출입구에 부실 시공 현장 표지판에 지적 사항이 지적된 날부터 완료될 때까지 설치

55 계약제도상의 보증금

Ⅰ. 정의

계약제도상의 보증금이란 계약 체결자(이행자)가 계약 불이행시 발주자가 당할 수 있는 여러 형태의 손해를 방지하기 위한 것으로, 보증금의 종류에는 입찰 보증금·계약 보증금·하자 보증금 등이 있다.

Ⅱ. 보증금의 종류

$$
\text{계약제도상의 보증금}
\begin{cases}
\text{입찰 보증금(Bid Bond)} \\
\text{계약 보증금(Contract Deposit)} \\
\text{하자 보증금(Guarantee Against Defaults)}
\end{cases}
$$

Ⅲ. 입찰 보증금(Bid Bond)

1) 정의

낙찰된 시공자가 도중에 실격되는 경우 발주자의 손실을 보증하는 금액

2) 보증금의 납부

① 입찰 금액 5/100 이상

② 입찰 보증금 면제 사유에 해당하는 경우 면제 가능

Ⅳ. 계약 보증금(Contract Deposit)

1) 정의

계약대로 공사를 완성하여 발주자에게 인도할 것을 시공자가 보증하기 위하여 제공하는 보증금

2) 보증금의 납부

① 예정 가격의 10% 이상

② 현금, 보증서

Ⅴ. 하자 보증금(Guarantee Against Defaults)

1) 정의

공사 목적물의 완공후 일정기간 동안 시공자가 공사의 하자 보수의 책임을 담보하는 보증금

2) 하자 보수 책임기간

1~10년간 공사의 공종별·구조별로 하자 보수 책임기간 설정

3) 하자 보수 보증금

공사 금액의 2~5% 정도로 하자 보증금 설정

2 시공 계획

Ⅰ. 정의

① 시공 계획은 충분한 사전 조사와 세밀한 검토에 의해 능률적이고 합리적인 계획을 수립하여야 한다.

② 시공 계획은 계약 공기내에 우수한 시공과 최소의 비용으로 안전하게 구조물을 완성하는데 그 목적이 있다.

Ⅱ. 시공 계획의 필요성

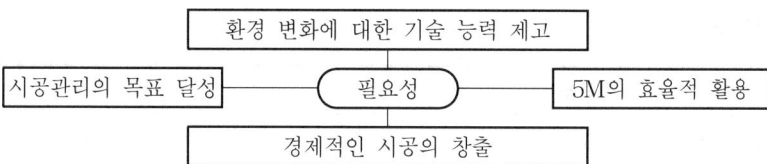

```
                    ┌─────────────────────────────┐
                    │  환경 변화에 대한 기술 능력 제고  │
                    └─────────────────────────────┘
┌──────────────────┐        ╭─────────╮        ┌──────────────────┐
│ 시공관리의 목표 달성 │────────│  필요성  │────────│ 5M의 효율적 활용 │
└──────────────────┘        ╰─────────╯        └──────────────────┘
                    ┌─────────────────────────────┐
                    │     경제적인 시공의 창출       │
                    └─────────────────────────────┘
```

Ⅲ. 시공 계획

1) 사전 조사 실시
   ① 설계 도서 파악　② 계약 조건 파악　③ 현장 조사
   ④ 지반 조사　　　　⑤ 건설 공해　　　⑥ 기상 및 관계 법규

2) 공법 선정 계획
   ① 시공성　　　　② 경제성
   ③ 안전성　　　　④ 무공해성

3) 공사 관리 계획
   ① 공정 계획　　② 품질 계획　　③ 원가 계획
   ④ 안전 계획　　⑤ 건설 공해　　⑥ 기상

4) 조달 계획(6M)
   ① 노무 계획(Man)　　② 자재 계획(Material)　③ 장비 계획(Machine)
   ④ 자금 계획(Money)　⑤ 공법 계획(Method)　⑥ 기술 축적(Memory)

5) 가설 계획
   ① 동력　　　　② 용수
   ③ 수송 계획　　④ 양중 계획

6) 관리 계획
   ① 하도업자 선정　② 실행 예산 편성　③ 현장원 편성
   ④ 사무관리　　　⑤ 대외 업무관리

7) 공사 내용 계획
   ① 가설 공사　　② 토공사　　③ 기초 공사
   ④ 골조 공사　　⑤ 부대 공사

14 건설 클레임(Construction Claim)

[97중후(20), 08전(10)]

Ⅰ. 정의

클레임이란 시공자나 발주자가 자기의 권리를 주장하거나, 손해 배상, 추가 공사비 등을 청구하는 것으로서, 계약하의 양 당사자 중 어느 일방이 일종의 법률상의 권리로서 계약과 관련하여 발생하는 제반 분쟁에 대한 구체적인 조치를 요구하는 서면 청구 또는 주장을 말한다.

Ⅱ. Claim과 분쟁의 개념

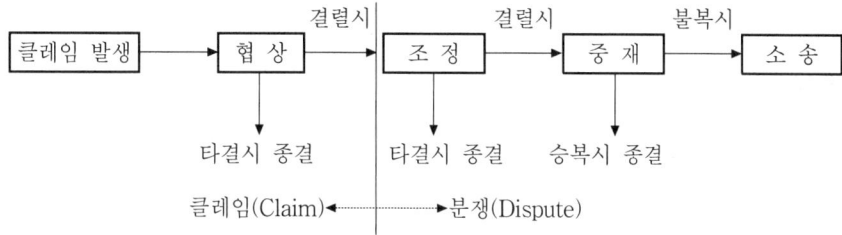

Ⅲ. 클레임의 발생 원인

1) 계약서
   ① 계약에 대한 변경을 요구할 때
   ② 현장 조건이 상이할 때
   ③ 계약에 사용된 언어가 모호할 때
2) 계약에 의한 당사자의 행위
   ① 도면에 미완성 정보나 설계상의 오류
   ② 부적절한 작업 수행에 의한 비용 추가
   ③ 부실한 공사 품질
3) 불가항력적인 사항
   ① 혹독한 기상, 홍수, 화재
   ② 지진 등 천재지변
4) Project의 특성
   ① 복합적, 대규모, 오지 지역, 밀집 지역 등
   ② 특수한 기술을 요구하는 공사

Ⅳ. 클레임 유형

1) 공사 지연 클레임
   ① 계획한 시간내에 작업을 완료할 수 없을 경우

3) 조정 – 중재

활용 절차에 따라 분쟁 해결 속도가 결정된다.

4) 중재(Arbitration)

① 중립적 제3자에게 의견서를 제출한다.

② 법적 구속력에 해당하며 시간과 비용의 투자가 많아진다.

5) 소송(Litigation)

① 전문적인 Consultants의 노력으로도 해결되지 않을 경우이다.

② 시간과 비용의 손실이 막대하다.

6) 클레임 철회

클레임 자체가 사라짐으로써 분쟁의 여지도 함께 없어진다.

15 대체적 분쟁 해결제도(ADR ; Alternative Dispute Resolution)

[14전(10)]

Ⅰ. 정의

① 분쟁 발생시 소송을 이용하지 않고 분쟁을 해결할 수 있는 방법을 대체적 분쟁 해결 제도라고 하며 재판 외 분쟁해결제도라고도 한다.

② 법원, 행정기관의 분쟁조정위원회, 대한상사중재원 등 ADR의 여러 주관기관이 있으며, 그 중 건설분쟁은 대한상사중재원에서 활발하게 진행되고 있다.

Ⅱ. ADR의 분류

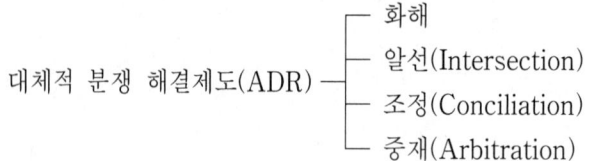

대체적 분쟁 해결제도(ADR)
- 화해
- 알선(Intersection)
- 조정(Conciliation)
- 중재(Arbitration)

1) 화해

법적 절차를 거치지 않고 당사자 간 화해로 분쟁을 해결

2) 알선(Intersection)

① 대한상사중재원 등 공정한 기관이 사건에 개입하여 조언으로 분쟁을 해결

② 법적 절차가 없어 조정이나 중재에 비해 간편

3) 조정(Conciliation)

① 제3자(조정인)가 사건에 개입하여 제시하는 조정안으로 분쟁을 해결

② 한쪽이 조정안을 거절하면 조정이 실패하게 되며, 조정 성립 시에는 재판상 화해와 동일한 법적 효력이 발생

4) 중재(Arbitration)

① 제3자(중재인)가 사건에 개입하여 중재판정(단심제)하여 분쟁을 해결

② 중재판정은 대법원의 확정판결과 동일하여 판정에 불복하더라도 소송이 불가

Ⅲ. ADR의 장·단점

장 점	단 점
① 소송에 비해 저렴 ② 신속하게 분쟁을 해결(3~4개월) ③ 분쟁 당사자의 의견이 존중 ④ 비공개 진행으로 기업비밀 노출우려 없음 ⑤ 분야별 전문가가 분쟁을 해결 ⑥ 국제적인 판정효력	① 변호사 선임 등 과도한 비용발생 ② 중재자 선정 시 당사자간 의견 상충 우려 ③ 단심제로 인한 재논의가 불가

Ⅳ. 건설분쟁에서의 ADR 주관기관

① 건설분쟁조정위원회
② 건설하도급분쟁조정협의회
③ 대한상사중재원
④ 법원

16 품질 경영(Quality Management)

I. 정의

① 품질 경영이란 기업의 경영자가 참여하여 원가 절감과 공기 단축 등을 통하여 대외 경쟁력을 확보하고, 또한 고객 만족을 위해 구조물의 특징·미관·용도·기능 등을 전체적으로 향상시키기 위하여 체계적인 방법으로 접근하는 것을 말한다.

② 건설 공사의 품질 경영은 품질관리(Quality Control), 품질보증(Quality Assurance), 품질인증(Quality Verification)으로 구성된다.

II. 구성도

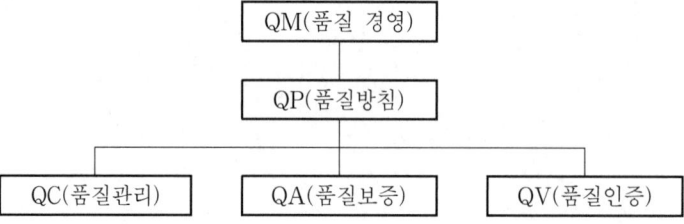

III. 효과

① 재시공과 보수 작업의 감소
② 작업 환경 개선
③ 현장 안전 증가
④ 공사 발주처의 만족 증가
⑤ 품질 비용의 감소
⑥ 이윤의 증대

IV. 특징

① 안전관리, 품질관리, 생산성 관리를 연계한 관리 기법
② 품질 경영은 하자를 사전에 예방하기 위한 긴 시간을 요하는 투자
③ 모든 단계에서 하자 사전 예방
④ 개선 절차를 지속적으로 실시하는 과정을 중시
⑤ 조직내에 수준 높은 단합된 힘 창출

V. 품질 경영의 구성

1) 품질관리(Quality Control)

설계 도서 및 계약서에 명시된 규격에 만족하는 공사의 목적물을 경제적으로 만들기 위해 실시하는 관리 수단을 말한다.

2) 품질보증(Quality Assurance)

　　발주자나 원도급자가 하도급자의 품질관리를 감독하고 확인하는 절차로서 품질 감
리라고도 한다.

3) 품질인증(Quality Verification)

　　품질 감리 결과, 규정된 품질의 구현이 의심되거나 품질관리 규정에서 특별한 품
질 검사나 실험을 요구할 때 검사·실험을 실시하는 것을 말한다.

17 품질관리(Quality Control)

Ⅰ. 정의

① 품질관리란 설계도, 시방서 등에 표시되어 있는 규격에 만족하는 공사의 목적물을 경제적으로 만들기 위해 실시하는 관리 수단을 말한다.

② 품질관리는 공정관리, 원가관리에 뒤지지 않는 중요한 관리 항목으로 구조물의 품질 확보, 품질 개선, 품질 균일 등을 통한 하자 방지로 신뢰성 증가와 원가 절감을 꾀해야 한다.

Ⅱ. 필요성

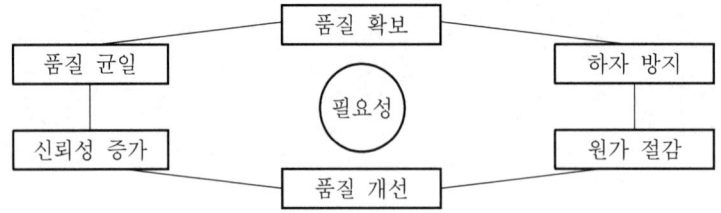

Ⅲ. 품질관리 7가지 기법(Tool)

① 관리도(Control Chart)　　② 히스토그램(Histogram)

③ 파레토도(Pareto Diagram)

④ 특성 요인도(Causes-and-Effects Disgram)

⑤ 산포도(산점도 ; Scatter Diagram)

⑥ 체크 시트(Check Sheet)　　⑦ 층별(Stratification)

Ⅳ. 주안점

① 전사적으로 Top Manager로부터 모든 구성원이 혼연 일체가 되어 실시한다.

② 절차를 착실히 밟는다.

③ 더욱 실질적이고 효과적일 경우 상의 하달의 관리 형식을 취한다.

④ 기법(Tool)을 효율적으로 사용한다.

⑤ 새 기법을 과감히 도입한다.

⑥ 현장의 특성에 맞는 기법을 선택한다.

⑦ 과학적으로 접근한다.

⑧ 사용자 우선 원칙에 입각한 고객의 수용에 만족하는 품질 확보에 전력한다.

⑨ 원가 절감 및 품질 확보

⑩ 연구 활동의 강화 및 연구비(활동비) 지급 원칙

18 품질 감리(품질 보증 ; Quality Assurance)

Ⅰ. 정의

① 품질감리는 발주자가 수행하는 외주 업체 및 하도 업체가 수행한 품질관리를 감독하고 그 결과를 확인하는 품질관리로서 품질 보증이라고도 한다.

② 시공자의 품질감리는 외주 업체 또는 하도 업체의 품질관리 절차와 방법의 적법성 및 효과를 평가하고, 시공자가 수립한 품질관리 지침을 성실히 준수하는지 여부를 객관적으로 평가한다.

Ⅱ. 개념도

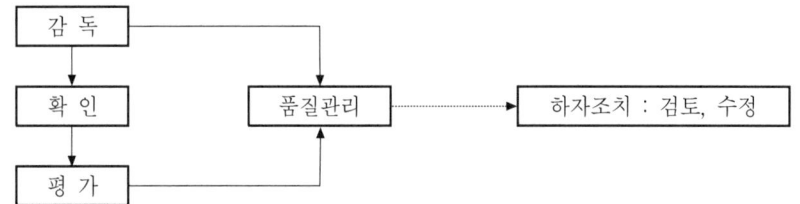

Ⅲ. 시공자 품질 감리 계획

① 시공 품질의 기술적 분석 대상 및 범위

② 품질 조사 책임자 선정

③ 필요한 품질 감리 횟수 및 빈도

④ 품질 감리 결과 보고 방법 및 해결책의 제시

⑤ 품질 하자의 수정 및 실행 방법

Ⅳ. 품질 감리 범위 및 보고서 작성

1) 품질 감리 범위

① 작업장·작업 내용·공정 순서·자재 품목 및 공법

② 문서화된 품질관리에 관한 지시 및 절차

③ 품질에 관한 기록

2) 품질 감리 보고서 작성

① 조사한 품질 검사 사항의 효율성

② 품질 조사의 주안점과 문제점

③ 품질 개선을 위한 대안 및 건의

④ 품질 감리 결과 보고가 요구되는 시안

V. 사후 조치

1) 하자 조치

① 보고서에 명시된 품질 하자를 검토하고 수정한다.

② 보고된 품질 하자의 조치를 품질 감리 부서에 서면으로 통보한다.

③ 품질 개선에 필요한 조치 여부를 품질 관리 부서에서 확인한다.

2) 품질 감리 계획과 횟수를 재조절할 경우

① 품질 감리 결과, 보다 많은 품질 검사가 필요한 경우

② 품질관리 계획에 중요한 변경 사항이나 수정이 많을 경우

③ 현장의 안전, 품질관리 업무의 수행, 또는 어떤 공정의 신뢰성에 의구심이 드는 경우

④ 수행된 품질 하자의 수정 작업을 확인하기 위하여 필요하다고 판단되는 경우

19 품질 통제(QC ; Quality Control)와 품질 보증(QA ; Quality Assurance)의 차이점

[98중전(20)]

Ⅰ. 개요

① 최근 구조물이 대형화, 고도화, 복잡화되어 가고 있는 현실에서 건설 공사의 품질관리는 공사 기초부터 시작하여 구조물이 완공된 후까지 만족할 만한 구조물이 시공되어야 한다.

② 이와 같이 건설 공사에서의 구조물의 품질은 시공시 품질 통제와 시공후 품질 보증으로 크게 분류하여 나타낼 수 있다.

Ⅱ. 품질 통제(QC)

1) 정의

품질 통제란 설계도, 시방서 등에 표시되어 있는 규격에 만족하는 목적물을 경제적으로 만들기 위하여 실시하는 관리 수단이다.

2) 목적

① 품질 확인
② 품질 개선
③ 원가 절감
④ 하자 방지

3) 주안점

① 전사적으로 Top Manager부터 모든 구성원이 혼연 일체가 되어 실시한다.
② 절차를 착실히 밟는다.
③ 더욱 실질적이고 효과적일 경우 상의 하달의 관리 형식을 취한다.
④ 기법을 효율적으로 사용한다.
⑤ 새 기법을 과감히 도입한다.
⑥ 현장의 특성에 맞는 기법을 선택한다.
⑦ 과학적으로 접근한다.
⑧ 사용자 우선 원칙에 입각한 고객의 수용에 만족하는 품질 확보에 전력한다.

Ⅲ. 품질 보증(QA)

1) 정의

① 품질 보증이란 발주자나 원도급자가 공사를 수행하는 외주 업체 및 하도급 업체가 수행한 품질관리를 감독하고 그 결과를 확인하는 품질관리를 말한다.

② 국제적으로 각국별 사업 분야별로 정해져 있는 품질 보증 시스템에 대한 요구 사항을 통일시켜 고객에게 품질 보증을 해주는 ISO(국제표준화기구)가 설립되어 있다.

2) 목적
   ① 생산물의 하자 방지
   ② 생산물에 대한 신뢰도 향상
   ③ 제품 수준의 척도 설정
   ④ 생산 과정에서의 품질관리

3) 주안점
   ① 품질 향상을 위한 기술 개발
   ② 하자 발생을 방지하기 위한 품질 향상
   ③ 실패율 감소에 따른 기업 이윤 증대
   ④ ISO 9000 획득
   ⑤ 생산자 책임에 대한 예방책
   ⑥ 개별 고객들로부터 중복 평가
   ⑦ 고객의 신뢰성 증대

Ⅳ. 품질 통제(QC)와 품질 보증(QA)의 차이점

구 분	품질 통제(QC)	품질 보증(QA)
기법	품질이 중요	하자 사전 예방
목적	불량 감소	하자로 인한 품질 절감
효과	품질 확보	재시공 감소
참여	생산 현장 중심	경영자, 전구성원 참여
특징	현장 특성에 맞는 기법	문서화, 기록화, 체계화
시기	공사 시공중	공사 완료후
방법	품질 관리팀 형성	하자 보수 전담반
대상	전공정에 대한 품질	목적물의 목적 수행
필요성	원가 절감 품질 향상	신뢰성 향상, 책임 시공
문제점	형식적인 관리	책임 회피
개발 방향	전문화, 생활화	ISO 9000 획득

20 TQC(Total Quality Control ; 전사적 품질관리)

Ⅰ. 정의

① TQC는 보다 좋은 품질을 경제적으로 생산할 수 있도록, 기업의 전 종업원(경영자·관리자·현장 관리자)이 참여하여 품질 향상을 도모하는 것을 말한다.

② TQC의 활동 방법은 최고 경영자로부터 현장 근로자까지 참여해야 한다.

Ⅱ. TQC의 목적

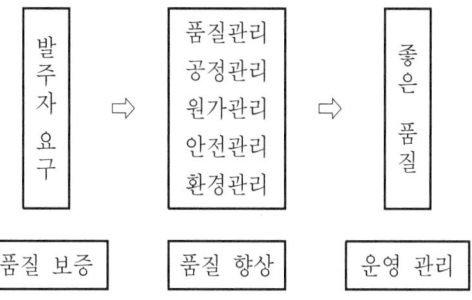

① 소정의 품질을 확보한다.

② 품질을 개선·향상시켜 재시공·보수 등을 줄인다.

③ 품질에 대한 보증과 원가 절감 작업 방법을 시행한다.

Ⅲ. 기대 효과

① 작업자의 주인 의식 고취 및 품질 의식 향상

② 창조적인 활동 기대

③ 결과 중시에서 과정 중시로 의식 전환

④ 부서간의 협력에 의한 문제 개선

⑤ 신뢰성에 따른 품질 보증

⑥ 자발적 활동에 따른 기술 경쟁력 향상

Ⅳ. TQC의 개선 방향

① 전작업 과정에서 실시되어야 한다.

② 전조직원이 동참해야 한다.

③ 상호 유기적인 종합 관리로 개선되어야 한다.

④ TQC 7가지 도구의 활성화로 품질 향상을 기해야 한다.

Ⅴ. 품질관리의 4단계

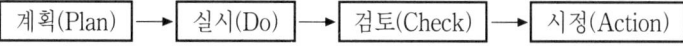

VI. 건설 현장 TQC의 저해 요인

① 단일 수주 생산이다.
② 생산 장소가 일정하지 않다.
③ 생산 제품(구조물)의 수명이 길다.
④ 구조물의 품질 평가 기준이 명확하지 않다.
⑤ 표준화가 어려우며 생산 주체가 유동적이다.

21 TQM(Total Quality Management ; 전사적 품질 경영)

Ⅰ. 정의

① TQM이란 전사적 품질 경영으로 품질 활동을 통한 고객 만족과 조직 구성원 및 사회에 대한 이익 창출을 위해 실시하는 지속적인 개선 과정을 말한다.

② TQM은 계획·인사·조직·지휘·통제등 경영의 모든 단계에서 보다 나은 기능을 발휘할 수 있도록 하여 모든 경영 업무를 향상시킨다.

Ⅱ. TQM의 개념도

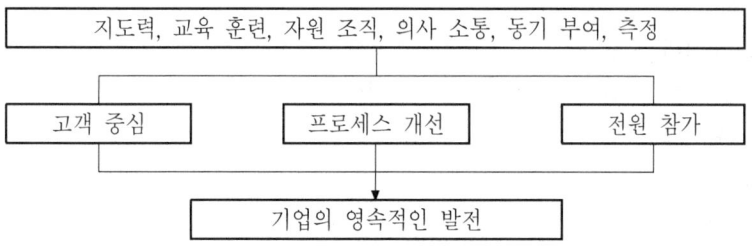

Ⅲ. 효과

① 재시공과 보수 작업이 감소한다.

② 작업 환경이 개선된다.

③ 현장 안전에 기여한다.

④ 공사 발주처의 만족도가 높아진다.

⑤ 품질 비용이 감소한다.

⑥ 기업의 이윤이 증대된다.

Ⅳ. 경영진의 책임과 역할

① 품질은 현장 기능공에 의해서 결정되는 것이 아니라 경영진에 의해 결정된다.

② 사업의 선택과 자원 배딩은 경영진에서 이루어진다.

③ 경영 방법의 선택과 실행은 경영진에서 이루어지며 그에 대한 책임도 경영진에게 있다.

④ 경영진은 품질에 대한 명확한 의식을 갖추어야 한다.

Ⅴ. TQM의 성공 요건

① 최고 경영진의 의지와 Leadership

② 사내 전조직 구성원에 대한 교육 실시

③ 결함 방지를 위한 System 개발

④ 최고 경영진에서 일선 작업자에 이르는 전조직의 적극적이고 능동적인 참여

22 | TQC와 TQM의 비교

I. 정의

① TQC(Total Quality Control)는 보다 좋은 품질을 경제적으로 생산할 수 있도록, 기업의 전종업원이 참여하여 품질 향상을 도모하는 것이다.

② TQM(Total Quality Management)이란 품질 활동을 통한 고객 만족과 조직 구성원 및 사회에 대한 이익 창출을 위해 실시하는 지속적인 개선 과정이다.

II. TQC(Total Quality Control)

1) 목적
   ① 소정의 품질 확보
   ② 품질을 개선·향상시켜 재시공·보수를 줄인다.
   ③ 품질에 대한 보증과 원가 절감

2) 효과
   ① 작업자의 주인 의식 고취 및 품질 의식 향상
   ② 결과 중시에서 과정 중시로 의식 전환
   ③ 신뢰성에 따른 품질 보증
   ④ 자발적 활동에 따른 기술 경쟁력 향상

3) 개선 방향
   ① 전작업 과정에서 실시되어야 한다.
   ② 전조직원이 동참해야 한다.
   ③ 상호 유기적인 종합 관리로 개선되어야 한다.

III. TQM(Total Quality Management)

1) 목적
   ① 품질을 통한 경쟁 우위의 확보
   ② 기업의 총체적 품질의 향상

2) 효과
   ① 작업 환경의 개선
   ② 재시공과 보수 작업의 감소
   ③ 품질 비용의 감소
   ④ 기업의 이윤 증대

3) 성공 요건
   ① 최고 경영진의 의지와 Leadership
   ② 사내 전조직 구성원에 대한 교육
   ③ 결함 방지를 위한 System 개발

Ⅳ. TQC와 TQM의 비교

구 분	TQC	TQM
목적	기업의 체질 개선	경영 목표 달성의 수단
품질 보증	공급자 입장의 일반적인 품질 보증	구매자의 욕구를 충족시키기 위한 품질 보증
품질 인증	공급자의 품질 인증	제3자 품질 인증
품질 정책	품질 정책의 필요성 강조	품질 정책은 필수 요건
참여 범위	최고 경영자를 포함, 전원 참가를 강조	최고 경영자 참가를 의무화하고, 전원 참가를 강조
목표	품질 문제(불량률, 클레임률, A/S 근무)의 극소화와 재발 방지	Zero Defect가 궁극 목표
시스템	설계로부터 서비스 제공까지의 전 단계 QA 시스템	구매자 요구에 따라 품질 보증 시스템의 차등화 ① 설계부터 서비스 제공까지 전단계 QA 시스템(ISO 9001) ② 제조 단계를 중심으로 한 QA 시스템(ISO 9002) ③ 검사, 시험을 중심으로 한 QA 시스템(ISO 9003) ④ QM을 위한 사내 품질 시스템(ISO 9004)

23 품질 비용(Quality Cost)

I. 정의

① 품질 비용이란 하자가 이미 발생함으로써 치르게 되는 비용과 공사중 하자의 발생을 미리 예방하기 위하여 소요되는 비용을 말하며, 그 실체가 막연하여 직접 금액으로 산정하기가 불가능한 무형의 비용도 품질 비용에 속한다.

② 예방 비용으로 효과적인 품질 경영(QM)을 실시하면 하자 비용은 이보다 더 감소되어 품질 비용(QC)을 절감시킬 수 있으며, 무형 비용도 줄어 이윤을 증대시킬 수 있다.

II. 품질 비용의 분류

분류		내용
하자 비용 (Nonconformance Cost)	정의	도면과 시방에 따라 정밀 시공을 하지 못한 것이 원인이 되어 발생하는 비용
	종류	① 공사 지연 및 공기 연장 　② 시공 실책 및 재시공 ③ 작업 누락 　④ 기능공의 기능 저하 ⑤ 안전 사고 　⑥ 돌관 작업 ⑦ 소송 비용과 손해 배상 　⑧ 보험금의 증가
예방 비용 (Prevention Cost)	정의	하자 방지를 위한 수단에 소요되는 비용
	종류	① 직영, 하도급 공사에 대한 검사 ② 자재, 운송에 대한 검사 ③ Shop Drawing에 대한 검토 ④ 안전을 포함한 제반 훈련 비용 ⑤ 품질 경영 프로그램의 운영 　⑥ 포상 체계
무형 비용 (Intangible Cost)	정의	실제로 그 크기를 금액으로 산정하기 불가능한 비용
	종류	① 공사 결과에 만족하지 못한 발주자와의 공사 연결, 공사 소개 등의 무산 ② 근무자의 품질 의식 및 작업 자세 ③ Communication의 빈곤 때문에 발생하는 사업 수행상의 혼란 ④ 리더십의 결핍이나 훈련 부족

III. 품질 비용의 측정 목적

① 품질 비용의 측정으로 품질상의 취약 영역 확인
② 품질 비용 절감을 위한 품질 취약 영역 개선 동기 부여
③ 품질 비용 절감의 성과 확인 및 성과를 판단하는 자료로 활용

24 품질 특성

Ⅰ. 정의

건설 재료, 제품의 품질을 구체적으로 나타내는 특성을 말하며, 재료나 제품의 가장 중요한 성질로서 주로 강도를 규정하는 지표가 된다.

Ⅱ. 품질 특성의 실례

1) 콘크리트

① 콘크리트에 요구되는 성질에는 압축강도, 인장강도, 휨강도, 전단강도, 부착강도 등이 있으나, 가장 중요한 성질은 압축강도로서 콘크리트의 대표적인 품질 특성이 된다.

② 압축강도$(MPa) = \dfrac{최대의\ 하중(N)}{공시체의\ 단면적(mm^2)}$

2) 철근

철근에서의 품질 특성은 인장강도이다.

3) 벽돌

① 벽돌에서의 품질 특성은 압축강도와 흡수율이다.

② 품질 특성

등 급	강도(MPa)	흡수율(%)
1급	15 이상	20 이하
2급	10 이상	23 이하

4) 아스팔트

아스팔트에 요구되는 성질에는 침입도, 연화점, 신도 등이 있으나 침입도가 아스팔트에서 대표적인 품질 특성이다.

Ⅲ. 품질 특성의 표시

① 품질 특성의 표시 방법에는 보통 특성 요인도를 많이 사용한다.

② 품질 특성(결과)과 요인(원인)이 어떻게 관계하고 있는가를 한눈으로 알 수 있도록 작성한 그림으로 문제 발생 하자 분석시 사용하며, 생선뼈의 모양을 닮았다 하여 Fish Bone Diagram이라고도 한다.

25 | 통계적 품질관리에서 관리 사이클의 4단계

[96중(20)]

Ⅰ. 정의

① 건설 공사에 있어서 품질관리는 각자의 품질에 대한 관심 사항을 토대로 하여 단계적으로 관리 목표를 설정하고, 이에 따라 P→D→C→A 과정을 사이클화하여 단계적으로 목표를 향해 진보, 개선, 유지해 나가야 한다.

② 품질관리는 전구성원이 혼연 일체가 되어 실시되어야 하며 현장의 특성에 맞는 기법을 효율적으로 사용하여야 한다.

③ 관리 사이클 4단계를 Deming의 관리 Cycle 4단계라고도 한다.

Ⅱ. 관리 사이클의 4단계

1. Plan(계획) 단계

1) 목적 결정 및 표시

Check를 위한 항목을 고려하여 표준값, 목표값을 결정해 두면 Check 단계가 용이

① 현상 유지 작업 : 표준값으로 표시

② 현상 탈피 작업 : 목표값으로 표시

2) 목적 달성을 위한 수단과 방법의 결정

① 현상 유지 작업 : 표준값에 의한 결과가 얻어질 방식(수단)을 이미 알고 있는 단계이므로 이를 명료하게 문서화하면 된다.(작업 표준화)

② 현상 탈피 작업

㉮ 목표값을 얻기 위한 개선의 방식을 아직 모르는 단계이므로 개선을 요하는 원인중 한 가지 이상의 원인을 변경하기 위한 절차를 결정해 두면 된다.

㉯ 검토해 보려는 사항을 가능한 한 구체적으로 정하고 일정이나 분담을 충분히 고려해서 '계획서'라는 형식으로 문서화할 필요가 있다.

3) 계획 수립을 위한 방법

① 정확한 정보의 수집, 활용과 종합 판단력의 배양

② Deming Cycle의 Cycling을 시행하면서 합리적인 방법 모색의 지속

2. Do(실시) 단계

1) 집합 교육 훈련

여러 명이 한 곳에서 전반적인 지식 습득

2) 기회 교육 훈련

① 일상 작업 도중 적당한 기회에 실시

② 개별적 기능 습득에 유효하며 OJT(On the Job Training) 교육을 실시한다.

3. Check(검사) 단계

1) 결과 검사

① 현상 유지 작업 : 관리도 유효

② 현상 탈피 작업 : 목표값이나 예정선 등을 Graph에 기입해 두고 실시 결과를 표시하며 검사가 용이한 방법을 연구

2) 실시 방법 검사

① 현상 유지 작업 : 작업 시행자가 자신의 작업에 책임지고 Check Sheet를 이용하며 문제 발생시에는 제3자의 검사 필요

② 현상 탈피 작업 : 어떤 방법이 효력이 있었는가를 반드시 확인

4. Action(조치) 단계

1) 응급 처치

① 검사에 의해 계획시의 기대 결과가 얻어지지 않을 경우에 필요에 따라 즉각 취해야 하는 조치

② 더 이상의 문제 발생이 없도록 방지

2) 항구 조치

① 재발 방지 조치를 하는 근본적인 조치로 응급 조치 이후 즉시 원인을 조사하여 재차 발생이 없도록 조치

② 원인 분석 결과를 Feed Back

3) 관련 조치

현장내 또는 현장간 유사 공종 사례에 전사적으로 검토, 분석하여 반영 조치

26 품질관리의 7가지 Tool(도구, 기법)

Ⅰ. 정의

품질관리란 사용자 우선 원칙에 입각하여 공사의 목적물을 경제적으로 만들기 위해 실시하는 관리 수단을 말하며, 현장 조건에 맞는 적정한 기법(Tool)을 선정하여 시행하여야 한다.

Ⅱ. 품질관리의 필요성

Ⅲ. 품질관리 7가지 기법(Tool)

1) 관리도(Control Chart)
   공정의 상태를 나타내는 특정치에 관해서 그려진 Graph로서 공정을 관리상태(안전상태)로 유지하기 위하여 사용

2) 히스토그램(Histogram)
   계량치의 Data가 어떠한 분포를 하고 있는지 알아보기 위하여 작성하는 그림으로 일종의 막대 Graph

3) 파레토도(Pareto Diagram)
   불량 등 발생 건수를 분류 항목별로 나누어 크기 순서대로 나열해 놓은 그림으로 중점적으로 처리해야 할 대상 선정시 유효

4) 특성 요인도(Causes–and–Effects Diagram)
   결과(특성)에 원인(요인)이 어떻게 관계하고 있는가를 한눈으로 알 수 있도록 작성한 그림

5) 산포도(산점도 ; Scatter Diagram)
   대응하는 두 개의 짝으로 된 Data를 Graph 용지 위에 점으로 나타낸 그림으로 품질 특성과 이에 영향을 미치는 두 종류의 상호 관계 파악

6) 체크 시트(Check Sheet)
   계수치의 Data가 분류 항목이 어디에 집중되어 있는가를 알아보기 쉽게 나타낸 그림 또는 표

7) 층별(Stratification)
   집단을 구성하고 있는 많은 Data를 어떤 특징에 따라서 몇 개의 부분 집단으로 나누는 것

27 관리도(Control Chart)

Ⅰ. 정의

① 공정의 상태를 나타내는 특정치에 관해서 그려진 Graph로서 공정을 관리상태 (안전상태)로 유지하기 위하여 사용된다.

② 관리도는 제조 공정이 잘 관리된 상태에 있는지를 조사하기 위하여 사용하는 경우도 있다.

Ⅱ. 관리도의 종류

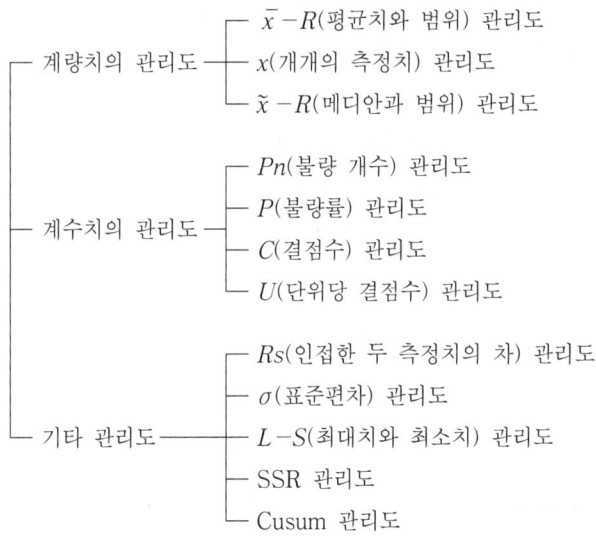

계량치의 관리도
- $\bar{x} - R$(평균치와 범위) 관리도
- x(개개의 측정치) 관리도
- $\tilde{x} - R$(메디안과 범위) 관리도

계수치의 관리도
- Pn(불량 개수) 관리도
- P(불량률) 관리도
- C(결점수) 관리도
- U(단위당 결점수) 관리도

기타 관리도
- Rs(인접한 두 측정치의 차) 관리도
- σ(표준편차) 관리도
- $L - S$(최대치와 최소치) 관리도
- SSR 관리도
- Cusum 관리도

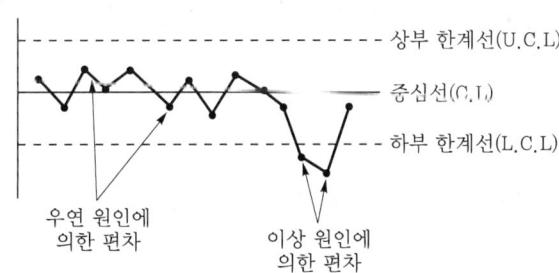

상부 한계선(U.C.L)
중심선(C.L)
하부 한계선(L.C.L)

우연 원인에 의한 편차

이상 원인에 의한 편차

28 $\bar{x}-R$ 기법에서 이상이 있는 경우

[96후(20)]

Ⅰ. 정의

① 관리 대상이 되는 항목이 길이, 무게, 시간, 강도, 성분, 수확률, 순도 등과 같이 Data가 연속량(계량값)으로 나타나는 공정을 관리할 때 사용한다.

② 그러므로 $\bar{x}-R$ 관리도는 공정상태의 변화를 알아보기 위한 기본적인 관리도이다.

Ⅱ. 관리도의 종류

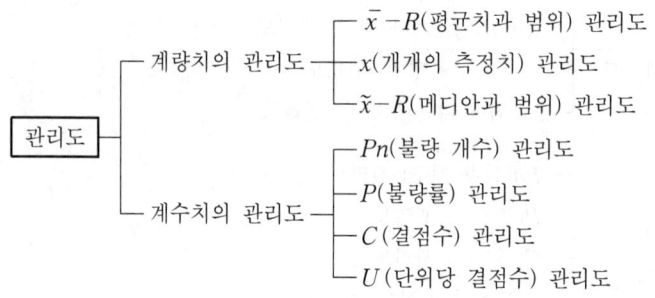

```
              ┌ 계량치의 관리도 ┬ x̄ - R(평균치과 범위) 관리도
              │                 ├ x(개개의 측정치) 관리도
              │                 └ x̃ - R(메디안과 범위) 관리도
  관리도 ─────┤
              │                 ┌ Pn(불량 개수) 관리도
              └ 계수치의 관리도 ┼ P(불량률) 관리도
                                ├ C(결점수) 관리도
                                └ U(단위당 결점수) 관리도
```

Ⅲ. 관리상태의 판정 기준(이상이 있는 경우)

1) Run

중심선이 한쪽에 연속적으로 나타난 점을 Run이라 하며 공정 진행에 주의해야 한다.

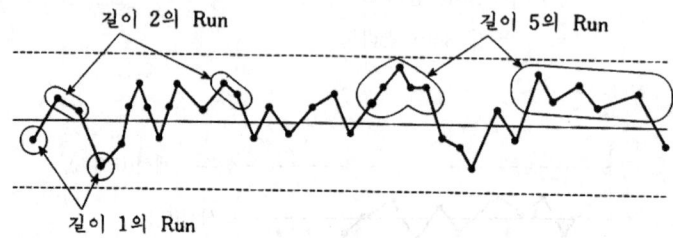

2) 경향

나타난 점이 점점 올라가거나 내려가는 상태를 말한다.

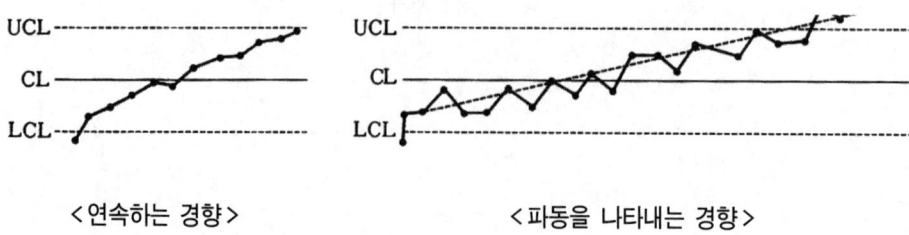

<연속하는 경향>   <파동을 나타내는 경향>

3) 주기

점이 주기적으로 상하로 변동하여 파형을 나타내는 경우를 말한다.

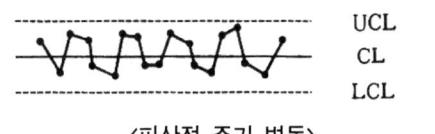

<파상적 주기 변동>   <파상적 주기 변동>

4) 치우침

중심선 한쪽에 점이 잇따라 여러 개 나타날 때를 말한다.

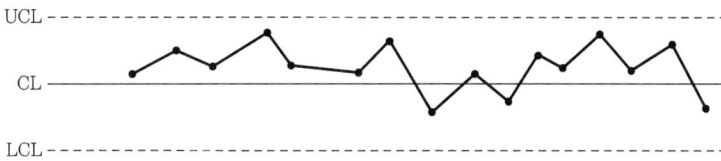

5) 관리 한계선에 접근

점이 관리 한계선에 접근하여 자주 나타나는 경우를 말한다.

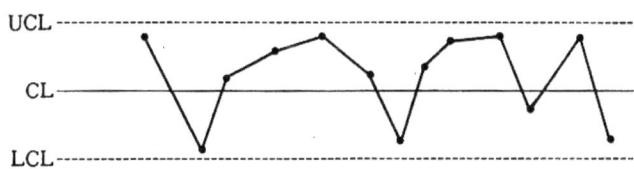

6) 기타

① 중심선 가까이에 점들이 모이는 상태
② 한계를 벗어난 점이 너무 많이 나타나는 관리도

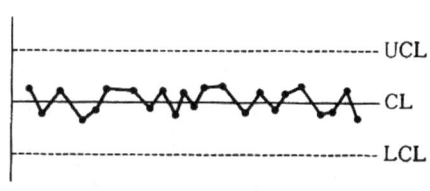

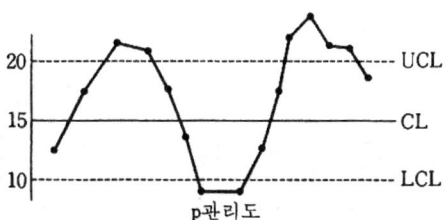

p관리도

29 Histogram(주상도)

Ⅰ. 정의

① 계량치의 Data가 어떠한 분포를 하고 있는지 알아보기 위하여 작성하는 그림으로 일종의 막대 Graph를 말한다.

② 공사 또는 제품의 품질상태가 만족한 상태에 있는가의 여부를 판단한다.

Ⅱ. 작성 방법

① N(data 수)을 가능한 많이 수집

② 범위 R을 구한다.

$$R = 최대치(X_{max}) - 최소치(X_{min})$$

③ 급의 수(k)를 결정

㉮ 경험적 방법

㉯ $k = N$

④ 급의 폭을 구한다.

$$h = \frac{R}{k} \quad (h는 측정치 정도의 정배수로 한다.)$$

⑤ 경계치를 결정한다.

⑥ 급간의 중심치를 계산한다.

⑦ 도수 분포표를 작성한다.

⑧ Histogram을 작성한다.

⑨ Histogram과 규격값을 대조하여 안정 · 불안정을 검토한다.

Ⅲ. Histogram의 여러 형태

① 낙도형 : Data의 이력을 조사하고 원인을 추구

② 이빠진형 : 계급의 폭의 값, 측정 최소 단위의 정배수 등을 조사

③ 비뚤어진형 : 한쪽에 제한 조건이 없는가 조사

④ 낭떠러지(절벽)형 : 측정 방법의 이상 유무 조사

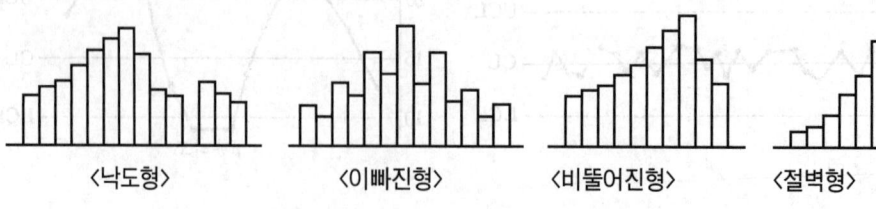

〈낙도형〉   〈이빠진형〉   〈비뚤어진형〉   〈절벽형〉

30 Pareto Diagram(파레토圖)

Ⅰ. 정의

불량 등 발생 건수를 분류 항목별로 나누어 크기 순서대로 나열해 놓은 그림으로 중점적으로 처리해야 할 대상 선정시 유효한 기법(Tool)이다.

Ⅱ. 필요성

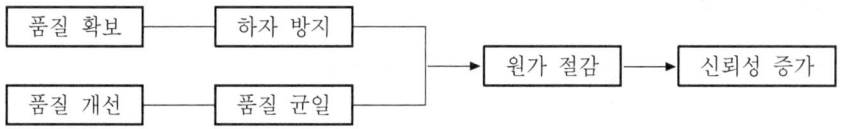

Ⅲ. Pareto Diagram 대상

① 시간 : 공정별·단위 작업별 등의 작업 소요 시간
② 품질 : 불량품의 발생수, 소비자의 Claim 수 등의 발생 건수 항목
③ 원가 : 인건비 및 요소별 단가
④ 안전 : 재해 건수

Ⅳ. 작성 순서

① Data(불량 건수 또는 손실 금액)의 분류 항목을 정한다.
② 기간을 정해서 Data를 수집한다.
③ 분류 항목별로 Data를 집계한다.
④ Data가 큰 순서대로 막대 Graph를 그린다.
⑤ Data의 누적 돗수를 꺾은 선으로 기입한다.
⑥ Data의 기간, 기록자, 목적 등을 기입하여 완성한다.

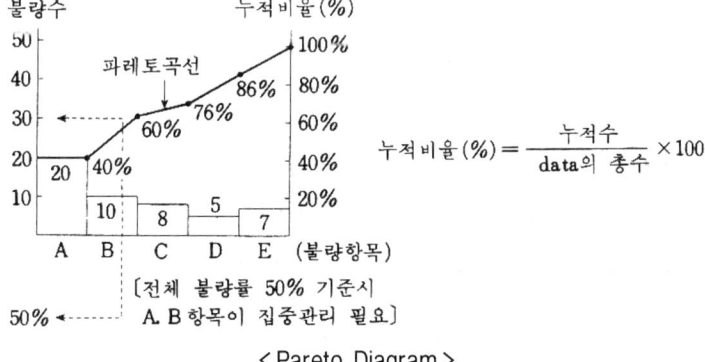

$$누적 비율(\%) = \frac{누적수}{data의\ 총수} \times 100$$

< Pareto Diagram >

31 | 특성 요인도(Causes And Effects Diagram)

Ⅰ. 정의

결과(특성)에 원인(요인)이 어떻게 관계하고 있는가를 한눈으로 알 수 있도록 작성한 그림으로 발생되는 문제·하자 분석시 사용하며, 생선뼈의 모양을 닮았다 하여 Fish Bone Diagram이라고도 한다.

Ⅱ. 특성 요인도

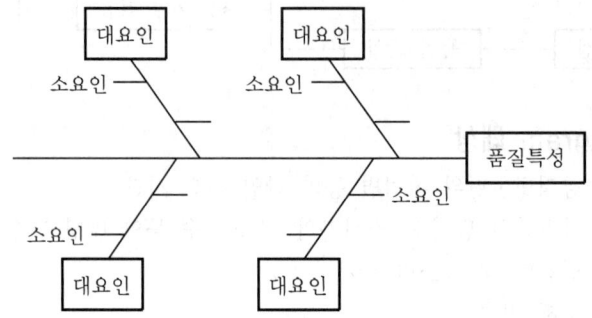

Ⅲ. 용도

① 품질 향상, 능률 향상, Cost Down 등을 목표로 현황 해석 또는 개선하는 경우에 사용

② 공사 관리시 하자가 발생할 때 원인 분석 및 하자를 제거할 경우에 사용

③ 작업 방법, 관리 방법 등의 작업 표준의 제정 및 개정하는 경우에 사용

④ 품질관리의 관리도 및 신입사원의 교육, 작업 설명에 쓰는 경우에 사용

Ⅳ. 작성 방법

① 품질의 특성을 정한다.

② 왼편으로부터 비스듬하게 화살표로 큰 가지를 쓰고 요인을 기입한다.

③ 요인의 그룹마다 더 적은 요인(소요인)을 기입한다.

Ⅴ. 작성시 유의사항

① 관계자의 지식이나 경험을 모으도록 작성한다.

② 측정 오차, 검사 오차 등의 오차에 주의한다.

③ 특성마다 몇 장으로 특성을 나누어서 특성 요인도를 그린다.

④ 요인을 층별하여 원인의 발생 양상으로 나눈다.

⑤ 해결에 중점을 두고 검토한다.

32 산포도(산점도 ; Scatter Diagram)

Ⅰ. 정의

대응하는 두 개의 짝으로 된 Data를 Graph 용지 위에 점으로 나타낸 그림으로 품질 특성과 이에 영향을 미치는 두 종류의 상호 관계를 파악하는 기법(Tool)이다.

Ⅱ. 산포도의 종류

① 정상관 : x가 증가하면 y도 증가한다.
② 부상관 : x가 증가하면 y는 감소한다.
③ 무상관 : x, y는 상관이 없다.

| 〈정상관〉 | 〈부상관〉 | 〈무상관〉 |

Ⅲ. 작성 방법

① 상관 관계를 조사하는 것을 목적으로 대응되는 그 종류의 특성 혹은 원인의 Data(x, y)를 모은다.
② Data의 x, y에 대하여 각각 최대치·최소치를 구하고 세로축과 가로축의 간격이 거의 같도록 Graph 용지에 눈금을 마련하고 위로 갈수록 큰 값이 되게 한다.
③ 측정치를 Graph 점찍어 나간다.
④ Data 수, 기간, 기록자, 목적 등을 기입한다.

Ⅳ. 작성시 유의사항

① 좌표측의 눈금을 잡을 때는 x, y 모두 실측치의 최소·최대치를 찾아서 결정한다.
② 산포도에서 점이 집단에서 떨어져 있으면 반드시 원인을 밝혀야 한다.
③ 점의 원인을 모를 경우에는 그 점까지 포함시켜서 판단한다.
④ 산포도에서의 점은 그 꼴을 달리 한다거나 또는 색깔로 구분하여 층별한다.

33 │ Check Sheet와 층별(Stratification)

Ⅰ. Check Sheet

1) 정의

계수치의 Data가 분류 항목의 어디에 집중되어 있는가를 알아보기 쉽게 나타낸
그림 또는 표를 말하며, Check 해야 할 항목이 미리 기입되어 있어 기록을 간단
하게 할 수 있다.

2) 종류

① 기록용 Check Sheet

㉮ Data를 몇 개의 항목별로 분류하여 표시할 수 있도록 한 표 또는 그림

㉯ Data의 매일매일의 기록 용지가 됨은 물론 기록이 끝난 뒤에는 Data가 전
체로서 어느 항목에 집중하여 있는가를 단번에 알 수 있도록 나타나 있다.

② 점검용 Check Sheet

㉮ 확인해 두고 싶은 것을 나열한 표

㉯ Check Sheet에 써 놓은 것을 Check함으로써 일의 확인에 도움이 되고 사
고나 실수를 예방할 수 있다.

Ⅱ. 층별(Stratification)

1) 정의

① 집단을 구성하고 있는 많은 Data를 어떤 특징에 따라서 몇 개의 부분 집단으
로 나누는 것을 말한다.

② 층별은 어느 원인(요인)이 산포에 크게 영향을 미치고 있는가를 찾아내는 유리
한 방법으로, Data가 얻어지는 것이면 어디에나 작용할 수 있다.

2) 목적

① 층별하기 이전의 전체 품질 분포와 층별한 뒤의 작은 집단 품질의 분포를 비교
한다.

② 품질에 대한 영향의 정도를 파악한다.

3) 층별의 방법

① 층별할 대상을 분명히 규정한다.

② 전체의 품질 분포를 파악한다.

③ 산포의 원인을 살핀다.

④ 품질(결과)을 나타내는 Data를 산포의 원인이라고 생각되는 것에 따라 여러
개의 작은 그룹으로 층별(구분)한다.

⑤ 층별한 작은 그룹의 품질 분포를 살핀다.

⑥ 층별한 작은 그룹의 품질 분포를 서로 비교하고 또 전체의 품질 분포와 대비하
여 전체 품질 분포의 산포가 작을수록 층별은 성공한 것으로 본다.

34 Graph

I. 정의

Graph(그림표)는 많은 Data를 요약하여 막대, 꺾은선, 면적, 점, 삼각형, 그림 등의 도해를 통하여 의사 전달을 빠르게 하는 것으로, 가장 적절한 방법으로 Graph 작성의 목적을 명확히 해야 한다.

II. Graph의 효과

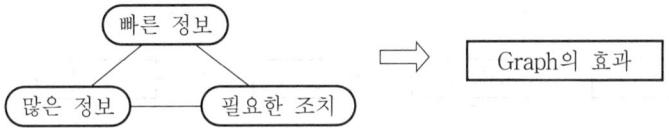

III. Graph(통계 도표)의 종류

① 막대 Graph : 일정 폭의 막대를 나열한 것으로 길이에 의해 수량의 크기를 비교
② 꺾은선 Graph : 시간에 따라 변하는 수량의 상황을 나타낼 때 사용
③ 면적 Graph : 사물의 크기 비교를 원, 직사각형 등의 면적으로 나타내는 방법
④ 점 Graph : 산포도와 Check Sheet 등이 있다.
⑤ 삼각 Graph : 3가지 요소로 구성되어 각각의 구성 명세를 나타내어 비교
⑥ 그림 Graph : 외부 사람이 알기 쉽게 흥미를 갖도록 할 목적으로 사용

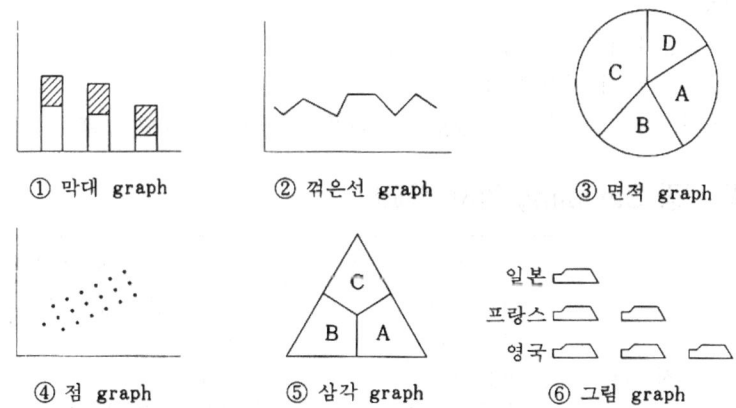

IV. Graph 작성시 유의사항

① 표제는 반드시 부재의 필요에 따라 붙이며, Graph 상부에 간단 명료하게 붙인다.
② 눈금, 눈금 숫자, 단위, 항목, 설명 문자를 반드시 기입한다.
③ Data의 이력, 해설은 Graph의 공백 부분 또는 Graph란 이외의 밑부분에 쓴다.
④ Graph에 나타내는 유효 숫자는 보통 3자리까지로 한다.

35 Sampling 검사

I. 정의

① Sampling 검사는 어느 한 품목(Lot)의 제품으로부터 일정한 규격과 크기의 표본을 발취하여 시험을 행하는 것을 말한다.

② 시험 결과에 의해 Lot에 대한 판정 기준치와 비교하여 그 제품의 합격 또는 불합격 여부를 판정한다.

II. Flow Chart

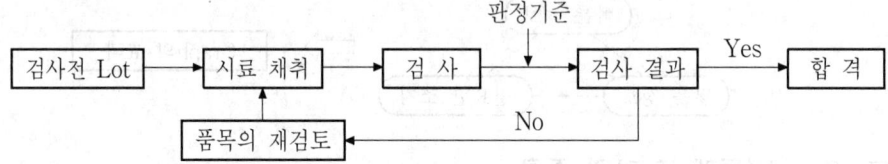

III. 검사의 분류

1) 계수 Sampling 검사
   판정의 기준이 불량 개수와 결점수에 의해 처리되는 검사

2) 계량 Sampling 검사
   판정의 기준이 계량치 또는 특성치에 의해 처리되는 검사

IV. 적용 대상

① 제품을 Lot로 처리가 가능한 제품

② 품질 기준이 명확한 제품

③ 합격 Lot 중에서 어느 정도의 불량품의 혼입이 허용되는 제품

V. 계수 및 계량 Sampling 검사 비교

구 분	계수 Sampling 검사	계량 Sampling 검사
검사 소요 시간	비교적 적다.	소요 시간이 많이 소요된다.
검사 방법	간단하다.	복잡하다.
검사 비용	저렴하다.	비싸다.
숙련도	숙련을 요하지 않는다.	숙련을 요한다.
검사 기록	간단하다.	복잡하며 이용률이 높다.
검사 설비	간단하다.	복잡하다.
시료수	시료가 많이 필요하다.	적은 시료로 판정이 가능하다.
판정 기준	불량 개수와 결점수	계량치와 특성치

36 신 품질관리의 7가지 도구

Ⅰ. 정의

① 오늘날 품질관리는 기업의 모든 부문 즉, 모든 계층의 사람들이 조직적으로 참가하는 전사적 품질관리로 변모하고 있으며, 이 전사적 품질관리에 부응하는 것이 신 품질관리 7가지 도구이다.

② 신 품질관리 7가지 도구는 이제까지 수치 분석을 주류로 하는 품질관리 기법과는 달리 설계적 접근을 위한 기법으로, 조직의 전원을 서로 유기적으로 연결하여 상호 협력하며 활동하도록 이끌어 내는 기법이다.

Ⅱ. 신 품질관리 7가지 도구

1) 연관 도법(Relation Diagram)

① 문제점과 그에 대한 요인들을 나열하여 관계가 있는 것끼리 화살표로 잇는 방법이다.

② 참가자들이 여러 차례 실시하여 문제의 요인을 정확히 인식한다.

③ 참가자들의 합의를 얻어 최종적으로 마무리한다.

2) 친화 도법(Affinity Diagram)

① 문제에 관한 Data를 수집하여 서로 친화성이 있는 것끼리 묶어서 그 문제를 돌출시켜, 문제점을 인지하는 방법이다.

② 미경험 분야나 알기 어려운 분야를 파악하는데 이용된다.

③ 확인 가능한 사실이나 의견 및 발상을 통하여 문제에 하나씩 접근한다.

3) 계통 도법(Tree Diagram)

① 어떤 목적을 달성하기 위한 수단들을 집합시켜, 그 중 알맞은 수단들을 선택하는 것이다.

② 목적을 위한 수단과 그 수단을 위한 수단을 차례로 분석하여 선택한다.

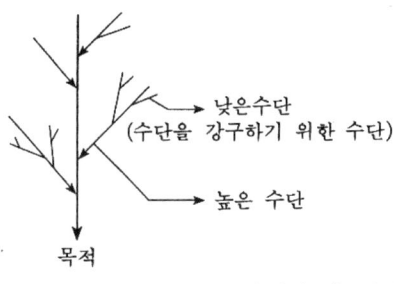

4) 매트릭스 도법(Matrix Diagram)

① 어떤 문제에 대하여 유사한 연관성이 있는 것끼리 행과 열로 나열한 후 관련 정도를 표시하여 문제 해결을 추진하는 방법이다.

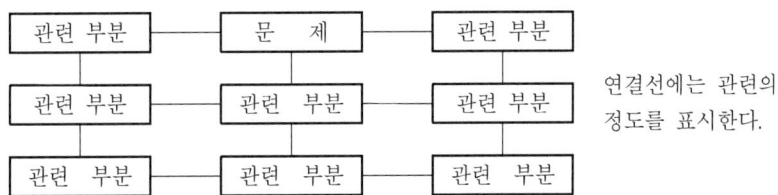

연결선에는 관련의 정도를 표시한다.

② 관련 정도에 따라 효과적으로 배치하면 문제 해결을 보다 쉽게 추진할 수 있다.

5) 매트릭스 데이터 분석법(Matrix Data Analysis)

① 매트릭스 도법에서 관련 요소 사이의 연결선에 관련 정도를 정량화하여 수치로 표현하여 관련성의 중요도를 표현하는 방법이다.

② 표현된 수치를 계산하여 관련성 정도 여부를 파악할 수 있다.

③ 복합한 원인의 공정 분석, 대량의 요소 중에서 불량의 원인을 파악하는데 용이하다.

6) PDPC법(Process Decision Program Chart)

① 목표를 위한 계획을 수립한 후, 그 목표가 바람직한 결과를 얻을 수 있도록 계획을 수정·조정하는 방법이다.

② 세부적인 것까지 예상하여 빈틈없이 수정하여 계획을 수립한다.

7) 애로 다이어그램법(Arrow Diagram)

① 각 작업의 순서 및 시간 배정을 화살표로 표현하는 것이다.

② 네트워크에서 이용되는 수법으로 작업 과정을 한눈에 알아 볼 수 있도록 작성한다.

③ 복잡한 공정을 알기 쉽게 표현하기 위해 실시한다.

37 원가관리

Ⅰ. 정의

① 건설 공사에서 원가관리란 경제적인 시공 계획 작성과 합리적인 실행 예산을 편성하여 공사 결산까지의 실소요 비용을 절감하기 위한 것을 말한다.

② 원가관리는 공사 장소, 시공 조건에 따라 가격이 유동적이며 불확정 요소가 많기 때문에 체계적이고 계획적인 원가관리가 필요하다.

Ⅱ. 공사원가 체계

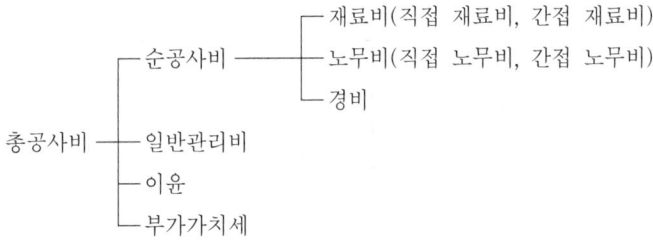

Ⅲ. 원가관리의 필요성

① 원가 절감
② 원가관리 체계 확립
③ 시공 계획
④ 시공법

Ⅳ. 원가관리 순서

① Plan(실행 예산 편성) : 시공 계획서를 참고로 하여 각 공정별·항목별로 실행 예산 편성
② Do(원가 통제) : 시공 계획과 실제 시공과 대비하여 원가 절감
③ Check(원가 대비) : 공사 원가 계산서를 작성하고 투자 대비 및 분석
④ Action(조치) : 투자 분석 결과에 의해 공법 변경, 시공 계획 변경 여부 결정

38 원가 절감 방안

I. 정의

① 원가관리는 공사 진행에 있어 각 공종이 계획대로 수행되는 지의 여부를 통제하고 공사비 절감 요소를 파악하여 원가 절감을 해야 하며, 항상 새로운 기술의 개발과 관리 기술의 향상에 의한 원가관리가 이루어져야 한다.

② 원가관리의 본질은 원가 절감에 있기 때문에 원가 변동 요인을 파악하여 보다 경제적으로 신속, 정확하게 관리하여야 한다.

II. 원가 절감 기법(Tool)

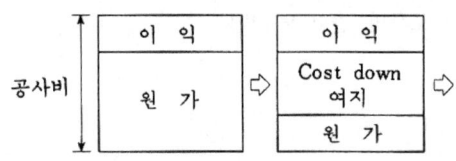

관리 기법	Cost Down 여지
SE	최적 시공 방법
VE	$\dfrac{Function}{Cost}$
IE	신공법 개발
QC	품질 보증
TQC	전사적 품질관리
ZD	Zero Defect, 무결점
OR	복수 선택
PERT/CPM	최적 공정 계획

III. 원가 절감 방안

1) SE(System Engineering ; 시스템 공학)
설계 단계에서 시공에 대한 공법의 최적화를 설계하여 공사관리의 극대화를 꾀한다.

2) VE(Value Engineering ; 가치 공학)
기능(Function)을 향상 또는 유지하면서 비용(Cost)을 최소화하여 가치(Value)를 극대화시킨다.(Value=Function/Cost)

3) IE(Industrial Engineering ; 산업 공학)
시공 단계에서 성력화를 통하여 가장 적은 노무와 노력으로 원가 절감을 꾀한다.

4) QC(Quality Control ; 품질관리)
품질 확보, 품질 개선, 품질 균일 등을 통한 하자 방지로 신뢰성 및 원가 절감을 꾀한다.

5) TQC(Total Quality Control ; 전사적 품질관리)
전사적으로 쏟는 조직적인 노력으로 품질 향상을 목적으로 하는 기법

6) ZD(Zero Defect ; 무결점)

작업장 개개인이 분담하는 업무상의 결점을 Zero로 하는 관리 기법

7) OR(Operation Research ; 복수 선택)

생산 계획과 생산 수단에 대한 복수의 방법을 비교 검토해서 최적 방법 선정

8) PERT·CPM

구조물을 지정된 공사 기간내에 공사 예산에 맞추어 정밀도가 높은 좋은 질의 시공을 위하여 세우는 계획

9) LCC(Life Cycle Cost)

구조물의 초기 투자 단계를 거쳐 유지 관리, 철거 단계로 이어지는 일련의 과정으로 종합적인 관리 차원의 Total Cost로 경제성 측정 및 유도

10) ISO 9000

품질에 대하여 발주자의 신뢰를 얻어 경제성을 확보

11) EC(Engineering Construction)화

건설 사업의 업무 기능 확대 및 영역 확대를 도모

12) CM(Construction Management)

대규모 구조물의 건설시 발주자의 위임을 받아 발주자, 설계자, 시공자간을 조정하여 발주자의 이익 증대를 꾀하는 건설관리 제도

13) Computer화

Computer를 이용한 현장관리로 생산성 향상 및 효율적인 공사관리

14) CAD(Computer Aided Design ; 설계 자동화 System)

설계자의 경험이나 판단을 Computer에서 고속 처리하여 고도의 설계 활동을 추구

15) VAN(Value Added Network ; 부가 가치 통신망)

본사와 지사간의 신속한 업무 처리로 대외 경쟁력 강화 및 대내 능률 향상

16) Robot화

Robot을 이용하여 생산성 향상 및 작업의 능률성 확보

17) CIC(Computer Integrated Construction ; 컴퓨터 통합 생산)

Computer를 이용하여 건설 생산 활동의 능률화를 추구한다.

39 | Cost Planning

Ⅰ. 정의

① 종래에는 빈번한 설계 변경, 물가 변동, 인건비 변동 등으로 인하여 계획시 원가를 알 수 없고 시공 완료 단계에 이르러 총공사비인 원가를 알 수 있어 문제점이 많았다.

② Cost Planning이란 공사 전에 기획 단계·타당성 조사·설계 단계에서 예산 범위를 초과하지 않는 최적의 설계 및 시공이 되도록 원가를 적절히 배분하는 것을 말한다.

Ⅱ. Cost Planning의 단계

① Project의 계획 설정 단계
  채산 계획
② 지역적 기획 단계
  지역 개발비
③ 기본 계획 단계
  건설 물량 계산, 환경 정비
④ 구조물 설계 단계
  원가 배분, 부위별 견적
⑤ 실시 설계 단계
  부위별·부분별 견적에 의한 선택 및 결정
⑥ 시공 계획 단계
  공종별·요소별에 의한 조달, 공법 결정

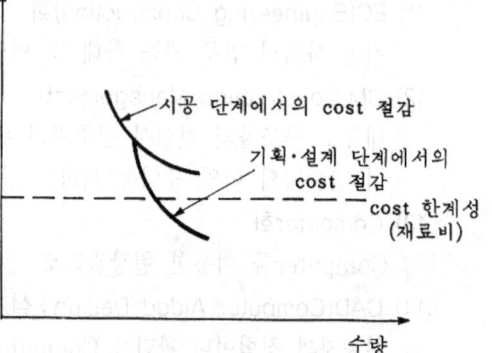

Ⅲ. 도입 배경(필요성)

① 원가 파악
② 설계 변경 방지
③ 합리적인 Cost Control

Ⅳ. 유의사항

① 예산 범위를 초과하지 않도록 설계한다.
② 기획 단계·타당성 조사·설계 단계에서부터 견적 System을 적용한다.
③ 설계 변경을 방지하여 예산 초과 및 품질 저하를 막는다.

40 Cost Engineer(코스트 엔지니어)

I. 정의

① 공사에 사용되는 재료비·노무비·경비 등의 원가를 분류 및 배정하고 원가 절감을 위해 원가관리를 하는 기술자를 코스트 엔지니어라고 한다.

② 대규모 공사에서 공사가 복잡하고 공사중에 항상 원가의 검토 및 분석을 하여 현장 소장을 보좌하기 위해 코스트 엔지니어가 필요하다.

II. Cost Engineer의 업무

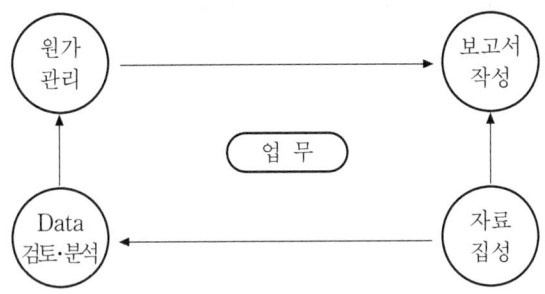

1) 원가관리

① 현장 소장, 시공 감독, 관리 책임자와 협의하여 공사 실행 예산서에 따라 공사 예산의 비목을 분류한다.

② 각 공사의 현재까지의 실제 원가 및 준공까지의 최종 예상 원가를 정기적으로 보고한다.

③ 노무비, 재료비, 기타의 원가 분류 및 배정에 책임을 진다.

④ 공사 개시에 있어서 자금 계획표를 작성하고, 소장 및 관리책임자에게 제출한다.

⑤ 공사 실행 예산 및 공정표를 검토하여, 소장 및 시공 감독에게 공사비에 관해 진언한다.

2) 보고서 작성

① 노무비관리 : 노무 배치 일보, 매일 및 주간의 노무비 단가

② 상세 노무비 분석

③ 실행 예산 단가와 실제 원가의 비교

④ 준공까지 총공사비 예상

3) 자료 집성

① 각 공사별 단위 노무비

② 공사 기간에 따른 직접 노무비 및 간접 노무비

③ 재료별 변동 가격

④ 기계의 작업량

⑤ 원가관리 및 견적을 위한 공사 원가 관계 자료

4) Data 검토 및 분석

① 지역별, 계절별 노무비를 검토

② 시공 지역에 따른 재료의 운송비 분석

③ 실제 원가에 소요되는 모든 비용을 검토 및 분석

Ⅲ. 코스트 엔지니어의 숙지사항

① 계약의 각 조항을 충분히 숙지한다.

② 공사의 내용 및 시공법을 알고 있어야 한다.

③ 공정표에 관한 지식을 가지고 있어야 한다.

④ 공사 실행 예산서를 숙지하고 있어야 한다.

41 비용 편익비(B/C Ratio)

Ⅰ. 정의

① 비용 편익비(B/C Ratio)란 어떤 사업의 경제성을 판단할 때, 평가 기간 동안에 발생하는 총 편익을 총 비용으로 나눈 비율을 의미한다.

② 어떤 Project를 실현하는 데 필요한 비용과 그로 인하여 얻어지는 편익을 평가·대비함으로써 그 Project 채택 여부를 결정하는 방법이다.

Ⅱ. 경제적 판단 기법의 종류

종류
- 비용 편익비 : B/C Ratio(Benefit/Cost Ratio)
- 순현재가치 : NPV(Net Present Value)
- 내부 수익률 : IRR(Internal Rate of Return)

Ⅲ. 비용 편익비(B/C Ratio) 판정방법

$$B/C = \frac{총\ 편익의\ 현재가치}{총\ 비용의\ 현재가치} > 1$$

B/C>1이면 경제적 타당성이 있다고 판정한다.

Ⅳ. 비용과 편익

① 도로공사의 예를 들면 비용은 건설공사비, 유지관리비 등을 가리키며, 편익은 차량운행비 절감, 운행시간 단축 등의 혜택을 보는 효과이다.

② 예컨대, 경부선 도로공사를 할 경우 도로공사 비용이 100억 발생하고 편익을 금액으로 환산시 120억이 된다면 B/C는 $\frac{120억}{100억} = 1.2$이며, 1보다 크므로 사업성이 있다고 판단한다.

도로공사시 비용(100억)	도로공사비 80억, 유지관리비 20억
도로공사시 편익(120억)	차량운행비 절감 80억, 운행시간 단축 40억

V. 특징

① Project의 개략적인 수익성 측정에 효과적
② 간단하며 이해가 빠름
③ 비용, 편익이 발생하는 시간 고려
④ 비용과 편익 구분이 불명확
⑤ 할인율을 반드시 고려

VI. 경제적 판단 기법의 종류

구 분	B/C Ratio 비용 편익비	NPV 순현재가치	IRR 내부 수익률
정의	현재의 가치를 할인한 총 편익과 총비용의 비율	현재의 가치로 할인한 총 편익과 총비용의 가치차	B/C=1, NPV=0일 때의 할인율
산정식	B/C	B−C	B−C=0
판정	B/C>1	NPV>0	IRR>사회적 할인율
적용	사업 규모 고려시	2개 이상 대안 비교시	여러 개의 대안 비교시
특징	① 이해 용이 ② 사업 규모 고려시 ③ 비용과 편익의 예상 난이	① 이해가 어려움 ② 대안과 비교 가능 ③ 사업 규모 측정 난이	① 이해가 어려움 ② 사업의 수익성 측정 ③ 대안과 비교 가능 ④ 사업 규모 측정 난이

42 순현재가치(NPV ; Net Present Value)

Ⅰ. 정의

① 순현재가치란 평가기간의 모든 비용과 편익을 현재가치로 환산하여, 총편익에서 총비용을 뺀 값으로 경제성을 분석하는 방법이다.

② 현재의 가치로 할인한 총편익과 총비용의 가치차로서 그 값이 0보다 크면, 경제성이 있다고 판정한다.

Ⅱ. 순현재가치(NPV)의 판정방법

$$NPV = B - C > 0$$

순현재가치(NPV)가 0보다 크면 경제성이 있다고 판단한다.

Ⅲ. 비용과 편익

① 도로공사의 예를 들면 비용은 건설공사비, 유지관리비 등을 가르키며, 편익은 차량운행비 절감, 운행시간 단축 등의 혜택을 보는 효과이다.

② 예컨대, 경부선 도로공사를 할 경우 도로공사 비용이 100억 발생하고 편익을 금액으로 환산시 120억이 된다면 NPV는 120억 - 100억 = 20억이며, 0보다 크므로 사업성이 있다고 판단한다.

도로공사시 비용(100억)	도로공사비 80억, 유지관리비 20억
도로공사시 편익(120억)	차량운행비 절감 80억, 운행시간 단축 40억

Ⅳ. 특징

① 편익의 현재가치를 제시
② 2개 이상의 대안 비교시 명확한 기준 제시
③ 비용과 편익 산정이 어려움
④ 할인율을 반드시 고려
⑤ 이해가 어려움

V. 경제적 판단 기법의 종류

구 분	B/C Ratio 비용 편익비	NPV 순현재가치	IRR 내부 수익률
정의	현재의 가치를 할인한 총 편익과 총비용의 비율	현재의 가치로 할인한 총 편익과 총비용의 가치차	B/C=1, NPV=0일 때의 할인율
산정식	B/C	B−C	B−C=0
판정	B/C>1	NPV>0	IRR>사회적 할인율
적용	사업 규모 고려시	2개 이상 대안 비교시	여러 개의 대안 비교시
특징	① 이해 용이 ② 사업 규모 고려시 ③ 비용과 편익의 예상 난이	① 이해가 어려움 ② 대안과 비교 가능 ③ 사업 규모 측정 난이	① 이해가 어려움 ② 사업의 수익성 측정 ③ 대안과 비교 가능 ④ 사업 규모 측정 난이

43 내부 수익률(IRR ; Internal Rate of Return)

[06중(10)]

Ⅰ. 정의

① 내부 수익률이란 투자 사업에서 기대되는 예상 수익률로서, 이자로 표현할 수 있다.

② 해당 사업에 투자된 비용의 수익성(내부 수익률)을 계산하여, 사회적 할인율(은행이자율)과 비교하여 경제성을 분석하는 방법이다.

Ⅱ. 내부 수익률의 판정

IRR(내부 수익률) > 사회적 할인율

사회적 할인율은 시중은행의 이자율을 의미하며, 사업시 수익률(내부 수익률)이 시중은행 이자율(사회적 할인율)보다 높은 경우 사업성이 있다고 판정한다.

Ⅲ. 내부 수익률 계산 실례

① 경부선 도로공사시 100억을 투자하여 10억의 수익을 기대할 경우 내부 수익률은 10%이다.

② 시중은행의 이자율이 현재 7%이다.

③ 그러므로 경부선 도로공사의 내부 수익률(10%)은 사회적 할인율(7%)보다 높으므로 경제성이 있다고 판단한다.

Ⅳ. 내부 수익률의 용도

① 자본비용의 경제성을 판단하는 기준

② 투자가치의 판단

③ 자본비용의 손익 분기점의 의미

④ 투자안의 가치를 측정하는 방법

Ⅴ. 경제적 판단 기법의 종류

구 분	B/C Ratio 비용 편익비	NPV 순현재가치	IRR 내부 수익률
정의	현재의 가치를 할인한 총 편익과 총비용의 비율	현재의 가치로 할인한 총 편익과 총비용의 가치차	B/C=1, NPV=0일 때의 할인율
산정식	B/C	B−C	B−C=0
판정	B/C>1	NPV>0	IRR>사회적 할인율
적용	사업 규모 고려시	2개 이상 대안 비교시	여러 개의 대안 비교시
특징	① 이해 용이 ② 사업 규모 고려시 ③ 비용과 편익의 예상 난이	① 이해가 어려움 ② 대안과 비교 가능 ③ 사업 규모 측정 난이	① 이해가 어려움 ② 사업의 수익성 측정 ③ 대안과 비교 가능 ④ 사업 규모 측정 난이

44 | SE(System Engineering ; 시공의 System화)

Ⅰ. 정의

설계 단계에서 시공에 대한 공법의 최적화를 설계하여 공사관리의 극대화를 꾀하는 기법을 말한다.

Ⅱ. 목적

Ⅲ. 특징

① 부여된 조건을 만족시키는 경제적 시공
② 시공성 · 경제성 · 안전성 및 무공해 공법 개발
③ 설계 단계에서부터 시공 System 계획
④ Simulation을 통한 최적의 시공 방법 창출

Ⅳ. SE(System Engineering) 순서 Flow Chart

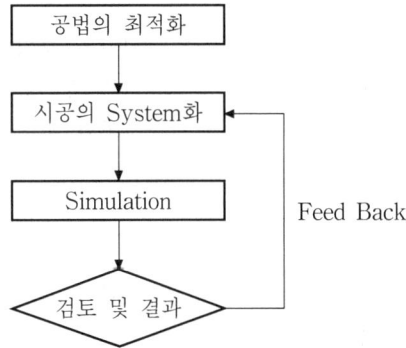

45 VE(Value Engineering)

[00중(10), 02중(10), 08전(10)]

Ⅰ. 정의

① VE(가치 공학 ; Value Engineering)란 전작업 과정에서 최소의 비용으로 최대한의 기능을 달성하기 위하여 기능 분석과 개선에 쏟는 조직적인 노력을 말한다.

② 건설 현장에서 최소의 비용으로 각 공사에서 요구되는 공기, 품질, 안전 등 필요한 기능을 철저히 분석하여 원가 절감 요소를 찾아내는 개선 활동이다.

Ⅱ. 기본 원리

기능(Function)을 향상 또는 유지하면서 비용(Cost)을 최소화하여 가치(Value)를 극대화시킨다.

$$V = \frac{F}{C}$$

V(Value) : 가치
F(Function) : 기능
C(Cost) : 비용

Ⅲ. 필요성

① 원가 절감　　　　　　② 조직력 강화
③ 기술력 축적　　　　　④ 경쟁력 제고 및 기업 체질 개선

Ⅳ. 대상 선정

① 공사 기간이 긴 것　　　② 원가 절감액이 큰 것
③ 공사 내용이 복잡한 것　④ 반복 효과가 큰 것
⑤ 개선 효과가 큰 것　　　⑥ 하자가 빈번할 것

Ⅴ. VE 적용시 문제점

① VE에 대한 이해 부족　　② 인식 부족
③ 안이한 생각　　　　　　④ 성급한 기대
⑤ VE 활동 시간 부족

Ⅵ. VE 활성화 방안

① 교육 실시　　　　　　　② 활동 시간 확보
③ 전조직의 참여　　　　　④ 이익 확보 수단으로 이용
⑤ 사업 계획 일부로 생각 추진　⑥ 기술 개발 보상의 제도화
⑦ 전직원의 원가관리 의식화　⑧ 최고 경영자의 인식 전환

46 가치공학에서 기능계통도(FAST)

[06중(10)]

Ⅰ. 정의

① 기능계통도(FAST ; Function Analysis System Technique Diagram)란 VE 활동에서 Project 모든 기능들의 상호연관 관계를 파악하여 표시하는, 체계적으로 도표화한 기법을 말한다.

② 기능계통도는 정확한 기본 기능을 파악하도록 보장해 주는 방법으로 일반적으로 한 장의 용지에 각기 다른 기능에 대하여 모든 기능의 명확한 연계관계를 시각적으로 표현한다.

Ⅱ. 가치공학

① 가치공학은 VE(Value Engineering)로서, 최소의 비용(Cost)으로 최대한의 기능(Function)을 달성하기 위한 조직적인 노력이다.

$$V = \frac{F}{C}$$

V(Value) : 가치
F(Function) : 기능
C(Cost) : 비용

② 가치를 향상시키기 위해서는 비용(Cost)을 증가시키지 않고, 기능(Function)을 향상시켜야 한다.

③ 기능 계통도는 기능(Function)을 향상시키기 위해 기능을 파악하고 분석하는 Diagram이다.

Ⅲ. 특징

① 기능 결정을 위한 논리적 접근 방법
② 기능 타당성 테스트
③ 문제의 이해 원활
④ 정확한 기능 결정
⑤ 문제의 범위 파악
⑥ 불필요한 기능 파악
⑦ 다 방면에 이용 가능
⑧ 기능 번호 부여

Ⅳ. 기능계통도 작성 순서

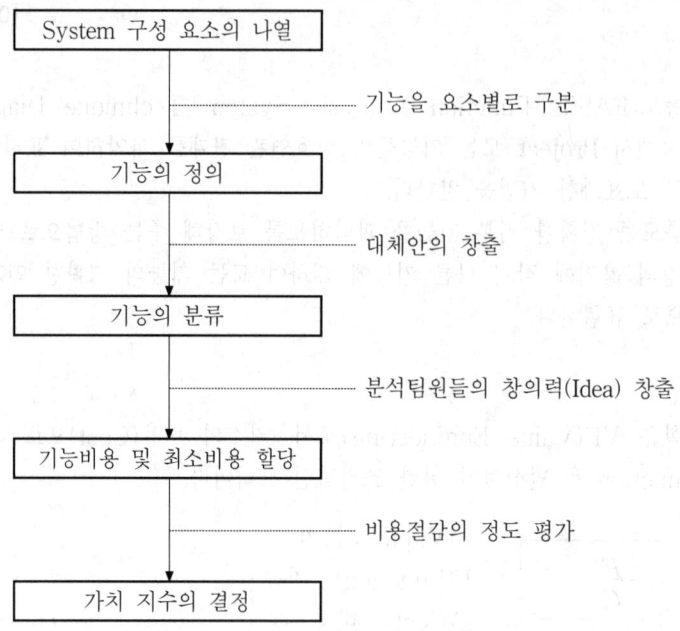

```
┌─────────────────────────────┐
│   System 구성 요소의 나열      │
└─────────────────────────────┘
              │ ············ 기능을 요소별로 구분
              ▼
┌─────────────────────────────┐
│        기능의 정의            │
└─────────────────────────────┘
              │ ············ 대체안의 창출
              ▼
┌─────────────────────────────┐
│        기능의 분류            │
└─────────────────────────────┘
              │ ············ 분석팀원들의 창의력(Idea) 창출
              ▼
┌─────────────────────────────┐
│  기능비용 및 최소비용 할당      │
└─────────────────────────────┘
              │ ············ 비용절감의 정도 평가
              ▼
┌─────────────────────────────┐
│      가치 지수의 결정          │
└─────────────────────────────┘
```

기능을 파악하고 분석하는 것은 VE 활동의 핵심 업무이다.

47 LCC(Life Cycle Cost ; 생애주기비용)

[01중(10), 08전(10), 15중(10)]

I. 정의

① 구조물의 초기 투자 단계를 거쳐 유지관리, 철거 단계로 이어지는 일련의 과정을 구조물의 Life Cycle이라 하며, 여기에 필요한 제비용을 합친 것을 LCC(Life Cycle Cost)라 한다.

② LCC 기법이란 종합적인 관리 차원의 Total Cost로 경제성을 평가하는 기법이다.

II. 목적(효과, 활용)

① 설계의 합리적 선택   ② 발주자의 비용 절감
③ 설계자의 노동력 절감   ④ 시공자의 시공 편리
⑤ 입주자의 유지관리비 절감   ⑥ 건물의 효과적인 운영 체계 수립

III. LCC 구성

LCC(Life Cycle Cost)＝생산비(C_1)＋유지관리비(C_2)

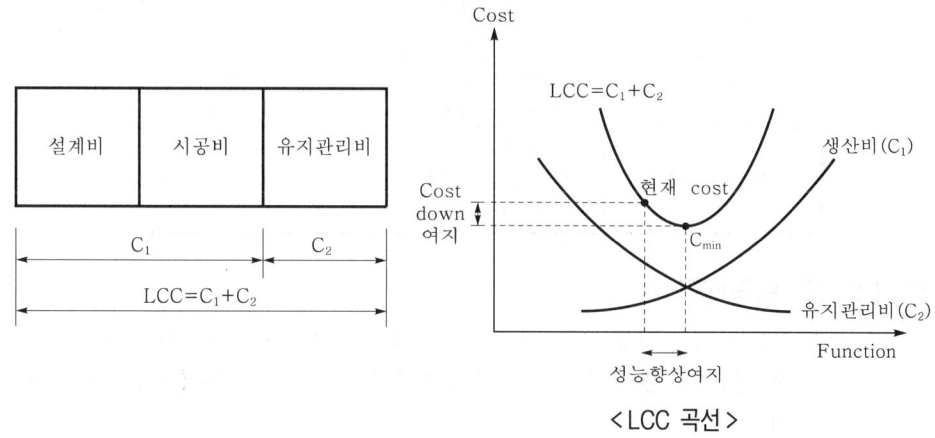

<LCC 곡선>

IV. LCC 산정절차(분석법)

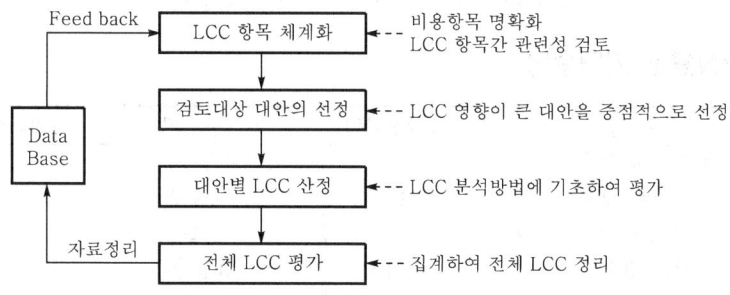

48 교량의 LCC(수명주기비용) 구성요소

[04후(10)]

Ⅰ. 정의

① 구조물의 초기투자 단계를 거쳐 유지관리·철거단계로 이어지는 일련의 과정을 구조물의 Life Cycle이라 하며, 여기에 필요한 제비용을 합친 것을 LCC(Life Cycle Cost)라 한다.

② LCC(Life Cycle Cost) 기법이란 종합적인 관리차원의 Total Cost로 경제성을 평가하는 기법이다.

Ⅱ. 교량의 LCC 구성요소

구성요소	세부 항목
초기 투자비용	① 설계비용(감리비 포함) ② 직접 공사비용(자재비, 노무비, 경비, 장비대여비 등) ③ 간접 공사비용(보험료, 안전관리비, 기타 경비 등) ④ 일반관리비용 및 이윤　⑤ 신기술 도입 비용
유지관리 비용	① 일반관리비용　　　② 점검 및 진단비용 ③ 보수 보강비용　　　④ 구성요소의 교체비용
처리 비용	① 해체비용　　　　　② 폐기물처리비용 ② 재활용비용　　　　④ 기타
사용자 비용	① 차량운행비용　　　② 시간가치비용 ② 교통사고비용　　　④ 환경비용 ③ 편안함/안락비용

Ⅲ. LCC의 법적배경

① 1999년 건설교통부(현, 국토교통부)에서 발표한 공공건설사업 효율화 종합대책의 일환으로 2000년 9월 1일부터 설계의 경제성 등 검토에 관한 시행지침을 제정하였다.

② 500억원 이상의 건설공사의 경우 기본설계 및 실시설계에 대해 설계 VE를 각 1회 이상 실시하도록 하고 있다.

③ 이 설계 VE 수행시 LCC로 검토하도록 의무화하였다.

Ⅳ. 교량의 구성요소 기대수명

구 분	기대수명(년)	구 분	기대수명(년)
교량의 대대적 보수	20	교좌장치(일반)	25
교량의 바닥판 보수	20	(강재받침)	30
일반 철근 콘크리트 바닥판	20~40	(고무받침)	100
방수층(시트 방수)	10~15	신축장치(일반)	15
방수층(도막 방수)	10~15	(재래사양)	10

49 신기술 개발 Tool

I. 정의

신기술 개발 및 공사관리의 효율화를 위한 과학적인 기법으로 생산성을 높이고 품질을 향상시켜 효율적인 원가 절감을 하기 위한 관리 기법이다.

II. 사용 목적

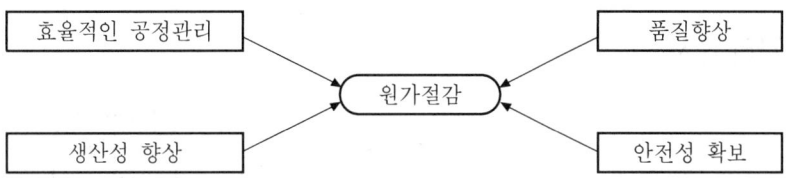

III. Tool(기법)

1) SE(System Engineering ; 시스템 공학)
   ① 설계 단계에서 시공에 대한 공법의 최적화를 설계하여 공사관리의 극대화를 꾀한다.
   ② 시공성 · 경제성 · 안전성 및 무공해 공법 개발
2) VE(Value Engineering ; 가치 공학)
   ① 기능(Function)을 향상 또는 유지하면서 비용(Cost)을 최소화하여 가치(Value)를 극대화시킨다.
   ② Value=Function/Cost
3) IE(Industrial Engineering ; 산업 공학)
   ① 시공 단계에서 생력화를 통하여 가장 적은 노무와 노력으로 원가 절감
   ② 작업 조건, 작업원의 적정 배치 및 인원수 조정으로써 경제적인 극대화를 꾀한다.
3) TQC(Total Quality Control ; 전사적 품질관리)
   ① 전사적으로 쏟는 조직적인 노력으로 품질 향상을 목적으로 하는 기법
   ② 통계적인 관리방법을 사용하여 조기에 불량 원인 조사 및 대책 강구
5) OR(Operation Research ; 복수 선택)
   ① 생산 계획과 생산 수단에 대한 복수의 방법을 비교 검토
   ② 가장 능률적인 최적 방법 선정
6) PERT · CPM
   ① 구조물을 지정된 공사 기간내에 공사 예산에 맞추어 정밀도가 높은 좋은 질의 시공을 위하여 세우는 계획
   ② 합리적인 공정 계획을 수립하여 공기 단축 및 공사비 절감

50 공사 원가관리시 공사비 내역 체계의 통일이 필요한 이유

[98중전(20)]

Ⅰ. 개요

① 건설 공사에서 경제적인 시공 계획의 작성과 합리적인 실행 예산을 편성하여 공사 결산까지의 실소요 비용을 절감하기 위해 원가관리가 필요하다.

② 공사비의 내역 체계가 통일되면 공정·품질·원가·안전 등의 공사관리가 체계화되며 공무 작업이 단순화되어 원가 절감의 효과를 기대할 수 있다.

Ⅱ. 원가관리 순서

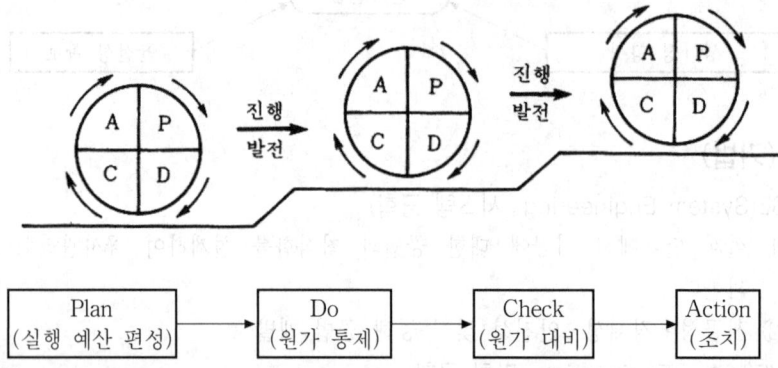

| Plan
(실행 예산 편성) | Do
(원가 통제) | Check
(원가 대비) | Action
(조치) |

Ⅲ. 원가관리의 필요성

① 원가 절감
② 원가관리 체계 확립
③ 시공 계획
④ 시공법

Ⅳ. 필요한 이유

1) 명확한 의사 소통

① 내역 체계의 통일로 공사 분류가 같아진다.
② 각 공사간의 관계가 명확해지고 의사 소통이 쉬워진다.

2) 공기 단축

① 무분별한 내역 체계로 인한 공기 지연 현상이 사라진다.
② 통일된 내역 체계에서의 시공은 공기 단축 효과를 가져온다.

3) 원가 절감
① 불필요한 사무 행정이 감소되어 원가 절감이 된다.
② 내역 체계 통일로 인한 불필요한 공정의 축소로 원가가 절감된다.

4) 시공성 향상
① 시공이 일관성 있게 체계화되어 시공성이 향상된다.
② 공사 내역이 표면화되어 부실 시공을 방지할 수 있게 된다.

5) 하도급 관리
① 전문 하도급자 선정이 용이해진다.
② 실적 중심의 체계화된 하도급 관리가 가능하다.

6) 관리 흐름의 파악 용이
① 예산 및 실적 대비 현황 파악 용이
② 계획과 실적간의 차이에 대한 분석 용이
③ 비용과 일정에 대한 신속한 종합 보고 가능

7) 자금 관리 용이
① 자금의 수입·지출 등 자금 흐름의 파악 용이
② 전도금·기성금 관리 용이

8) 인원·자재의 적정 투입이 가능
① 각 공정별 투입되는 소요 인원 및 자재 파악이 용이하다.
② 적기에 적당량의 인원과 자재의 투입이 간편해진다.
③ 자재와 인원의 적기 투입으로 공정관리가 편리해진다.

51 | 안전 공학 검토(Safety Engineering Study)의 필요성

[98중전(20)]

Ⅰ. 정의

① 안전 공학이란 인간의 생명을 존중하고, 기업이 재산을 보호할 목적으로 생산 현장에서 이루어지는 모든 생산 활동에 대한 안전관리를 뜻한다.

② 특히 재해율이 타 산업에 비해 월등히 높은 건설 공사에서의 안전관리는 시공에 앞서 우선적으로 수행되어야 할 사항이다.

Ⅱ. 안전 공학 Flow Chart

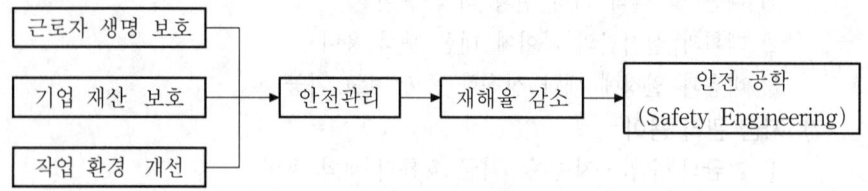

Ⅲ. 안전 공학 검토의 필요성

1) 인간 생명 보호

수없이 많은 위험이 산재하고 있는 생산 현장에서는 종사자의 생명 보호가 중요하다.

2) 기업 재산 보호

재해 발생에 따른 기업의 생산 손실은 물론 보험료 인상 등 기업 재산의 손실을 방지하기 위함이다.

3) 작업 환경 개선

생활화된 안전 의식으로 작업 환경이 개선되므로 생산력 향상과 기업의 이윤을 추구할 수 있다.

4) 기업의 신뢰성 향상

안전하고 쾌적한 작업 환경에서 향상된 품질의 제품 생산은 기업의 신뢰성을 향상시킨다.

5) 재해 방지

경영자와 생산자가 안전 공학을 기초로 하는 안전에 대한 의식 구조 개선으로 작업장내에서 재해를 방지할 수 있다.

6) 위험 요소 제거

체계화된 안전관리 시스템으로 재해 요소를 제거함으로써 작업장에서의 안전한 작업이 될 수 있다.

7) 경쟁력 강화

타 현장에 대해 낮은 재해율 및 작업 능률 향상과 근로자 보호로 대외 경쟁력을 강화시킬 수 있다.

8) 안전 의식 개혁

현장에서 작업에 우선하여 각 공종별 안전 관리자를 배치하고 정기적인 안전 교육을 실시하여 작업에 앞서 안전 조치가 우선한다는 의식 개혁이 필요하다.

Ⅳ. 문제점

① 설계 과정에 안전 관리자의 참여 미흡
② 공사 계약의 편무성
③ 작업 환경의 특수성
④ 작업 체제의 위험성
⑤ 하도급 안전 관리 체계 미흡
⑥ 고용의 불안정과 유동성
⑦ 근로자의 안전 의식 미흡

Ⅴ. 대책

① 설계 담당자의 안전 보건 교육 실시
② 근로자 안전 보건 교육 실시
③ 표준 안전 관리비 기준 설정
④ 현장의 정리 정돈 및 보호구 착용
⑤ 정기적인 안전 점검
⑥ 안전 설비 보강
⑦ 보고 체제 확립
⑧ 작업 내용 파악
⑨ 작업원의 확인 점검

52 건설 재해

Ⅰ. 개요
① 건설 공사 현장의 안전 사고 발생률은 타 산업에 비해 높으며, 또한 대부분의 재해가 중대 재해로 연결되기 때문에 인적·물적으로 많은 손실을 가져다 준다.
② 계획, 설계, 시공의 전 작업 과정에서 위험 요소를 정확히 파악하여 재해 예상 부분에 대한 사전 예방과 철저한 안전 교육과 점검으로 재해를 예방해야 한다.

Ⅱ. 재해 유형
① 추락 ② 낙하 ③ 비래 ④ 전도 ⑤ 붕괴 ⑥ 충돌 ⑦ 감전 ⑧ 화재

Ⅲ. 재해 원인

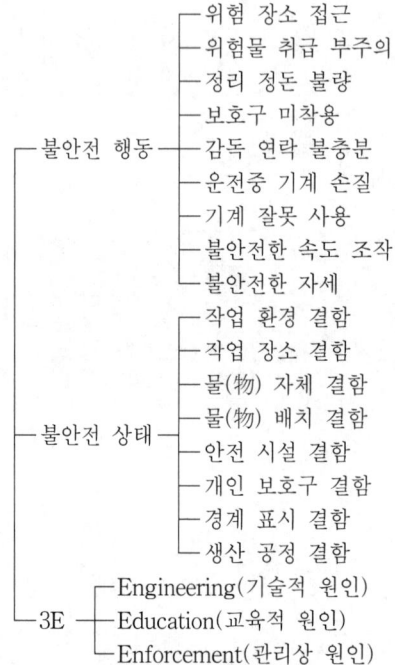

불안전 행동
- 위험 장소 접근
- 위험물 취급 부주의
- 정리 정돈 불량
- 보호구 미착용
- 감독 연락 불충분
- 운전중 기계 손질
- 기계 잘못 사용
- 불안전한 속도 조작
- 불안전한 자세

불안전 상태
- 작업 환경 결함
- 작업 장소 결함
- 물(物) 자체 결함
- 물(物) 배치 결함
- 안전 시설 결함
- 개인 보호구 결함
- 경계 표시 결함
- 생산 공정 결함

3E
- Engineering(기술적 원인)
- Education(교육적 원인)
- Enforcement(관리상 원인)

Ⅳ. 재해 방지 대책
① 설계 담당자 안전 보건 교육 및 안전 관리비 기준 설정
② 실질적인 안전 보건 교육 실시 및 안전 의식 고취
③ 안전 보호구 착용 지도 및 작업장내에서는 보호구 착용 의무화
④ 정기적인 안전 점검 및 수시 점검으로 이상 유무 확인
⑤ 개구부, Pit, 승강 설비 등 추락의 위험이 있는 곳에 안전 Net, 안전 난간 등을 설치
⑥ 작업 내용을 정확히 파악하여 여유있는 계획을 수립하여 안전 확보

② 전체 클레임의 60% 정도를 차지한다.

2) 공사 범위 클레임

① 발주자, 시공자간의 이견으로 기술적, 기능적 전문 지식이 필요하다.

② Project 전반에 관계된다.

3) 공기 촉진 클레임

① 공기 지연, 공사 범위 클레임 결과로 발생한다.

② 생산성 클레임이라고도 한다.

③ 계획 공기보다 단축할 것을 요구하거나, 생산 체계를 촉진하기 위해 추가 혹은 다른 자원의 사용을 요구할 때 발생한다.

4) 현장 상이 조건 클레임

① 공사 범위 클레임과 유사하다.

② 주로 견적시와 다른 굴토 조건에 의해 발생한다.

V. 클레임 추진 절차

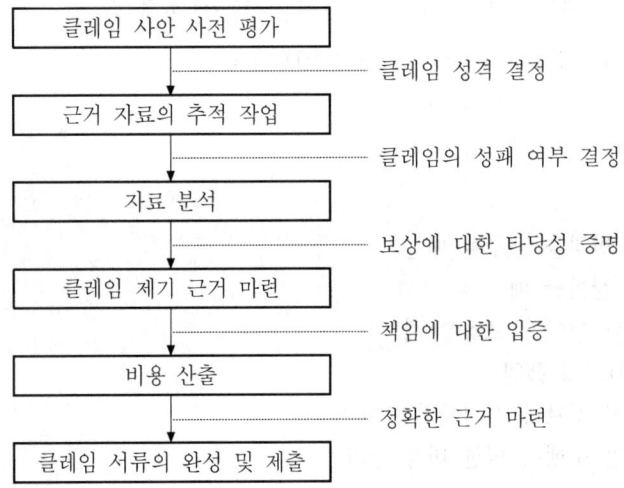

VI. 해결 방법

1) 협상(Negotiation)

① 신속하고 가장 순조롭게 해결하는 방법이다.

② 시간과 경제적인 투자가 최소가 된다.

2) 조정(Mediation)

① 독립적이고 중립적인 조정자를 임명한다.

② 대체로 신속하게 분쟁이 해결된다.

53 재해 통계

Ⅰ. 정의
① 재해 통계란 재해 예방에 활용하기 위한 정보를 주기 위해 작성하는 것이다.
② 재해 발생의 경향과 현상을 파악하여 안전 대책을 강구한다.

Ⅱ. 재해 통계의 종류
1) 환산 재해율

① 환산 재해율 $= \dfrac{\text{환산 재해자수}}{\text{상시 근로자수}} \times 100$

② 상시 근로자수 $= \dfrac{\text{국내 공사 연간 실적액} \times \text{노무비율}}{\text{건설업 월평균 임금} \times 12}$

③ 상시 근로자에 대한 환산 재해자수의 백분율

2) 년천인율

① 년천인율 $= \dfrac{\text{연간 재해자수}}{\text{연평균 근로자수}} \times 1,000$

② 재직 근로자 1,000명당 1년간 발생하는 재해 건수

3) 도수율(빈도율)

① 도수율 $= \dfrac{\text{재해 발생 건수}}{\text{연근로 시간수}} \times 1,000,000$

② 연근로 시간 합계 1,000,000시간당 재해 발생 건수

4) 강도율

① 강도율 $= \dfrac{\text{근로 손실 일수}}{\text{연근로 시간수}} \times 1,000$

② 근로 시간 1,000시간당 재해에 의한 손실된 근로 일수

Ⅲ. 재해 통계의 분석 방법
1) 개별적 원인 분석
특수 재해나 중대 재해에 적합
2) 통계적 원인 분석
Pareto도, 특성 요인도, 관리도 등

54 환산 재해율

I. 정의

① 최근 건설 현장에서의 재해율은 환산 재해율을 사용한다.

② 환산 재해율은 상시 근로자수에 대한 환산 재해자수의 백분율로 나타낸다.

II. 재해율

① 재해율이란 상시 근로자수에 대한 연간 재해자수의 백분율로 나타낸다.

② 외국에서 간혹 사용하기도 하나 현재 우리 나라에서는 사용하지 않는다.

③ 재해율 $= \dfrac{\text{연간 재해자수}}{\text{상시 근로자수}} \times 100$

III. 환산 재해율

① 환산 재해율이란 재해율 계산 방법 중 재해자수의 경우 사망자에 대하여 가중치를 부여하여 재해율을 계산하는 것을 말한다.

② 환산 재해율 $= \dfrac{\text{환산 재해자수}}{\text{상시 근로자수}} \times 100$

③ 상시 근로자수 $= \dfrac{\text{연간 국내 공사실적액} \times \text{노무비율}}{\text{건설업 월평균 임금} \times 12}$

④ 실례 : 연간 실적액 1,000억, 4일 이상 경상해자 10건, 사망 재해 1건일 때 환산 재해율은? (단, 노무비율 28%, 월평균 임금 1,500,000원, 사망 1명=환산 재해자수 12명)

㉮ 상시 근로자수 $= \dfrac{1,000억 \times 0.28}{1,500,000원 \times 12} = 1,555$명

㉯ 환산 재해율 $= \dfrac{22}{1,555} \times 100 = 1.41\%$(1.0% 미만이 선진국 수준)

55 산업안전보건관리비

Ⅰ. 정의

① 산업안전보건관리비는 사업주가 일정금액 이상을 안전관리비로 사용해야 하는 의무 사항으로 산업재해의 예방 및 사업장의 안전 확보를 위하여 필요한 비용이다.

② 건설업 등의 기타 사업을 타인에게 도급하거나 이를 자체사업으로 할 경우 산업안전보건관리비를 도급금액 또는 사업비에 계상하여야 한다.

Ⅱ. 안전관리비 항목별 사용내역 및 기준(사용기준은 안전관리비 총액)

1) 건설공사 종류 및 규모별 산업안전보건관리비

공사 종류 \ 대상액	5억원 미만	5억원 이상 50억원 미만		50억원 이상
		비율	기초액	
일반건설공사(갑)	2.93%	1.86%	5,349,000원	1.97%
일반건설공사(을)	3.09%	1.99%	5,499,000원	2.10%
중건설공사	3.43%	2.35%	5,400,000원	2.44%
철도·궤도 신설공사	2.45%	1.57%	4,411,000원	1.66%
특수 및 기타 건설공사	1.85%	1.20%	3,250,000원	1.27%

2) 계상기준

① 대상액이 5억원 미만 또는 50억원 이상일 때

$$산업안전보건관리비 = 대상액 \times 법적비율$$

② 5억원 이상 50억원 미만일 때

$$산업안전보건관리비 = 대상액 \times 법적비율 + 기초액$$

③ 발주자가 재료를 제공할 경우의 산업안전보건관리비는 재료비를 포함하지 않은 산업안전보건관리비의 1.2배를 초과할 수 없다.

$$산업안전보건관리비 = 산업안전보건관리비(재료비 \ 포함) \leq 산업안전보건관리비$$
$$(재료비 \ 미포함) \times 1.2$$

④ 발주자 및 자체사업자는 설계변경 등으로 대상액의 변동이 있는 경우 산업안전보건관리비를 조정 계상

Ⅲ. 적용범위

산업재해보상보험법의 적용을 받는 공사중 총공사 금액이 2천만원 이상의 공사에 적용

56 | 사전 안전성 심사제도(유해·위험 방지 계획서)

Ⅰ. 정의

건설 재해의 예방을 위하여 공사중 발생할 수 있는 유해·위험 요소를 사전에 심사하여 안전대책 수립을 하기 위한 제도로서, 공사 착공 전일까지 유해·위험 방지 계획서를 산업안전공단 또는 지부에 2부를 제출하도록 의무화되어 있다.

Ⅱ. 개념 도해

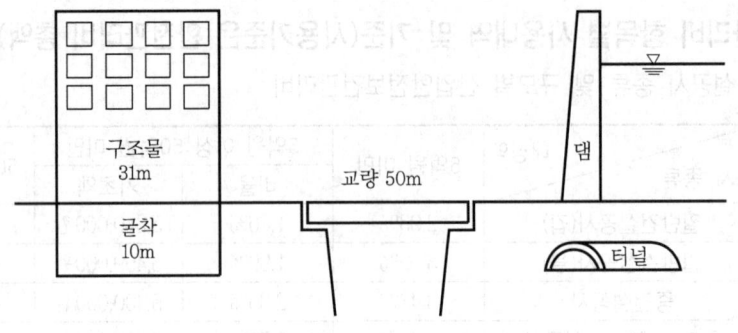

Ⅲ. 제출 대상 사업장

① 연면적 $30,000\,\mathrm{m}^2$ 이상 건축물

② 31 m 이상 높이 건축물

③ 5,000 m^2 이상 관람·문화 및 집회시설, 종합병원

④ 50 m 이상 교량

⑤ 지하철공사

⑥ 댐, 터널

⑦ 지하 10 m 이상 굴착공사

Ⅳ. 작성 절차

1) **작성자**

시공자

2) **검토자**

건설안전기술사 또는 건설안전기사 이상으로 실무경력 5년 이상인 자

3) **확인(제출처)**

산업안전공단 또는 지부

4) **제출시기**

해당 공사의 착공 전일까지

5) 내용 검토 및 결과 통보

접수일로부터 15일 이내 검토·심사하여, 판정 결과를 시공자에게 통보

V. 심사 결과

1) 판정

① 적정 : 근로자의 안전과 보건상 필요한 조치가 확보되었다고 인정될 경우

② 조건부 적정 : 근로자의 안전과 보건을 확보하기 위하여 일부 개선이 필요한 경우

③ 부적정

㉮ 기계·설비 또는 건설물이 심사 기준에 위반될 경우

㉯ 계획에 근본적 결함이 있다고 인정될 경우

㉰ 특별한 사유없이 서류 보완 기간을 준수하지 않을 경우

2) 조치

① 적정·조건부 적정시 : 심사결과 통지서에 보완사항을 포함하여 해당 시공자(사업주)에게 교부

② 부적정시

㉮ 계획 변경 명령

㉯ 공사 착공 중지 명령

57 안전관리계획 수립 대상 공사의 종류

[13전(10)]

I. 정의

안전관리계획시 수립 대상 공사를 수행하려는 건설업체나 주택 건설 등록 업체는 안전한 시공과 공사 목적물의 안전, 공사장 주변의 안전을 위하여 착공 전에 안전관리계획서를 작성하여 발주처에 제출한다.

II. 안전관리계획 수립 대상 공사

① 제1종, 제2종 시설물
② 폭발물 20 m 이내 시설물, 100 m 이내 가축시설
③ 지하 10 m 이상 굴착공사
④ 항타기 · 항발기 사용공사
⑤ 10~15층 건축물공사
⑥ 10층 이상 리모델링공사

III. 목적

① 작업의 안전화 도모
② 공사 목적물의 안전
③ 공사장 주변의 안전

IV. 작성 요령

| 안전관리체제 확립 | → | 작업 내용 분석 | → | 안전 작업 추진 |

58 PL(Product Liability ; 제조물 책임)제도

Ⅰ. 정의

① PL제도란 제조물의 결함으로 인하여 소비자의 생명·신체 또는 재산상 손해가 발생했을 경우, 제조업체·유통업체 등이 과실 여부와 관계없이 손해 배상에 대해 책임을 지도록 하는 제도이다.

② PL제도는 현재 세계 27개국에서 시행되고 있으며, 국내에서도 2002년 7월부터 시행되고 있다.

Ⅱ. PL의 필요성

항 목	내 용
수입 개방에 대한 대비	① PL제도의 부재로 결함이 있는 수입품으로 인한 피해 보상을 못 받음 ② 수출품에 대해서는 국내 업체들의 보상 ③ 위와 같은 차별 문제의 해소
국제적 경쟁력 제고	① 안전 문제 미해결시 수출에 장애 ② 안전에 안일한 업체의 존폐위기
소비자의 권익보호	제조물의 결함으로 인한 소비자의 보호

Ⅲ. PL제도 도입시 책임주체

① 원재료 부품 또는 완성품 제조자
② 제조물을 수입한 자
③ 자신을 제조자로 표시하거나 오인시킬 수 있는 표시를 한 자
④ 제조자를 알 수 없는 때는 제조물의 공급자(유통업자)

Ⅳ. 손해 배상의 청구

① 손해와 제조자 등을 확인하였을 때부터 3년 이내
② 제조물을 유통한 날부터 10년 이내

Ⅴ. PL의 방향

항 목	내 용
과실 책임	① 설계 및 제조상의 과실 ② 경고 의무의 과실
담보 책임	① 명시 보증 ② 묵시 보증
엄격 책임	불합리, 위험한 상태의 제조물 판매에 대한 책임

59 브레인 스토밍(Brain Storming)

I. 정의

브레인 스토밍이란 아이디어(Idea) 토의식 개발 기법으로, 어떠한 문제를 여러 사람이 모여 자유 분방하게 이야기하면서 아이디어를 창출하는 기법이다.

II. 활용

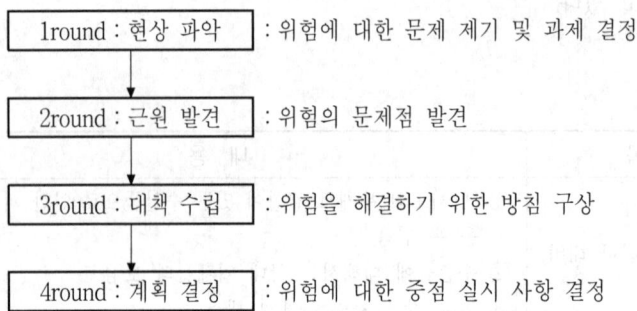

III. 4원칙

1) **자유 분방**
   자유로운 분위기에서 편안한 마음으로 발언한다.
2) **대량 발언**
   발언 내용의 질에 관계없이 많이 발언한다.
3) **수정 발언**
   다른 사람의 발언을 수정하거나 덧붙여 설명해도 좋다.
4) **비판 금지**
   다른 사람의 발언에 대해 좋고, 나쁨을 비판하지 않는다.

IV. 특징

① 고정 관념에 얽매이지 않고 머리속에 떠오르는 대로 아이디어를 낸다.
② 아이디어의 좋고, 나쁨을 판단하지 않는다.
③ 다른 사람의 이야기를 비판이나 판단하지 않는다.
④ 다른 사람의 이야기를 개조하여 자유 연상으로 더 좋은 아이디어를 만든다.
⑤ 두뇌를 유연하게 하고 자유로운 분위기로 이야기한다.

60 Bio Rhythm(생체 리듬)

Ⅰ. 정의

① Bio Rhythm이란 Biological Rhythm의 준말로서 인간의 생리적 주기에 관한 이론이며 히포크라테스가 환자 치료법으로 개발하여 운용하였다.

② 생체 리듬에는 육체적 리듬, 감성적 리듬, 지성적 리듬이 있으며 이 리듬들이 주기적으로 변화를 일으켜 사람의 생각과 활동에 영향을 미친다.

Ⅱ. Bio Rhythm

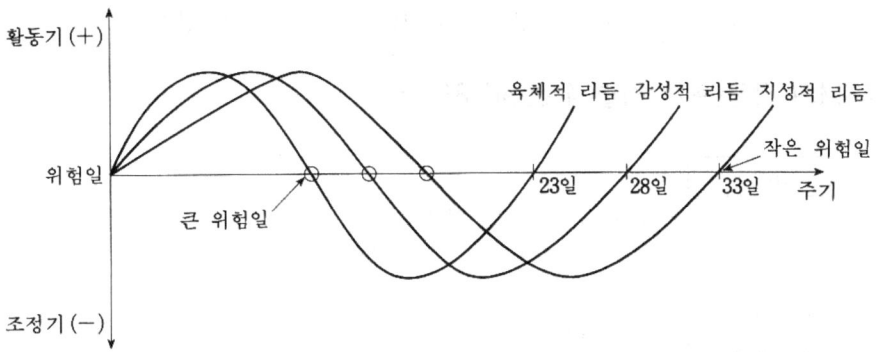

Ⅲ. 종류별 특징

1) 육체적 리듬(P ; Physical Rhythm)

① 23일을 주기로 반복된다.

② 11.5일은 활동기이며 나머지 11.5일은 휴식기이다.

③ 활동력, 지구력, 스테미너 등에 관계가 있다.

2) 감성적 리듬(S ; Sensitivity Rhythm)

① 28일을 주기로 반복된다.

② 14일은 감성적으로 둔하된 기간이며 나머지 14일은 예민한 기간이다.

③ 창조력, 통찰력, 예감 등에 관계가 있다.

3) 지성적 리듬(I ; Intellectual Rhythm)

① 33일을 주기로 반복된다.

② 16.5일은 사고 능력이 발달하고 나머지 16.5일은 저하된다.

③ 기억력, 사고력, 비판력 등에 관계가 있다.

Ⅳ. 위험일

① 한달에 약 6일 정도 생긴다.

② 각각의 리듬이 활동기에서 조정기 또는 조정기에서 활동기로 변할 때 생긴다.

③ PSI의 위험일이 겹치는 날은 사고의 위험이 높다.

61 Tool Box Meeting(TBM)

Ⅰ. 정의

① 근로자의 불안전한 행동으로 인하여 발생하는 재해를 예방하기 위해, 근로자의 안전 의식의 앙양을 위한 안전 Meeting으로, 작업 환경의 안전성 확보 및 사업주의 안전에 대한 자세 확립이 전제가 되어야 한다.

② TBM은 짧은 시간에 위험을 예측하고 중지를 모아 문제를 해결하기 위해 전원 참가로 선취하는 Meeting(5~15분)으로, 문제 해결 4round 8단계의 과정을 거치며, 작업 종료시에도 짧은 Meeting(3~5분)을 하여 그날의 작업을 마감해야 하며, 보통 5~6명이 Tool Box 주위에서 실시한다.

Ⅱ. TBM의 과정(문제 해결 4round 8단계)

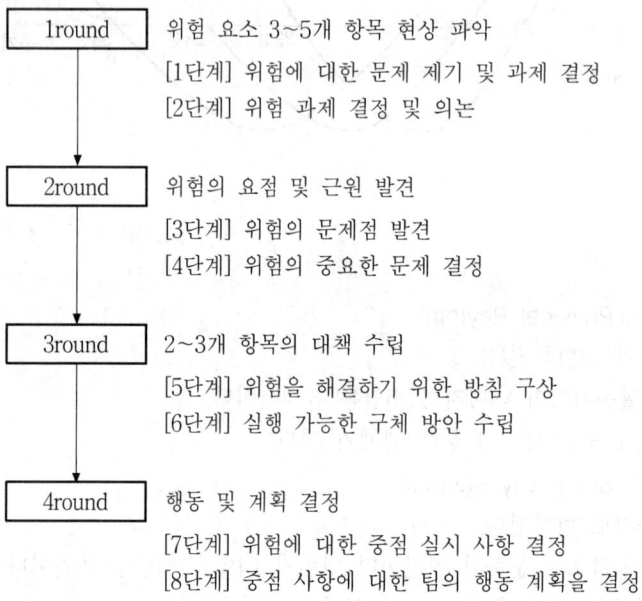

1round	위험 요소 3~5개 항목 현상 파악
	[1단계] 위험에 대한 문제 제기 및 과제 결정
	[2단계] 위험 과제 결정 및 의논
2round	위험의 요점 및 근원 발견
	[3단계] 위험의 문제점 발견
	[4단계] 위험의 중요한 문제 결정
3round	2~3개 항목의 대책 수립
	[5단계] 위험을 해결하기 위한 방침 구상
	[6단계] 실행 가능한 구체 방안 수립
4round	행동 및 계획 결정
	[7단계] 위험에 대한 중점 실시 사항 결정
	[8단계] 중점 사항에 대한 팀의 행동 계획을 결정

Ⅲ. 특징

① 감독자의 명령 지시의 실시 방법에 대하여 의논한다.
② 지시 작업에 대한 위험을 예지한다.
③ 지시 사항에 대해 학습한다.
④ 직장의 문제점(위험)에 대한 문제를 제기한다.
⑤ 직장의 문제점에 대해 의논하여 해결한다.

62 TA(Technology Assessment ; 기술 검증)

Ⅰ. 정의

새로운 기술을 개발하는 경우에 그 개발 과정이나 개발 결과가 사회나 환경에 미치는 영향을 사전에 검토 평가하여 기술이 사회 · 환경에 주는 악영향을 최소화하기 위하여 기술 개발 방향이나 우선 순위를 종합적으로 판단하는 것을 말한다.

Ⅱ. TA의 3가지 단계(TA의 기본적 사고방식)

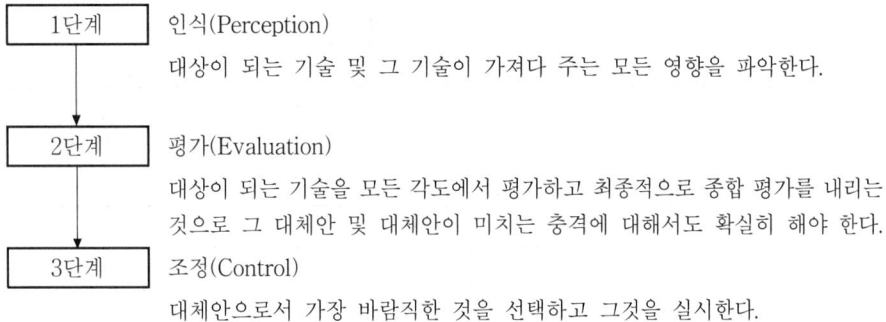

| 1단계 | 인식(Perception) |
대상이 되는 기술 및 그 기술이 가져다 주는 모든 영향을 파악한다.

| 2단계 | 평가(Evaluation) |
대상이 되는 기술을 모든 각도에서 평가하고 최종적으로 종합 평가를 내리는 것으로 그 대체안 및 대체안이 미치는 충격에 대해서도 확실히 해야 한다.

| 3단계 | 조정(Control) |
대체안으로서 가장 바람직한 것을 선택하고 그것을 실시한다.

Ⅲ. 기술 개발이 사회 · 환경에 미치는 악영향

① 인간의 건강 및 안전에 피해 : 일조권, 배기 Gas, 오 · 배수, 교통 사고, 소음 · 진동
② 자연 환경의 파괴 : 대기 오염, 수질 오염, 환경오염, 지반 침하
③ 사회 기능의 훼손 : 도시 과밀, 교통 정체, 전력 부족, 전파 방해
④ 인간의 심리, 문화, 풍속에 악영향 : Privacy 침해, 인간 소외, 문화의 획일화
⑤ 자원에 영향 : 골재 고갈, 목재 남벌, 전력 남용, 지하수 고갈, 석유 2차 제품의 증대
⑥ 산업 및 직업에 영향 : 신건재에 의한 재래 건재 산업에 영향, 그에 따른 실직 · 전직

Ⅳ. TA 실행 방법

① Assessment의 대상이 되는 기술을 상세히 인식한다.
② Assessment 작업의 전모를 명확히 하고 필요한 기초 Data를 수집한다.
③ 대상 기술에 의해 발생하는 문제 해결을 위해 대체적 방법을 제시한다.
④ 대상 기술 및 거기에서 발생하는 문제와 관련 있는 Group을 파악한다.
⑤ 이러한 Group에 미치는 영향을 명확히 파악한다.
⑥ 영향의 크기를 평가 또는 측정한다.
⑦ 대체안을 상호 비교한다.   ⑧ 대체안을 선택 및 실행한다.

63 건설공사의 생력화(省力化; Labor Saving) 방안

Ⅰ. 정의

건설공사에서 생력화는 투입 자원 전체를 검토하여 작업 및 생산 과정에서 불필요한 요소를 없애며 단순화·기계화로 생산성을 높여 인력 감소·원가 절감을 하는 것을 말한다.

Ⅱ. 생력화의 필요성

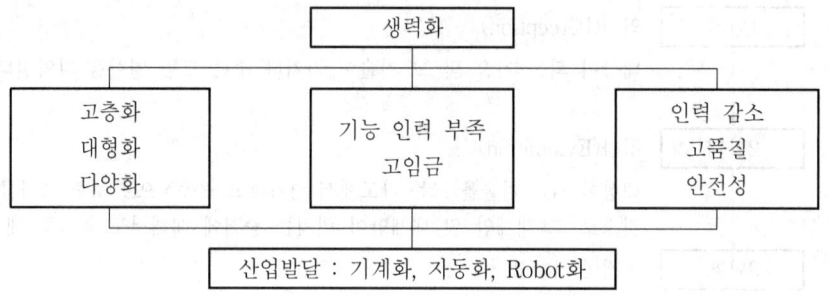

Ⅲ. 생력화 방안

1) 계약 단계
   ① 계약 서류의 전산화 및 설계·시공의 일괄 발주 방식 채택
   ② 고속 궤도 방식(Fast Track Method) 이용
2) 설계 단계
   ① 설계의 단순화, 표준화
   ② CAD(Computer Aided Design)를 이용한 설계
3) 재료 구매 단계
   ① 자재 전체를 조기에 일괄 발주 ② 집중 구매 방식 적용
4) 시공 단계
   ① 시공 부재의 단순화·규격화·표준화에 의한 공장 제작
   ② 재료의 건식화, Prefab화   ③ 시공 방법의 기계화 및 시공의 System화
5) 관리 단계
   ① 품질관리로 하자 발생 최소화 및 사무 자동화로 효율적인 관리
   ② 신공법 및 재료의 개발
6) 신기술 도입
   ① 인력 절감을 위한 기술 개발 및 도입
   ② 공기 단축을 위한 PERT·CPM의 신기술 적용
   ③ 과학적인 기법(Tool) 활용 : SE, IE, OR, TQC, VE 등

64 건설 분야 LCA(Life Cycle Assessment)

[08후(10)]

Ⅰ. 정의

① 근래에는 환경 오염에 대한 규제 방식이 사후 규제 방식에서 환경 오염물의 발생을 근원적으로 억제하는 사전 규제 방식으로 전환되고 있는 추세이다.

② LCA란 Project 수행 과정에서 제반되는 원료의 채취, 제조, 사용(유지 보수) 및 폐기에 이르는 전 과정에 걸쳐 발생되는 환경 영향, 환경 오염 물질 배출량 등을 분석·평가함으로써 원료와 공법에 있어 최적의 환경성을 선정하는 기법으로 전 과정 평가라고도 한다.

Ⅱ. Project의 Life Cycle

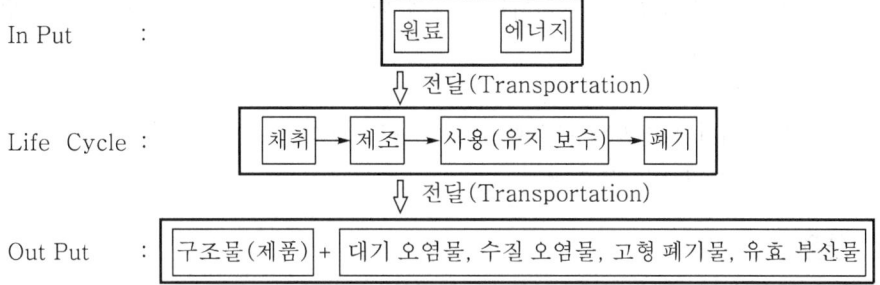

Ⅲ. LCA 과정

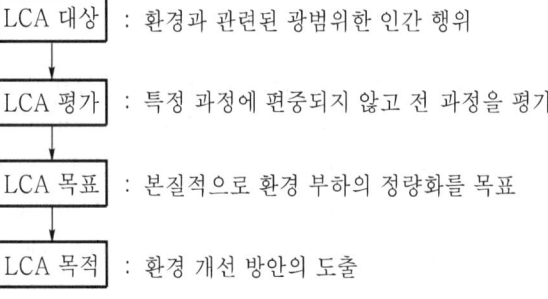

LCA 대상 : 환경과 관련된 광범위한 인간 행위

LCA 평가 : 특정 과정에 편중되지 않고 전 과정을 평가

LCA 목표 : 본질적으로 환경 부하의 정량화를 목표

LCA 목적 : 환경 개선 방안의 도출

Ⅳ. 건설 산업의 적용

① 건설 초기 계획 단계에서부터 환경 영향 평가 실시

② 환경·경제적 우위에 있는 환경 친화적 건물 완성

③ 기업의 국제 경쟁력 확보

65 탄소배출권 거래제(ET ; Emission Trading)

Ⅰ. 정의

① 온실가스배출 권리를 사고 팔 수 있도록 한 제도로서 온실가스 중 배출량이 가장 많은 이산화탄소에 의거하여 탄소배출권 거래제라고 이름이 붙여졌다.

② 각 국가에서 부여받은 할당량 미만으로 온실가스 배출시, 나머지 여유분을 다른 국가에게 판매가 가능하며, 온실가스가 할당량을 초과시 배출권을 사들이도록 한 거래제도이다.

Ⅱ. 장점

① 사회적 비용을 감소시켜 기업 부담 경감

② 사회 전체적으로 낭비되는 환경에 대해 지출되는 경비를 절감하여 국민의 조세 부담 경감

③ 오염방지 기술의 발전 도모

④ 사업자의 자발적 탄소배출 저감 유도 가능

⑤ 신규 일자리 창출 효과

Ⅲ. 단점

① 정부와 국민의 지속적인 관심 필요

② 과도한 규제시 경제활동에 지장 초래

③ 벌금제 도입시 적절한 비율 강구

Ⅳ. 탄소중립

① 경제활동으로 배출되는 탄소의 양이 전혀 없는 상태가 되는 것이다.

② 탄소중립이 되기 위해서는 화석연료 사용을 통한 탄소배출을 전면 차단하거나 산소를 공급하는 숲 조성 등을 통해 탄소배출을 상쇄해야 한다.

③ 생활(국내외 여행, 에너지 사용 등)에서 배출되는 온실가스를 해결해 나가자는 국민 참여 실천운동인 탄소중립 프로그램에 동참하면 탄소배출량을 줄일 수 있다.

66 | Passive House

Ⅰ. 정의

① 외부의 에너지 도움이 없이 내부에서 발생한 열에너지를 외부로 방출하지 않고 내부에서 사용하는 주택을 말한다.

② 연간 에너지 요구량이 $15\,\mathrm{kW/m^2}$ 이하이며, 고단열, 고기밀, 고성능 창호 등으로 설계하고 환기로 버려지는 폐열을 회수함으로써 가능하다.

Ⅱ. Passive House 요소

① 고단열 : 내외부 공간의 열적 차단성을 의미

② 고기밀 : 외부공기의 유입이나 실내공기의 유출 제거의 의미

③ 고성능 창호 : 열적 취약부위인 창호의 열관류율을 개선

④ 외부차양 : 건물외부에 차양을 설치하여 여름 냉방에너지 절감

⑤ 구조물의 배치 : 구조물의 배치 방향을 조절하여 일사 에너지량 증가

Ⅲ. 활성화 방안

정책 및 제도적 측면	건설기술 측면
· 법령 및 지침의 정비	· Passive House 개발계획
· Passive House 계획의 수립 및 보완	· Passive House의 보급 확대
· 제도의 신설 및 보완	· Passive House 지원센터의 지정
· Passive House 추진체계의 구축	· Passive House 개발의 재원 확보
· 건설행정의 환경 투명성 강화	· Passive House의 연구 및 개발

Ⅳ. 적용시 유의사항

① Passive House 적용시 초기비용 과다

② 친환경 공법 적용으로 인한 공기 증가

③ 추가 공정으로 인한 공사관리비 증가

④ 품질에 대한 대위신뢰도가 낮음

⑤ 시공업체에 따라 기술편차가 큼

Ⅴ. Passive House와 Active House의 비교

구 분	Passive House	Active House
정의	내부의 열에너지를 외부방출 없이 내부에서 사용하는 방식	외부의 에너지를 최소로 끌어들여 내부의 에너지로 사용하는 방식
요소	고단열, 고기밀, 고성능 창호, 외부 차양, 건물의 향 배치	신재생에너지, 고효율 설비기기
적용	설계 및 계획시 초기에 적용하여야 함	설계 후에도 적용이 가능함

67 신재생에너지

I. 정의

① 신재생에너지란 '기존의 화석연료를 변환시켜 이용하거나 햇빛, 물, 지열, 강수, 생물유기체 등을 포함하는 재생가능한 에너지를 변환시켜 이용하는 에너지'로 11개 분야를 지정하고 있다.

② 세계 각국에서 석유자원의 고갈과 심각한 환경오염에 대한 대안으로 대체에너지인 신재생에너지 개발이 활발히 연구, 진행되고 있다.

II. 신재생에너지의 분류

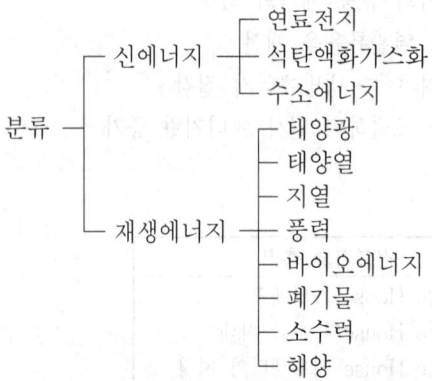

① 신에너지 : 기존의 화석연료를 변환시켜 이용한 에너지

② 재생에너지 : 햇빛, 물, 지열, 생물유기체 등을 포함하는 재생가능한 에너지를 변환시켜 이용하는 에너지

III. 분류별 특징

1) 연료전지

수소와 산소의 화학반응으로 생기는 화학에너지를 전기에너지로 변환시키는 기술

$$2H^+ + 1/2O_2 + e^- \rightarrow H_2O + 전기(1.23V)$$

2) 석탄 액화가스화

가스화 복합발전기술은 석탄, 중질산사유 등의 저급원료를 고온, 고압의 가스화기에서 수증기와 함께 한정된 산소로 불완전연소 및 가스화시켜 일산화탄소와 수소가 주성분인 합성가스를 만들어 정제공정을 거친 후 가스터빈 및 증기터빈 등을 구동하여 발전하는 신기술

3) 수소에너지

물, 유기물, 화석연료 등의 화합물 형태로 존재하는 수소를 분리, 생산해서 이용하는 기술

4) 태양광

① 태양광 발전(PV ; Photovoltaic) : 특별한 유지관리, 공해 및 재료의 부식없이 간단하게 태양광을 이용하여 전기를 생산하는 기술. 금속과 반도체의 접촉면 또는 반도체의 PN접합에 빛을 비추면서 발생하는 광전효과를 이용한 것

② BIPV(Building Integrated Photovoltaic) : 태양광 발전을 통합적으로 건물 외피 구성요소로서 적용하고자 하는 기술

5) 태양열

태양광선의 파동성질을 이용하는 태양에너지 광열학적 이용분야로 태양열의 흡수, 저장, 열변환 등을 통하여 건물의 냉·난방 및 급탕 등에 활용하는 기술

6) 지열

지상과 지하의 온도차를 이용하여 냉·난방에 활용하는 기술

7) 풍력

바람에너지를 변환시켜 전기를 생산하는 발전 기술

8) 바이오에너지

바이오매스(Biomass, 유기성 생물체를 총칭)를 직접 또는 생화학적, 물리적 변환 과정을 통해 액체, 가스, 고체연료나 전기, 열에너지 형태로 이용하는 화학적, 생물학적 등의 기술

9) 폐기물

① 폐기물의 소각을 통해 연료 및 에너지를 생산하는 기술

② RDF(성형고체연료, Refuse Derived Fuel) : 종이, 나무, 플라스틱 등의 가연성 폐기물을 파쇄, 분리, 건조, 성형 등의 공정을 거쳐 제조된 고체연료

10) 소수력

소규모 하천의 물을 인공적으로 유도한 후 저낙차 터빈을 이용해 얻은 운동에너지를 전기에너지로 변환하여 전기를 발생시키는 설비용량이 10,000kW 미만의 수력발전

11) 해양

해양의 조수, 파도, 해류, 온도차 등을 변환시켜 전기 또는 열을 생산하는 기술

68 NIMBY(Not In My Backyard ; 님비) 현상

Ⅰ. 정의

① 님비 현상이란 자기 지역에 혐오 시설의 건립을 거부하는 것으로서 산업사회의 발달, 지역 이기주의의 팽배로 각 지역에서 대두되었다.

② 님비 현상으로 인해 쓰레기 소각장 등 혐오 시설의 건립이 연기 및 취소되어 심각한 사회 문제화되고 있으므로 정부 및 지자체에서는 이에 대한 대책을 마련하여 원활한 사회 정화 시설의 건립을 추진해야 한다.

Ⅱ. 발생 배경

항 목	내 용
지역 이기주의	① 지가의 하락 우려 ② 환경 오염에 대한 거부 ③ 쾌적한 주거 단지의 파괴 염려
지역 특성 미고려	① 주거 단지내에 건립 계획 ② 지역 주민의 동태 미파악
지역 주민 의견 미수렴	① 지역 주민의 의견 무시 ② 지역민에 대한 설득(이해) 과정이 부족 ③ 지역에 대한 혜택 부족
환경에 대한 보호 장치 부족	① 환경 보호 장치의 미비 ② 정화 시설의 설치 부족 ③ 공기·지하수·토질 등에 대한 오염 방지 대책 미흡

Ⅲ. 대책

항 목	내 용
지역 주민의 의사 반영	① 적극적인 주민 설득 작업 실시 ② 특히 여성들의 반대에 대한 대책 마련 ③ 지역민의 협조를 얻어 주민과의 충돌을 사전에 방지
환경 보호	① 쓰레기 침출수에 의한 지하수 오염 대책 마련 ② 다이옥신 등 유해 물질의 발생 억제
지역 정화 작업 실시	① 쓰레기 차량에 의해 지역 오염 방지 ② 악취·쓰레기 등의 정화 시설 가동
지역에 혜택 부여	① 혐오 시설 설치 지역에 대한 다양한 혜택 마련 ② 지역 주민들에 대한 무료 건강 검진의 의무화
지역 특성 고려	① 주거 지역 및 상가 지역에의 건립을 다른 지역으로 조정 ② 주민수가 적은 교외 지역의 선정으로 주민과의 마찰 사전 예방

Ⅳ. 님비 현상으로 인한 시와 지역 주민의 충돌시 해결 방안 우선 순위

① 시민 단체의 중재

② 조정위원회

③ 시 · 주민 · 전문가 대표의 구성으로 협의

④ 소송

69 | 현장 사무소의 조직도와 인원 편성 계획

I. 정의

① 현장 사무소의 조직은 공사를 시행하는 기술 부서와 공사 지원을 담당하는 관리 부서, 안전관리 및 시험을 담당하는 부서로 나누어진다.

② 현장 인원의 편성은 담당 업무 및 책임 범위를 명확하게 하여 공사가 원활하게 추진되도록 편성해야 한다.

II. 현장 사무소 조직도

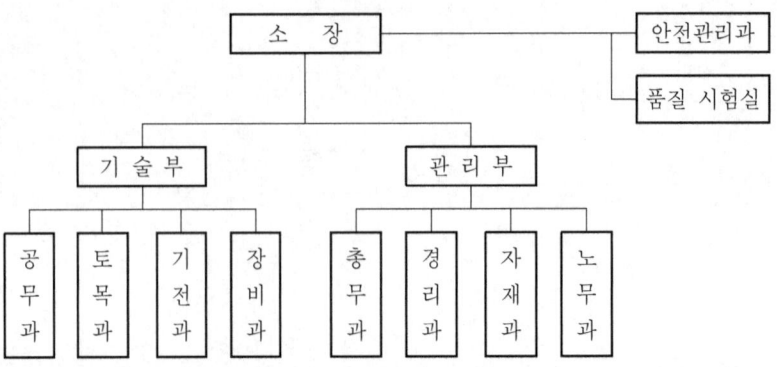

III. 인원 편성 계획

① 현장 소장 선정 : 공사 성격, 직급 및 경험에 비추어 적합한 사람을 소장으로 선정

② 현장원 구성 : 공사 성격에 맞고 조직간에 조화를 이룰 수 있도록 구성

③ 인원수 산정 : 공사의 종류 및 규모에 따라 1인당 1개월의 공사 소비량을 기준으로 산정

④ 적재·적소 배치 : 개인의 적성 및 경험자와 미숙련자를 동시에 배치하여 기술 지도

⑤ 업무 처리 방식 : 각자가 맡은 업무는 각자 처리하며, 급하거나 과다한 업무는 전직원이 함께 해결

⑥ 직무의 분담 : 부서별·개인별로 담당 업무에 의한 직무 분담 및 책임 범위 설정

⑦ 직무의 업무 한계 설정 : 임의적으로 한계를 명확하게 설정하여 월권 행위 방지

70 시공 도면(Shop Drawing)

[12전(10)]

Ⅰ. 정의

① 기본설계 도면이 공사 발주, 계약 및 허가를 위한 도면인 반면 시공 도면은 현장에서 기본설계 도면의 미비된 Detail을 상세히 도면화하여 시공이 가능한 도면이다.

② 시공도면은 현장에서 직접 시공되는 도면으로 시공의 질적 향상을 위해 정밀도가 확보된 도면이어야 하며 설계자 및 시공자간의 정확한 의사전달을 위해 필요하다.

Ⅱ. 역할

정밀 시공 확보	① 작업자에게 정확하게 지시하여 누락 방지 ② 시공관리 체계의 확보 및 개선
정확한 Communication의 수단	① 설계자의 의도 정확히 전달 ② 재시공을 최대한 억제
부실 시공 방지	① 정밀 시공 확보 ② 안정된 공사 수행
해외 공사 경험의 활용	① 해외에서 습득한 기술의 사장 방지 ② 해외 공사 Know How로 기술 능력 향상
건설 환경 변화에 대응	① 정확한 Shop Drawing 작성 ② 시공관리 체제 개선으로 시공의 정밀도 확보

Ⅲ. 활용상 문제점

① 도면 작성의 수작업으로 인한 능률 부족 ② 시공 도면에 대한 이해 부족
③ 시공자의 설계 도면 작성 능력 부족 ④ 간접비 상승 요인으로 인식
⑤ 표준 설계 도서의 확보 부족

Ⅳ. 대책

① Computer에 의한 정밀 설계(CAD화)
② 정밀 시공의 확보가 원가 절감이라는 인식 전환
③ 설계 교육 실시로 전문 인력 육성
④ 적합한 설계 기준을 확립하여 표준화 및 단순화
⑤ 시공자의 직접 설계 실시
⑥ Soft 기술 강화로 설계 시공의 종합화(EC화)
⑦ 체계적인 자료의 축적
⑧ ISO 9000에 의한 설계

71 시공 계획도

I. 정의

공사시 요구되는 품질을 확보하면서 경제적으로 안전하게 조기에 완성하기 위해서는 현장 조건에 맞는 적합한 시공 방법과 시공 계획도를 작성하여 합리적인 시공 관리가 필요하다.

II. 시공 계획도의 종류

종 류		내 용
가설 계획도	종합 가설 계획도	가설 구조물, 가설 울타리, 동력, 용수 등
	외부 비계 계획도	비계, 비계 다리, 안전 시설, 방호 설비 등
	양중 설비 계획도	양중 장비의 선정 및 배치, 설치 대수, 설치법, 재료의 취급법
	전기, 급배수 설비 계획도	가설 전기 인입 및 변전실 설치, 수도 인입, 지하수 설치
	근린 상황 조사도	인접 도로, 부지 주변 구조물, 상·하수도, Gas관, 지하 구축물 등
말뚝 및 지하공사 계획도	말뚝 공사 계획도	지반 상태, 지하수 상황, 공법, 기계 배치, 시공 순서 등
	터파기 계획도	사용 기계, 굴착 공저, 배수 처리 등
	흙막이 계획도	흙막이 벽, 계측 계획 등
	기타	운반 계획도, 배수 계획도 등
구체공사 계획도	거푸집 공사 계획도	공법 선택, 재료 반입 등
	철근 공사 계획도	철근 반입 및 저장, 가공, 조립 등
	Con'c 공사 계획도	타설, 이어치기, 양생, 강도 유지, 각종 시험 등
	철골 공사 계획도	건립 공법, 순서, 조립, 방호 설비, 각종 시험 등
마무리공사 계획도	외장 마감 공사 계획도	시공법, 순서, 사용 장비, 운반 등
	내장 마감 공사 계획도	내장재 반입, 저장, 운반, 시공 등
	설비 공사 계획도	급배수 Pipe 및 덕트 배치, 기구 반입, 설치 등

III. 시공 계획도 작성시 유의사항

① 각 계획마다 안전 시공 최우선 선택 및 경제적이고 확실한 방법 선택
② 특수 공법 채용시 적법성 여부 사전 검토
③ 지반의 고저, 인접 도로, 인접 구조물 등의 사전 검토
④ 반입로, 지중 장애물, 건물 기초 등을 사전 조사하여 검토

72 시방서(Specification)

Ⅰ. 정의

① 공사 발주시 계약서나 설계 도면만으로는 표기나 표현할 수 없는 사항을 문장 또는 수치로 표현하는 것을 시방서라 한다.

② 시방서는 공사 전반에 대한 지침을 주고 각 공사의 부분이 설계 의도대로 표현되어야 하며, 도면과 상이하지 않게 작성해야 한다.

Ⅱ. 시방서의 종류

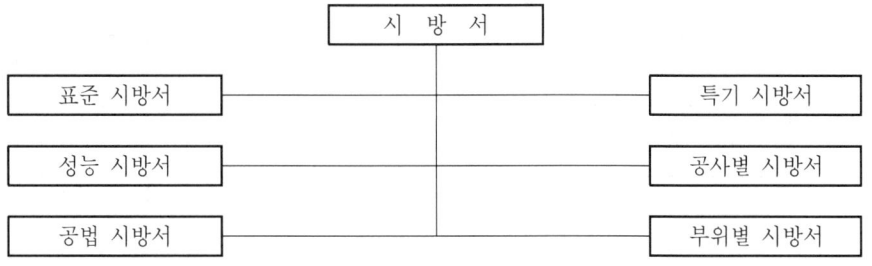

Ⅲ. 시방서의 기재사항

① 시방서의 적용 범위 : 특기 시항을 제외하고 표준 시방에 따르며, 해당 공사의 기재 사항을 적용

② 사전 준비 사항 : 제반 수속, 측량, 원척도 작성

③ 사용 재료 : 종별, 품질, 규격품의 사용, 시험 검사 방법, 견본품의 제출

④ 시공 방법 : 사용 기계 공구, 공사 정밀도, 공정, 공법, 보양책, 시공 입회, 시공 검사

⑤ 관련 사항 : 후속 공사와의 처리, 안전관리, 특기 사항, 별도 공사

Ⅳ. 시방서 기재시 주의사항

① 공사 진반에 걸처 세밀하게 기재

② 간단 명료하게 작성

③ 재료의 품종을 명확하게 규정

④ 공법의 정도 및 마무리 정도 규정

⑤ 도면의 표시가 불충분한 부분은 충분히 보충 설명

⑥ 오자, 오기가 없어야 한다.

73 | 성능 시방과 공법 시방

Ⅰ. 개요

시방서는 건설 공사에 대한 설계자가 지시하는 사항 중 도면으로 표시할 수 없는 사항을 문장 또는 수치로 표현하는 것으로, 용도에 따라 여러 종류의 시방서로 나눌 수 있다.

Ⅱ. 시방서의 종류

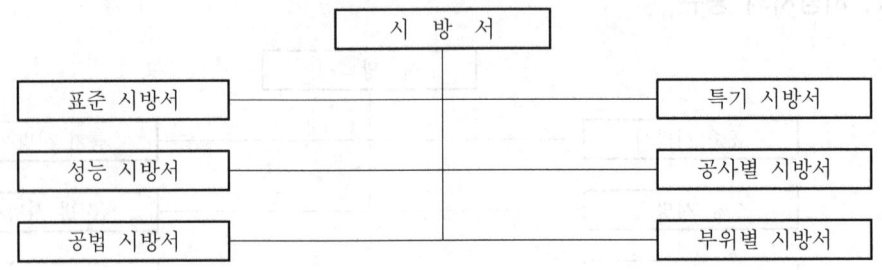

Ⅲ. 성능 시방서

1) 정의

공사 목적물의 전체 또는 구성하는 각각의 부위에 관하여 필요한 구조 내력이나 성능을 명시한 시방서

2) 특징

① 도면에서 표시할 수 없었던 설계 의도를 기술한다.

② 주문자는 시공자의 기술을 신뢰한다는 전제하에 이루어진다.

③ 완성후의 각 부위 또는 전체에 관해서만 처음 지시한 대로의 형태, 구조, 마감, 성능, 품질로 되어 있는지의 여부를 검사한 후 인도받는다.

④ Turn Key Base에서 활용될 수 있다.

3) 성능 시방이 곤란한 요소

① Con′c 강도

② 기초 공사

③ 방수 공법

Ⅳ. 공법 시방서

1) 정의

설계 의도를 명확히 실현시켜 공사 목적물을 완성시키기 위한 지시로서 결과의 성능을 명시하는 것은 물론, 어떠한 방법으로 하면 될 수 있는가의 수단을 제시하여 의도하고 있는 성능이 얻어질 수 있다고 설명한 시방서

2) 문제점
① 시공자의 기술 진보, 신재료 개발, 부품 공장 생산 등의 경향으로 실정에 맞지 않다.
② 단순히 완성 결과를 지시하는 것만으로는 설계 의도대로 정확한 실현을 기대하기 어렵다.

74 시방서의 전산화

Ⅰ. 개요

① 시방서란 공사 계약 규정을 근거로 하여 모든 공사에 대한 준비 사항이나 행정적 요구 사항 및 사용되는 제품 및 자재의 품질에 관한 사항과 시공의 정밀도에 관한 내용을 규정해 놓은 것이다.

② 건설 사업에서 날로 팽창·확대되어 가는 새로운 정보를 효율적으로 이용하기 위해서는 일정한 형식으로 체계화되어 사용할 수 있도록 시방서의 전산화가 필요하다.

Ⅱ. 필요성

```
                    ┌─────────────┐
                    │  정보의 증가  │
                    └─────────────┘
                         ↑↓
┌───────────────┐   ┌─────────────┐   ┌─────────────┐
│ 신공법, 재료 이용 │ ⇌ │ 시방서의 전산화 │ ⇌ │  신정보 이용  │
└───────────────┘   └─────────────┘   └─────────────┘
                         ↑↓
                    ┌─────────────────┐
                    │ 시방서 준비작업 용이 │
                    └─────────────────┘
```

Ⅲ. 전산화의 선행 조건

① 전산화가 가능한 표준화된 시방서의 개발

② 건설 공사 재료의 시험·검사 단체의 활성화

③ 건설에 관계되는 표준이나 코드의 제정

④ 도면과 시방서의 표기 내용과 범위에 대한 기준의 설정

Ⅳ. 현행 시방서의 문제점

① 이용하는 자료들간의 상이함으로 클레임 야기

② 신재료 및 신공법의 미적용

③ 작성시 시간과 경비의 낭비

④ 상이한 시방서 보유로 문제 해결 곤란

⑤ 문제 해결시에도 사례로 인정되지 못한다.

⑥ 시방서에 내용을 첨가할 경우 시간 소요와 애매 모호한 조항 삽입 가능

⑦ 필요한 부분을 쉽게 찾을 수 없다.

Ⅴ. 전산화된 시방서 System의 이점

① 시방서 작성자의 능률이 향상된다.

② 시방서의 인쇄 작업이 보다 쉽고 빠르게 이루어진다.

③ 높은 시방서의 질을 기대할 수 있다.

④ 표준화된 System의 사용으로 설계에 대한 효력과 경비를 절감할 수 있다.

⑤ 클레임 발생을 최소화할 수 있다.

⑥ 시방서 내용을 최신으로 할 수 있다.

⑦ 신재료 및 신공법의 적용률이 높아진다.

75 Job Coordination

I. 정의

① 분업화된 생산 System에 종사하는 사람들 사이에 일의 분쟁을 조정함으로써 합리적인 생산 운영을 도출해 내는 것을 말한다.

② Job Coordination을 통하여 품질 향상, 원가 절감, 생산성 향상을 기대할 수 있다.

II. 도입 배경

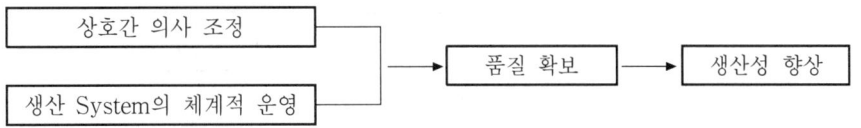

III. Job Coordination의 분류

1) 광의(廣義)의 Job Coordination
   설계, 제조, 시공자간의 효율적인 통합 생산을 위해 분쟁을 조정하는 것

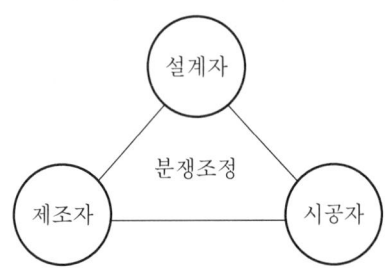

2) 협의(狹義)의 Job Coordination
   기술자와 기능공과의 분쟁을 관리·조정하는 것

76 | 공사 실명제(시공 실명제)

Ⅰ. 정의

① 공사 시공시 투입되는 모든 업체(협력업체 포함) 및 현장 대리인에서 기능공까지 실명화하는 제도를 말한다.

② 시공 구조물에 대한 참가 관계 기술자 및 기능공까지 실명화함으로써 자부심을 갖게 하고 품질 향상에 기여함으로써 부실 시공 방지에 목적이 있다.

Ⅱ. 공사 실명제 개념도

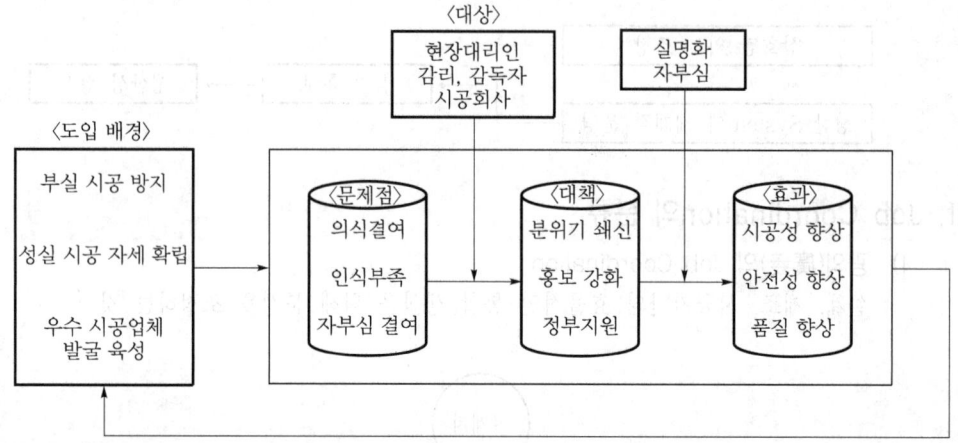

Ⅲ. 도입 배경

① 부실 시공의 방지
② 성실한 시공 자세 확립
③ 우수한 시공 업체 발굴 육성

Ⅳ. 효과

① 시공성 향상
② 안전성 향상
③ 품질 향상
④ 부실 시공 방지

Ⅴ. 대상

① 현장 대리인
② 감리 및 감독자
③ 시공 회사
④ 기타 기사, 하청 업체, 기능공 등

VI. 문제점

① 하도급 업체의 의식 결여
② 기능공의 인식 부족
③ 기업주의 인식 부족
④ 실제 참여자의 준수 여부가 불투명

VII. 대책

① 분위기 쇄신 노력
② 홍보의 강화로 점진적으로 추진
③ 산·학·관·민의 협조 체제 구축
④ 우수 업체에 대한 정부의 지원(세제 혜택 등) 필요

77 건설 생산 Documentation

Ⅰ. 정의

① 건설 생산의 Documentation이란 구조물 설계에서부터 시공 및 조업에 이르는 일련의 과정을 문서에 기록·보존하여 그것을 활용하는 기술을 말한다.

② Documentation은 설계 도서뿐만 아니라 기술적인 자료, 참고 문서 및 일반 도서에 이르기까지 건설, 생산에 필요한 모든 것을 문서로 재구성하는 것이다.

Ⅱ. 개념도

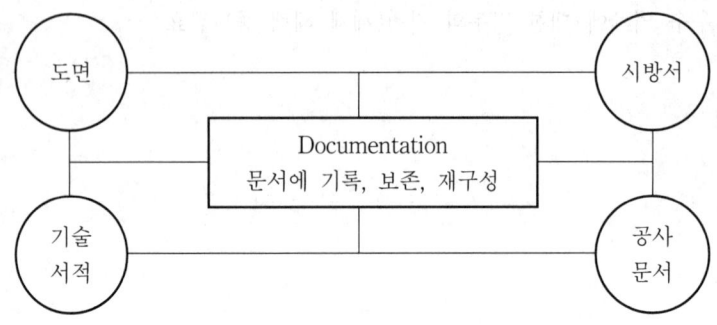

Ⅲ. Documentation의 대상

1) 기본 자료

공사 계획서, 공사 기록, 기술 논문 등

2) 도면

설계도, Shop Drawing, 가공도, 제작도 등

3) 시방서

표준 시방서, 특기 시방서, 국외 시방서 등

4) 참고 도서

전문 잡지, 법규, 조례, 규칙 등

5) 기술 서적

전문 기술 서적, 국외 기술 서적 등

6) 일반 문서

실행 예산서, 견적서, 제출 서류 등

7) 공사 진행 문서

회의록, 시공 개선안, 기술 검토서 등

Ⅳ. 효과

① 시공 과정을 일목요연하게 정리하여 문서화가 가능하다.
② 다음 공사에 사용하여 기술적인 자문을 받는다.
③ 시공의 정도를 높여 품질 향상에 기여한다.
④ 시행 착오를 줄여 공기 및 원가 절감이 가능하다.
⑤ 전반적인 시공 기술이 향상된다.
⑥ 기술의 축적으로 인한 경쟁력이 향상된다.

78 습숙 효과(習熟效果)

Ⅰ. 정의

습숙 효과란 공정이나 작업을 반복 숙달함으로써 얻어지는 숙련도에 의한 효과로서 품질향상에 기여한다.

Ⅱ. 습숙 곡선

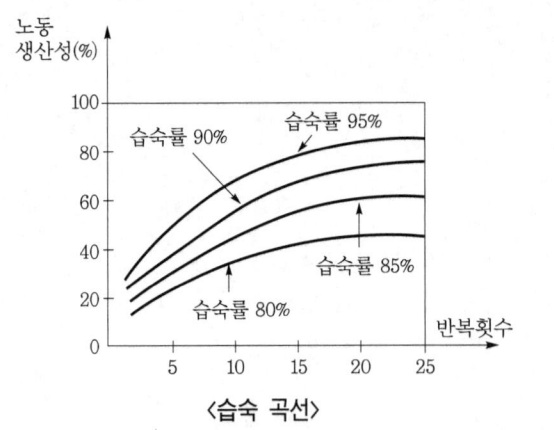

〈습숙 곡선〉

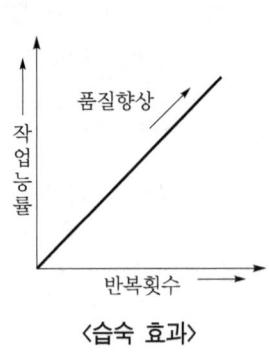

〈습숙 효과〉

Ⅲ. 장점

① 품질 향상
② 기능공의 기능도 향상
③ 노무비 및 자재비의 절감
④ 공사 기간의 단축
⑤ 부실 공사 방지

Ⅳ. 단점

① 반복 작업으로 인한 인간의 기계화
② 지루함과 성취의욕 결여

Ⅴ. 문제점과 대책

문제점	대 책
① 기능 인력 양성소의 부족	① 구조체 공사의 System화
② 품질 개선 의욕 결여	② Pre-fab화
③ 경영자의 기능 인력 양성에 대한 의식 결여	③ 작업 환경의 변화 필요
④ 토목 공사는 공종이 다양하고 복잡	④ 지속적인 반복 교육 실시

79 　시설물을 발주자에게 인도할 때의 유의사항

Ⅰ. 개요

① 시공자는 공사 완료후 담당원의 입회하에 대상 시설물을 발주자에게 인도하여
　야 한다.

② 이때 책임 한계를 명확히 할 수 있는 서류 및 물품을 인계하고, 발주자가 시설
　을 적절하게 운용할 수 있도록 협력한다.

Ⅱ. 인도되기까지의 Flow Chart

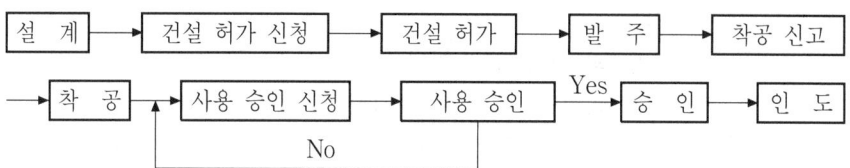

Ⅲ. 인도전 준비사항

① 완성 검사
② 공사 사진
③ 승인·협의·지시된 제반사항
④ 시험 및 검사
⑤ 완성 도서

Ⅳ. 인도할 때의 유의사항

① 완성 보고서
　㉮ 공사 감리, 발주자측 감독의 입회하에 현장 확인
　㉯ 감리자가 작성한 감리 완료 보고서 첨부
　㉰ 발주자가 관련 관청에 사용 승인을 신청하도록 협조

② 시설물 인도서
　㉮ 공사 계약서 및 특기 시방서에 준한 인도서 작성
　㉯ 쌍방 대표자의 서명 날인

③ 열쇠 인도서
　㉮ Key System의 설명서 첨부
　㉯ Master Key의 특별 관리

④ 열쇠함 : 층별, Room별로 구분하여 열쇠함을 제작 인도

⑤ 공구 인도서 : 사용법(Instruction 또는 Manual) 설명

⑥ 공구함 : 건설 설비를 운용할 수 있는 각종 공구 및 특수 공구

⑦ 각종 공사 사진
　　㉮ 공사 시공 과정을 공종별, 월별로 작성
　　㉯ 공정 Check가 가능하도록 촬영 일자를 반드시 기재
⑧ 구조물 사용 설명서
　　㉮ 시공된 자재의 제조원, 공급처 Catalog 등
　　㉯ 지하 유입수에 대한 배수 공법
⑨ 설비 시설물의 사용 설명서
　　㉮ 승강 설비, 주차 설비의 제조사, 시공사, 연락처 등 기재
　　㉯ 기계, 전기 설비 및 제품에 대한 설명서
⑩ 매설물 위치도 : 증설, 보수, 안전 사고에 대비한 도면 및 시방서
⑪ 준공 도서
　　㉮ 설계 변경의 반영 및 승인
　　㉯ 완공 상태의 도면 및 시방서 작성 및 제출
⑫ 시공 도면 : 상세도를 포함한 현장 시공도 목록 및 원본 제출
⑬ 하자 이행 증권
　　㉮ 공인된 기관에서 발급한 증권 제출
　　㉯ 이행 기간은 계약서에 준한다.
⑭ 정리 정돈
　　㉮ 공사시 파손된 인접 시설물의 원상 복구
　　㉯ 현장 주위 청소
⑮ 민원 관련 사항
　　㉮ 발생된 민원의 진행 및 해결 과정을 기록 정리
　　㉯ 미해결 민원에 대한 인수 인계

V. 인도 서류 및 물품 목록

① 완성 보고서 및 시설물 인도서
② 예비 재료 및 물품
③ 열쇠 인도서 및 열쇠함
④ 구조물 사용 설명서
⑤ 공구 인도서 및 공구함

80 공사관리 관련용어

1) 시공의 정밀도(Accuracy of Works)

건설 생산에 있어서 구조물을 구성하는 부재 등을 얼마나 정확히 생산하느냐에 대한 생산 정도의 확실성을 나타낸 것이다.

2) 성능(Performance)

① 사용 목적을 수행하기 위하여 갖추어야 할 품질

② 기능성·조형성·안전성·경제성·시공성 등의 각종 성능

제10장 ▶ 총 론

제3절 시공의 근대화

시공의 근대화 과년도 문제

1. ISO 9000 시리즈 [97중후(20)]

2. 건설분야 LCA(Life Cycle Assessment) [08후(10)]

3. 가상 건설 시스템(Virtual Construction System) [08후(10)]

4. 건설 CALS [02전(10)]

5. WBS(Work Breakdown Structure ; 작업분류체계) [15중(10)]

6. WBS(Work Breakdown Structure) [05전(10)]

7. PMIS(Project Management Information System) [14중(10)]

8. 국가 DGPS 서비스 시스템 [08전(10)]

9. G.I.S(Geographic Information System) [99중(20)]

10. G.I.S(Geographic Information System) [03중(10)]

11. GIS(Geographic Information System) 기법을 이용한 지하 시설물 작성 [08후(10)]

12. Project Financing(프로젝트 금융) [04후(10)]

13. 프로젝트 금융(PF ; Project Financing) [13중(10)]

14. 건설분야 RFID(Radio Frequency Identification) [09중(10)]

15. 건설 자동화(Construction Automation) [11중(10)]

1 타당성 조사

Ⅰ. 정의

① 타당성 조사란 제한된 자원의 효율성을 극대화하고 사업의 적정성을 판정하기 위해 실시한다.

② 사업의 기술적·경제적·재무적 관련 효과 및 조직의 운영관리 타당성과 경기 또는 다른 요인에 의한 감응도를 분석·평가하는 것을 의미한다.

Ⅱ. 개념도

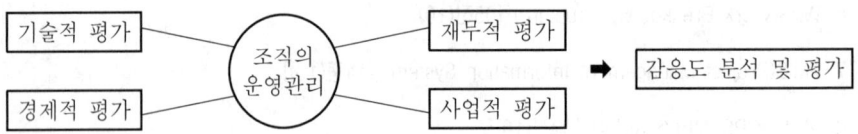

Ⅲ. 효과

① 경제성이 없는 투자의 억제와 사업의 부실화를 사전에 예방한다.

② 여러 후보 사업 중에서 투자의 우선 순위에 입각한 사업을 선정한다.

③ 미비한 사업 계획을 사전에 보완한다.

④ 사업에 필요한 자료를 체계적으로 분석 제공한다.

Ⅳ. 타당성 조사의 제한성

① 부정확성 : 자료의 신뢰도 및 예측 능력의 한계성 때문에 절대적인 정확성을 가지기 힘들다.

② 미완성 : 투자 사업의 효과를 모두 계획하기란 불가능하다.

③ 비용의 한계 : 타당성 조사는 전문적 지식과 기술을 요하므로 조사 비용이 많이 든다. 그러므로 무모하게 여러 사업에 대해서 실시해서는 안 된다.

Ⅴ. 타당성 평가 방법

1) 수요 분석 및 예측

① 계획하는 사업의 종합적이고 장기적인 수요를 예측하기 위해 실시한다.

② 전문가의 감각에 의한 방법과 계량적인 분석에 의한 방법이 있다.

2) 경제적 평가

사업의 시행에 따른 국민 경제와 사회 전반에 미치는 효과를 검증하는 과정

3) 기술적 평가

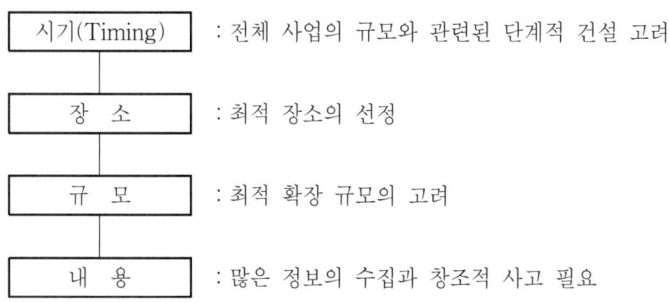

4) 재무적 평가

사업 주체에게 발생하는 비용에 대해서 귀속되는 현금 수익만을 비교·분석한다.

5) 조직·경영 평가

사업의 완성후에 그것을 효과적으로 운영해 나갈 수 있는지의 여부를 사전에 평가한다.

6) 감응도 분석

장래의 불확실성과 위험도를 사전에 감안하여 사업에 대한 의사 결정의 수단으로 이용한다.

2 복합화 공법

Ⅰ. 정의

① 복합화 공법이란 골조 공사시 현장 노동력 절감(Labor Saving)을 목적으로, 합리적인 재래 공법과 PC 공법을 복합화한 공법을 말한다.

② 일반적으로 철근·거푸집·콘크리트 공사 등에 대해 재래식 공법을 개선하여 공기단축·고품질의 구조물을 얻기 위해, Half PC 공법·철근 Pre-fab 공법·대형 거푸집 공법 등 각종 Hard 요소 기술을 조합하여 구조물을 완성하는 공법이다.

Ⅱ. 효과

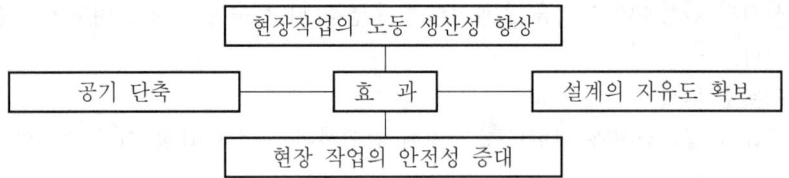

Ⅲ. 복합화 공법 유형

① System 거푸집, 철근 Prefab 공법을 사용하는 복합 공법

② 보를 PC 부재화 한 복합 공법

③ 기둥, 보에 PC 부재를 사용하는 복합 공법

④ 보를 철골조로 하는 혼합 구조를 이용한 복합 공법

⑤ 구체공사 외의 공사를 포함하는 복합 공법

Ⅳ. 복합화 공법의 요소 기술

1. 하드(Hard) 요소 기술

1) Half PC 공법
   ① Half Slab
   ② Half PC Beam
   ③ Half PC 기둥

2) System 거푸집
   ① 벽전용 : Gang Form, Climbing Form
   ② 바닥전용 : Table Form, Flying Shore Form
   ③ 벽+바닥 : Tunnel Form
   ④ 연속 공법 : Sliding Form, Slip Form
   ⑤ 바닥판 공법 : Deck Plate, Half Slab, Waffle Form

3) 철근 Prefab 공법

① 기둥, 보, 철근의 Prefab화

② 벽, 바닥 철근의 Prefab화

③ 철근 Pointing 공법

2. 소프트(Soft) 요소 기술

1) MAC(Multi Activity Chart)

① 공법을 소화할 각 작업팀을 편성하여 일정한 시간 계획과 패턴에 따라 공사를 가장 효율적으로 시공하기 위한 시간표

② 현장 작업원의 흐름에 중점을 둔 방식

③ 일정한 패턴에 의해 공사가 이루어 질 때 유용한 방식

④ 부분적이고 세부적인 공정계획에 사용

2) 4D-Cycle

① 전체 공구 또는 1개의 공구를 4개의 공구로 분할하고 한 개의 공종을 4개의 공종으로 세분하여 각 공정별 공사량을 1일 공사량으로 배분하여 시공하는 방식

② 공동주택 시공시 공기단축과 원가절감을 위한 방식

③ 공사의 합리화 도모

3) DOC(One Day-One Cycle)

① 하루에 하나의 Cycle을 완성하는 System

② 시공에 요하는 각 작업의 항목수를 작업 공구수와 동일하게 분할하여 각 공구의 해당 작업을 1일에 완료할 수 있도록 작업됨의 인원수를 결정하고 각 작업팀을 매일 1개 공구씩 이동하면서 동일 작업을 계속하는 방식

③ 현장 노무 인력의 평균화 가능

④ 작업 대기 시간의 최소화

⑤ 동일 작업의 반복에 의한 숙련 효과

3 ISO 9000

[97중후(20)]

Ⅰ. 정의

① ISO(International Organization for Standardization)는 국제 표준의 보급과 제정, 각국 표준의 조정과 통일, 국제 기관과 표준에 관한 협력 등을 취지로 세계 각국의 표준화의 발전 촉진을 목적으로 설립된 국제 표준화 기구를 말한다.

② ISO 9000 인증 제도는 제품 및 Service 공급자의 품질 System을 제3자가 평가하여 품질 보증 능력을 인정하여 주는 제도로서, 기존 품질관리(QC) 제도는 완성된 제품에 대한 품질 검사로 결과를 중시하지만 ISO 9000은 제품을 생산하는 과정에 대한 검사로 과정(system)을 중시한다.

Ⅱ. ISO 개념도

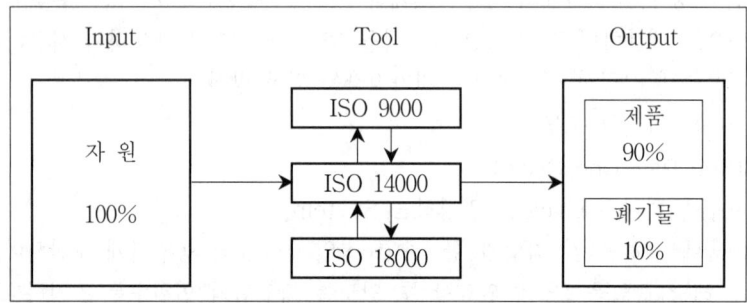

Ⅲ. 특징

① ISO 9000, ISO 9001, ISO 9004로 구성
② 다른 경영 System(환경경영 System, 안전경영 System)과 조화
③ 품질 방침 및 경영책임 강화
④ Process 중심의 접근
⑤ 품질 보증 중심에서 품질 경영적 요소 강화

Ⅳ. 품질 경영 8대 원칙

① 고객 중심
② 리더십
③ 전원 참여
④ Process 접근법
⑤ 경영에 대한 System 접근방법
⑥ 지속적인 개선
⑦ 의사 결정에 대한 사실적 접근방법
⑧ 상호 유익한 공급자 관계

4 ISO 14000

Ⅰ. 정의

ISO 14000이란 국제 표준화 기구에서 제정하는 환경 경영에 관한 국제 규격으로, 기업이 환경 보호 및 환경 관리 개선을 위한 환경 경영 System 기본 요구사항 (ISO 14000)을 갖추고 규정된 절차에 따라 체계적으로 관리하고 있음을 제3자가 평가하여 인증하는 제도를 말한다.

Ⅱ. ISO 14000의 구성

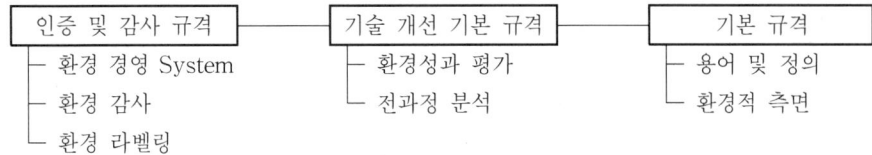

Ⅲ. 추진 목적

① 환경관리 System의 국제화　　② 환경 경영을 통한 대외 경쟁력 강화
③ 국가간 환경 경영 상호 인정 System　④ 환경에 미치는 영향 최소화

Ⅳ. 효과

① 환경 영향을 체계적으로 감시　　② 원가 절감 수단으로 활용
③ 환경에 관한 법적 책임 감소 및 잠재적 사고의 예방
④ 기업의 환경 Image 제고

Ⅴ. ISO 14000의 주요 내용

① 환경 경영 System(EMS ; Environmental Management System) : 생산 활동을 환경과 관련하여 운영하는 System 요건을 규정
② 환경 감사(EA ; Environmental Audit) : 환경 감사의 종류에 따라 원칙과 절차 등을 규정, 주로 EMS의 요구사항 감사
③ 환경 라벨링(EL ; Environmental Labelling) : 환경 마크제에 통일성을 부여하는 작업으로 상품의 환경 적합성을 객관적으로 평가
④ 환경 성과 평가(EPE ; Environmental Performance Evaluation) : 현재의 환경 성과와 기대하는 환경 성과를 평가할 수 있는 평가 방법 규정
⑤ 전과정 분석(LCA ; Life Cycle Assessment) : 전과정에 걸쳐 환경에 미치는 영향 및 개선 사항을 평가하는 규격
⑥ 용어 및 정의(T & D ; Terms And Definitions) : 각 분야별 용어 통일 및 용어 정의를 분명히 하여 표준화 작업 추진
⑦ 환경적 측면(EAPS ; Environmental Aspects in Product Standards) : 제품 표준의 환경적 적합성 확인절차 및 요건에 관한 표준 규격을 제정하는 작업

5 ISO 18000

Ⅰ. 정의

① ISO 18000이란 산업 안전 및 보건에 대한 근로자의 생명 보호, 작업 환경을 개선하려는 국제적인 제도를 말한다.

② 모든 직장에 적용할 수 있는 안전과 보건·위생에 관한 포괄적인 내용과 공기, 소음, 진동 등에 관한 작업장 환경 기준 등의 제정이 활발히 진행되고 있어 조만간 국제 규격으로 적용될 전망이다.

Ⅱ. 도입 효과

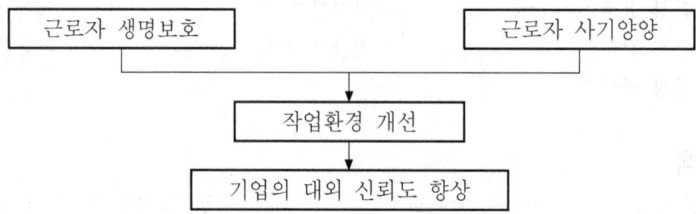

Ⅲ. 필요성

① 산업 재해의 예방
② 작업 환경 개선
③ 근로 조건 개선
④ 품질 향상
⑤ 원가 절감

Ⅳ. 적용 내용

① 생산 설비의 안전성을 중심으로 기준 제정
② 생산 설비의 안전관리에 필요한 사항 종합 평가
③ 산업 안전 및 보건의 집행·조정·통제
④ 안전 보건을 위한 기술의 연구·개발
⑤ 열악한 환경에 대한 제재
⑥ 근로 조건의 향상을 위한 지도 및 감독

6 UR(Uruguay Round)

Ⅰ. 정의

① GATT(관세 및 무역에 관한 일반 협정)는 1948년 발족 이후 7차례의 협상을 통해 무역 자유화를 추진해 왔다.

② 1980년대 초의 세계적인 경기 침체로 인하여 신보호 무역주의가 심화되었으며, 서비스 교역 자유화 문제를 포함한 신다자간 무역 협상이 1986년 우루과이에 서 UR이 공식 출범하였다.

Ⅱ. UR 협상 개요

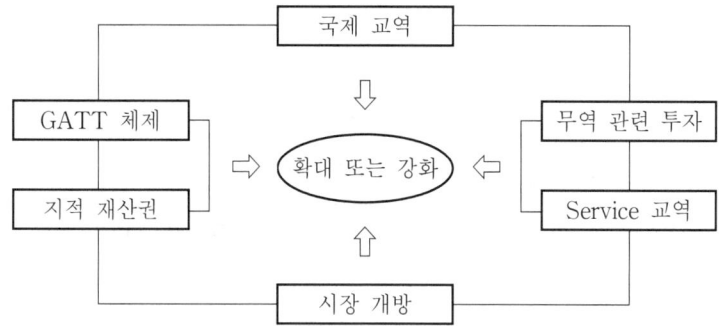

Ⅲ. UR과 건설 시장

① 인력의 자유로운 국경간 이동
② 자재, 장비의 자유 이동과 재반출시 관세 환급
③ 외국 업체 PQ에 제3국의 공사 실적도 평가
④ 모든 국가의 정부 발주 공사 공개

Ⅳ. 문제점

① 건설 시장의 과당 경쟁 심화   ② 입찰 참가 제한에 의한 도급 제도 미흡
③ 실세와 시공의 EC화 부족   ④ 전문화 시공 부족
⑤ 기업의 능력에 비해 기술 개발 투자 수준 미약

Ⅴ. 대책

① 하도급 계열화   ② 건설업의 적극적인 EC화 추진
③ 기술 개발의 추진 및 보상 제도 확대   ④ 우수한 노동력의 확보
⑤ 공공 공사 발주 체계의 개선 : Turn Key 공사 발주 확대
⑥ 기술자 요건, 하청 관리 능력의 요건화 등 허가 기준의 적정화 도모
⑦ 품질·성능 표시제도와 장기 보증제도의 확립으로 민간 시장에서의 유효 경쟁 력 확보

7 GR(Green Round)

Ⅰ. 정의

① 지난 1986년부터 시작된 GATT의 8번째 다자간 협상인 UR이 타결되면서 다자간 협상의 차기 Round로 환경 Round(GR ; Green Round)가 빠르게 거론되고 있다.

② GR을 통하여 선진국의 환경 기준에 적합하도록 각국의 환경 규제를 강화시키는 차원에서 환경 문제를 국가간의 무역 통상에 반영시키자는 것이다.

Ⅱ. GR과 건설산업

Ⅲ. GR과 환경 보호

① 환경과 무역 규제를 연계시키려는 움직임은 환경 문제에 미리 대처해 온 선진국들이 활발하며 OECD(경제개발협력기구)에서는 합동 작업반을 구성하여 무역과 환경의 조화를 위한 지침을 마련하고 있다.

② 환경 장벽을 극복하지 못한다면 국제 시장에서의 경쟁력 약화가 아니라 시장진출이 불가능하게 되므로 GR이 UR보다 산업에 미치는 영향이 크다.

③ ISO 14000은 환경 규격에 관한 국제 인증 제도로서 이 제도가 곧 GR 내의 국제 환경 규격으로 적용될 가능성이 높다.

Ⅳ. 대응 방안

① 건설 산업이 정책에 반영되어 종합적이고 효율적인 GR 대비책 마련
② 환경 산업에서의 기술력 확보
③ 적극적인 자세로 환경 친화적인 건설 산업으로 조속히 정착

8 BR(Blue Round)

Ⅰ. 정의

① 선진국의 유리한 노동 환경 조건을 후진국의 열악한 작업 환경에 대하여 무역 제재 수단으로 이용하려는 협상을 말한다.

② 후진국은 노동자에 대한 임금, 근로 시간, 열악한 환경 등의 개선을 통하여 선진국으로부터의 무역 제재를 탈피해야 한다.

Ⅱ. 개념도

궁극적으로 후진국과의 무역 부조화에 대한 제재 수단으로 활용

Ⅲ. BR의 특징

① 선진국의 보호 무역 주의에 맞물린 후진국들에 대한 노동 조건을 개선하고자 하는 협상

② 후진국의 값싼 임금과 장시간의 근로 시간에 대한 제재 수단

③ 열악한 환경에서 생산되는 상품에 대한 제재

④ ILO(국제노동기구 ; International Labour Organization) 국제노동협약에 따른 근로 조건에 맞도록 요구

Ⅳ. 대응 방안

① 산업 안전 보건의 정책 수립·집행·조정·통제

② 재해 다발 사업장에 대한 재해 예방의 지원 및 지도

③ 안전 보건에 관한 기계·설비의 안전성 확보와 개선

④ 안전 보건 의식을 고취하기 위한 홍보, 교육 및 무재해 추진

⑤ 안전 보건을 위한 기술의 연구·개발 및 시설의 설치·운영

⑥ 산업 재해에 관한 조사 및 통계 유지·관리

⑦ 안전 보건 관련 단체 등에 대한 지원 및 지도·감독

⑧ 근로자의 위험 및 건강 장애 요인의 예방 조치

⑨ 근로 조건의 개선 및 법적 의무 준수

⑩ 안전 보건에 관한 연구 기관에 행정적·재정적 지원

⑪ 정부 차원에서 안전 보건에 대한 대책 시행

9 EC화

Ⅰ. 정의

① EC(Engineering Construction)란 건설 Project를 하나의 흐름으로 보아 사업 발굴, 기획, 타당성 조사, 설계, 시공, 유지관리까지 업무 영역을 확대하는 것을 말한다.

② EC화를 행정적으로 현실화·구체화시킨 것이 종합 건설업제도이다.

Ⅱ. EC의 업무 영역

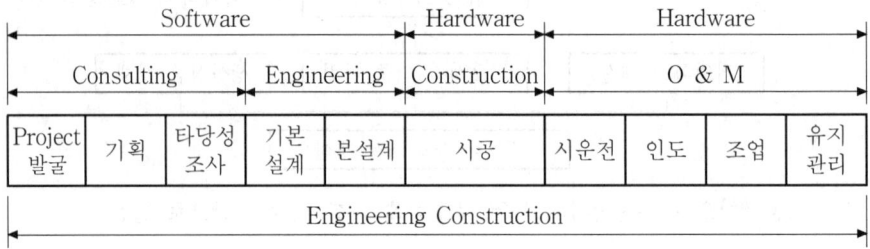

	Software				Hardware	Hardware			
	Consulting			Engineering	Construction	O & M			
Project 발굴	기획	타당성 조사	기본 설계	본설계	시공	시운전	인도	조업	유지 관리

Engineering Construction

Ⅲ. 필요성

① Turn Key 발주방식 증가
② 건설 공사의 고층화·대형화·복잡화·다양화
③ 건설 수요 및 기술력 요구
④ 해외 공사의 단순 건설 공사 감소
⑤ 국제 수주 경쟁력 강화
⑥ 기존 건설 업계의 비효율적
⑦ 건설업의 환경변화
⑧ 건설 사업의 Package화

Ⅳ. 추진 방향(EC화 전략)

① 종합 건설 업체의 육성 : 설계, 시공, Engineering 능력 향상
② 하도급 계열화 : 협력 업체의 전문 계열화 유도 및 부대 입찰 제도 확대 실시
③ Turn Key 발주 활성화 : 신기술 개발 유도 및 공공 공사의 Turn Key 방식 발주 확대
④ 유능한 기술 인력 양성 : Project Manager 육성 및 전문 Engineering 육성
⑤ Soft 기능의 강화 : 폭넓고 창의성 있는 기술 개발
⑥ 기업간 협력 체계 : Joint Venture, Consortium 등 공동 연구 개발
⑦ 새로운 관·민 협력 체계 : 환경 변화에 맞는 제도적 개선

⑧ 인재 육성 : 사원의 외국 유학 및 견학, 기업간의 인재 교류

⑨ High Tech화 : Simulation, CAD, VAN, Robot, IB 등을 통한 Computer화

⑩ 기술 개발 투자 확대 : 기술 개발을 통한 원가 절감 및 전문 업종 개발

⑪ 탈 도급화 : 자체 개발 공사 확대 및 Software 분야 강화

⑫ 단계적 확대 및 특성화 : 자사의 전문 분야를 한정하여 단계적으로 특성화 및 확대

⑬ 제도의 개선 : 종합 건설업 제도 도입, PQ 제도 및 종합 낙찰제 확대 실시

⑭ 기타 : 부분적·한계적·단계적으로 EC화 확대 및 고부가 가치 추구 산업 개발

V. EC 정착 방안

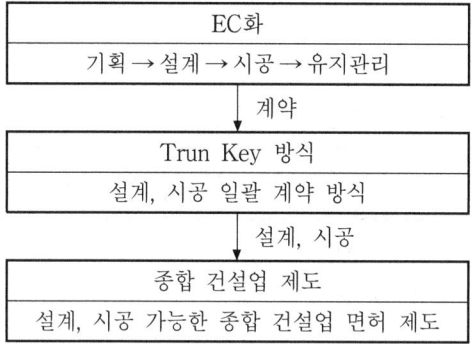

10 제네콘(Genecon, General Construction)

Ⅰ. 정의

① 제네콘이란 Project 발굴에서 기획 · 설계 · 시공 · 인도 및 유지관리에 이르기까지 공사의 전과정을 일괄 추진할 수 있는 능력을 갖춘 종합 건설 업체를 말한다.

② 시공에 필요한 여러 가지 기술적인 문제는 자체 기술을 개발 · 겸비하여 해결할 수 있어야 하며, 일반 시공 업무는 전문 건설 업체에게 책임 시공형 하도급으로 일임시킨다.

Ⅱ. Genecon의 업무

1) 업무 영역

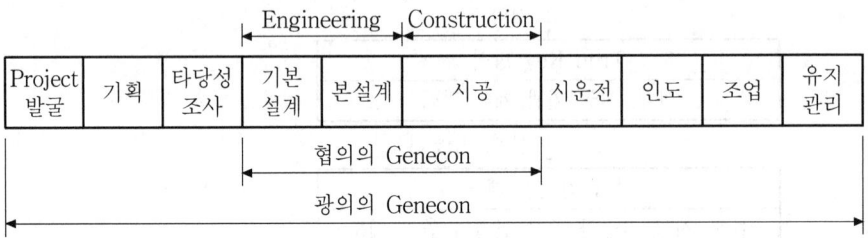

2) 업무 내용

① 공사 시공관리 책임

② 하도업체의 선정 및 기성고 청구

③ 설계 범위내에서 재료 · 공법 선정

④ 시공에 필요한 각종 기술적인 문제의 자문

Ⅲ. 특징

① 종래의 노동력 제공 하도급에서 책임 시공형 하도급으로의 전환

② 시공에 필요한 각종 기술적인 문제를 자체 해결

③ 공사 입찰시 수의 계약에 의한 실비 정산 개념으로 공사 수행

④ 불필요한 관리 업무(견적, 입찰, 상호 견제)의 배제

⑤ 생산성의 향상

Ⅳ. 역할 및 조건

① 거래업자(하도업체)의 지도 및 육성

② 발주시 정밀도의 기준치와 수용 방법의 명확화

③ 경비의 명확화 및 발주의 평균화

11 High Tech

Ⅰ. 정의

① High Tech 건설이란 Computer 기술을 통하여 기획, 설계, 재료, 시공, 유지 관리에 이르기까지 전 건설 생산 활동을 하는 것을 말한다.

② 최근 발전을 거듭하고 있는 전산화를 건설 생산 활동에 이용하여 경제적인 건설 생산성 향상에 극대화를 이룬다.

Ⅱ. 효과

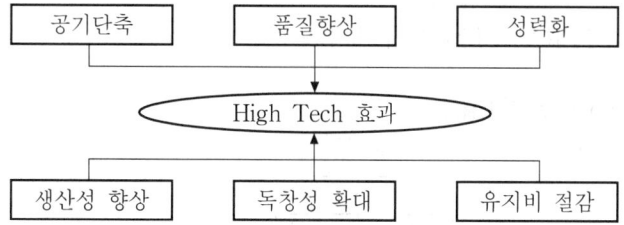

Ⅲ. 특성

① 건설 생산 기술의 혁신　　　　② 고도의 기술 이미지 창조

③ 건설 생산성 향상　　　　　　④ 합리적인 디자인 개념 부여

⑤ 독창성 확대

Ⅳ. High Tech 건설

① Simulation : 공사의 개선, 실적 자료를 토대로 신규 공사의 예측, 미경험 공사의 계획 등에 이용

② CAD(Computer Aided Design, 설계 자동화 System) : 설계 제도, 구조 해석, 견적 등을 통하여 능률적인 관리 수행

③ VAN(Value Added Network, 부가 가치 통신망) : 본사와 지사와의 신속한 업무 처리와 업무 내용의 처리 가공으로 노무비 절감

④ CIC(Computer Integrated Construction, 컴퓨터 통합 생산) : Computer를 이용하여 설계, 공장 생산, 현장 시공의 과정 등을 유기적으로 연계하여 건설 생산 활동의 능률화를 꾀한다.

⑤ Robot : 구조물의 고층화·대형화·다양화·복잡화되고 있는 추세에 맞춰 Robot 을 이용하여 건설 생산성 향상

⑥ PERT · CPM : 경험 또는 미경험 공사에 대한 공기 계획을 다방면으로 시도하여 전산화로 판단

⑦ MIS(Management Informatin System, 정보관리 System) : 필요한 정보를 수집, 정리, 분석, 보관함으로써 주어진 목표를 달성하기 위해 Computer를 이용한 합리적인 관리 System

12 Simulation(시뮬레이션)

Ⅰ. 정의

① 최근 구조물의 고층화·대형화·복잡화·다양화로 설계나 시공시 현실에 많은 문제점을 야기시키므로 Computer의 발전에 힘입어, 설계시 그 동안의 실적 자료를 토대로 신규 공사의 예측, 미경험 공사의 계획 등을 다방면으로 시도하여 최적의 설계 방법을 창출해 내는 것을 Simulation이라 한다.

② 설계상 시행 착오를 방지하고 시공중 시공성 향상을 위해 필요하고 최근 우주 비행사나 운전 연습 등에 이용되기도 하며 건설산업에서는 풍동 시험, Mockup Test, PERT·CPM 등에 이용된다.

Ⅱ. Simulation Flow Chart

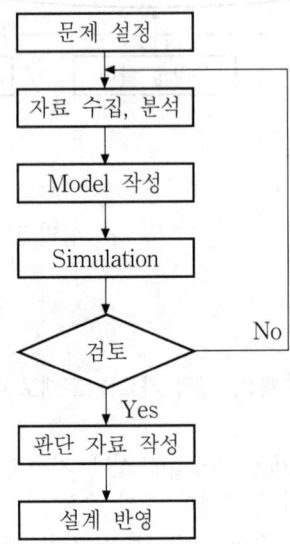

Ⅲ. Simulation의 이용

① 건설 공사의 개선
② 실적 자료를 토대로 신규 공사의 예측
③ 미경험 공사 계획

Ⅳ. Simulation 하는 이유

① 수학 Model을 해석적으로 풀기 곤란한 경우
② 위험이 따르는 경우
③ 비용이 높게 드는 경우
④ 실행 불가능한 경우
⑤ 상황이 복잡하고 이해하기 곤란한 경우

V. 현장 적용 사례

1) PERT·CPM
   ① 구조물을 지정된 공사 기간내에 공사 예산에 맞추어 완성시키기 위한 최적의 공정 관리 기법 도입
   ② 경험 또는 미경험 공사에 대한 공기 계획을 다방면으로 시도하여 전산화로 판단

2) 풍동 시험(風洞試驗 ; Wind Tunnel Test)
   ① 구조물 준공후 나타날지도 모를 문제점을 파악하고 설계에 반영할 목적으로 실시
   ② 구조물 주변의 기류를 파악하여 풍해의 예측 및 그에 따른 대책을 수립

3) Mock-up Test(實物代試驗 ; 외벽 성능 시험)
   ① PSC의 변위 측정, 온도 변화에 따른 변형, 누수, 접합부 검사, 외벽의 열손실을 시험
   ② 시험 결과에 따라 구조물 각 부분을 보완·수정하여 안전하고 경제적인 외벽 설계

13 가상 건설 시스템(Virtual Construction System)

[08후(10)]

I. 정의

① 가상 건설 시스템은 3D(Three Dimensional) 모델의 탁월한 표현 효과를 주요 기능으로 하여 실제와 같은 이미지를 제공하므로 지정한 임의 공사 순서대로 구조물을 가상 공간에서 사전 시공하여 실제 시공시의 문제점을 사전에 검토가 가능하도록 하는 것을 말한다.

② 3D 모델을 가상 현실에서 단순히 시각화하는 단계를 넘어, 기존 시스템에서는 수행하지 못했던 설계 단계, 시공 단계, 유지 관리 단계에 특화된 시스템을 말한다.

II. System 구성도

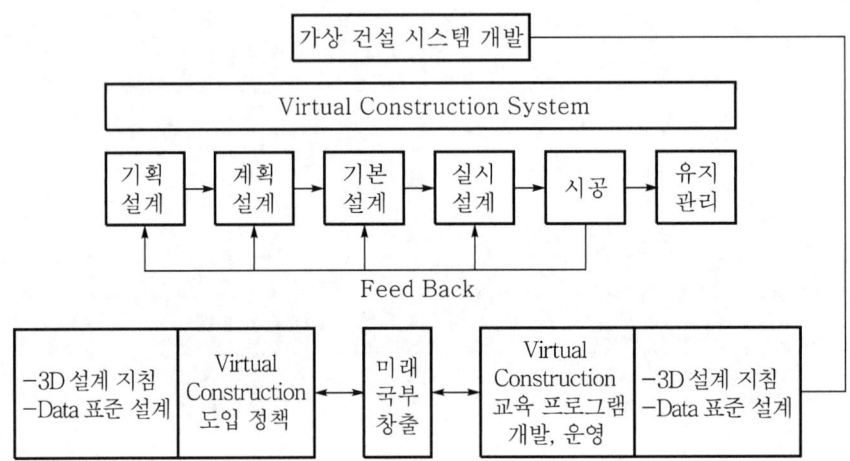

III. 가상 건설 시스템을 하는 이유

① 수학 Model을 해석적으로 풀기 곤란한 경우
② 위험이 따르는 경우
③ 비용이 많이 드는 경우
④ 실행 불가능한 경우
⑤ 상황이 복잡하고 이해하기 곤란한 경우

IV. 가상 건설 시스템의 이용

① 건설 공사의 개선
② 실적 자료를 토대로 신규 공사의 예측
③ 미경험 공사 계획

14 CAD(Computer Aided Design ; 설계 자동화 System)

Ⅰ. 정의

CAD란 설계자의 경험, 직감력과 Computer의 고속 정보 처리 기능을 서로 살리면서 고도의 설계 활동을 하기 위해 체계화된 Hardware와 Software의 이용 기술 또는 이러한 의도하에서 개발된 설계 System을 말한다.

Ⅱ. 건설 분야에서 Computer의 사용 용도

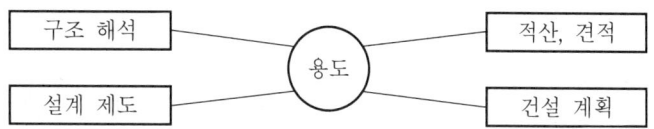

Ⅲ. CAD의 분류

① 2차원 CAD : 정면도, 평면도, 측면도 등을 사용하여 설계하는 방식
② 3차원 CAD : 곡면이 혼합된 복잡한 형상의 입면도를 간단히 설계할 수 있는 방식

Ⅳ. CAD의 장점 및 효과

1) 장점
   ① 도면 작성, 수정 용이
   ② 설계 제작 기간 단축
   ③ 도면 품질, 신뢰성 우수
   ④ 표준화, 품질 향상

2) 효과
   ① 설계 작업의 효율 증대
   ② 생산성 향상 및 표현력 증대
   ③ 정보화
   ④ 표준화, 품질의 합리화

Ⅴ. CAD의 모식도(설계자와 Computer의 대화상태)

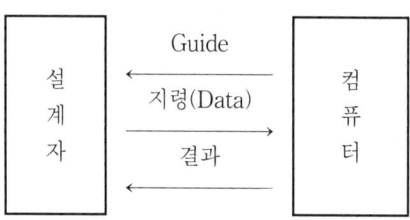

15 CAE(Computer Aided Engineering)

Ⅰ. 정의

① 컴퓨터를 이용한 구조물의 해석·분석 등의 과정을 말한다.
② 구조물에 대한 디자인에서부터 기본 설계, 상세 설계, 모형 제작 및 실험 등 각 분야와 직·간접적으로 관련되어 있다.

Ⅱ. CAE 개념도

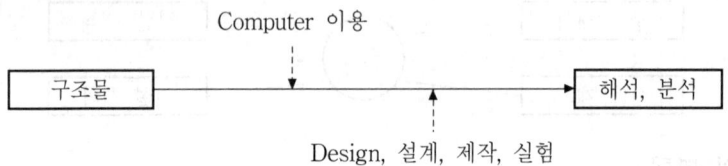

Ⅲ. 효과

① 구조물에 대한 최적 환경의 구축 　② 공기 단축
③ 간접비 감축 　④ 기술 파급 효과

Ⅳ. 적용 분야

① 시제품의 모형화 　② 디자인의 고안 및 결정 방법
③ 인공 지능 　④ 전문가 System
⑤ 객체 지향형 Data Base 관리 System

Ⅴ. 국내의 현황

① 단위 기술의 활용면에서 상당한 성과
② 제품 개발 기간의 단축면에서 미비
③ 생산성 향상 측면에서 발전 미비
④ 작업 결과의 보존과 축적된 기술의 보장 등 새로운 요구 발생

Ⅵ. 전망

① 계획·설계·시공·운영 및 시설과 자본 관리에 이르는 통합적인 건설 과정에 이용
② 새로운 공간 환경에 대한 요구에 대응
③ 디자인과 Data Base의 연계 분야
④ 비 전문가와의 의사 소통 매체
⑤ 시공과정의 기계화
⑥ 사후관리의 자동화

16 VAN(Value Added Network ; 부가 가치 통신망)

Ⅰ. 정의

① VAN은 본사와 건설 현장간의 신속한 업무 처리와 업무 내용을 그대로 전송하는 것이 아니고 업무 내용을 처리 가공하여 전송하는 통신망을 말한다.

② 정보화 사회로의 급속한 진전에 따른 경쟁에서의 우위 확보, 생산성 향상, 기술력 증대 등의 필요성에 따라 건설 정보 관리 및 정보 이용의 극대화가 요구되고 있다.

Ⅱ. VAN Network System

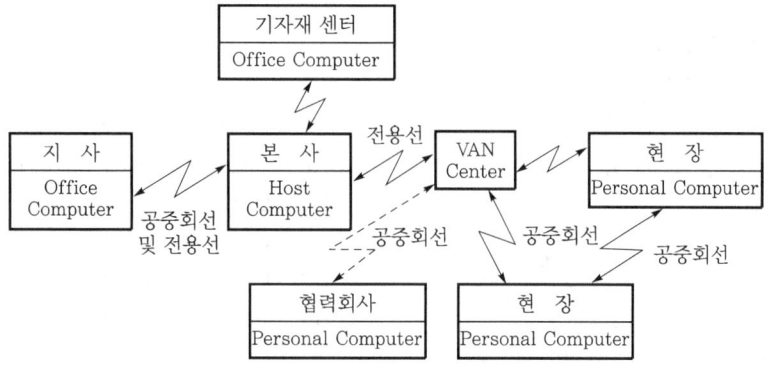

Ⅲ. VAN의 도입 배경

① 정보 사회의 급속한 진전
② 주변 환경의 복잡화, 고도화
③ New Media를 이용한 고도(高度) 정보 도시 구상
④ 부가 가치가 높은 건설 산업 지향
⑤ 건설 시공 현장에 설치하여 업무 처리 능률 향상 도모

Ⅳ. 도입 효과

① 초기 비용 절감
② Peak Time, 심야, 새벽 운영의 가능
③ 통신 관리 업무 효율화
④ 단말기의 증가, 원격지의 공사 현장과 접속 가능
⑤ 타사 제조의 단말기와 접속 가능
⑥ On Line 통신 범위 이용의 확대 가능

Ⅴ. 필요성

① 경쟁 우위 확보
② 수주 능력 확대
③ 생산성 향상
④ 기술력 증대 및 운용 효율화

17 | CIC(Computer Integrated Construction ; 건설산업정보 통합화생산)

Ⅰ. 정의

① CIC란 건설 Project 수행과 관련된 엔지니어링 분야가 세분화, 전문화됨에 따라 각 분야의 전문가들 사이에 원활한 의사 교환 및 조정의 필요성이 제기됨에 따라 대두되었다.

② 건설산업정보 통합화생산은 건설 생산 과정에 참여하는 모든 참가자들로 하여금 공사 진행시 모든 과정에 걸쳐 서로 협조하며 하나의 팀으로 구성하여 건설 분야의 생산성 향상, 품질 확보, 공기 단축, 원가 절감 및 안전 확보를 통한 대외 경쟁력을 높이는데 적절한 System이다.

Ⅱ. CIC의 개념도

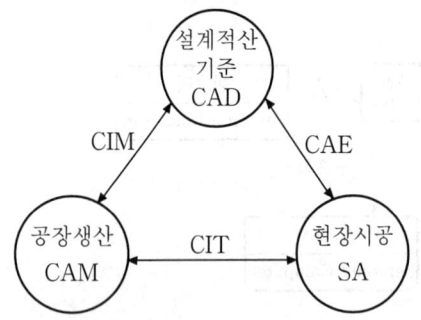

CIM : Computer Integrated Manufacture
CAE : Computer Aided Engineering
CIT : Computer Integrated Transportation
CAD : Computer Aided Design
CAM : Computer Aided Manufacture
SA : Site Automation

Ⅲ. CIC의 용도(목적)

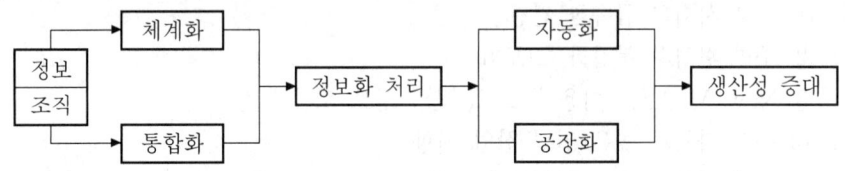

Ⅳ. 개발 방향

① 국제화 의식 고취
② 고도의 정보화 활용
③ 자동화 System 구축
④ 설계 자동화
⑤ 공장 생산에서 부품의 공업화
⑥ 현장 시공의 VAN에 의한 정보화

18 건설 CALS(Continuous Acquisition and Life cycle Support)

[02전(10)]

Ⅰ. 정의

건설 CALS란 건설업의 기획·설계·계약·시공·유지관리 등 건설 생산 활동의 전 과정을 통하여 정보를 발주 기관, 건설 관련 업체들이 Computer 전산망을 통해 신속 하게 교환 및 공유하여 건설 사업을 지원하는 건설분야 통합 정보 시스템을 말한다.

Ⅱ. CALS의 개념도

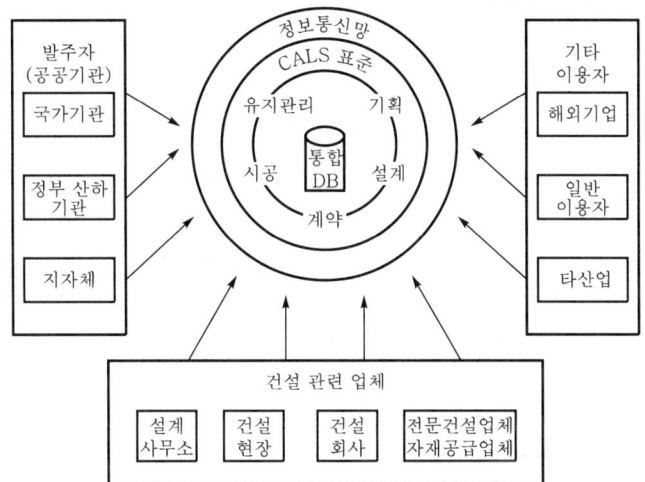

Ⅲ. 건설 CALS의 필요성

① 입찰 및 인·허가 업무의 투명성 ② 업체의 경쟁 우위 확보
③ 개방화, 국제화에 대응   ④ 기술력 증대
⑤ 업무의 효율적 운영   ⑥ 건설업의 생산성 향상
⑦ 업체의 수주 능력 향상

Ⅳ. CALS의 활용 효과

① 시간 단축(견적, 인·허가 등)   ② 구매 System 구축
③ 원거리 감리 기능   ④ 계측 결과치 공유

Ⅴ. CALS의 목표

① 종이없이 업무 수행이 가능한 체계를 구축
② System 획득 및 개발 기간 단축
③ 정보화 경영 혁신 및 비용 절감
④ 종합적 품질 향상 및 생산성 향상

19 WBS(Work Breakdown Structure ; 작업 분류 체계)

[05전(10), 15중(10)]

Ⅰ. 정의

① 공사 내용의 분류 방법에는 목적에 따라 WBS, OBS, CBS 방법 등이 있으며, 5M의 활용을 통하여 경제적인 최상의 시공관리에 그 목적이 있다.

② WBS는 공사 내용을 작업에 주안점을 둔 것으로 공종별로 분류할 수 있으며, 관리가 용이하고 합리적인 분류 체계가 되어야 한다.

Ⅱ. WBS(작업 분류 체계)

일반적으로 4단계까지의 분류를 많이 사용

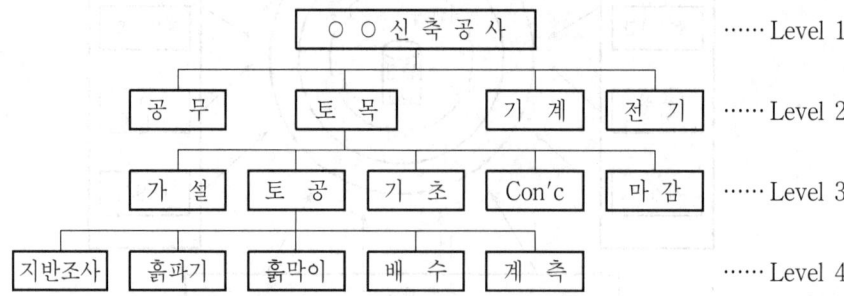

Ⅲ. Breakdown Structure 종류

1) WBS(Work Breakdown Structure ; 작업 분류 체계)
   공사 내용을 작업의 공종별로 분류한 것
2) OBS(Organization Breakdown Structure ; 조직 분류 체계)
   공사 내용을 관리하는 사람으로 구성된 조직에 따라 분류한 것
3) CBS(Cost Breakdown Structure ; 원가 분류 체계)
   공사 내용을 원가 발생 요소의 관점에서 분류한 것

Ⅳ. WBS의 필요성

① 작업 내용 파악   ② 작업 상호 관계의 조정 용이
③ 작업량과 투입 인력 분배   ④ 작업별 예산 파악

Ⅴ. 유의사항

① 공사 내용의 중복이나 누락이 없을 것
② 분류 체계는 관리가 용이할 것
③ 실작업 물량과 투입 인력을 관리할 수 있을 것
④ 분류 체계가 합리적일 것

20 ISDN(종합 정보 통신망)

Ⅰ. 정의

① ISDN이란 Integrated Services Digital Network의 약자로서, 전통적인 통신 선로(구리선)를 이용하여 공중 전화망을 연결하는 협대역 ISDN과 방송망과 고속의 영상 서비스까지 제공할 수 있는 광대역 ISDN이 있으며, 종합 디지털 통신망이라고도 한다.

② ISDN에 의한 통신망을 통하여 정보를 공유함으로써, 발주자·설계자·시공자 간의 팀웍이 원활하게 되어, 설계 변경 횟수가 줄고 또한 공사비의 절감 효과를 가져다 줄 수 있다.

Ⅱ. 광대역 종합 정보 통신망의 효과

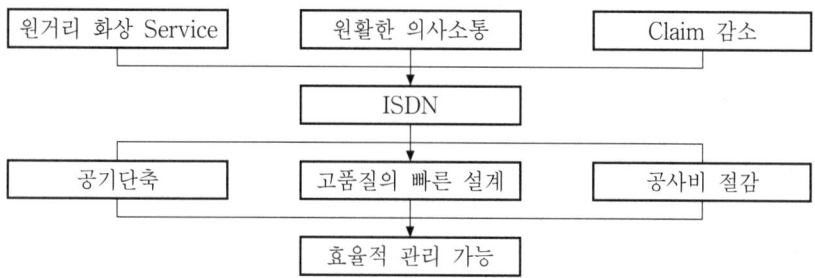

Ⅲ. 특징

장 점	단 점
① 신속한 착공의 가능	① 초기 투자비 과다
② 설계 및 시공에 대한 이해도 증가	② 특별한 전문가 필요
③ 상호 간섭의 현저한 감소	③ 공사 현장의 분위기 파악 미흡
④ 설계 변경시 신속한 의사 교환 가능	④ 소규모 현장 적용의 부적절
⑤ 시공 과정의 사전 검토로 안전성 향상	

Ⅳ. 광대역 통신망 구축시 이용 가능한 분야

① 화상 회의 서비스
② 정지 화상 전송 서비스
③ PC 통신과 Data Base 검색 서비스
④ LAN(Local Area Network) 접속 서비스
⑤ ISDN 전화와 통화상 전화 서비스

21 | MIS(Management Information System ; 정보관리 System)

Ⅰ. 정의

① MIS란 필요한 정보를 수집·정리·분석·보관함으로써 주어진 목표를 달성하기 위해 Computer를 이용한 합리적인 관리 System을 말한다.

② 건설 시장의 환경 변화로 인한 대외 경쟁력 제고와 업무 능률 향상을 위해 경영기술의 과학화와 더불어 공사 관리상의 기술 정보관리의 System화가 요구된다.

Ⅱ. MIS의 구성

```
정보 수집  →  정보 정리 및 분석  →  정보 보관  →  정보 활용
```

1) 정보 수집
   ① 목적을 분명히 하여 수집
   ② 누락이 없도록 조직적 수집
   ③ 수집·처리·활용 방안을 미리 검토

2) 정보 정리 및 분석
   ① 정보의 신뢰성 및 이용성
   ② 이용 목적에서의 적합성
   ③ 정보 사용 비용 및 제공 가능 시점

3) 정보 보관
   ① 활용에 대비하여 정보를 목적에 따라 재처리
   ② 검색이 용이하기 위해 목록집, 색인집 작성

4) 정보 활용
   ① 분석·보관된 정보를 의사결정 또는 예측을 위해 사용
   ② 계획의 최적화를 도모하기 위해 정보를 분석 재생

Ⅲ. MIS의 효과

① 관리 업무의 효율화
② 현장, 지사, 본사간의 Data의 유효 활용
③ 업무 연락 비용 절감 및 정보 전달 신속
④ 원가관리 System의 추진

Ⅳ. MIS의 기능

① 공사관리에 적정한 수준의 정보 제공
② 공사의 계획과 진척상태를 비교·측정하기 위한 기준 제공
③ 공사에 대한 비용과 일정 등을 조직적으로 분석 가능
④ 수정이 가능한 정보를 제시간에 제공
⑤ 주어진 상황에 가장 중요한 정보를 확인하여 제공

22 | PMIS(Project Management Information System)

[14중(10)]

Ⅰ. 정의

① 사업 전반에 있어서 수행 조직을 관리 운영하고 경영의 계획 및 전략을 수립하도록 관련 정보를 신속 정확하게 경영자에게 전해줌으로써 합리적인 경영을 유도하는 Project별 경영 정보 체계를 말하며, PMDB(Project Management Data Base)라고도 한다.

② 건설업에도 환경 변화로 인한 효율적 정보 관리에 대한 요구가 증가하고 있으며, 건설업은 경영의 많은 부분을 각 Project별로 운영하므로 PMIS를 이용하면 경영 전반의 MIS(Management Information System ; 정보관리 System) 구축이 용이하다.

Ⅱ. PMIS의 구성

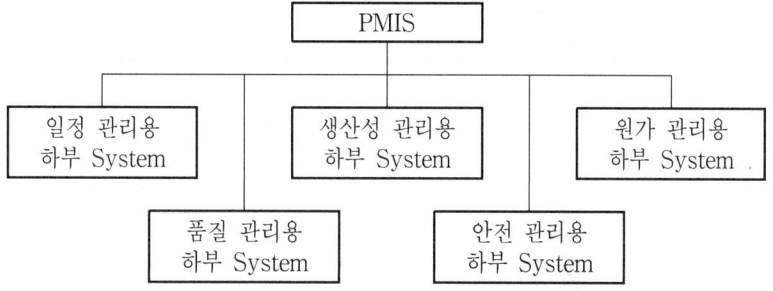

Ⅲ. 필요성

① 현재의 공사 수행 분석 정보 필요
② 건설 사업의 발주 및 규모가 다양
③ 건설 산업의 환경 변화
④ 기성 청구와 관련된 정보의 분석
⑤ 투자 자본 분석을 위한 정보 필요

Ⅳ. 건설 사업의 PMIS 구축 방안

① 신속한 정보 수집 및 교류를 위한 Data 통신망 설치
② 공사 현장의 세부 정보 및 본사의 경영 전반에 걸친 정보까지 단계적으로 수집
③ 각 정보별 체계적인 분류
④ 각 Project의 운영 전반에 관한 모든 정보의 Data Base화
⑤ 각 Project의 운영에 대한 본사 차원의 지원과 통제가 가능토록 정보의 Code화

23 국가 DGPS 서비스 시스템

[08전(10)]

Ⅰ. 정의

① DGPS(Differential Global Positioning System ; 정밀위성측량시스템)이란 고정위치에서 GPS 위성신호를 수신해 그 위치 오차를 줄인후 사용자에게 전송하고, 사용자는 GPS 신호에서 수신한 DGPS 신호를 보정해 보다 정확한 위치를 알 수 있게 해주는 기술이다.

② 지상의 기지국으로부터 GPS 오차정보를 받아 보정하는 방식을 사용하며, 고가 인데다 단말기 설치가 용이하지 않다는 단점이 있지만, 정확도가 높은만큼 고정밀 측량 등에 활용된다.

Ⅱ. DGPS의 구성도

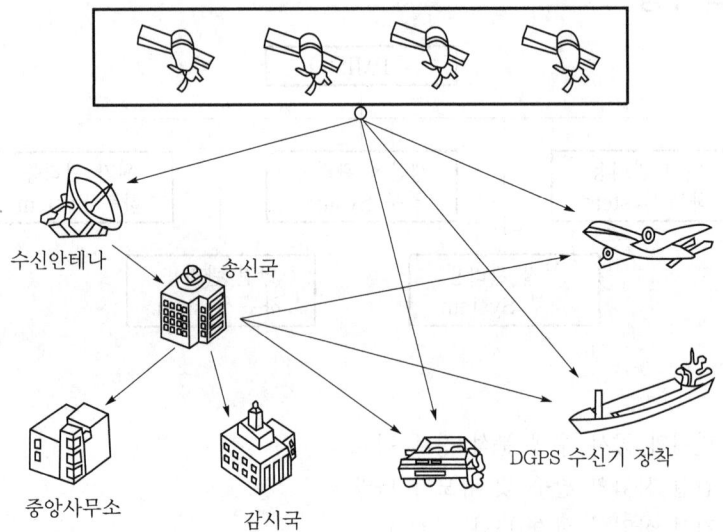

수신안테나　　송신국

중앙사무소　　감시국　　DGPS 수신기 장착

이동하는 물체에는 위성과 송신국에서 보내는 위성신호를 받고, 이동하지 않는 건물 등에는 송신상태가 양호한 송신국을 통해 위성신호를 받을 수 있다.

Ⅲ. DGPS의 특징

① DGPS는 기존 광학 장비보다 시간과 거리의 제한이 매우 적다.

② 기상조건 및 야간관측에 영향을 받지 않는다.

③ 1인 측량이 가능하다.

④ 야장이 필요 없으며 컴퓨터에 의한 자동처리가 가능하다.

Ⅳ. 위성측량 기법의 종류

1) DGPS(Differential Global Positioning System)
   ① 통상 4개 이상의 위성이 수신되면 측량이 가능하고, 코드처리 방식으로 계산속도가 빠르나 정확도는 떨어진다.
   ② 일반적으로 허용오차가 큰 해양에서의 위치 측량이나 자동차 항법 등에 적용된다.

2) RTK(Realtime Kinematic)
   ① 일반적으로 5개 이상의 위성이 수신되어야 측량이 가능하고, 반송파처리 방식으로 계산과정이 복잡하나 정확도는 매우 높다.
   ② 일반적으로 정확도를 요하는 옥상측량, 해상측량 및 변위측량 등에 적용된다.

24 | GIS(Geographic Information System)

[99중(20), 03중(10), 08후(10)]

Ⅰ. 정의

① GIS란 지리정보 체계로서 일반적으로 인구, 산업, 농경, 사회환경, 행정에 관련된 정보를 기본으로 하는 공간 정보를 다루는 전산체계이다.

② 최근 건설분야에서 많이 이용되고 있는 GIS는 정보시스템을 동반한 컴퓨터 지도로서 앞으로 무한한 발전 가능성을 가진 분야이다.

Ⅱ. GSIS(Geographic Space Information System : 지형공간 정보체계)의 분류

① GIS(Geographic Information System : 지리정보체계)

② LIS(Land Information System : 토지정보체계)

③ UIS(Urban Information System : 도시정보체계)

④ AM/FM(Automated Mapping / Facility Management : 도면자동화, 시설물관리자동화)

Ⅲ. 지형공간 정보체계의 자료 종류

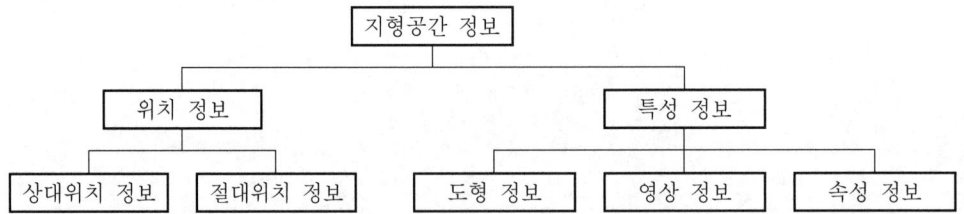

Ⅳ. GIS의 필요성

① 국토 이용의 전산화

② 각종 자료의 Data Base

③ 자원 관리 및 환경보전

④ 지도 정보의 관측 및 검색

⑤ 통계자료 및 도형자료의 전산화체제 구축

Ⅴ. 건설공사의 활용사례

① 골재원과 수요지 공급 산출

② 종합적인 골재 수급체계 구축

③ 지역 환경 분석

VI. GIS 활용도

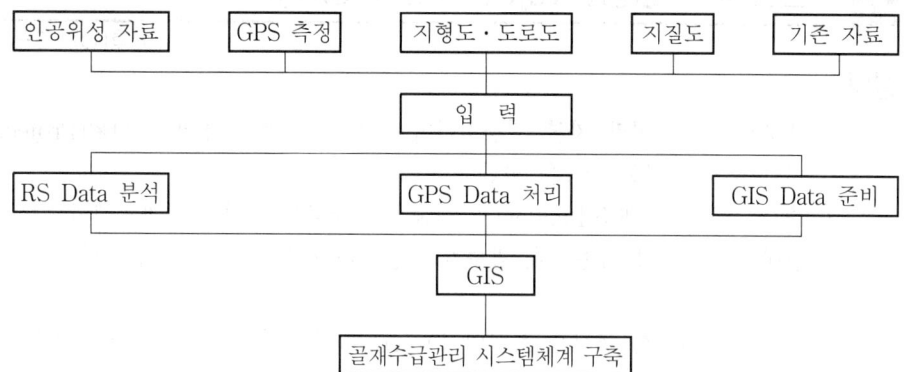

① GPS(Global Positioning System)
② RS(Recommended Standard)
③ GIS(Global Information System)

VII. GIS 적용 분야

적용 분야		내 용
계획 및 설계	국토 계획 도시 계획 토목 설계	지역지구 지정, 개발행위 심사, 구획 정리 공사 계획, 용지 수용
시설관리	도로 가스 전력망 토지	도로부지 구성계획, 도로시설관리 급·배수시설, 공사 계획 배차관리, 노선 교통 계획, 교통체계 분석
환경관리	토지 이용 해양 산림	토지이용 계획, 종합 계획 오염 감시, 발생원 산림 계획, 산림 조사, 관리, 환경영향 평가
자원관리	석유 수자원 광물자원	자원의 효과적 이용
기타	재해 방지 서비스 광고 통계	방재, 방역, 공해 금융, 부동산 국세조사, 지정통계, 평가, 열람

25 프로젝트 금융(Project Financing)

[04후(10), 13중(10)]

I. 정의

① 프로젝트 금융이란 자본 집중적이며, 단일 목적적인 경제적 단위(Project)에 대한 투자를 위한 금융을 말한다.

② 주로 금융권인 대주(Lender)는 대출금의 상환을 해당 프로젝트에서 발생하는 임대료나 수익에 의존하며, 발주자의 신용과 재력 및 제3자의 보증 등은 부차적이 된다.

③ 발주자는 타당성 조사를 통하여 Project의 수익성이 보장되면 공사비를 금융업체로부터 지원받아 공사를 할 수 있다.

II. 개념

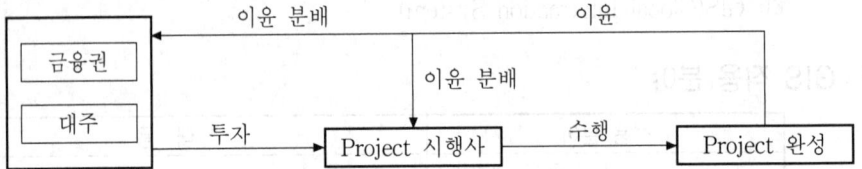

III. 대상

항 목	내 용
플랜트 부분	발전소·비료공장·화학공장·정유관련 시설·시멘트공장·하수처리시설 등
토목 부분	항만·댐·수로공사, 도로·교량 공사, 철도·지하철 공사, 수원개발 등
건축 부분	주택·교육 시설, 사무실·공공 시설, 호텔·병원 등
환경 부분	에너지 관련 프로젝트 등

IV. 특징

① 지급보증은 프로젝트의 자산이나 현금 흐름에 의존한다.

② 프로젝트에 대한 전문적인 경제·기술 평가가 수반된다.

③ 대주는 철저한 프로젝트 모니터링이 된다.

④ 복잡하고 장황한 대출 및 담보 계약서가 수반된다.

⑤ 대주의 위험 노출도에 따라 이자율과 수수료가 결정된다.

V. 프로젝트 자금조달

항 목	내 용
자금의 흐름	공사 대주(금융권) ⇨ Project 개발업체 ⇨ 시공업체 ⇨ 하도업체
공사 자금조달 형태	① 부동산 저당 차입 : 장기 자금조달의 요소가 되며, 다른 자금조달을 상대적으로 쉽게 해준다. ② 단기 차입 : 이자수입을 목적으로 하는 각종 대출기관이 제공한다.

VI. 건설 금융

1) 의의

건설 금융이란 건설회사의 자산 신용도에 따라 금융회사에서 대출해 주며, Project의 승패와 관계없이 대출이자만 금융회사에서 받아가는 것이다.

2) 개념도

금융회사 ←대출/하자→ 건설회사 ←투자/이윤→ Project

건설회사는 금융회사에 대출에 대한 이자만 지불한다.

VII. Project 금융과 건설 금융의 비교

구 분	Project 금융	건설 금융
금융사 투자 기준	Project 성공 확률	건설회사의 신용도
투자 절차	타당성 조사 필요	비교적 간단
투자 기간	Project의 사업 기간	장기간 대출 유지
금융사 Risk	Risk가 큼	Risk가 작음
건설사 Risk	Risk가 작음	Risk가 큼
금융사 수입 의존	Project의 수입률	대출 이자

26 건설 경영 혁신

Ⅰ. 정의

① 건설 경영 혁신이란 기업의 업무 방식 등 모든 경영을 개선·재구축하여 경쟁력 강화, 이윤의 극대화, 나아가 우량 기업으로서의 지속적인 발전을 위해 혁신적으로 실시하는 것이다.

② 건설 경영 혁신 기법으로는 급진적인 혁신 방식인 Business Reengineering과 지속적인 혁신 방식인 Bench Marking과 Down Sizing, Restructuring, 고객 만족, 시간 경영 등이 있다.

Ⅱ. 건설 경영 혁신 기법의 분류

```
┌─ Business Reengineering
├─ Bench Marking
├─ Down Sizing
├─ Restructuring
├─ 고객 만족(Customer Satisfaction)
└─ 시간 경영
```

Ⅲ. 분류별 특징

① Business Reengineering : 기존의 업무 방식을 근본적으로 재고려하여 기업의 제반 관리 및 운영 체계를 급진적으로 재구축하는 것이다.

② Bench Marking : 지속적인 개선을 통하여 기업의 업무를 혁신하여 우량 기업으로 발전시키기 위한 방법이다.

③ Down Sizing : 기업의 규모(Size)를 가장 효율성 있도록 전략적으로 축소(Down)하여 생산성을 향상시킴으로써 대외 경쟁력 회복 및 증대시키는 방법이다.

④ Restructuring : 기존의 업무를 현실에 맞게 개조 및 재구성하여 발전시킴으로써 기업의 생산성 향상 및 대외 경쟁력을 증대시키는 방법이다.

⑤ 고객 만족(Customer Satisfaction) : 기업의 최종 결과물인 제품이 고객에게 만족시키기 위해 끊임없는 개선과 혁신을 통하여 기업의 장기적인 성공을 추구하는 방법이다.

⑥ 시간 경영 : 업무를 가장 효율적으로 추진할 수 있는 시간에 그 업무를 수행하게 함으로써 업무의 능률을 향상시키는 방법이다.

27 비즈니스 리엔지니어링(Business Reengineering)

Ⅰ. 정의

① Business Reengineering이란 기존의 업무 방식을 근본적으로 재고려하여 기업의 제반관리 및 운영체계를 급진적으로 재구축하는 건설 경영 혁신 중의 하나이다.

② Business Reengineering은 작업 과정 즉, Process를 근본 단위로 하여 업무·조직·기업 문화 등 전부분에 대하여 성취도를 대폭적으로 증가시키기 위해 실시하기 때문에 Business Process Reengineering이라고도 한다.

Ⅱ. Business Reengineering의 목표

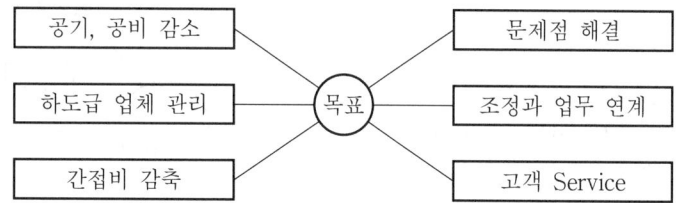

Ⅲ. Business Reengineering 대상으로서의 Process

1) Process의 정의

어떤 목적에 이르게 하는 활동 또는 작업 과정을 말한다.

2) Process의 종류

① 운영 Process : 고객에게 제품 또는 서비스를 제공하기 위한 작업

② 경영관리 Process : 회사 운영상 필요한 작업

Ⅳ. Business Reengineering의 원칙

① 업무 위주가 아닌 결과 위주로 경영·관리한다.

② Process의 결과를 받는 사람에게 Process를 수행하게 한다.

③ 정보 처리 업무를 정보를 제공하는 실제 업무로 만들게 한다.

④ 지역적으로 흩어진 자원을 중앙에 모여 있다고 간주한다.

⑤ 업무 결과의 단순 통합이 아닌 업무를 연계시킨다.

⑥ 업무 수행 부서에 결정권을 부여하고 Process 내에 통제를 유치한다.

⑦ 정보는 발생 지역에서 한번만 처리한다.

28 벤치 마킹(Bench Marking)

Ⅰ. 정의

① BM(Bench Marking)이란 지속적인 개선을 통하여 기업의 업무를 혁신하여, 우량 기업으로 발전시키기 위한 건설 경영 혁신 기법 중의 하나이다.

② 건설 경영 혁신 기법에는 지속적인 개선을 통하여 업무의 변화를 꾀하는 BM 기법과 기존 업무의 과감한 재구축으로 경영의 급진적인 혁신을 꾀하는 Business Reengineering 기법 이외에 여러 가지 기법이 있다.

Ⅱ. 건설 경영 혁신 기법의 분류

- Business Reengineering
- Bench Marking
- Down Sizing
- Restructuring
- 고객 만족(Customer Satisfaction)
- 시간 경영

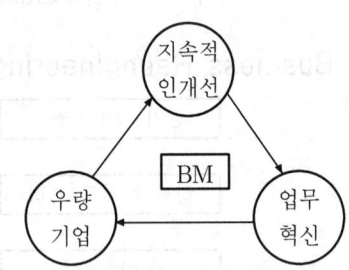

Ⅲ. BM의 방법

기업의 여러 가지 업무 가운데 개선이나 혁신이 필요한 업무를 그 업무가 최고 수준인 경쟁 회사와 비교·분석하여 창조적인 모방을 통하여 업무의 격차를 점차 줄여 나중에 추월하는 방법이다.

Ⅳ. BM의 대상

1) 기업 내부 BM

① 기업내의 불필요한 조직을 제거한다.

② 기업내의 업무나 과정 등을 분석하여 개선 및 제거한다.

2) 경쟁 기업 BM

경쟁 기업 중 개선하고자 하는 업무의 수준이 최고인 회사와 그 업무를 비교·분석하여 개선한다.

3) 산업 BM

동종 산업의 전체 기업의 동향을 비교·분석한다.

4) 초우량 기업 BM

① 모든 기업 중에서 가장 우량한 몇 개의 기업의 업무방식과 비교한다.

② 혁신적인 업무 개선을 하는 기업과 우선 비교·분석한다.

V. BM의 적용

① 경영의 변화
② 현행 업무에 대한 재검토
③ 새로운 공정 및 투자
④ 작업 공정 개선
⑤ 품질 향상
⑥ 비용 절감 및 예산 수립

29 | Down Sizing

Ⅰ. 정의

① 기업의 전체 규모(Size)를 가장 효율성 있게 전략적으로 축소(Down)하여 생산성을 향상시킴으로써 대외 경쟁력을 회복 및 증대시키기 위해 실시하는 경영 혁신 기법을 Down Sizing이라 한다.

② 기업이 위기 상황에 처했을 때 이를 극복하기 위하여 많이 활용되는 기법으로, 기업의 기술력·조직·인력을 보다 높은 생산성을 갖기 위해 활용하는 것이다.

Ⅱ. 건설업의 Down Sizing

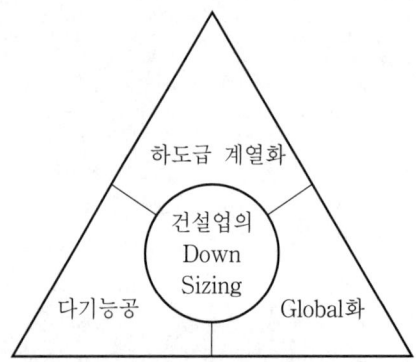

Ⅲ. 필요성

① 기업의 기술력·조직·업무의 효율성 향상
② 인력 대비 생산성 향상
③ 기업 운영의 간접비 절약
④ 공사 원가 절감
⑤ 대외 경쟁력 향상
⑥ 공사 수주의 향상

Ⅳ. Down Sizing의 대상

1) 기술 혁신
   작업의 효율성 및 생산성 증대를 위한 기술 개선
2) 관리 혁신
   업무, 경영 방식 및 Process의 개선
3) 인력 혁신
   인적 자원의 행동 및 사고의 개선

V. Down Sizing의 추진 방향

① 유사한 업무의 수행 및 추진 능력 함양
② 전산화에 의한 업무 추진 능력 증진
③ 합리적·과학적 공사관리 기술 이용
④ 하도급 업체에 대한 지속적인 기술 교육 실시
⑤ 기술 능력 증진을 위한 연구 기간 운영

30 인공 지능(Artificial Intelligence)

Ⅰ. 정의

인공 지능이란 Computer가 인간의 지능이 할 수 있는 사고·학습·자기 개발 등을 할 수 있도록 하는 방법이다.

Ⅱ. 적용 범위

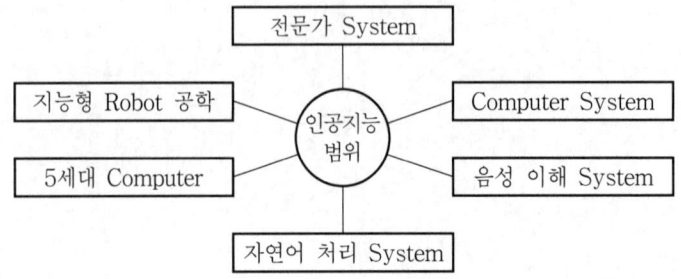

Ⅲ. 연구 내용

① 신경 회로망   ② 퍼지(Fuzzy) 이론
③ 유전 이론   ④ 혼합형 방법

Ⅳ. 적용

1) 수주 계획
   ① 수주 가능한 공사를 분별한다.
   ② 수주시 손익을 계산한다.
   ③ 수주에 대한 위험도를 감지한다.

2) 계획 관리
   ① 공사의 전체 공정을 관리한다.
   ② 공사 관리를 통해 공기 단축, 공사비 절감 등을 도모한다.
   ③ 품질 관리를 통해 품질 향상을 꾀한다.
   ④ 공사 계획에 대한 위험도를 조기에 파악한다.

3) 기획
   ① 입력된 Data로 Project에 대한 기획을 한다.
   ② 단위 Project를 종합하여 각 Project의 중요도 및 실시 순서를 정한다.

4) 연구 개발
   ① 계획된 공사의 최적 공기를 연구 개발한다.
   ② 공사 비용의 최소화를 연구 개발한다.
   ③ 품질 향상 및 공사 전반의 질적 향상을 연구한다.

31 Expert System(전문가 시스템)

Ⅰ. 정의

① 경영진의 합리적인 의사 결정을 유도하기 위해서 현 공사 관련 정보와 함께 해당 분야 전문가가 가지고 있는 지식 기반을 저장해 두었다가 사용자에게 제공해 주는 정보 체계를 Expert System(전문가 시스템)이라고 한다.

② 인공 지능의 응용 분야 중 가장 활발한 연구가 진행되는 분야 중의 하나로, 지식 기반 전문가 시스템(KBES ; Knowledge Based Expert System)이라고도 한다.

Ⅱ. 전문가 시스템의 구조

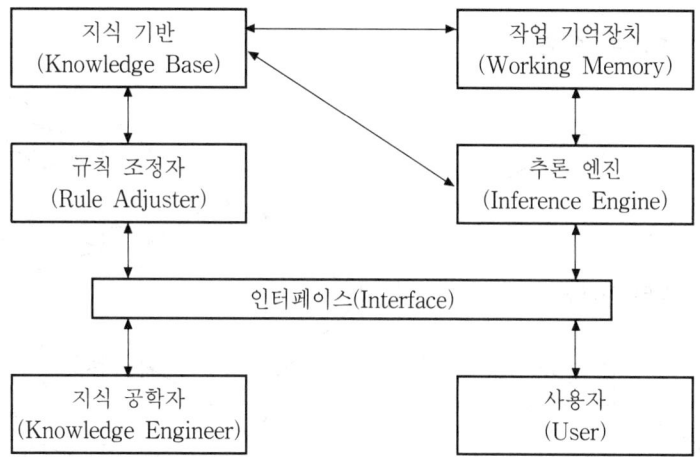

1) 지식 기반(Knowledge Base)
   ① 전문가 시스템의 성능을 좌우하는 가장 중요한 부분이다.
   ② 경험적으로 얻어지는 사실들과 문제의 답을 도출하는 과정에서 의사결정 요인으로 이용되는 규칙들을 포함한다.
2) 추론 엔진(Inference Engine)
   ① 어떤 지식이 알려져 있는지를 결정한다.
   ② 추가 지식을 확인하기 위해 지식기반과 작업 기억장치를 조사한다.
3) 작업 기억장치(Working Memory)
   ① 사실들로 이루어지며 다루고 있는 문제의 특성에 따라 달라진다.
   ② 사실들은 추론의 결과로 생성되는 새로운 사실들이다.
4) 규칙 조정자(Rule Adjuster)
   여러 규칙들이 적용되는 과정들이 합리적인지를 판단한다.

32 | Decision Tree(의사 결정 나무)

Ⅰ. 정의

Decision Tree란 다단계 의사 결정에 이용되는 분석 도구로서, 의사 결정의 전체적인 개념을 나타낼 수 있으며 의사 결정과 그 결과를 효율적으로 표현할 수 있다.

Ⅱ. Decision Tree의 구성

① 가지와 분기점으로 구성
② 분기점
    ㉮ 상태(狀態)들이 갈라져 나오는 분기점 : ○으로 표시
    ㉯ 대안(代案)들이 갈라져 나오는 분기점 : □으로 표시

Ⅲ. Decision Tree의 작성

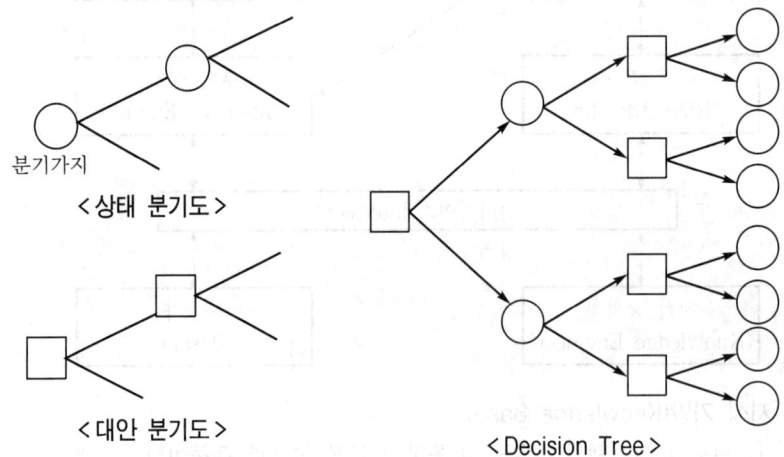

분기가지

< 상태 분기도 >

< 대안 분기도 >

< Decision Tree >

1) 상태 분기도의 작성
    ① 대안 분기점은 제외하고 상태 분기점들만을 순서에 따라 배열하여 작성한다.
    ② 상태 분기점에서 나오는 가지들에는 상태 명칭과 확률을 기록한다.

2) 대안 분기도의 작성
    ① 선택 시점이 몇 번 있는지 알아보고 그 시점들의 시간적 순서에 따라 연결하되 대안들을 모두 열거한다.
    ② 대안을 나타내는 가지에는 대안의 명칭과 비용 등을 기록한다.

3) 종합 작성
    ① 상태 분기도와 대안 분기도를 종합하여 Decision Tree를 완성한다.
    ② 분기점들간의 선후 관계가 틀리지 않도록 연결한다.
    ③ Decision Tree의 우측 가지 끝에 결과(금액 또는 효용)들을 기록한다.

33 유비쿼터스(Ubiquitous)

Ⅰ. 정의

① 오늘날 미래 학자들은 인류 역사에 가장 많은 영향을 미친 4대 공간 혁명으로 도시 혁명, 산업 혁명, 정보 혁명, Ubiquitous 혁명을 꼽고 있다.

② Ubiquitous 혁명은 Network 기술을 토대로 물리 공간과 전자 공간의 경계를 뛰어넘는 대대적인 변화를 예고한다.

③ Ubiquitous란 라틴어에서 유래한 용어로 "어디에나 존재한다"의 뜻으로 모든 사물에 칩을 넣어 언제, 어디서나 Computer에 연결되어 있는 IT 환경을 뜻한다.

④ Ubiquitous 기술을 통해 Ubiquitous 공간을 실용화하고 있으며, 나아가 Ubiquitous 건설의 U-home(Ubiquitous home)과 U-city(Ubiquitous-city)의 건설이 정부의 계획에 의해 추진되고 있다.

Ⅱ. Ubiquitous 개념

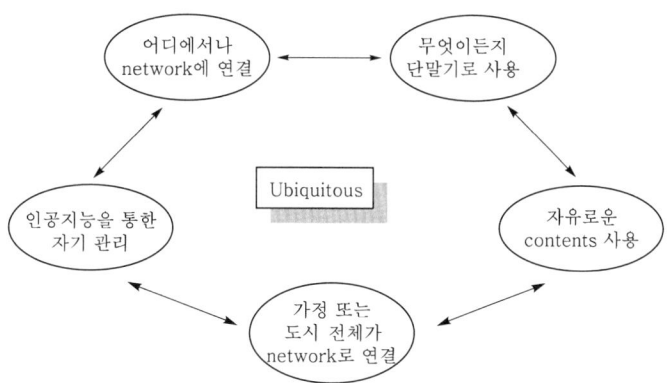

1) U-home(Ubiquitous home)

   Ubiquitous 환경의 인간 친화적인 주거 형태

2) U-city(Ubiquitous city)

   Ubiquitous Computing, 정보 통신 기술을 기반으로 도시 전반의 영역을 융합(Convergence)하여 통합되고(Integrated), 지능적이며(Intelligent), 스스로 혁신되는(Innovative) 도시

Ⅲ. Ubiquitous의 핵심 기반 기술

1) RFID(Radio Frequency IDentification : 무선 인식 기술)

   ① 각종 사물에 소형칩을 부착하여 사물의 정보와 주변 환경 정보를 무선 주파수로 전송 및 처리하는 비접촉식 인식 System

   ② 판독과 해독 기능이 있는 판독기와 고유 정보를 내장한 RFID Tag, 운용 Software 및 Network로 구성

③ 전파식별 System은 사물에 부착된 얇은 평면 형태의 Tag를 식별하므로 정보 처리

2) USN(Ubiquitous Sensor Network)

① 각종 Sensor를 통해 주변의 환경 정보를 실시간 수집

② 수집한 정보를 관리 및 통제할 수 있도록 Network 구성

③ 모든 사물에 Computing 및 Communication 기능을 부여하여 언제 어디서든
   지 통신이 가능한 환경 구현

34 건설 분야 RFID(Radio Frequency IDentification)

[09중(10)]

I. 정의

① RFID(무선 인식 기술)란 각종 사물에 소형칩을 부착하여 사물의 정보와 주변 환경 정보를 무선 주파수로 전송 및 처리하는 비접촉식 인식 system이다.

② 판독과 해독 기능이 있는 판독기와 고유 정보를 내장한 RFID Tag, 운용 Software, Network 등으로 구성된 전파식별 System은 사물에 부착된 얇은 평면 형태의 Tag를 식별하므로 정보를 처리하며, Ubiquitous 공간 구성의 핵심 기반 기술이다.

③ 건설 분야 RFID는 건설 자재인 스풀에 RFID Tag를 부착해 제조 공장에서부터 건설 현장까지 선적, 배송, 재고 관리 작업을 자동화하기 위한 구축 시스템이다.

II. RFID 작동 원리

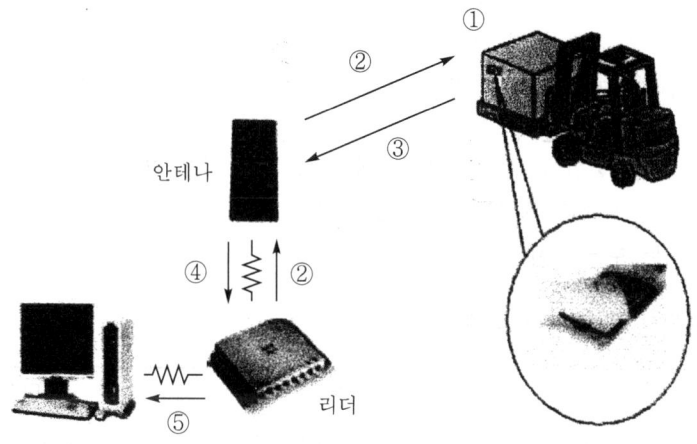

〈 RFID 작동 원리 〉

III. 분류

1) 저주파 전자식별

    1.8 m 이하의 짧은 거리에 사용

2) 고주파 전자식별

    27 m까지의 먼 거리도 인식 가능

Ⅳ. RFID의 특징

장 점	단 점
① 반영구적 사용 가능 ② 대용량의 메모리 내장 ③ 이동중 인식 가능 ④ 원거리 인식 가능 ⑤ 반복 재사용 가능 ⑥ 다수의 Tag 또는 Label 정보를 동시에 인식 가능 ⑦ 데이터의 높은 신뢰도 ⑧ 공간적 제약 없이 동작 가능 ⑨ 데이터 변환(Write) 및 저장이 용이함	① 금속에 의한 전파 장애 가능성 높음 ② RFID의 기술적인 한계 ③ RFID 기술이 갖는 사회 윤리적 문제 ④ 전파는 물을 통과하기 어려움 ⑤ 대량 생산 공업 제품이므로 위조, 복제 등이 가능 ⑥ 체계화된 표준안 제시 시급

Ⅴ. 건설업에서의 활용

1) 현장 반출 물품 관리
　　① 토사 반출 차량의 시간대별 관리 및 토량 자동 산출
　　② 폐기물 차량의 관리로 폐기물량 자동 산출
　　③ 기타 자재의 반출시 반출 자재의 내역 및 수량 파악 용이
2) 현장 투입 물품 관리
　　① 시간대 확인이 필요한 레미콘의 도착 시간 확인 용이
　　② 철근, 시멘트, 목재 등 주자재의 현장 재고 파악 용이
3) 출입하는 모든 자재 및 차량의 정보 관리

Ⅵ. 현행 바코드와 RFID 기술의 차이

구 분	바코드	RFID
인식 방법	광학식 Read Only	무선 Read/Write
정보량	수십 단어	수천 단어
인식 거리	1 m 이내	최대 100 m
인식 속도	개별 스캐닝	최대 수백 개
관리 레벨	상품 그룹	개개 상품(일련번호)
가격	저가	고가

35 USN(Ubiquitous Sensor Network)

Ⅰ. 정의

① '언제, 어디서나 존재한다'라는 의미를 지닌 Ubiquitous 시대의 실현을 위해 가장 대표적인 핵심 기반 기술로 RFID(Radio Frequency IDentification)와 USN 에 대한 연구가 활발하게 이루어지고 있다.

② USN이란 필요한 모든 곳에 전자 Tag(Sensor Node)를 부착하고 이를 통해 사물의 인식 정보를 기본으로 주변의 환경(온도, 압력, 오염, 균열 등) 정보까지 각종 Sensor에서 감지한 정보를 무선으로 실시간 수집하여 관리와 통제를 할수 있도록 구성한 Network이다.

③ 궁극적으로 모든 사물에 Computing 및 Communication 기능을 부여하여 Anytime, Anywhere, Anything 통신이 가능한 환경을 구현하는 것이다.

④ RFID(무선 인식 기술)를 발판으로 기존의 바코드 시장을 급속히 대체하면서 출·퇴근 관리, 물류 관리, 주차 관리 및 출입 통제 등의 분야에서 새로운 정보 기술로 급부상하고 있다.

Ⅱ. USN 구조도

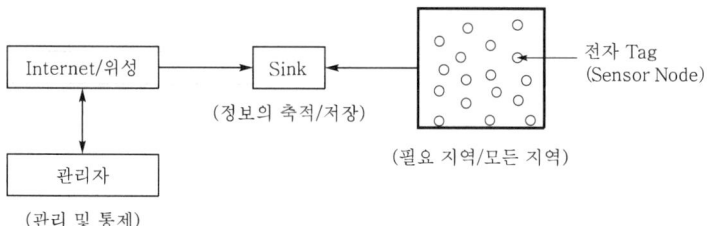

Ⅲ. 전자 Tag(Sensor Node)의 종류

① 온도 Sensor Node
② 가속도 Sensor Node
③ 위치 정보 Sensor Node
④ 압력 Sensor Node
⑤ 지문 Sensor Node
⑥ 가스 Sensor Node 등 다양한 Sensor Node가 존재

Ⅳ. 특징

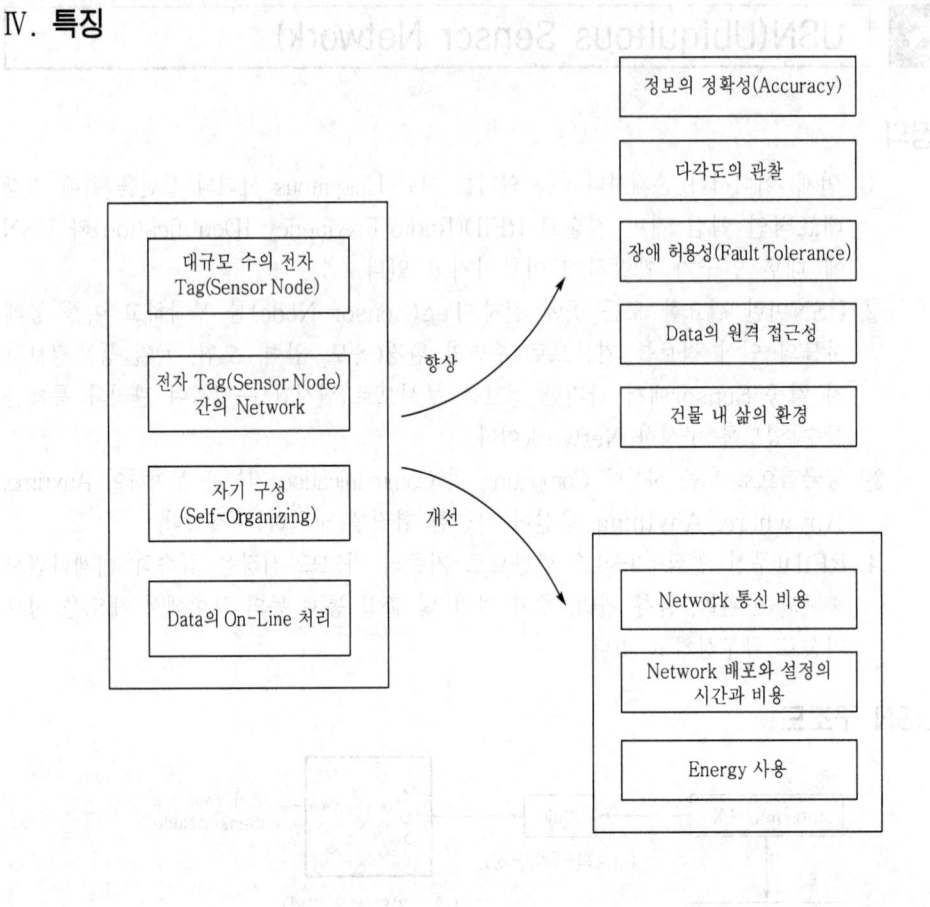

36 작업 개선

Ⅰ. 정의

① 작업 개선이란 작업을 단순하게 하여 값이 저렴하게, 작업이 신속하게 이루어질 수 있도록 여러 면에서 작업을 분석하고 변경하여 개선하는 것을 의미한다.

② 작업자의 육체적 부담 및 심리적·정신적 부담을 경감시켜, 제품의 품질 향상과 작업자의 안전을 위하여 작업 개선이 연구 및 시행되어야 한다.

Ⅱ. 작업 개선의 3가지 측면

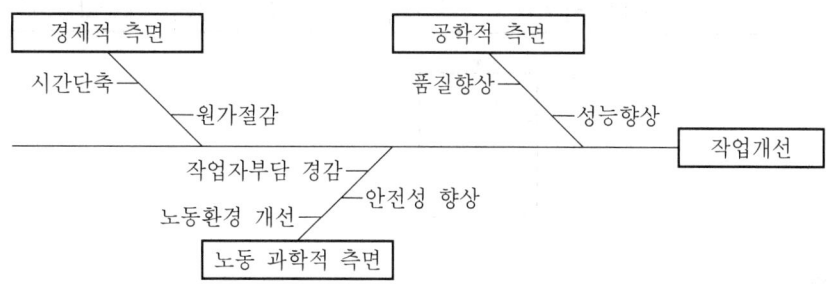

Ⅲ. 목적

① 작업의 단순화

② 제품 원가의 절감

③ 제품의 품질 향상

④ 작업의 연속화

⑤ 작업자의 안전성 향상

Ⅳ. 건설업에서 작업 개선이 늦은 요인

① 개선의 목표가 명확하지 않다.

② 생산 조직이 다변화하고 개선에 의한 이익이 되돌아 오지 않는 경우가 많다.

③ 개선책의 평가가 어렵다.

④ 작업 방법이 보편화되어 있지 않아 문제점 파악이 어렵다.

Ⅴ. 개발 방향

① Simulation을 응용하여 작업 개선의 연구에 적용한다.

② 건설 현장의 특수성을 고려하여 작업 개선 연구 이론에 반영한다.

37 양산화(대량 생산)

I. 정의

생산성의 향상과 원가 절감을 목표로 하여 소품종의 생산물을 대량 생산하는 것을 말하며, 수요의 다양성과 변화에 대응할 수 있는 유연성을 갖춘 양산 방식이 요구된다.

II. 양산화 순서 Flow Chart

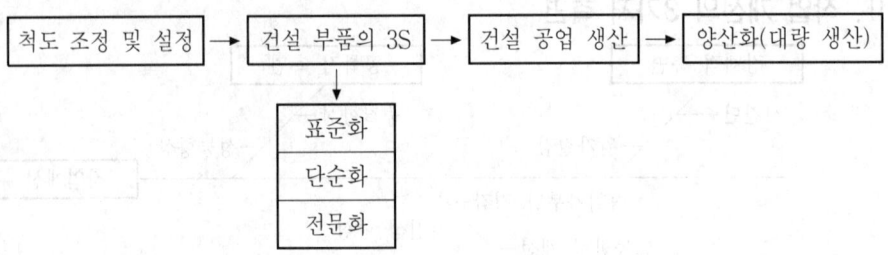

III. 목적

① 생산성 향상
② 원가 절감
③ 설비 투자에 따른 채산성 향상
④ 고정적인 생산·공급·판매 조직의 채산성 향상
⑤ 설계의 표준화
⑥ 품질 향상
⑦ 기업의 수익성 향상

IV. 양산화 추진 방향

① 고정적인 고도의 설비가 불필요한 현장 합리화에 의한 양산화 방향
② 철저한 고도 공업화에 따른 양산화 방향
③ Open 부품과 선택조합 설계로 부품화·양산화 방향
④ 철저한 규격, 시방의 양산화 방향
⑤ 다양한 수요와 변화에 대응할 수 있는 양산화 방향

38 건설 자동화(Construction Automation)

[11중(10)]

Ⅰ. 정의

① 건설 자동화란 사람의 작업을 기계나 Robot이 대처하는 개념으로 일반 제조업 분야에서는 널리 시행되고 있는 실정이다.

② 건설공사에서 자동화를 실현시키기 위해서는 자동화 기계 및 Robot의 도입에 필요한 요구조건에 순응할 수 있는 각종 공법의 개선 및 개발이 필요하다.

Ⅱ. 발생배경

① 3D 기피현상으로 기능공 절대 부족

② 생산성에 비하여 고임금시대 도래

③ 노사문제 급증

Ⅲ. 활용전망

1) 활용원리

건설기계에 Micro Processor를 부착하여 단순한 작업의 Control, 원격조정, 무인 작업으로 인간과 동일한 판단하에 작업을 수행하도록 함.

2) 토공사

① Boring공을 통한 지반조사

② 지반의 연경도 및 지지력 파악

③ Slurry Wall 등 각종 흙막이벽 공사

④ 토공사 안전을 위한 계측관리

⑤ 정지작업용

3) 기초공사

① 기초 Pile의 지지력 확인

② 현장타설 코크리트 Pile 시공 시 지반의 굴착상태

③ 지반의 지지력 조사

④ 지반 저면의 Slime 제거

4) 철근콘크리트공사

① 철근공사

㉮ 철근의 가공, 철근 이음

㉯ 철근의 절단 및 배근

② 거푸집공사

㉮ 거푸집의 가공 및 제작

㉯ 해체된 거푸집의 정리 정도

③ 콘크리트공사

㉮ 콘크리트의 각종 품질시험 대행

㉯ 공기량, 염분함유량, 반죽질기 등 파악

5) 강재 제작 공사

① 공장에서의 로봇을 통한 자동 용접

② 양중장비의 조정

③ 고장력볼트 조임

39 시공의 근대화 관련용어

1) 표준화(Standardization)

제품의 치수나 기능의 다양성 혹은 공법이나 절차의 다양성을 정리하고, 소수의
타입으로 통일하여 혼란을 방지한다든지, 효율을 높인다든지 하는 것을 말한다.

제10장 ▶ 총 론

제4절 공정관리

공정관리 과년도 문제

1. 공정관리 기법의 종류와 특징 [96후(20)]

2. PDM(Precedence Diagramming Method) 공정표 작성방식 [03전(10)]

3. 공정관리의 주요 기능 [11전(10)]

4. 크리티컬 패스(Critical Path) [97후(20)]

5. 주공정선(Critical Path) [00전(10)]

6. PERT, CPM에서 전여유(Total Float) [94후(20)]

7. 공정관리에서 자유여유(Free Float) [15전(10)]

8. 최소 비용 촉진법(MCX ; Minimum Cost Expediting) [07후(10)]

9. 공정관리상의 비용구배 [95중(20)]

10. 비용구배 [98중후(20)]

11. 비용구배 [01후(10)]

12. 비용구배 [05후(10)]

13. 비용경사(Cost Slop) [11후(10)]

14. 공정의 경제속도(채산속도) [02중(10)]

15. 자원배당(Resource Allocation) [14전(10)]

16. 공정관리 곡선(바나나 곡선) [98후(20)]

17. 공정관리 곡선(바나나 곡선) [03중(10)]

18. 바나나 곡선(Banana Curve) [14후(10)]

19. 공사의 진도관리지수 [01전(10)]

20. 사공속도와 공사비의 관계 [12중(10)]

21. 추가공사에서 Additional Work와 Extra Work의 비교 [12후(10)]

22. 공정 · 공사비 통합관리체계(EVMS) [03전(10)]

23. 공정비용 통합시스템 [10후(10)]

24. 공정, 원가 통합관리에서 변경 추정예산(EAC : Estimate At Completion) [06중(10)]

25. 공사비 수행지수(CPI ; Cost Performance Index) [16전(10)]

1 공정관리(Schedule Control)

I. 정의

① 공정관리란 건설 생산에 필요한 자원(5M)을 경제적으로 운영하여 주어진 공기 내에 좋고·싸고·빠르고·안전하게 구조물을 완성하는 관리 기법을 말한다.

② 공정관리를 위해서는 작업의 순서와 소요 일수가 명시되고, 공사 전체가 일목 요연하게 나타나 있는 공정표를 작성하여 운영한다.

II. 대상(5M)

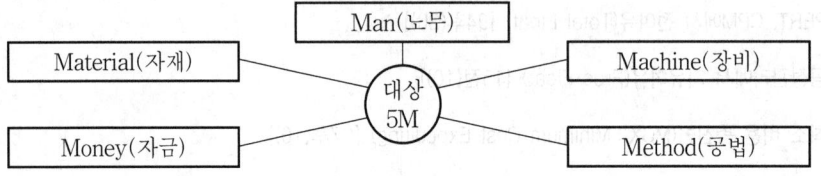

III. 공정관리의 목적

① 구조물을 지정된 공사 기간내에 완성

② 정밀도가 높은 양질의 시공

③ 공사 예산 범위내에서 경제적으로 완료

④ 작업의 안전성 확보

⑤ 상세한 계획 수립으로 변화 및 변경에 대처

⑥ 계획 공정과 실시 공정을 비교·분석하여 대책 강구

IV. 공정표의 종류

1) Gantt식 공정표
   ① 횡선식 공정표
   ② 사선식 공정표

2) Network식 공정표
   ① PERT(Program Evaluation & Review Technique)
   ② CPM(Critical Path Method)
   ③ PDM(Precedence Diagraming Method)
   ④ Overlapping

2 공정관리 System에서의 EDPS

I. 정의

① EDPS란 Electronic Data Processing System의 약자로서, 공정관리 및 처리를 전산에 의해서 처리하는 System을 말한다.
② 공정관리상 공정의 계획을 조정하고, 공기 단축 및 최적 공기를 계산하기 위해서는 EDPS에 의해 계획 공정을 조정하여 효율적인 공정관리 체계를 구축해야 한다.

II. EDPS의 필요성

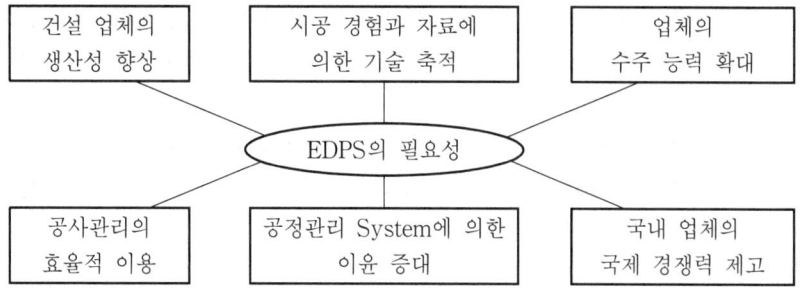

III. EDPS의 관리 범위

① CPM 공정관리의 MCX 이론에 의한 공기 단축을 실행한다.
② 계획 공정의 변경시 변경 내용에 따라 새로운 일정 계산을 한다.
③ 자재·장비 및 인력의 수급을 최적이 되도록 자동 계산·계획한다.
④ 급여·수당·생산 단가 및 인건비 단가를 계산한다.
⑤ 장비의 기록을 보유하여 수선 계획 및 교체 시기를 판단한다.
⑥ 모든 자료를 유지하여 차기 공사의 입찰시 견적에 사용한다.

IV. EDPS의 적용

① 작성된 공정표의 Activity의 수가 200개 이상시 적용한다.
② 공사 금액이 300억 이상 규모의 현장에 적용한다.
③ Network 공정표의 계획을 수정할 때 매우 유용하게 활용한다.
④ MCX 이론으로 공기 단축을 할 경우 계산 과정의 과오를 방지할 수 있다.
⑤ 자동적으로 최적의 자원 배당을 시행한다.

3 공정관리의 주요기능

I. 개요

① 공정관리는 토목구조물에 필요한 자원 5M을 경제적으로 운영하여 주어진 공기 내에 좋고, 싸고, 빠르고, 안전하게 구조물을 완성하는 관리기법을 말한다.

② 공정관리를 위해서는 작업의 순서와 시간을 명시하고, 공사 전체가 일목요연하게 나타나 있는 공정표를 작성하여 운영한다.

II. 공정관리의 주요기능

1) 최적공기 결정

① 정의 : 직접비(노무비, 재료비, 가설비, 기계운전비 등), 간접비(관리비, 감가상각비 등)를 합한 총 건설비가 최소로 되는 가장 경제적인 공기를 결정하는 것을 말한다.

② 특징

㉮ 공기단축은 일반적으로 직접비는 증가하고 간접비는 감소한다.

㉯ 직접비가 최소가 되는 방법으로 시공하는 데 드는 비용을 표준비용(Normal Cost)이라 하며, 이때의 공기를 표준공기라 한다.

2) 공기단축

① 정의 : 지정된 공기 내에 작업을 달성하기 어려울 경우에 적절한 조치를 취하여 공기를 단축시키는 것을 말한다.

② 특징

㉮ 활동에 대한 직접비는 공기단축에 따라 증가한다.

㉯ 활동에 대한 간접비는 공기가 연장됨에 따라 증가한다.

㉰ 간접공사비와 직접공사비 간의 균형을 이루는 기간에서 총 공사비가 최소로 된다.

3) 자원배당

① 정의 : 자원(노무, 자재, 장비, 자금 등) 소요량과 투입 가능량을 상호조정하며 자원의 비효율성을 제거하여 비용의 증가를 최소화하는 것이다.

② 자원배당 방법

㉮ 공정표 작성

㉯ 일정계산

㉰ EST에 의한 자원배당

㉱ LST에 의한 자원배당

㉲ 균배도

4) 진도관리

각 공정의 계획 공정표와 공사실적이 나타난 실적 공정표를 비교하여 전체 공기를 준수할 수 있도록 공사 지연대책을 강구하고 수정 조치하는 것을 말한다.

4 공정표의 종류

[96후(20)]

Ⅰ. 개요

① 공정표(Progress Chart Of Works)는 공정 계획에 따라 예정된 각 공종별 작업활동을 도표화한 것으로, 각 시점에 있어서의 공사의 진척도를 검토하는 척도가 된다.

② 공정표의 종류에는 Gantt식 공정표와 Network식 공정표로 나눌 수 있다.

Ⅱ. 공정표 작성 목적

① 지정된 공기내에 공사 예산에 맞추어 공사를 좋게·값싸게·빨리·안전하게 하기 위한 목적

② 공사에 필요한 시간과 순서, 자재, 노무 및 기계 설비 등을 적정하고 경제성이 있게 관리하기 위한 목적

Ⅲ. 공정표의 종류

1) Gantt식 공정표

① 횡선식 공정표 : 공정별 공사를 종축에 순서대로 나열하고, 횡축에 날짜를 표기하여 시간 경과에 따른 공정을 횡선으로 표시한 공정표

② 사선식 공정표 : 횡선식 공정표와 같이 작업의 관련성은 나타낼 수 없으나, 공사의 기성고를 표시하는데 편리한 공정표

2) Network식 공정표

① PERT(Program Evaluation & Review Technique) : 목표 기일에 작업을 완성하기 위한 시간, 자원, 기능을 조정하는 방법으로 Project의 일정과 Cost 관리를 위한 기법

② CPM(Critical Path Method) : 작업 시간에 비용을 결부시켜 MCX(Minimum Cost Expediting) 공사의 비용곡선을 구하여 급속 계획의 비용 증가를 최소화한 것으로 공비 절감을 목적으로 하는 기법

③ PDM(Precedence Diagraming Method) : PDM 기법은 반복적이고 많은 작업이 동시에 일어날 때의 Network 작성이 더 효율적이고 Node 안에 작업과 소요 일수 등 공사의 관련 사항이 표기된다.

④ Overlapping : PDM을 응용·발전시킨 것으로 선후 작업간의 Overlap 관계를 간단하게 표시하는데 이용된다.

5 　Gantt식 공정표

Ⅰ. 정의

Gantt식 공정표는 전체를 쉽게 파악할 수 있는 공정표로 작성 및 이해하기가 쉬우며, 종류에는 횡선식 공정표와 사선식 공정표가 있다.

Ⅱ. Gantt식 공정표의 종류

① 횡선식 공정표
② 사선식 공정표

Ⅲ. 횡선식 공정표

① 공정별 공사를 종축에 순서대로 나열하고, 횡축에 날짜를 표기하여 시간 경과에 따른 공정을 횡선으로 표시한 공정표이다.
② 특징
㉮ 작성하기가 쉽고 간단하다.
㉯ 개략 공정의 내용을 나타내는데 적합하다.
㉰ 즉각적으로 보고 이해하기 쉽다.
㉱ 각 공종별 공사와 전체의 공정 시기 등이 일목요연하다.
㉲ 작업 관계가 표현되지 않는다.
㉳ 공사 기일이 나타나지 않는다.
㉴ 횡선의 길이에 따라 진척도를 개괄적으로 판단해야 한다.
㉵ 문제점이 명확하지 않다.
㉶ 계획자의 주관적인 수치에 좌우된다.

Ⅳ. 사선식 공정표

① 횡선식 공정표와 같이 작업의 관련성은 나타낼 수 없으나, 공사의 기성고를 표시하는데 편리한 공정표이다.
② 특징
㉮ 전체 경향을 파악할 수 있다.
㉯ 예정과 실적의 차이를 파악하기 쉽다.
㉰ 시공 속도를 파악할 수 있다.
㉱ 공사의 지연에 대하여 조속히 대처할 수 있다.
㉲ 세부 사항을 알 수 없다.
㉳ 개개의 작업을 조정할 수 없다.
㉴ 보조적 수단에만 사용한다.

6 Network 공정표(Network Progress Chart)

I. 정의

Network 공정표란 작업의 상호관계를 Event와 Activity에 의하여 망상형으로 표시하고 그 작업의 명칭, 작업량, 소요 시간 등 공정상 계획 및 관리에 필요한 정보를 기입하여 Project(대상 공사) 수행을 진척 관리하는 공정표를 말한다.

II. Network 작성순서 Flow Chart

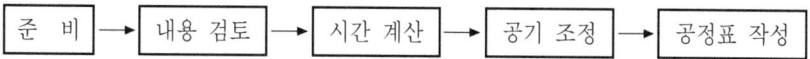

준 비 → 내용 검토 → 시간 계산 → 공기 조정 → 공정표 작성

III. Network식 공정표의 종류

1) PERT(Program Evaluation & Review Technique)
   신규·경험없는 사업, 공기 단축
2) CPM(Critical Path Method)
   반복·경험이 있는 사업, 공비 절감
3) PDM(Precedence Diagraming Method)
   Node 안에 공사명·공기 등 공사 관련 사항 표기
4) Overlapping
   각 공정간에 Overlap 부분을 간단히 표기

IV. 특징

① 상세한 계획 수립이 쉽고 변화나 변경에 바로 대처
② 각 작업의 흐름 및 작업의 상호 관계가 명확하게 표시
③ 공정상의 문제점이 명확하게 파악되고 정확한 분석이 가능
④ 공정표 작성 시간이 필요하며, 작성 및 검사에 특별한 기능이 요구

V. Network 작성시 기본 원칙

1) 공정 원칙
   모든 작업은 작업의 순서에 따라 배열되도록 작성
2) 단계 원칙
   작업의 개시점과 종료점은 Event로 연결
3) 활동 원칙
   선행하는 모든 작업 활동 완료후 후속 활동 시작
4) 연결 원칙
   각 작업은 화살표를 한쪽 방향으로만 표시하여 연결

VI. Network 작성시 유의사항

① 공사 자료에 따라 공사 내용을 분석할 것
② 관리 목적을 명확히 하고 시공 순서에 맞게 배열할 것
③ 작업은 세분화·집약화 할 것
④ 공정의 기술적 순서, 상호 관계를 Network에 표시할 것

7 PDM(Precedence Diagram Method) 기법

[03전(10)]

Ⅰ. 정의

① PDM 기법은 1964년 스탠포드 대학에서 개발된 네트워크로서 반복적이고 많은 작업이 동시에 일어날 때 효율적이다.

② PDM 기법(Event Type)은 CPM 기법(Activity Type)과 비교하여 Dummy의 생략으로 Activity의 개수가 감소되어 빠르고 쉽게 네트워크를 작성할 수 있다.

Ⅱ. 표기 방법

1) 기본 작업

① 타원이나 네모에 작업을 표시할 수 있으나 실무에서는 네모(Box)형 노드를 사용한다.

② 노드 안에는 작업에 관련된 많은 사항이 표기된다.

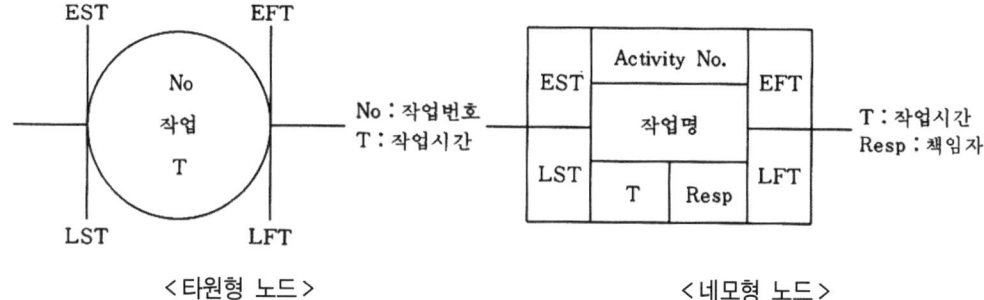

<타원형 노드>   <네모형 노드>

2) 네트워크

① 각 작업은 타원이나 네모형의 노드로 나타나고, 각 작업의 선·후행 관계를 연결하여 전체 공정표를 작성한다.

② CPM 네트워크에서의 더미(Dummy)는 없어지고 개시점(Start Node)과 종료점(Finish Node)이 발생한다.

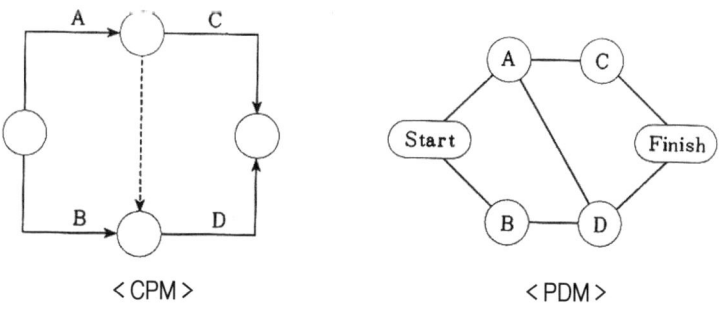

<CPM>   <PDM>

III. 특징

① 노드 안에 작업과 관련된 많은 사항을 표시할 수 있다.

② 더미의 사용이 불필요하다.

③ 네트워크가 간단하므로 컴퓨터의 적용이 용이하다.

④ 선후 작업의 연결 관계를 다양하게 표현할 수 있다.

⑤ 네트워크의 독해·수정이 쉽다.

8 Overlapping 기법

Ⅰ. 정의

① Overlapping 기법은 PDM기법을 응용 발전시킨 것으로 선후 작업간의 Overlap 관계를 간단하게 표시하여 실제 공사의 흐름을 현실적으로 표현할 수 있다.

② 따라서 공정 계획의 작성 시간이 절약되고 전체 공사 기간을 단축할 수 있는 기회를 제공한다.

Ⅱ. Network 공정표의 종류

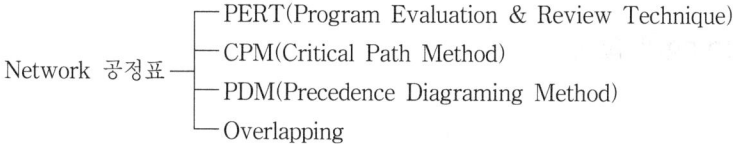

Network 공정표 ─┬─ PERT(Program Evaluation & Review Technique)
　　　　　　　　├─ CPM(Critical Path Method)
　　　　　　　　├─ PDM(Precedence Diagraming Method)
　　　　　　　　└─ Overlapping

Ⅲ. 표기 방법

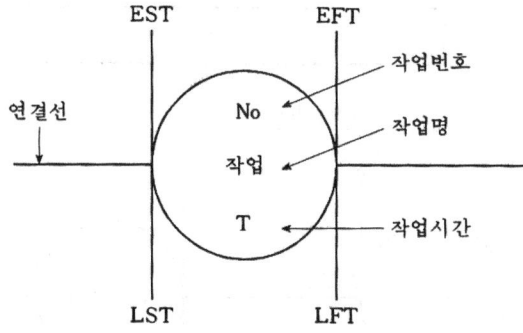

Ⅳ. 특징

① 시간 절약이 가능하다.

② 실제 공사의 Overlap 관계를 현실적으로 표현할 수 있다.

③ 다양한 연결 관계를 표현할 수 있다.

④ 네트워크 독해, 수정이 쉽다.

⑤ 더미가 발생하지 않으므로 간명하다.

⑥ 컴퓨터에의 적용이 CPM보다 더 용이하다.

Ⅴ. 작업간의 연결 관계

① 개시와 개시 관계(STS ; Start To Start)

② 종료와 개시 관계(FTS ; Finish To Start)

③ 종료와 종료 관계(FTF ; Finish To Finish)
④ 개시와 종료 관계(STF ; Start To Finish)

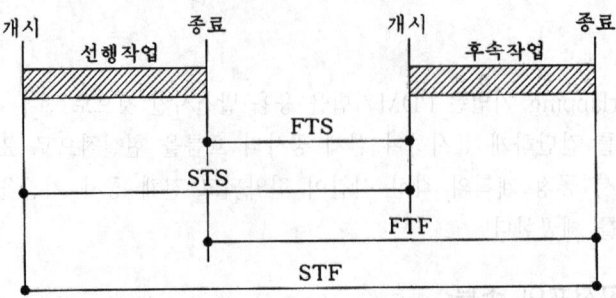

VI. Overlapping의 실례

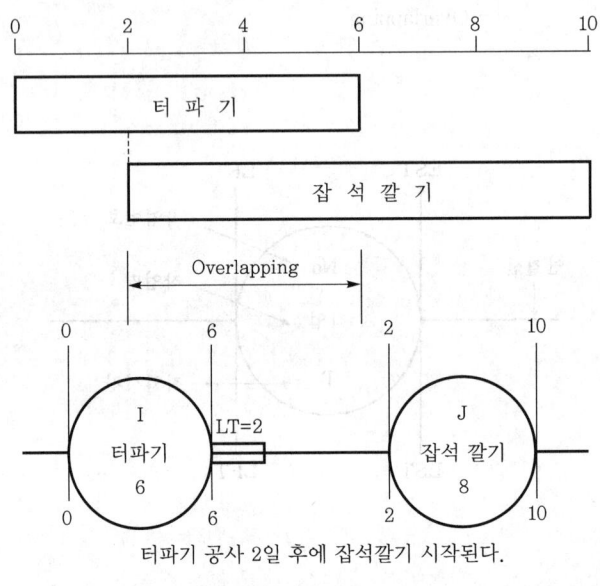

터파기 공사 2일 후에 잡석깔기 시작된다.

< Overlapping Model >

9 LOB(Line Of Balance, LSM) 기법

Ⅰ. 정의

① 고층 구조물 또는 도로 공사와 같이 반복되는 작업들에 의하여 공사가 이루어질 경우에는 작업들에 소요되는 자원의 활용이 공사 기간을 결정하는데 큰 영향을 준다.

② LOB 기법은 반복작업에서 각 작업조의 생산성을 유지시키면서, 그 생산성을 기울기로 하는 직선으로 각 반복 작업의 진행을 표시하여 전체 공사를 도식화하는 기법으로 LSM(Linear Scheduling Method) 기법이라고도 한다.

③ 각 작업간의 상호 관계를 명확히 나타낼 수 있으며, 작업의 진도율로 전체 공사를 표현할 수 있다.

Ⅱ. LOB Diagram

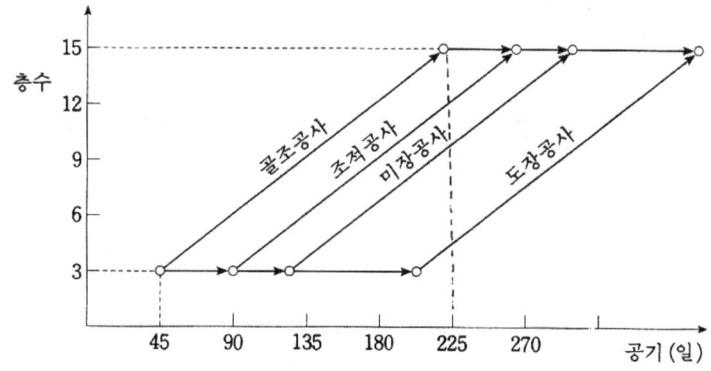

Ⅲ. 용도

반복 작업이 많은 다음과 같은 공사를 관리하는데 주로 사용되어진다.

① 토목 : 공항 활주로, 도로, 터널, 송수관, 지하철

② 건축 : 아파트 공사, 초고층 빌딩

Ⅳ. 특징

1) 장점

① 네트워크에 비해 작성하기 쉽다.

② 바 차트에 비해 많은 정보를 제공한다.

③ 진도율을 표현할 수 있다.

④ 각 작업의 세부 일정을 알 수 있다.

2) 단점
　① 예정과 실적을 비교할 수 없다.
　② 주공정선과 각 작업의 여유 시간 파악이 쉽지 않다.
　③ 간섭을 받을 때는 효율적이지 못하다.

Ⅴ. 구성 요소

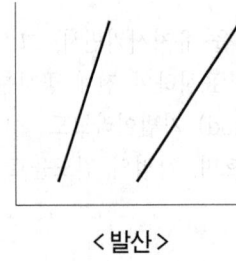

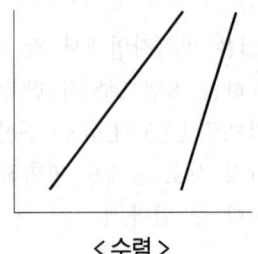

<발산>　　　　　　　　　　<수렴>

1) 발산
　① 후속 작업의 진도율 기울기가 선행 작업의 기울기보다 작을 때
　② 전체 공기는 진도율 기울기가 작은 작업에 의존한다.

2) 수렴
　① 후속 작업의 진도율 기울기가 선행 작업의 기울기보다 클 때
　② 선후 작업의 간섭 현상을 유발

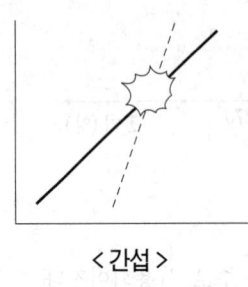

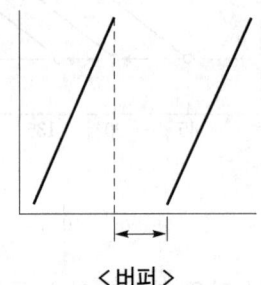

<간섭>　　　　　　　　　　<버퍼>

3) 간섭
　① 작업 동선의 혼선과 위험의 증대, 양중 작업 증대, 작업 능률의 저하 유발
　② 수렴의 결과로 발생하며 경제성, 안전성, 품질 확보에 어려움

4) 버퍼(Buffer=Bumper)
　① 간섭을 피하기 위한, 연관된 선후 작업간의 여유 시간
　② 주공정선에는 최소한의 버퍼를 두어 공기 연장을 예방

10 Gantt식 공정표와 Network식 공정표의 차이

Ⅰ. 개요

공정표는 공정 계획에 따라 예정된 각 공종별 작업 활동을 도표화한 것으로, 종류에는 Gantt식 공정표와 Network식 공정표가 있다.

Ⅱ. 공정표의 종류

공정표
- Gantt식 공정표
  - 횡선식 공정표
  - 사선식 공정표
- Network식 공정표
  - PERT(Program Evaluation & Review Technique)
  - CPM(Critical Path Method)
  - PDM(Precedence Diagraming Method)
  - Overlapping

Ⅲ. 차이점

구 분	Gantt식 공정표	Network식 공정표
① 형태	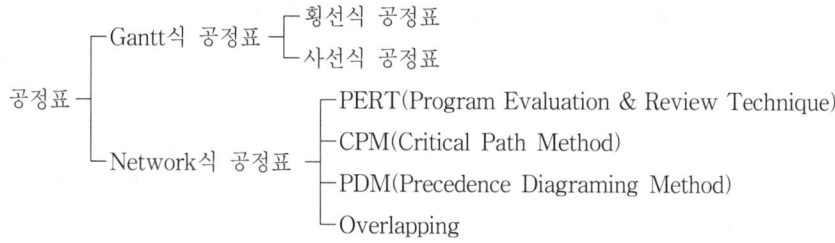	
② 작성 시간	짧다	길다
③ 작성자	일반 경험자 가능	특별 기능 요구
④ 선후 관계	불분명	분명
⑤ 공정 변경	어렵다	용이
⑥ 통제 기능	어렵다	용이
⑦ 사전 예측	어렵다	가능

11 PERT와 CPM의 차이

Ⅰ. 개요

Network 공정표란 작업의 상호 관계를 Event와 Activity에 의하여 망상형으로 표시하고 필요한 정보를 기입하여 Project를 진척 관리하는 공정표를 말한다.

Ⅱ. Network 공정표의 종류

1) PERT(Program Evaluation & Review Technique)
   목표 기일에 작업을 완성하기 위한 시간, 자원, 기능을 조정하는 방법으로 Project 의 일정과 Cost 관리를 위한 기법

2) CPM(Critical Path Method)
   작업 시간에 비용을 결부시켜 MCX(Minimum Cost Expediting) 공사의 비용 곡선 을 구하여 급속 계획의 비용 증가를 최소화한 것으로 공비 절감을 목적으로 하는 기법

3) PDM(Precedence Diagraming Method)
   반복적이고 많은 작업이 동시에 일어날 때의 더욱 효율적인 기법

4) Overlapping
   작업의 선후간의 Overlap 부분을 간단히 표시할 수 있다.

Ⅲ. PERT와 CPM의 차이점

구 분	PERT	CPM
① 개발 배경	1958년 美海軍 핵 잠수함 건조 계획	1956년 美 Dupont社 개발
② 주목적	공기 단축	공비 절감
③ 사업 대상	신규 사업, 비반복 미경험 사업	반복 사업, 경험 사업
④ 일정 계산	Event(단계) 중심의 일정 계산 ─최초 시간 : TE(ET ; Earliest Time) └최지 시간 : TL(LT ; Latest Time)	Activity(활동) 중심의 일정 계산 ─최조 개시 시간 : EST(Earliest Starting Time) 최지 개시 시간 : LST(Latest Starting Time) 최조 완료 시간 : EFT(Earliest Finishing Time) └최지 완료 시간 : LFT(Latest Finishing Time)
⑤ 여유 시간	Slack(Event에서 발생) ─정여유 : PS(Positive Slack) 영여유 : ZS(Zero Slack) └부여유 : NS(Negative Slack)	Float(Activity에서 발생) ─총여유 : TF(Total Float) 자유 여유 : FF(Free Float) └독립 여유 : DF(Dependent Float)
⑥ MCX	이론이 없다.	CPM의 핵심 이론이다.
⑦ 공기 추정	① 3점 시간 추정(t_o, t_m, t_p) ② 가중평균치$\left(t_e = \dfrac{t_o + 4t_m + t_p}{6}\right)$ 사용	① 1점 시간 추정(t_m) ② t_m이 곧 t_e가 된다.
⑧ 주공정	TL−TE=0(굵은 선)	TF=FF=0(굵은 선)
⑨ 일정 계획	① 일정 계산이 복잡하다. ② 단계 중심의 이완도 산출	① 일정 계산이 자세하고 작업간 조정이 가능 ② 활동 재개에 대한 이완도 산출

12 소요 시간(Duration) 견적

Ⅰ. 정의

소요 시간이란 작업을 수행하는데 필요한 시간을 말하며, 소요 시간을 견적할 경우 시간·일수를 경험에 의하여 하나의 값을 추정하여 결정하는 1점 견적과 경험이 없어 추정하기 곤란한 경우 3개의 추정치를 취하여 공기를 산출하는 3점 견적법이 있다.

Ⅱ. 소요 시간 결정 요인

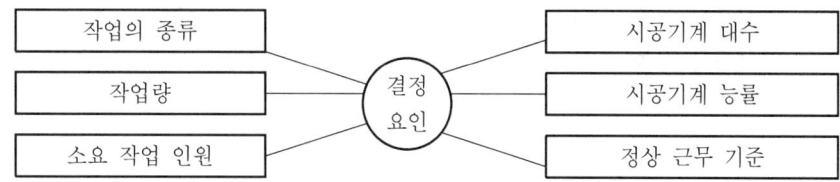

Ⅲ. 소요 시간 견적

1) 3점 추정(Three Time Estimates)
   ① PERT 기법과 같이 기술적으로 전혀 경험이 없는 공사에서 채택
   ② 낙관, 정상, 비관의 3개의 추정치를 취하여 산출
      ㉮ 낙관적 시간(Optimistic Time) : a 또는 t_o로 표시
      ㉯ 정상 시간(Most likely Time) : m 또는 t_m으로 표시
      ㉰ 비관 시간(Pessimistic Time) : b 또는 t_p로 표시
   ③ 예상 시간(기대 시간, t_e : Expected Time)

$$t_e = \frac{a+4m+b}{6} \quad \text{또는} \quad t_e = \frac{t_o + 4t_m + t_p}{6}$$

2) 1점 추정(One Time Estimate)
   ① CPM 기법과 같이 경험이 있는 공사에서 채택
   ② 경험에 의하여 하나의 값을 추정하여 결정
   ③ 1점 견적 시간

$$\boxed{t_e = t_m}$$

t_e : Expected Time(예상 시간)
t_m : Most Likely Time(정상 시간)

13 | 3점 추정(Three Time Estimates)

Ⅰ. 정의
PERT 기법과 같이 기술적으로 전혀 경험이 없는 공사에서 작업 소요 시간을 구할 때 낙관, 정상, 비관의 3개의 추정치를 취하여, 이들에 대하여 확률 계산을 함으로써 공기를 산출하는 방법을 말한다.

Ⅱ. 적용
① 기술적으로 전연 경험이 없는 신규 사업(New Project)
② 달세계 정복 계획
③ 미사일 계획

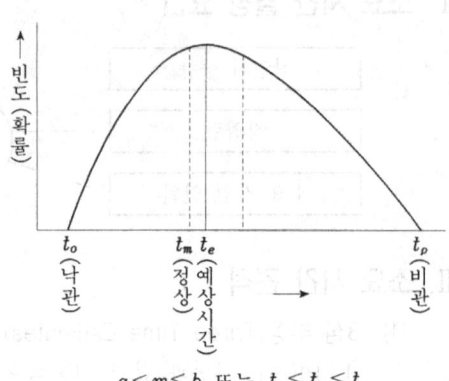

$a \leqq m \leqq b$ 또는 $t_o \leqq t_m \leqq t_p$

< 3점 시간의 관계와 발생 빈도 >

Ⅲ. 3점 추정법
1) 3점 시간 추정
   ① 낙관적 시간(Optimistic Time) : a 또는 t_o로 표시
      작업이 매우 순조롭게 진행되었을 때의 가장 양호한 상태의 최단 시간
   ② 정상 시간(Most Likely Time) : m 또는 t_m으로 표시
      자기 경험에서 발생 빈도 확률이 가장 많은 시간으로 평균 시간과 다름
   ③ 비관 시간(Pessimistic Time) : b 또는 t_p로 표시
      불운 또는 일이 잘 안 되었을 경우 요구되는 최장 시간
2) 예상 시간(기대 시간, t_e : Expected Time)
$$t_e = \frac{a+4m+b}{6} \quad \text{또는} \quad t_e = \frac{t_o+4t_m+t_p}{6}$$
3) 분산(Variance)
   ① 낙관적 추정 시간과 비관적 추정 시간과의 변동 범위의 정도
   ② 분산값(σ^2)이 적을수록 신뢰성이 있음
$$\sigma^2 \left(\frac{b-a}{6}\right)^2 \quad \text{또는} \quad \sigma^2 \left(\frac{t_p-t_o}{6}\right)^2$$

14 1점 추정(One Time Estimate)

Ⅰ. 정의

① 경험이 있는 건설 공사에 있어서 소요 시간을 추정할 경우 시간·일수의 경험에 의하여 하나의 값을 추정하여 결정하는 것을 말한다.

② 1점 추정을 할 경우는 3점 추정의 최다 빈도의 정상 시간(m 또는 t_m)을 채택하게 되며, CPM 기법에서 채택하고 있는 시간 추정 방법이다.

Ⅱ. 1점 견적 시간

자기 경험에서 발생 빈도 확률이 가장 많은 시간

$$t_e = t_m$$

t_e : Expected Time(예상 시간)

t_m : Most Likely Time(정상 시간)

Ⅲ. 1점 추정의 특징

① 경험이 있는 공사에서 채택

② 예상 소요 시간(Duration)을 경험에 의하여 추정

③ 1점 추정의 경우 3점 추정의 최다 빈도의 정상 시간을 채택

④ 3점 추정에서와 같이 확률 계산이 필요 없음

⑤ 정상 시간(t_m)이 곧 예상 시간(t_e)이 됨

⑥ CPM 기법에서 채택하고 있는 시간 추정 방법

Ⅳ. 소요 시간 견적의 종류

① 3점 추정(Three Time Estimates)

㉮ PERT 기법과 같이 기술적으로 전혀 경험이 없는 공사에서 채택

㉯ 낙관, 정상, 비관의 3개의 추정치를 취하여 산출

② 1점 추정(One Time Estimate)

㉮ CPM 기법과 같이 경험이 있는 공사에서 채택

㉯ 경험에 의하여 하나의 값을 추정하여 결정

15 Network 공정표의 작성 순서

I. 개요

Network 공정표란 작업의 상호 관계를 망상형으로 표시하고 Project를 진척관리하는 공정표로서, 정확한 자료에 의하여 합리적인 공정표를 작성하여야 한다.

II. 작성 순서

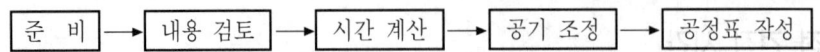

준 비 → 내용 검토 → 시간 계산 → 공기 조정 → 공정표 작성

1) 준비
   ① 설계 도서 및 공정별 적산 수량서
   ② 입지 조건, 기상 조건 및 개략적인 시공 계획서

2) 내용 검토
   ① 공사 내용 분석 및 시공 순서에 맞게 배열
   ② 공정의 기술적 순서, 상호 관계를 Network에 표시

3) 시간 계산(일정 계산)
   ① 모든 Path에서 각 작업의 EST, EFT, LST, LFT 계산
   ② 각 작업의 여유 시간(Float Time) 및 필요 일수(계산 공기) 계산

4) 공기 조정
   계산 공기가 지정 공기를 초과할 때에는 계산 공기를 재검토하여 지정 공기에 맞춤

5) 공정표 작성
   작업 명칭, 작업량, 소요 시간 등을 알기 쉽게 기입하여 Network 공정표 작성

III. 작성시 유의사항

① 공사 자료에 따라 공사 내용을 분석할 것
② 관리 목적을 명확히 하고 시공 순서에 맞게 배열할 것
③ 작업은 세분화·집약화 할 것
④ 공정의 기술적 순서, 상호 관계를 Network에 표시할 것
⑤ 소요 일수, 인원, 자재 수량, 작업량 등의 계산 및 검토를 할 것
⑥ 알기 쉽고 보기 좋은 Network를 작성할 것

16 Network 공정표 작성시 기본 원칙

Ⅰ. 정의

① Network 공정표란 작업의 상호 관계를 표시한 공정표로서, 작성시 어겨서는 안 될 4가지 기본 원칙이 있다.

② 4가지 기본 원칙에는 공정 원칙, 단계 원칙, 활동 원칙, 연결 원칙이 있다.

Ⅱ. 4가지 작성 기본 원칙

1) 공정 원칙

① 모든 작업은 작업의 순서에 따라 배열되도록 작성

② 모든 공정은 반드시 수행·완료되어야 함

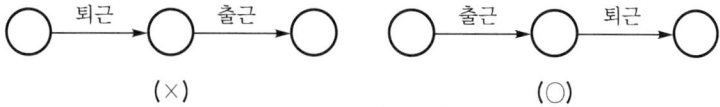

2) 단계 원칙

① 작업의 개시점과 종료점은 Event로 연결되어야 함

② 작업이 완료되기 전에는 후속 작업이 개시되지 않음

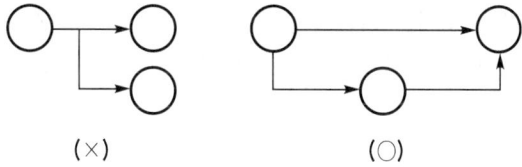

3) 활동 원칙

① Event와 Event 사이에 반드시 1개 Activity 존재

② 논리적 관계와 유기적 관계 확보 위해 Numbering Dummy 도입

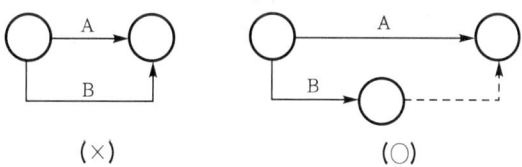

4) 연결 원칙

① 각 작업은 화살표를 한쪽 방향으로만 표시하며 되돌아 갈 수 없음

② 오른쪽으로 일방 통행 원칙

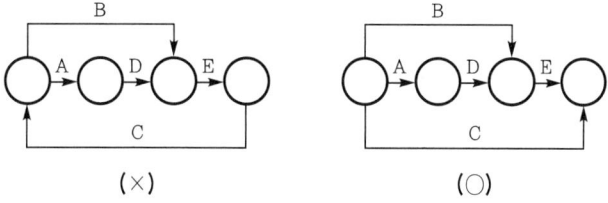

17 Event(Node ; 단계, 결합점)

Ⅰ. 정의

① 작업의 개시점(착수점)과 종료점(완료점)을 의미하며, 단계의 원칙에 의하여 모든 작업(Activity)은 개시점과 종료점이 있어야 한다.

② CPM에서는 Event라 하고, PERT와 PDM에서는 Node라 한다.

Ⅱ. 특징

① 시간이나 자원을 필요로 하지 않는다.

② 개시점과 종료점은 각기 하나씩이다.

③ 작업의 개시점과 종료점이다.

Ⅲ. 표시법

① ○으로 표시 : 각 작업의 Event는 ○으로 표시한다.

② 번호 부여

㉮ Event에는 Numbering을 하여 각 작업의 개시점 번호와 종료점 번호로 작업을 나타내기도 한다.

㉯ 번호 부여 순서는 좌측에서 우측으로, 위에서 아래로 부여한다.

㉰ 선행 단계의 번호는 후속 단계의 번호보다 적어야 한다.

Ⅳ. 실례(實例)

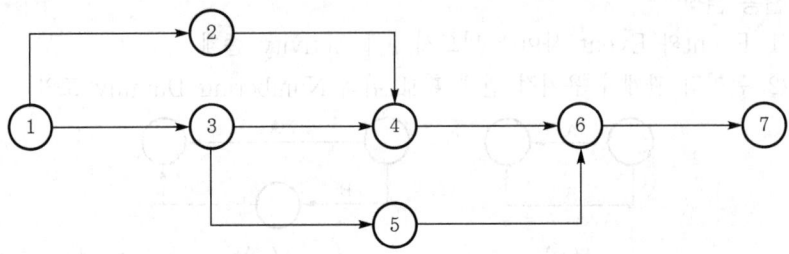

18 Node Time(결합점 시각)

Ⅰ. 정의

① 시간 계산이 된 결합점 시각으로서, 일반적으로 말하는 공정표를 의미한다.
② PERT에서 사용되는 용어로서 PERT에 의한 일정 계산 또는 Event 중심의 일정 계산을 의미한다.

Ⅱ. Node Time 작성 방법

1) 표시법

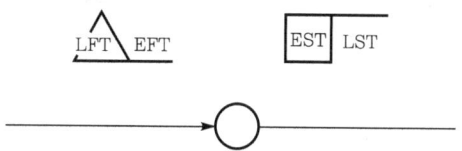

2) 계산 방법

① EST(Earliest Starting Time ; 가장 빠른 개시 시각)
㉮ 작업을 시작하는 가장 빠른 시각
㉯ 전진 계산 → 최대값

② EFT(Earliest Finishing Time ; 가장 빠른 종료 시각)
㉮ 작업을 끝낼 수 있는 가장 빠른 시각
㉯ EST+D(Duration ; 소요 공기)

③ LST(Latest Starting Time ; 가장 늦은 개시 시각)
㉮ 공기에 영향이 없는 범위에서 작업을 가장 늦게 개시하여도 좋은 시각
㉯ LFT−D

④ LFT(Latest Finishing Time ; 가장 늦은 종료 시각)
㉮ 공기에 영향이 없는 범위에서 작업을 가장 늦게 종료하여도 좋은 시각
㉯ 후진 계산 → 최소값

Ⅲ. 일정 계산의 종류

① Node Time : 공정표를 의미하며 Event 중심의 일정 계산 또는 PERT에 의한 일정 계산을 말한다.
② Acitivity Time : 일정 계산을 의미하며 Activity 중심의 일정 계산 또는 CPM에 의한 일정 계산을 말한다.

19 | Activity(Job ; 작업)

Ⅰ. 정의

① 전체 공사를 구성하는 각각의 개별 단위 작업으로, 활동의 원칙에 의하여 선행하는 모든 활동이 완료되어야 활동(Activity)을 시작할 수 있다.

② CPM에서는 Activity라 하고, PERT에서는 Job이라 한다.

Ⅱ. 표시 방법

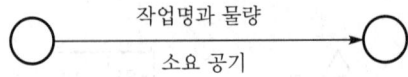

Ⅲ. 실례(實例)

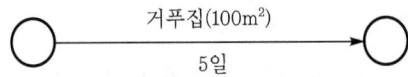

Ⅳ. 표시법

① 각 작업은 화살표(→)로 표시한다.

② 화살표는 작업의 전진 방향으로만 표시한다.

③ 화살표 위에는 작업명과 물량을 아래에는 소요 공기를 기입한다.

Ⅴ. 특징

① 시간 또는 자원을 필요로 한다.

② 화살표의 방향은 작업의 진행 방향을 나타낸다.

③ 전체 작업을 세분한 각각의 단위 작업이다.

20 Dummy(명목상의 작업)

I. 정의

Dummy란 작업의 중복을 피하거나, 작업의 선후 관계를 규정하기 위한 것으로 시간의 소요가 없는 명목상의 작업을 말한다.

II. Dummy의 종류

1) Numbering Dummy

   작업의 중복을 피하기 위한 Dummy

   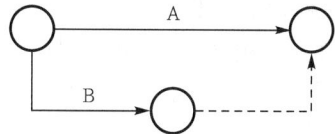

2) Logical Dummy

   작업의 선후 관계를 규정하기 위한 Dummy

   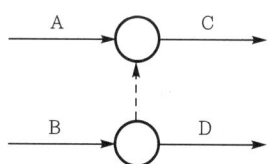

III. 특징

① 점선 화살표(┈➤)로 표시
② 소요 시간은 0(zero)
③ CP가 될 수 있음

21 CP(Critical Path ; 주공정선)

[97후(20), 00전(10)]

Ⅰ. 정의

① Network에서 최초 개시점에서 마지막 종료점까지 연결되어 있는 여러 개의 Path 중 가장 긴 Path의 공기를 말한다.

② 작업을 완성시키는데 여유 시간을 전혀 포함하지 않는 최장 경로로서 공정 계획 및 공정 관리상 가장 중요한 것으로 주공정선이라 한다.

Ⅱ. 특징

① 여유 시간이 전혀 없다.(TF=0)

② 최초 개시에서 최종 종료에 이르는 여러 가지 Path 중 가장 길다.

③ CP는 1개만 있는 것이 아니고 2개 이상 있을 수도 있다.

④ Dummy도 CP가 될 수 있다.

⑤ CP에 의하여 공기가 결정된다.

⑥ CP는 일정 계획을 수립하는 기준이 된다.

⑦ CP상의 Activity는 중점적 관리의 대상이 된다.

Ⅲ. 표시법

① 공기가 가장 긴 것으로 TF=0인 작업을 찾는다.

② 굵은 선 또는 2줄로 표시한다.

Ⅳ. 실례(實例)

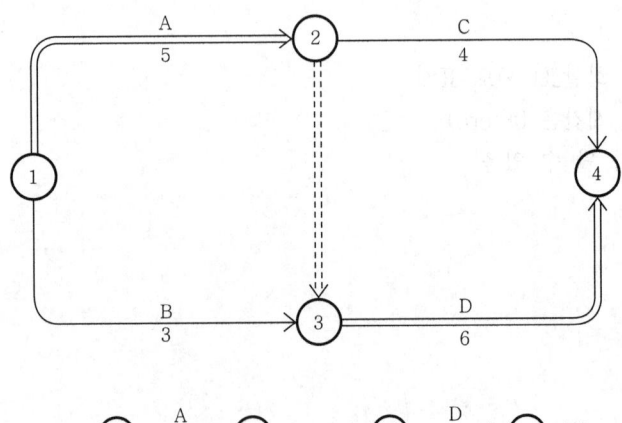

CP는 ①⟹② ┄┄⟹③⟹④ 이다

22 Sub Critical Path(Semi CP ; Limit Path)

I. 정의

① CP(Critical Path)란 Network에서 최초 개시점에서 마지막 종료점까지 연결되는 여러 개의 Path 중 가장 긴 Path를 말한다.

② Sub Critical Path란 Network 공정표에 CP 다음으로 긴 경로의 Path를 말한다.

II. 특징

① Total Float(TF)가 CP 다음으로 적은 경로이다.

② 공기 단축시 CP 다음으로 Sub CP가 검토 대상이다.

③ CP화 되기 가장 쉬운 경로이다.

III. 실례

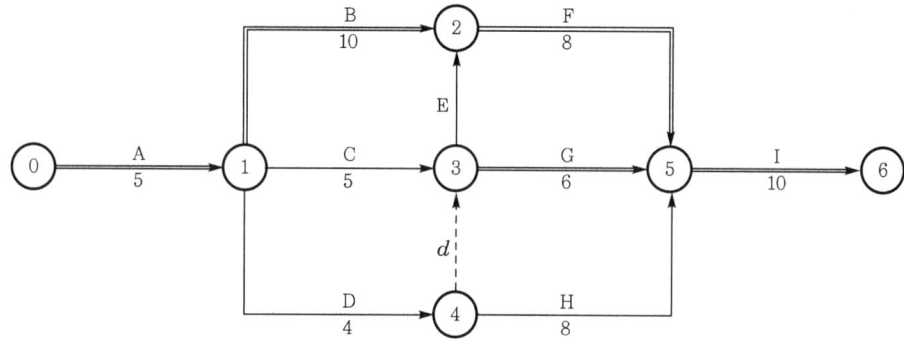

① 작업 경로

구 분	경 로	소요 일수	비 고
1	A→B→F→I	33일	CP
2	A→C→E→F→I	31일	Sub CP
3	A→C→G→I	26일	
4	A→D→d1→E→F→I	30일	
5	A→D→d1→G→I	25일	
6	A→D→H→I	27일	

② CP는 A→B→F→I로 가장 긴 경로이다.

③ Sub CP는 A→C→E→F→I로 CP 다음으로 긴 경로이다.

Ⅳ. 공기 단축

1) 1단계

CP에서 Cost Slope가 가장 적은 작업에서 단축한다.

2) 2단계

① Sub Path가 CP가 되면 CP 표시한다.

② 이때 Sub CP가 가장 먼저 CP가 된다.

③ CP는 Sub CP보다 공기가 적으면 안 된다.

3) 3단계

① 공기 단축이 불가능한 작업은 ×표시한다.

② Sub CP가 CP가 되면 복수 CP 중에서 Cost Slope가 적은 것부터 단축한다.

23 일정 계산(시간 계산)

Ⅰ. 개요

① 일정 계산에 있어서 결합점 시각(Node Time)과 작업 시각에 의해, 각 결합점의 가장 빠른 결합 시각(ET ; Earliest Node Time)과 가장 늦은 결합점 시각(LT ; Latest Node Time) 및 여유 시간을 구할 수 있다.

② 일정 계산은 PERT 기법과 CPM 기법에 의한 일정 계산으로 나눌 수 있다.

Ⅱ. Event 중심의 일정 계산(PERT 기법)

1) 계산 방법

① ET(Earliest Time ; 가장 빠른 시각) : 전진 계산 → 최대값

② LT(Latest Time ; 가장 늦은 시각) : 후진 계산 → 최소값

2) 표시 방법

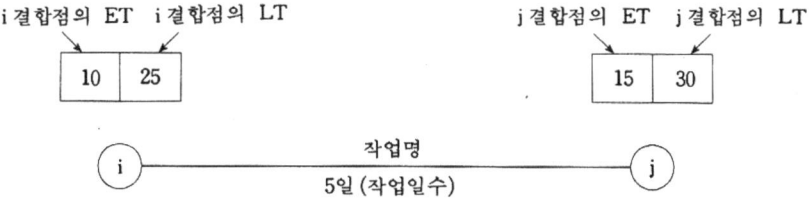

Ⅲ. Activity 중심의 일정 계산(CPM 기법)

1) 계산 방법

① EST(Earliest Starting Time ; 가장 빠른 개시 시각) : 전진 계산 → 최대값
   작업을 시작하는 가장 빠른 시각

② EFT(Earliest Finishing Time ; 가장 빠른 종료 시각) : EST+D(소요 공기)
   작업을 끝낼 수 있는 가장 빠른 시각

③ LST(Latest Starting Time ; 가장 늦은 개시 시각) : LFT-D
   공기에 영향이 없는 범위에서 작업을 가장 늦게 개시하여도 좋은 시각

④ LFT(Latest Finishing Time ; 가장 늦은 종료 시각) : 후진 계산 → 최소값
   공기에 영향이 없는 범위에서 작업을 가장 늦게 종료하여도 좋은 시각

2) 표시 방법

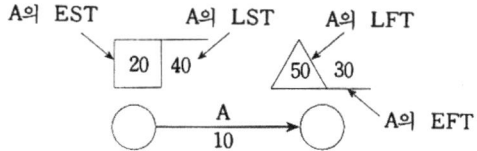

24 | Float

[94후(20), 15전(10)]

Ⅰ. 정의

① Float는 공기에 영향을 미치지 않고 작업의 착수 또는 완료를 늦게 할 수 있는 시간으로, CPM 기법에서 Activity에서 발생하는 여유 시간을 말한다.

② Float의 종류에는 TF(Total Float), FF(Free Float), DF(Dependent Float), IF(Independent Float)가 있다.

Ⅱ. 종류

TF (Total Float ; 총 여유)	• 전체 공기를 지연시키지 않는 여유 • EST(가장 빠른 개시 시각)로 시작하고, LFT(가장 늦은 종료 시각)로 완료할 때에 생기는 여유 시간
FF (Free Float ; 자유 여유)	• 전체 공기를 지연시키지 않고, 후속 작업의 EST도 지연시키지 않는 여유 • EST(가장 빠른 개시 시각)로 시작하고, 후속 작업도 EST(가장 빠른 개시 시각)로 시작하여도 생기는 여유 시간
DF (Dependent Float ; 간섭 여유)	• 후속 작업에 영향을 미치는 여유 시간
IF (Independent Float ; 독립 여유)	• 선행 작업에 영향을 받지 않으면서 후속 작업의 EST(가장 빠른 개시 시각)에도 영향을 주지 않는 여유 시간

Ⅲ. 계산 방법

1) TF(Total Float ; 총 여유)
   ① 그 작업의 LFT : 그 작업의 EFT
   ② 그 작업의 LST : 그 작업의 LFT

2) FF(Free Float ; 자유 여유)
   ① 후속 작업의 EST : 그 작업의 EFT
   ② 후속 작업의 EST : (EST+D)

3) DF(Dependent Float ; 간섭 여유)
   ① 후속 작업의 총 여유(TF)에 영향을 미치는 어떤 작업이 갖는 여유
   ② TF(Total Float)−FF(Free Float)

4) IF(Independent Float ; 독립 여유)

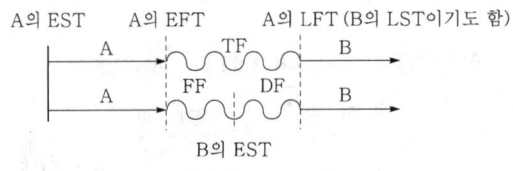

< Float >

25 Slack

Ⅰ. 정의

① Slack은 PERT 기법에서 Event에서 발생하는 여유 시간을 말하며, ET(가장 빠른 시각)와 LT(가장 늦은 시각)의 차이로 결합점이 가지는 여유 시간을 구한다.

② Slack의 종류에는 정 여유, 영 여유, 부 여유가 있다.

Ⅱ. 종류

정 여유(Positive Slack)	① 결합점의 일정 계산에 있어, 가장 늦은 시각과 가장 빠른 시각의 차가 0보다 큰 값 ② $LT-ET>0$ ③ 초과 진행된 상태
영 여유(Zero Slack)	① 결합점의 일정 계산에 있어, 가장 늦은 시각과 가장 빠른 시각이 동일하여 두 값의 차가 0인 경우 ② $LT-ET=0$ ③ 계획대로 진행된 상태
부 여유(Negative Slack)	① 결합점의 일정 계산에 있어, 정 여유와는 반대로 가장 늦은 시각과 가장 빠른 시각의 차가 0보다 작은 값 ② $LT-ET<0$ ③ 진행이 지연된 상태

Ⅲ. 계산 방법

1) ET(Earliest Time ; 가장 빠른 시각)

① 앞 작업의 ET에 소요 공기를 더하여 구한다.

② 전진 계산 → 최대값

2) LT(Latest Time ; 가장 늦은 시각)

① 뒷작업에서 소요 공기를 빼어 구한다.

② 후진 계산 → 최소값

26 | 래그 타임(Lag Time ; 작업 시차)

Ⅰ. 정의

① Lag Time이란 PDM(Precedence Diagraming Method) 기법에서 사용되는 여유 시간으로 작업간의 시간차를 말한다.

② Lag Time은 한 작업의 EST와 선행 작업의 EFT와의 시간차를 말하며, CPM에서의 FF(Free Float)에 해당된다.

Ⅱ. 실례

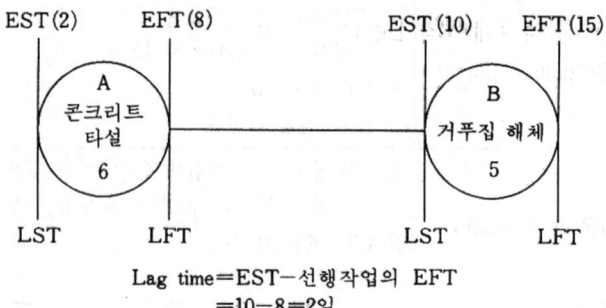

Lag time=EST−선행작업의 EFT
=10−8=2일

Ⅲ. 특징

① CPM과 같이 CP 이외의 구간에서 발생한다.

② CPM에서의 FF(Free Float)와 같은 여유시간이다.

③ PDM 기법에서의 여유시간이다.

④ 한 작업이 끝나고 다음 작업이 시작될 때까지의 여유시간이다.

Ⅳ. PDM의 표기 방법

1) 기본 작업

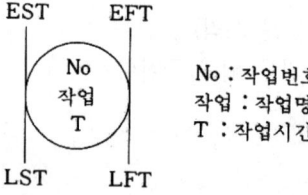

No : 작업번호
작업 : 작업명
T : 작업시간

2) CPM과 Network 표기상 차이

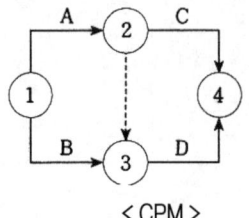

< CPM >

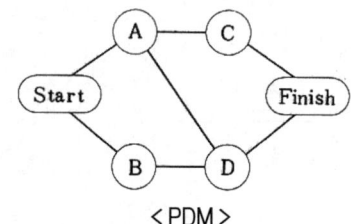

< PDM >

27 Lead Time(선도 시간)

[97중후(20)]

Ⅰ. 정의

① Lead Time이란 실제의 작업을 시작하기 전에 필요한 사전 준비 작업으로서, 선도 시간이라고도 한다.

② Lead Time은 Float(여유 시간) 개념이 아닌, 사전 작업에 소요되는 시간으로 노무·자재·장비 등을 준비하는데 필요한 시간이다.

③ Lead Time은 한 작업의 EST와 후속 작업의 EST의 시간차에 의해 구해진다.

Ⅱ. Bar Chart에서의 Lead Time 실례

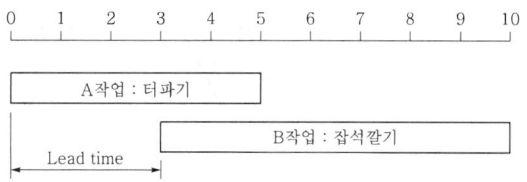

① B작업의 Lead Time은 3일이다.

② 잡석깔기를 하기 위해서는 터파기 공사 시작후, 3일 동안 잡석 깔기 준비(잡석 구입, 잡석 차량 운반로, 잡석 깔기용 장비)를 하는데 필요한 시간이다.

Ⅲ. Overlapping 기법에서의 Lead Time 실례

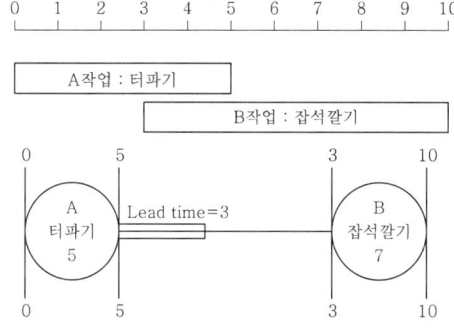

[해설] 터파기 공사 3일 후 잡석 깔기가 시작된다.

Lead Time
= 한 작업의 EST(3)
− 선행 작업의 EST(0)
= 3−0
= 3일

Ⅳ. 특징

① Lead Time은 모든 작업에서 생겨날 수 있다.

② 공사 관리자가 단위 공사의 준비를 위해 필요한 시간이다.

③ 공사에 대한 지식이나 경험이 풍부해야 Lead Time을 원활히 활용할 수 있다.

④ 준비 시간이 Lead Time을 초과하게 되면 전체 공기가 늘어난다.

⑤ Lead Time을 적절히 활용하면 공기 단축 및 공정 마찰을 방지할 수 있다.

28 마일스톤(Milestone ; 중간 관리일)

Ⅰ. 정의

① 마일스톤이란 사업을 계획 기간내에 완성하기 위하여 사업 추진 과정에서 관리 목적상 반드시 지켜야 하는 특히 중요한 몇몇 작업의 시작과 종료를 의미하는 특정 시점(Event)을 의미한다.

② 공사 관리자는 공사 전체에 영향을 미칠 수 있는 작업을 중심으로 적절한 수의 마일스톤을 지정하여 이를 근거로 프로젝트를 관리 및 통제할 수 있다.

Ⅱ. 마일스톤의 종류

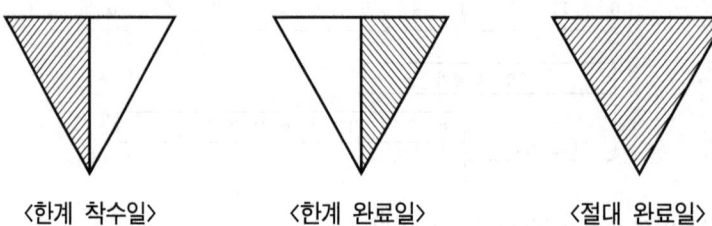

〈한계 착수일〉　　〈한계 완료일〉　　〈절대 완료일〉

① 한계 착수일(Not Earlier Than Date) : 지정된 날짜보다 일찍 작업에 착수할 수 없는 한계 착수일

② 한계 완료일(Not Later Than Date) : 지정된 날짜보다 늦게 완료되어서는 안 되는 한계 완료일

③ 절대 완료일(Not Later & Not Earlier Than Date) : 정확한 날짜에 완성되어야 하는 절대 완료일

Ⅲ. 마일스톤 선정 대상

① 토목, 건축, 전기, 설비 등 직종별 교차점

② 전체 공사에 영향을 미치는 특정 작업의 착수 시점

③ 전체 공사에 영향을 미치는 특정 작업의 완료 시점

Ⅳ. 마일스톤 설정시 주의사항

① 마일스톤은 작업 분류 체계(WBS ; Work Breakdown System)에 의하여 결정한다.

② 원활한 작업 진행을 위해서는 적절한 수의 마일스톤이 결정되어야 한다.

③ 마일스톤의 설정을 위해서는 사업 주체와 건설 업체의 충분한 협의가 있어야 한다.

④ 마일스톤의 일정은 네트워크에 기준을 두고 지정한다.

29 공기 단축

Ⅰ. 정의

① 공기 단축은 계산 공기가 지정 공기보다 길거나 공사 수행 중에 작업이 지연되었을 때 공기의 만회를 위해 필요하며, 최소의 공사비로 최적의 공기를 단축할 수 있도록 공사비 증가를 최소화하여야 한다.

② 지정된 공기 내에 작업 달성이 어려울 경우 초과 근무 실시, 작업 인원·자재의 증감, 교대제의 채용 등 여러 방법에 의하여 공기의 단축을 행하여야 한다.

Ⅱ. 목적

① 공기 만회

② 공사비 증가 최소화

Ⅲ. 공기 단축의 필요성

① 공정 계획 수립시 작성한 총공기(계산 공기)가 지정 공기보다 긴 경우

② 공사 도중 또는 시행 도중에 공기가 지연되었을 때

Ⅳ. 공기에 영향을 주는 요소

① 6M : Man, Material, Machine, Money, Method, Memory

② 6요소 : 공정관리, 품질관리, 원가관리, 안전관리, 공해, 기상

③ 민원

④ 설계 변경

Ⅴ. 공기 단축 기법의 종류

1) 계산 공기가 지정 공기보다 긴 경우

① 비용 구배(Cost Slope)가 있을 때 : MCX 이론에 의한 공기 단축

② 비용 구배(Cost Slope)가 없을 때 : 지정 공기에 의한 공기 단축

2) 공사 진행 도중 공기가 지연되었을 때

진도 관리(Follow Up)에 의한 공기 단축

① Bar Chart에 의한 방법

② Banana 곡선(S-curve)에 의한 방법

③ Network 기법에 의한 방법

30 | 최소 비용 촉진법(MCX ; Minimum Cost Expediting)

[07후(10)]

Ⅰ. 정의

① 각 요소 작업의 공기와 직접 비용의 관계를 조사하여 최소 비용으로 공기를 단축하기 위한 기법으로 CPM의 핵심 이론이다.

② 계산 공기가 지정 공기보다 길 때, 주 공정상의 비용 구배(Cost Slope)가 적은 작업부터 공기를 단축하여 지정 공기 내에 작업 달성을 하기 위한 지정 공기에 의한 공기 단축 기법이다.

Ⅱ. MCX 순서 Flow Chart

공정표 작성 → CP 표시 → 비용 구배 계산 → 공기 단축 → 추가 공사비 산출

Ⅲ. 목적

① 공기 만회
② 공사비 증가 최소화

Ⅳ. 공기 단축 방법

1) 제1단계
① CP(Critical Path)에서 비용 구배(Cost Slope)가 가장 적은 작업에서 단축
② 비용 구배(Cost Slope)
㉮ 공기 1일 단축하는데 추가되는 비용

㉯ Cost Slope = $\dfrac{\text{급속 비용} - \text{정상 비용}}{\text{정상 공기} - \text{급속 공기}}$

2) 제2단계
① Sub Path가 CP가 되면 CP 표시
② CP는 Sub Path가 되어서는 안 됨

3) 제3단계
공기 단축이 불가능한 작업은 ×표시

31 Cost Slope(비용 구배)

[95중(20), 98중후(20), 01후(10), 05후(10), 11후(10)]

Ⅰ. 정의

① 공기 1일을 단축하는데 추가되는 비용으로 공기 단축 일수와 비례하여 비용(직접 비용)은 증가하며, MCX 기법에 이용된다.

② 정상점과 급속점을 연결한 기울기(구배)를 Cost Slope라 한다.

Ⅱ. Cost Slope(비용 구배) 산정식

$$\text{Cost Slope} = \frac{\text{급속 비용}(\text{Crash Cost}) - \text{정상 비용}(\text{Normal Cost})}{\text{정상 공기}(\text{Normal Time}) - \text{급속 공기}(\text{Crash Time})}$$

$$= \frac{\Delta \text{Cost}}{\Delta \text{Time}}$$

Ⅲ. 공기와 비용(직접 비용)과의 관계

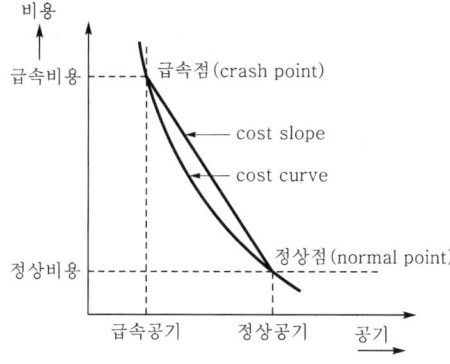

정상 공기(표준 공기) : Normal Time
급속 공기(특급 공기) : Crash Time
정상 비용(표준 비용) : Normal Cost
급속 비용(특급 비용) : Crash Cost
정상점(표준점) : Normal Point
급속점(특급점) : Crash Point

Ⅳ. Cost Slope의 영향

① 급속 계획에 의해 노무비(직접비) 증가

② 공기 단축 일수와 비례하여 비용 증가

③ Cost Slope가 클수록 공사비 증가

Ⅴ. Extra Cost(추가 공사비)

① 공기 단축시 발생하는 비용 증가액의 합계

② Extra Cost=각 작업 단축 일수×Cost Slope

32 | Crash Point(급속점, 특급점)

I. 정의

① Crash Point란 MCX 기법에서 급속 공기와 급속 비용이 만나는 Point로, 소요 공기를 더 단축할 수 없는 단축 한계점을 말한다.

② Crash Point와 정상 공기와 정상 비용이 만나는 Normal Point(정상점)를 연결한 선을 Cost Slope라고 한다.

II. 공기와 비용과의 관계

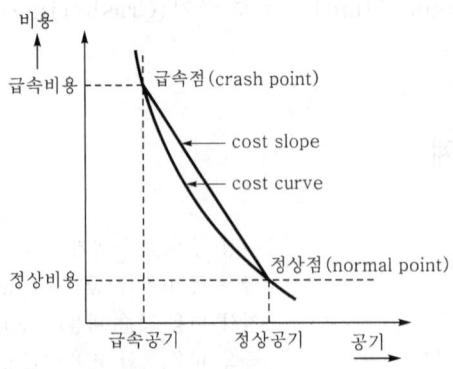

정상 공기(표준 공기) : Normal Time
급속 공기(특급 공기) : Crash Time
정상 비용(표준 비용) : Normal Cost
급속 비용(특급 비용) : Crash Cost
정상점(표준점) : Normal Point
급속점(특급점) : Crash Point

① 공기를 단축하면 비용 증가
② 공기가 연장되면 비용 감소

III. 급속 계획(Crash Plan)시 직접 비용 증가 요인

① 야간 작업 수당
② 시간 외 근무 수당(잔업 수당)
③ 기타 경비
④ 공기 단축 일수와 비례하여 비용 증가

33 | Total Cost(총비용)

Ⅰ. 정의

Total Cost란 공사에 소요되는 직접비와 간접비의 합을 말하며, 공기 단축시에는 단축에 소요되는 추가 비용(Extra Cost)을 포함한 비용을 말한다.

Ⅱ. Total Cost의 구성

1) 직접비
   ① 재료비
   ② 노무비
   ③ 외주비
   ④ 경비

재료비	노무비	외주비	경비	현장 경비	일반 관리비
직접비				간접비	
Total Cost (총비용)					

2) 간접비
   ① 현장 경비
   ② 일반 관리비

Ⅲ. Total Cost 비용 곡선

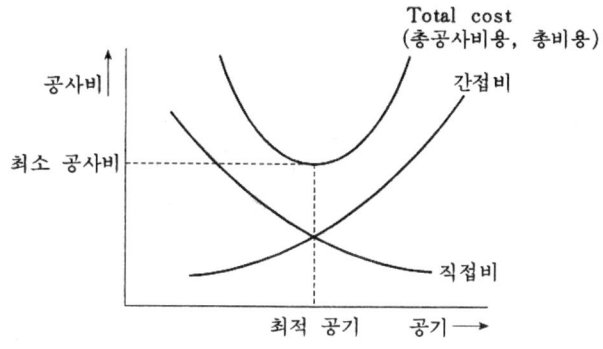

Ⅳ. 직접비와 간접비와의 관계

① 공기를 단축하면 직접비(노무비)는 증가하고 간접비는 감소한다.
② 공기가 연장되면 직접비는 감소되고 간접비는 증가한다.
③ 직접비와 간접비간의 균형을 이루는 어느 기간에서 Total Cost는 최소가 되며, 이 때의 공기가 최적 공기가 된다.

34 최적 공기

Ⅰ. 정의

① 최적 공기란 직접비와 간접비를 합한 Total Cost(총공사비)가 최소가 되는 가장 경제적인 공기를 말한다.

② 전 작업을 표준 작업 시간으로 시행했을 경우 공기는 최대이지만 직접비는 최소이며 공기를 단축함에 따라 직접비는 증가하고 간접비는 감소하는데, 이 직접비와 간접비의 합이 최소가 되는 시점이 최적 공기이다.

Ⅱ. 최적 공기 곡선

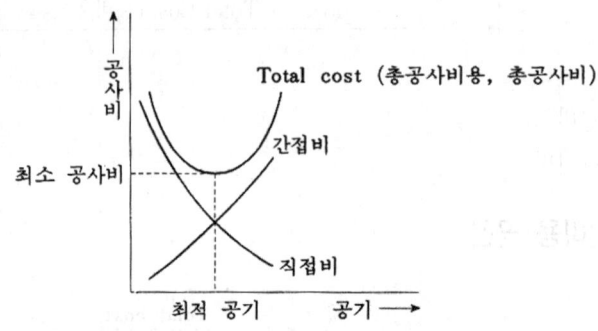

Ⅲ. 최적 공기의 결정 요소

① 표준 비용(Normal Cost) : 각 작업의 직접비가 최소가 되는 공사의 총비용

② 표준 공기(Normal Time) : 표준 비용이 될 때 요하는 공기

Ⅳ. Total Cost의 구성

1) 직접비
   ① 재료비
   ② 노무비
   ③ 외주비
   ④ 경비

2) 간접비
   ① 현장 경비
   ② 일반 관리비

35 공정의 경제속도(채산속도)

[02중(10)]

Ⅰ. 정의

① 직접비와 간접비의 합인 총공사비가 최소가 되도록 한 시공속도를 경제속도 또는 최적 시공속도라 한다.

② 총공사비가 최소가 되는 경제적인 시공속도를 말한다.

Ⅱ. 경제속도 비교

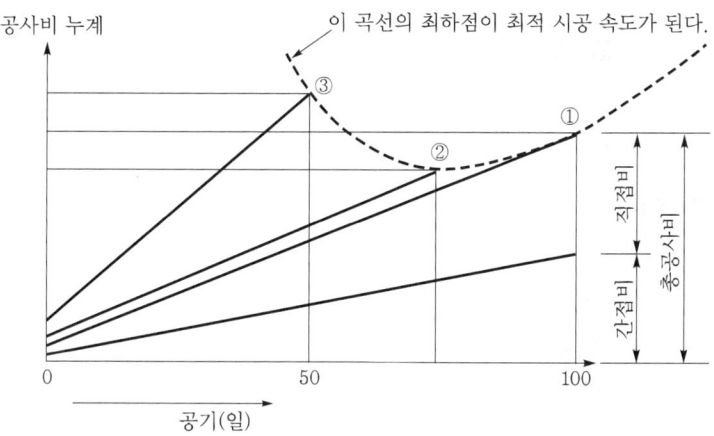

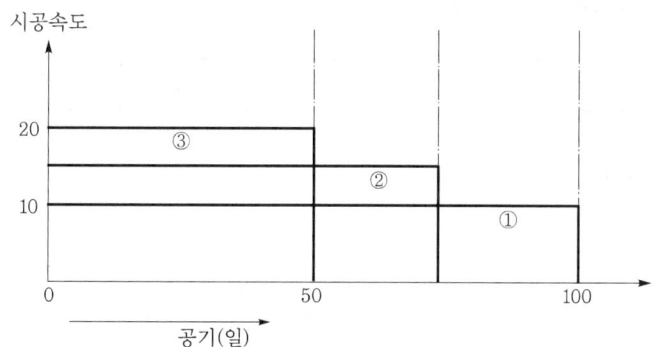

① 50일에 공사를 할 경우 간접비는 절감되지만 직접비가 증대되어 100일(①)에 하는 것보다 총공사비가 증대된다.

② 총공사비 곡선이 최하점에 위치할 때의 시공속도가 최적 시공속도(②)이다.

③ 시공속도가 일정하다고 가정할 때 시공속도를 2배로 하면 공기는 1/2로 단축된다.

④ 직접비는 공기가 단축될수록 증가한다.

⑤ 간접비는 공기가 단축될수록 감소한다.

36 자원 배당(Resource Allocation)

[14전(10)]

I. 정의

① 자원 배당은 노무, 자재, 장비 및 자금 등의 소요량과 투입량을 상호 조정하여 자원의 비효율성을 제거함으로써 비용의 증가를 최소화하는 것으로 자원평준화(Resource Leveling)라고도 한다.

② 여유 시간을 이용하여 논리적 순서에 따라 작업을 조절하여 자원을 배당함으로써 자원 수요를 평준화(Leveling)하는 것을 말한다.

II. 노동력 이용 효율(E)

$$E = \frac{총동원\ 인원수}{CP일수 \times 최대\ 동원\ 인원수} \times 100$$

III. 자원 배당 대상

① 노무(Man)
② 자재(Material)
③ 장비(Machine)
④ 자금(Money)

IV. 자원 배당(자원평준화 방법)

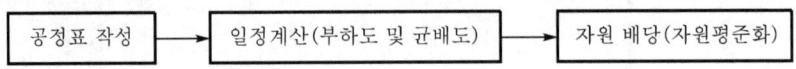

1) 공정표 작성

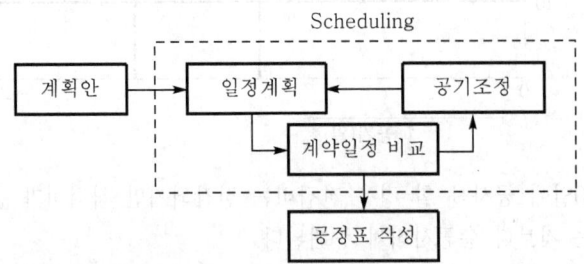

2) 일정계산(부하도 및 균배도)

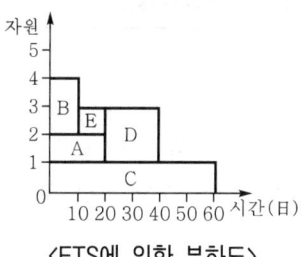

〈ETS에 의한 부하도〉

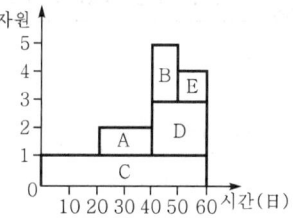

〈LST에 의한 부하도〉

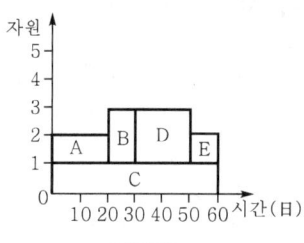

〈균배도〉

구 분	방 법
EST에 의한 부하도	• EST에 의하여 자원을 배당할 때의 부하도로 CP 작업을 우선 자원 배당 • 일정계산시 EST에서 시작하여 소요일수만큼 그려 나감
LST에 의한 부하도	• LST에 의하여 자원을 배당할 때의 부하도로 CP 작업을 우선 자원 배당 • 일정계산시 LST에서 시작하여 소요일수만큼 그려 나감
균배도(leveling, 평준화, 산붕도)	• EST와 LST 부하도간의 여유작업으로 이동해 자원 배당을 평준화하는 부하도 • CP작업을 우선 자원 배당, 여유작업이나 CP작업을 분리하여 분배해서는 안 됨 • 여유작업에서 후속작업을 선행작업보다 앞선 자원 배당을 해서는 안 됨

3) 자원 배당(자원편준화)
① 자원의 투입방식

〈현실적 자원 배당〉

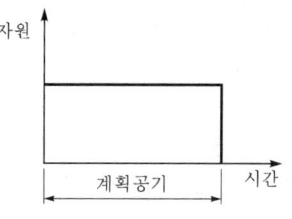

〈이상적 자원 배당〉

② 자원 배당(자원평준화) : 자원의 불균형을 없애고 투입자원을 최소로 하는 과정

37 진도관리(Follow-up, Up-dating)

Ⅰ. 정의

진도관리(Follow-up)란 각 공정의 계획 공정표와 실시 공정표를 비교·분석하여 전체 공기를 준수할 수 있도록 현재의 시점에서 공사 지연 대책을 강구하고 수정 조치를 하는 것을 말한다.

Ⅱ. 진도관리 형태(공기 지연의 경우)

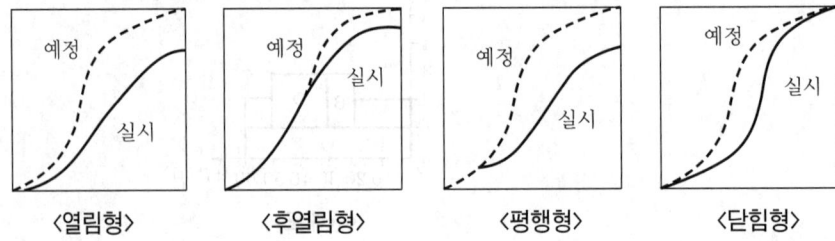

     〈열림형〉   〈후열림형〉   〈평행형〉   〈닫힘형〉

Ⅲ. 진도관리 주기

① 공사의 종류, 난이도, 공기의 장단에 따라 다르다.
② 통상 2주(15일), 4주(30일)를 기준으로 실시 공정표를 작성하여 관리한다.
③ 진도 관리의 주기는 최대 30일을 초과하지 않도록 한다.

Ⅳ. 진도관리 순서 Flow Chart

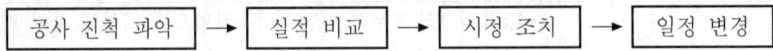

공사 진척 파악 → 실적 비교 → 시정 조치 → 일정 변경

Ⅴ. 진도관리 방법

① 모든 작업에 대해 현 시점에서 진척 사항 체크
② 완료 작업 → 굵은 선으로 표시
③ 지연 작업 → 원인을 파악하여 공사 촉진 및 공기 조정
④ 과속 작업 → 내용을 파악하여 적합성 여부 판단

Ⅵ. 진도관리시 유의사항

① 공사 진척 사항에 대한 공정 회의를 정기 또는 수시로 개최
② 부분 공정마다 부분 상세 공정표를 작성하여 체크
③ 각종 정보를 유용하게 활용
④ 공정 계획과 실적의 차이를 명확히 검토
⑤ 각 작업의 실적치(소요 일수, 인원, 자재 수량) 기록 및 공정 계획·관리에 활용
⑥ 각종 노무 자재, 시공 기계, 외주 공사 등의 수급 시기 검토
⑦ 각 담당자의 창의적인 연구와 노력이 필요

38 공정관리 곡선(바나나 곡선)

[98후(20), 03중(10), 14후(10)]

Ⅰ. 정의

① 공정관리 곡선에서는 계획선과 실시선이 반드시 일치하지 않으며 오차가 생길 때가 많으므로, 공정 계획선의 상하에 허용 한계선을 설치하여 그 한계 내에 들어가게 공정을 조정하는 S-Curve 곡선을 공정관리 곡선이라 한다.
② 횡선 공정표와 같이 작업의 관련성은 나타낼 수 없으나, 공사의 지연에 대하여 조속히 대처할 수 있으며, 상하 허용 한계선의 모양이 Banana형이므로 Banana 곡선이라 한다.

Ⅱ. 공정관리 곡선을 이용한 진도 관리(Follow-up)

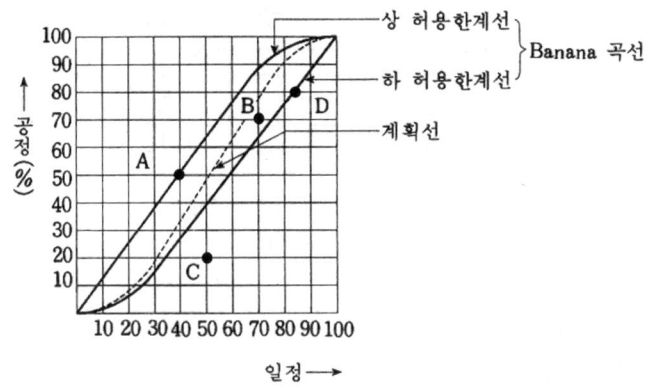

① A점이 예정보다 많이 진행되어 허용 한계 외에 있으니 비경제적인 시공이다.
② B점은 예정에 가까운 적당한 진척이므로 그 속도로 진행하면 된다.
③ C점은 허용 한계를 벗어나 늦어졌으므로 공기 단축을 위한 대책이 필요하다.
④ D점은 하한선에 있으므로 공정의 촉진을 요한다.

Ⅲ. 진도관리 방법의 종류

① Bar Chart에 의한 방법
② 공정관리 곡선(S-Curve)에 의한 방법
③ Network 기법에 의한 방법

Ⅳ. 공정관리 곡선의 특징

① 전체적인 경향 및 시공 속도를 파악할 수 있다.
② 예정과 실적의 차이를 파악하기 쉽다.
③ 공사의 지연에 대하여 조속히 대처할 수 있다.
④ 세부 사항을 알 수 없다.
⑤ 개개의 작업을 조정할 수 없다.

39 시공 속도

Ⅰ. 개요

시공 속도는 총공사비에 많은 영향을 주는 요소로서 시공 속도를 빨리 하면 직접비가 상승하게 되고, 또한 반대로 시공 속도를 늦게 하면 직접비는 감소되나 간접비가 상승하게 되므로, 적절한 시공 속도로 공사를 진행하는 것이 이상적이다.

Ⅱ. 시공 속도

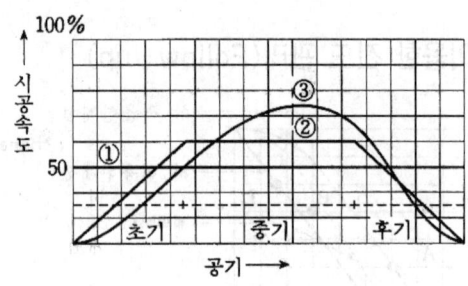

< 공기와 시공 속도 >

① 단일 공사를 매일 동일한 시공 속도로 공사를 완수할 때에는 직선(그림 ①)
② 초기에는 느리고 중간에는 일정하며, 후기에 서서히 감소하면 사다리꼴(그림 ②)
③ 실제로는 여러 가지 이유로 초기에는 더디고, 중기에는 활발하게 되며, 후기에 감퇴하는 것은 일반적으로 山形(그림 ③)
④ ①, ②, ③선의 하부 면적은 전체 공사량이며 다 동일한 면적이다.
⑤ 상기 도표를 누계 기성고로 나타내면 다음과 같다.

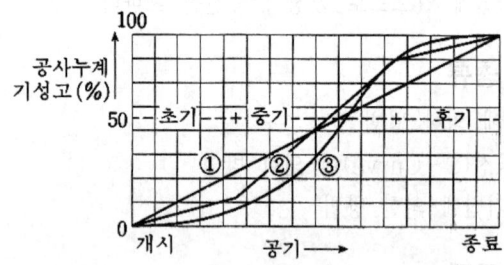

< 공기와 누계 기성고 >

40 최적 시공 속도

[12중(10)]

Ⅰ. 정의

① 직접비와 간접비의 합인 총공사비가 최소가 되도록 한 시공 속도를 최적 시공 속도 또는 경제적 시공 속도라 한다.

② 총공사비가 최소가 되는 경제적인 시공 속도를 말한다.

Ⅱ. 최적 시공 속도 비교

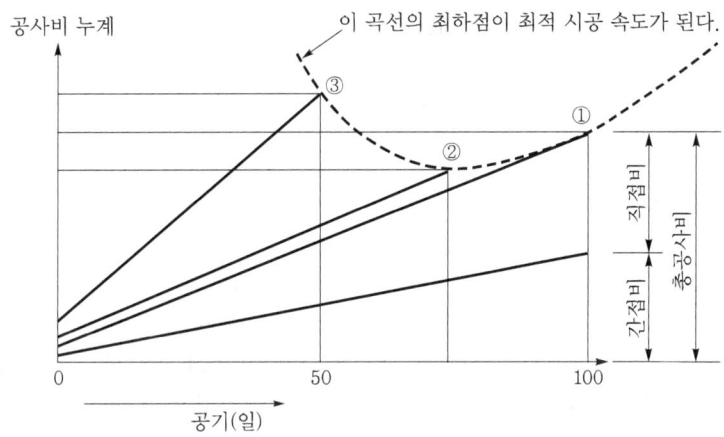

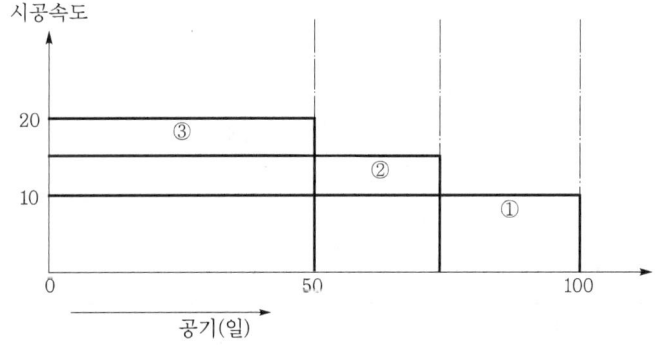

① 50일에 공사를 할 경우 간접비는 절감되지만 직접비가 증대되어 100일(①)에 하는 것보다 총공사비가 증대된다.

② 총공사비 곡선이 최하점에 위치할 때의 시공속도가 최적 시공 속도(②)이다.

③ 시공 속도가 일정하다고 가정할 때 시공 속도를 2배로 하면 공기는 1/2로 단축된다.

④ 직접비는 공기가 단축될수록 증가한다.

⑤ 간접비는 공기가 단축될수록 감소한다.

41 추가공사에서 Additional Work와 Extra Work의 비교

[12후(10)]

I. Additional Work

1) 정의
① Additional Work는 당초 계약 이외의 공사로서 계약성립 후에 추가로 공사하기 위해 계약하는 공사를 말한다.
② Additional Work는 입찰 시 예정되어 있는 추가공사이며 설계변경 등이 수반되지 않는 공사이다.

2) 특징
① 현장 설명 시 미리 예정되어 있는 공사
② 전체 공정 계획에 포함되어 있음
③ 본 공사 수행업체가 주로 추가공사를 수행하나, 다른 업체가 할 수도 있음
④ 설계변경이 수반되지 않음

II. Extra Work

1) 정의
① Extra Work란 사전적 의미로는 시간외 작업에 해당하며, 계약서에 포함되어 있지 않고 시험과정에서 발주처의 요구나 재료의 변경 등으로 발생하는 공사이다.
② 설계변경이 필요한 공사로써 새로운 계약에 의해 공사를 진행하여야 하며, 설계 변경 및 계약서를 작성하지 않고 공사를 진행할 경우 추후에 분쟁이 발생할 수 있다.

2) 특징
① 현장 설명 시 예정되어 있지 않고 공사 진행 중 발생하는 공사
② 예기치 않은 공사로 새로운 공정계획 필요
③ Extra Work는 본 공사 시공업체가 시공함
④ 설계 변경 및 새로운 계약 필요
⑤ 공사 진행 시 필연적으로 발생함

III. Additional Work와 Extra Work의 비교

구분	Additional Work	Extra Work
의의	계약성립 후 추가로 계약하는 공사	계약서에 포함되어 있지 않고 새로이 발생하는 공사
특징	• 미리 예정되어 있는 공사 • 설계 변경이 필요 없음 • 전체 공정 계획에 포함 • 분쟁의 여지가 없음	• 예정에 없이 필요에 의해 발생되는 공사 • 설계 변경 필요 • 새로운 공정 계획 필요 • 분쟁의 여지 발생
해당공사	• 일괄입찰에 의한 추가 공사 • 실시설계에 의한 추가 공사 • 대안입찰 시 대안으로 채택된 추가 공사	• 설계도서의 누락이나 오류에 의한 공사 • 발주처의 요구에 의해 발생되는 공사 • 본 공사의 변형으로 인해 발생되는 공사 • 현장상태가 지반조사와 다름으로 인해 발생되는 공사

42 공정·공사비 통합관리체계(EVMS)

[01전(10), 03전(10), 10후(10)]

Ⅰ. 정의

① EVMS(Earned Value Management System)는 건설공사의 원가관리, 견적, 공사관리 등을 유기적으로 연결하여 종합적으로 관리하는 System이다.

② 비용과 일정계획 대비 성과를 미리 예측하여 현재 공사 수행의 문제분석과 대책을 수립할 수 있는 예측 System이다.

③ EVMS 기법에서 사용되는 진도관리지수(Index)로는 실행 집행률, 원가수행지수, 공기수행지수 등이 있다.

Ⅱ. EVMS의 구성

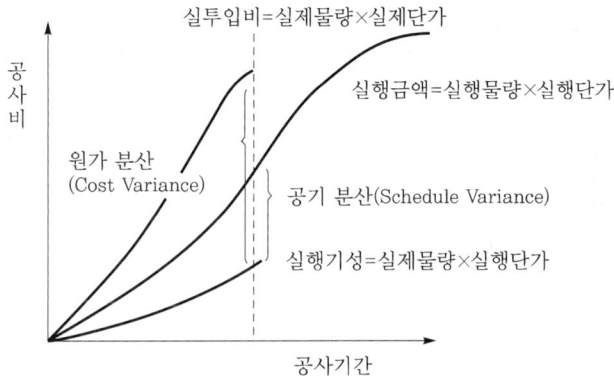

Ⅲ. 진도관리지수의 종류

1) 실행 집행률(Percent Complete)

① 실행기성/총실행예산으로 나타낸다.

② 총실행예산에 대한 투입된 실행예산의 비로 공사집행의 척도로 사용된다.

2) 원가수행지수(CPI ; Cost Performance Index)

① 실행기성/실투입비로 나타낸다.

② 완료된 공사에 대한 투입원가의 효율성을 나타낸다.

3) 공기수행지수(SPI ; Schedule Performance Index)

① 실행기성/실행금액으로 나타낸다.

② 완료된 공사에 대한 공정관리의 효율성을 나타낸다.

Ⅳ. EVMS의 기대효과

① 원가관리, 견적, 공정관리를 유기적으로 연결

② 공사진척 현황의 파악 용이

③ 향후 공사비에 대한 예측 가능

④ 종합적 원가관리 체계 구성

V. EVMS의 수행절차

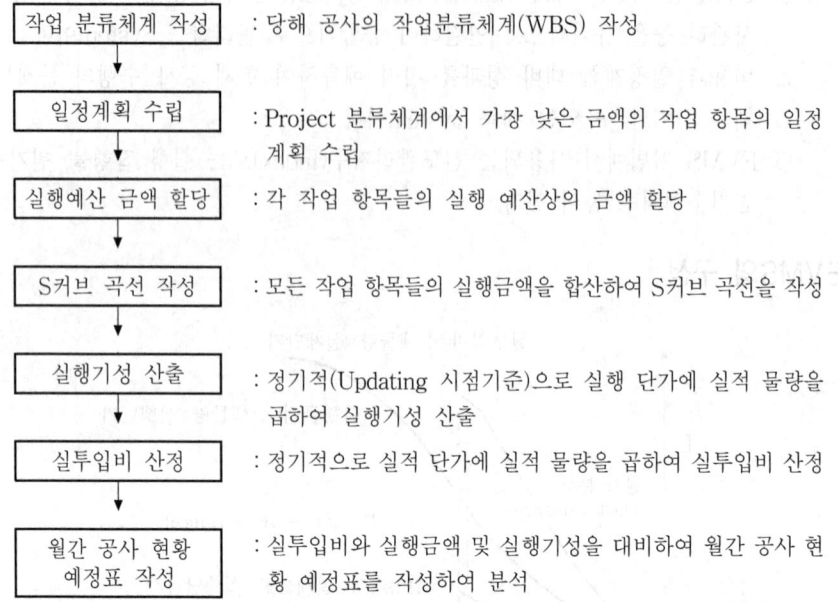

작업 분류체계 작성	: 당해 공사의 작업분류체계(WBS) 작성
일정계획 수립	: Project 분류체계에서 가장 낮은 금액의 작업 항목의 일정 계획 수립
실행예산 금액 할당	: 각 작업 항목들의 실행 예산상의 금액 할당
S커브 곡선 작성	: 모든 작업 항목들의 실행금액을 합산하여 S커브 곡선을 작성
실행기성 산출	: 정기적(Updating 시점기준)으로 실행 단가에 실적 물량을 곱하여 실행기성 산출
실투입비 산정	: 정기적으로 실적 단가에 실적 물량을 곱하여 실투입비 산정
월간 공사 현황 예정표 작성	: 실투입비와 실행금액 및 실행기성을 대비하여 월간 공사 현황 예정표를 작성하여 분석

43 공정, 원가 통합관리에서 변경 추정예산(EAC ; Estimate At Completion)

[06중(10)]

Ⅰ. 정의

① 변경 추정예산은 공정, 원가 통합관리 기법을 기반으로 자료를 축적하여 축적된 자료를 바탕으로 향후 공사를 정확히 예측하여 예산을 산출하는 것을 말한다.

② 정확한 예산을 추정하기 위해서는 공정관리, 원가관리, 공사관리 등을 유기적으로 연결하는 종합적인 관리가 필요하다.

Ⅱ. 공정, 원가 통합관리기법(EVMS)의 모식도

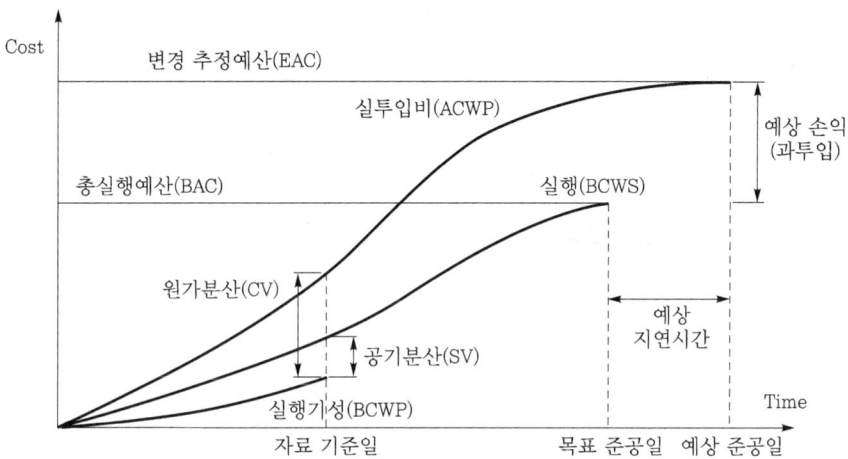

Ⅲ. 변경 추정예산의 산출

① 완료된 작업들의 실투입비에 잔여 작업들의 예산원가를 합산하여 산출

② 변경 추정예산(총실행예산 단가의 변화가 없는 것으로 가정)

$$변경\ 추정예산 = \frac{실투입비}{실행\ 집행률} = \frac{실투입비}{실행기성} \times 총실행예산$$

$$= \frac{실투입단가}{실행\ 단가} \times 총실행예산 = \frac{총실행예산}{원가수행지수}$$

③ EVMS의 적용절차를 이용하여 변경 추정예산 작성

44 | SPI(Schedule Performance Index)

Ⅰ. 정의

SPI(Schedule Performance Index)란 공기수행지수로 완료된 공사에 대한 공정 관리의 효율성을 나타내는 것이다.

Ⅱ. 개념도

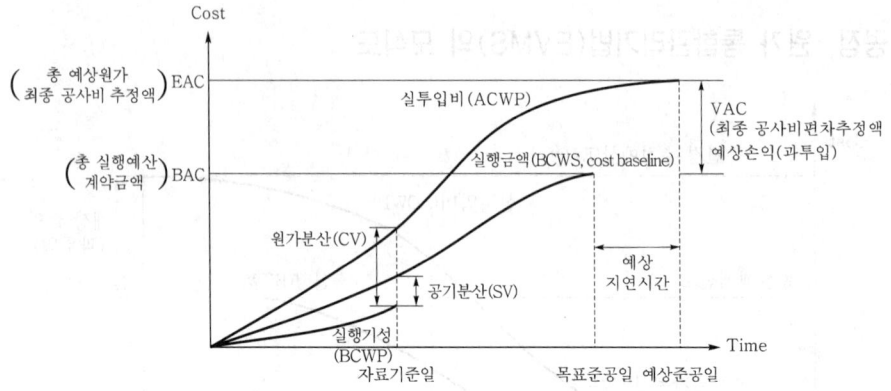

자료기준일을 측정하여 Project의 예상종료일을 유추할 수 있다.

Ⅲ. SPI 산정식

$$SPI(공기수행지수) = \frac{BCWP(실행기성)}{BCWS(실행금액)}$$

1) BCWP(Budgeted Cost for Work Performed)
   실행기성 = 실제물량 × 실행단가
2) BCWS(Budgeted Cost for Work Scheduled)
   실행금액 = 실행물량 × 실행단가

Ⅳ. SPI(Schedule Performance Index)의 특징

① 완료된 공사에 대한 공정관리의 효율성을 나타낸다.
② 실행기성을 기준으로 완료된 공정이 계획보다 선후 여부를 가늠하는 척도이다.
③ 누계 실행 대비 누계 실행기성으로 정의된다.
④ 공기수행지수값의 해석

지수값	1 미만	1	1 초과
해 석	계획 미달	계획과 일치	계획 초과

⑤ EVMS의 적용절차를 이용하여 공기수행지수를 작성한다.

45 CPI(Cost Performance Index ; 공사비 수행지수)

[16전(10)]

Ⅰ. 정의

CPI란 실제 발생한 원가에 대한 실행된 일의 가치의 비를 말하며, 공사비 수행지수, 원가 수행지수라고도 한다.

Ⅱ. CPI 산정식

$$CPI = BCWP / ACWP$$

① BCWP(Budgeted Cost for Work Performed)
실행기성(달성 공사비)＝실제 물량×실행 단가
② ACWP(Actual Cost for Work Performed)
실투입비(실제 공사비)＝실제 물량×실제 단가

Ⅲ. EVMS에서의 진도관리지수

지수(Index) ─┬─ 원가 수행지수(CPI ; Cost Performance Index)
├─ 공기 수행지수(SPI ; Schedule Performance Index)
└─ 실행 집행률(Percent Complete)

Ⅳ. 공사비 수행지수(Cost Performance Index)의 작성

① 완료된 공사에 대한 투입 공사비(원가)의 효율성을 나타낸다.
② 실행기성을 바탕으로 공사 완료부분이 산정된 예산의 초과 여부를 나타내는 공사 수행의 척도이다.
③ 누계 실행기성을 누계 실투입비로 나눔으로써 산출한다.
④ $CPI = \dfrac{실행기성}{실투입비}$
⑤ CPI값의 해석

지수값	1 미만	1	1 초과
해석	원가 초과	원가 일치	원가 미달

⑥ EVMS의 적용절차를 이용하여 CPI를 작성한다.

46 공정관리 관련용어

1) 공정 분석(Work Process Analysis)

　　작업이나 공사를 합리화하기 위해 그 수순을 공정별로 분석하는 것

2) Leveling(자원평준화 작업)

　　Network상의 선후 관계를 유지하면서 필요 자원을 효과적으로 평준 분배하여 작업이 최단시일 내에 완성되도록 자원의 일정 계획을 수립하는 작업

人生案内

인간은 어디서 와서 어디로 가며, 왜 사는가. 이 세 가지는 가장 보편적이고 근본적이며 본질적인 물음이다. 남녀의 性行爲에서 수십억 중의 정자 하나가 卵子 하나를 만나서 생긴 것이 인간이다. 인간을 형성하고 있는 化學的 요소를 분석하면 약간의 지방, 鐵分, 당분, 석회분, 마그네슘, 인, 유황, 칼륨 등과 염분과 대부분의 수분이 전부다. 아마 화학약품점에서 몇 천원이면 살 수 있을 것이다. 거기다 고도로 발달한 동식물의 생명체가 들어 있다고 생각해 본다. 그러나 그런 思考로는 인간의 의미와 목적은 모른다. 자연에게 물어봐도 답이 없고, 자신이나 과학이나 철학이나 종교에게 물어봐도 대답할 수 없다.

나를 만든 분만 알고 있다. 사람은 하나님의 형상으로 만들어졌고 天下보다 소중한 사랑의 대상이라고 성서가 가르쳐준다.

성서는 인생의 안내도, 그리고 예수님은 그 길의 案內者다. 이 세상은 우리의 영원한 주소가 아니다. 호출이 오면 언제라도 떠나야 하는 出生과 死亡 사이의 다리 위를 통과하는 나그네. 예수가 그 길이요, 생명이다.

제11장 ▶ 부 록

과년도 출제경향 분석표

과년도 출제경향 분석표

구분 \ 연도		12회[1975년]	13회[1976년]	14회[1977년]	15회[1978년(전반기)]	16회[1978년(후반기)]
토공	일반토공					
	연약지반					
	사면안정					
	옹벽, 보강토					
	건설기계					
기초						
콘크리트	일반 콘크리트	⑩조강 Cement의 특성 ⑩Pozzoith Concrete		⑩W/C와 σ_{28}의 관계 ⑩콘크리트 분리와 Bleeding 방지법 ⑩진동다짐공법 ⑩습윤양생방법		
	특수 콘크리트			⑩서중 콘크리트		
도로		⑩Tremie Con'c ⑩Prepacked Con'c				
교량						
터널						
댐						
항만						
하천						
총론						
구조계산 기타			※ 13회는 용어문제 미출제		※ 15회는 용어문제 미출제	※ 16회는 용어문제 미출제

연도 구분		17회[1979년]	18회[1980년]	19회[1981년(전반기)]	20회[1981년(후반기)]	21회[1982년(전반기)]
토 공	일반토공					⑩ 다짐관리방법
	연약지반					
	사면안정					
	옹벽, 보강토					⑩ 정지토압
	건설기계					⑩ 토공운반기계
	기 초					
콘 크 리 트	일반 콘크리트	⑩ 설계기준강도와 배합강도 ⑩ 경철근과 부철근 ⑩ 스터럽과 절곡철근 ⑩ 시방배합과 현장배합 ⑩ 포스트텐션과 프리텐션			⑩ Fly Ash ⑩ AE제 ⑩ 감수제 ⑩ 염화칼슘	⑩ Sliding Form ⑩ 현장배합
	특수 콘크리트					
	도 로					
	교 량					⑩ 고장력볼트 사용 교량가설 시공순서
	터 널					⑩ 지발뇌관
	댐					
	항 만					
	하 천					
	총 론					
	구조계산 기타		※ 18회는 용어문제 미출제	※ 19회는 용어문제 미출제		

연도 구분		22회[1982년(후반기)]	23회[1983년]	24회[1984년]	26회[1985년]	28회[1986년]
토공	일반토공				⑩ 다짐밀도	
	연약지반			⑩ Paper Drain		
	사면안정					
	옹벽, 보강토					⑳ 보강토공법
	건설기계					
기초		⑰ Earth Anchor		⑩ Underpinning		
콘크리트	일반 콘크리트				⑩ Cold joint ⑩ Creter Crane	⑳ 시방배합, 현장배합
	특수 콘크리트					
도로						
교량						
터널		⑩ Smooth Blasting ⑩ 건축한계 차량한계 터널		⑩ Bench Cut ⑩ 역라이닝공법	⑩ Calmmite ⑩ Jumbo Drill	⑳ 전단면 굴착공법 ⑳ Pipe Messer
댐						
항만						
하천				⑩ Crib Wall		
총론						
구조계산 기타			※ 23회는 용어문제 미출제			

구 분		29회[1987년]	31회[1988년]	32회[1989년]	33회[1990년(전반기)]	34회[1990년(후반기)]
토공	일반토공	⑫동결심도				⑩흙의 압축과 압밀
	연약지반					
	사면안정					
	옹벽, 보강토					
	건설기계				⑩Ripper Bility	
기 초		⑫Boiling 현상				
콘크리트	일반 콘크리트	⑫콘크리트 Shrinkage				⑩Dry Mixing Remicon ⑩Bleeding ⑩Cold Joint
	특수 콘크리트					
도 로		⑫CBR과 SN ⑫Reflection Crack			⑩Proof Rolling	
교 량					⑩Precast Block	⑩Preflex Beam
터 널					⑩지불선(Pay Line)	
댐					⑩Grout Lift	
항 만						
하 천						
총 론						
구조계산 기타			※ 31회는 용어문제 미출제	※ 32회는 용어문제 미출제		

연 도 구 분		35회[1991년(전반기)]	36회[1991(후반기)]	37회[1992년(전반기)]	38회[1992년(후반기)]	39회[1993년(전반기)]
토 공	일반토공					
	연약지반					
	사면안정					
	옹벽, 보강토					
	건설기계					
기 초						
콘 크 리 트	일반 콘크리트			⑩ Cold Joint ⑩ 굵은 골재 최대치수 ⑩ 배합강도 ⑩ 변동계수		
	특수 콘크리트					
도 로						
교 량				⑩ 활하중 합성형		
터 널						
댐						
항 만						
하 천						
총 론						
구조계산 기타		※ 35회는 용어문제 미출제	※ 36회는 용어문제 미출제		※ 38회는 용어문제 미출제	※ 39회는 용어문제 미출제

구분		45회[1995년(후반기)]	46회[1996년(전반기)]	47회[1996년(중반기)]	48회[1996년(후반기)]	49회[1997년(전반기)]
토공	일반토공		흙의 동상		점토지반, 모래지반, 전단특성	흙쌓기의 노상재료 구비조건 토취장 선정조건
	연약지반		동다짐공법 연약점토층의 1차 압밀, 2차 압밀	약액주입공법		
	사면안정					
	옹벽, 보강토					
	건설기계				셔블계 굴착장비	
기초					Slurry Wall 유압 Hammer의 특징 개단말뚝과 폐단말뚝	
콘크리트	일반콘크리트		정착길이, 부착길이 소성수축균열 피로파괴, 피로강도 잔골재율	SCF(Self Climbing Form) 거푸집 동바리의 안정성 및 시공성 Preflex Beam	경량골재 종류 PC의 Relaxation	중공 Slab 균열원인대책 알칼리 골재반응 콘크리트 방식 극한한계 상태, 사용한계 상태
	특수콘크리트		온도제어 양생			
도로			아스팔트포장 장비조합 콘크리트포장 이음		아스팔트 혼합물에 석분을 넣는 이유	
교량				용접결함 원인		강구조 압축부재, 휨부재 연결 강재방식 공법 연속곡선교의 교좌배치
터널				지발뇌관		
댐			기초 Grouting		흙댐의 Piping 현상과 원인	
항만			자주승강식 바지			
하천						
총론				통계적 품질관리	$\bar{x} - R$ 품질관리기법 공정관리기법	
구조계산 기타		※ 45회는 용어문제 미출제				

구분	연도	50회[1997년(중·전반기)]	51회[1997년(중·후반기)]	52회[1997년(후반기)]	53회[1998년(전반기)]	54회[1998년(중·전반기)]
토공	일반토공	㉑유토곡선	㉑토공 정규			
	연약지반			㉑연약지반 치환공법		㉑침하 압밀도 관리방법
	사면안정			㉑산사태 원인		
	옹벽, 보강토					
	건설기계		㉑건설기계 경제수명	㉑불도저 작업원칙		
기초		㉑깊은 기초의 종류와 특징 ㉑말뚝의 지지력 산정방법	㉑지하연속벽	㉑개단, 폐단 말뚝	㉑말뚝 하중전이 함수	
콘크리트	일반 콘크리트	㉑혼화재와 혼화제의 차이	㉑콘크리트구조물, 줄눈	㉑철근의 이음 ㉑Con'c 시공이음 ㉑콘크리트 초기균열		㉑균열유발 줄눈의 설치목적
	특수 콘크리트	㉑서중콘크리트의 양생			㉑매스콘크리트 온도, 균열지수	㉑PSC Grout 재료의 품질조건
도로		㉑Asphalt 포장파손 원인과 대책				
교량		㉑단순, 연속, 겔버교의 비교			㉑2경간 연속합성교 슬래브 시공순서 ㉑포트받침과 탄성고무받침 비교	
터널		㉑터널의 삼각지보	㉑NATM 계측	㉑심빼기 발파		
댐					㉑록필댐 심벽재료, 성토시험 ㉑석괴댐 유수전환	㉑표면 차수벽 석괴댐 ㉑커튼 Grouting의 목적
항만		㉑Caisson 진수 방법			㉑케이슨 진수공법 ㉑방조제 최종물막이 시공계획	
하천						
총론			㉑클레임(Claim) ㉑Lead Time ㉑ISO 9000 시리즈	㉑크리티컬 패스(Critical Path)	㉑국제 입찰방법	㉑공사비 내역체계 통일 이유 ㉑품질통제 Q/C와 품질보증 Q/A ㉑안전공학 검토의 필요성 ㉑공사관리의 4대 요소
구조계산 기타						

구 분 연 도		55회[1998년(중·후반기)]	56회[1998년(후반기)]	57회[1999년(전반기)]	58회[1999년(중반기)]	59회[1999년(후반기)]
토공	일반토공	⑳다짐도 판정 ⑳국부전단파괴와 전반전단 파괴	⑳CBR과 N치의 관계 ⑳퀵샌드	⑳Sounding		⑳반절토, 반성토 단면의 축조시 유의사항
	연약지반	⑳연약지반 개량공법 선정기준		⑳Pack Drain		⑳동압밀공법
	사면안정					
	옹벽, 보강토					
	건설기계		⑳건설기계의 작업효율		⑳크랏샤 장비조합	
기 초		⑳정보화 시공		⑳유선망 ⑳SIP	⑳Boiling ⑳얕은 기초와 깊은 기초	⑳Underpinning ⑳정적 재하시험과 동적 재하시험
콘크리트	일반콘크리트	⑳가외철근 ⑳시방배합과 현장배합		⑳균열유발줄눈 ⑳피로한도 ⑳온도균열지수	⑳콘크리트 피복두께 ⑳환경지수와 내구지수	⑳피로파괴
	특수콘크리트	⑳팽창콘크리트	⑳강섬유보강 콘크리트			
도 로		⑳완성노면 검사항목	⑳반사균열			
교 량				⑳응력부식		
터 널			⑳지불선 ⑳Pre Splitting	⑳RQD와 판정 ⑳도폭선	⑳RQD와 판정 ⑳도폭선	⑳Smooth Blasting ⑳Swellex Rock Bolting
댐						⑳Consolidation Grouting ⑳Lugeon치
항 만						
하 천						
총 론		⑳비용구배	⑳공동계약 ⑳공정관리곡선		⑳GIS	
구조계산 기타						

구분		연도	60회[2000년(전반기)]	61회[2000년(중반기)]	62회[2000년(후반기)]	63회[2001년(전반기)]	64회[2001년(중반기)]
토공	일반토공		⑩토량환산계수	⑩최적함수비 설명 ⑩동결깊이 ⑩상대밀도	⑩Bulking 현상	⑩평판재하시험	⑩소성지수 ⑩Over Compaction ⑩흙의 다짐원리 ⑩하수관의 시공검사 ⑩N값의 수정
	연약지반						
	사면안정						
	옹벽, 보강토		⑩옹벽의 안정조건				
	건설기계		⑩건설기계의 작업효율	⑩준설선의 종류	⑩건설기계 마력	⑩Trafficability	
기 초			⑩무리말뚝	⑩벤토나이트 ⑩배토말뚝과 비배토말뚝			⑩지하연속벽의 Guide Wall
콘크리트	일반 콘크리트		⑩조기강도 평가	⑩Expansion Joint	⑩철근콘크리트의 사용성과 내구성 ⑩유효높이와 피복두께 ⑩철근의 정착길이 ⑩운반중의 슬럼프 및 공기량 변화 ⑩PC강재의 Relaxation	⑩유동화제 ⑩배합강도 ⑩Creep 현상 ⑩골재의 조립률	⑩열화현상
	특수 콘크리트						
도 로			⑩교면포장공법 ⑩아스팔트 포장의 석분	⑩분리막의 역할 ⑩평탄성 지수	⑩Marshall 시험	⑩Reflection Crack ⑩Guss Asphalt ⑩Proof Rolling	⑩아스팔트포장용 굵은 골재 ⑩라텍스 콘크리트포장
교 량			⑩강재 비파괴시험 방법		⑩강구조물의 수명과 내용년수	⑩Preflex Blasting	
터 널			⑩Bench Cut 발파 ⑩터널의 여굴 ⑩숏크리트의 특성	⑩Smooth Blasting	⑩불연속면	⑩Cushion Blasting	⑩가축지보공 ⑩암반반응곡선
댐				⑩Piping 현상	⑩양압력 방지대책	⑩Curtain Wall Grouting	
항 만				⑩혼성방파제의 구성요소	⑩소파공		⑩해안구조물에 작용하는 잔류수압
하 천			⑩제방의 침윤선		⑩Cavitation		
총 론			⑩Critical Path	⑩Value Engineering		⑩공사의 진도관리지수	⑩건설사업관리 중 Life Cycle Cost
구조계산 기타							

구 분		65회[2001년(후반기)]	66회[2002년(전반기)]	67회[2002년(중반기)]	68회[2002년(후반기)]	69회[2003년(전반기)]
토 공	일반토공		⑩ 최적함수비 ⑩ 내부마찰각과 안식각 ⑩ Ice Lense 현상	⑩ N치 활용법 ⑩ 동결심도 결정방법 ⑩ 토량환산계수 ⑩ 액상화	⑩ 흙의 다짐특성 ⑩ 노체성토부의 배수대책	
	연약지반		⑩ 압성토공법 ⑩ 진공압밀공법		⑩ RJP 공법	⑩ Preloading
	사면안정		⑩ Land Creep		⑩ 낙석방지공	
	옹벽,보강토			⑩ 보강토공법		
	건설기계			⑩ 장비의 주행성		
기 초		⑩ 무리말뚝	⑩ Earth Drill 공법 ⑩ 유선망 ⑩ Quick Sand 현상 ⑩ Pile Lock	⑩ PHC 파일	⑩ 콘크리트구조물 기초의 필요 조건	⑩ 부마찰력
콘 크 리 트	일반 콘크리트	⑩ 정철근과 부철근 ⑩ W/C비 선정방식 ⑩ Cold Joint ⑩ Fly Ash ⑩ 골재의 유효흡수율	⑩ 콘크리트의 건조수축	⑩ 콜드조인트 ⑩ 콘크리트의 적산온도	⑩ 주철근과 전단철근 ⑩ 설계기준강도와 배합강도 ⑩ 프리텐션과 포스트텐션 공법	⑩ 굳지 않은 콘크리트의 성질 ⑩ 배합강도 ⑩ 염분과 철근방청
	특수 콘크리트			⑩ 팽창콘크리트		
도 로		⑩ Dowel Bar ⑩ Emulsified Asphalt ⑩ 콘크리트포장 보조기층의 역할	⑩ 교면포장		⑩ 소성변형	⑩ 포장 평탄성 관리기준 ⑩ 타이바와 다웰바 ⑩ 투수성 콘크리트포장
교 량					⑩ 교좌가동받침 ⑩ 프리플렉스보	
터 널		⑩ 팽창성 파쇄공법 ⑩ 숏크리트 응력측정		⑩ 숏크리트의 특성	⑩ 심빼기 발파	⑩ 침매공법 ⑩ Face Mapping
댐		⑩ Curtain Grouting			⑩ Lugeon치	
항 만						⑩ Dolphin
하 천						
총 론		⑩ 비용구배	⑩ 건설 CALS	⑩ 공정의 경계속도 ⑩ 가치공학		⑩ PDM 공정표 작성방식 ⑩ 공정, 공사비 통합관리체계
구조계산 기타						

구분		70회[2003년(중반기)]	71회[2003년(후반기)]	72회[2004년(전반기)]	73회[2004년(중반기)]	74회[2004년(후반기)]
토공	일반토공	⑩흙의 연경도 ⑩들밀도시험	⑩평판재하시험		⑩모래밀도별 N값과 내부 마찰각	
	연약지반	⑩팩드레인공법 시공순서		⑩지진파(지반 진동파)		⑩압밀과 다짐의 차이
	사면안정					
	옹벽, 보강토					
	건설기계			⑩Impact Crusher ⑩시공효율		⑩유압식 Back Hoe 작업량
	기 초		⑩Open Caisson 마찰력 감소 방법 ⑩양압력	⑩Pile Cushion		⑩Prepacked Concrete 말뚝 ⑩G.P.R(Ground Penetrating Radar)
콘크리트	일반콘크리트	⑩할열시험법 ⑩철근의 표준갈고리	⑩강재의 전응력과 공칭응력 ⑩잠재 수경성과 포졸란 반응 ⑩고성능 감수제와 유동화제	⑩Pumpability ⑩유효흡수율과 흡수율 ⑩Silica fume ⑩소성수축균열	⑩피복두께와 유효높이 ⑩워커빌리티 측정방법 ⑩취도계수 ⑩Creep ⑩비말대와 강재부식속도 ⑩POP Out 현상 ⑩Pre-Wetting	⑩촉진양생 ⑩배합강도 결정방법 ⑩응력부식
	특수콘크리트	⑩해안콘크리트	⑩고성능 콘크리트 ⑩Pipe Cooling			
	도 로	⑩상온 유화아스팔트 콘크리트	⑩Proof Rolling ⑩분리막	⑩투수성포장	⑩Pr.I	⑩Surface Recycling
	교 량			⑩공중작업비계		
	터 널		⑩미진동 발파공법 ⑩RQD	⑩RMR ⑩도막방수	⑩2차 폭파 ⑩Spring Line	⑩Line Drilling Method
	댐		⑩Consolidation Grouting		⑩Lugeon치	
	항 만	⑩대안거리				
	하 천	⑩제방법선 ⑩설계 강우강도				⑩유출계수
	총 론	⑩공정관리곡선 ⑩GIS ⑩패스트트랙방식		⑩건설공사 위험도 관리	⑩Fast Track Construction	⑩교량의 L.C.C ⑩Project Financing ⑩Risk 관리 3단계
	구조계산 기타					

구분		75회[2005년(전반기)]	76회[2005년(중반기)]	77회[2005년(하반기)]	78회[2006년(전반기)]	79회[2006년(중반기)]
토공	일반토공	⑩ 최적함수비(O.M.C) ⑩ 통일분류법, 흙의 성질 ⑩ 슬레이킹현상	⑩ 토량의 체적환산계수(f) ⑩ 트래피커빌리티 ⑩ 영공기 간극곡선 ⑩ 흙의 다짐도	⑩ Trench cut 공법 ⑩ Atterberg 한계	⑩ 점토의 예민비	
	연약지반	⑩ 한계성 토고				⑩ 점성토지반의 교란효과
	사면안정		⑩ 평사투영법			
	옹벽, 보강토					
	건설기계		⑩ 건설기계 경비의 구성			⑩ 건설기계의 경제적 사용기간
기 초		⑩ 부마찰력		⑩ Pier 기초공법 ⑩ 잔류수압		⑩ 말뚝의 동재하시험
콘크리트	일반 콘크리트	⑩ 분리이음(Isolation Joint) ⑩ 허니콤(Honeycomb)	⑩ 콘크리트 블리딩 및 레이턴스 ⑩ 에코 콘크리트 ⑩ 콘크리트 황산염 침식	⑩ 현장배합 ⑩ 철근콘크리트 보의 철근비 규정	⑩ 시멘트의 풍화 ⑩ 불량 레미콘 처리 ⑩ 황산염과 에트린가이트(Ettringite) ⑩ 폴리머함침 콘크리트 ⑩ 개정된 콘크리트 표준 시방서상 부순 굵은 골재의 물리적 성질	⑩ 화학적 프리스트레스트 콘크리트 ⑩ 콘크리트의 피로강도
	특수 콘크리트			⑩ 폴리머콘크리트		⑩ 콘크리트의 적산온도
도 로		⑩ 도로지반의 동상 및 융해	⑩ 콘크리트 포장의 스폴링현상 ⑩ 배수포장		⑩ 그루빙(Grooving)	⑩ 도로포장의 반사균열
교 량				⑩ 표준트럭 하중	⑩ 강재의 저온균열, 고온균열	
터 널		⑩ 조절발파(제어발파) ⑩ 지불선(Pay Line)		⑩ Smooth Blasting		⑩ 암반의 취성파괴 ⑩ 터널지반의 현지응력
댐		⑩ 커튼 그라우팅		⑩ Consolidation Grouting	⑩ 유수지(流水池)와 조절지(調節池) ⑩ 흙댐의 유선망과 침윤선	⑩ 가능 최대홍수량
항 만				⑩ 소파공	⑩ 피복석(Armor Stone)	
하 천						
총 론		⑩ 프로젝트 퍼포먼스 스테터스 ⑩ WBS(Work Breakdown Structure)	⑩ 건설 CITIS	⑩ 건설기술관리법에 의한 감리원의 기본임무 ⑩ 비용구배	⑩ 비용 편익비(B/C Ratio) ⑩ 공사원가 계산시 경비의 세비목(細費目)	⑩ 내부 수익률 ⑩ 가치공학에서 기능계통도 ⑩ 공정원가 통합관리에서 변경 추정예산
구조계산 기타			⑩ 무도장 내후성 강재			

구분	연도	80회[2006년(후반기)]	81회[2007년(전반기)]	82회[2007년(중반기)]	83회[2007년(후반기)]	84회[2008년(전반기)]
토공	일반토공	⑩디소트로피(Thixotropy)현상 ⑩유토곡선(Mass Curve)	⑩콘관입시험 ⑩진동다짐공법 ⑩트래버스측량	⑩최적 함수비(OMC)	⑩최대건조밀도	⑩Atterberg Limits ⑩다짐도 판정방법
	연약지반			⑩측방유동	⑩연약지반 정의와 판단기준	
	사면안정	⑩사면거동 예측방법				
	옹벽, 보강토					⑩침투수가 옹벽에 미치는 영향
	건설기계		⑩호퍼준설선			
기초		⑩분사현상(Quick Sand) ⑩말뚝의 부마찰력 ⑩직접기초에서의 지반파괴 형태	⑩히빙(Heaving)현상 ⑩말뚝의 부마찰력	⑩지하연속벽(Diaphram Wall) ⑩하이브리드 Caisson ⑩타입말뚝 지지력의 시간경과 효과(Time Effect)		⑩파일벤트공법 ⑩부력과 양압력 차이점
콘크리트	일반 콘크리트	⑩보의 유효높이와 철근량 ⑩레미콘 현장반입검사	⑩철근의 정착 ⑩콘크리트의 염해		⑩콘크리트 내구성지수	
	특수 콘크리트	⑩콘크리트 수화열 관리방안				
도 로			⑩재생포장	⑩Concrete 포장의 분리막	⑩콘크리트포장의 시공조인트 ⑩아스팔트포장에서 러팅	⑩피로균열
교 량			⑩비파괴시험	⑩FCM 공법 ⑩자정식 현수교 ⑩현장 용접부 비파괴검사 방법	⑩강재의 용접결함	⑩FSLM
터 널		⑩암반의 SMR 분류법 ⑩암반에서의 현장투수시험 ⑩암굴착시 시험발파	⑩프리스플리팅	⑩RMR(Rock Mass Rating) ⑩Slurry Shield TBM 공법 ⑩침매터널	⑩페이스 매핑(Face Mapping) ⑩콘크리트 라이닝의 기능 ⑩발파진동의 지배요소	⑩강관다단 그라우팅
댐		⑩Dam의 감쇄공 종류 및 특성	⑩비상여수로		⑩필댐의 수압할열 ⑩석괴댐의 프린스	
항 만						⑩방파제의 피해원인
하 천						
총 론			⑩위험도 분석	⑩BTL과 BTO	⑩최소비용 촉진법 ⑩최고가치 낙찰제	⑩국가 DGPS 서비스시스템 ⑩VE의 정의 ⑩클레임 유형 및 해결방법 ⑩LCC활용과 구성항목
구조계산 기타						

구분 \ 연도		85회[2008년(중반기)]	86회[2008년(후반기)]	87회[2009년(전반기)]	88회[2009년(중반기)]	89회[2009년(후반기)]
토공	일반토공	⑩ 최적함수비(OMC) ⑩ N값의 수정		⑩ Thixotropy현상(예민비)	⑩ GBR탐사	⑩ 표준관입시험(SPT) ⑩ 과소압밀(Under Consolidation) 점토
	연약지반	⑩ 경량성토공법		⑩ 폭파치환공법	⑩ 압성토공법	
	사면안정					
	옹벽, 보강토					
	건설기계	⑩ 건설기계의 손료				
기초			⑩ Suction Pile ⑩ 지수벽	⑩ 평판재하시험 결과 이용시 주의사항 ⑩ 보상기초 ⑩ 돗바늘공법	⑩ 사항(斜抗)	⑩ 말뚝시공방법 중 타입공법과 매입공법 ⑩ RBM(Raised Boring Machine)
콘크리트	일반 콘크리트	⑩ 콘크리트 블리딩 및 레이턴스 ⑩ 콘크리트의 탄성화 ⑩ 균열유발줄눈		⑩ LB(Lattice Bar) Deck	⑩ 알칼리골재반응	⑩ 설계기준강도와 배합강도
	특수 콘크리트		⑩ 온도균열	⑩ 고유동콘크리트	⑩ 폴리머 시멘트 콘크리트	⑩ 고내구성 콘크리트
도 로			⑩ 장수명 포장 ⑩ 철도의 강화노반		⑩ 롤러다짐콘크리트포장 ⑩ 포장의 그루빙	⑩ 저탄소 중온 아스팔트콘크리트 포장
교 량		⑩ 강재의 릴랙세이션	⑩ IPC 거더교량 가설공법 ⑩ 교량의 내진과 면진설계 ⑩ 측방유동	⑩ 교량의 교면방수 ⑩ 소수 주형(girder)교	⑩ FCM	⑩ 하이브리드(Hybrid) 중로아치교
터 널				⑩ Discontinuity(불연속면)	⑩ Smooth Blasting ⑩ 프린트잭킹 공법	⑩ 피암터널 ⑩ TSP(Tunnel Seismic Profiling) 탐사
댐		⑩ 콘크리트 표면차수벽댐				
항 만				⑩ Cell 공법에 의한 가물막이 ⑩ 부잔교		⑩ 유보율(항만공사시)
하 천		⑩ 부영양화	⑩ 하천생태호안	⑩ Siphon	⑩ 하천의 고정보 및 가동보	
총 론		⑩ 물가변동률 ⑩ 순수형 CM 계약방식 ⑩ BOT	⑩ GIS기법 ⑩ 가상건설시스템 ⑩ 건설분야 LCA ⑩ 수급인의 하자담보책임		⑩ 총 공사비 구성요소 ⑩ 건설분야 RFID	⑩ 비상주 감리원 ⑩ 비용편익비(B/C Ratio)
구조계산 기타						

구분		90회[2010년(전반기)]	91회[2010년(중반기)]	92회[2010년(후반기)]	93회[2011년(전반기)]	94회[2011년(중반기)]
토공	일반토공	⑩ 흙의 연경도(Consistency) ⑩ CBR(California Bearing Ratio) ⑩ 흙의 액상화(Liquefaction)		⑩ 내부마찰각과 N값의 상관관계 ⑩ 토량환산계수	⑩ 최적함수비(OMC)	⑩ 흙의 통일분류법 ⑩ 유토곡선(mass curve)
	연약지반			⑩ SCP(Sand Compaction Pile)	⑩ 선재하(Pre-Loading) 압밀공법 ⑩ 심층혼합처리(Deep Chemical Mixing) 공법	
	사면안정	⑩ 랜드크리프(Land Creep)				
	옹벽, 보강토					
	건설기계	⑩ 건설기계의 시공효율			⑩ 건설기계의 조합 원칙	⑩ 준설토 재활용방안 ⑩ 흙의 입도분포에 의한 주행성
기초		⑩ 유선망(Flow Net)	⑩ 앵커체의 최소심도와 간격 (토사지반) ⑩ 말뚝의 시간효과(Time Effect)	⑩ 소일네일링(Soil Nailing) 공법	⑩ 히빙(Heaving) 현상	⑩ 말뚝의 주변마찰력
콘크리트	일반 콘크리트	⑩ 골재의 조립률(FM)	⑩ 물-결합재비 ⑩ 현장배합과 시방배합 ⑩ PSC 강재 그라우팅	⑩ SCF(Self Climbing Form) ⑩ 콘크리트 자기수축 현상 ⑩ 환경지수와 내구지수	⑩ 철근과 콘크리트의 부착강도 ⑩ 강재의 전기방식 ⑩ H형 강말뚝에 의한 슬래브의 개구부 보강	⑩ 잔골재율(s/a) ⑩ Prestress의 손실
	특수 콘크리트		⑩ 콘크리트의 인장강도	⑩ 팽창콘크리트	⑩ 수중불분리성 콘크리트	⑩ 수밀콘크리트와 수중콘크리트
도로		⑩ 개질아스팔트 ⑩ 줄눈 콘크리트포장 ⑩ 도로의 평탄성측정방법 (PRI)				⑩ 포스트텐션 도로포장
교량		⑩ TMC(Thermo-Mechanical Control)강	⑩ 하천의 교량 경간장 ⑩ 측방유동	⑩ 풍동시험		⑩ 사장교와 현수교의 특징 비교
터널		⑩ 일체식 교대교량(Intergral Abutment Bridge)	⑩ Air Spinning 공법 ⑩ Segment의 이음방식(쉴드 터널)	⑩ 벤치컷(Bench Cut) 공법	⑩ 터널의 페이스매핑(Face Mapping) ⑩ 계측터널의 계측빈도	⑩ 터널의 여굴발생 원인 및 방지대책 ⑩ 터널의 인버트 정의 및 역할
댐				⑩ 필댐(Fill Dam)의 수압과 쇄현상		
항만			⑩ 약최고고조위(AHHWL)			
하천			⑩ 계획홍수량에 따른 여유고		⑩ 설계강우강도	
총론		⑩ 용역형 건설사업관리(CM for fee)	⑩ 실적공사비	⑩ 순환골재 콘크리트 ⑩ 공정비용 통합시스템	⑩ 공정관리의 주요기능	⑩ 건설 자동화(construction automation)
구조계산 기타						

구분		95회[2011년(후반기)]	96회[2012년(전반기)]	97회[2012년(중반기)]	98회[2012년(후반기)]	99회[2013년(전반기)]
토공	일반토공	⑩ 흙의 다짐원리 ⑩ 토공의 다짐도 판정방법 ⑩ 평판재하시험(PBT) 적용시 유의사항		⑩ 평판재하시험결과 적용시 고려사항	⑩ 영공기 간극곡선(zero air void curve) ⑩ 흙의 소성도(Plasticity chart)	⑩ 도로동결융해
	연약지반				⑩ 연약지반에서 발생하는 공학적 문제	
	사면안정		⑩ 토석류(debris flow) ⑩ Land slide와 Land creep			
	옹벽, 보강토		⑩ 토류벽의 아칭현상			
	건설기계	⑩ 건설기계의 주행저항 (trafficabillty) 판단	⑩ 흙의 입도분포에 의한 기계화 시공방법 판단기준	⑩ 건설기계의 트래피커빌리티(trafficability)		
기초			⑩ 침투수력(seepage force)	⑩ 내부 굴착 말뚝	⑩ 폐단말뚝과 계단말뚝	⑩ 토사지반에서의 앵커의 정착길이 ⑩ 말뚝의 폐색효과(plugging)
콘크리트	일반 콘크리트	⑩ 교각의 슬립폼(slip form) ⑩ 공칭강도와 설계강도	⑩ 철근콘크리트 보의 내하력과 유효높이 ⑩ 강선 긴강순서와 순서 결정이유	⑩ 철근배근의 검사항목 ⑩ 콘크리트의 보수재로 선정기준	⑩ 강관 말뚝의 부식원인과 방지대책 ⑩ 콘크리트 배합 결정에 필요한 항목	⑩ 콘크리트의 철근 최소피복두께 ⑩ 슬립폼 공법 ⑩ 수화조절제 ⑩ 지연줄눈(delay joint)
	특수 콘크리트	⑩ 진공 콘크리트	⑩ 콘크리트 폭열현상	⑩ 물보라지역(splash zone)의 해양 콘크리트 타설		
도로		⑩ 아스팔트(asphalt)의 소성변형 ⑩ 포장콘크리트의 배합기준 ⑩ 아스팔트 콘크리트의 반사균열		⑩ 공용 중의 아스팔트 포장 균열		⑩ 철도공사시 캔트(cant)
교량			⑩ 부체교(floating bridge) ⑩ PCT(Prestressed Composite Truss) 거더교 ⑩ 사장교와 엑스트라도즈교의 구조특성	⑩ 현수교의 지중정착식 앵커리지(anchorage) ⑩ 교량받침의 손상원인	⑩ 홈(groove) 용접에 대한 설명과 그림에서의 용접 기호 설명 ⑩ PSC 거더(girder)의 현장 제작장 선정요건	
터널			⑩ 지불선(pay line)	⑩ 막장 지지코어 공법 ⑩ 터널 발파시의 진동 저감 대책	⑩ 양반의 Q-system 분류 ⑩ 수직갱에서의 RC(raise climber) 공법	⑩ 인공지반(터널의 갱구부) ⑩ 산성암반배수(acid rack drainage)
댐		⑩ 블랭킷 그라우팅(blanket grouting)			⑩ 확장레이어공법(ELCM : Extended Layer Contruction Method)	⑩ 검사랑(檢査廊, Inspection Gallery)
항만						⑩ 케이슨 안벽
하천		⑩ 용존공기부상(DAF : Dissolved Air Floatation)		⑩ 하천의 역행 침식(두부침식)	⑩ 하천공사에서 지층별 수리특성 파악을 위한 조사내용	
총론		⑩ 비용경사(cost slopre)	⑩ 시공상세도 필요성	⑩ 시공속도와 공사비의 관계	⑩ 추가공사에서 additional work와 extra work의 비교	⑩ 안전관리계획 수립대상공사의 종류
구조계산 기타						

구분		100회[2013년(중반기)]	101회[2013년(후반기)]	102회[2014년(전반기)]	103회[2014년(중반기)]	104회[2014년(후반기)]
토공	일반토공	⑩ 한계성토고 ⑩ 용적팽창현상(Bulking) ⑩ 비화작용(Slacking)	⑩ 공사 착수 전 확인측량	⑩ 압밀도 ⑩ 유선망 ⑩ 표면장력	⑩ 분니현상(Mud Pumping) ⑩ 도로공사에서 노상의 지내력을 구하는 시험법	⑩ 입도분포곡선
	연약지반					⑩ 연약지반의 계측 ⑩ 스미어존(Smear Zone)
	사면안정					
	옹벽, 보강토				⑩ 3경간 연속보, 캔틸레버 옹벽의 주철근 배근도 작성	
	건설기계					
기초				⑩ 도심지 흙막이 계측 ⑩ 주동말뚝과 수동말뚝		
콘크리트	일반콘크리트	⑩ 콘크리트의 수축보상 (Shrinkage Compensation)	⑩ 구조물의 신축이음과 균열유발이음 ⑩ 가로좌굴(Lateral Buckling) ⑩ 양생지연(Curing Delay) ⑩ 경량골재의 특성과 경량골재계수	⑩ 강도와 응력 ⑩ 철근갈고리의 종류	⑩ W/C와 W/B ⑩ Air Pocket이 콘크리트 내구성에 미치는 현상	⑩ 자기수축균열 ⑩ 유리섬유폴리머보강근
	특수콘크리트		⑩ 수중콘크리트			
도로		⑩ Pop Out 현상 ⑩ 마셜시험에 의한 설계 아스팔트량 결정방법	⑩ 콘크리트 포장의 소음저감		⑩ 콘크리트 포장의 분리막 ⑩ 아스팔트 콘크리트의 시험포장	
교량		⑩ 앵커볼트매입공법	⑩ 침윤세굴 ⑩ 현수교의 무강성 가설공법	⑩ 교량 하부공의 시공관리를 위한 조사항목	⑩ 교량에 작용하는 주하중, 부하중, 특수하중의 종류	⑩ 교량 신축이음장치 ⑩ 2중합성교량
터널			⑩ 침매공법	⑩ 암반의 불연속면	⑩ 피암 터널	⑩ 터널 미기압파 ⑩ Shield TBM 굴진시의 체적손실 ⑩ 터널 막장의 주향과 경사
댐		⑩ 가중크리프비(Weight Creep Ratio)	⑩ 댐의 프린스(Plinth)			
항만					⑩ 잔교식 안벽	⑩ 돌핀(Dolphin)
하천			⑩ 제방의 측단 ⑩ 호안구조의 종류 및 특징	⑩ 도수(Hydraulic Jump)		
총론		⑩ 토석정보시스템(EIS) ⑩ 현장안전관리를 위한 현장소장의 직무 ⑩ 프로젝트금융(PF) ⑩ 물량내역수정입찰제		⑩ 자원배당 ⑩ 대체적 분쟁해결 제도	⑩ 수도권 대심도 지하철도(GTX)의 계획과 전망 ⑩ PMIS ⑩ 공사계약보증금이 담보하는 손해의 종류	⑩ 바나나 곡선
구조계산 기타		⑩ 중첩보와 합성보의 역학적 차이점		⑩ 표준안전난간		⑩ 완전합성보와 부분합성보

구 분	연 도	105회[2015년(전반기)]	106회[2015년(중반기)]	107회[2015년(후반기)]	108회[2016년(전반기)]	109회[2016년(중반기)]
토공	일반토공	⑩ 지반조사방법 중 사운딩의 종류 ⑩ 토공의 시공기면	⑩ 평판재하시험시 유의사항	⑩ 도로(지반) 함몰 ⑩ 시공상세도(Shop Drawing) 목록	⑩ 지하레이더탐사(GPR) ⑩ 부력과 양압력	⑩ 흙의 연경도(consistency)
	연약지반				⑩ GCP(Gravel Compaction Pile)	
	사면안정	⑩ SMR(Slope Mass Rating)				
	옹벽, 보강토	⑩ 흙의 안식각		⑩ EPS공법		
	건설기계			⑩ 교량등급에 따른 DL, DB 하중 ⑩ 건설기계의 주행저항	⑩ 건설공사용 크레인 중 이동식 크레인의 종류 및 특징	⑩ 교량의 설계차량활하중(KL-510)
기 초				⑩ 얕은 기초의 전단파괴		⑩ 합성PHC말뚝
콘크리트	일반콘크리트	⑩ 콘크리트의 초음파검사	⑩ 상수도 수처리구조물 방수공법의 종류 ⑩ Slip Form과 Self Climbing Form의 특징 ⑩ 철근콘크리트 휨부재의 대표적인 2가지 파괴유형 ⑩ 강 또는 콘크리트 구조물의 강성	⑩ 거푸집 동바리 시공시 고려사항 ⑩ 이형철근의 KS 표시방법	⑩ 철근 콘크리트 구조물의 철근 피복두께 ⑩ 골재의 흡수율과 유효흡수율	⑩ 철근 부식도 조사방법과 부식 판정기준
	특수콘크리트	⑩ UHPC(초고성능콘크리트) ⑩ 동결융해저항제		⑩ 서중콘크리트		
도 로		⑩ 아스팔트 도로포장에 사용되는 토목섬유의 종류		⑩ 교면포장의 역할		⑩ 반사균열 ⑩ 암반구간 포장
교 량		⑩ 탄성받침이 풀러의 기능을 하는 이유 ⑩ 라멘교(Rahmen)	⑩ 교량에서의 부반력	⑩ 자정식 현수교	⑩ 일반구조용 압연강재(SS재)와 용접구조용 압연강재(SM재)의 특성	⑩ 사장교 케이블의 단면형상 및 요구조건
터 널			⑩ TCR과 RQD ⑩ 터널 라이닝과 인버트	⑩ 터널의 Pace Mapping	⑩ 장대터널의 정략적 위험도 분석(QRA) ⑩ 숏크리트의 리바운드 최소화 방안	⑩ RMR과 Q-시스템 ⑩ 근접병설터널
댐		⑩ 비상여수로		⑩ 확장 레이어 공법(ELCM)		
항 만			⑩ 항만공사시 유보율		⑩ 항만구조물 기초사석의 역할	⑩ 소파블럭
하 천					⑩ 유수지와 조절지의 기능	
총 론		⑩ 종합심사낙찰제(종심제) ⑩ 공정관리에서 자유여유	⑩ WBS(작업분류체계) ⑩ LCC분석법		⑩ 주계약자 공동도급방식 ⑩ 공사비 수행지수(CPI)	⑩ 공사의 모듈화
구조계산 기타			⑩ 안전관리계획 수립대상공사			

구분 / 연도		110회[2016년(후반기)]	111회[2017년(전반기)]	112회[2017년(중반기)]	113회[2017년(후반기)]	114회[2018년(전반기)]
토공	일반토공	⑩ 전응력과 유효응력 ⑩ 과다짐 ⑩ 토량변화율과 토량환산계수 ⑩ 노상토 동결관입허용법	⑩ 액상화 검토가 필요한 지반	⑩ 공극수압 ⑩ Bulking 현상 ⑩ 잔류토(Residual Soil)		⑩ 액상화 ⑩ 토량변화율
	연약지반	⑩ 토목섬유보강재 감소계수	⑩ 한계성토고	⑩ 흙의 압밀특징과 침하종류		⑩ 선행재하(Preloading)공법
	사면안정					
	옹벽, 보강토					
	건설기계				⑩ 준설매립선의 종류 및 특징	
기초		⑩ Cap Beam 콘크리트 ⑩ 보일링현상 ⑩ 포인트 기초공법	⑩ 보상기초 ⑩ 말뚝재하시험의 목적과 종류 ⑩ 상수도관 갱생공법	⑩ 약액 주입에서의 용탈현상	⑩ 말뚝의 동재하시험	⑩ 얕은 기초의 부력 방지대책 ⑩ 소일네일링 ⑩ 지하안전관리에 관한 특별법
콘크리트	일반 콘크리트		⑩ 주철근	⑩ 전단철근	⑩ 휨부재의 최소철근비 ⑩ 철근의 부착강도	⑩ 주철근과 배력철근
	특수 콘크리트					⑩ 순환골재
도로		⑩ 콘크리트 Pop Out	⑩ 블록포장	⑩ 시멘트 콘크리트포장의 구성 및 종류	⑩ 아스팔트 감온성	⑩ 타이바와 다웰바 ⑩ Tining과 Grooving
교량		⑩ 밀시트	⑩ 사장현수교	⑩ H형강 버팀보의 강축과 약축 ⑩ 콘크리트교와 강교의 장단점		
터널			⑩ Forepoling보강공법	⑩ BHTV와 BIPS	⑩ 단층파쇄대 ⑩ 병렬터널 필러 ⑩ 암발파 누두지수	⑩ RQD와 RMR
댐			⑩ 댐의 종단이음		⑩ 여수로의 감세공	
항만		⑩ 파랑의 변형파		⑩ 특수 방파제의 종류		⑩ 방파제
하천					⑩ 굴입하도	
총론		⑩ ISO 9000 ⑩ GPS측량	⑩ BTO-rs와 BTO-a		⑩ 순수내역입찰제도 ⑩ 건설공사비지수	
구조계산 기타						

구 분		115회[2018년(중반기)]	116회[2018년(후반기)]	117회[2019년(전반기)]	118회[2019년(중반기)]	119회[2019년(후반기)]
토공	일반토공	⑩ 유토곡선(Mass Curve)	⑩ 화산이중층		⑩ 과다짐	⑩ 토량변화율 ⑩ 시추주상도
	연약지반					
	사면안정					
	옹벽, 보강토	⑩ 절토부 판넬식 옹벽				
	건설기계			⑩ 준설선의 종류 및 특징		
기 초				⑩ 통수능(discharge capacity) ⑩ 히빙과 보일링 ⑩ 부마찰력 ⑩ 관로의 수압시험	⑩ 어스앵커 ⑩ 피어기초	⑩ 무리말뚝효과 ⑩ 토질별 하수관거 기초의 종류 및 특성
콘크리트	일반 콘크리트		⑩ 가외철근		⑩ 막양생	⑩ 철근의 롤링마크
	특수 콘크리트	⑩ 온도균열제어수준에 따른 온도균열지수 ⑩ 순환골재와 순환토사 ⑩ 저탄소 콘크리트	⑩ 콘크리트 폭열현상	⑩ 포러스 콘크리트	⑩ 내식 콘크리트	
도 로		⑩ 아스팔트혼합물의 온도관리			⑩ 개질아스팔트	⑩ 철도선로의 분니현상
교 량		⑩ 엑스트라도즈드교	⑩ 고장력볼트 조임검사 ⑩ 교량받침과 신축이음 Presetting	⑩ Arch교의 Lowering공법 ⑩ 스트레스리본교량 ⑩ 교량 내진성능 향상공법	⑩ 일체식 교대교량 ⑩ 용접부의 비파괴시험 ⑩ 교량의 새들	⑩ 합성교에서 전단연결재 ⑩ SM 355 B W ZN ZC의 의미
터 널		⑩ 리바운드 영향인자 및 감소대책 ⑩ 불연속면 ⑩ 절토부 표준발파공법	⑩ 실드터널의 테일보이드	⑩ 터널의 편평율 ⑩ 터널변상의 원인	⑩ 수팽창지수재	⑩ 습식 숏크리트
댐						⑩ 수압파쇄
항 만		⑩ 가토제(Temporary Bank)	⑩ 부잔교			
하 천			⑩ 하상계수			
총 론		⑩ 유해위험방지계획서	⑩ 시설물의 성능평가 ⑩ ADR제도 ⑩ 5D BIM	⑩ 민간투자사업의 추진방식 ⑩ 건설공사의 사후평가	⑩ 비용분류체계(CBS) ⑩ 마일스톤공정표	⑩ 비용구배(Cost Slope) ⑩ 중대한 결함의 종류
구조계산 기타						

구분		120회[2020년(전반기)]	121회[2020년(중반기)]	122회[2020년(후반기)]	123회[2021년(전반기)]	124회[2021년(중반기)]
토공	일반토공			⑩ 용적팽창현상(Bulking) ⑩ 붕적토(Colluvial Soil)	⑩ 액상화(Liquefaction) ⑩ 유토곡선(Mass Curve)	⑩ 비탈면의 소단 설치기준
	연약지반					
	사면안정					
	옹벽, 보강토					⑩ 보강토옹벽의 장점 및 단점
	건설기계				⑩ 펌프준설선 작업효율의 결정방법	
콘크리트	기초	⑩ 공대공 초음파 검측(CSL)시험 ⑩ 현타말뚝 시공 시 슬라임 처리 ⑩ 도수로 및 송수관로 결정 시 고려사항	⑩ 부주면마찰력 검토조건, 문제점, 대책 ⑩ 순극한지지력과 보상기초 ⑩ 하수배제방식(합류식, 분류식)	⑩ 상수도관의 부단수공법	⑩ 히빙(Heaving) 방지대책	⑩ 상수도관의 절합방법
	일반 콘크리트	⑩ 철근부식도 시험방법 및 평가방법	⑩ 거푸집 존치기간 및 시공 시 유의사항	⑩ 역타설콘크리트 이음방법 ⑩ 섬유강화폴리머(FRP)보강근	⑩ 콘크리트탄산화현상 ⑩ 전해부식과 부식 방지대책	⑩ 콜드조인트(Cold Joint)
	특수 콘크리트					⑩ 순환골재의 특성
도 로		⑩ 아스팔트의 스티프니스	⑩ 차선도색 휘도기준 ⑩ 횡단보도 시각장애인 유도블록		⑩ 길어깨포장	
교 량		⑩ 사장교의 케이블형상에 따른 분류 ⑩ PSC Box 거더제작장 선정시 고려사항	⑩ FCM Key Segment 시공시 유의사항	⑩ 일부 타정식 또는 부분정착식 사장교	⑩ 거더교의 종류 ⑩ 용접부의 잔류응력	⑩ 교량의 면진설계
터 널		⑩ 터널 인버트 종류 및 기능	⑩ 숏크리트 및 락볼트의 기능과 효과	⑩ 터널막장전방탐사(TSP) ⑩ 제어발파(Control Blasting)		⑩ 암석 발파시 비산석 경감대책
댐		⑩ 필댐의 트랜지션존	⑩ 댐관리시설 분류 및 시설내용	⑩ RCCD의 확장레이어공법(ELCM)		
항 만		⑩ 소파공		⑩ 연안시설에서의 복합방호방식	⑩ 물양장(Lighters wharf)	⑩ 항만공사 시 토사의 매립방법 ⑩ 방파제 종류
하 천			⑩ 빗물 저류조			⑩ 하천 횡단교량의 여유고
총 론		⑩ ISO 14000 ⑩ 공정관리 3단계 절차 ⑩ 하도급계약의 적정성 심사	⑩ 1, 2종 시설물의 초기치 ⑩ 건설공사비지수 ⑩ 시설물의 성능평가항목	⑩ LCC분석법 중 순현가법(NPV) ⑩ 건설통합시스템(CIC) ⑩ 국가계약법령상의 추정가격	⑩ 건설기술진흥법에 의한 시방서 ⑩ 건설공사 시 업무조정회의 ⑩ 공기단축기법	⑩ 건설공사의 시공계획서 ⑩ 구조적 안전성확인대상 가설구조물 ⑩ 안전관리비비용항목
구조계산 기타						

구분		125회[2021년(후반기)]	126회[2022년(전반기)]	127회[2022년(중반기)]	128회[2022년(후반기)]	129회[2023년(전반기)]
토공	일반토공	⑩ 설계와 시공의 지반조사의 순서	⑩ 표준관입시험(SPT)	⑩ 토취장의 선정조건		⑩ 암(버력)쌓기 시 유의사항 ⑩ 과다짐(Over Compaction)
	연약지반			⑩ PTM공법	⑩ Smear Effect 문제점 및 대책	
	사면안정					⑩ 사면붕괴의 내·외적 발생원인
	옹벽, 보강토			⑩ 옹벽의 이음(Joint)	⑩ 기대기옹벽의 정의와 고려하중	
	건설기계					
기초		⑩ 하수관로검사방법 ⑩ 말뚝의 시간효과(time effect)	⑩ 버팀보공법과 어스앵커공법의 비교 ⑩ 유선망(Flow Net)	⑩ 말뚝머리와 기초의 결합방법 ⑩ BSCW공법	⑩ 하수의 배제방식 ⑩ 항타기 및 항발기 시공 시 주의사항	
콘크리트	일반콘크리트	⑩ 워커빌리티(workability) ⑩ 콘크리트구조물의 보강방법	⑩ PSC의 긴장(Prestressing)	⑩ 굳지 않은 콘크리트의 구비조건		⑩ 철근콘크리트의 연성파괴와 취성파괴
	특수콘크리트				⑩ 고유동콘크리트의 분류	
도로		⑩ 배수성 포장 ⑩ 도로의 배수시설	⑩ 교면포장 ⑩ CCP 줄눈 종류와 특징			⑩ SMA아스팔트 포장
교량		⑩ 교량의 등급 ⑩ 교좌장치(shoe)		⑩ 교량받침의 유지관리 ⑩ PSC교량의 솟음관리		⑩ 사장현수교
터널		⑩ Q-system	⑩ 터널의 배수형식 ⑩ 숏크리트 리바운드(NATM)	⑩ 카린시안공법	⑩ 피암터널	⑩ 근접 터널 시공에 따른 기존 터널의 안전영역(Safe Zone) ⑩ 숏크리트(Shotcrete) 시공관리
댐		⑩ 콘크리트 중력식 댐의 이음	⑩ 댐 관리시설 분류와 시설 내용 ⑩ 사방댐	⑩ 댐 감쇄공		⑩ 감압우물(Relief Well)
항만				⑩ 방파제의 종류 및 특징	⑩ 부잔교	
하천				⑩ 제방의 파이핑 검토방법	⑩ 호안의 종류와 구조 ⑩ 공동현상(Cavitation)	⑩ 하천 수제(水制)
총론		⑩ 토목시설물의 내용연수 ⑩ 총비용과 직접비, 간접비 관계	⑩ 시설물의 성능평가방법 ⑩ 건설공사의 위험성평가 ⑩ 가설구조물 설계변경 요청 대상 및 절차	⑩ 시공상세도	⑩ 단계별 스마트건설기술 ⑩ 시안법상 안전점검의 종류 ⑩ 전문시방서와 표준시방서의 비교	⑩ 건설사업관리자의 시공단계 예산검증 및 지원업무 ⑩ 공동도급의 종류 및 책임한계
구조계산 기타						⑩ 도복장강관의 용접접합

구분		130회[2023년(중반기)]	131회[2023년(후반기)]	132회[2024년(전반기)]	133회[2024년(중반기)]	134회[2024년(후반기)]
토공	일반토공	⑩ 시공기면(Formation Level)		⑩ 수정CBR(California Bearing Ratio) ⑩ SPT결과로 파악 및 추정할 수 있는 사항 ⑩ 토사의 성토 시 다짐효과에 영향을 주는 요소		⑩ 토공사에서 체적환산계수의 활용용도 ⑩ 건설기술진흥법에 의한 토석정보시스템
	연약지반			⑩ 연약지반 성토 시 주요 계측항목과 계측기의 종류		⑩ 연약지반의 계측
	사면안정	⑩ 암반의 불연속면				
	옹벽, 보강토					
	건설기계	⑩ 준설매립선의 종류 및 특징				
기 초			⑩ 부주면마찰력		⑩ 항타보조말뚝 ⑩ 마이크로파일(Micro Pile)	⑩ 말뚝기초 시험항타목적 및 기록관리항목
콘크리트	일반콘크리트		⑩ 철근의 이음종류	⑩ 콘크리트의 거푸집 및 동바리 해체시기 ⑩ 콘크리트 타설 시 초기체적변화		⑩콘크리트배합강도 ⑩ 유리섬유강화폴리머강근 (Glass Fiber Reinforced Polymer Bar)
	특수콘크리트		⑩ 진공 콘크리트		⑩ 순환골재콘크리트 ⑩ 온도균열지수	
도 로		⑩ 도로의 예방적 유지보수	⑩ ACP 포설 및 다짐장비 종류와 특징	⑩ 콘크리트 교면포장의 쏘컷 그루빙 ⑩ 포장관리체계(PMS)	⑩ 하중전달계수(J)	⑩ 아스팔트포장의 플러싱(Flushing)
교 량		⑩ 철근콘크리트 교량 바닥판 손상의 종류 ⑩ 교좌장치의 기능 및 설치 시 주의사항	⑩ 지진격리받침	⑩ 교량배수시설	⑩ 선박충돌방지공	⑩ 사장교의 가설공법
터 널			⑩ 터널 콘크리트 라이닝의 역할 ⑩ 발파장약 판정 ⑩ NATM과 Shield TBM공법 비교	⑩ 암발파 시 뇌관의 종류	⑩ 숏크리트의 응력측정 ⑩ 진행성 여굴	⑩ 숏크리트 리바운드 (Rebound) 최소화방안
댐					⑩ 댐체재료 중 필터(filter)재의 요구조건	⑩ 커튼그라우팅 (Curtain Grouting)
항 만		⑩ 계류시설(繫留施設)	⑩ 방파제의 구조형식과 기능에 따른 분류		⑩ 널말뚝식 안벽	⑩ 상치 콘크리트 타설
하 천		⑩ 하천관리유량	⑩ 사방 호안공	⑩ 가능최대홍수량(PMF)		
총 론		⑩ 마일스톤공정표 ⑩ 공공건설공사 공사기간 산정 및 연장 검토사항 ⑩ MG와 MC ⑩ 시방서 종류 및 작성방법	⑩ 8D BIM ⑩ Digital Twin 필요성, 적용방안	⑩ 데밍사이클(Deming Cycle)의 품질관리 4단계 ⑩ 중대산업재해와 중대시민재해	⑩ 건설자동화기술 ⑩ 비용분류체계(Cost Breakdown System) ⑩ 분류체계를 고려한 스마트안전장비	⑩ 경제적 타당성분석방법 중 비용편익분석
구조계산 기타		⑩ 도수 및 송수관로의 매설위치와 깊이	⑩ 노후 상수도관 갱생공법			⑩ 관로의 수압시험

[저자소개]

▶ 권유동(權裕炯)

- 서울대학교 토목공학과 졸업
- (주)현대건설 토목환경사업본부 근무
- 와이제이건설·Green Convergence 연구소 소장
- 토목시공기술사
- 토목품질시험기술사
- 저서 : 《토목시공기술사 길잡이》, 《토목품질시험기술사 길잡이》, 《건축물에너지평가사 실기》

▶ 김우식(金宇植)

- 한양대학교 공과대학 졸업
- 부경대학교 대학원 토목공학 공학박사
- 한양대학교 공과대학 대학원 겸임교수
- 한국기술사회 감사
- 국민안전처 안전위원
- 제2롯데월드 정부합동안전점검단
- 기술고등고시 합격
- 국가직 기좌(시설과장)
- 국가공무원 7급, 9급 시험출제위원
- 국토교통부 주택관리사보 시험출제위원
- 한국산업인력공단 검정사고예방협의회 위원
- 브니엘고, 브니엘여고, 브니엘예술중·고등학교 이사장
- 토목시공기술사, 토질 및 기초기술사, 건설안전기술사
- 건축시공기술사, 구조기술사, 품질기술사

▶ 이맹교(李孟敎)

- 동아대학교 공과대학 수석 졸업
- 국내 현장소장 근무
- 해외 현장소장 근무
- 국토교통부장관상, 고용노동부장관상, 부산광역시시장상, 건설기술교육원원장상 수상
- 부산토목·건축학원 원장
- 토목시공기술사, 건설안전기술사, 품질시험기술사, 건축시공기술사
- 저서 : 《토목시공기술사 길잡이》, 《토목품질시험기술사 길잡이》, 《인생설계도(자기계발도서)》

[길잡이]
토목시공기술사 용어설명

1997. 7. 1. 초 판 1쇄 발행
2024. 9. 4. 개정증보 10판 12쇄 발행

지은이 | 권유동, 김우식, 이맹교
펴낸이 | 이종춘
펴낸곳 | **BM** (주)도서출판 **성안당**

주소 | 04032 서울시 마포구 양화로 127 첨단빌딩 3층(출판기획 R&D 센터)
10881 경기도 파주시 문발로 112 파주 출판 문화도시(제작 및 물류)

전화 | 02) 3142-0036
031) 950-6300

팩스 | 031) 955-0510
등록 | 1973. 2. 1. 제406-2005-000046호
출판사 홈페이지 | www.cyber.co.kr
ISBN | 978-89-315-6919-3 (13530)
정가 | **89,000원**

이 책을 만든 사람들
기획 | 최옥현
진행 | 이희영
교정·교열 | 문 황
전산편집 | 이다혜
표지 디자인 | 박원석
홍보 | 김계향, 임진성, 김주승, 최정민
국제부 | 이선민, 조혜란
마케팅 | 구본철, 차정욱, 오영일, 나진호, 강호묵
마케팅 지원 | 장상범
제작 | 김유석

본 서적에 대한 의문사항이나 난해한 부분에 대해서는 저자가 직접 성심성의껏 답변해 드립니다.

- 서울 지역 : 02) 749-0010(종로기술사학원) 02) 749-0076
02) 522-5070(JR사당분원)
- 부산 지역 : 051) 644-0010(부산토목·건축학원) 051) 643-1074
- 대전 지역 : 042) 254-2535(현대토목·건축학원) 042) 252-2249

*특히, **팩스**로 문의하시는 경우에는 독자의 **성명**, **전화번호** 및 **팩스번호**를 꼭 **기록**해 주시기 바랍니다.

- http://www.jr3.co.kr
- NAVER 카페 http://cafe.naver.com/civilpass (카페명 : 종로 토목시공기술사 공부방)
- acpass@daum.net, sadangpass@naver.com